“十二五”全国高校动漫游戏专业课程权威教材

中文版

After Effects CC 影视制作全实例

子午视觉文化传播　主编

彭　超　景洪荣　马小龙　张桂良　编著

■ **专家编写**

本书由多位资深影视后期制作专家结合多年工作经验和设计技巧精心编写而成

■ **经典实用**

9大专题，65个经典范例，全面解析影视后期制作全过程

■ **光盘教学**

随书光盘包括视频教学文件、素材文件和效果文件

超值
教学光盘

1张专业DVD教学光盘快速讲解软件技巧

22个基础项目操作视频全面提升技能

36组附赠特效提供学习便利

海洋出版社

2014年・北京

内 容 简 介

本书是以基础实例训练和综合项目应用相结合的教学方式，介绍影视动画后期特效软件 After Effects CC 的使用方法和技巧的教材。本书语言平实，内容丰富、专业，并采用了由浅入深、图文并茂的叙述方式，从最基本的技能和知识点开始，辅以大量的上机实例作为导引，帮助读者掌握中文版 After Effects CC 的基本知识与操作技能。

本书内容共分为 9 章和 2 个附录，主要介绍了影视制作基础知识、After Effects CC 软件入门、新建合成与设置、添加素材管理、时间线应用、新建层信息、文字效果设置、视频效果处理和渲染输出。附录分别为快捷键和 CC 效果中英文对照。

适用范围：适合 After Effects 的初、中级读者阅读，既可作为高等院校影视动画相关专业课教材，也是从事影视广告设计和影视后期制作的广大从业人员必备工具书。

图书在版编目（CIP）数据

中文版 After Effects CC 影视制作全实例/彭超等编著. —北京：海洋出版社，2014.10
ISBN 978-7-5027-8957-2

Ⅰ.①中… Ⅱ.①彭… Ⅲ.①图象处理软件 Ⅳ.①TP391.41

中国版本图书馆 CIP 数据核字（2014）第 224492 号

总 策 划：刘 斌
责任编辑：刘 斌
责任校对：肖新民
责任印制：赵麟苏
排 版：海洋计算机图书输出中心 申彪
出版发行：海洋出版社
地 址：北京市海淀区大慧寺路 8 号（716 房间）100081
经 销：新华书店
技术支持：（010）62100055 hyjccb@sina.com

发 行 部：（010）62174379（传真）（010）62132549
（010）68038093（邮购）（010）62100077
网 址：www.oceanpress.com.cn
承 印：北京画中画印刷有限公司
版 次：2014 年 10 月第 1 版
2014 年 10 月第 1 次印刷
开 本：787mm×1092mm 1/16
印 张：30.75
字 数：732 千字
印 数：1～4000 册
定 价：68.00 元（含 1DVD）

After Effects CC是由美国Adobe公司出品的一款后期合成软件，它提供了强大的基于PC和MAC平台的后期合成功能，被广泛应用于影视制作、栏目包装、电视广告、后期编辑及视频处理等领域。After Effects CC借鉴了许多优秀软件的成功之处，这也使得它成为PC和MAC平台上具有强大实力的后期合成软件之一，受到全世界上百万设计师的喜爱。

本书包括9章和2个附录。主要介绍了影视制作基础知识、After Effects CC软件入门、新建合成与设置、添加素材管理、时间线应用、新建层信息、文字效果设置、视频效果处理和渲染输出。附录分别为快捷键和CC效果中英文对照。

书中附带的超大容量DVD多媒体教学，可以让您在专业老师的指导下轻松学习、掌握After Effects CC软件的使用。学习过程紧密连贯，范例环环相扣，一气呵成。读者学习时可以一边看书一边观看DVD光盘的多媒体视频教学，在掌握影视创作技巧的同时，享受着学习的乐趣。

为了能让更多影视制作、后期合成、视频剪辑、多媒体制作等领域的读者快速、有效、全面地掌握After Effects在影视制作方面的使用方法和技巧，“哈尔滨子午视觉文化传播有限公司”“哈尔滨子午影视动画培训基地”和“哈尔滨学院艺术与设计学院”的多位专家联袂出手，精心编写了本书。

本书主要由彭超、张桂良、马小龙、景洪荣、漆常吉、王永强、黄永哲、康承志、郭松岳、李健达、石岩等老师联合执笔，孙鸿翔、周旭、齐羽、唐传洋、张国华、解嘉祥、孙颜宁、张超、周方媛等老师也参与了本书的审校工作。另外，还要感谢出版社的各位编辑老师，在本书编写过程中提供的技术支持和专业建议，使得本书顺利出版。

如果在学习本书的过程中有需要咨询的问题，可访问子午视觉网站www.ziwu3d.com、子午影视网站www.0451MV.com或发送电子邮件至ziwu3d@163.com了解相关信息并进行技术交流。同时，也欢迎广大读者就本书提出宝贵意见与建议，我们将竭诚为您提供服务，并努力改进今后的工作，为读者奉献品质更高的图书。

编　者

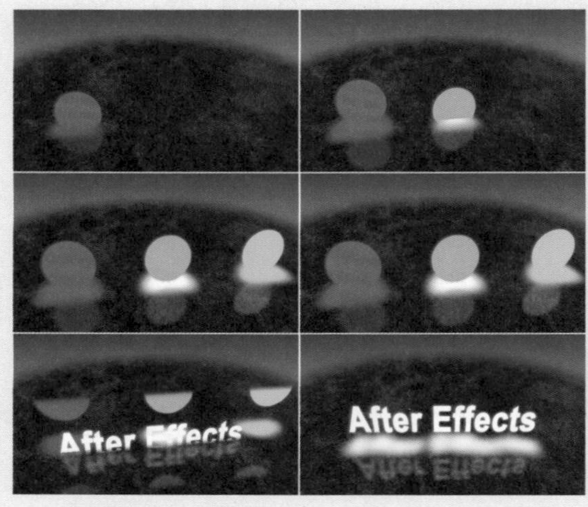

实例——动态圆形（P100）

实例——运动星球（P111）

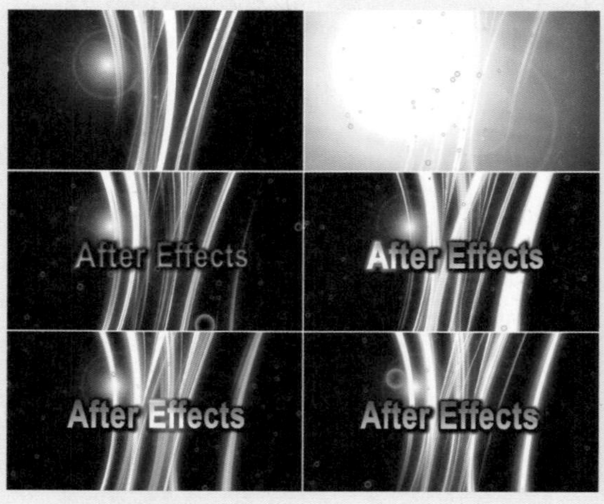

实例——分形噪波（P139）

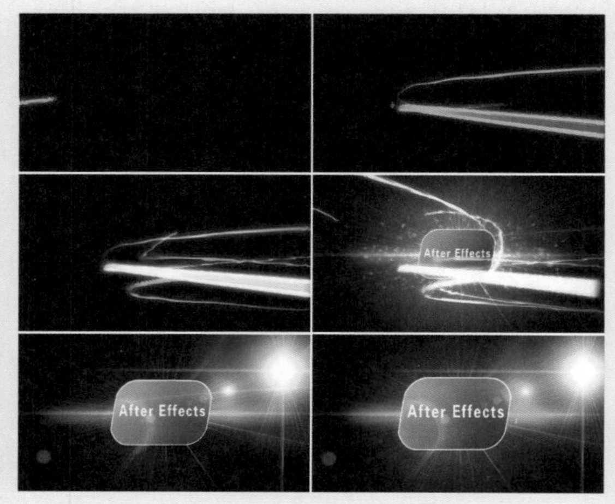

实例——炫彩光条（P151）

实例——星球爆炸特效（P187）

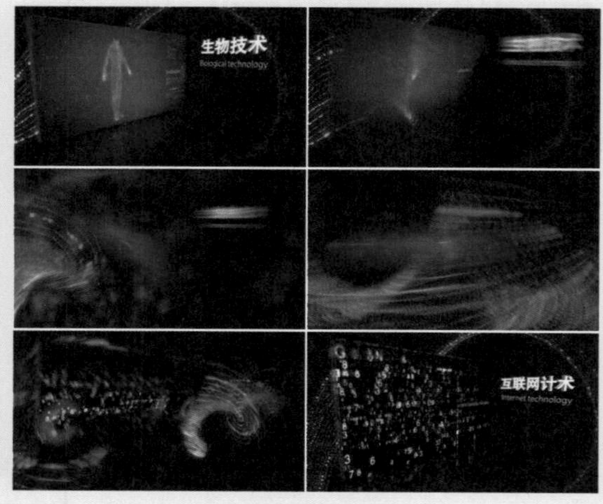

实例——镜头三维翻转（P197）

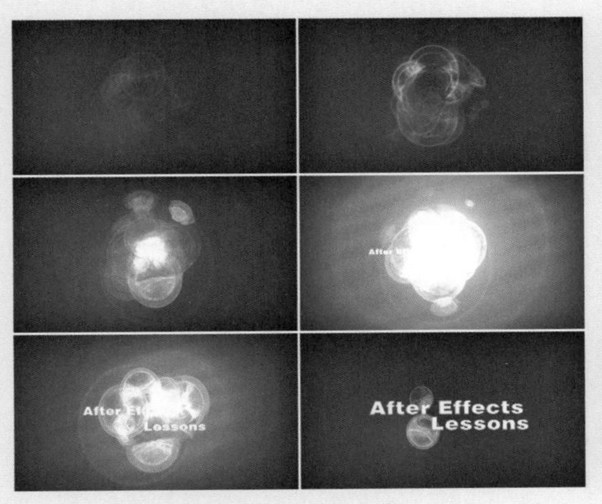

实例——炫粉喷射粒子（P215）

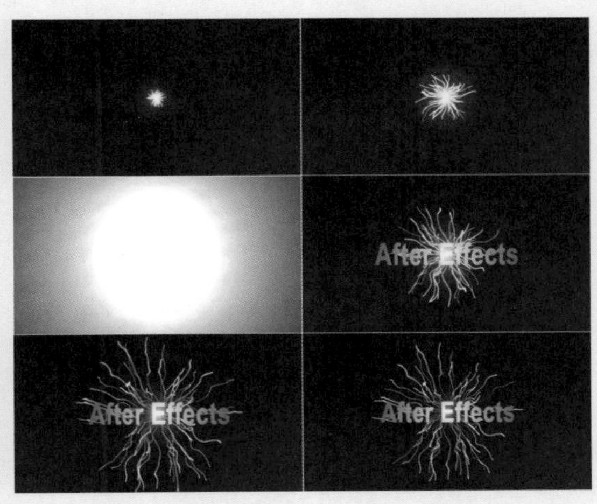

实例——空间粒子放射（P226）

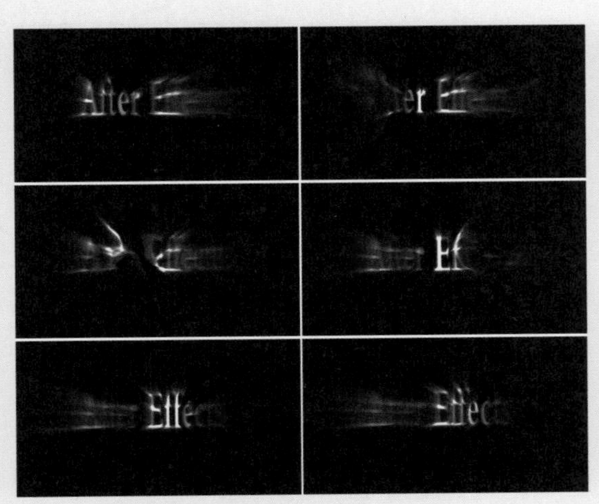

实例——散化文字（P249）

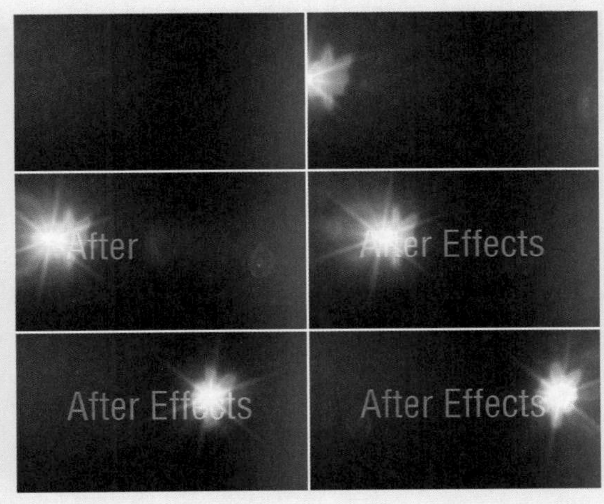

实例——星光文字（P255）

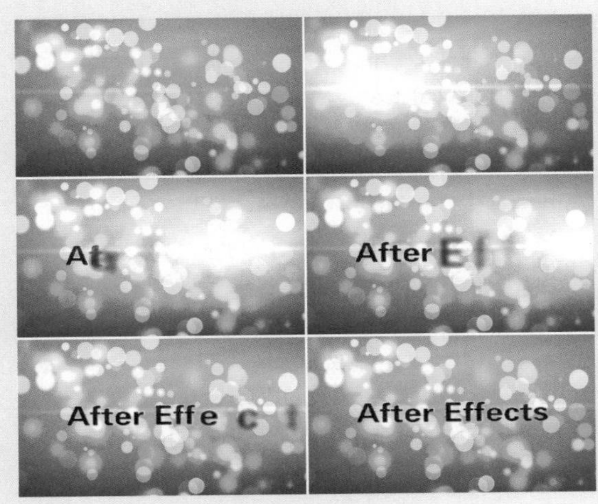

实例——光斑文字（P264）

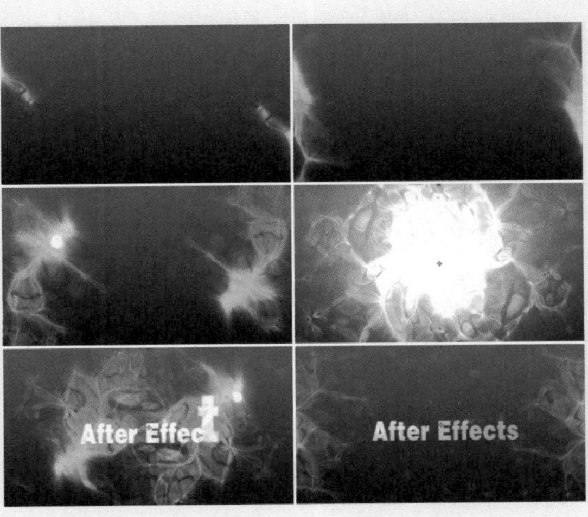

实例——炫粉扫光字（P269）

实例——金属立体字（P277）

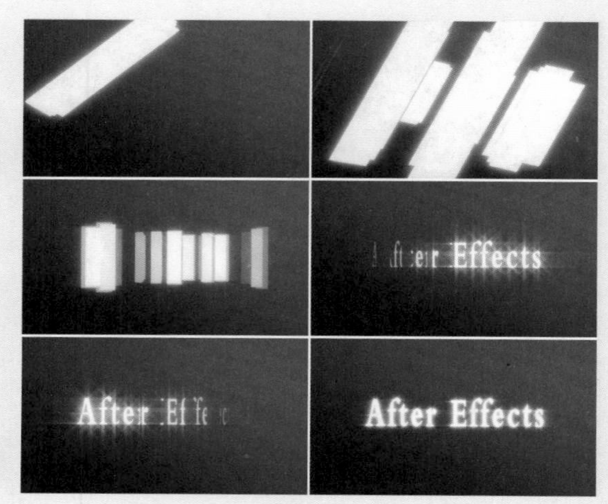

实例——卡片擦除字（P282）

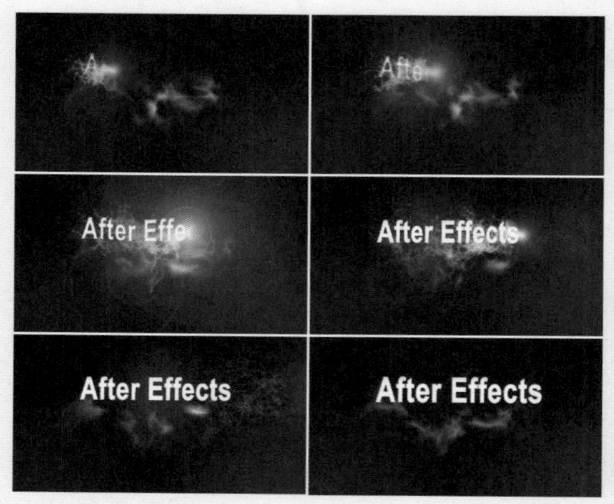

实例——粒子光晕字（P292）

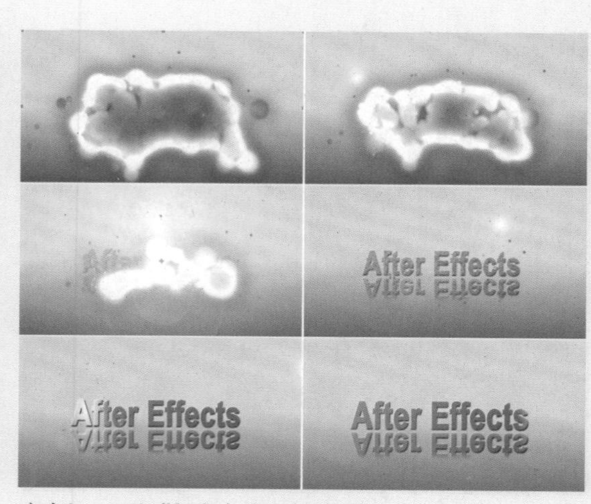

实例——飘散动态字（P314）

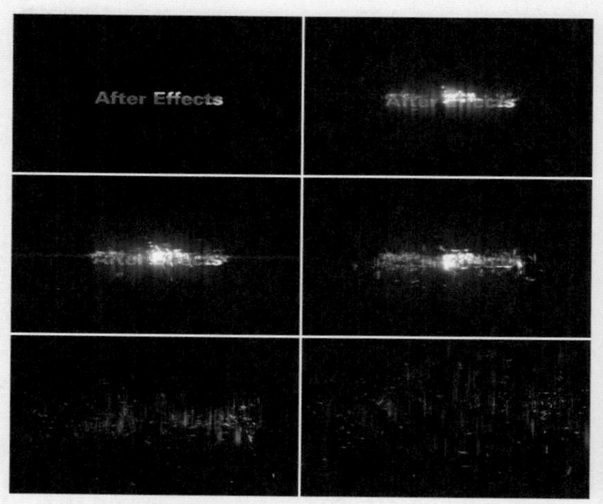

实例——眩光破碎字（P325）

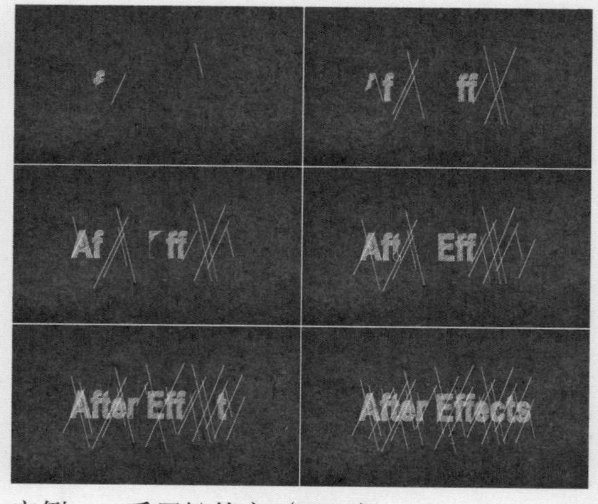

实例——手写粉笔字（P340）

实例——粒子发射字（P351）

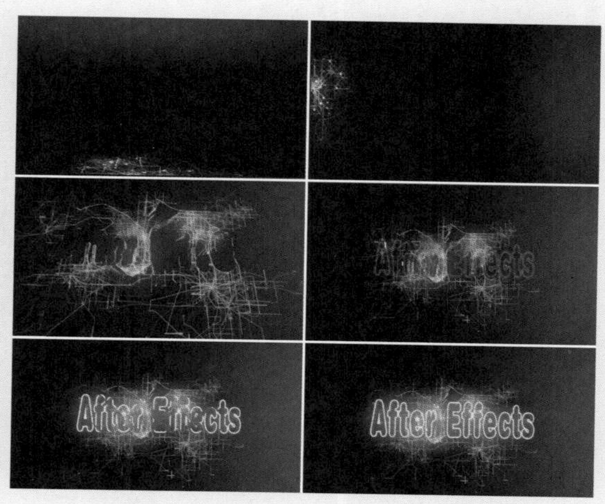

实例——空间闪电字（P366）

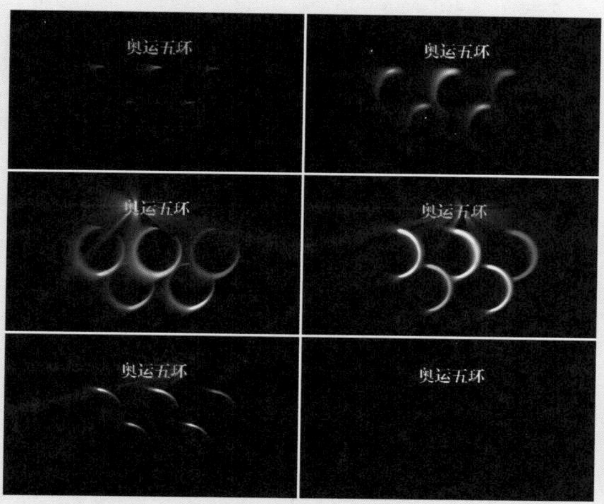

实例——奥运五环（P396）

实例——波动水流（P403）

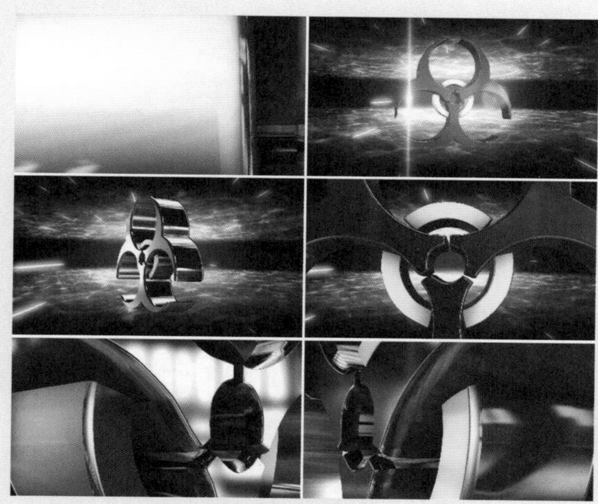

实例——三维标志（P409）

实例——夜间驾车（P434）

第1章 影视制作基础知识

第2章 After Effects CC软件入门

第3章 新建合成与设置

第4章 添加与管理素材

第5章 时间线应用

第6章 新建层信息

第7章 文字效果设置

第8章 视频效果处理

第9章 渲染输出

第1章
影视制作基础知识

本章主要通过介绍影视制作行业应用、影视制作常识，了解影视制作的基础知识。

电影与电视已经成为当前最为大众化、最具影响力的媒体形式。从电影所创造的幻想世界，到电视新闻所关注的现实生活，再到铺天盖地的电视广告与综艺节目，无不深刻地影响着我们的世界。

近十几年来，数字技术全面进入影视制作领域，计算机逐步取代了许多原有的影视设备，在影视制作的各个环节发挥了重大的作用。随着PC性能的显著提升以及价格上的不断降低，影视制作从以前专业等级的硬件设备逐渐向PC平台上转移，原先身价极高的专业软件逐步移植到PC平台上，价格也日益大众化。

1.1 影视制作行业应用

影视制作的应用逐渐从专业的电影与电视领域扩大到计算机游戏、多媒体、网络、家庭娱乐等更为广阔的领域。

1.1.1 影视剪辑

“影视剪辑”可以在很多种行业中进行应用，包括电视节目制作、企业专题制作、会议影像制作、微电影制作和婚礼MV制作等。

1. 电视节目制作

“电视节目制作”主要分成三个步骤，分别是策划、拍摄、后期制作。其中的后期制作部分是指将拍摄素材剪辑为较完整的电视节目，最常见的是将多机位拍摄内容剪辑为一段独立影像，并为拍摄的电视节目添加片头、片花、片尾、角标、文字等信息，如图1-1所示。

图1-1　电视节目制作

2. 企业专题制作

“企业专题制作”是商业应用中较常见的项目，主要根据解说和配音将拍摄的素材进行组合，使视频素材可以根据音频的起伏与转折相互配合，在宣传企业的同时会传达出影片节奏和美感，如图1-2所示。

图1-2　企业专题制作

3. 会议影像制作

“会议影像制作”是指将摄像机拍摄到的会议影像录像带采集为数字文件，然后通过剪辑控制影片的段落和时间长度，再对拍摄角度或不需要的镜头进行调整，如图1-3所示。

图1-3　会议影像制作

4. 微电影制作

"微电影制作"是随着DV摄像机和单反视频普及而产生的，微型电影又称为微影。微电影是指专门运用在各种新媒体平台上播放的，适合在移动状态与短时休闲状态下观看的、具有完整策划和系统制作体系支持的具有完整故事情节的"微（超短）时"（30秒－300秒）放映、"微（超短）周期制作（1－7天或数周）"和"微（超小）规模投资（几千至数千/万元每部）"的视频短片，内容融合了幽默搞怪、时尚潮流、公益教育、商业定制等主题，可以单独成篇，也可系列成剧，如图1-4所示。

图1-4　微电影制作

5. 婚礼MV制作

"婚礼MV制作"是指在拍摄前期加入了MV的元素，主要有新人恋爱故事、结婚筹备期和婚礼现场等不同时段。如近两年参加婚礼的朋友可能会发现，在结婚典礼开场时会放映一段介绍新郎新娘恋爱故事或者婚礼筹备花絮的影音资料，这也是婚礼进行前制作的MV，使婚礼的视觉效果呈现得更加浪漫，在制作婚礼MV时会大量使用"影视剪辑"中的节奏剪辑和后期调色功能，如图1-5所示。

图1-5　婚礼MV制作

1.1.2　栏目包装

在影视制作行业中，电视媒体的使用比率占了大部分份额，而其中"栏目包装"又是其中较常见的种类分支。栏目包装是指对电视频道、栏目、节目的全面视觉特效包装设计。

除节目本身内容和插播广告等内容之外，电视栏目包装还包括播出内容的片头、片花、片尾、预告、导视、主持人形象、演播室等，其目的主要是进行宣传和形象推广，为建立电视栏目良好的社会形象和品牌形象服务，是一种打造电视媒体品牌的重要手段。

"栏目包装"最重要的是设计创意，主要表现为标识、辅助图形、色彩和样式的设计。标识和辅助图形常常被作为整体包装中图形设计的核心元素，因此在设计初期，就要考虑到开放式特征和可演绎性，方便频道和栏目在所有媒体上的推广。

1. 标识

"标识"是频道和栏目形象最直观、最具体的视觉传达，以精练的形象表达特定的含义，并借助人们的符号识别、联想等思维能力，传达特定的信息。标识是一种有意味的形式，通过简单的构图，往往能传达出一个频道独特的人文精神和价值追求，具有文化内质和企业品牌双重价值。在电视频道和栏目的整体包装中，频道的标识设计是主要着力点。将一个优秀的标识融入整体包装的各个环节中，能够显著提升整体效果，如图1-6所示。

图1-6　LOGO标识

2. 辅助元素

"辅助元素"是指在电视频道的整体包装设计中被广泛使用并最终形成频道形象识别依据的图形等设计，是除频道标识之外又一个重要的频道视觉元素，通常是从频道标识开始的。从频道标识中演绎提炼出某一独特图形元素，广泛地应用于整体包装的各个版块，整套频道包装在视觉形象上就有了整体可能。但是，许多频道的现有标识并不适合图形的变化或演绎，这时候就需要开发一个新的频道辅助图形元素。辅助图形可以是一种几何图形、一个卡通造型，也可以是由频道标识演绎而来的图形设计元素，如图1-7所示。

图1-7　辅助元素

3. 风格样式

伴随影视包装技术的不断发展，尤其是CG技术的普及和运用，推动了整个影视包装行业的变革。视频设计师在创意和制作过程中，将实景拍摄与CG技术结合，便可无限制地发挥想象空间，带给观众前所未有的视觉体验，如图1-8所示。

图1-8　实景拍摄

长期以来，三维风格的包装设计在中国影视包装行业中大行其道，尤其是在频道呼号、栏目片头、片花的功能包装设计中运用较多。电脑三维设计可以制作不受制作成本制约的画面道具和独特的电脑图形视觉质感。充分利用其特性优势，能够创造出强烈的镜头冲击力、科幻的场景、炫目的光效、缤纷的色彩感受，如图1-9所示。

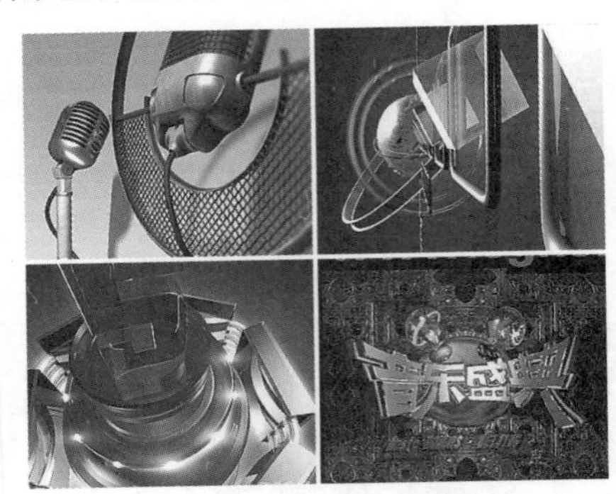

图1-9　三维风格

二维风格的视频设计并没有放弃电脑三维技术的使用，而是有意识地弱化三维风格中的立体造型、金属质感、炫目光效等特征，转而借助于色彩构成和平面设计，如图1-10所示。

图1-10　二维风格

为了丰富影视包装的设计风格，设计师开始借助各种各样的艺术表现形式。无论是古典艺术还是现代艺术，无论是抽象主义、立体主义还是表现主义，无论是油画、版画、水彩、水墨还是雕塑或民间艺术，它们几乎都被运用到影视包装的设计中，视频风格日益丰富、多元化，如图1-11所示。

图1-11　其他风格

1.1.3　影视特效

在电影与电视中，人工制造出来的假象和幻觉，被称为“影视特效”，影视特效可以使影视作品更加扣人心弦，视觉效果更加绚丽丰富。

随着电脑图形图像技术的发展，“影视特效”的制作速度和质量有了巨大的进步，制作者可以在电脑中完成细腻、真实、震撼的画面效果。常见的“三维特效”即是通过软件技术制作三维相关的内容，而“后期特效”可以通过将实拍内容与软件渲染的素材进行合成，得到最终的效果，如图1-12所示。

图1-12　影视特效

1.2　影视制作常识

在影视后期制作时，必须按照相关标准设置模拟信号、数字信号、帧、场、分辨率和像素比、视频压缩解码，避免出现不符合播出标准的情况。

1.2.1　模拟信号与数字信号

不同的数据必须转换为相应的信号才能进行传输。模拟数据一般采用模拟信号（Analog Signal）或电压信号来表示；数字数据则采用数字信号（Digital Signal），即用一系列断续变化的电压脉冲或光脉冲来表示。当模拟信号采用连续变化的电磁波来表示时，电磁波本身既是信号载体，同时又作为传输介质；而当模拟信号采用连续变化的信号电压来表示时，它一般通过传统的模拟信号传输线路来传输。当数字信号采用断续变化的电压或光脉冲来表示时，一般需要用双胶线、电缆或光纤介质将通信双方连接起来，才能将信号从一个节点传到另一个节点。

模拟信号在传输过程中要经过许多设备的处理和转送，这些设备难免会产生一些衰减和干扰，使信号的保真度大大降低。数字信号可以很容易的区分原始信号与混合的噪波并加以校正，可以满足对信号传输的更高要求。

在广播电视领域中，传统的模拟信号电视将会逐渐被高清数字电视（HDTV）所取代，越来越多的家庭将可以收看到数字有线电视或数字卫星节目，如图1-13所示。

图1-13　高清数字电视

节目的编辑方式也由传统的磁带到磁带模拟编辑发展为数字非线性编辑，借助计算机进行数字化的编辑与制作，不用像线性编辑那样反反复复地在磁带上寻找，突破了单一的时间顺序编辑限制。非线性编辑只要上传一次就可以多次的编辑，信号质量始终不会降低，节省了设备、人力，提高了效率，如图1-14所示。

图1-14　非线性编辑

DV数字摄影机的普及，尤其当下渐渐兴起的单反视频类型，使得制作人员可以使用家用电脑完成高要求的节目编辑，使数字信号逐渐融入人们的生活之中，如图1-15所示。

图1-15　DV数字摄影机

1.2.2　视频制式

现在常见的视频信号制式有PAL、NTSC和SECAM，其中PAL和NTSC两种制式应用较广。

1. NTSC制式

NTSC电视标准的帧频为每秒29.97帧(简化为30帧)，电视扫描线为525线，偶场在前、奇场在后，标准的数字化NTSC电视标准分辨率为720×486，色彩位深为24比特，画面的宽高比为4:3，NTSC电视标准主要用于美、日等国家和地区。

2. SECAM制式

SECAM又称塞康制，是法文Sequentiel Couleur A Memoire的缩写，意为“按顺序传送彩色与存储”，1966年由法国研制成功，它属于同时顺序制。在信号传输过程中亮度信号每行传送，而两个色差信号则逐行依次传送，即用行错开传输时间的办法来避免同时传输时所产生的串色以及由其造成的彩色失真。SECAM制式特点是不怕干扰且彩色效果好，但兼容性差。帧频为每秒25帧，扫描线为625线并隔行扫描，画面比例为4:3，分辨率为720×576，采用SECAM制的国家主要为俄罗斯、法国、埃及等。

3.PAL制式

PAL电视标准的帧频为每秒25帧，电视扫描线为625线，奇场在前、偶场在后，标准的数字化PAL电视分辨率为720×576，色彩位深为24比特，画面的宽高比为4:3，PAL电视标准用于中国、欧洲等国家和地区。

1.2.3　帧速率

帧速率也称为FPS，是Frames Per Second的缩写，指每秒钟刷新的图片的帧数，也可以理解为图形处理器每秒钟能够刷新几次。具体到视频上就是指每秒钟能够播放多少格画面，高的帧速率可以得到更流畅和逼真的动画；每秒钟帧数（FPS）越多，所显示的动作就会越流畅。像电影一样，视频是由一系列的单独图像（称之为帧）组成并放映到观众面前的屏幕上。每秒钟放映若干张图像，会产生动态的画面效果，典型的帧速率范围是24帧/秒至30帧/秒，这样才会产生平滑和连续的效果。在正常情况下，一个或者多个音频轨迹与视频同步，并为影片提供声音。

帧速率也是描述视频信号的一个重要概念，对每秒钟扫描多少帧有一定的要求。传统电影的帧速率为24帧/秒，PAL制式电视系统为625线垂直扫描，帧速率为25帧/秒，而NTSC制式电视系统为525线垂直扫描，帧速率为30帧/秒。虽然这些帧速率足以提供平滑的运动，但它们还没有达到使视频显示避免闪烁的程度。根据实验，人的眼睛可觉察到以低于1/50秒速度刷新图像中的闪烁。然而，要求帧速率提高到这种程度，显著增加系统的频带宽度是相当困难的。为了避免这样的情况，电视系统全部都采用了隔行扫描方法。

1.2.4 扫描场

大部分的广播视频采用两个交换显示的垂直扫描场构成每一帧画面，这叫做交错扫描场。交错视频的帧由两个场构成，其中一个扫描帧的全部奇数场，称为奇场或上场；另一个扫描帧的全部偶数场，称为偶场或下场。场以水平分隔线的方式隔行保存帧的内容，在显示时首先显示第一个场的交错间隔内容，然后再显示第二个场来填充第一个场留下的缝隙。每一帧包含两个场，场速率是帧速率的二倍。这种扫描的方式称为隔行扫描，与之相对应的是逐行扫描，每一帧画面由一个非交错的垂直扫描场完成，如图1-16所示。

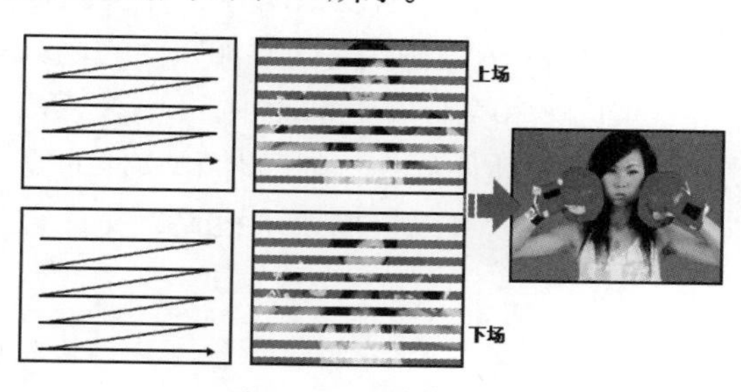

图1-16 交错扫描场

电影胶片类似于非交错视频，每次显示一帧，如图1-17所示。通过设备和软件，可以使用3-2或2-3下拉法在24帧/秒的电影和约为30帧/秒（29.97帧/秒）的NTSC制式视频之间进行转换。这种方法是将电影的第一帧复制到视频的场1和场2以及第二帧的场1，将电影的第二帧复制到视频第二帧的场2和第三帧的场1。这种方法可以将4个电影帧转换为5个视频帧，并重复这一过程，完成24帧/秒到30帧/秒的转换。使用这种方法还可以将24p的视频转换成30p或60i的格式。

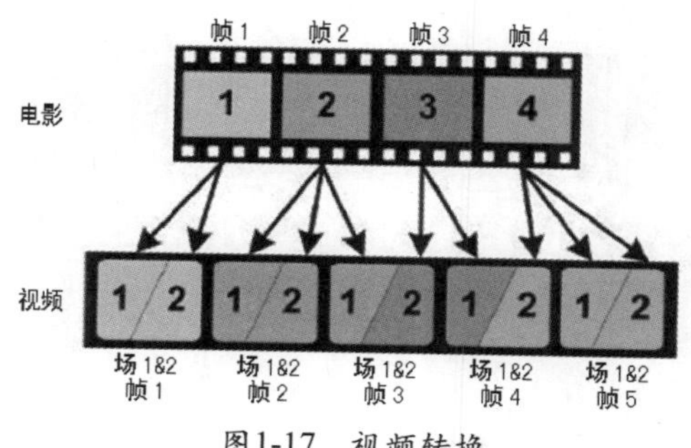

图1-17 视频转换

1.2.5 分辨率和像素比

在中国最常用到的视频信号制式为PAL制式，其电视分辨率为720×576、DVD为720×576、VCD为352×288、SVCD为480×576、小高清为1280×720、大高清为1920×1080。

电影和视频的影像质量不仅取决于帧速率，每一帧的信息量也是一个重要因素，即图像的分辨率。较高的分辨率可以获得较好的影像质量。常见的电视格式标准的分辨率为4:3，如图1-18所示。

图1-18 标准4:3

电影格式宽屏的分辨率为16:9，而一些影片具有更宽比例的图像分辨率，如图1-19所示。

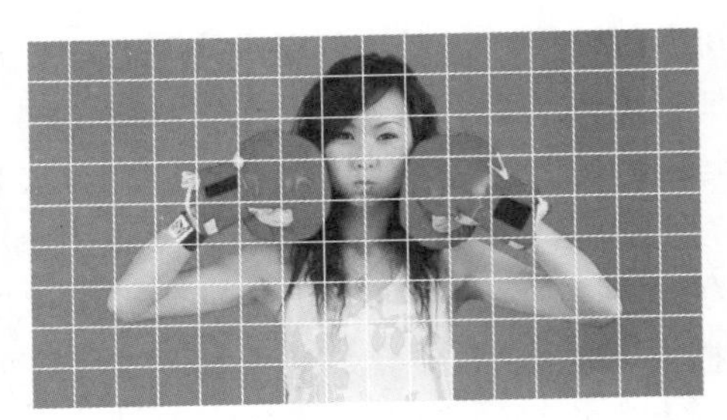

图1-19　宽屏16:9

传统模拟视频的分辨率表现为每幅图像中水平扫描线的数量，即电子光束穿越荧屏的次数，称为垂直分辨率。NTSC制式采用每帧525行扫描，每场包含262条扫描线；而PAL制式采用每帧625行扫描，每场包含312条扫描线。水平分辨率是每行扫描线中所包含的像素数，取决于录像设备、播放设备和显示设备。如老式VHS格式录像带的水平分辨率只有250线，而DVD的水平分辨率是500线。

电视的清晰度是以水平扫描线数来计量的，小高清的720p格式是标准数字电视显示模式，包括720条可见垂直扫描线，16:9的画面比，行频为45KHz；大高清为1080p格式，包括1080条可见垂直扫描线，画面比同为16:9，分辨率更是达到了1920×1080逐行扫描的专业格式。

1.2.6　视频压缩解码

视频压缩也称为编码，是一种相当复杂的数学运算过程，其目的是通过减少文件的数据冗余，节省存储空间，缩短处理时间及节约传送通道等。根据应用领域的实际需要，不同的信号源及其存储和传播的媒介决定了压缩编码的方式，压缩比率和压缩的效果也各不相同。

压缩的方式大致分为两种。一种是利用数据之间的相关性，将相同或相似的数据特征归类，用较少的数据量描述原始数据，以减少数据量，这种压缩通常为无损压缩；而利用人的视觉和听觉特性，针对性地简化不重要的信息，以减少数据，这种压缩通常为有损压缩。

即使是同一种AVI格式的影片也会有不同的视频压缩解码进行处理，如图1-20所示。

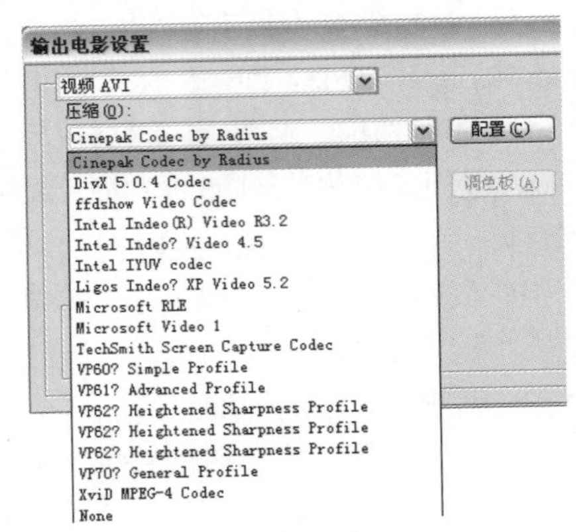

图1-20　AVI格式视频压缩解码

1. MOV格式

MOV格式的影片也有不同的视频压缩解码进行处理，如图1-21所示。

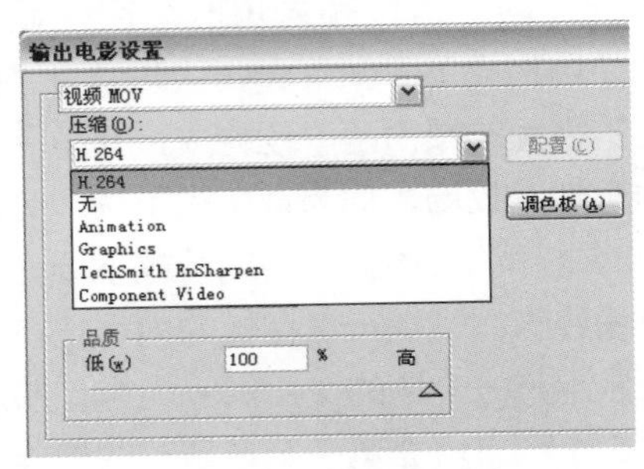

图1-21　MOV格式视频压缩解码

2. AVI格式

在众多AVI视频压缩解码中，None是无压缩的处理方式，清晰度最高，文件容量也是最大的。DV AVI格式对硬件和软件的要求不高，清晰度和文件容量都适中。DivX AVI格式是第三方插件程序，对硬件和软件的要求不高，清晰度可以根据要求设置，文件容量非常小。

3.DivX格式

DivX是一项由DivX Networks公司发明的，类似于MP3的数字多媒体压缩技术。DivX基于 MPEG-4标准，可以将MPEG-2格式的多媒体文件压缩至原来的10%，更可将VHS格式录像带格式的文件压至原来的1%。通过DSL

或Cable Modem等宽带设备，它可以使用户欣赏全屏的高质量数字电影，无论是声音还是画质都可以和DVD相媲美，如图1-22所示。

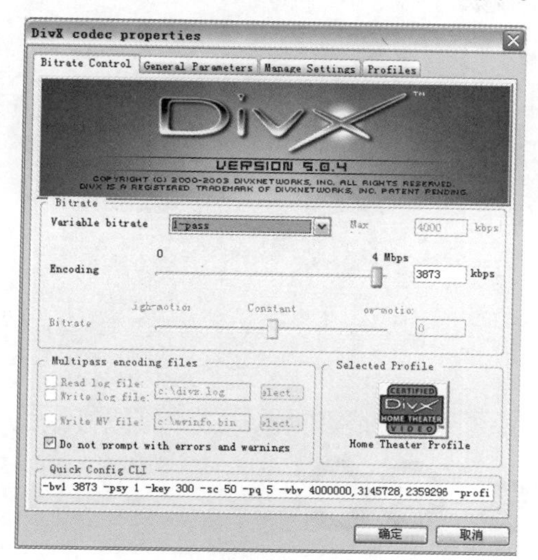

图1-22　DivX格式视频压缩解码

4. WMV格式

WMV是微软的一种流媒体格式，英文全名为Windows Media Video。WMV格式的体积非常小，因此很适合在网上播放和传输。从WMV7开始，微软在视频方面开始脱离MPEG组织，并且与MPEG-4不兼容，成为了一个独立的编解码系统。

5. MPEG格式

MPEG-1的质量和体积之间比较平衡，但对于更高图像质量就有点力不从心了。MPEG-2的出现在一定程度上弥补了这个缺陷，这个标准制定于1994年，其设计目的是提供高标准的图像质量。MPEG-2格式主要应用在DVD的制作方面，常用的DVD光盘就是采用MPEG-2标准压缩，后缀名为.vob的DVD光盘上的文件就是采用这种编码。使用MPEG-2的压缩算法，120分钟时长的电影体积大约在4~8GB之间。MPEG-2格式压缩的文件扩展名包括.mpg、.mpe、.mpeg、.m2v及DVD光盘上的.vob等。

MPEG-2的图像质量非常不错，但过大的体积并不容易在网络上传播。MPEG-4制定于1998年，其目的主要是达到质量和体积的平衡，通过帧重建等技术，MPEG-4标准可以保存接近于DVD画质的小体积视频文件。MPEG-4格式还包含了以前MPEG标准不具备的比特率的可伸缩性、交互性甚至版权保护等特殊功能，正因为这些特性，MPEG-4格式被誉为“DVD杀手”。采用这种视频格式的文件扩展名包括.asf、.mov等。

除了这些格式以外，还有一些其他格式流传比较广泛，网络流传最广泛的格式莫过于Real公司的RM和RMVB了，而绝大多数MP4是不可以直接播放这两种格式的。可以使用转换软件将RM、RMVB格式转化为AVI等MP4常见格式，如图1-23所示。

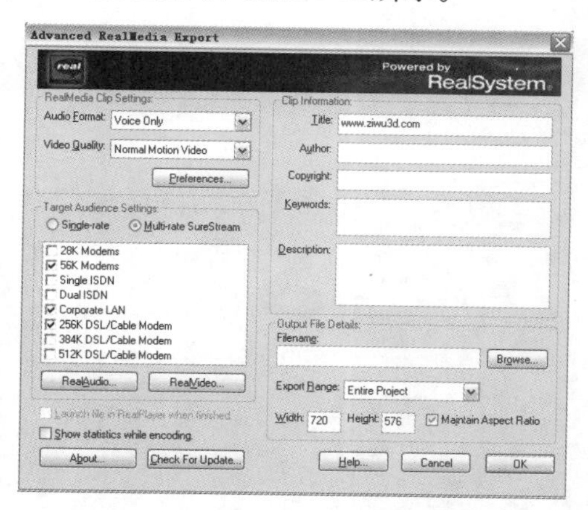

图1-23　Real格式视频压缩解码

1.3 本章小结

本章主要对影视制作基础知识进行了介绍，包括影视制作的行业应用和影视制作常识等，应着重了解模拟信号和数字信号、视频制式、帧速率、扫描场、分辨率和像素比、视频压缩解码等重点概念。

第2章 After Effects CC 软件入门

本章通过After Effects CC的界面布局、新增功能概述、工作流程、支持的文件格式、输出设置和渲染顺序，介绍After Effects CC软件的入门知识。

After Effects CC是美国Adobe公司出品的一款基于PC和MAC平台的特效合成软件，也是最早出现在PC平台上的特效合成软件，因其强大的功能和低廉价格，在中国拥有最广泛的用户群，国内大部分从事特效合成的工作人员都是从该软件起步的。

2.1 After Effects CC软件简介

After Effects CC是一款用于高端视频特效系统的专业特效合成软件，它借鉴了许多优秀软件的成功之处，将视频特效合成上升到了新的高度。After Effects CC的主要内容包括支持高质量素材、支持多剪辑、高效关键帧编辑，以及无与伦比的准确性、强大路径功能、超凡特技控制、与Adobe软件无缝结合和高效渲染效果等。

像《钢铁侠》、《幽灵骑士》、《加勒比海盗》、《绿灯侠》等影片都使用After Effects制作各种特效，其使用技能也是影视后期编辑人员必备的技能之一。Adobe After Effects CC也是Adobe公司首次直接内置官方简体中文语言的版本。

After Effects CC提供了高效、精确的多样工具，可以帮助用户创建引人注目的动画效果和绚丽的视觉特效，它是一款灵活的2D和3D后期合成软件。其中包含了上百种特效和预置的动画效果，在电影、电视、新媒体等领域的动画图形和视觉特效中设立了新标准。After Effects CC还具备了与Premiere、Encore、Audition、Photoshop和Illustrator软件无与伦比的交互功能，可以为用户提供创新方式应对生产挑战，并具有交付高品质成品所需的速度、准确度和强大功能。After Effects CC的启动画面如图2-1所示。

图2-1 启动画面

2.1.1 After Effects CC的特点

1. 支持高质量素材

After Effects CC支持从4×4到30000×30000像素分辨率的素材，包括了标清电视、高清电视（HDTV）和电影等多种类型影片。

2. 支持多层剪辑

After Effects CC支持无限层视频和静态画面的成熟合成技术，使After Effects CC可以实现视频和静态画面的无缝结合。

3. 高效关键帧编辑

在After Effects CC中，关键帧支持所有具备层属性的动画，并可以自动处理关键帧之间的变化，使动画编辑变得更加高效快捷。

4. 识别准确性

After Effects CC具有强大、精准的识别功能，可以精确到一个像素点的千分之六。准确的定位动画，使用户可以更精准的编辑操作，可以将项目与创意发挥得更加完美。

5. 强大路径功能

After Effects CC就像在纸上画草图一样，使用Motion Sketch可以轻松绘制动画路径。路径将更加符合项目需求，可以使用户自定义每一个位置的效果。

6. 超凡特技控制

After Effects CC中提供了多达近百种特效滤镜，可供用户根据不同需求来使用，主要用以修饰增强图像效果和动画控制，特别是新增的Cinema 4D功能和画面稳定器VFX

功能，可以更好地解决多特技穿插使用的复杂步骤。

7. 与Adobe软件无缝结合

After Effects CC在导入Photoshop和Illustrator文件时，可保留素材中的层信息，使各种软件各擅其长，并可以充分的合成。

8. 高效渲染效果

After Effects CC可以执行一个合成在不同尺寸大小上的多种渲染，或者执行一组任何数量的不同合成的渲染。多种渲染的方式，可以大幅度缩减不必要的时间损失，可以任意选择适合项目的渲染方式。

2.1.2 运行环境

After Effects CC的运行环境主要由系统要求和硬件要求两部分组成，后期特效软件对计算机的要求是比较高的。

（1）CPU：Intel® Core™2 Duo和AMD Phenom® II及以上处理器，要求64位支持。

（2）系统：Microsoft® Windows® 7 Service Pack 1和 Windows® 8。

（3）内存：4GB RAM以上内存，建议使用8GB。

（4）硬盘：3GB可用硬盘空间，用于磁盘缓存的额外磁盘空间建议10GB，需要ATA 100/7200rpm或更快硬盘并支持至少20MB/sec数据吞吐量，而多个HD流输出需要两块或以上硬盘组成RAID-0系统提升速度。

（5）显示器：建议1280x900以上分辨率的显示设备。

（6）显卡：支持OpenGL 2.0的系统并经过Adobe 认证的GPU显卡，用于GPU加速的光线追踪3D渲染器。

（7）播放器：需要QuickTime 7.6.6软件实现 QuickTime功能。

（8）网络：必须有宽带Internet连接并注册才能进行软件激活、订阅验证和联机服务访问。

2.1.3 软件安装

首先执行软件包的Setup（安装）文件，系统将弹出Adobe公司的安装程序，在初始化安装程序时需关闭Adobe公司的其他软件，如Photoshop、Illustrator、Premiere等，确保安装程序可以正确进行，如图2-2所示。

图2-2 初始化安装程序

执行初始化安装程序后，将弹出“欢迎”面板，在其中可进行“安装”和“试用”两种方式选择，如图2-3所示。

图2-3 欢迎面板

选择安装方式后，After Effects CC需要使用Adobe ID进行安装，如图2-4所示。

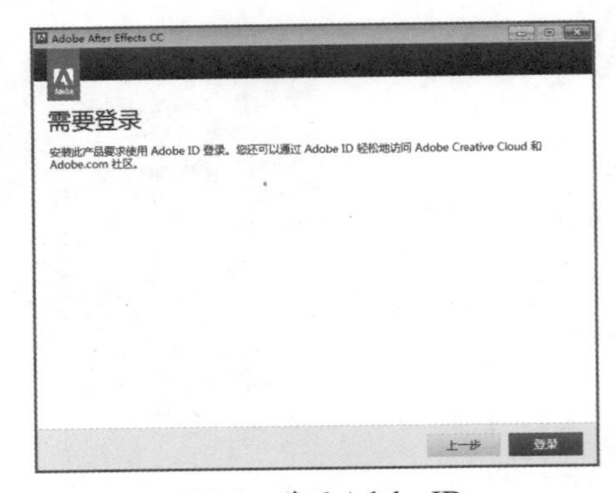

图2-4 登录Adobe ID

如果有Adobe ID，可以在“登录”对话框中输入登录信息，如果没有注册Adobe ID，可以单击“创建Adobe ID”按钮建立新的ID号码，如图2-5所示。

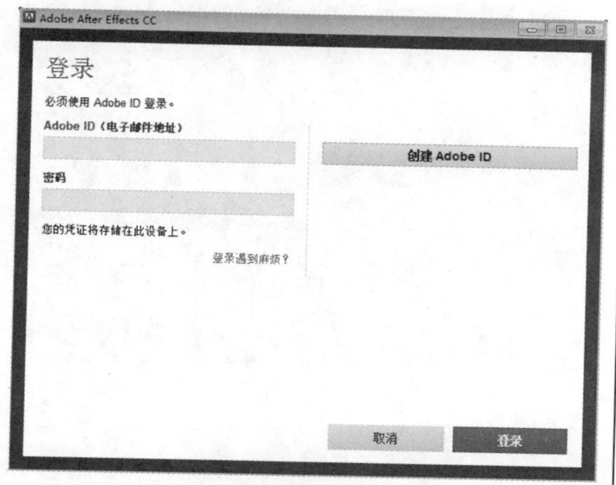

图2-5　登录对话框

单击“创建Adobe ID”按钮后将弹出新的面板，在其中需填写Adobe ID注册信息，然后再单击“创建”按钮，系统将提交注册信息，如图2-6所示。

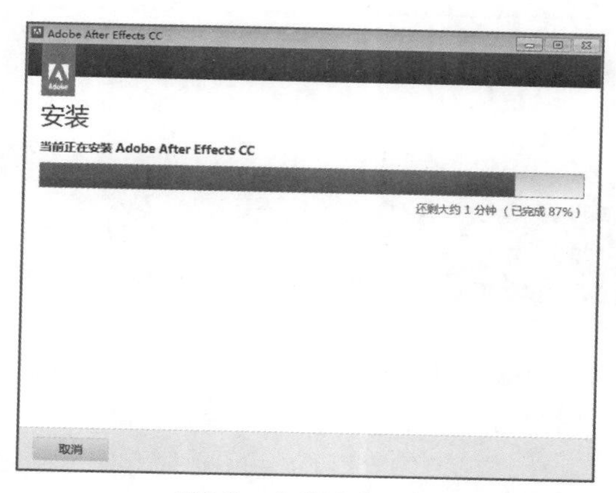

图2-6　创建Adobe ID

系统将切换至安装的“选项”面板，在其中可以选择After Effects CC的语言形式和设置安装位置，然后再执行“安装”按钮进行剩余的软件安装操作，如图2-7所示。

系统在“安装”的进度面板中将显示After Effects CC软件的安装进度和剩余时间，如图2-8所示。

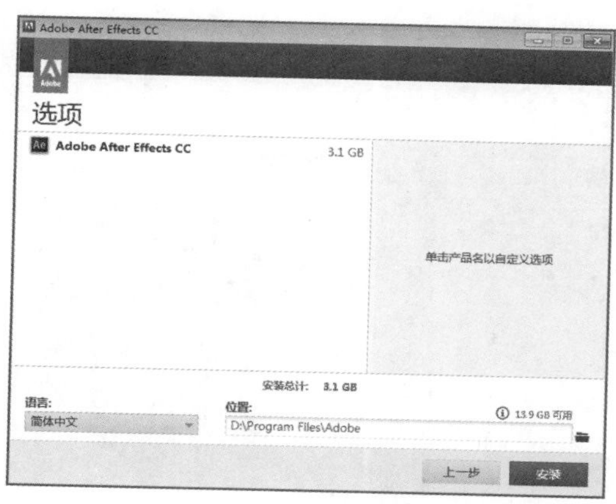

图2-7　选项设置

安装
当前正在安装 Adobe After Effects CC
还剩大约 1 分钟（已完成 87%）
取消

图2-8　安装进度面板

安装进度达到100%后将弹出“安装完成”面板，可单击“视频教程”按钮进行网络多媒体的帮助，也可以执行“完成”按钮结束当前的操作，如图2-9所示。

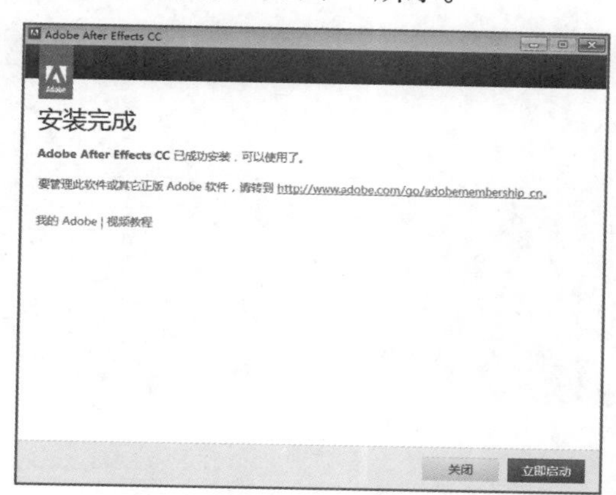

图2-9　安装完成面板

After Effects CC安装完成后，可在系统“开始”菜单中执行Adobe After Effects CC

的启动图标进入软件，如图2-10所示。

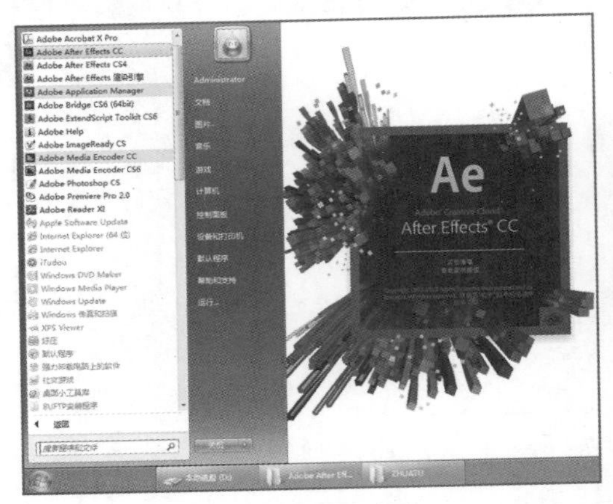

图2-10　软件启动

如果系统安装的磁盘空间不足，After Effects CC将弹出“警告”对话框，用于磁盘缓存的额外磁盘空间建议10GB以上，如图2-11所示。

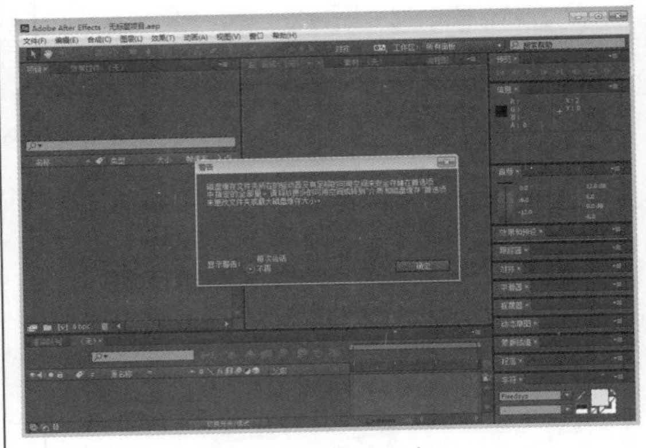

图2-11　警告面板

2.2 界面布局

After Effects CC具有全新设计的流线型工作界面，布局合理并且界面元素可以随意组合，在工作界面切换面板中还有多种预设，在大大提高使用效率的同时，还增加了许多人性化功能。在接下来的学习过程中，将以“所有面板”类型为主要工作界面，界面布局如图2-12所示。

图2-12　界面布局

After Effects CC界面布局主要包括菜单栏、工具栏、项目面板、合成窗口、时间线、工作界面切换、预览面板、信息面板、音频面板、特效预设面板、跟踪器面板、对齐面板、平滑器面板、摇摆器面板、动态草图面板、蒙版插值面板、绘画面板、画笔面板、段落面板及字符面板。

2.2.1　菜单栏

“菜单栏”几乎是所有软件共有的重要界面布局要素之一，它包含了软件全部功能的命令操作。After Effects CC提供了9项菜单，分别为文件菜单、编辑菜单、合成菜单、图层菜单、效果菜单、动画菜单、视图菜单、窗口菜单和帮助菜单，如图2-13所示。

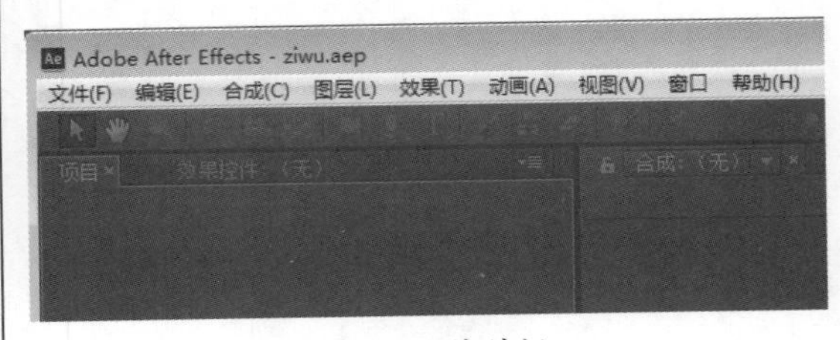

图2-13　菜单栏

（1）“文件”菜单：主要用于打开、导入、存储、退出等软件项目操作，也包括了对素材及代理选项的管理。

（2）“编辑”菜单/“合成”菜单/“图层”菜单/“效果”菜单：针对视频特效合成的操作部分，主要包括对合成部分的基本编辑、工作区的选择、模板及参数设置、图像合成的编辑、众多层命令和特效的选项。

（3）“动画”菜单：包含了动画的预置、关键帧的编辑与设置等操作选项。

（4）“视图”菜单：主要用于视图的调整、参考线与栅格的设置、3D视图的切换和调校。

（5）“窗口”菜单：主要是针对工作窗口及操作窗口的显示与隐藏、工作区的设置等管理选项。

（6）“帮助”菜单：主要提供了帮助文件、After Effects的版权信息和注册，在Internet连接的情况下支持互联网的在线帮助服务。

2.2.2 工具栏

工具栏位于菜单栏的底部，其中提供了一些常用的合成操作工具，包括选取工具、手形工具、缩放工具、旋转工具、摄影机工具、向后平移锚点工具、遮罩工具、钢笔工具、文本工具、画笔工具、仿制图章工具、橡皮擦工具、Roto笔刷工具、操控点工具，如图2-14所示。

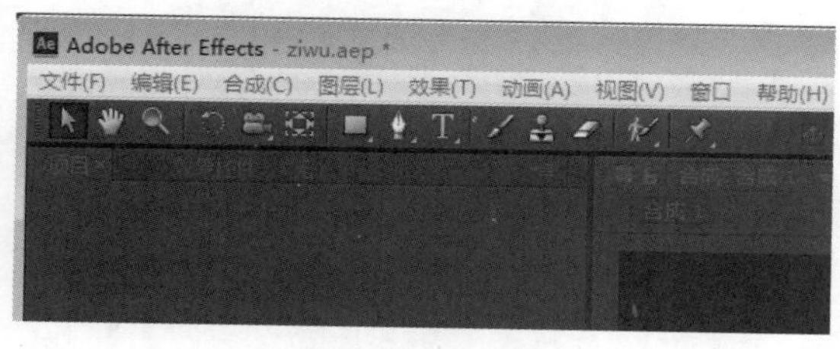

图2-14 工具栏

1. 选取工具

选取工具可以在合成窗口中选择、移动及调整图层和素材等，该工具的快捷键为“V”。

2. 手形工具

手形工具可以在合成项目操作的“视图”面板中控制预览区域，通过整体移动画面可以得到用户指定的预览范围，该工具的快捷键为“H”。

3. 缩放工具

缩放工具可以任意放大或缩小预览窗口中画面的显示尺寸，快速调整到所需大小，准确锁定到需要预览的区域，该工具的快捷键为“Z”。

4. 旋转工具

旋转工具可以在合成项目的预览窗口中调整选定素材的旋转角度，该工具的快捷键为“W”。

5. 摄影机工具

摄影机工具可以通过鼠标拖拽改变画面的构图角度，并可以对摄影机的各项参数进行调整，该工具的快捷键为“C”。

6. 向后平移锚点工具

向后平移锚点工具可以通过鼠标将中心点移动到自定义位置，从而改变图层的中心点，中心点位置的改变影响着部分图形的动画运动，特别是旋转动画效果，该工具的快捷键为“Y”。

7. 遮罩工具

遮罩工具中有5种预设的遮罩形状，分别为矩形工具、圆角矩形工具、椭圆工具、多边形工具与星形工具。通过这些预设的遮罩形状，可以快速、便捷地进行遮罩的绘制，该工具的快捷键为“Q”。

8. 钢笔工具

钢笔工具可以在合成项目的预览窗口或图层中通过对点的控制来调节范围大小及曲度，根据用户自身的需求绘制自定义路径与遮罩，其中还包括添加顶点工具、删除顶点工具、转换顶点工具、蒙版羽化工具，该工具的快捷键为“G”。

9. 文本工具

文本工具可以在合成项目的视图中创建文字图层并添加文字信息，配合“字符”面板的使用调节各项参数完成所需文字要求，该工具的快捷键为“Ctrl+T”。

10. 画笔工具

画笔工具可以在图层上自定义绘制图像，可以在图层“效果”菜单下的“绘画”中进行参数调整以及叠加方式的选择，该工具的快捷键为“Ctrl+B”。

11. 仿制图章工具

仿制图章工具可以复制需要的图像并将其填充到需要添加的其他部分，从而生成相同的图像内容，可以快捷调整与修饰素材的效果。该工具的快捷键为“Ctrl+B”，此快捷方式的连续使用，将会在画笔工具、仿制图章工具与橡皮擦工具之间进行切换。

12. 橡皮擦工具

橡皮擦工具可以根据用户需求，将自定义区域图像擦除，或是根据项目具体需求来实现区域透明的效果，该工具的快捷键为“Ctrl+B”。

13. Roto笔刷工具

Roto笔刷工具通过鼠标选择，电脑会快速运算并识别颜色差异，可以快速区分前景色和背景色效果，其中还包括调整边缘工具，该工具的快捷键为“Alt+W”。

14. 操控点工具

操控点工具可以通过用户设定骨骼关节，从而更准确的确定运动轴心，可以将较为简单的素材进行更真实的模拟运动，其中还包括操控叠加工具和操控扑粉工具，该工具的快捷键为“Ctrl+P”。

15. 同步设置工具

同步设置工具可将应用程序首选项同步到Creative Cloud，如果您使用两台计算机，“同步设置”功能可在这两台计算机之间轻松保持这些设置的同步性。

16. 工作区工具

所有面板 工作区工具可以快速切换After Effects CC预设的工作界面，也可以自定义工作界面。

17. 搜索帮助工具

搜索帮助 搜索帮助工具可以自动弹出进入官方网站，进行After Effects CC软件的帮助查询。

2.2.3 项目面板

在“项目”面板中，可以将参与合成的素材存储在该窗口中，并可显示每个素材的名称、类型、大小、持续时间、注释和文件路径信息，还可以对引入的素材进行查找、替换、定义、删除、重命名等操作。当“项目”面板中存有大量素材时，利用文件夹管理，可以有效地对素材进行组织和管理操作，如图2-15所示。

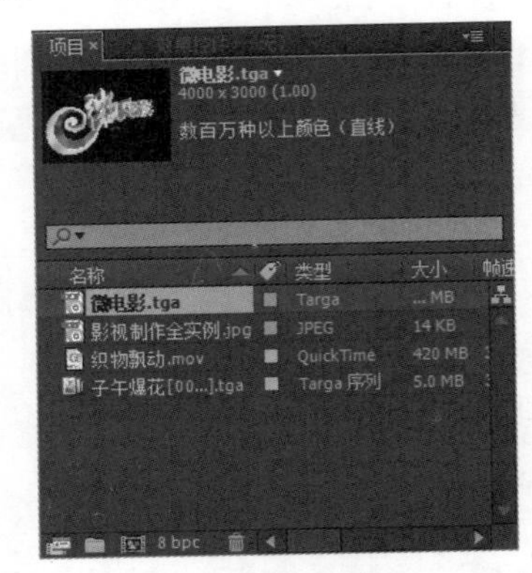

图2-15 项目窗口

在“项目”面板中包含了6个常用的操作工具，分别为解释素材、新建文件夹、新建合成、8 bpc项目设置、删除所选项目和项目流程图切换。

1. 解释素材

解释素材主要是指设置素材的Alpha（通道）、帧速率、场的变换、像素纵横比信息。

2. 新建文件夹

新建文件夹是指在“项目”面板中创建文件夹，用以将导入的素材进行分类。

3. 新建合成

新建合成是指新建合成组，并且对新的图像合成进行设置。

4. 项目设置

8 bpc 项目设置主要是针对项目进行设置，包括时间码基准、帧、颜色深度、工作空间及音频的采样率。

5. 删除所选项目

删除所选项目用于快速删除“项目”面板中的素材或合成。

6. 项目流程图

项目流程图按钮可以将当前“合成”窗口切换至以链接节点方式显示。

2.2.4 合成窗口

“合成”窗口可直接显示出素材组合与特效处理后的合成画面。该窗口不仅具有预览功能，还具有控制、操作、管理素材、缩放窗口比例、当前时间、分辨率、图层线框、3D视图模式和标尺等操作功能，是After Effects CC中非常重要的工作窗口，如图2-16所示。

图2-16 合成窗口

在“合成”窗口中提供了一些常用的操作工具，包括始终预览此视图、100% 放大率、选择网格和参考线选项、切换蒙版和形状路径可见性、0:00:00:00 当前时间、拍摄快照、显示快照、显示通道及色彩管理设置、完整 分辨率、目标区域、切换透明网格、活动摄像机 3D视图弹出式菜单、1个视图 选择视图布局、切换像素长宽比校正、快速预览、时间轴、合成流程图、重置曝光度和+0.0 调整曝光度。

1. 始终预览此视图

始终预览此视图按钮是锁定预览视图的开关。当用户选择一个窗口作为最后输出的监视窗口时，指定一个默认的预览窗口是非常必要的。用户在其他窗口改变设置时，设置预览窗口，可方便用户观察最后的输出结果。当多个窗口同时打开时，在2D合成窗口中，选择“前方”视图作为预览窗口；在3D合成窗口中，选择“摄影机”视图作为预览窗口。

2. 放大率

100% 放大率按钮用于控制素材在窗口中的大小比例。其中除了提供常用的200%显示、100%显示、50%显示、25%显示以外，还有Fit（适合）显示类型，可以根据操作界面的大小变化自动调节显示比率。

3. 选择网格和参考线选项

选择网格和参考线选项用于选择参考线的类型，其中有6个预设，分别为标题/动作安全、对称网格、网格、参考线、标尺和3D参考轴。

4. 切换蒙版和形状路径可见性

切换蒙版和形状路径可见性按钮是用于控制遮罩是否显示的开关。

5. 当前时间

0:00:00:00 当前时间按钮会显示合成窗口中当前项目的时间，可以精确时间到分秒。

6. 拍摄快照

拍摄快照按钮可以为当前合成窗口中

显示的项目内容截图。

7. 显示快照

显示快照按钮用于在合成窗口中显示最后一次截图的内容。

8. 显示通道及色彩管理设置

显示通道及色彩管理设置按钮可以选择多种RGB模式或Alpha通道。

9. 分辨率

完整 分辨率按钮用于调节素材预览的质量，菜单中有自动、完全、二分之一、三分之一、四分之一和自定义预设，用户也可以按需求与内存自定义的分辨率进行设置。

10. 目标区域

目标区域按钮主要控制在合成面板中选框的拖拽，完成设置一个目标拾取的范围。

11. 切换透明网格

切换透明网格按钮用于开启或是关闭素材后栅格的显示。

12. 3D视图弹出式菜单

活动摄像机 3D视图弹出式菜单按钮用于选择三维视图的模式，预设中包括有效摄影机、前视图、左视图、顶视图、后视图、右视图、底视图，用户还可以根据自身需求自定义三维视图的预设。

13. 选择视图布局

1个视图 选择视图布局按钮用于选择系统预设的视图组合类型，主要应用在三维合成场景的显示中，在其预设中共有8种组合，还可以勾选共享视图选项。

14. 切换像素长宽比校正

切换像素长宽比校正按钮用于控制显示或隐藏像素纵横比的校正。例如，新建PAL制式的720×576宽屏合成场景，未开启“切换像素长宽比校正”功能时，监视器中显示的并不是16:9模式而是4:3模式，如开启“切换像素长宽比校正”功能将会正确显示实际制作的16:9模式。

15. 快速预览

快速预览按钮用于选择快速预览的方式。

16. 时间轴

时间轴按钮用于将“合成”窗口中的项目操作切换到时间线的工作界面。

17. 合成流程图

合成流程图按钮可以将项目合成操作以流程图方式呈现出来，用户可以更清晰、简洁、快速地查看合成操作。

18. 重置曝光度

重置曝光度按钮可以用于还原曝光值。

19. 调整曝光度

+0.0 调整曝光度按钮可以通过快速设置曝光值的大小来控制素材的明暗，从而达到视觉需求的准确曝光。

2.2.5 时间线

在“时间线”面板中，可以精确设置在合成中的各种素材的位置、时间、特效、关联和属性等相关参数。“时间线”将采用层的方式来进行影片的合成，可更直接、快捷的根据项目需要实时编辑素材，并可以对层进行顺序和关键帧动画的操作，如图2-17所示。

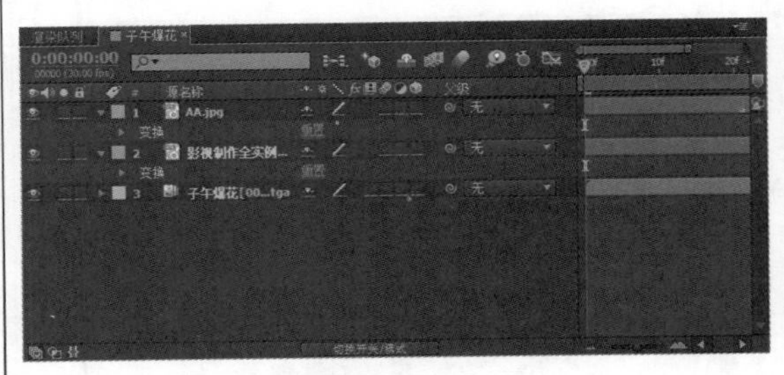

图2-17　时间线

2.2.6 工作区切换

工作区切换可以快速设置After Effects CC的界面分布类型，如图2-18所示。

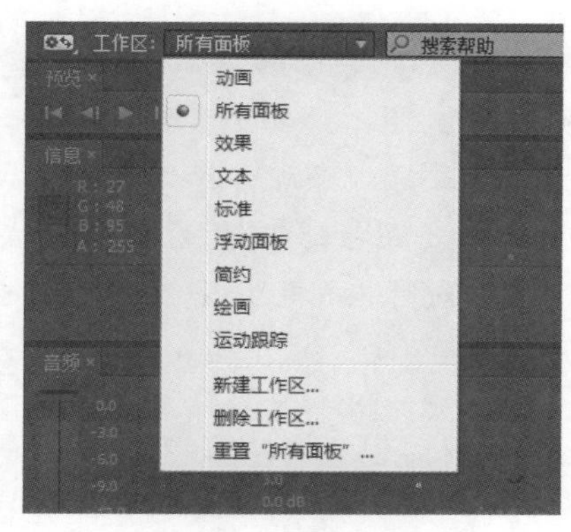

图2-18 工作区切换

在工作区切换中包括动画、所有面板、效果、文本、标准、浮动面板、简约、绘画和运动跟踪9种预设，当然还可以自定义进行新建工作区、删除工作区和重置“所有面板”设置，如图2-19所示。

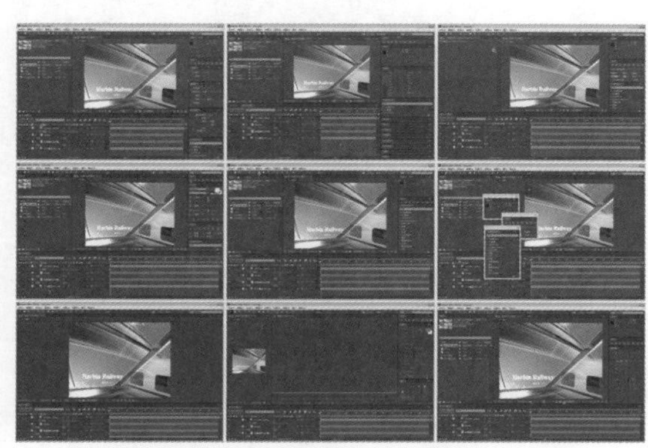

图2-19 常用工作区类型

2.2.7 预览面板

在“预览”面板中可以控制影片播放或寻找画面的主要工具。其中包含第一帧、上一帧、播放/暂停、下一帧、最后一帧画面、静音、更改循环选项、RAM预览，如图2-20所示。

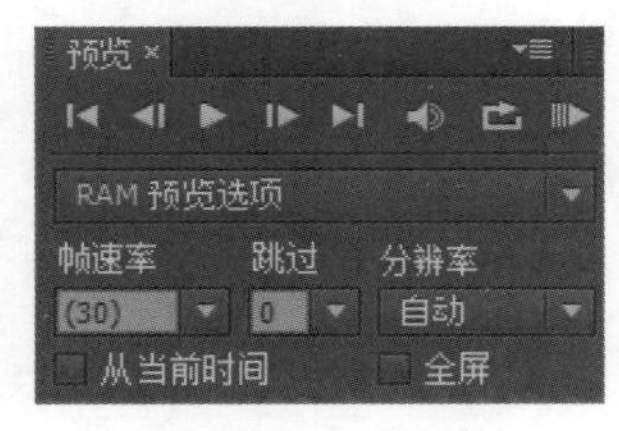

图2-20 预览面板

2.2.8 信息面板

在“信息”面板中可以显示影片像素的颜色、透明度通道、坐标，还可以在渲染影片时显示渲染提示信息、上下文的相关帮助提示等。当拖拽图层时，还会显示图层的名称、图层轴心及拖拽产生的位移等信息，如图2-21所示。

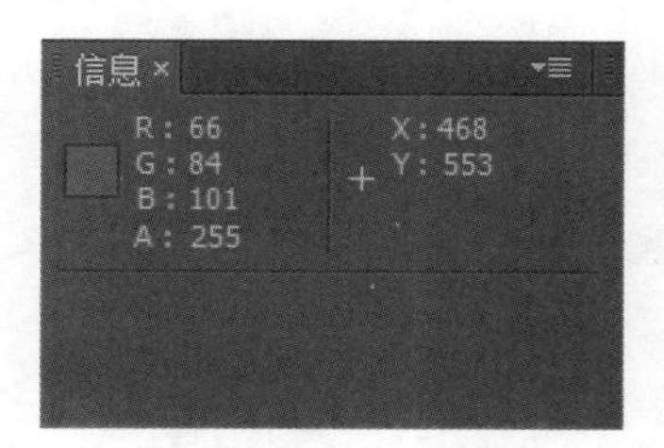

图2-21 信息面板

2.2.9 音频面板

“音频”面板主要显示播放影片时音频的信息提示。其中面板左侧提供了音量级别的波形表区域，在此区域可以明显地观察到音频素材的大小波动；面板右侧提供了音频控制区域，在其中可以将音频素材的左声道与右声道进行独立调节，还可以进行整体音量大小的控制，如图2-22所示。

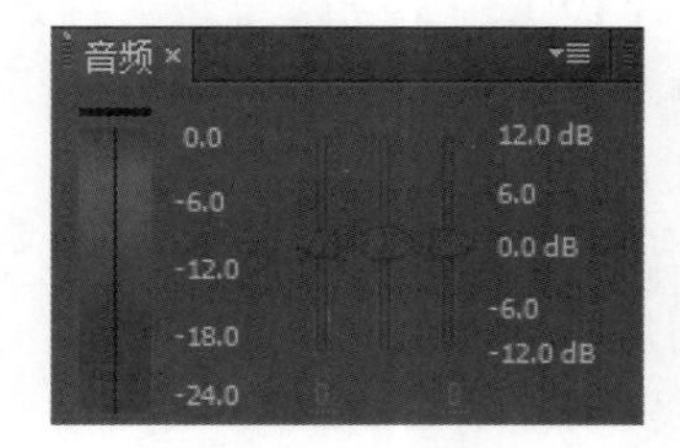

图2-22 音频面板

2.2.10 效果和预设面板

在“效果和预设”面板中可以快速在视频编辑过程中运用各种滤镜产生非同凡响的特殊效果，根据各滤镜的功能共分成22种类型，包括动画预设选项、3D通道、CINEMA 4D、Synthetic Aperture、实用工具、扭曲、文本、时间、杂色和颗粒、模拟、模糊和锐化、生成、表达式控制、过时、过渡、透视、通道、遮罩、键控、音频、颜色校正、风格化。通过这些效果可以针对不同类型素材和需要的效果对任意层施加不同的滤镜效果，如图2-23所示。

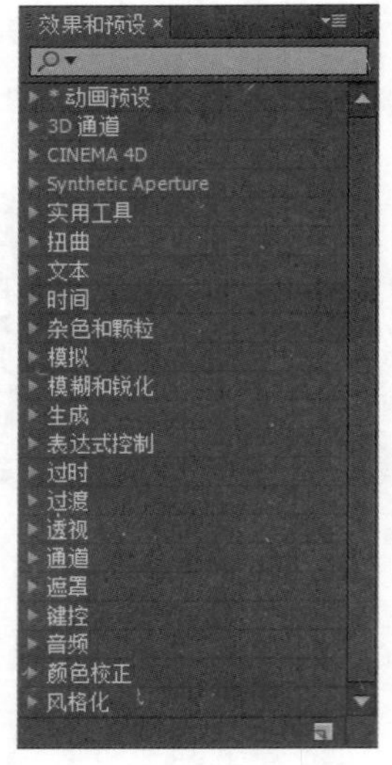

图2-23 效果与预设面板

2.2.11 跟踪器面板

“跟踪器”面板是某物体跟踪另外的运动物体，电脑对被追踪影像的运动过程进行运算，并生成逐帧运动画面，从而会产生一种跟随的动画效果。其中常用的工具包括跟踪摄像机、变形稳定器、跟踪运动、稳定运动、运动源、当前跟踪、跟踪类型、位置、旋转、缩放、运动目标、编辑目标、选项、分析、重置及应用，如图2-24所示。

图2-24 跟踪器面板

- 跟踪摄像机/变形稳定器/跟踪运动/稳定运动：这4项操作均是用于选择计算机对跟踪素材的运算方式，自动生成被跟踪素材运动的关键帧，同时根据用户需要还可以选择创建摄影机。
- 运动源：用于选择计算机需要跟踪运算的素材。
- 当前跟踪：用于选择正在跟踪的运动素材。
- 跟踪类型：其中包括位置、旋转、缩放，可以根据需要选择更适合运动素材的跟踪类型。
- 编辑目标：用于设置跟踪的素材。
- 选项：可以用于命名跟踪名称、选择跟踪插件和设置运动素材匹配前的处理。
- 分析：包括◀|向后分析1帧、◀向后分析、▶向前分析及|▶向前分析1帧，用于微调运动素材的单帧跟踪。
- 重置：用于重新设置跟踪选项，还原跟踪设置。
- 应用：用于确定跟踪设置，应用到操作的确定按钮。

当选择“运动源”并单击“跟踪”按钮时，合成面板中心会出现两个环形围绕的方块为跟踪点，可通过鼠标拖拽边框来实现跟踪区域的调整。软件中跟踪类型的预设有稳定、变换、并行拐点、透视拐点及RAW。当所选的跟踪选项设置完毕后，在“分析”上单击▶向前分析按钮，软件通过分析后会自动生成相关帧，如图2-25所示。

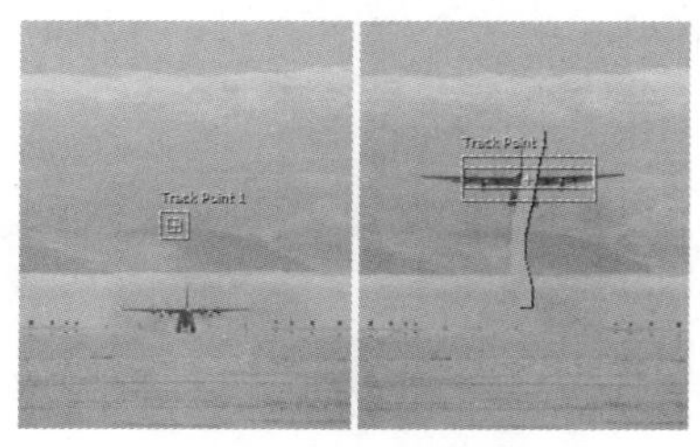

图2-25 跟踪操作

2.2.12 对齐面板

“对齐”面板可以沿水平轴或垂直轴均匀排列当前层，在图层对齐中提供了水平靠左对齐、水平居中对齐、水平靠右对齐、垂直靠上对齐、垂直居中对齐与垂直靠下对齐。

在选择三个或三个以上图层时可激活分布图层的应用，其中提供了垂直靠上分布、垂直居中分布、垂直靠下分布、水平靠左分布、水平居中分布与水平靠右分布，如图2-26所示。

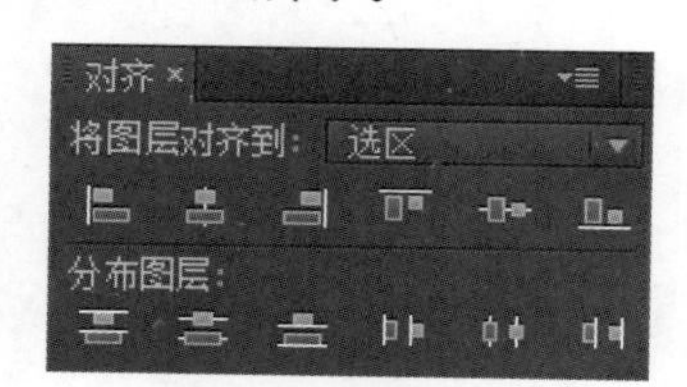

图2-26 对齐面板

2.2.13 平滑器面板

在“平滑器”面板中可以添加关键帧或删除多余的关键帧，平滑临近曲线时可对每个关键帧应用贝赛尔插入。平滑器由“运动拟订”或“运动学”生成的曲线中产生多余关键帧，以消除关键帧跳跃的现象，如图2-27所示。

图2-27 平滑器面板

2.2.14 摇摆器面板

在“摇摆器”面板中可对任何依据时间变化的属性增加随意性，通过属性增加关键帧或在现有的关键帧中进行随机差值，使原来的属性值产生一定的偏差，最终完成随机的运动效果，如图2-28所示。

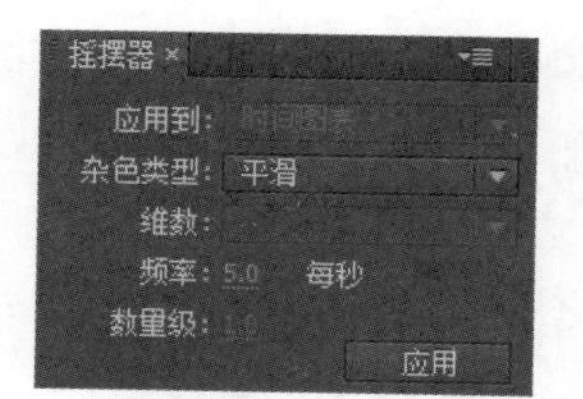

图2-28 摇摆器面板

2.2.15 动态草图面板

在对当前层进行拖拽操作时，“动态草图”面板中会自动对层设置相应的位置关键帧，层将根据鼠标运动的快慢沿鼠标路径进行移动，并且该功能不会影响层的其他属性中所设置的关键帧，如图2-29所示。

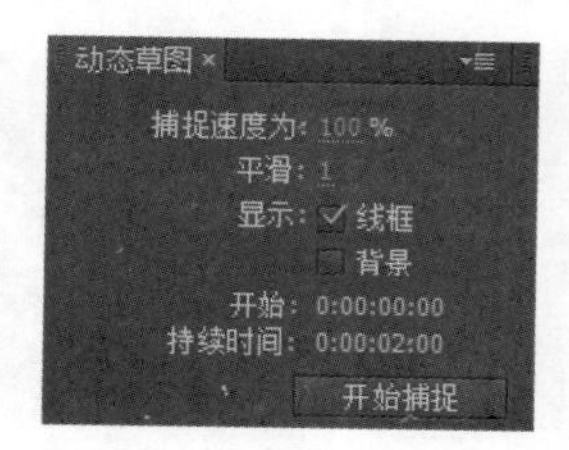

图2-29 动态草图面板

2.2.16 蒙版插值面板

在“蒙版插值”面板中可建立平滑的遮罩变形运动，将遮罩形状的变化创建平滑的动画，从而使遮罩的形状变化更加接近现实，如图2-30所示。

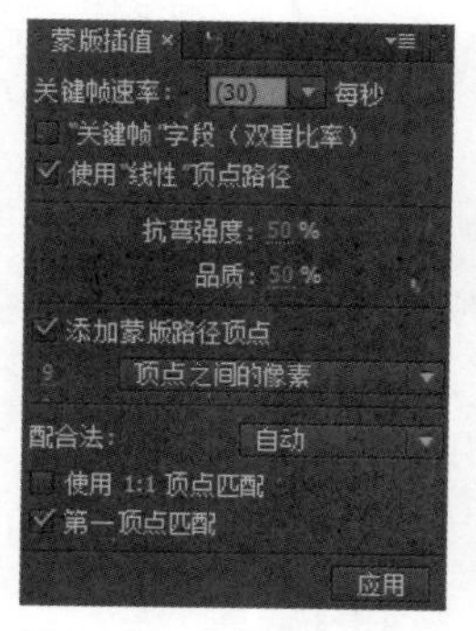

图2-30 蒙版插值面板

2.2.17 绘画面板

“绘画”面板主要用于画笔的绘制，在

其中可对绘画使用的颜色、透明度、模式和颜色通道进行修改，如图2-31所示。

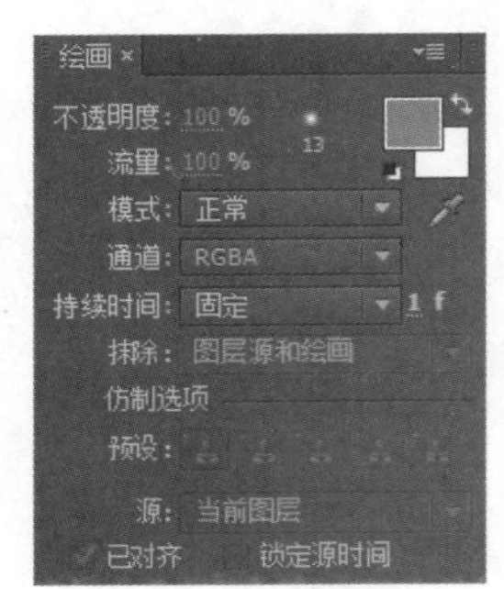

图2-31　绘画面板

2.2.18　画笔面板

在“画笔”面板中可以设置笔画、层前景色及其他笔画的混合模式，修改它们的相互影响方式，还可以设置软件预设的多种笔刷类型、笔刷颜色、指定笔刷不透明度及墨水流量等，如图2-32所示。

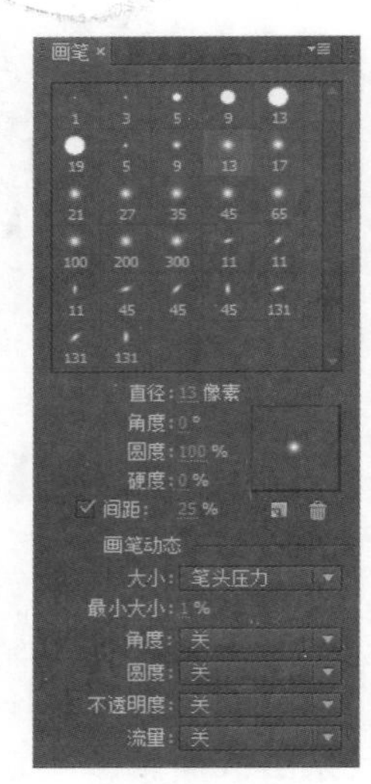

图2-32　画笔面板

2.2.19　段落面板

在“段落”面板中可对文本层中一段、多段或所有段落进行调整，缩进、对齐或间距等操作，如图2-33所示。

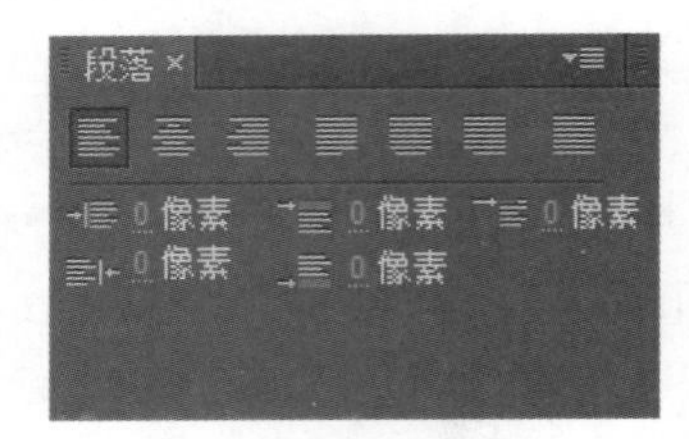

图2-33　段落面板

2.2.20　字符面板

在“字符”面板中可以对文本的字体进行设置，其中包括字体类型、字号大小、字符间距或文本颜色等操作，如图2-34所示。

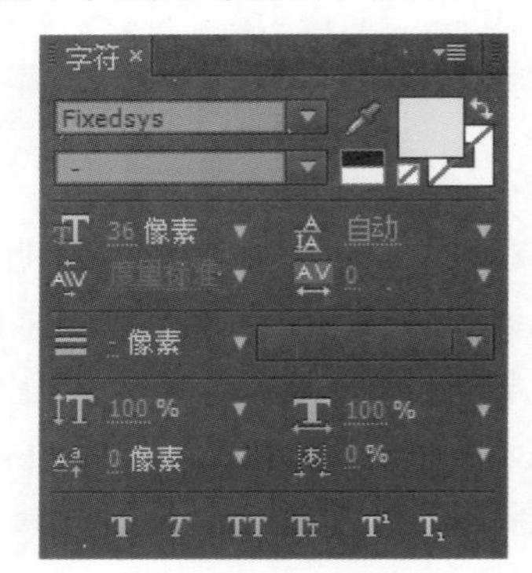

图2-34　字符面板

2.3　新增功能概述

After Effects CC具有全新设计的流线型工作界面，其主要功能改进了Cinema 4D整合、增强型动态抠像工具集、图层的双立方采样、同步设置、效果和动画、渲染和编码、可用性增强、导入和导出等。

1. Cinema 4D整合

After Effects CC与Cinema 4D进行了较紧密的整合，可在After Effects CC中创建Cinema 4D文件。将基于Cinema 4D文件的图层添加到合成后，可以对其进行修改和保存，并将结果实时显示在After Effects CC中。此简化工作流无须用户缓慢地将通程批量渲染至磁盘或创建图像序列文件，通程图像可通过实时渲染连接至Cinema 4D文件，无须使用中间文件，如图2-35所示。

图2-35 Cinema 4D整合

MAXON Cinema 4D Lite R14应用程序与After Effects CC一起安装，可以创建、导入和编辑Cinema 4D文件，如果用户有Cinema 4D的其他版本，如Cinema 4D Prime，也可以采用该版本。

2. 增强型动态抠像工具集

使前景对象（如演员）与背景分开是大多数视觉效果和合成工作流中的重要步骤，After Effects CC提供了增强型的动态抠像工具集，包括多个改进功能和新功能，使动态抠像更容易、更有效，如图2-36所示。

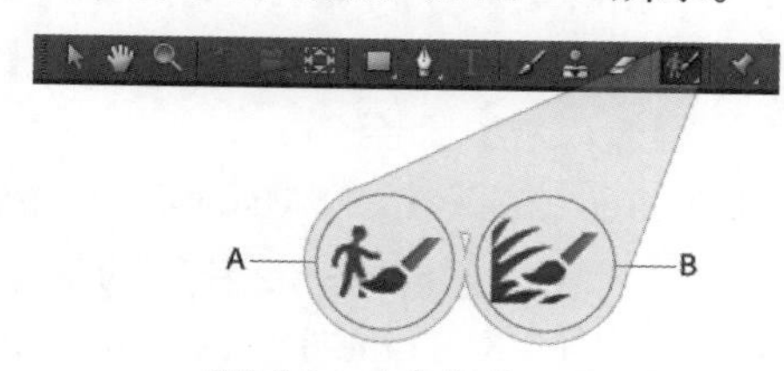

图2-36 动态抠像工具

3. 图层的双立方采样

After Effects CC版本引入了素材图层的双立方采样，可以为缩放之类的变换选择双立方或双线性采样。在某些情况下，双立方采样可获得更好的效果，但速度更慢。指定的采样算法可应用于质量设置为“最佳品质”的图层。

要启用双立方采样，可选择【图层】→【品质】→【双立方】命令，也可以切换图层的品质和采样开关，而曲线则表示双立方采样。

4. 同步设置

After Effects CC支持用户配置文件以及通过Adobe Creative Cloud使首选项同步。利用新的“同步设置”功能，可将应用程序首选项同步到Creative Cloud。如果用户使用两台计算机，可以在菜单中选择【编辑】→【同步设置】功能，在这两台计算机之间轻松保持这些设置的同步性。

5. 效果和动画

通过“像素运动模糊”在视觉上传递运动，计算机生成的运动或加速素材通常看起来很虚假，这是因为没有进行运动模糊。新的“像素运动模糊”效果会分析视频素材，并根据运动矢量人工合成运动模糊。添加运动模糊可使运动更加真实，因为其中包含了通常由摄像机在拍摄时引入的模糊，如图2-37所示。

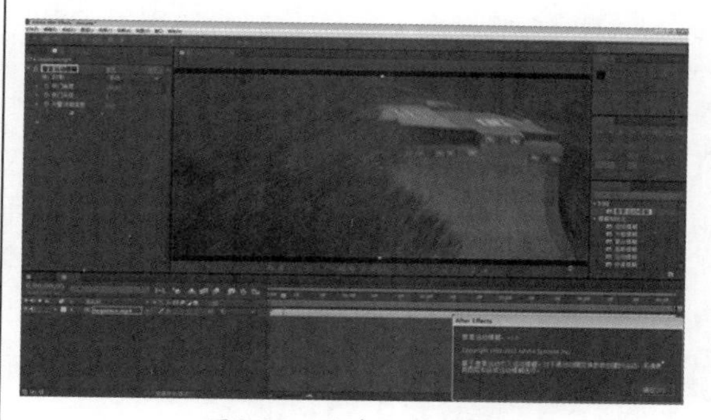

图2-37 像素运动模糊

现在可以在“3D摄像机追踪器”效果中定义地平面或参考面以及原点。使用新的跨时间自动删除跟踪点选项，当在“合成”面板中删除跟踪点时，相应的跟踪点（即，同一特性/对象上的跟踪点）将在其他时间在图层上予以删除。After Effects CC会分析素材，并且尝试删除其他帧上相应的轨迹点。例如，如果跑过场景的人的运动不应考虑用于确定摄像机的摄像运动方式，则可以删除此人身上的跟踪点，如图2-38所示。

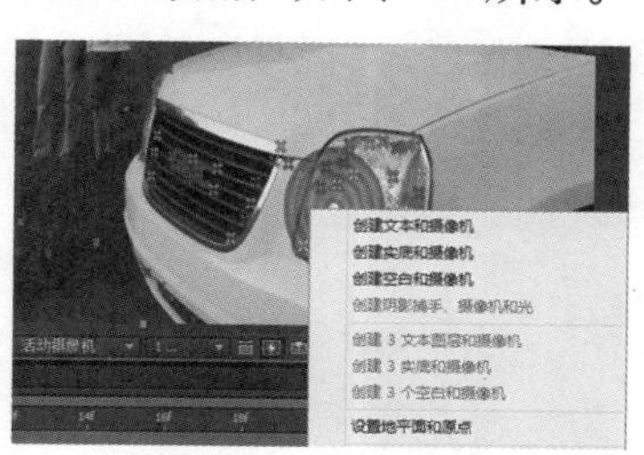

图2-38 3D摄像机跟踪器

新的“变形稳定器VFX”效果取代了After Effects早期版本中提供的变形稳定器效果，现在提供更强的控制，并且提供类似于更新的3D摄像机跟踪器的控件。

早期的“渐变”效果现在已重命名为“梯度渐变”效果，其在菜单中的位置为【效果】→【生成】→【梯度渐变】，使寻求渐变方式的用户更容易发现它。

6. 渲染和编码

After Effects CC中的合成可以发送到Adobe Media Encoder队列。可使用两个新命令和关联的键盘快捷键，将活动的或选定的合成发送到Adobe Media Encoder队列。

After Effects CC对H264、MPEG-2和WMV格式使用Adobe Media Encoder队列。默认情况下，这些格式不再在After Effects CC渲染队列中启用；如果仍然想使用After Effects CC渲染队列，可从输出首选项中启用它们。

同时渲染多个帧多重处理功能中有多项增强，有助于在同时渲染多个帧时加快处理。选择【编辑】→【首选项】→【内存和多重处理】命令，可以将同时渲染多个帧多重处理功能仅限制到渲染队列，然后再设置仅限渲染队列，不用于RAM预览；每个CPU的后台RAM分配的默认选项现在已增加，可以分配最多6GB RAM；如果计算机上未安装足够RAM，则会禁用同时渲染多个帧的功能，必须安装5GB或更多的RAM才能启用此功能。

7. 可用性增强

（1）After Effects CC可以在“合成”面板中拖动图层时对齐图层，最接近指针的图层特性将用于对齐，包括了锚点、中心、角或蒙版路径上的点。对于3D图层，还包括表面的中心或3D体积的中心，在拖动其他图层附近的图层时，目标图层将突出显示，显示出对齐点。

（2）在按住“Shift”键的同时对图层执行父级行为将会把子项移动到父项的位置，但是相对于父项图层，子项图层的动画（关键帧）变换将被保留。

（3）After Effects CC增强了查找缺失的素材、效果或字体功能，可以更轻松地在项目中找到依赖项，快速地找到缺失的素材、效果或字体。

（4）After Effects CC增强了自动重新加载素材的功能，从其他应用程序切回After Effects时，已经在磁盘上更改的任何素材将重新加载到After Effects中。

（5）After Effects CC改善了【文件】→【依赖项】子菜单项目，现在提供了用于处理相关资产和文件的所有命令。

（6）After Effects CC提供了新的首选项来指定如何在双击图层时打开图层，在操作时先选择【编辑】→【首选项】→【常规】命令，然后指定双击打开图层下面的选项即可。

（7）After Effects CC可以使用单个命令清理 RAM和磁盘缓存，如要清理RAM和磁盘缓存，可选择【编辑】→【清理】→【所有内存和磁盘缓存】命令。

（8）After Effects CC在Mac OS上的磁盘缓存物理位置现在已更改，更新后的位置不包括在使用 Time Machine软件备份的目录的默认列表中。

8. 导入和导出

After Effects CC在导入与导出功能上有所增强，可以将Cinema 4D文件（R12和更新版本）作为素材导入，然后在After Effects CC内进行渲染；新的DPX导入器可以导入8位、10位、12位和16位通道的DPX文件，还支持导入具有Alpha通道和时间码的DPX文件；可以在不安装其他编解码器的情况下导入DNxHD MXF OP1a和OP-Atom文件以及 QuickTime with DNxHD媒体；After Effects CC中还包括了缓存功能，显著提高了OpenEXR Importer 1.8和ProEXR 1.8性能；在“ARRIRAW源设置”对话框中可以设置色彩空间、曝光、白平衡以及色调；After Effects CC增强了导入格式，可以导入XAVC (Sony 4K)文件、AVC-Intra 200文件、其他 QuickTime视频类型、RedColor3、RedGamma3和 Magic Motion等其他格式。

9. 其他更新

在After Effects CC中新添加了以下几个小功能。

（1）在“图层”菜单中添加了在Finder和资源管理器中显示命令。

（2）添加了在渲染完成时播放声音首选项，当渲染队列中的最后一项被处理后将提供音频反馈，设置时可选择【编辑】→【首选项】→【常规】命令并设置首选项。

（3）关键帧和标记中现在提供转到关键帧时间和转到标记时间选项。

（4）替换为预合成命令创建合成，将基于选定素材项目的图层放置在该合成中，并把对该素材的所有引用替换为新合成。

（5）“项目”面板中新的视频信息列将显示像素大小和像素长宽比。

After Effects CC更新的功能主要有以下几处。

（1）按“Tab”键可打开合成微型流程图，而在以前版本中使用的是“Shift”键。

（2）更新改进了图表编辑器，在默认情况下显示值图表，还有缺失帧警告现在详细说明了在导入的图像序列中缺少哪些帧。

（3）单击“渲染队列”面板中的日志文件链接可打开包含日志文件的文件夹。

（4）如果搜索显示仅显示一项，则按“Enter”键可应用效果或预设，还可以使用向后平移工具拖动3D轴控件，从而移动锚点。

（5）更新了“项目”面板中的缩略图像继承预览项的长宽比。

（6）模糊焦距单位现在是像素，而不是0—1的无单位分数。

在After Effects CC中还删除了旧版本的一些功能。

（1）XFL导出不再可用。

（2）Targa图像序列的16位/像素选项也已经删除。

（3）实时更新按钮已从时间轴面板中删除。

（4）联机帮助现在会显示在用户的默认浏览器中，每日提示在欢迎屏幕上和转到Adobe Story 命令不再可用。

2.4 工作流程

在启动After Effects CC后将自动建立一个项目，然后新建合成、导入素材、增加特效、文字输入、动画记录和输出渲染，这也就是合成影片时的基本制作流程。

2.4.1 项目合成

在After Effects CC中可以建立多个合成文件，而每一个合成文件又有其独立的名称、时间、制式和尺寸，合成文件也可以当作素材在其他的合成文件中继续编辑操作。After Effects CC新建合成的方式有多种，可以根据用户需要或是习惯来进行操作。

1. 新建合成命令

可以在菜单栏中通过选择【合成】→【新建合成】命令新建合成文件，如图2-39所示。

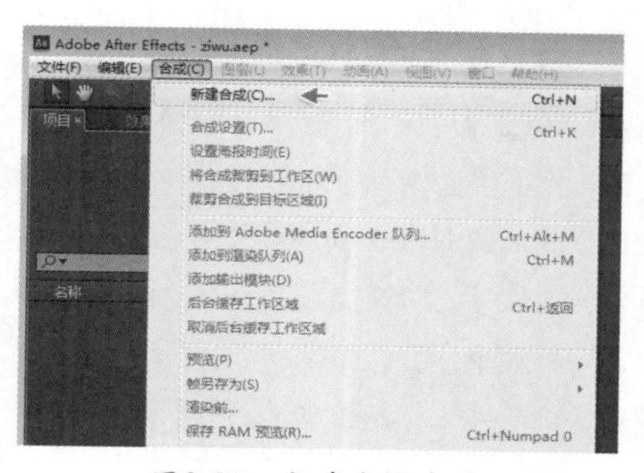

图2-39　新建合成命令

除了在菜单栏中选择命令以外，还可以在项目窗口单击图标或直接使用快捷键“Ctrl+N”建立合成文件，如图2-40所示。

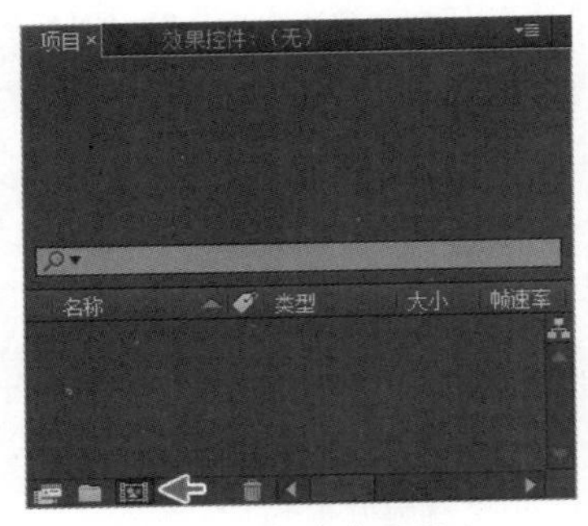

图2-40 新建合成按钮

2. 合成设置

在新建合成后，弹出“合成设置”对话框，如图2-41所示。

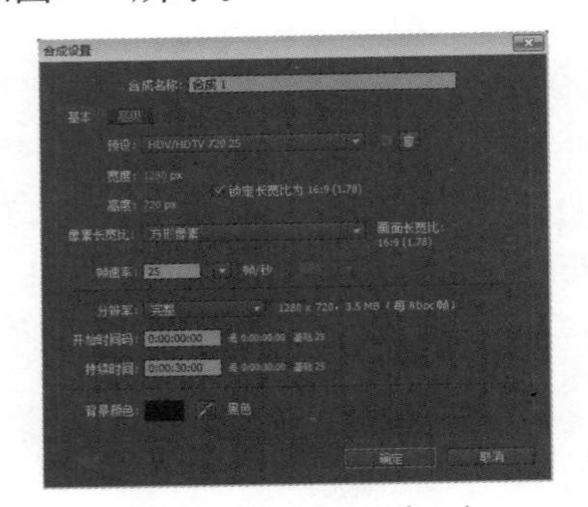
图2-41 合成设置对话框

合成名称：默认名称为Comp，也可修改为中/英文的任何名称。

- 预设：提供了NTSC和PAL制式电视、高清晰、胶片等常用影片格式，主要有PAL D1/DV（标清4:3）、PAL D1/DV宽银幕（标清16:9）、HDV/HDTV 720 25（小高清）、HDTV 1080 25（大高清）等，还可以选择“自定义”影片格式。
- 宽度/高度：设置合成影片大小的分辨率，支持从4~30000像素的帧尺寸。
- 像素长宽比：设置合成影片的像素长度和宽度比率。
- 帧速率：设置合成影片每秒钟的帧数，PAL制式为25帧每秒。
- 分辨率：决定影片像素的清晰质量，包括完整、二分之一、三分之一、四分之一和自定义。
- 开始时间码：设置合成影片的起始时间位置。
- 持续时间：设置合成影片的时间长度。
- 背景颜色：新建合成时的背景颜色，可根据所需进行设置，默认为黑色。

2.4.2 导入素材

导入素材是指将素材导入到软件合成中，After Effects CC提供了多种导入方式供用户选择。

1. 通过菜单导入素材

在菜单栏中通过选择【文件】→【导入】→【文件】命令导入所需素材，如图2-42所示。

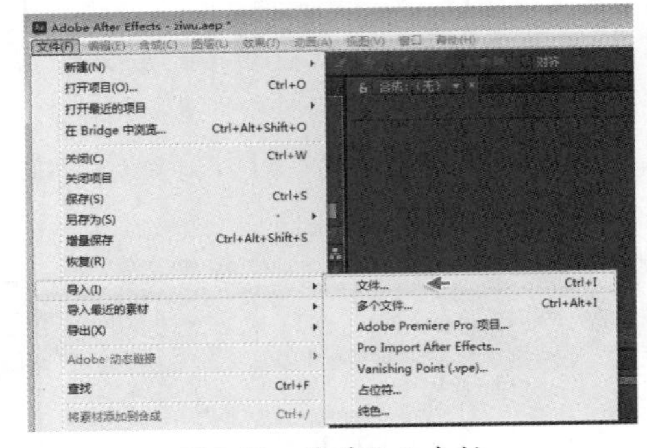

图2-42 菜单导入素材

2. 通过右键导入素材

在“项目”窗口中通过单击鼠标“右”键并从弹出的菜单中选择【导入】→【文件】命令导入，如图2-43所示。

图2-43 右键导入素材

3. 通过浏览导入素材

在菜单栏中通过选择【文件】→【在Bridge中浏览】命令，同样可以进行导入素材操作，如图2-44所示。

图2-44 浏览导入素材

4. 通过左键导入素材

这是一种最简便的导入素材方式，只需在“项目”窗口中的空白位置双击鼠标“左”键，然后在弹出的对话框中选择需要导入的素材即可，如图2-45所示。

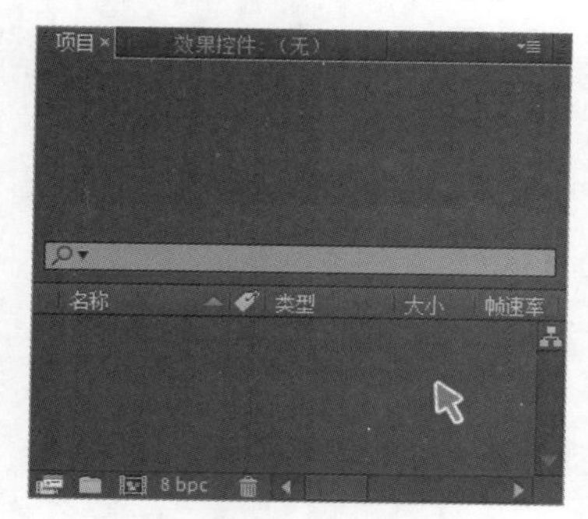

图2-45 左键导入素材

2.4.3 添加效果

在After Effects CC中可以根据个人的喜好、习惯为素材添加滤镜效果，包括以下3种方法。

1. 通过菜单添加效果

在添加特效前，首先选择需要添加效果的素材层，然后从“效果”菜单中选择效果，如图2-46所示。

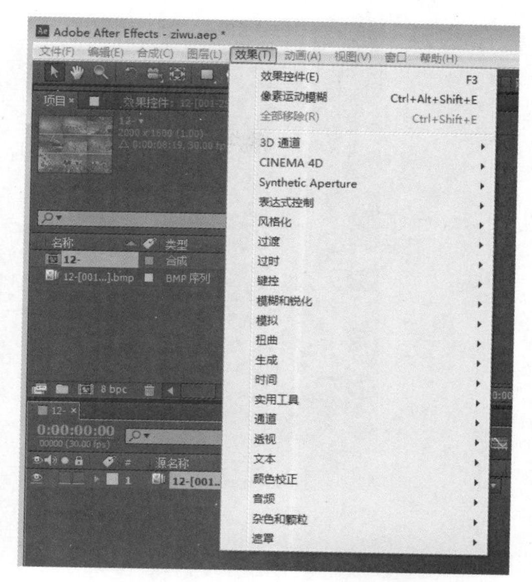

图2-46 菜单添加效果

2. 通过右键添加效果

可以在准备添加效果的素材层上单击鼠标“右键”，在弹出的快捷菜单中选择“效果”命令，然后在弹出的子菜单中选择相应效果，如图2-47所示。

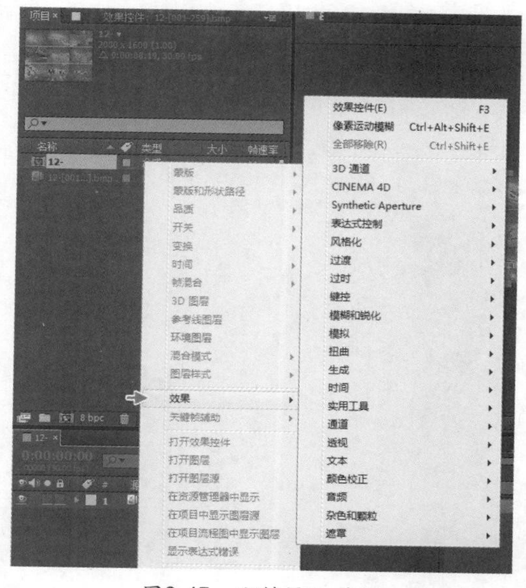

图2-47 右键添加效果

3. 通过面板添加效果

可以在“效果和预设”面板中直接输入使用效果的名称，进行效果的添加操作，如图2-48所示。

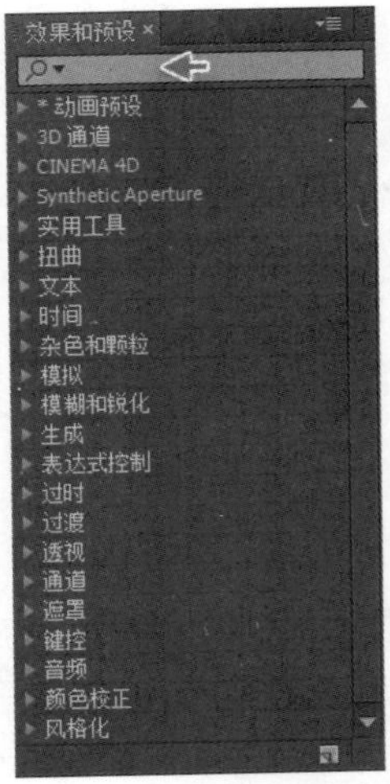

图2-48　面板添加效果

2.4.4　文本输入

After Effects CC中的文本输入功能非常灵活，可以根据个人的喜好以及习惯来完成文本输入，包括以下3种方法。

1. 通过文本层输入

在菜单栏中直接选择【图层】→【新建】→【文本】命令，系统将自动建立Text文本层，在其中可输入文字内容，如图2-49所示。

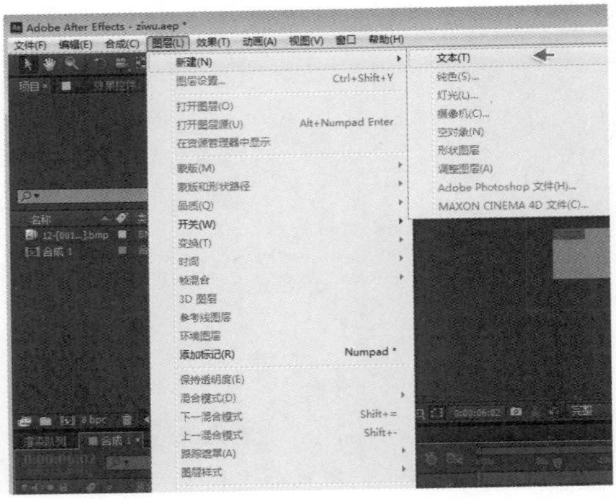

图2-49　文本层输入

2. 通过文本工具输入

可以直接使用T文本工具在显示窗单击文字输入的位置，After Effects CC会自动建立一个Text文本层并显示文字输入光标，还可以用“文本编辑”窗口修改输入文字的各项设置，如图2-50所示。

图2-50　文本工具输入

3. 通过文本效果输入

可以先新建立一个“纯色”层，然后在菜单栏中选择【效果】→【过时】→【路径文本】等命令添加需要输入的文字，如图2-51所示。

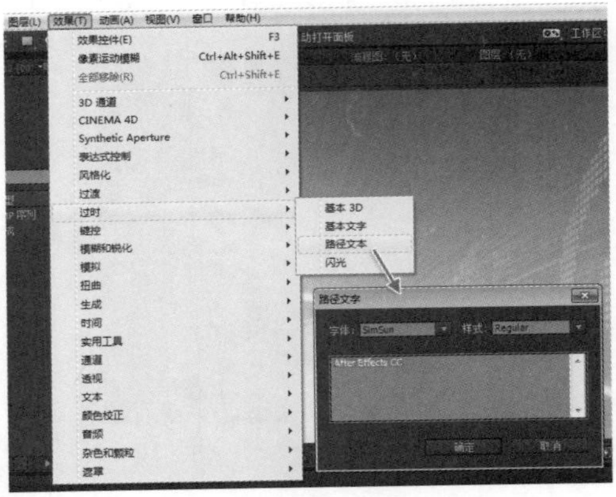

图2-51　文本效果输入

2.4.5　动画记录

动画记录是After Effects CC工作流程中的一个重要的制作环节。在首次制作动画时，可以单击时间线窗口中的码表图标，创建一个关键帧。如果想在其他位置继续创建关键帧，可以在码表图标的前方空白处单击鼠标“左”键使其变成◆菱形图标，这样就又创建了一个关键帧，如图2-52所示。

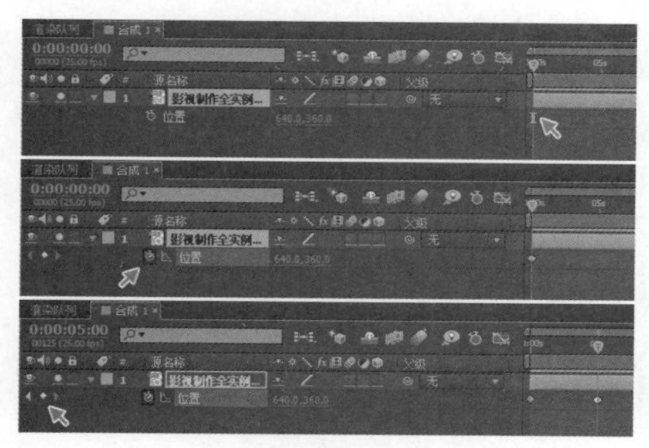

图2-52　动画记录

特效的动画记录也是通过码表图标来完成的。如果开启码表图标，以后对参数再进行操作时，计算机会自动继续增加关键帧，如图2-53所示。

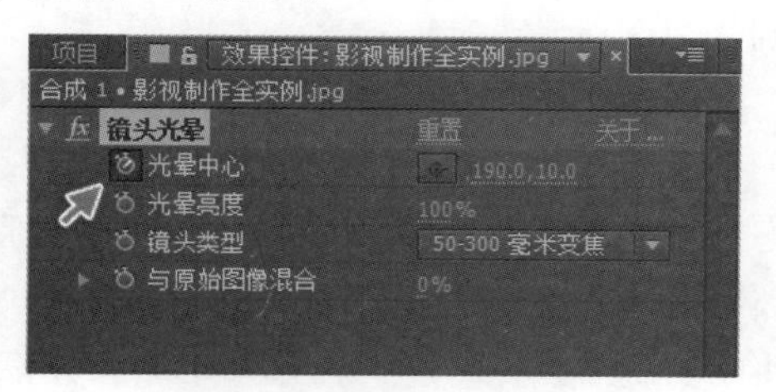

图2-53　特效的动画记录

2.4.6　渲染操作

在After Effects CC中，如果想把制作完成的动画转换成影片或其他文件，必须在渲染输出Comp文件的过程中完成。

在菜单中选择【合成】→【添加到渲染队列】命令，也可直接使用快捷键“Ctrl+M”进行渲染输出操作，如图2-54所示。

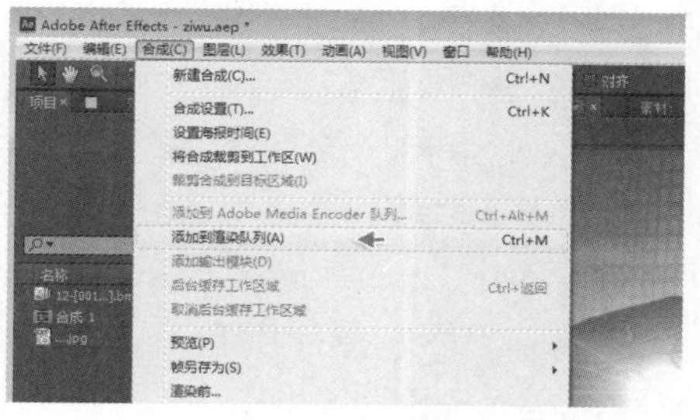

图2-54　添加到渲染队列

在“输出模块”对话框中可以设置格式、输出样式、颜色和压缩等选项，“输出到”用于设置输出文件的位置和名称，如图2-55所示。

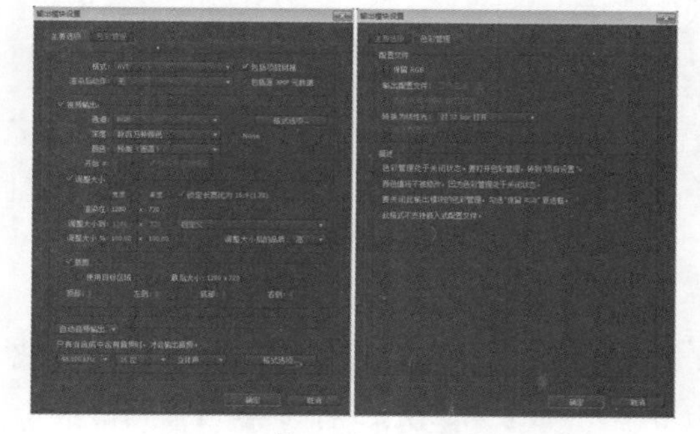

图2-55　输出模块设置对话框

2.5　支持文件格式

After Effects CC支持常用的所有动画、图像与音频格式素材，如出现无法支持的文件格式时，需要额外安装第三方播放器解决此问题。

2.5.1　动画格式

1. AVI格式

AVI格式的英文全称为Audio Video Interleaved，即音频视频交错格式。它于1992年被Microsoft公司推出，随Windows3.1一起被人们所认识和熟知。所谓“音频视频交错”，就是可以将视频和音频交织在一起进行同步播放。这种视频格式的优点是图像质量好，可以跨多个平台使用，但是其缺点是体积过于庞大，而且压缩标准不统一，导致播放器高低版本之间可能会出现格式不兼容的情况。不过利用插件和转换软件可以很容易地解决这一问题，AVI是众多视频格式中使用率较高的视频格式，如图2-56所示。

图2-56　AVI格式

由于AVI文件没有限定压缩的标准，所以不同压缩编码标准生成的AVI文件不具有兼容性，必须使用相应的解压缩算法才能播放。常见的视频编码有No Compression、Microsoft Video、Intel Video、Divx等，不同的视频编码不只影响影片质量，还会影响文件的大小容量，如图2-57所示。

图2-57　AVI格式的压缩设置

AVI只是一个格式容器，里面的视频部分和音频部分可以是多种多样的编码格式，也就是多种组合，而扩展名都是AVI。无压缩AVI能支持最好的编码去重新组织视频和音频，生成的文件非常大，但清晰度也是最高的，“非线性剪辑”处理时运算的速度也非常快。

DV的英文全称是Digital Video Format，是由索尼、松下、JVC等多家厂商联合提供的一种家用数字视频格式，目前非常流行的数码摄影机就是使用这种格式记录视频数据的。它可以通过电脑的IEEE 1394端口传输视频数据到电脑，也可以将电脑中编辑好的视频数据回录到数码摄影机中，缺点是只支持标清媒体，而且1小时容量约为12G左右。这种视频格式的文件扩展名一般也是AVI，所以我们习惯地叫它为DV-AVI格式。

DivX AVI格式是第三方插件程序，对硬件和软件的要求不高，清晰度可以根据要求设置，文件容量非常小。DivX是一项由DivX Networks公司开发类似于MP3的数字多媒体压缩技术。DivX基于 MPEG-4标准，可以把MPEG-2格式的多媒体文件压缩至原来的10%，更可把VHS格式录像带的文件压至原来的1%，无论是声音还是画质都可以和DVD相媲美。

由于AVI文件结构不仅解决了音频和视频的同步问题，而且具有通用和开放的特点，它可以在任何Windows环境下工作，还具有扩展环境的功能，用户可以开发自己的AVI视频文件，在Windows环境下随时调用。

AVI已成为PC机上常用的视频数据格式，并且还成为了一个基本标准。在普及应用方面，数码录像机（DV）、视频捕捉卡等都已经支持直接生成AVI文件。原始的AVI文件格式无论是视频部分还是音频部分都是没经过压缩处理的，虽然图像和声音质量非常好，但其体积一般都很巨大。也正因此普及程度比不上MPEG-1等视频压缩格式，但在影像制作方面还是经常要使用到。

2. MPEG格式

MPEG（Moving Pictures Experts Group）是运动图像压缩算法的国际标准，几乎所有的计算机平台都支持它。MPEG有统一的标准格式，兼容性相当好。MPEG标准包括MPEG视频、MPEG音频和MPEG系统（视、音频同步）三个部分。如常用的MP3就是MPEG音频的应用，另外VCD、SVCD、DVD采用的也是MPEG技术，网络上常用的MPEG-4也采用了MPEG压缩技术，如图2-58所示。

图2-58　MPEG格式

MPEG标准主要有以下5个，即MPEG-1、

MPEG-2、MPEG-4、MPEG-7及MPEG-21。该专家组建于1988年，专门负责为CD建立视频和音频标准，而成员都是视频、音频及系统领域的技术专家。后来，他们成功将声音和影像的记录脱离了传统的模拟方式，建立了ISO/IEC1172压缩编码标准，并制定出MPEG-格式，使视听传播进入了数码化时代。

MPEG-1标准于1992年正式出版，标准的编号为ISO/IEC11172，其标题为“码率约为1.5Mb/s用于数字存储媒体活动图像及其伴音的编码”。 MPEG-1压缩方式相对压缩技术而言要复杂得多，同时编码效率、声音质量也大幅提高，被广泛的应用在VCD和SVCD等低端领域。

MPEG-2标准于1994年公布，包括编号为13818-1系统部分、编号为13818-2的视频部分、编号为13818-3的音频部分及编号为13818-4的符合性测试部分。MPEG-2编码标准囊括数字电视、图像通信各领域的编码标准，MPEG-2按压缩比大小的不同分成5个档次，每一个档次又按图像清晰度的不同分成4种图像格式，或称为级别。5个档次4种级别共有20种组合，但实际应用中有些组合不太可能出现，较常用的是11种组合。常见的DVD一般都采样此格式，用在具有演播室质量标准清晰度电视SDTV中，由于MPEG-2的出色性能表现已能适用于HDTV，使得原打算为HDTV设计的MPEG-3还没出世就被抛弃了。

MPEG-4在1995年7月开始研究，1998年11月被ISO/IEC批准为正式标准，正式标准编号是 MPEG ISO/IEC14496，它不仅针对一定比特率下的视频、音频编码，更加注重多媒体系统的交互性和灵活性。这个标准主要应用于视像电话、视像电子邮件等对传输速率要求较低的4800～6400bits/s之间。MPEG-4利用很窄的带宽，通过帧重建技术、数据压缩，以求用最少的数据获得最佳的图像质量。利用MPEG-4的高压缩率和高的图像还原质量，可以把DVD里面的MPEG-2视频文件转换为体积更小的视频文件。经过这样处理，图像的视频质量下降不大但体积却可缩小几倍，可以很方便地用CD-ROM来保存DVD上面的节目。另外，MPEG-4在家庭摄影录像、网络实时影像播放也大有用武之地。

MPEG-7（它的由来是1+2+4=7，因为没有MPEG-3、MPEG-5、MPEG-6）于1996年10月开始研究。确切来讲，MPEG-7并不是一种压缩编码方法，其正规的名字叫做“多媒体内容描述接口”，其目的是生成一种用于描述多媒体内容的标准，这个标准将对信息含义的解释提供一定的自由度，可以被传送给设备和电脑程序。MPEG-7并不针对某个具体的应用，而是针对被MPEG-7标准化了的图像元素，这些元素将支持尽可能多的各种应用。可应用于数字图书馆，例如图像编目、音乐词典、广播媒体、电子新闻服务等。

MPEG在1999年10月的MPEG会议上提出了“多媒体框架”的概念，同年12月的MPEG会议确定了MPEG-21的正式名称是“多媒体框架”或“数字视听框架”，它以将标准集成起来支持协调的技术来管理多媒体商务为目标，目的就是理解如何将不同的技术和标准结合在一起、需要什么新的标准以及完成不同标准的结合工作。

3. MOV格式

MOV格式是美国Apple公司开发的一种视频格式，默认的播放器是苹果的QuickTime Player。具有较高的压缩比率和较完美的视频清晰度等特点，但是其最大的特点还是跨平台性，它不仅能支持MacOS，同样也能支持Windows系列，如图2-59所示。

图2-59 MOV格式

MOV格式的视频文件可以采用不压缩或压缩的方式，其压缩算法包括Cinepak、Intel Indeo Video R3.2和Video编码。经过几年的发展，现在QuickTime已经在“视频流”技术方面取得了不少的成果，最新发表的QuickTime是第一个基于工业标准RTP和RTSP协议的非专有技术，能在Internet上播放和存储相当清晰的视频/音频流，如图2-60所示。

QuickTime是一种跨平台的软件产品，无论是Mac的用户，还是Windows的用户，都可以毫无顾忌地享受QuickTime所能带来的愉悦。利用QuickTime播放器能够很轻松地通过Internet观赏到以较高视频/音频质量传输的电影、电视和实况转播节目，现在QuickTime格式的主要竞争对手是Real Networks公司的RM格式。

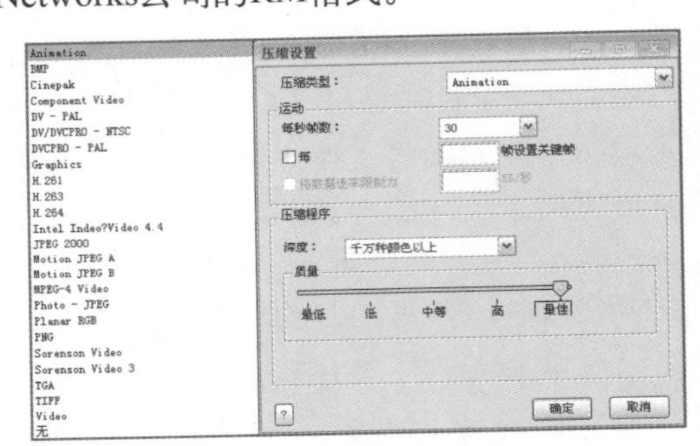

图2-60　MOV格式的压缩设置

4. RM格式

RM格式是Real Networks公司开发的视频文件格式，其特点是在数据传输过程中可以边下载边播放，时效性比较强，在Internet上有着广泛的应用。

5. ASF格式

ASF（Advanced Streaming Format）是由Microsoft公司推出的在Internet上实时播放的多媒体影像技术标准。ASF支持回放，具有扩充媒体播放类型等功能，使用了MPEG-4压缩算法，压缩率和图像的质量都很高。

6. FIC格式

FIC格式是Autodesk公司推出的动画文件格式，FIC格式是由早期FLI格式演变而来的，它是8位的动画文件，可任意设定尺寸大小。

2.5.2　图像格式

1. GIF格式

GIF（Graphics Interchange Format）是CompuServe公司开发的压缩8位图像的文件格式，支持图像透明的同时还采用无失真压缩技术，多用于网页制作和网络传输，如图2-61所示。

图2-61　GIF格式

2. JPEG格式

JPEG（Joint Photographic Experts Group）是静止图像压缩编码技术形成的一类图像文件格式，是目前网络上应用最广的图像格式，支持不同程度的压缩比，如图2-62所示。

图2-62　JPEG格式

3. BMP格式

BMP格式最初是Windows操作系统的画笔所使用的图像格式，现在已经被多种图形图像处理软件所支持和使用。它是位图格式，并有单色位图、16色位图、256色位图、24位真彩色位图等几种。这种格式的特点是包含的图像信息较丰富，几乎不进行压缩，但由此导致了它与生俱来的缺点，即占用磁盘空间过大。目前BMP在单机上比较流行，如图2-63所示。

图2-63　BMP格式

4. PSD格式

PSD格式是Adobe公司开发的图像处理软件Photoshop所使用的图像格式，它能保留Photoshop制作过程中各图层的图像信息，越来越多的图像处理软件开始支持这种文件格式。

5. FLM格式

FLM格式是Premiere输出的一种图像格式。Adobe Premiere将视频片段输出成序列帧图像，每帧的左下角为时间编码，以SMPTE时间编码标准显示，右下角为帧编号，可以在Photoshop软件中对其进行处理。

6. TGA格式

TGA是由Truevision公司开发用于存储彩色图像的文件格式，主要用于计算机生成的数字图像向电视图像的转换，如图2-64所示。

图2-64　TGA格式

TGA文件格式被国际上的图形、图像制作工业广泛接受，成为数字化图像以及光线跟踪和其他应用程序所产生的高质量图像的常用格式。TGA文件的32位真彩色格式在多媒体领域有着很大的影响，因为32位真彩色拥有通道信息，如图2-65所示。

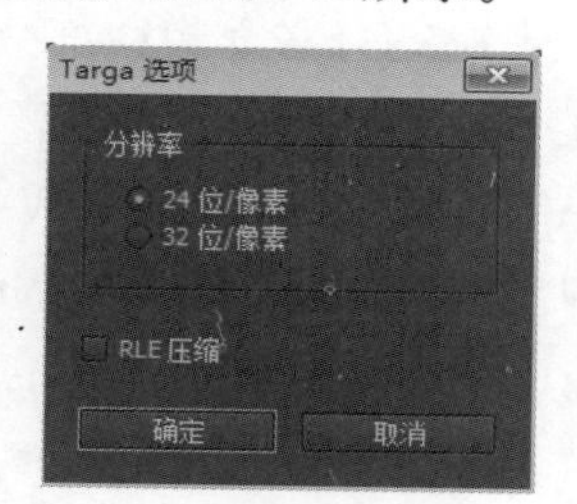

图2-65　TGA格式设置

7. TIFF格式

TIFF（Tag Image File Format）是Aldus和Microsoft公司为扫描仪和台式计算机出版软件开发的图像文件格式。它定义了黑白图像、灰度图像和彩色图像的存储格式，格式可长可短，与操作系统平台以及软件无关，并且扩展性好。

8. WMF格式

WMF(Windows Meta File)是Windows图像文件格式，与其他位图格式有着本质的不同，它和CGM、DXF类似，是一种以矢量格式存放的文件，矢量图在编辑时可以无限缩放而不影响分辨率。

9. DXF格式

DXF（Drawing-Exchange Files）是Autodesk公司的AutoCAD软件所使用的图像文件格式。

10. PIC格式

PIC（Quick Draw Picture Format）用于Macintosh Quick Draw图片的格式。

11. PCX格式

PCX（PC Paintbrush Images）是Z-soft公司为存储画笔软件产生的图像而建立的图像文件格式，是位图文件的标准格式，也是一种基于PC机绘图程序的专用格式。

12. EPS格式

EPS（PostScript）语言文件格式可包含矢量和位图图形，几乎支持所有的图形和页面排版程序。EPS格式用于应用程序间传输PostScript语言图稿。在Photoshop中打开其他程序创建的包含矢量图形的EPS文件时，Photoshop会对此文件进行栅格化，将矢量图形转换为像素。EPS格式支持多种颜色模式，但不支持Alpha通道，还支持剪贴路径。

13. SGI格式

SGI（SGI Sequence）输出的是基于SGI平台的文件格式，可以用于After Effects与其SGI上的高端产品间的文件交互。

14. RLA/RPF格式

RLA/RPF是一种可以包括3D信息的文件格式，通常用于三维软件在特效合成软件中的后期合成。该格式中可以包括对象的ID信息、Z轴信息、法线信息等。RPF相对于RLA来说，可以包含更多的信息，是一种较先进的文件格式。

15. PNG格式

PNG图像文件存储格式，其目的是试图替代GIF和TIFF文件格式，同时增加一些

GIF文件格式所不具备的特性。流式网络图形格式名称来源于非官方的“PNG's Not GIF”，是一种位图文件存储格式，读成“ping”。PNG用于存储灰度图像时，灰度图像的深度可多到16位，存储彩色图像时彩色图像的深度可多到48位。PNG使用从LZ77派生的无损数据压缩算法。一般应用于JAVA程序中网页或S60程序中是因为它压缩比高，生成的文件容量较小，如图2-66所示。

图2-66　PNG格式

2.5.3 音频文件格式

1. MID格式

MID数字合成音乐文件，文件小、易编辑，每一分钟的MID音乐文件大约5~10KB的容量。MID文件主要用于制作电子贺卡、网页和游戏的背景音乐等，并支持数字合成器与其他设备交换数据。

2. WAV格式

WAV是微软公司开发的一种声音文件格式，用于保存WINDOWS平台的音频信息资源，被Windows平台及其应用程序所支持。WAV格式支持MSADPCM、CCITT A LAW等多种压缩算法，支持多种音频位数、采样频率和声道，标准格式的WAV文件和CD格式一样，也是44.1K的采样频率、速率88K每秒、16位量化位数，如图2-67所示。

图2-67　WAV格式

3. REAL格式

Real Audio是Progressive Network公司推出的文件格式，由于Real格式的音频文件压缩比大、音质高、便于网络传输，因此许多音乐网站都会提供Real格式试听版本。

4. AIF格式

AIF（Audio Interchange File Format）是Apple公司和SGI公司推出的声音文件格式。

5. VOC格式

VOC是Creative Labs公司开发的声音文件格式，多用于保存CREATIVE SOUND BLASTEA系列声卡所采集的声音数据，被Windows平台和DOS平台所支持。

6. VQF格式

VQF是由NTT和Yamaha共同开发的一种音频压缩技术，音频压缩率比标准的MPEG音频压缩率高出近一倍。

7. MP3格式

MP3格式诞生于二十世纪八十年代的德国，所谓的MP3也就是指MPEG标准中的音频部分，是MPEG音频层。MPEG音频文件的压缩是一种有损压缩，MPEG3音频编码具有10：1至12：1的高压缩率，同时基本保持了低音频部分不失真，但是牺牲了声音文件中12KHz到16KHz高音频这部分的质量来换取文件的尺寸，相同长度的音乐文件，用MP3格式来储存，一般只有WAV文件的1/10，而音质要次于CD格式或WAV格式的声音文件。MP3格式压缩音乐的采样频率有很多种，可以用64Kbps或更低的采样频率节省空间，也可以用320Kbps的标准达到极高的音质，如图2-68所示。

图2-68　MP3格式

8. WMA格式

WMA就是由微软开发Windows Media Audio编码后的文件格式，在只有64kbps的码率情况下，WMA可以达到接近CD的音质。和以往的编码不同，WMA支持防复制功能，支持通过Windows Media Rights Manager 加入保护，可以限制播放时间和播放次数甚至播放的机器等。微软在Windows中加入了对WMA的支持有着优秀的技术特征，在微软的大力推广下，这种格式被越来越多的人所接受，如图2-69所示。

图2-69 WMA格式

2.6 输出设置

输出是指将创建的项目经过不同的处理与加工，转化为影片播放格式的过程，一个影片只有通过不同格式的输出，才能够被用到各种媒介设备上播放，如输出为Windows通用格式AVI压缩视频。可以依据要求输出不同分辨率和规格的视频，也就是常说的渲染。

确定制作的影片完成后就可以输出了，在菜单中选择【合成】→【添加到渲染队列】命令，也可以使用快捷键“Ctrl+M”进行渲染输出操作。用户可以通过不同的设置将最终影片以不同的名称、不同的类型进行保存。

在“渲染队列”控制面板中可以看到渲染信息、渲染进度及当前渲染详细信息，如图2-70所示。

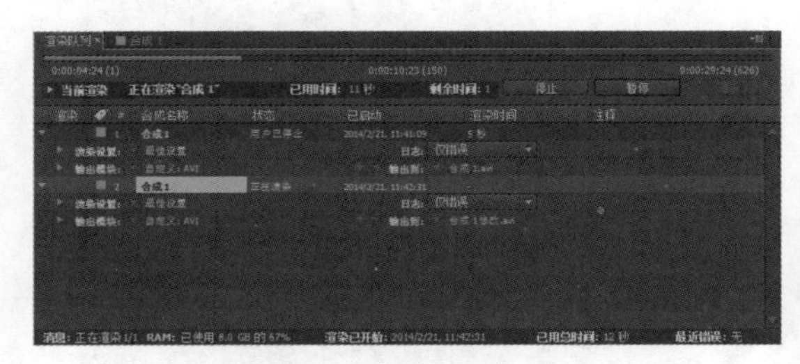

图2-70 渲染控制面板

- 消息：可以显示当前渲染状态信息，显示当前有多少个合成项目需要渲染，以及当前渲染到第几个项目。
- RAM（内存）：可以显示内存应用状态。
- 渲染已起始：可以显示渲染开始的时间。
- 已用总耗时：能够显示渲染需要耗费的时间。
- 最近错误：可以显示渲染文件日志与错误信息提示。

2.6.1 全部渲染面板

单击“渲染”按钮后，将切换为“暂停”和“终止”按钮，单击“继续”按钮可以继续渲染。

2.6.2 当前渲染面板

单击“渲染队列”面板左侧的“当前渲染”按钮，窗口中显示当前正在渲染的合成场景进度、正在执行的操作、当前输出路径、文件的大小、预测的文件最终大小和剩余的磁盘空间等信息，如图2-71所示。

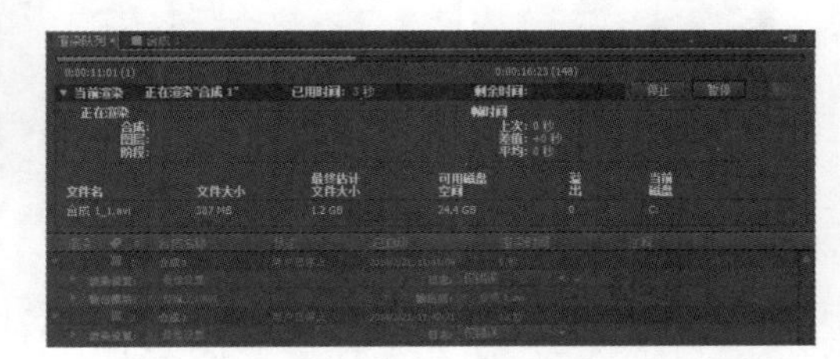

图2-71 显示细节信息

2.6.3 渲染设置

在渲染控制面板中单击“渲染设置”右

侧的“当前设置”命令，在弹出的渲染设置对话框中可以对渲染的质量、分辨率等进行相应设置，如图2-72所示。

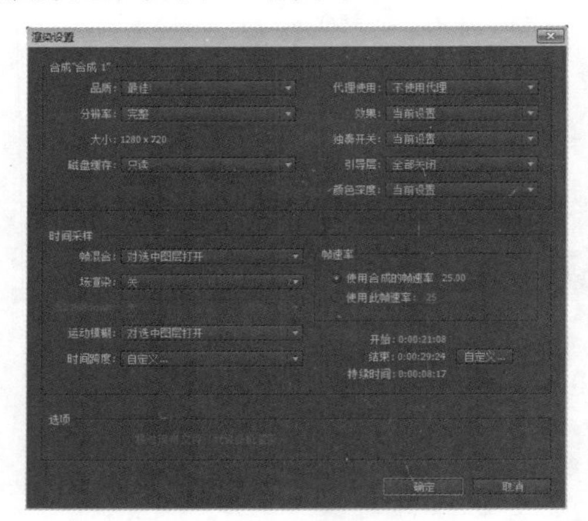

图2-72　渲染设置

- 品质：可以设置合成的渲染质量，包括当前设置、最佳、草图和线框模式。
- 分辨率：可以设置像素采样质量，包括完整质量、二分之一质量、三分之一质量和四分之一质量。
- 大小：可以设置渲染影片的尺寸，尺寸在创建合成项目时已经设置完成。
- 磁盘缓存：可以设置渲染缓存，并可以使用OpenGL渲染。
- 代理使用：可以设置渲染时是否使用代理。
- 效果：可以设置渲染时是否渲染特效。
- 独奏开关：可以设置是否渲染Solo层。
- 引导层：可以设置是否渲染Guide层。
- 颜色深度：可以设置渲染项目是每通道以8位、16位、32位进行处理。
- 帧混合：可以控制渲染项目中所有层的帧混合设置。
- 场渲染：可以控制渲染时场的设置，包括高场优先和低场优先。
- 运动模糊：可以控制渲染项目中所有层的运动模糊设置。
- 时间跨度：可以控制渲染项目的时间范围，如图2-73所示。

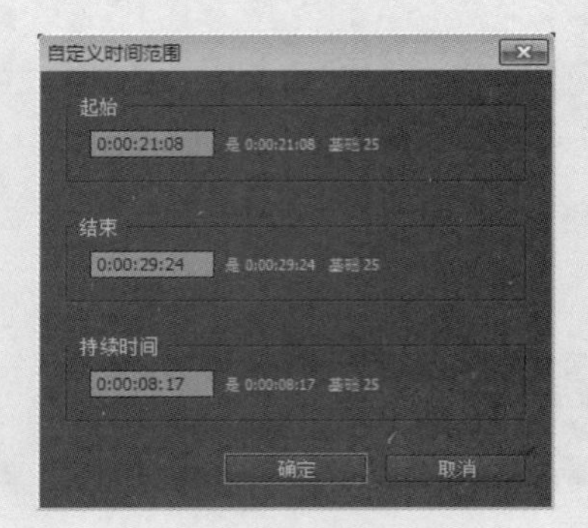

图2-73　自定义时间范围

- 使用存储溢出：当硬盘空间不够时，是否继续渲染。
- 跳过现有文件：当选择此项时，系统将自动忽略已经渲染过的序列帧图片，此功能主要在网络渲染时使用。

2.6.4　输出模块设置

在渲染控制面板中单击“输出模块”右面的“自定义”命令，会弹出“输出模块设置”对话框，其中包括了视频和音频输出的各种格式、视频压缩等方式，如图2-74所示。

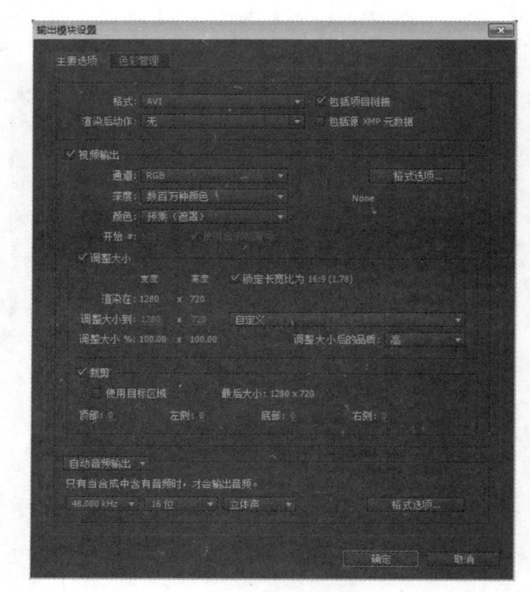

图2-74　输出模块设置

- 格式：可以设置输出文件的格式，选择不同的文件格式，系统会显示相应格式的设置。
- 渲染后动作：可以设置是否允许在输出的影片中嵌入项目链接。
- 通道：可以设置输出的通道，其中包括RGB、Alpha和Alpha+RGB。
- 格式选项：可以设置视频编码的方式。
- 深度：可以设置颜色深度。
- 开始：可以设置序列图片的文件名序列数。
- 调整大小：可以设置画面是否进行拉伸处理。
- 裁剪：可以设置是否裁切画面。
- KHz频道：可以设置音频的质量，包括赫兹、比特、立体声或单声道。

2.6.5 输出路径

在渲染队列控制面板中单击“输出到”右侧的文字，会自动弹出“将影片输出到”对话框，在对话框中可以定位文件输出的位置和名称，如图2-75所示。

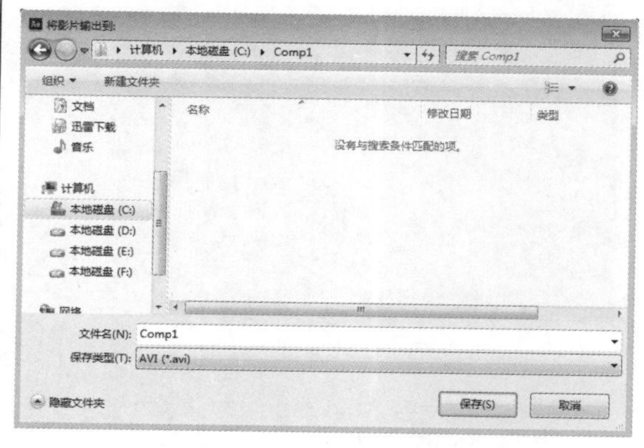

图2-75 输出路径选项

2.7 渲染顺序

After Effects CC渲染的顺序将影响最终的输出效果，理解After Effects渲染顺序对制作出正确的动画、特效具有非常大的作用。

2.7.1 标准渲染顺序

渲染输出时，如果场景中都是二维图层合成时，After Effects CC将根据图层在时间线窗口中排列的顺序进行处理，从最下面的图层开始向上运算渲染，如图2-76所示。

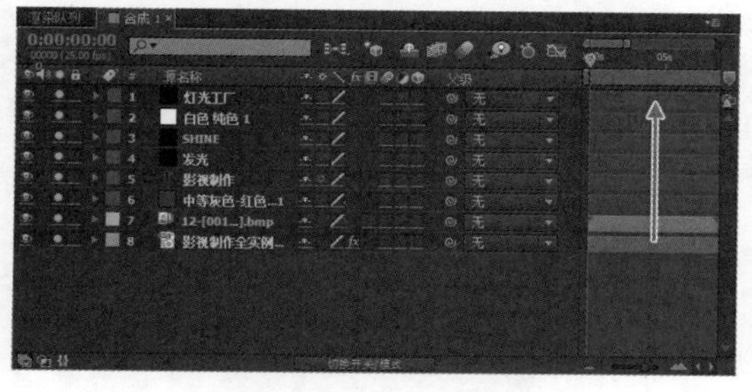

图2-76 场景的渲染顺序

在对各个图层进行渲染时，After Effects CC会先渲染蒙版，再渲染滤镜效果，然后渲染变换属性，最后才运算图层叠加模式及轨道遮罩。

二维图层和三维图层混合渲染时，首先从最下层开始，依次向最上层进行渲染。当遇到三维图层时，After Effects CC会将这些三维图层作为一个独立的组，按照由远及近的渲染顺序进行渲染，处理完这一组三维图层后，再继续向上渲染二维图层。

2.7.2 更改渲染顺序

通过默认的渲染顺序有时并不能达到创作一些特殊视觉效果的目的。例如，创建一张照片旋转并产生投影的效果，可以使用“旋转”图层变换属性配合“阴影”效果命令。

将制作好的场景进行渲染，这时After Effects CC的渲染顺序将会首先运算“阴影”效果命令，然后再运算“旋转”属性，这样渲染完成的效果是错误的，如图2-77所示。

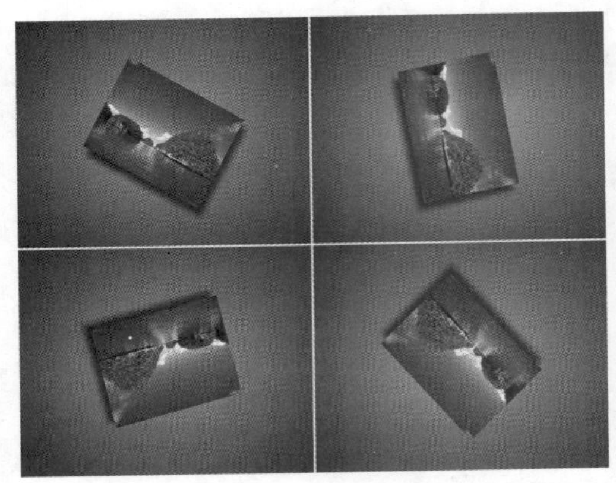

图2-77 错误渲染顺序结果

虽然不能改变After Effects CC默认的渲染顺序，但可以通过其他方法获得需要的渲染顺序。对“调整层”增加滤镜效果命令时，After Effects CC首先渲染调整层下面所有图层的全部属性后，再渲染调整层的属性。

选择带有动画属性的图层并将其进行“嵌套合层”，形成嵌套层后，再为嵌套层增加滤镜特效。这时，After Effects CC将首先渲染图层的动画属性，然后再渲染滤镜效果，如图2-78所示。

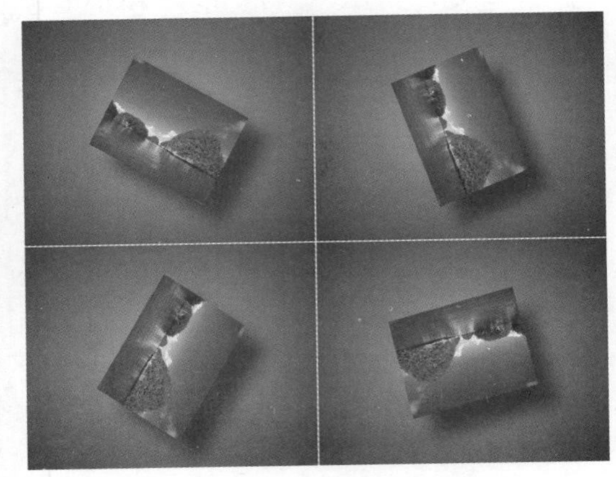

图2-78 正确渲染顺序结果

2.8 本章小结

本章主要介绍After Effects CC的入门知识，首先对界面布局的菜单栏、工具栏、项目面板、合成窗口、时间线、工作区切换、预览面板、信息面板、音频面板、效果预置面板、跟踪器面板、对齐面板、平滑器面板、摇摆器面板、摇摆器面板、蒙版插值面板、绘画面板、画笔面板、段落面板及字符面板进行讲解，然后介绍了After Effects CC的新功能和工作流程，最后对非常实用的支持文件格式、输出设置和渲染顺序进行了讲解，可以帮助读者快速了解After Effects CC的工作环境和流程。

第3章
新建合成与设置

本章通过实例打开与关闭、界面颜色、首选项设置、界面布局、新建合成和常用合成预设，介绍新建合成与设置的相关知识。

3.1 实例——打开与关闭

素材文件	无	难易程度	★☆☆☆☆
重要程度	★☆☆☆☆	实例重点	了解After Effects CC软件的打开与关闭

“打开与关闭”实例的制作流程主要分为3部分，包括①打开项目设置；②保存项目设置；③关闭项目设置，如图3-1所示。

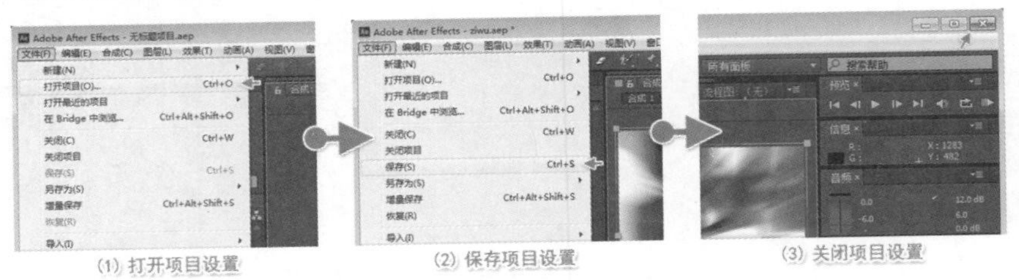

图3-1　制作流程

3.1.1　打开项目设置

01 在正确安装After Effects软件后，在开始菜单中选择【开始】→【所有程序】→【Adobe After Effects CC】命令进入软件，或双击桌面上的“Adobe After Effects CC”快捷图标启动软件，如图3-2所示。

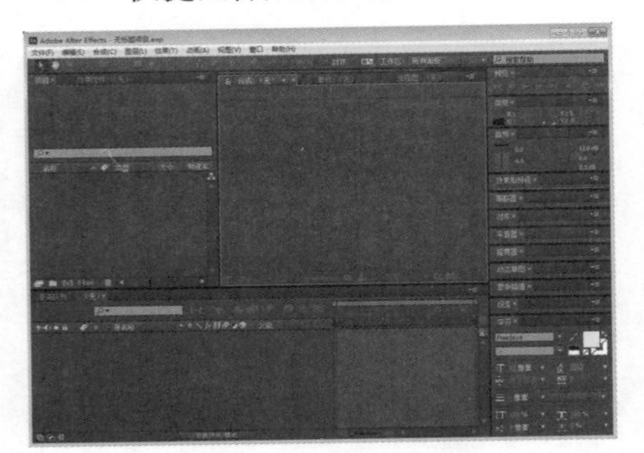

图3-2　软件界面

02 在菜单中选择【文件】→【打开项目】命令项，可以打开计算机中以往存储的“aep”格式工程文件，如图3-3所示。

专家课堂

“打开项目”操作的快捷键为“Ctrl+O”，还可以直接双击以往存储的“aep”格式工程文件进入程序。

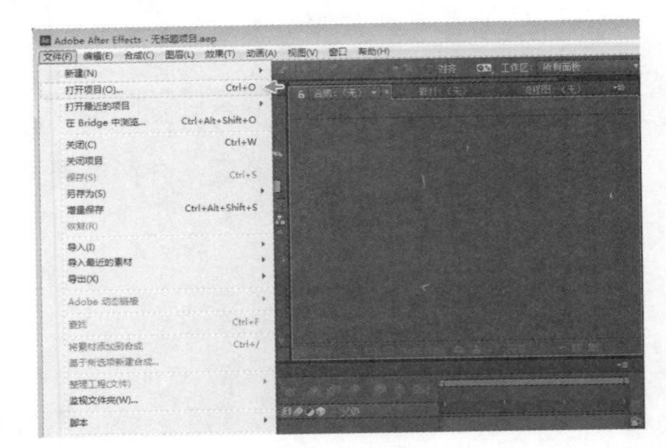

图3-3　打开项目

03 在菜单的【文件】→【打开最近的项目】命令项中，提供了最近工作的历史工程文件列表，可以快速选择开启上一次或者前几次打开过的项目，如图3-4所示。

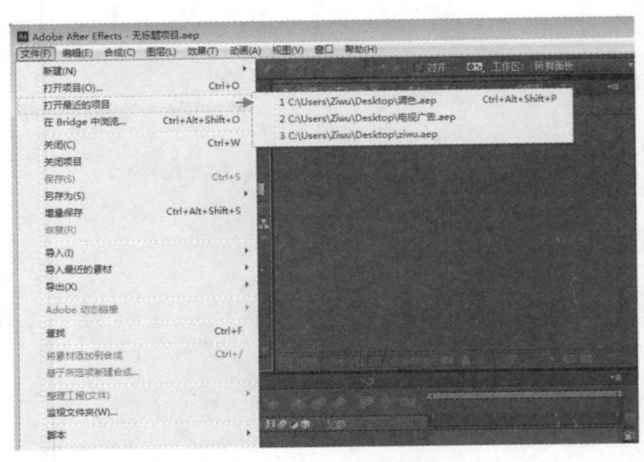

图3-4　打开最近项目

3.1.2 保存项目设置

01 当制作的项目完成后，可以继续进行合成操作，如图3-5所示。

图3-5 开启项目

02 在菜单中选择【文件】→【保存】命令项，将制作完成的项目文件进行存储，如图3-6所示。

图3-6 保存项目

专家课堂

通过“保存”命令可以对当前在After Effects中合成的项目文件及所有操作进行存储，可以使用键盘快捷键“Ctrl+S”完成操作。

03 在菜单中选择【文件】→【另存为】→【另存为】命令项，可以将制作完成的项目文件进行备份存储，如图3-7所示。

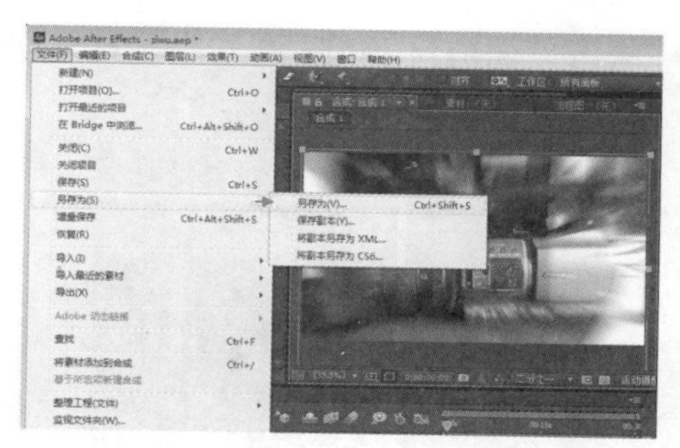

图3-7 另存为

专家课堂

“另存为”命令组中子命令的“另存为”可以将当前编辑的项目文件保存为另一个副本并关闭当前在After Effects中的合成项目文件，可以使用键盘快捷键“Ctrl+Shift+S”完成操作；“保存副本”可以为当前编辑的项目文件另设置一个文件名称进行保存并作为备份，用户可以继续在原合成项目上编辑操作，其中还包括“将副本另存为XML”等操作。

3.1.3 关闭项目设置

01 在菜单中选择【文件】→【关闭】命令项，会弹出“After Effects”对话框提示是否进行保存项目操作，如图3-8所示。

图3-8 关闭项目

专家课堂

执行“关闭”命令会将当前打开的After Effects项目的窗口或面板关闭，也可以按快捷键“Ctrl+W”来实现。

通过“关闭项目”命令可以关闭当前合成的After Effects项目文件，而不退出软件。

02 单击界面右上角的 关闭按钮，可以关闭项目，如图3-9所示。

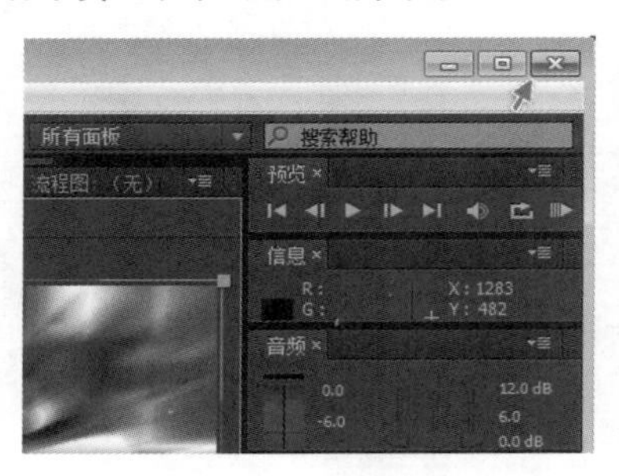

图3-9　关闭按钮

03 在菜单中选择【文件】→【退出】命令项，将直接退出软件，如图3-10所示。

图3-10　退出软件

3.2 实例——界面颜色

素材文件	无	难易程度	★☆☆☆☆
重要程度	★★☆☆☆	实例重点	根据所需自定义设置软件界面的“亮度”显示

“界面颜色”实例的制作流程主要分为3部分，包括①首选项选择；②外观亮度设置；③还原默认设置，如图3-11所示。

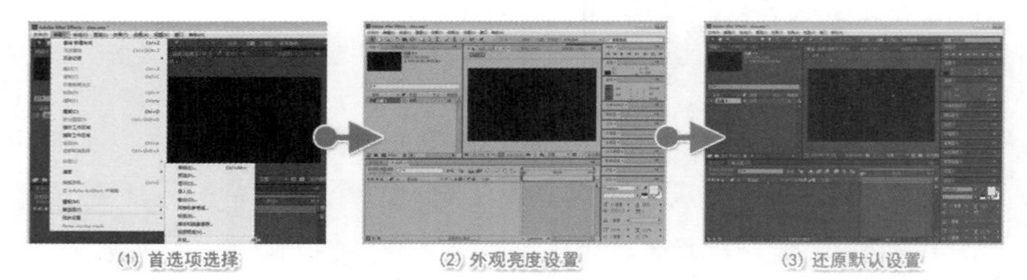

图3-11　制作流程

3.2.1　首选项选择

01 当正常启动After Effects CC软件后，软件界面的默认颜色为“深色”，如图3-12所示。

02 在菜单中选择【编辑】→【首选项】→【外观】命令项，可以对After Effects CC软件的界面颜色进行设置，如图3-13所示。

图3-12　界面颜色

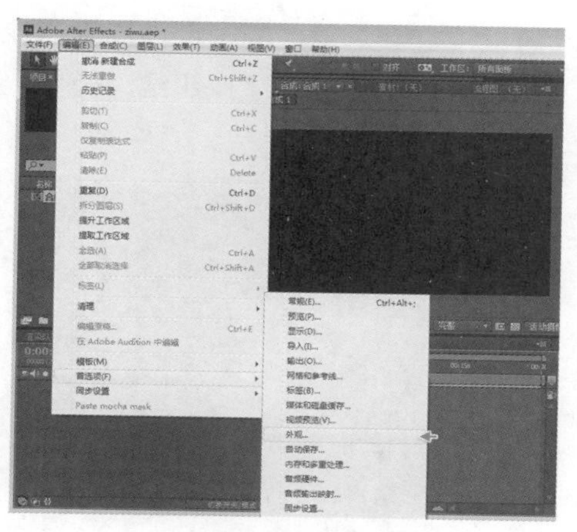

图3-13 首选项选择

3.2.2 外观亮度设置

01 在弹出的“首选项”对话框中展开“外观”项，如图3-14所示。

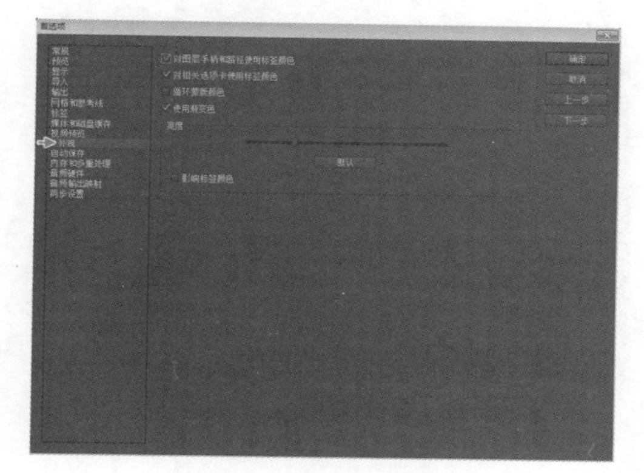

图3-14 外观选择

专家课堂

通过“外观”命令可以设置After Effects CC软件界面的颜色和亮度等显示信息。

02 在“外观”项中将“亮度”滑块向右侧拖拽，提高软件界面的亮度显示，如图3-15所示。

专家课堂

通过对“亮度”项目的设置，可以直接改变界面亮度，在其中可以选择“深色”或“浅色”方案。

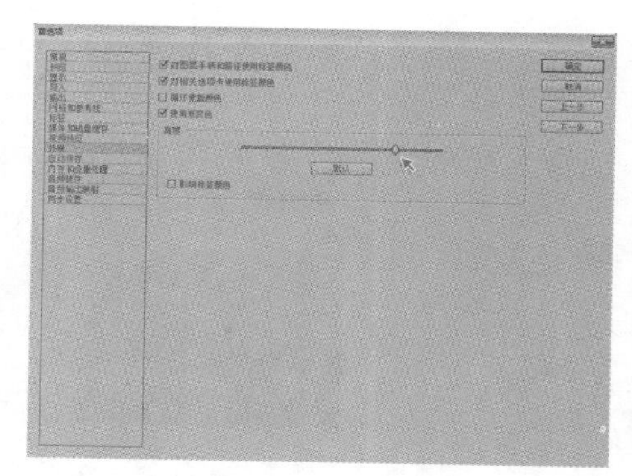

图3-15 亮度设置

03 调整并得到所需的亮度后，单击“确定”按钮完成操作，如图3-16所示。

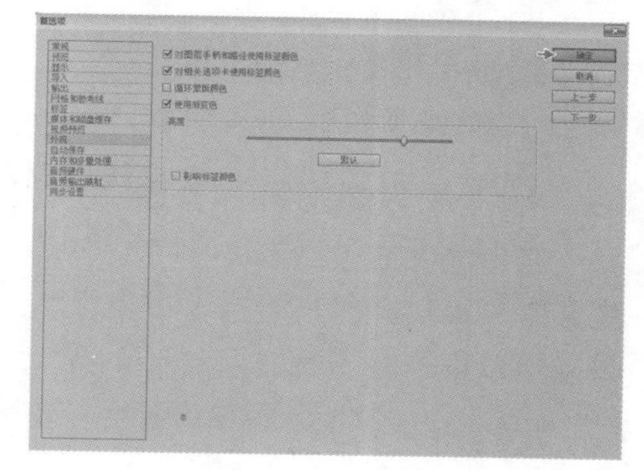

图3-16 确定按钮

04 设置完成后的After Effects CC软件界面颜色如图3-17所示。

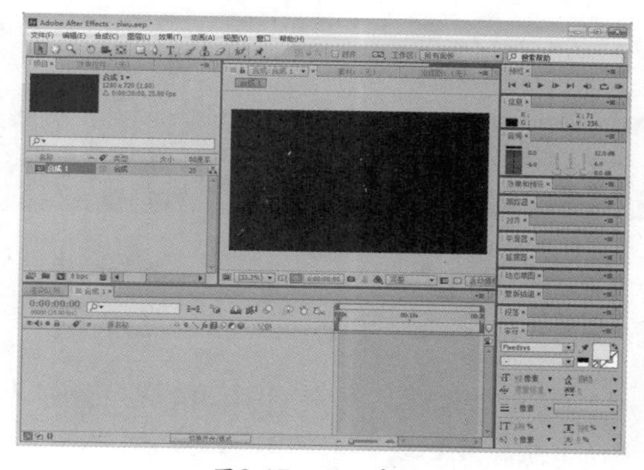

图3-17 界面颜色

3.2.3 还原默认设置

01 如果需要还原到After Effects CC软件默认的界面设置，可以在菜单中选择【编辑】→【首选项】→【外观】命令项，如图3-18所示。

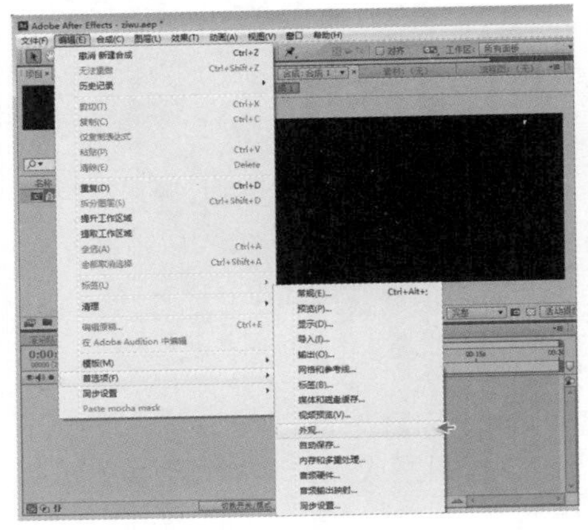

图3-18 外观选择

02 在“首选项”对话框中展开“外观”项，然后单击“默认”按钮将设置的“亮度”信息进行还原，如图3-19所示。

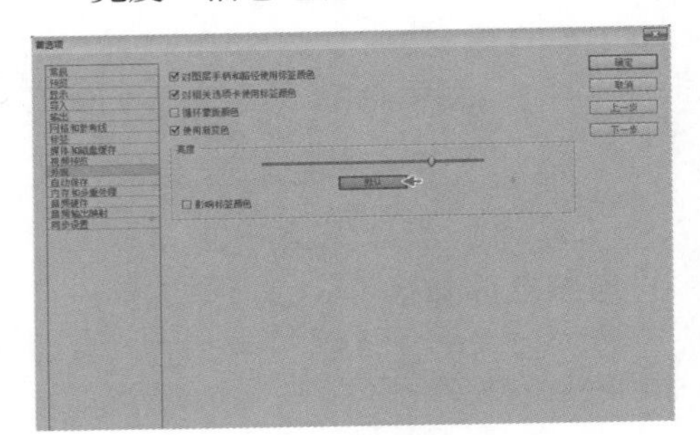

图3-19 默认按钮

03 可以观察到对话框的颜色已恢复为默认状态，单击“确定”按钮结束操作，如图3-20所示。

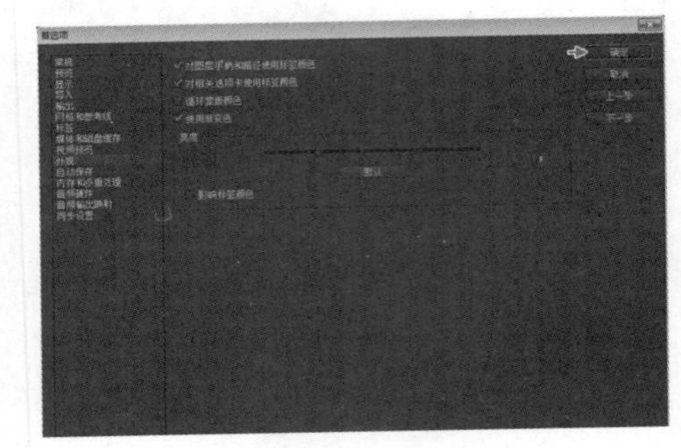

图3-20 确定按钮

04 执行“确定”按钮后，After Effects CC软件界面恢复为默认颜色，如图3-21所示。

图3-21 还原默认设置

3.3 实例——首选项设置

素材文件	无	难易程度	★☆☆☆☆
重要程度	★☆☆☆☆	实例重点	掌握首选项设置方法

“首选项设置”实例的制作流程主要分为3部分，包括①撤销历史设置；②预览缓存设置；③素材显示设置，如图3-22所示。

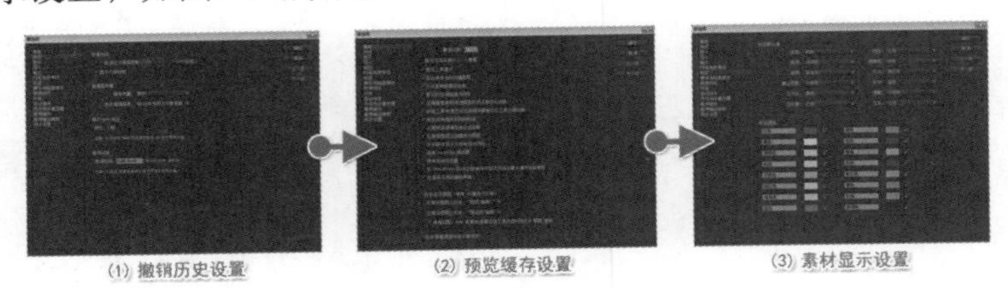

图3-22 制作流程

3.3.1 撤销历史设置

01 在菜单中选择【编辑】→【首选项】→【常规】命令项，准备进行撤销历史的设置，如图3-23所示。

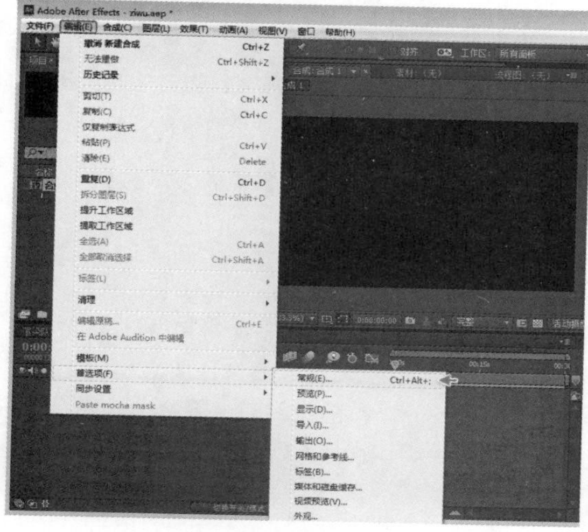

图3-23 常规选择

02 在"首选项"对话框中展开"常规"项，可以对撤销历史的"撤销次数"进行设置，如图3-24所示。

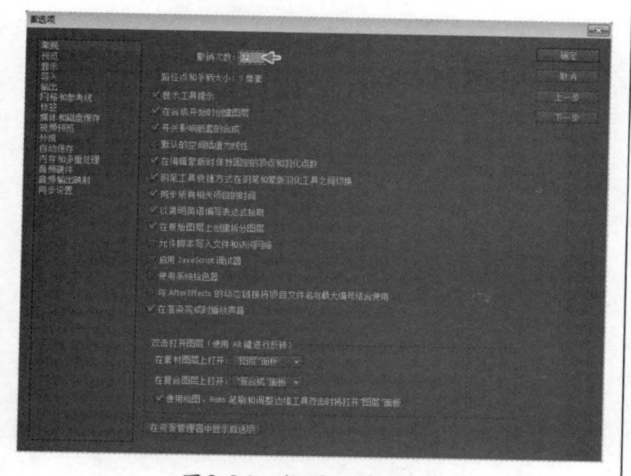

图3-24 撤销历史设置

专家课堂

在"常规"命令项中可以设置After Effect CC的一些常规的参数。

- 撤销次数：默认是32步，最多可以设置到99步，建议不要设置过多的"撤销次数"，因为会影响到内存的使用。
- 路径点和手柄大小：可以设置在合成操作时工具辅助提示的像素宽度，使其可以更加便于进行预览与操作。
- 显示工具提示：设置是否显示工具的提示信息。
- 在合成开始时创建图层：设置在"时间线"面板中调入或创建层时，层的开始位置是以合成的开始时间为基准还是以时间指示器的位置为基准。
- 开关影响嵌套的合成：当合成层中有嵌套的合成层时，只设置嵌套影像的显示品质、运动模糊、帧融合或3D等功能，选择该项嵌套影像的这些设置就可以传递到原合成层中，如果未选择选项则不能传递到原合成层中。
- 默认的空间插值为线性：会将关键帧的运动插值方式设置为线性插值方式。
- 在编辑蒙版时保持固定的顶点和羽化点数：为层中的"蒙版"添加新控制点或删除控制点时，如果勾选此项则添加或删除的控制点会在整个动画中保持这一状态，不勾选时添加或删除的控制点只在当前时间点中添加或删除。
- 同步所有相关项目的时间：在勾选时，可以使所有关联的对象时间同步，例如在一个合成层中包含有另外一个合成层，如果勾选了此项，那么这两个合成层会在预览时同步。
- 以简明英语编写表达式拾取：可以设置表达式是否以紧凑的方式进行书写，如果勾选了此项则表达式会以一种紧凑的方式书写，不勾选则以烦琐的方式来书写。
- 在原始图层上创建拆分图层：设置是否保持剪断以后的原始层在上方等一些相关设置。
- 允许脚本写入文件和访问网络：主要应用于"脚本"操作。脚本是一系列的命令，它告知应用程序执行一系列操作，可以在大多数Adobe应用程序中使用脚本来自动执行重复性任务、复杂计算，甚至使用一些没有通过图形用户界面直接显露的功能。例如，可以指示After Effects

CC对一个合成中的图层重新排序、查找和替换文本图层中的源文本，或者在渲染完成时发送一封电子邮件。

- 启用Java Script调试器：可以使用Adobe网站上After Effects CC开发中心中的After Effects CC脚本指南。
- 使用系统拾色器：设置是否要使用操作系统提供的“拾色器”。

3.3.2 预览缓存设置

01 在“首选项”对话框中展开“预览”项，可以设置快速预览的“自适应分辨率限制”参数值，如图3-25所示。

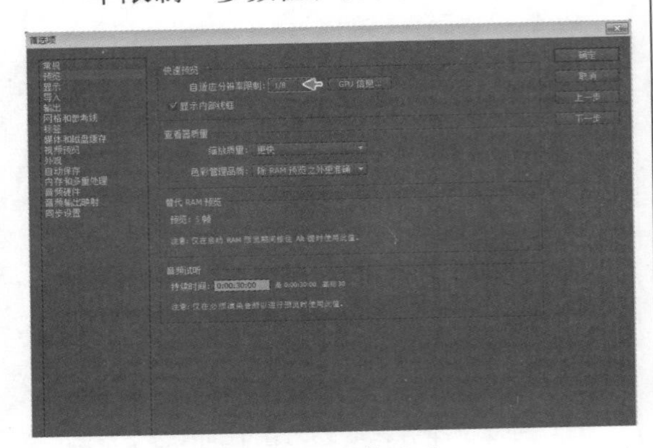

图3-25 预览设置

专家课堂

通过“预览”命令可以对After Effect CC中视频预览与音频预览进行默认设置。

“自适应分辨率限制”中提供了1/2、1/4、1/8和1/16的4种预设，在必要时可以降低图层的预览分辨率，以便在交互期间保持更新图像的速度。“预览”首选项类别的“快速预览”区域中的“自适应分辨率限制”值可以指定要使用的最小分辨率。

02 在“首选项”对话框中展开“媒体和磁盘缓存”项，并在“磁盘缓存”卷展栏中单击“选择文件夹”按钮，可以选择“缓存”文件的磁盘大小与存储路径，如图3-26所示。

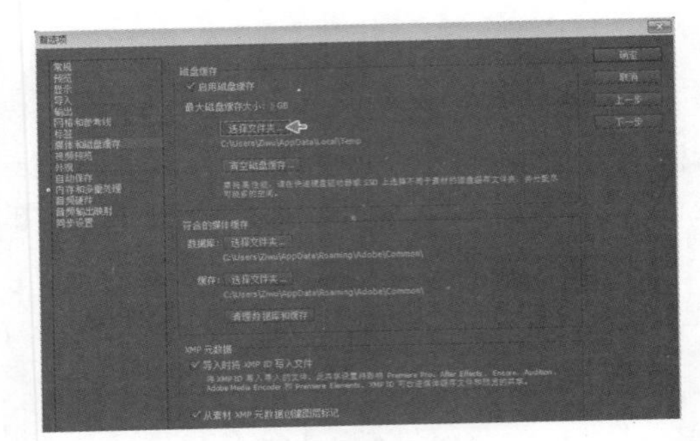

图3-26 磁盘缓存

专家课堂

在处理合成时，After Effects CC在RAM中暂时存储一些已渲染的帧和源图像，以便可以更快速地进行预览和编辑。After Effects CC不会缓存所需渲染时间较短的帧，而帧在图像缓存中保持未压缩。

After Effects CC也会缓存素材和图层级别，以实现更快的预览；已修改的图层在预览期间进行渲染，未修改的图层从缓存合成。

RAM缓存已满时，任何添加到RAM缓存的新帧将会替换早期缓存的帧。在After Effects CC渲染帧，以实现RAM预览时，它会在缓存已满时停止向图像缓存中添加帧，并开始仅播放适合RAM缓存的帧。

当RAM缓存在标准预览期间已满时，After Effects CC可以将已渲染项存储到硬盘中。“时间轴”、“图层”和“素材”面板的时间标尺中的蓝条标记缓存到磁盘的帧。

03 在“首选项”对话框中展开“内存和多重处理”项，在“内存”卷展栏中可以设置为其他应用程序保留的内存参数值，如图3-27所示。

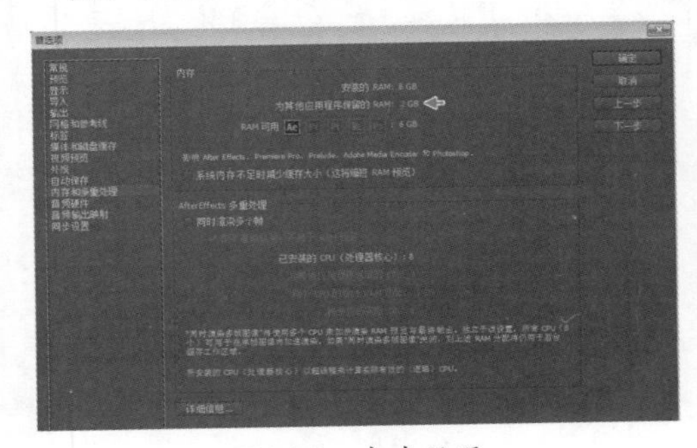

图3-27 内存设置

专家课堂

增加“为其他应用程序保留的RAM”值可以使更多RAM用于操作系统和除After Effects CC以及与其共享内存池的应用程序之外的应用程序。

如果知道将与After Effects CC一起使用的特定应用程序，可以检查其系统要求，并将此值设置为该应用程序所需的最小RAM量。由于为操作系统保留足够内存时性能最佳，因此不得将此值设置为低于最小基准值。

04 在“首选项”对话框中展开“自动保存”项，可以开启“自动保存项目”项，也可以对保存间隔及最大项目版本进行设置，如图3-28所示。

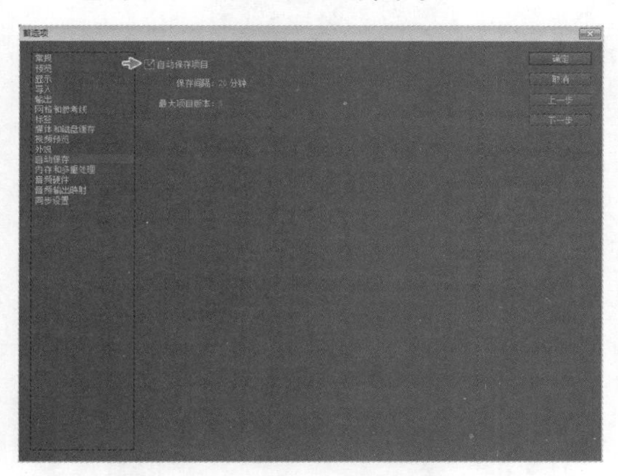

图3-28 自动保存设置

专家课堂

自动保存的文件保存在After Effects CC“自动保存”文件夹（与原始项目文件位于同一文件夹中）中。自动保存的文件名将基于项目名称，After Effects CC会将“自动保存n”（其中n是自动保存系列中文件的数目）添加到文件名结尾。“最大项目版本”可以指定要为每个项目文件保存的版本数目。当保存的版本的数目达到指定的最大值时，自动保存功能将从最旧的文件开始覆盖这些版本。

3.3.3 素材显示设置

01 在“首选项”对话框中展开“导入”项，并在“序列素材”卷展栏中可以对每秒钟使用的帧数进行设置，如图3-29所示。

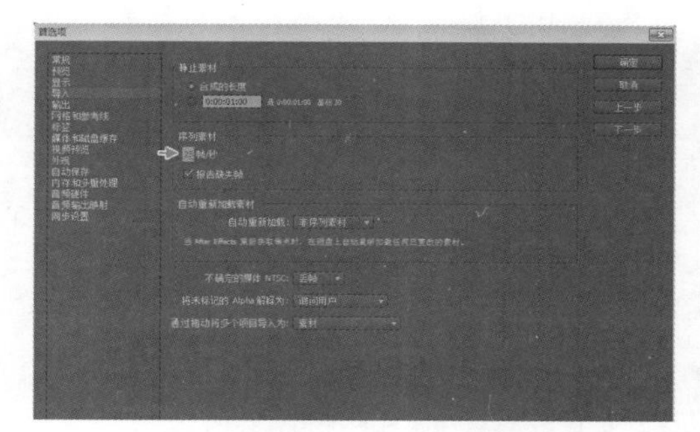

图3-29 导入帧设置

专家课堂

“静止素材”项目可基于素材项目创建图层或更改图层源，主要控制在导入“图片”素材时默认的显示时间长度。

“序列素材”项目可控制导入图像“序列”的时间帧数，可以通过重新解释素材项目来更改帧速率。

02 在“首选项”对话框中展开“标签”项，其中的“标签默认值”卷展栏中提供了颜色预设，不同的标签颜色指示不同种类的素材项目，但可以分配标签颜色以便于指示所选择的类别，如图3-30所示。

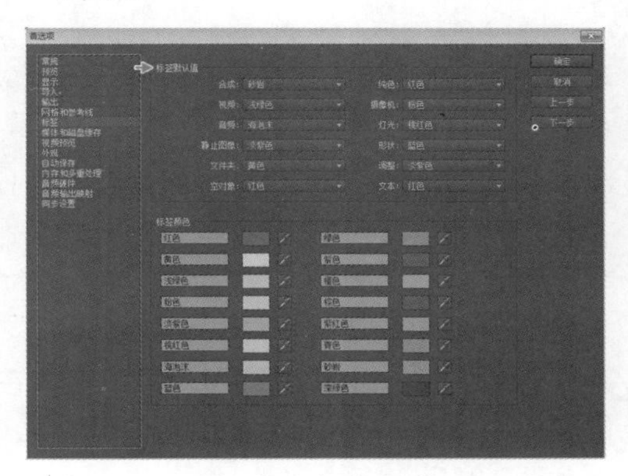

图3-30 标签设置

专家课堂

“外观”首选项中的“亮度”控件不能影响面板标签颜色。要使“亮度”控件影响面板标签颜色，可在“外观”首选项中选择“影响标签颜色”选项。

3.4 实例——界面布局

素材文件	无	难易程度	★☆☆☆☆
重要程度	★☆☆☆☆	实例重点	对工作面板的布局进行预设切换与自定义设置

“界面布局”实例的制作流程主要分为3部分，包括①工作区预设；②快捷键切换；③面板开关设置，如图3-31所示。

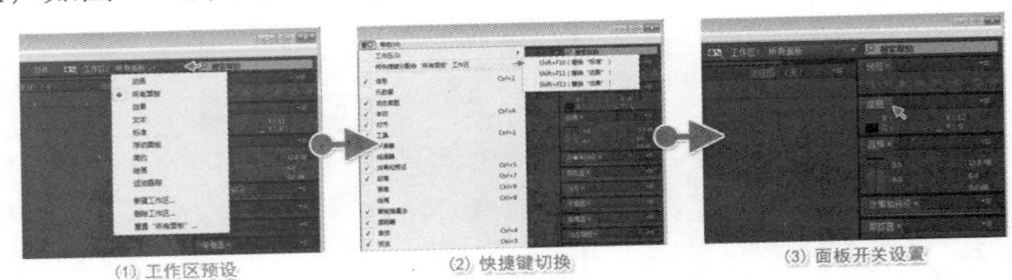

图3-31　制作流程

3.4.1　工作区预设

01 在工作区中默认选择为“所有面板”类型，界面分布效果如图3-32所示。

图3-32　界面效果

02 在工作区中单击“所有面板”类型，在弹出的下拉菜单中可以切换其他类型，如图3-33所示。

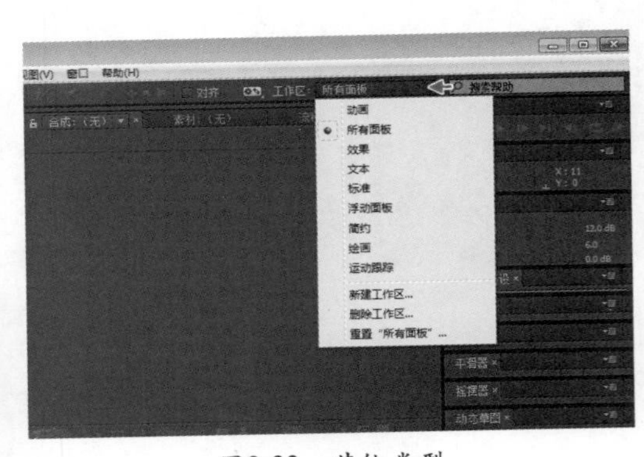

图3-33　其他类型

03 通过菜单中的【窗口】→【工作区】命令项进行类型切换操作，可以更改其他的工作区类型，如图3-34所示。

专家课堂

在工作界面切换中除“所有面板”类型外，还包括动画、效果、文本、标准、浮动面板、简约、绘画和运动跟踪。

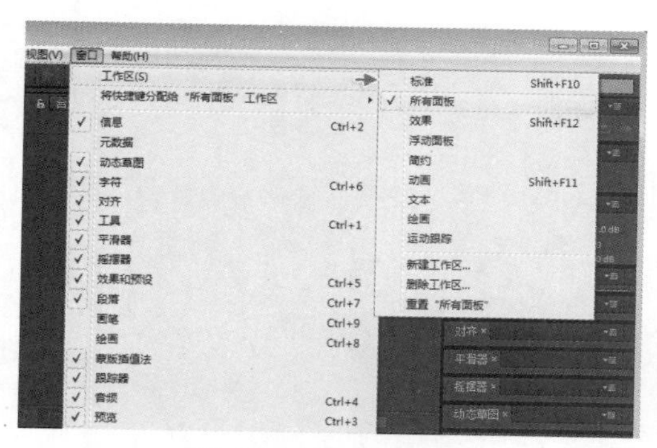

图3-34　窗口菜单选择

3.4.2　快捷键切换

01 在菜单中选择【窗口】→【将快捷键分配给“所有面板”工作区】命令项，其中提供了Shift+F10（替换“标准”）、Shift+F11（替换“动画”）、Shift+F12（替换“效果”）项，可以通过快捷键来迅速进行类型切换，如图3-35所示。

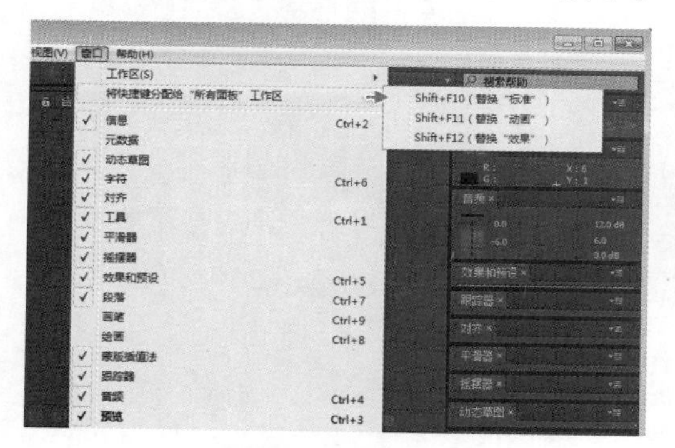

图3-35　类型切换

02 通过键盘“Shift+F10”快捷键可以切换至“标准”类型，如图3-36所示。

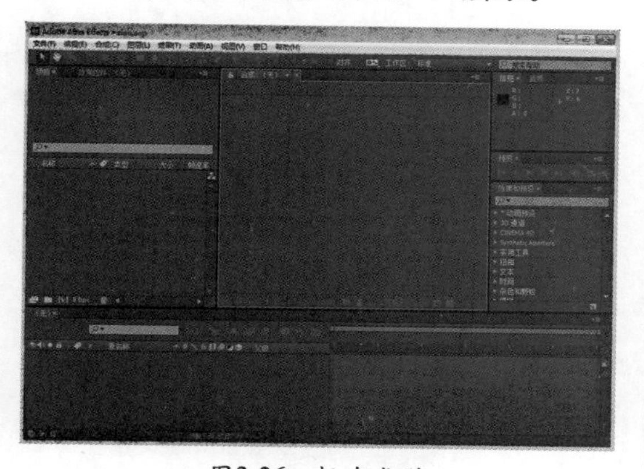

图3-36　标准类型

03 通过键盘“Shift+F11”快捷键可以切换至“动画”类型，如图3-37所示。

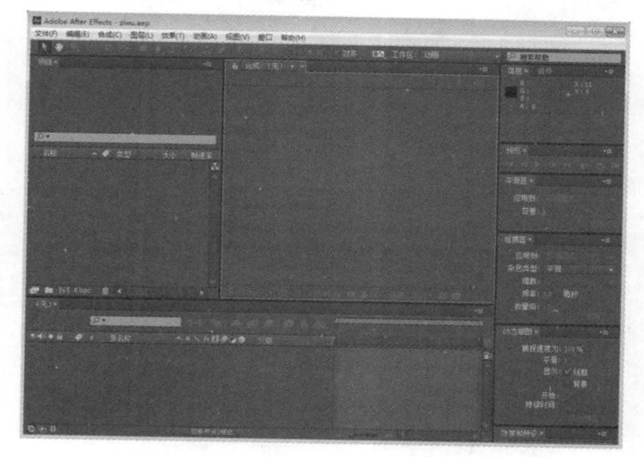

图3-37　动画类型

04 通过键盘“Shift+F12”快捷键可以切换至“效果”类型，如图3-38所示。

图3-38　效果类型

3.4.3　面板开关设置

01 在每项面板中都有■关闭按钮，单击此按钮可将面板进行关闭，如图3-39所示。

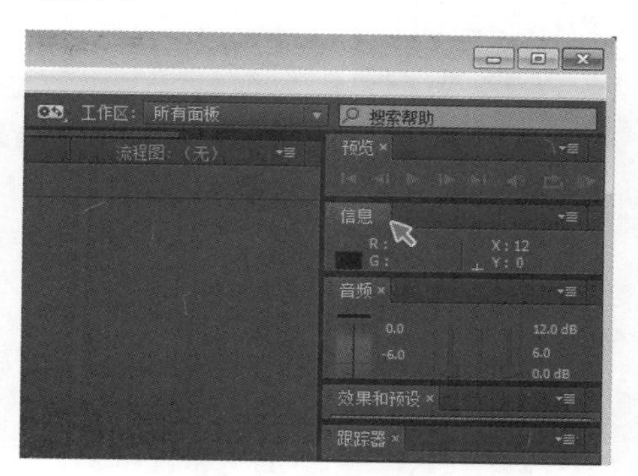

图3-39　关闭面板

专家课堂

将不使用的面板进行关闭操作，可以精简工作界面，使其他面板的操作区域变大。

02 如果需要再次应用被关闭的面板，可以在“窗口”菜单中再启用该面板，如图3-40所示。

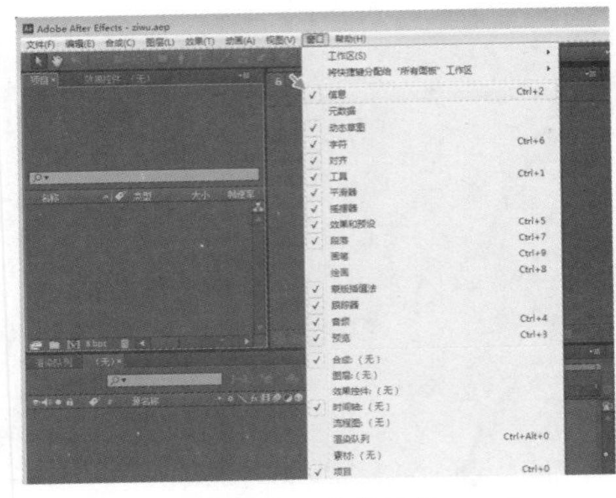

图3-40　开启面板

3.5 实例——新建合成

素材文件	无	难易程度	★☆☆☆☆
重要程度	★★★☆☆	实例重点	了解新建合成面板中的各个参数

“新建合成”实例的制作流程主要分为3部分，包括①新建合成设置；②合成高级设置；③其他新建方式，如图3-41所示。

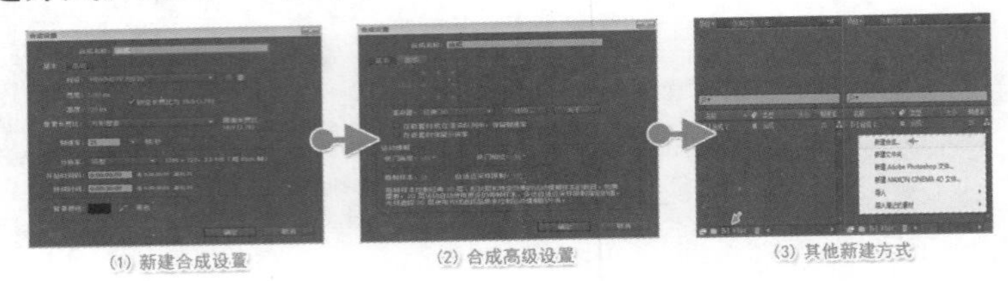

(1) 新建合成设置　(2) 合成高级设置　(3) 其他新建方式

图3-41　制作流程

3.5.1 新建合成设置

01 在菜单中选择【合成】→【新建合成】命令项，准备进行合成操作，如图3-42所示。

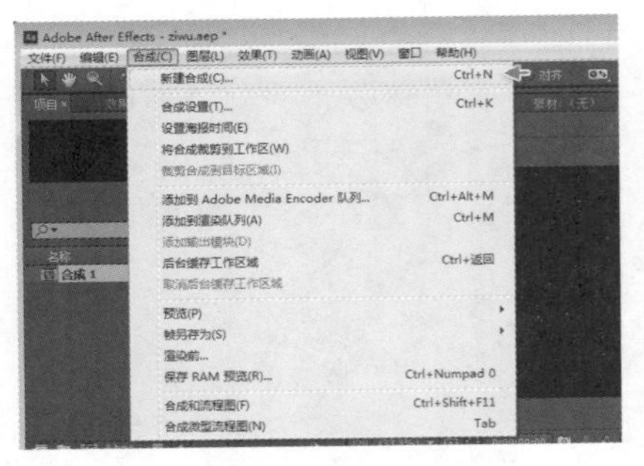

图3-42　新建合成

02 在弹出的“合成设置”对话框中，首先需要对“合成名称”进行设置，默认名称为“合成1”，也可修改为中/英文的任何名称，如图3-43所示。

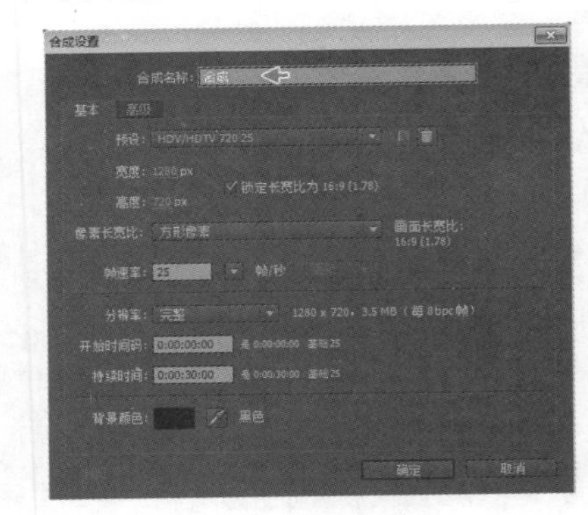

图3-43　名称设置

03 在“合成设置”对话框的“基本”选项组中单击“预设”项，在其下拉菜单中提供了常用的预设类型，如图3-44所示。

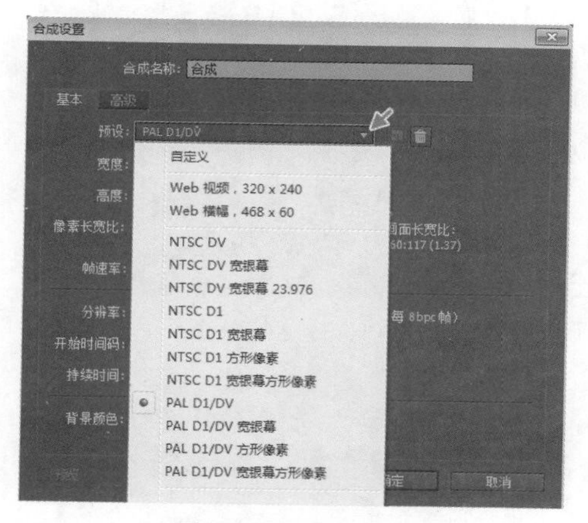

图3-44 预设类型

专家课堂

“预置”项目中提供了NTSC和PAL制式电视、高清晰、胶片等常用影片格式，主要有PAL D1/DV（标清4:3）、PAL D1/DV 宽银幕（标清16:9）、HDV/HDTV 720 25（小高清）、HDTV 1080 25（大高清），还可以选择“自定义”影片格式。

04 在“合成设置”对话框的“基本”选项组中可以设置“像素长宽比”项，在其下拉菜单中提供了常用的长宽比类型，如图3-45所示。

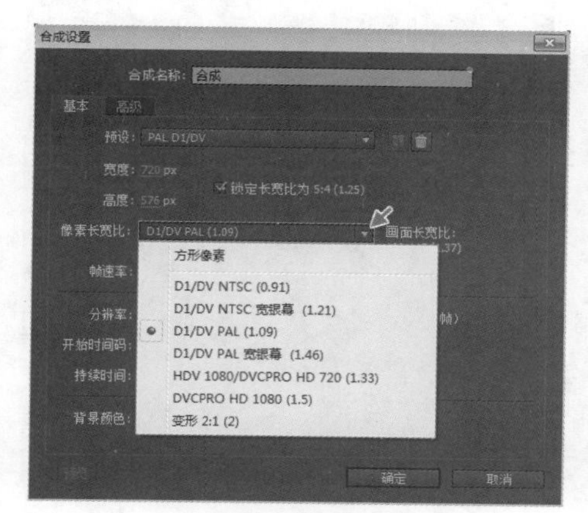

图3-45 长宽比类型

专家课堂

像素长宽比是指图像中的一个像素的宽度与高度之比，而帧纵横比则是指图像的一帧的宽度与高度之比。如某些D1/DV NTSC图像的帧纵横比是4：3，但使用方形像素（1.0像素比）的是640×480，使用矩形像素（0.9像素比）的是720×480。

DV基本上使用矩形像素，在NTSC制视频中是纵向排列的，而在PAL制视频中是横向排列的。使用计算机图形软件制作生成的图像大多使用方形像素。

由于计算机产生的图像的像素比永远是1：1，但电视设备所产生的视频图像不一定是1：1，如我国的PAL制像素比就是16:15=1.07。同时，PAL制规定画面宽高比为4:3。根据宽高比的定义来推算，PAL制图像分辨率应为768×576像素，这是在像素比为1：1的情况下，可PAL制的分辨率为720×576像素。

因此，实际PAL制图像的像素比是768：720=16：15=1.07。也就是通过把正方形像素“拉长”的方法，保证了画面的4：3的宽高比例。

05 在“合成设置”对话框的“基本”选项组中可以设置“帧速率”项，在其下拉菜单中提供了常用的帧类型，如图3-46所示。

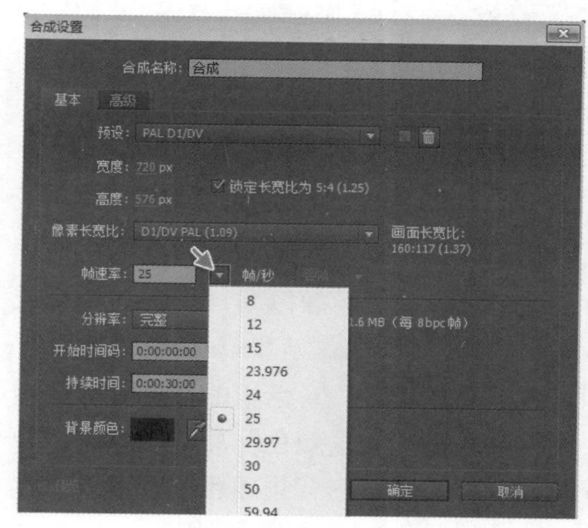

图3-46 帧速率类型

06 在“合成设置”对话框的“基本”选项组中可以设置“分辨率”项，在其下拉菜单中提供了常用的分辨率类型，主要决定影片像素的清晰质量，如图3-47所示。

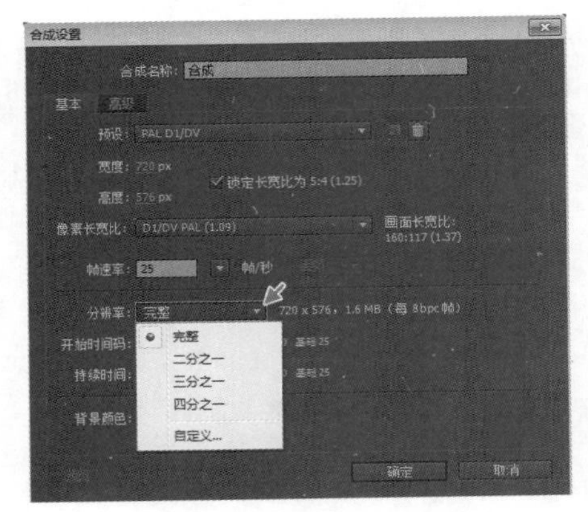

图3-47　分辨率设置

07 在“合成设置”对话框的“基本”选项组中可以设置“开始时间码”项，可以对合成的起始时间进行设置，为便于计算此参数，通常设置为0，如图3-48所示。

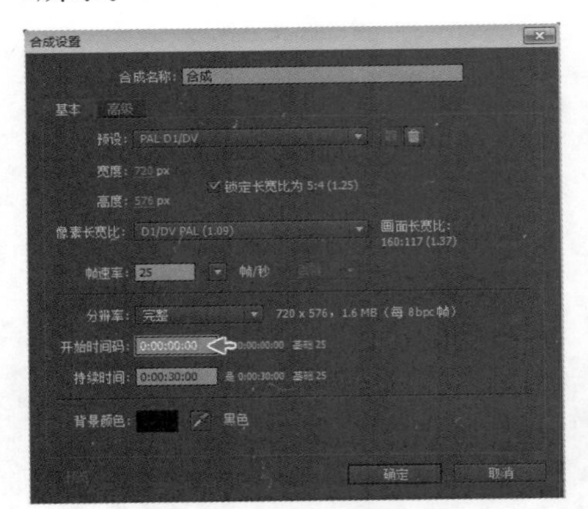

图3-48　开始时间码设置

08 在“合成设置”对话框的“基本”选项组中可以设置“持续时间”项，即合成项目的总长度值，如图3-49所示。

09 在“合成设置”对话框的“基本”选项组中单击“背景颜色”项的颜色块，可以对合成项目的背景颜色进行设置，默认为“黑色”，如图3-50所示。

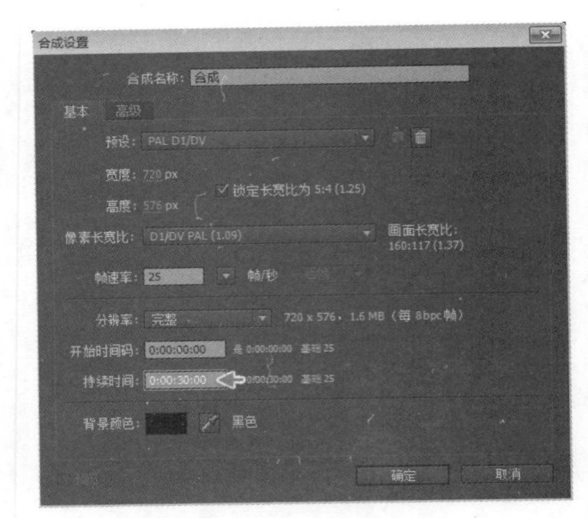

图3-49　持续时间设置

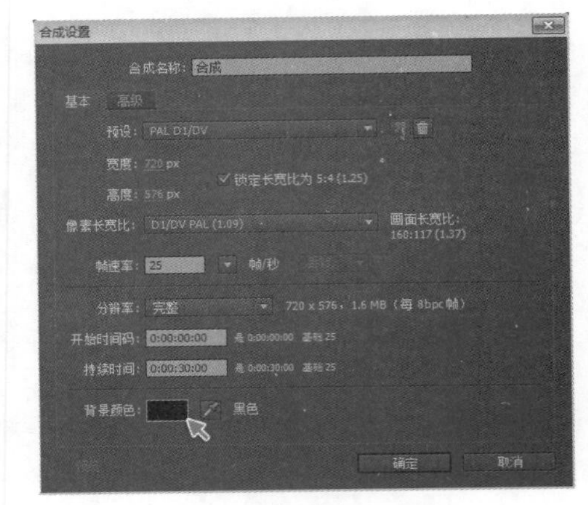

图3-50　背景颜色设置

3.5.2　合成高级设置

01 在“合成设置”对话框中切换至“高级”选项组，如图3-51所示。

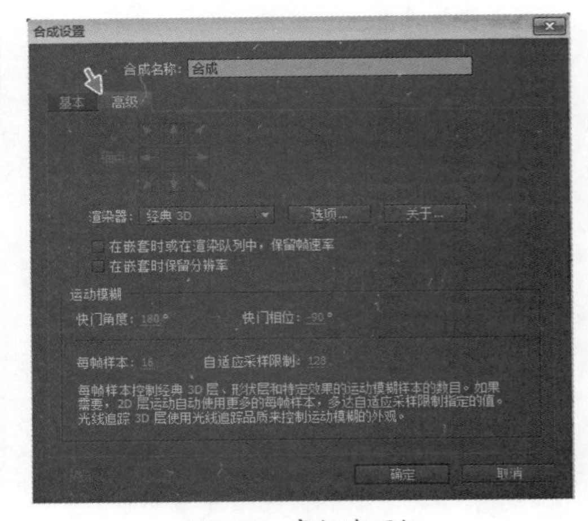

图3-51　高级选项组

02 在“合成设置”对话框的“高级”选项组中，可以设置锚点的位置、渲染器类型、是否在嵌套时或在渲染队列中保留帧速率及是否在嵌套时保留分辨率，如图3-52所示。

图3-52 高级设置

03 在“合成设置”对话框的“高级”选项组中，还可以设置“运动模糊”卷展栏中的快门角度、快门相位、每帧样本及自适应采样限制值，如图3-53所示。

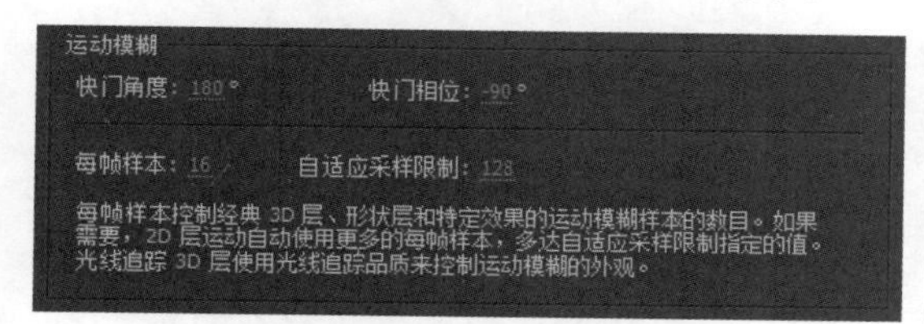

图3-53 运动模糊设置

3.5.3 其他新建方式

01 在“项目”面板的空白位置单击鼠标“右”键，可在弹出的菜单中选择“新建合成”命令项，如图3-54所示。

02 除了在菜单栏中选择命令以外，还可以在“项目”面板的下方单击新建合成按钮，建立合成项目，如图3-55所示。

03 还可以在“项目”面板中将素材拖拽至空白的“时间线”面板中完成新建合成操作，如图3-56所示。

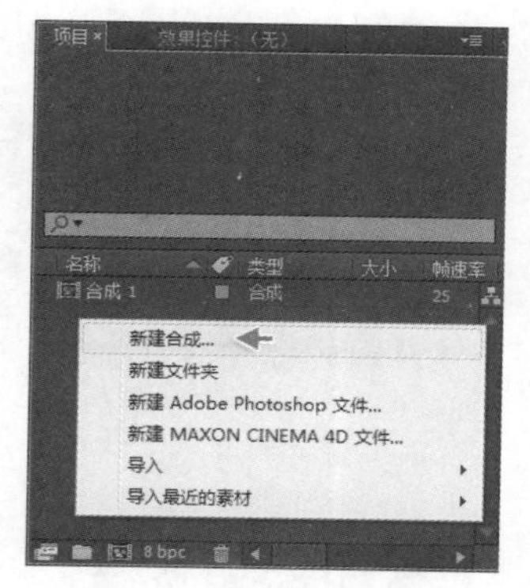

图3-54 新建合成菜单

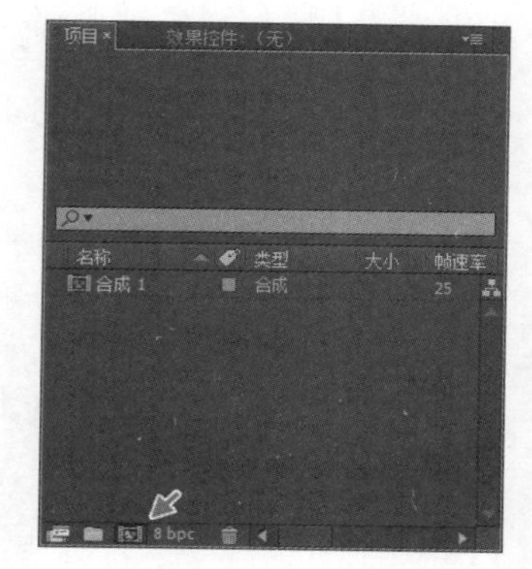

图3-55 新建合成项目

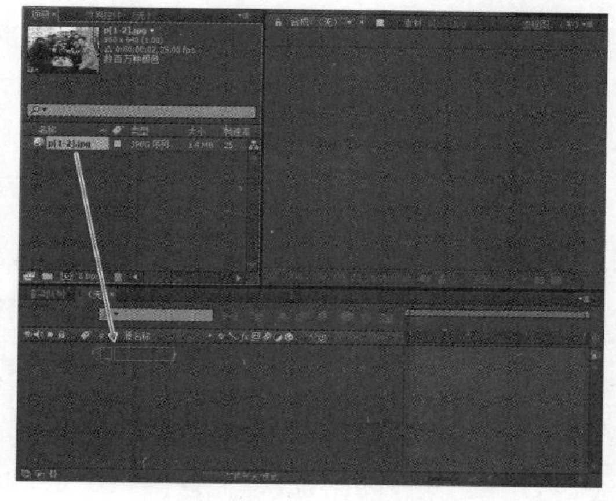

图3-56 添加素材新建

3.6 实例——常用合成预设

素材文件	无	难易程度	★☆☆☆☆
重要程度	★★☆☆☆	实例重点	新建所需的各种常用合成尺寸类型

“常用合成预设”实例的制作流程主要分为3部分，包括①新建标清合成；②新建高清合成；③新建特殊合成，如图3-57所示。

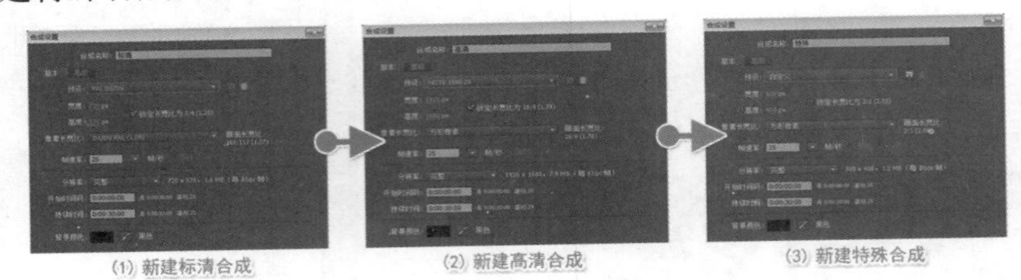

图3-57　制作流程

3.6.1　新建标清合成

01 在菜单中单击【合成】→【新建合成】命令项，准备进行合成操作，如图3-58所示。

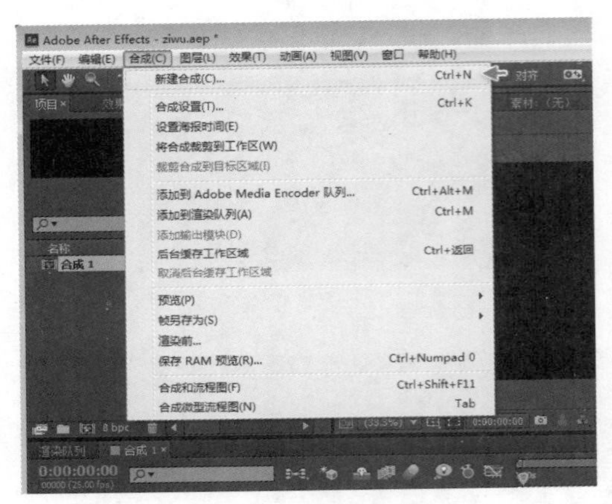

图3-58　新建合成

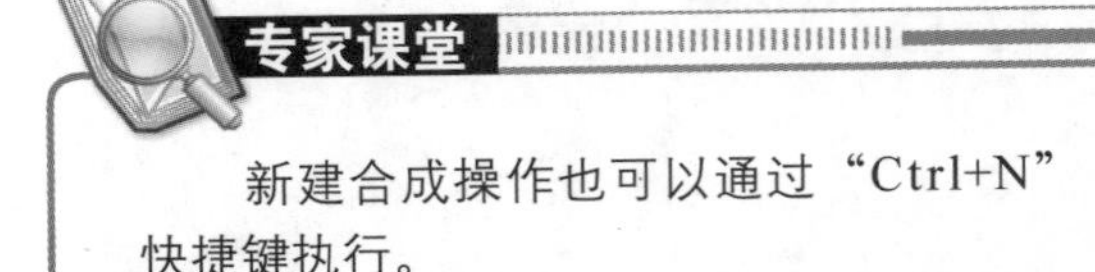

专家课堂

新建合成操作也可以通过“Ctrl+N”快捷键执行。

02 新建标清影片的合成，先在菜单中单击【合成】→【新建合成】命令项，在弹出的“合成设置”对话框中设置合成名称为“标清”，然后在“基本”选项组中设置“预设”项为“PAL D1/DV”类型，系统将自动设置其宽度为720、高度为576、长宽比为5：4及帧速率为25帧/秒，如图3-59所示。

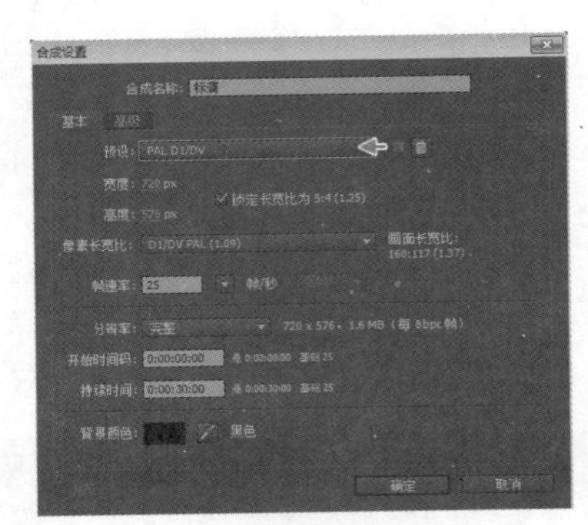

图3-59　标清设置

03 新建标清宽屏幕影片的合成，先在弹出的“合成设置”对话框中设置合成名称为“标清”，然后在“基本”选项组中将“预设”项切换至“PAL D1/DV宽银幕”类型即可，如图3-60所示。

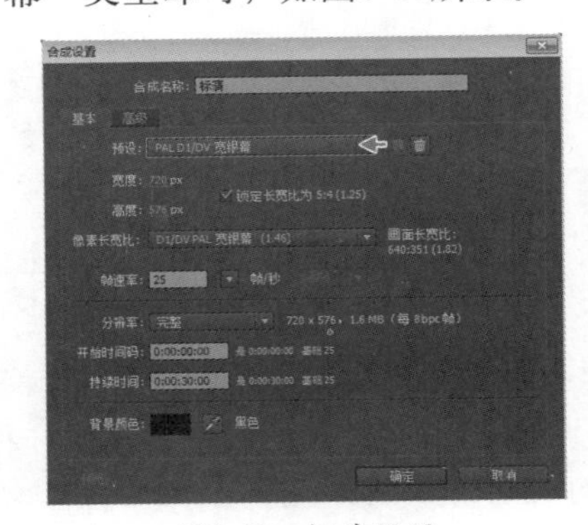

图3-60　标清设置

专家课堂

标清宽屏幕影片分辨率虽然为720×576，但像素比为1.46，也就是（720×1.46）×576分辨率，系统将宽度进行拉伸，得到标清的宽屏幕效果。

3.6.2 新建高清合成

01 新建大高清影片的合成，先在菜单中单击【合成】→【新建合成】命令项，在“合成设置”对话框中设置合成名称为“高清”，然后在“基本”选项组中设置“预设”项为“HDTV 1080 25”类型，其他参数自动设置为宽度为1920、高度为1080、长宽比为16：9及帧速率为25帧/秒，如图3-61所示。

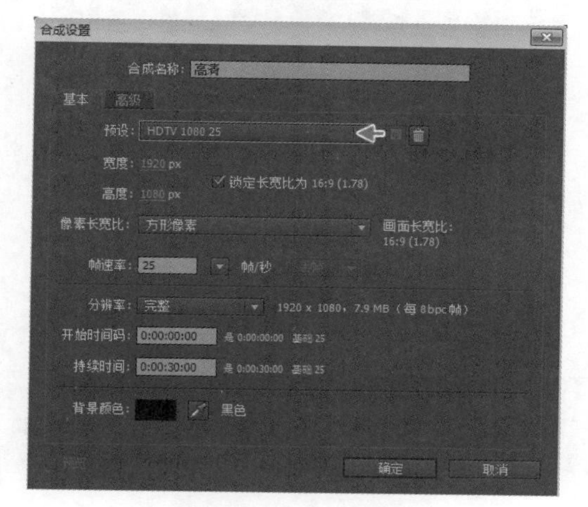

图3-61 大高清设置

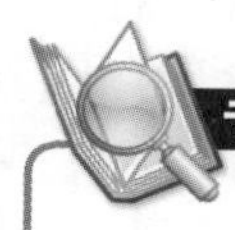

专家课堂

1080p是一种视频显示格式，字母P意为逐行扫描（Progressive scan），有别于1080i的隔行扫描（interlaced scan）。数字1080则表示垂直方向有1080条水平扫描线，通常1080p的画面大小为1920×1080像素，即大高清或全高清。

02 新建小高清影片的合成，在菜单中单击【合成】→【新建合成】命令项，在“合成设置”对话框中设置合成名称为“高清”，在“基本”选项组中将“预设”项切换至“HDV/HDTV 720 25”类型，即建立宽度为1280、高度为720、长宽比为16：9及帧速率为25帧/秒的影片，如图3-62所示。

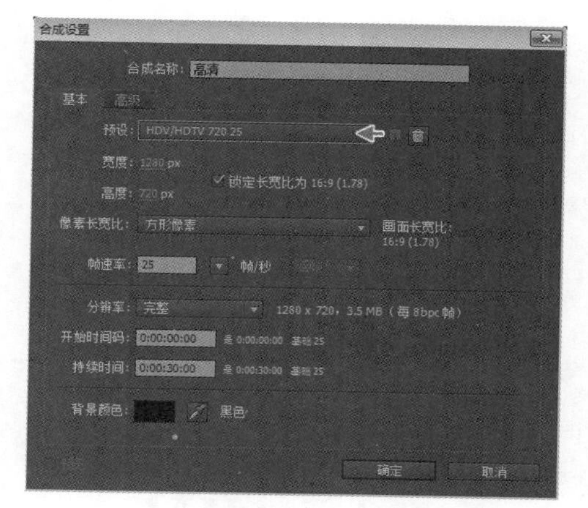

图3-62 小高清设置

3.6.3 新建特殊合成

01 如果需要建立自定义尺寸的合成影片，可以在“合成设置”对话框中设置合成名称为“特殊”，然后在“基本”选项组中设置“预设”项为“自定义”类型，再根据需要设置宽度为800、高度为400、长宽比为2：1及帧速率为25帧/秒即可，如图3-63所示。

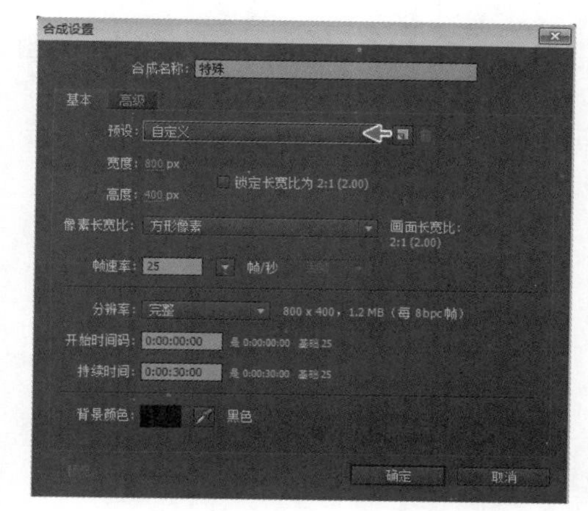

图3-63 自定义设置

02 如果需要建立用于网络传输或使用的合成影片，可以在“基本”选项组中将“预设”项切换至“Web视频，320×240”类型，其宽度为320、高度为240、长宽比为4：3及帧速率为15帧/秒，如图3-64所示。

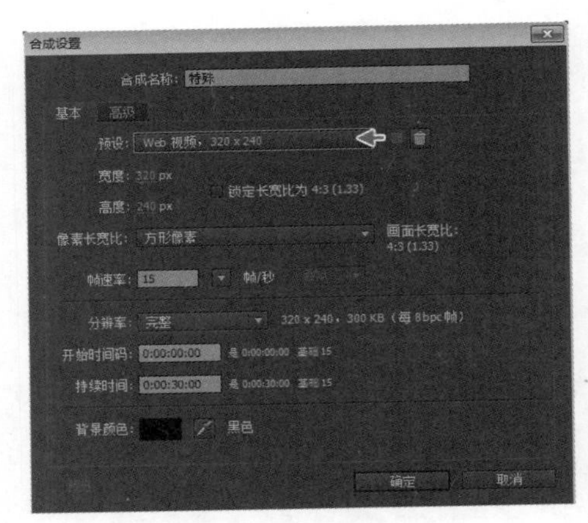

图3-64　Web视频类型

"Web视频"主要应用于网络平台或特殊状态使用，因为需要控制文件容量，保障传输，所以牺牲了画面的分辨率尺寸。

03 如果需要建立胶片电影的合成影片，可以在"基本"选项组中将"预设"项切换至"胶片（2K）"类型，其宽度为2048、高度为1556、长宽比为512：389、帧速率为24帧/秒，如图3-65所示。

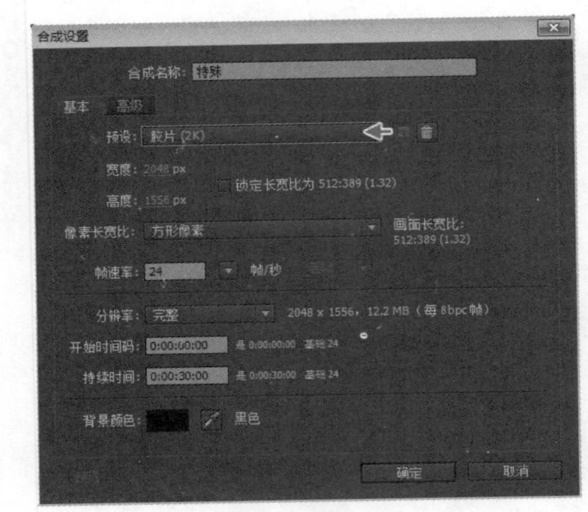

图3-65　胶片设置

3.7 本章小结

本章主要对After Effects CC软件的基础设置与新建合成进行了讲解，应重点掌握"打开与关闭"、"界面颜色"、"首选项设置"、"界面布局"、"新建合成"、"常用合成预设"实例中介绍的操作方法。

第4章
添加与管理素材

本章主要通过实例添加合成素材、添加序列素材、添加PSD素材、多合成嵌套、分类管理与命名，介绍在After Effects CC中添加与管理素材的方法。

4.1 实例——添加合成素材

素材文件	无	难易程度	★☆☆☆☆
重要程度	★★☆☆☆	实例重点	掌握3种导入合成素材的方法

“添加合成素材”实例的制作流程主要分为3部分，包括①菜单导入素材；②右键导入素材；③左键导入素材，如图4-1所示。

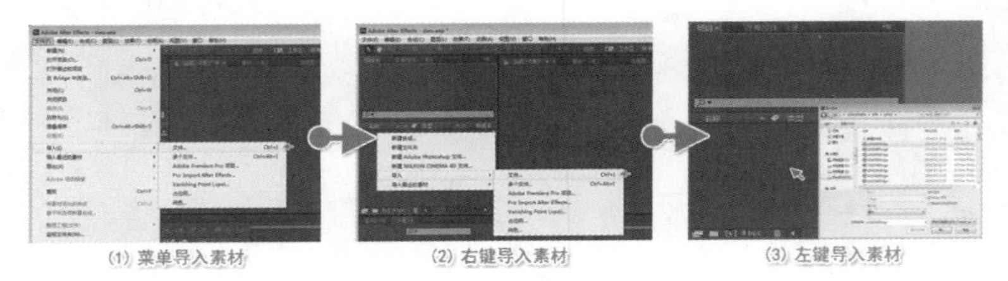

图4-1　制作流程

4.1.1　菜单导入素材

01 双击桌面上的After Effects CC快捷图标启动软件，如图4-2所示。

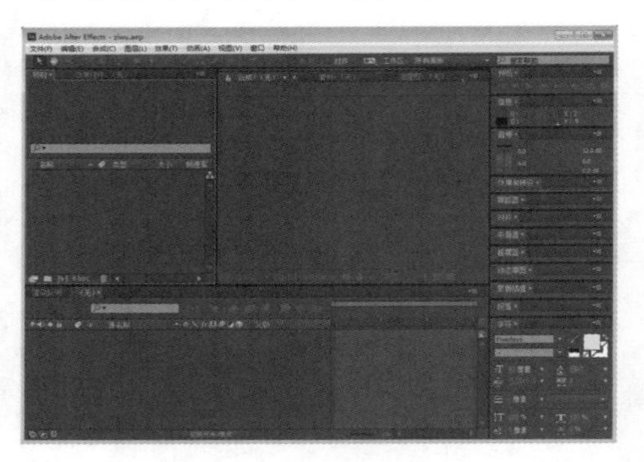

图4-2　启动软件

02 在影片合成前需先导入合成素材，可在菜单中选择【文件】→【导入】→【文件】命令项，如图4-3所示。

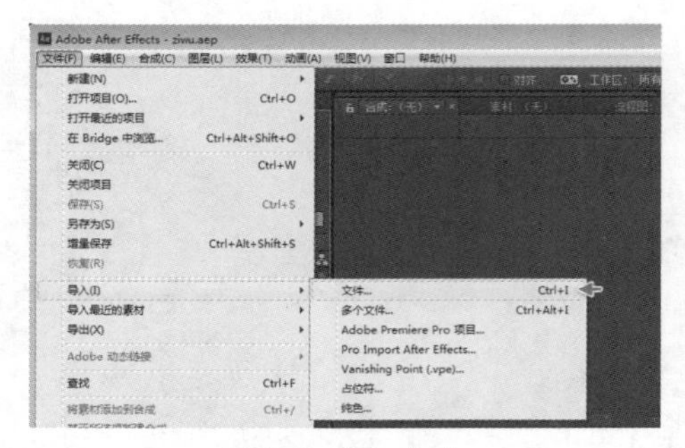

图4-3　导入命令

03 在弹出的“导入文件”对话框中选择需要合成的文件，再单击“导入”按钮将选择的文件导入，如图4-4所示。

图4-4　选择文件

04 在“项目”面板中可以观察到导入的文件素材，如图4-5所示。

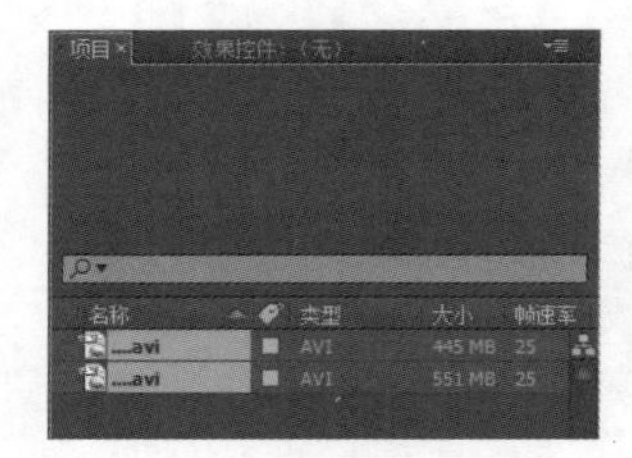

图4-5　菜单导入素材

专家课堂

导入的素材会按名称、类型、大小和帧速率进行顺序排列。

4.1.2 右键导入素材

01 除了在菜单中导入素材外，还可以在“项目”面板的空白位置单击鼠标“右”键，然后在弹出的浮动菜单中选择【导入】→【文件】项，如图4-6所示。

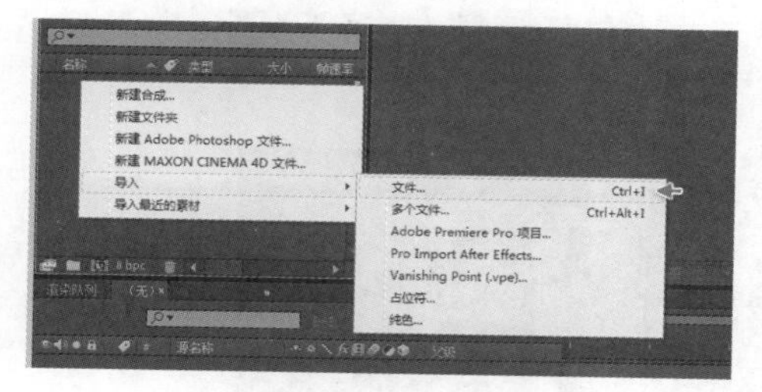

图4-6 导入命令

专家课堂

也可以直接使用“Ctrl+I”快捷键导入素材。

02 在弹出的“导入文件”对话框中选择需要的文件，再单击“导入”按钮将选择的文件导入，如图4-7所示。

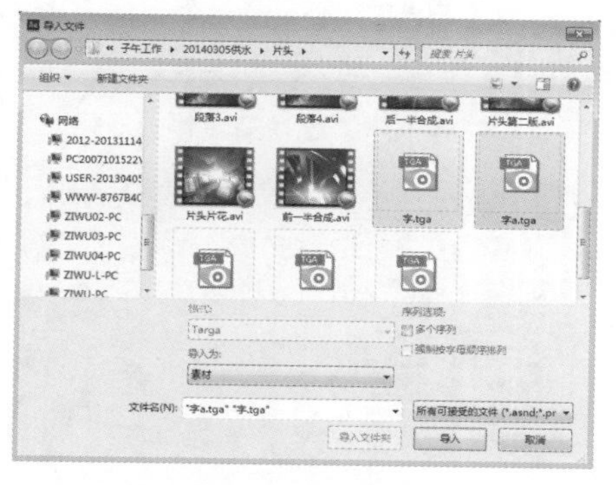

图4-7 选择文件

03 在“项目”面板中可以观察到导入的文件素材，如图4-8所示。

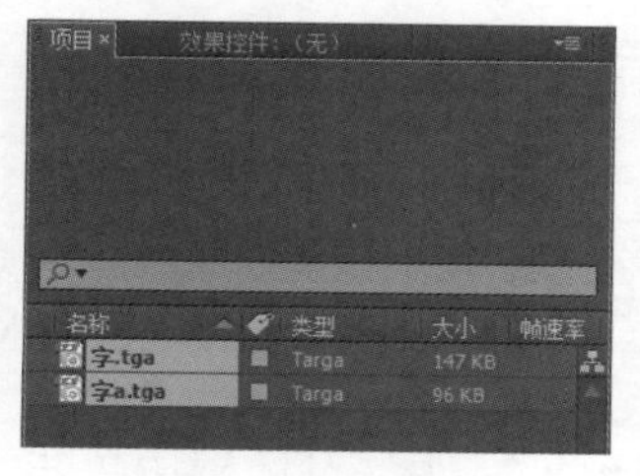

图4-8 右键导入素材

4.1.3 左键导入素材

01 在“项目”面板的空白位置双击鼠标“左”键，可以快速进行导入操作，如图4-9所示。

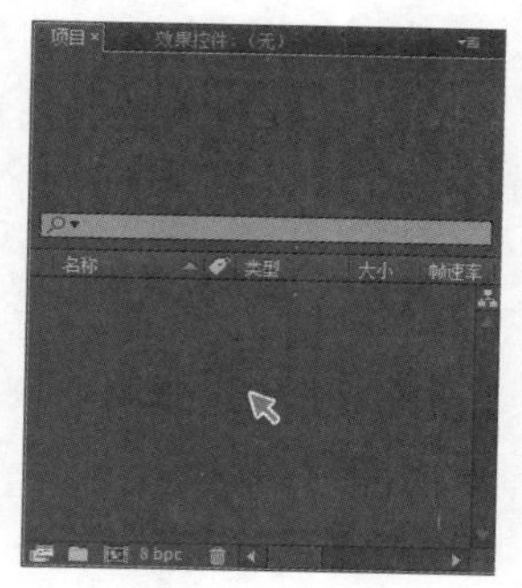

图4-9 双击左键

02 在弹出的“导入文件”对话框中选择需要的文件，如果选择序列素材，可以勾选“Targa序列”项，然后再单击“导入”按钮将选择的序列文件导入，如图4-10所示。

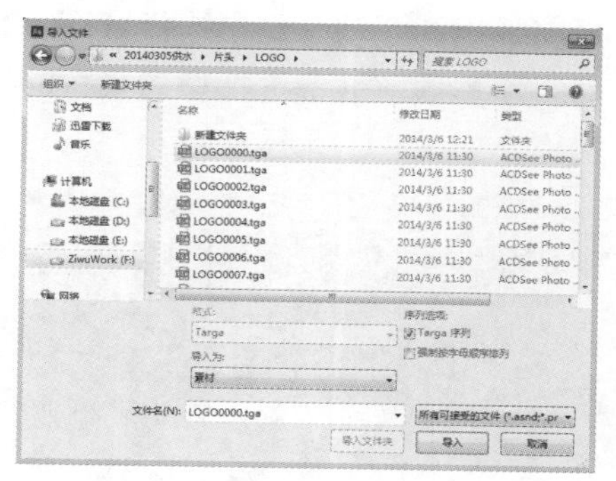

图4-10 选择文件

03 在“项目”面板中可以观察到导入的序列素材，如图4-11所示。

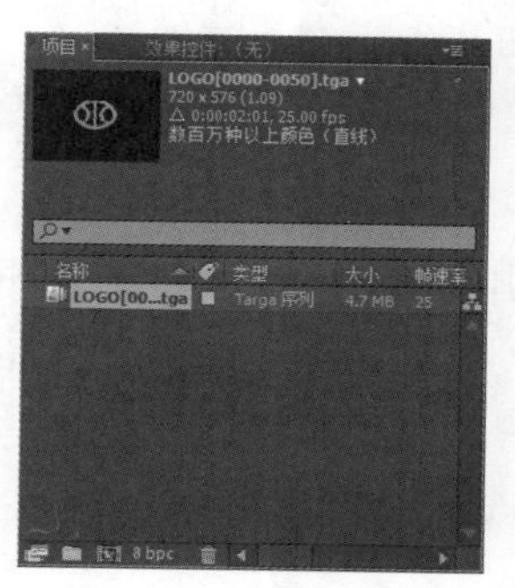

图4-11 左键导入素材

4.2 实例——添加序列素材

素材文件	配套光盘→范例文件→Chapter4→素材	难易程度	★☆☆☆☆
重要程度	★★★☆☆	实例重点	执行Targa序列导入与通道选项设置

“添加序列素材”实例的制作流程主要分为3部分，包括①导入序列设置；②素材通道设置；③序列素材应用，如图4-12所示。

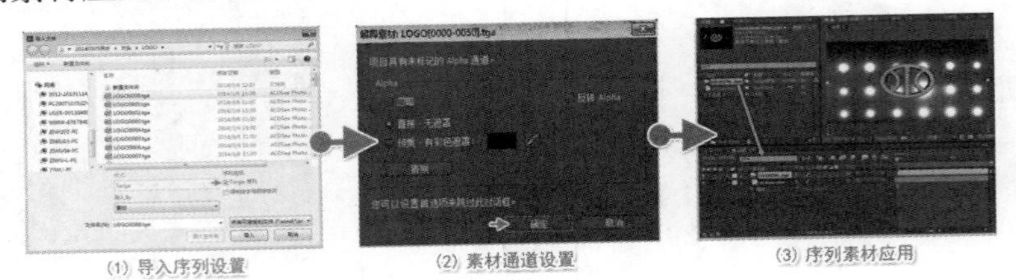

(1) 导入序列设置
(2) 素材通道设置
(3) 序列素材应用

图4-12　制作流程

4.2.1　导入序列设置

01 启动After Effects CC软件，在“项目”面板的空白位置单击鼠标“右”键，然后在弹出的浮动菜单中选择【导入】→【文件】项，准备进行序列素材的导入操作，如图4-13所示。

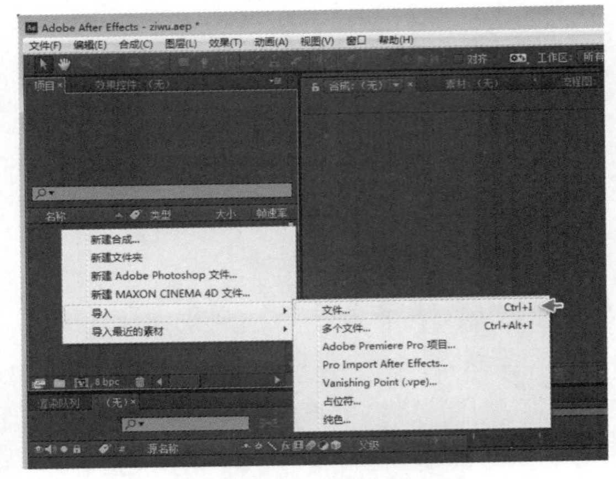

图4-13　导入文件

02 在弹出的“导入文件”对话框中单击导入序列的起始帧，如图4-14所示。

03 在“导入文件”对话框的“序列选项”中勾选“Targa序列”项，如图4-15所示。

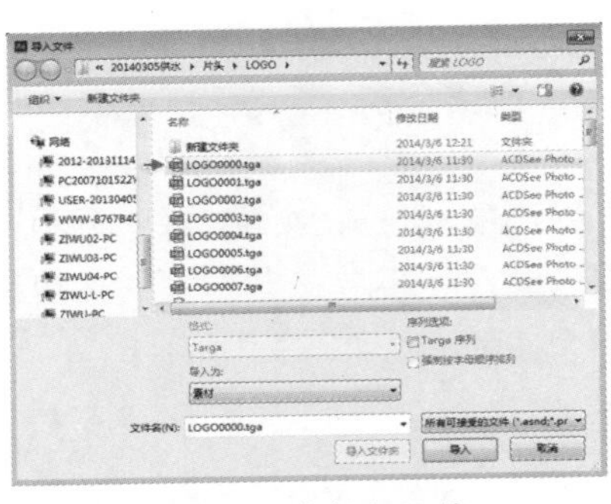

图4-14　选择起始帧

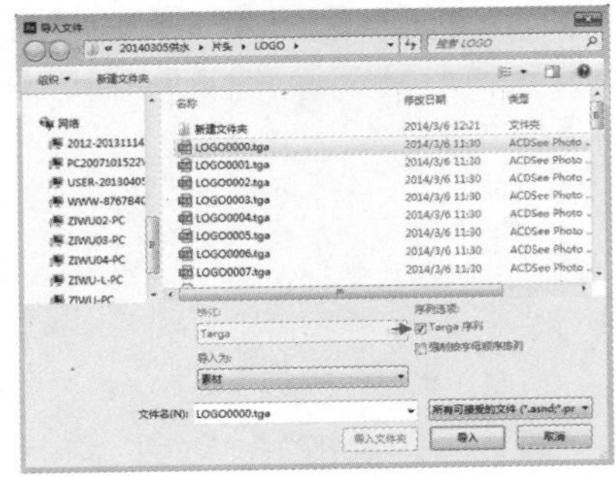

图4-15　开启选项

在导入序列素材时，因开启了“Targa序列”选项，所以只需要选择起始帧素材，软件会将所有序列素材自动连续导入。

04 在“导入文件”对话框中单击“导入”

按钮，将选择的序列文件进行导入操作，如图4-16所示。

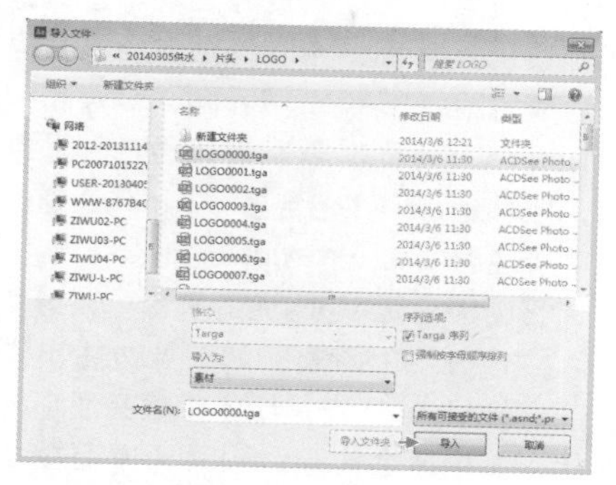

图4-16 导入序列

4.2.2 素材通道设置

01 单击“导入”按钮后会弹出“解释素材”对话框，在“Alpha”卷展栏中选择“直接-无遮罩”项，然后再单击“确定”按钮进行导入，如图4-17所示。

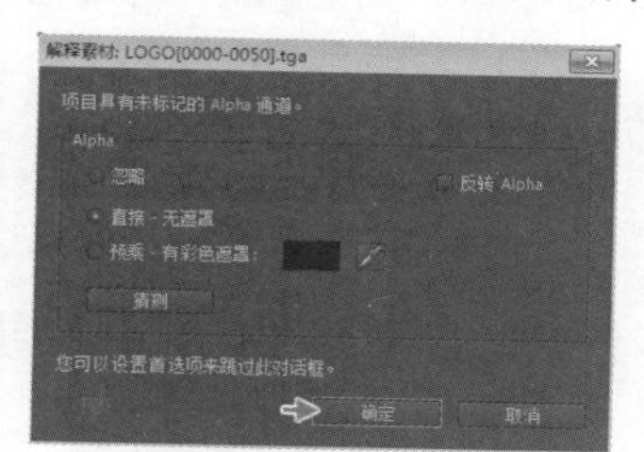

图4-17 解释素材

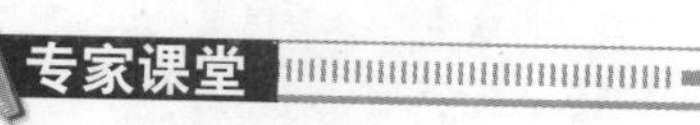

- 忽略：在导入序列素材时，“解释素材”对话框中的“忽略”选项将不计算素材的通道信息。
- 直接-无遮罩：透明度信息只存储在Alpha通道中，而不存储在任何可见的颜色通道中。使用直接通道时，仅在支持直接通道的应用程序中显示图像时才能看到透明度结果。
- 预乘-有彩色遮罩：透明度信息既存储在Alpha通道中，也存储在可见的RGB通道中，后者乘以一个背景颜色。预乘通道有时也称为有彩色遮罩。半透明区域（如羽化边缘）的颜色偏向于背景颜色，偏移度与其透明度成比例。

02 在“项目”面板中可以观察到导入的序列素材，如图4-18所示。

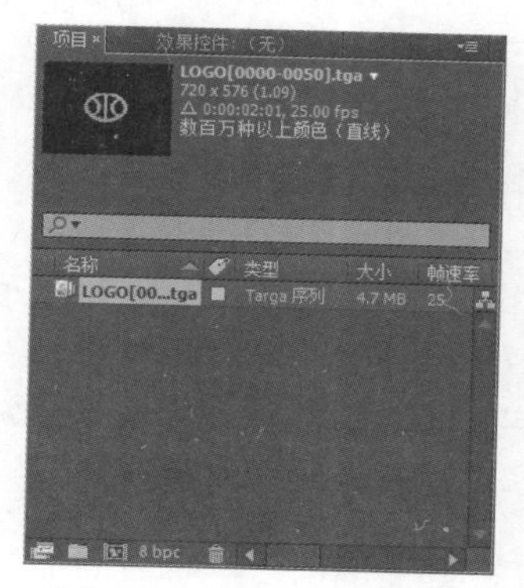

图4-18 导入的序列素材

导入的素材会显示自身帧数信息和分辨率尺寸等，便于对素材进行管理。

4.2.3 序列素材应用

01 新建合成项目并在“项目”面板中选择视频素材，再将其拖拽至“时间线”面板中，作为合成的背景素材，如图4-19所示。

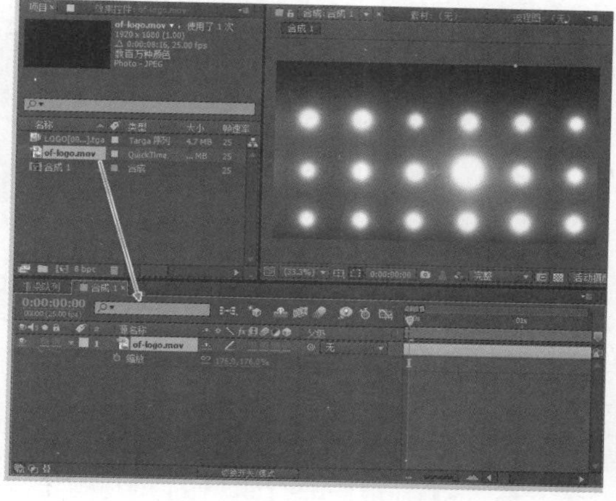

图4-19 添加背景素材

02 在“项目”面板中选择导入的序列素材并将其拖拽至“时间线”面板中，序列素材将在背景素材的上方作为合成的元素素材进行显示，如图4-20所示。

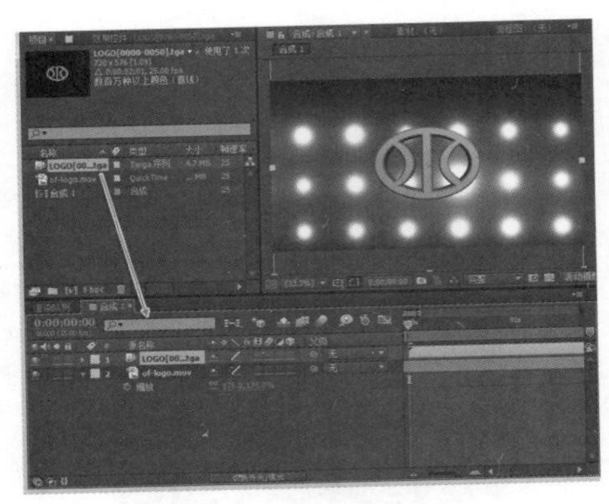

图4-20 添加序列素材

专家课堂

“直接”通道比“预乘”通道保留更准确的颜色信息。预乘通道可以与多种程序兼容，如QuickTime Player。通常，在收到用于编辑和合成的资源之前，已经选定了是使用具有直接通道的图像还是具有预乘通道的图像。Adobe Premiere Pro和After Effects CC可同时识别直接通道和预乘通道，但只是它们在包含多个Alpha通道的文件中所遇到的第一个Alpha通道。

正确地设置Alpha通道解释可以避免在导入文件时发生问题，如图像边缘出现杂色，或者Alpha通道边缘的图像品质下降。例如，如果通道实际是预乘通道而被解释成直接通道，则半透明区域将保留一些背景颜色。如果颜色不准确，如在一个合成中沿着半透明边缘出现光晕，可以试着更改解释方法。

4.3 实例——添加PSD素材

素材文件	配套光盘→范例文件→Chapter4→素材	难易程度	★★☆☆☆
重要程度	★★★★☆	实例重点	对多层素材的导入与合成设置

“添加PSD素材”实例的制作流程主要分为3部分，包括①导入合并图层；②导入所有图层；③导入指定图层，如图4-21所示。

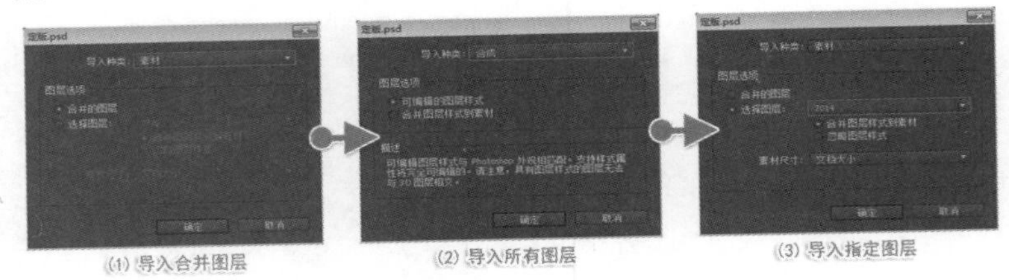

图4-21 制作流程

4.3.1 导入合并图层

01 在“项目”面板的空白位置双击鼠标“左”键，准备进行素材的导入操作，如图4-22所示。

02 在弹出的“导入文件”对话框中选择“定版.psd”素材文件，如图4-23所示。

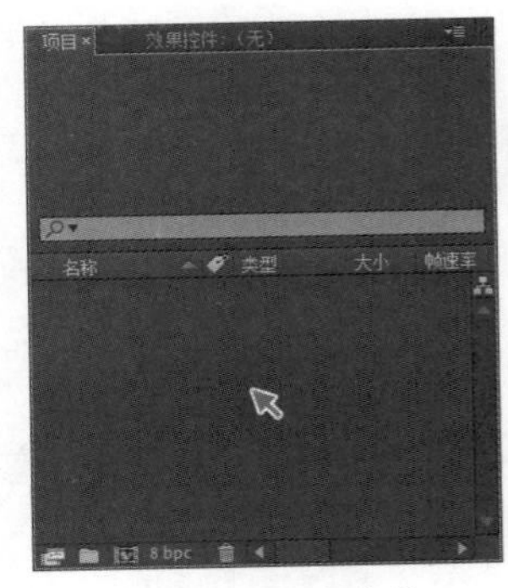

图4-22 双击左键

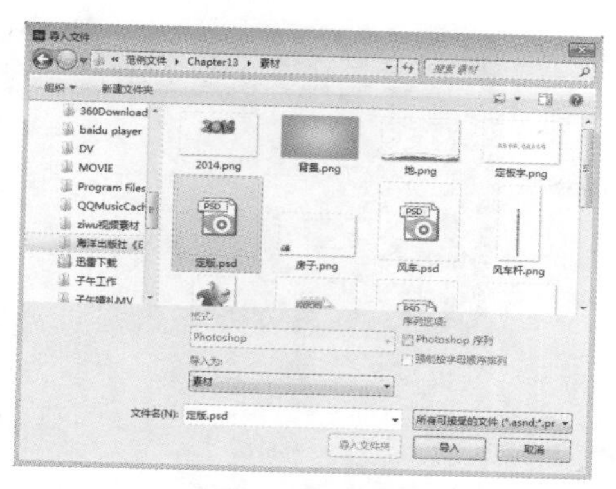

图4-23 选择素材

03 在“导入文件”对话框的“导入为”项中，可以选择“素材”类型进行导入，如图4-24所示。

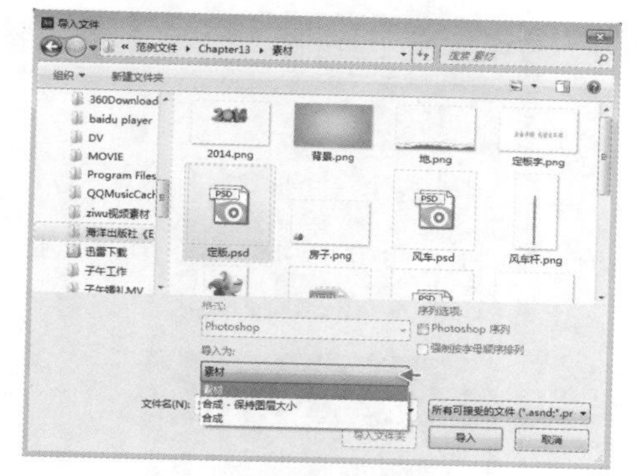

图4-24 素材类型

04 在弹出的“定版.psd”对话框中设置导入种类为“素材”方式，并在“图层选项”卷展栏中选择“合并的图层”项，然后再单击“确定”按钮进行导入，如图4-25所示。

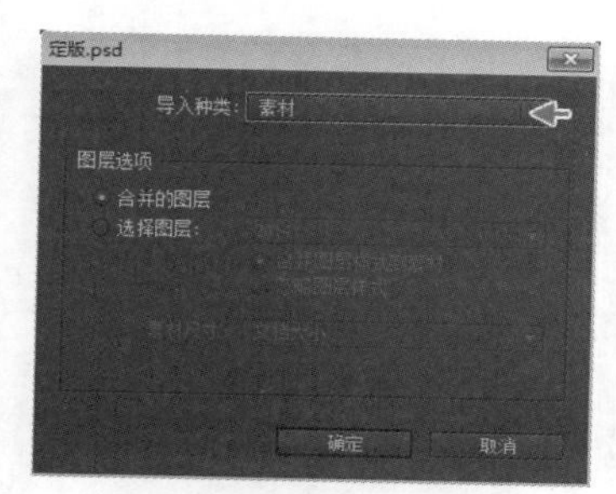

图4-25 素材类型

05 在“项目”面板中可以观察到导入的素材已经合并为一个图层，如图4-26所示。

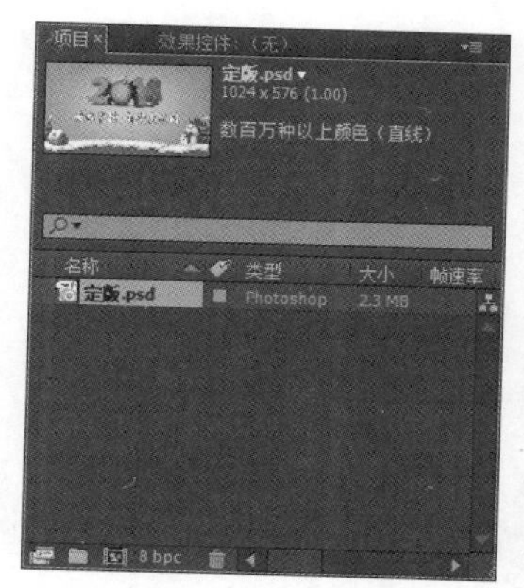

图4-26 导入合并图层

4.3.2 导入所有图层

01 如果需要导入所有的图层信息，可以在“定版.psd”对话框中设置导入种类为“合成”方式，并在“图层选项”卷展栏中选择“可编辑的图层样式”项，然后再单击“确定”按钮进行导入，如图4-27所示。

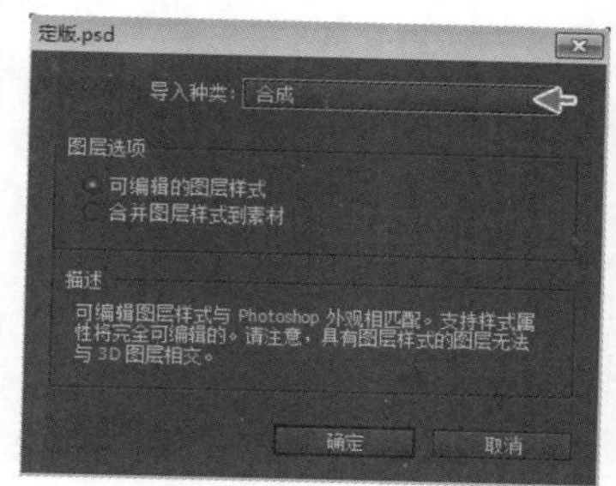

图4-27 合成类型

专家课堂

“合成”导入类型可使After Effects CC保持Photoshop的所有层信息，从而减少导入素材的操作。

02 在“项目”面板中可以观察到素材是分层导入的，每个元素都是单独的一个图层，如图4-28所示。

03 在“项目”面板的顶部也可以选择定版文件，对所有图层进行整体控制，如图4-29所示。

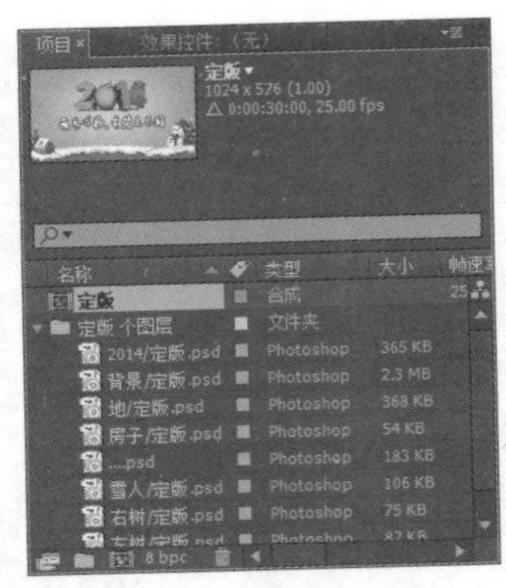

图4-28　导入所有图层

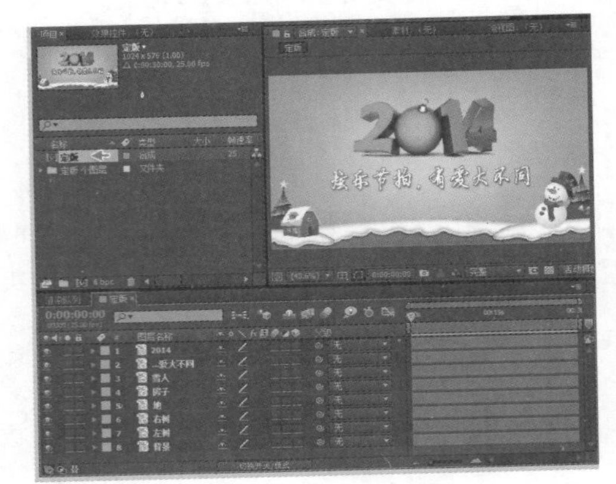

图4-29　控制所有图层

4.3.3　导入指定图层

01 如果需要导入指定的图层信息，可以在“定版.psd”对话框中设置导入种类为“素材”方式，并在“图层选项”卷展栏中选择“选择图层”项，如图4-30所示。

专家课堂

切换至“选择图层”选项后，其下拉列表中将按Photoshop的层信息顺序进行逐一排列。

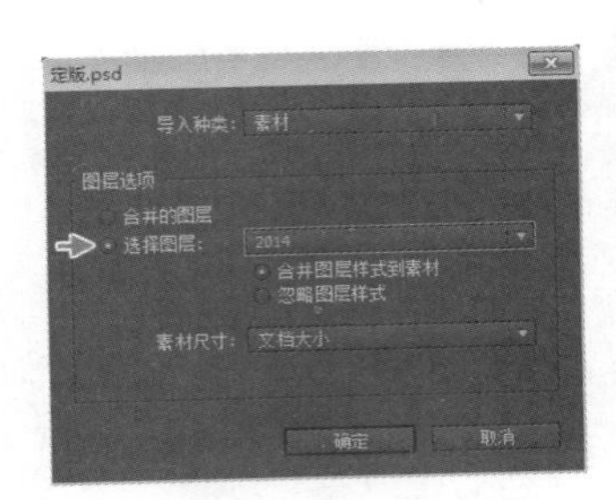

图4-30　选择图层方式

02 在“选择图层”项的下拉菜单中选择“2014”层，如图4-31所示。

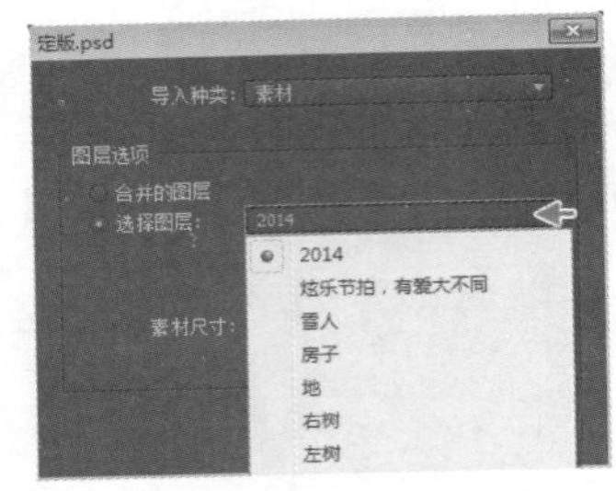

图4-31　选择指定图层

03 在“项目”面板中可以观察到导入的指定图层素材，如图4-32所示。

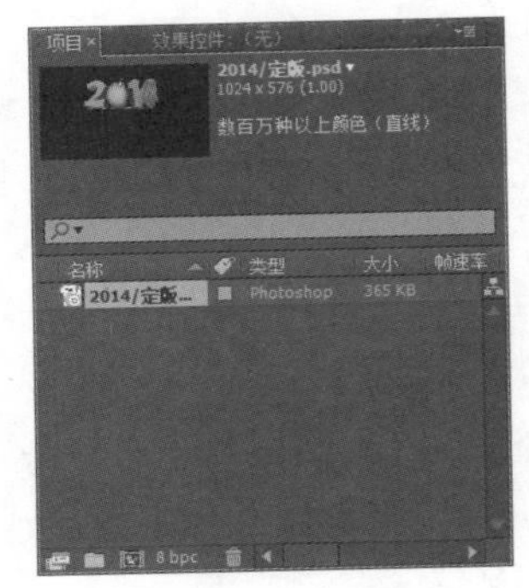

图4-32　导入指定图层

专家课堂

将导入的指定图层素材添加至合成项目后，会完全保持Photoshop的层信息。

4.4　实例——多合成嵌套

素材文件	无	难易程度	★☆☆☆☆
重要程度	★★★☆☆	实例重点	将合成的工程文件导入与素材编辑操作

“多合成嵌套”实例的制作流程主要分为3部分，包括①选择导入命令；②切换导入合成；③多合成嵌套，如图4-33所示。

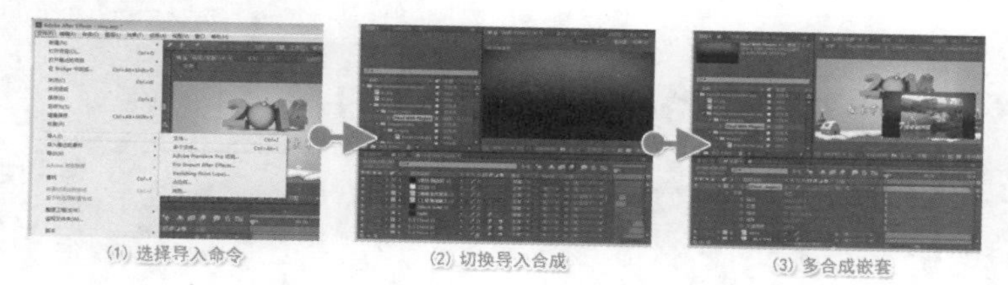

图4-33 制作流程

4.4.1 选择导入命令

01 在影片制作过程中，可以将多个合成的工程文件进行嵌套操作，如图4-34所示。

图4-34 制作文件

专家课堂

After Effects CC可以将已经完成的合成项目作为素材，拖拽至其他合成项目中继续编辑。

02 在菜单中选择【文件】→【导入】→【多个文件】项，可以导入以往存储的After Effects CC工程文件，如图4-35所示。

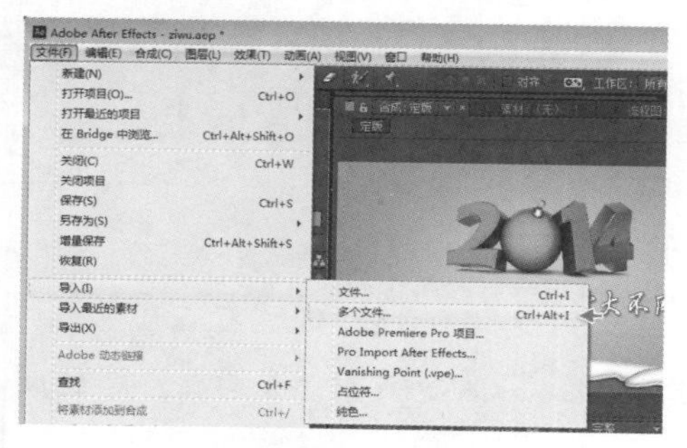

图4-35 导入命令

03 在弹出的“导入多个文件”对话框中选择以往存储的工程文件进行导入操作，如图4-36所示。

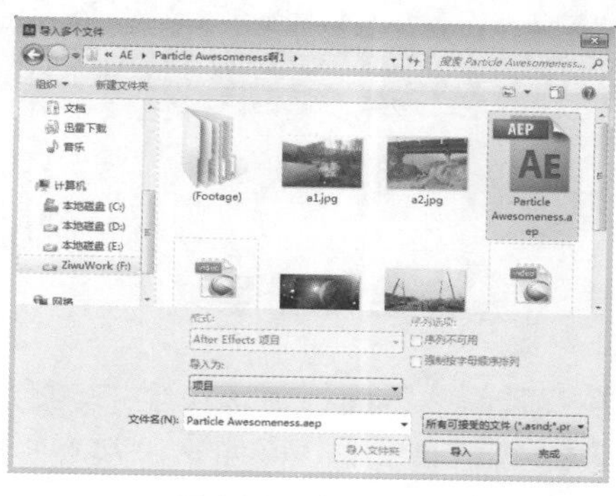

图4-36 导入文件

4.4.2 切换导入合成

01 在“项目”面板中可以观察到完成导入的素材文件夹，其中包含了合成项目使用的所有素材，如图4-37所示。

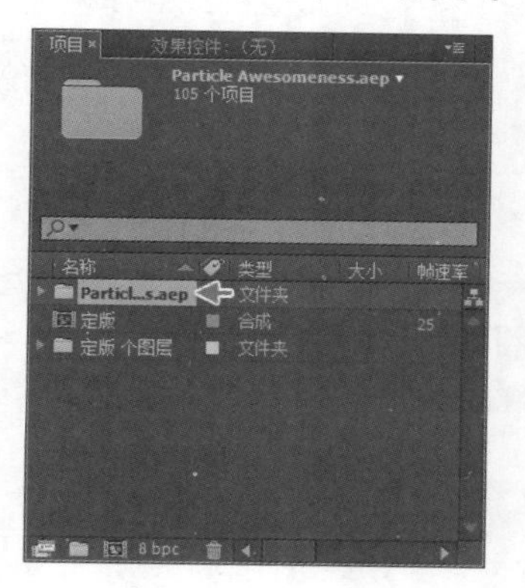

图4-37 显示文件

02 在“项目”面板中展开导入合成项目的文件夹，在其中双击鼠标“左”键选择新导入的After Effects CC工程文件，即可切换至此工程的合成状态，如图4-38所示。

图4-38　选择合成项

4.4.3　多合成嵌套

01 在“时间线”面板中切换至“定版”序列，然后再将新导入的合成项拖拽至“时间线”面板中，完成多合成项目的嵌套操作，如图4-39所示。

专家课堂

“嵌套”操作多用于素材繁多的合成项目。例如，可以通过一个合成项目制作影片背景，再通过其他合成制作影片元素，最终将影片元素的合成项目拖拽至背景合成中，便于对不同素材的管理与操作。

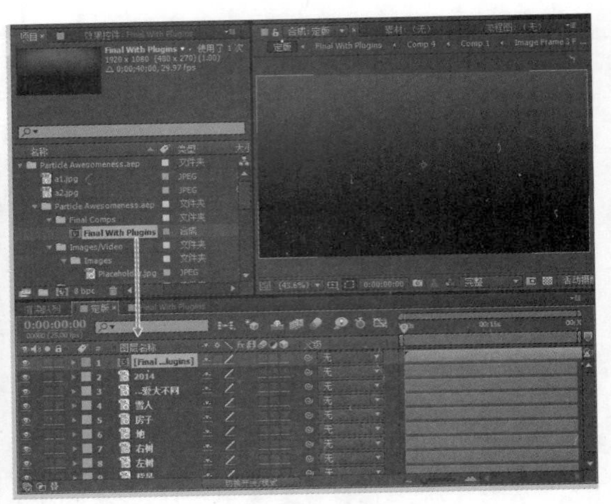

图4-39　添加合成项

02 在“时间线”面板中展开新嵌套的层，然后开启“变换”项并设置其缩放值为30、位置X轴值为700、Y轴值为380，使其缩小，便于观察两个合成文件的嵌套效果，如图4-40所示。

图4-40　多合成嵌套

4.5 实例——分类管理与命名

素材文件	无	难易程度	★☆☆☆☆
重要程度	★★☆☆☆	实例重点	对多种不同类型的合成素材进行整理操作

“分类管理与命名”实例的制作流程主要分为3部分，包括①添加合成素材；②合成素材分类；③素材重命名，如图4-41所示。

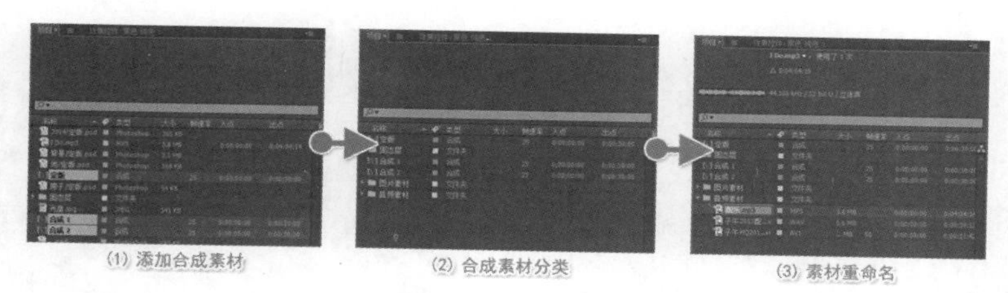

图4-41　制作流程

4.5.1　添加合成素材

01 观察“项目”面板中的素材类型，其中有合成文件、图片素材、音频素材，为了便于对合成素材的管理，可将其进行归类整理操作，如图4-42所示。

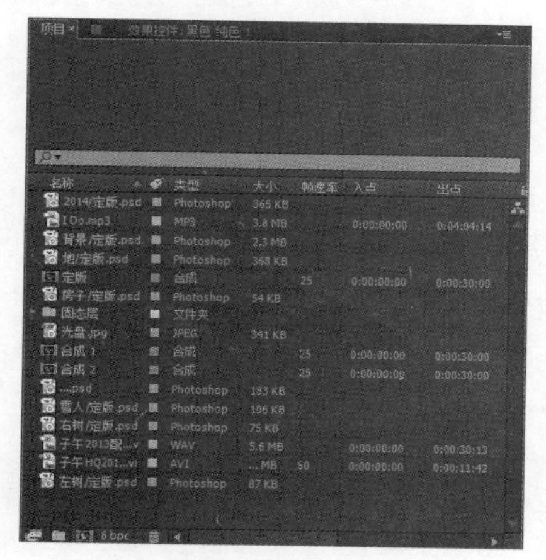

图4-42　素材列表

02 配合“Ctrl”键可以加选同类的素材，本例除选择的3个合成文件外，全部为合成所需的素材，如图4-43所示。

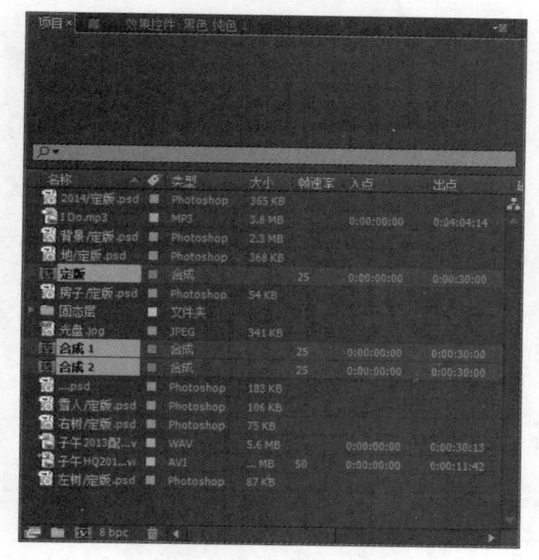

图4-43　选择素材

4.5.2　合成素材分类

01 在“项目”面板的空白位置单击鼠标“右”键，在弹出的浮动菜单中选择“新建文件夹”项，用于归纳合成的素材，如图4-44所示。

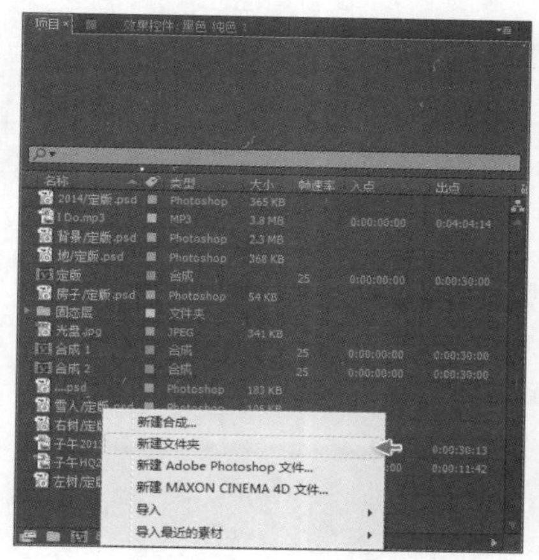

图4-44　新建文件夹

02 新建操作后单击“未命名1”文件夹的文字位置，使其处于编辑状态，便可进行文件夹的名称设置，如图4-45所示。

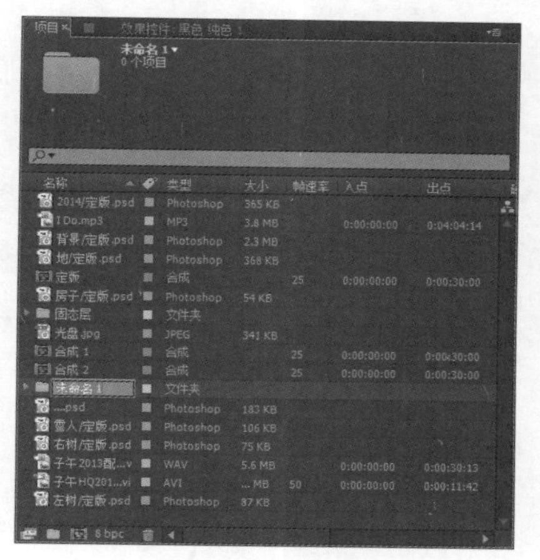

图4-45　编辑文字

03 将“未命名1”重命名为“图片素材”文件夹，用于存放合成所使用到的图片素材，如图4-46所示。

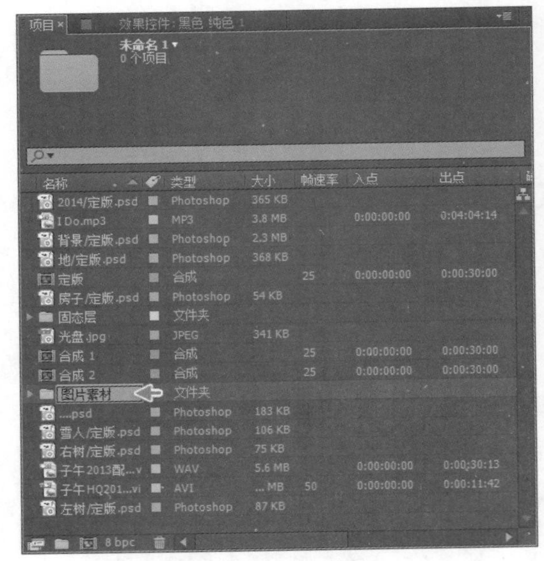

图4-46 重命名文件夹

04 通过“Ctrl”键加选“项目”面板中的所有图片素材，然后将其拖拽至“图片素材”文件夹中，如图4-47所示。

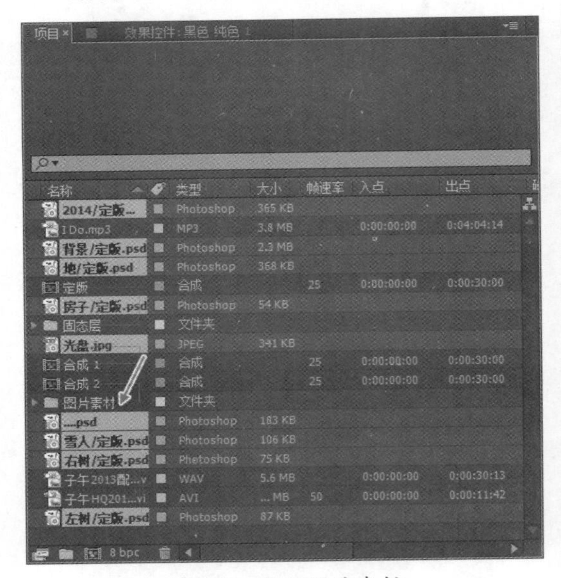

图4-47 整理图片素材

05 在“项目”面板中新建“音频素材”文件夹，再将音频文件拖拽至此文件夹中对素材进行整理，如图4-48所示。

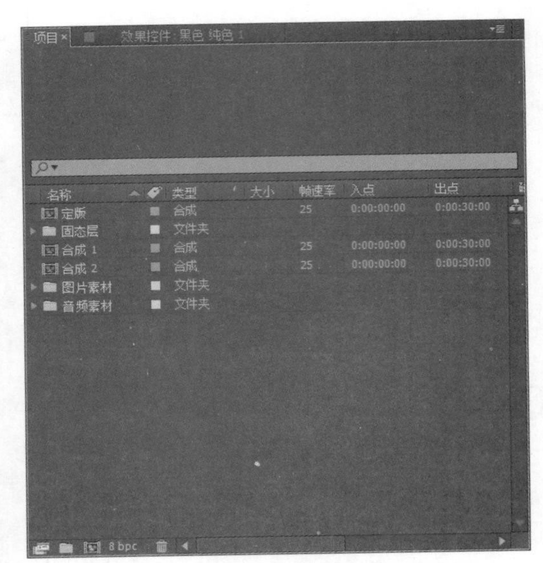

图4-48 素材整理

4.5.3 素材重命名

01 在“项目”面板中展开“音频素材”文件夹，可以将文件夹中的素材进行重命名操作，对素材进行更加细化的管理，如图4-49所示。

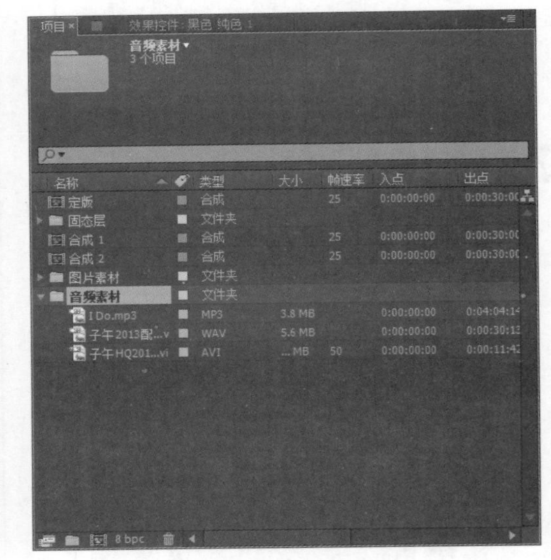

图4-49 展开文件夹

02 在文件夹中的素材上单击鼠标“右”键，在弹出的浮动菜单中选择“重命名”项，如图4-50所示。

专家课堂

在After Effects CC软件中进行“重命名”操作后，不会影响原始素材的名称，只是便于在After Effects CC合成中进行管理。

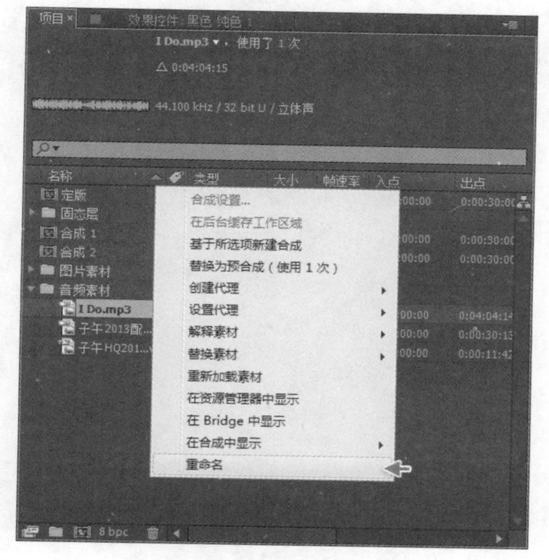

图4-50 重命名命令

03 在文字处于编辑状态下输入“配乐”，完成重命名操作，如图4-51所示。

04 在文件夹中的其他素材上单击鼠标“右”键进行重命名操作，重命名后的文件可以便于合成管理，如图4-52所示。

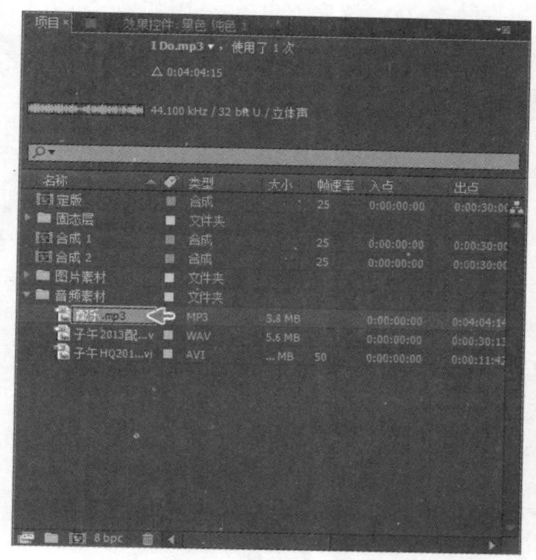

图4-51 重命名操作

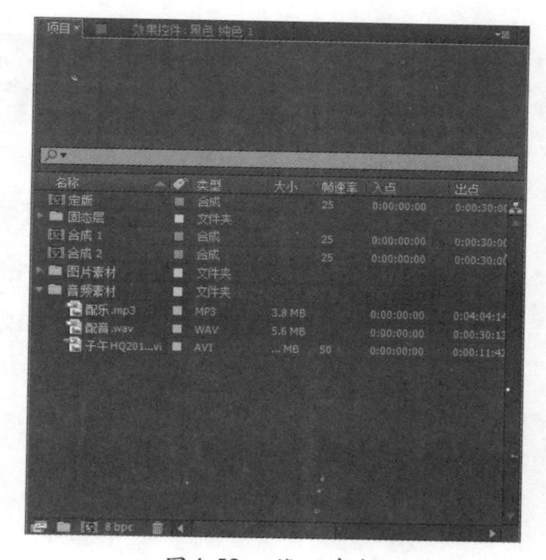

图4-52 管理素材

4.6 本章小结

本章主要对After Effects CC添加合成素材的操作与类型进行讲解，主要包括各种导入素材的方法，序列素材和PSD多层素材的导入设置，还有对多个合成项目的嵌套与素材分类管理等。

第5章
时间线应用

本章主要通过实例添加合成素材、素材变换设置、三维模式设置、蒙版扫光设置、多合成嵌套、修改合成设置、遮罩与链接、Form纹理、动态圆形、运动星球、分形噪波和炫彩光条，介绍时间线的应用方法与技巧。

5.1 实例——添加合成素材

素材文件	定版.PSD	难易程度	★☆☆☆☆
重要程度	★★★☆☆	实例重点	对添加合成素材并控制其显示时间进行讲解

“添加合成素材”实例的制作流程主要分为3部分，包括①新建合成；②添加合成素材；③素材显示设置，如图5-1所示。

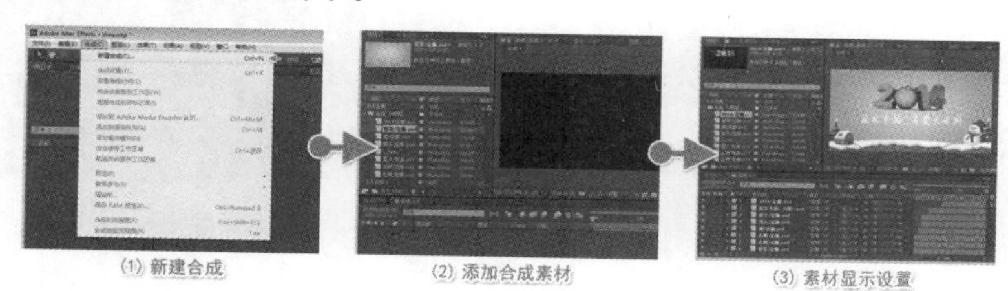

图5-1 制作流程

5.1.1 新建合成

01 启动Adobe After Effects CC软件后，在菜单中单击【合成】→【新建合成】项，如图5-2所示。

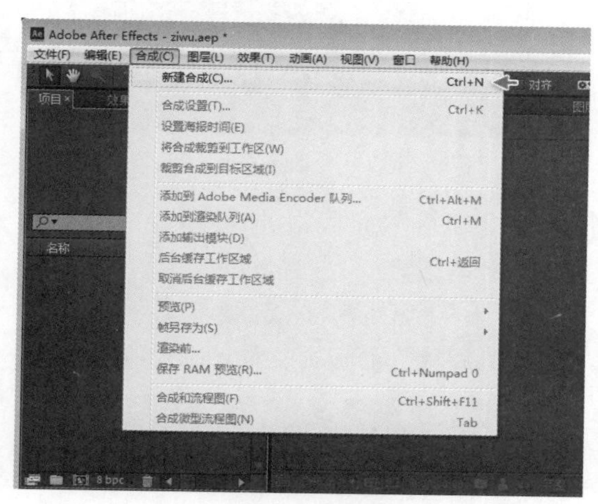

图5-2 新建合成

02 在弹出的“合成设置”对话框中设置合成名称为“合成1”，然后在“基本”选项组中设置“预设”项为“HDTV 1080 25”类型，其宽度为1920、高度为1080、长宽比为16：9、帧速率为25帧/秒，再设置持续时间为8秒，背景颜色为黑色，如图5-3所示。

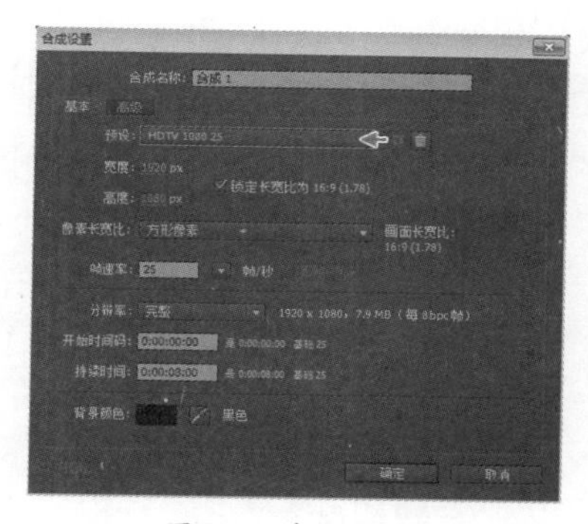

图5-3 合成设置

5.1.2 添加合成素材

01 在“项目”面板的空白位置单击鼠标“右”键，在弹出的浮动菜单中选择【导入】→【文件】项，如图5-4所示。

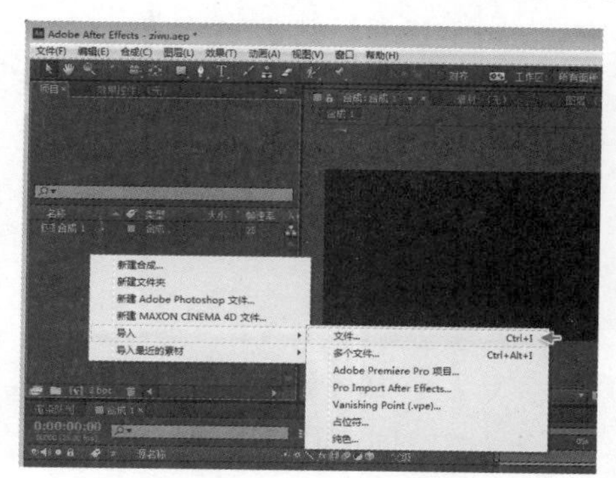

图5-4 导入文件项

02 在弹出的“导入文件”对话框中选择“定版.psd”素材文件，然后单击“导入”按钮，如图5-5所示。

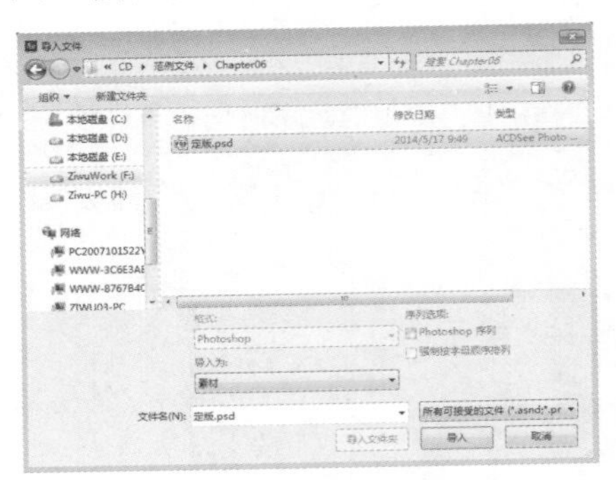

图5-5 选择导入素材

03 在弹出的“定版.psd”对话框中设置导入种类为“合成”方式，并在“图层选项”卷展栏中选择“可编辑的图层样式”项，最后单击“确定”按钮完成导入设置，如图5-6所示。

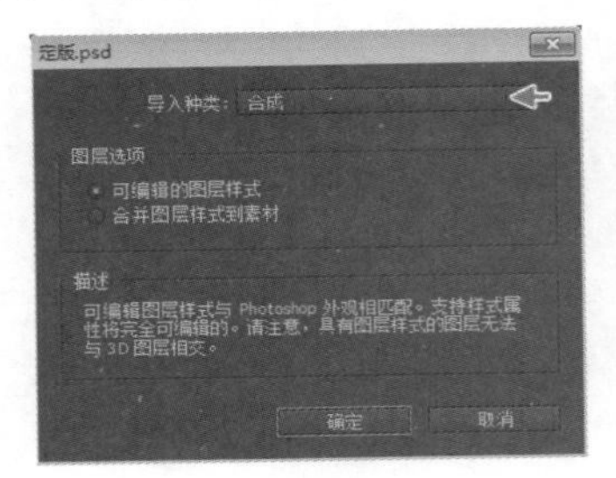

图5-6 导入设置

04 在“项目”面板中可以观察到导入的“定版”素材分层文件，如图5-7所示。

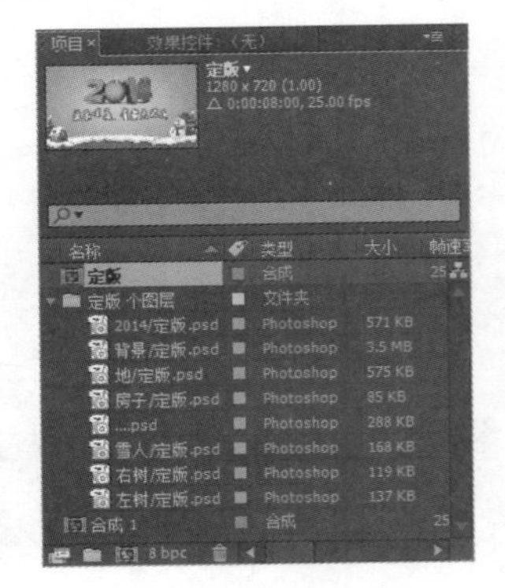

图5-7 素材文件

05 在“项目”面板中选择“背景/定版”素材并将其拖拽至“合成1”的时间线中，如图5-8所示。

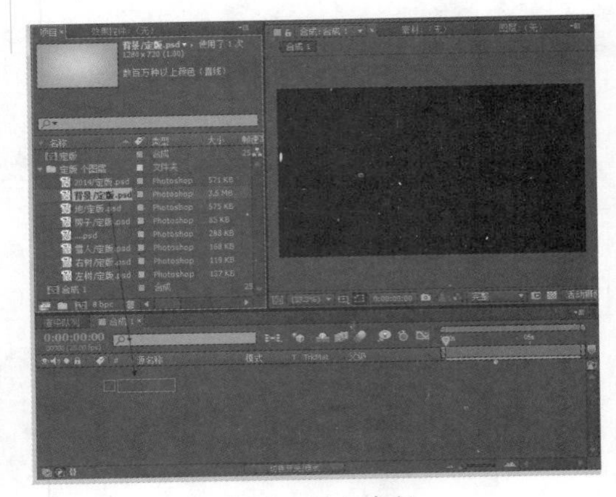

图5-8 添加素材

06 在“时间线”面板中可以观察到添加的“背景/定版”素材层，如图5-9所示。

图5-9 素材显示

07 将“项目”面板中的“左树/定版”、“右树/定版”、“地/定版”、“雪人/定版”及“房子/定版”素材拖拽至“时间线”面板中，如图5-10所示。

图5-10 添加素材

08 将“项目”面板中的“炫乐节拍，有爱大不同”和“2014/定版”素材拖拽至“时间线”面板中，如图5-11所示。

图5-11 添加合成素材

5.1.3 素材显示设置

01 在“时间线”面板中将鼠标移至“2014/定版”素材层的入点位置，当鼠标转换为双向箭头图标时向后拖拽鼠标即可控制素材的起始显示时间，素材层调节前后的对比效果如图5-12所示。

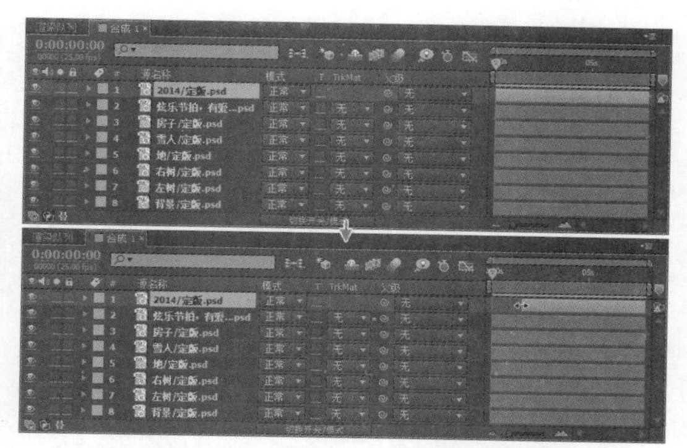

图5-12 调整素材显示时间

02 在“时间线”面板中继续调整其他素材层的起始显示时间，如图5-13所示。

图5-13 素材显示设置

5.2 实例——素材变换设置

素材文件	定版.PSD	难易程度	★☆☆☆☆
重要程度	★★★☆☆	实例重点	了解素材的变换设置及添加关键帧动画的方法

“素材变换设置”实例的制作流程主要分为3部分，包括①展开变换项目；②素材变换设置；③关键帧设置，如图5-14所示。

图5-14 制作流程

5.2.1 展开变换项目

01 在“时间线”面板中单击卷展图标展开“2014/定版”素材层，如图5-15所示。

图5-15 展开素材层

02 素材层被展开后可以显示“变换”项，如图5-16所示。

图5-16 显示变换

03 在“时间线”面板中单击“变换”项前的卷展图标，将变换项目展开，如图5-17所示。

图5-17 展开变换项目

5.2.2 素材变换设置

01 在“变换”项中可以设置素材层的位置参数，X轴参数控制素材层的水平位置，Y轴参数控制素材层的垂直位置，如图5-18所示。

图5-18 位置设置

02 在“变换”项中可以设置素材层的缩放参数，X轴参数控制素材层的水平缩放，Y轴参数控制素材层的垂直缩放，激活约束缩放按钮可以同时控制X轴与Y轴的缩放，如图5-19所示。

图5-19 缩放设置

03 在“变换”项中可以设置素材层的旋转参数，正数将顺时针旋转素材层，负数将逆时针旋转素材层，如图5-20所示。

04 在“变换”项中可以设置素材层的不透明度参数，0表示素材将透明显示，50表示素材将半透明显示，100表示素材将不透明显示，如图5-21所示。

图5-20 旋转设置

图5-21 不透明度设置

5.2.3 关键帧设置

01 在“时间线”面板中将时间滑块拖拽至影片的第3秒位置，然后在“2014/定版”素材层的“变换”项中单击缩放、旋转及不透明度项前的码表图标添加起始关键帧，并设置缩放的参数值为150、旋转的参数值为15、不透明度的参数值为30，如图5-22所示。

02 在“时间线”面板中将时间滑块拖拽至影片的第5秒位置，然后在变换项中设置缩放参数值为100、旋转参数值为0、不透明度参数值为100，设置完成后将自动在时间滑块位置创建关键帧，如图5-23所示。

图5-22 添加起始关键帧

图5-23 结束关键帧

03 在“预览”面板中单击▶播放/暂停按钮，然后在合成窗口中观察素材的变换设置效果，如图5-24所示。

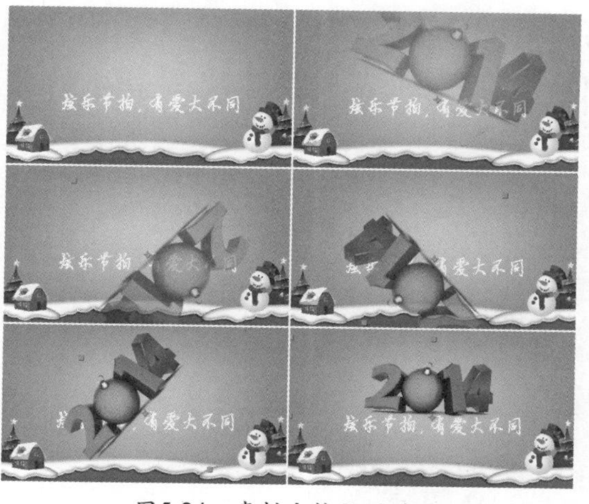

图5-24 素材变换设置效果

5.3 实例——三维模式设置

素材文件	定版.PSD	难易程度	★☆☆☆☆
重要程度	★★★☆☆	实例重点	了解素材的变换设置及添加关键帧动画的方法

“三维模式设置”实例的制作流程主要分为3部分，包括①面板显示设置；②开启三维模式；③三维轴向设置，如图5-25所示。

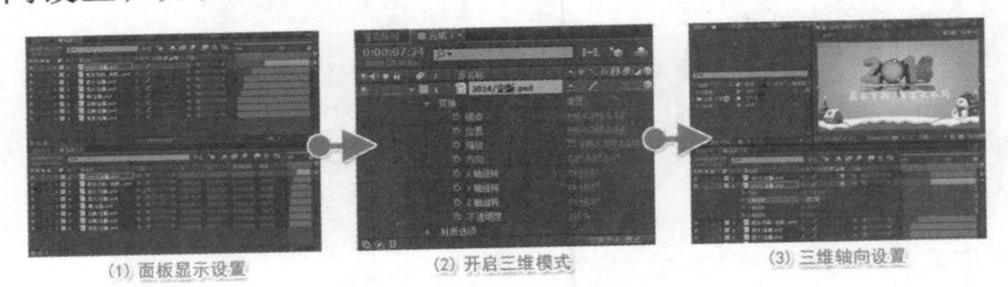

图5-25 制作流程

5.3.1 面板显示设置

01 在“时间线”面板的左下角位置有3个控制展开或折叠“时间线”面板中显示信息的按钮，如图5-26所示。

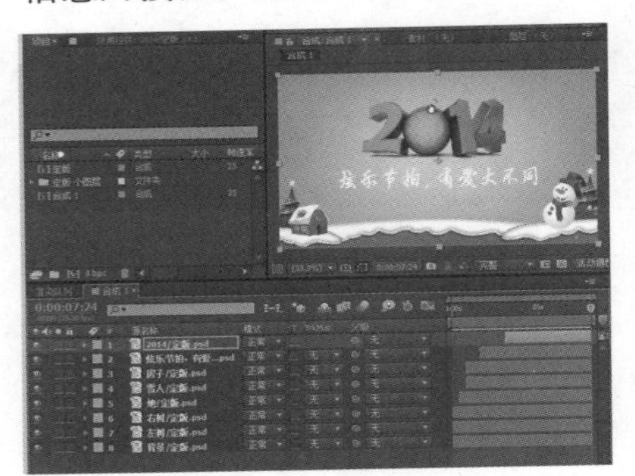

图5-26 面板显示

02 单击“展开或折叠入点/出点/持续时间/伸缩框”按钮，在“时间线”面板中可以显示素材层的入点时间、出点时间、持续时间及时间伸缩的信息，如图5-27所示。

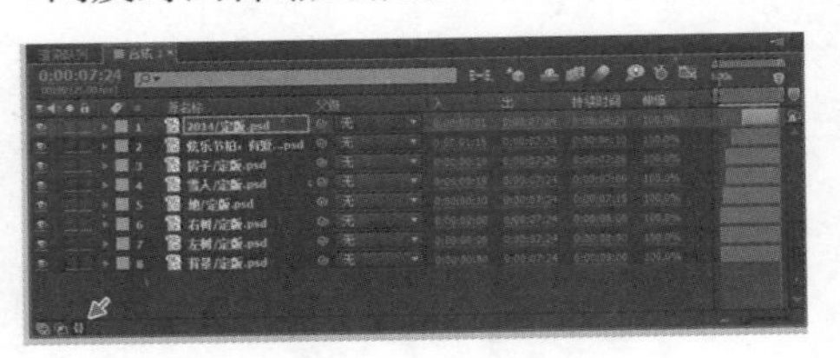

图5-27 显示设置

03 单击“展开或折叠转换控制框”按钮，在“时间线”面板中可以显示素材层的混合模式和轨道蒙版的信息，如图5-28所示。

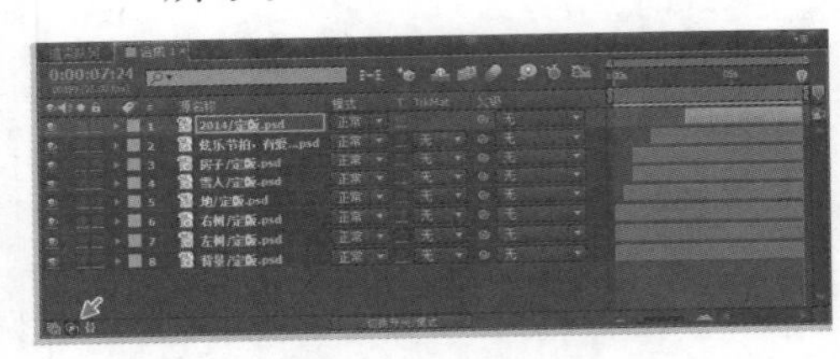

图5-28 显示设置

04 单击“展开或折叠图层开关框”按钮，在“时间线”面板中可以显示素材层的隐藏、矢量栅格化、品质、效果、帧融合、动态模糊、调整图层及三维模式的信息，如图5-29所示。

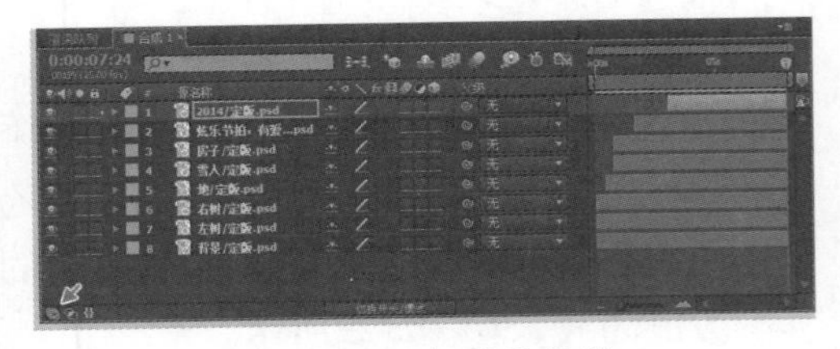

图5-29 面板显示设置

5.3.2 开启三维模式

01 在“时间线”面板中开启“2014/定版”素材层的三维模式图标，如图5-30所示。

图5-30 开启三维模式

02 在“时间线”面板中观察开启三维模式前后“变换”项的对比效果，启用后在锚点、位置与缩放中多了Z轴可控制，旋转由单独Z轴增加为X、Y、Z三个轴向的控制，如图5-31所示。

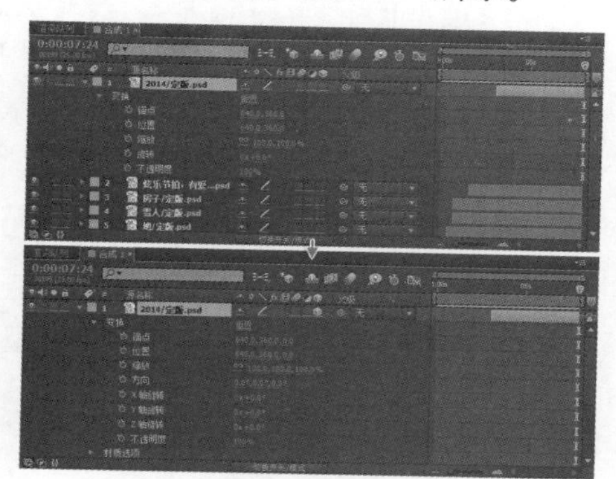
图5-31 开启三维模式的变化

5.3.3 三维轴向设置

01 在“时间线”面板中设置“2014/定版”素材层的X轴旋转值为20，如图5-32所示。

图5-32 旋转设置

02 在“时间线”面板中选择“2014/定版”素材层，再使用“Ctrl+D”快捷键复制图层，如图5-33所示。

图5-33 复制图层

03 在“时间线”面板中选择底部的“2014/定版”素材层，设置X轴旋转值为100，如图5-34所示。

图5-34 旋转设置

04 在“时间线”面板中设置底部的“2014/定版”素材层，将不透明度值设置为50，三维模式设置的效果如图5-35所示。

图5-35 三维模式设置效果

5.4 实例——蒙版扫光设置

素材文件	定版.PSD	难易程度	★☆☆☆☆
重要程度	★★★☆☆	实例重点	通过蒙版位移制作扫光效果

“蒙版扫光设置”实例的制作流程主要分为3部分，包括①合成图层管理；②绘制蒙版路径；③蒙版运动与叠加，如图5-36所示。

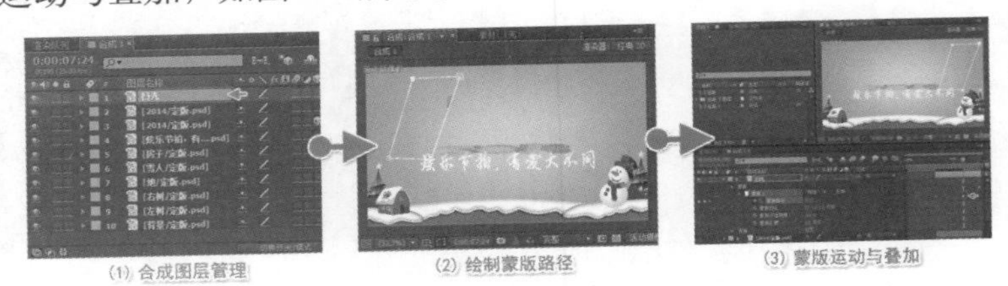

图5-36　制作流程

5.4.1　合成图层管理

01 在“时间线”面板中选择顶部的“2014/定版”素材层，如图5-37所示。

图5-37　选择图层

02 使用“Ctrl+D”快捷键复制图层，如图5-38所示。

图5-38　复制图层

03 选择最顶部的“2014/定版”素材层，在素材名称上单击鼠标“右”键，然后在弹出的浮动菜单中选择“重命名”项，如图5-39所示。

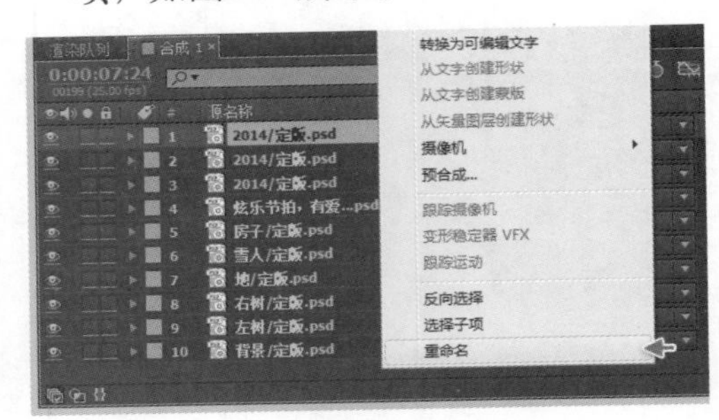

图5-39　重命名项

04 在文本输入状态下将“2014/定版”重命名为“扫光”，如图5-40所示。

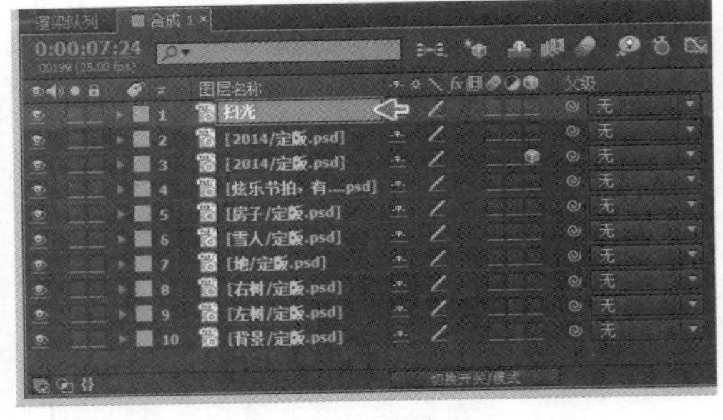

图5-40　重命名

05 暂时先将顶部的“2014/定版”素材层显示关闭，如图5-41所示。

图5-41 关闭图层显示

5.4.2 绘制蒙版路径

01 在工具栏中选择钢笔工具，然后在“扫光”层的左侧绘制矩形蒙版选区，如图5-42所示。

图5-42 绘制蒙版选区

02 绘制蒙版选区后，可以在“合成”面板中观察到只有选区内显示素材，如图5-43所示。

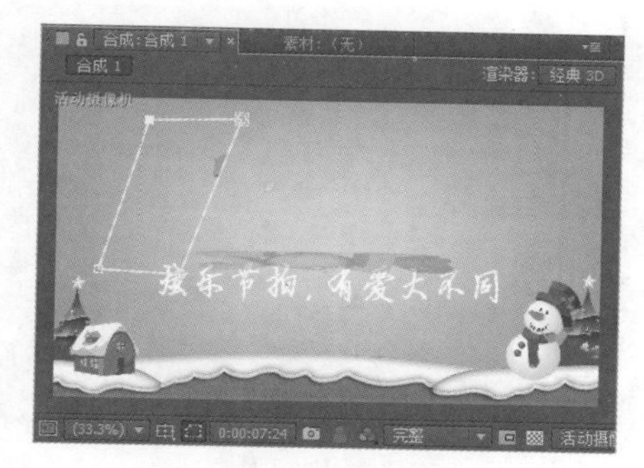

图5-43 选区内显示素材

03 在“时间线”面板中单击卷展图标展开“扫光”素材层的“蒙版1”项，如图5-44所示。

图5-44 展开蒙版设置

5.4.3 蒙版运动与叠加

01 在“时间线”面板中将时间滑块拖拽至影片的第3秒位置，然后在“扫光”素材层的“蒙版1”项中单击“蒙版路径”项前的码表图标添加起始关键帧，如图5-45所示。

图5-45 添加起始关键帧

02 在“时间线”面板中将时间滑块拖拽至影片的第6秒位置，然后在“合成”面板中将蒙版选区水平移动至“扫光”层的右侧，移动完成后将自动在时间滑块位置创建关键帧，如图5-46所示。

图5-46　添加结束关键帧

03 在“预览”面板中单击▶播放/暂停按钮，然后在合成窗口中观察蒙版选区的移动效果，如图5-47所示。

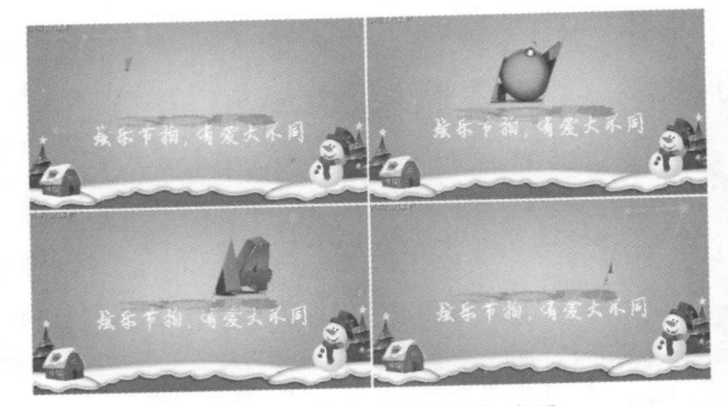
图5-47　蒙版选区移动效果

04 在“时间线”面板中设置蒙版羽化值为100，使选区边缘柔和显示，如图5-48所示。

图5-48　蒙版羽化设置

05 在“时间线”面板中将顶部的“2014/定版”素材层显示开启，如图5-49所示。

图5-49　开启图层显示

06 在“时间线”面板中设置“扫光”层的图层模型为“屏幕”方式，如图5-50所示。

图5-50　图层模式设置

07 在“预览”面板中单击▶播放/暂停按钮，然后在合成窗口中观察蒙版扫光效果，如图5-51所示。

图5-51　蒙版扫光效果

5.5 实例——多合成嵌套

素材文件	定版.PSD	难易程度	★☆☆☆☆
重要程度	★★★☆☆	实例重点	对多个合成文件及多个素材进行嵌套操作的讲解

“多合成嵌套”实例的制作流程主要分为3部分，包括①多合成设置；②合成项目嵌套；③预合成设置，如图5-52所示。

图5-52　制作流程

5.5.1　多合成设置

01 启动Adobe After Effects CC软件后，在菜单中单击【合成】→【新建合成】项，如图5-53所示。

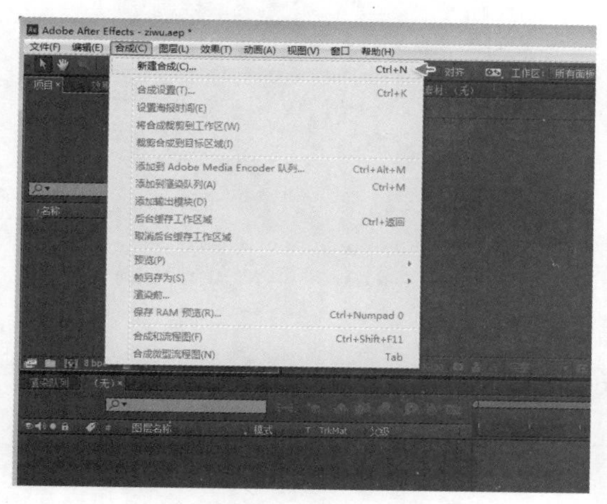

图5-53　新建合成

02 在弹出的“合成设置”对话框中设置合成名称为“背景”，然后在“基本”选项组中设置“预设”项为“HDV/HDTV 720 25”类型，其宽度为1280、高度为720、长宽比为16：9、帧速率为25帧/秒，再设置持续时间为8秒及背景颜色为黑色，如图5-54所示。

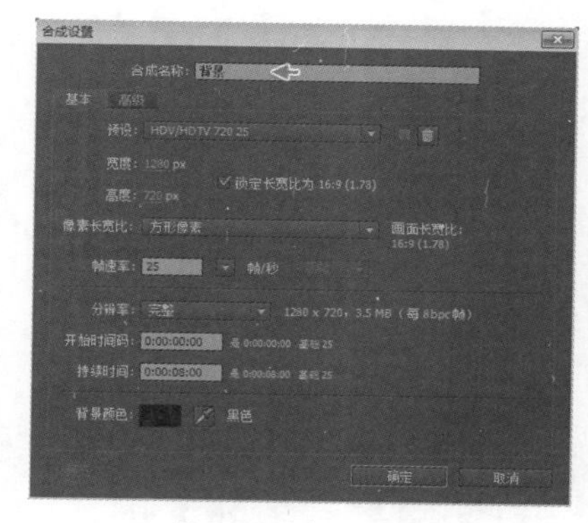

图5-54　合成设置

03 在“项目”面板的空白位置单击鼠标“右”键，在弹出的浮动菜单中选择【导入】→【文件】项，如图5-55所示。

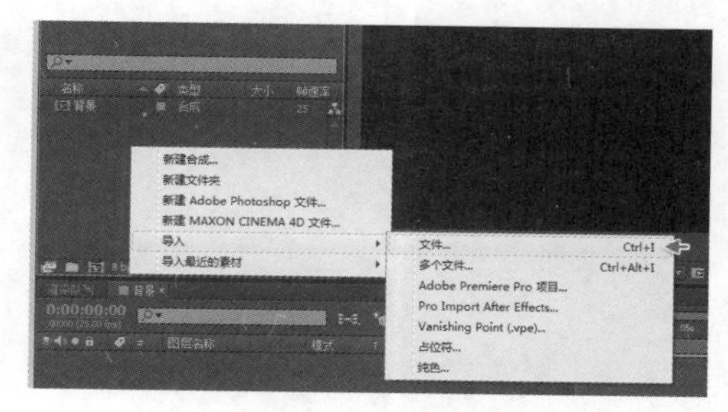

图5-55　导入文件项

04 在弹出的“导入文件”对话框中选择“定版.psd”素材文件，然后单击“导入”按钮，如图5-56所示。

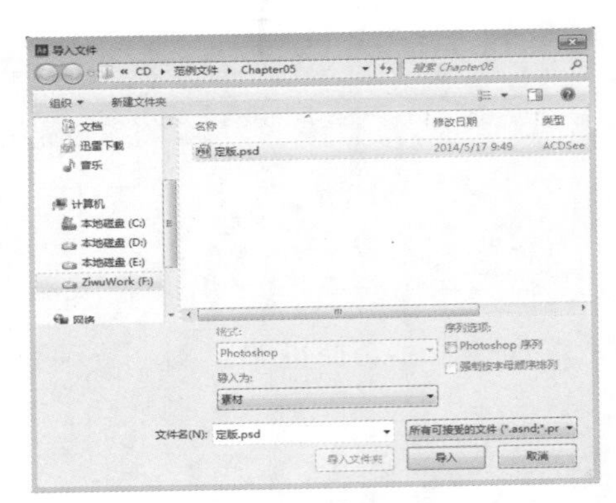

图5-56　选择导入素材

05 在弹出的“定版.psd”对话框中设置导入种类为“合成”方式，在“图层选项”卷展栏中选择“可编辑的图层样式”项，最后单击“确定”按钮完成导入设置，如图5-57所示。

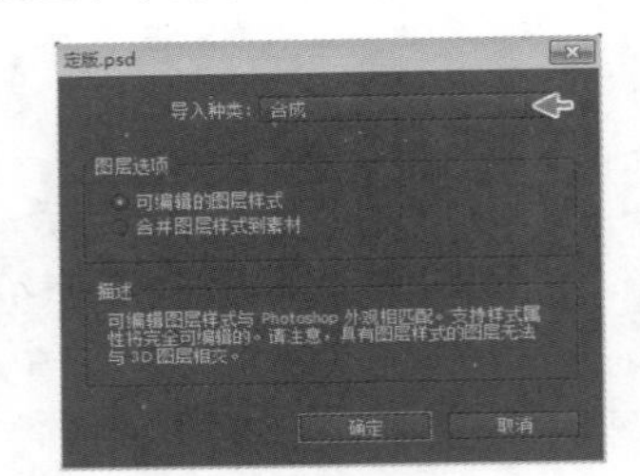

图5-57　导入设置

06 在“项目”面板中选择“背景/定版”、“左树/定版”、“右树/定版”、“雪人/定版”、“房子/定版”及“地/定版”素材并将其拖拽至“背景”的时间线中，如图5-58所示。

图5-58　添加素材

07 在菜单中单击【合成】→【新建合成】项，如图5-59所示。

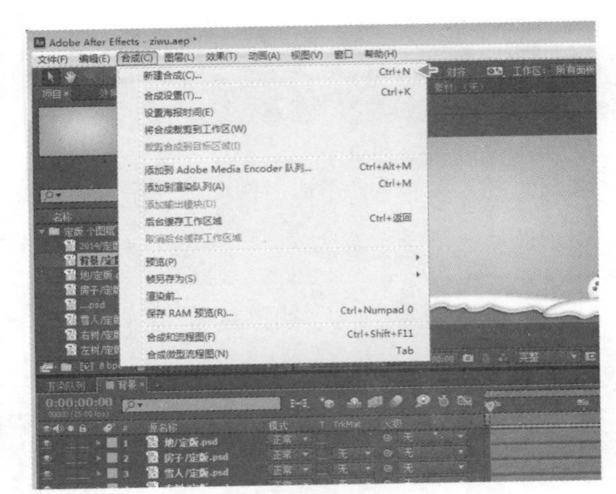

图5-59　新建合成

08 在弹出的“合成设置”对话框中设置合成名称为“文字”，然后在“基本”选项组中设置“预设”项为“HDV/HDTV 720 25”类型，其宽度为1280、高度为720、长宽比为16：9、帧速率为25帧/秒，再设置持续时间为8秒及背景颜色为黑色，如图5-60所示。

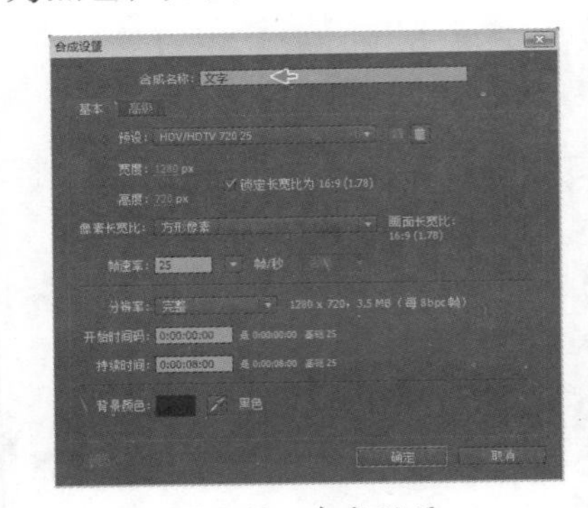

图5-60　合成设置

09 在“项目”面板中选择“炫乐节拍，有爱大不同”和“2014/定版”素材并将其拖拽至“文字”的时间线中，如图5-61所示。

图5-61　添加素材

5.5.2 合成项目嵌套

01 在菜单中单击【合成】→【新建合成】项，如图5-62所示。

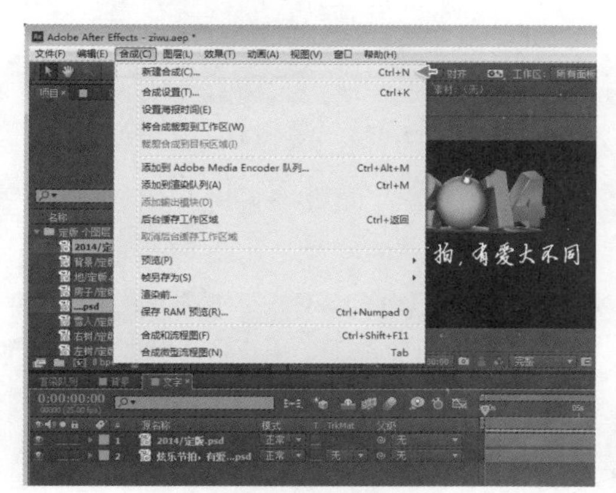

图5-62 新建合成

02 在弹出的“合成设置”对话框中设置合成名称为“总合成”，然后在“基本”选项组中设置“预设”项为“HDV/HDTV 720 25”类型，其宽度为1280、高度为720、长宽比为16：9、帧速率为25帧/秒，再设置持续时间为8秒及背景颜色为黑色，如图5-63所示。

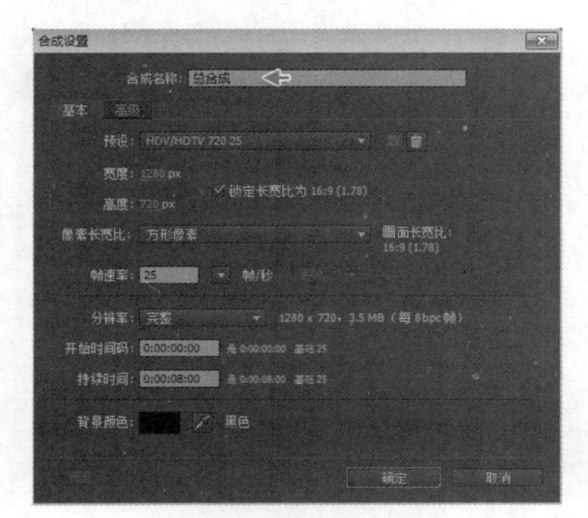

图5-63 合成设置

03 在“项目”面板中双击选择“总合成”合成文件，切换至“总合成”时间线中，如图5-64所示。

04 在“项目”面板中选择“背景”和“文字”合成文件并将其拖拽至“总合成”的时间线中，完成合成项目嵌套操作，如图5-65所示。

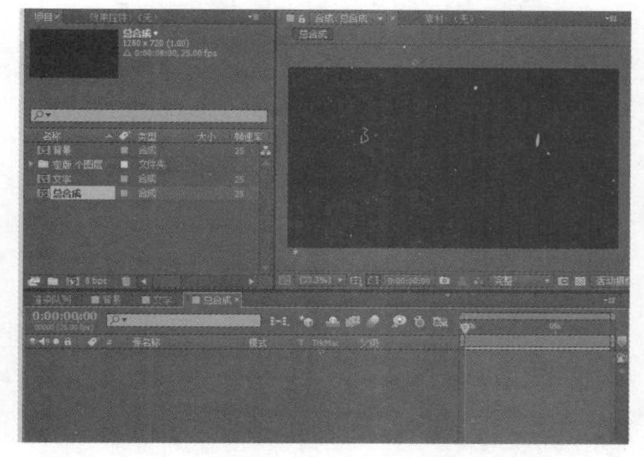

图5-64 切换时间线

图5-65 合成项目嵌套

5.5.3 预合成设置

01 在进行多合成的嵌套操作时还有一种方法，首先需要进行合成素材的整理操作，即“预合成”，如图5-66所示。

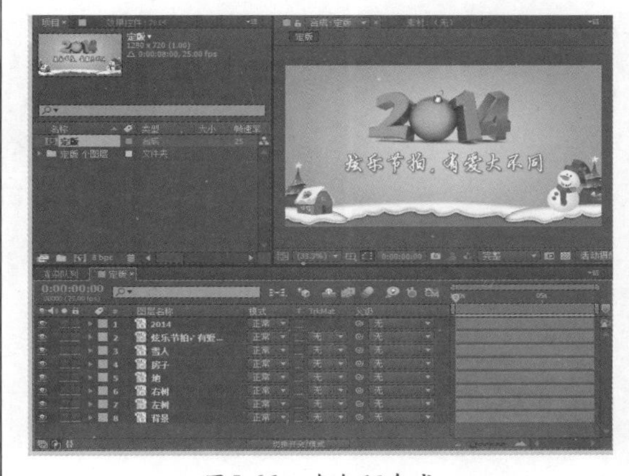

图5-66 准备预合成

02 在“时间线”面板中选择需要整理的素材层并单击鼠标“右”键，然后在弹出的浮动菜单中选择“预合成”命令，如图5-67所示。

图5-67　预合成项

03 在弹出的“预合成”对话框中设置新合成名称为“文字与素材”，并激活“将所有属性移动到新合成”项，然后单击“确定”按钮完成预合成设置，如图5-68所示。

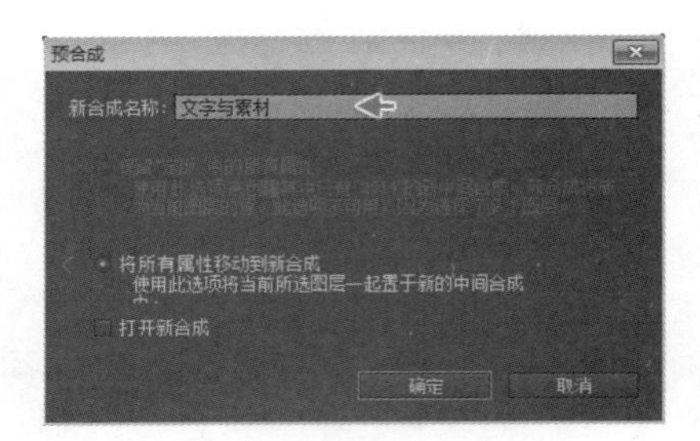

图5-68　预合成设置

04 在“时间线”面板中可以观察到将所选素材嵌套后的效果，如图5-69所示。

图5-69　合成嵌套

5.6 实例——修改合成设置

素材文件	定版.PSD	难易程度	★☆☆☆☆
重要程度	★★★☆☆	实例重点	对已建的合成项目进行再次设置

“修改合成设置”实例的制作流程主要分为3部分，包括①影片合成设置；②修改合成设置；③调节合成素材，如图5-70所示。

(1) 影片合成设置
(2) 修改合成设置
(3) 调节合成素材

图5-70　制作流程

5.6.1　影片合成设置

01 在菜单中单击【合成】→【新建合成】项，如图5-71所示。

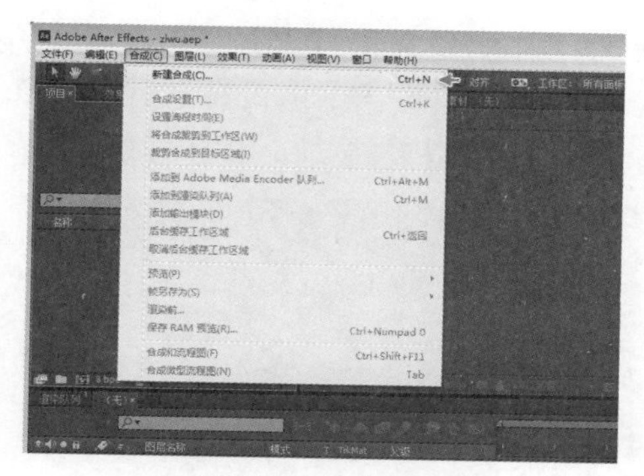

图5-71 新建合成

02 在弹出的“合成设置”对话框中设置合成名称为“合成1”，然后在“基本”选项组中设置“预设”项为“HDV/HDTV 720 25”类型，其宽度为1280、高度为720、长宽比为16：9、帧速率为25帧/秒，再设置持续时间为5秒及背景颜色为黑色，如图5-72所示。

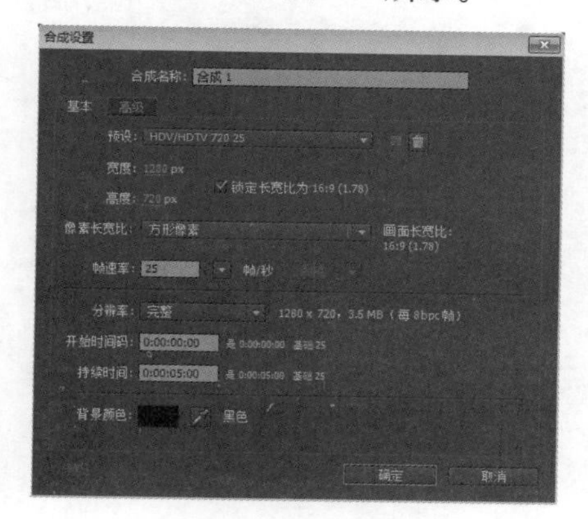

图5-72 合成设置

03 在“项目”面板中选择“背景/定版”和“2014/定版”素材文件并将其拖拽至“合成1”的时间线中，如图5-73所示。

图5-73 添加合成素材

5.6.2 修改合成设置

01 在菜单中单击【合成】→【合成设置】项，如图5-74所示。

图5-74 合成设置项

02 单击“时间线”面板右上角的三角图标按钮，在弹出的菜单中选择“合成设置”项，也可以在时间线的“合成1”文字上单击鼠标“右”键，在弹出的菜单中选择“合成设置”项，如图5-75所示。

图5-75 合成设置项

03 在弹出的“合成设置”对话框的“基本”选项组中设置“预设”项为“HDTV 1080 25”类型，其宽度为1920、高度为1080、长宽比为16：9、帧速率为25帧/秒，再设置持续时间为6秒及背景颜色为黑色，如图5-76所示。

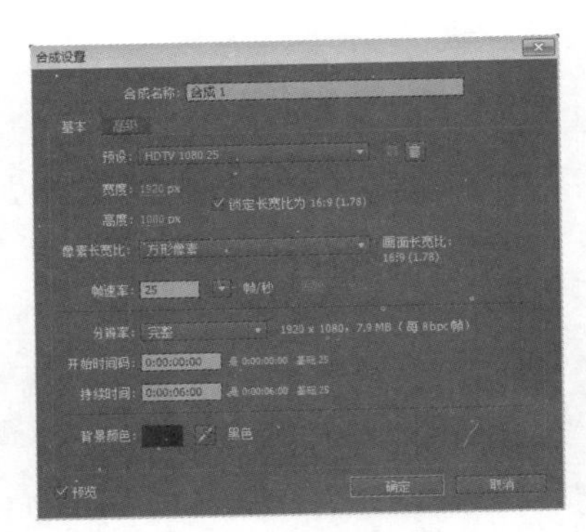

图5-76 修改合成设置

5.6.3 调节合成素材

01 在“时间线”面板中选择“背景/定版”和“2014/定版”素材文件，可以同时控制两素材层的出入点位置及变换属性，如图5-77所示。

图5-77 同时调整出点位置

02 在“时间线”面板中展开“背景/定版”素材层的“变换”项，并设置缩放值为150，使背景画面满屏显示，如图5-78所示。

图5-78 缩放至满屏

03 在“时间线”面板中选择素材层，再使用“Ctrl+Alt+F”快捷键也可以实现满屏效果，如图5-79所示。

图5-79 调节合成素材

5.7 实例——遮罩与链接

素材文件	定版.PSD	难易程度	★☆☆☆☆
重要程度	★★★☆☆	实例重点	对轨道遮罩设置及父级链接进行讲解

“遮罩与链接”实例的制作流程主要分为3部分，包括①影片合成设置；②轨道遮罩设置；③父级链接设置，如图5-80所示。

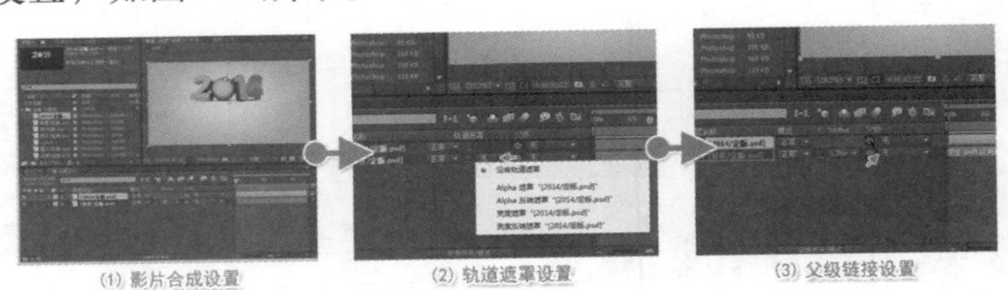

图5-80 制作流程

5.7.1 影片合成设置

01 在菜单中单击【合成】→【新建合成】项，如图5-81所示。

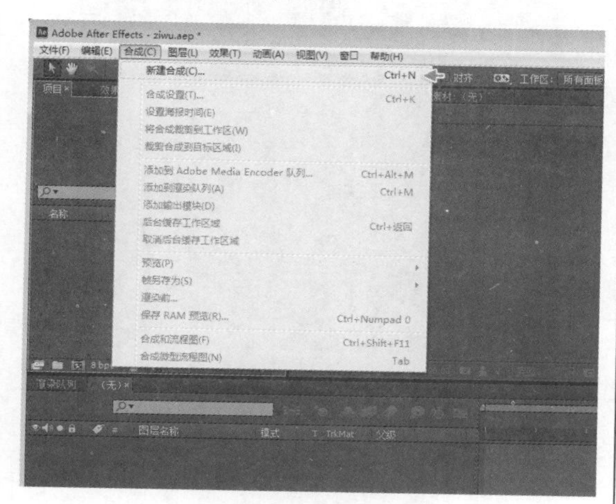

图5-81 新建合成

02 在弹出的"合成设置"对话框中设置合成名称为"合成1"，然后在"基本"选项组中设置"预设"项为"HDV/HDTV 720 25"类型，其宽度为1280、高度为720、长宽比为16：9、帧速率为25帧/秒，再设置持续时间为5秒及背景颜色为黑色，如图5-82所示。

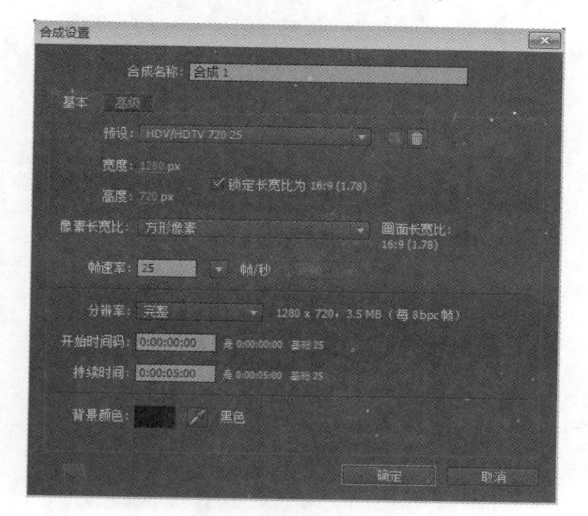

图5-82 合成设置

03 在"项目"面板中选择"背景/定版"和"2014/定版"素材文件并将其拖拽至"合成1"的时间线中，如图5-83所示。

图5-83 添加合成素材

5.7.2 轨道遮罩设置

01 在"时间线"面板中单击"背景/定版"层的"轨道遮罩"按钮，弹出的菜单包含没有轨道遮罩、Alpha遮罩、Alpha反转遮罩、亮度遮罩及亮度反转遮罩5项，如图5-84所示。

图5-84 轨道遮罩

02 在"时间线"面板中将"背景/定版"层的"轨道遮罩"项设置为"Alpha遮罩"方式，效果如图5-85所示。

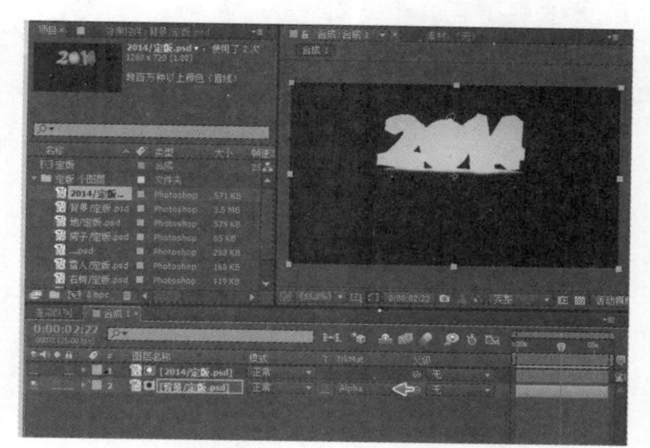

图5-85 Alpha遮罩效果

03 在“时间线”面板中将“背景/定版”层的“轨道遮罩”项设置为“Alpha反转遮罩”方式，效果如图5-86所示。

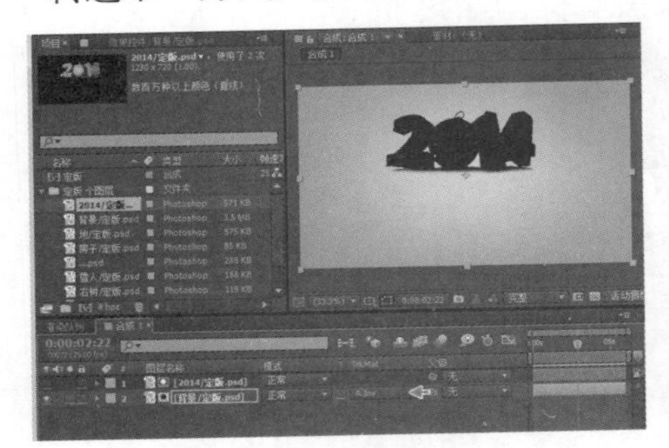

图5-86 Alpha反转遮罩效果

04 在“时间线”面板中将“背景/定版”层的“轨道遮罩”项设置为“亮度遮罩”方式，效果如图5-87所示。

图5-87 亮度遮罩效果

05 在“时间线”面板中将“背景/定版”层的“轨道遮罩”项设置为“亮度反转遮罩”方式，效果如图5-88所示。

图5-88 轨道遮罩设置效果

5.7.3 父级链接设置

01 在“时间线”面板中选择“2014/定版”层的“父级”项并将其拖拽至“背景/定版”层的“父级”项，完成父级链接设置，如图5-89所示。

图5-89 父级链接

02 父级链接完成后，在“2014/定版”层的父级按钮上显示“2.背景/定版”，表示链接已生成，如图5-90所示。

图5-90 显示链接

03 控制“背景/定版”层的缩放，可以观察到“2014/定版”层也相应地缩放，如图5-91所示。

图5-91 父级链接效果

5.8 实例——Form纹理特效

素材文件	配套光盘→范例文件→Chapter5→夜景贴图	难易程度	★★☆☆☆
重要程度	★★☆☆☆	实例重点	掌握Form特效滤镜设置纹理与背景

“Form纹理特效”实例在制作时主要将素材在Form中设置动态纹理背景特效，又通过镜头光晕特效丰富炫目效果，使纹理背景衬托文字效果，本方法在制作装饰背景等效果时尤其实用，如图5-92所示。

“Form纹理特效”实例的制作流程主要分为3部分，包括①制作背景；②添加特效；③丰富画面，如图5-93所示。

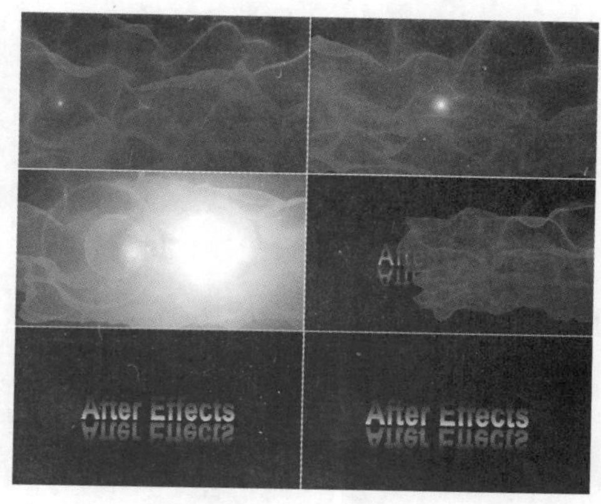

图5-92 实例效果

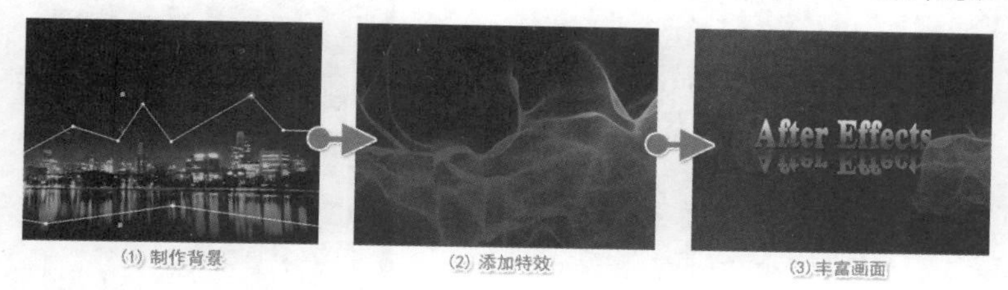

图5-93 制作流程

5.8.1 制作背景

01 双击桌面上的After Effects CC快捷图标启动软件，然后在菜单中选择【合成】→【新建合成】命令项，如图5-94所示。

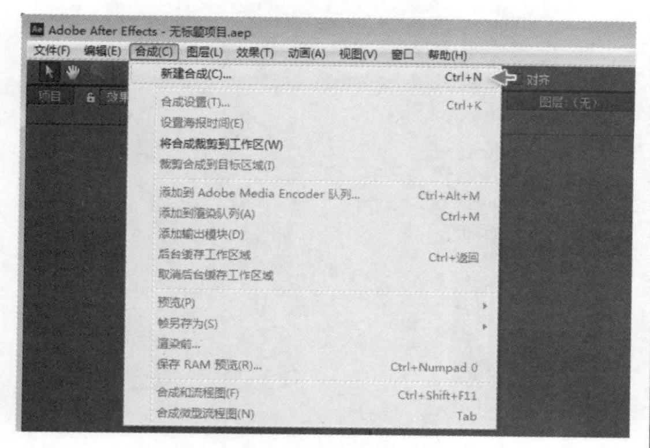

图5-94 新建合成

02 在弹出的“合成设置”对话框中设置合成名称为“背景贴图”、预设为“HDV/HDTV 720 25”小高清类型、帧速率为25帧/秒、持续时间为4秒及背景颜色为黑色，如图5-95所示。

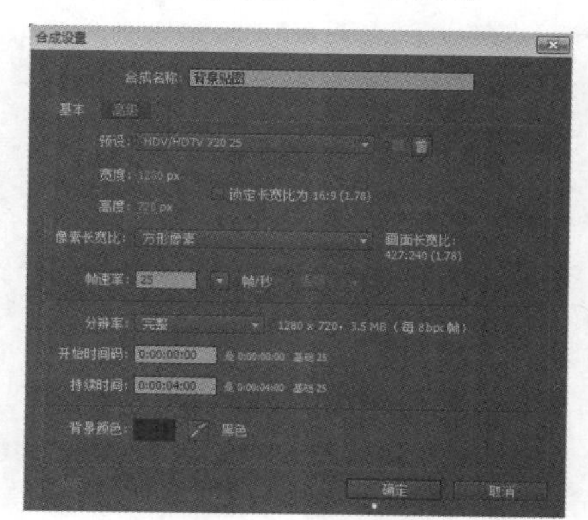

图5-95 合成设置

03 在“项目”面板中双击鼠标“左”键，然后选择本书配套光盘中的“夜景贴图”图像素材，进行导入操作，如图5-96所示。

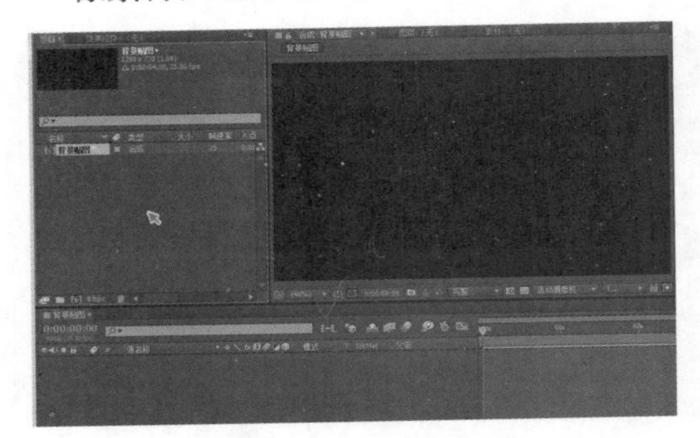

图5-96 导入素材

04 将导入的“夜景贴图”图像素材拖拽至“时间线”面板中，如图5-97所示。

图5-97 拖拽素材

05 在“时间线”面板中选择“夜景贴图”图像素材层，然后在工具栏中选择钢笔工具，在“合成”窗口中绘制蒙版并设置蒙版羽化值为220像素，完成合成影片的背景，如图5-98所示。

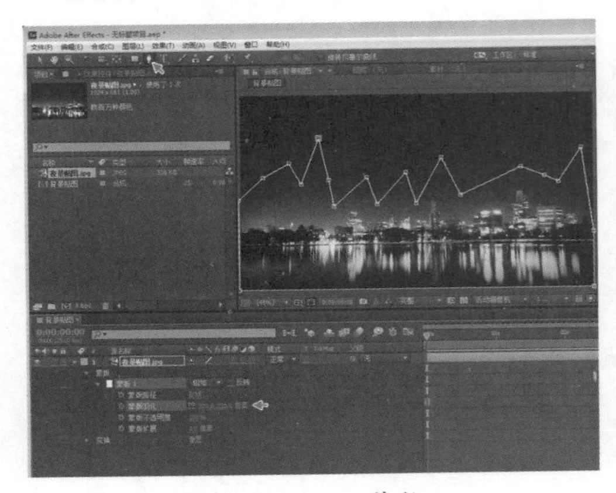

图5-98 添加蒙版

专家课堂

通过钢笔工具绘制图形时，如果图形为封闭状态则为蒙版遮罩，如果图形是未封闭的状态则为路径。

5.8.2 添加特效

01 按“Ctrl+N”键新建合成，在弹出的“合成设置”对话框中设置合成名称为“Form特效”、预设为“HDV/HDTV 720 25”小高清类型、帧速率为25帧/秒、持续时间为7秒及背景颜色为黑色，如图5-99所示。

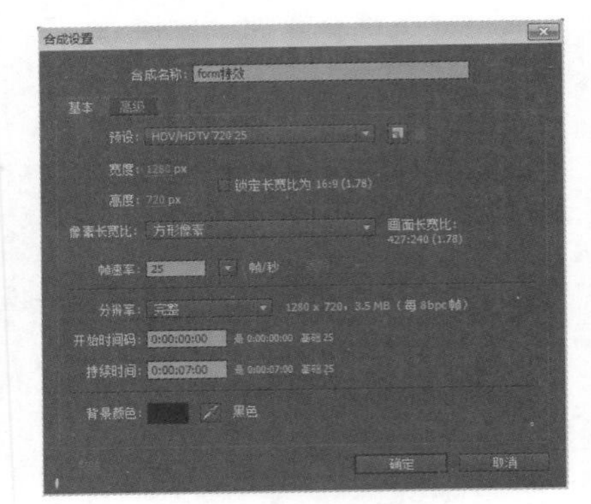

图5-99 合成设置

02 按“Ctrl+Y”键新建纯色层，在弹出的“纯色设置”对话框中设置合成名称为“Form”、大小为1280×720、颜色为黑色，如图5-100所示。

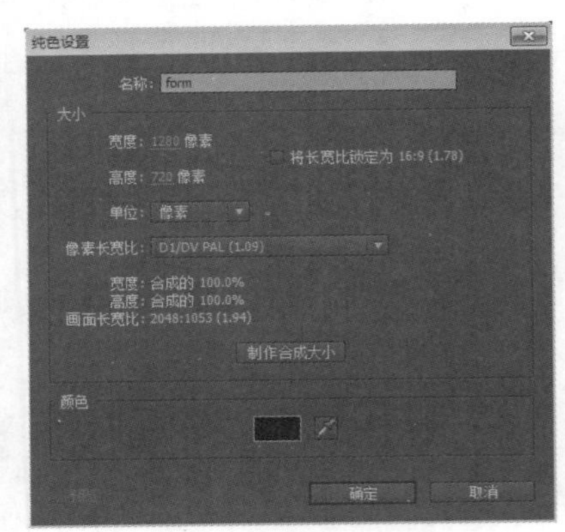

图5-100 纯色设置

专家课堂

在菜单中选择【图层】→【新建】→【纯色】命令项新建图层。

03 在“时间线”面板中选择“Form”层，然后在菜单中选择【效果】→【Trapcode】→【Form】命令项，准备为纯色层添加粒子效果，如图5-101所示。

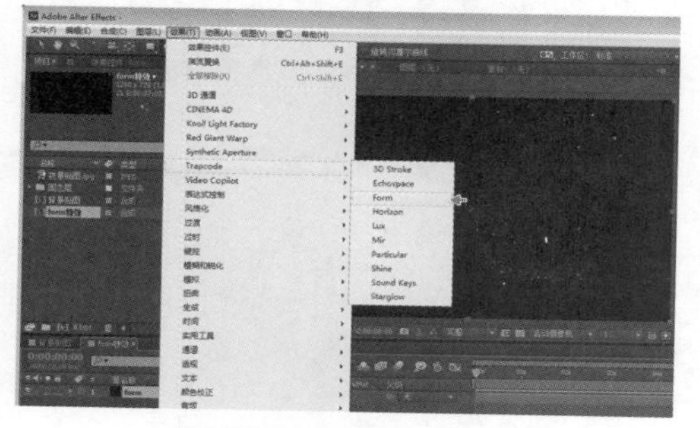

图5-101 添加Form特效

专家课堂

Form是由Trapcode公司发布的基于网格的三维粒子插件，可以用它制作液体或复杂的有机图案、复杂的几何学结构和涡线动画。将其他层作为贴图，使用不同参数，可以进行无止境的独特设计。此外，还可以用Form制作音频可视化效果，为音频增加惊人的视觉效果。

04 在“效果”面板中设置“Form”特效的大小X值为1280、大小Y值为720、大小Z值为200、X中的粒子值为1280、Y中的粒子值为720，如图5-102所示。

图5-102 Form特效设置

05 在“项目”面板中将“背景贴图”合成文件拖入至Form特效的“时间线”面板中，如图5-103所示。

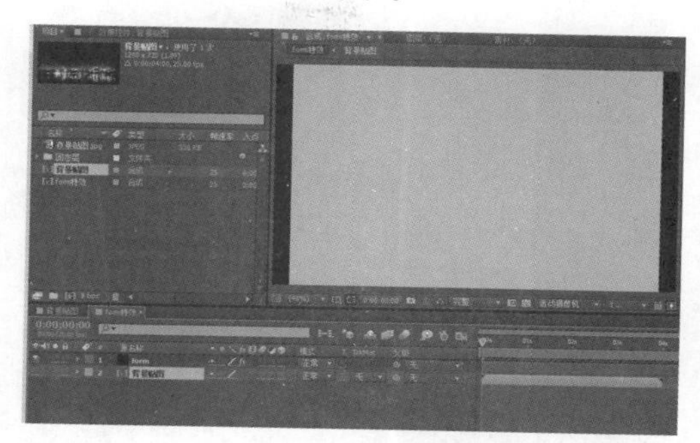

图5-103 添加背景文件

06 在“效果”面板中设置“Form”的图层为“背景贴图”、功能类型为“A到A”、映射到的类型为“XY”方式，如图5-104所示。

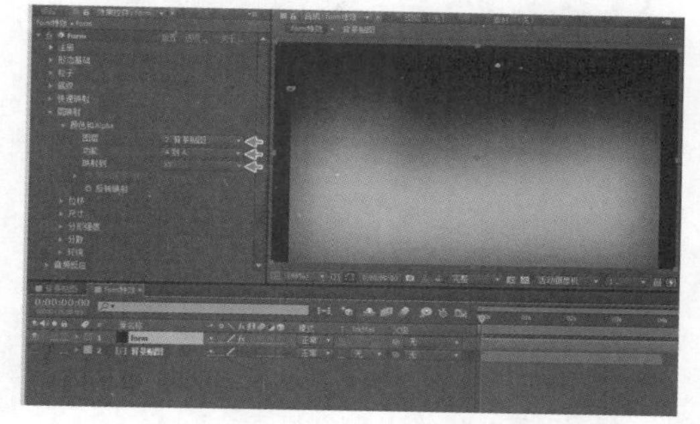

图5-104 Form特效设置

07 在“效果”面板设置分形区域卷展栏中的Displace（置换）值为100，如图5-105所示。

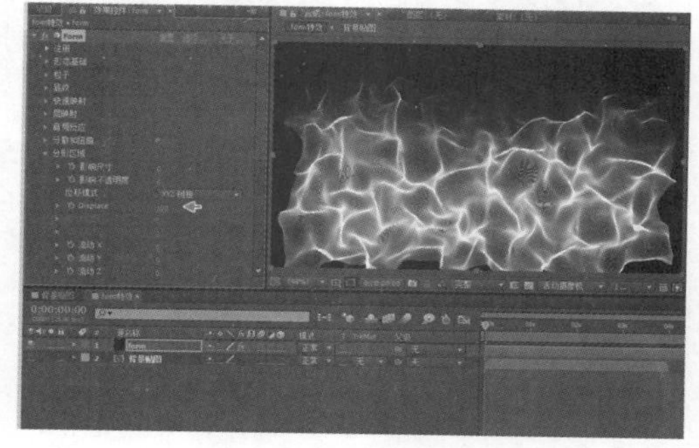

图5-105 分形设置

08 在“时间线”面板中选择“Form”层，然后在菜单中选择【效果】→【模糊和锐化】→【快速模糊】命令项，准备为纹理添加模糊效果，如图5-106所示。

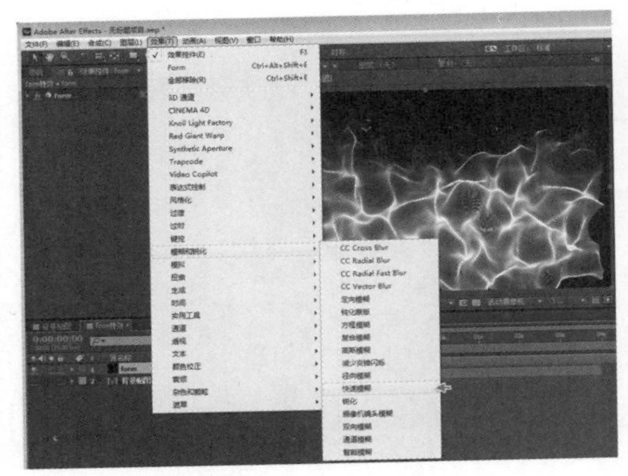

图5-106　添加模糊特效

09 在“效果”面板中设置“快速模糊”的模糊度值为3，如图5-107所示。

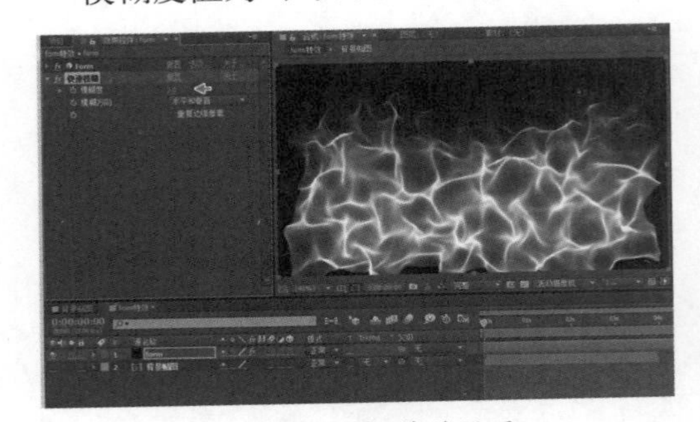

图5-107　模糊特效设置

10 在菜单中选择【图层】→【新建】→【调整图层】命令项，准备新建调整图层，控制合成画面的颜色，如图5-108所示。

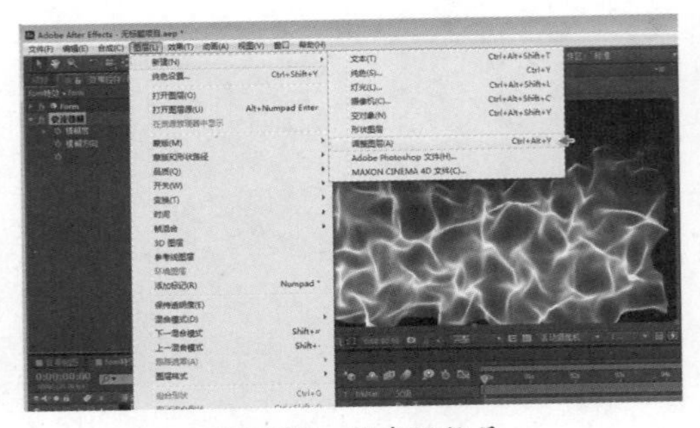

图5-108　新建调整层

11 在“时间线”面板中选择“调整图层1”层，然后在菜单中选择【效果】→【生成】→【四色渐变】命令项，准备为调整层添加四色渐变效果，如图5-109所示。

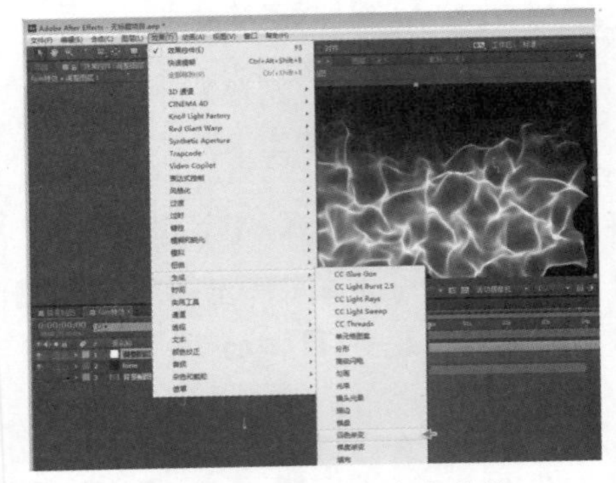

图5-109　添加四色渐变特效

专家课堂

“四色渐变”滤镜特效可以在层上指定4种颜色，并且利用不同的混合模式创建出多种不同风格的渐变效果。

12 在“效果”面板中设置“四色渐变”的颜色分别为红色、粉色、暗红色、蓝色，如图5-110所示。

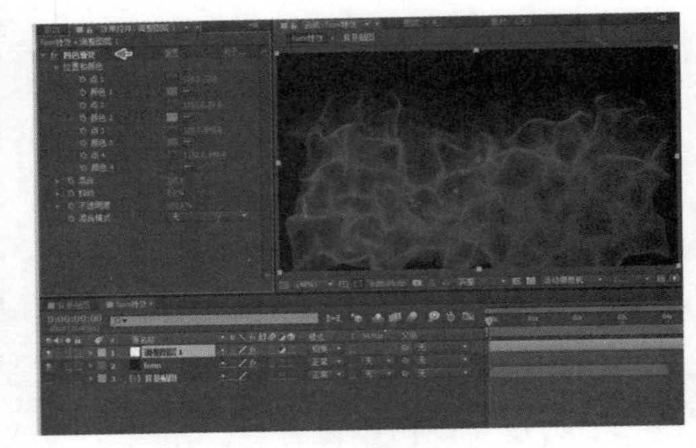

图5-110　颜色设置

专家课堂

- 位置和颜色：可以设置4种颜色以及分布位置。
- 混合：可以设置4种颜色间相互混合程度，设置的混合值越高，4种颜色之间相互混合的程度越高。
- 抖动：可以控制颜色的不稳定性，参数值越小，色彩的稳定性就越大。
- 混合模式：可以在其右侧的下拉列表中设置色彩与图像之间的混合模式，使用方法与层叠加模式相同。

⑬ 在“时间线”面板中选择“调整图层1”层，然后在菜单中选择【效果】→【风格化】→【发光】命令项，准备为调整层添加发光效果，如图5-111所示。

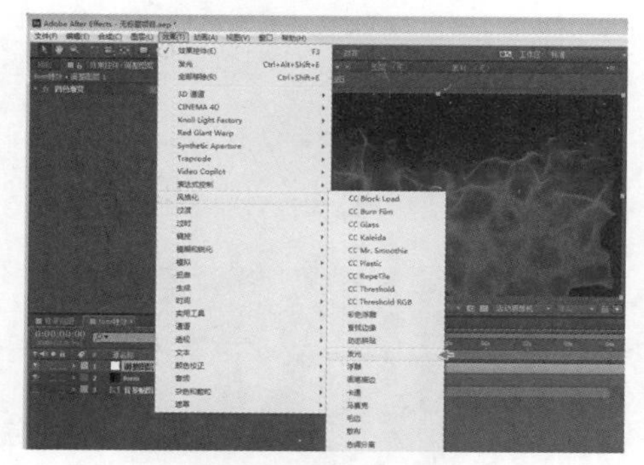

图5-111 添加发光特效

⑭ 在“效果”面板中设置“发光”的发光阈值为100、发光半径值为10、发光强度值为1，然后在“时间线”面板中设置“调整图层1”的模式类型为“相乘”的方式，如图5-112所示。

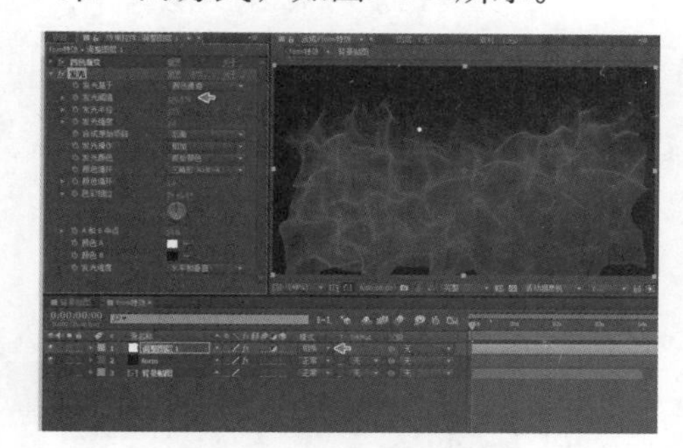

图5-112 发光特效设置

⑮ 在“效果”面板中设置“Form”特效XY的中心值为X轴720、Y轴360，如图5-113所示。

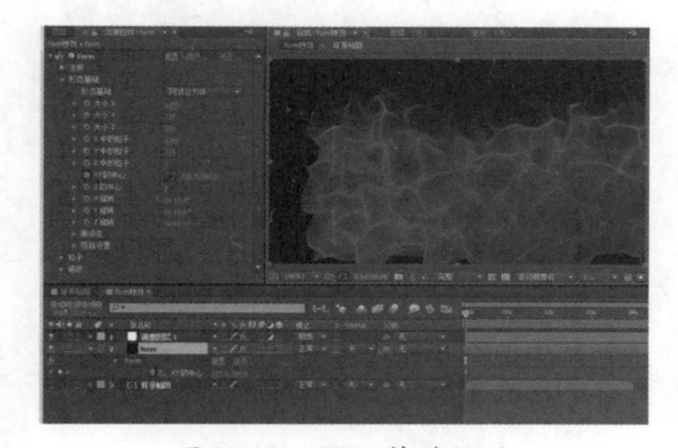

图5-113 Form特效设置

⑯ 在“时间线”面板中将时间滑块拖拽至影片的起始位置，在“效果”面板中单击“XY的中心”项前的码表图标添加起始关键帧，然后将时间滑块拖拽至影片的3秒24帧位置，再设置XY的中心值为X轴1890、Y轴360，如图5-114所示。

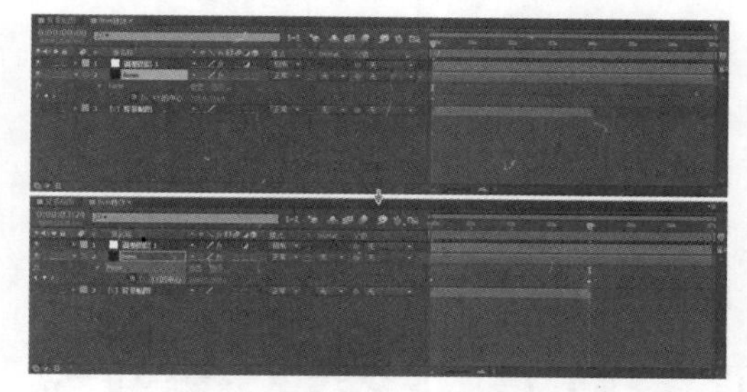

图5-114 XY中心动画设置

⑰ 设置动画完成后，使用键盘数字输入区域的“0”键预览合成动画，效果如图5-115所示。

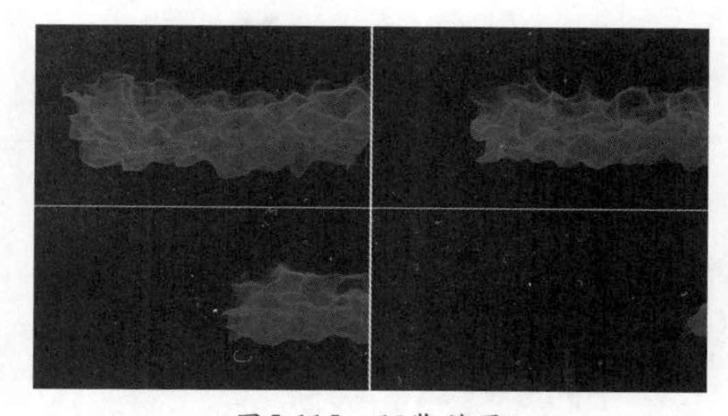

图5-115 预览效果

专家课堂

使用“0”键可以先通过内存对合成影片进行缓存，然后再进行预览播放。

⑱ 在“时间线”面板中将时间滑块拖拽至影片的起始位置，然后在“效果”面板中单击“X旋转”项前的码表图标添加起始关键帧并设置X旋转值为50，再将时间滑块拖拽至影片的3秒24帧位置并设置X旋转值为70，如图5-116所示。

⑲ 使用键盘数字输入区域的“0”键预览合成动画，效果如图5-117所示。

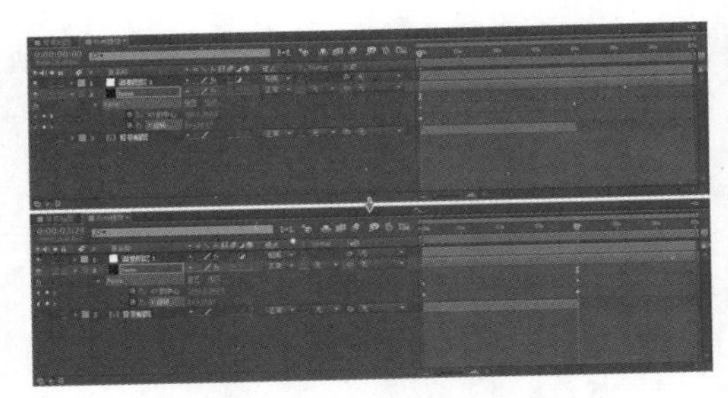

图5-116　X旋转动画设置

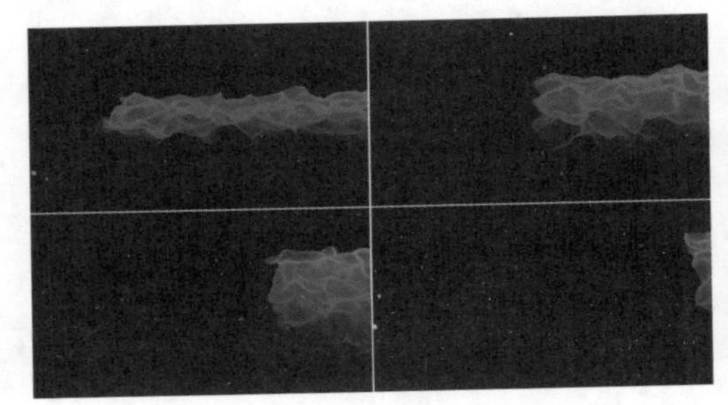

图5-117　预览效果

20 在“时间线”面板中将时间滑块拖拽至影片的起始位置，然后在“效果”面板中单击“比例”项前的码表图标添加起始关键帧并设置比例值为300，再将时间滑块拖拽至影片的3秒24帧位置并设置比例值为110，如图5-118所示。

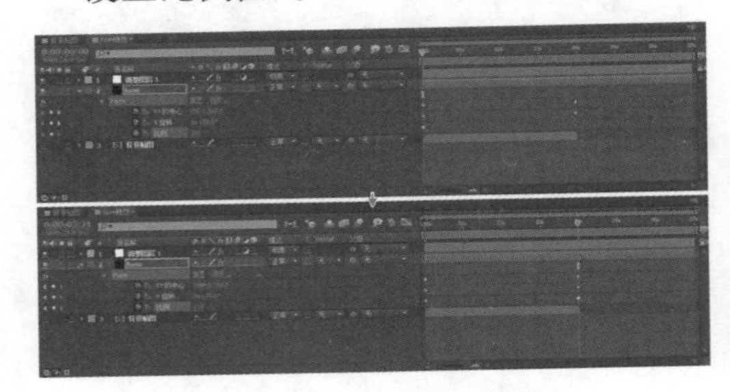

图5-118　比例动画设置

21 使用键盘数字输入区域的“0”键预览合成动画，效果如图5-119所示。

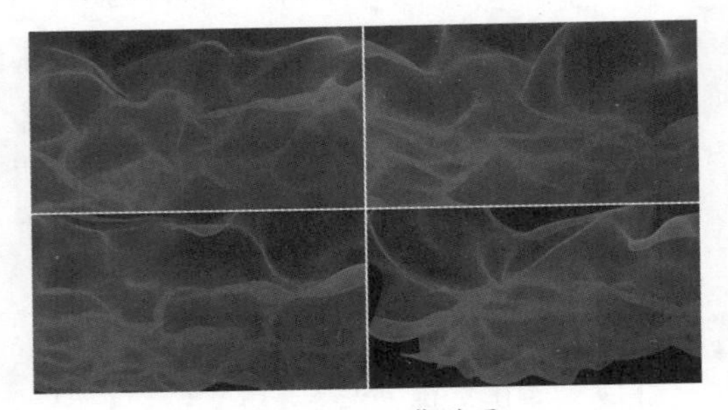

图5-119　预览效果

5.8.3　丰富画面

01 按“Ctrl+N”键新建合成，在弹出的“合成设置”对话框中设置合成名称为“模糊特效字”、预设为“自定义”方式、宽度值为1280、高度值为720、帧速率为25帧/秒、持续时间为7秒及背景颜色为黑色，如图5-120所示。

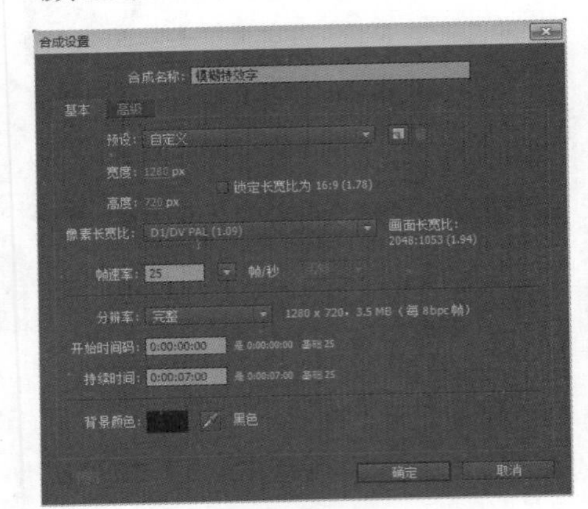

图5-120　合成设置

02 按“Ctrl+Y”键新建纯色层，在弹出的“纯色设置”对话框中设置合成名称为“背景”、大小为1280×720像素、颜色为黑色，如图5-121所示。

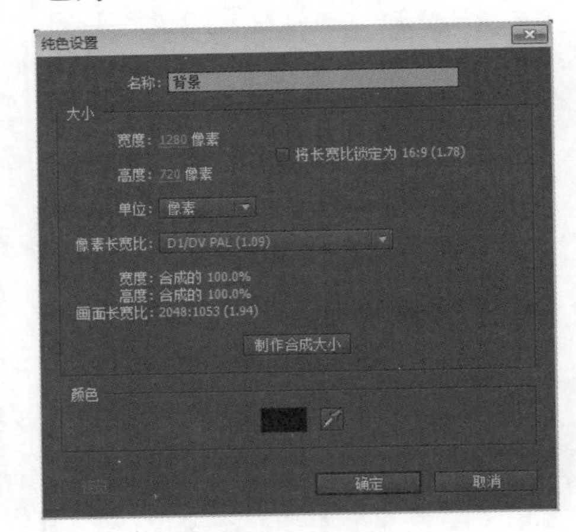

图5-121　纯色设置

03 在“时间线”面板中选择“背景”层，然后在菜单中选择【效果】→【生成】→【四色渐变】命令项，准备为背景层添加渐变效果，如图5-122所示。

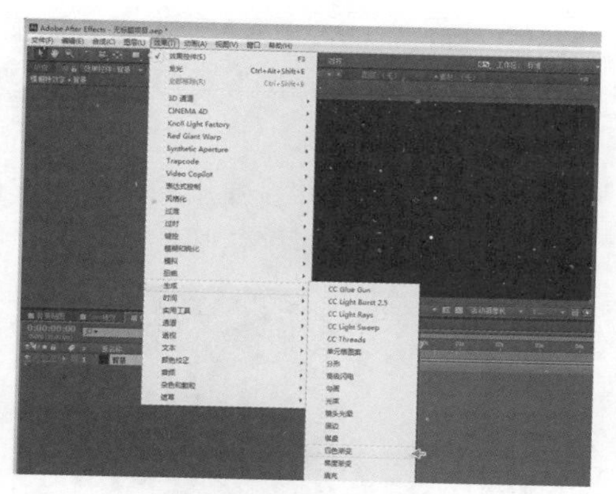

图5-122 添加四色渐变

04 在“效果”面板中设置“四色渐变”的颜色分别为深棕色、深蓝色、棕色和蓝色，如图5-123所示。

图5-123 四色渐变特效设置

05 在“项目”面板中将“Form特效”合成文件拖拽至模糊特效字的“时间线”面板中，如图5-124所示。

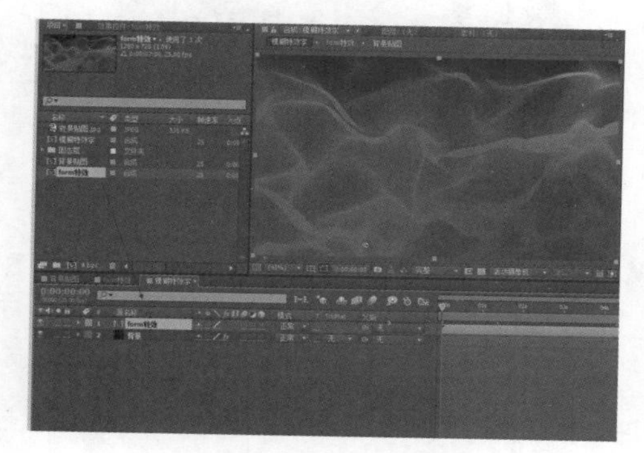

图5-124 拖拽合成文件

06 在工具栏中选择T文本工具，然后在“合成”窗口居中输入文字“After Effects”并保持输入状态，在“字符”面板中设置字体为“Arial”、尺寸值为58、垂直缩放值为227、水平缩放值为181，如图5-125所示。

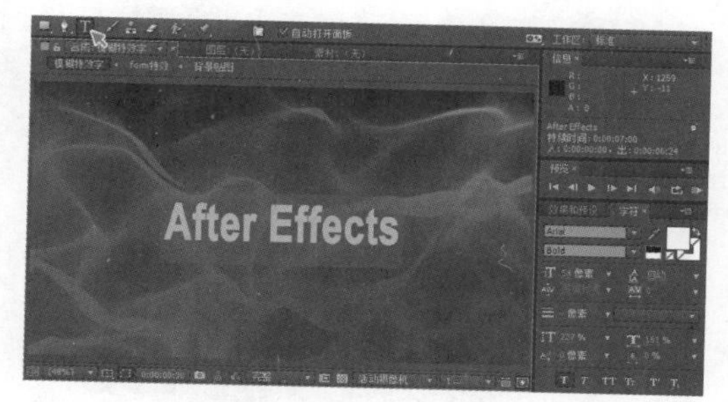

图5-125 字符设置

07 在“时间线”面板中选择“After Effects”文字层，然后在菜单中选择【效果】→【生成】→【梯度渐变】命令项，准备为字体层添加渐变效果，如图5-126所示。

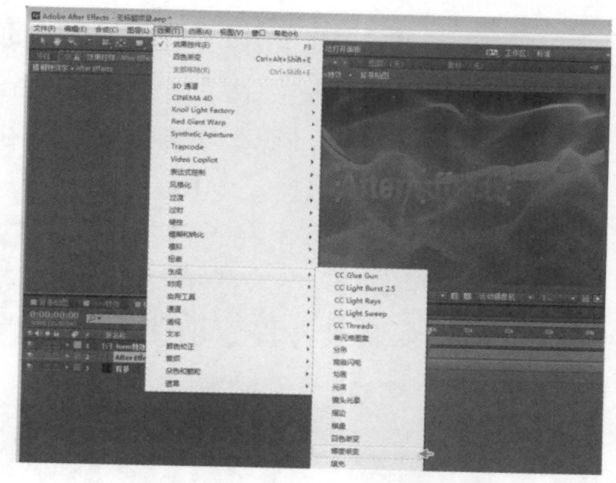

图5-126 添加梯度渐变特效

08 在“效果”面板中设置“梯度渐变”的渐变起点值为X轴640、Y轴410，渐变终点值为X轴640、Y轴330，再设置梯度渐变的起始颜色与结束颜色，如图5-127所示。

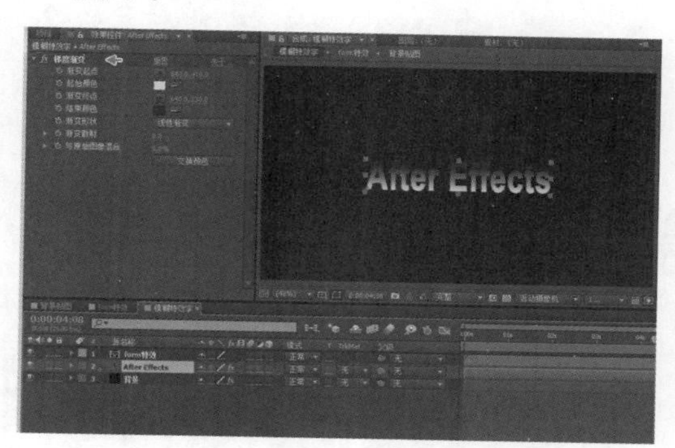

图5-127 梯度渐变特效设置

09 在“时间线”面板中选择“After Effects”文字层，然后在菜单中选择【编辑】→【重复】命令项，准备复制文字层，如图5-128所示。

图5-128　复制图层

10 在“时间线”面板中选择被复制的“After Effects 2”文字层并将其拖拽至“After Effects”图层反方向将其作为“倒影”，然后保持“After Effects 2”文字层的选择状态，在工具栏中选择圆角矩形工具，在“After Effects2”图层上添加蒙版并设置羽化值为55，如图5-129所示。

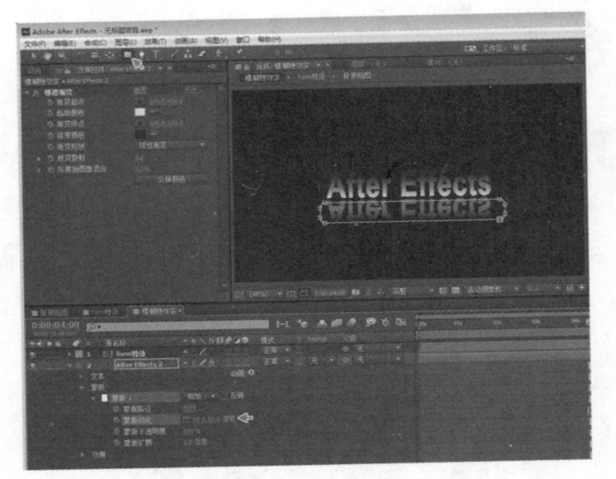

图5-129　添加蒙版

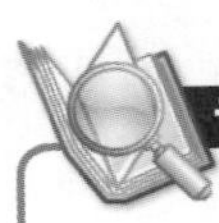

专家课堂

在对素材进行镜像操作时，可直接在“合成”窗口中将本层的顶部边缘向底部拖拽，从而完成素材镜像的操作。

11 在“时间线”面板中选择“After Effects”文字层并按住“Shift”键以鼠标“左”键加选“After Effects 2”文字层，然后单击鼠标“右”键并在弹出的菜单中选择“预合成”项，如图5-130所示。

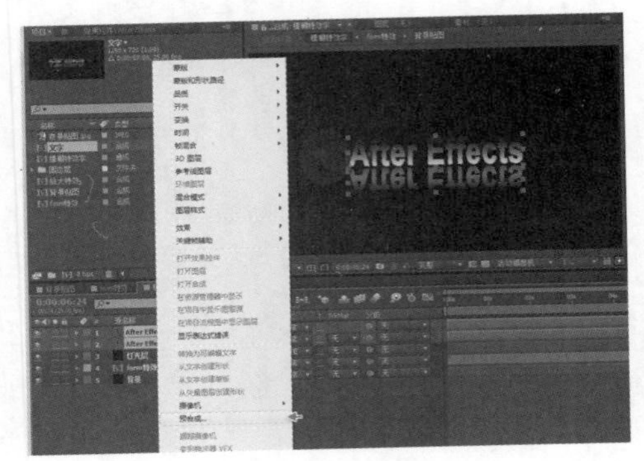

图5-130　预合成

专家课堂

“预合成”的作用是将多个选择素材进行合成嵌套操作，快捷键为“Ctrl+Shift+C”。

12 在弹出的“预合成”对话框中设置新合成名称为“文字”，再开启“将所有属性移动到新合成”项，如图5-131所示。

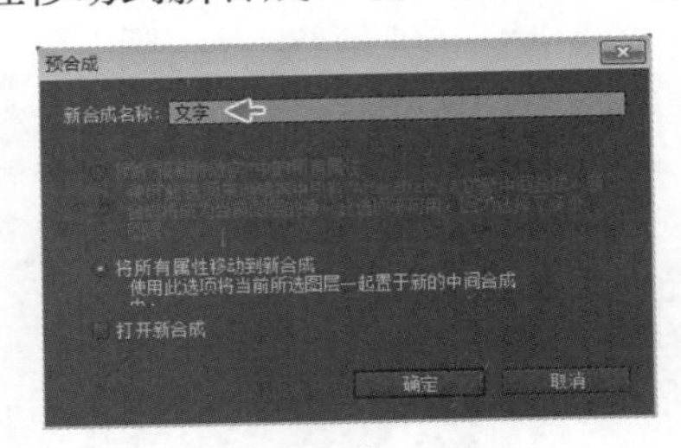

图5-131　输入名称

13 在“时间线”面板中选择“文字”层，然后在菜单中选择【图层】→【图层样式】→【投影】命令项，准备为文字添加投影，如图5-132所示。

专家课堂

After Effects CC的图层样式功能为图像提供了添加效果的功能，可以按照图层的形状添加投影、外发光、浮雕等。

图5-132 添加投影

14 在添加投影效果后，在“时间线”面板中设置“文字”层的模式为“相加”方式，如图5-133所示。

图5-133 层模式设置

15 在“时间线”面板中选择“文字”层，然后在菜单中选择【效果】→【模糊和锐化】→【CC Vector Blur】命令项，准备为字体添加模糊特效，如图5-134所示。

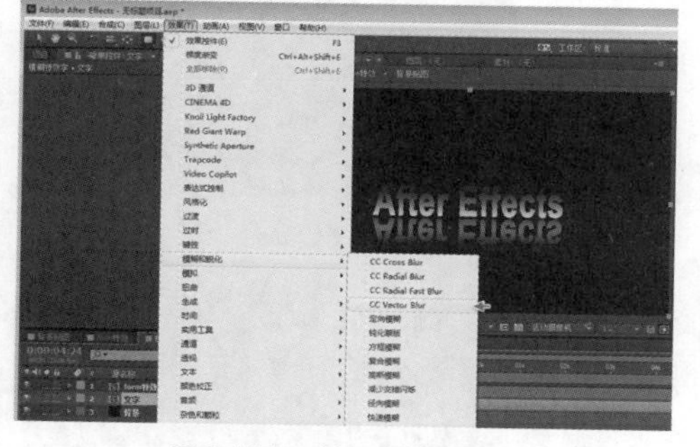
图5-134 添加模糊特效

专家课堂

CC Vector Blur（矢量模糊）滤镜特效在层的不同时间点上合成关键帧，对前后帧进行混合，可以创建出拖影或运动模糊的效果。

16 在“时间线”面板中将时间滑块拖拽至影片的起始位置，然后在“效果”面板中单击Amount（数量）项前的码表图标按钮，添加起始关键帧并设置Amount（数量）值为70，再将时间滑块拖拽至影片的第3秒位置并设置Amount（数量）值为0，完成模糊的动画设置，如图5-135所示。

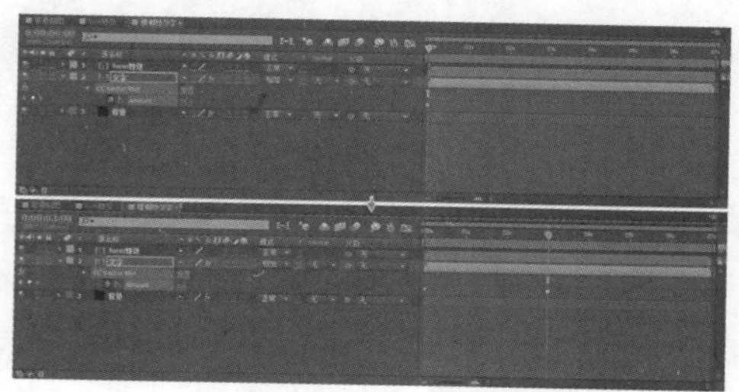
图5-135 数量动画设置

17 按键盘数字输入区域的“0”键预览合成动画，效果如图5-136所示。

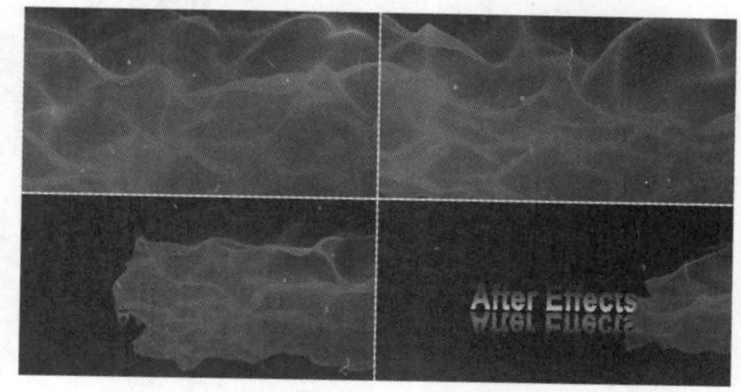
图5-136 预览效果

18 在“时间线”面板中将时间滑块拖拽至影片的起始位置，在“效果”面板中单击Angle Offset（角度偏移）项前的码表图标按钮，添加起始关键帧并设置Angle Offset（角度偏移）值为130，再将时间滑块拖拽至影片的第3秒位置，设置Angle Offset（角度偏移）值为0，如图5-137所示。

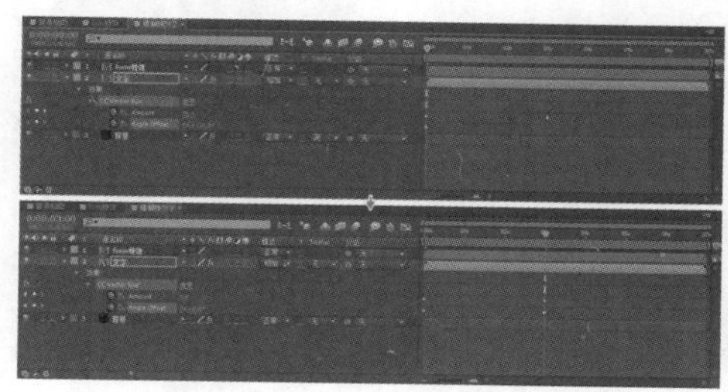
图5-137 角度偏移动画设置

⑲ 按键盘数字输入区域的“0”键预览合成动画，效果如图5-138所示。

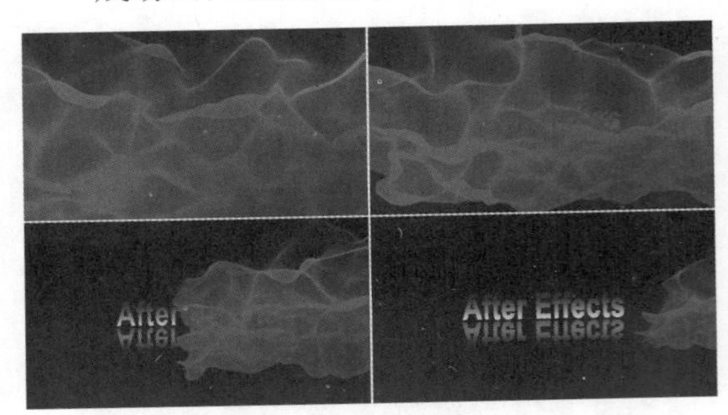

图5-138　预览效果

⑳ 按“Ctrl+Y”键新建纯色层，在弹出的“纯色设置”对话框中设置合成名称为“灯光层”、大小为1280×720像素、颜色为黑色，如图5-139所示。

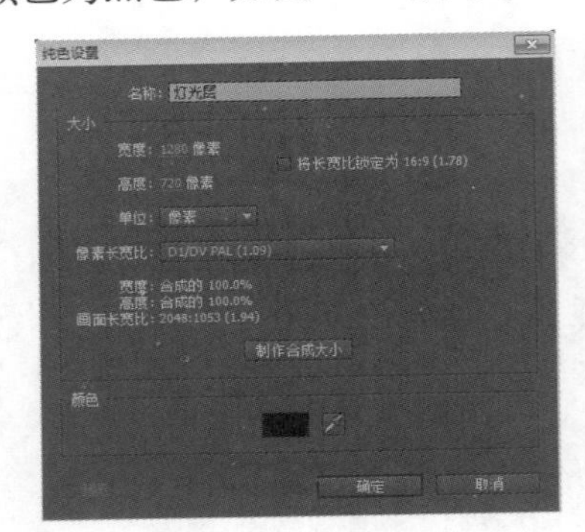

图5-139　纯色设置

㉑ 在“时间线”面板中选择“灯光层”，然后在菜单中选择【效果】→【生成】→【镜头光晕】命令项，准备添加光晕效果，如图5-140所示。

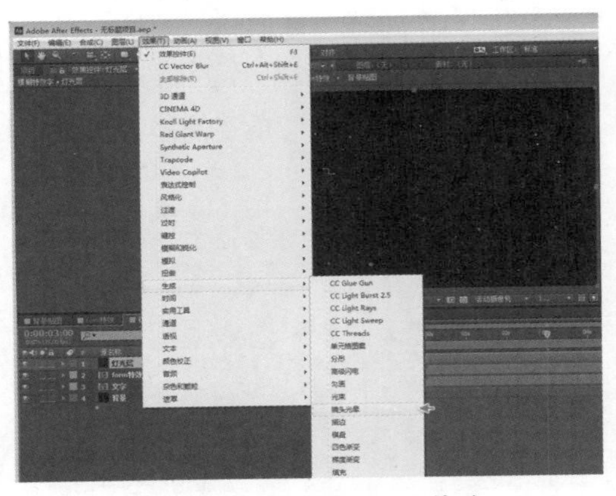

图5-140　添加镜头光晕特效

专家课堂

“镜头光晕”滤镜特效可以模拟摄影机的镜头光晕，制作出光斑照射的效果。

㉒ 将时间滑块拖拽至影片的起始位置，在“效果”面板中单击光晕中心项前的码表图标按钮，添加起始关键帧并设置光晕中心值为X轴55、Y轴420，准备制作光晕特效的动画效果，如图5-141所示。

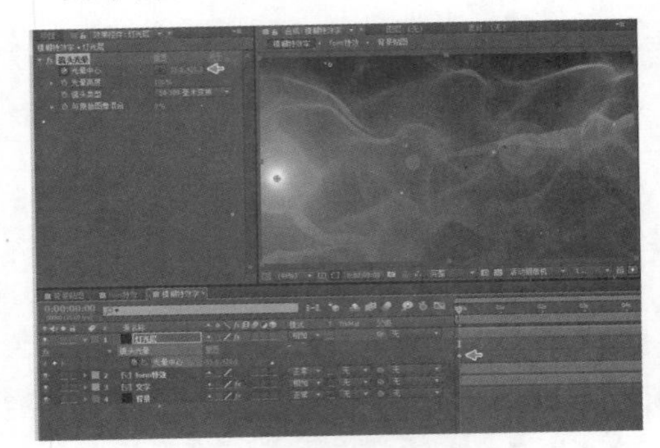

图5-141　镜头光晕设置

㉓ 将时间滑块拖拽至影片的第3秒位置，然后在“效果”面板中设置光晕中心值为X轴1480、Y轴355，如图5-142所示。

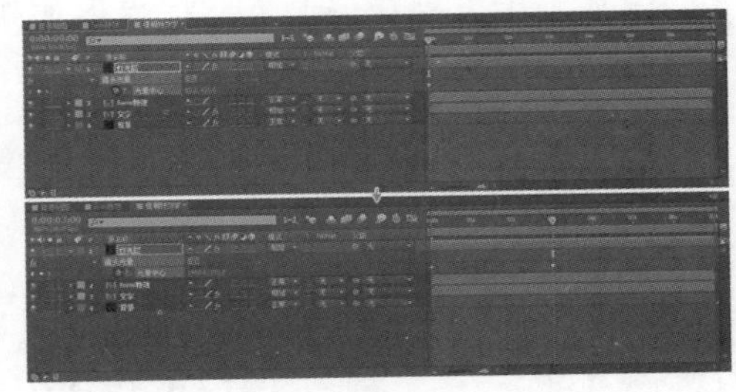

图5-142　光晕中心动画设置

㉔ 按键盘数字输入区域的“0”键预览合成动画，效果如图5-143所示。

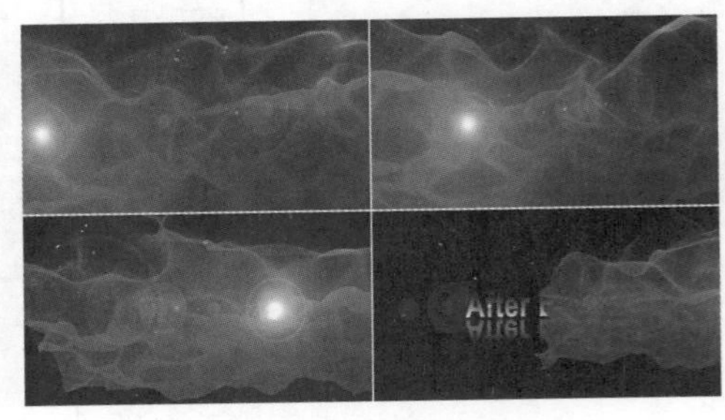

图5-143　预览效果

25 将时间滑块拖拽至影片的起始位置，在“效果”面板中设置光晕亮度值为0，然后在“时间线”面板中单击光晕亮度前的码表图标按钮，为其添加起始关键帧；将时间滑块拖拽至影片的1秒6帧位置，设置光晕亮度值为50；将时间滑块拖拽至影片的1秒13帧位置，设置光晕亮度值为80；将时间滑块拖拽至影片的1秒14帧位置，设置光晕亮度值为200；最后将时间滑块拖拽至影片的1秒24帧位置，设置光晕亮度值为60，使光晕产生闪烁效果，如图5-144所示。

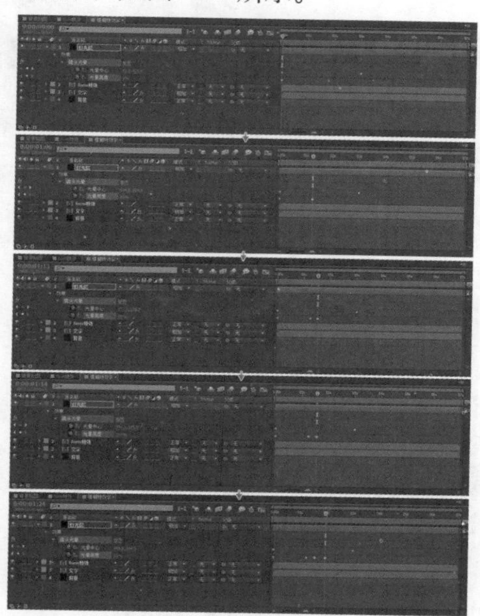

图5-144 光晕亮度动画设置

26 按键盘数字输入区域的“0”键预览合成动画，效果如图5-145所示。

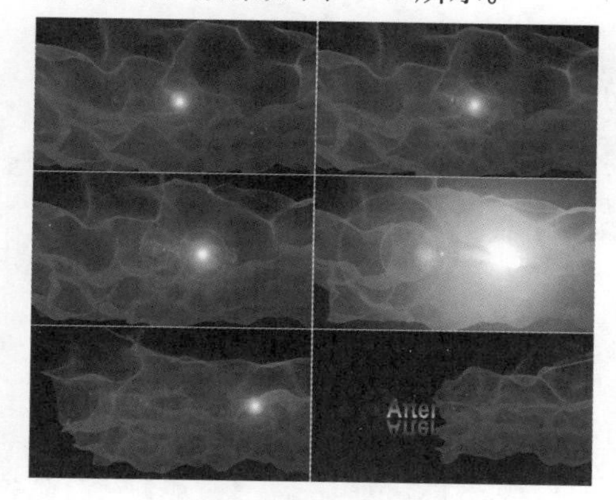

图5-145 预览效果

27 按“Ctrl+N”键新建合成，在弹出的“合成设置”对话框中设置合成名称为“放大特效”、预设为“自定义”方式、宽度值为1280、高度值为720、帧速率为25帧/秒、持续时间为7秒及背景颜色为黑色，如图5-146所示。

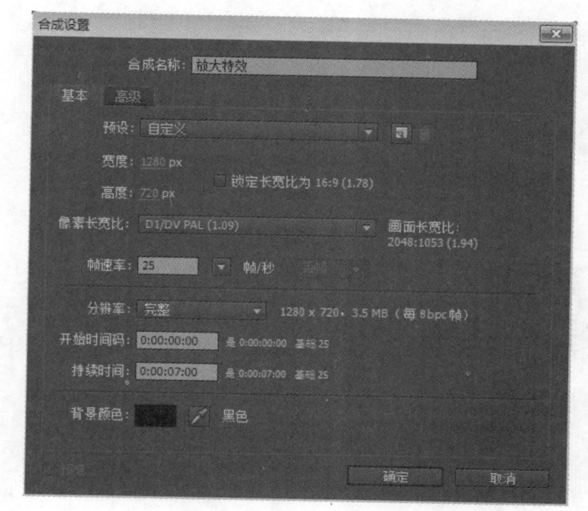

图5-146 合成设置

28 在“项目”面板中将“模糊特效字”合成文件拖拽至放大特效的“时间线”面板中，如图5-147所示。

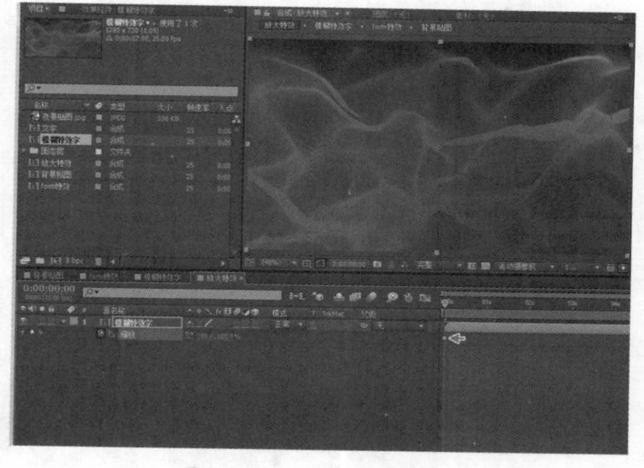

图5-147 拖拽合成文件

29 在“时间线”面板中选择“模糊特效字”层，然后配合“S”键展开缩放选项并开启码表图标按钮，在影片第0秒位置设置起始帧缩放值100，再拖拽时间滑块至影片第6秒24帧位置并设置结束帧缩放值120，使画面整体产生放大动画效果，如图5-148所示。

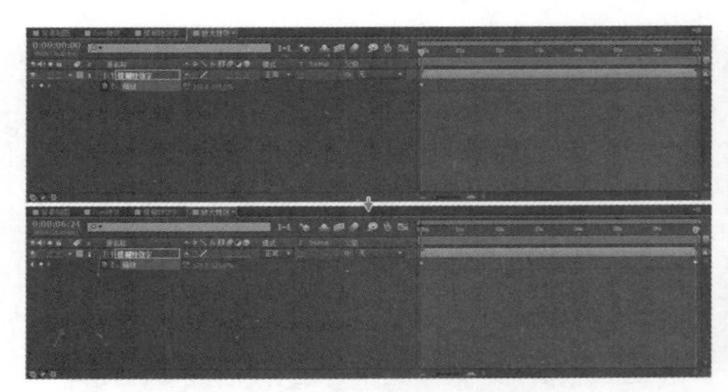

图5-148　添加放大动画

30 按键盘数字输入区域的“0”键预览合成动画，效果如图5-149所示。

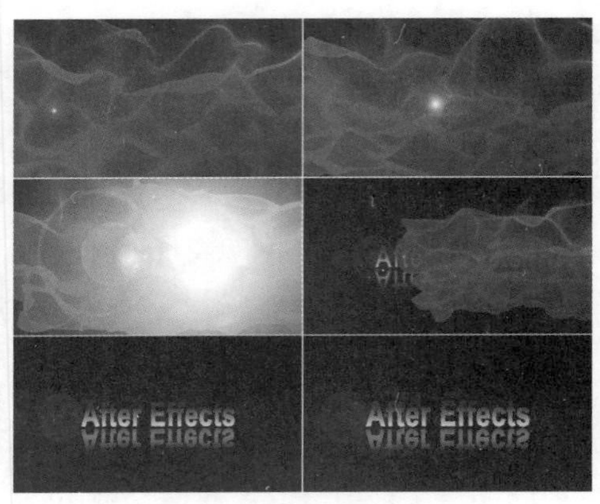

图5-149　最终效果

5.9 实例——动态圆形

素材文件	配套光盘→范例文件→Chapter5→地面材质	难易程度	★★☆☆☆
重要程度	★★★☆☆	实例重点	钢笔遮罩与三维素材层的设置

在制作“动态圆形”实例时，首先将平面的元素进行三维化处理，再通过发光、曲线等特效使基础合成元素更加炫目，最终配合摄像机使发光圆形衬托文字，如图5-150所示。

“动态圆形”实例的制作流程主要分为3部分，包括①制作场景；②添加元素；③最终合成，如图5-151所示。

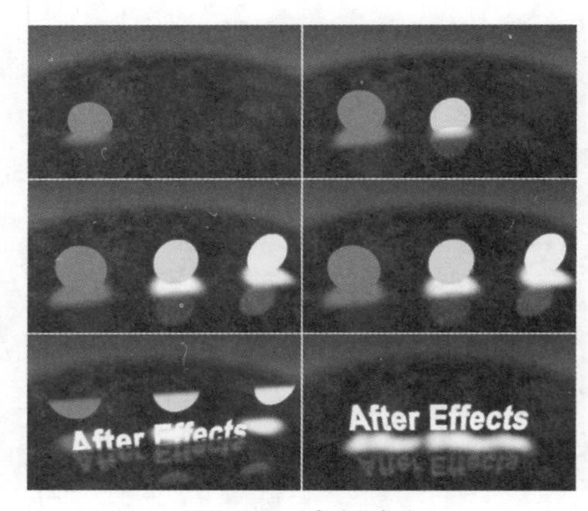

图5-150　实例效果

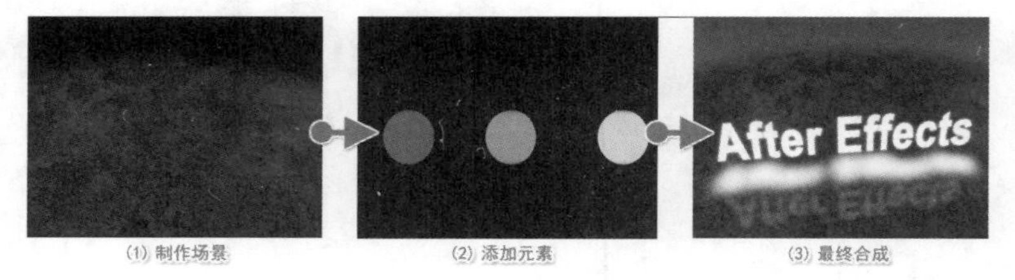

图5-151　制作流程

5.9.1　制作场景

01 双击桌面上的After Effects CC快捷图标启动软件，然后在菜单中选择【合成】→【新建合成】命令项，如图5-152所示。

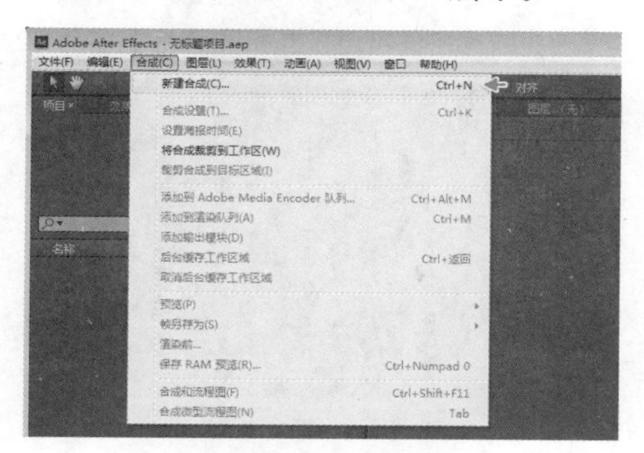

图5-152 选择新建合成

02 在弹出的“合成设置”对话框中设置合成名称为“场景”、大小为1280×720像素、帧速率为25帧/秒、持续时间为4秒及背景颜色为黑色，如图5-153所示。

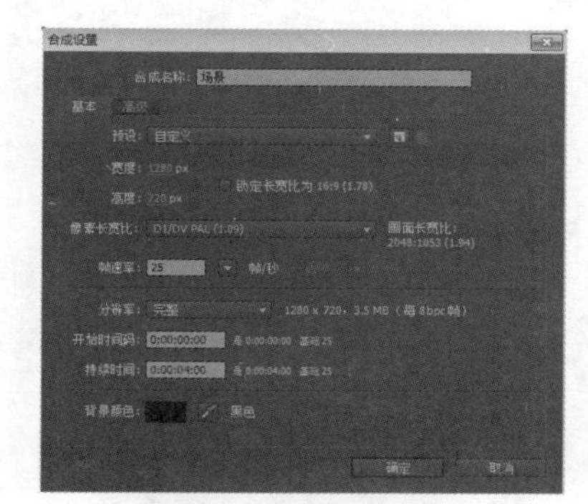

图5-153 合成设置

03 在“项目”面板中双击鼠标“左”键导入配套光盘中的“地面材质”图像素材，再将其拖拽至“时间线”面板中，如图5-154所示。

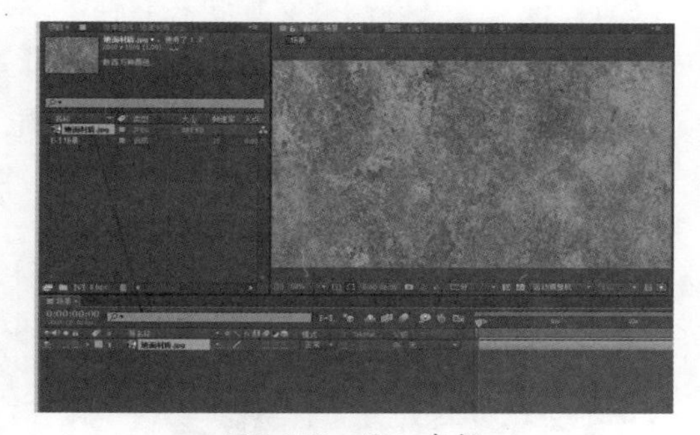

图5-154 导入素材

04 在“时间线”面板中选择“地面材质”素材层，然后在菜单中选择【效果】→【颜色校正】→【曲线】命令项，准备更改图像素材的明暗度，如图5-155所示。

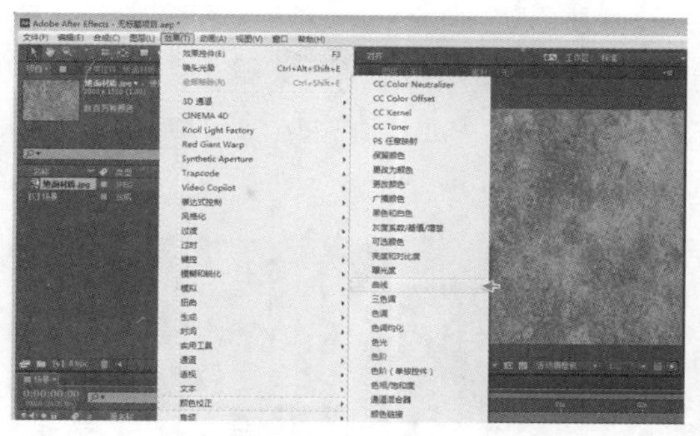

图5-155 选择曲线

专家课堂

“曲线”滤镜特效是一个非常重要的颜色校正命令，与Photoshop中的曲线功能类似，不仅使用高亮、中间色调和暗部三个变量进行颜色调整，而且还可以使用坐标曲线调整0～255之间的颜色灰阶。

05 在“效果”面板中调节“曲线”特效的“RGB”通道曲线，如图5-156所示。

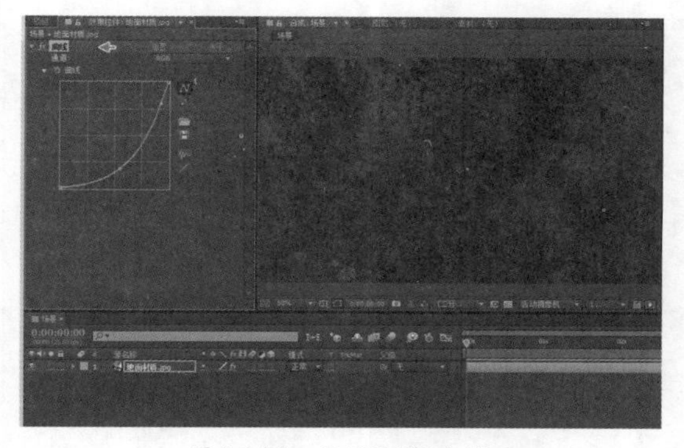

图5-156 设置RGB曲线

专家课堂

“曲线”滤镜特效原色以不同比例混合时会产生其他颜色，在不同的色彩空间系统中有不同的原色组合，可以分为“叠加型”和“消减型”两种系统。例如，可以给特效窗口的直线均匀地加多个点便于调节画面高光、中间色、暗部的饱和度与亮度，对于归纳色彩、分析色彩很有帮助。

06 在“时间线”面板中开启“地面材质”层的3D图层选项，然后展开“地面材质”层的变换选项，再设置方向值为X轴280、Y轴0、Z轴0，并以鼠标“左”键单击“地面材质”层的Z轴，如图5-157所示。

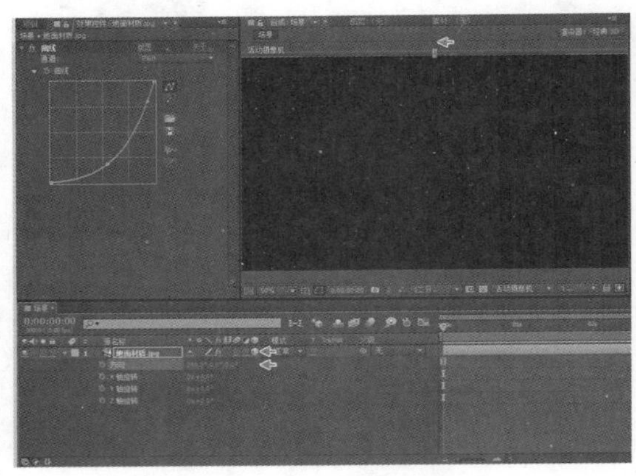

图5-157 设置图层

07 在“合成”窗口中选择“地面材质”层的Z轴并拖拽至“合成”窗口下部，如图5-158所示。

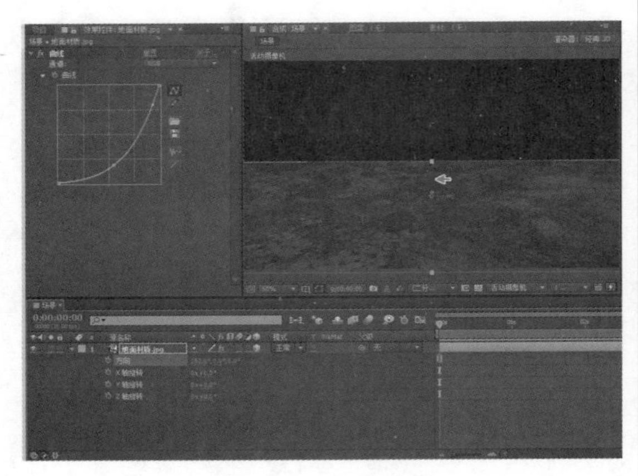

图5-158 设置图层

08 在“时间线”面板中选择“地面材质”层，在工具栏中使用椭圆工具在“合成”窗口中绘制圆形蒙版，然后在“时间线”面板中展开“地面材质”层的“蒙版1”卷展栏，再设置蒙版羽化值为200、蒙版扩展值为－70，如图5-159所示。

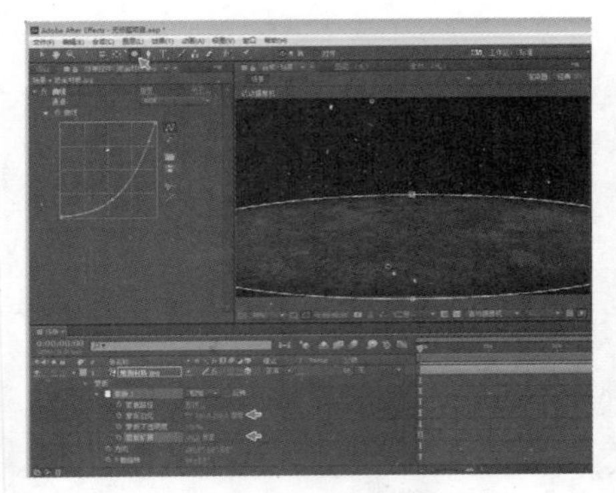

图5-159 设置蒙版

5.9.2 添加元素

01 按“Ctrl+N”键新建合成，然后在弹出的“合成设置”对话框中设置合成名称为“字体特效”、大小为1280×720像素、帧速率为25帧/秒、持续时间为4秒及颜色为黑色，如图5-160所示。

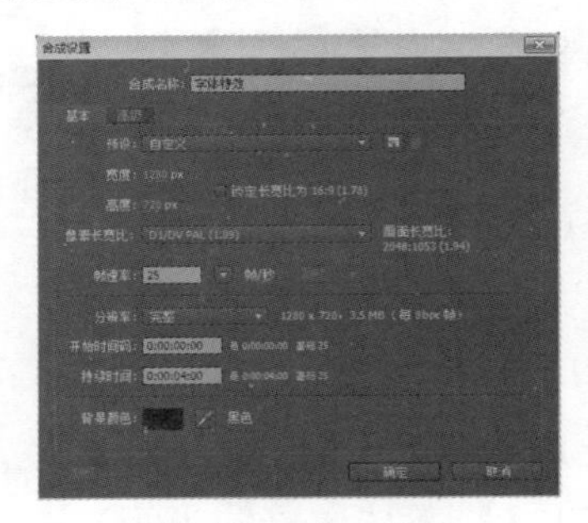

图5-160 合成设置

02 在工具栏中选择文本工具，然后在“合成”窗口居中输入文字“After Effects”，保持输入文字状态并在“字符”面板中设置字体为“Arial”、尺寸为58像素、垂直缩放值为227、水平缩放值为181，如图5-161所示。

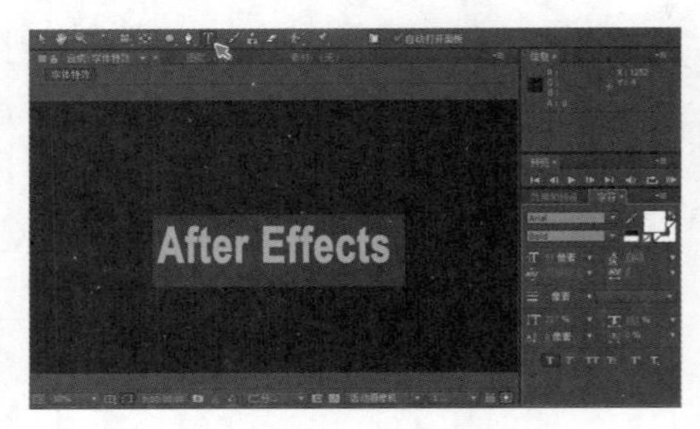

图5-161 字符设置

03 按“Ctrl+Y”键新建纯色层，然后在弹出的“纯色设置”对话框中设置名称为“顶层”、大小为1280×720像素、颜色为粉色，如图5-162所示。

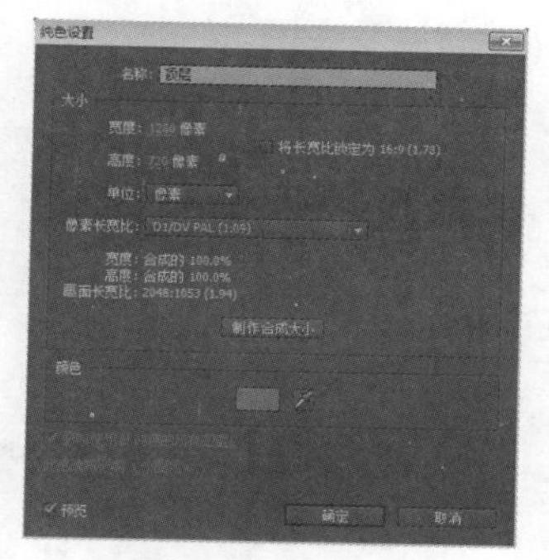

图5-162 纯色设置

04 在“时间线”面板中选择“顶层”纯色层，然后在工具栏中选择椭圆工具并配合“Shift”键在“合成”窗口绘制正圆形蒙版，如图5-163所示。

图5-163 添加蒙版

05 在“时间线”面板中选择“顶层”纯色层，然后在菜单中选择【编辑】→【重复】命令项，准备复制纯色层，如图5-164所示。

图5-164 选择重复

06 在“时间线”面板中将复制的“顶层2”层重命名为“中层”，如图5-165所示。

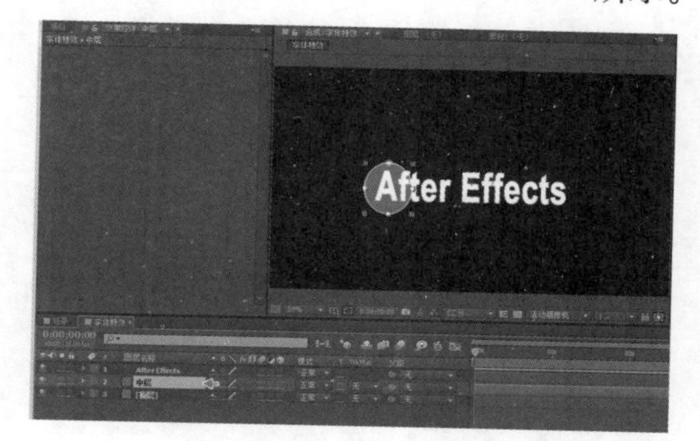

图5-165 重命名图层

07 在“时间线”面板中选择“中层”，使用“Ctrl+Shift+Y”键更改“中层”的颜色为绿色，再按“P”键展开其位置选项并设置位置值为X轴940、Y轴360，如图5-166所示。

图5-166 设置图层

08 在“时间线”面板中选择“中层”纯色层，然后在菜单中选择【编辑】→【重复】命令项，准备复制纯色层，如图5-167所示。

图5-167 选择重复

09 在“时间线”面板中将复制的“中层”重命名为“底层”，使用“Ctrl+Shift+Y”键更改“底层”的颜色为黄色，再按“P”键展开其位置选项并设置位置值为X轴1270、Y轴360，如图5-168所示。

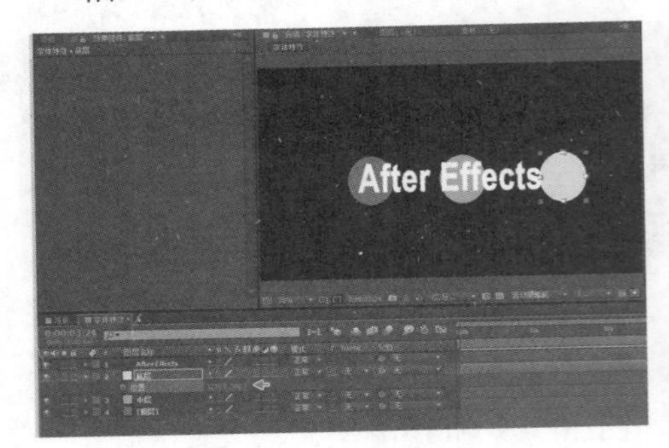

图5-168　设置图层

10 按“Ctrl+Y”键新建纯色层，然后在弹出的“纯色设置”对话框中设置名称为“遮罩”、大小为1280×720像素、颜色为黑色，如图5-169所示。

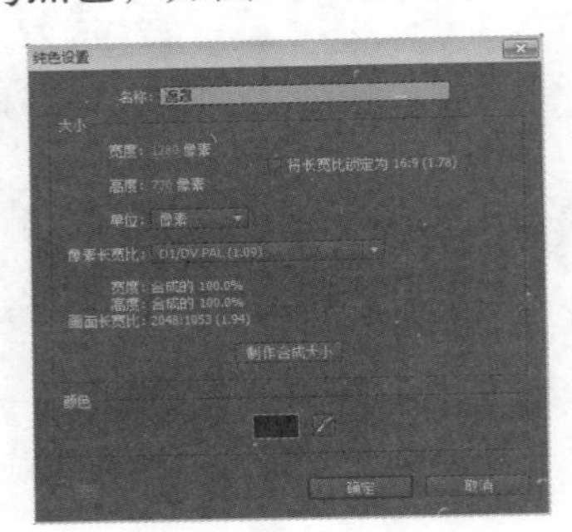

图5-169　纯色设置

11 在“时间线”面板中设置“遮罩”层的图层模式为“模板 Alpha”叠加方式，如图5-170所示。

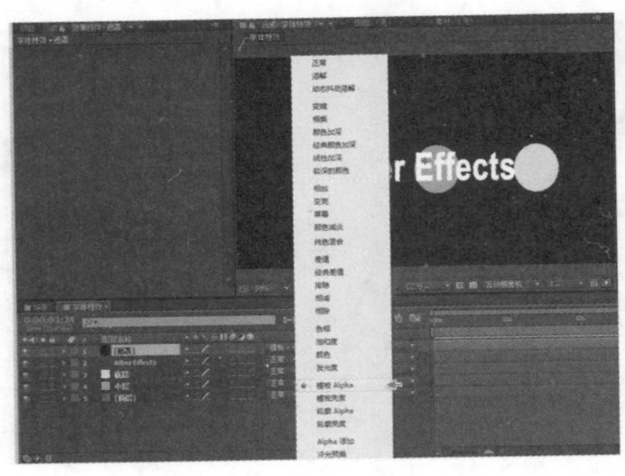

图5-170　模式设置

12 在“时间线”面板中选择“遮罩”层，在工具栏中单击矩形工具，然后在“合成”窗口绘制矩形蒙版，再展开“蒙版1”卷展栏设置蒙版羽化值为20，如图5-171所示。

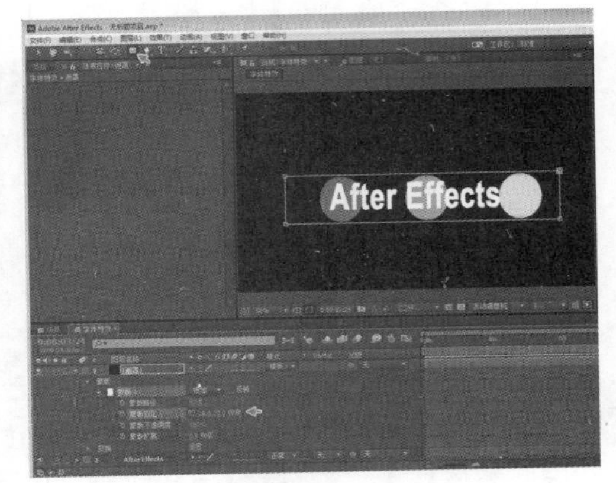

图5-171　添加蒙版

13 在“时间线”面板中按住“Ctrl”键选择“After Effects”、“底层”、“中层”、“顶层”并按“P”键展开其位置项，然后设置“After Effects”层位置值为X轴340、Y轴610，“底层”位置值为X轴1270、Y轴542，“中层”位置值为X940、Y轴542，“顶层”位置值为X轴640、Y轴542，如图5-172所示。

图5-172　位置设置

专家课堂

After Effects CC的加选快捷键为“Ctrl”键，减选快捷键为“Alt”键。

⑭ 在“时间线”面板中将时间滑块拖拽至影片起始位置，按“Ctrl”键选择“底层”、“中层”、“顶层”并单击其位置项前的码表图标，为“底层”、“中层”、“顶层”添加起始关键帧，如图5-173所示。

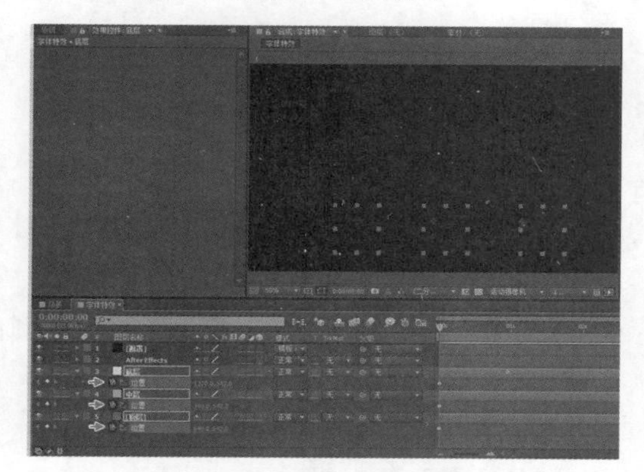

图5-173 设置起始关键帧

⑮ 在“时间线”面板中将时间滑块拖拽至影片第11帧位置，设置“底层”位置值为X轴1270、Y轴359，“中层”位置值为X轴940、Y轴359，“顶层”位置值为X轴640、Y轴359，如图5-174所示。

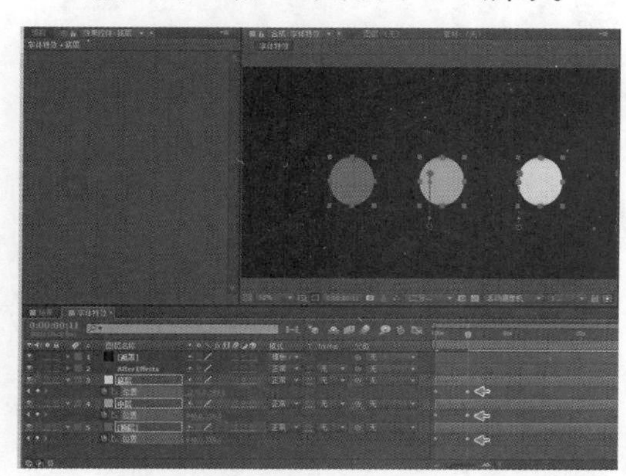

图5-174 位置动画设置

⑯ 在“时间线”面板中选择“中层”已设置的位置关键帧并向右侧拖拽，使“中层”的起始关键帧对齐“底层”的结束关键帧，如图5-175所示。

⑰ 在“时间线”面板中选择“底层”已设置的位置关键帧并向右侧拖拽，使“底层”的起始关键帧对齐“中层”的结束关键帧，如图5-176所示。

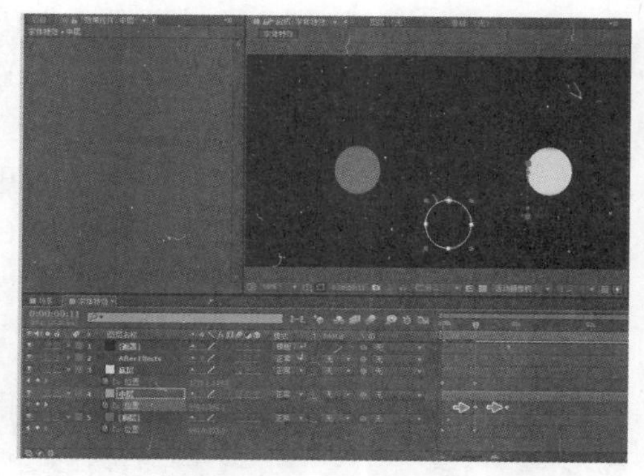

图5-175 调整关键帧

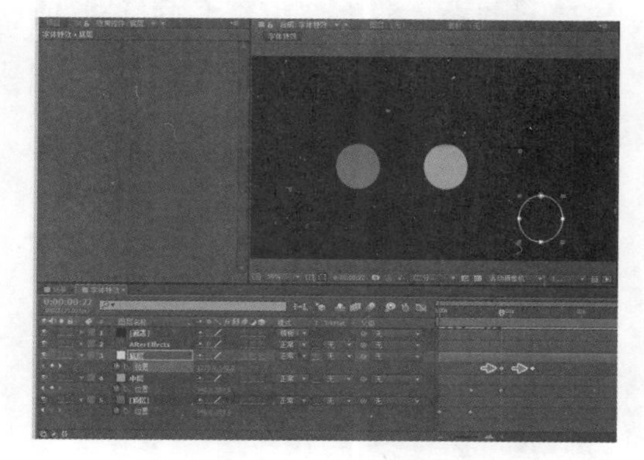

图5-176 调整关键帧

⑱ 在“时间线”面板中将时间滑块拖拽至影片第1秒22帧位置，按“Ctrl”键选择“After Effects”、“中层”、“底层”及“顶层”并单击层前的菱形为其添加关键帧，设置“底层”位置值为X轴1270、Y轴359，使“底层”、“中层”、“顶层”处于同一水平线上，如图5-177所示。

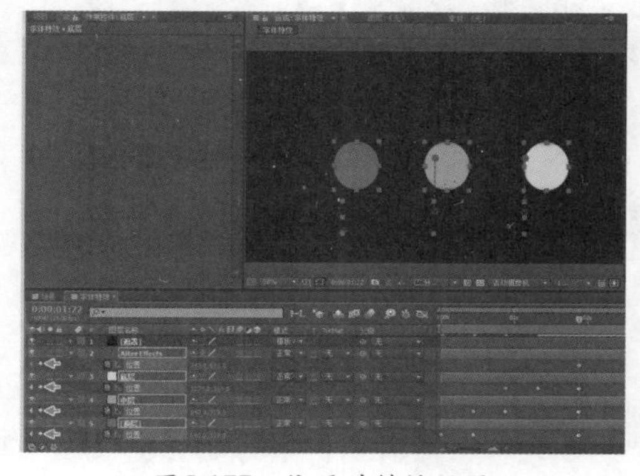

图5-177 位置关键帧设置

19 在“时间线”面板中将时间滑块拖拽至影片第 2 秒 12 帧位置，设置“After Effects”层位置值为 X 轴 340、Y 轴 428，“底层”位置值为 X 轴 1270、Y 轴 177，“中层”位置值为 X 轴 940、Y 轴 177，“顶层”位置值为 X 轴 640、Y 轴 177，完成位置结束帧的设置，如图 5-178 所示。

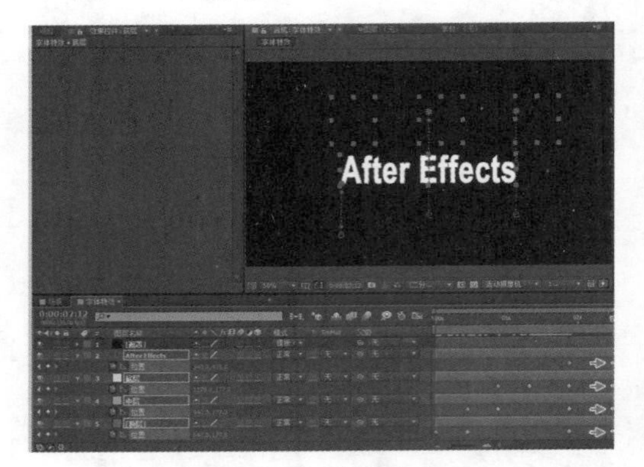

图5-178　记录位置动画

5.9.3　最终合成

01 切换至“场景”时间线中，然后在“项目”面板中将“字体特效”合成文件拖拽至“时间线”面板中，再开启“字体特效”层的3D图层项，如图5-179所示。

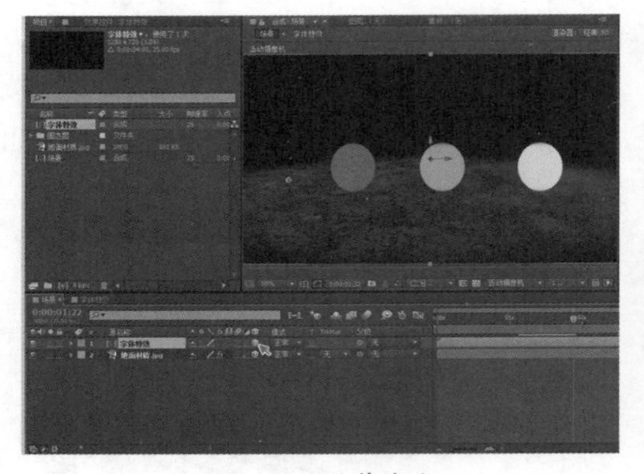

图5-179　拖拽合成

02 在“时间线”面板中选择“字体特效”层，然后在菜单中选择【编辑】→【重复】命令项，准备复制字体层，如图5-180所示。

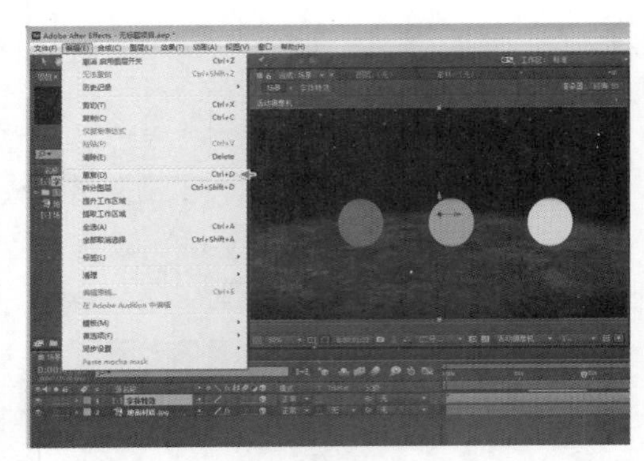

图5-180　重复命令项

03 在“时间线”面板中将复制的“字体特效2”层重命名为“反射”层，然后展开其变换选项并设置位置值为X轴640、Y轴615、Z轴0，方向值为X轴180、Y轴0、Z轴0，如图5-181所示。

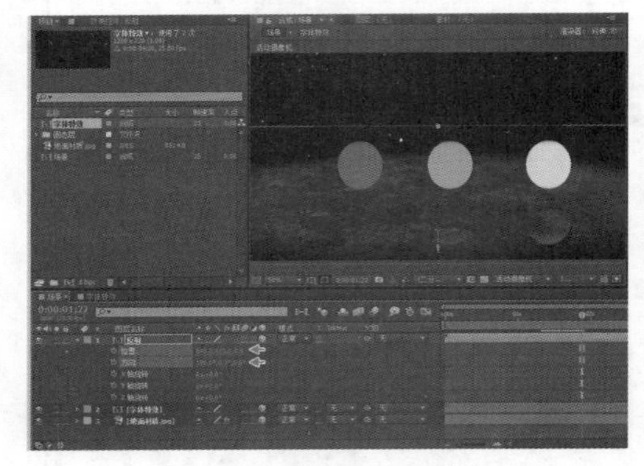

图5-181　图层设置

04 在“时间线”面板中选择“反射”层，然后在菜单中选择【效果】→【模糊和锐化】→【快速模糊】命令项，准备为反射层添加模糊特效，如图5-182所示。

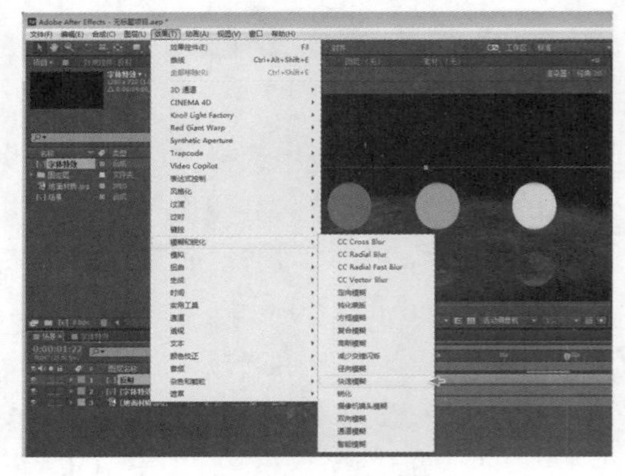

图5-182　快速模糊

05 在“效果”面板中设置“快速模糊”特效的模糊度值为15，然后在“时间线”面板中选择“反射”层并配合“T”键展开其不透明度选项，再更改不透明度值为35，如图5-183所示。

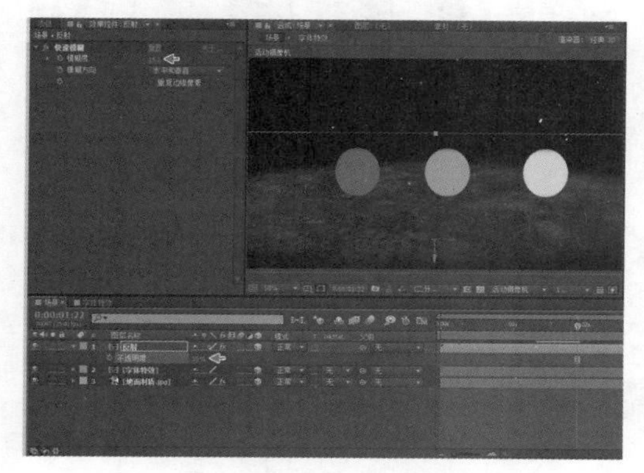

图5-183 设置快速模糊

06 在菜单中选择【图层】→【新建】→【调整图层】命令项，准备新建调整层，如图5-184所示。

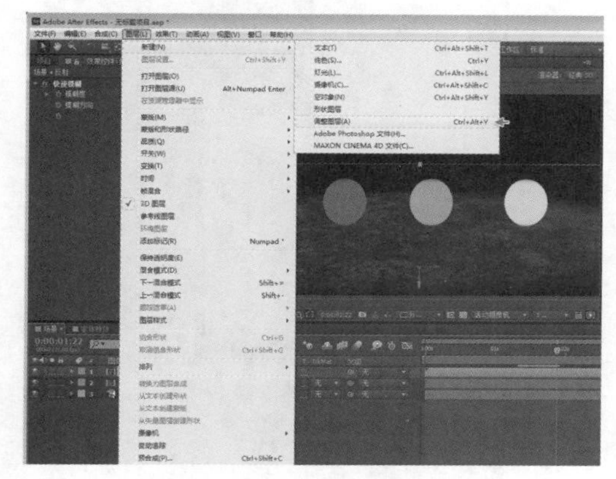

图5-184 新建调整图层

07 在“时间线”面板中将“调整图层1”层拖拽至“反射”层下方，开启“调整图层1”层的3D图层选项，再展开“调整图层1”层的变换选项，设置方向值为X轴280、Y轴0、Z轴0，如图5-185所示。

08 在“时间线”面板中选择“字体特效”层，然后在菜单中选择【编辑】→【重复】命令项，准备复制字体层，如图5-186所示。

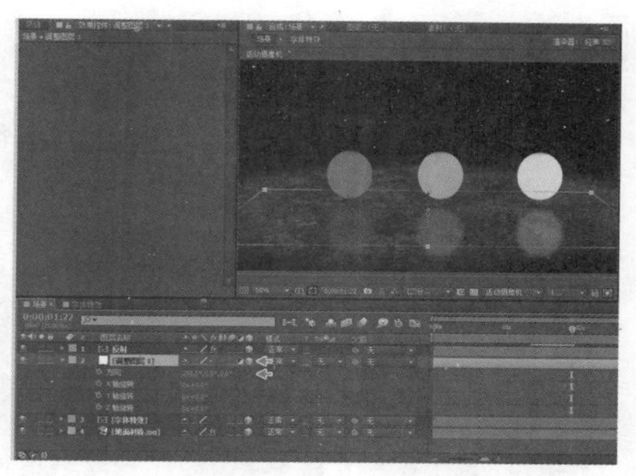

图5-185 调整图层设置

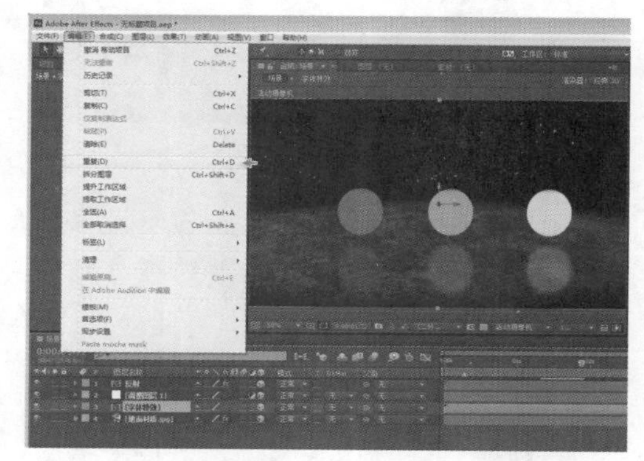

图5-186 重复命令项

09 在“时间线”面板中将复制的“字体特效2”图层重命名为“反光”，再开启层前的选项以便编辑；单击“反光”层后，在工具栏中选择矩形工具，在“合成”窗口中绘制矩形蒙版，在“时间线”面板中展开“蒙版1”选项，再设置蒙版羽化值为30，如图5-187所示。

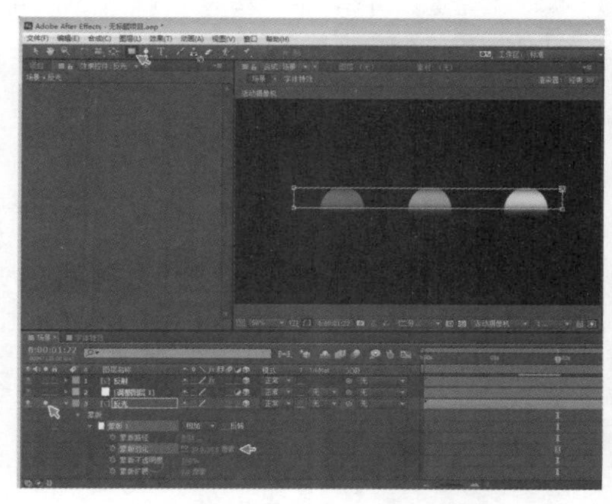

图5-187 添加遮罩

⑩ 在“时间线”面板中选择“反光”层然后展开其变换选项，设置位置值为X轴640、Y轴475、Z轴5，方向值为X轴280、Y轴0、Z轴0，如图5-188所示。

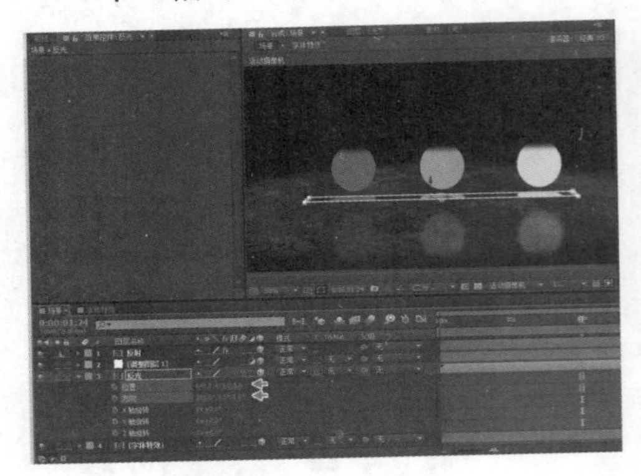

图5-188 位置设置

⑪ 在“时间线”面板中选择“反光”层，然后在菜单中选择【效果】→【颜色校正】→【曲线】命令项，准备为反光层添加曲线效果，如图5-189所示。

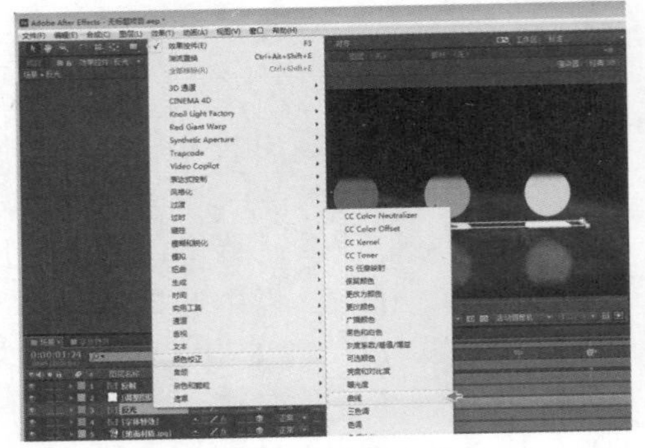

图5-189 选择曲线

⑫ 在“效果”面板中设置“曲线”特效的“RGB”通道曲线，如图5-190所示。

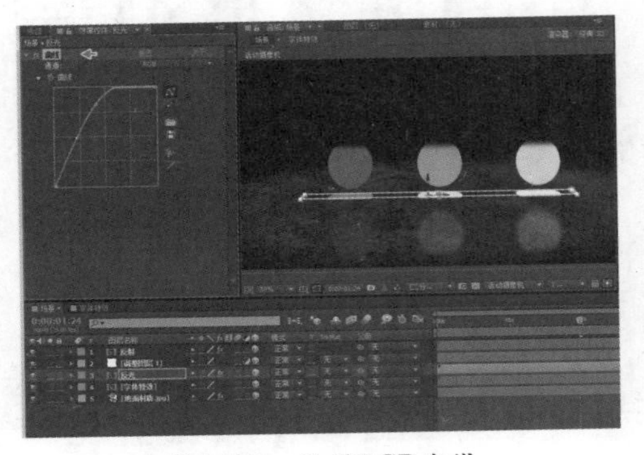

图5-190 设置RGB曲线

⑬ 在“效果”面板中设置“曲线”特效的“Alpha”通道曲线，如图5-191所示。

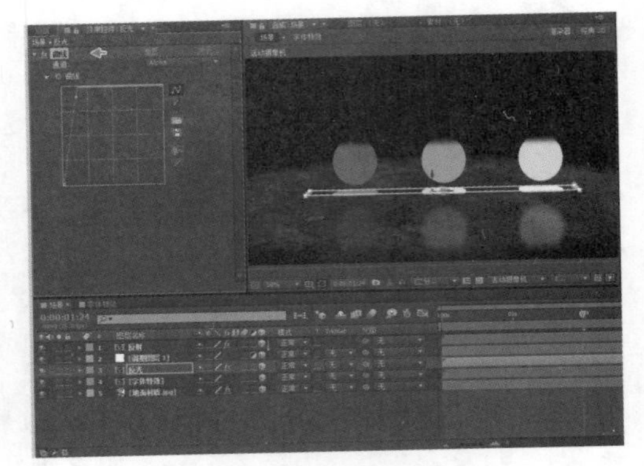

图5-191 设置Alpha曲线

⑭ 在“时间线”面板中选择“反光”层，然后在菜单中选择【效果】→【模糊和锐化】→【快速模糊】命令项，准备为反光层添加模糊效果，如图5-192所示。

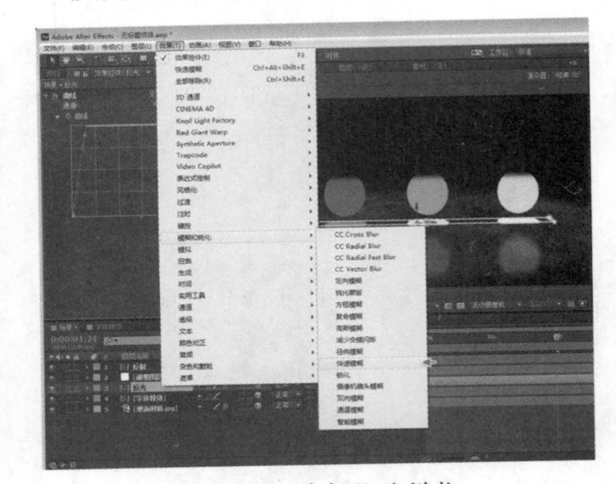

图5-192 选择快速模糊

⑮ 在“效果”面板中设置“快速模糊”特效的模糊度值为45，如图5-193所示。

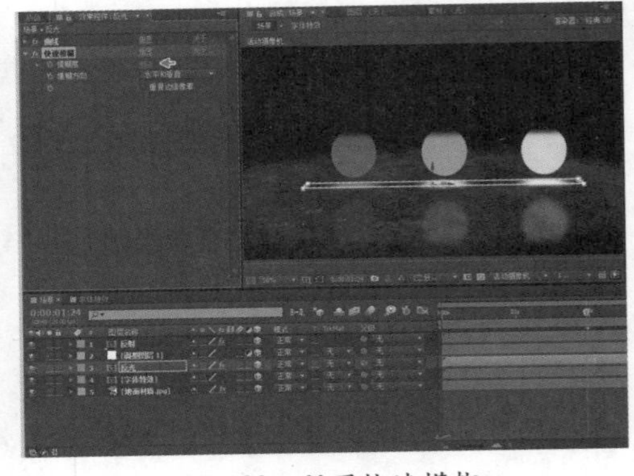

图5-193 设置快速模糊

⑯ 在“时间线”面板中选择“反光”层，然后在菜单中选择【编辑】→【重复】命令项，准备复制反光层，如图5-194所示。

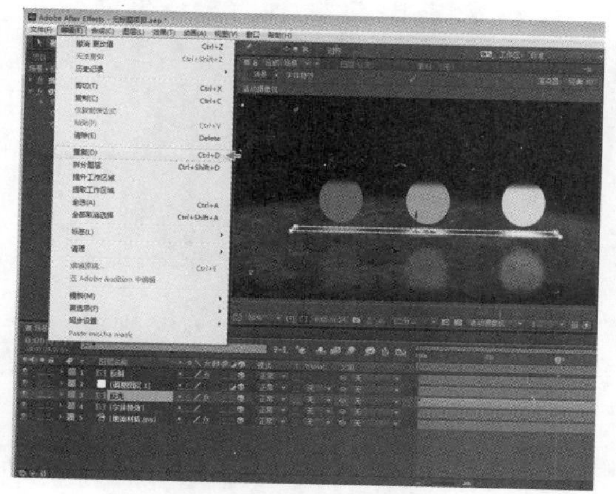

图5-194　重复命令项

⑰ 在“时间线”面板中将复制的“反光2”层重命名为“反光扩展”，然后在菜单中选择【效果】→【风格化】→【发光】命令项，准备为反光扩展层添加发光效果，如图5-195所示。

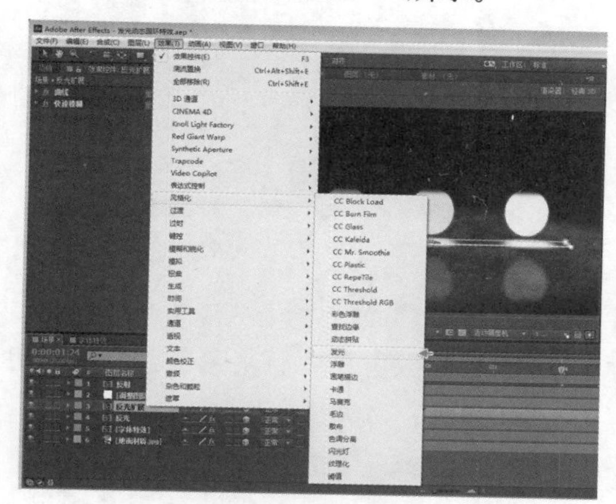

图5-195　发光特效

⑱ 在“效果”面板中设置“发光”特效的发光阈值为40，切换至“时间线”面板选择“反光扩展”层，结合“S”键展开其缩放项并设置值为105，如图5-196所示。

⑲ 在“时间线”面板中选择“字体特效”层，然后在菜单中选择【效果】→【风格化】→【发光】命令项，准备为字体特效层添加发光效果，如图5-197所示。

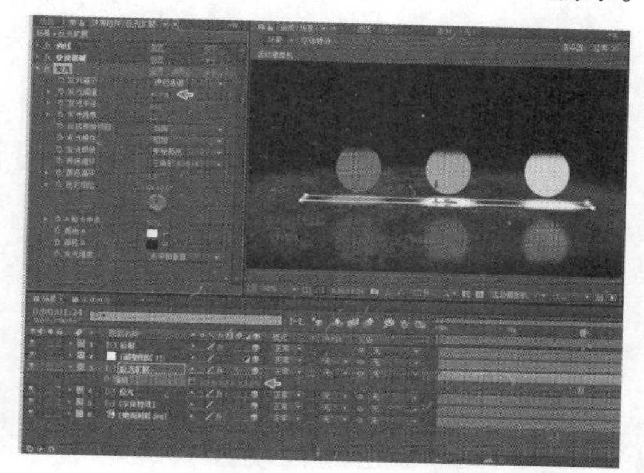

图5-196　设置发光特效

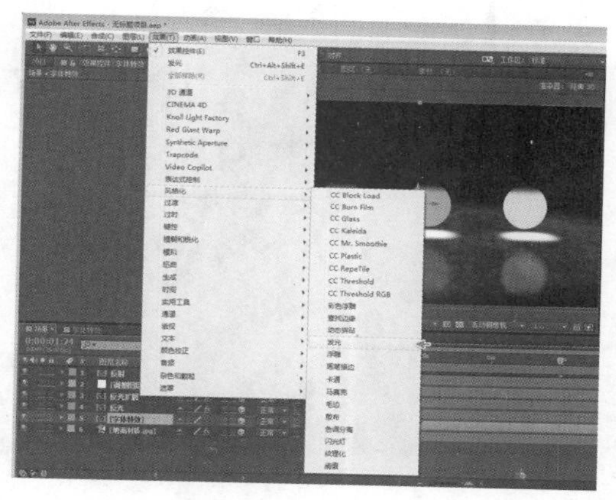

图5-197　发光特效

⑳ 在“效果”面板中设置“发光”特效的发光阈值为40，如图5-198所示。

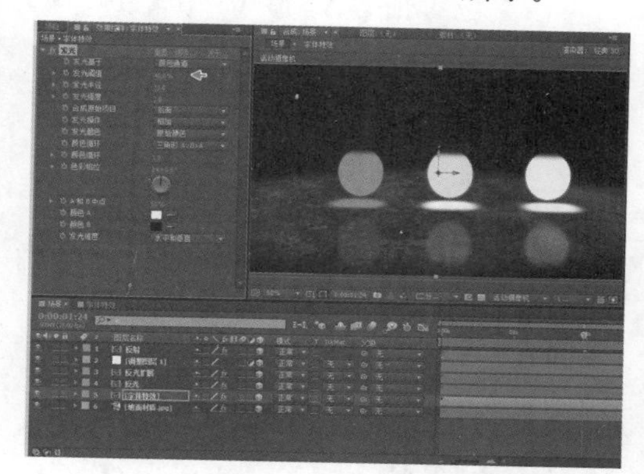

图5-198　设置发光特效

㉑ 在菜单中选择【图层】→【新建】→【摄像机】命令项，准备新建摄像机，如图5-199所示。

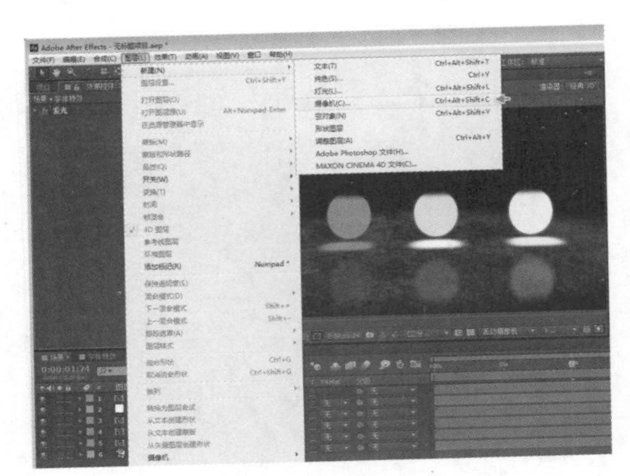

图5-199 新建摄像机

22 在弹出的“摄像机设置”对话框中设置预设为“24毫米”类型，如图5-200所示。

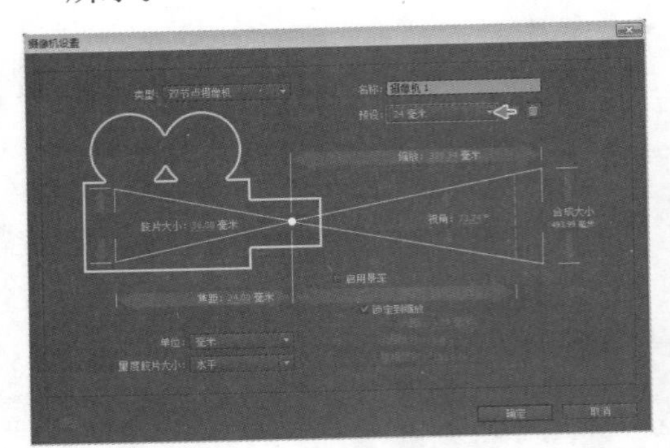

图5-200 摄像机设置

23 在“时间线”面板中选择“摄像机1”层，然后按“P”键展开其位置选项，再设置位置值为X轴590、Y轴40、Z轴－700，如图5-201所示。

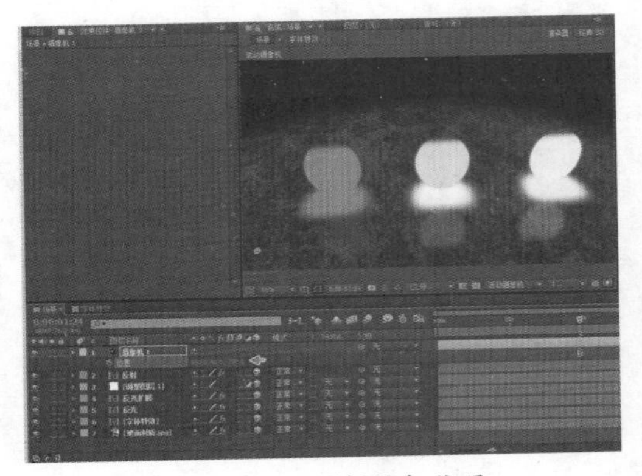

图5-201 设置摄像机位置

24 按“Ctrl+Y”键新建纯色层，然后在弹出的“纯色设置”对话框中设置名称为“背景”、大小为1280×720像素、颜色为黑色，如图5-202所示。

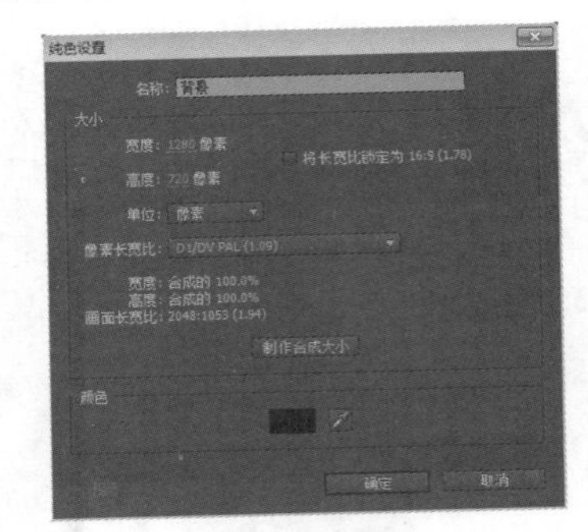

图5-202 纯色设置

25 在“时间线”面板中选择“背景”层，然后在菜单中选择【效果】→【生成】→【梯度渐变】命令项，准备为背景层添加梯度渐变效果，如图5-203所示。

图5-203 梯度渐变

26 在“效果”面板中设置“梯度渐变”特效的起始颜色为“深灰色”、结束颜色为“白色”，如图5-204所示。

图5-204 设置梯度渐变

㉗ 在“时间线”面板中选择“摄像机1”层，然后按“P”键展开其位置选项，再按住“Alt”键以鼠标“左”键单击位置项前的码表图标，在表达式输入框中输入“wiggle(.5,80)”，如图5-205所示。

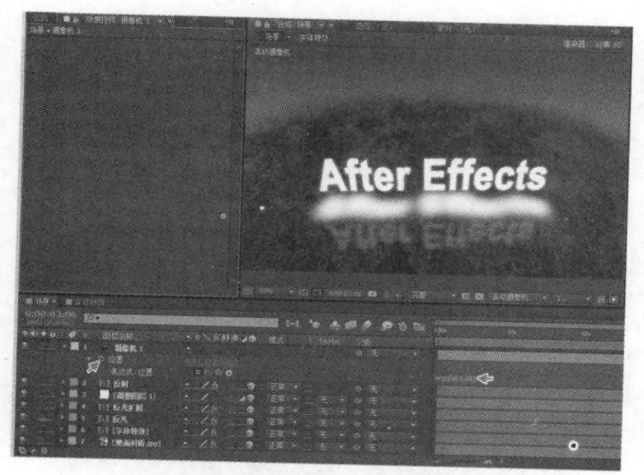

图5-205 添加表达式

㉘ 在“时间线”面板中选择“摄像机1”层，然后展开其“摄像机选项”卷展栏，再开启“景深”项并设置焦距值为750像素、光圈值为100像素、模糊层次值为150，如图5-206所示。

㉙ 按键盘数字输入区域的“0”键预览合成的最终效果，如图5-207所示。

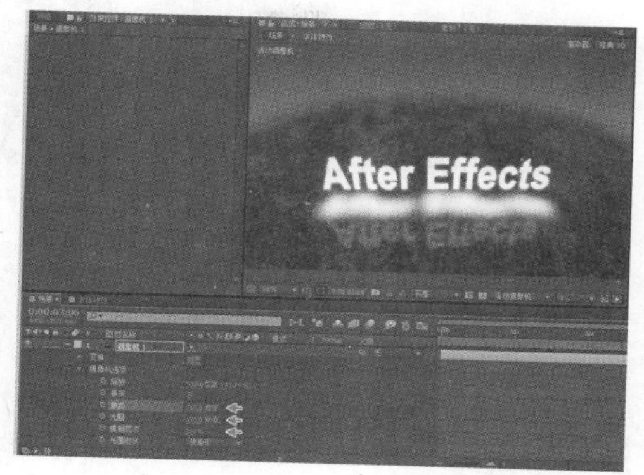

图5-206 摄影机设置

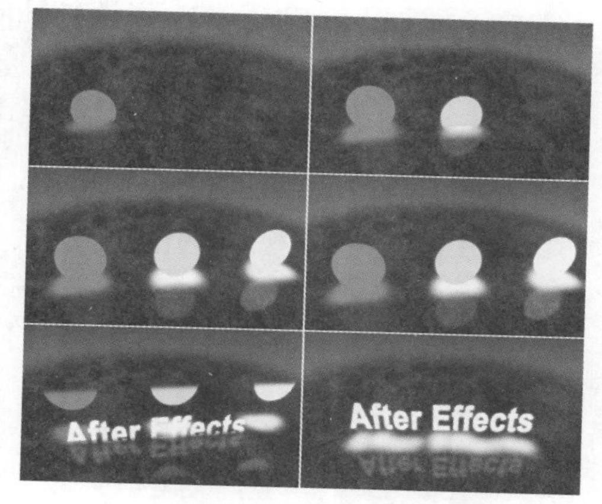

图5-207 最终效果

5.10 实例——运动星球

素材文件	配套光盘→范例文件→ Chapter5→玻璃3/模糊图片	难易程度	★★★☆☆
重要程度	★★★☆☆	实例重点	重点掌握图层间的叠加设置

在制作“运动星球”实例时，先对星球动画进行设置，然后通过叠加、复制、缩放与添加摄像机进行跟踪运动处理，使星球产生旋转运动，如图5-208所示。

“运动星球”实例的制作流程主要分为3部分，包括①星球特效制作；②设置背景特效；③星球运动设置，如图5-209所示。

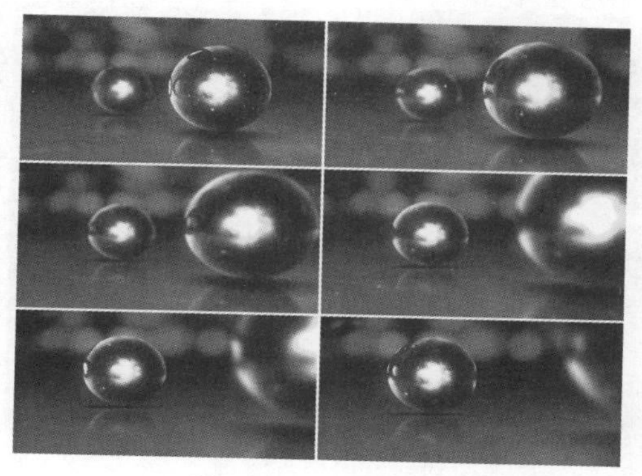
图5-208 实例效果

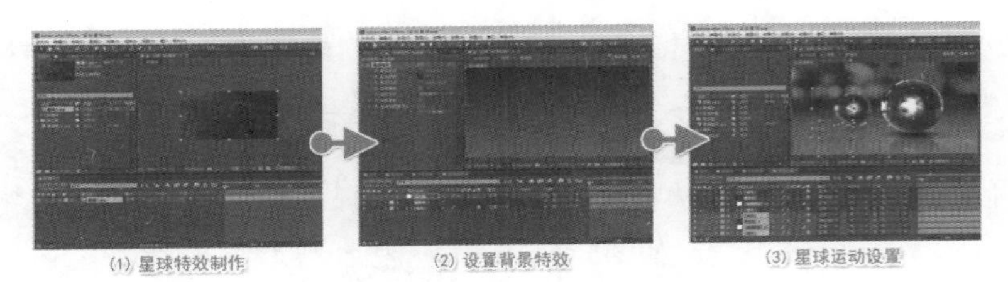

图5-209　制作流程

5.10.1 星球特效制作

01 双击桌面上的After Effects CC快捷图标启动软件，然后在"项目"面板的空白位置双击鼠标"左"键，选择本书配套光盘中的"玻璃3"、"模糊图片"图像素材进行导入，作为影片合成的背景，如图5-210所示。

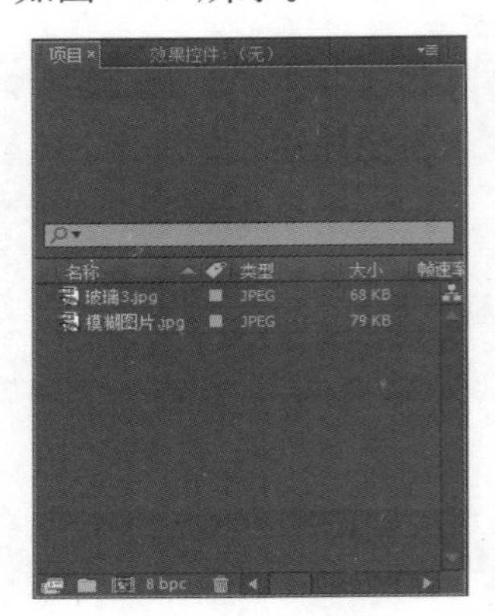

图5-210　添加素材

02 在菜单中选择【合成】→【新建合成】命令项，准备新建合成设置，如图5-211所示。

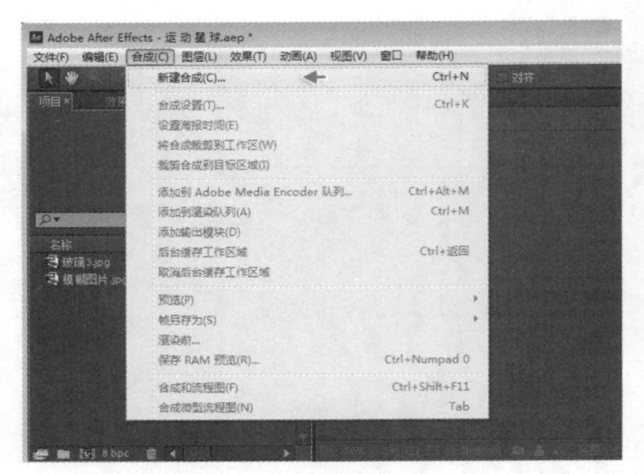

图5-211　新建合成

03 在弹出的"合成设置"对话框中设置合成名称为"玻璃球"、预设为HDV/HDTV 720 25小高清类型、帧速率为25帧/秒、持续时间为10秒及背景颜色为黑色，如图5-212所示。

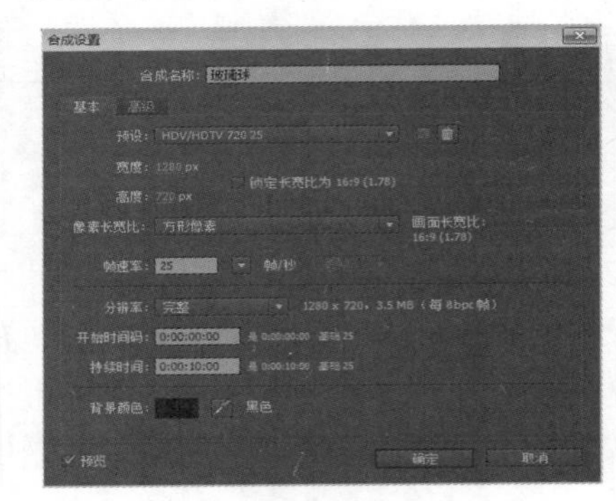

图5-212　合成设置

04 在"项目"面板中选择"玻璃3"图像素材，然后将此素材拖拽至"时间线"面板中，并按"Ctrl+Alt+F"键匹配合成画面尺寸，作为合成影片的背景素材，如图5-213所示。

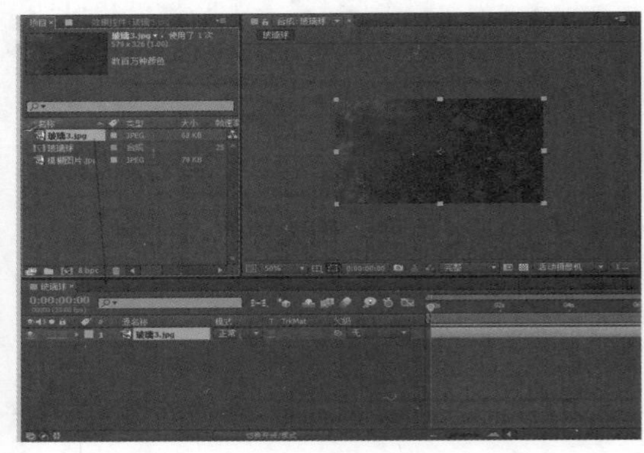

图5-213　添加素材

05 在"时间线"面板中选择"玻璃片3"素材层，然后在菜单中选择【效果】→

【扭曲】→【极坐标】命令项，准备为素材层添加扭曲效果，如图5-214所示。

专家课堂

“极坐标”滤镜特效是将图像的直角坐标转化为极坐标，从而产生扭曲效果。

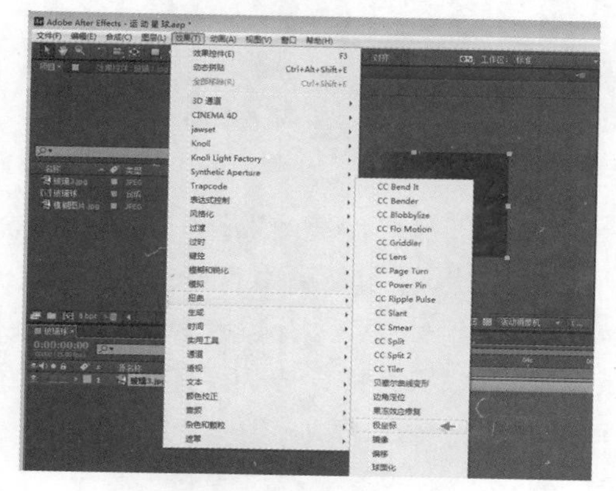

图5-214 添加极坐标效果

06 在“效果”面板中设置“极坐标”效果滤镜的插值为100，使其产生极度扭曲变形，在“合成”窗口中预览“玻璃3”素材的变化，如图5-215所示。

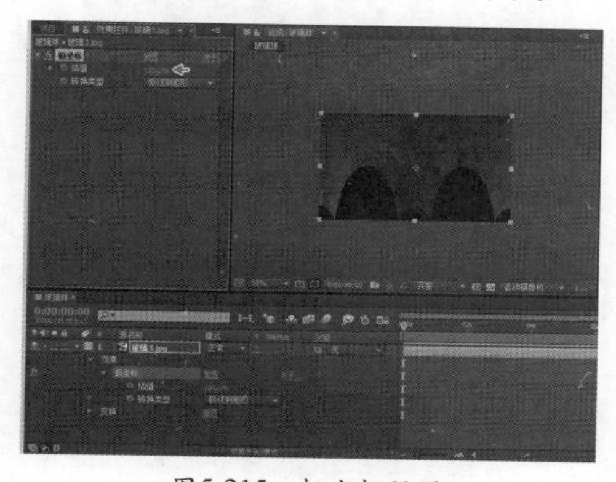

图5-215 极坐标设置

专家课堂

“插值”项百分比数值可以设置扭曲的程度。设置不同的数值，图像将以指定的变换类型扭曲图像，数值越大扭曲程度越大。

07 在“时间线”面板中选择“玻璃3”素材层，然后按“Ctrl+D”键复制图层，准备进行反转合成素材，如图5-216所示。

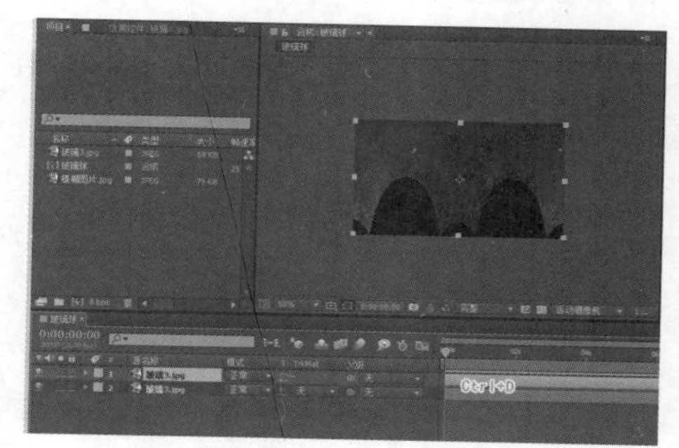

图5-216 复制素材层

08 在“时间线”面板中选择顶层“玻璃3”素材并展开“变换”项，然后设置位置选项值为X轴289.5、Y轴130，再设置缩放选项值为X轴－100、Y轴140，使素材产生反转并向上位移，如图5-217所示。

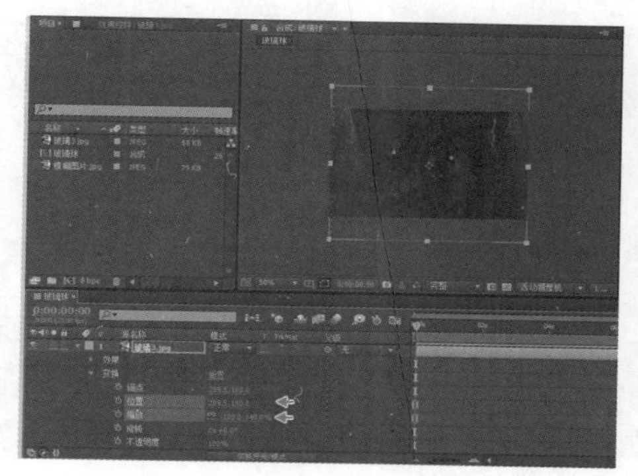

图5-217 反转素材

09 在“时间线”面板中选择顶层“玻璃3”素材，然后在菜单中选择【效果】→【过渡】→【线性擦除】命令项，准备调节素材效果，如图5-218所示。

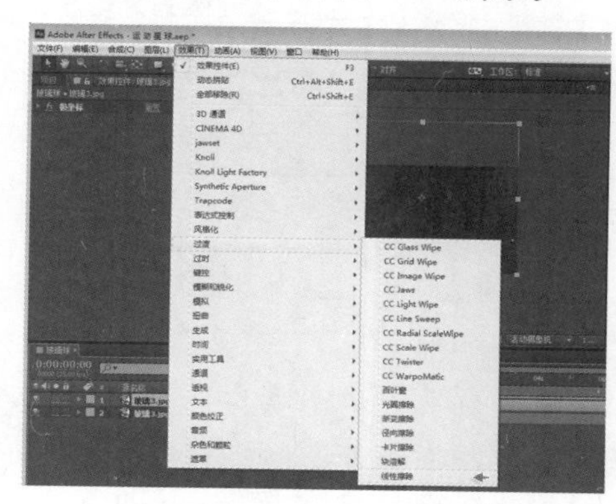

图5-218 添加线性擦除效果

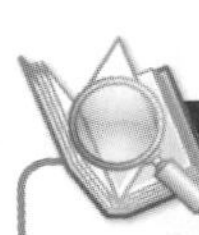

专家课堂

“线性擦除”滤镜特效是以一条直线为界线进行切换，产生线性擦拭的效果。

10 在“效果”面板中设置“线性擦除”效果滤镜的过渡完成值为55、羽化值为20，在“合成”窗口中就会出现素材融合在一起的效果，完成影片基础合成制作，如图5-219所示。

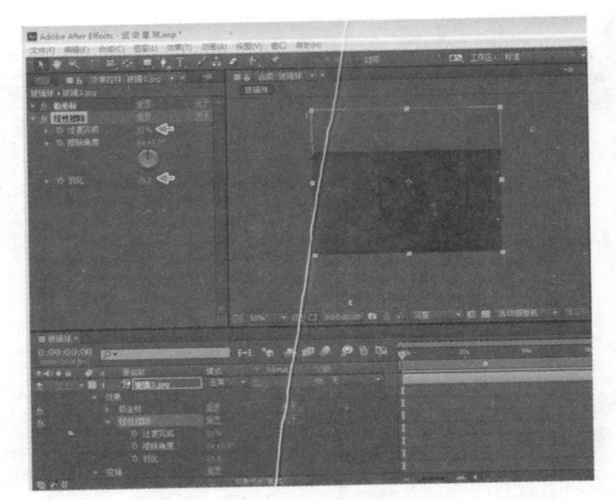

图5-219 线性擦除设置

11 在菜单中选择【合成】→【新建合成】命令项，然后在弹出的“合成设置”对话框中设置合成名称为“球壳”、预设为HDV/HDTV 720 25小高清类型、帧速率为25帧/秒、持续时间为10秒及背景颜色为黑色，如图5-220所示。

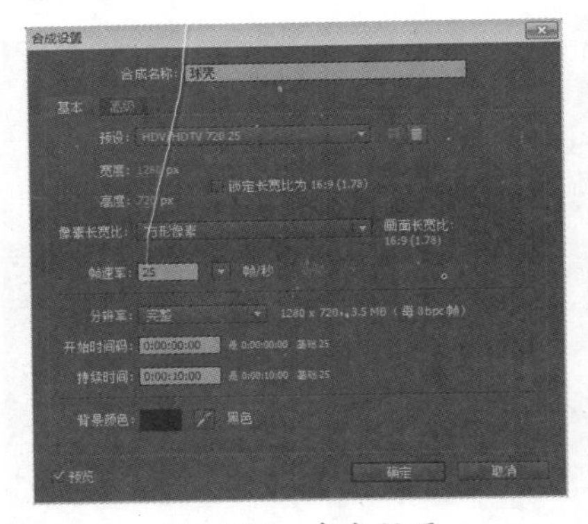

图5-220 合成设置

12 在“项目”面板中选择“玻璃球”合成文件并拖拽至“时间线”面板中，再按“Ctrl+Alt+F”键匹配当前的合成画面，将其作为合成星球的素材，如图5-221所示。

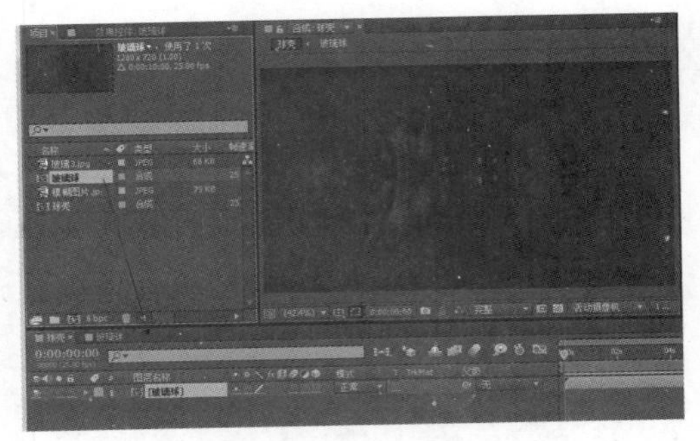

图5-221 添加素材

13 在“时间线”面板中选择“玻璃球”合成层，然后在菜单中选择【效果】→【透视】→【CC Sphere】命令项，使“玻璃球”合成层成为球体显示在画面中，如图5-222所示。

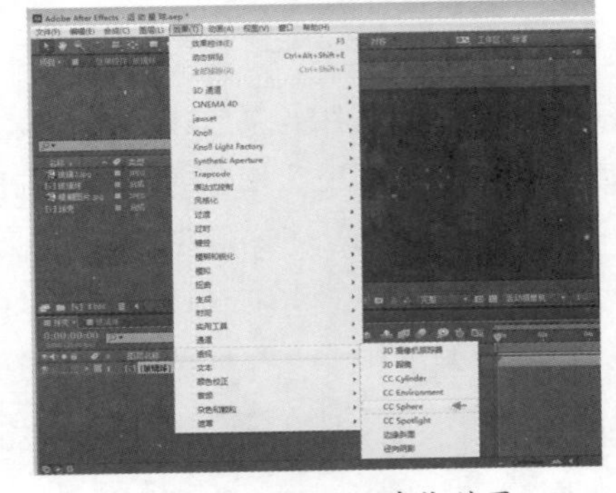

图5-222 添加CC球体效果

专家课堂

透视项目中的CC Sphere（球体）滤镜可以使图像素材模拟三维球体。

14 在“效果”面板中设置“CC Spere”效果滤镜的Ambient（环境）值为100、Diffuse（扩散）值为0，然后在“合成”窗口预览产生球体的效果，丰富球体内部的质感，如图5-223所示。

15 在“时间线”面板中选择“玻璃球”合成层，然后按“S”键展开缩放选项，再设置缩放值为150，使球体放大，如图5-224所示。

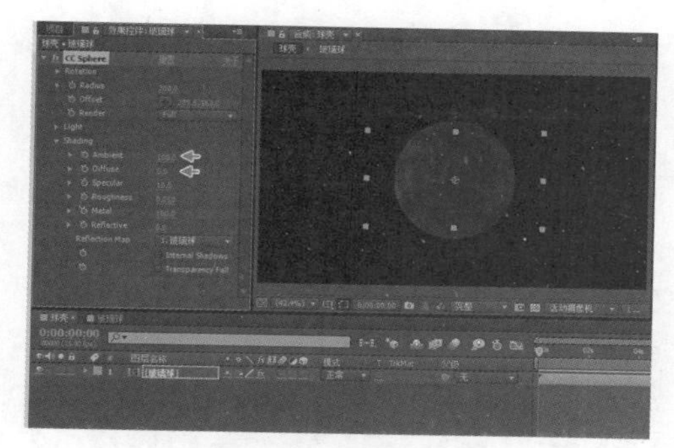

图5-223 CC球体设置

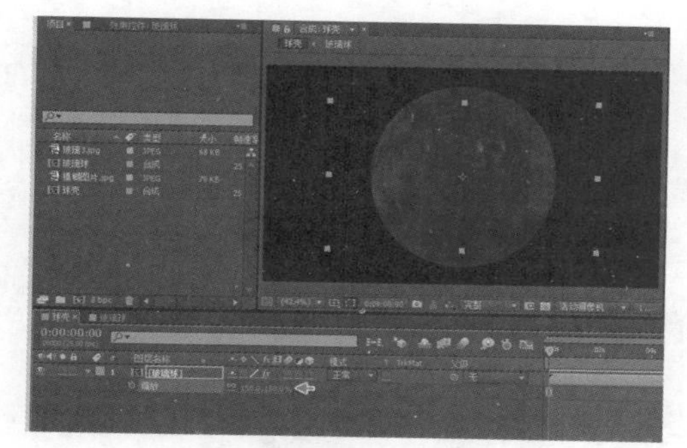

图5-224 缩放设置

16 在“时间线”面板中选择“玻璃球”合成层并展开“效果”设置，然后按“Alt”键再单击Rotation Y（Y轴旋转）项前的码表图标添加表达式，在“时间标尺”中输入“time*20”，使星球在画面中按顺时针旋转，如图5-225所示。

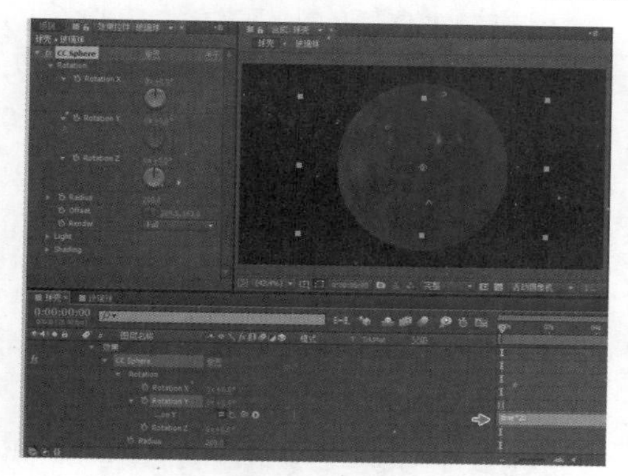

图5-225 旋转设置

专家课堂

当执行该语句时，After Effects CC的表达式会自动计算当前图层当前时间的旋转参数值，返回值会赋予表达式连接的参数值。

17 在“时间线”面板中选择“玻璃球”合成层，然后按“Ctrl+D”键复制一层，准备为星球制作反转运动，如图5-226所示。

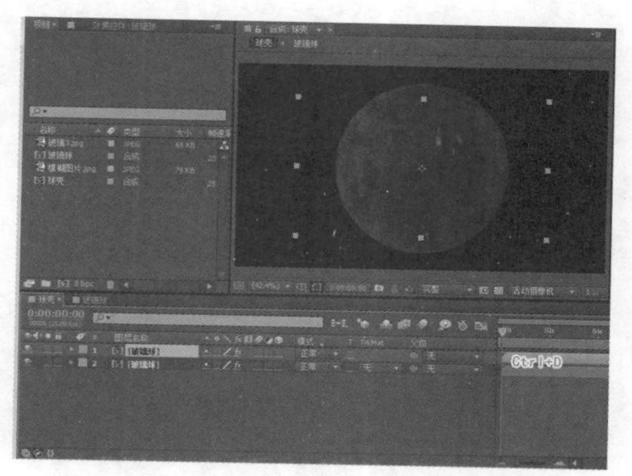

图5-226 复制合成层

18 在“时间线”面板中选择底层的“玻璃球”合成层，然后在“效果”面板中设置“CC Spere”效果滤镜Render（渲染）项为Inside（内部）方式，改变星球的渲染方式，如图5-227所示。

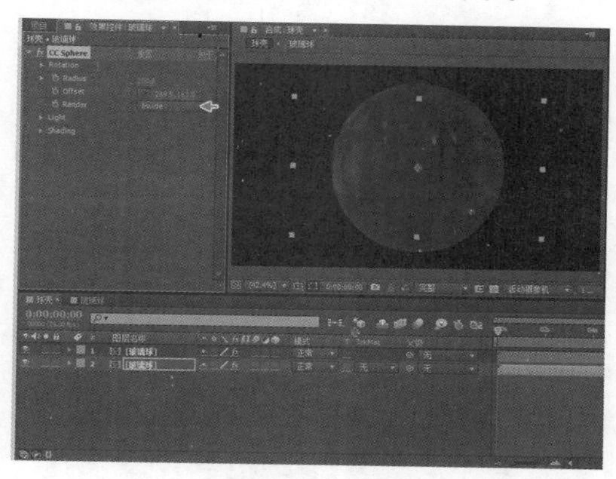

图5-227 渲染设置

19 在“时间线”面板中选择底层的“玻璃球”合成层，然后单击鼠标“右”键重命名为“玻璃球反转”，便于区别层信息，如图5-228所示。

20 在“时间线”面板中选择顶层的“玻璃球”合成层，然后在“效果”面板中设置“CC Spere”效果滤镜Render（渲染）项为Outside（外部）方式，改变星球的渲染效果，如图5-229所示。

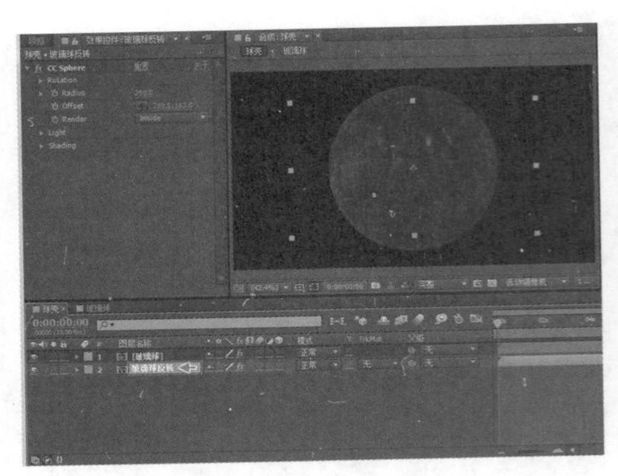

图5-228　重命名设置

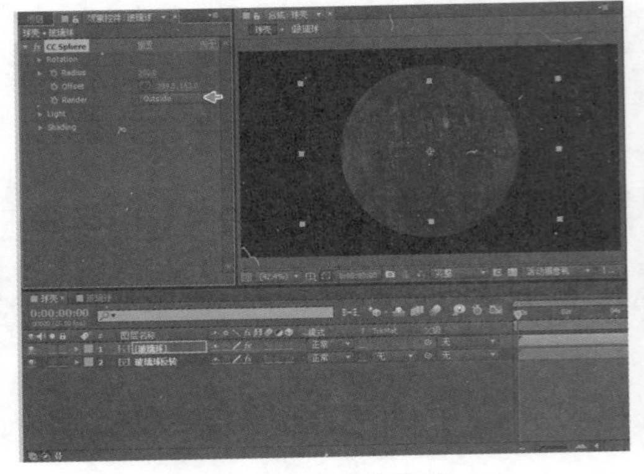

图5-229　渲染设置

21 在“时间线”面板中选择顶层的“玻璃球”合成层，然后单击鼠标“右”键重命名为“玻璃球正转”，如图5-230所示。

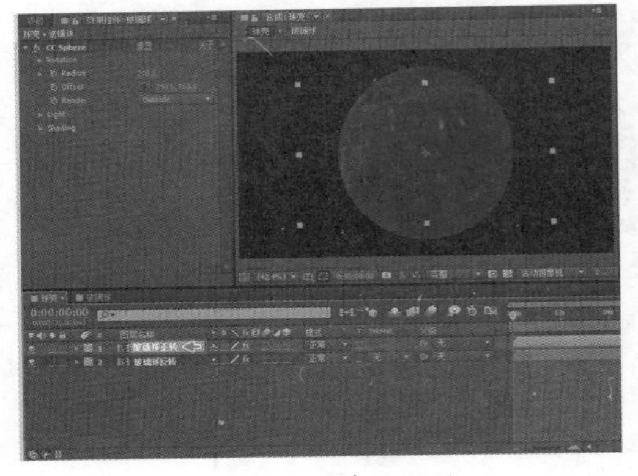

图5-230　重命名设置

22 在“时间线”面板中选择“玻璃球正转”和“玻璃球反转”两个合成层，并在模式中都设置成“屏幕”的层叠加方式，使球体与背景融合在一起，完成星球真实效果的基础设置，如图5-231所示。

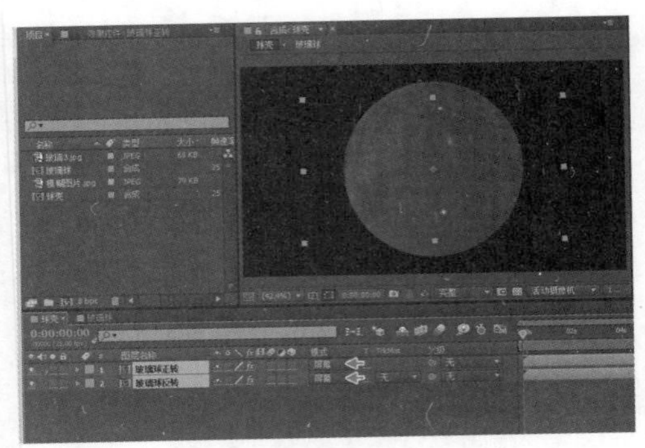

图5-231　设置层叠加

23 在“预览”面板中单击▶播放/暂停按钮，然后在“合成”窗口中观察星球旋转的动画效果，如图5-232所示。

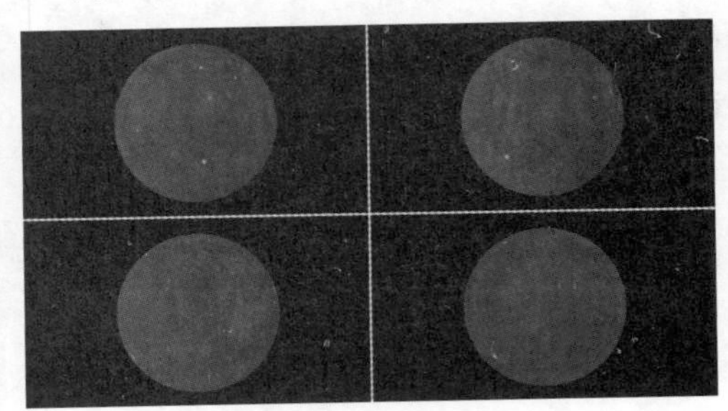

图5-232　预览效果

5.10.2　设置背景特效

01 在菜单中选择【合成】→【新建合成】命令项，建立新的合成文件。在弹出的“合成设置”对话框中设置合成名称为“反射倒影”、预设为HDV/HDTV 720 25小高清类型、帧速率为25帧/秒、持续时间为10秒及背景颜色为黑色，准备为星球制作背景特效，如图5-233所示。

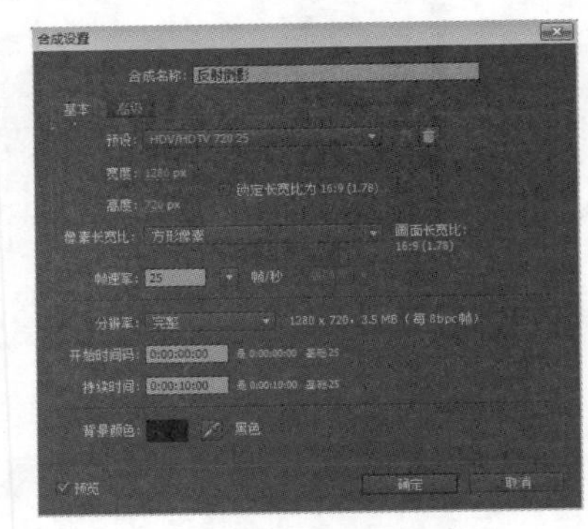

图5-233　合成设置

02 在“项目”面板中导入并选择本书配套光盘中的“模糊图片”素材，然后将此素材拖拽至“时间线”面板中，再按“Ctrl+Alt+F”键匹配画面，作为合成影片的背景素材，如图5-234所示。

图5-234 添加素材

03 在菜单中选择【图层】→【新建】→【调整图层】命令项，准备调节图片的模糊度，如图5-235所示。

图5-235 新建调整层

04 在“时间线”面板中选择“调整图层”，然后单击鼠标“右”键重命名为“偏移层”，方便对影片的效果进行控制，如图5-236所示。

图5-236 重命名设置

05 在“时间线”面板中选择“偏移层”，然后在菜单中选择【效果】→【扭曲】→【偏移】命令项，准备为影片素材设置效果，如图5-237所示。

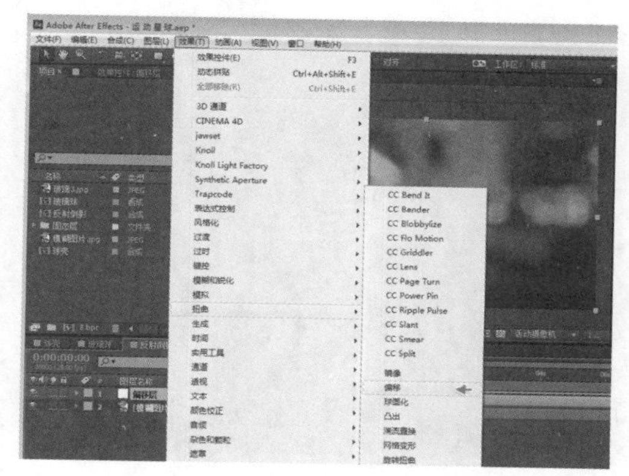

图5-237 添加偏移效果

专家课堂

“偏移”滤镜特效主要用于在图层画面的指定位置产生画面偏移效果。

06 在“效果”面板中设置“偏移”效果滤镜的“将重心转换为”项的值为X轴373、Y轴142.5，画面中就会看到素材的接缝，如图5-238所示。

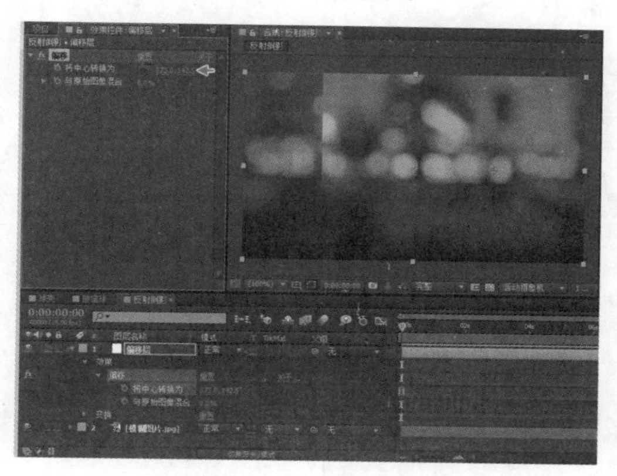

图5-238 偏移效果设置

专家课堂

“将重心转换为”项目主要控制与原始图像混合项的百分比数值，可以控制偏移的图像与原图像混合的程度。

07 在“时间线”面板中选择“模糊图片”素材层，然后按“Ctrl+D”键复制一层，准备调节素材的位置，如图5-239所示。

图5-239　复制图层

08 在“时间线”面板中选择顶层的“模糊图片”素材展开“变换”设置，然后设置描点项的值为X轴244、Y轴142.5，再选择底层的“模糊图片”素材，使用鼠标拖动素材至接缝位置，如图5-240所示。

图5-240　描点设置

09 在菜单中选择【图层】→【新建】→【调整图层】命令项，然后在“时间线”面板中选择并单击鼠标“右”键，再重命名为“模糊”，便于对影片的效果更加直观控制，如图5-241所示。

10 在“时间线”面板中选择“模糊”层，然后在菜单中选择【效果】→【模糊和锐化】→【快速模糊】命令项，准备为素材添加模糊效果，如图5-242所示。

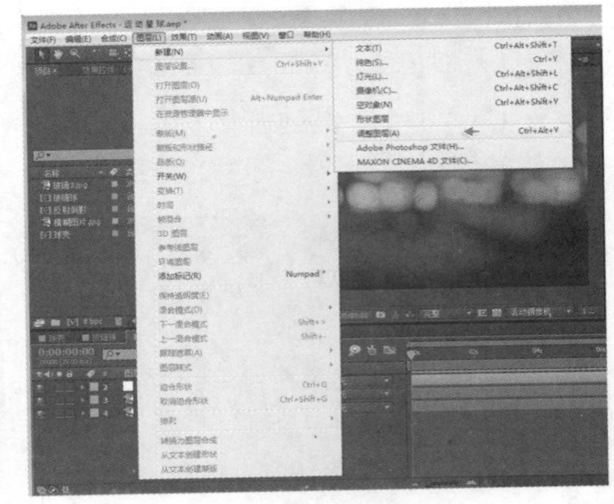

图5-241　新建调整层

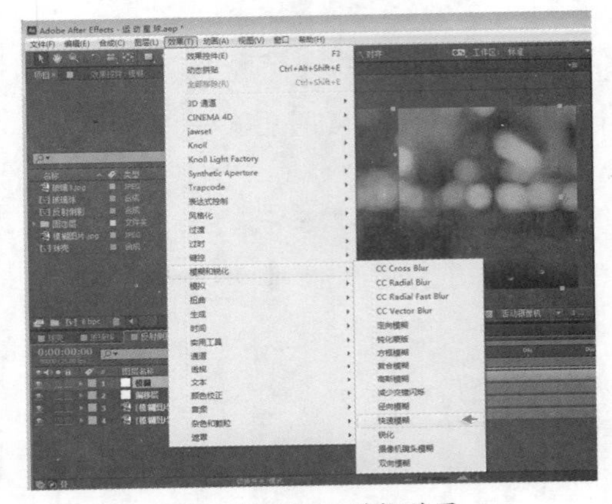

图5-242　添加模糊效果

11 在“效果”面板中设置“快速模糊”效果滤镜的模糊度值为10，再设置模糊方向为“水平”方式，素材的模糊将会产生横向模糊效果，如图5-243所示。

图5-243　快速模糊设置

12 在“时间线”面板中选择“模糊”层并在工具栏中选择▢矩形遮罩工具按钮，

然后在“合成”窗口的接缝位置绘画选区，再设置蒙版羽化值为10，使素材的接缝更加柔和，如图5-244所示。

图5-244 绘制遮罩选区

⑬ 在“时间线”面板中选择“模糊层”，然后拖拽至“偏移层”素材层的下面，使画面整体融合在一起，如图5-245所示。

图5-245 调节图层

专家课堂

“时间线”面板中素材的排列顺序将会直接影响合成效果。

⑭ 在“时间线”面板中选择“偏移层”并展开“偏移”设置，然后选择“将重心转换为”项目并开启码表图标按钮，在影片第0秒位置设置起始帧重心转换值为X轴500、Y轴142，在影片第9秒24帧位置设置结束帧重心转换值为X轴1200、Y轴143，使素材在画面中产生位置移动效果，如图5-246所示。

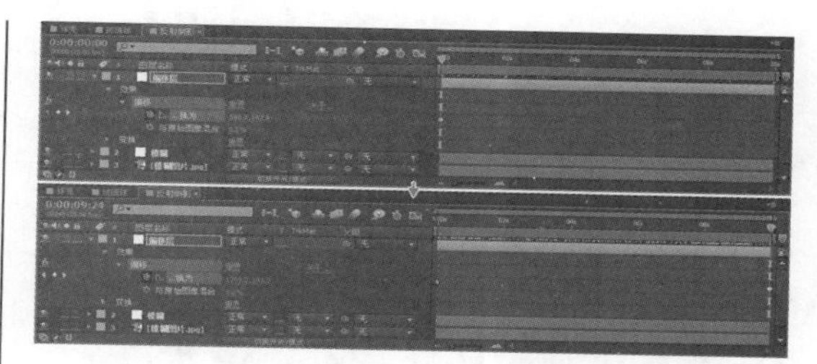

图5-246 动画帧设置

⑮ 在“预览”面板中单击播放/暂停按钮，然后在“合成”窗口中观察背景素材的动画效果，如图5-247所示。

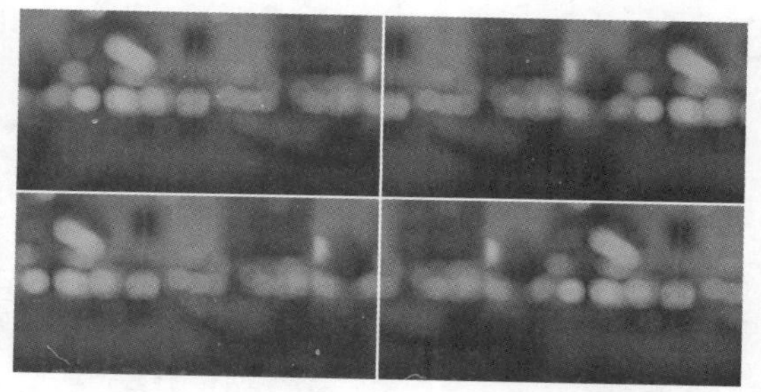

图5-247 预览效果

⑯ 切换至“球壳”合成项并在“项目”面板中选择“反射倒影”合成文件，然后将此合成拖拽至“时间线”面板放置在最顶层，再按“Ctrl+Alt+F”键匹配画面，作为合成球星的背景素材，如图5-248所示。

图5-248 添加合成

⑰ 在“时间线”面板中选择“反射倒影”合成并展开“变换”设置，然后设置缩放项的值为150，使素材缩放至影片的合适位置，如图5-249所示。

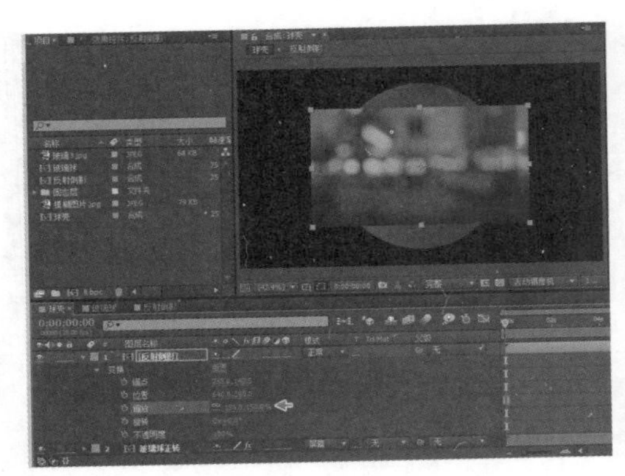

图5-249　缩放设置

18 在“时间线”面板中选择“反射倒影”合成，然后在菜单中选择【效果】→【透视】→【CC Sphere（球体）】命令项，准备将反射倒影转化为球体效果，如图5-250所示。

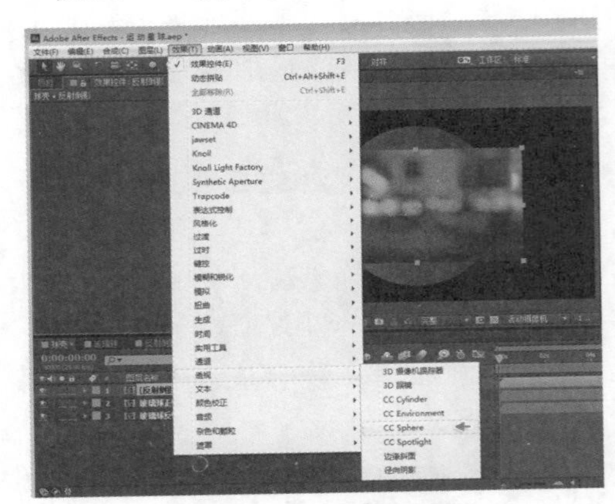

图5-250　添加球体效果

19 在“效果”面板中设置“CC Sphere”效果滤镜的Reflective（繁琐）值为100，在“合成”窗口中就会出现球体反射效果，如图5-251所示。

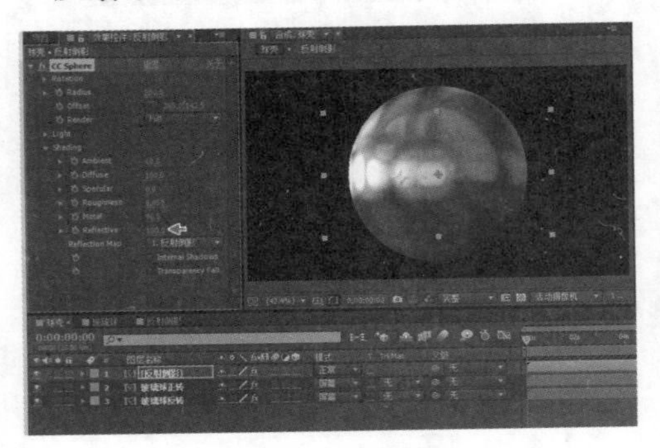

图5-251　反射设置

20 在菜单中选择【图层】→【新建】→【纯色】命令项，新建纯色层，在弹出的“纯色设置”对话框中设置名称为“发光”，大小为1280×720像素，再将纯色层的颜色设置为蓝灰色，如图5-252所示。

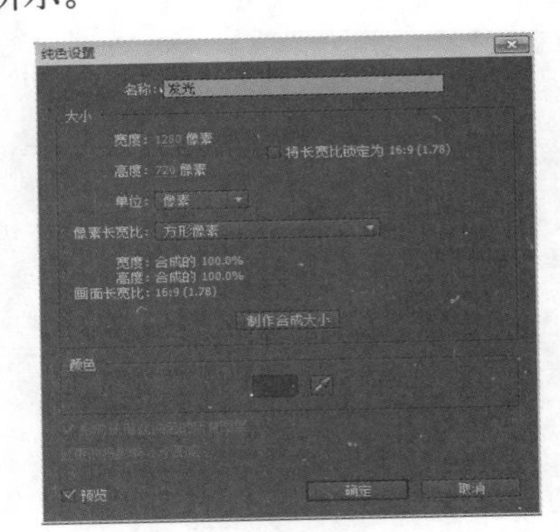

图5-252　纯色设置

21 在“时间线”面板中选择“发光”层，并在模式中设置为“相加”的层叠加方式，使发光层与背景融合在一起，如图5-253所示。

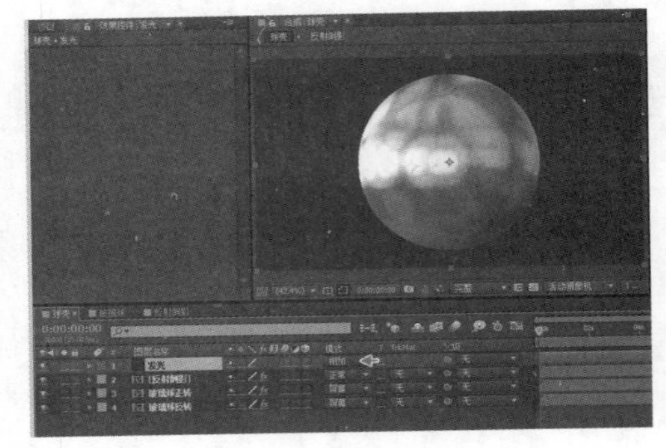

图5-253　设置层叠加

22 在“时间线”面板中选择“发光”层并关闭层显示项目功能，然后在工具栏中选择椭圆遮罩工具按钮，再按“Shift+Ctrl”键在画面中间位置建立遮罩，如图5-254所示。

专家课堂

关闭层显示项目可以更加直观地预览底层素材效果，便于绘制遮罩选区。

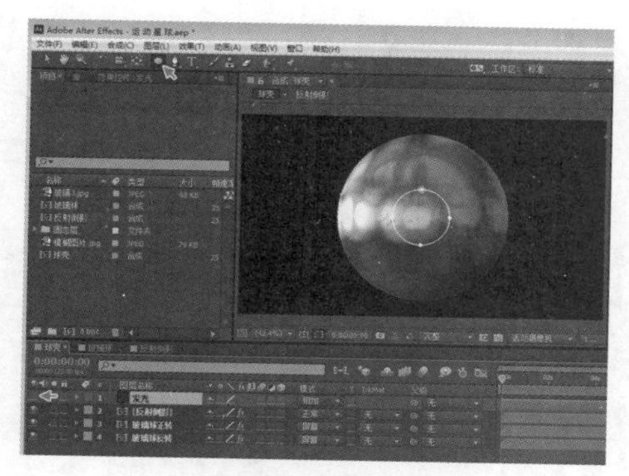
图5-254 绘制遮罩选区

23 在"时间线"面板中选择"发光"层开启层的显示并展开"蒙版"设置，再设置蒙版羽化项目的值为60，使遮罩边缘产生柔和过渡，与星球融合在一起，如图5-255所示。

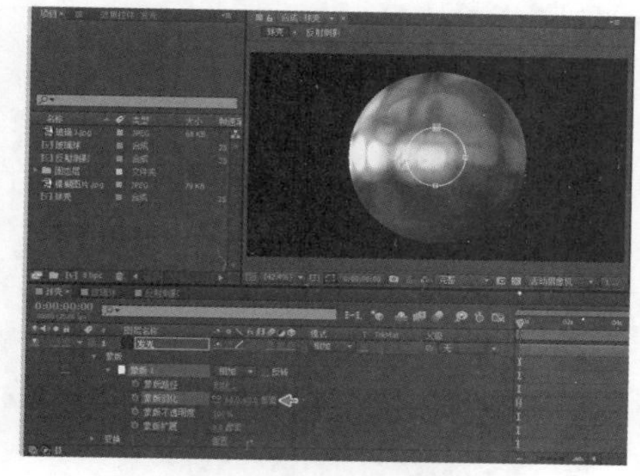
图5-255 羽化设置

24 在"时间线"面板中选择"发光"层，然后在菜单中选择【效果】→【杂色和颗粒】→【分形噪波】命令项，准备为星球添加颗粒效果，如图5-256所示。

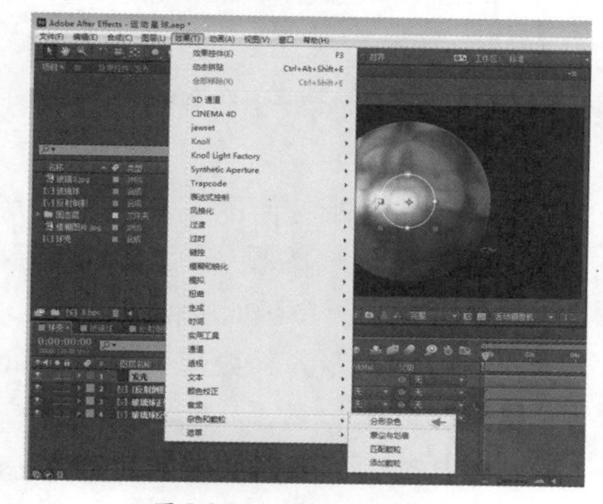
图5-256 添加噪波效果

专家课堂

"分形噪波"滤镜特效可以为影片增加分形噪波，用于创建一些复杂的物体及纹理效果。该滤镜可以模拟自然界真实的烟尘、云雾和流水等多种效果。

25 在"效果"面板中设置"分形噪波"效果滤镜的对比度值为280、亮度值为－8，在"合成"窗口中会显示出纹理的颗粒效果，如图5-257所示。

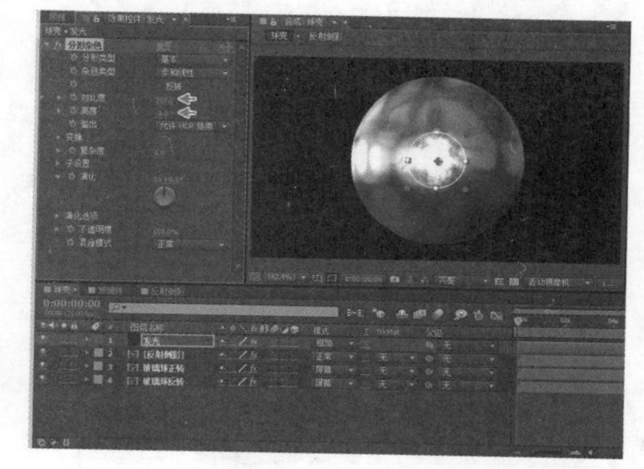
图5-257 分形噪波设置

26 在"时间线"面板中选择"发光"层，然后在菜单中选择【效果】→【颜色校正】→【曲线】命令项，准备调节发光层的亮度和色彩效果，如图5-258所示。

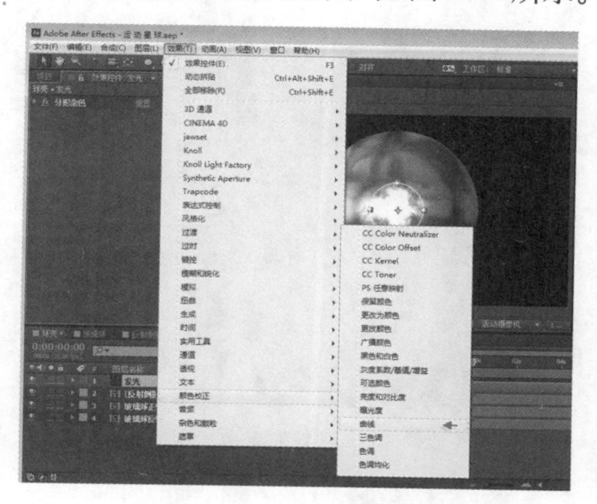
图5-258 添加曲线效果

27 在"效果"面板中展开"曲线"效果滤镜，然后分别调整红色曲线、绿色曲线和黄色曲线设置，使遮罩的颜色变亮，丰富星球的体积效果，如图5-259所示。

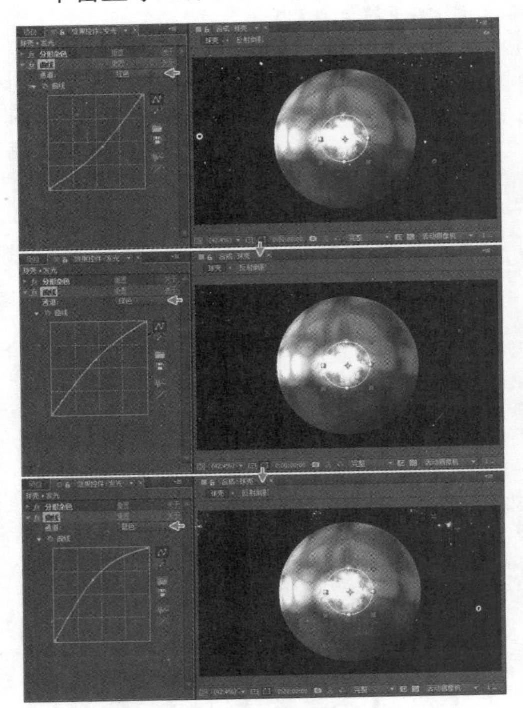

图5-259 曲线效果设置

28 在“时间线”面板中选择“发光”层，然后在菜单中选择【效果】→【风格化】→【发光】命令项，使发光层丰富球体的真实效果，如图5-260所示。

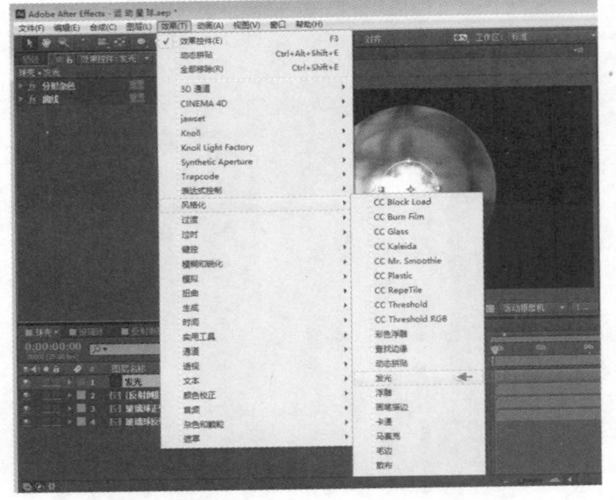

图5-260 添加发光效果

专家课堂

“光晕”滤镜特效通过搜索图像中的明亮部分，对其周围像素进行加亮处理，创建一个扩散的光晕效果。

29 在“效果”面板中设置“发光”效果滤镜的发光半径值为37，再设置发光强度值为0.7，在画面中便会显示出发光层的效果，如图5-261所示。

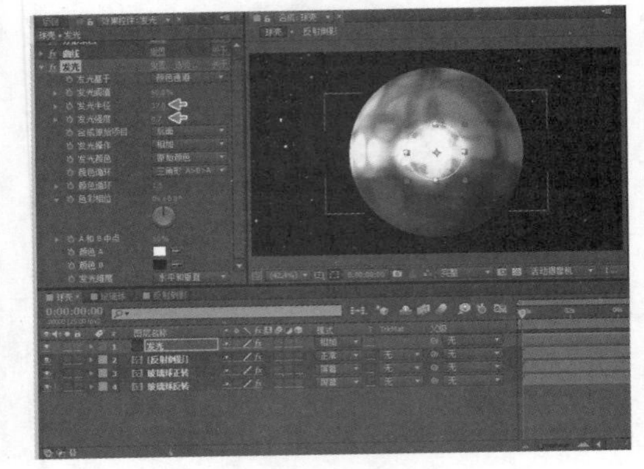

图5-261 发光效果设置

30 在菜单中选择【图层】→【新建】→【纯色】命令项，然后在弹出的“纯色设置”对话框中设置名称为“灰色板”，大小为1280×720像素，再将纯色层的颜色设置为浅灰色，如图5-262所示。

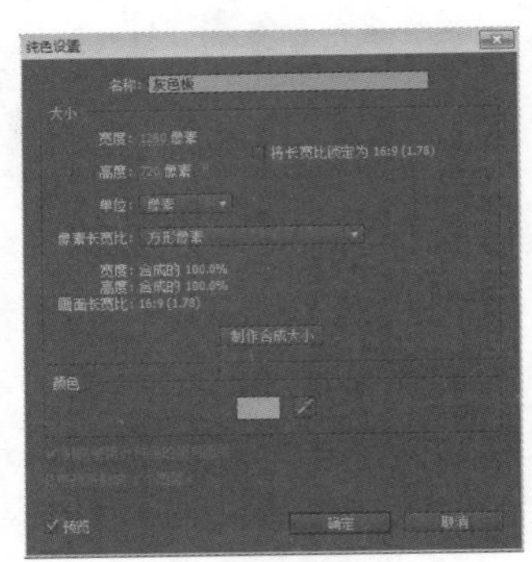

图5-262 纯色设置

31 在“时间线”面板中选择“灰色板”层并拖拽至发光层下方，然后在工具栏中选择椭圆遮罩工具按钮，暂时关闭“灰色板”层的显示项目，然后按“Shift+Ctrl”键在画面中间绘制遮罩，目的是丰富球体内部效果，如图5-263所示。

32 在“时间线”面板中开启“灰色板”层的显示并展开“蒙版”设置，然后设置蒙版羽化值为90、蒙版扩展值为80，使遮罩边缘产生柔和过渡，如图5-264所示。

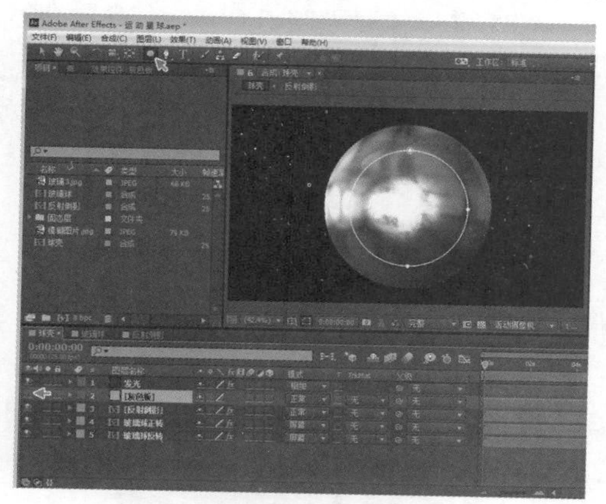

图5-263 绘制遮罩选区

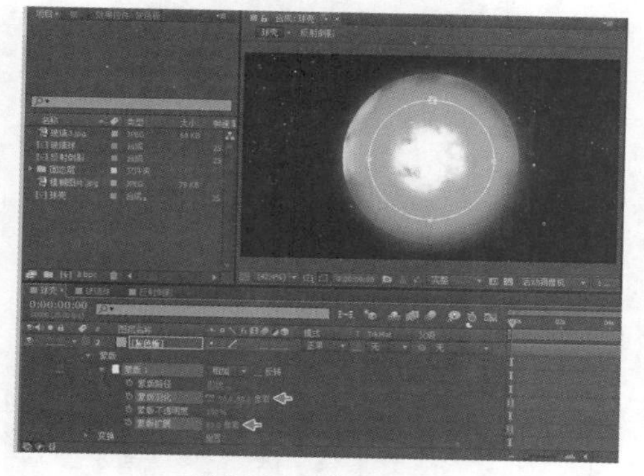

图5-264 蒙版设置

33 在"时间线"面板中选择"反射倒影"合成层，然后在模式中设置为"相加"的层叠加方式，在TrkMat（跟踪蒙版）项目中设置为"Alpha反转遮罩-灰色板"类型，使灰色板与反射倒影融合在一起，如图5-265所示。

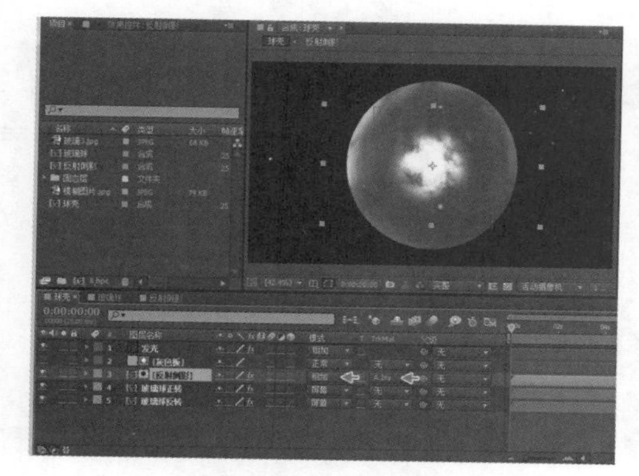

图5-265 层叠加设置

专家课堂

TrkMat（跟踪蒙版）项目可以通过上一层的亮度或透明通道来影响下一层的透明通道信息。

34 在"时间线"面板中选择"反射倒影"层，然后在菜单中选择【效果】→【色彩校正】→【色调】命令项，准备为合成层添加色调效果，丰富球体质感，如图5-266所示。

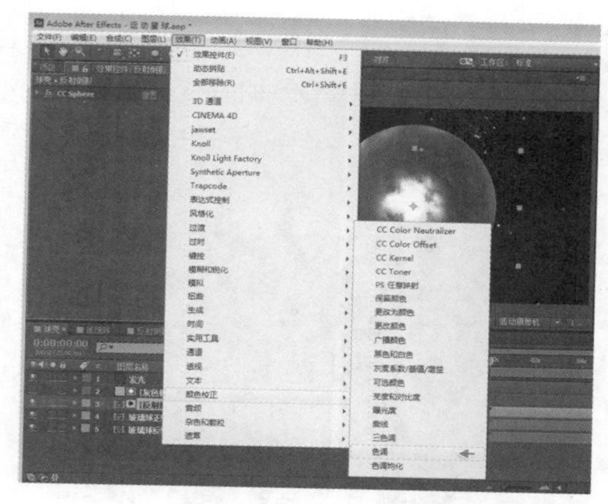

图5-266 添加色调效果

35 添加"色调"效果滤镜后，反射倒影层中已经默认显示出色调的效果，如图5-267所示。

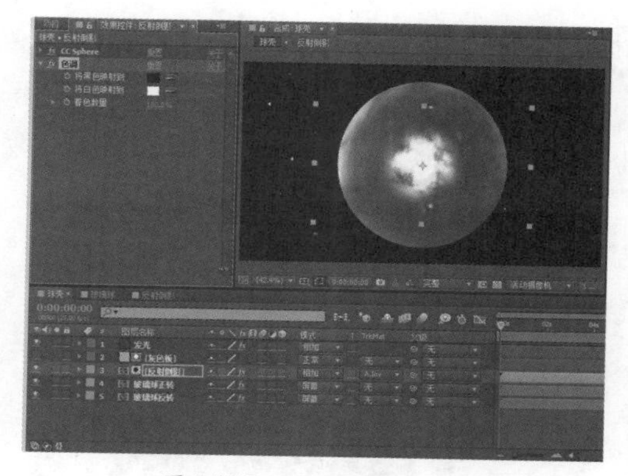

图5-267 默认色调效果

36 在"时间线"面板中选择"反射倒影"层，然后在菜单中选择【效果】→【颜色校正】→【曲线】命令项，准备调节球体的亮度，如图5-268所示。

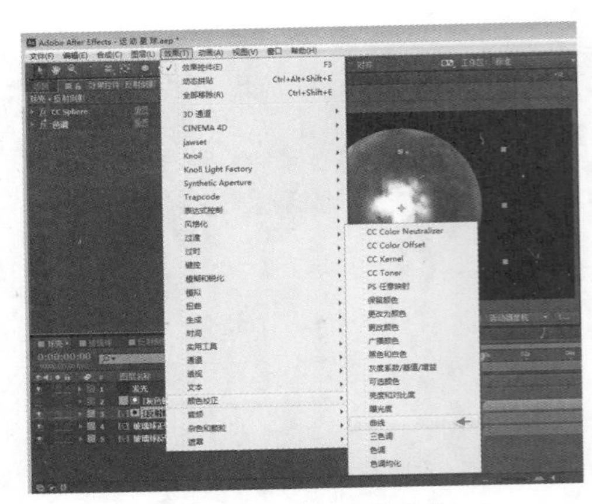

图5-268 添加曲线效果

37 在“效果”面板中展开“曲线”效果滤镜，然后调整RGB曲线的设置，使遮罩的颜色变亮，丰富星球的玻璃质感效果，如图5-269所示。

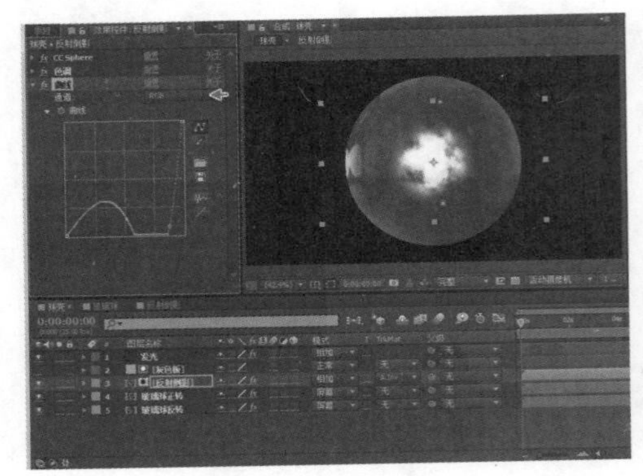

图5-269 曲线特效设置

38 在“时间线”面板中选择“反射倒影”合成层和“灰色板”层，然后按“Ctrl+D”键复制图层，增强星球的亮度，如图5-270所示。

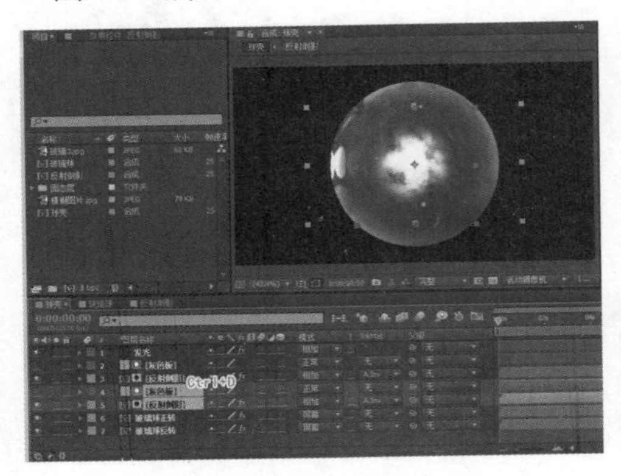

图5-270 复制图层

39 在菜单中选择【图层】→【新建】→【纯色】命令项，新建纯色层，在弹出的“纯色设置”对话框中设置名称为“黑色板”，大小为720×576像素，再将纯色层的颜色设置为黑色，如图5-271所示。

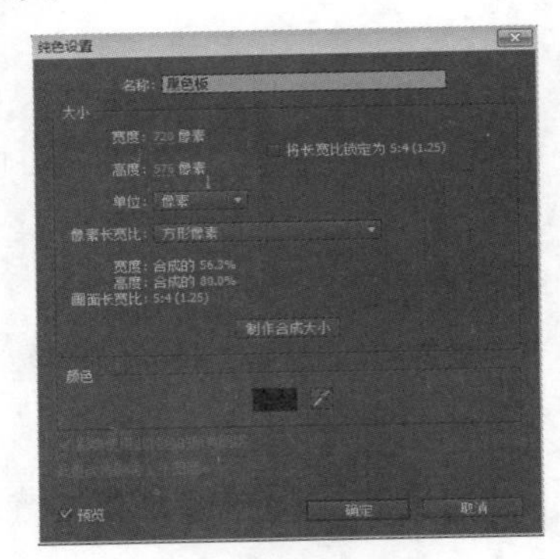

图5-271 纯色设置

40 在“时间线”面板中选择“黑色板”层并拖拽至最底层，作为星球合成的背景，如图5-272所示。

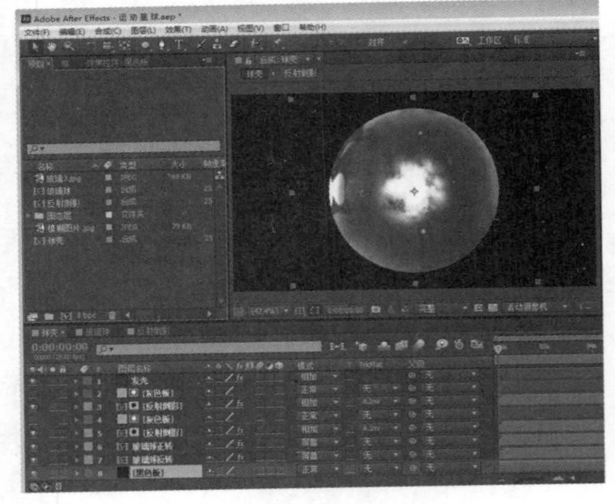

图5-272 调节图层

41 在“时间线”面板中选择“黑色板”层，然后在菜单中选择【效果】→【模拟】→【CC Snowfall（雪花）】命令项，准备为黑色板添加星光模拟效果，如图5-273所示。

42 在“效果”面板中设置“CC Snowfall”效果滤镜的Size（尺寸）值为15，在“合成”窗口中便会显示出雪花的光斑效果，如图5-274所示。

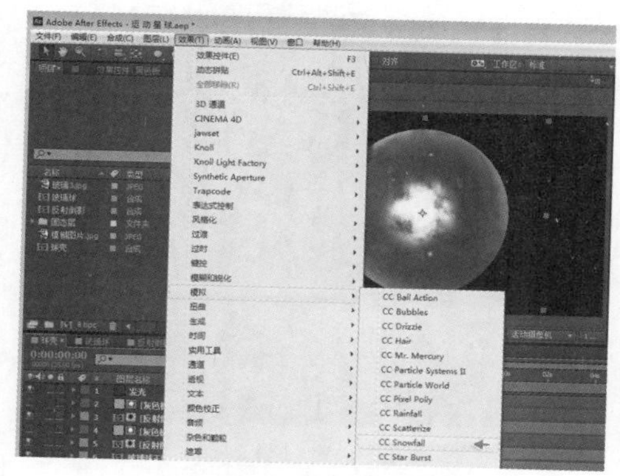
图5-273 添加雪花效果

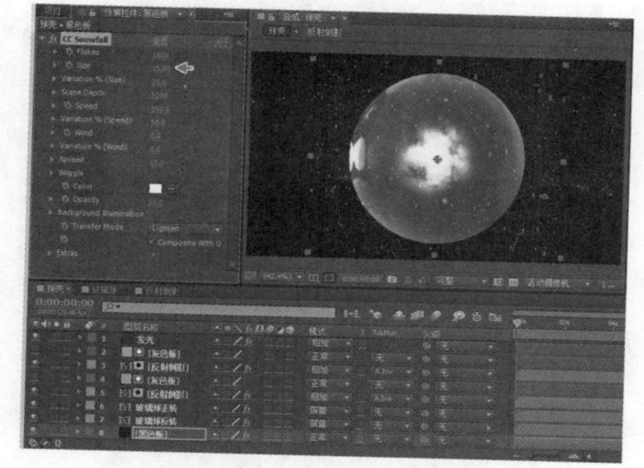
图5-274 雪花效果设置

43 在“时间线”面板中选择“黑色板”层，然后在菜单中选择【效果】→【扭曲】→【光学补偿】命令项，准备为雪花添加光学补偿效果，如图5-275所示。

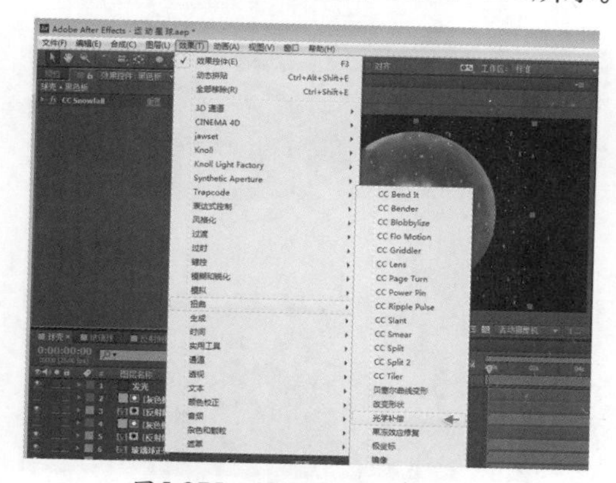
图5-275 添加光学补偿效果

专家课堂

“光学补偿”滤镜特效用于模拟摄影机的光学透视效果。

44 在“效果”面板中设置“光学补偿”效果滤镜的视场值为100，再设置FOV方向为“水平”方式，使雪花嵌套在星球中，如图5-276所示。

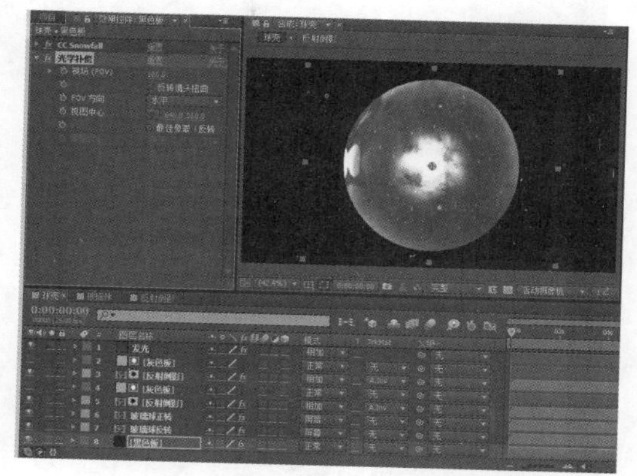
图5-276 光学补偿设置

45 在菜单中选择【图层】→【新建】→【调整图层】命令项，准备调节星球的整体质感，如图5-277所示。

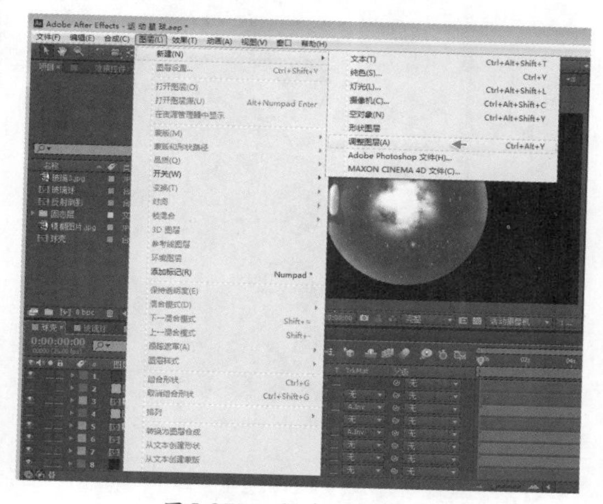
图5-277 新建调整图层

46 在“时间线”面板中选择“调整图层”，然后在菜单中选择【效果】→【颜色校正】→【曲线】命令项，准备调节星球的亮度，如图5-278所示。

47 在“效果”面板中展开“曲线”效果滤镜，然后分别调整红色曲线、绿色曲线和黄色曲线设置，增加对比度和蓝色信息，再减少红色，使星球更有玻璃质感，如图5-279所示。

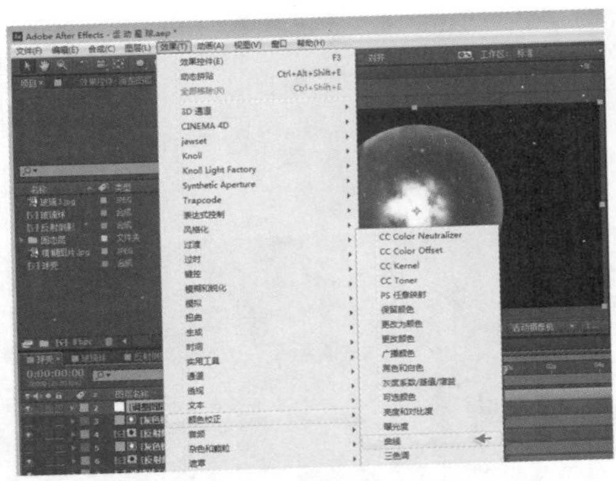

图5-278　添加曲线效果

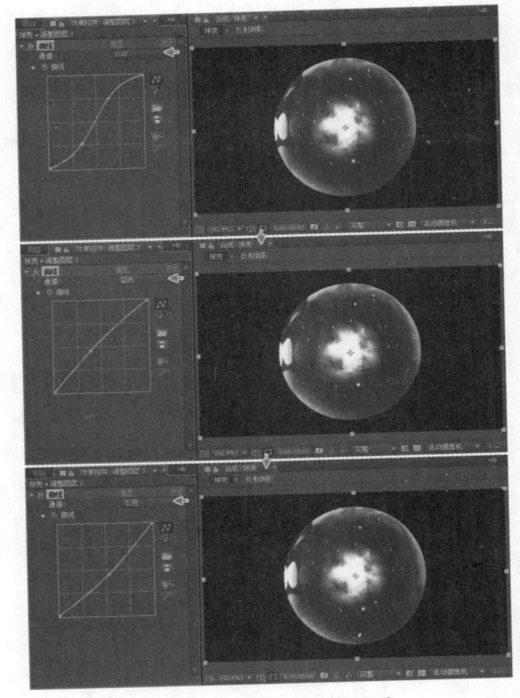

图5-279　曲线特效设置

48 在菜单中选择【图层】→【新建】→【纯色】命令项，新建纯色层，在弹出的“纯色设置”对话框中设置名称为“线”，大小为1280×720像素，再将纯色层的颜色设置为白色，准备为星球制作水平线效果，如图5-280所示。

49 在“时间线”面板中选择“线”层，在工具栏中选择椭圆遮罩工具按钮，暂时关闭“线”层的显示项目并在“合成”窗口中绘制遮罩选区，如图5-281所示。

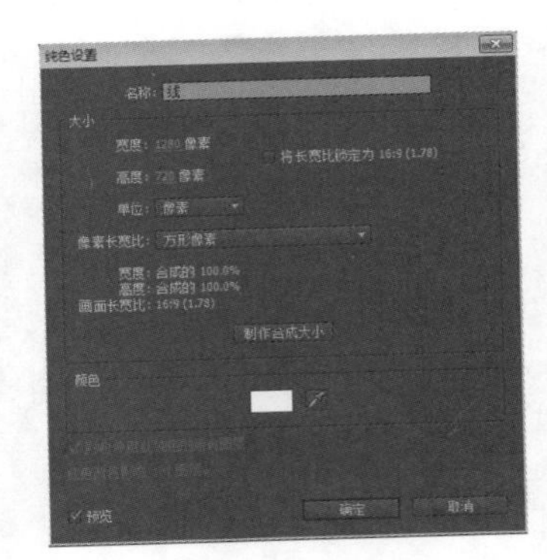

图5-280　纯色设置

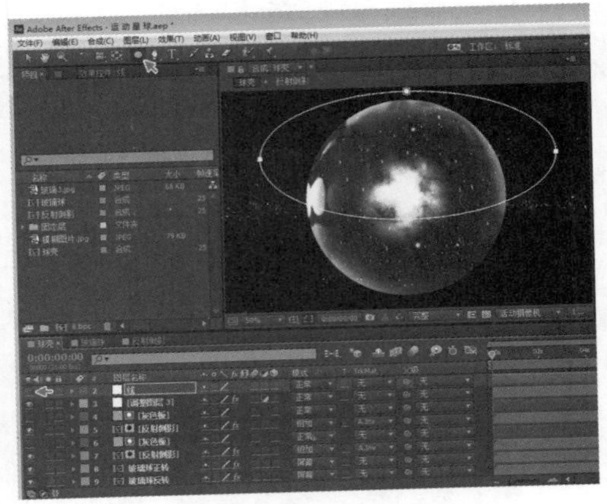

图5-281　绘制遮罩选区

50 在“时间线”面板中开启“线”层并展开“蒙版”项，然后设置“蒙版1”项目模式为“相减”类型，再按“Ctrl+D”键进行遮罩复制操作，如图5-282所示。

图5-282　复制蒙版

51 在“时间线”面板中展开“蒙版2”项并激活“反转”项目的开关，再设置蒙版羽化值为160、蒙版扩展值为50，使遮罩边缘产生柔和过渡，如图5-283所示。

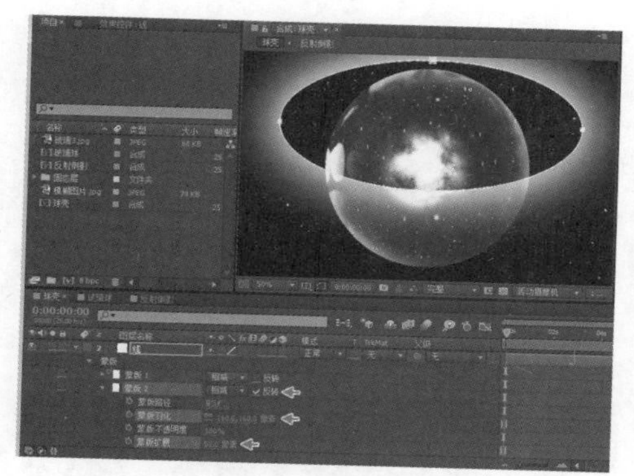

图5-283 蒙版设置

52 在“时间线”面板中选择“玻璃球反转”合成层，然后按“Ctrl+D”键复制图层，准备为水平线制作模板效果，如图5-284所示。

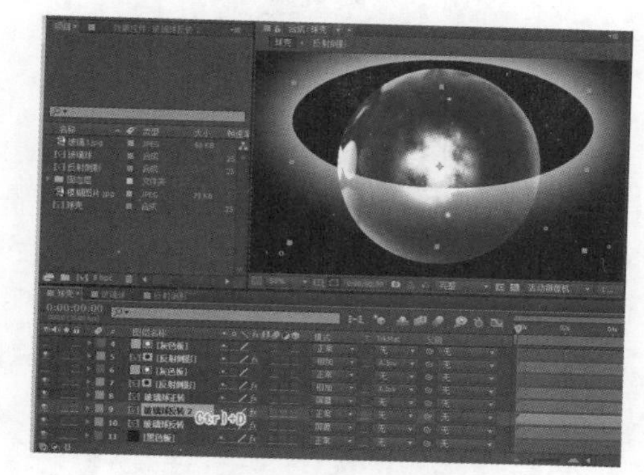

图5-284 复制合成层

53 在“时间线”面板中选择“玻璃球反转2”合成层，然后拖拽至此合成的“线”层上面，覆盖“线”层的效果，如图5-285所示。

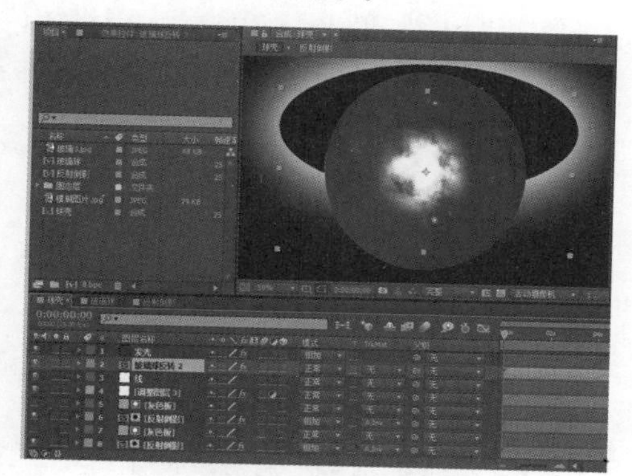

图5-285 调节合成层

54 在“时间线”面板中选择“玻璃球反转2”层，在模式中设置为“模板Alpha”的层叠加方式，使球体出现水平线效果，如图5-286所示。

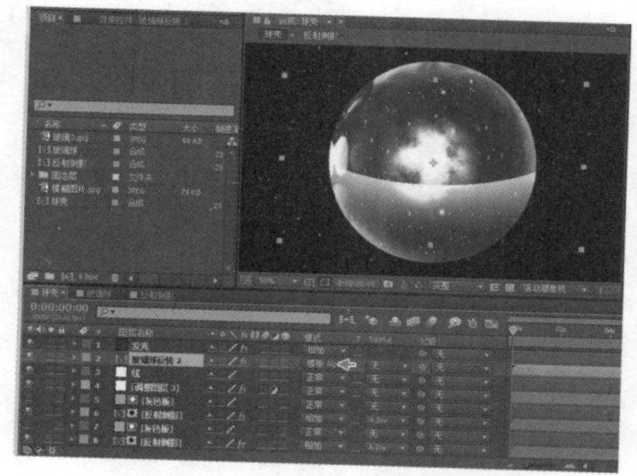

图5-286 设置层叠加模式

55 在“时间线”面板中选择“线”层并在模式中设置为“叠加”的层叠加模式，使水平线与球体融合在一起，完成星球的背景特效设置，使星球更加真实，如图5-287所示。

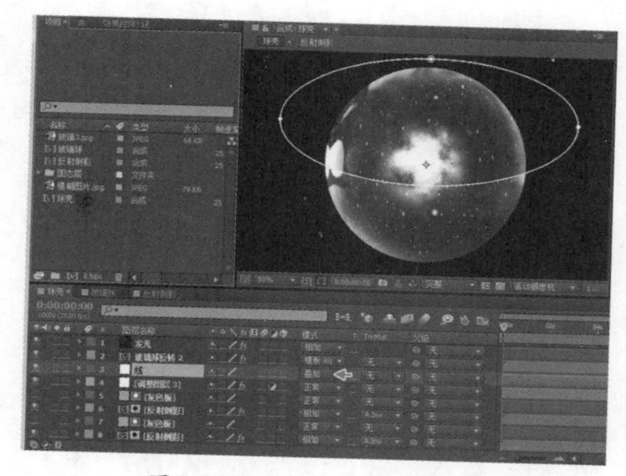

图5-287 设置层叠加模式

56 在“预览”面板中单击▶播放/暂停按钮，然后在“合成”窗口中观察星球旋转动画效果，如图5-288所示。

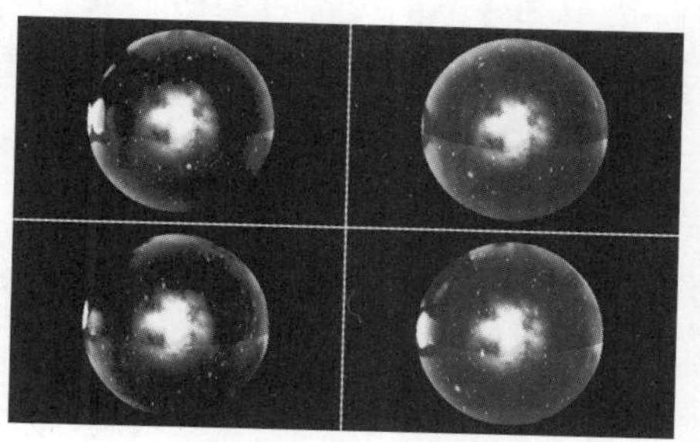

图5-288 预览效果

5.10.3 星球运动设置

01 在菜单中选择【合成】→【新建合成】命令项，建立新的合成文件，在弹出的“合成设置”对话框中设置合成名称为“运动合成”、预设为HDV/HDTV 720 25小高清类型、帧速率为25帧/秒、持续时间为5秒、背景颜色为黑色，准备设置星球运动的最终合成，如图5-289所示。

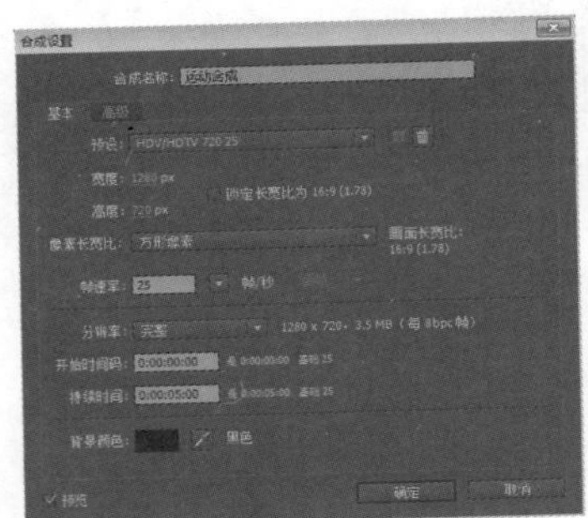

图5-289　合成设置

02 在“项目”面板中选择“球壳”合成文件，将此合成拖拽至“时间线”面板，作为合成影片的星球素材，如图5-290所示。

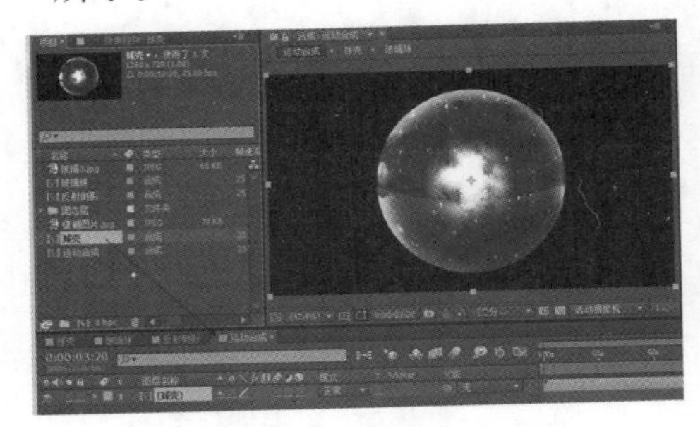

图5-290　添加合成

03 在“时间线”面板中选择“球壳”合成层并开启3D图层项目按钮，准备为星球添加摄像机运动，产生三维空间的效果模拟，如图5-291所示。

04 在菜单中选择【图层】→【新建】→【摄像机】命令项，然后在弹出的“摄像机设置”对话框中默认名称为“摄像机1”，再设置预设为“35毫米”类型，如图5-292所示。

专家课堂

二维图层的三维属性开关开启时，图层就由一个二维图层转化为三维图层，具有三维空间属性，即可以在X、Y、Z三个方向进行移动、旋转和缩放等操作。

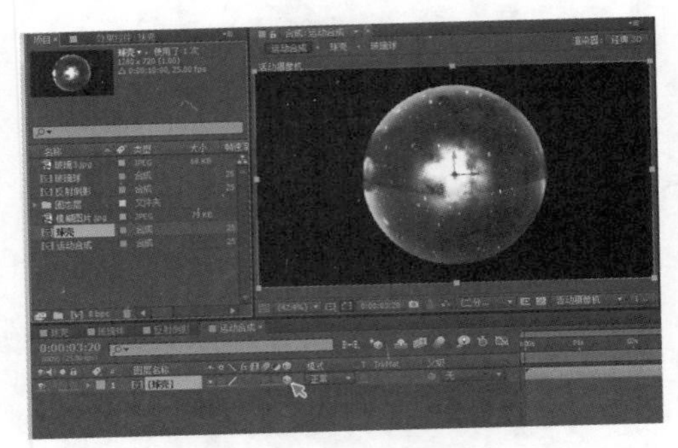

图5-291　3D图层设置

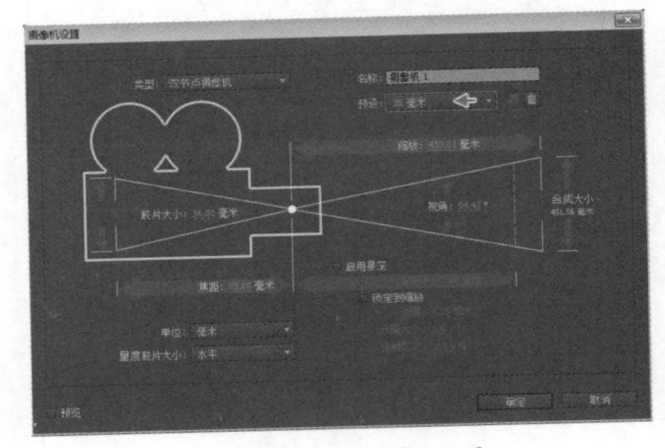

图5-292　摄像机设置

05 在菜单中选择【图层】→【新建】→【纯色】命令项，然后在弹出的“纯色设置”对话框中设置名称为“白色板”，大小为1280×720像素，再将纯色层的颜色设置为白色，如图5-293所示。

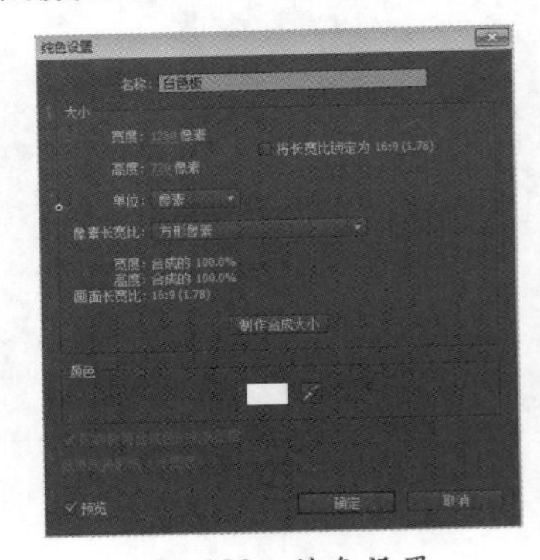

图5-293　纯色设置

06 在“时间线”面板中选择“白色板”层，然后在菜单中选择【效果】→【生成】→【梯度渐变】命令项，准备为“白色板”层添加渐变效果，如图5-294所示。

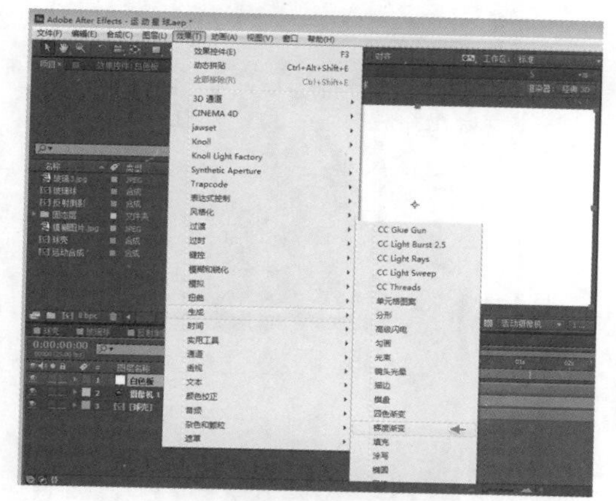

图5-294 添加渐变效果

07 在“效果”面板中设置“梯度渐变”效果滤镜的起始颜色为深蓝色、结束颜色为浅蓝色，使“白色板”层产生渐变效果，如图5-295所示。

图5-295 渐变设置

专家课堂

“梯度渐变”滤镜特效可以在图像上创建一个线性渐变或放射性渐变斜面，并可以将其与原始图像相融合。

08 在“项目”面板中选中“白色板”层并拖拽至“时间线”面板的最底层，作为合成影片的背景素材，如图5-296所示。

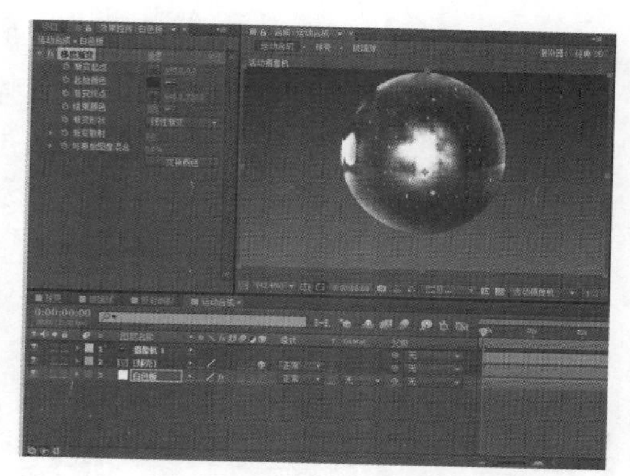

图5-296 调整图层

09 在“项目”面板中选中“玻璃3”素材，将此素材拖拽至“时间线”面板中，再按“Ctrl+Alt+F”键匹配合成画面尺寸，作为丰富合成影片的背景素材，如图5-297所示。

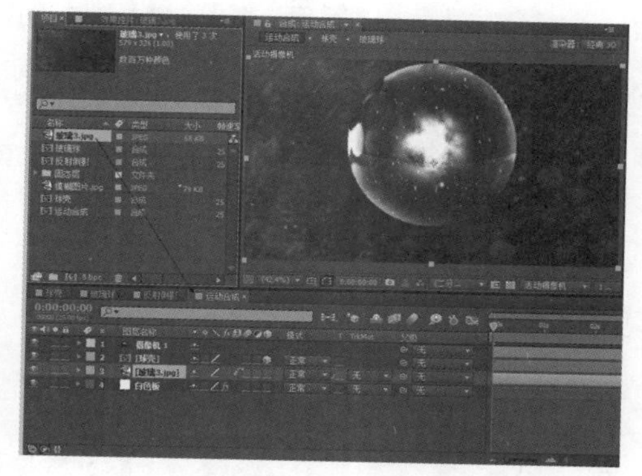

图5-297 添加素材

10 在“时间线”面板中选择“玻璃3”素材层并开启3D图层项目按钮，准备制作素材的三维空间效果，如图5-298所示。

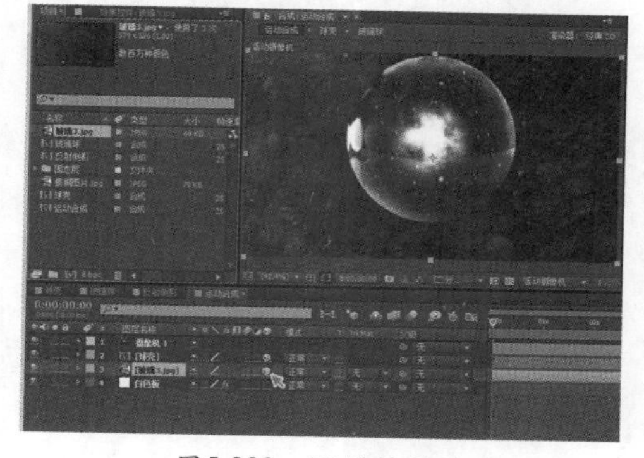

图5-298 3D图层设置

11 在“时间线”面板中展开“玻璃3”素

材层的“变换”项目，然后设置位置值为X轴640、Y轴660、Z轴30.9，设置缩放值为X轴280、Y轴280、Z轴130，再设置方向值为270，使素材旋转并移动到画面的底层，作为衬托球体的底板，如图5-299所示。

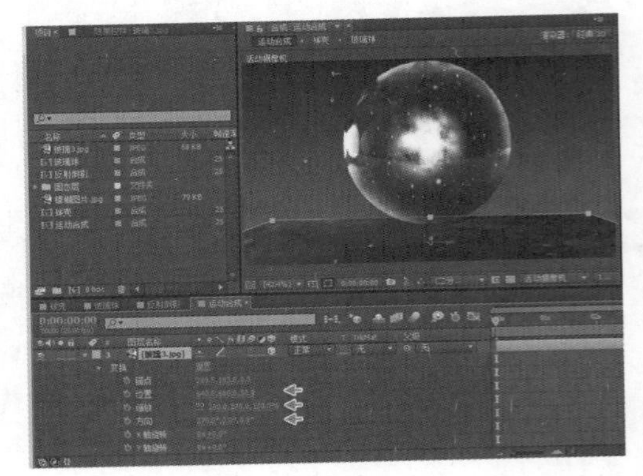

图5-299　参数设置

⑫ 在“时间线”面板中选择“玻璃3”素材层，并在模式中设置为“屏幕”的层叠加方式，使素材与背景融合在一起，如图5-300所示。

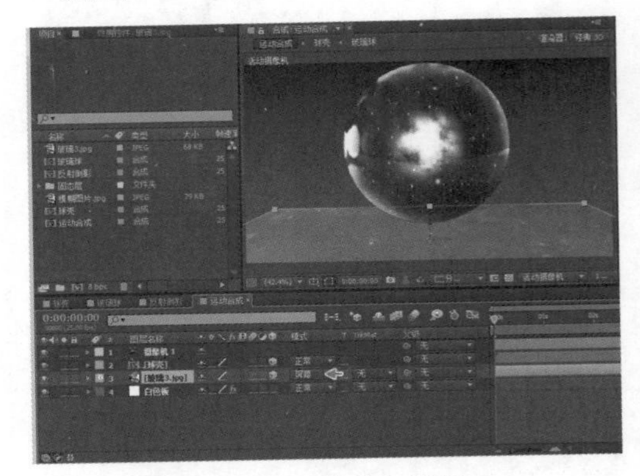

图5-300　层叠加设置

⑬ 在菜单中选择【图层】→【新建】→【纯色】命令项，然后在弹出的“纯色设置”对话框中设置名称为“遮罩层”，大小为1280×720像素，再将纯色层的颜色设置为白色，如图5-301所示。

⑭ 在“时间线”面板中选择“遮罩层”并在工具栏中选择■矩形遮罩工具按钮，然后在“合成”窗口中绘制选区，再设置蒙版羽化值为120，只在画面下半部分产生背景颜色，如图5-302所示。

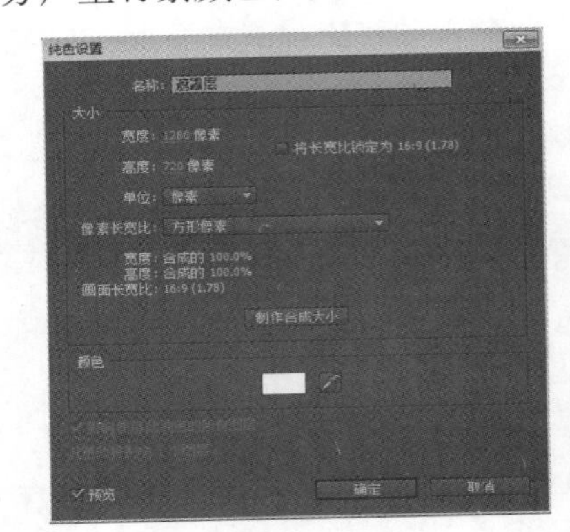

图5-301　纯色设置

图5-302　绘制遮罩选区

⑮ 在“时间线”面板中选择“玻璃3”层，然后设置“轨道遮罩”项目为“Alpha遮罩-遮罩层”类型，如图5-303所示。

图5-303　轨道遮罩设置

专家课堂

通过设置“轨道遮罩”可以模糊地面的边界硬度，使画面更加具有空间感。

⑯ 在“时间线”面板中选择“玻璃3”素材层，然后在菜单中选择【效果】→【风格化】→【动态拼贴】命令项，准备为素材层制作柔和效果，如图5-304所示。

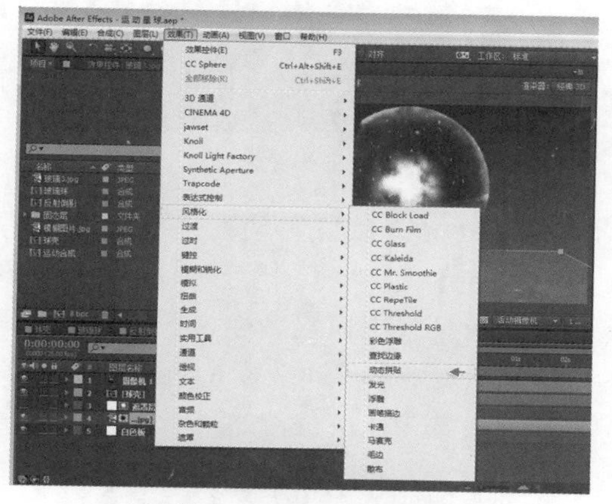

图5-304　添加动态拼贴效果

⑰ 在“效果”面板中设置“动态拼贴”效果滤镜的输出宽度值为410、输出高度值为490，然后再开启“镜像边缘”项目按钮，在“合成”窗口中的地面将产生柔和效果，如图5-305所示。

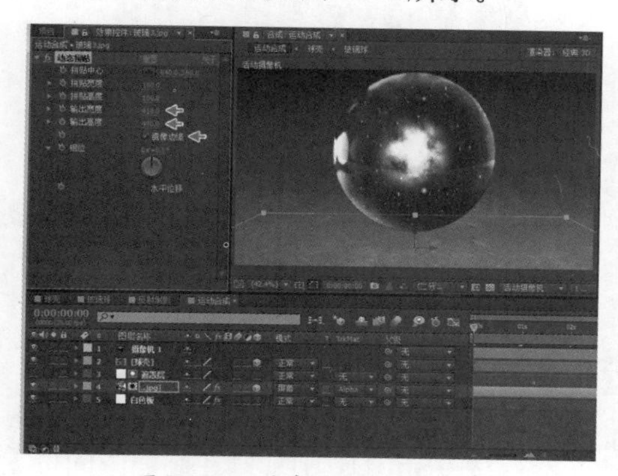

图5-305　动态拼贴效果设置

⑱ 在“预览”面板中单击▶播放/暂停按钮，然后在“合成”窗口中观察星球旋转的动画效果，如图5-306所示。

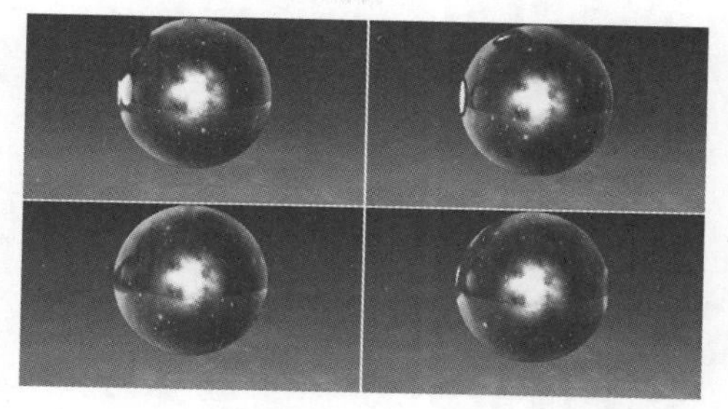

图5-306　预览效果

⑲ 在“时间线”面板中选择“球壳”合成层，再按“Ctrl+D”键复制图层，准备为星球制作倒影，如图5-307所示。

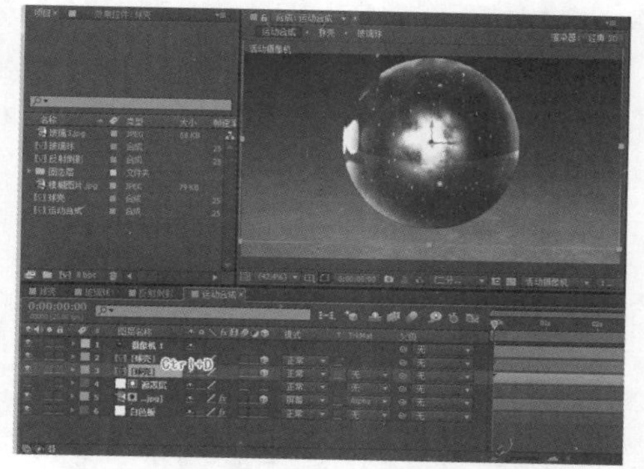

图5-307　复制合成层

⑳ 在“时间线”面板中选择下层的“球壳”并展开“变换”项目，然后设置描点值为X轴650、Y轴360，设置X轴旋转值为180，将素材调整到最佳位置，如图5-308所示。

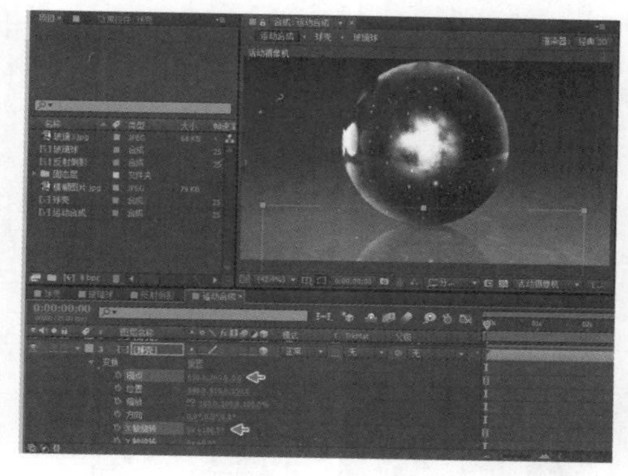

图5-308　参数设置

㉑ 在“时间线”面板中选择“球壳”合成层，然后在菜单中选择【效果】→【过

渡】→【线性擦除】命令项，准备为星球截取真实的虚化效果，如图5-309所示。

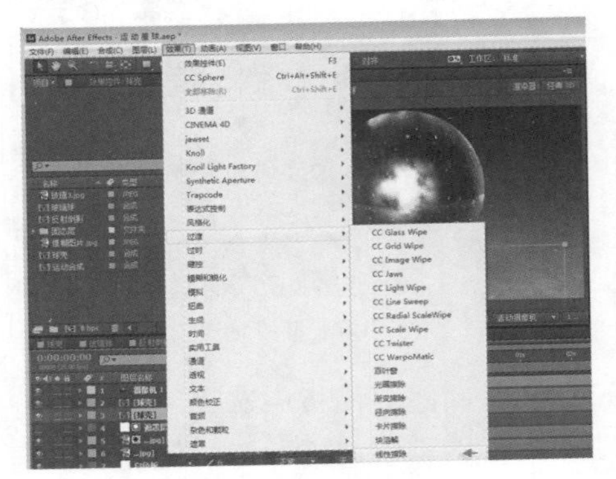
图5-309　添加线性擦效果

22 在“效果”面板中设置“线性擦除”效果滤镜的过渡完成值为65，再设置羽化值为134，模拟出的星球倒影虚化效果，如图5-310所示。

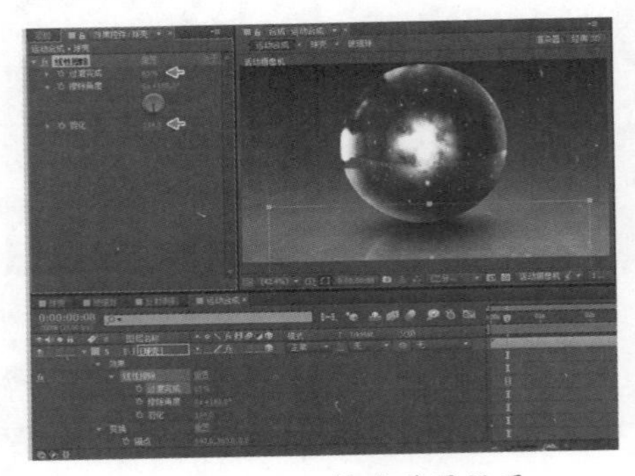
图5-310　线性擦除效果设置

23 在“时间线”面板中选择“球壳”合成层，然后在菜单中选择【效果】→【模糊与锐化】→【快速模糊】命令项，准备为球壳倒影添加模糊效果，如图5-311所示。

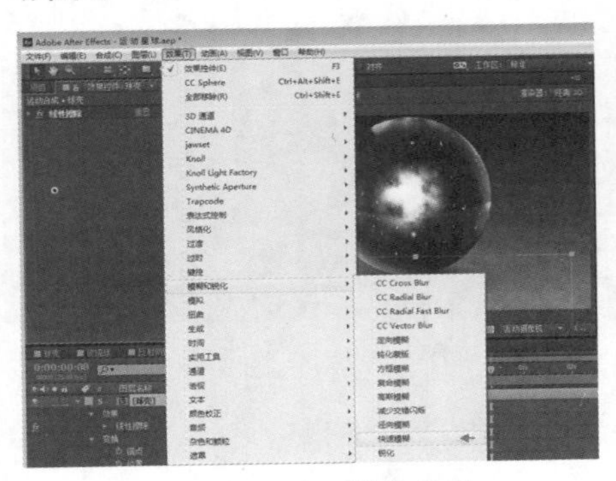
图5-311　添加模糊效果

24 在“效果”面板中设置“快速模糊”效果滤镜的模糊度值为10，增加少量的模糊，使星球倒影产生虚化效果，如图5-312所示。

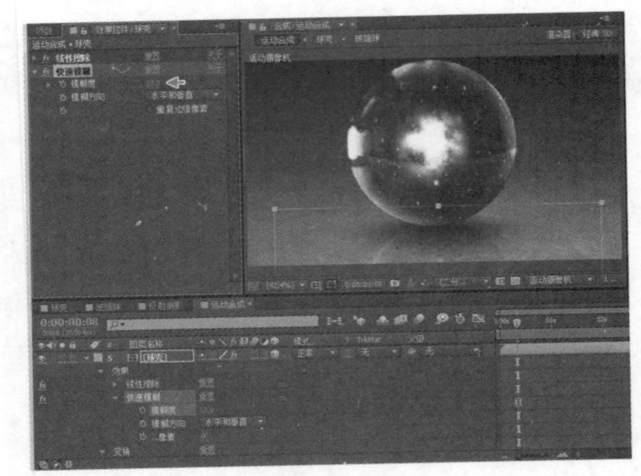
图5-312　糊效果设置

25 在菜单中选择【图层】→【新建】→【纯色】命令项，在弹出的“纯色设置”对话框中设置名称为“阴影层”，大小为1280×720像素，再将纯色层的颜色设置为蓝灰色，如图5-313所示。

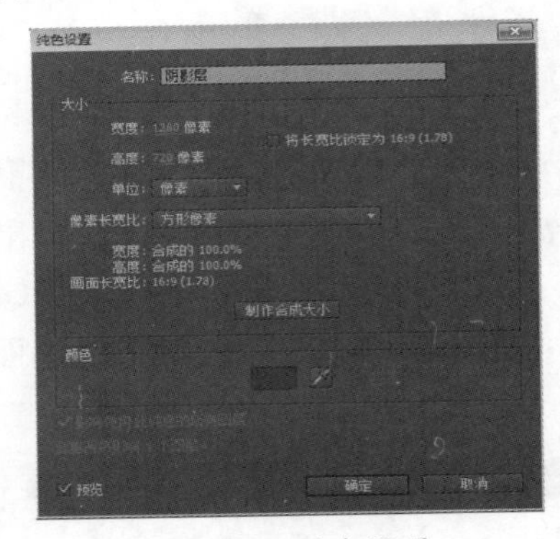
图5-313　纯色设置

26 在“时间线”面板中选择“阴影层”，并在模式中设置为“颜色加深”的层叠加方式，使遮罩和背景融合在一起，如图5-314所示。

27 在“时间线”面板中选择“阴影层”，在工具栏中选择椭圆遮罩工具按钮，然后按“Shift+Ctrl”键在画面中间位置绘制遮罩，再设置“蒙版1”项目中蒙版羽化值为350、蒙版扩展值为-110，使遮罩边缘更加柔和，如图5-315所示。

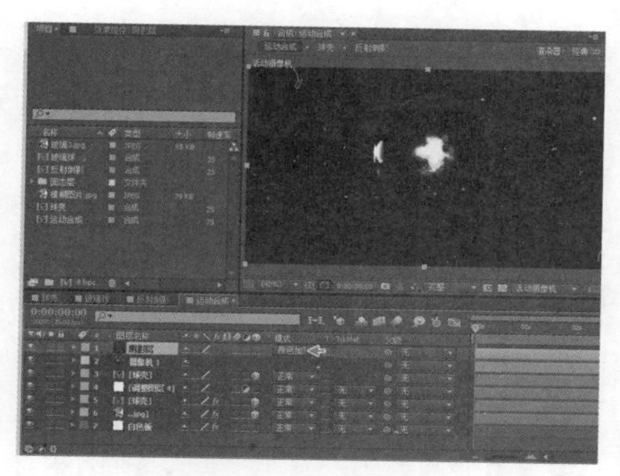

图5-314 层叠加设置

图5-315 绘制遮罩选区

28 在“时间线”面板中选择“蒙版1”项目，再按“Ctrl+D”键复制层，准备为阴影层增加羽化效果，如图5-316所示。

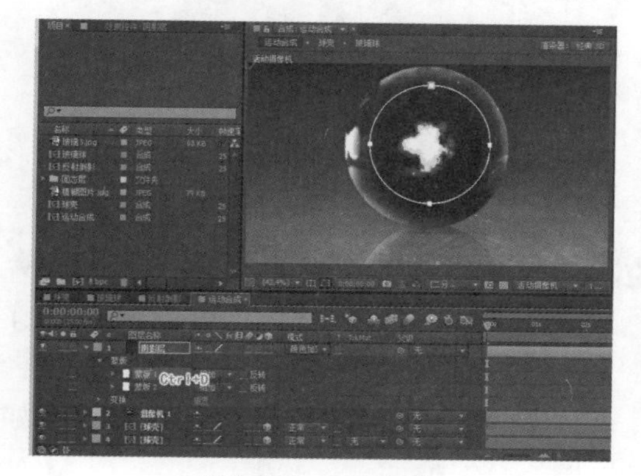

图5-316 复制蒙版

29 在“时间线”面板中展开“蒙版2”项目，再设置蒙版羽化值为190、蒙版扩展值为6，如图5-317所示。

30 在“时间线”面板中选择“阴影层”，然后开启3D图层项目按钮，准备为阴影层设置旋转效果，如图5-318所示。

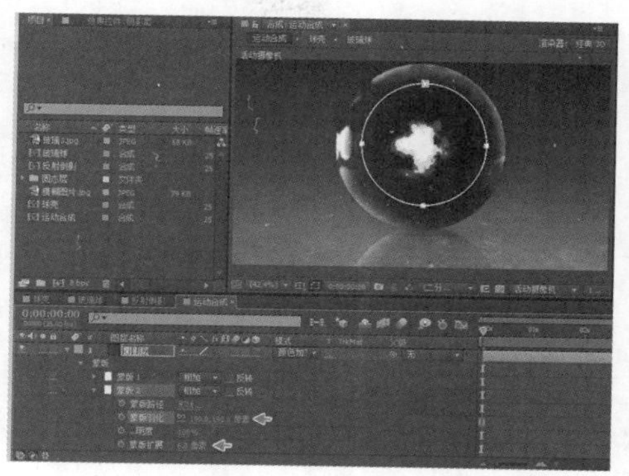

图5-317 蒙版设置

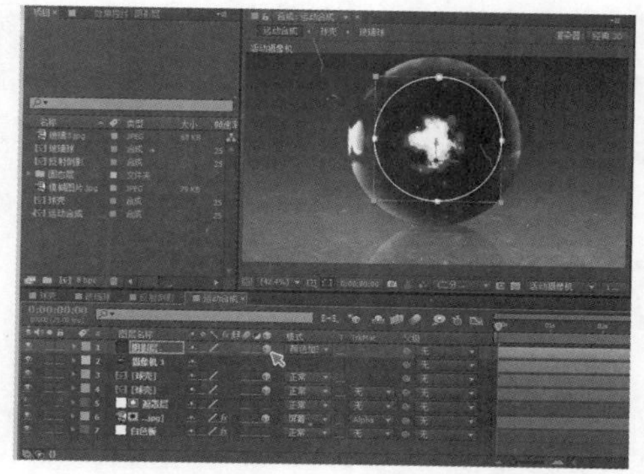

图5-318 3D图层设置

31 在“时间线”面板中选择“阴影层”并展开“变换”项，然后设置位置值为X轴640、Y轴610、Z轴100，再设置方向值为100，使阴影层移至合适位置，如图5-319所示。

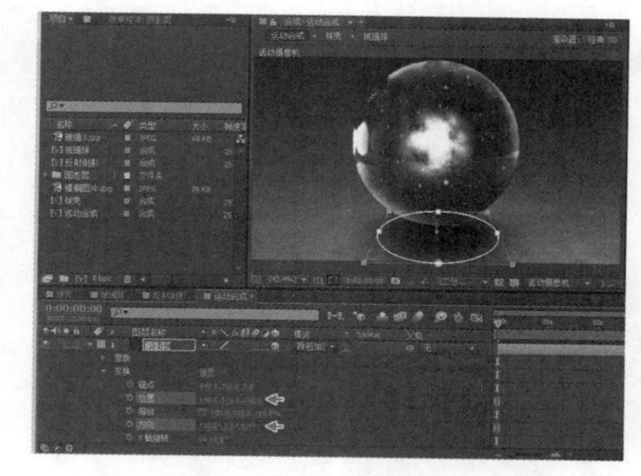

图5-319 位置设置

32 在“时间线”面板中选择“阴影层”并展开“蒙版1”和“蒙版2”项目，再分别设置不透明度值为75，使阴影层降低透明度，如图5-320所示。

图5-320　不透明设置

33 在“时间线”面板中选择“阴影层”并拖拽此层至“球壳”层的下部，然后在菜单中选择【效果】→【模糊与锐化】→【快速模糊】命令项，准备为阴影层添加模糊效果，如图5-321所示。

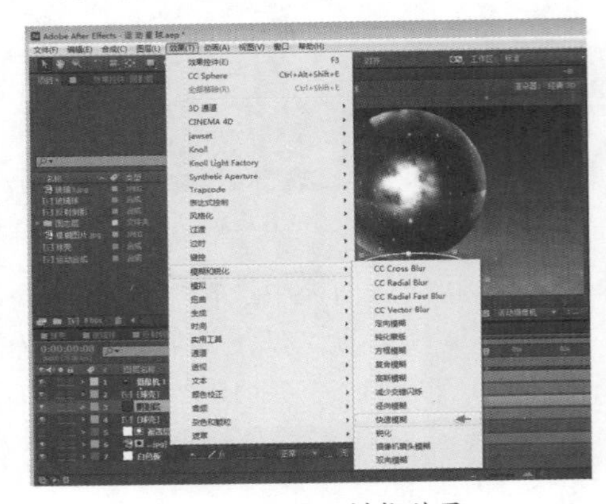

图5-321　添加模糊效果

34 在“效果”面板中设置“快速模糊”效果滤镜的模糊度值为10，再设置模糊方向为“水平和垂直”方式，如图5-322所示。

图5-322　模糊设置

35 在菜单中选择【图层】→【新建】→【调整图层】命令项，准备调节运动合成的整体效果，如图5-323所示。

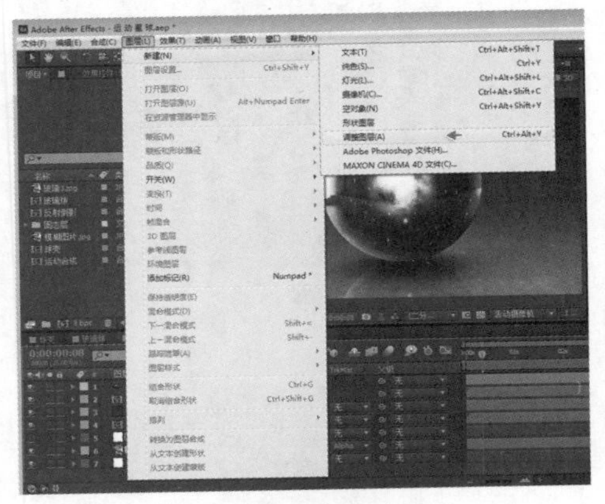

图5-323　新建调节图层

36 在“时间线”面板中选择“调整图层4”，然后拖拽此层至阴影层的下部，目的为打破渲染顺序、产生需要的效果，如图5-324所示。

图5-324　调整图层设置

37 在“时间线”面板中选择“球壳”合成层并单击鼠标“右”键，然后在弹出的浮动菜单中选择【变换】→【自动定向】项，准备定位于摄像机，如图5-325所示。

专家课堂

在After Effects CC中可以在沿路径运动过程中使用“自动定向”操作，使物体在路径上自动改变方向，使层的操作垂直于路径而不是垂直于页面，得到更真实的效果。

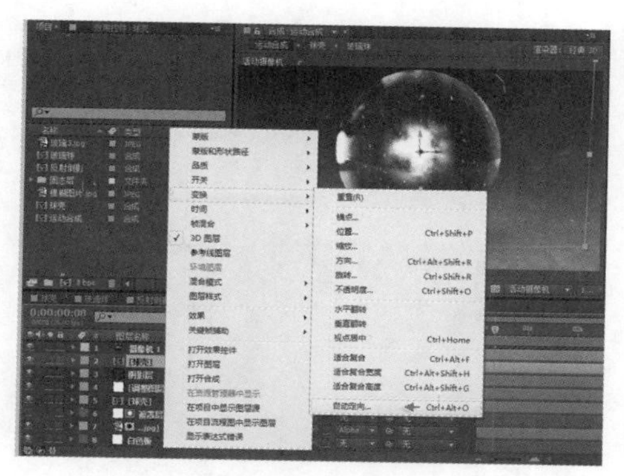

图5-325 添加定向项目

38 在弹出的“自动方向”对话框中开启“定位于摄像机”项目按钮，摄像机便无法绕到星球的后面，球体会一直面对摄像机，看起来更加立体，如图5-326所示。

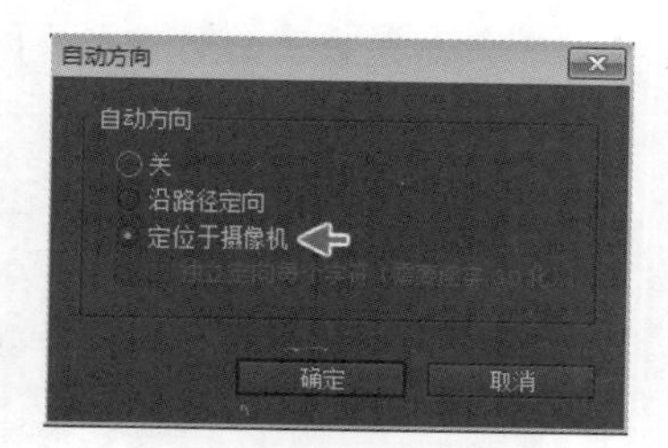

图5-326 定向设置

39 在“预览”面板中单击▶播放/暂停按钮，然后在“合成”窗口中观察星球旋转的动画效果，如图5-327所示。

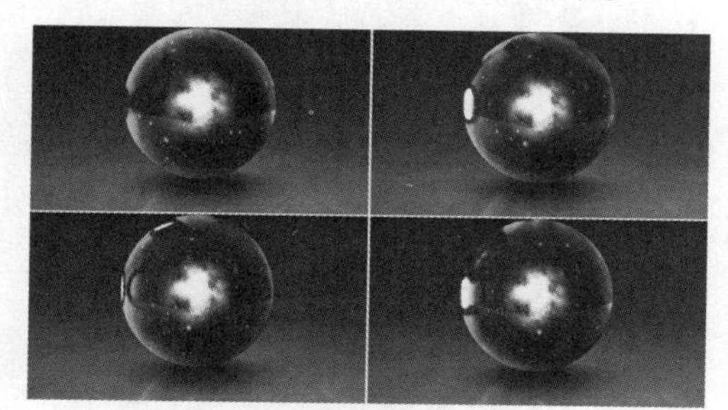

图5-327 预览效果

40 在“项目”面板中选择“模糊图片”素材，将此素材拖拽至“时间线”面板的白色板层上方，作为合成影片的背景素材，如图5-328所示。

41 在“时间线”面板中选择“模糊图片”层，然后开启3D图层项目按钮，准备为素材层设置旋转效果，如图5-329所示。

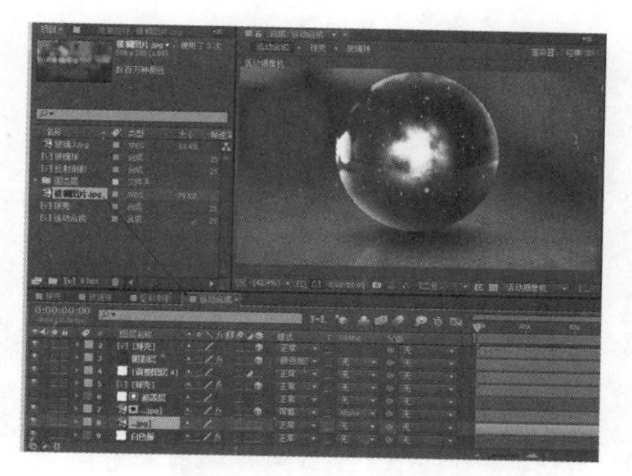

图5-328 添加素材

图5-329 3D图层设置

42 在“时间线”面板中选择“模糊图片”素材层并展开“变换”项目，然后设置缩放值为X轴900、Y轴900、Z轴100，使其产生放大效果，如图5-330所示。

图5-330 缩放效果设置

43 在“时间线”面板中选择“模糊图片”素材层并在工具栏中选择矩形遮罩工具按钮，然后在“合成”窗口中绘制遮罩选区，再设置蒙版层羽化值为38，只在画面上半部分产生背景颜色，如图5-331所示。

图5-331 绘制遮罩选区

44 在“时间线”面板中选择“模糊图片”素材层，然后在菜单中选择【效果】→【颜色校正】→【色调】命令项，准备为素材添加浅色调效果，如图5-332所示。

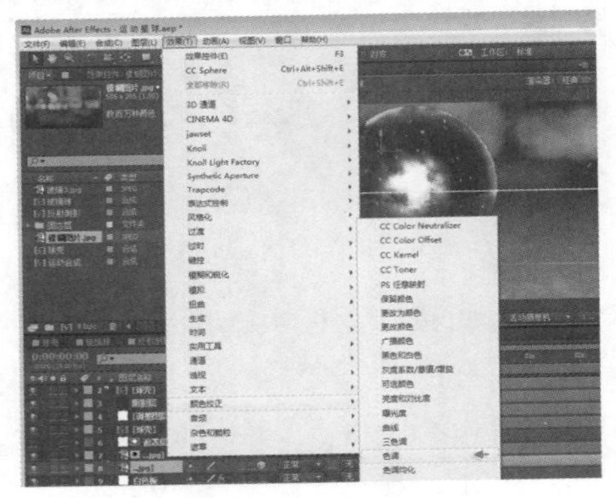

图5-332 添加色调效果

45 在“效果”面板中设置“色调”效果滤镜的着色数量值为77，在“合成”窗口中就会出现背景素材色调效果，如图5-333所示。

图5-333 色调效果设置

46 在“时间线”面板中选择“模糊图片”素材层，然后在菜单中选择【效果】→【颜色校正】→【曲线】命令项，准备调节素材对比度，如图5-334所示。

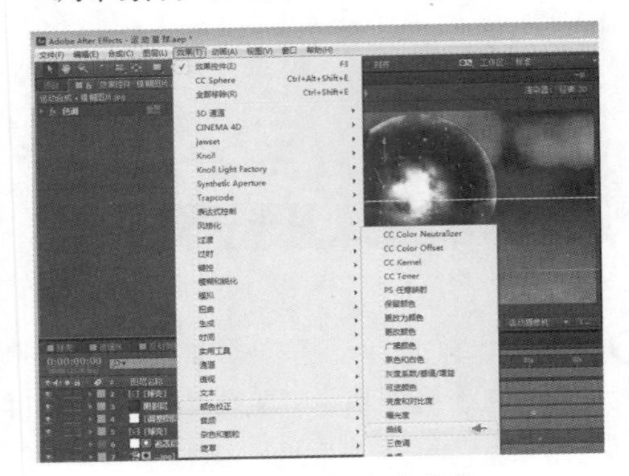

图5-334 添加曲线效果

47 在“效果”面板中设置“曲线”效果滤镜的RGB整体亮度，降低素材的亮度，如图5-335所示。

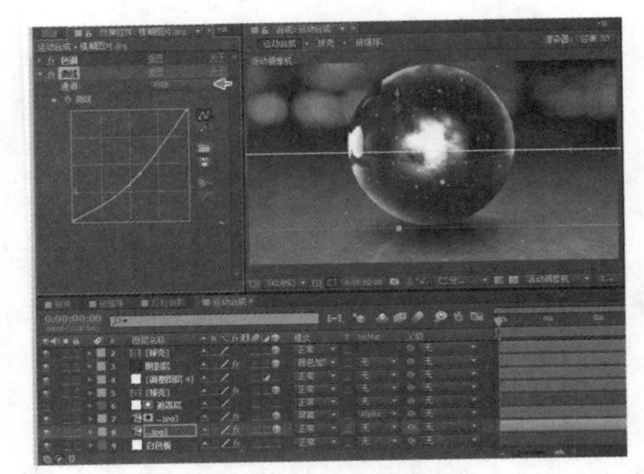

图5-335 曲线设置

48 在“效果”面板中设置“曲线”效果滤镜的“红色”通道曲线，减少红色渲染效果，如图5-336所示。

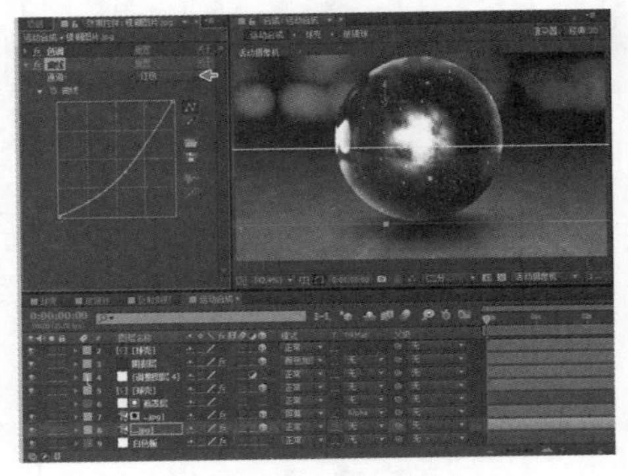

图5-336 红色曲线设置

49 在“效果”面板中设置“曲线”效果滤镜的“蓝色”通道曲线，增加蓝色渲染效果，调整颜色使之与影片相匹配，如图5-337所示。

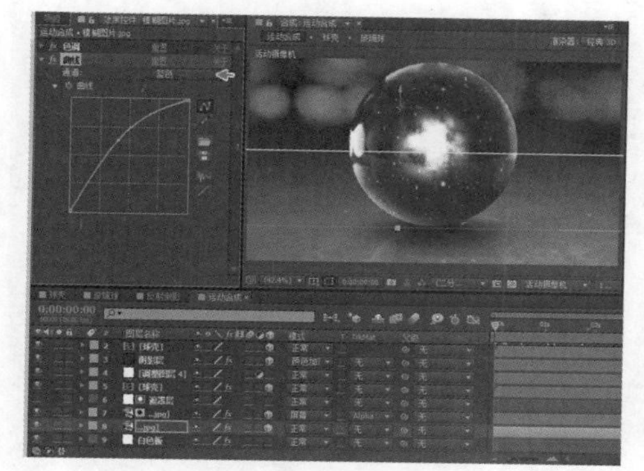

图5-337 蓝色曲线设置

50 在“时间线”面板中选择“摄像机”层并展开“变换”项目，然后设置目标点的值为X轴377.1、Y轴325.6、Z轴25.4，再调节位置的值为X轴501.7、Y轴375.5、Z轴－1398.4，如图5-338所示。

图5-338 变换项目设置

51 在“时间线”面板中选择“摄像机”层并展开“摄像机选项”，然后设置焦距值为1490、光圈值为215，再开启“景深”项目按钮，在“合成”窗口中就会出现聚焦的平面，使星球在视野中清晰呈现，如图5-339所示。

52 在“时间线”面板中选择“球壳”、“阴影层2”、“调整图层4”和“球壳”4个图层，再按“Ctrl+D”键复制图层，准备制作另一个球体，如图5-340所示。

图5-339 摄像机选项设置

图5-340 复制图层

53 在“时间线”面板中选择四项复制层，将其放到前一个星球的下面，然后单击“标签”项目，在弹出的浮动菜单中选择“紫色”项目，以方便区分层，如图5-341所示。

图5-341 标签设置

54 在“时间线”面板中选择4项复制层，然后在工具栏中单击按住摄像机按钮，在弹出的浮动菜单中使用跟踪XY摄像机工具和跟踪Z摄像机工具对球体的位置进行调整，如图5-342所示。

图5-342 星球调整

55 在“时间线”面板中选择“摄像机1”层展开“变换”项，单击“目标点”和“位置”选项并开启码表图标按钮，在影片第1秒1帧位置设置起始帧目标点的值为X轴377.1、Y轴325.6、Z轴25.4，位置的值为X轴501.7、Y轴375.5、Z轴－1398.4；在影片第3秒位置设置结束帧目标点的值为X轴127.4、Y轴480.5、Z轴－1.2，位置的值为X轴186.2、Y轴519.8、Z轴－561，使摄像机产生推镜头的动画，如图5-343所示。

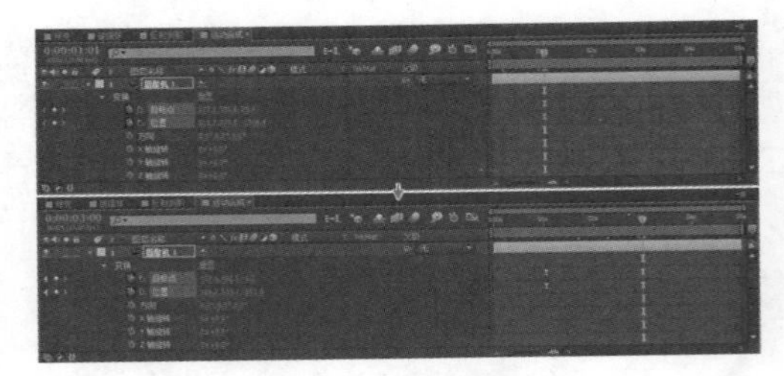

图5-343 动画帧设置

56 在“预览”面板中单击播放/暂停按钮，然后在“合成”窗口中观察星球动画效果，如图5-344所示。

图5-344 预览效果

57 在菜单中选择【图层】→【新建】→【调整图层】命令项，准备调节运动合成的最终效果，如图5-345所示。

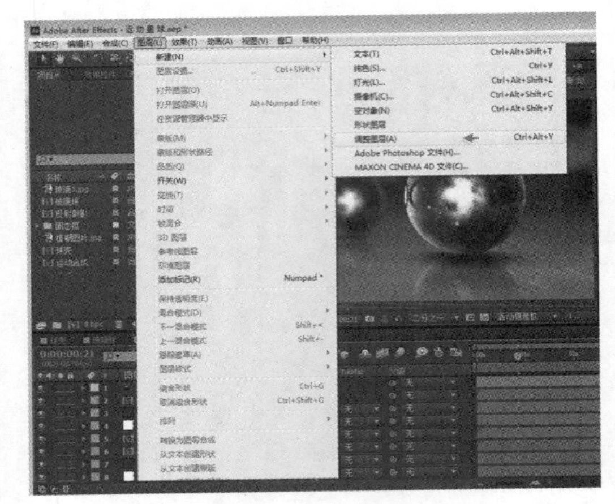

图5-345 新建调整图层

58 在“时间线”面板中选择“调整图层”，然后在菜单中选择【效果】→【颜色校正】→【曲线】命令项，准备调节影片亮度，如图5-346所示。

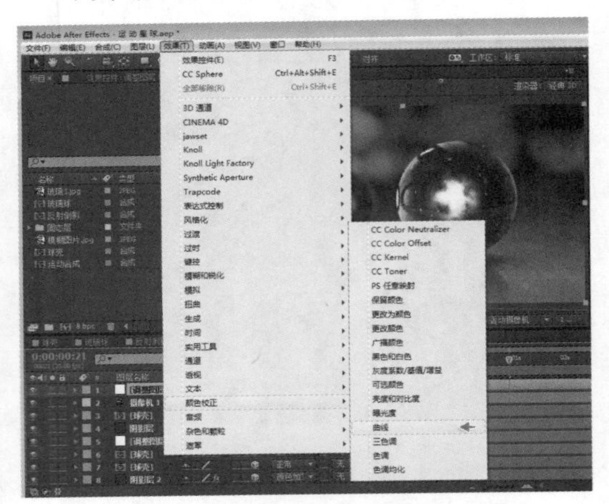

图5-346 添加曲线效果

59 在“效果”面板中设置“曲线”效果滤镜的“RGB”项降低对比度，在“合成”窗口中便会显示画面变暗的效果，如图5-347所示。

60 在“时间线”面板中选择“调整图层”，然后在菜单中选择【效果】→【风格化】→【发光】命令项，准备为影片添加发光效果，如图5-348所示。

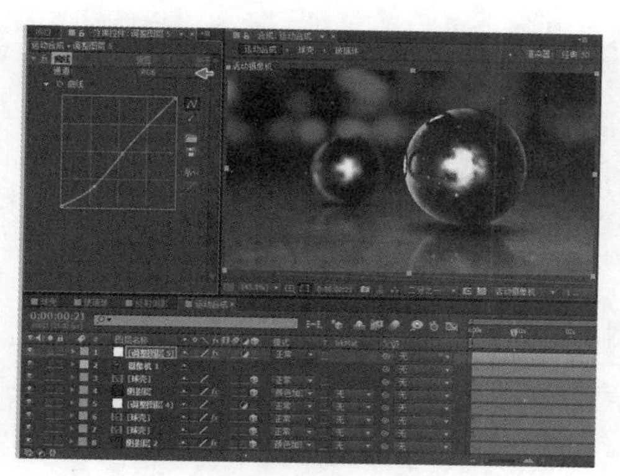
图5-347　曲线设置

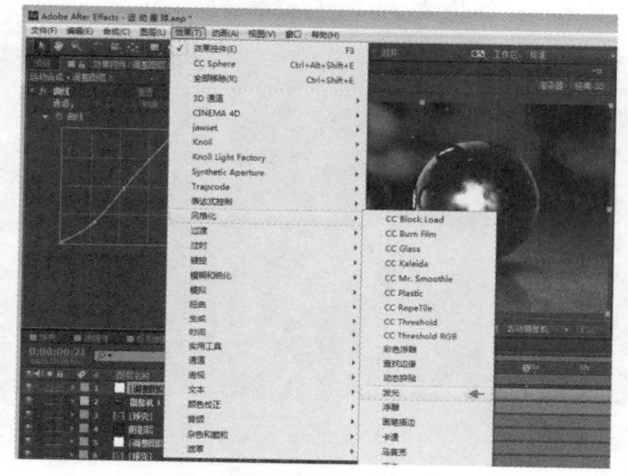
图5-348　添加发光效果

61 在“效果”面板中设置“发光”效果滤镜的发光半径值为90，丰富影片星球运动的合成操作，如图5-349所示。

图5-349　发光设置

62 在“预览”面板中单击▶播放/暂停按钮，然后在“合成”窗口中观察星球的运动最终效果，如图5-350所示。

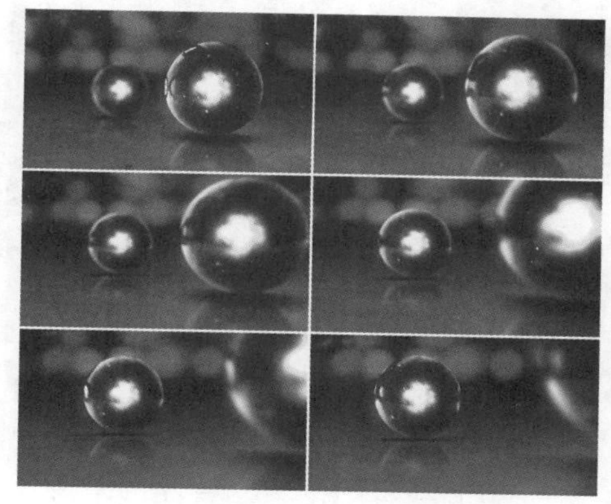
图5-350　最终效果

5.11 实例——分形噪波

素材文件	配套光盘→范例文件→Chapter5	难易程度	★★☆☆☆
重要程度	★★★★☆	实例重点	通过噪波特效设置拉伸的光条效果

在制作“分形噪波”实例时，首先将分形噪波与贝塞尔曲线变形特效相结合，得到流动的曲线特效，然后通过发光特效丰富炫目效果，最后通过流动的曲线再配合文字的扫光效果完成影片合成，如图5-351所示。

“分形噪波”实例的制作流程主要分为3部分，包括①制作文字；②添加背景；③添加特效，如图5-352所示。

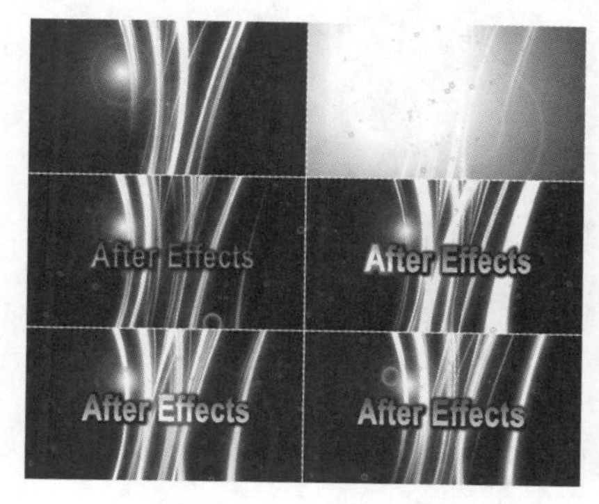

图5-351　实例效果

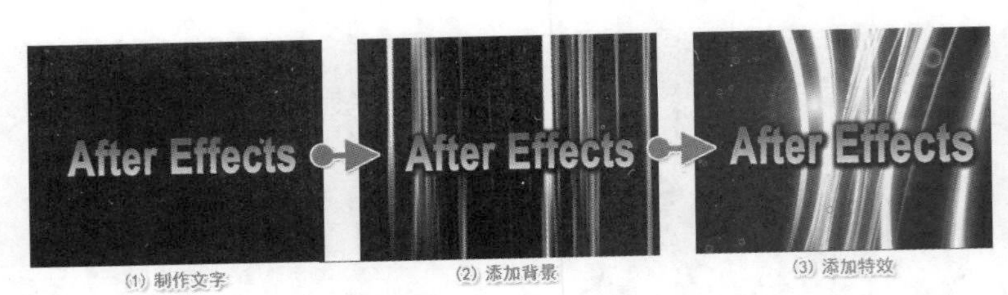

图5-352　制作流程

5.11.1 制作文字

01 双击桌面上的After Effects CC快捷图标启动软件，然后在菜单中选择【合成】→【新建合成】命令项，如图5-353所示。

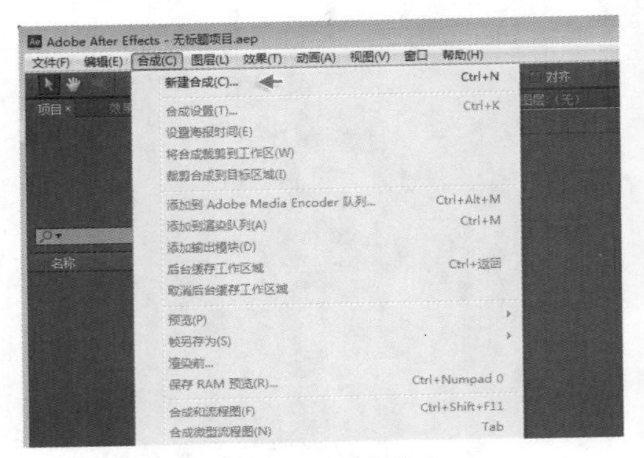

图5-353　新建合成

02 在弹出的“合成设置”对话框中设置合成名称为“杂色特效背景”、预设为“自定义”方式、宽度值为1280、高度值为720、帧速率为25帧/秒、持续时间为8秒及背景颜色为黑色，如图5-354所示。

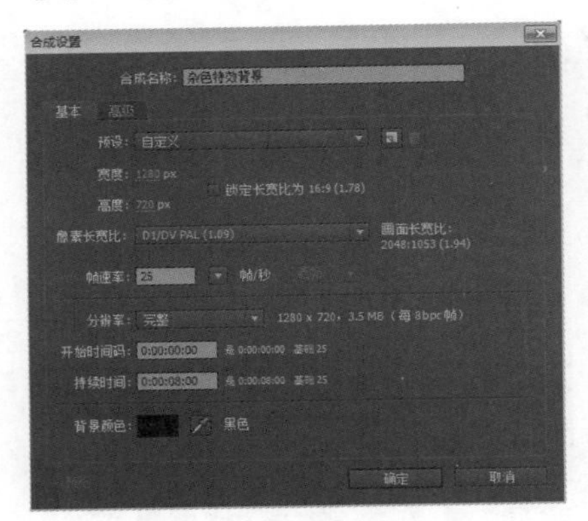

图5-354　合成设置

03 在工具栏中选择T文本工具，然后在“合成”窗口居中输入文字“After Effects”，保持输入状态并在“字符”面板中设置字体为“Arial”、尺寸为58、垂直缩放值为227、水平缩放值为181，如图5-355所示。

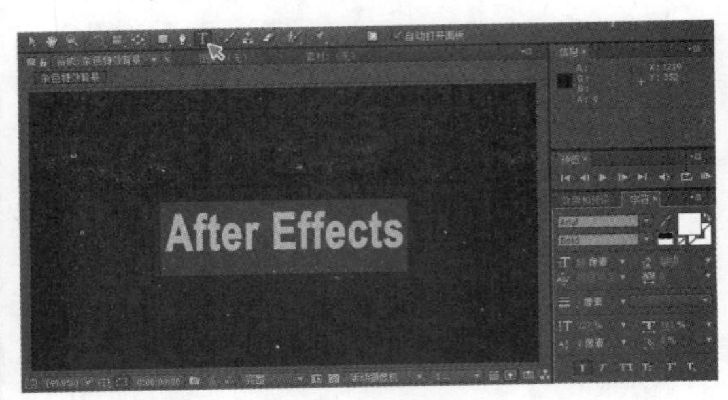

图5-355　字符设置

04 在“时间线”面板中选择“After Effects”层，然后在菜单中选择【效果】→【生成】→【梯度渐变】命令项，准备为文字层添加渐变效果，如图5-356所示。

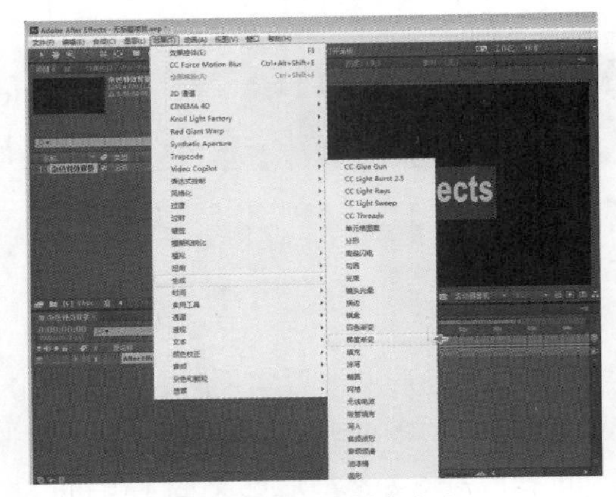

图5-356　添加梯度渐变

05 在“效果”面板中设置“梯度渐变”的渐变起点值为X轴640、Y轴330，设置渐变终点值为X轴640、Y轴420，再设置起始颜色为深灰色，最后设置结束颜色为浅灰色，如图5-357所示。

图5-357 梯度渐变设置

06 在“时间线”面板中选择“After Effects”层，然后在菜单中选择【图层】→【图层样式】→【投影】命令项，准备为文字层添加投影效果，如图5-358所示。

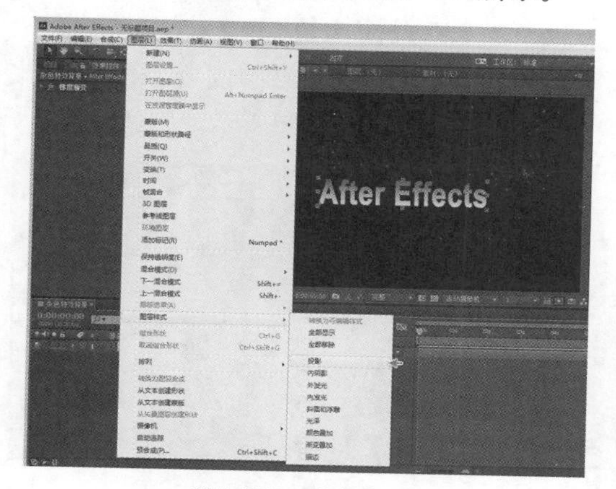
图5-358 选择投影

07 在“时间线”面板中展开“After Effects”层的“投影”卷展栏，然后设置不透明度值为100、扩展值为40、大小值为20，如图5-359所示。

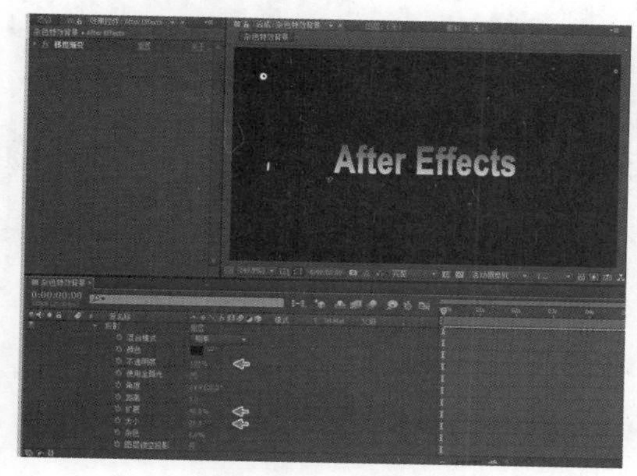
图5-359 投影设置

08 在“时间线”面板中选择“After Effects”层，然后在菜单中选择【编辑】→【重复】命令项，准备复制文字层，如图5-360所示。

图5-360 复制图层

09 在“时间线”面板中选择“After Effects”层并按住“Shift”键选择被复制的“After Effects 2”层，然后在菜单中选择【图层】→【预合成】命令项，如图5-361所示。

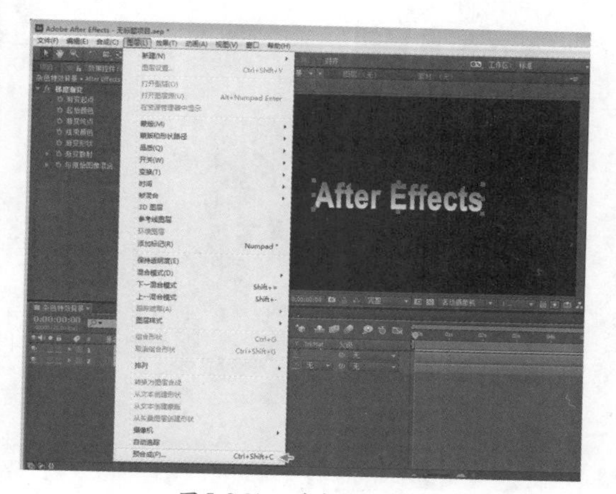
图5-361 选择预合成

10 在弹出的“预合成”对话框中设置新合成名称为“阴影字体”并开启“将所有属性移动到新合成”项，然后单击“确定”按钮，如图5-362所示。

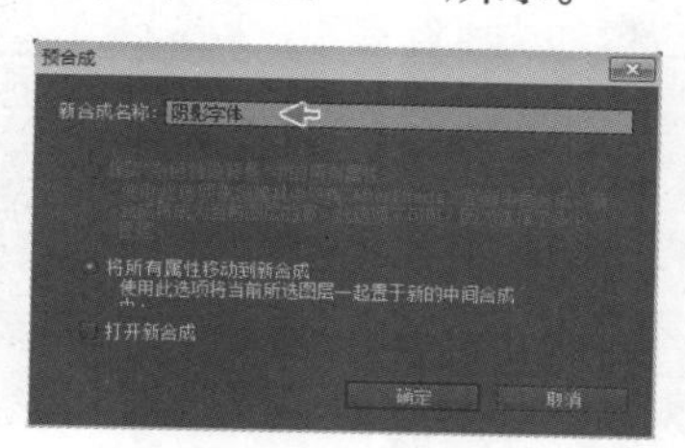
图5-362 预合成设置

5.11.2 添加背景

01 按“Ctrl+Y”键新建纯色层，在弹出的“纯色设置”对话框中设置名称为“分形杂色”，再设置大小为800×1200像素、颜色为黑色，如图5-363所示。

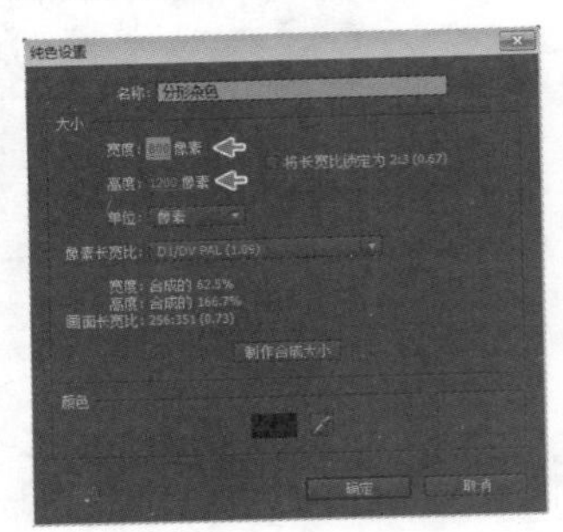

图5-363 纯色设置

02 在“时间线”面板中选择“分形杂色”层，然后在菜单中选择【效果】→【杂色和颗粒】→【分形杂色】命令项，准备为纯色层添加杂色命令，如图5-364所示。

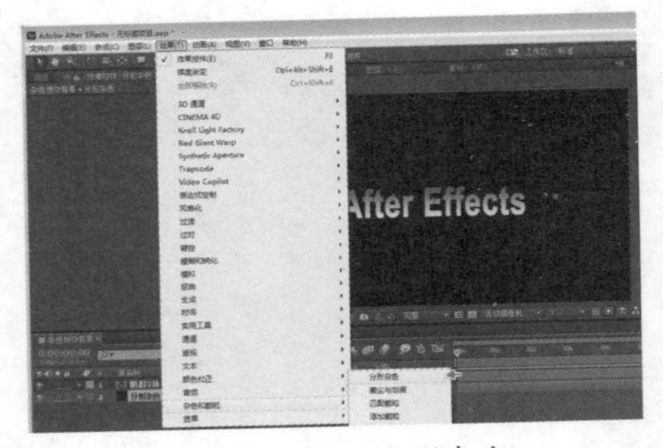

图5-364 添加分形杂色

专家课堂

“分形杂色”滤镜特效可以为影片增加分形噪波，用于创建一些复杂的物体及纹理效果。该滤镜可以模拟自然界真实的烟尘、云雾和流水等多种效果。

03 在“效果”面板中设置“分形杂色”特效的对比度值为500、亮度值为－80，再勾选“统一缩放”选项并设置缩放宽度值为70、缩放高度值为3000，使杂色的噪波产生垂直拉伸，如图5-365所示。

图5-365 分形杂色设置

04 在“时间线”面板中将时间滑块拖拽至影片的起始位置，在“效果”面板中单击演化项前的码表图标添加起始关键帧，并设置演化值为0×，再将时间滑块拖拽至影片的第3秒位置，设置演化值为3×，如图5-366所示。

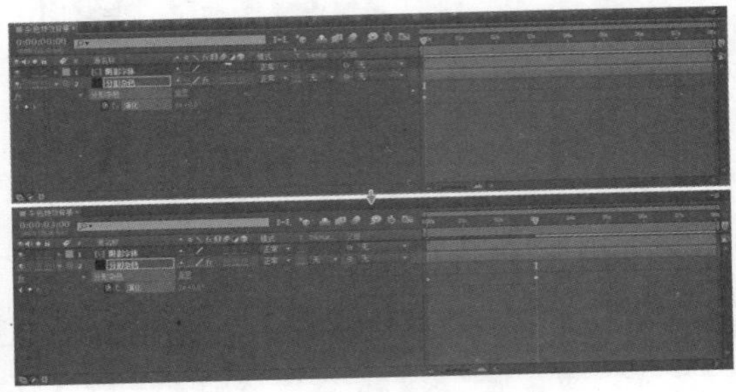

图5-366 演化动画设置

05 按键盘数字输入区域的“0”键预览合成动画，效果如图5-367所示。

图5-367 预览效果

5.11.3 添加特效

01 在“时间线”面板中选择“分形杂色”层，然后在菜单中选择【效果】→【扭曲】→【贝塞尔曲线变形】命令项，准备为纯色层添加贝塞尔曲线变形命令，如图5-368所示。

图5-368 添加贝塞尔曲线变形

专家课堂

“贝塞尔弯曲”滤镜特效是在层的边界上沿一条封闭的Bezier（贝塞尔）曲线改变图像形状。层的四角分别为效果控制点，每一个角有三个控制点（一个顶点和两条切线控制点），每个顶点用于控制层角的位置，切线用于控制层边缘的曲度。通过调整顶点以及切线，可以改变图像的扭曲程度，产生非常平滑的扭曲效果。

02 在“效果”面板中设置“贝塞尔曲线变形”特效的上左顶点值为X轴－130、Y轴－250，上左切点值为X轴310、Y轴－410，上右切点值为X轴530、Y轴0，右上顶点值为X轴910、Y轴－260，右上切点值为X轴540、270，右下切点值为X轴315、Y轴1045，下右顶点值为X轴690、Y轴1315，下右切点值为X轴105、Y轴1830，下左切点值为X轴105、Y轴1540，左下顶点值为X轴－85、Y轴1485，左下切点值为X轴325、Y轴825，左上切点值为X轴350、Y轴350，再设置品质值为10并在“时间线”面板中修改“分形杂色”层的模式为“屏幕”方式，如图5-369所示。

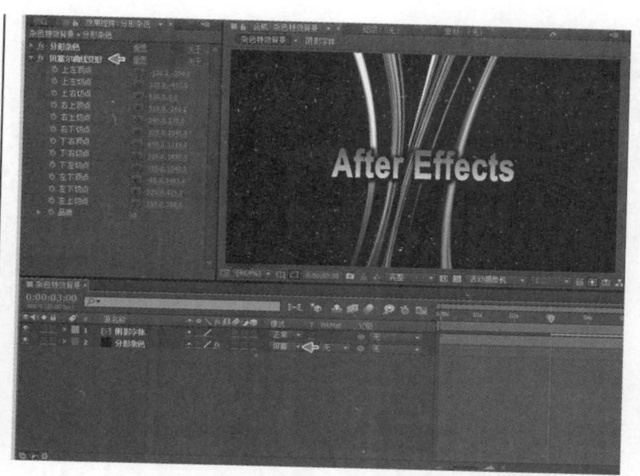

图5-369 贝塞尔曲线变形设置

03 在“时间线”面板中选择“分形杂色”层，然后在菜单中选择【效果】→【颜色校正】→【色相/饱和度】命令项，准备为纯色层添加色相/饱和度效果，如图5-370所示。

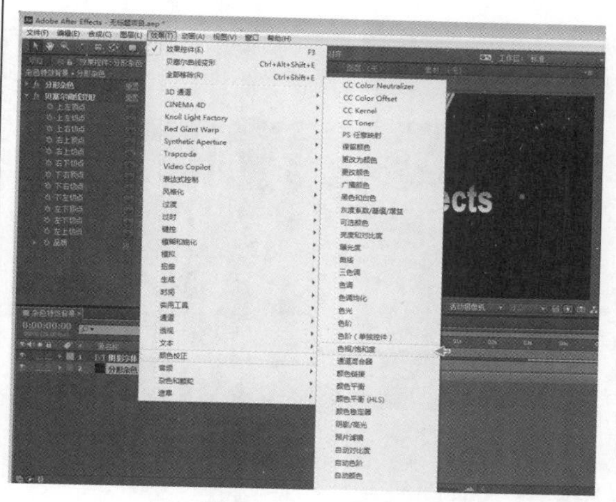

图5-370 添加色相/饱和度

04 在“效果”面板中勾选“色相/饱和度”特效的彩色化选项并设置着色饱和度值为40，将时间滑块拖拽至影片的起始位置，然后在“效果”面板中单击着色色相项前的码表图标，添加起始关键帧并设置着色色相值为0×，如图5-371所示。

05 在“时间线”面板中将时间滑块拖拽至影片第7秒24帧位置，再设置着色色相值为4×，记录结束关键帧的动画，如图5-372所示。

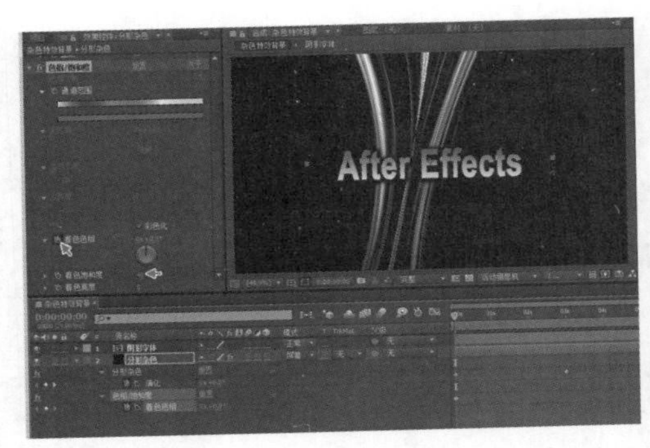

图5-371 色相/饱和度设置

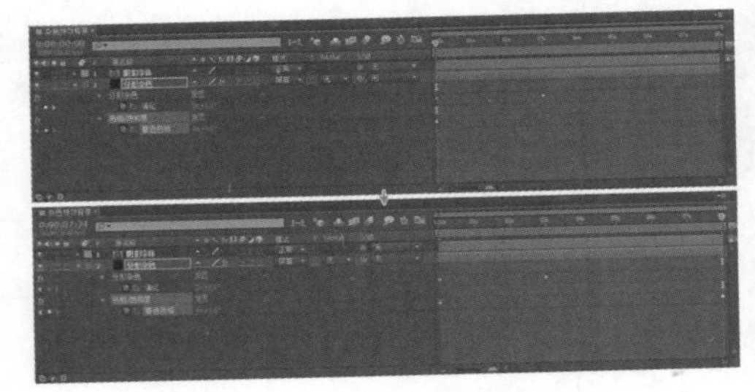

图5-372 着色色相动画设置

06 按键盘数字输入区域的“0”键预览合成动画，效果如图5-373所示。

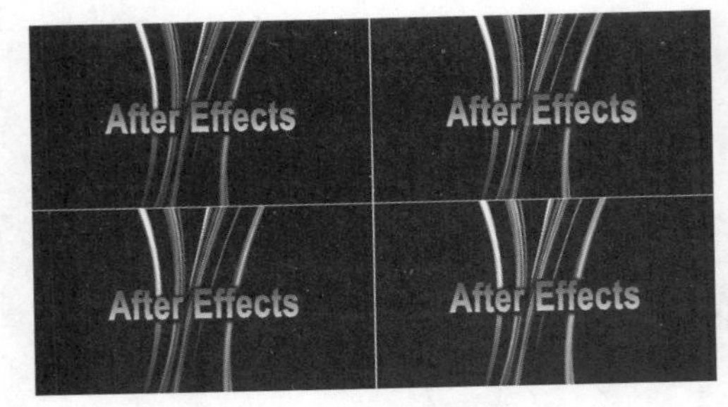

图5-373 预览效果

07 在“时间线”面板中选择“分形杂色”层，然后在菜单中选择【效果】→【风格化】→【发光】命令项，准备为分形杂色添加发光效果，如图5-374所示。

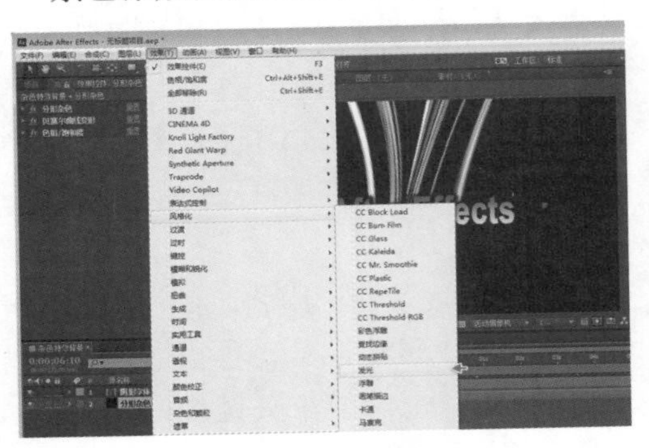

图5-374 添加发光

08 在“效果”面板中设置“发光”特效的发光阈值为25，再设置发光半径值为40，如图5-375所示。

图5-375 发光设置

09 在“时间线”面板中选择“分形杂色”层，然后在菜单中选择【编辑】→【重复】命令项，准备复制分形杂色层，如图5-376所示。

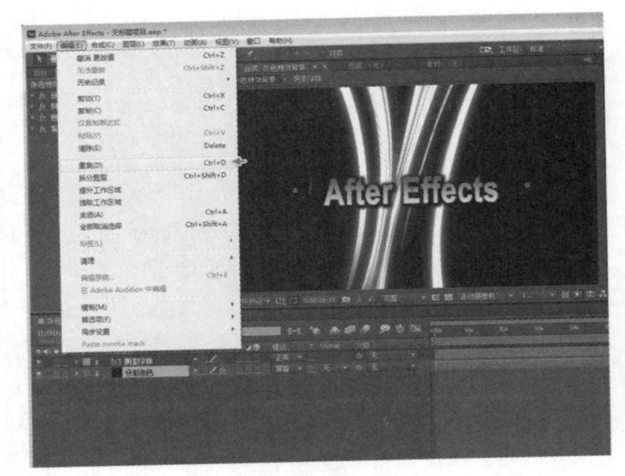

图5-376 复制图层

10 在“时间线”面板中选择“分形杂色2”层，然后按“P”键展开其位置选项，按住“Shift”键再配合“S”键展开其缩放选项，将其位置值设置为X轴800、Y轴360，再设置缩放值为140，如图5-377所示。

11 在“时间线”面板中选择“分形杂色2”层，然后按“U”键展开已设置的关键帧，修改演化的起始关键帧为1×+0.0°，修改着色色相的起始关键帧为1×+180°，如图5-378所示。

图5-377 位置与缩放设置

图5-378 起始帧数值修改

⑫ 按键盘数字输入区域的“0”键预览合成动画，效果如图5-379所示。

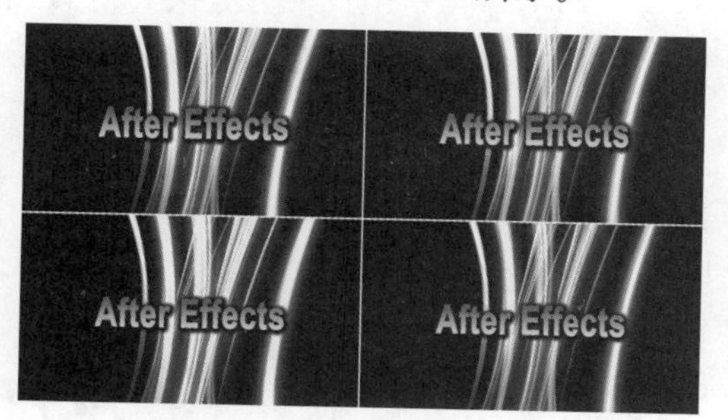

图5-379 预览效果

⑬ 按“Ctrl+Y”键新建纯色层，在弹出的“纯色设置”对话框中设置名称为“粒子背景”，单击“制作合成大小”按钮将其分辨率设置为1280×720像素，再将纯色层的颜色设置为蓝色，如图5-380所示。

“制作合成大小”的功能会将建立的纯色层自动匹配合成影片尺寸。

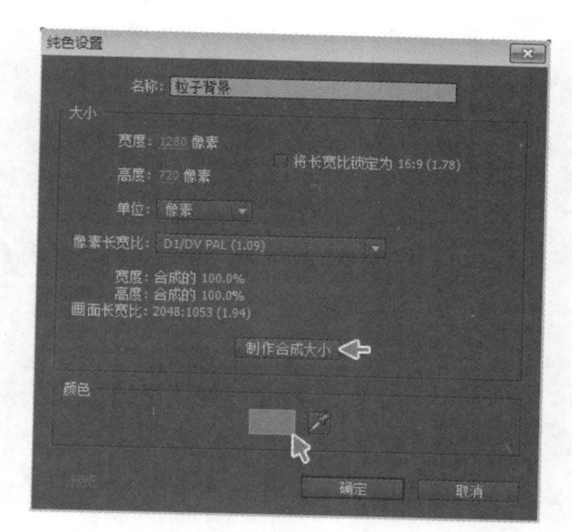

图5-380 纯色设置

⑭ 在“时间线”面板中选择“粒子背景”层，然后在菜单中选择【效果】→【模拟】→【CC Particle World】命令项，准备为粒子背景层添加粒子效果，如图5-381所示。

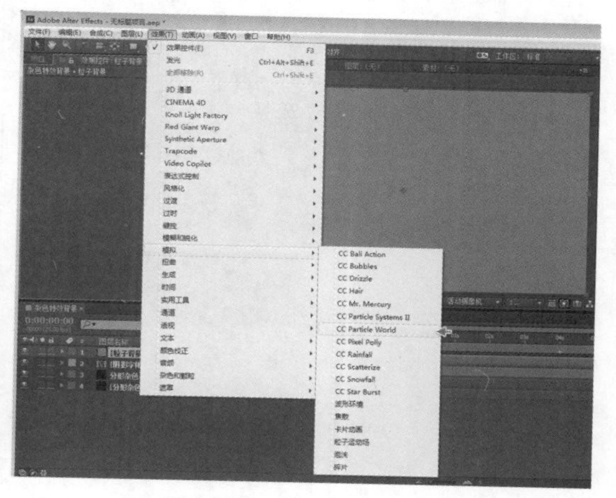

图5-381 添加粒子世界

Particle World（粒子世界）滤镜是CC插件里最好的一款粒子插件，主要包括发射、粒子、物理系统等，比Particle（粒子）滤镜简略得多，参数也简单很多，但效果设置与展示更快，所以非常常用。

⑮ 在“效果”面板中取消勾选“CC Particle World”特效中的Grid（网格）选项，如图5-382所示。

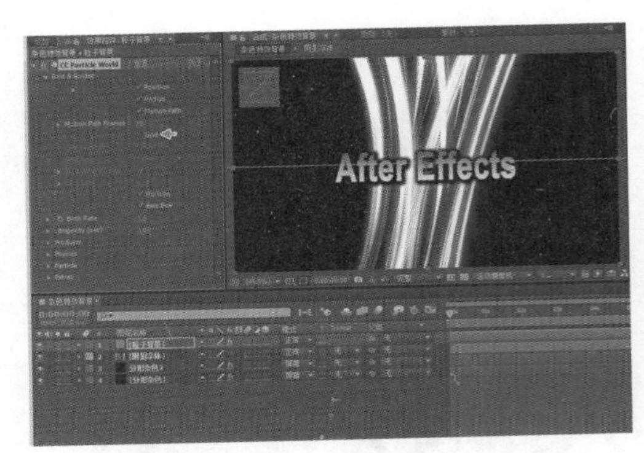

图5-382　网格设置

⑯ 在“效果”面板中展开Producer（制造）卷展栏，然后设置Radius X（X轴半径）值为0.8、Radius Y（Y轴半径）值为0.5及Radius Z（Z轴半径）值为1，如图5-383所示。

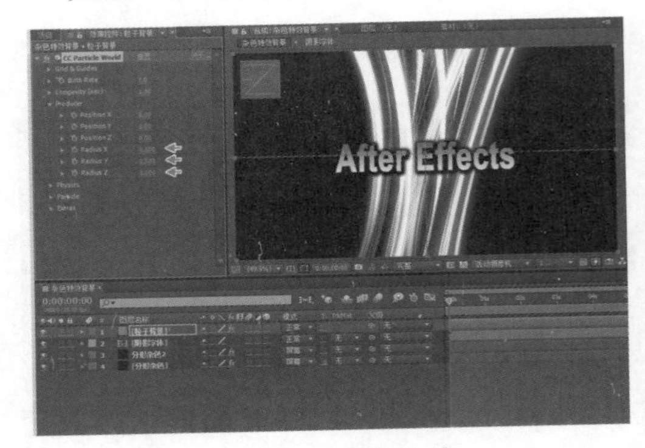

图5-383　半径设置

⑰ 在“效果”面板中设置特效的Velocity（速率）值为0，再设置Gravity（重力）值为0，如图5-384所示。

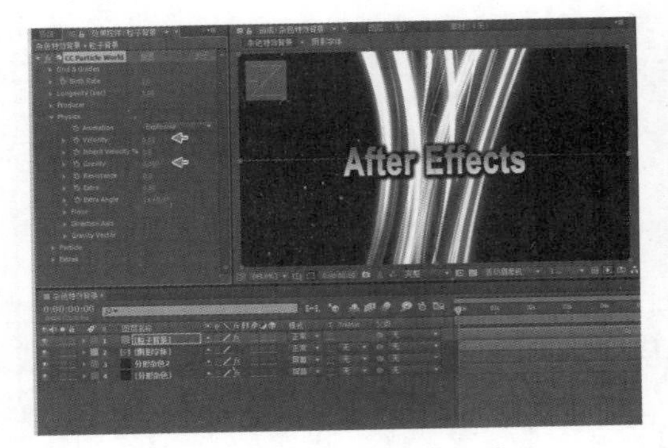

图5-384　速率与重力设置

⑱ 在“效果”面板中设置特效的Particle Type（粒子类型）类型为Lens Bubble（透镜泡沫）方式，再设置Birth Size（出生大小）值为0.15、Death Size（死亡大小）值为0.15，如图5-385所示。

图5-385　类型与大小设置

专家课堂

“出生大小”值主要控制粒子显示时的大小尺寸，“死亡大小”值主要控制粒子消失时的大小尺寸。

⑲ 在“时间线”面板中选择“粒子背景”层，然后在菜单中选择【效果】→【风格化】→【发光】命令项，准备为粒子背景层添加发光效果，如图5-386所示。

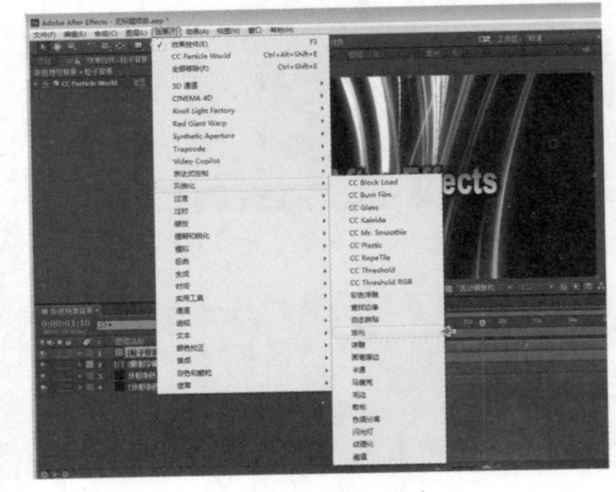

图5-386　添加发光

⑳ 在“效果”面板中设置“发光”特效的发光阈值为40、发光半径值为20、发光强度值为5，如图5-387所示。

㉑ 按键盘数字输入区域的“0”键预览合成动画，效果如图5-388所示。

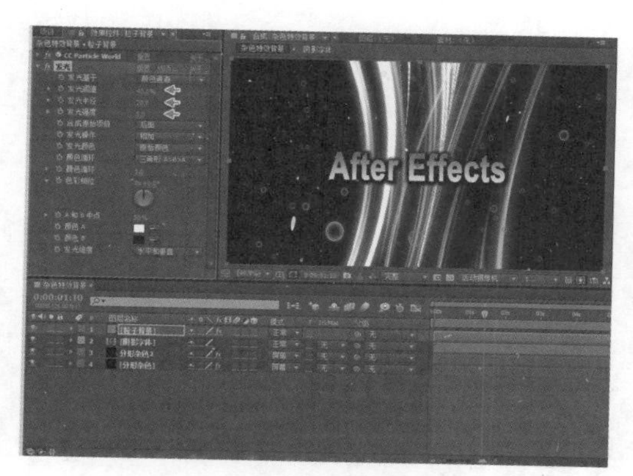
图5-387 发光设置

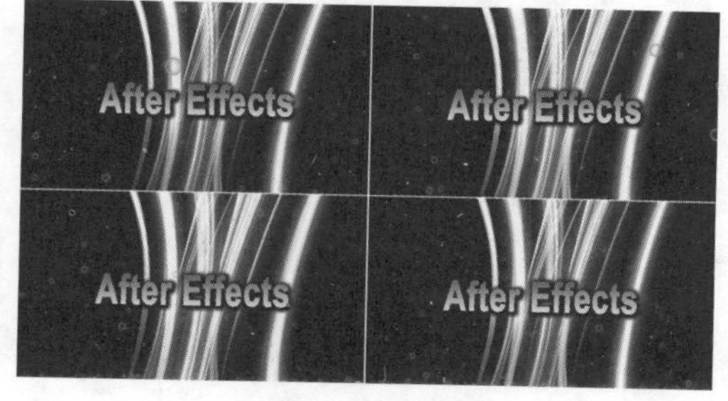

图5-388 预览效果

22 按“Ctrl+Y”键新建纯色层，在弹出的“纯色设置”对话框中设置名称为“灯光”、大小为2000×1400像素、颜色为黑色，如图5-389所示。

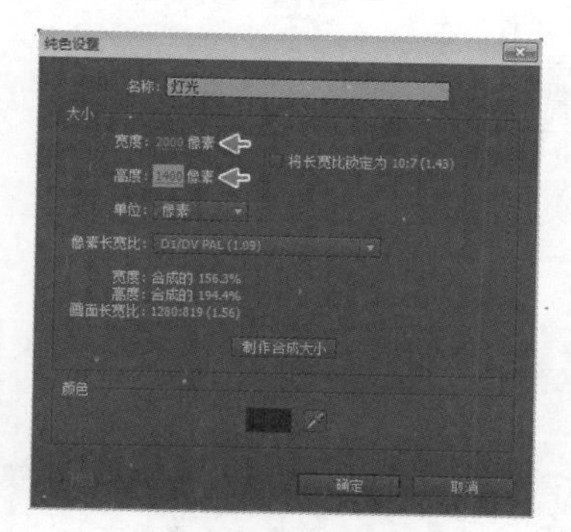
图5-389 纯色设置

专家课堂

新建的“纯色层”尺寸比合成影片大，其目的为更易控制光斑的位置。

23 在“时间线”面板中选择“灯光”层，然后在菜单中选择【效果】→【生成】→【镜头光晕】命令项，准备为合成影片添加镜头光晕装饰效果，如图5-390所示。

图5-390 添加镜头光晕

24 在默认的“镜头光晕”参数下观察“合成”窗口效果，“镜头光晕”效果与“分形杂色”层的颜色过于相同，而显得合成影片过于单调，如图5-391所示。

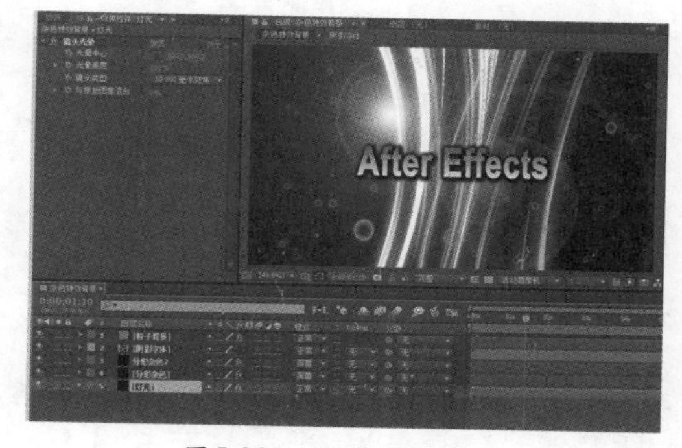

图5-391 预览镜头光晕

25 在“时间线”面板中选择“灯光”层，然后在菜单中选择【效果】→【颜色校正】→【色相/饱和度】命令项，准备更改灯光层镜头光晕的色相，如图5-392所示。

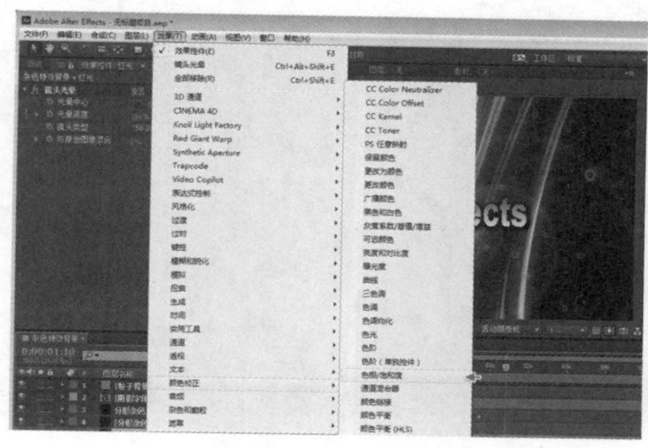
图5-392 添加色相/饱和度

26 在“效果”面板中勾选“色相/饱和度”特效的“彩色化”选项，然后设置着色色相值为170，如图5-393所示。

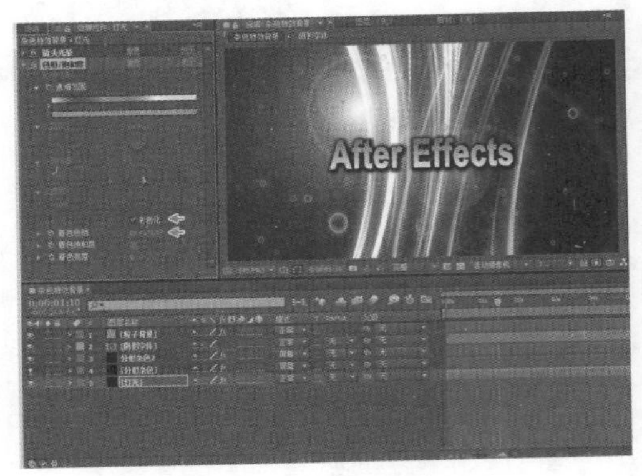

图5-393　色相/饱和度设置

27 在菜单中选择【图层】→【新建】→【摄像机】命令项，准备在合成中进行镜头设置，如图5-394所示。

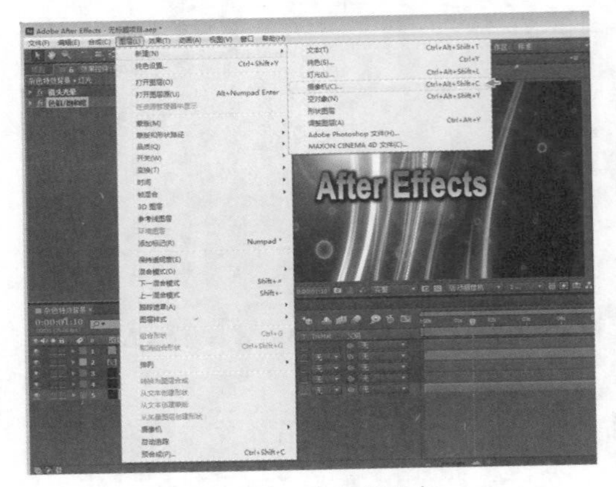

图5-394　添加摄像机

28 在弹出的“摄像机设置”对话框中设置预设类型为“35毫米”，如图5-395所示。

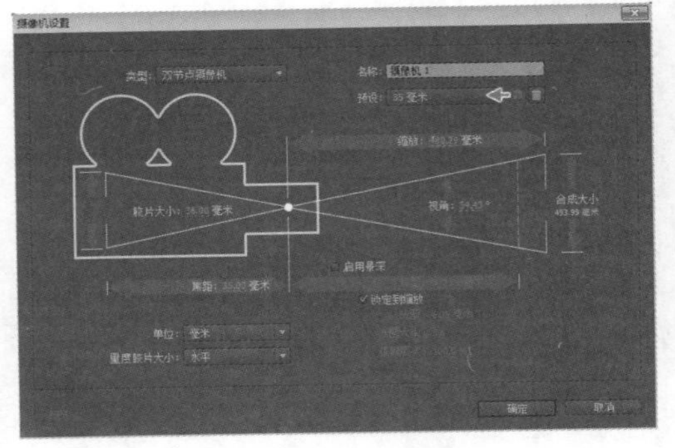

图5-395　摄像机设置

29 在“时间线”面板中开启阴影字体、分形杂色2、分形杂色、灯光图层的3D图层项，如图5-396所示。

图5-396　开启3d图层选项

专家课堂

摄影机的应用需配合图层开启三维模式，从而调节合成的空间效果。

30 在“时间线”面板中选择“阴影字体”层并按“P”键设置位置值为X轴640、Y轴360及Z轴－300，然后设置“分形杂色2”层的位置值为X轴800、Y轴360及Z轴－165，再修改“分形杂色”层的位置值为X轴640、Y轴360及Z轴－45，最后修改“灯光”层的位置值为X轴640、Y轴360及Z轴295，使多层合成元素产生空间变化，如图5-397所示。

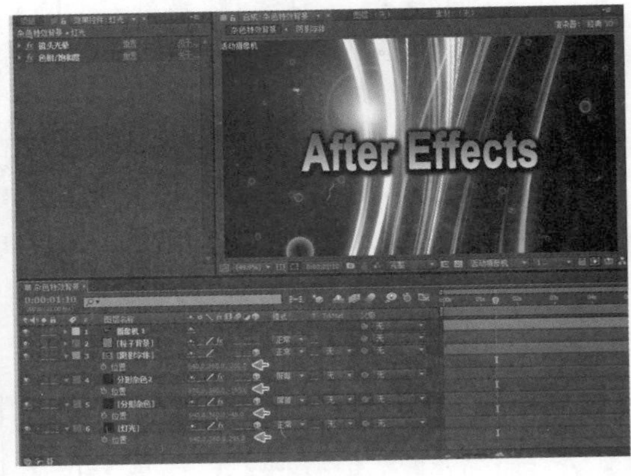

图5-397　修改位置

31 在“时间线”面板中将时间滑块拖拽至

影片的起始位置，按“P”键展开其位置选项并开启码表图标，设置位置值为X轴350、Y轴360及Z轴－1361.4，再将时间滑块拖拽至影片第6秒设置位置值为X轴880、Y轴360及Z轴－1361.4，如图5-398所示。

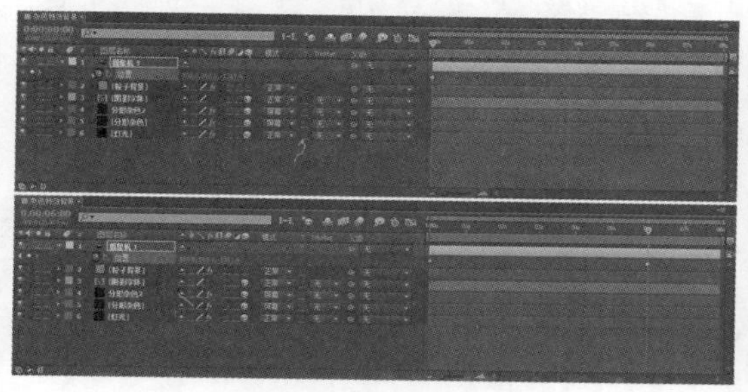

图5-398　位置动画设置

32 按键盘数字输入区域的“0”键预览合成动画，效果如图5-399所示。

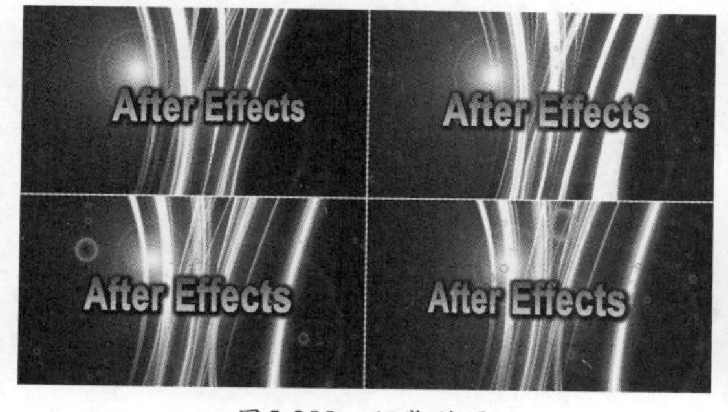

图5-399　预览效果

33 在“时间线”面板中将时间滑块拖拽至影片的起始位置，选择“灯光”层并在“效果”面板中单击光晕亮度前的码表图标，为其添加起始关键帧并设置光晕亮度为75；将时间滑块拖拽至影片第18帧的位置，设置光晕亮度值为100；再将时间滑块拖拽至影片第1秒位置，设置光晕亮度值为300；最后将时间滑块拖拽至影片第1秒8帧位置，设置光晕亮度值为70，如图5-400所示。

34 按键盘数字输入区域的“0”键预览合成动画，效果如图5-401所示。

35 在“时间线”面板中选择“阴影字体”图层，然后按“T”键展开不透明度选项并开启码表图标，将时间滑块拖拽至影片第24帧位置，设置起始帧不透明度值0；再将时间滑块拖拽至影片第1秒8帧位置，设置结束帧不透明度值100，如图5-402所示。

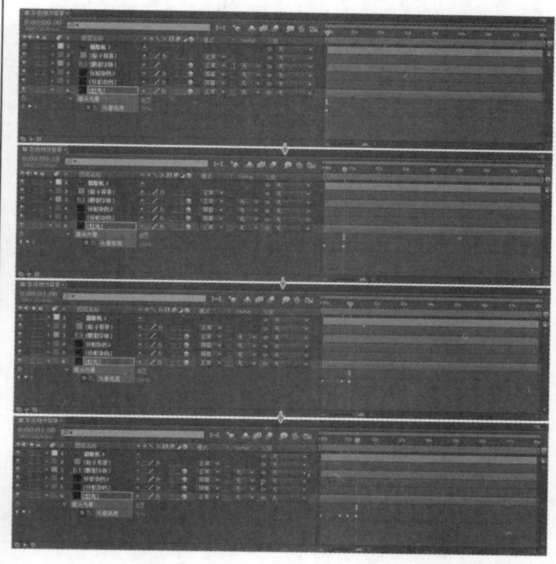

图5-400　光晕亮度动画设置

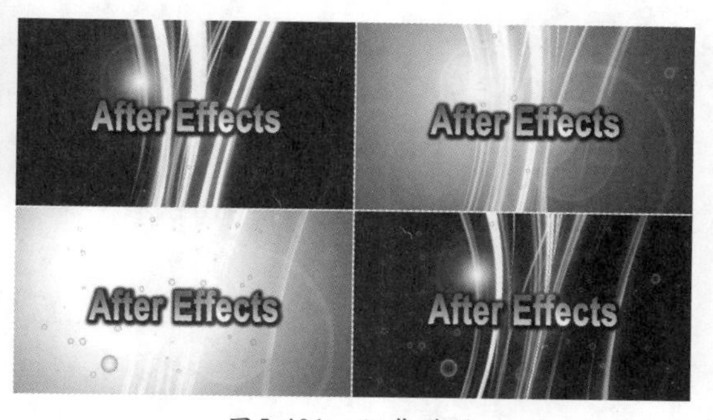

图5-401　预览效果

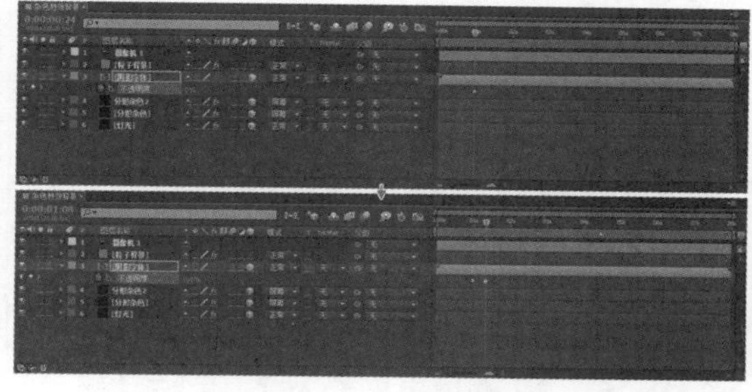

图5-402　不透明度动画

36 按键盘数字输入区域的“0”键预览合成动画，效果如图5-403所示。

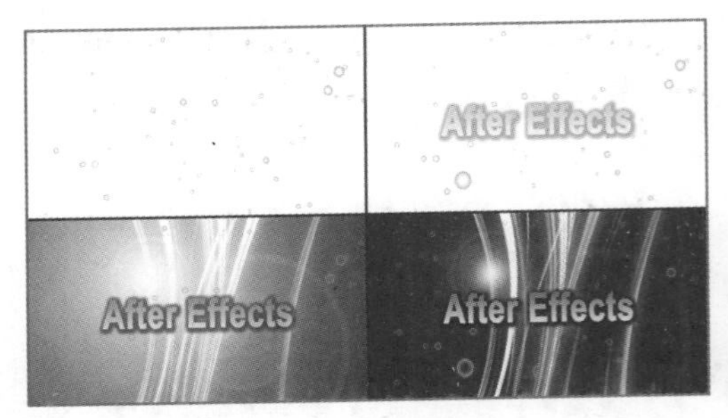

图5-403　预览效果

37 在“时间线”面板中选择“阴影字体”层，然后在菜单中选择【效果】→【模糊和锐化】→【CC Vector Blur（矢量模糊）】命令项，准备为字体添加模糊效果，如图5-404所示。

图5-404　添加矢量模糊

38 在“效果”面板中设置“矢量模糊”特效的Amount（数量）值为35，将时间滑块拖拽至影片的第24帧位置，然后单击Amount（数量）项前的码表图标，为其添加起始关键帧，如图5-405所示。

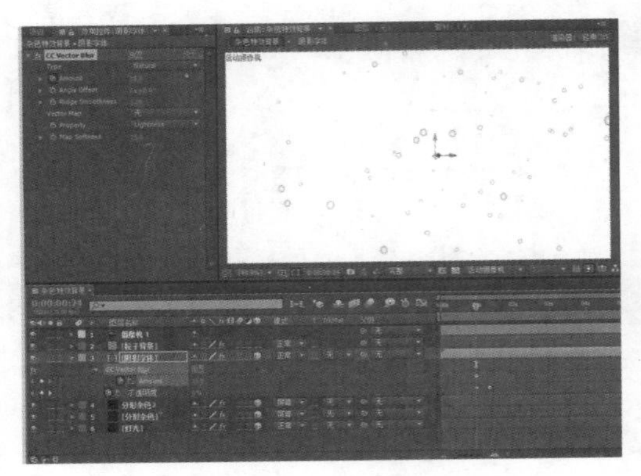
图5-405　CC Vector Blur设置

39 在“时间线”面板中将时间滑块拖拽至影片第1秒19帧位置并设置Amount（数量）值为0，如图5-406所示。

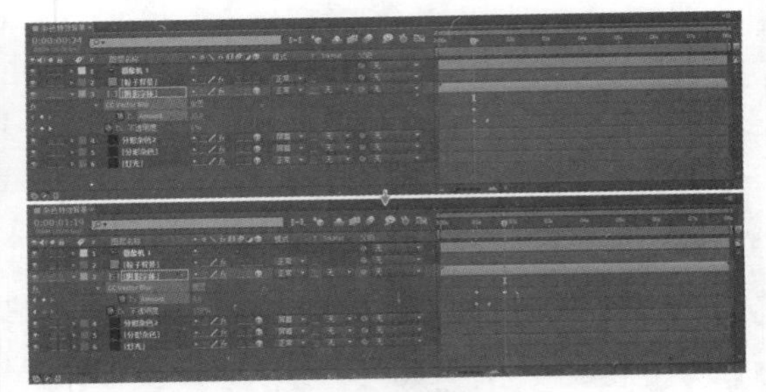
图5-406　数量动画设置

40 按键盘数字输入区域的“0”键预览合成动画，通过Amount（数量）值的动画设置后，文字将呈现出由模糊至清晰的特效过程，效果如图5-407所示。

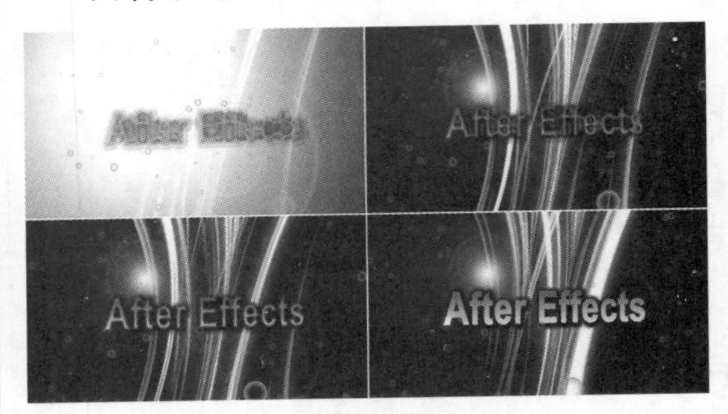

图5-407　预览效果

41 在“时间线”面板中选择“阴影字体”层，然后在菜单中选择【效果】→【生成】→【CC Light Sweep】命令项，准备为字体添加扫光效果，如图5-408所示。

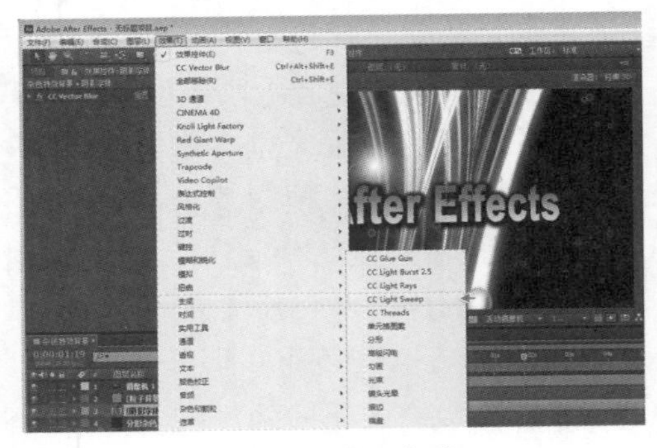
图5-408　添加扫光

42 在“效果”面板中设置“扫光”特效的Center（中心）值为X轴250、Y轴355，将时间滑块拖拽至影片的2秒4帧位置，然后单击Center（中心）项前的码表图标，为其添加起始关键帧；继续在“时间线”面板中将时间滑块拖拽至影片第3秒10帧位置，再设置Center（中心）值为X轴1030、Y轴365，如图5-409所示。

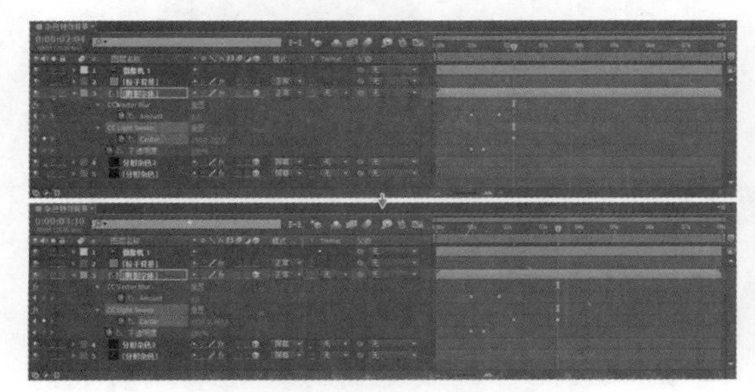
图5-409 中心动画设置

43 按键盘数字输入区域的“0”键预览合成动画，效果如图5-410所示。

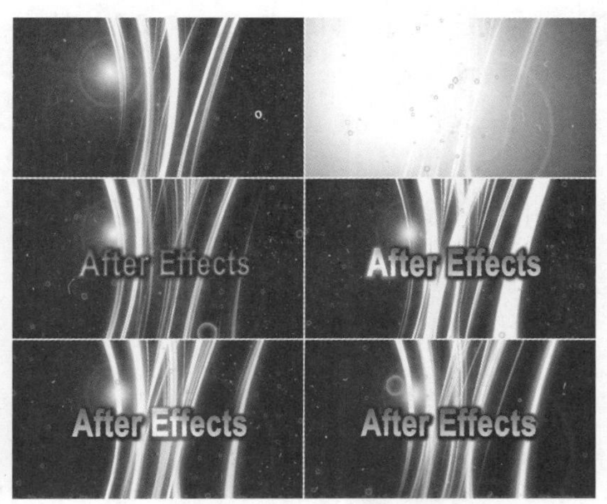

图5-410 最终效果

5.12 实例——炫彩光条

素材文件	配套光盘→范例文件→Chapter5	难易程度	★★☆☆☆
重要程度	★★★★★	实例重点	掌握光条运动的影视效果动画制作设置

“炫彩光条”实例在制作过程先运用光条素材进行设置，然后通过添加光斑效果及设置遮罩、叠加等项目，使光条炫彩运动，从而丰富影片合成的效果，如图5-411所示。

“炫彩光条”实例的制作流程主要分为3部分，包括①添加光条素材；②添加光标特效；③光标特效设置，如图5-412所示。

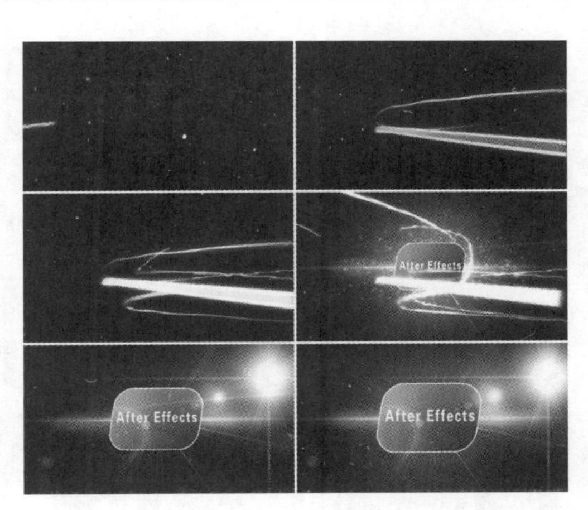

图5-411 实例效果

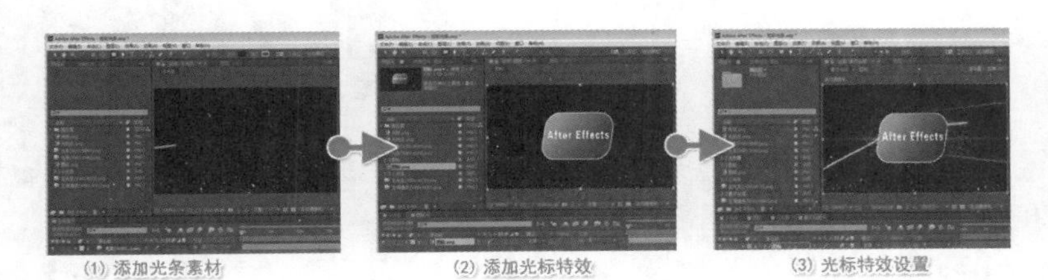

图5-412 制作流程

5.12.1 添加光条素材

01 双击桌面上的After Effects CC快捷图标启动软件，在"项目"面板中空白位置双击鼠标"左"键，选择本书配套光盘中的"光斑"、"光斑点"、"图标"、"光条[0001-0088]"、"光条[0001-0180]"、"右光条[0001-0072]"、"左弯曲条[0001-0091]"素材进行导入，作为影片合成的添加，如图5-413所示。

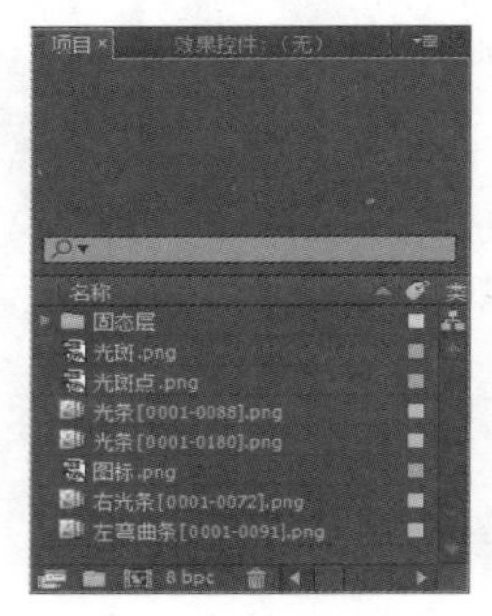

图5-413 添加素材

专家课堂

在添加图像串素材时，需要在"导入"对话框中开启"序列"，使图像串作为序列动画导入。

02 在菜单中选择【合成】→【新建合成】命令项，准备新建合成文件，如图5-414所示。

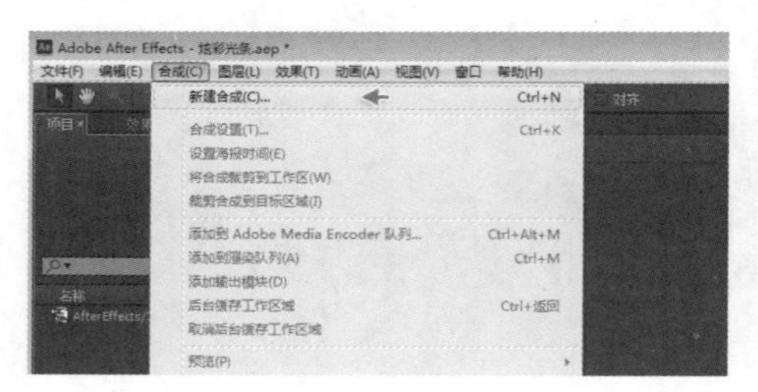

图5-414 新建合成

03 在弹出的"合成设置"对话框中设置合成名称为"小光条"、预设为"HDV/HDTV 720 25"类型、帧速率为25帧/秒、持续时间为6秒及背景颜色为黑色，如图5-415所示。

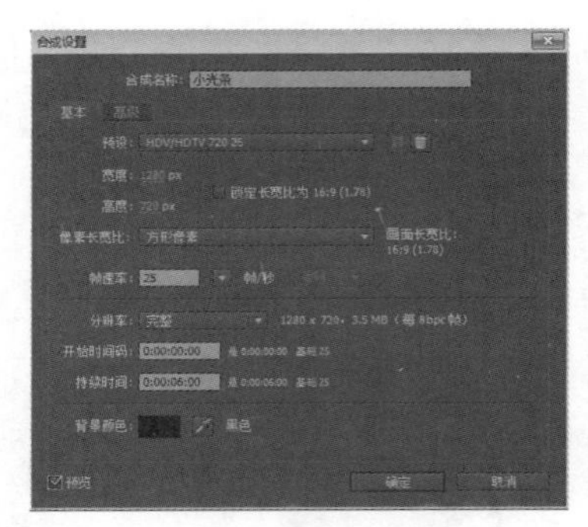

图5-415 合成设置

04 在"项目"面板中选择"光条[0001-0180]"素材，然后将此素材拖拽至"时间线"面板，作为合成影片的背景素材，在"合成"窗口将显示视频素材的默认效果，如图5-416所示。

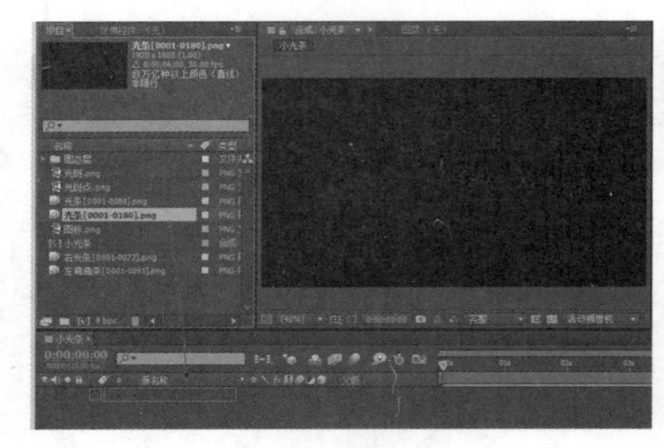

图5-416 添加素材

05 在"项目"面板中选择"光条[0001-0088]"素材，然后将此素材拖拽至"时间线"面板并放置在顶层，作为合成影片的背景素材，在"合成"窗口将显示视频素材的默认效果，如图5-417所示。

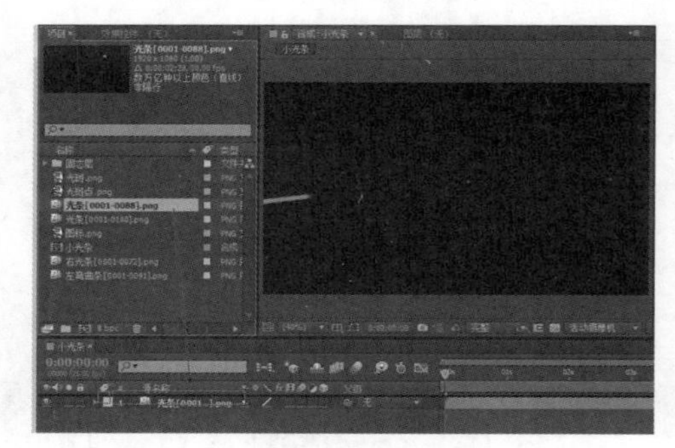

图5-417 添加素材

06 在"时间线"面板中选择"光条[0001-0088]"背景层，然后按"Ctrl+D"键复制图层，准备调整图层的顺序，如图5-418所示。

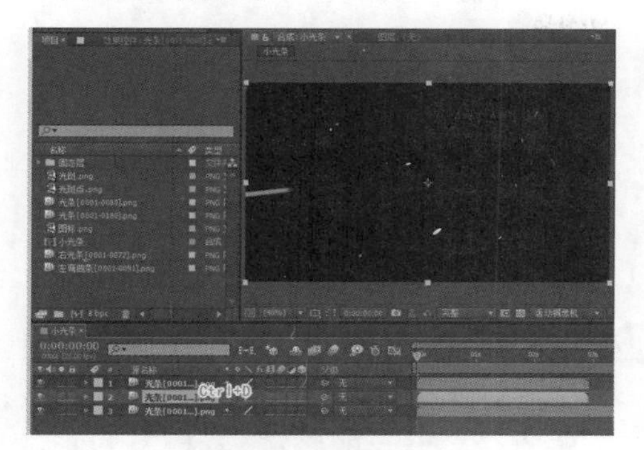

图5-418　复制图层

07 在“时间线”面板中选择“光条[0001-0088]”，将素材层起始位置拖拽至影片第2秒10帧位置，使光条层在影片第2秒10帧后才显示动画效果，如图5-419所示。

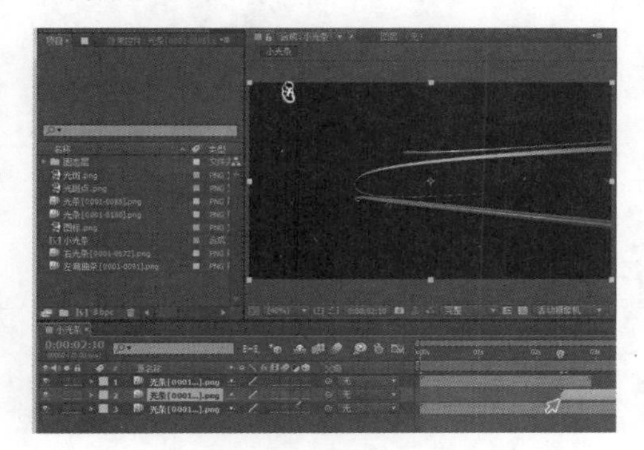

图5-419　调节图层

专家课堂

在“时间线”面板中先选择需要调整的素材层，然后按住鼠标“左”键拖拽素材层的位置，从而改变素材的显示时间信息。

08 在“项目”面板中选择“左弯曲条[0001-0091]”素材，然后将此素材拖拽至“时间线”面板放置在顶层，作为合成影片的背景素材，如图5-420所示。

09 在“时间线”面板中选择“左弯曲条[0001-0091]”素材，然后按“Ctrl+D”键复制图层，将素材层起始位置拖拽至影片第3秒10帧位置，使光条层在影片第3秒10帧后才显示动画效果，如图5-421所示。

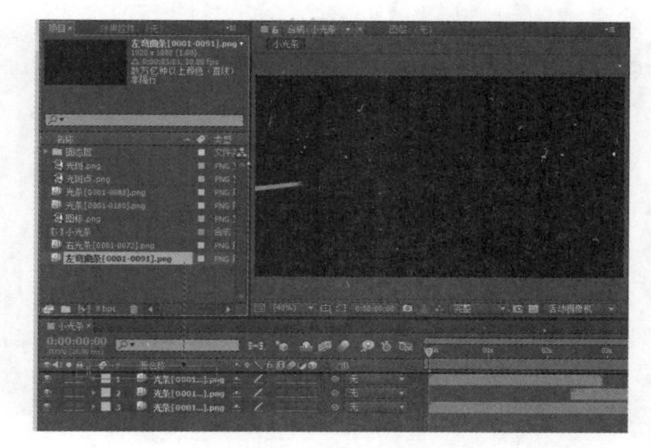

图5-420　添加素材

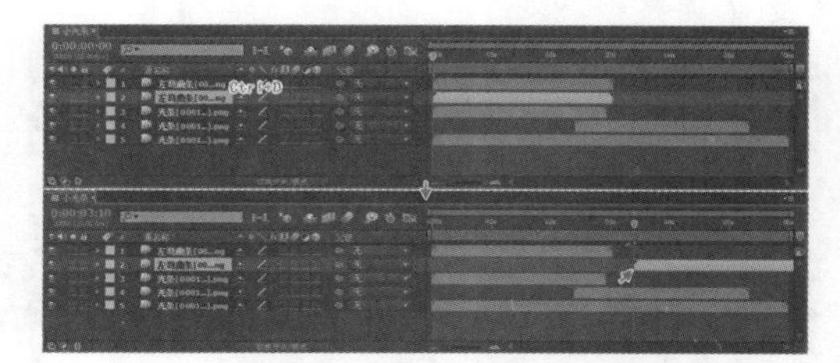

图5-421　调节图层

10 在“项目”面板中选择“右光条[0001-0072]”素材，然后将此素材拖拽至“时间线”面板放置在“左弯曲条”两层之间，作为合成影片的背景素材，如图5-422所示。

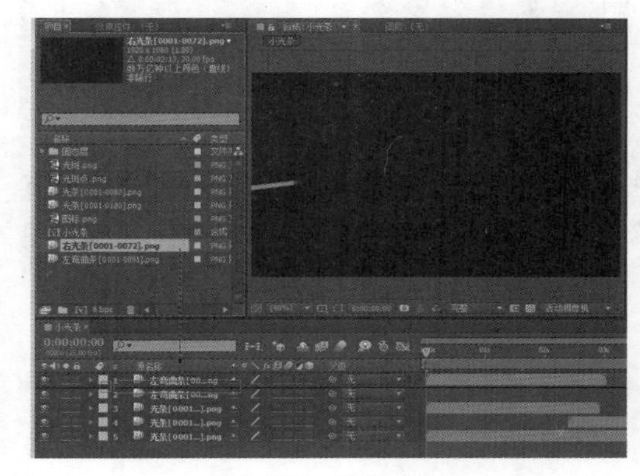

图5-422　添加素材

11 在“时间线”面板中选择“右光条[0001-0072]”素材，然后将素材层起始位置拖拽至影片第2秒10帧位置，使光条层在影片第2秒10帧后才显示动画效果，如图5-423所示。

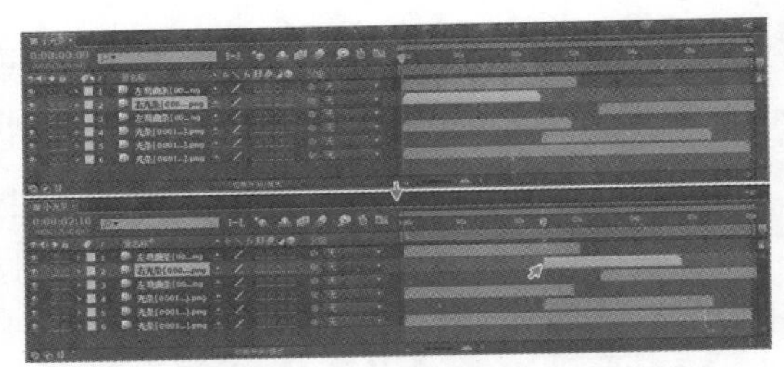
图5-423 调节图层

⑫ 在“时间线”面板中选择“右光条[0001-0072]”素材，然后按“Ctrl+D”键复制图层，将素材层起始位置拖拽至影片第3秒5帧位置，使光条层在影片第3秒5帧后才显示动画效果，如图5-424所示。

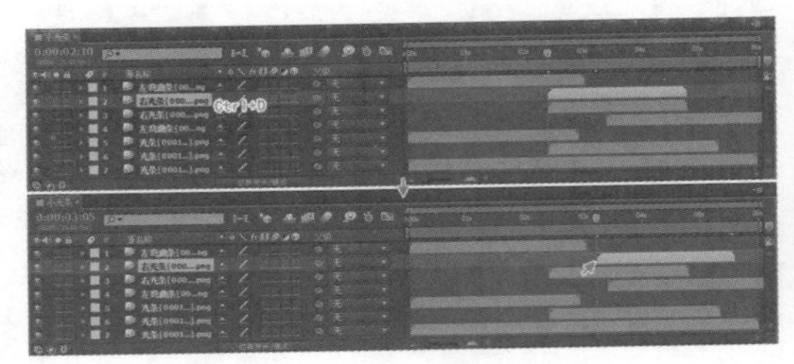
图5-424 复制图层

⑬ 在“预览”面板中单击▶播放/暂停按钮，然后在“合成”窗口中观察光条的动画效果，如图5-425所示。

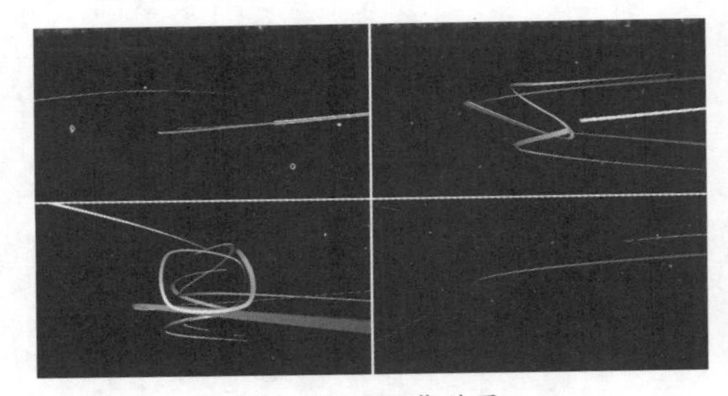
图5-425 预览效果

5.12.2 添加光标效果

01 在菜单中选择【合成】→【新建合成】命令项，新建合成文件，在弹出的“合成设置”对话框中设置合成名称为“图标”、预设为“HDV/HDTV 720 25”类型、帧速率为25帧/秒、持续时间为16秒、背景颜色为黑色，如图5-426所示。

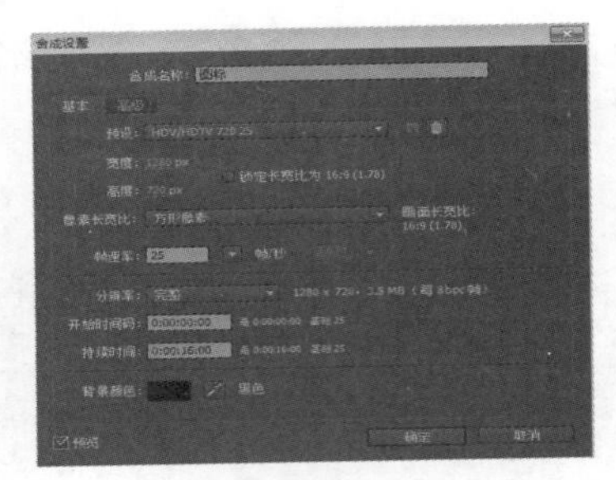
图5-426 合成设置

02 在“项目”面板中选择“图标”素材，然后将此素材拖拽至“时间线”面板，作为合成影片的图标素材，如图5-427所示。

图5-427 添加素材

03 在菜单中选择【合成】→【新建合成】命令项，新建合成文件，在弹出的“合成设置”对话框中设置合成名称为“光条圈”、预设为“HDV/HDTV 720 25”类型、帧速率为25帧/秒、持续时间为6秒12、背景颜色为黑色，如图5-428所示。

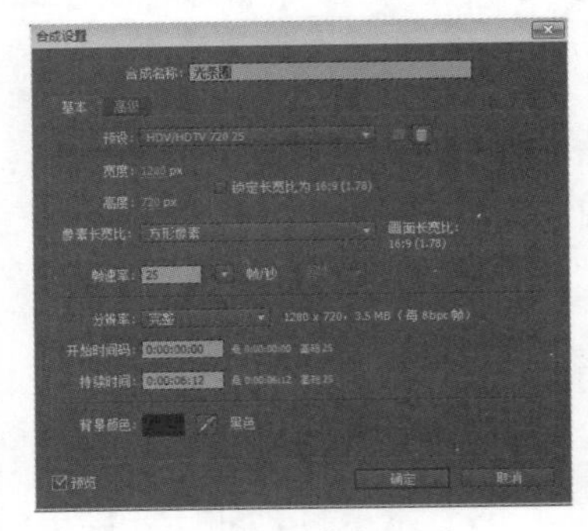
图5-428 合成设置

04 在“项目”面板中选择“光条[0001-0180]”素材，然后将此素材拖拽至“时间线”面板，作为合成影片的动画素材，如图5-429所示。

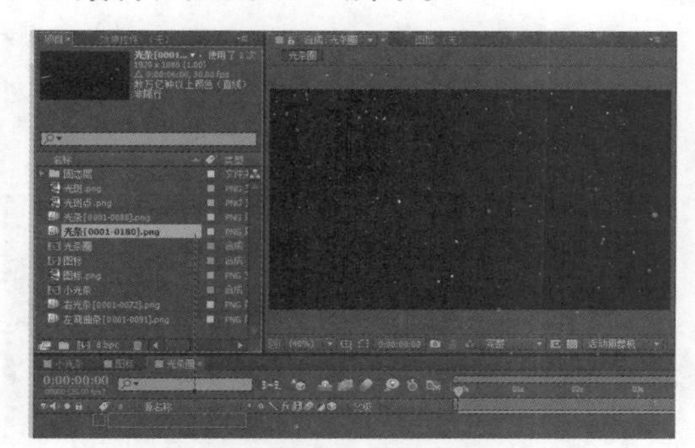

图5-429 添加素材

05 在“项目”面板中选择“光条[0001-0088]”素材，然后将此素材拖拽至“时间线”面板并放置在最顶层，作为合成影片的动画素材，如图5-430所示。

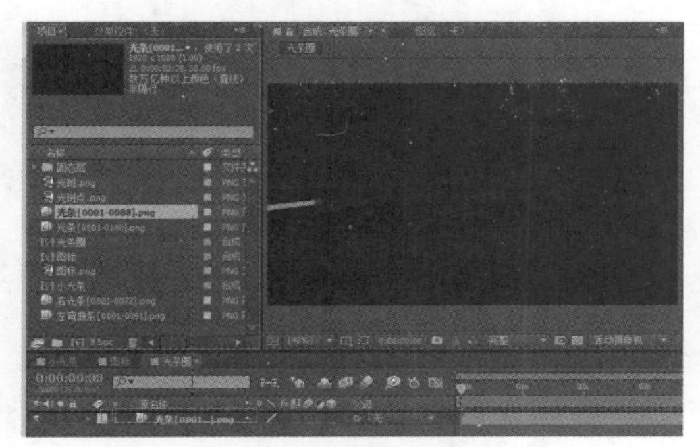

图5-430 添加素材

06 在“时间线”面板中选择“光条[0001-0088]”素材，然后按“Ctrl+D”键复制图层，将素材层起始位置拖拽至影片第2秒10帧位置，使光条层只在影片第2秒10帧后才显示动画效果，如图5-431所示。

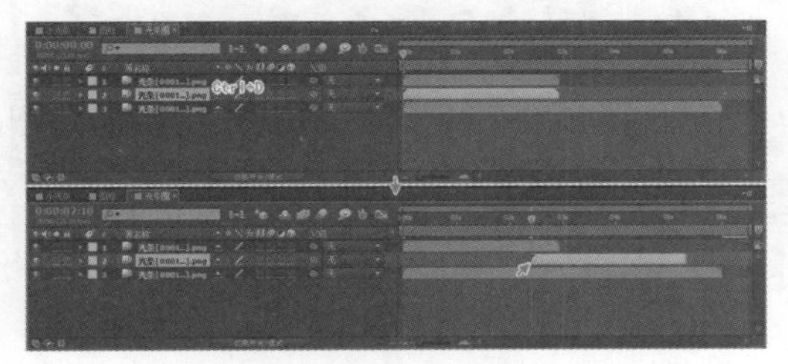

图5-431 调节图层

07 在“项目”面板中选择“左弯曲条[0001-0091]”素材，然后将此素材拖拽至“时间线”面板并放置在最顶层，作为合成影片的动画素材，如图5-432所示。

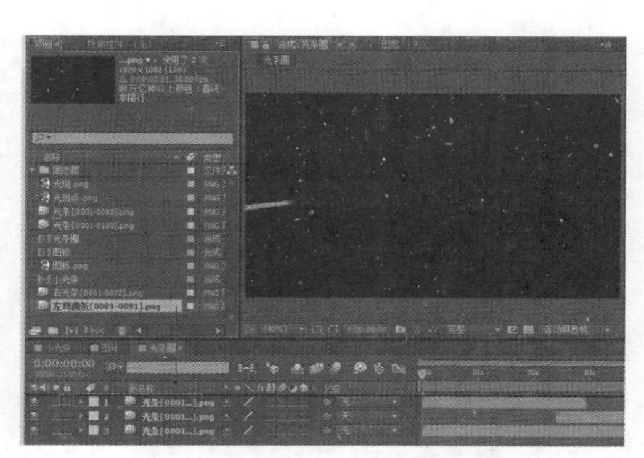

图5-432 添加素材

08 在“时间线”面板中选择“左弯曲条[0001-0091]”素材，然后按“Ctrl+D”键复制图层，再将素材层起始位置拖拽至影片第3秒11帧位置，使光条层只在影片第3秒11帧后才显示动画效果，如图5-433所示。

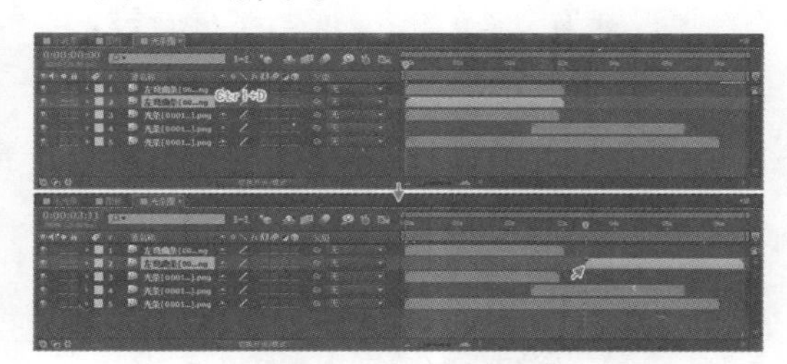

图5-433 调节图层

09 在“预览”面板中单击▶播放/暂停按钮，然后在“合成”窗口中观察光条的动画效果，如图5-434所示。

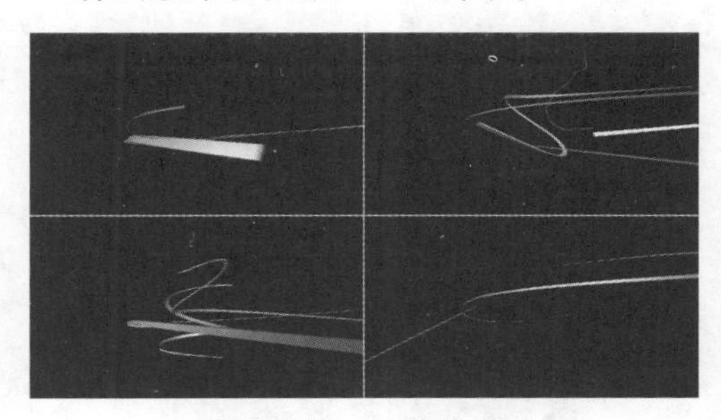

图5-434 预览效果

5.12.3 光标效果设置

01 在菜单中选择【合成】→【新建合成】命令项，新建合成文件，在弹出的“合成设置”对话框中设置合成名称为“最终合成”、预设为“HDV/HDTV 720 25”类型、帧速率为25帧/秒、持续时间为10秒10、背景颜色为黑色，如图5-435所示。

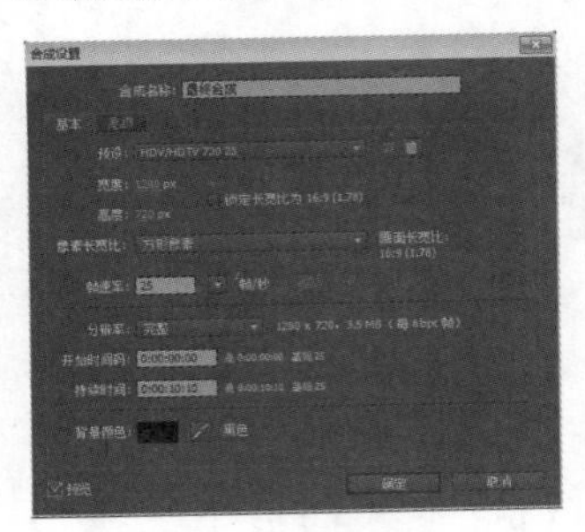

图5-435 合成设置

02 在菜单中选择【图层】→【新建】→【纯色】命令项，然后在弹出的“纯色设置”对话框中设置名称为“黑色板”、大小为1280×720像素，再将纯色层的颜色设置为“黑色”，如图5-436所示。

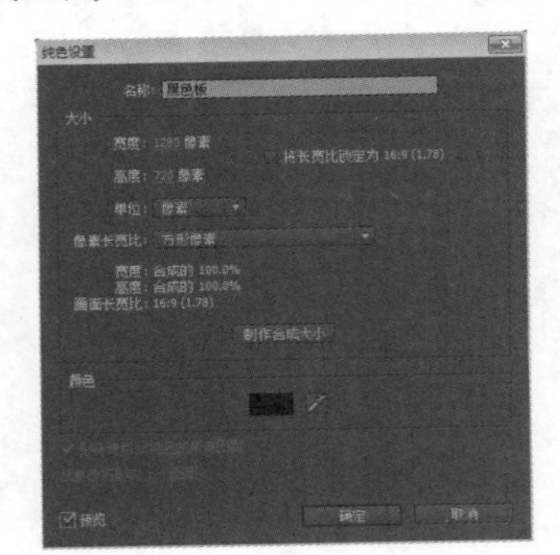

图5-436 纯色设置

03 在菜单中选择【图层】→【新建】→【纯色】命令项，然后在弹出的“纯色设置”对话框中设置名称为“品蓝色板”、大小为1280×720像素，再将纯色层的颜色设置为“蓝色”，如图5-437所示。

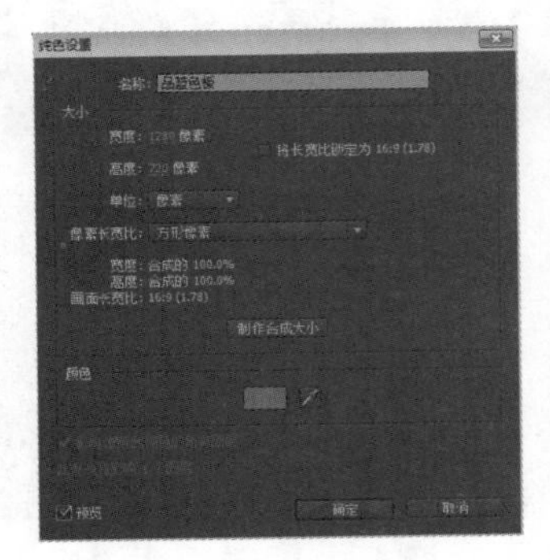

图5-437 纯色设置

04 添加纯色层后，在“时间线”面板选择“品蓝色板”层并开启运动模糊按钮，准备为影片添加运动模糊效果，如图5-438所示。

图5-438 运动模糊效果设置

专家课堂

在“时间线”面板中开启运动模糊功能，模糊是按照所设定素材的运动速度自动应用的，不能进行手动控制。如果需要控制的话，便需要添加模糊滤镜效果。

05 在“时间线”面板中选择“品蓝色板”层，然后开启3D图层项目按钮，准备为影片设置旋转效果，如图5-439所示。

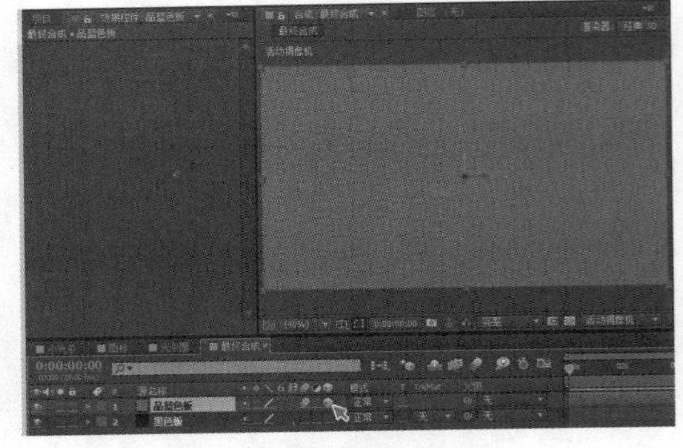

图5-439 3D效果设置

06 在“时间线”面板中选择“品蓝色板”层，然后将图层起始位置拖拽至影片第4秒20帧位置，使品蓝色板层在影片第4秒20帧后才显示图层效果，如图5-440所示。

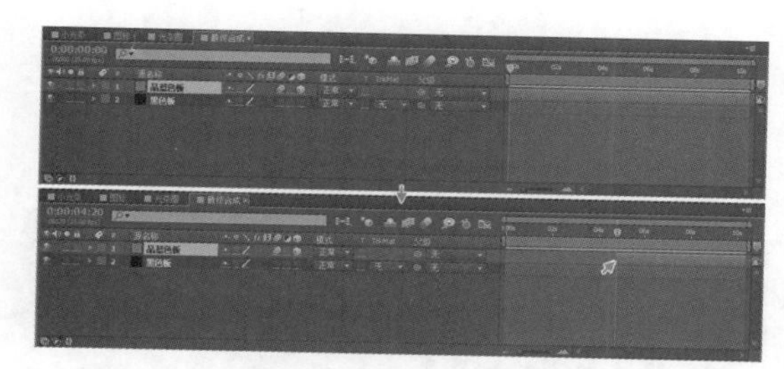

图5-440 调节图层

07 在“时间线”面板中选择“品蓝色板”层，并在工具栏中选择矩形遮罩工具按钮，然后在“合成”窗口中绘制选区，只在画面中间部分产生背景颜色，如图5-441所示。

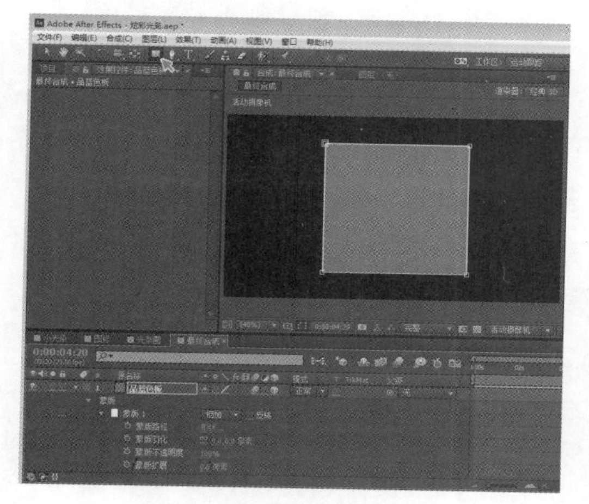

图5-441 绘制遮罩选区

08 在“时间线”面板中选择“品蓝色板”层，然后展开“蒙版”卷展栏，再设置蒙版羽化值为420，使遮罩边缘产生柔和过渡，如图5-442所示。

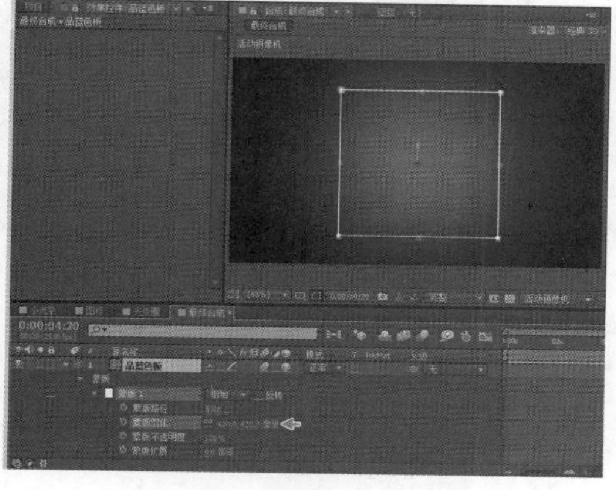

图5-442 蒙版羽化设置

09 在“时间线”面板中选择“品蓝色板”层，然后在菜单中选择【效果】→【颜色校正】→【色相/饱和度】命令项，准备为品蓝色板层添加色相效果，如图5-443所示。

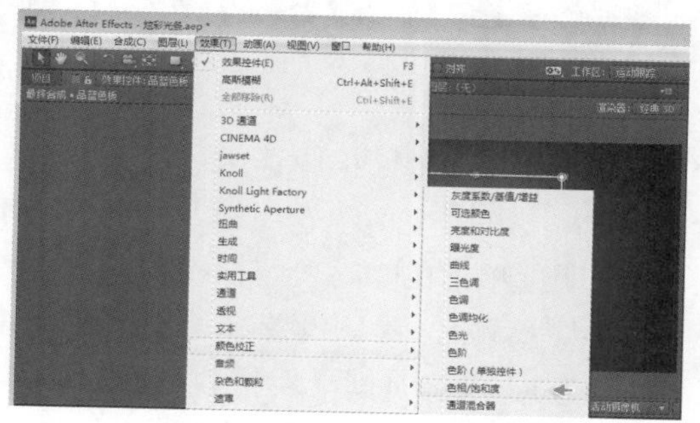

图5-443 添加色相/饱和度

10 添加“色相/饱和度”效果滤镜后，“品蓝色板”层中默认色相/饱和度效果并无变化，准备进行颜色变化的动画设置，如图5-444所示。

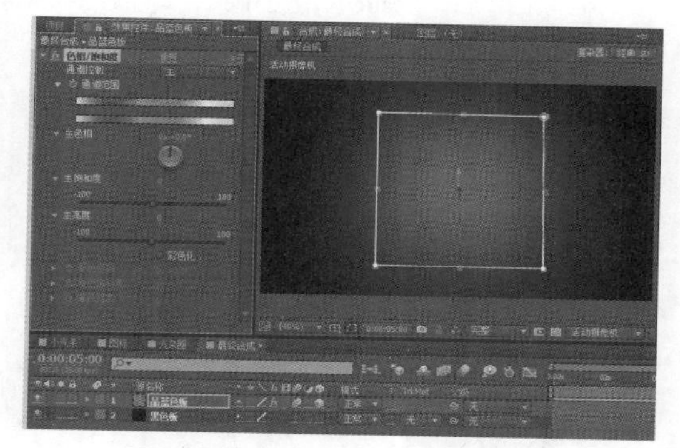

图5-444 默认色相/饱和度

11 在“时间线”面板中选择“品蓝色板”层并展开“效果”卷展栏，然后开启通道范围项前的码表图标按钮，在影片第5秒位置设置起始帧通道范围值为0；将时间滑块拖拽至影片第10秒位置，设置结束帧通道范围值为280，使色调/饱和度产生颜色变化动画，如图5-445所示。

专家课堂

在After Effects CC软件中，只要拥有码表按钮的项目都可以进行动画设置。

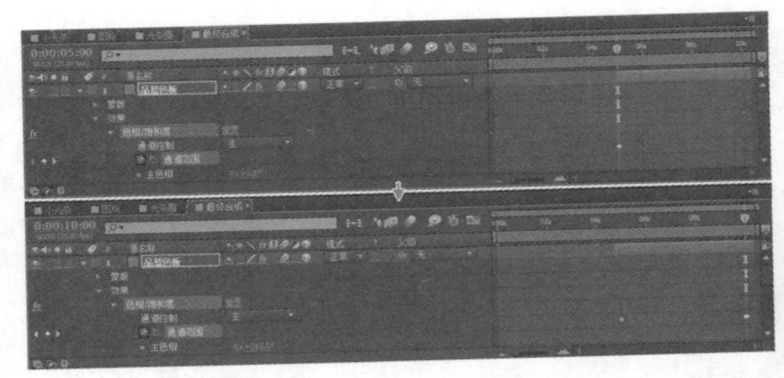

图5-445　范围动画设置

⑫ 在“时间线”面板中选择“品蓝色板”层并展开“变换”卷展栏，然后开启不透明度项前的码表图标按钮，在影片第4秒23帧位置，设置起始帧不透明度值为0；再将时间滑块拖拽至影片第6秒位置，设置动画帧不透明度值为100；继续将时间滑块拖拽至影片第6秒20帧位置，设置动画帧不透明度值为0；最后将时间滑块拖拽至影片第10秒位置，设置结束帧不透明度值为100，使品蓝色板层产生透明变化动画，如图5-446所示。

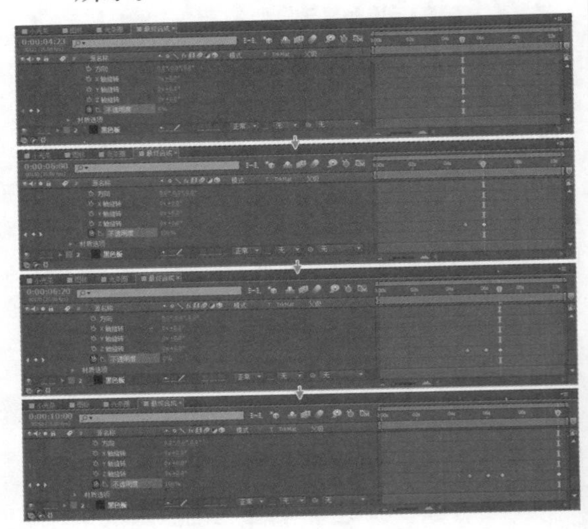

图5-446　透明动画设置

⑬ 在“预览”面板中单击播放/暂停按钮，然后在“合成”窗口中观察通道范围的动画效果，如图5-447所示。

⑭ 在菜单中选择【图层】→【新建】→【纯色】命令项，新建纯色图层。在弹出的“纯色设置”对话框中设置名称为“青色板”，大小为1280×720像素，再将纯色层的颜色设置为“青色”，如图5-448所示。

图5-447　预览效果

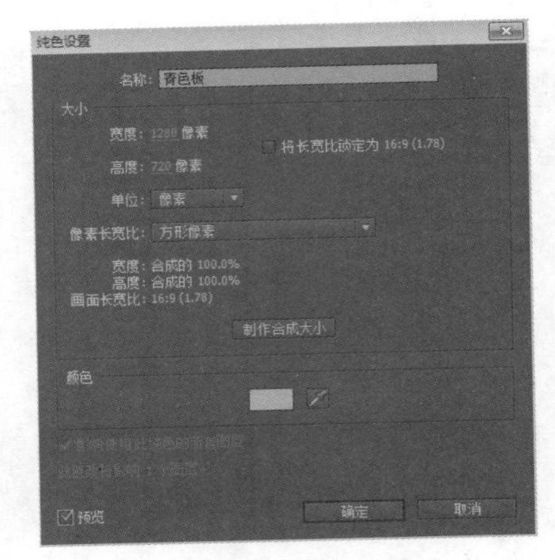

图5-448　纯色设置

⑮ 在“时间线”面板中选择“青色板”层，再将纯色层起始位置拖拽至影片第4秒21帧位置，使纯色层在影片第4秒21帧后显示效果，如图5-449所示。

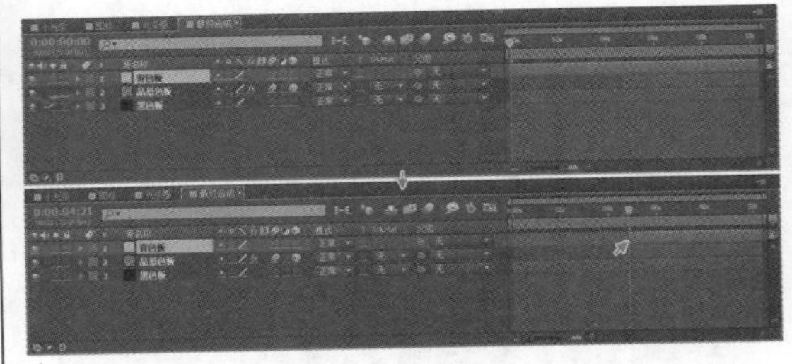

图5-449　调节图层

⑯ 在“时间线”面板中选择“青色板”层，并设置图层模式为“屏幕”叠加方式，使纯色层与背景融合在一起，如图5-450所示。

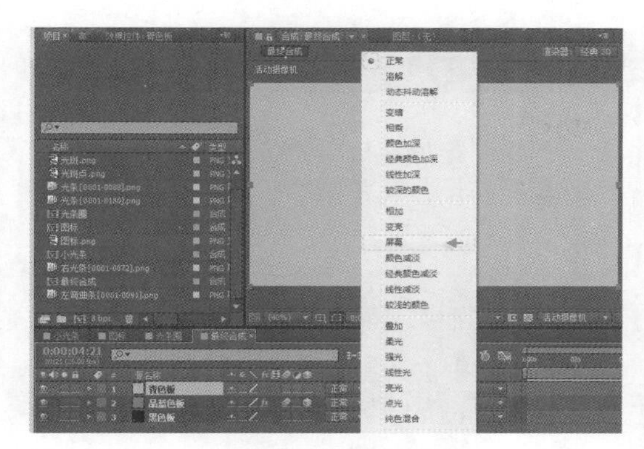
图5-450 层叠加设置

⑰ 在“时间线”面板中选择“青色板”层，并在工具栏中选择椭圆遮罩工具按钮，然后在“合成”窗口中绘制遮罩选区，再设置蒙版羽化值为100，使遮罩边缘产生柔和过渡，如图5-451所示。

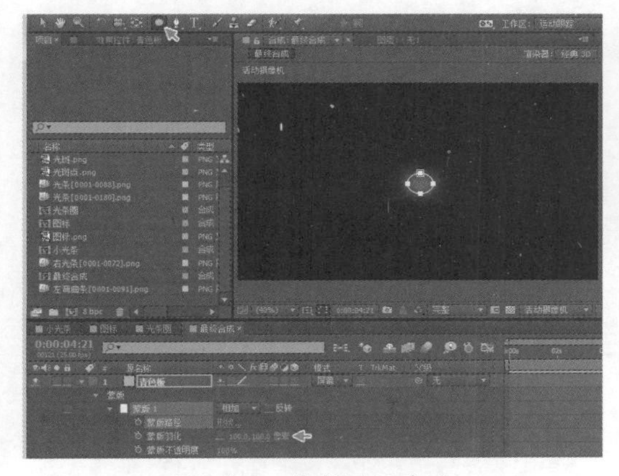
图5-451 绘制遮罩选区

⑱ 在“时间线”面板中选择“青色板”层并展开“蒙版”卷展栏，然后开启蒙版路径项前的码表图标按钮，在影片第5秒位置设置蒙版路径的形状；再将时间滑块拖拽至影片第6秒位置，设置蒙版路径的形状；继续将时间滑块拖拽至影片第7秒位置，设置蒙版路径的形状；最后将时间滑块拖拽至影片第8秒位置，设置蒙版路径的形状，使遮罩产生动画效果，如图5-452所示。

⑲ 在“预览”面板中单击播放/暂停按钮，然后在“合成”窗口中观察蒙版路径动画效果，如图5-453所示。

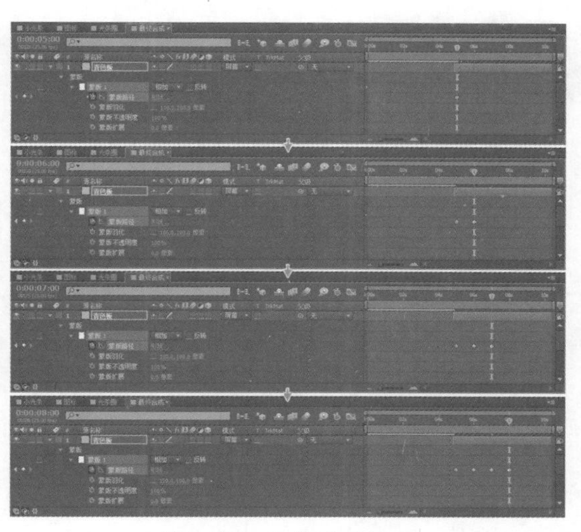
图5-452 路径动画设置

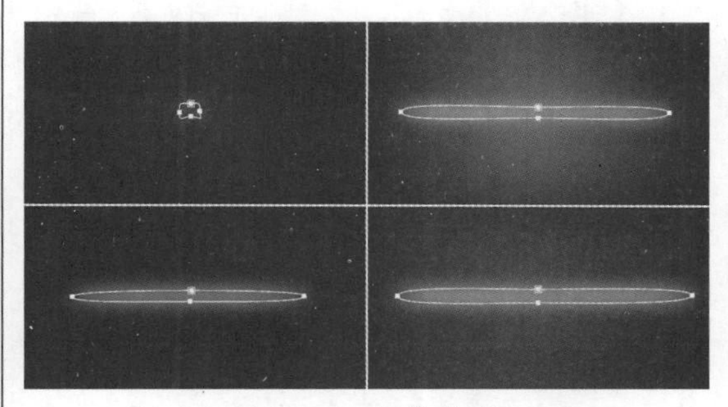
图5-453 预览效果

⑳ 在“时间线”面板中选择“青色板”层并展开“变换”卷展栏，按“Alt”键单击不透明度项的码表按钮进行表达式设置，然后在输入框中输入“wiggle(5,10)”，再观察透明动画所产生的效果，如图5-454所示。

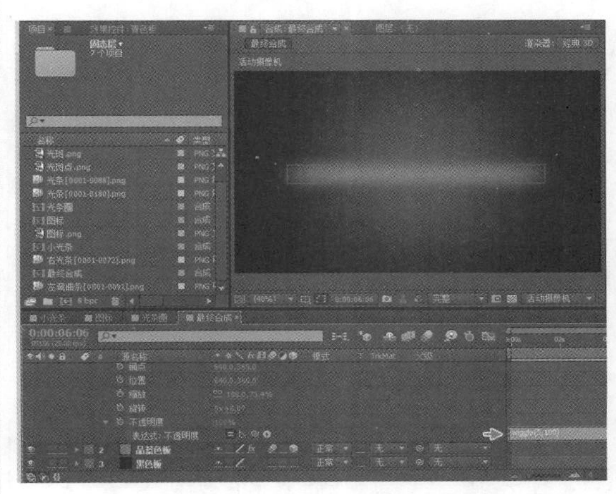
图5-454 表达式设置

21 在“预览”面板中单击▶播放/暂停按钮，然后在“合成”窗口中观察透明动画效果，如图5-455所示。

图5-455 预览效果

22 在菜单中选择【图层】→【新建】→【纯色】命令项，新建纯色图层。在弹出的“纯色设置”对话框中设置名称为“粒子板”，大小为1280×720像素，再将纯色层的颜色设置为“蓝色”，如图5-456所示。

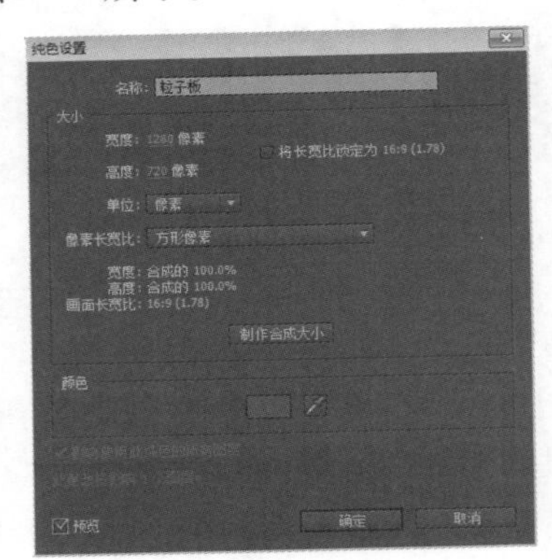

图5-456 纯色设置

23 在“时间线”面板中选择“粒子板”层，将纯色层起始位置拖拽至影片第4秒24帧位置，使纯色层在影片第4秒24帧后显示效果，如图5-457所示。

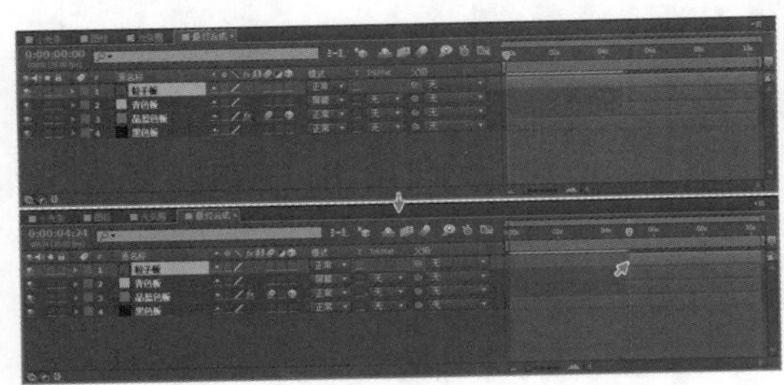

图5-457 调节图层

专家课堂

除了拖拽素材层的位置，还可以将素材层起始位置进行调节，同样会完成素材时间显示的设置。

24 在“时间线”面板中选择“粒子板”层，然后在菜单中选择【效果】→【模拟】→【CC Particle World（粒子世界）】命令项，准备为粒子板层添加粒子效果，丰富影片的视觉效果，如图5-458所示。

图5-458 添加粒子世界效果

25 添加粒子特效后，在“合成”窗口中默认显示粒子的效果，然后在“时间线”面板中设置“粒子板”层的模式为“相加”叠加方式，使光圈条和影片融合在一起，如图5-459所示。

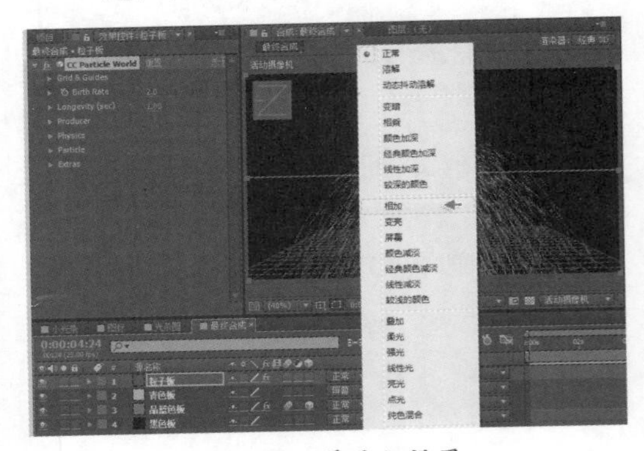

图5-459 层叠加设置

26 在“效果”面板中设置“粒子世界”效果滤镜的Grid Size（网格尺寸）的值为1.46、Birth Rate（出生率）的值为10，然后关闭Radius（半径）项目按钮，粒子层中显示了粒子形状变化效果，如图5-460所示。

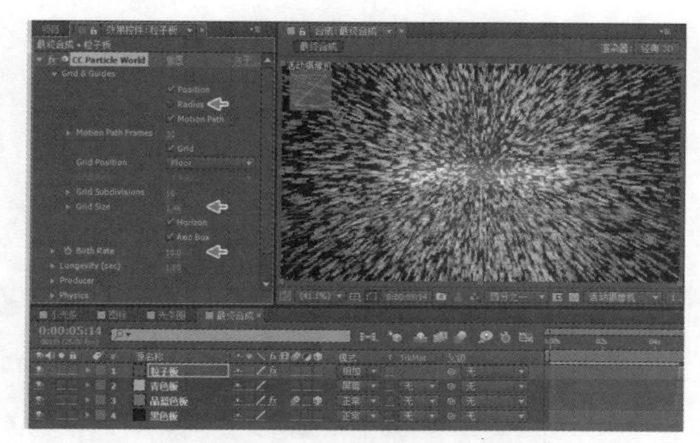
图5-460 粒子世界效果设置

27 在“效果”面板中设置“粒子世界”效果滤镜Producer（制造）卷展栏的值，然后展开Physics（物理）卷展栏设置Animation（动画）项为Fire（火）方式、Velocity（速度）值为0.5、Extra Angle（额外角度）值为113，使粒子层的形状产生变化，如图5-461所示。

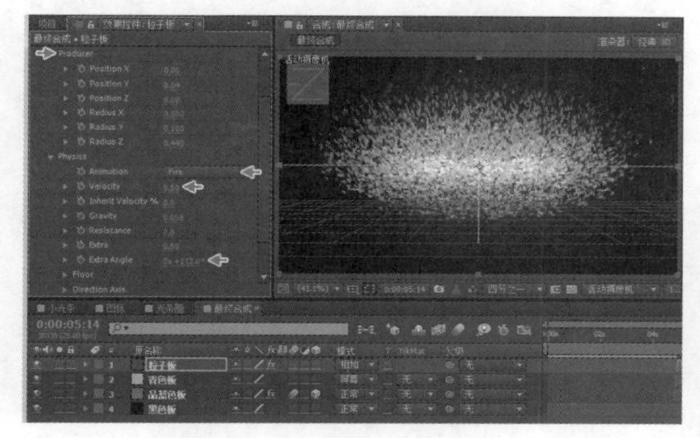
图5-461 粒子世界效果设置

28 在“效果”面板中设置“粒子世界”效果滤镜Particle（粒子）卷展栏的各参数值，粒子层中显示了粒子形状变化效果，如图5-462所示。

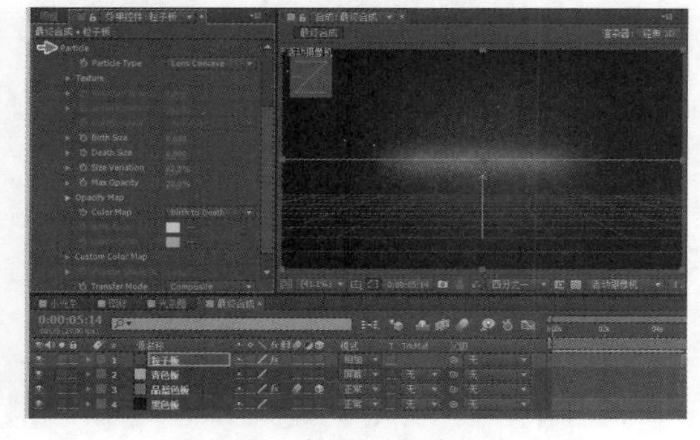
图5-462 粒子世界效果设置

29 在“时间线”面板中选择“粒子板”层并展开设置，然后开启Birth Rate（出生率）项前的码表图标按钮，在影片第6秒19帧位置，设置起始帧Birth Rate（出生率）值为10；再将时间滑块拖拽至影片第6秒20位置，设置结束帧Birth Rate（出生率）值为0，使粒子产生消失动画，如图5-463所示。

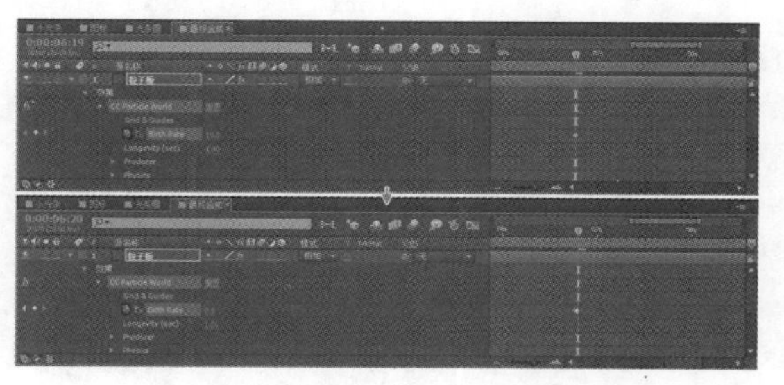
图5-463 动画帧设置

30 在“时间线”面板中选择“粒子板”层，然后在菜单中选择【效果】→【风格化】→【发光】命令项，准备为粒子板层添加发光效果，如图5-464所示。

图5-464 添加发光效果

31 在“效果”面板中设置“发光”效果滤镜的发光阈值为4.7、发光半径值为8，使粒子产生柔和的光效，如图5-465所示。

32 在“预览”面板中单击播放/暂停按钮，然后在“合成”窗口中观察粒子的动画效果，如图5-466所示。

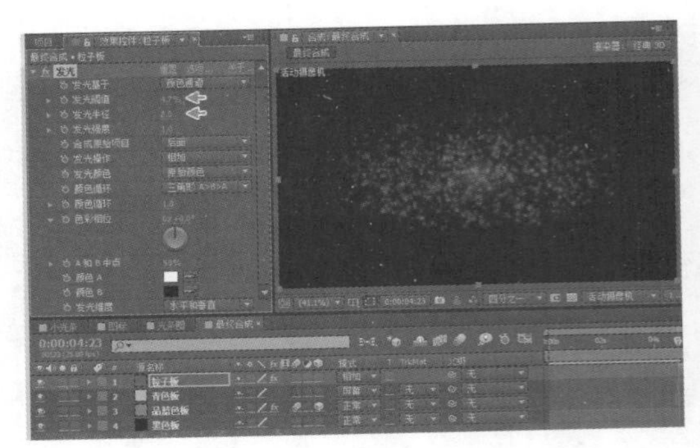

图5-465　发光效果设置

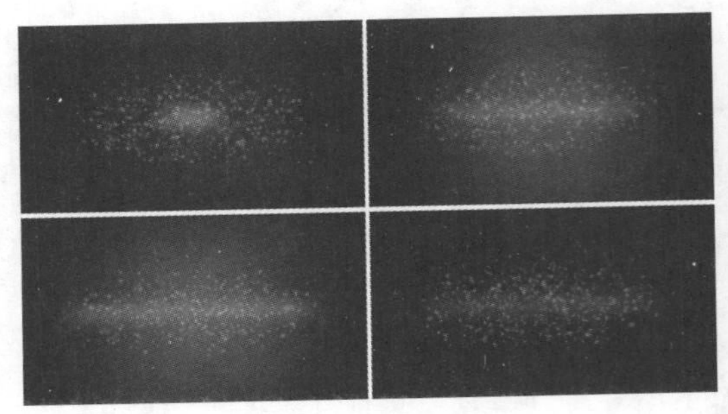

图5-466　预览效果

33 在“项目”面板中选择“光条圈”合成文件，拖拽至“时间线”面板并放置在顶层，作为合成影片的背景素材，如图5-467所示。

图5-467　添加合成

34 在“时间线”面板中选择“光条圈”层，然后开启运动模糊项目按钮，使光条在运动中根据速度产生模糊效果，如图5-468所示。

35 在“时间线”面板中选择“光条圈”层，然后开启3D图层项目按钮，准备为光条设置旋转效果，如图5-469所示。

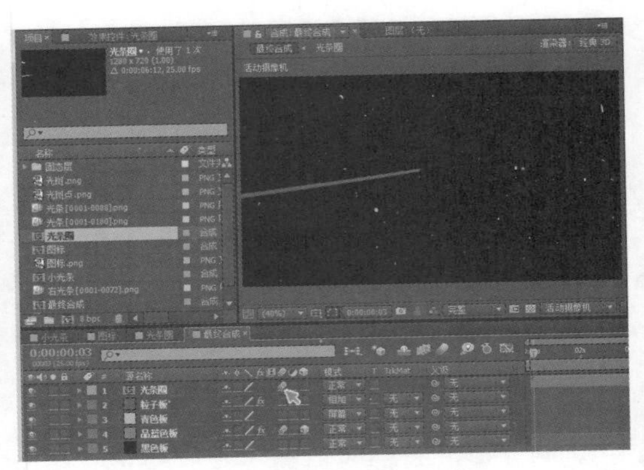

图5-468　运动模糊设置

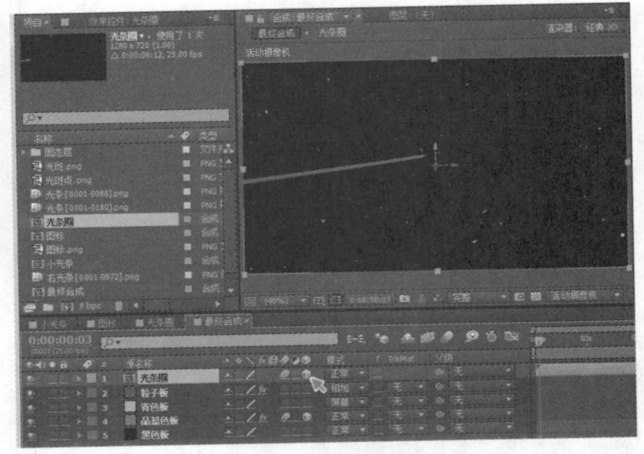

图5-469　3D项目设置

36 在“时间线”面板中选择“光条圈”合成层，然后设置图层模式为“相加”叠加方式，使光圈条与影片融合在一起，如图5-470所示。

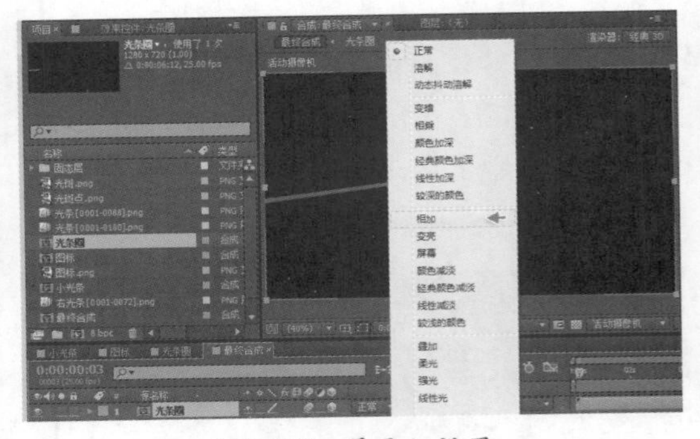

图5-470　层叠加设置

37 在“时间线”面板中选择“光条圈”合成层，然后在菜单中选择【效果】→【风格化】→【发光】命令项，准备为合成层添加发光效果，如图5-471所示。

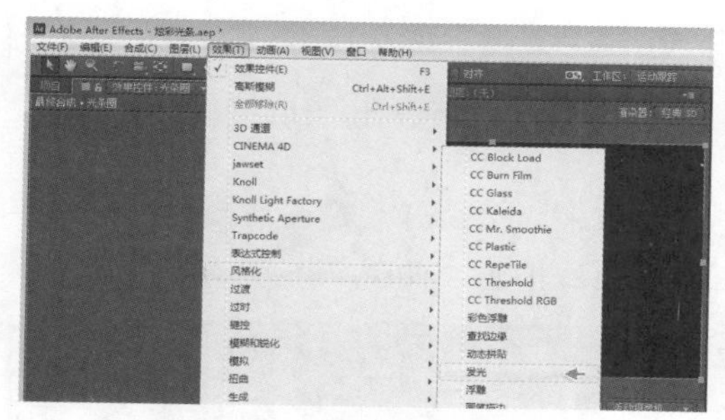

图5-471　添加发光效果

38 在“效果”面板中设置“发光”效果滤镜的发光阈值为10.2、发光半径值为34，再设置颜色A为绿色、颜色B为蓝色，在“合成”窗口中观察运动光条的发光效果，如图5-472所示。

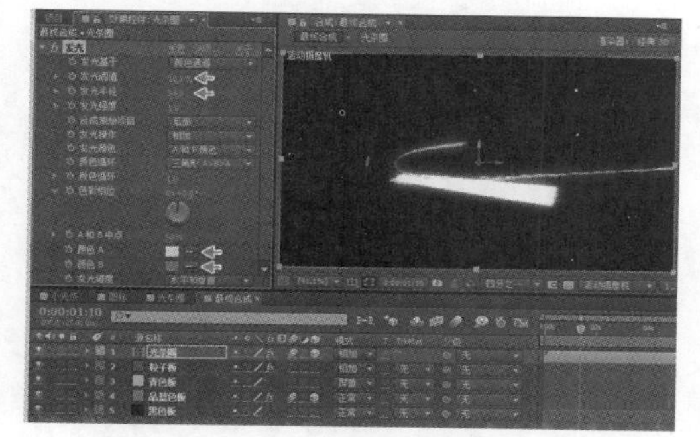

图5-472　发光效果设置

39 在“时间线”面板中选择“光条圈”合成层，然后在菜单中选择【效果】→【模糊和锐化】→【CC Vector Blur】命令项，准备为合成层添加矢量模糊效果，如图5-473所示。

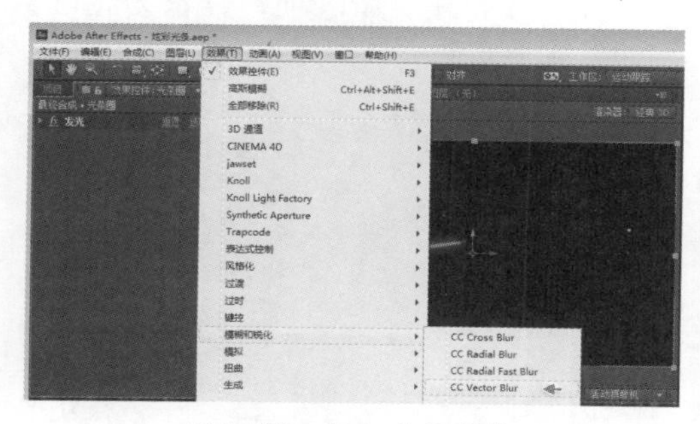

图5-473　添加矢量模糊

40 在“效果”面板中设置“矢量模糊”效果滤镜的Amount（数量）值为10、Revolutions（改变）值为15，再设置Type（类型）项为Direction Fading（衰落方向）方式，丰富影片的视觉效果，如图5-474所示。

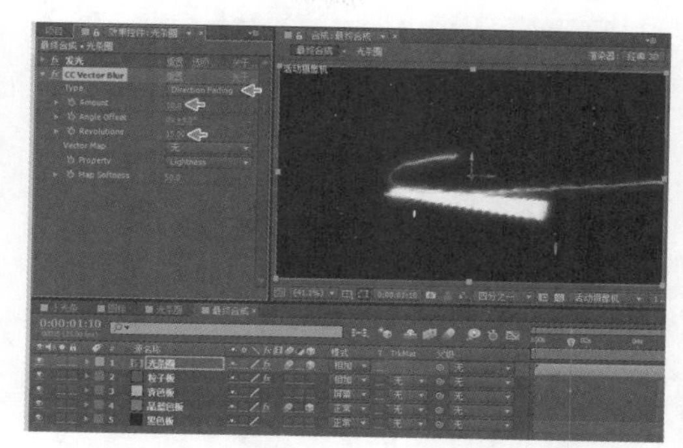

图5-474　矢量模糊设置

41 在“时间线”面板中选择“光条圈”合成层，然后在菜单中选择【效果】→【颜色校正】→【色相/饱和度】命令项，准备为合成层调节色彩饱和度效果，如图5-475所示。

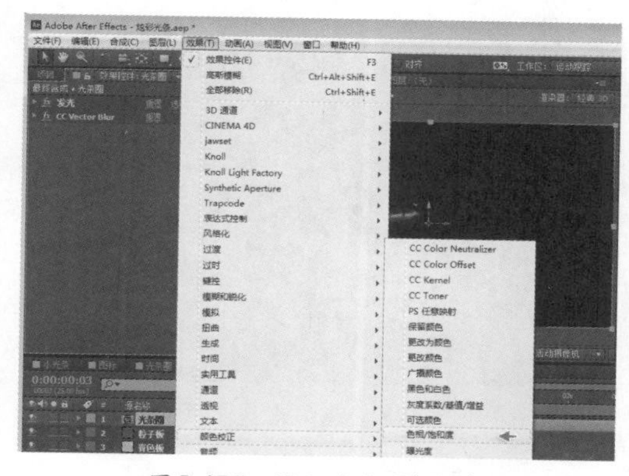

图5-475　添加色相/饱和度

42 在“效果”面板中设置“色相/饱和度”效果滤镜的主色相值为100，使光条颜色产生蓝色偏向，如图5-476所示。

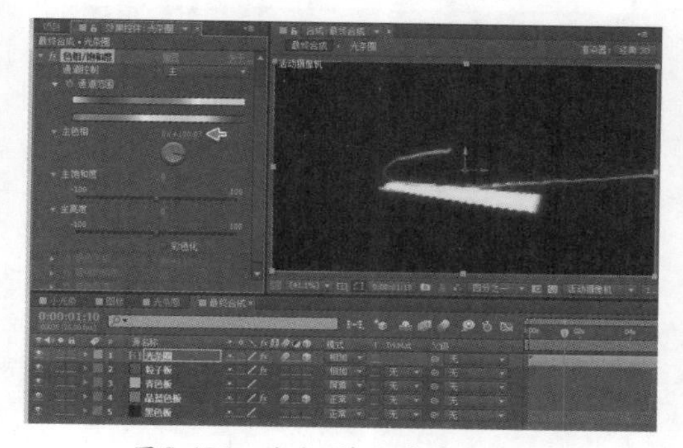

图5-476　色相/饱和度效果设置

43 在“时间线”面板中选择“光条圈”合成层，然后在菜单中选择【效果】→【颜色校正】→【曲线】命令项，准备为合成层增加明亮度效果，如图5-477所示。

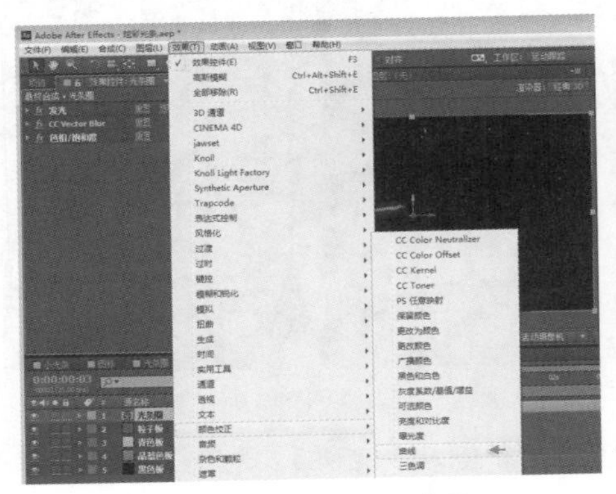

图5-477 添加曲线效果

44 添加“曲线”效果滤镜后，在“合成”窗口中会显示默认光条的亮度变化，从而丰富影片的合成效果，如图5-478所示。

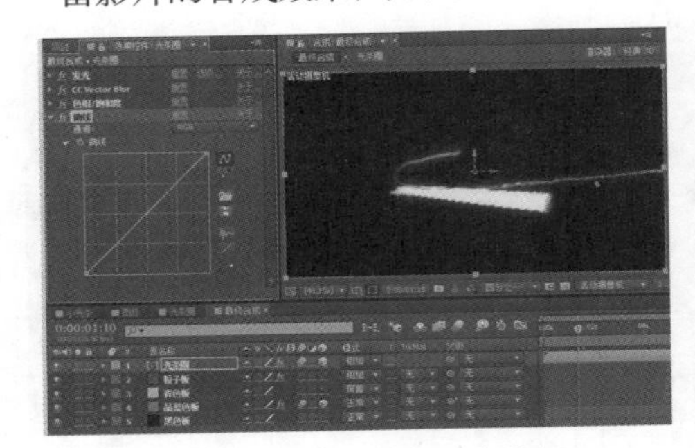

图5-478 默认曲线效果

45 在“项目”面板中选择“光斑”素材，将此素材拖拽至“时间线”面板并放置在最顶层，作为合成影片的背景素材，如图5-479所示。

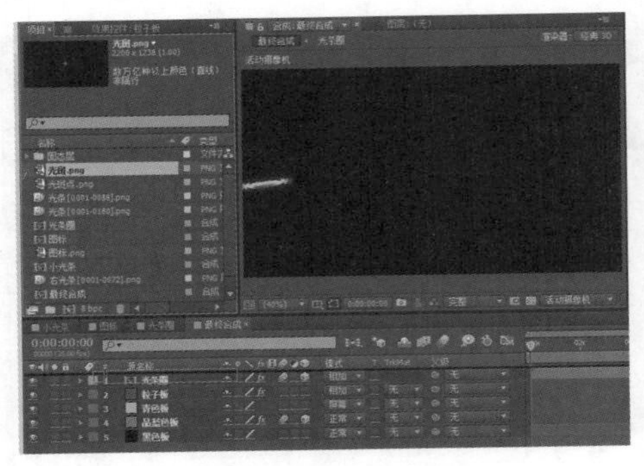

图5-479 添加素材

46 在“时间线”面板中选择“光斑”素材层，将素材层起始位置拖拽至影片第5秒位置，使素材层在影片第5秒后才显示效果，然后开启运动模糊和3D图层项目按钮，如图5-480所示。

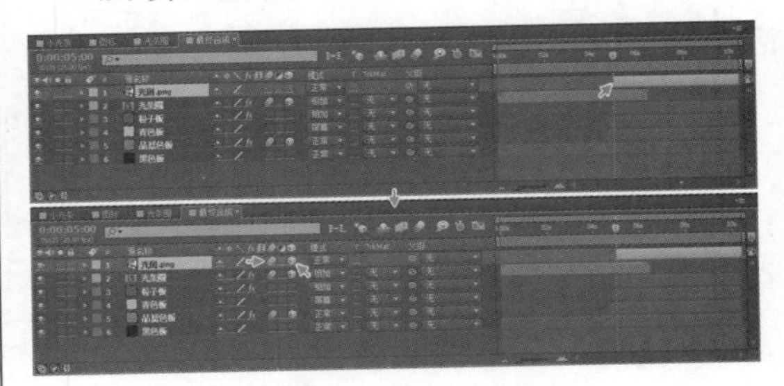

图5-480 调整素材层

47 在“时间线”面板中选择“光斑”层，然后设置图层模式为“相加”叠加方式，使光斑素材层与影片融合在一起，如图5-481所示。

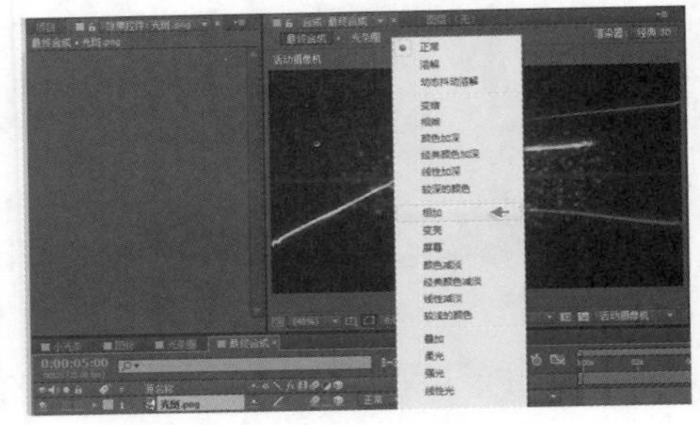

图5-481 层叠加设置

48 在“时间线”面板中选择“光斑”层，然后在菜单中选择【效果】→【颜色校正】→【曲线】命令项，准备为光斑层调节亮度效果，如图5-482所示。

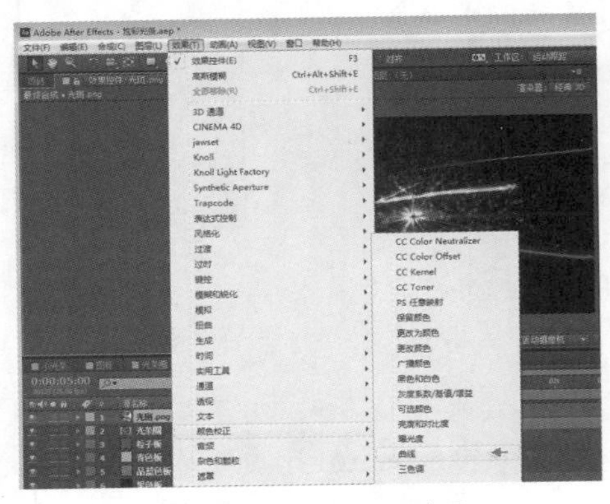

图5-482 添加曲线效果

49 在“效果”面板中设置“曲线”效果滤镜的RGB通道曲线，调节光斑的亮度对比效果，如图5-483所示。

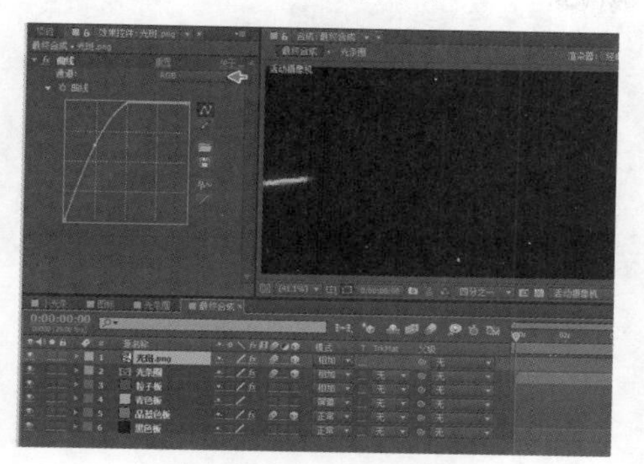

图5-483 曲线效果设置

50 在“项目”面板中选择“光斑点”素材，将此素材拖拽至“时间线”面板并放置在最顶层，作为合成影片的背景素材，如图5-484所示。

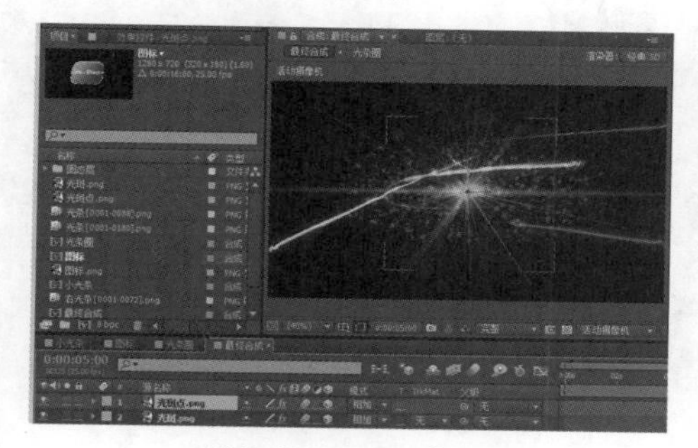

图5-484 添加素材

51 在“时间线”面板中选择“光斑点”层，然后在菜单中选择【效果】→【颜色校正】→【曲线】命令项，准备为光斑点调节亮度效果，如图5-485所示。

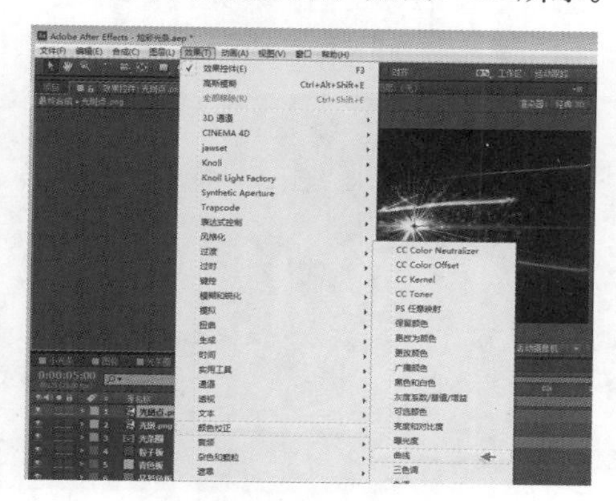

图5-485 添加曲线效果

52 在“效果”面板中调节“曲线”效果滤镜的RGB通道曲线，在“合成”窗口中观察光斑点的亮度效果，如图5-486所示。

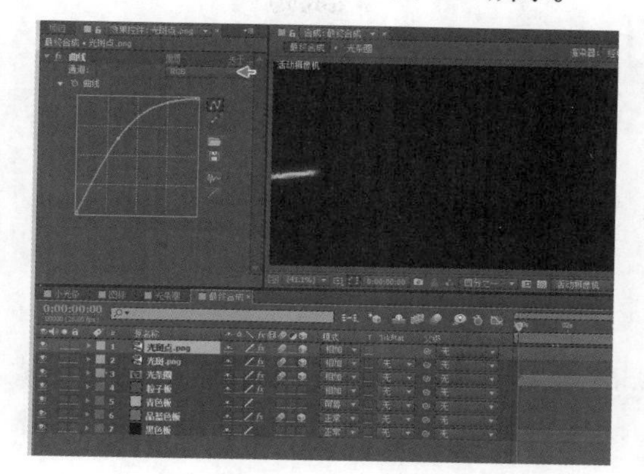

图5-486 曲线效果设置

53 在“预览”面板中单击▶播放/暂停按钮，然后在“合成”窗口中观察光斑亮度的动画效果，如图5-487所示。

图5-487 预览效果

54 在“项目”面板中选择“图标”合成文件并拖拽至“时间线”面板顶部，作为合成影片的主体素材，如图5-488所示。

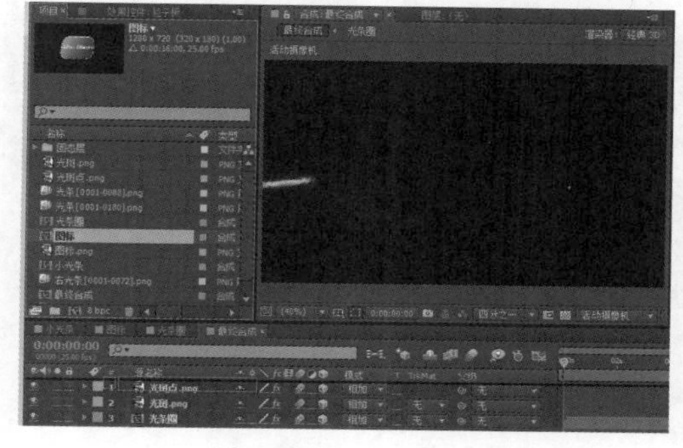

图5-488 添加合成

55 在“时间线”面板中选择“图标”合成层，将素材层起始位置拖拽至影片第5

秒位置，使图标层在影片第5秒后显示效果，如图5-489所示。

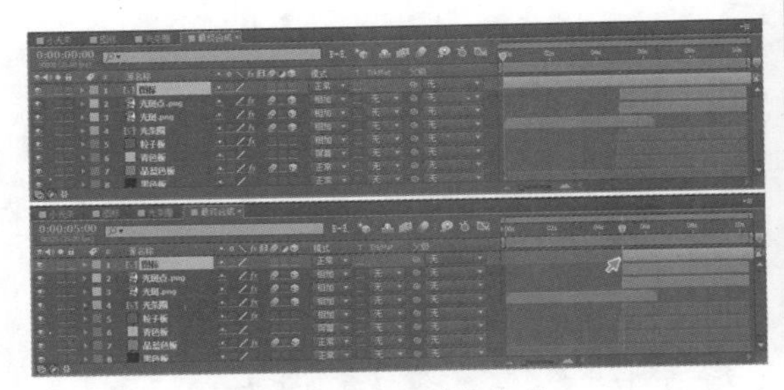

图5-489 调节合成层

56 在“时间线”面板中选择“图标”合成层，然后开启运动模糊项目按钮，丰富影片的视觉效果，如图5-490所示。

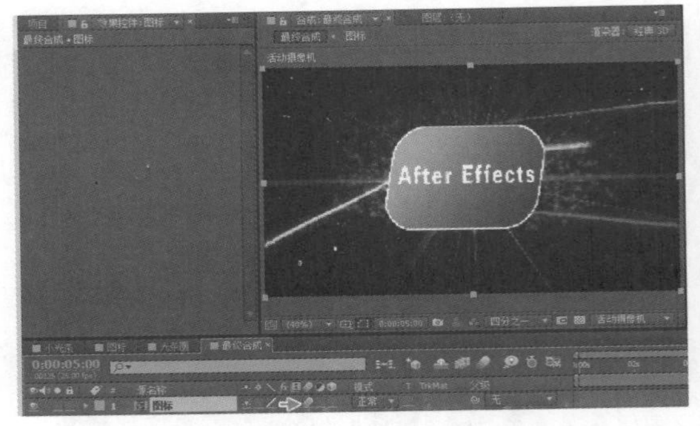

图5-490 设置运动模糊

57 在“时间线”面板中选择“图标”合成层，然后开启3D图层项目开关，准备设置图标的旋转效果，如图5-491所示。

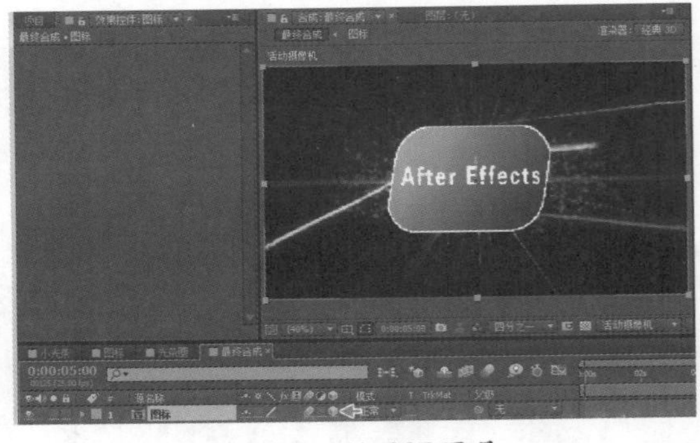

图5-491 设置3D图层

58 在“时间线”面板中选择“图标”合成层，然后设置图层模式为“相加”叠加方式，使遮罩与背景融合在一起，如图5-492所示。

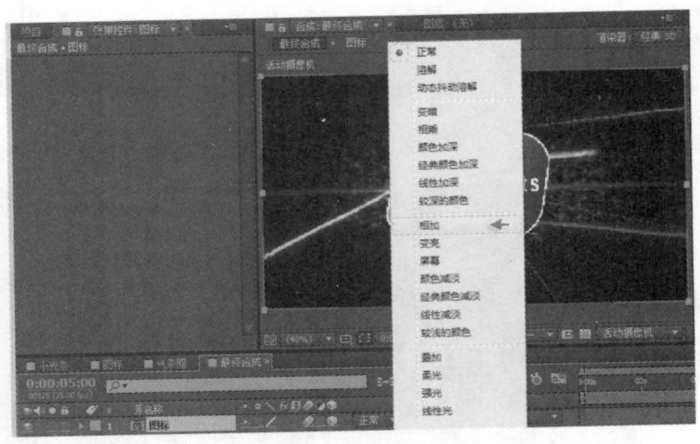

图5-492 层叠加设置

59 在“时间线”面板中选择“图标”合成层，然后在菜单中选择【效果】→【风格化】→【发光】命令项，准备为图标合成层添加发光效果，如图5-493所示。

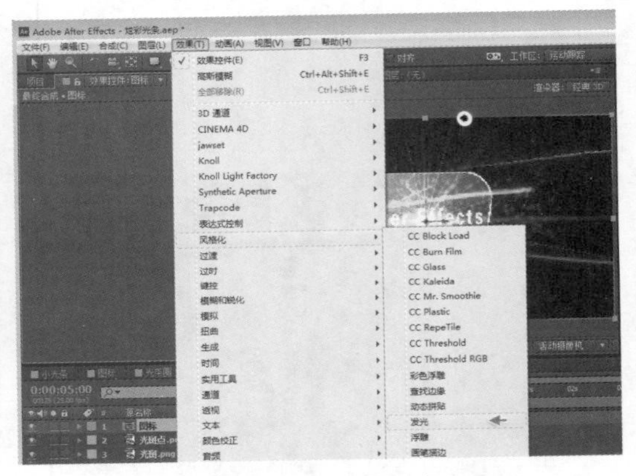

图5-493 添加发光效果

60 在“效果”面板中设置“发光”效果滤镜的发光阈值为46、发光半径值为727、发光强度值为3.1，然后设置发光基于项目为“Alpha通道”方式、合成原始项目为“无”、发光操作项目“相加”类型，如图5-494所示。

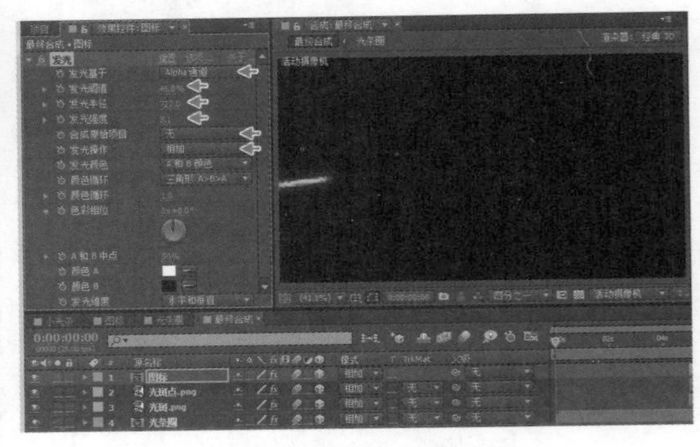

图5-494 发光效果设置

61 在“时间线”面板中选择“图标”合成层，然后在菜单中选择【效果】→【扭曲】→【置换图】命令项，准备为图标合成层添加置换效果，如图5-495所示。

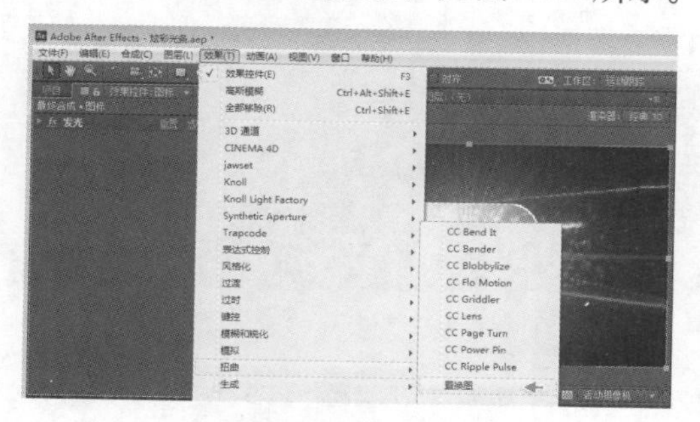

图5-495　添加置换效果

“置换图”滤镜特效可以指定一个层作为置换贴图层，应用贴图置换层的某个通道值对图像进行水平或垂直方向的变形。这种由置换图产生变形的滤镜效果变化非常大，其变化完全依赖于位移图及选项的设置，可以指定合成文件中的任何层作为置换图。

62 在“效果”面板中设置“置换图”效果滤镜的各项目值，拖拽时间滑块并在“合成”窗口中观察置换效果，如图5-496所示。

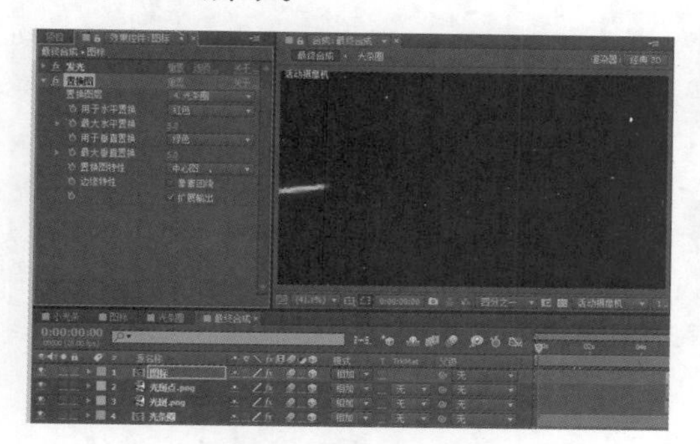

图5-496　设置置换图效果

63 在“时间线”面板中选择“图标”合成层，然后按“S”快捷键展开“缩放”项并开启码表图标按钮，在影片第5秒位置设置起始帧缩放值为0；将时间滑块拖拽至影片第6秒01帧位置，设置动画帧缩放值为80；再将时间滑块拖拽至影片第7秒位置，设置结束帧缩放值为0，使画面产生缩放动画，如图5-497所示。

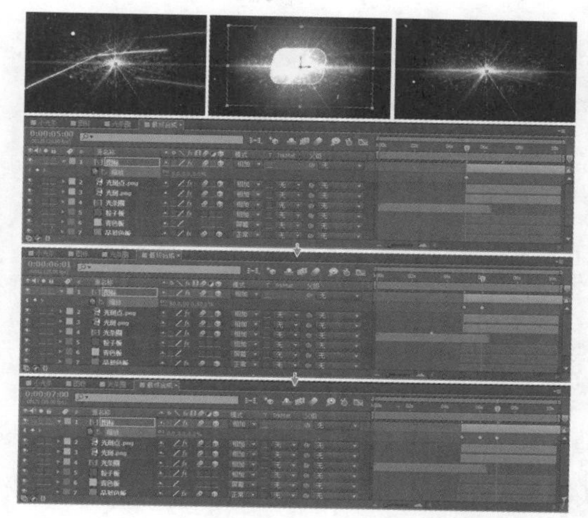

图5-497　缩放动画设置

64 在“项目”面板中选择“图标”合成文件并拖拽至“时间线”面板顶部，作为合成影片的主体素材，如图5-498所示。

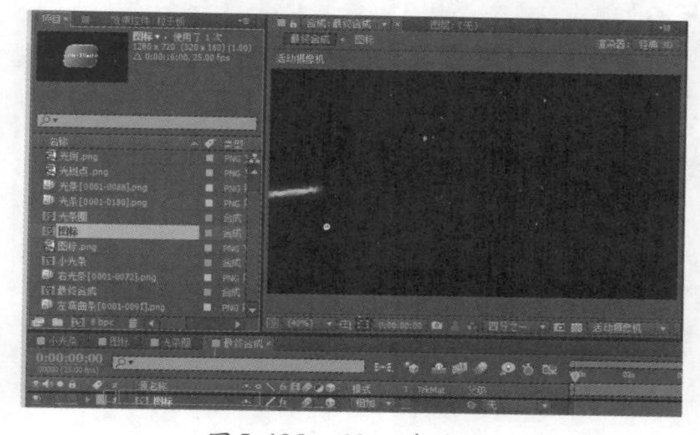

图5-498　添加合成层

65 在“时间线”面板中选择“图标”合成层，将素材层起始位置拖拽至影片第5秒位置，使图标层在影片第5秒后显示效果，如图5-499所示。

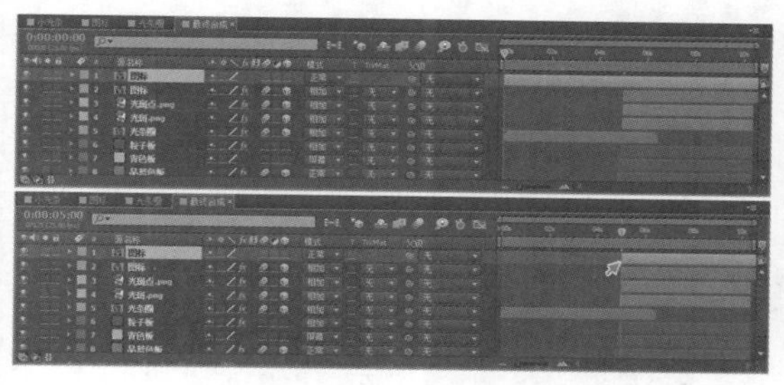

图5-499　调节合成层

66 在“时间线”面板中选择“图标”合成层，然后开启运动模糊项目按钮，丰富影片的视觉效果，如图5-500所示。

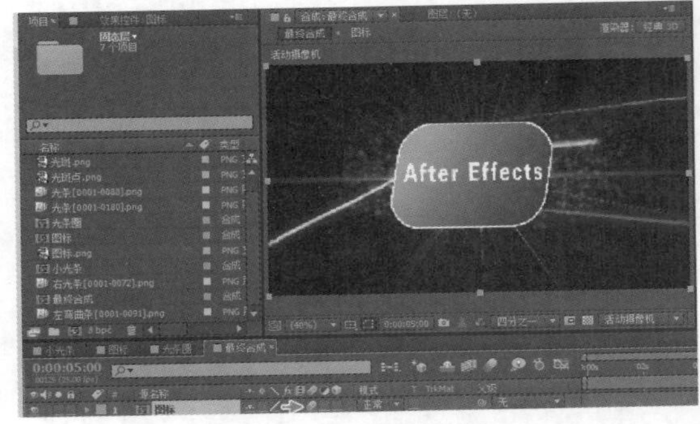

图5-500 设置运动模糊

67 在“时间线”面板中选择“图标”合成层，然后开启3D图层项目开关，使图标素材产生旋转效果，如图5-501所示。

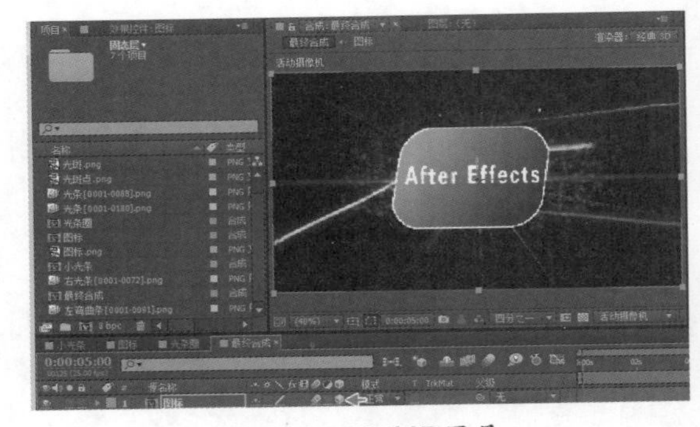

图5-501 设置3D图层

68 在“时间线”面板中选择“图标”合成层，然后按“S”快捷键展开“缩放”项并开启码表图标按钮，在影片第5秒位置设置起始帧缩放值为5；将时间滑块拖拽至影片第6秒位置，设置动画帧缩放值为80；再将时间滑块拖拽至影片第10秒位置，设置结束帧缩放值为100，使画面产生缩放动画，如图5-502所示。

69 在“预览”面板中单击播放/暂停按钮，然后在“合成”窗口中观察图标的缩放动画效果，如图5-503所示。

图5-502 缩放动画设置

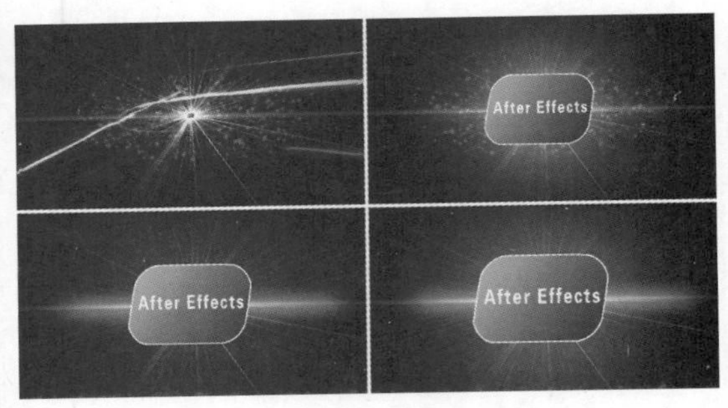

图5-503 预览效果

70 在“项目”面板中选择“小光条”合成文件并拖拽至“时间线”面板顶部，作为合成影片的素材，如图5-504所示。

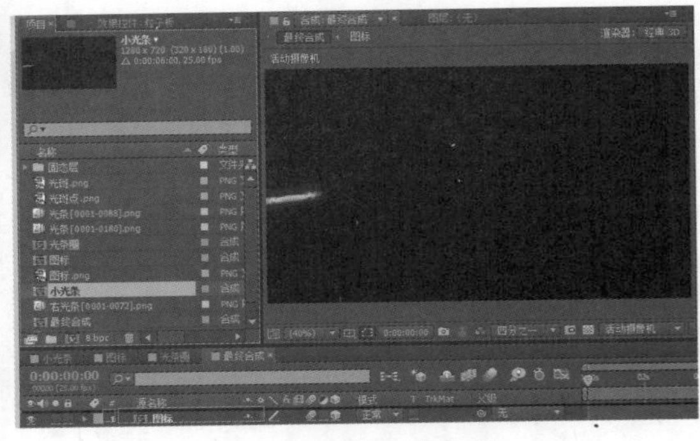
图5-504 添加合成层

71 在“时间线”面板中选择“小光条”合成层，然后开启运动模糊项目按钮，丰富影片的视觉效果，如图5-505所示。

72 在“时间线”面板中选择“小光条”合成层，然后开启3D图层项目开关，准备制作光条旋转效果，如图5-506所示。

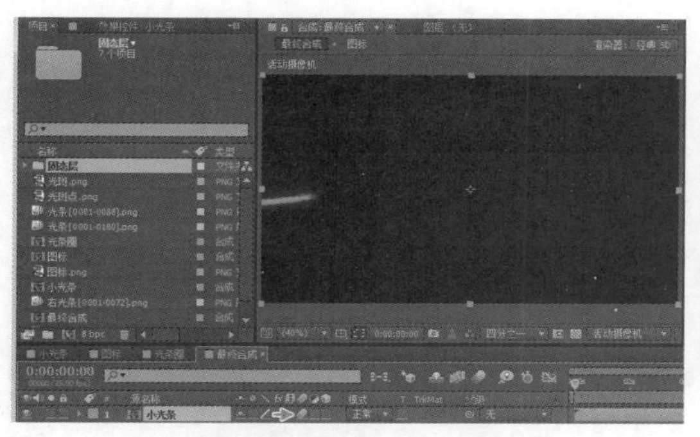

图5-505 设置运动模糊

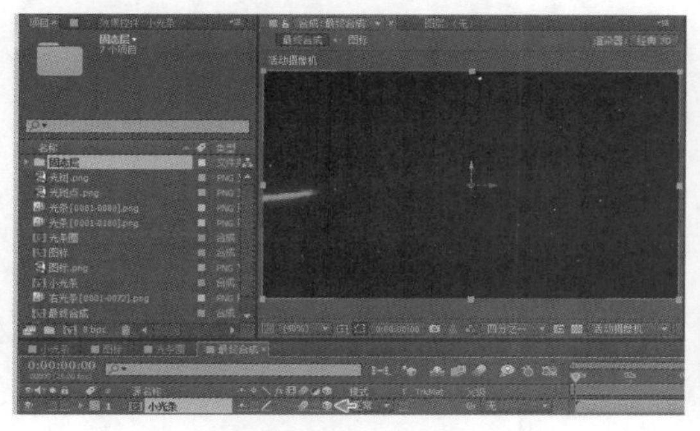

图5-506 设置3D图层

73 在“时间线”面板中选择“小光条”层，然后设置图层模式为“相加”叠加方式，使小光条与影片融合在一起，如图5-507所示。

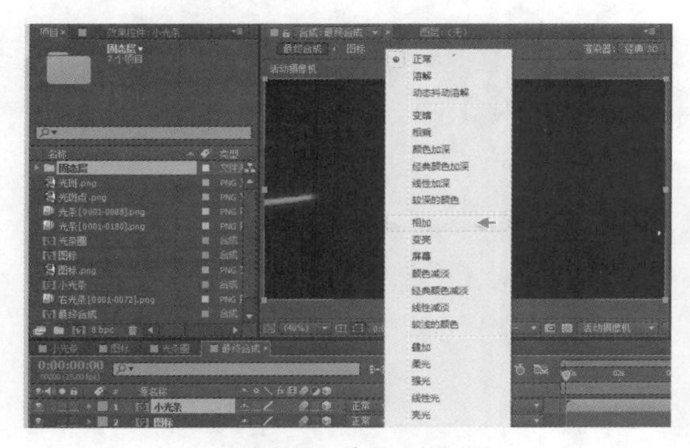

图5-507 层叠加设置

74 在“时间线”面板中选择“小光条”合成层，将素材层起始位置拖拽至影片第2秒位置，使小光条层在影片第2秒后显示效果，如图5-508所示。

75 在“时间线”面板中选择“小光条”层，然后在菜单中选择【效果】→【风格化】→【发光】命令项，准备为小光条层添加发光效果，如图5-509所示。

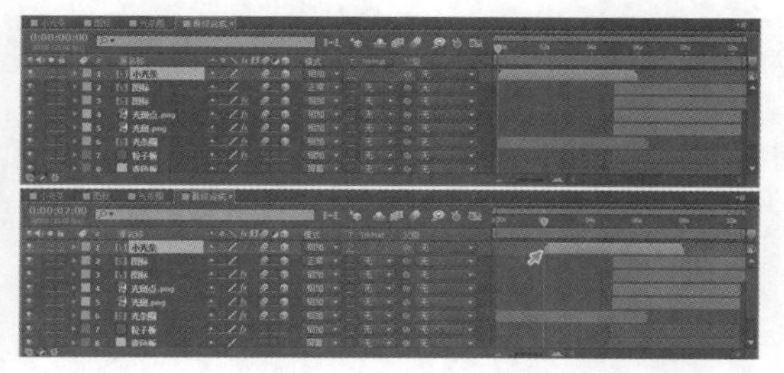

图5-508 调节合成层

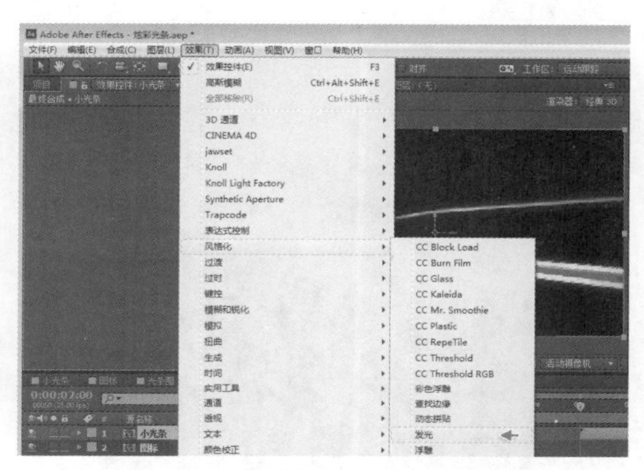

图5-509 添加发光效果

76 在“效果”面板中设置“发光”效果滤镜的发光阈值为10.2、发光半径为34、发光颜色项目为“A和B颜色”方式，然后设置颜色A和颜色B的颜色，在“合成”窗口中观察光条的效果，如图5-510所示。

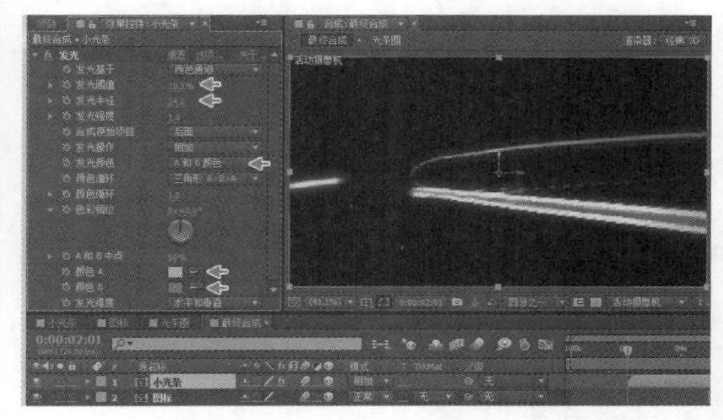

图5-510 发光效果设置

77 在“时间线”面板中选择“小光条”层，然后在菜单中选择【效果】→【模糊和锐化】→【CC Vector Blur（矢量模糊）】命令项，准备为小光条合成层添加模糊效果，如图5-511所示。

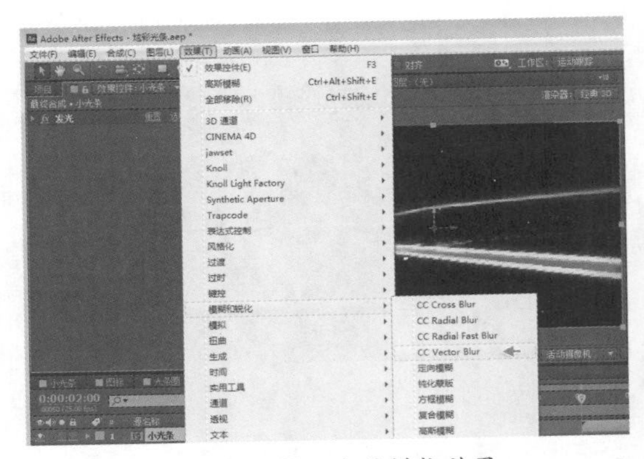

图5-511　添加矢量模糊效果

78 在“效果”面板中设置“矢量模糊”效果滤镜的各项目值，在“合成”窗口中观察光条的模糊效果，如图5-512所示。

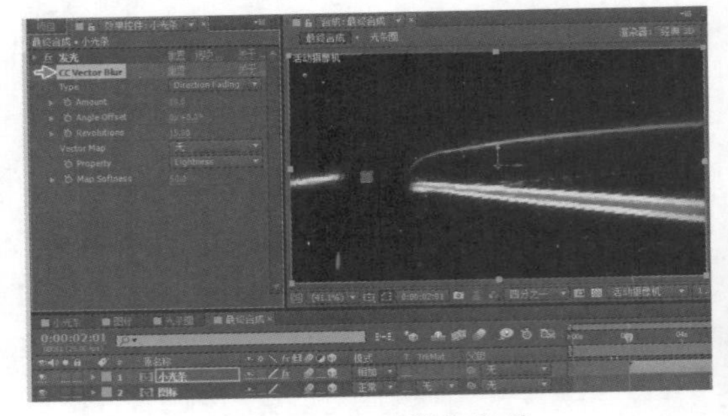

图5-512　矢量模糊设置

79 在“时间线”面板中选择“小光条”合成层，然后在菜单中选择【效果】→【颜色校正】→【曲线】命令项，准备为小光条合成层调节亮度效果，如图5-513所示。

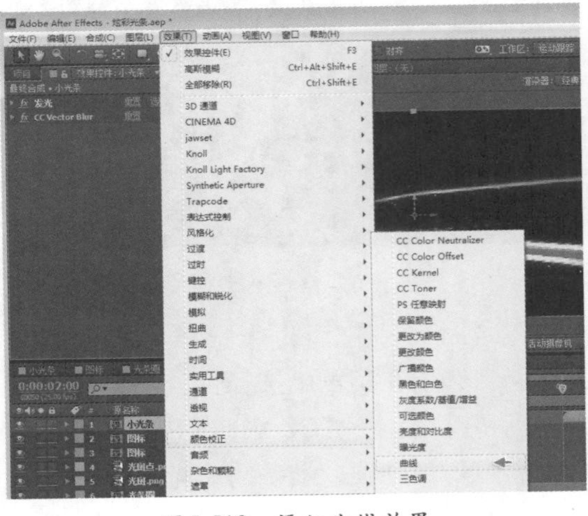

图5-513　添加曲线效果

80 在“效果”面板中调节“曲线”效果滤镜的“红色”通道曲线，在“合成”窗口中观察光调的亮度效果，如图5-514所示。

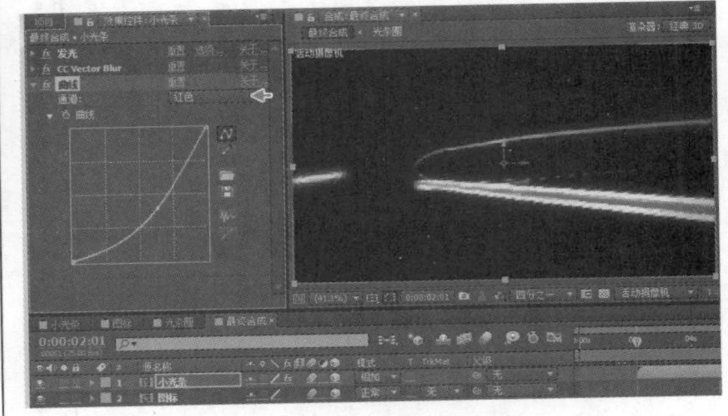

图5-514　曲线效果设置

81 在“效果”面板中调节“曲线”效果滤镜的“绿色”通道曲线，在“合成”窗口中观察光调的亮度效果，如图5-515所示。

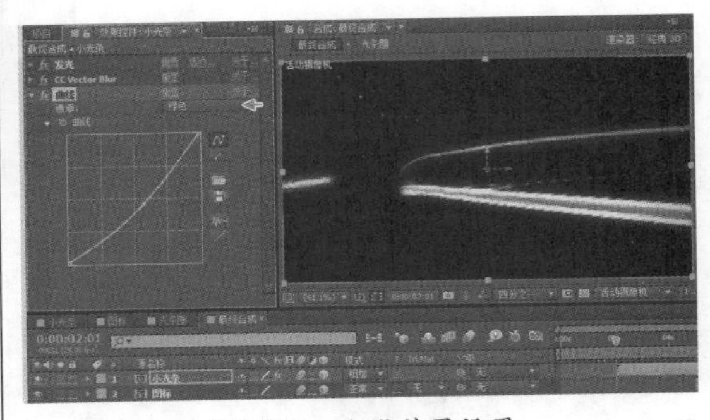

图5-515　曲线效果设置

82 在“效果”面板中调节“曲线”效果滤镜的“蓝色”通道曲线，在“合成”窗口中观察光调的亮度效果，如图5-516所示。

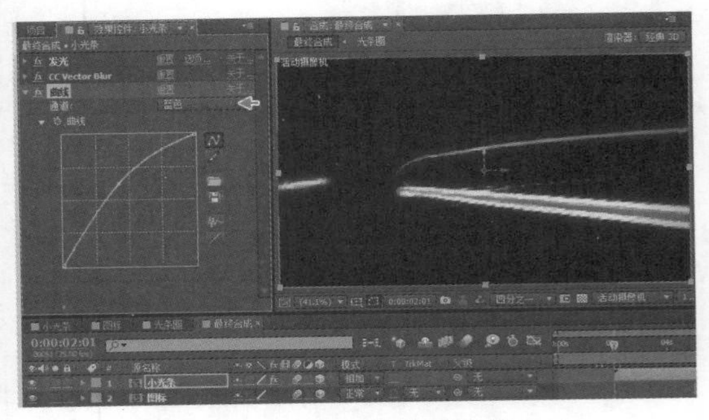

图5-516　曲线效果设置

83 在菜单中选择【图层】→【新建】→【纯色】命令项，新建纯色图层，在弹出的“纯色设置”对话框中设置名称为“光晕”，大小为1280×720像素、颜色为黑色，如图5-517所示。

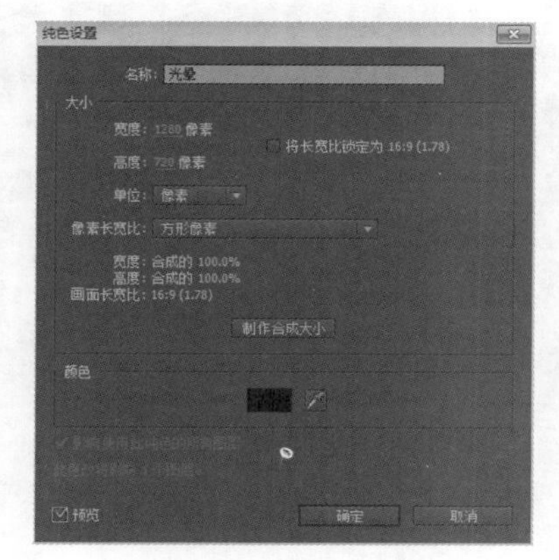

图5-517　纯色设置

84 在“时间线”面板中选择“光晕”层，然后在菜单中选择【效果】→【Knoll Light Factory】→【Light Factory（灯光工厂）】命令项，准备为光晕层添加光斑效果，如图5-518所示。

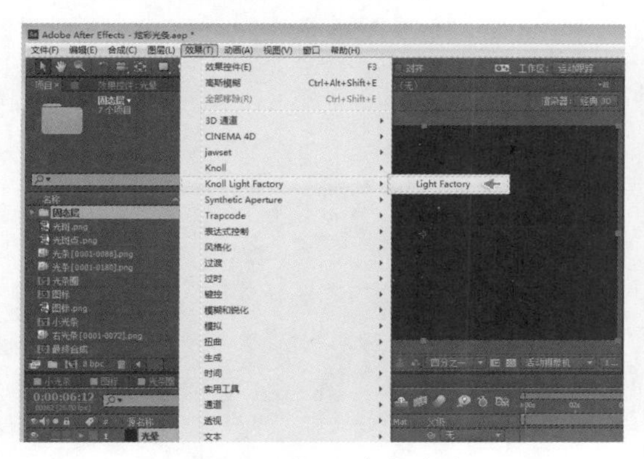

图5-518　添加光斑效果

专家课堂

Light Factory（灯光工厂）滤镜特效可以模拟各种不同类型的光源效果，增加滤镜特效后会自动分析图像中的明暗关系并定位光源点用于制作发光效果。

85 添加Light Factory（灯光工厂）效果滤镜后，“光晕”层中已经默认显示出光斑的效果，然后在“效果”面板中单击“选项”按钮，在弹出光斑效果预设中提供了多种样式，开启左侧的选项并选择“Vfx Cx.com（35）”卷展栏中的“Cygnus X1”光斑样式，如图5-519所示。

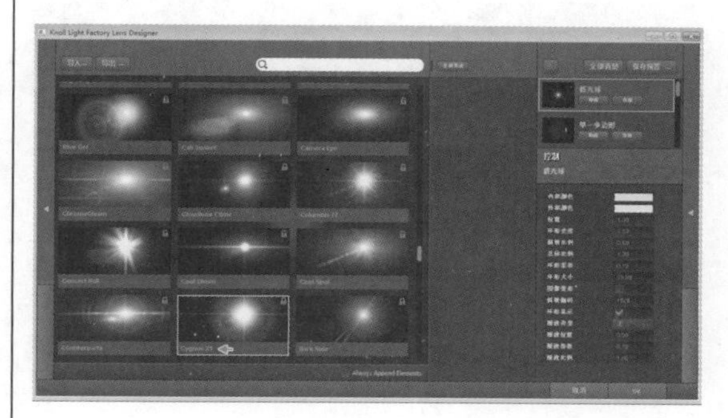

图5-519　选择光斑

86 在“时间线”面板中选择“光晕”层，然后设置图层模式为“相加”叠加方式，使光斑与影片融合在一起，如图5-520所示。

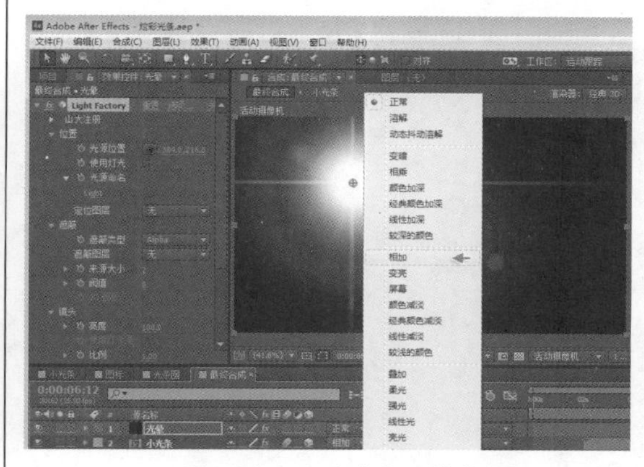

图5-520　设置层叠加模式

87 在“时间线”面板中将“光晕”层的开始位置设置在影片第6秒12帧位置，然后开启光源位置项前的码表图标按钮，设置起始帧光源位置值为X轴150、Y轴166；再将时间滑块拖拽至影片第8秒位置，设置结束帧光源位置值为X轴1200、Y轴166，使光斑产生位置移动动画，如图5-521所示。

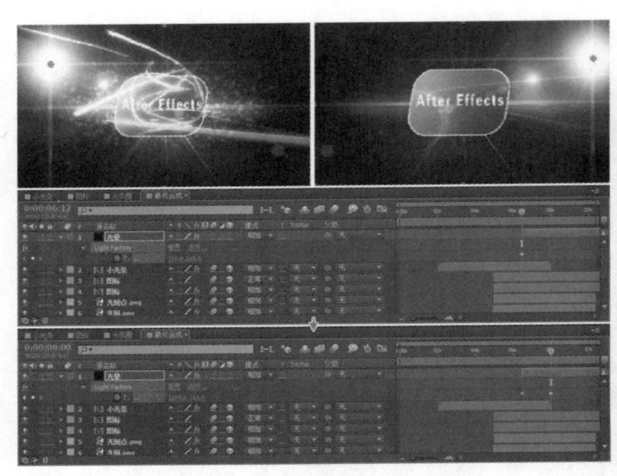

图5-521　位置动画设置

88 在“预览”面板中单击▶播放/暂停按钮，然后在“合成”窗口中观察炫彩光条的动画最终效果，如图5-522所示。

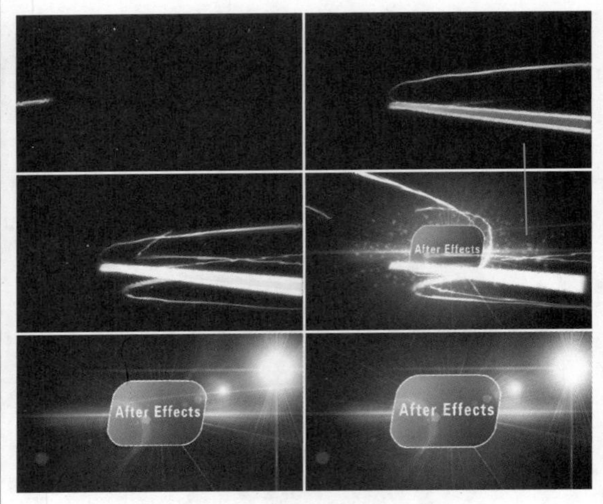

图5-522　最终效果

5.13 本章小结

“时间线”是After Effects CC软件中最为重要的操作区域。本章先对“时间线”面板的基础操作进行讲解，又通过多个实际实例对“时间线”面板的应用进行整合，帮助读者快速掌握时间线的应用方法与技巧。

第6章 新建层信息

本章主要通过实例文本层应用、纯色层应用、灯光层应用、摄像机层应用、空对象层应用、调整图层应用、星球爆炸特效、镜头三维翻转、炫粉喷射粒子和空间粒子放射，介绍新建层信息的知识。

6.1 实例——文本层应用

素材文件	无	难易程度	★☆☆☆☆
重要程度	★★★☆☆	实例重点	对文本动画的设置进行讲解

“文本层应用”实例的制作流程主要分为3部分，包括①新建文本层；②文本动画设置；③文本关键帧设置，如图6-1所示。

图6-1 制作流程

6.1.1 新建文本层

01 在合成项目制作过程中，可以添加文本信息进行说明，先切换至“时间线”面板，如图6-2所示。

图6-2 合成项目

02 在菜单中选择【图层】→【新建】→【文本】项，如图6-3所示。

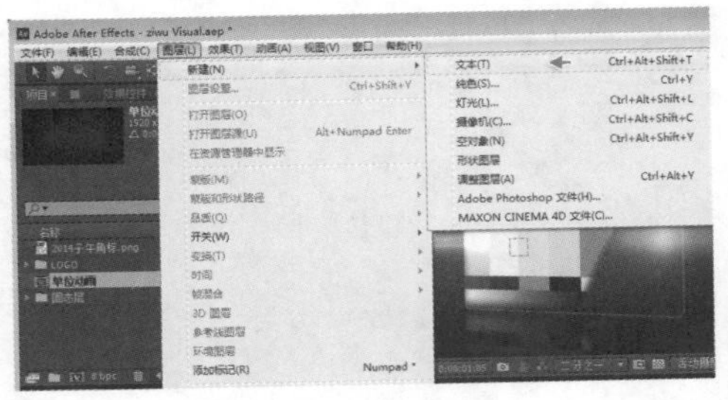

图6-3 创建文本层

03 将鼠标移至“合成”面板中，此时鼠标已切换为输入文本状态，单击鼠标“左”键确定文本位置即可输入文本内容，如图6-4所示。

图6-4 添加文本信息

6.1.2 文本动画设置

01 在文本的选择状态下切换至“时间线”面板，在“动画”项的列表中选择“字符间距”项，如图6-5所示。

02 选择“字符间距”项后，自动在“时间线”面板中添加“动画制作工具1”项，单击卷展图标展开“范围选择器

1”项，可以设置字符间距的类型及大小，如图6-6所示。

图6-5　动画选项

图6-6　动画制作工具

6.1.3　文本关键帧设置

01 在“时间线”面板中将时间滑块拖拽至影片的起始位置，再单击“字符间距大小”项前的码表图标添加起始关键帧，设置字符间距大小值为0，如图6-7所示。

02 在“时间线”面板中将时间滑块拖拽至影片第2秒的位置，再设置字符间距大小值为20，设置后将自动在时间滑块位置创建关键帧，如图6-8所示。

图6-7　起始关键帧

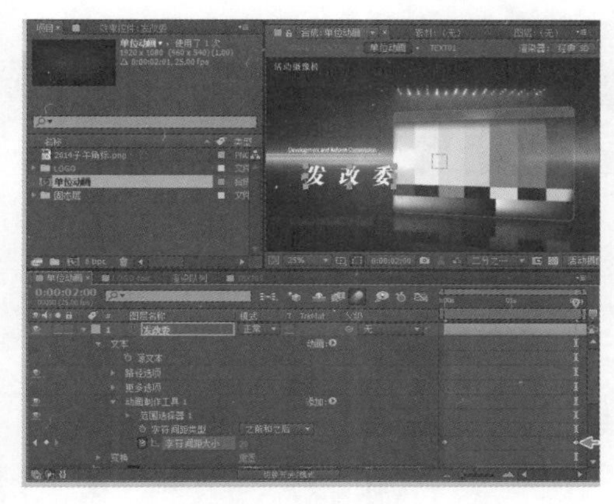

图6-8　结束关键帧

03 在“时间线”面板中开启位置项前的码表图标，记录文本在影片第10帧至第1秒5帧间的位移动画，如图6-9所示。

图6-9　位置动画

04 在“时间线”面板中开启不透明度项前的码表图标，记录文本在影片第10帧至第1秒1帧间的淡入显示动画，如图6-10所示。

图6-10　不透明度动画

05 在“预览”面板中单击▶播放/暂停按钮，然后在合成窗口中观察文本层应用效果，如图6-11所示。

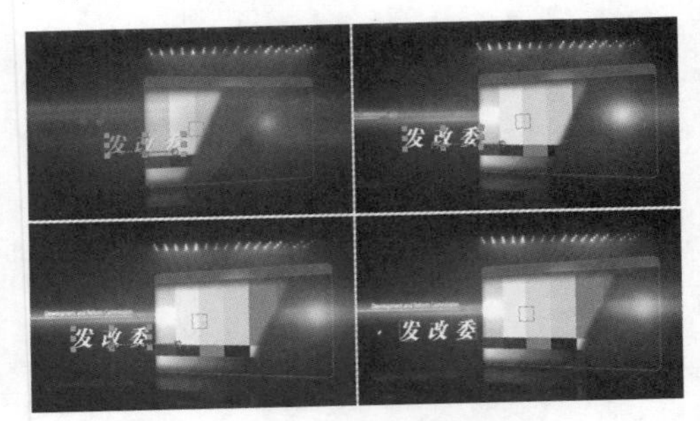

图6-11　文本层应用效果

6.2 实例——纯色层应用

素材文件	无	难易程度	★☆☆☆☆
重要程度	★★★★☆	实例重点	讲解纯色层的不同应用方法

“纯色层应用”实例的制作流程主要分为3部分，包括①新建纯色层；②添加光晕设置；③纯色叠加设置，如图6-12所示。

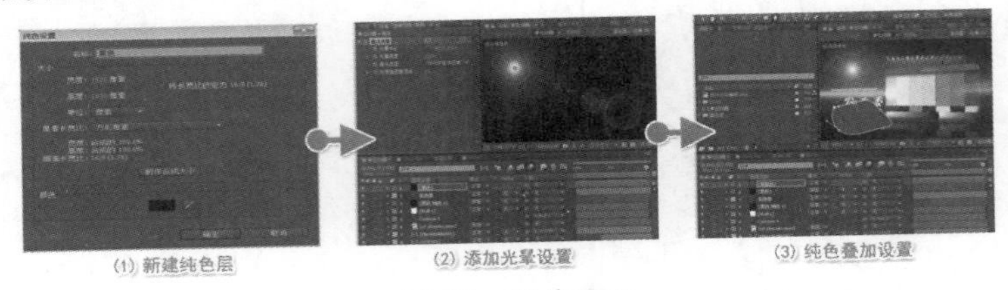

图6-12　制作流程

6.2.1　新建纯色层

01 打开合成项目并切换至“时间线”面板，如图6-13所示。

图6-13　合成项目

02 在菜单中选择【图层】→【新建】→【纯色】项，如图6-14所示。

图6-14　创建纯色层

03 在弹出的“纯色设置”对话框中设置名

称为“黑色”，在“大小”卷展栏中设置宽度值为1920、高度值为1080、像素长宽比为“方形像素”类型，在“颜色”卷展栏中设置颜色为黑色，如图6-15所示。

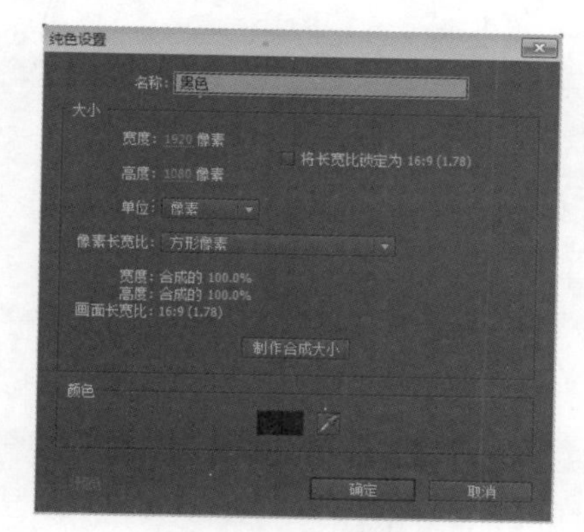

图6-15 纯色设置

04 在“时间线”面板中可以观察到新建的“黑色”纯色层，如图6-16所示。

图6-16 新建纯色层

6.2.2 添加光晕设置

01 在菜单中选择【效果】→【生成】→【镜头光晕】项，如图6-17所示。

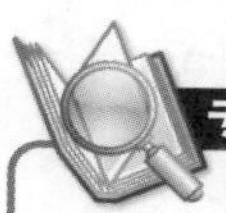

专家课堂

“镜头光晕”滤镜特效可以模拟摄影机的镜头光晕，制作出光斑照射的效果。

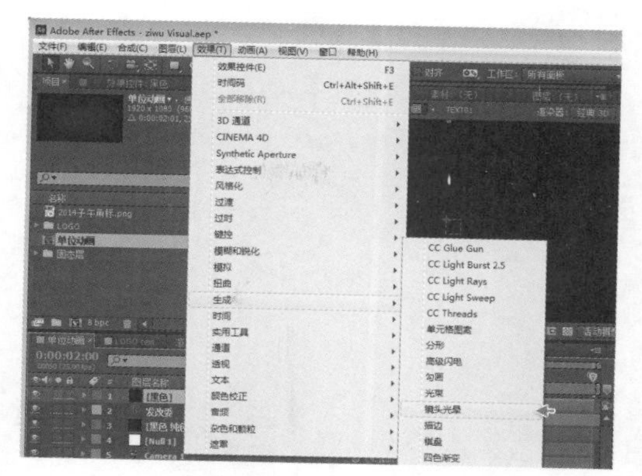

图6-17 镜头光晕项

02 在“效果”面板中可以设置“镜头光晕”的中心、亮度及类型，如图6-18所示。

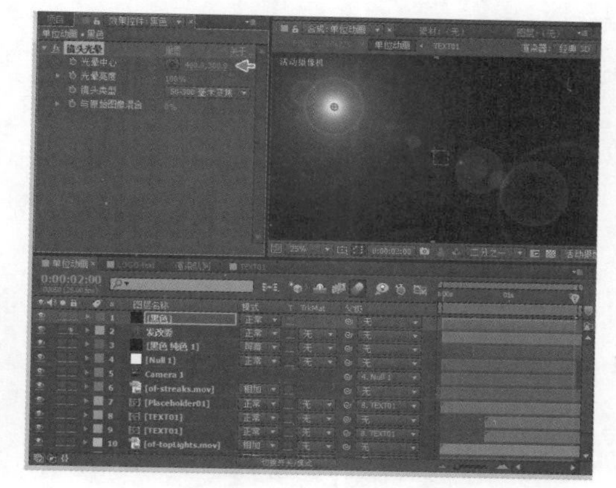

图6-18 镜头光晕设置

6.2.3 纯色叠加设置

01 在“时间线”面板中将“黑色”层的模式切换至“屏幕”方式，如图6-19所示。

图6-19 层模式设置

02 在菜单中选择【图层】→【新建】→【纯色】项，如图6-20所示。

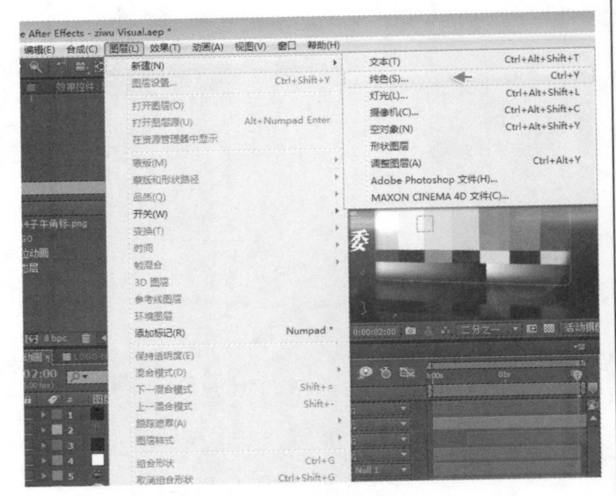

图6-20 创建纯色层

03 在弹出的“纯色设置”对话框中设置名称为“深蓝色”，在“大小”卷展栏中设置宽度值为1920、高度值为1080、像素长宽比为“方形像素”类型，在“颜色”卷展栏中设置颜色为深蓝色，如图6-21所示。

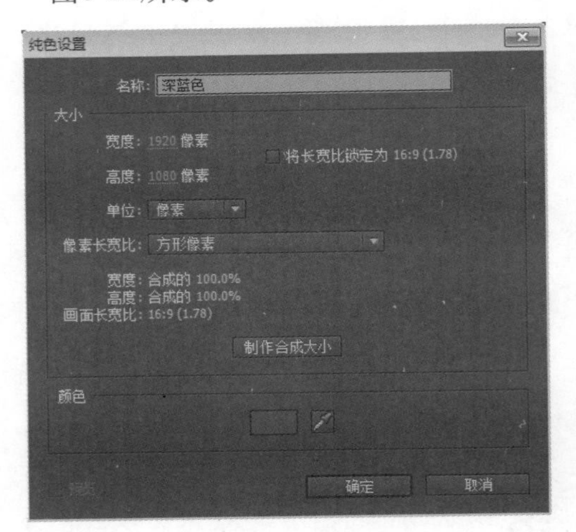

图6-21 纯色设置

04 在工具栏中选择钢笔工具，然后在“深蓝色”层中绘制选区，如图6-22所示。

05 在“时间线”面板中单击卷展图标展开“蒙版1”项，然后设置蒙版羽化值，使深蓝色选区边缘进行柔化显示，如图6-23所示。

图6-22 绘制选区

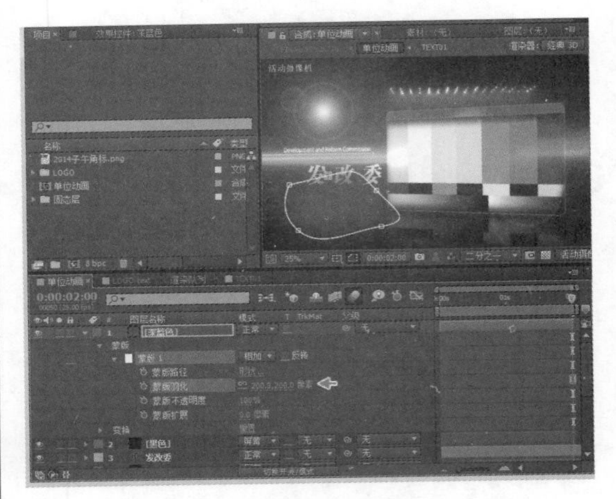

图6-23 蒙版羽化设置

06 在“时间线”面板中将“深蓝色”层的模式切换至“相加”方式，在“合成”面板中观察纯色层应用效果，如图6-24所示。

图6-24 纯色层应用效果

6.3 实例——灯光层应用

素材文件	无	难易程度	★★★★☆
重要程度	★★★☆☆	实例重点	讲解灯光的建立与设置

“灯光层应用”实例的制作流程主要分为3部分，包括①新建灯光层；②灯光变换设置；③灯光选项设置，如图6-25所示。

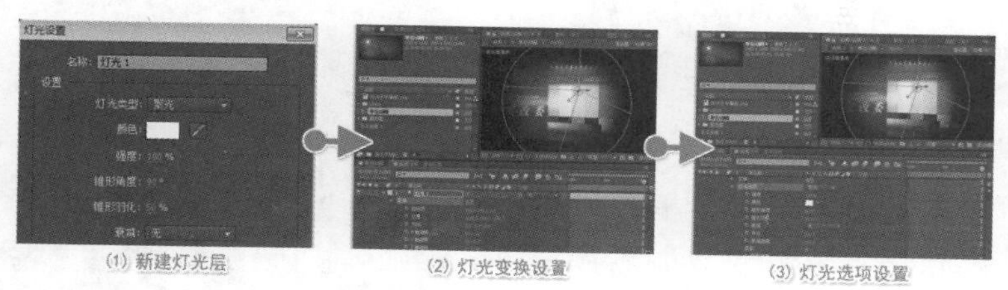

图6-25 制作流程

6.3.1 新建灯光层

01 打开合成项目，观察到“单位动画”时间线中的图层繁多，可以将素材进行整理，方便灯光的添加，如图6-26所示。

图6-26 合成项目

02 新建“合成1”时间线，并将“项目”面板中的“单位动画”合成文件拖拽至“合成1”的时间线中，如图6-27所示。

03 在“合成1”的时间线中，开启“单位动画”层的三维模式，如图6-28所示。

图6-27 添加合成文件

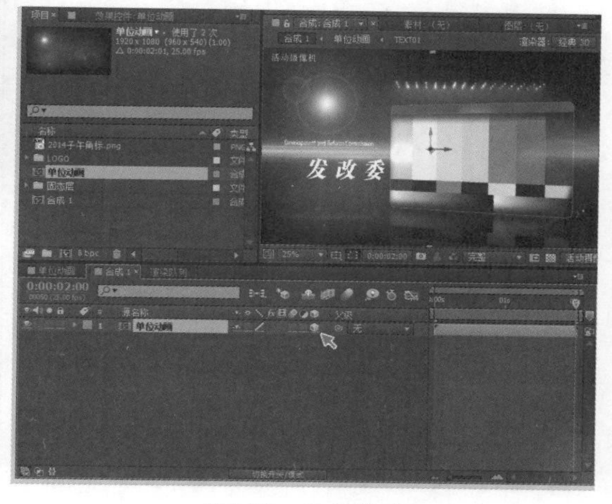

图6-28 三维模式

04 在菜单中选择【图层】→【新建】→【灯光】项，如图6-29所示。

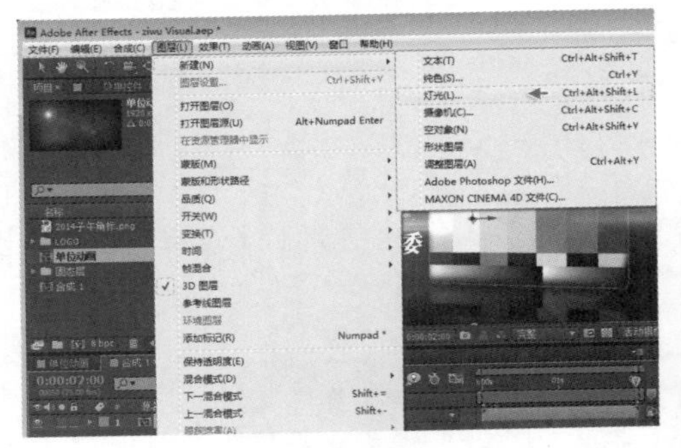

图6-29 创建灯光层

05 在弹出的“灯光设置”对话框中设置名称为“灯光1”，在“设置”卷展栏中设置灯光类型为“聚光”方式、颜色为白色、强度值为100、锥形角度值为90、锥形羽化值为50、衰减方式为“无”，如图6-30所示。

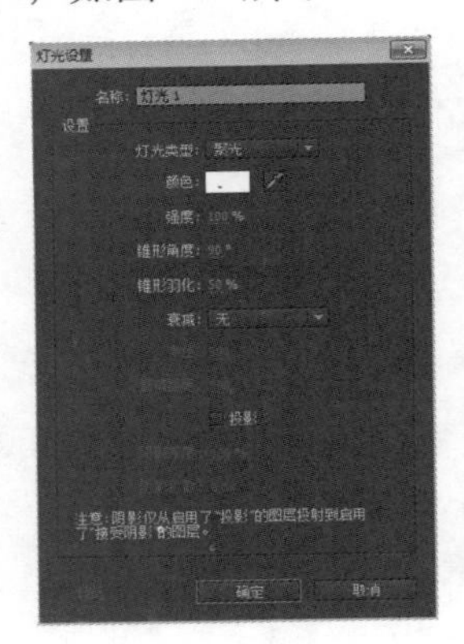

图6-30 灯光设置

06 在“时间线”面板中可以观察到新建的“灯光1”层，如图6-31所示。

图6-31 新建灯光层

6.3.2 灯光变换设置

01 在“时间线”面板中单击卷展图标展开“灯光1”层，在其中可以通过设置“变换”与“灯光选项”两项控制灯光效果，如图6-32所示。

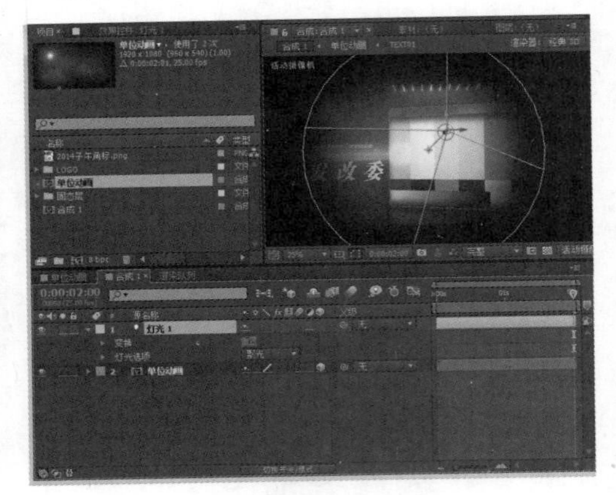

图6-32 展开灯光层

02 在“时间线”面板中单击卷展图标展开“变换”项，在其中可以对灯光的目标点、位置、方向、旋转轴进行设置，如图6-33所示。

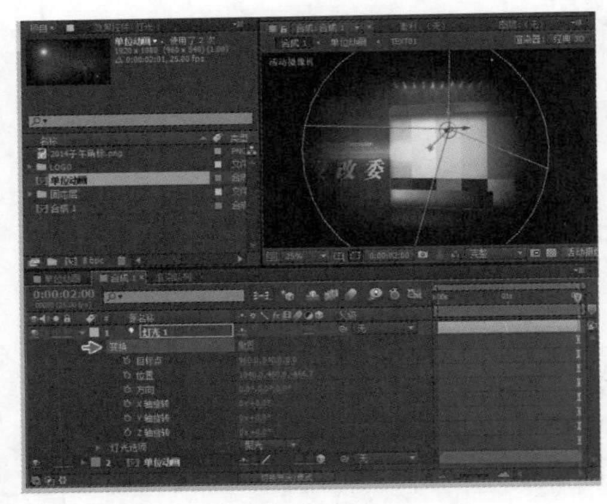

图6-33 灯光变换设置

6.3.3 灯光选项设置

01 在“时间线”面板中单击卷展图标展开“灯光选项”项，在“灯光类型”中可以切换平行光、聚光、点光及环境光的类型，如图6-34所示。

图6-34 灯光类型

02 在“灯光选项”项中可以通过设置灯光的“强度”值控制光的强弱，如图6-35所示。

图6-35 强度

03 在“灯光选项”项中可以通过设置灯光的“锥形角度”值控制光的范围，如图6-36所示。

04 在“灯光选项”项中可以通过设置灯光的“锥形羽化”值控制光边缘的柔和程度，如图6-37所示。

05 在“灯光选项”项中可以通过开启灯光的“投影”项控制光是否产生投影效果，如图6-38所示。

图6-36 锥形角度

图6-37 锥形羽化

图6-38 灯光层应用效果

6.4 实例——摄像机层应用

素材文件	无	难易程度	★★★★☆
重要程度	★★★☆☆	实例重点	在三维模式下对摄像机进行设置

“摄像机层应用”实例的制作流程主要分为3部分，包括①新建摄像机层；②三维视图切换；③摄像机选项设置，如图6-39所示。

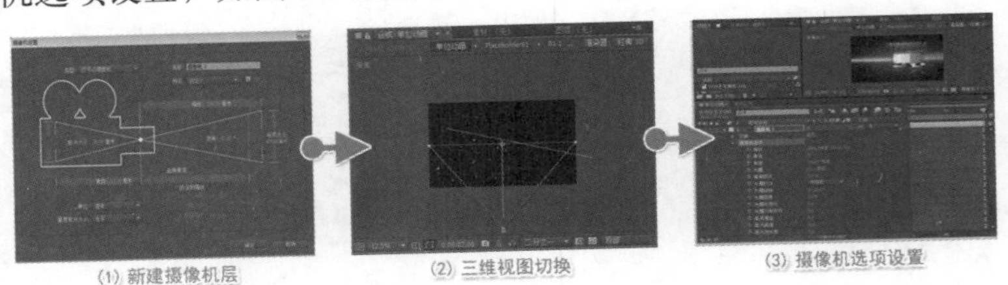

图6-39　制作流程

6.4.1　新建摄像机层

01 打开合成项目并切换至“时间线”面板，如图6-40所示。

图6-40　合成项目

02 在菜单中选择【图层】→【新建】→【摄像机】项，如图6-41所示。

图6-41　创建摄像机层

03 在弹出的“摄像机设置”对话框中设置类型为“双节点摄像机”方式、名称为“摄像机1”、预设为“自定义”类型、单位为“毫米”、量度胶片大小为“水平”方式，如图6-42所示。

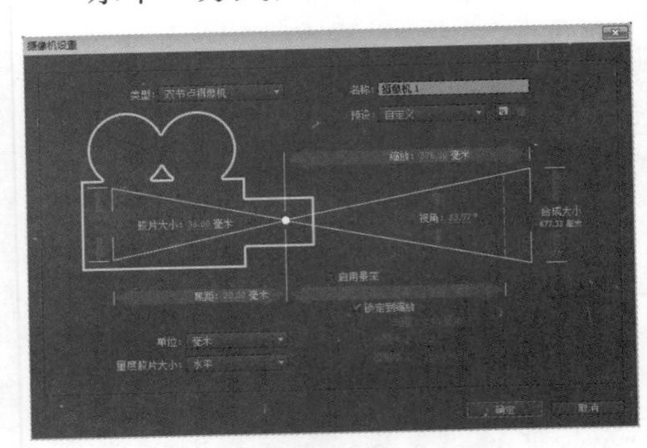

图6-42　摄像机设置

04 在“时间线”面板中可以观察到新建的“摄像机1”层，如图6-43所示。

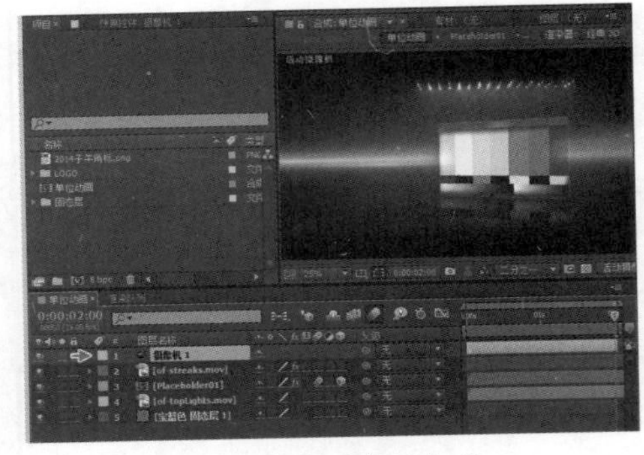

图6-43　新建摄像机层

6.4.2　三维视图切换

01 在“合成”面板中，“三维视图”项默认为“活动摄像机”类型，单击“三维视图”项可切换活动摄像机、摄像机1、正面、左侧、顶部、背面、右侧、底部及自定义视图类型，如图6-44所示。

图6-44 三维视图项

02 将“三维视图”项切换至“左侧”,“合成”面板中的显示效果如图 6-45 所示。

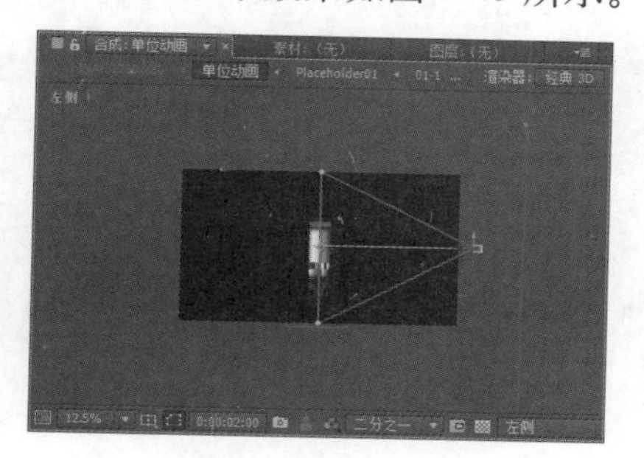

图6-45 左侧

03 将“三维视图”项切换至“顶部”,“合成”面板中的显示效果如图 6-46 所示。

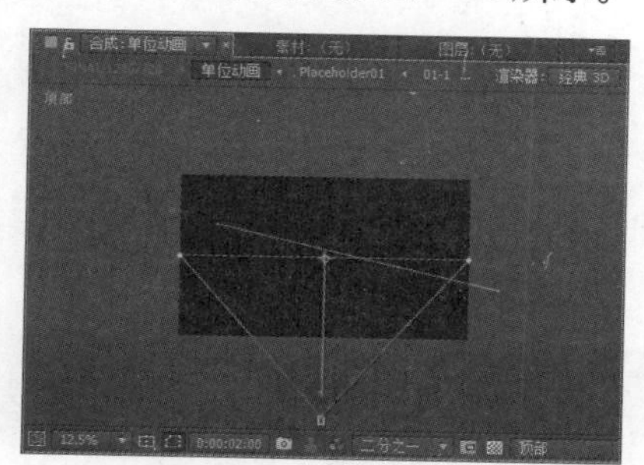

图6-46 三维视图切换

6.4.3 摄像机选项设置

01 在“时间线”面板中单击卷展图标展开摄像机的“变换”项，在其中可对摄像机的目标点、位置、方向、旋转轴进行设置，如图6-47所示。

图6-47 变换设置

02 在“时间线”面板中单击卷展图标展开“摄像机选项”项，在其中可对摄像机的缩放、景深、焦距、光圈及高光等进行设置，如图6-48所示。

图6-48 摄像机层应用效果

6.5 实例——空对象层应用

素材文件	无	难易程度	★☆☆☆☆
重要程度	★★★★☆	实例重点	讲解对空对象的父级链接操作

“空对象层应用”实例的制作流程主要分为3部分，包括①文本动画设置；②新建空对象层；③父级链接设置，如图6-49所示。

图6-49 制作流程

6.5.1 文本动画设置

01 打开合成项目并切换至“时间线”面板，如图6-50所示。

图6-50 合成项目

02 在“时间线”面板中单击卷展图标展开文本层，开启位置项前的码表图标，记录文本在影片第10帧至第1秒5帧间的位移动画，如图6-51所示。

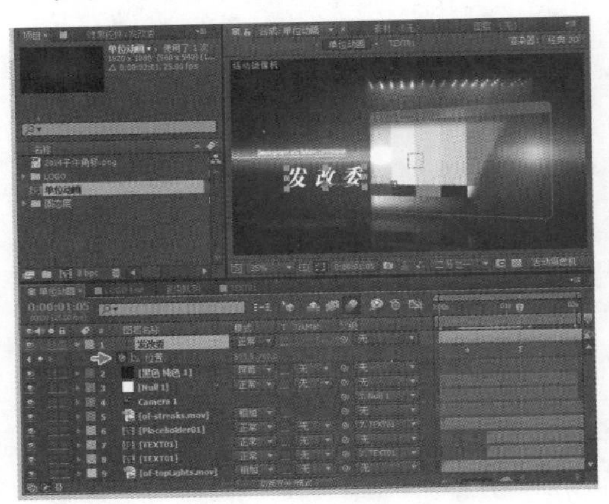

图6-51 文本位置动画

6.5.2 新建空对象层

01 在菜单中选择【图层】→【新建】→【空对象】项，如图6-52所示。

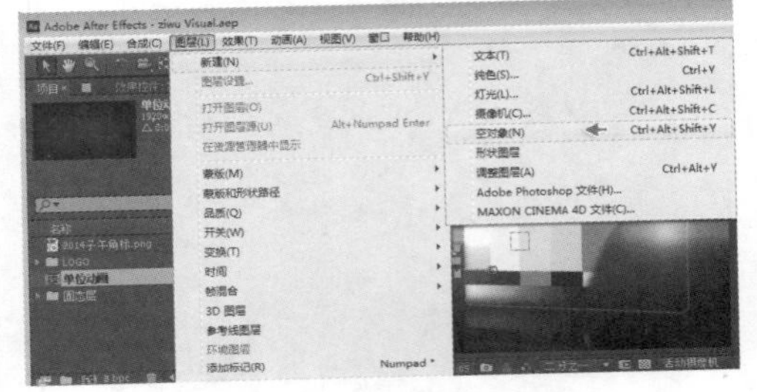

图6-52 创建空对象层

专家课堂

“空对象”是不可见的图层，在“合成”窗口虽然可以看见一个红色的正方形，但它实际是不存在的，在最后输出时不会显示。

02 在“时间线”面板中可以观察到新建的“空1”层，如图6-53所示。

图6-53 新建空对象层

6.5.3 父级链接设置

01 在“时间线”面板中选择文本层的“父级”项并将其拖拽至空对象层的“父级”项，完成父级链接，如图6-54所示。

图6-54 父级链接

02 父级链接完成后，在文本层的父级按钮上显示“1.空1”，表示链接已生成，如图6-55所示。

03 控制空对象层的位置，可以观察到文本层也相应的位移，如图6-56所示。

图6-55 显示链接

图6-56 空对象层应用效果

6.6 实例——调整图层应用

素材文件	无	难易程度	★★☆☆☆
重要程度	★★★☆☆	实例重点	对调整图层进行对比及锐化设置的讲解

“调整图层应用”实例的制作流程主要分为3部分，包括①新建调整图层；②整体对比设置；③整体锐化设置，如图6-57所示。

图6-57 制作流程

6.6.1 新建调整图层

01 打开合成项目并切换至“时间线”面板，如图6-58所示。

图6-58　合成项目

02 在菜单中选择【图层】→【新建】→【调整图层】项，如图6-59所示。

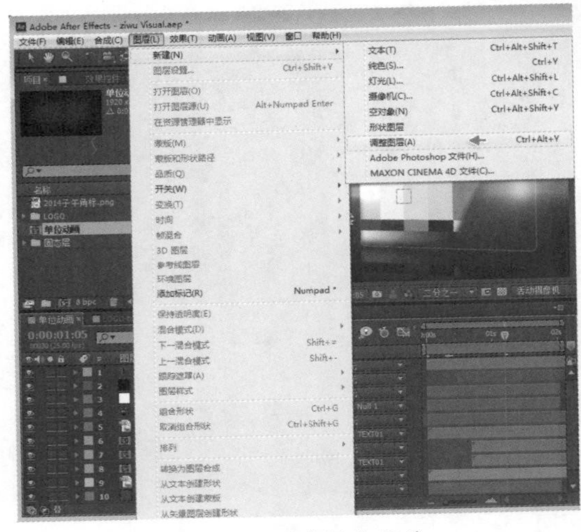

图6-59　创建调整图层

03 在“时间线”面板中可以观察到新建的“调整图层1”层，如图6-60所示。

图6-60　新建调整图层

6.6.2　整体对比设置

01 在菜单中选择【效果】→【颜色校正】→【亮度和对比度】项，如图6-61所示。

图6-61　颜色校正

02 在“效果”面板中将对比度值增大，可以观察到“合成”中的影片整体增亮的效果，如图6-62所示。

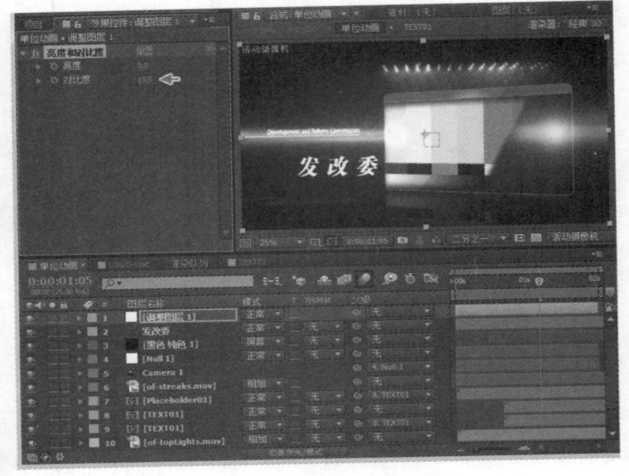

图6-62　整体对比度设置

6.6.3　整体锐化设置

01 在菜单中选择【效果】→【模糊和锐化】→【锐化】项，如图6-63所示。

02 在“效果”面板中将锐化量增大，可以观察到“合成”中的影片整体锐化效果，如图6-64所示。

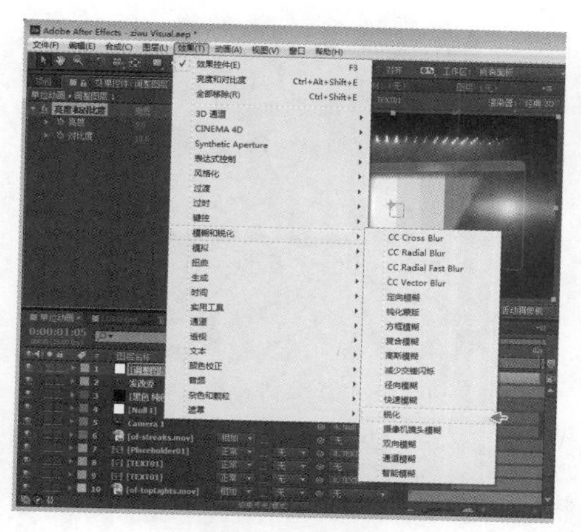

图6-63 锐化

图6-64 调整图层应用效果

6.7 实例——星球爆炸特效

素材文件	配套光盘→范例文件→Chapter6	难易程度	★★★☆☆
重要程度	★★★☆☆	实例重点	掌握爆炸视频特效与三维图层的动画设置

在制作“星球爆炸特效”实例时，先将星球图像进行旋转运动，然后设置振波三维模式的缩放动画与碎片效果，使星空破碎效果衬托星球爆炸，如图6-65所示。

“星球爆炸特效”实例的制作流程主要分为3部分，包括①影片基础设置；②振波环形设置；③爆炸特效设置，如图6-66所示。

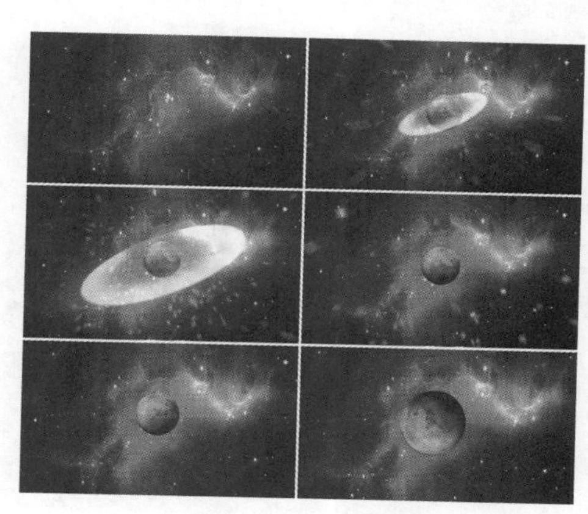

图6-65 实例效果

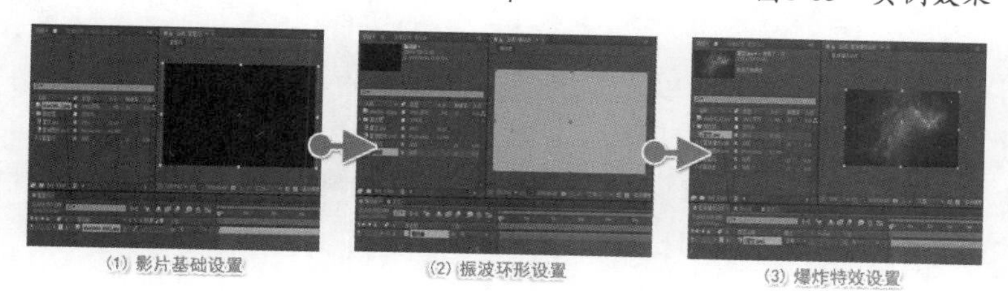

图6-66 制作流程

6.7.1 影片基础设置

01 双击After Effects CC快捷图标启动软件，然后在菜单中选择【合成】→【新建合成】

命令项，如图6-67所示。

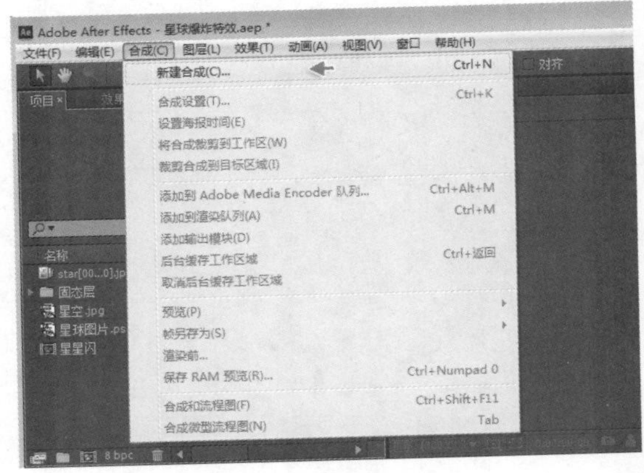

图6-67　新建合成

02 在弹出的“合成设置”对话框中设置合成名称为“星星闪”、预设为“HDV/HDTV 720 25”小高清类型、帧速率为25帧/秒、持续时间为6秒、背景颜色为黑色，如图6-68所示。

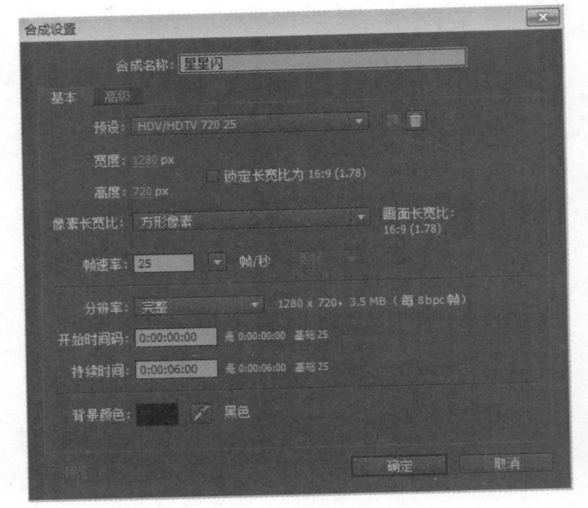

图6-68　合成设置

03 在“项目”面板的空白位置单击鼠标“右”键，在弹出的菜单中选择【导入】→【文件】命令，将本书配套光盘中所需要的合成素材导入“项目”面板中，如图6-69所示。

04 在“项目”面板中选择“star”序列素材并拖拽至“时间线”面板中，作为合成影片的背景素材，完成影片基础素材的合成操作，如图6-70所示。

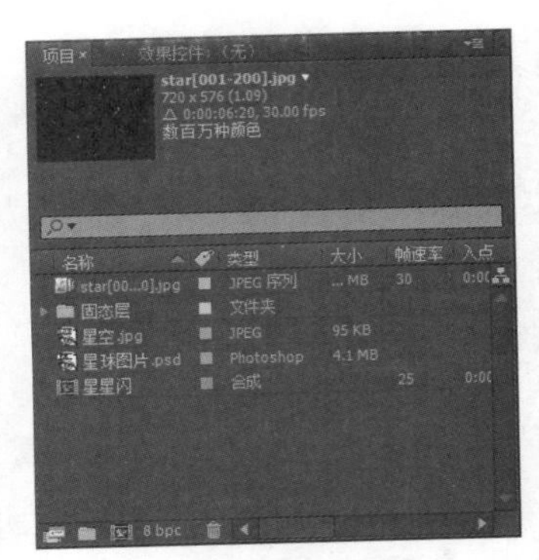

图6-69　导入素材

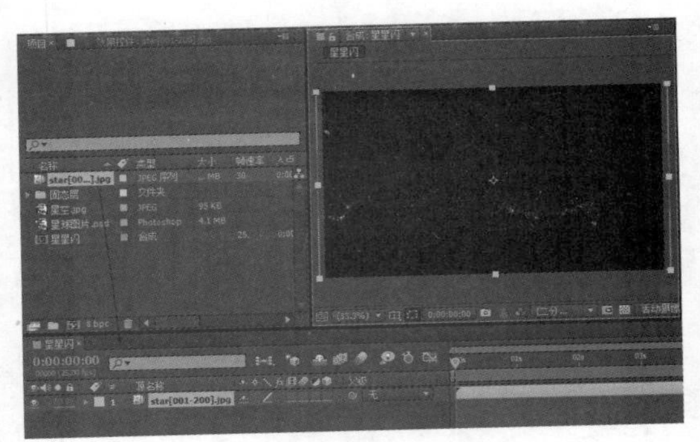
图6-70　添加素材

6.7.2　振波环形设置

01 在菜单中选择【合成】→【新建合成】命令项，准备制作爆炸时的振动与波动效果，如图6-71所示。

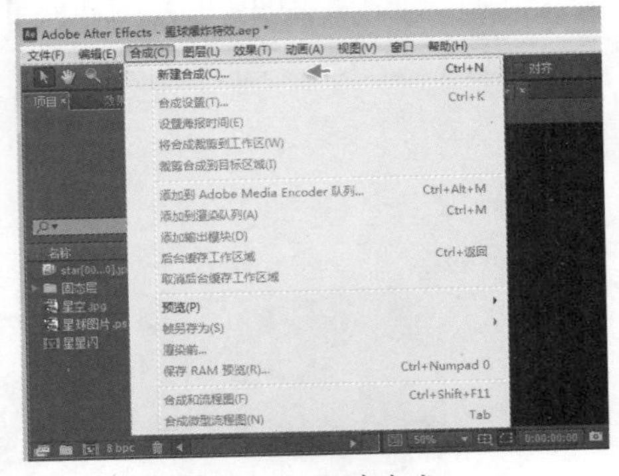
图6-71　新建合成

02 在弹出的“合成设置”对话框中设置合成名称为“振动波”、预设为“HDV/HDTV 720 25”小高清类型、帧速率为25帧/秒、持续时间为4秒、背景颜色为黑色，如图6-72所示。

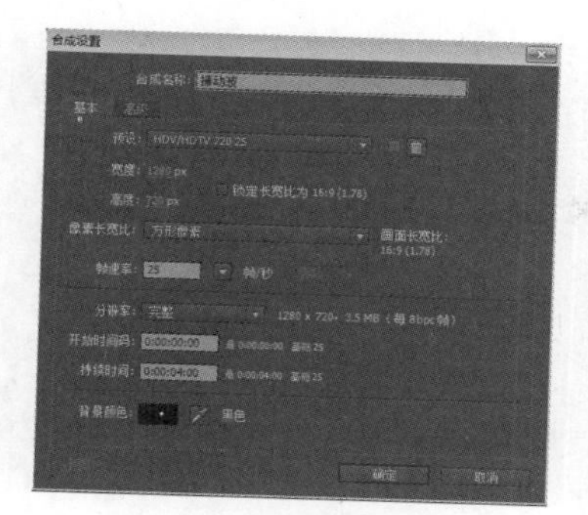

图6-72　合成设置

03 在菜单中选择【图层】→【新建】→【纯色】命令项，准备为影片制作振波效果，如图6-73所示。

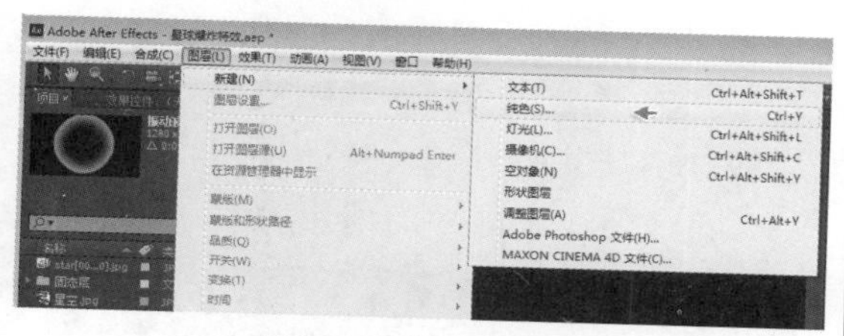

图6-73　新建纯色层

04 在弹出的“纯色设置”对话框中设置名称为“橙色板”、大小为1280×720像素，再将纯色层的颜色设置为“橙色”，如图6-74所示。

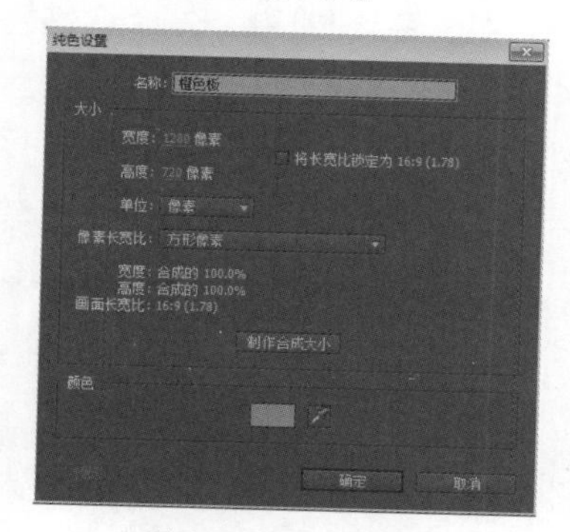

图6-74　纯色设置

05 在“合成”窗口中可以观察到新建立的“橙色板”效果，然后在此纯色层上制作振波效果，如图6-75所示。

06 在“时间线”面板中选择“橙色板”层，并在工具栏中选择椭圆遮罩工具按钮，然后按“Ctrl+Shift”键在“合成”窗口中心绘制圆形选区，再将蒙版羽化值设置为10，只在画面中心部分产生背景颜色，如图6-76所示。

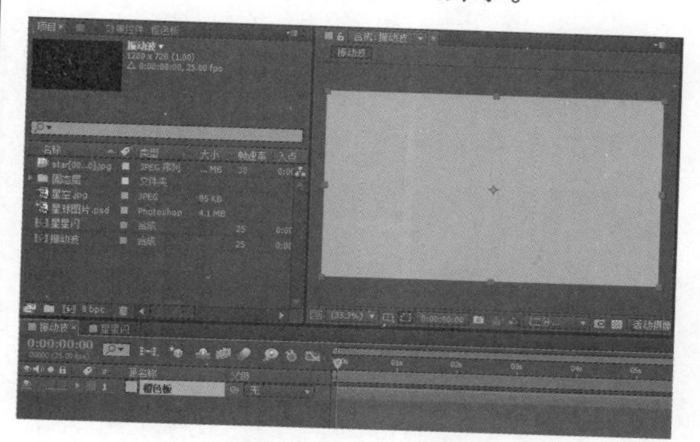

图6-75　纯色层效果

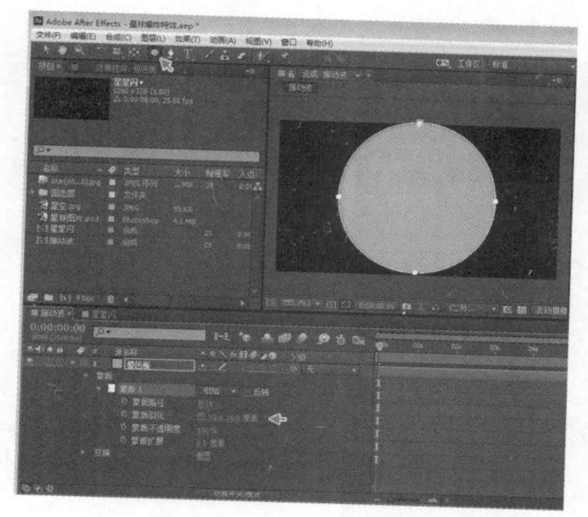

图6-76　绘制遮罩选区

07 使用椭圆遮罩工具并按“Ctrl+Shift”键，在“合成”窗口中心再绘制圆形选区，使“蒙版2”的形状在“蒙版1”之中，再将“蒙版2”的模式设置为“相减”方式，如图6-77所示。

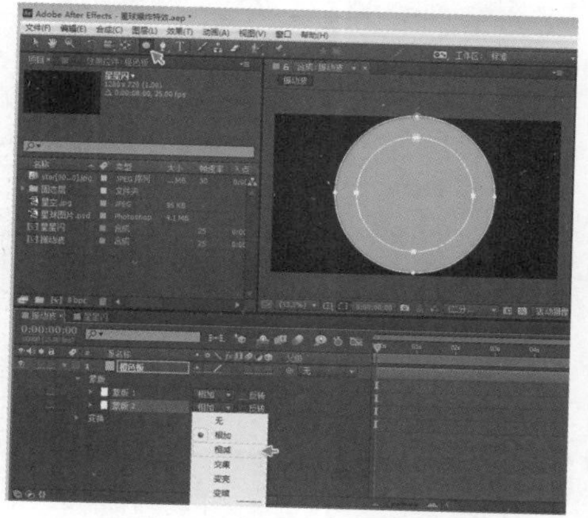

图6-77　绘制遮罩选区

08 在“时间线”面板中选择“橙色板”层并展开“蒙版2”遮罩层，然后设置蒙版羽化值为140、蒙版扩展值为－10，使遮罩边缘产生柔和过渡，完成影片振波的合成操作，如图6-78所示。

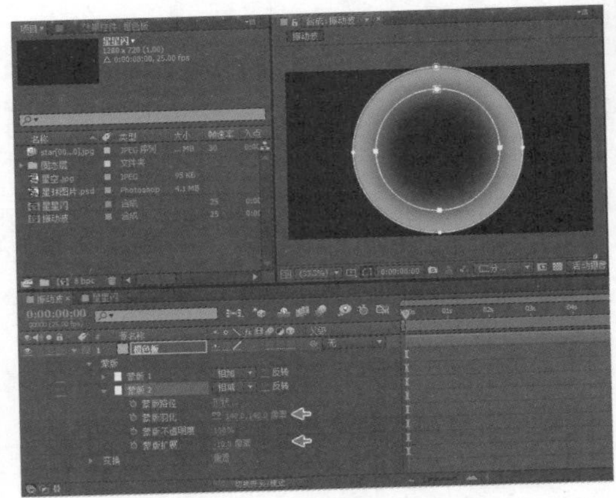

图6-78 设置蒙版参数

6.7.3 爆炸特效设置

01 在菜单中选择【合成】→【新建合成】命令项，在弹出的“合成设置”对话框中设置合成名称为“星球爆炸合成”、预设为“HDV/HDTV 720 25”小高清类型、帧速率为25帧/秒、持续时间为8秒、背景颜色为黑色，如图6-79所示。

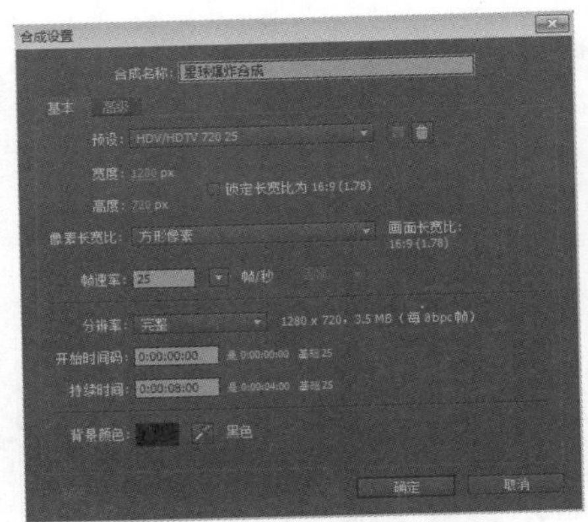

图6-79 合成设置

02 在“项目”面板中选择“星空”图片素材并拖拽至“时间线”面板中，作为合成影片的背景素材，如图6-80所示。

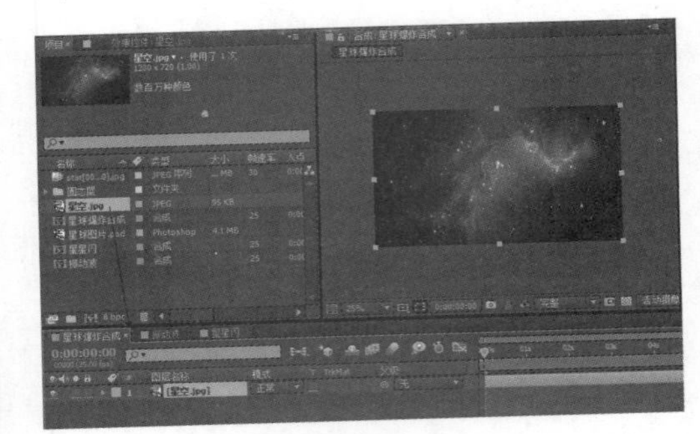

图6-80 添加素材

03 在“时间线”面板中选择“星空”素材层，然后按“S”键展开“缩放”项并在影片起始位置开启码表图标按钮，再设置起始帧缩放值为100；将时间滑块拖拽至影片第7秒24帧位置，设置结束帧缩放值为120，使画面产生放大的动画效果，如图6-81所示。

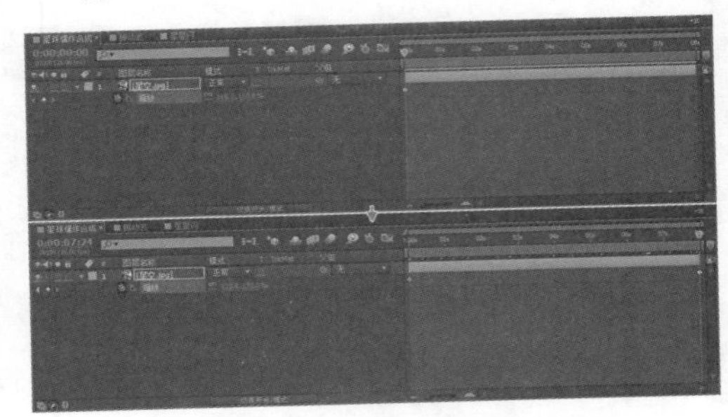

图6-81 缩放动画设置

04 在“预览”面板中单击播放/暂停按钮，然后在“合成”窗口中观察“星空”图片素材缩放动画效果，如图6-82所示。

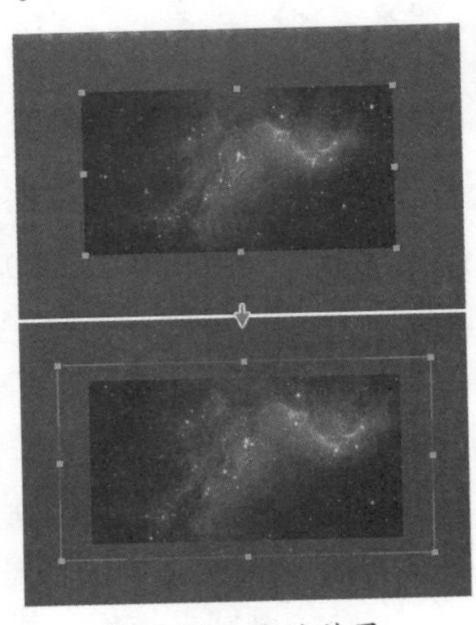

图6-82 缩放效果

05 在菜单中选择【图层】→【新建】→【摄像机】命令项，新建摄像机图层的目的是增强爆炸的空间效果，如图6-83所示。

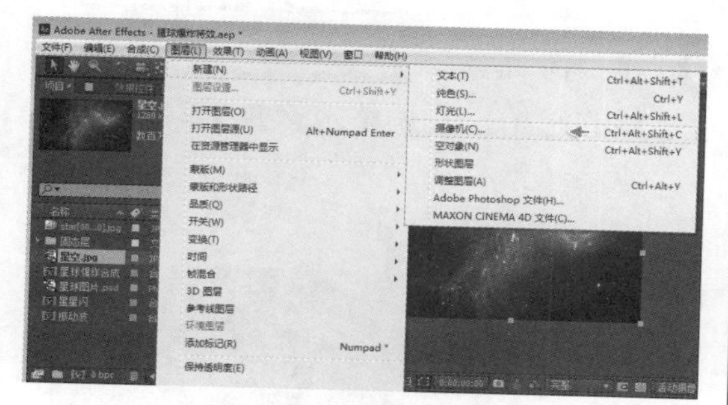
图6-83 新建摄像机

专家课堂

在After Effects CC中，常常需要运用一个或多个摄像机来创造空间场景、观看合成空间，摄像机工具不仅可以模拟真实摄像机的光学特性，更能避免真实摄像机在三脚架、重力等条件方面的制约，在空间中任意移动。

06 在弹出的“摄像机设置”对话框中默认名称为“摄像机1”，预设项为“35毫米”，如图6-84所示。

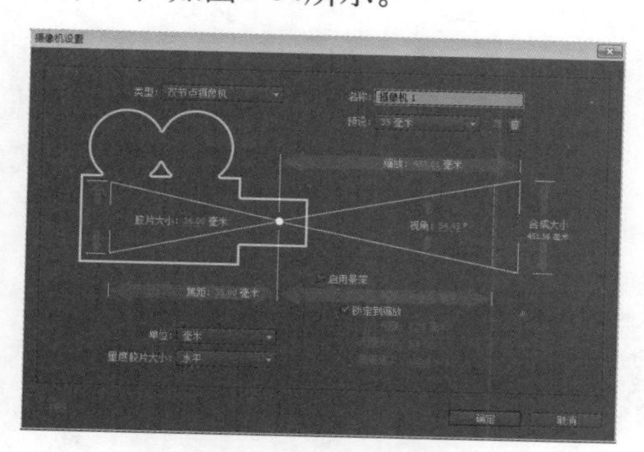
图6-84 摄像机设置

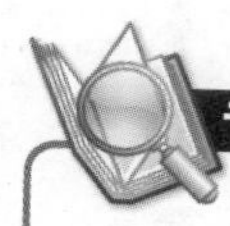
专家课堂

从构图方面而言，35mm镜头的构图是最接近人眼对焦构图的。这就是它在电影中被广泛运用的原因，因为它为观众提供了更为现实的视角。

07 添加摄像机后，在“时间线”面板中可以观察到新建立的“摄像机”层，如图6-85所示。

图6-85 摄像机效果

08 在“时间线”面板中选择“星空”层，然后在菜单中选择【效果】→【模拟】→【碎片】命令项，准备为背景制作碎片效果，如图6-86所示。

图6-86 添加碎片效果

专家课堂

“碎片”滤镜特效可以对图像进行爆炸处理，使图像产生爆炸飞散的碎片。该滤镜特效除了可以控制爆炸碎片的位置、力量和半径等基本参数以外，还可以自定义碎片的形状。

09 在“效果”面板中设置“碎片”效果滤镜的视图为“已渲染”类型、图案为“玻璃”类型、重复值为200、半径值为0.1、强度值为9，然后便可以拖拽时间滑块，在“合成”窗口中观察背景图片碎片的效果，如图6-87所示。

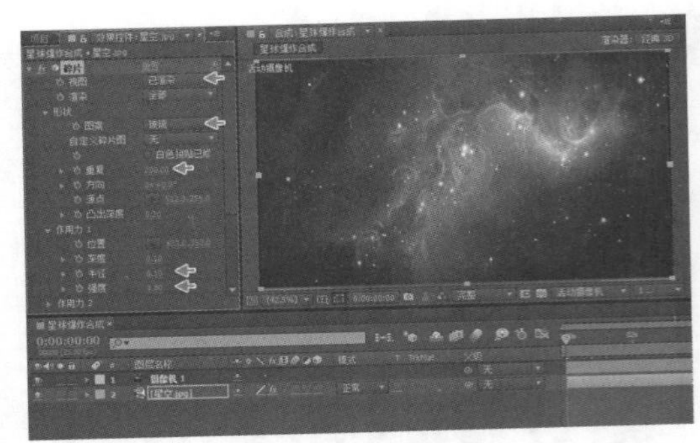

图6-87　碎片效果设置

⑩ 在“项目”面板中选择“星星闪”合成文件并拖拽至“时间线”面板“摄像机”层的底部，然后设置“星星闪”层的模式为“相加”方式，使星星与背景融合在一起，丰富影片的视觉效果，如图6-88所示。

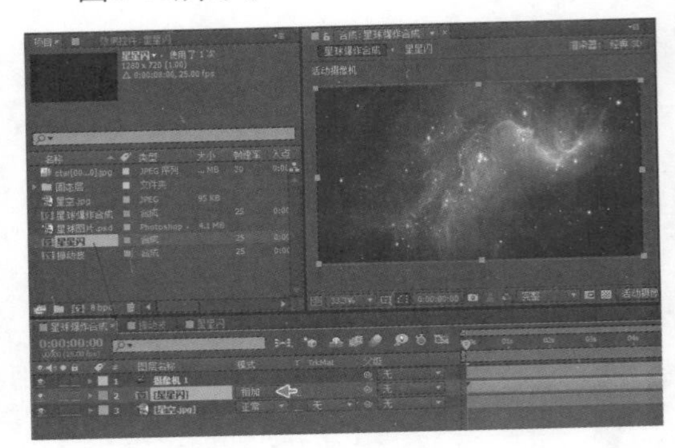

图6-88　层叠加设置

⑪ 在“项目”面板中选择“星球图片”素材并拖拽至“时间线”面板“星星闪”的上一层，然后开启“星球图片”层的3D图层项，使素材在“合成”窗口的中心位置，如图6-89所示。

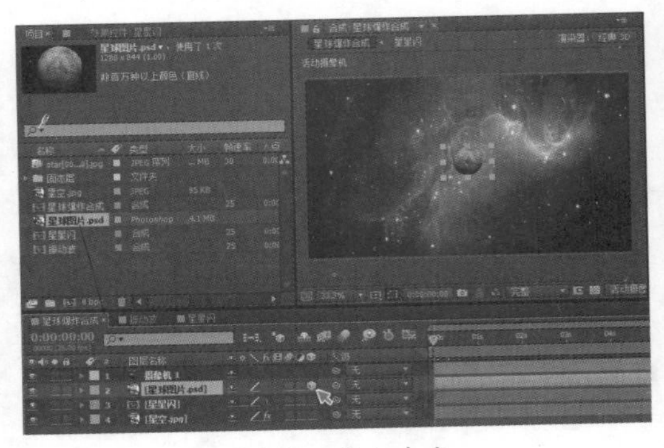

图6-89　添加合成

专家课堂

After Effects CC的摄像机与灯光效果，只可应用在开启“3D图层”模式的素材层上。

⑫ 在“时间线”面板中将“星球图片”层的起始位置调整至影片第2帧位置，使星球素材在影片第2帧时出现在画面中，如图6-90所示。

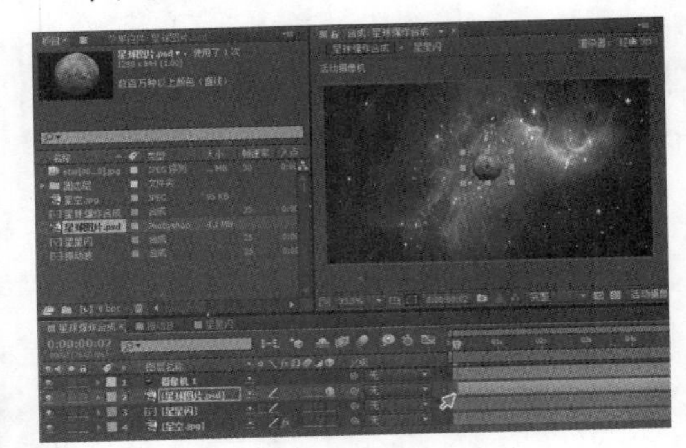

图6-90　调节星球图片层

⑬ 在“时间线”面板中选择“星球图片”层并展开“变换”项，然后在影片第2帧位置开启“缩放”和“方向”项前的码表图标按钮，再设置起始缩放值为15、方向值为0；将时间滑块拖拽至影片第8帧位置，然后设置缩放值为22；将时间滑块拖拽至影片第7秒24帧位置，再设置结束缩放值为40、方向值为210，使星球产生缩放和旋转的动画，加强影片素材间的空间感，如图6-91所示。

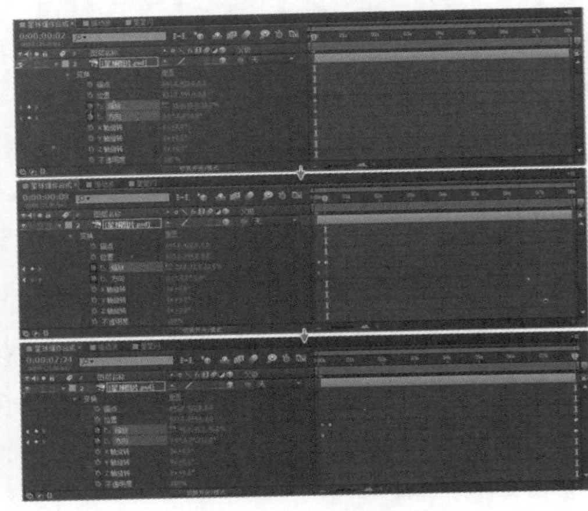

图6-91　动画帧设置

⑭ 在“预览”面板中单击▶播放/暂停按钮，然后在“合成”窗口中观察星球爆炸动画效果，如图6-92所示。

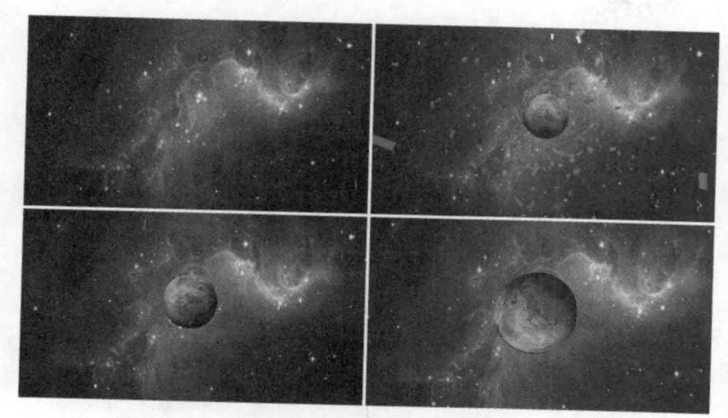

图6-92 效果预览

⑮ 在菜单中选择【图层】→【新建】→【调整图层】命令项，准备调节影片的亮度，使画面变得更加绚丽，如图6-93所示。

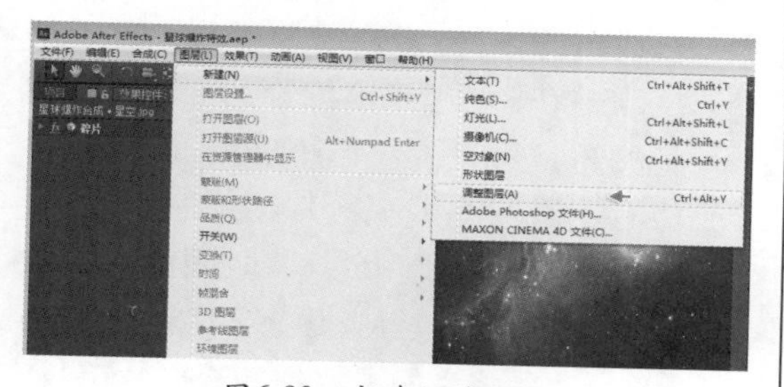

图6-93 新建调节图层

专家课堂

“调整图层”主要是通过一个新图层来对多个图层的图像进行效果调整，使在其下面的所有图层受到本层的影响。

⑯ 在“时间线”面板中选择“调节图层”并单击鼠标“右”键，然后在弹出的菜单中设置重命名为“光效”，再将“光效”层的起始位置调整至影片第2帧位置，使影片在星球爆炸的同时画面也产生变亮效果，如图6-94所示。

⑰ 在“时间线”面板中选择“光效”层，然后在菜单中选择【效果】→【风格化】→【发光】命令项，准备为影片添加发光效果的滤镜，如图6-95所示。

图6-94 调整层设置

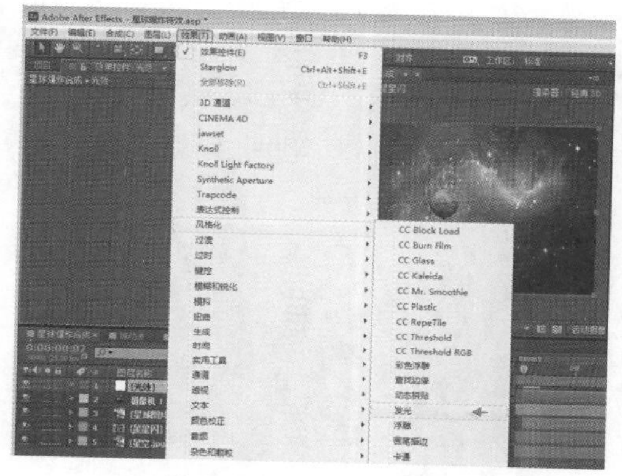

图6-95 添加发光效果

⑱ 在“效果”面板中设置“发光”效果滤镜的发光半径值为42、发光强度值为0.3，然后在“合成”窗口中观察影片的发光效果，如图6-96所示。

图6-96 发光效果设置

⑲ 在“项目”面板中选择“振动波”合成文件并拖拽至“时间线”面板中，作为影片中星球爆炸时的振动波素材，如图6-97所示。

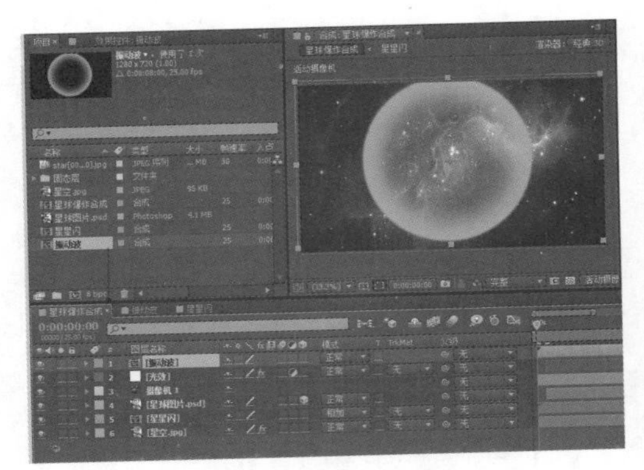

图6-97 添加合成

20 在“时间线”面板中将“振动波”层的起始位置调整至影片第2帧位置，得到振动波在影片第2帧时出现在画面的效果，如图6-98所示。

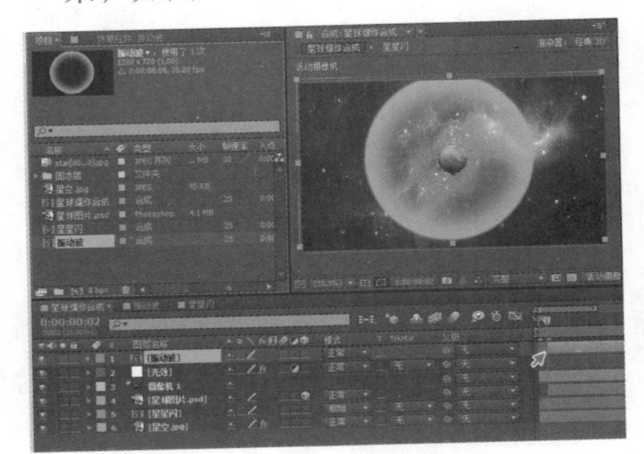

图6-98 调节振动波层

21 在“时间线”面板中选择“振动波”层，然后设置图层模式为“相加”方式，再开启3D图层项，使振动波与影片融合在一起，如图6-99所示。

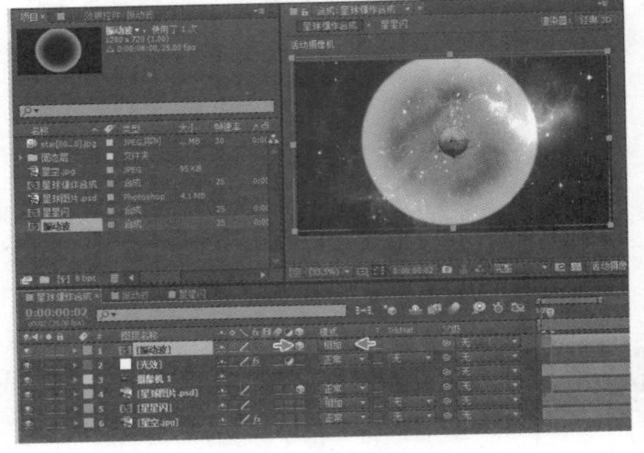

图6-99 层叠加设置

22 在“时间线”面板中选择“振动波”层并展开“变换”项，然后设置X轴旋转值为－60、Y轴旋转值为20，使振动波产生三维空间的旋转倾斜效果，如图6-100所示。

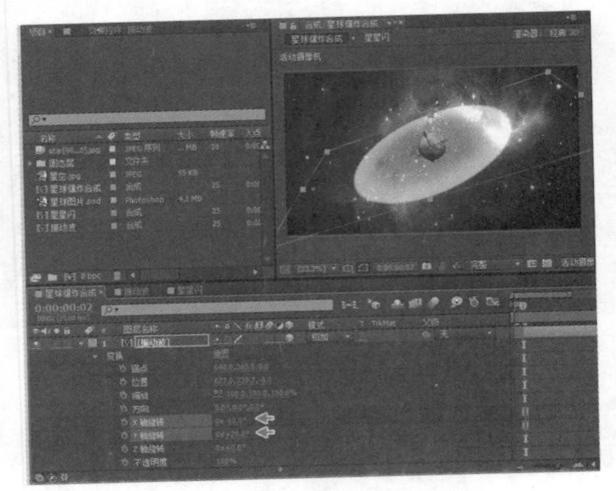

图6-100 旋转设置

23 在“时间线”面板中保存“振动波”合成层的选择，按“T”键展开不透明度项并在影片第2帧位置开启码表图标按钮，再设置起始不透明度值为0；将时间滑块拖拽至影片第4帧位置，设置不透明度值为100；将时间滑块拖拽至影片第20帧位置，设置不透明度值为100；最后将时间滑块拖拽至影片第1秒位置，设置结束不透明度值为0，使振动波在画面中产生淡入淡出的动画显示效果，如图6-101所示。

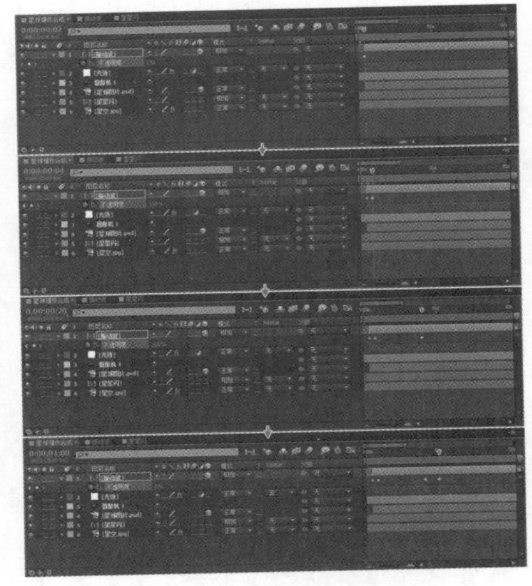

图6-101 不透明度动画设置

24 在“预览”面板中单击▶播放/暂停按钮，然后在“合成”窗口中观察星球爆炸和振动波动画效果，如图6-102所示。

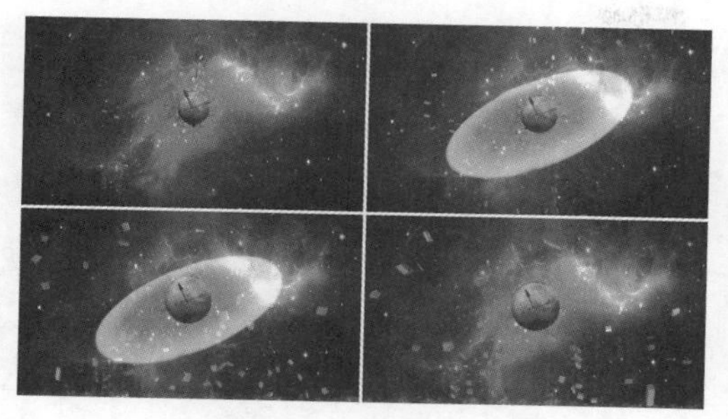

图6-102 效果预览

25 在“时间线”面板中保持“振动波”合成层的选择，然后按“S”键展开缩放项并在影片第2帧位置开启码表图标按钮，设置起始缩放值为0；将时间滑块拖拽至影片第1秒位置，设置结束缩放值为190，使振动波在画面中产生放大的动画效果，如图6-103所示。

图6-103 缩放动画设置

26 在“预览”面板中单击▶播放/暂停按钮，然后在“合成”窗口中观察“振动波”合成缩放动画效果，如图6-104所示。

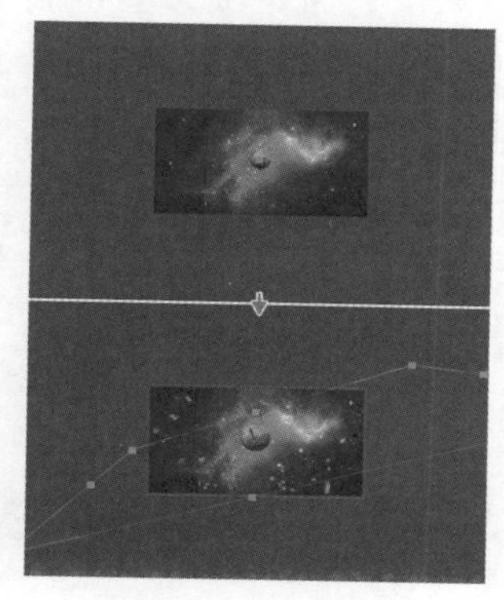

图6-104 动画效果

27 在“时间线”面板中选择“振动波”层，然后在菜单中选择【效果】→【风格化】→【发光】命令项，准备为素材添加发光效果，如图6-105所示。

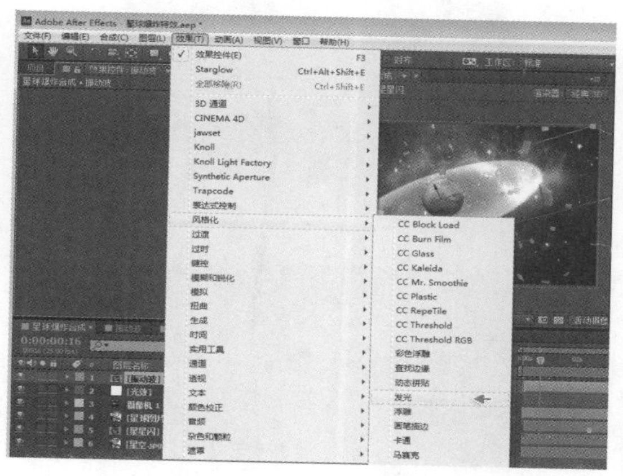

图6-105 添加发光效果

28 在“效果”面板中设置“发光”效果滤镜的发光阈值为60、发光半径值为300，在“合成”窗口中观察振动波的发光效果，如图6-106所示。

图6-106 发光效果设置

29 在菜单中选择【图层】→【新建】→【纯色】命令项，并在弹出的“纯色设置”对话框中设置名称为“橙色板”、大小为1280×720像素，再将纯色层的颜色设置为“橙色”，如图6-107所示。

30 在“合成”窗口中可以观察到新建立的“橙色板”效果，准备加强爆炸时的光亮效果，如图6-108所示。

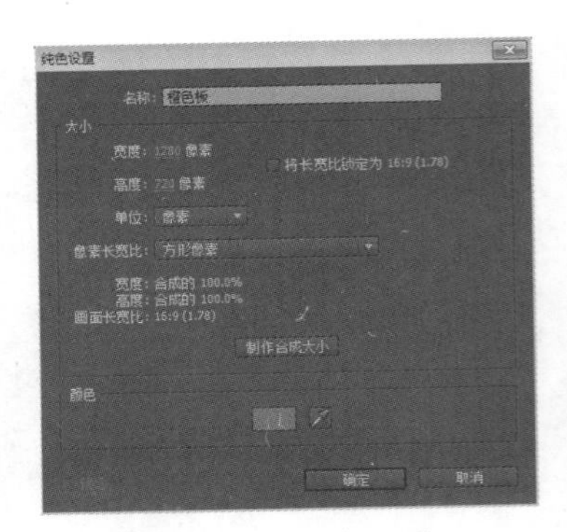

图6-107　纯色设置

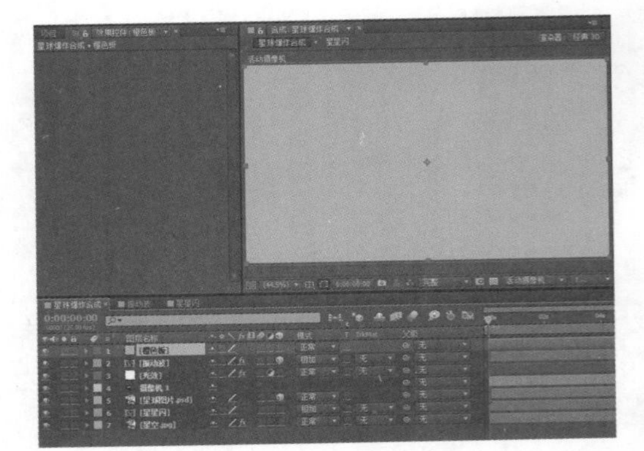

图6-108　纯色效果

31 在“时间线”面板中选择“橙色板”层，并在工具栏中选择钢笔遮罩工具按钮，然后在“合成”窗口中绘制选区，再设置蒙版羽化值为50、蒙版扩展值为30，使遮罩只在背景爆炸的位置显示，如图6-109所示。

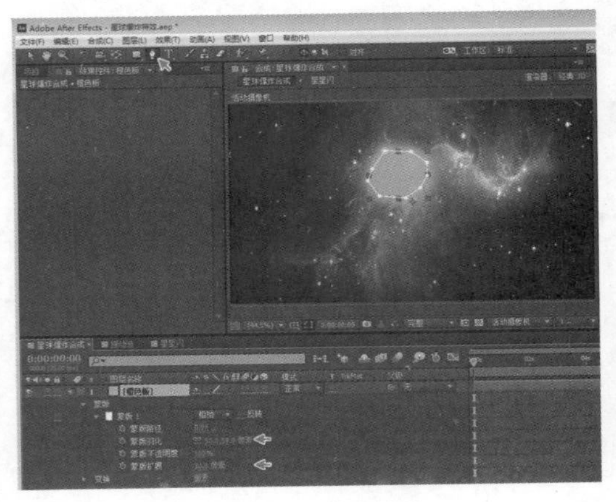

图6-109　遮罩设置

32 在“时间线”面板中选择“振动波”层，展开“轨道遮罩”并设置为“亮度反转遮罩”方式，使星球素材透过振动波显示，从而表现出更加真实的影片效果，如图6-110所示。

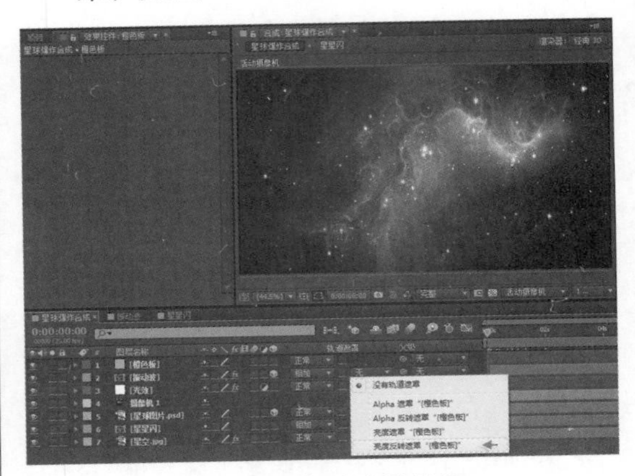

图6-110　轨道遮罩设置

33 在“时间线”面板中将“振动波”层的模式设置为“相加”方式，使遮罩与背景融合在一起，如图6-111所示。

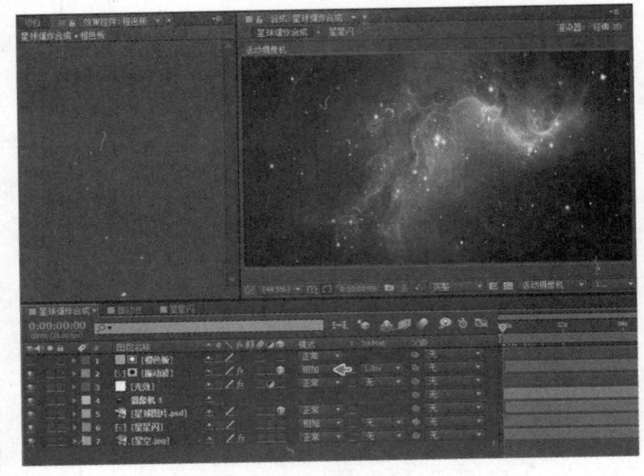

图6-111　设置层叠加

34 在菜单中选择【图层】→【新建】→【调整图层】命令项，准备调节影片的动态模糊效果，如图6-112所示。

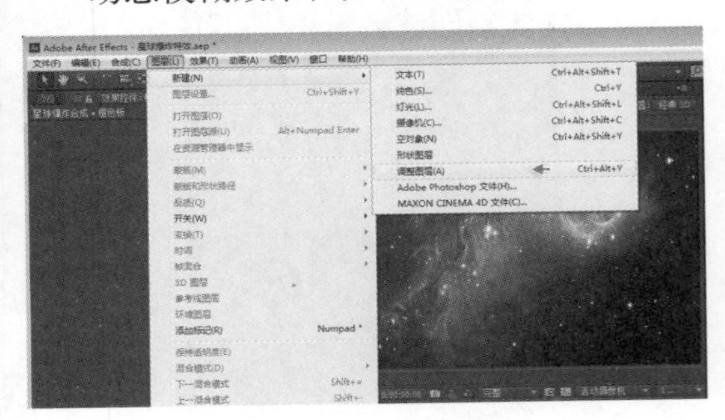

图6-112　添加调整图层

35 在“时间线”面板中选择新建的“调整图层”，然后单击鼠标“右”键将其重命名为“振动调整层”，目的是便于区分光效调整层，如图6-113所示。

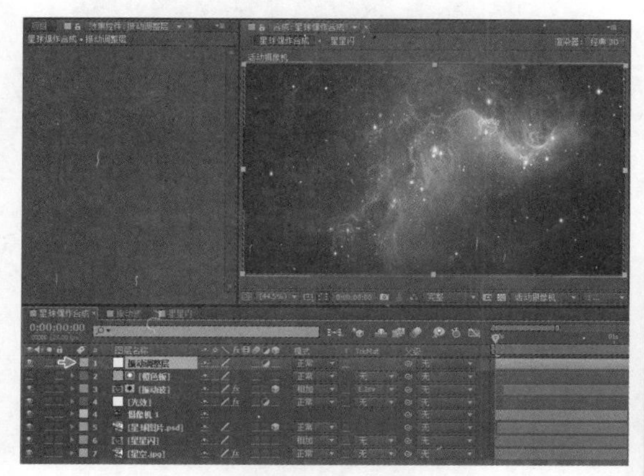

图6-113 调整层设置

36 在“时间线”面板中选择“振动调整层”，然后在菜单中选择【效果】→【生成】→【CC Force Motion Blur（动态模糊）】命令项，准备为影片添加动态模糊效果，如图6-114所示。

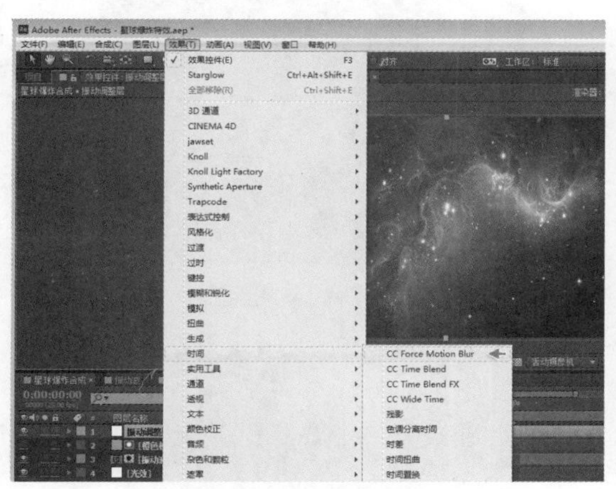

图6-114 添加动态模糊

专家课堂

After Effects CC效果滤镜中的CC是Cycore FX系列插件的缩写。在设置动态模糊时，如果嵌套合成操作，将更加便于控制效果。

37 在“效果”面板中设置Motion Blur Sampies（动态模糊采样）值为5，调节画面的模糊度，如图6-115所示。

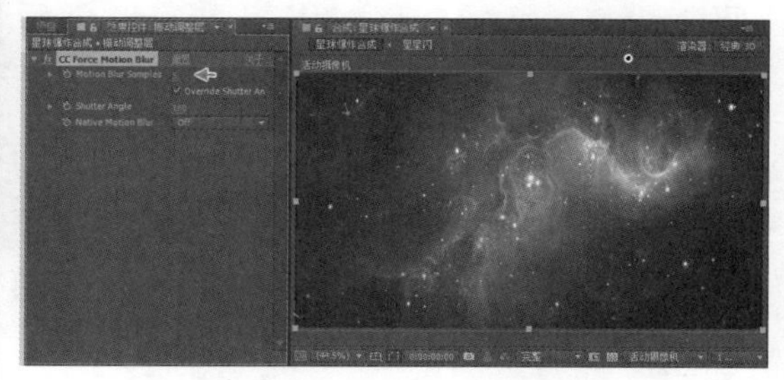

图6-115 动态模糊采样设置

38 在“预览”面板中单击▶播放/暂停按钮，然后在“合成”窗口中观察星球爆炸动画的最终效果，如图6-116所示。

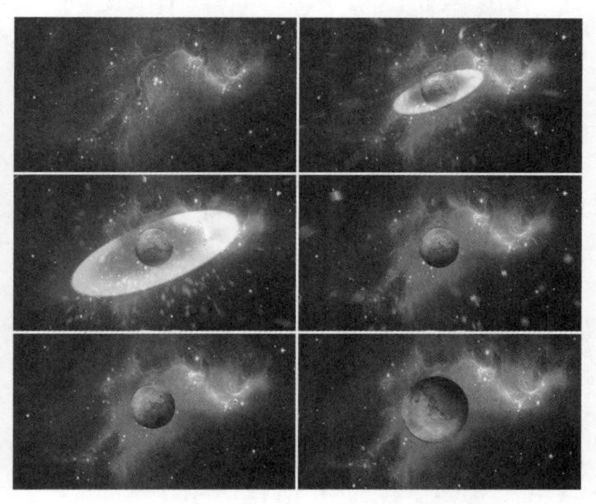

图6-116 最终效果

6.8 实例——镜头三维翻转

素材文件	配套光盘→范例文件→Chapter8	难易程度	★★★☆☆
重要程度	★★★★★	实例重点	了解三维文字与空间动画设置

“镜头三维翻转”实例主要使用效果滤镜以及插件来制作合成素材，又通过为素材添加动画使素材在画面中活跃起来，然后通过添加摄影机动画调整影片的节奏，从而使影片合成的效果更加舒缓而富有节奏，如图6-117所示。

“镜头三维翻转”实例的制作流程主要分为3部分，包括①素材元素制作；②效果添加设置；③动画的控制与调整，如图6-118所示。

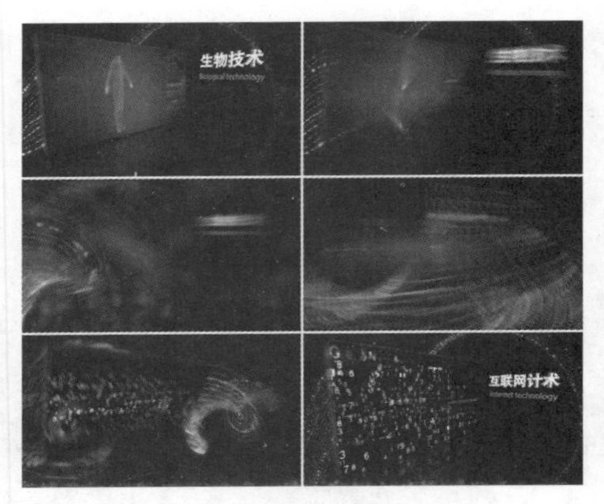

图6-117　实例效果

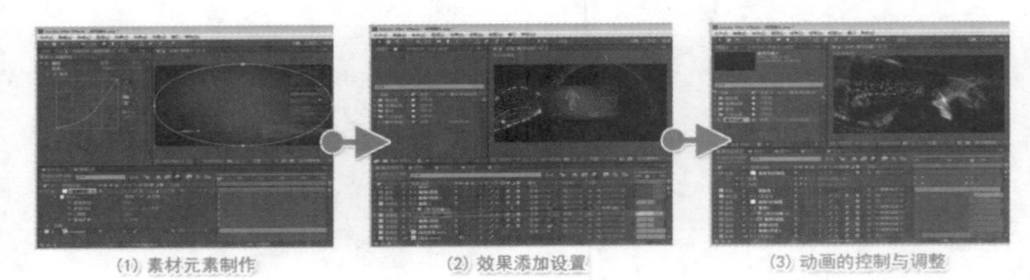

图6-118　制作流程

6.8.1　素材元素制作

01 双击桌面上的After Effects CC快捷图标启动软件，然后在菜单中选择【合成】→【新建合成】命令项，如图6-119所示。

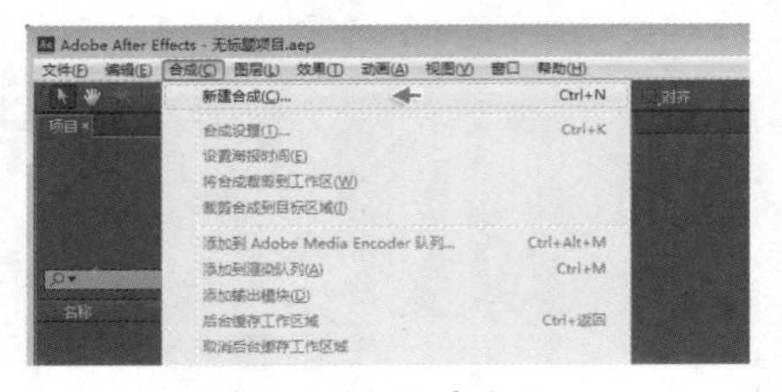

图6-119　新建合成

02 执行新建合成命令后，软件自动弹出“合成设置”对话框，在对话框中设置合成名称为“最终合成”、预设为“HDV/HDTV 1080 25”高清类型、帧速率为25帧/秒、持续时间为5秒、背景颜色为黑色，如图6-120所示。

03 在“项目”面板中单击新建文件夹并命名为“素材”，然后将合成需要用到的素材导入至“项目”面板的“素材”文件夹中，如图6-121所示。

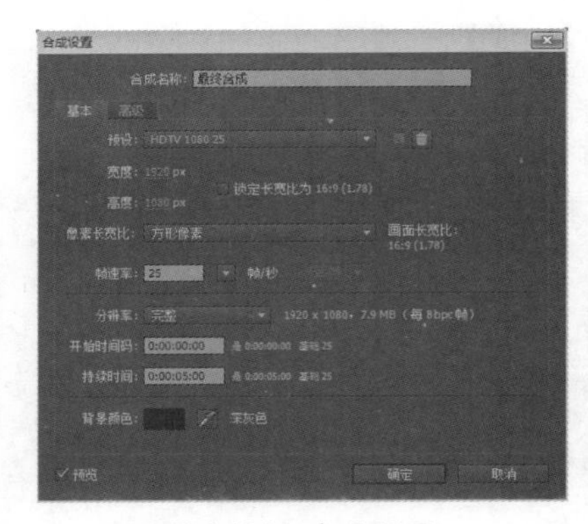

图6-120　合成设置

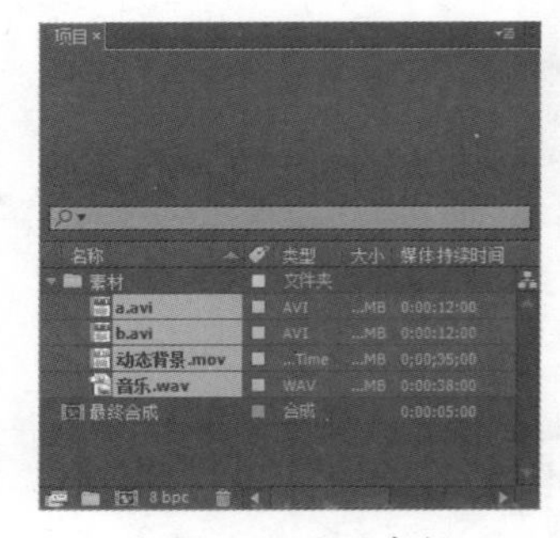

图6-121　导入素材

04 将“项目”面板中的“动态背景”和“音乐”素材拖拽至“时间线”面板，如图6-122所示。

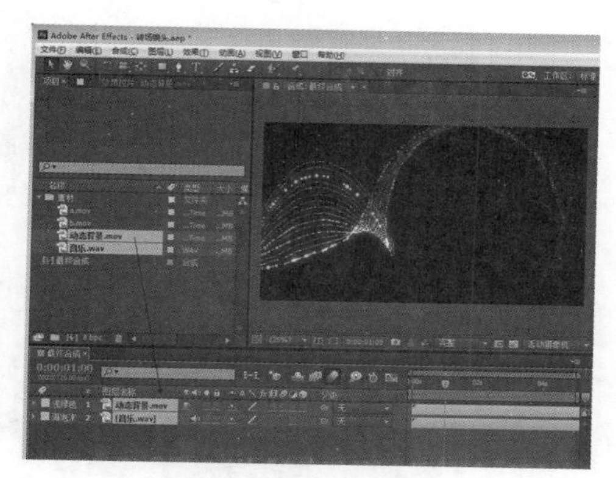

图6-122 添加素材

05 单击“项目”面板上的新建合成按钮，创建新的合成项目，在弹出的“合成设置”对话框中设置合成名称为“视频a”、预设为“HDV/HDTV 720 25”类型、帧速率为25帧/秒、持续时间为5秒、背景颜色为黑色，如图6-123所示。

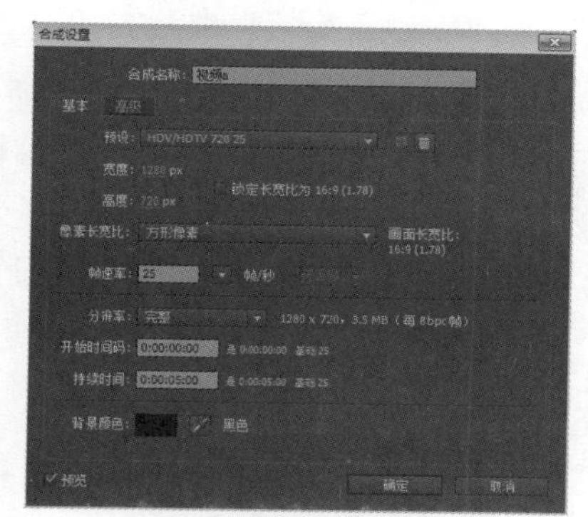

图6-123 合成设置

06 选择“项目”面板中的“a.mov”视频素材并将其拖拽至“视频a”时间线中，准备对其进行编辑，如图6-124所示。

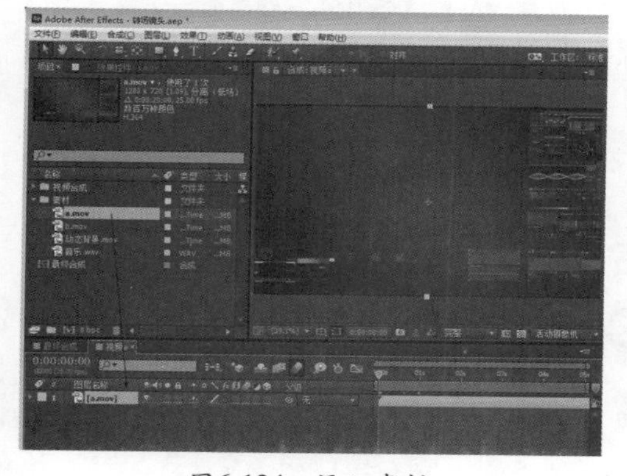

图6-124 添加素材

07 在菜单中选择【图层】→【新建】→【调整图层】命令项，创建调整图层来调整修饰视频素材，如图6-125所示。

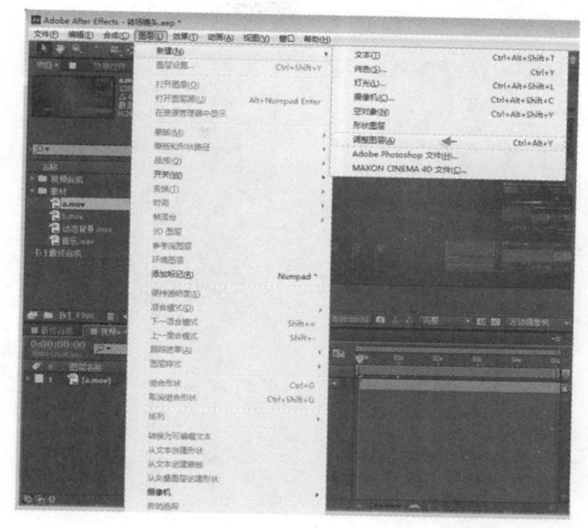

图6-125 新建调整图层

专家课堂

“调整图层”可以将同一效果应用至时间轴上的多个层，应用至调整图层的效果会影响图层堆叠顺序中位于其下的所有图层。After Effects CC中的调整图层功能与Photoshop中的调整图层功能相似。

08 使用工具栏中的椭圆工具在“合成”窗口为调整图层绘制椭圆形的蒙版，然后设置蒙版的叠加模式为“相加”，再设置蒙版羽化值为150，限制蒙版对视频素材的影响，如图6-126所示。

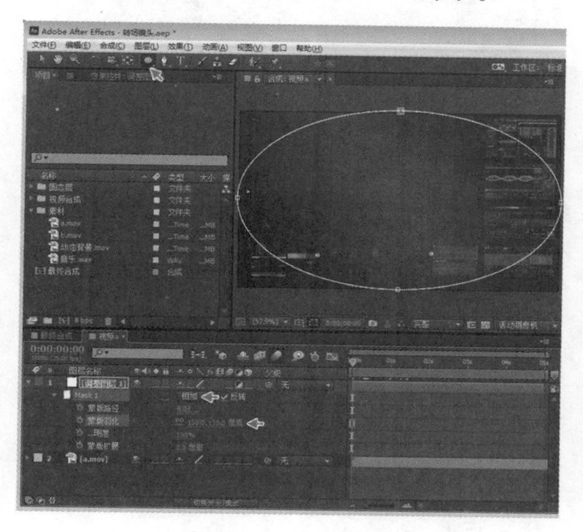

图6-126 添加蒙版

09 保持“时间线”面板中的“调整图层1”层为选择状态，在主菜单选择【效果】→【颜色校正】→【曲线】命令项，准备调整视频素材的曲线，如图6-127所示。

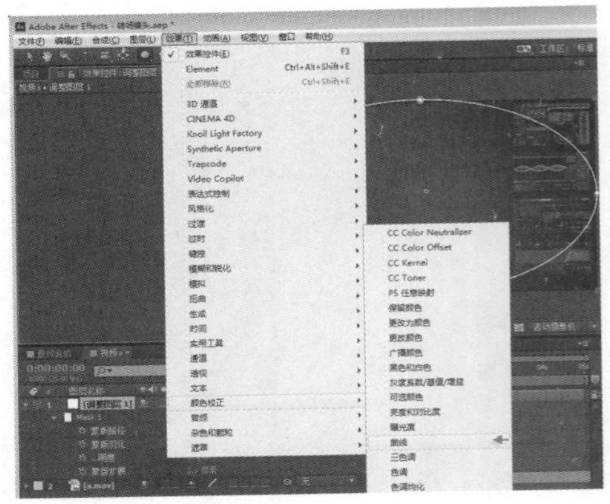

图6-127　添加命令项

10 为调整图层添加曲线命令项后，在“效果”面板中调整“RGB”的通道曲线，如图6-128所示。

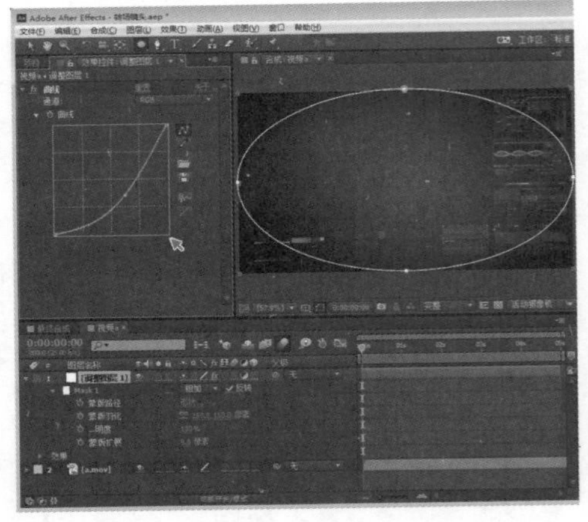

图6-128　调整曲线

专家课堂

“曲线”滤镜特效是一个非常重要的颜色校正命令，可以通过设置通道对图像的RGB复合通道或单一的R（红）、G（绿）、B（蓝）颜色通道进行控制，曲线滤镜特效不仅使用高亮、中间色调和暗部三个变量进行颜色调整，而且还可以使用坐标曲线调整0～255之间的颜色灰阶。

11 使用相同的方法创建“视频b”合成，添加“b.mov”视频素材，并添加调整图层，使用椭圆工具绘制蒙版，然后添加曲线效果滤镜调整曲线，调节出边角柔化的视频素材，如图6-129所示。

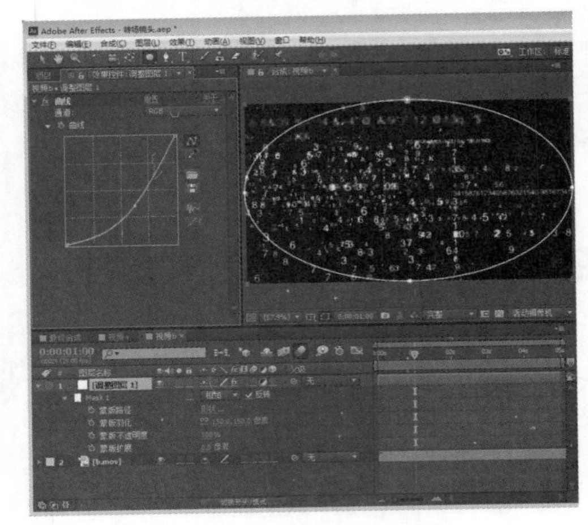

图6-129　制作视频b合成

12 制作合成中的文字素材。单击“项目”面板中的新建合成按钮创建新的合成项目，在弹出的“合成设置”对话框中设置合成名称为“文字1”、预设为“HDV/HDTV 720 25”类型、帧速率为25帧/秒、持续时间为5秒、背景颜色为黑色，如图6-130所示。

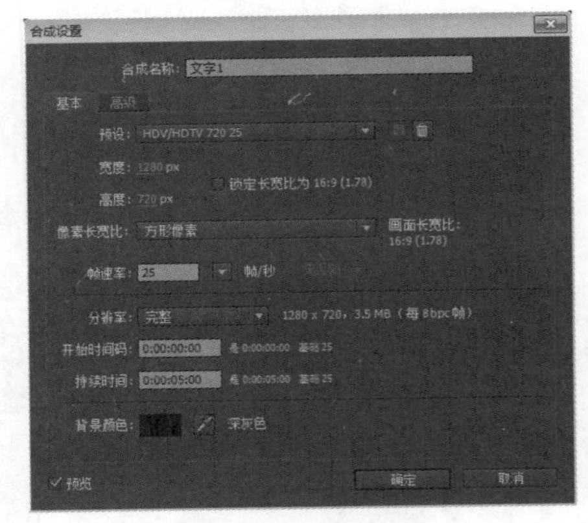

图6-130　合成设置

13 使用工具栏中的文字工具在“文字1”合成窗口中输入文字“生物技术”，然后在“字符”面板中设置字体类型与大小尺寸，如图6-131所示。

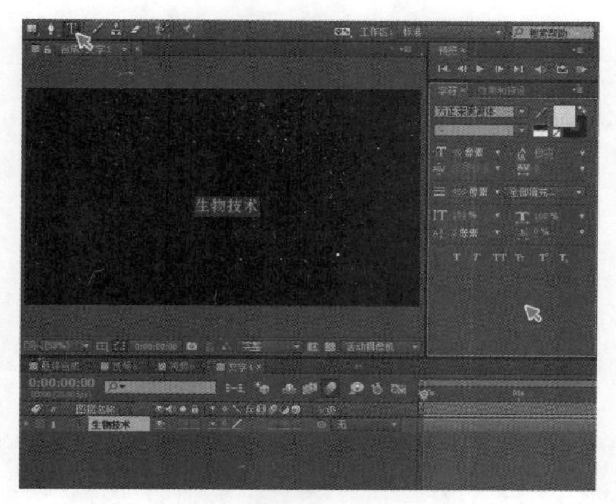

图6-131　新建文字

⓮ 在“时间线”面板中保持文字层为选择状态，然后在主菜单栏选择【效果】→【Video Copilot】→【Element（元素）】命令项，准备将文字层制作成三维元素素材，如图6-132所示。

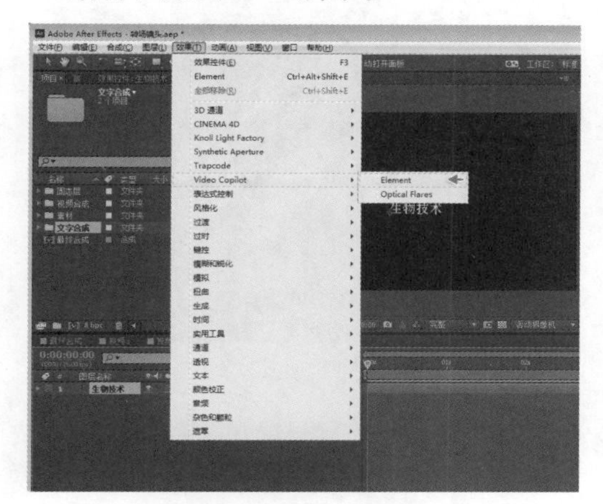

图6-132　添加元素命令

⓯ 在“效果”面板中展开“元素”效果滤镜的Custom Text and Masks（自定义文本蒙版）选项，设置Path Layer 1（路径层1）为“1.生物技术”，指定将要制作三维元素的文字层，然后单击Scene Setup（场景设置）进入“元素”效果滤镜的编辑界面，如图6-133所示。

⓰ 进入Scene Setup（场景设置）界面后单击EXTRUDE（挤压）命令按钮，挤压文字层使其成为三维元素，如图6-134所示。

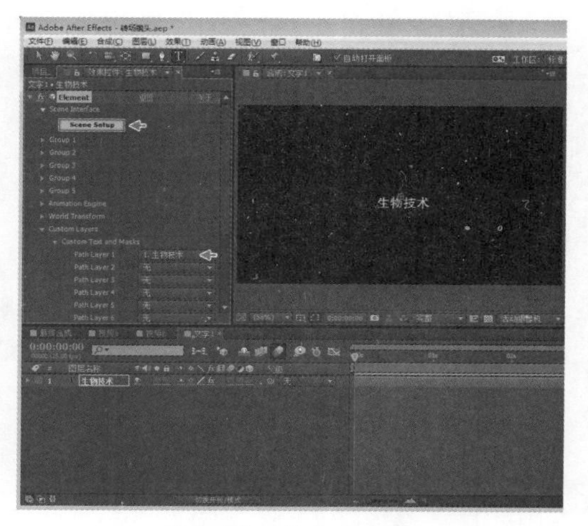

图6-133　指定文字层

图6-134　素材三维化

专家课堂

在制作三维文字或标识效果时，除了使用3ds Max、Maya等三维软件外，还可以直接在After Effects CC中使用Element插件完成效果。

⓱ 在Presets（预设）面板中的Materials（材质）选项中选择“Black_Hole”材质类型并将其拖拽至Preview（预览）窗口中生成的三维文字上，如图6-135所示。

专家课堂

预设面板中的Materials（材质）选项中提供了多种材质类型，可以直接调取使用。

图6-135　附加材质

18 在Edit（编辑）面板中设置Basic Settings（基础设置）、Reflection（反射）和Refraction（折射）三项属性来约束生成的三维元素，如图6-136所示。

图6-136　约束三维元素

19 在Preview（预览）窗口按住鼠标"左"键旋转，观察三维元素效果，如图6-137所示。

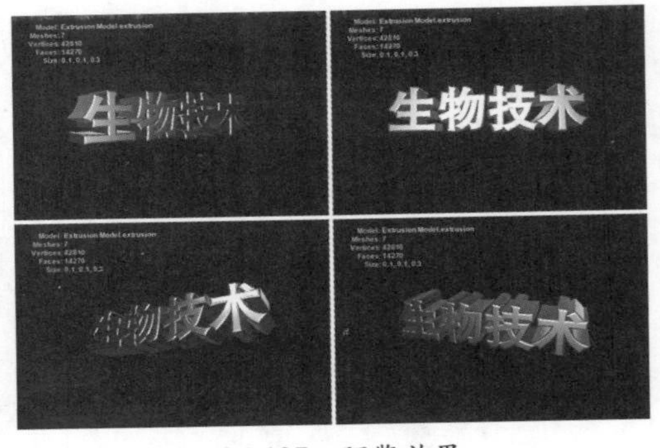

图6-137　预览效果

20 制作合成需要的三维文字效果后，单击界面右上角的"OK"按钮，完成Element效果滤镜的设置，如图6-138所示。

图6-138　完成滤镜设置

21 选择工具栏中的T文字工具，在"合成"窗口中输入文字，然后在"字符"面板中调整文字的字体类型和大小尺寸，作为场景中的英文装饰文字，如图6-139所示。

图6-139　添加文字

22 单击"项目"面板中的新建合成按钮创建新的合成项目，在弹出的"合成设置"对话框中设置合成名称为"文字2"、预设为"HDV/HDTV 720 25"类型、帧速率为25帧/秒、持续时间为5秒、背景颜色为黑色，如图6-140所示。

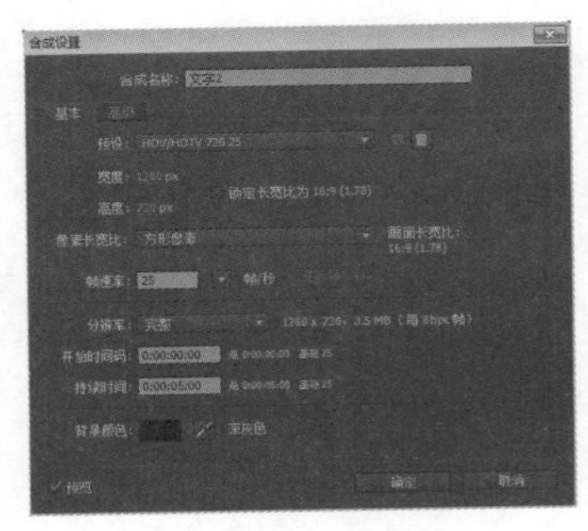

图6-140　合成设置

23 使用相同的方法制作三维元素“互联网技术”，如图6-141所示。

图6-141 制作三维字

6.8.2 效果添加设置

01 在“项目”面板中选择制作完成的“视频a”和“视频b”合成文件并拖拽至“最终合成”的时间线中，如图6-142所示。

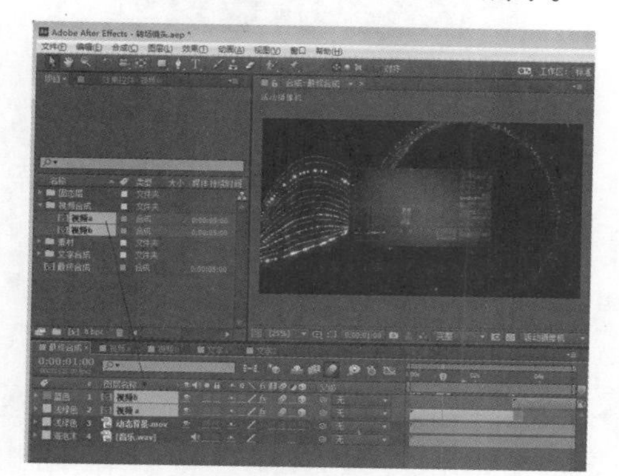

图6-142 添加合成文件

02 在“时间线”面板中选择“视频a”，按“Ctrl+D”键，将素材原地复制一层，然后重命名为“视频a厚度”，如图6-143所示。

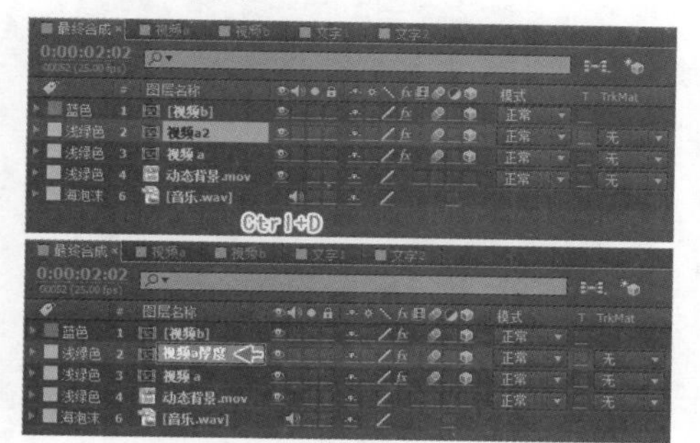

图6-143 复制素材

03 在“时间线”面板中保持“视频a厚度”为选择状态，在菜单栏选择【效果】→【透视】→【边缘斜面】命令项，为素材制作厚度，如图6-144所示。

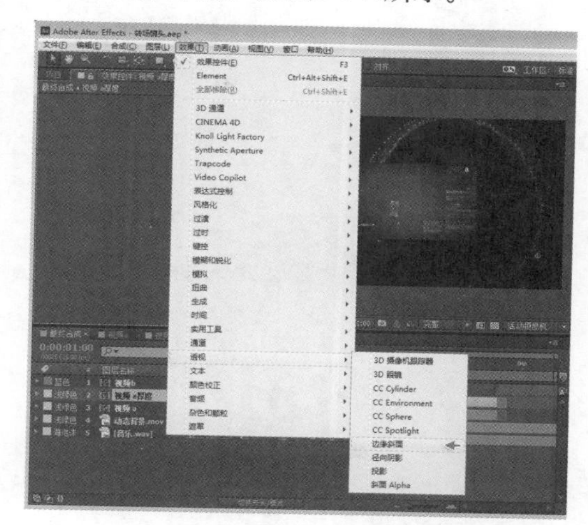

图6-144 添加效果滤镜

04 在“效果”面板中设置边缘厚度值为0.01、灯光角度值为－60、灯光强度值为0.2，丰富素材的三维厚度，如图6-145所示。

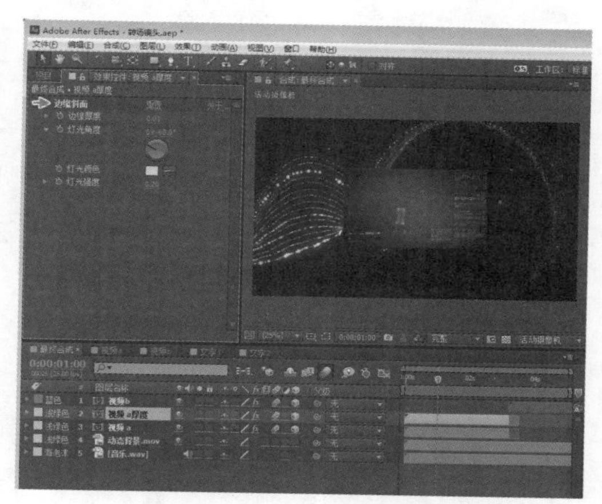

图6-145 设置属性

05 为素材添加效果滤镜，在菜单栏中选择【效果】→【模糊和锐化】→【方框模糊】命令项，通过模糊效果模拟速度感，如图6-146所示。

06 在“效果”面板中设置“方框模糊”效果滤镜的模糊半径值为2，如图6-147所示。

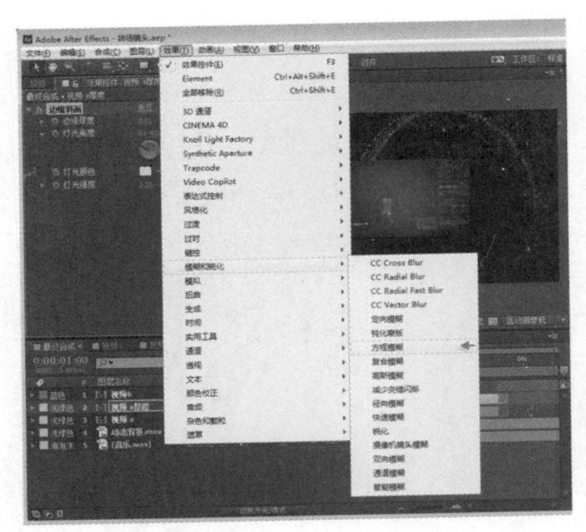

图6-146　添加方框模糊

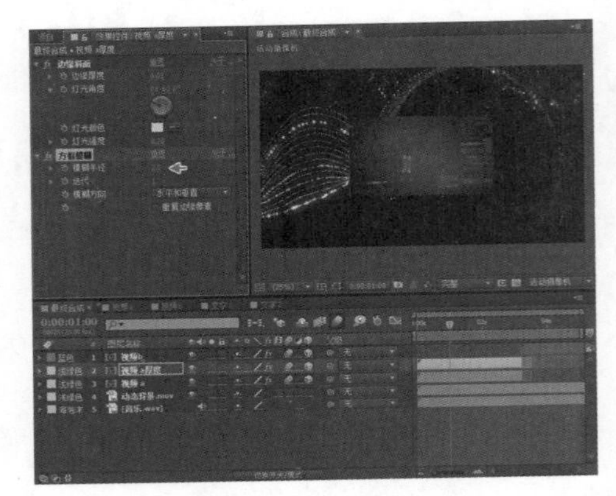

图6-147　设置模糊值

07 在“时间线”面板中选择“视频a厚度”层，然后按“Ctrl+D”键将素材原地复制一层，如图6-148所示。

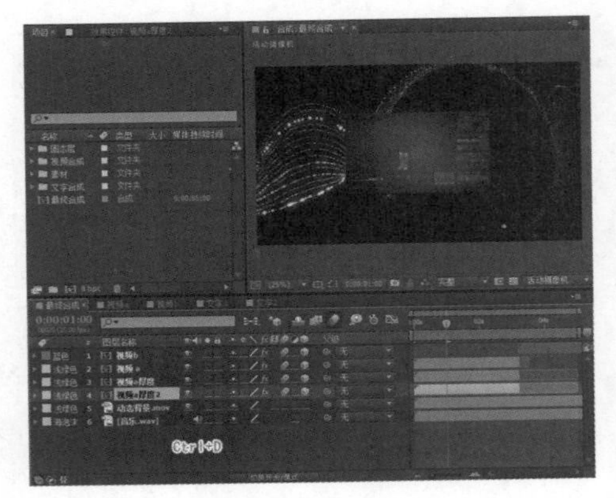

图6-148　复制素材

08 使用“边缘斜面”滤镜效果的设置方法制作“视频b”素材的厚度，如图6-149所示。

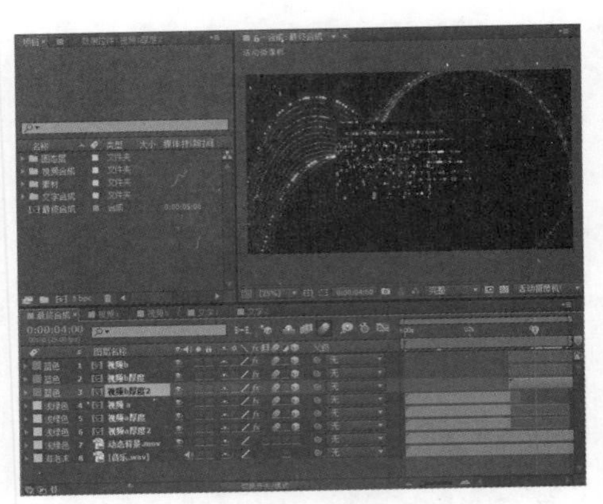

图6-149　制作视频b厚度

09 关闭“视频b厚度”图层前的图层显示开关，查看制作完成的视频b厚度效果，如图6-150所示。

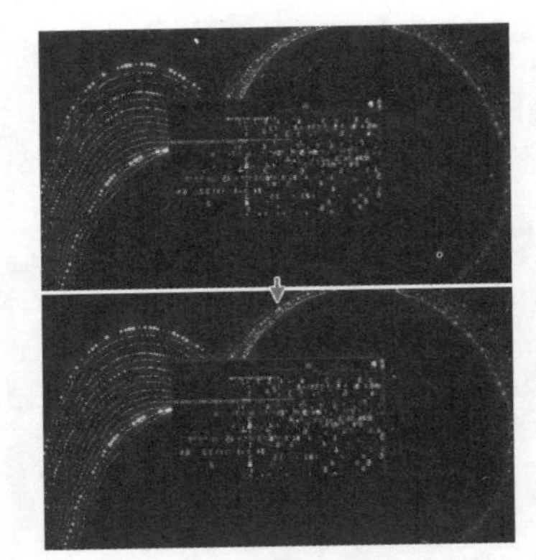

图6-150　视频厚度效果对比

10 在“时间线”面板中选择“视频a厚度”层并按“Ctrl+D”键将素材原地复制一层，然后重命名为“视频a镜像”，如图6-151所示。

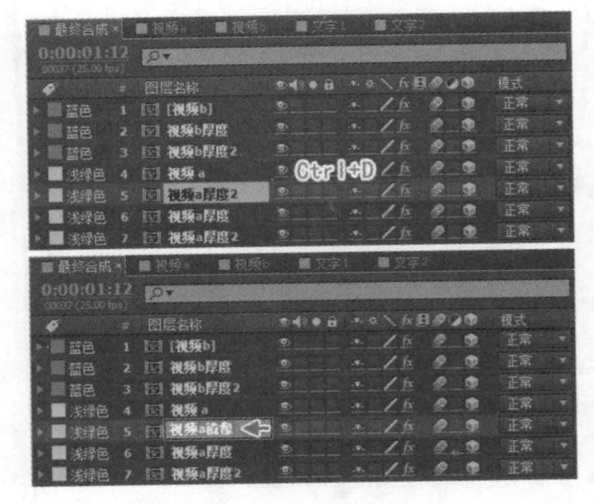

图6-151　复制素材

11 按“P”键展开“视频a镜像”层的位置

项，然后设置Y轴位置值为1032，作为视频板的镜像素材，如图6-152所示。

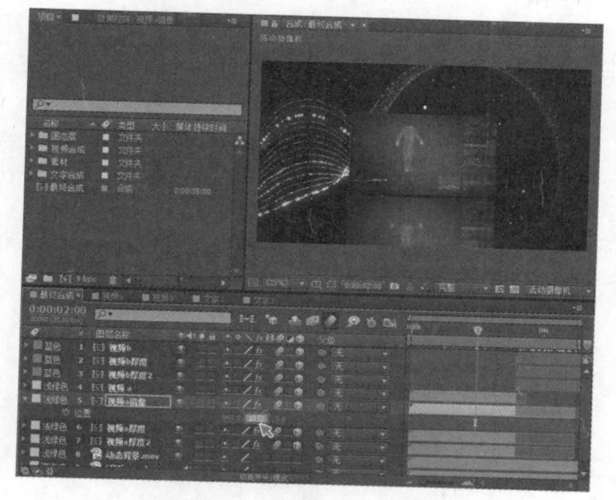

图6-152 设置Y轴位置值

12 在“时间线”面板中展开“视频a镜像”的旋转项，然后设置X轴旋转值为180，使视频画面中的图像完全反转过来，如图6-153所示。

图6-153 设置镜像效果

13 在“时间线”面板中的空白位置单击鼠标“右”键，然后在弹出的浮动菜单中选择【新建】→【纯色】命令项，准备创建纯色层来修饰合成效果，如图6-154所示。

14 执行新建纯色命令后，软件自动弹出“纯色设置”对话框，然后在对话框中设置纯色名称为“深红色板1”，设置大小选项的宽度为1920像素、高度为1080像素，再设置颜色为“深红色”，如图6-155所示。

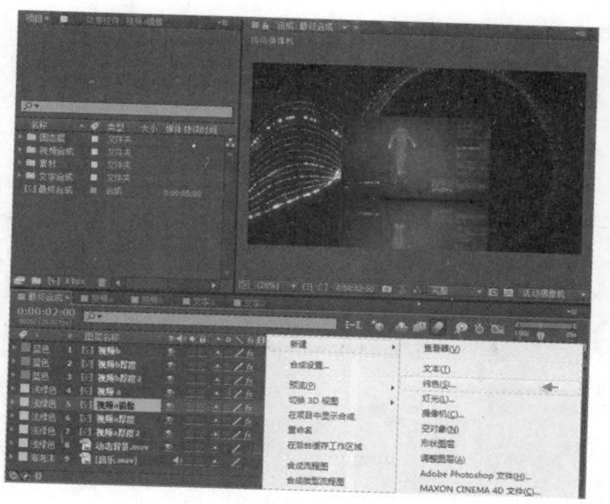

图6-154 新建纯色层

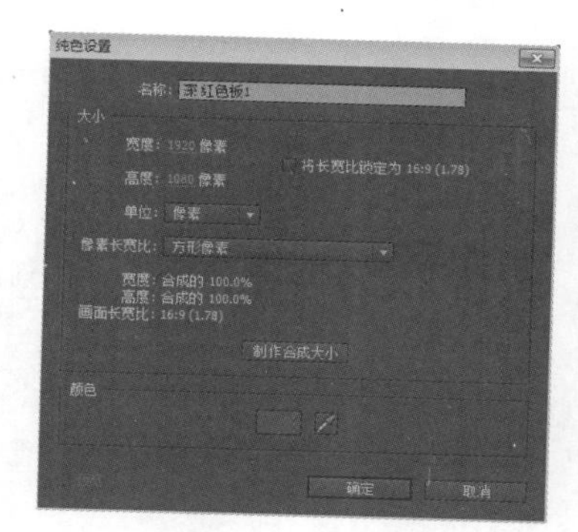

图6-155 纯色设置

15 在“时间线”面板中选择“深红色板1”层，并将其移动至“视频a镜像”与“视频a”层之间的位置，如图6-156所示。

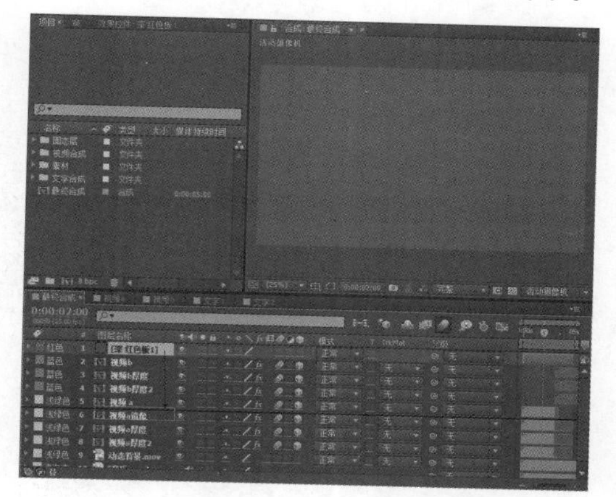

图6-156 移动素材

16 选择“时间线”面板中的“视频a镜像”层，然后设置轨道遮罩选项为“亮度遮罩”类型，使“视频a镜像”层使用“深红色板1”纯色层的亮度信息作为蒙版，如图6-157所示。

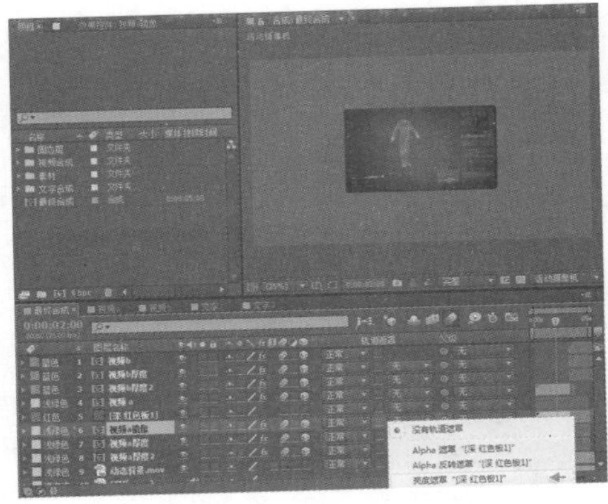

图6-157　设置轨道遮罩

17 为素材设置轨道遮罩后，层排列以及当前的合成效果如图6-158所示。

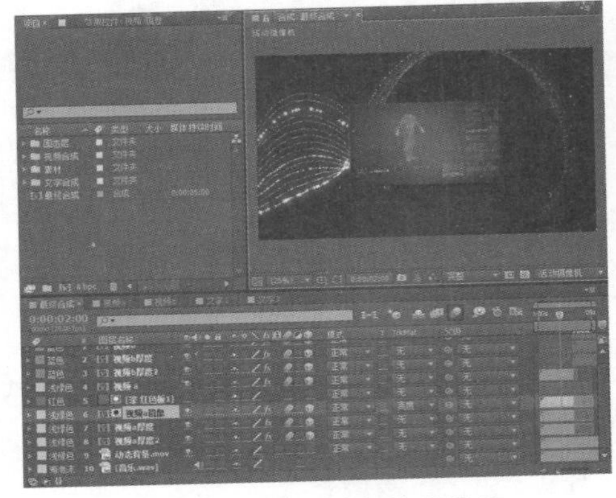

图6-158　层排列和效果展示

18 在“时间线”面板中选择“深红色板1”层，然后在层父级选项位置单击◎父级按钮，并将其拖拽链接至“视频a镜像”层，使“深红色板1”纯色层随“视频a镜像”层运动，如图6-159所示。

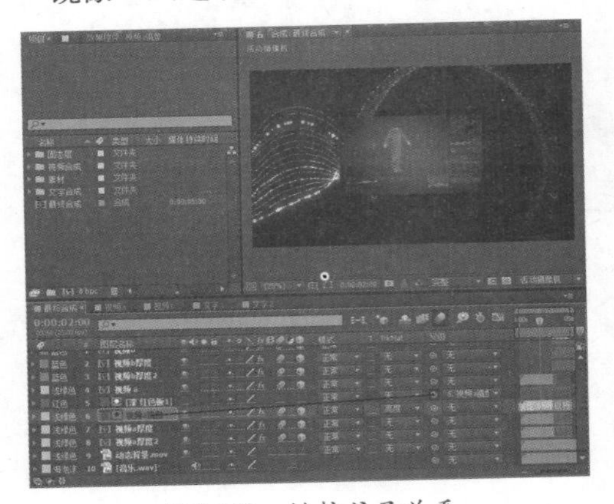

图6-159　链接父子关系

专家课堂

对素材的链接设置可以更加便于对多层素材的管理与操作，对其“父级”层的变换操作会直接影响到“子级”层。

19 使用同样的方法为“视频b”制作镜像效果并链接父子关系，层展示以及合成效果如图6-160所示。

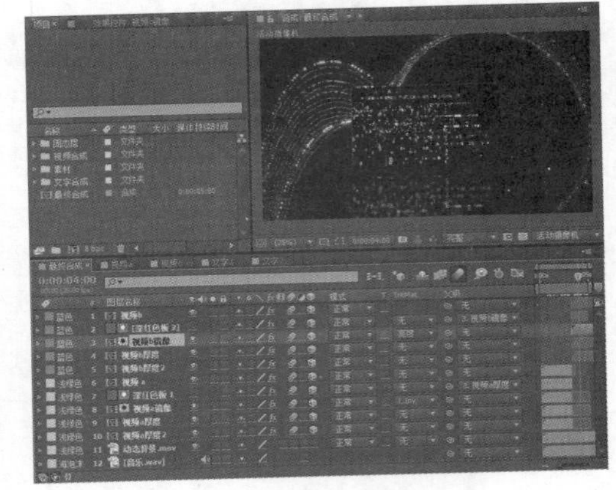

图6-160　制作镜像

6.8.3　动画的控制与调整

01 影片合成所需的视频素材与文字素材已经制作完成，继续为素材设置动画并添加摄像机，制作完整的影片。在“时间线”面板的空白位置单击鼠标“右”键，然后在弹出的浮动菜单中选择【新建】→【空对象】命令项，准备链接父子关系，使空对象控制多个层，如图6-161所示。

专家课堂

“空对象”是一个线框体，自身具有名称和基本的参数，但不能够被渲染。当建立一个“空对象”层时，除了透明度属性，其他属性与其他层的属性一样。如果想建立一个父子链接，但又不想使这个父级层显示在预览窗口里，就可以建立这个层来实现，会在预览窗口中显示为一个矩形的边框。

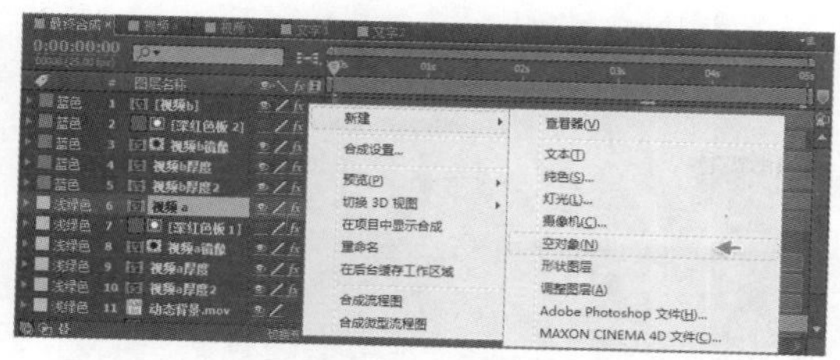

图6-161　新建空对象

02 执行新建空对象命令后，软件自动在“时间线”面板中生成“空对象1”层，然后单击3D图层按钮并重命名为“视频a控制器”，如图6-162所示。

图6-162　重命名

03 在“时间线”面板中选择“视频a”层、“视频a镜像”、“视频a厚度”和“视频a厚度2”层，然后单击层“父级”项目下的父级按钮并链接至“视频a控制器”层，如图6-163所示。

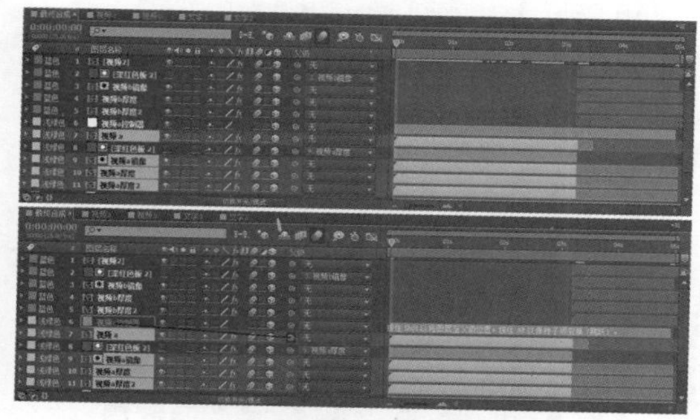

图6-163 链接父子关系

04 在“时间线”面板中选择“视频a控制器”空对象层，并设置素材的长度，使其仅控制影片第3秒5帧之前的素材，如图6-164所示。

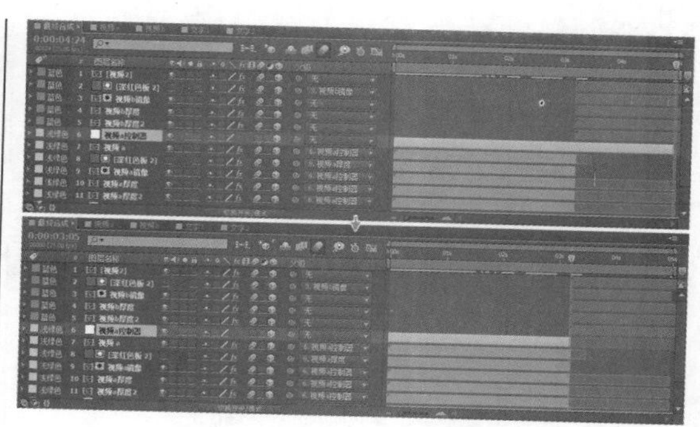

图6-164　设置素材长度

05 为“视频a控制器”空对象层设置动画，制作转场动画。按“R”键展开空对象层的“旋转”项，在影片第3秒位置单击码表图标按钮记录动画的起始帧；然后将时间滑块拖至影片第3秒8帧位置并修改旋转值为1×，作为动画的结束帧，使其旋转一周过渡至视频b的画面，如图6-165所示。

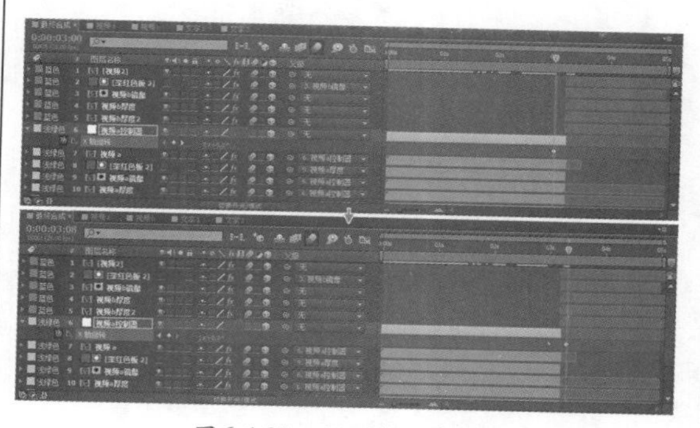

图6-165　设置转场动画

专家课堂

在设置旋转值时，当设置为1×时即为360度，也可以理解成为旋转1圈。

06 在“预览”面板中单击预览按钮播放影片第3秒至第3秒8帧之间的动画，并查看“合成”窗口中的合成效果，如图6-166所示。

07 新建“视频b控制器”空对象层，链接父子关系后的层展示效果如图6-167所示。

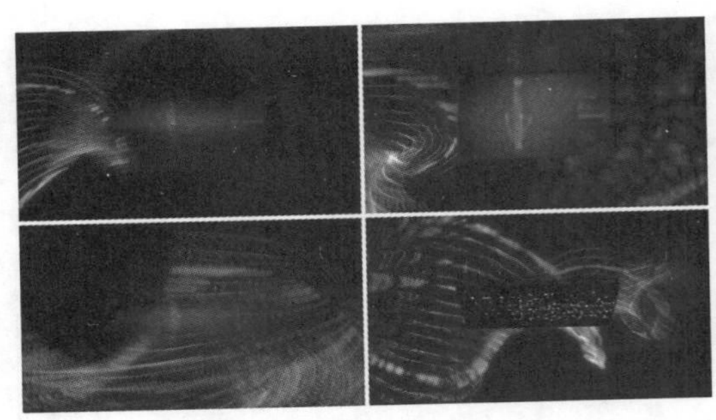

图6-166　预览合成效果

图6-167　链接父子关系

08 保持“时间线”面板中的“视频b控制器”层为选择状态，按“R”键展开“旋转”项，并设置X轴旋转值为－121，在影片第3秒5帧位置单击码表按钮开启自动关键帧记录动画；然后将时间滑块拖至影片第3秒11帧位置并设置X轴旋转值为0，制作完成“视频b”素材的转场动画，如图6-168所示。

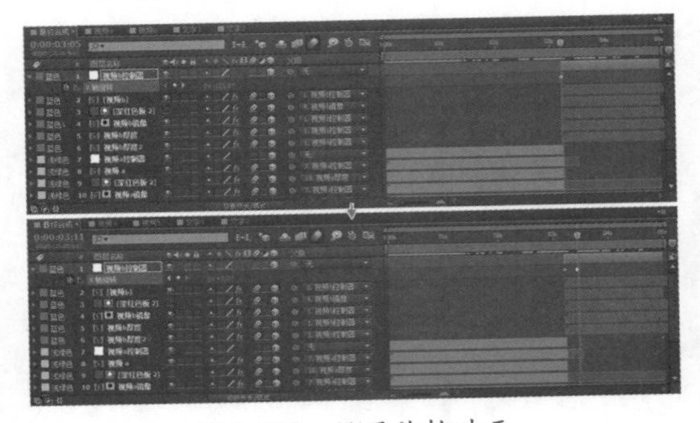

图6-168　设置旋转动画

09 在“预览”面板中单击预览按钮播放影片第3秒5帧至3秒11帧之间的动画，并查看“合成”窗口中的合成效果，如图6-169所示。

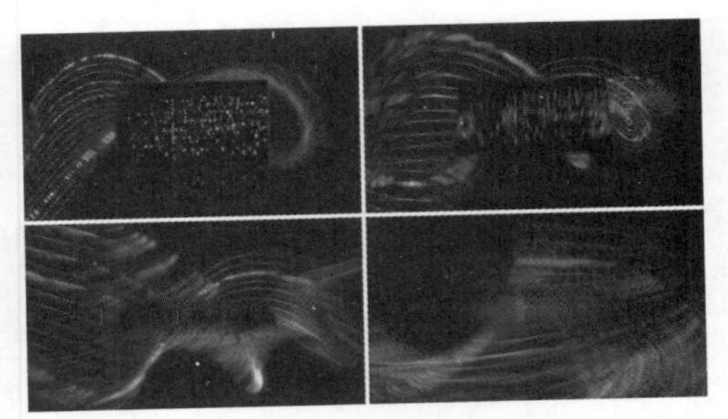

图6-169　预览合成效果

10 选择“时间线”面板中“视频a控制器”层的动画结束帧，在关键帧上单击鼠标“右”键，然后在弹出的浮动菜单中选择【关键帧辅助】→【缓动】命令项，使旋转动画舒缓的过渡至下一镜头，如图6-170所示。

图6-170　设置关键帧缓动

11 选择“时间线”面板中“视频b控制器”层的动画结束帧，在关键帧上单击鼠标“右”键，然后在弹出的浮动菜单中选择【关键帧辅助】→【缓入】命令项，使旋转动画舒缓的过渡至下一画面，如图6-171所示。

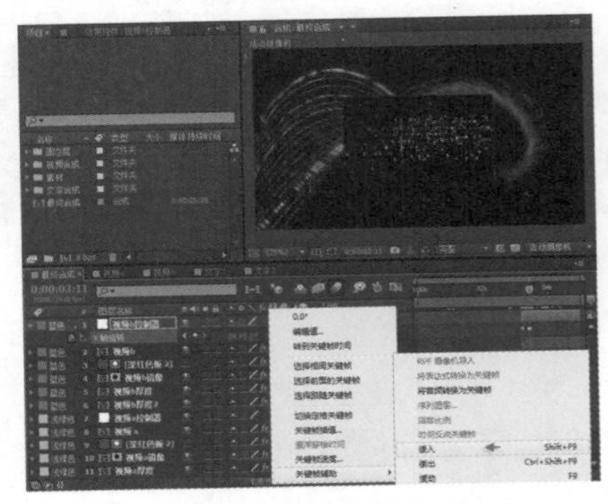

图6-171　设置关键帧缓入

⑫ 在“预览”面板中单击▶预览按钮播放整个影片合成动画，并查看“合成”窗口中“视频a”和“视频b”的转场效果，如图6-172所示。

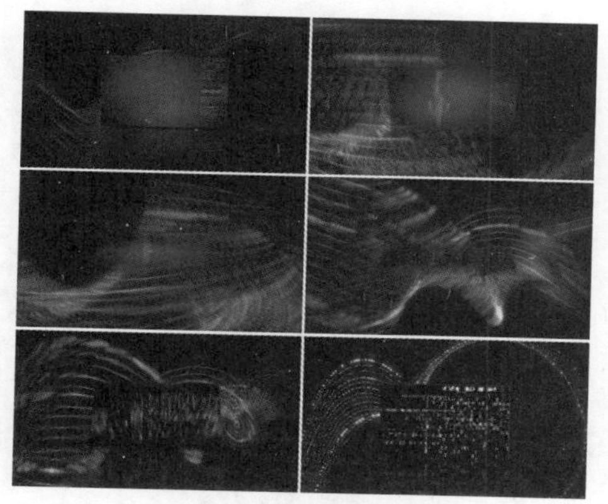

图6-172 预览转场效果

⑬ 为合成效果添加摄像机，准备添加具体的动画效果，在“时间线”面板的空白位置单击鼠标“右”键，然后在弹出的浮动菜单中选择【新建】→【摄像机】命令项，如图6-173所示。

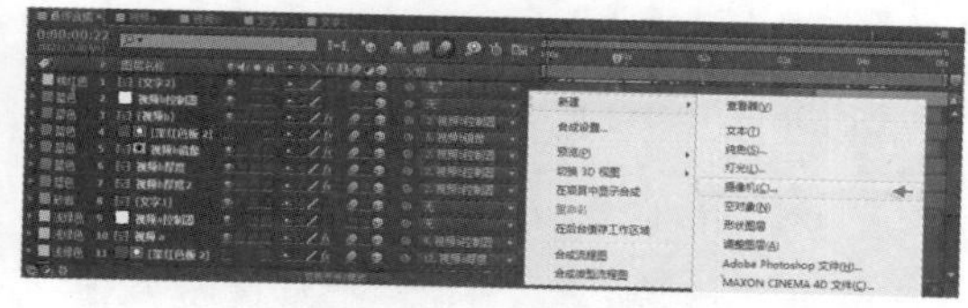

图6-173 添加摄像机

⑭ 执行添加摄像机命令后，在弹出的“摄像机设置”对话框中默认各属性设置即可，如图6-174所示。

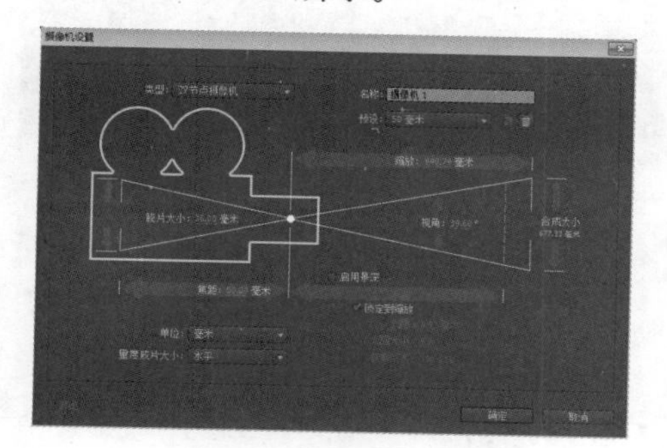

图6-174 摄像机设置

⑮ 展开工具栏中的统一摄像机工具按钮，软件自动弹出轨道摄像机工具、跟踪XY摄像机工具和跟踪Z摄像机工具，在“时间线”面板将时间滑块移动至“视频a”素材范围内，然后使用摄像机工具调整“视频a”画面在合成窗口中的位置，如图6-175所示。

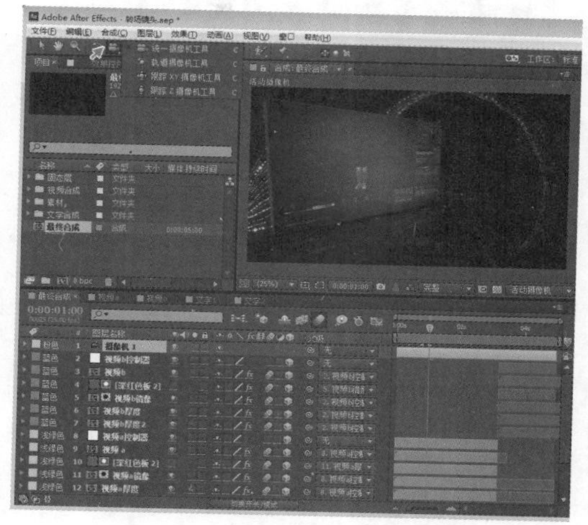

图6-175 调整摄像机

⑯ 使用相同的方法调整“视频b”在画面中的位置，如图6-176所示。

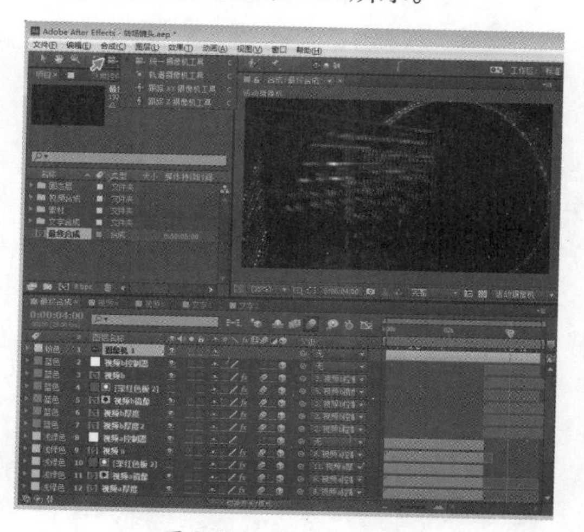

图6-176 调整摄像机

⑰ 为合成效果添加文字素材，在“项目”面板中选择“文字1”合成素材并拖拽至“时间线”面板“视频a控制器”的上一层位置，如图6-177所示。

⑱ 在“时间线”面板中修改文字素材起始位置在影片第11帧的位置，如图6-178所示。

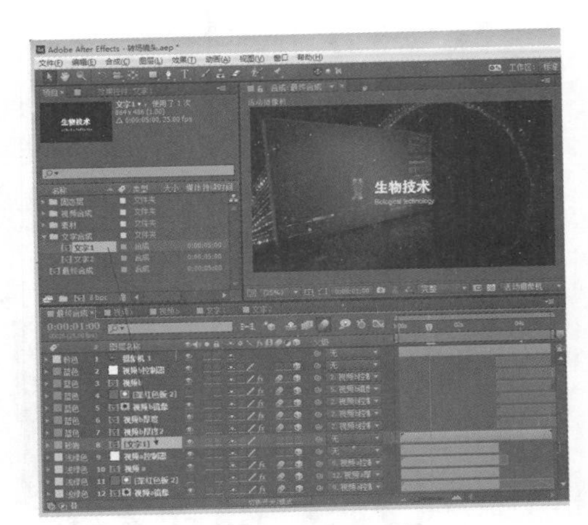

图6-177 添加文字

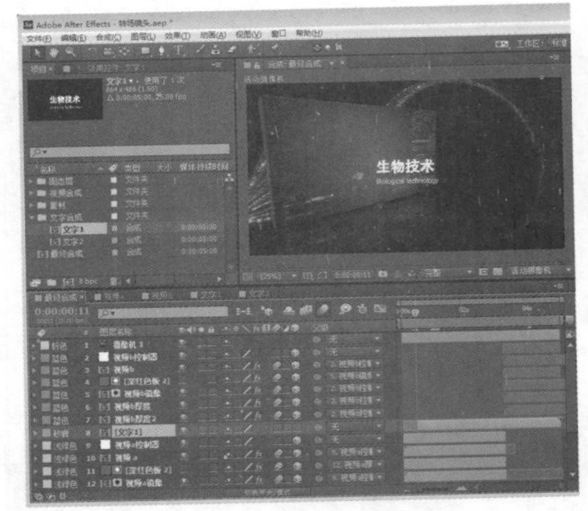

图6-178 修改素材起始位置

19 在“时间线”面板中修改文字素材结束的位置至影片第3秒8帧位置，如图6-179所示。

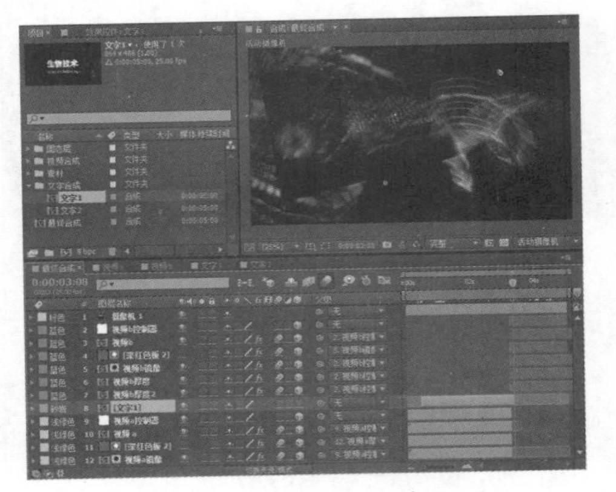

图6-179 修改素材结束位置

20 按“P”键展开“文字1”素材的“位置”项，在影片第18帧位置修改文字层的位置值为X轴1340、Y轴380、Z轴－325，以调整文字在画面中的最终位置，再单击码表图标按钮自动记录文字层此时的位置，作为动画关键帧，如图6-180所示。

图6-180 设置动画关键帧

21 将时间滑块拖拽至影片第11帧位置，修改文字层位置值为X轴1340、Y轴380、Z轴－1040，使其移出画面并作为文字动画的起始帧，完成文字从画面外飞入画面中的动画，如图6-181所示。

图6-181 设置起始帧

22 在“预览”面板中单击预览按钮播放文字动画，并查看“合成”窗口中文字飞入画面的效果，如图6-182所示。

23 在影片第3秒位置设置文字层位置值为X轴1340、Y轴380、Z轴－324.9，软件自动记录文字层当前的位置，作为动画关键帧，如图6-183所示。

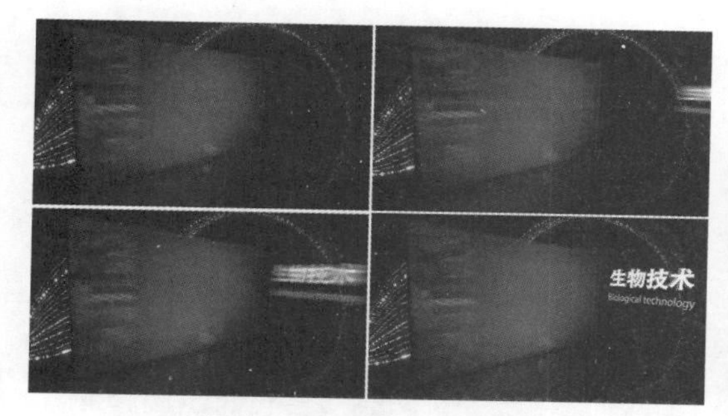

图6-182　预览文字动画

图6-183　设置动画关键帧

24 将时间滑块拖拽至第3秒7位置，修改位置值为X轴1338.9、Y轴380、Z轴－1520，软件自动记录文字层当前位置，作为动画的结束帧，使文字随背景画面运动，如图6-184所示。

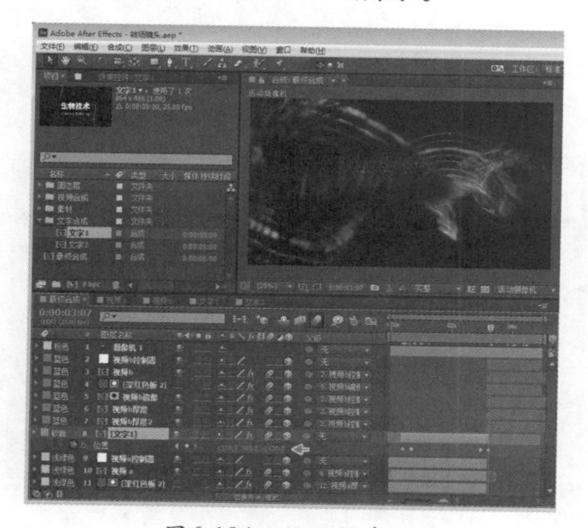

图6-184　设置结束帧

25 在“预览”面板中单击▶预览按钮，播放影片第3秒至3秒7位置之间的动画，并查看“合成”窗口中的动画效果，如图6-185所示。

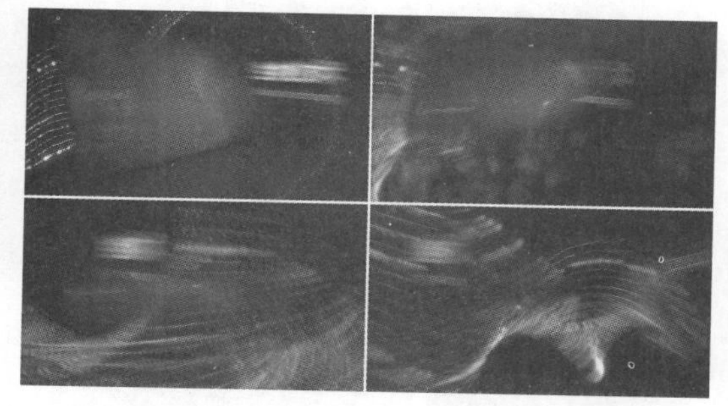

图6-185　预览动画效果

26 将“项目”面板中的“文字2”合成素材拖拽至“时间线”面板“视频 b控制器”的上一层位置，准备制作文字飞入动画，如图6-186所示。

图6-186　添加文字素材

27 添加文字素材后，在“时间线”面板中设置“文字2”层的起始位置在影片第3秒11帧位置，如图6-187所示。

图6-187　设置素材起始位置

28 按“P”键展开“文字2”合成素材层位置项，将时间滑块拖拽至影片第3秒18帧位置，设置位置值为X轴540、Y轴430、Z轴270，然后单击码表图标按钮自动记录文字层，此时的位置为动画结束帧，如图6-188所示。

图6-188　设置结束帧

29 将时间滑块拖拽至影片第3秒11位置并设置文字层位置值为X轴540、Y轴430、Z轴850，作为文字飞入画面的动画起始帧，如图6-189所示。

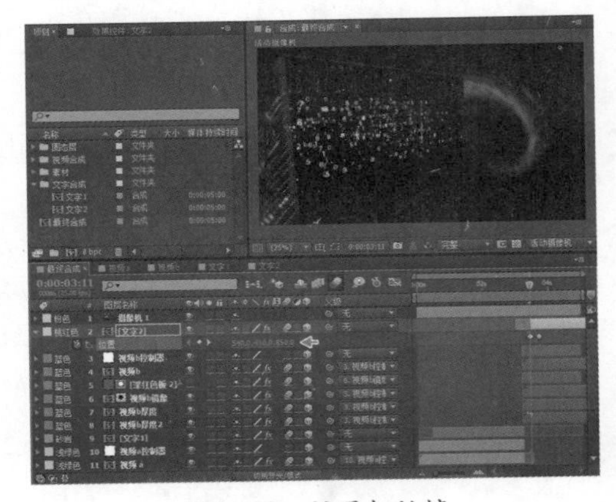

图6-189　设置起始帧

30 为了使文字飞入画面不生硬，更舒缓地融入画面，在“时间线”面板中选择“文字2”合成素材的动画结束帧，并在关键帧上单击鼠标“右”键，然后在弹出的浮动菜单中选择【关键帧辅助】→【缓动】命令项，使文字舒缓的飞入画面，如图6-190所示。

图6-190　设置缓动

31 在“预览”面板中单击预览按钮播放文字动画，并查看“合成”窗口中文字飞入画面的效果，如图6-191所示。

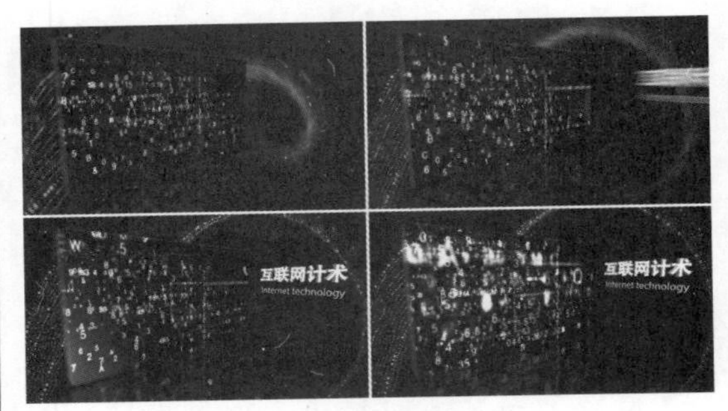

图6-191　预览文字动画

32 在“时间线”面板中的空白位置单击鼠标“右”键，在弹出的浮动菜单中选择【新建】→【空对象】命令项，然后重命名为“摄像机控制器”，如图6-192所示。

图6-192　新建空对象

33 在“时间线”面板中将“摄影机1”层链接至“摄影机控制器”空对象层，使摄像机受上层空对象层的控制，如图6-193所示。

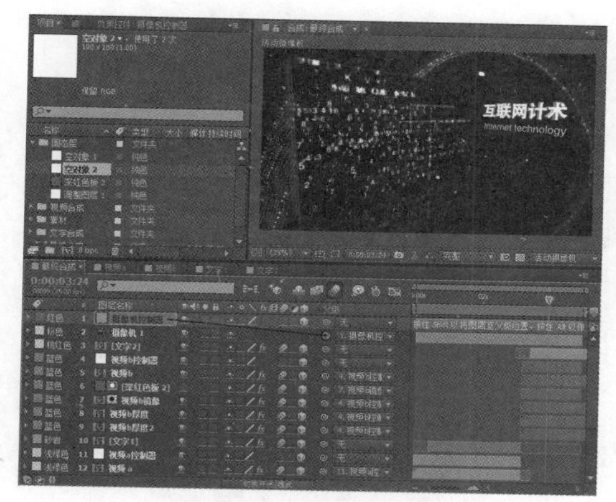

图6-193 链接父子关系

34 在“时间线”面板中展开“摄像机控制器”层的变换项，在影片起始位置设置位置值为X轴－455、Y轴540，方向值为Y轴255，然后单击位置和方向项前的码表图标按钮，软件自动记录空对象层此时的位置和方向，作为动画起始帧，如图6-194所示。

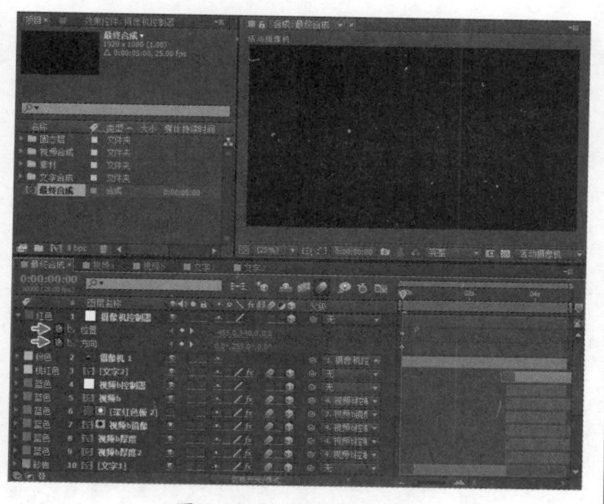

图6-194 设置起始帧

35 将时间滑块拖拽至影片第11帧位置，设置位置值为X轴960、Y轴540，方向值为Y轴0，软件自动记录空对象层此时的位置和方向，作为动画的关键帧，如图6-195所示。

图6-195 设置关键帧

36 在“预览”面板中单击预览按钮，播放影片起始位置至第11帧之间的合成效果，并查看“合成”窗口中的影片合成效果，如图6-196所示。

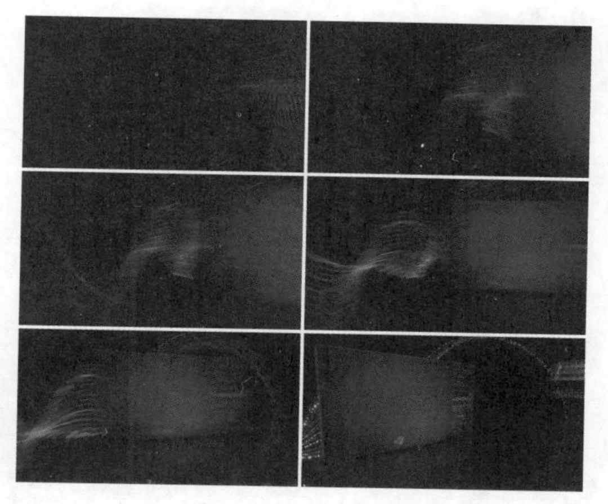

图6-196 预览效果

37 将时间滑块拖拽至影片第3秒位置，然后设置位置值为X轴960、Y轴540，方向值为Y轴10，软件自动记录空对象层在影片第3秒位置的位置和方向，作为动画的关键帧，如图6-197所示。

38 将“时间滑块”拖拽至影片第3秒8帧位置，然后设置位置值为X轴960、Y轴530、Z轴－84，方向值为Y轴185，软件自动记录空对象层在影片第3秒8帧时的位置和方向，作为动画的结束帧，如图6-198所示。

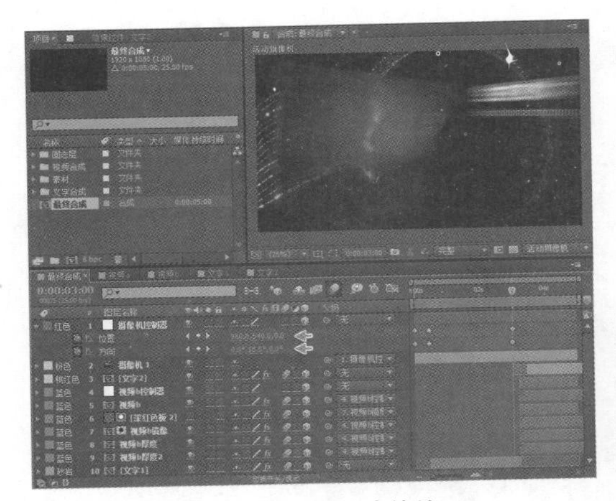

图6-197 设置关键帧

图6-198 设置结束帧

39 在“预览”面板，单击▶预览按钮播放影片，并查看“合成”窗口中的影片合成效果，如图6-199所示。

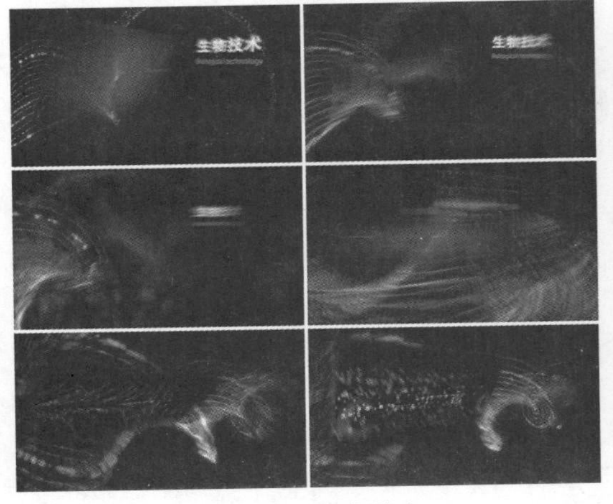

图6-199 预览影片

40 在“时间线”面板中选择“摄像机控制器”层起始位置及第3秒位置的动画关键帧，然后在关键帧上单击鼠标“右”键，在弹出的浮动菜单中选择【关键帧辅助】→【缓出】命令项，使动画效果更舒缓的过渡至下一画面，如图6-200所示。

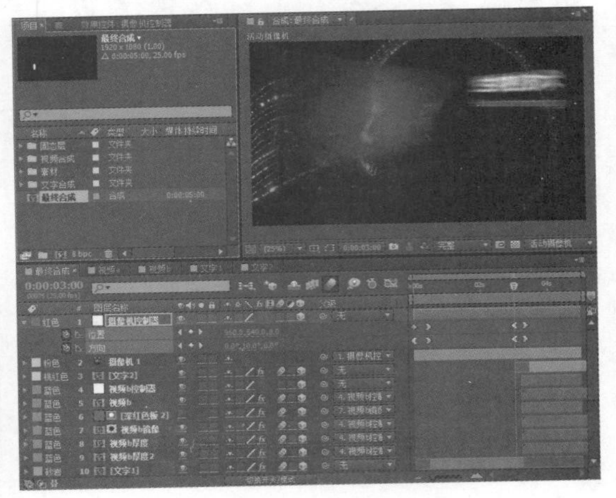

图6-200 设置缓出

41 在“时间线”面板中选择“摄像机控制器”层第11帧位置及第3秒8帧位置的动画关键帧，然后在关键帧上单击鼠标“右”键，在弹出的浮动菜单中选择【关键帧辅助】→【缓入】命令项，使动画效果更舒缓地融入下一画面，如图6-201所示。

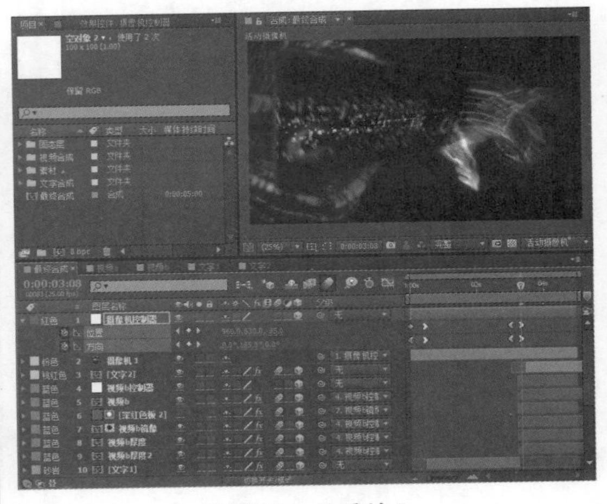

图6-201 设置缓入

42 影片制作完成后，软件中的层排列和合成效果如图6-202所示。

图6-202 层排列展示

43 在“预览”面板单击▶预览按钮播放整个影片，并观察“合成”窗口中的影片最终合成效果，如图6-203所示。

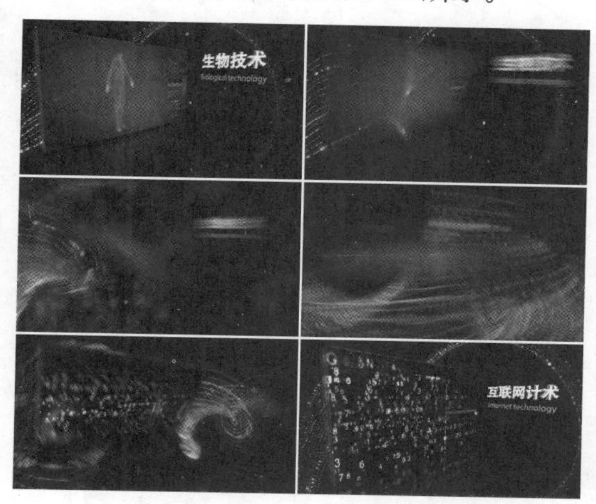

图6-203 最终合成效果

6.9 实例——炫粉喷射粒子

素材文件	配套光盘→范例文件→Chapter6	难易程度	★★★☆☆
重要程度	★★★☆☆	实例重点	掌握After Effects CC中“粒子世界”特效的设置

在制作“炫粉喷射粒子”实例时，主要对“粒子世界”特效中的Physics、Particle进行设置，并通过镜头光晕特效丰富炫目效果，使炫光效果衬托文字，从而丰富影片合成的效果，如图6-204所示。

“炫粉喷射粒子”实例的制作流程主要分为3部分，包括①设置主体；②添加特效；③添加文字，如图6-205所示。

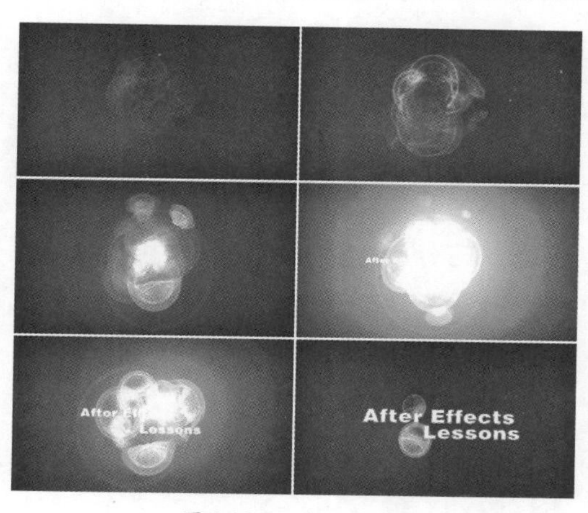

图6-204 实例效果

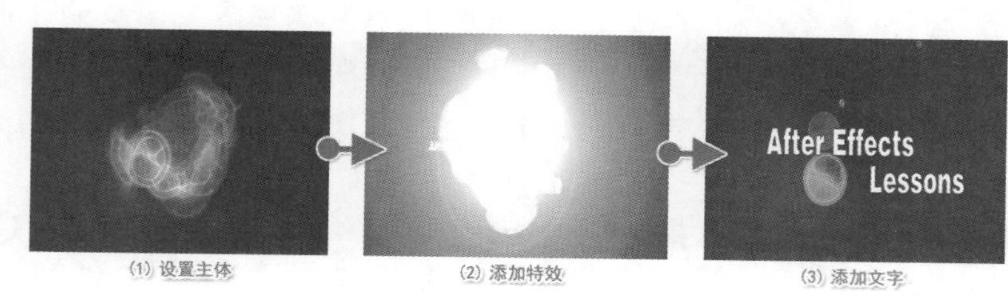

图6-205 制作流程

6.9.1 设置主体

01 双击桌面上的After Effects CC快捷图标启动软件，然后在菜单中选择【合成】→【新建合成】命令项，也可按“Ctrl+N”键建立新的合成；在弹出的“合成设置”对话框中设置合成名称为“素材”、预设为“自定义”方式、宽度值为1280、高度值为720、帧速率为25帧/秒、持续时间为5秒、背景颜色为黑色，如图6-206所示。

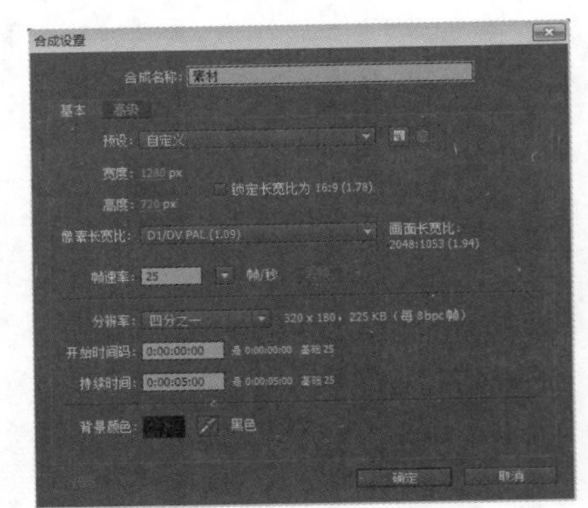

图6-206 合成设置

02 在“项目”面板中空白位置双击鼠标“左”键，选择本书配套光盘中的“墨点”图像素材进行导入，然后再将此素材拖拽至“时间线”面板中，作为合成影片的合成元素，如图6-207所示。

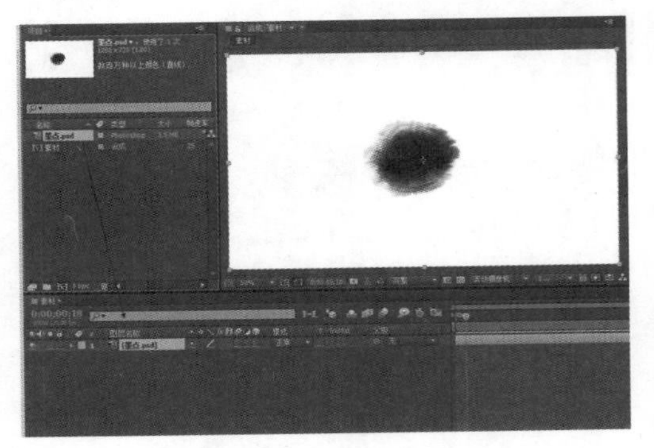

图6-207 添加素材

03 在“时间线”面板中选择“墨点”图层，按“Ctrl+D”键将其复制一层，然后单击位于顶层“墨点”图层前的👁按钮取消其可见性，如图6-208所示。

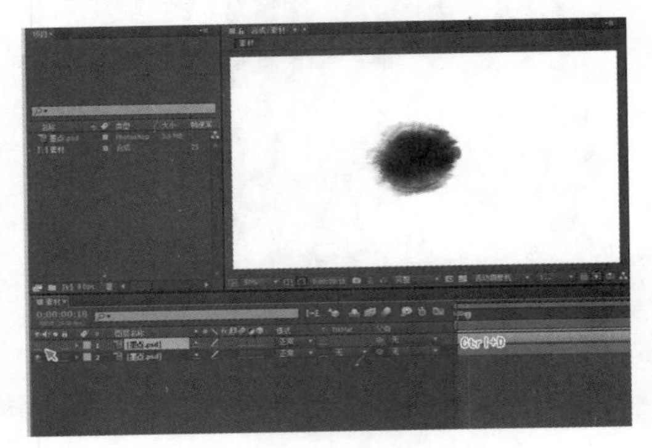

图6-208 复制图层

04 在“时间线”面板中更改位于下层“墨点”图层的轨道遮罩为“亮度反转遮罩”，如图6-209所示。

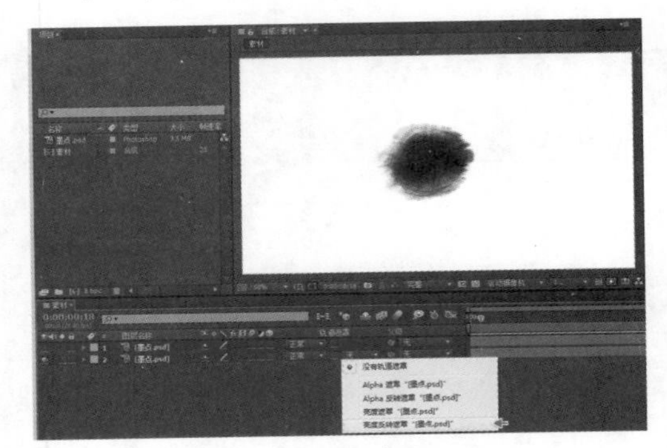

图6-209 轨道遮罩设置

专家课堂

“亮度蒙版”指以遮罩层的黑白亮度信息来做遮罩，遮罩层的亮度决定了被遮罩层的透明程度，黑色暗色信息是透明的，白色亮色信息是不透明的，根据遮罩层的黑白亮度分布信息决定被遮罩层相应位置是否透明。

05 在更改“墨点”图层的轨道遮罩类型后，观察“合成”窗口中的变化，会发现其图层颜色变为黑色调，如图6-210所示。

06 在菜单中选择【合成】→【新建合成】命令项，并在弹出的“合成设置”对话框中设置合成名称为“主合成”、预设为“自定义”方式、宽度值为1280、高度值为720、帧速率为25帧/秒、持续时间为5秒、背景颜色为黑色，如图6-211所示。

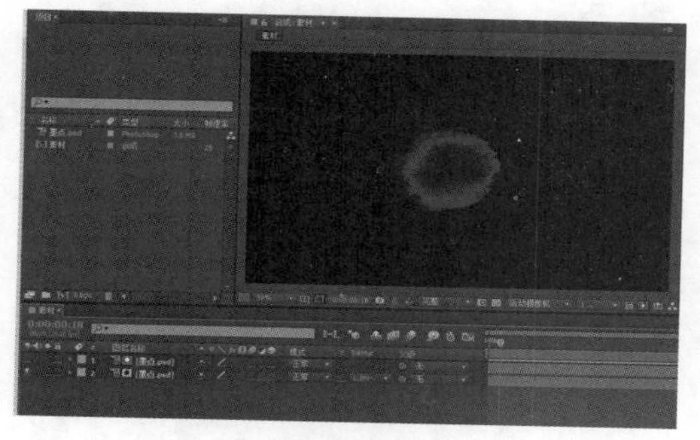

图6-210 观察效果

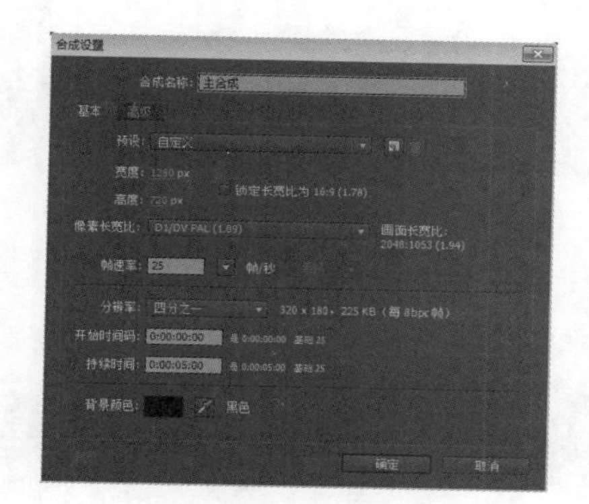

图6-211 新建合成

07 按“Ctrl+Y”键新建纯色层，在弹出的“纯色设置”对话框中设置名称为“背景”，大小为1280×720像素，颜色为黑色，如图6-212所示。

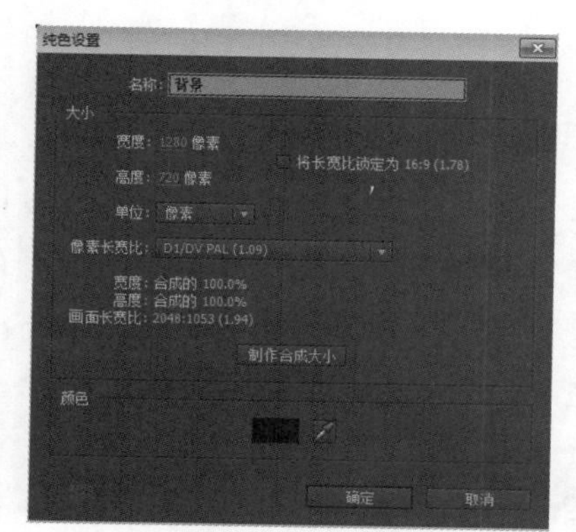

图6-212 新建及设置纯色层

08 在“项目”面板中选择“素材”合成文件并按住鼠标“左”键，将其拖拽至“时间线”面板最顶层的位置，再更改“素材”图层的模式为“相加”方式，如图6-213所示。

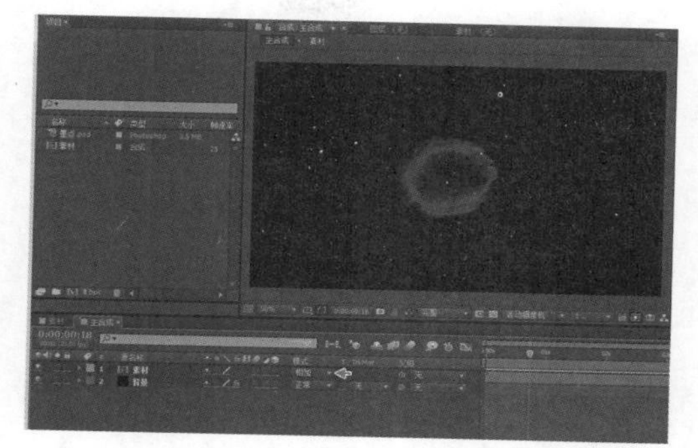

图6-213 添加合成文件

09 在“时间线”面板中选择“背景”层，然后在菜单中选择【效果】→【生成】→【四色渐变】命令项，准备为背景层添加四色渐变效果，如图6-214所示。

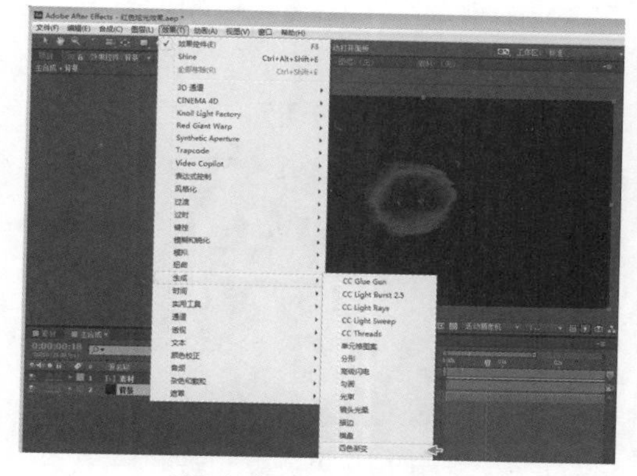

图6-214 添加四色渐变

10 在“效果”面板中设置“四色渐变”的颜色分别为绯色、紫色、暗粉色、棕红色，如图6-215所示。

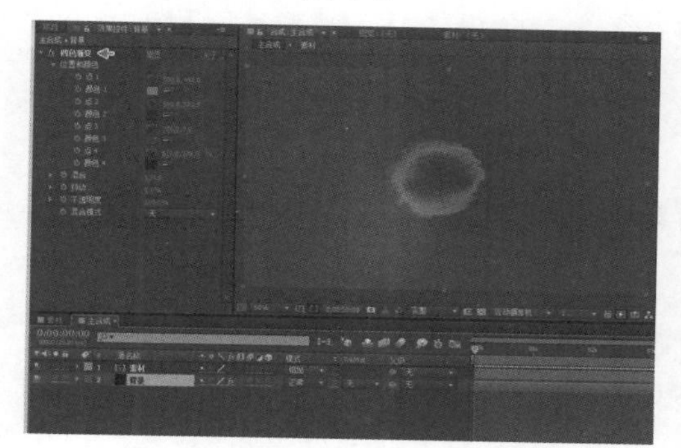

图6-215 设置四色渐变

11 在“时间线”面板中选择“素材”层，然后在菜单中选择【效果】→【模拟】→【CC Particle World（粒子世界）】命令项，准备添加粒子效果，如图6-216所示。

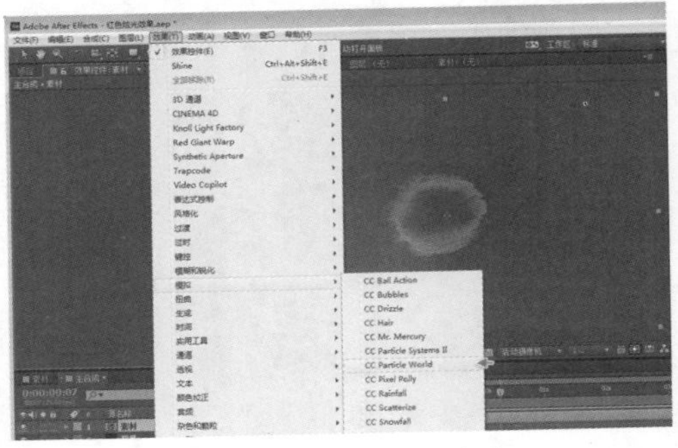

图6-216 添加粒子特效

12 在“效果”面板中设置“粒子世界”的Longevity（寿命）值为5.5，再设置Physics（物理）下的Animation（动画）类型为Explosive（爆炸）方式，素材层便会呈现出粒子由中心向外部扩散的效果，如图6-217所示。

图6-217 特效设置

13 在“效果”面板中设置“粒子世界”的Particle Type为Lens Convex（凸透镜）方式，再设置Birth Size（出生大小）值为1.5、Death Size（死亡大小）值为2.5，如图6-218所示。

14 在“时间线”面板中将时间滑块拖拽至影片的起始位置，然后单击Birth Rate（出生率）项前的码表图标按钮添加起始关键帧，并设置Birth Rate（出生率）值为1.5，再将时间滑块拖拽至影片的第2秒22帧位置，设置Birth Rate（出生率）值为0，如图6-219所示。

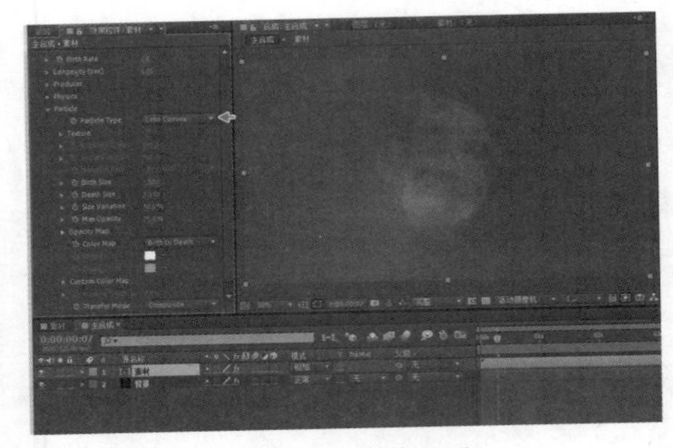

图6-218 特效设置

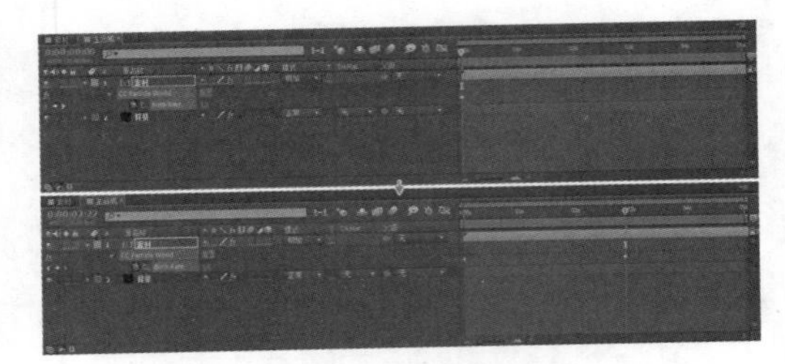

图6-219 出生率动画设置

15 使用键盘数字输入区域的“0”键预览合成动画，效果如图6-220所示。

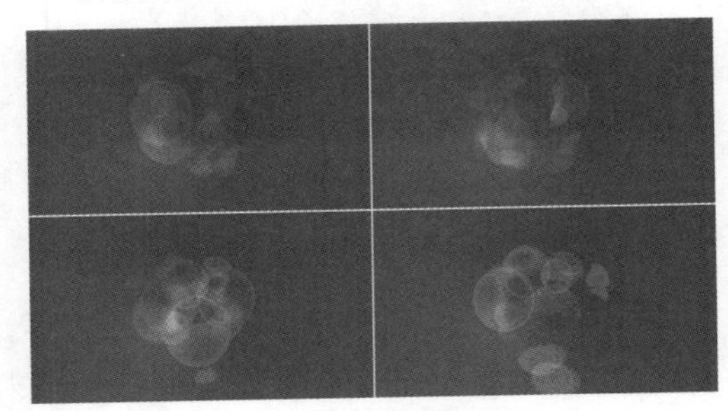

图6-220 预览效果

6.9.2 添加特效

01 在“时间线”面板中选择“素材”层，然后在菜单中选择【效果】→【颜色校正】→【更改颜色】命令项，准备添加更改颜色效果，如图6-221所示。

专家课堂

“更改颜色”滤镜特效可以特定一个颜色，然后替换图像中指定的颜色，也可以设置特定颜色的色相、饱和度、亮度等选项。

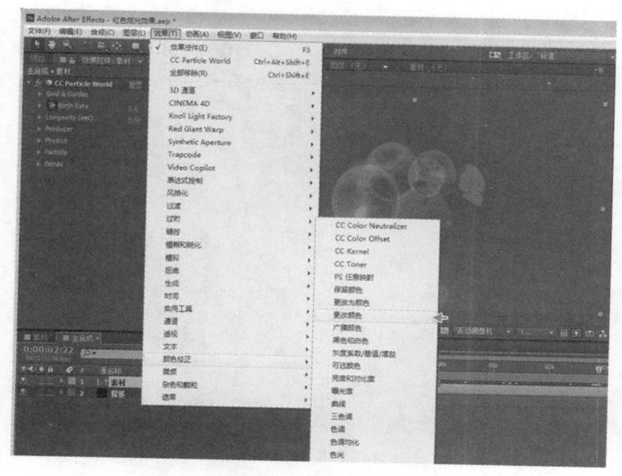

图6-221 添加更改颜色效果

02 在“效果”面板中设置“更改颜色”的色相变换值为72、亮度变换值为76、需要更改的颜色为绿色、匹配容差值为15、匹配柔和度值为24、匹配颜色为“使用色相”类型，如图6-222所示。

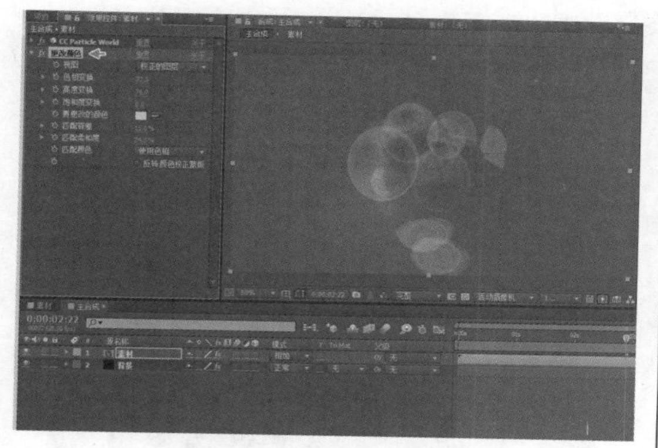

图6-222 更改颜色设置

专家课堂

“匹配颜色”主要用于设置对原素材的颜色匹配，可以选择使用红绿蓝、使用色相或使用浓度类型，对原素材进行替换颜色设置，使被匹配的颜色在画面中更加协调。

03 在“时间线”面板中选择“素材”层，然后在菜单中选择【效果】→【颜色校正】→【色相/饱和度】命令项，准备为素材层添加色相/饱和度效果，如图6-223所示。

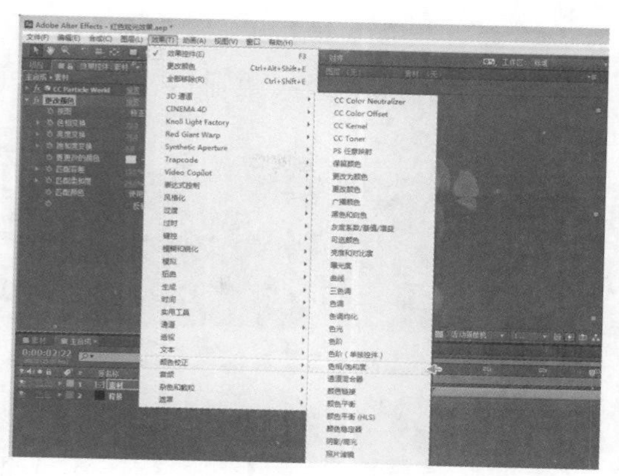

图6-223 添加色相/饱和度

04 在“效果”面板中勾选“彩色化”项，再设置“色相/饱和度”的着色色相值为50、着色饱和度值为25，如图6-224所示。

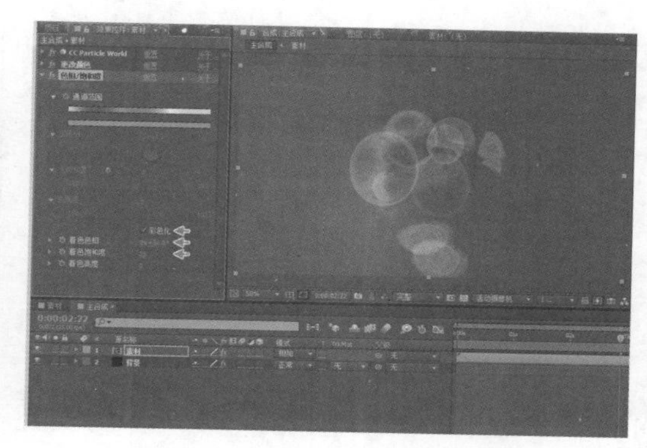

图6-224 设置色相/饱和度效果

05 在“时间线”面板中选择“素材”层，然后在菜单中选择【效果】→【颜色校正】→【曲线】命令项，准备为素材层添加曲线效果，如图6-225所示。

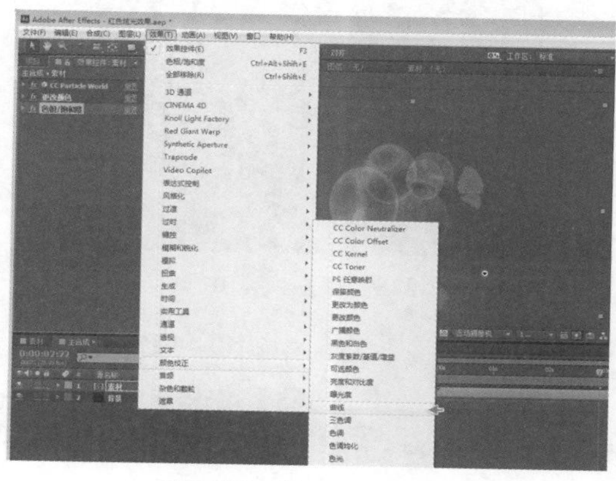

图6-225 添加曲线效果

06 在“效果”面板中设置“曲线”的RGB通道、红色通道及绿色通道的曲线，如图6-226所示。

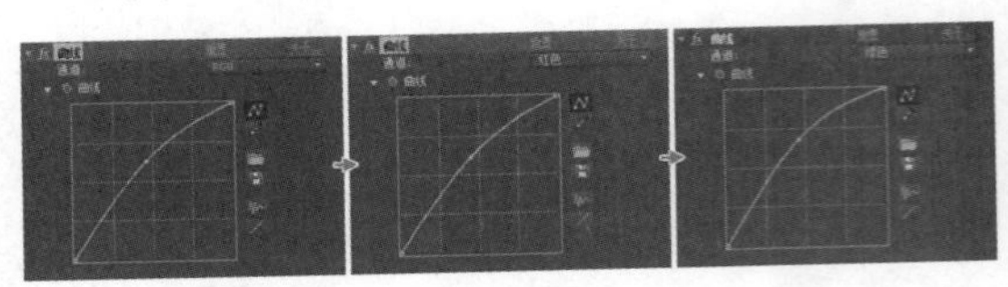

图6-226　设置曲线效果

07 在“时间线”面板中选择“素材”层，然后在菜单中选择【效果】→【风格化】→【发光】命令项，准备为素材层添加发光效果，如图6-227所示。

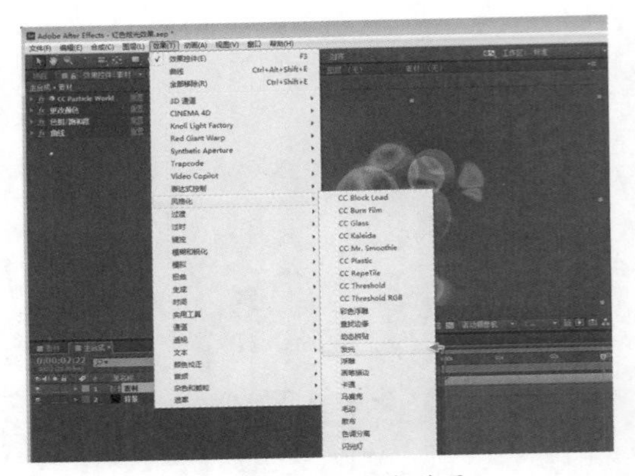

图6-227　添加发光效果

08 在“效果”面板中设置“发光”的发光阈值为50、发光半径值为10、发光强度值为0.2，如图6-228所示。

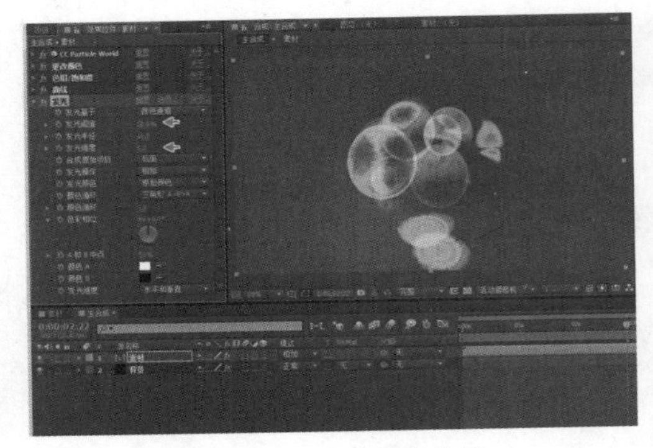

图6-228　设置发光效果

09 在“时间线”面板中选择“素材”层，然后在菜单中选择【效果】→【风格化】→【查找边缘】命令项，准备为素材层添加查找边缘效果，如图6-229所示。

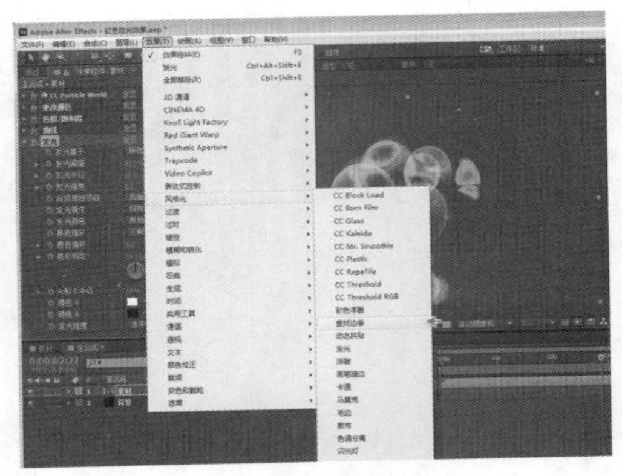

图6-229　添加查找边缘

专家课堂

“查找边缘”滤镜特效可以强化颜色变化区域的过渡像素，模仿铅笔勾边的方式创造出线描的艺术效果。

10 在“效果”面板的“查找边缘”特效中勾选“反转”选项，再设置与原始图像混合的值为50，如图6-230所示。

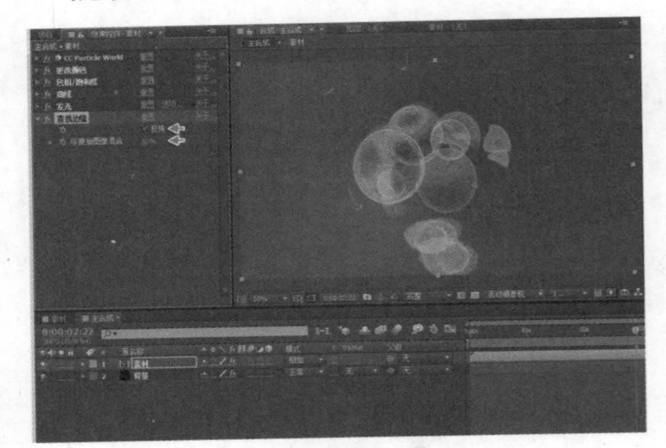

图6-230　查找边缘设置

专家课堂

“反转”项目可以设置图像的反转效果；“与原始图像混合”项目可以控制特效与原始图像之间的混合程度。

11 在“时间线”面板中选择“素材”层，然后在菜单中选择【效果】→【模糊和锐化】→【CC Vector Blur（矢量模糊）】命令项，准备为素材层添加模糊效果，如图6-231所示。

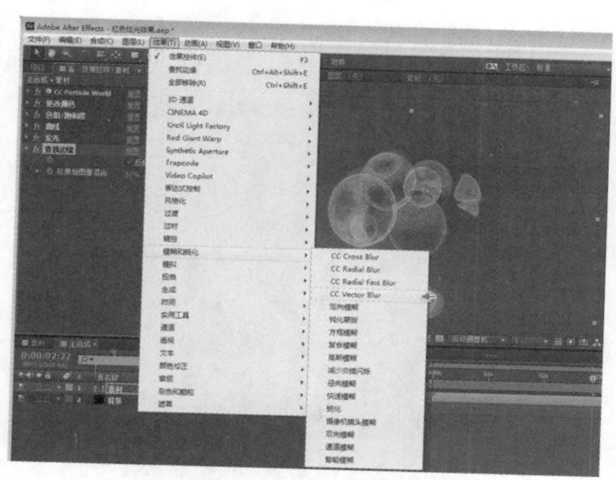

图6-231 添加矢量模糊

⑫ 添加特效后，在“合成”窗口中可以观察“素材”层在默认数值下对影片没有任何的效果影响，如图6-232所示。

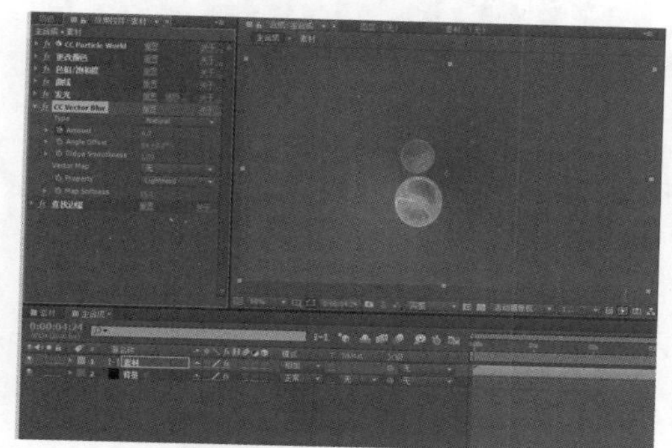

图6-232 矢量模糊效果

⑬ 在“时间线”面板中将时间滑块拖拽至影片的第1秒10帧位置，然后单击Amount（数量）项前的码表图标按钮添加起始关键帧，并设置Amount（数量）值为20，再将时间滑块拖拽至影片的第2秒位置并设置Amount（数量）值为0，如图6-233所示。

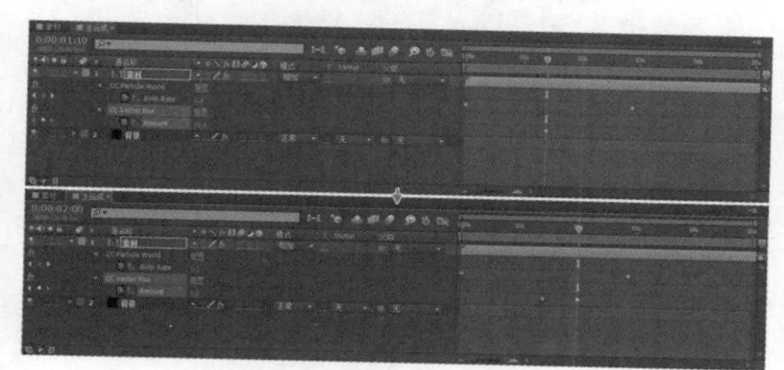

图6-233 设置数量关键帧

⑭ 使用键盘数字输入区域的“0”键预览合成动画，效果如图6-234所示。

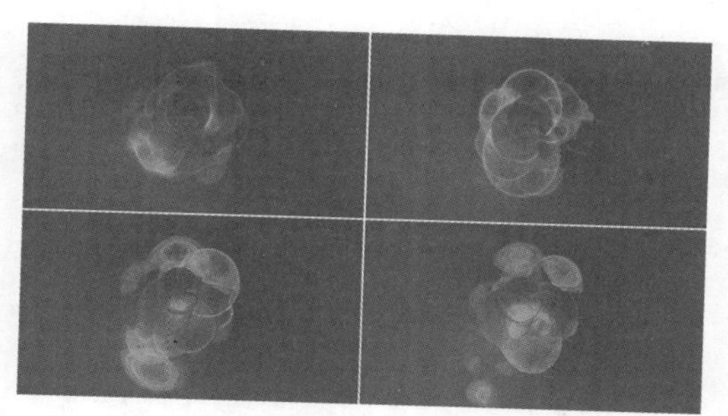

图6-234 预览效果

⑮ 在“时间线”面板中选择“素材”层，然后按“Ctrl+D”键将“素材”层复制，再将位于顶部“素材”层的模式更改为“颜色减淡”方式，使合成画面变亮，如图6-235所示。

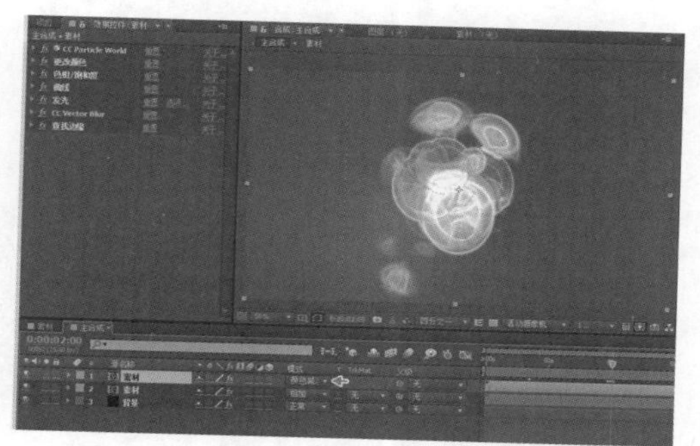

图6-235 复制图层

⑯ 在“时间线”面板中选择顶部的“素材”层，然后在“效果”面板中更改Longevity（寿命）的值为4，如图6-236所示。

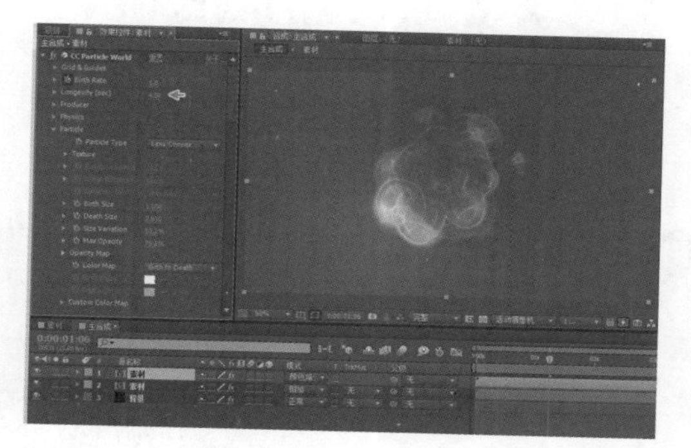

图6-236 设置寿命值

专家课堂

Longevity（寿命）项目主要控制粒子的显示时间。

17 在“时间线”面板中选择顶部的“素材”层，按“U”键展开已设置的关键帧，然后在“时间线”面板中选择Amount（数量）的关键帧，在菜单中选择【编辑】→【清除】命令项，如图6-237所示。

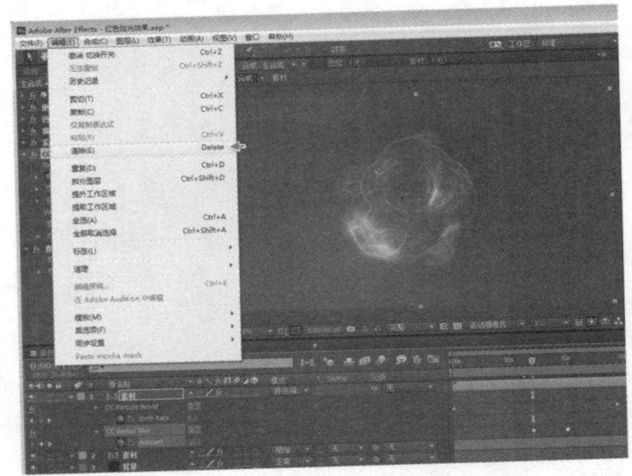

图6-237 删除关键帧

18 在“时间线”面板中选择顶部的“素材”层，然后在“效果”面板中更改矢量模糊的Amount（数量）值为40，如图6-238所示。

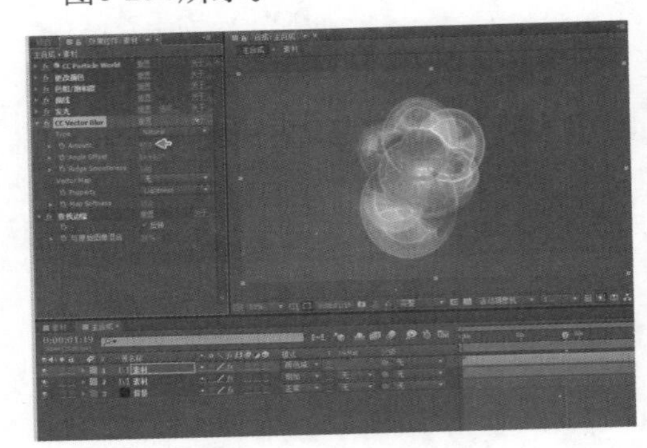

图6-238 设置数量

19 按“Ctrl+Y”键新建纯色层，在弹出的“纯色设置”对话框中设置名称为“背景”、大小为1280×720像素、颜色为黑色，如图6-239所示。

20 在“时间线”面板中选择位于顶部的“素材”层，然后在工具栏面板中单击矩形工具，在“合成”窗口中绘制矩形蒙版并勾选“反转”选项，再设置蒙版羽化值为250、蒙版扩展值为30，使画面边缘变暗，如图6-240所示。

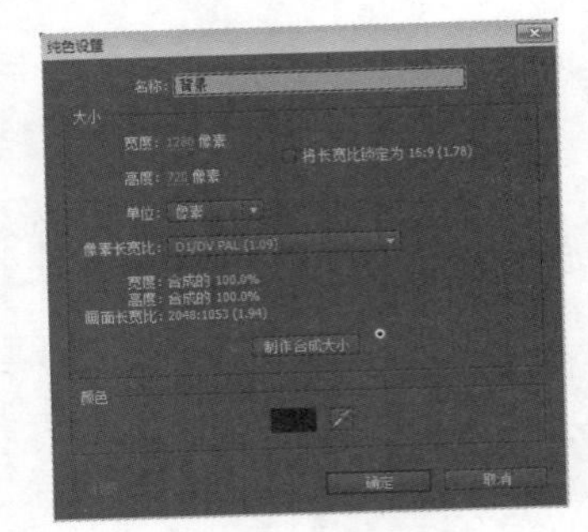

图6-239 新建纯色层

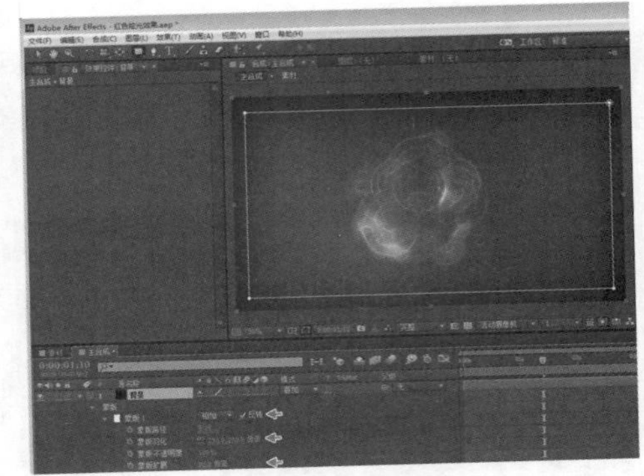

图6-240 添加蒙版

6.9.3 添加文字

01 在工具栏中选择文本工具，然后在“合成”窗口居中输入文字“After Effects”，保持输入文字在选择状态，在“字符”面板中设置字体为“方正超粗黑简体”、尺寸值为55、垂直缩放值为100、水平缩放值为124，如图6-241所示。

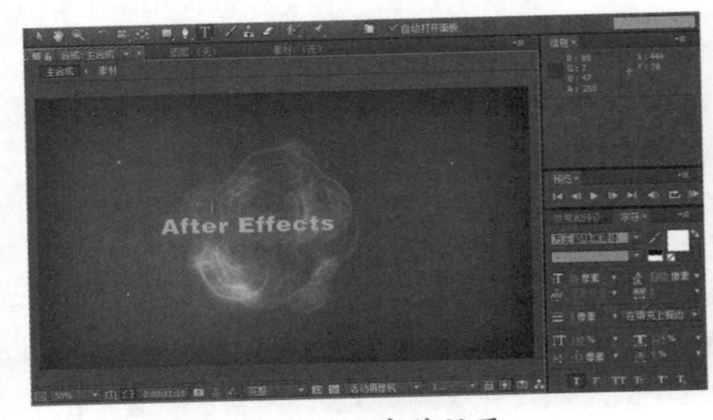

图6-241 字符设置

02 在“时间线”面板中选择“After Effects”文字层，然后在菜单中选择【编辑】→

【重复】命令项，准备复制文字层，如图6-242所示。

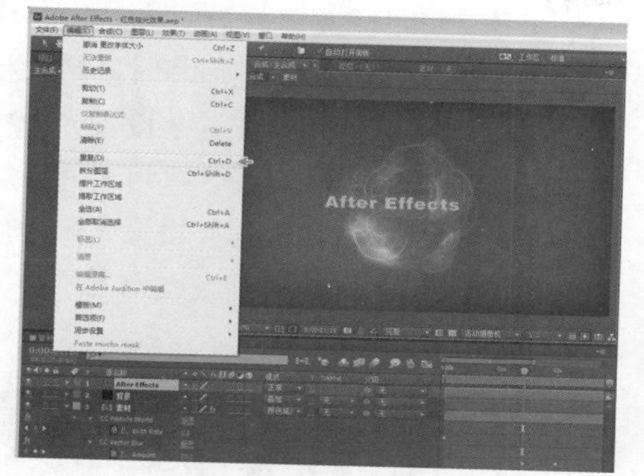

图6-242 复制文字层

03 在“时间线”面板中双击被复制的文字层并保持激活状态为可编辑，然后在“合成”窗口中更改文字为“Lessons”，再将“Lessons”字拖拽至“After Effects”字的右下方位置，如图6-243所示。

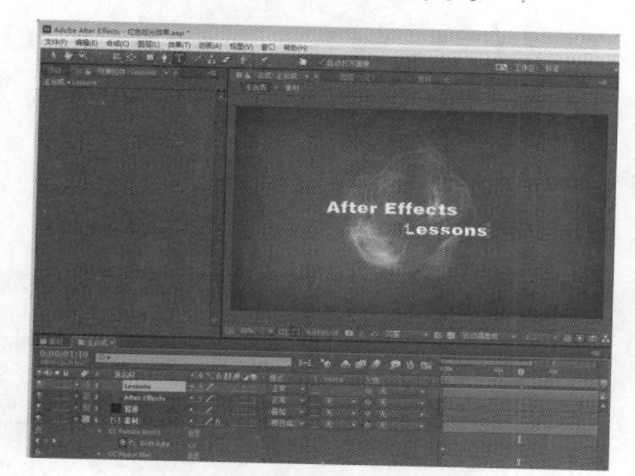

图6-243 修改文字

04 在“时间线”面板中按住“Ctrl”键选择“After Effects”与“Lessons”层，然后在“时间线”面板中结合鼠标“左”键将素材的起始位置拖拽至影片的第2秒5帧处，如图6-244所示。

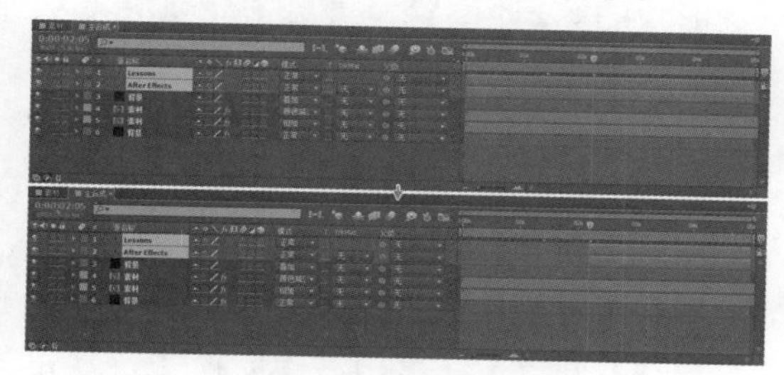

图6-244 素材起始位置设置

05 在“时间线”面板中同时选择“After Effects”与“Lessons”层，然后按“S”键展开缩放选项，将时间滑块拖拽至第2秒5帧位置并开启码表图标并设置缩放值为50；将时间滑块拖拽至第3秒15帧位置，再设置缩放值为150，使文字产生放大动画效果，如图6-245所示。

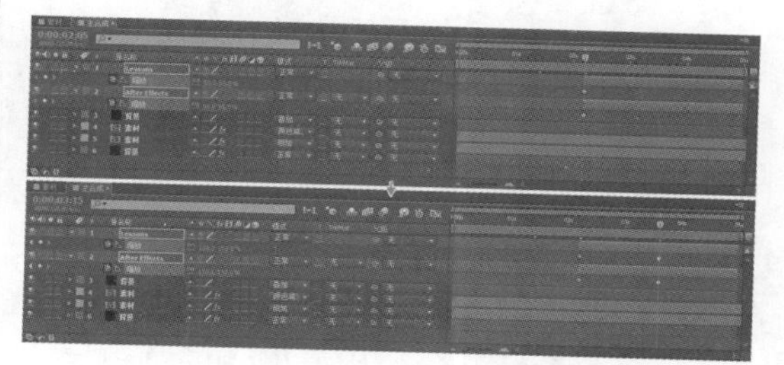

图6-245 缩放动画设置

06 在“时间线”面板中选择“After Effects”与“Lessons”层的缩放结束帧，再按“F9”键使结束帧转换为“缓动”方式，如图6-246所示。

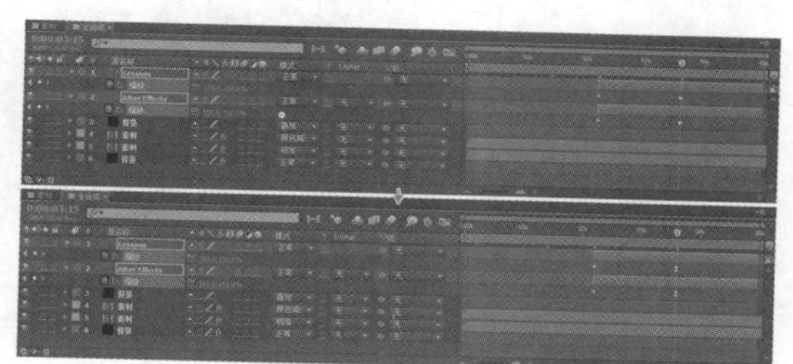

图6-246 关键帧缓动设置

07 按键盘数字输入区域的“0”键预览合成动画，效果如图6-247所示。

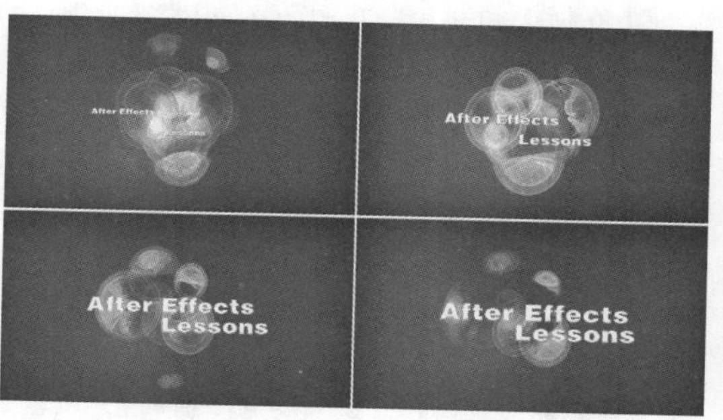

图6-247 预览效果

08 按“Ctrl+Y”键新建纯色层，在弹出的“纯色设置”对话框中设置名称为“灯光”、大小为1280×720像素、颜色为黑色，如图6-248所示。

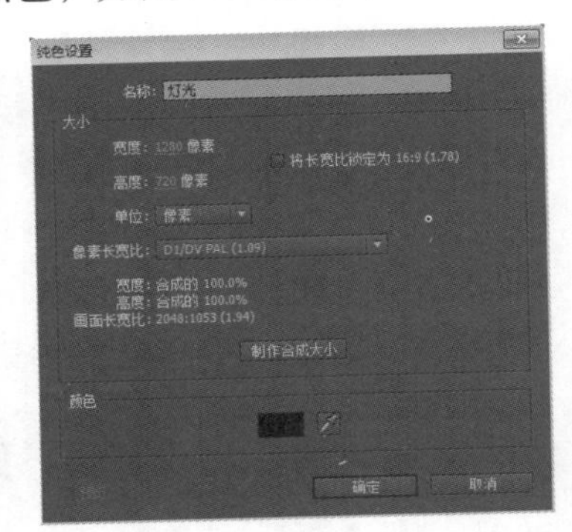

图6-248 纯色设置

09 在“时间线”面板中选择“灯光”层，然后在菜单中选择【效果】→【生成】→【镜头光晕】命令项，准备为纯色层添加镜头光晕效果，如图6-249所示。

图6-249 添加镜头光晕效果

10 在“时间线”面板中设置“灯光”层的模式为“线性减淡”方式，将纯色层的黑色画面过滤掉，如图6-250所示。

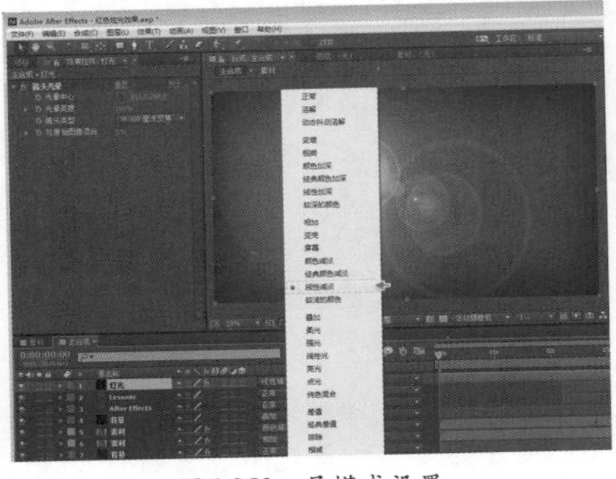

图6-250 层模式设置

11 在“时间线”面板中将时间滑块拖拽至影片的第1秒位置，再单击光晕中心项前的码表图标按钮并设置光晕中心值为X轴450、Y轴320，然后将时间滑块拖拽至影片的第1秒10帧位置并设置光晕中心值为X轴540、Y轴320，再将时间滑块拖拽至影片的第4秒位置并设置光晕中心值为X轴880、Y轴320，完成光晕中心的位置变化，如图6-251所示。

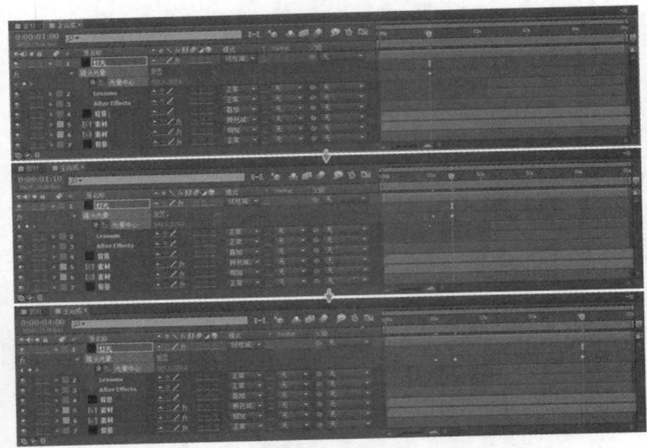

图6-251 光晕中心关键帧设置

12 按键盘数字输入区域的“0”键预览合成动画，效果如图6-252所示。

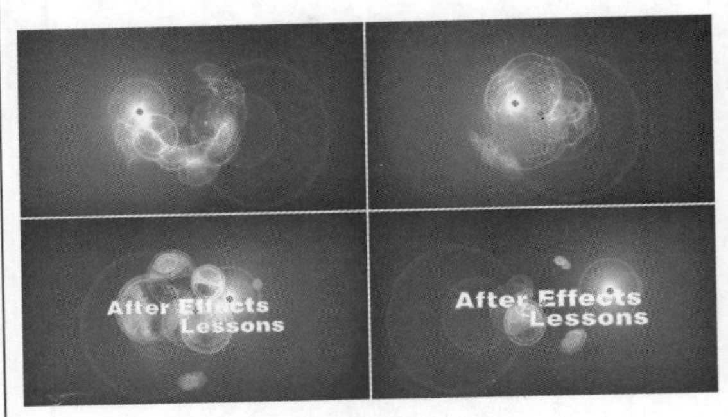

图6-252 预览效果

13 在“时间线”面板中将时间滑块拖拽至影片的第2秒位置，再单击光晕亮度项前的码表图标按钮，设置光晕亮度值为0，然后将时间滑块拖拽至影片的第2秒5帧位置并设置光晕亮度值为180，再将时间滑块拖拽至影片的第3秒10帧位置并设置光晕亮度值为90，最后将时间滑块拖拽至影片的第4秒位置并设置光晕亮度值为0，完成光晕亮度的明暗变化，如图6-253所示。

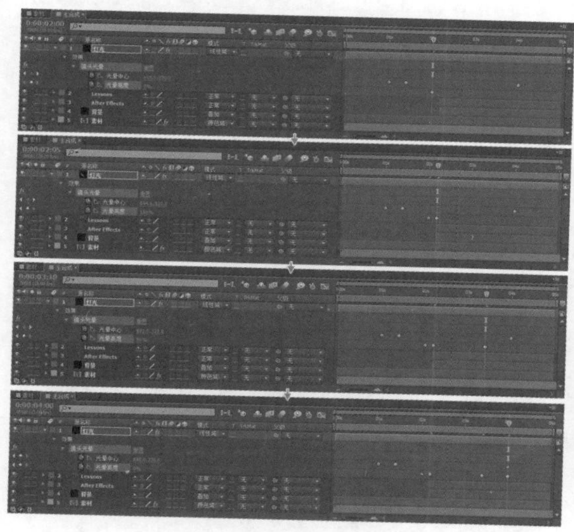

图6-253 光晕亮度设置

⑭ 按键盘数字输入区域的“0”键预览合成动画，效果如图6-254所示。

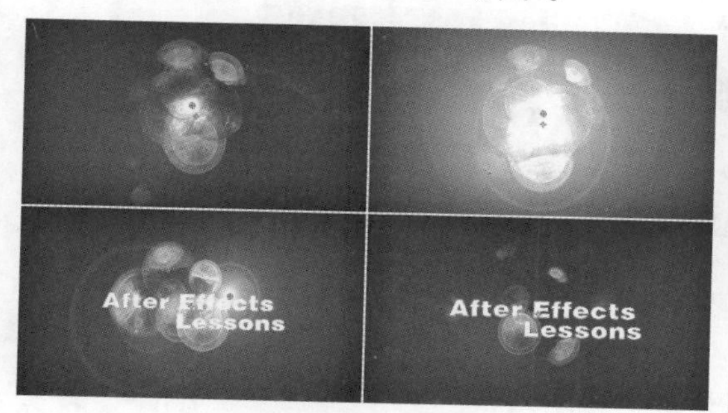

图6-254 预览效果

⑮ 在“时间线”面板中选择“灯光”层，并选择“灯光”层光晕亮度的后三个关键帧，再按“F9”键使关键帧转换为“缓动”方式，如图6-255所示。

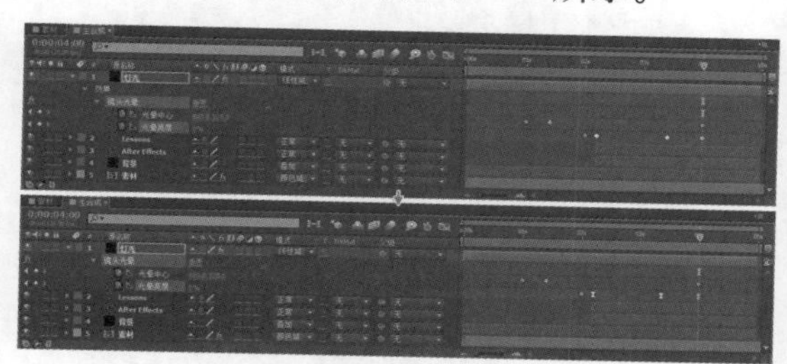

图6-255 关键帧缓动设置

⑯ 在“时间线”面板中选择“灯光”层，然后在菜单中选择【效果】→【颜色校正】→【曲线】命令项，准备为素灯光层添加曲线效果，如图6-256所示。

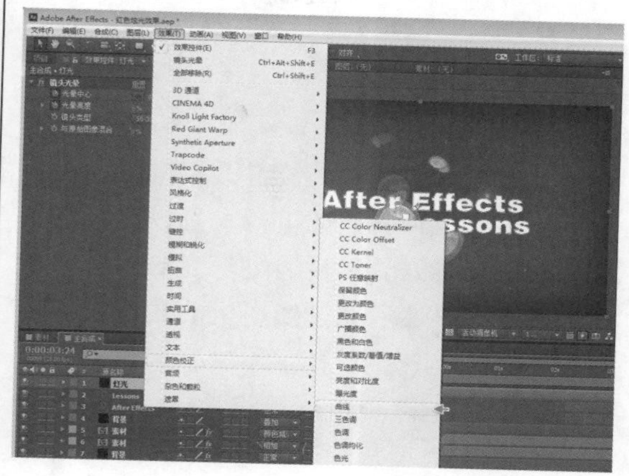

图6-256 添加曲线效果

⑰ 在“效果”面板中设置“曲线”的RGB与红色通道，使画面整体变暗红色并提亮，如图6-257所示。

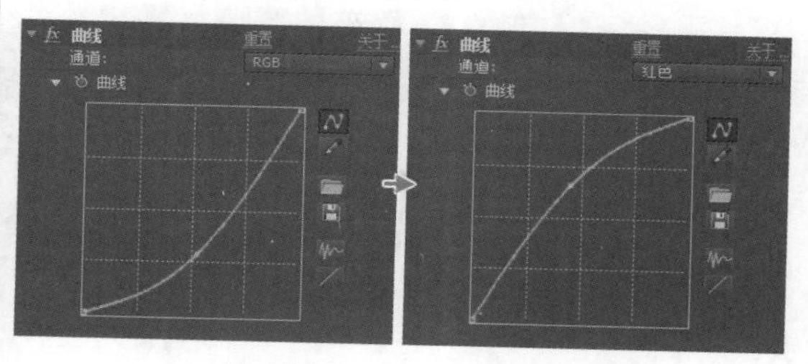

图6-257 曲线效果设置

⑱ 按键盘数字输入区域的“0”键预览最终合成动画，效果如图6-258所示。

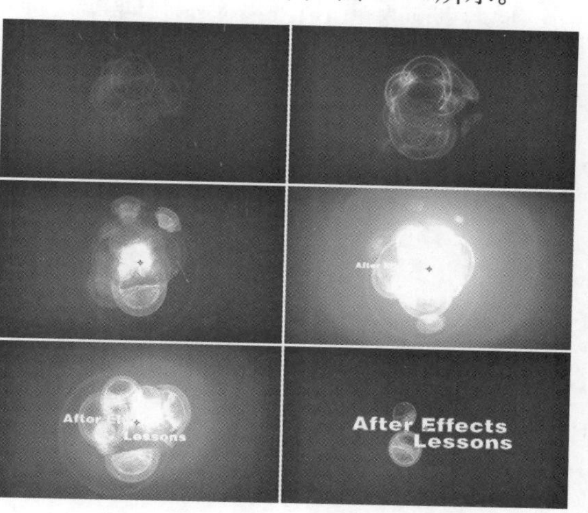

图6-258 最终效果

6.10 实例——空间粒子放射

素材文件	配套光盘→范例文件→Chapter6	难易程度	★★★★☆
重要程度	★★★★★	实例重点	了解After Effects CC文字动画的设置

在制作“空间粒子放射”实例时，先将粒子的物理学时间系数进行动画设置，得到由动至静的特效，然后通过灯光工厂特效丰富炫目效果，最后通过摄影机的景深特效，使光斑效果及景深衬托主体文字，得到粒子放射的空间效果，如图6-259所示。

“空间粒子放射”实例的制作流程主要分为3部分，包括①制作背景；②添加粒子；③添加文字，如图6-260所示。

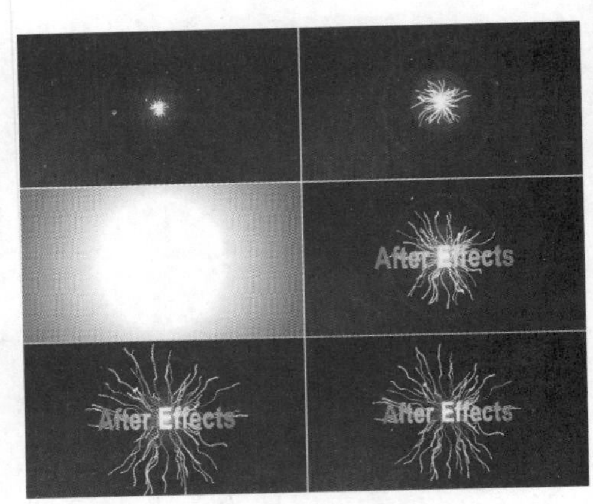

图6-259　实例效果

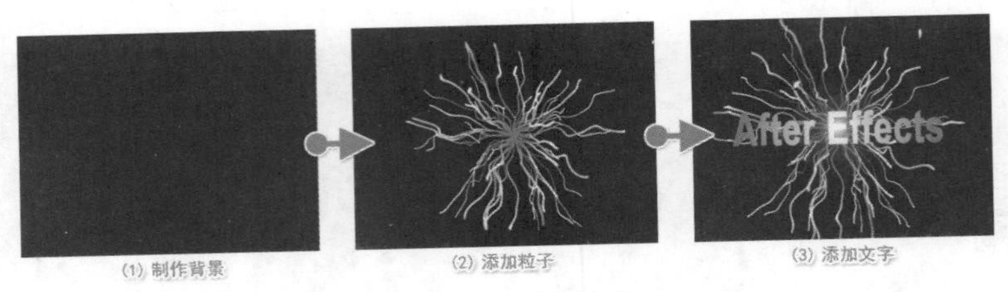

图6-260　制作流程

6.10.1 制作背景

01 双击桌面上的After Effects快捷图标启动软件，然后在菜单中选择【合成】→【新建合成】命令项，如图6-261所示。

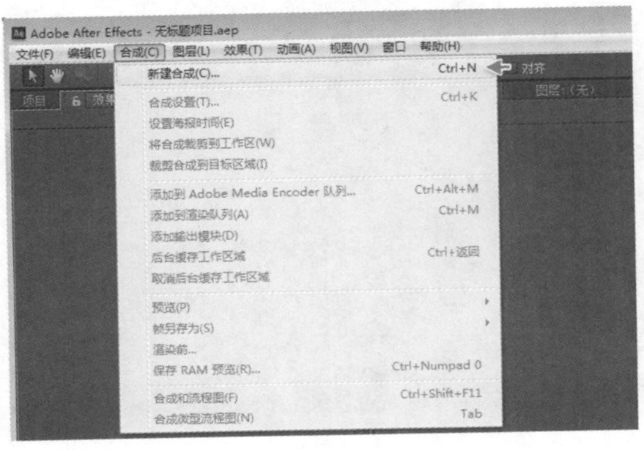

图6-261　新建合成

02 在弹出的“合成设置”对话框中设置合成名称为“粒子生长特效”、大小为1280×720像素、帧速率为25帧/秒、持续时间为4秒、背景颜色为黑色，如图6-262所示。

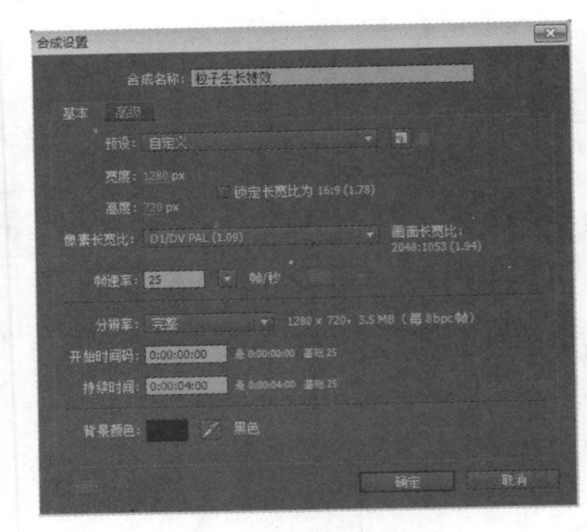

图6-262　合成设置

03 按“Ctrl+Y”键新建纯色层，然后在弹出的“纯色设置”对话框中设置名称为“背景”、大小为1280×720像素、颜色为黑色，如图6-263所示。

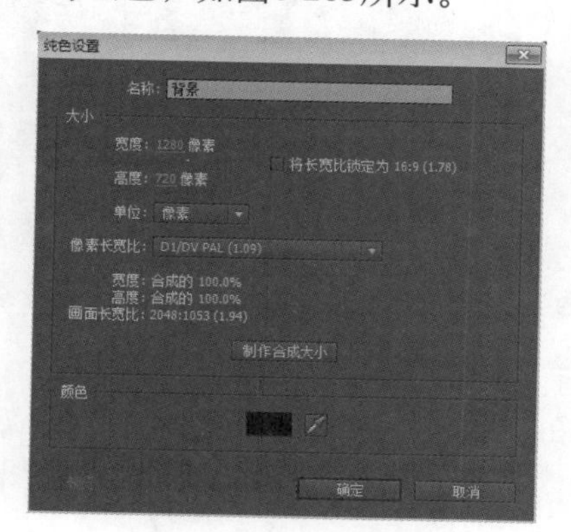

图6-263 纯色设置

04 在“时间线”面板中选择“背景”层，然后在菜单中选择【效果】→【生成】→【四色渐变】命令项，准备为背景层添加渐变效果，如图6-264所示。

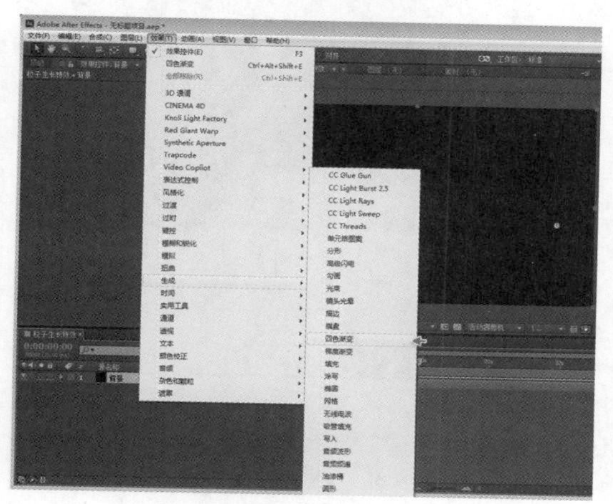

图6-264 选择四色渐变

05 在“效果”面板中设置“四色渐变”特效的颜色依次为黑色、深蓝色、棕色和蓝色，如图6-265所示。

专家课堂

在设置渐变颜色时，为确保合成影片的视觉效果，主要通过黑色与颜色产生渐变，从而对比出颜色的绚丽效果。

图6-265 设置四色渐变

6.10.2 添加粒子

01 按“Ctrl+Y”键新建纯色层，然后在弹出的“纯色设置”对话框中设置名称为“粒子发射层”、大小为1280×720像素、颜色为黑色，如图6-266所示。

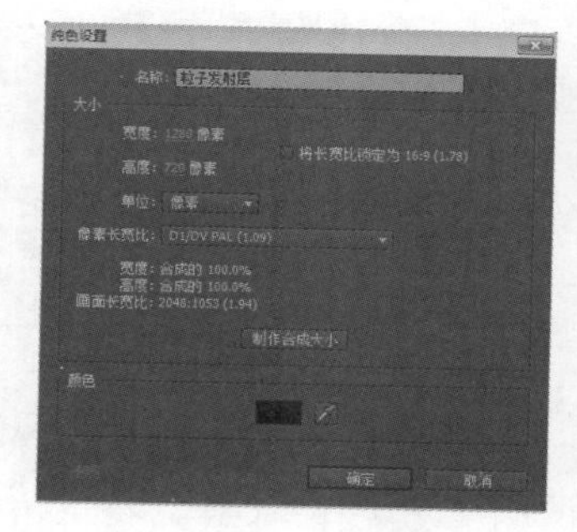

图6-266 纯色设置

02 在“时间线”面板中选择“粒子发射层”层，然后在菜单中选择【效果】→【Trapcode】→【Particular（粒子）】命令项，准备为纯色层添加粒子效果，如图6-267所示。

专家课堂

TrapCode公司开发了许多重量级的后期插件，在许多后期影片和合成软件中会经常使用到，安装插件后便可以在菜单中选择使用。

Particular（粒子）滤镜特效是单独的粒子系统，可以通过不同参数的调整使粒子系统呈现出各种超现实效果，并模拟出光、火和烟雾等效果。

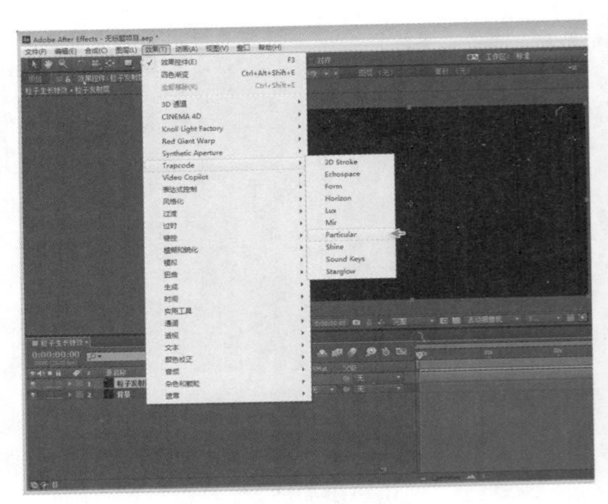

图6-267　添加粒子

03 在“效果”面板展开“粒子”特效中的“发射器”卷展栏，再设置粒子/秒值为1500，如图6-268所示。

图6-268　粒子设置

04 在“时间线”面板中将时间滑块拖拽至影片的起始位置，然后单击粒子/秒项前的码表图标按钮，添加起始关键帧；将时间滑块拖拽至影片第1帧的位置，再设置粒子/秒值为0，如图6-269所示。

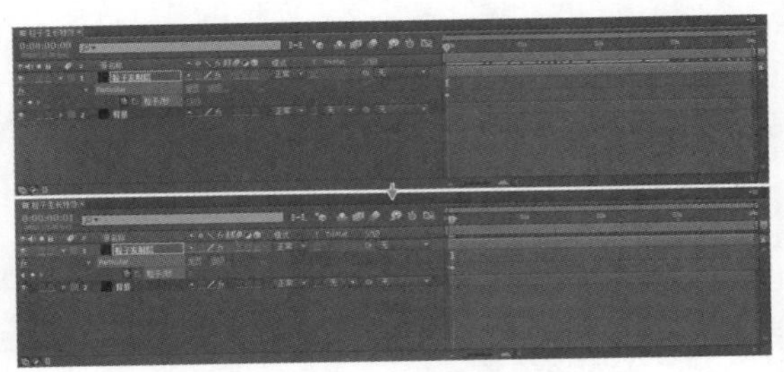

图6-269　粒子/秒动画设置

05 按键盘数字输入区域的“0”键预览合成动画，效果如图6-270所示。

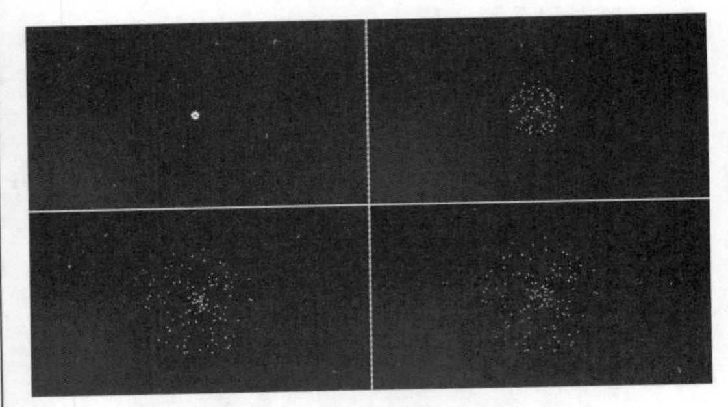

图6-270　效果预览

06 在“效果”面板展开“粒子”特效中的“物理学”卷展栏，然后设置物理学时间系数值为1，如图6-271所示。

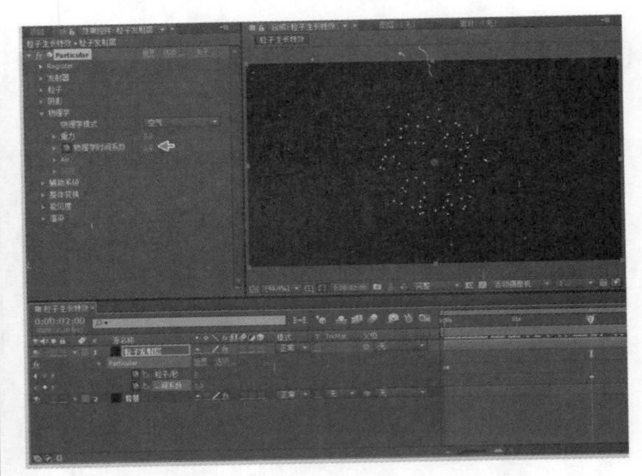

图6-271　物理学时间系数设置

专家课堂

在“物理”属性参数选项中可以设置重力、空气阻力、粒子旋转和风等物理学属性参数，从而得到更加真实的粒子效果。

07 在“时间线”面板中将时间滑块拖拽至影片第2秒位置，然后单击物理学时间系数项前的码表图标按钮，添加起始关键帧；将时间滑块拖拽至影片第2秒10帧的位置，再设置物理学时间系数值为0，如图6-272所示。

08 按键盘数字输入区域的“0”键预览合成动画，效果如图6-273所示。

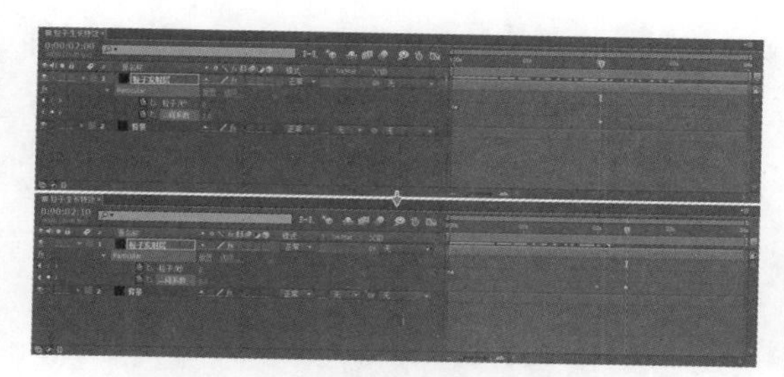

图6-272 物理学时间系数动画设置

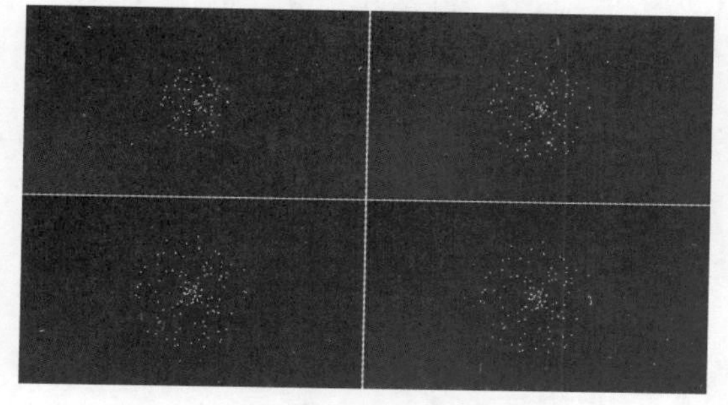

图6-273 效果预览

09 在“效果”面板展开“粒子”特效中的“辅助系统”卷展栏，设置发射项为“继续”类型、粒子/秒值为60、生命值为2.5，然后设置“生命期颜色”卷展栏的颜色选项，如图6-274所示。

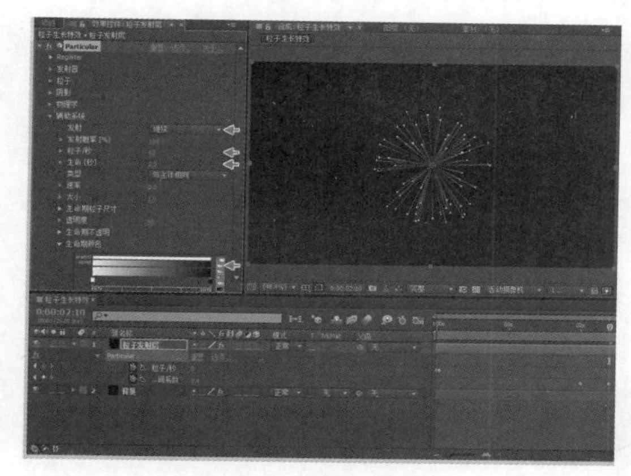

图6-274 辅助系统设置

10 在“效果”面板中单击“生命期颜色”卷展栏左侧的颜色选项，然后在弹出的Select Color（选择颜色）对话框中设置颜色为R255、G255、 B155，如图6-275所示。

11 在“效果”面板中单击“生命期颜色”卷展栏右侧的颜色选项，然后在弹出的Select Color（选择颜色）对话框中设置颜色为R155、G0、B0，完成土黄色至暗红色的颜色渐变，如图6-276所示。

图6-275 颜色设置

图6-276 颜色设置

12 在“效果”面板展开“粒子”特效中的“辅助系统”卷展栏，再设置生命期不透明右侧的预设选项，使其产生线性透明，如图6-277所示。

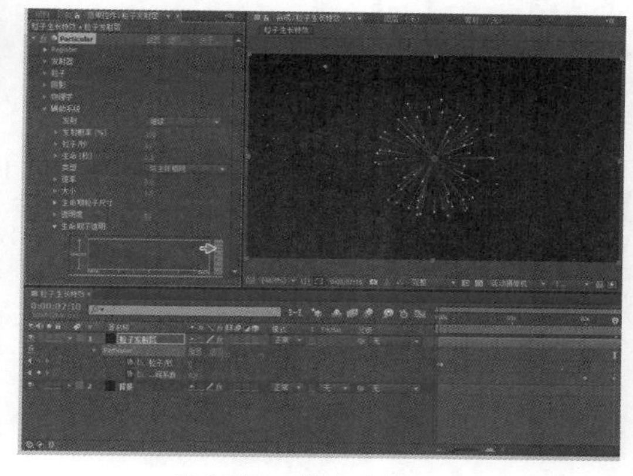

图6-277 辅助系统设置

⑬ 在“粒子”特效中设置“辅助系统”卷展栏的粒子/秒值为200、透明度值为100，如图6-278所示。

图6-278　辅助系统设置

⑭ 在“粒子”特效中设置“粒子”卷展栏中的大小值为0，使放射线条顶部的粒子不可见，如图6-279所示。

图6-279　粒子设置

⑮ 在“粒子”特效中设置“扰乱场”卷展栏中的影响位置值为100，如图6-280所示。

图6-280　扰乱场设置

⑯ 在“效果”面板展开“粒子”特效中的“发射器”卷展栏，然后设置速率值为150、随机速率值为45，如图6-281所示。

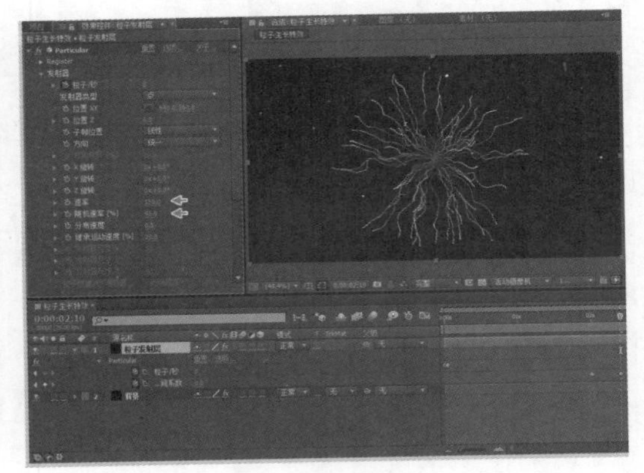

图6-281　发射器设置

专家课堂

“随机速率”主要控制粒子发射时速度的百分比变化，而每个粒子都会有一个随机产生的初始速度，从而得到更加自然的效果。

⑰ 在“时间线”面板中选择“粒子发射层”层，然后在菜单中选择【效果】→【颜色校正】→【曲线】命令项，准备调整粒子亮度，如图6-282所示。

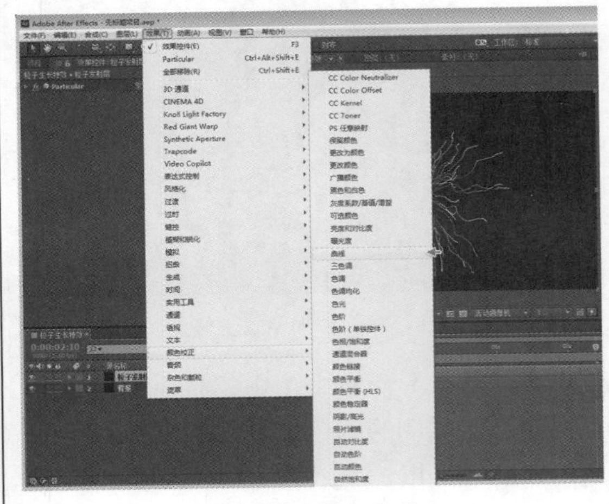

图6-282　添加曲线

⑱ 在“效果”面板中调节“曲线”特效的RGB通道曲线，使粒子的颜色整体变亮，如图6-283所示。

图6-283 设置RGB曲线

⑲ 在“效果”面板中调节“曲线”特效的绿色通道曲线，使发散粒子的根部变为红色，如图6-284所示。

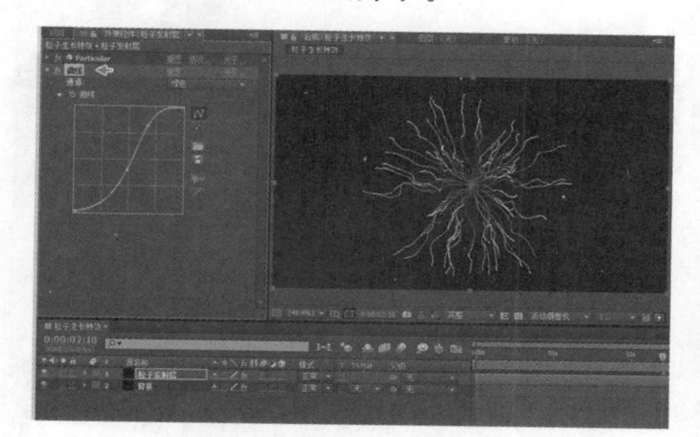

图6-284 设置绿色曲线

6.10.3 添加文字

01 在工具栏中选择T文本工具，然后在“合成”窗口居中输入文字“After Effects”，保持输入状态并在“字符”面板中设置字体为“Arial”、尺寸为135像素、垂直缩放值为227、水平缩放值为181，如图6-285所示。

图6-285 字符设置

02 在“时间线”面板中选择“After Effects”层，将时间滑块拖拽至影片第1秒位置，按“T”键展开其不透明度选项，然后设置不透明度值为0，单击不透明度项前的码表图标按钮，添加起始关键帧；将时间滑块拖拽至影片第1秒12帧的位置，设置不透明度值为100，如图6-286所示。

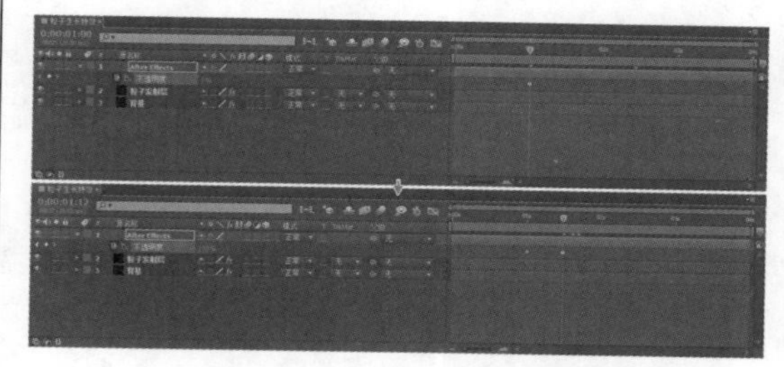

图6-286 不透明度动画设置

03 按键盘数字输入区域的“0”键预览合成动画，效果如图6-287所示。

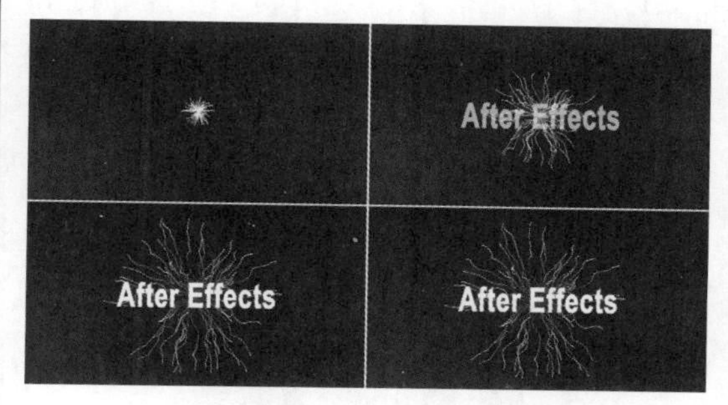

图6-287 预览效果

04 在“时间线”面板中选择“After Effects”文字层，然后在菜单中选择【效果】→【生成】→【梯度渐变】命令项，准备为文字添加渐变特效，如图6-288所示。

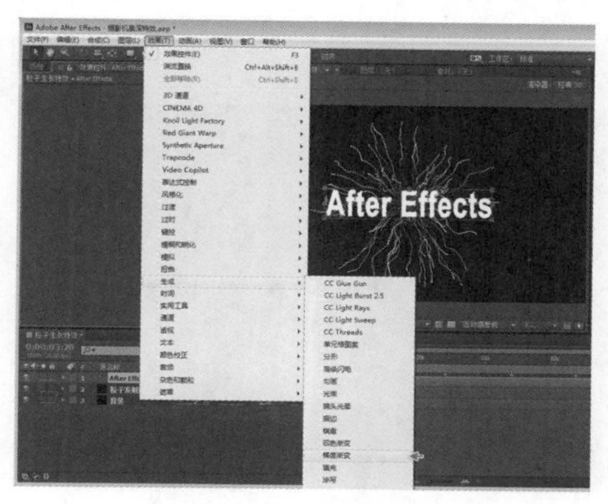

图6-288 选择梯度渐变

05 在“效果”面板中设置“梯度渐变”特效的渐变起点值为X轴645、Y轴360，然后设置渐变终点值为X轴645、Y轴670，再设置起始颜色为白色、结束颜色为浅灰色，使文字产生颜色渐变，如图6-289所示。

图6-289　设置梯度渐变

06 按“Ctrl+Y”键新建纯色层，在弹出的“纯色设置”对话框中设置名称为“光晕层”、大小为1280×720像素、颜色为黑色，如图6-290所示。

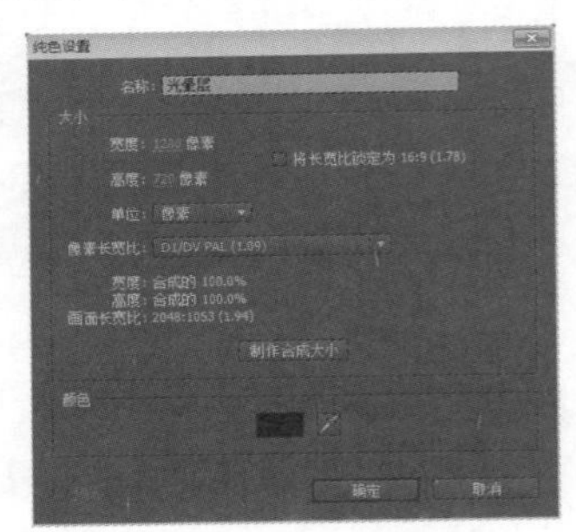

图6-290　纯色设置

07 在“时间线”面板中设置“光晕层”的图层模式为“屏幕”叠加方式，如图6-291所示。

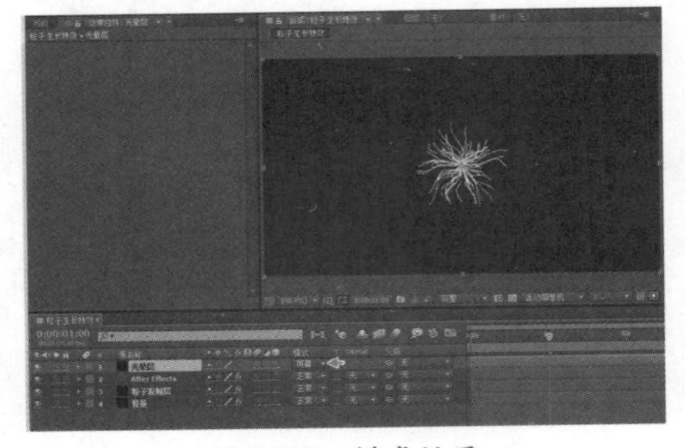

图6-291　模式设置

08 在“时间线”面板中选择“光晕层”层，然后在菜单中选择【效果】→【生成】→【镜头光晕】命令项，准备为纯色层添加光晕装饰效果，如图6-292所示。

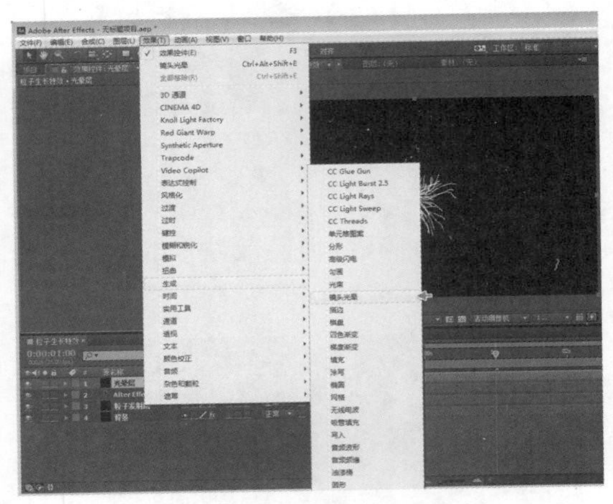

图6-292　选择镜头光晕

09 在“效果”面板中设置“镜头光晕”特效的光晕中心值为X轴640、Y轴360，使光晕放置在画面中心位置，如图6-293所示。

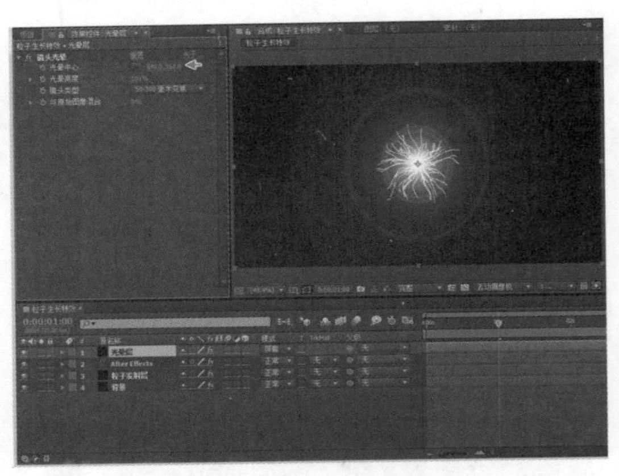

图6-293　设置镜头光晕

10 在“时间线”面板中选择“光晕层”图层，再将时间滑块拖拽至影片的起始位置，然后在“效果”面板中设置光晕亮度值为20，并单击光晕亮度项前的码表图标按钮添加起始关键帧；将时间滑块拖拽至影片第1秒位置，设置光晕亮度值为80；继续将时间滑块拖拽至影片第1秒4帧位置，设置光晕亮度值为190；再将时间滑块拖拽至影片第1秒8帧位置，设置光晕亮度值为70；最后将时间滑块拖拽至影片第3秒24帧位置，设置光晕亮度值为30，使光晕产生亮度变化，如图6-294所示。

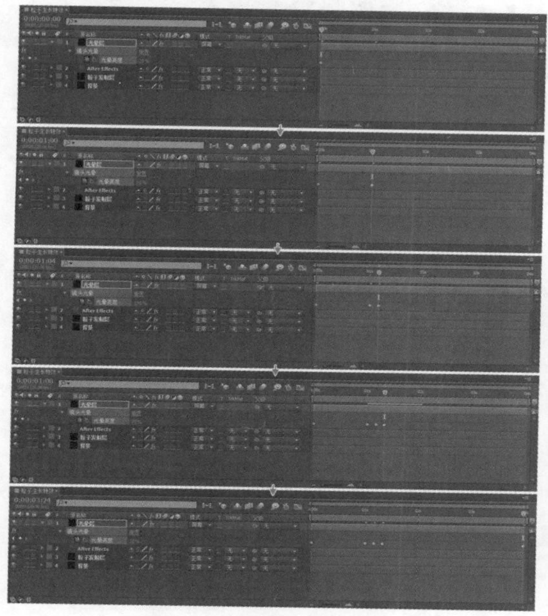

图6-294 光晕亮度动画设置

⑪ 按键盘数字输入区域的“0”键预览合成动画，效果如图6-295所示。

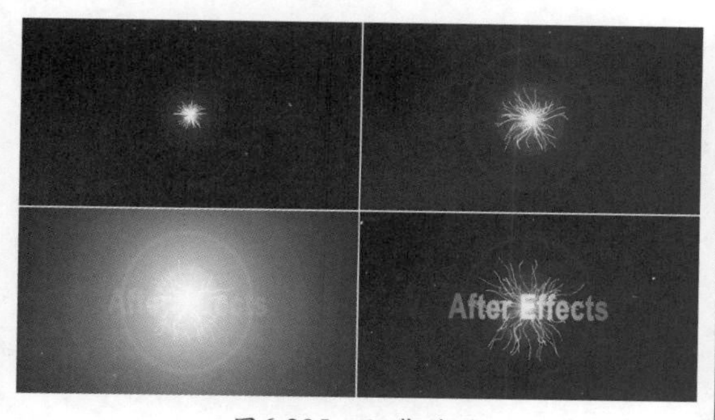

图6-295 预览效果

⑫ 在菜单中选择【图层】→【新建】→【摄像机】命令项，准备为合成场景添加摄像机，如图6-296所示。

⑬ 在弹出的“摄像机设置”对话框中设置预设为“35毫米”类型，如图6-297所示。

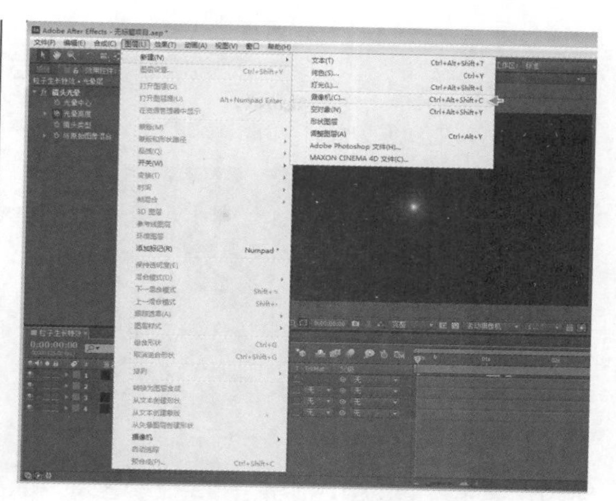

图6-296 选择摄像机

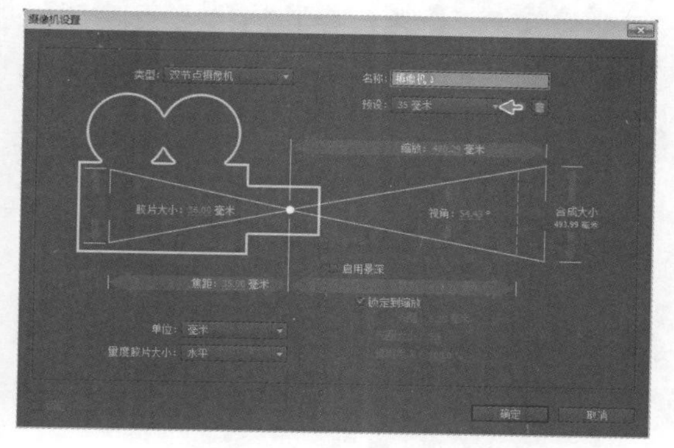

图6-297 摄像机设置

⑭ 在“时间线”面板中开启“光晕层”、“After Effects”、“粒子发射层”的3D图层选项，如图6-298所示。

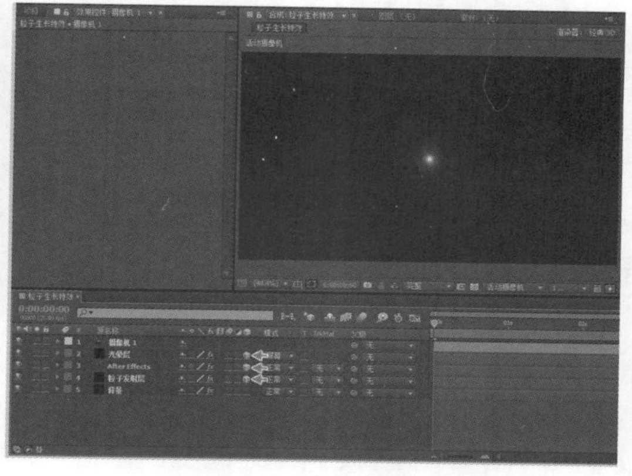

图6-298 开启3D图层

⑮ 在“时间线”面板中展开“摄像机1”层的“变换”卷展栏，然后按住“Alt”键并以鼠标“左”键单击位置前的码表

图标按钮，然后在表达式输入框内输入“wiggle（.8,100）”，使位置项目产生随机摆动效果，如图6-299所示。

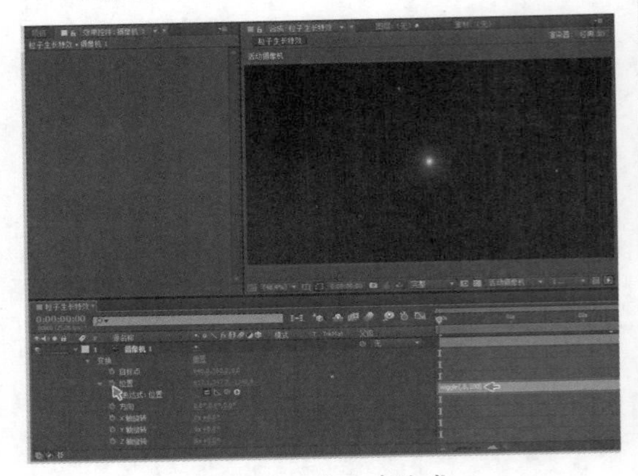

图6-299　输入表达式

⑯ 在“时间线”面板中展开“摄像机1”层的“摄影机选项”卷展栏，然后设置焦距值为1380像素、光圈值为150像素、模糊层次值为150，如图6-300所示。

⑰ 按键盘数字输入区域的“0”键预览合成最终效果，如图6-301所示。

图6-300　摄像机设置

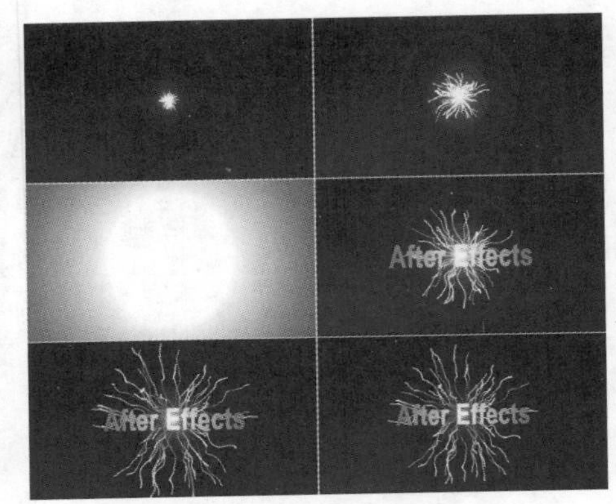

图6-301　最终效果

6.11 本章小结

本章主要通过实例对After Effects的文本、纯色、灯光、摄像机、空对象和调整图层进行讲解，又通过“星球爆炸特效”、“镜头三维翻转”、“炫粉喷射粒子”和“空间粒子放射”4个实例介绍新建层信息的应用。

第7章
文字效果设置

本章主要通过实例文本工具应用、建立文字层、基本文字特效、路径文字特效、变化数值特效、散化文字、星光文字、光斑文字、炫粉扫光字、金属立体字、卡片擦除字、粒子光晕字、飘散动态字、眩光破碎字、手写粉笔字、粒子发射字和空间闪电字，介绍文字效果的设置方法。

7.1 实例——文本工具应用

素材文件	无	难易程度	★☆☆☆☆
重要程度	★★★☆☆	实例重点	对多种不同建立文本的方法进行讲解

“文本工具应用”实例的制作流程主要分为3部分，包括①新建合成设置；②文本工具输入；③字符与动画，如图7-1所示。

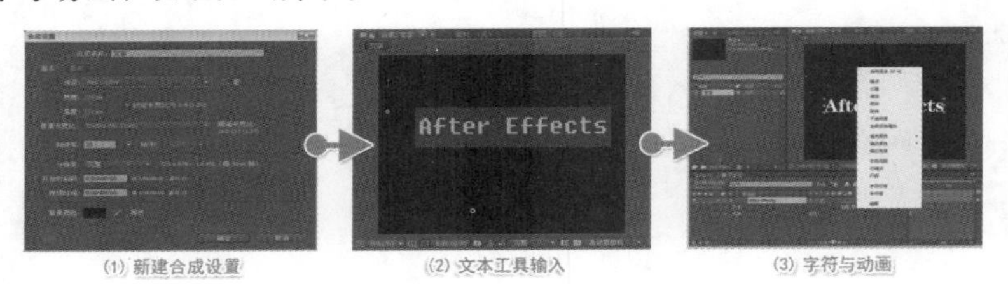

图7-1 制作流程

7.1.1 新建合成设置

01 双击桌面上的After Effects CC快捷图标启动软件，然后在菜单中选择【合成】→【新建合成】命令项，如图7-2所示。

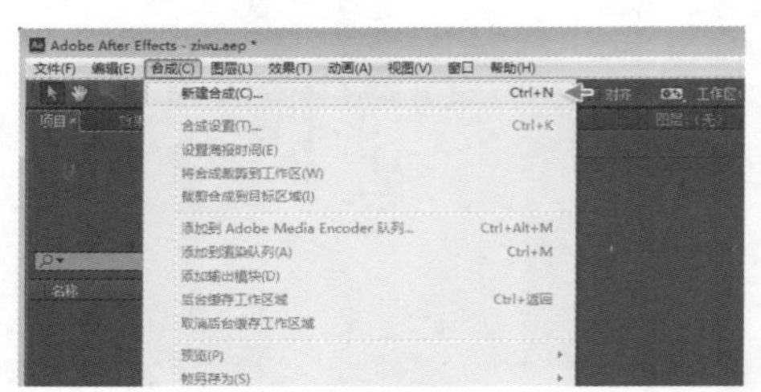

图7-2 新建合成

02 在弹出的“合成设置”对话框中设置合成名称为“文字”、预设为PAL D1/DV类型、帧速率为25帧/秒、持续时间为8秒、背景颜色为黑色，如图7-3所示。

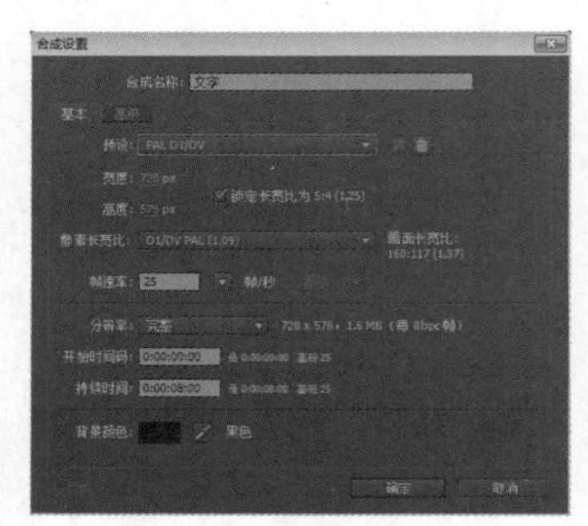

图7-3 合成设置

03 合成设置完成后，单击“确定”按钮进入合成编辑界面，如图7-4所示。

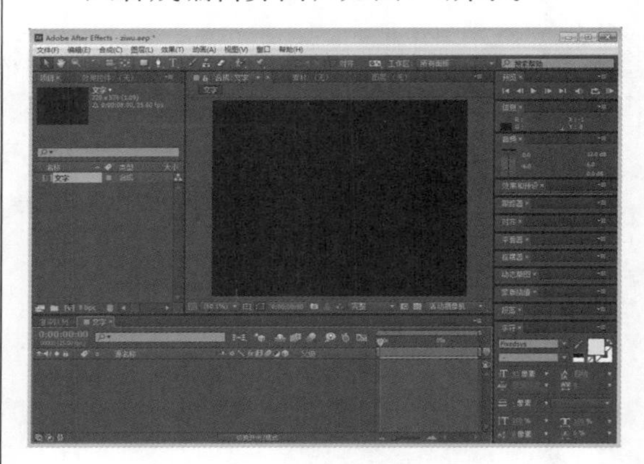

图7-4 合成界面

7.1.2 文本工具输入

01 在工具栏中单击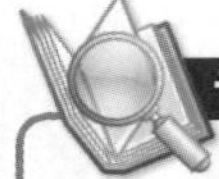文本工具按钮，便可进行文字的输入操作，如图7-5所示。

专家课堂

在默认状态下，单击文本工具将建立横向排列的文字，如果需要建立竖向排列的文字，可按住鼠标“左”键，在弹出的工具切换菜单中切换文本工具输入类型即可。

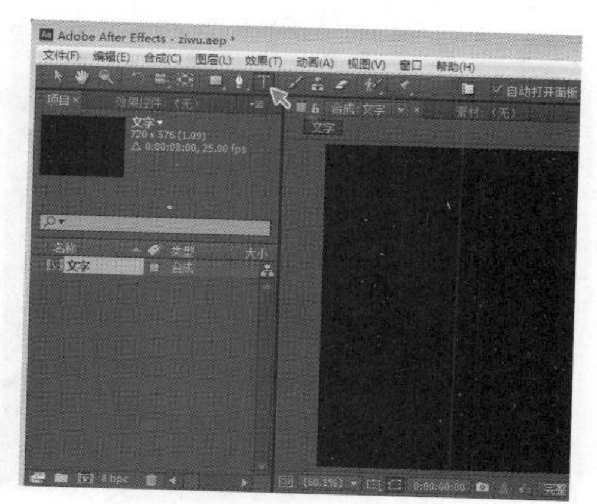

图7-5 选择文本工具

02 选择T文本工具后，在“合成”窗口中单击鼠标“左”键，在视图中确定文字输入的起始位置，如图7-6所示。

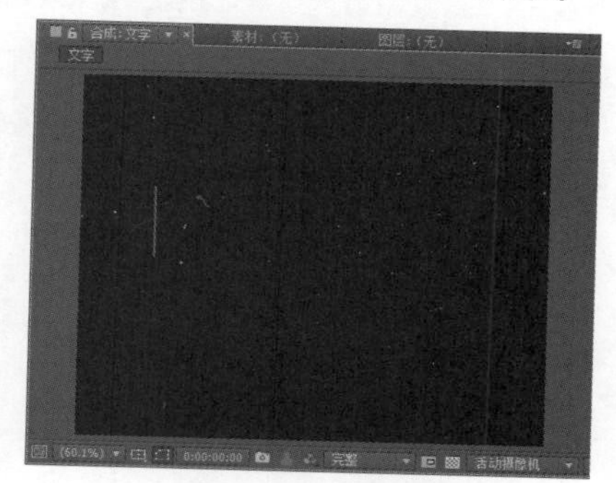

图7-6 文本位置

03 输入文字“After Effects”，如图7-7所示。

图7-7 输入文本

7.1.3 字符与动画

01 在文本编辑状态下切换至“字符”面板，设置字体为“方正粗活意简体”类型、颜色为灰色，如图7-8所示。

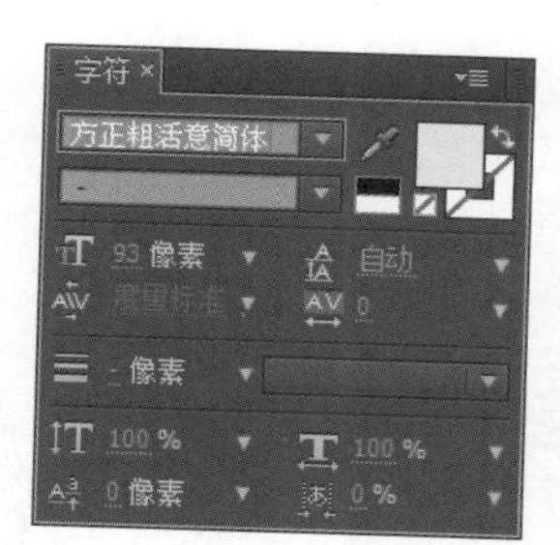

图7-8 字符设置

在“字符”面板中可以对文本的字体进行设置，包括字体类型、字号大小、字符间距或文本颜色等。如果以往关闭了“字符”面板，可以在“窗口”菜单中再开启此面板。

02 在工具栏中单击选取工具按钮，然后在“合成”窗口中选择“After Effects”文本，调整位置与尺寸，如图7-9所示。

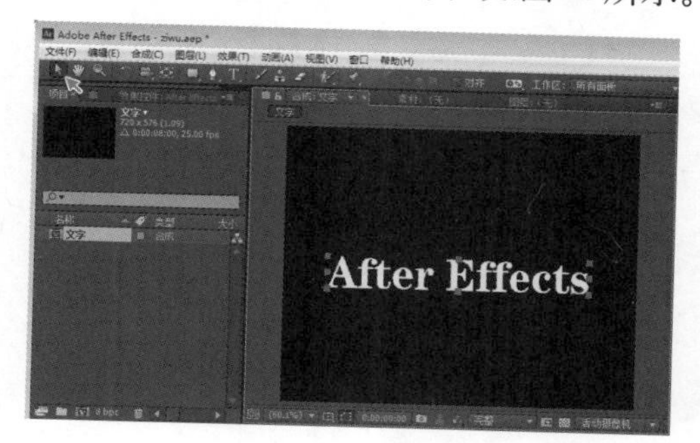

图7-9 选择文本

03 设置文本的动画，可以在“时间线”面板中单击卷展图标展开文字层属性，如图7-10所示。

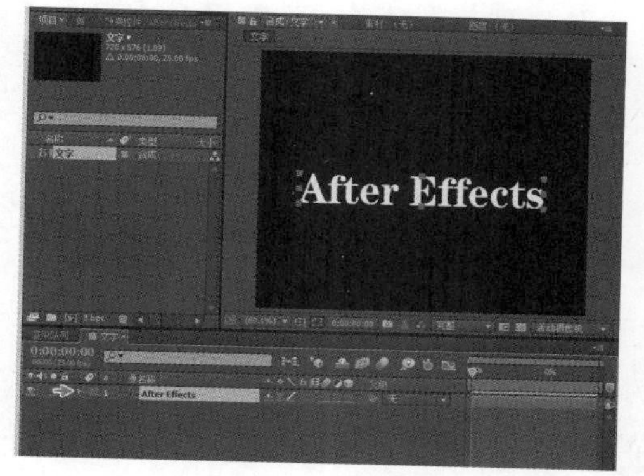

图7-10 展开层属性

04 在“动画”项中可以控制文本的位置、缩放、倾斜、旋转、不透明度、颜色、字距等的动画，如图7-11所示。

专家课堂

使用文本动画器和选择器，对文本进行动画制作主要包括三个基本步骤，首先添加动画器以指定要进行动画制作的属性，然后使用选择器以指定每个字符受动画器影响的程度，再调整动画器属性。

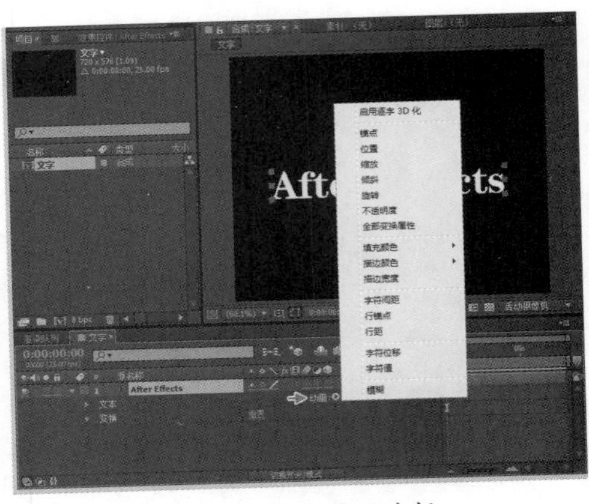

图7-11　文字动画选择

7.2 实例——建立文本层

素材文件	无	难易程度	★☆☆☆☆
重要程度	★★☆☆☆	实例重点	通过菜单建立合成所需的文本层

“建立文本层”实例的制作流程主要分为3部分，包括①新建合成设置；②新建文本层；③建立字符设置，如图7-12所示。

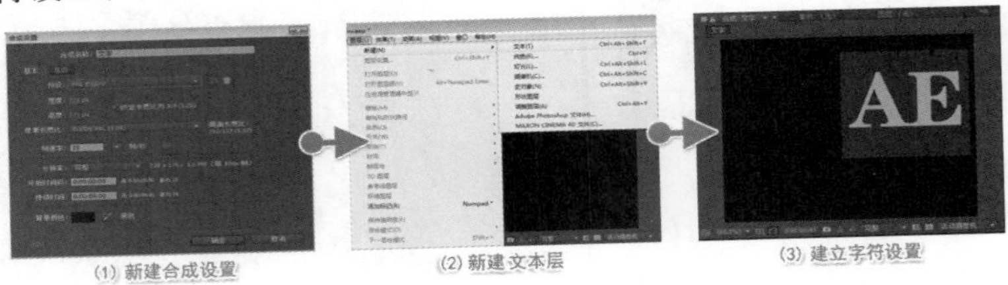

图7-12　制作流程

7.2.1 新建合成设置

01 双击After Effects CC快捷图标启动软件，然后在菜单中选择【合成】→【新建合成】命令项，如图7-13所示。

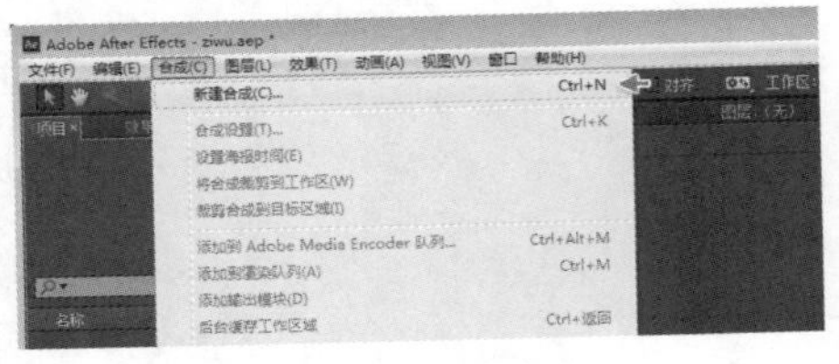

图7-13　新建合成

02 在弹出的“合成设置”对话框中设置合成名称为“文字”、预设为PAL D1/DV类型、帧速率为25帧/秒、持续时间为8秒、背景颜色为黑色，如图7-14所示。

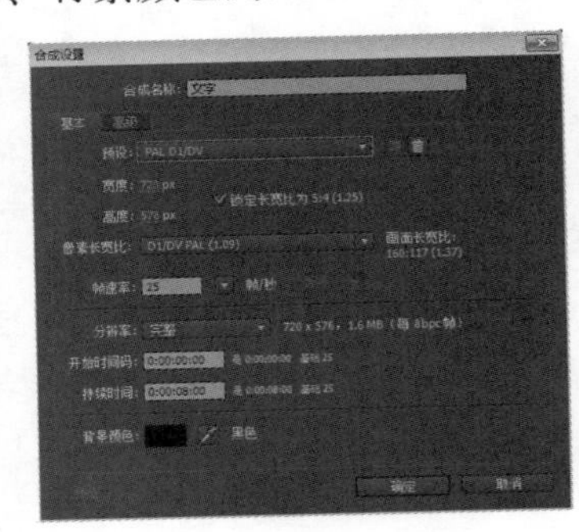

图7-14　合成设置

03 合成设置完成后，单击“确定”按钮进入合成编辑界面，如图7-15所示。

图7-15 新建合成设置

7.2.2 新建文本层

01 在菜单中选择【图层】→【新建】→【文本】项，如图7-16所示。

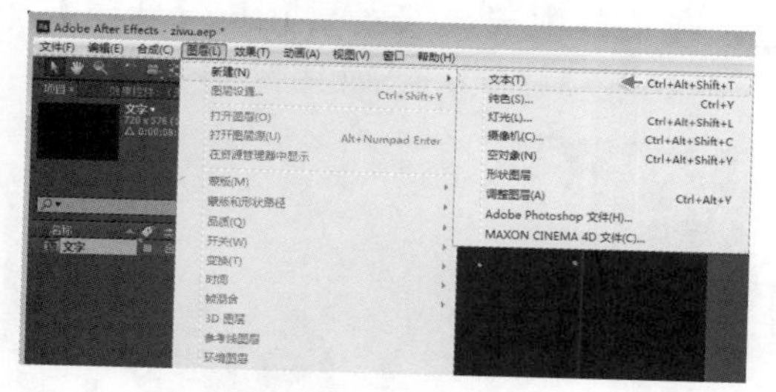

图7-16 创建文本层

02 通过菜单建立文本的方法与在工具栏中单击T文本工具使用相同，在“合成”窗口中单击鼠标“左”键，确定文本输入的位置，如图7-17所示。

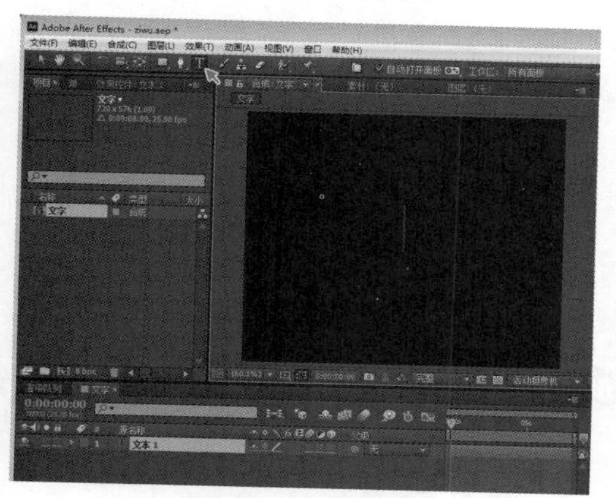

图7-17 应用文本工具

03 确定输入的位置后，便可在“合成”窗口中输入“AE”字符，如图7-18所示。

图7-18 建立文字

7.2.3 建立字符设置

01 在文本编辑状态下切换至“字符”面板，再设置字体为“方正粗活意简体”类型、颜色为白色、字符尺寸值为250，完成文本的字符设置，如图7-19所示。

图7-19 字符设置

02 在工具栏中单击选取工具按钮，然后在“合成”窗口中选择“AE”文本，调整位置与尺寸，如图7-20所示。

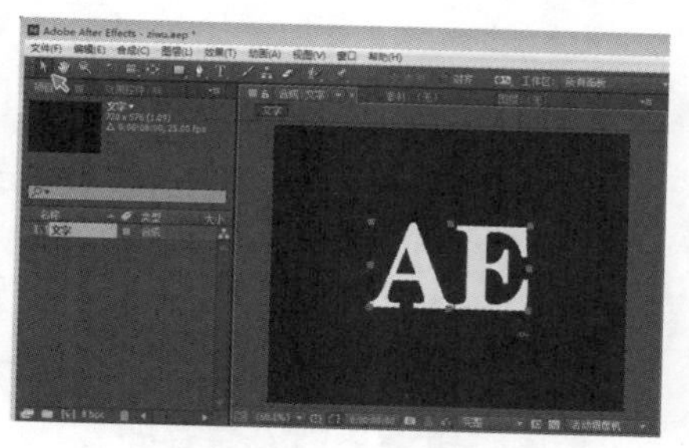

图7-20 文本调整

专家课堂

通过“选取”工具在“合成”窗口中对文本尺寸进行调整，“字符”面板中的参数也会同时变动。

7.3 实例——基本文字特效

素材文件	无	难易程度	★★☆☆☆
重要程度	★★★☆☆	实例重点	通过固态层添加基本文字效果滤镜应用

“基本文字特效”实例的制作流程主要分为3部分，包括①新建合成设置；②添加基本文字；③字符间距设置，如图7-21所示。

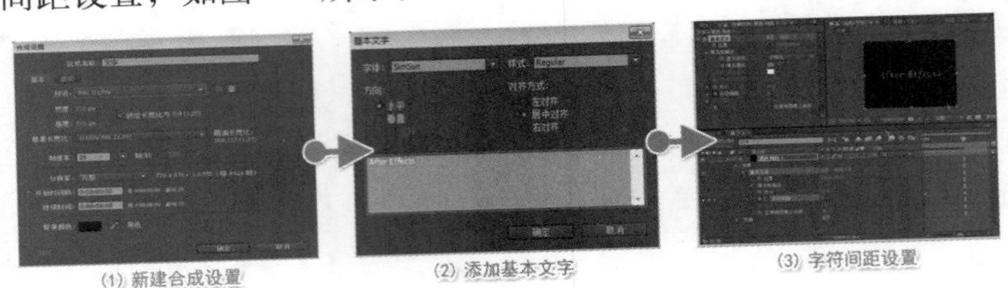

图7-21 制作流程

7.3.1 新建合成设置

01 双击After Effects CC快捷图标启动软件，然后在菜单中选择【合成】→【新建合成】命令项，如图7-22所示。

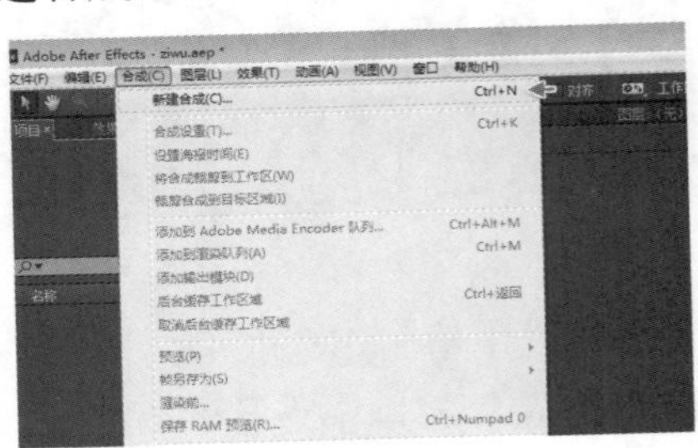

图7-22 新建合成

02 在弹出的“合成设置”对话框中设置合成名称为“文字”、预设为PAL D1/DV类型、帧速率为25帧/秒、持续时间为8秒、背景颜色为黑色，如图7-23所示。

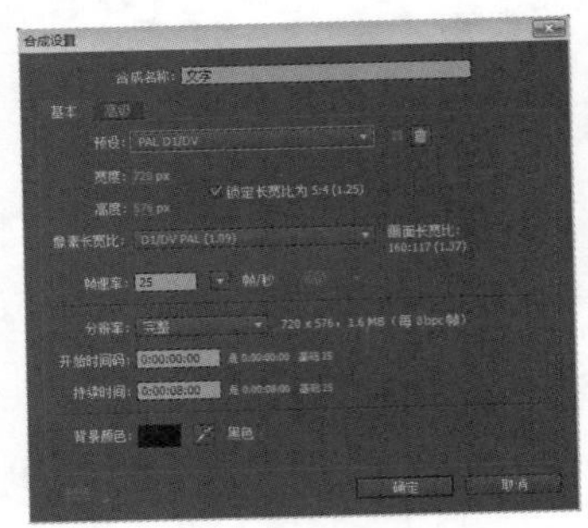

图7-23 合成设置

03 在菜单中选择【图层】→【新建】→【纯色】命令项，如图7-24所示。

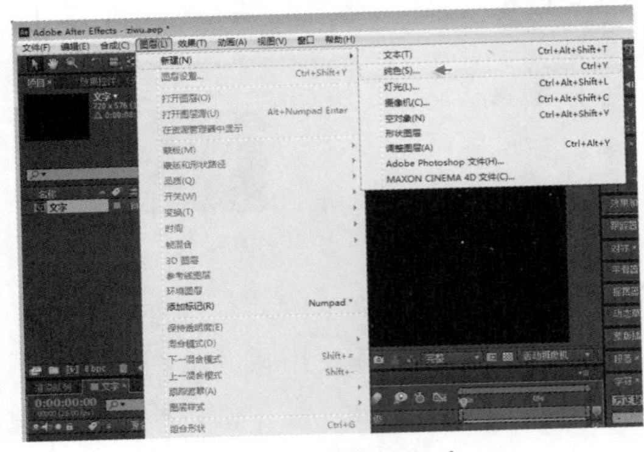

图7-24 创建纯色层

专家课堂

如果需要在“效果”菜单中通过滤镜建立文字，必须提前选择某层并添加效果，所以一般建立“纯色”层位置滤镜效果的原始层。

04 在弹出的“纯色设置”对话框中设置名称为“黑色 纯色1”，在“大小”卷展栏中设置宽度值为720、高度值为576、像素长宽比为“D1/DV PAL”类型，在“颜色”卷展栏中设置颜色为黑色，如图7-25所示。

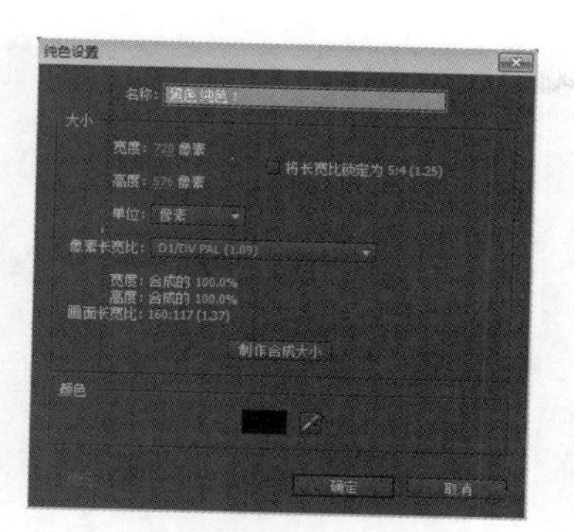

图7-25　纯色设置

专家课堂

“纯色”层即为“固态层”，通常用作合成图像的背景，或用作遮罩和应用于效果滤镜等。

05 在“项目”面板中可以观察到新建的“纯色”层自动添加至“固态层”文件夹，在“时间线”面板也可以观察到“黑色 纯色1”图层及“合成”窗口显示出的图层选择状态，如图7-26所示。

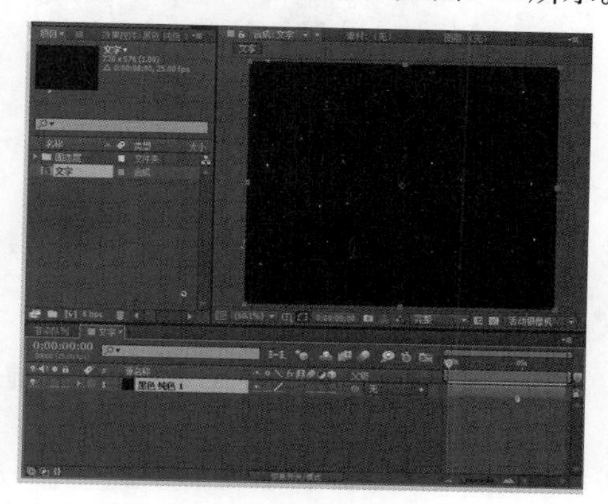

图7-26　纯色图层

7.3.2 添加基本文字

01 在菜单中选择【效果】→【过时】→【基本文字】命令项，如图7-27所示。

02 在弹出的“基本文字”对话框中设置字体为“SimSun”类型、样式为“Regular”方式、方向为“水平”、对齐方式为“居中对齐”，然后输入文本内容“After Effects”，如图7-28所示。

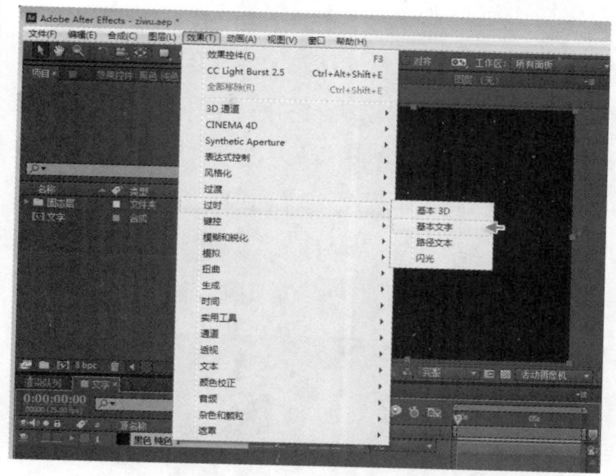

图7-27　选择基本文字

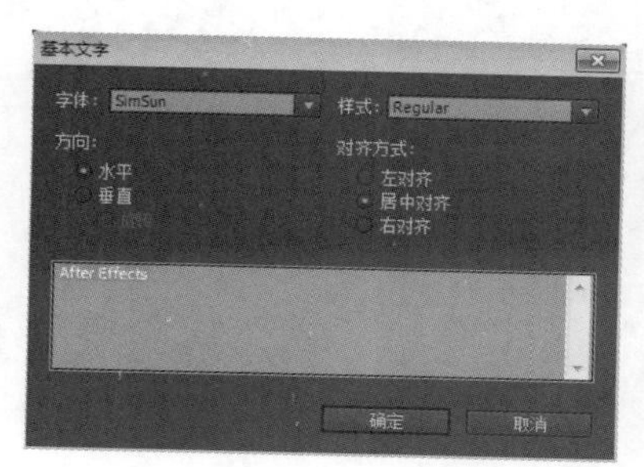

图7-28　输入基本文字

03 在“效果”面板中设置“基本文字”的填充颜色为红色，再设置大小值为80，如图7-29所示。

图7-29　效果设置

专家课堂

“基本文字”效果滤镜可在画面上增加文字效果，其中“填充”和“描边”选项可以设置关于填充和描边的效果，其卷展栏下包括显示选项、填充颜色、描边颜色和描边宽度等属性。

7.3.3 字符间距设置

01 在“时间线”面板中将“时间滑块”拖拽至影片的起始位置，再单击“字符间距”项前的码表图标按钮添加起始关键帧，并设置字符间距值为－50，在“合成”窗口中便可以观察到字符的间距变化效果，如图7-30所示。

图7-30 起始关键帧

专家课堂

通过对“字符间距”进行关键帧的设置，可以得到文字水平间距的动画，常用于丰富文字的动画效果。

02 在“时间线”面板中将“时间滑块”拖拽至影片第5秒的位置，再设置字符间距值为0，设置后系统将自动在“时间滑块”位置创建关键帧，如图7-31所示。

图7-31 结束关键帧

03 在“预览”面板中单击播放/暂停按钮，然后在“合成”窗口中观察基本文字的间距动画效果，如图7-32所示。

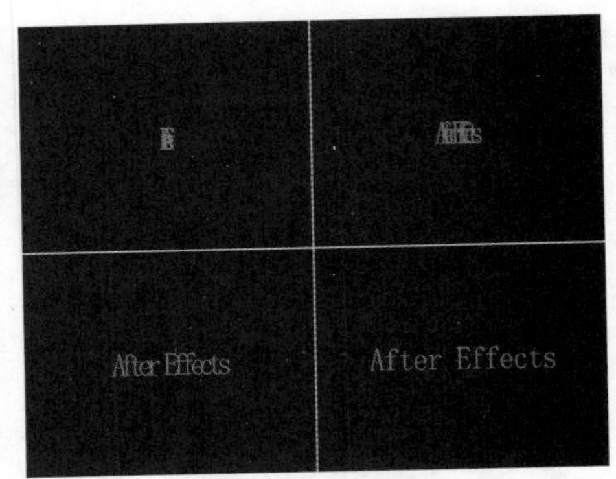

图7-32 基本文字效果

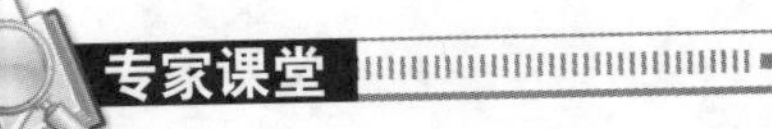

专家课堂

观看After Effects CC的动画的前提是需先使用内存预览动画内容，当内存预览完成后，方可正常播放动画内容。

7.4 实例——路径文字特效

素材文件	无	难易程度	★★☆☆☆
重要程度	★★★☆☆	实例重点	通过路径文字特效完成文字的动画

“路径文字特效”实例的制作流程主要分为3部分，包括①新建合成设置；②添加路径文字；③路径运动设置，如图7-33所示。

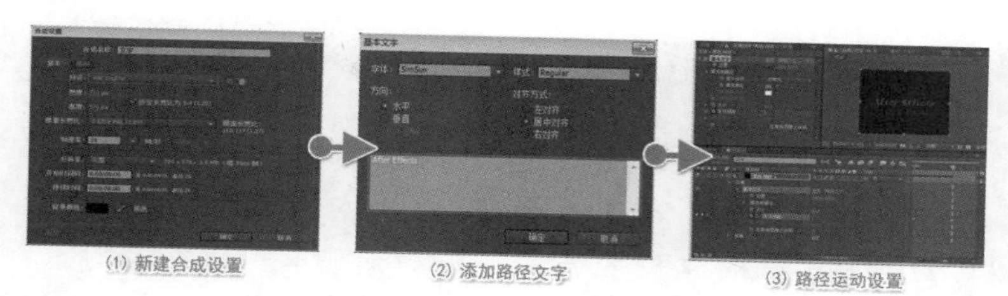

图7-33　制作流程

7.4.1　新建合成设置

01 双击After Effects CC快捷图标进入软件，然后在菜单中选择【合成】→【新建合成】命令项，如图7-34所示。

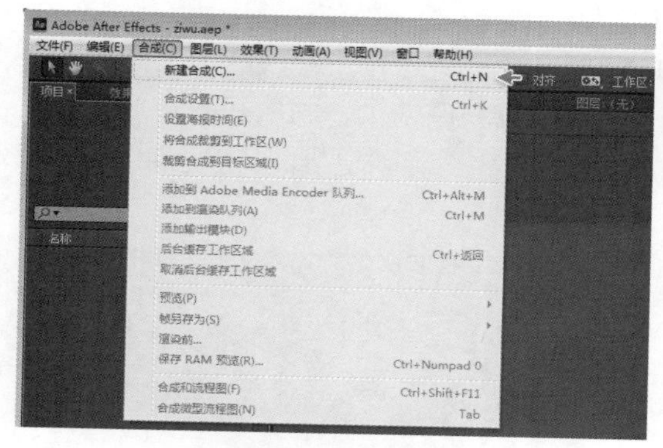

图7-34　新建合成

02 在弹出的“合成设置”对话框中设置合成名称为“文字”、预设为PAL D1/DV类型、帧速率为25帧/秒、持续时间为8秒、背景颜色为黑色，如图7-35所示。

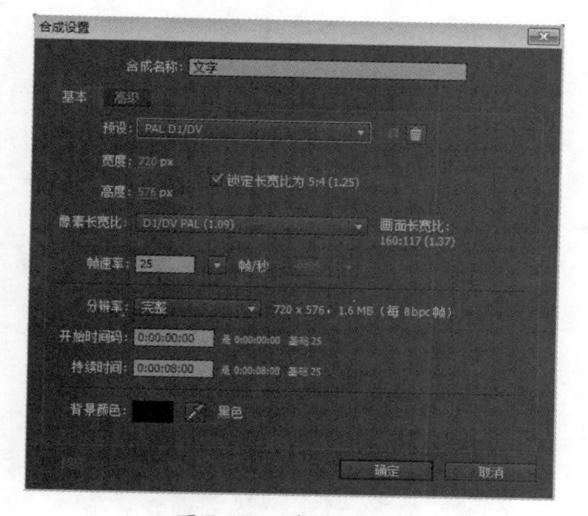

图7-35　合成设置

03 在菜单中选择【图层】→【新建】→【纯色】命令项，如图7-36所示。

图7-36　创建纯色层

04 在弹出的“纯色设置”对话框中设置名称为“黑色 纯色1”，在“大小”卷展栏中设置宽度值为720、高度值为576、像素长宽比为“D1/DV PAL”类型，在“颜色”卷展栏中设置颜色为黑色，如图7-37所示。

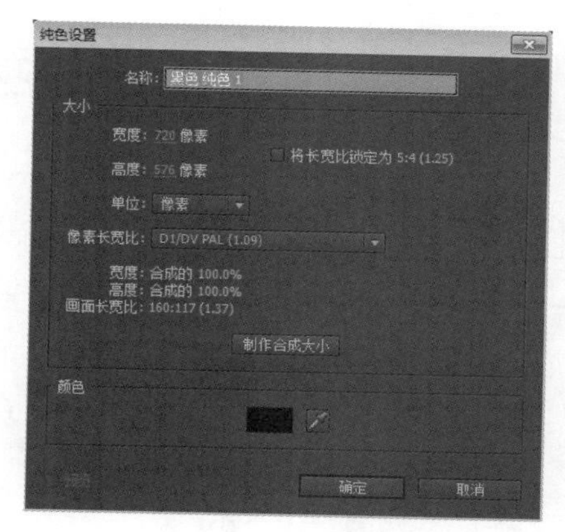

图7-37　纯色设置

05 在“项目”面板中可以观察到新建的“固态层”文件夹，在“时间线”面板也可以观察到“黑色 纯色1”图层及“合成”窗口显示出的图层选择状态，如图7-38所示。

图7-38　纯色图层

7.4.2　添加路径文字

01 在菜单中选择【效果】→【过时】→【路径文本】命令项，如图7-39所示。

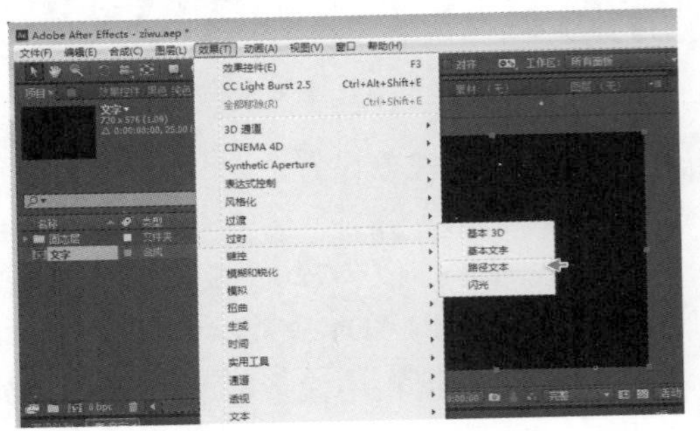

图7-39　路径文本项

专家课堂

“路径文字”效果滤镜可从使文字沿一个路径运动，并可以定义任意直径的圆、直线或贝塞尔曲线作为运动的路径。

02 在弹出的“路径文字”对话框中设置字体为“SimSun”类型、样式为“Regular”方式，输入文本内容“路径文字”，如图7-40所示。

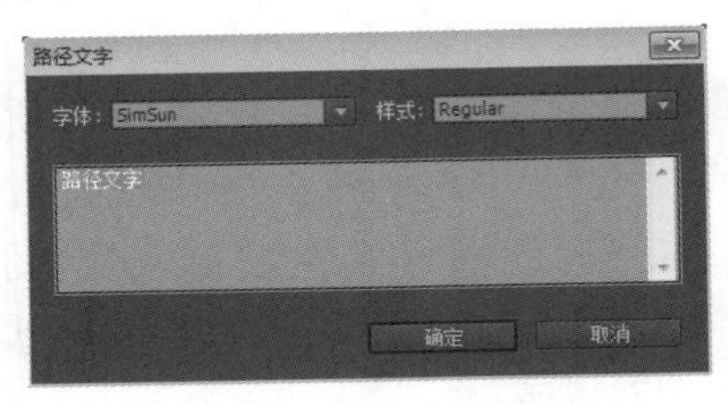

图7-40　路径文字设置

03 在“合成”窗口中可以观察到添加的路径文字效果，如图7-41所示。

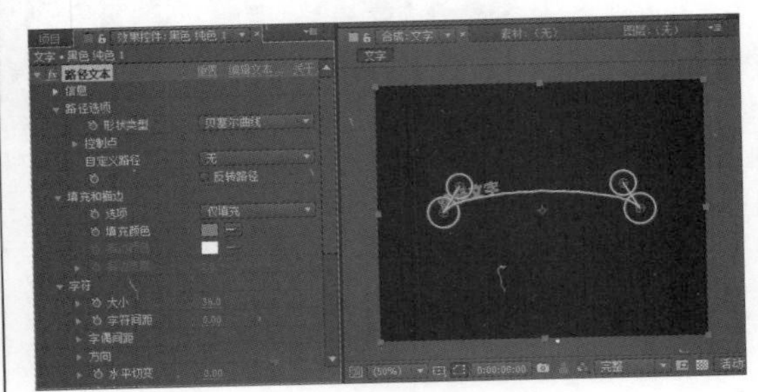

图7-41　添加路径文字

7.4.3　路径运动设置

01 在“合成”窗口中拖拽路径上的控制手柄，可以调整贝塞尔曲线的弧度，使文字的路径动画更加丰富，如图7-42所示。

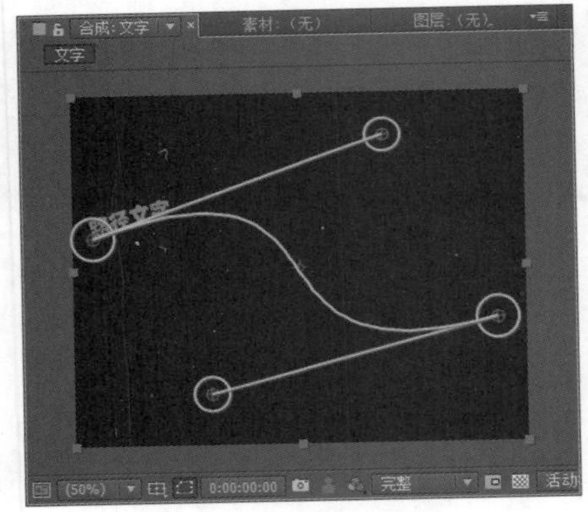

图7-42　调整控制手柄

02 在“效果”面板的“路径选项”中可以控制路径的形状类型、自定义路径及是否反转路径项，如图7-43所示。

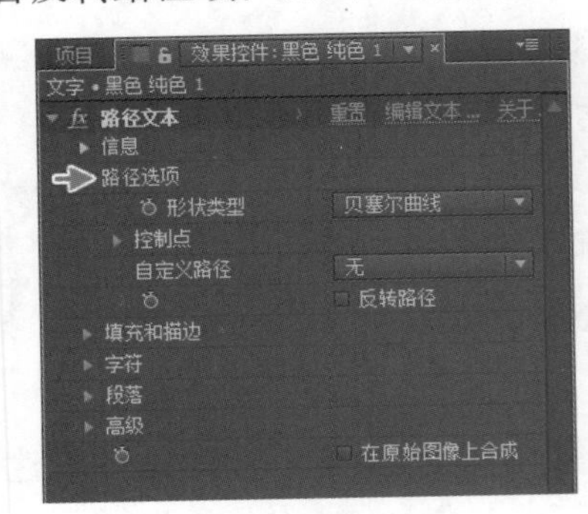

图7-43　路径选项

“路径选项”可以设置路径的形状类型，控制点的位置及曲线弧度，还可以对自定义路径及反转路径进行设置。

03 在“效果”面板的“填充和描边”项中可以控制文字的填充选项、填充颜色、描边颜色及描边宽度项，如图7-44所示。

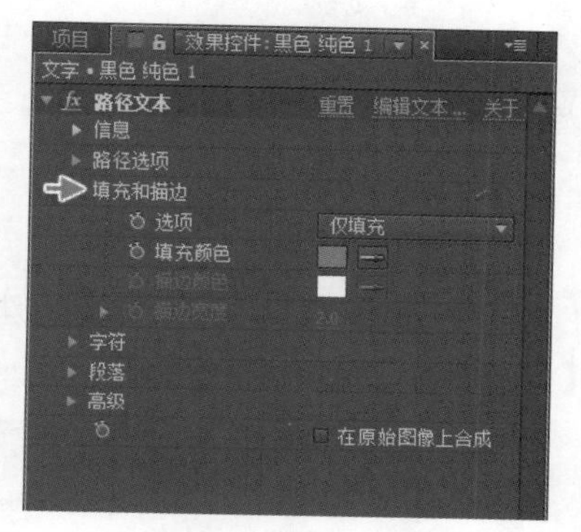

图7-44 填充和描边

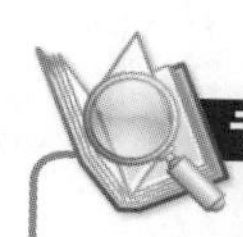

专家课堂

“显示选项”可设置文字的外观，如只显示面或边，面在边上或边在面上，而“填充颜色”可以设置文字的颜色，“描边颜色”可设置文字边缘的颜色，“描边宽度”可设置文字边缘的宽度。

04 在“效果”面板的“字符”项中可以控制文字的大小、字符间距、方向及缩放等项，如图7-45所示。

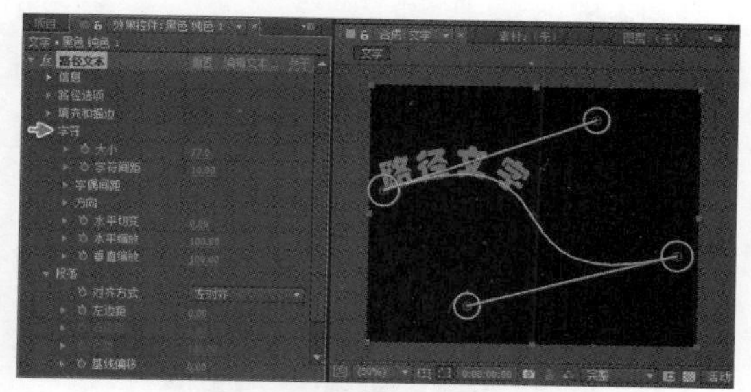

图7-45 字符设置

05 在“效果”面板的“段落”项中设置“左边距”的参数动画。首先在“时间线”面板中将“时间滑块”拖拽至影片的起始位置，再在“效果”面板单击“左边距”项前的码表图标添加起始关键帧，并设置左边距值为800，然后在“时间线”面板中将“时间滑块”拖拽至影片的结束位置，并设置“效果”面板中的左边距值为0，完成路径动画的记录，如图7-46所示。

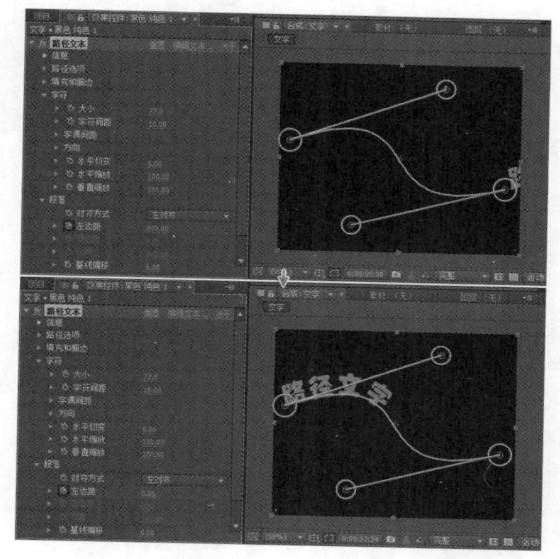

图7-46 左边距动画

专家课堂

在“段落”卷展栏中可以设置文字的对齐方式、左右边距、行间距及基线位置。

06 在“预览”面板中单击播放/暂停按钮，然后在“合成”窗口中观察路径文字的动画效果，如图7-47所示。

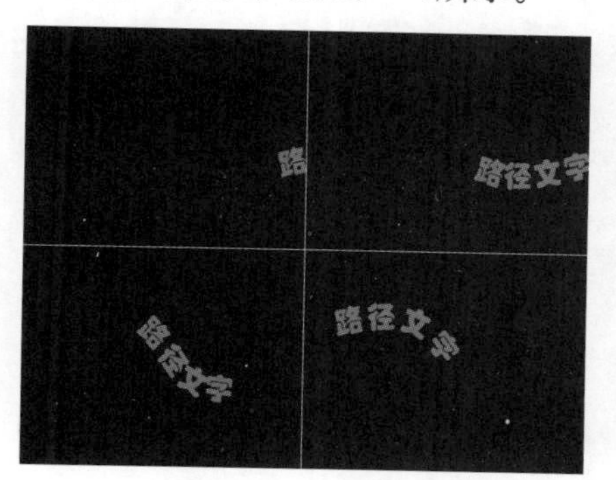

图7-47 路径文字效果

7.5 实例——变化数值特效

素材文件	无	难易程度	★★☆☆☆
重要程度	★★☆☆☆	实例重点	使用效果滤镜生成多种格式的随机或顺序数

“变化数值特效”实例的制作流程主要分为3部分，包括①新建合成设置；②编号文字设置；③时间码文字设置，如图7-48所示。

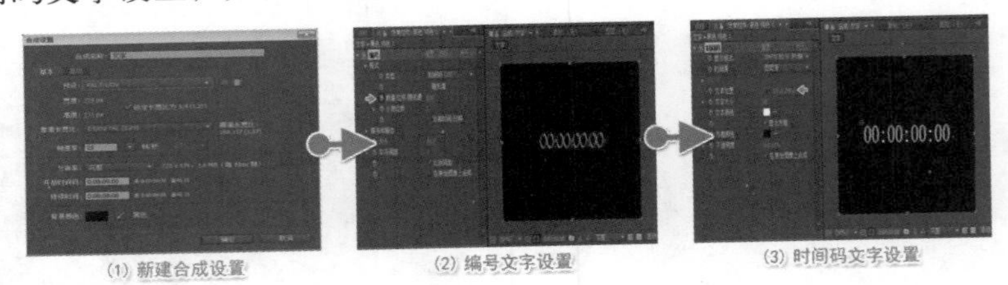

图7-48　制作流程

7.5.1　新建合成设置

01 双击桌面上的After Effects CC快捷图标启动软件，然后在菜单中选择【合成】→【新建合成】命令项，如图7-49所示。

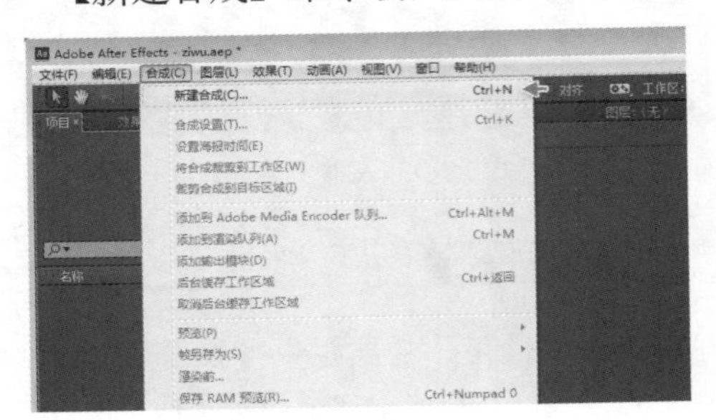

图7-49　新建合成

02 在弹出的“合成设置”对话框中设置合成名称为“文字”、预设为PAL D1/DV类型、帧速率为25帧/秒、持续时间为8秒、背景颜色为黑色，如图7-50所示。

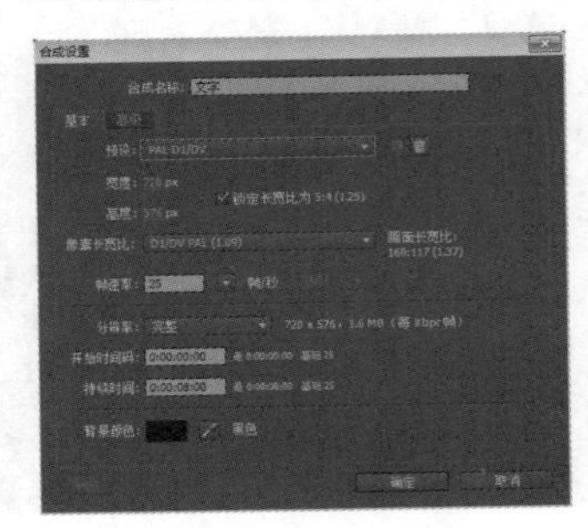

图7-50　合成设置

03 在菜单中选择【图层】→【新建】→【纯色】命令项，如图7-51所示。

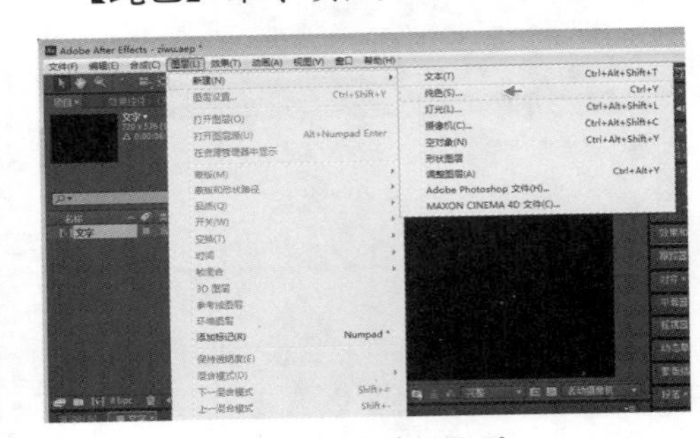

图7-51　创建纯色层

04 在弹出的“纯色设置”对话框中设置名称为“黑色 纯色1”，在“大小”卷展栏中设置宽度值为720、高度值为576、像素长宽比为“D1/DV PAL”类型，在“颜色”卷展栏中设置颜色为黑色，如图7-52所示。

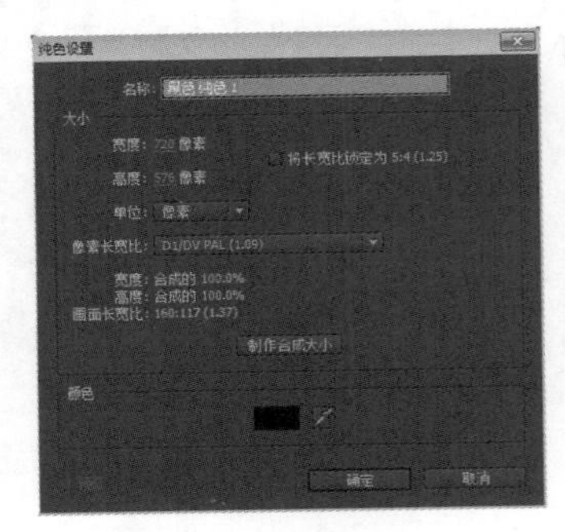

图7-52　纯色设置

05 在“项目”面板中可以观察到新建的“固态层”文件夹，在“时间线”面板中也可以观察到“黑色 纯色1”图层及“合成”窗口显示出的图层选择状态，如图7-53所示。

图7-53 纯色图层

7.5.2 编号文字设置

01 在菜单中选择【效果】→【文本】→【编号】命令项，如图7-54所示。

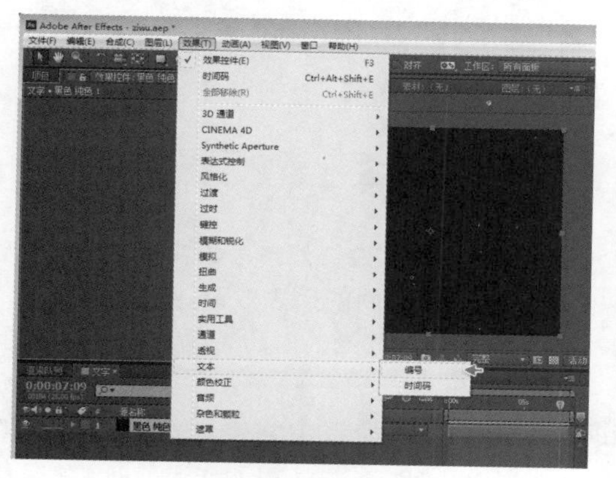

图7-54 编号项

专家课堂

“编号”效果滤镜可以生成多种格式的随机或顺序数，可以编辑时间码、十六进制数值、当前日期等，并且可以随时间变动刷新或者随机乱序刷新。

02 在弹出的“编号”对话框中设置字体为“FZZhanBiHei-M22S”类型、样式为“Regular”方式，方向为“水平”、对齐方式为“右对齐”、然后单击“确定”按钮完成编号设置，如图7-55所示。

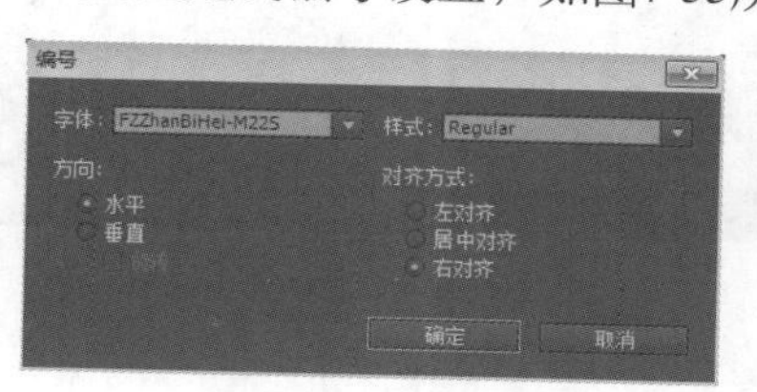

图7-55 编号设置

03 在“合成”窗口中显示编号默认的“数目”类型效果，如图7-56所示。

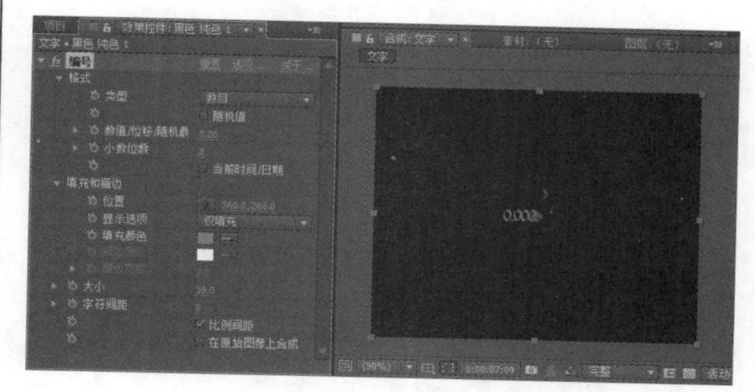

图7-56 数目类型效果

04 在“效果”面板的“格式”项中设置时间码类型为“时间码[25]”方式，如图7-57所示。

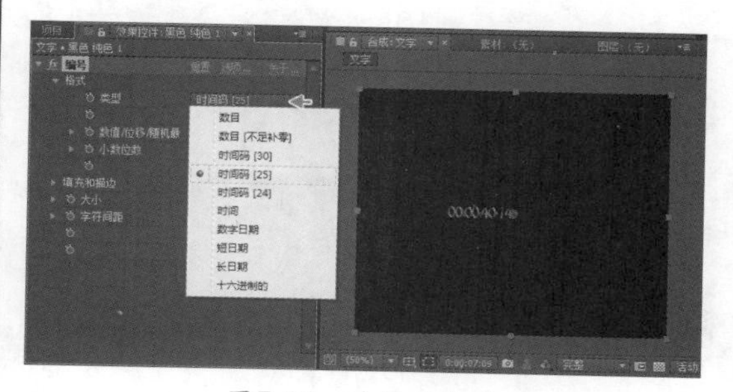

图7-57 时间码类型

专家课堂

“时间码[25]”类型主要用于制作时间效果，数值间的进位值为“25”，而不是现实时间的“60”。

05 在“效果”面板中设置编号的大小值为80，如图7-58所示。

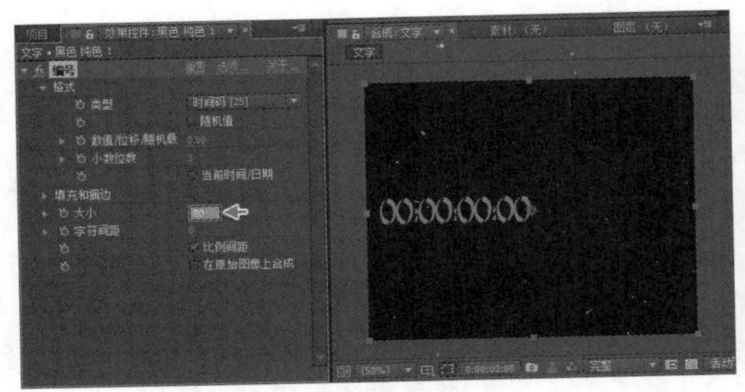

图7-58　大小设置

06 在“效果”面板的“填充和描边”项中设置位置的X轴值为530、Y轴值为288，将编号的内容居中，如图7-59所示。

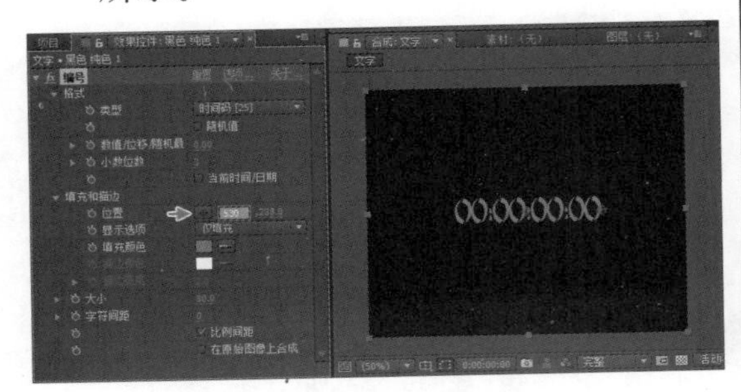

图7-59　位置设置

07 通过“效果”面板中的“数值/位移/随机值”项完成动画效果，如图7-60所示。

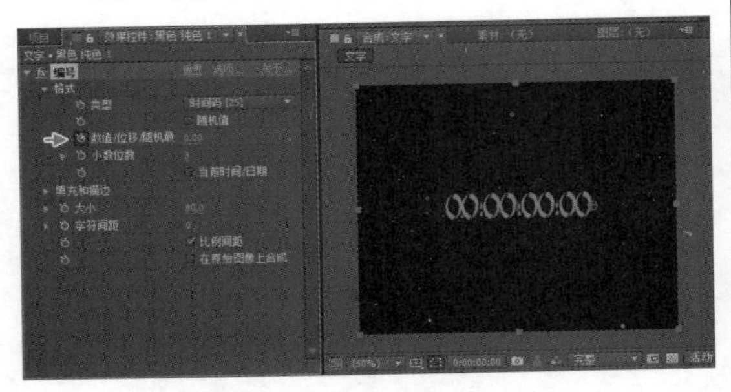

图7-60　数值/位移/随机值

专家课堂

“数值/位移/随机值”项主要用于指定数字的显示内容。

08 在“预览”面板中单击▶播放/暂停按钮，然后在“合成”窗口中观察编号文字的动画效果，如图7-61所示。

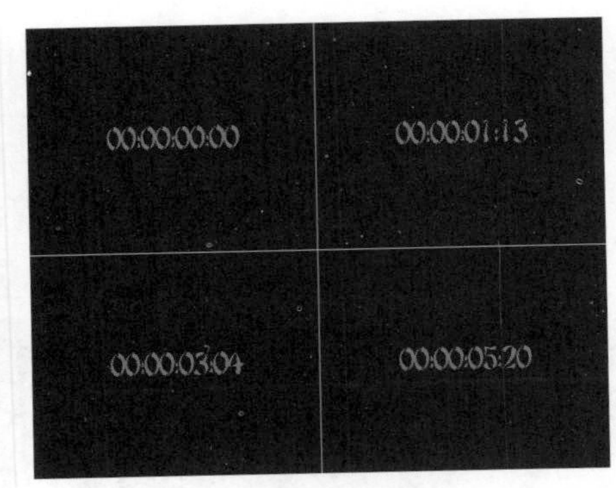

图7-61　编号文字效果

7.5.3　时间码文字设置

01 在菜单中选择【效果】→【文本】→【时间码】命令项，如图7-62所示。

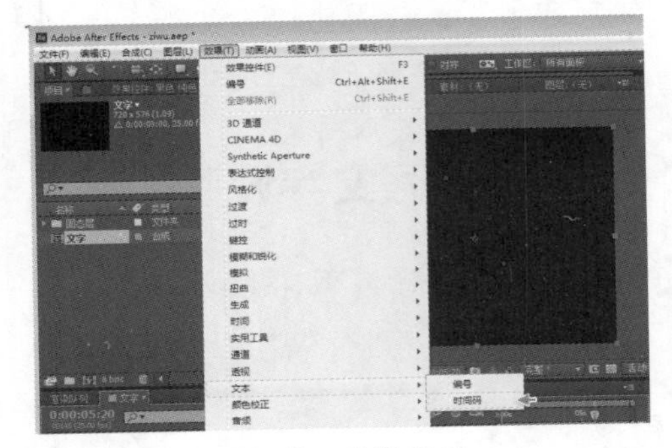
图7-62　时间码项

专家课堂

“时间码”效果滤镜可以在当前层上生成一个显示时间的码表效果，以动画形式显示当前播放动画的时间长度。

02 在“合成”窗口中将自动产生时间码的效果，切换至“效果”面板，将显示格式设置为“SMPTE 时：分：秒：帧”方式，如图7-63所示。

专家课堂

“自定义”卷展栏中的“时间单位”项用于设置时间码以何种帧速率显示，“丢帧”项可以使时间码用掉帧的方式显示，“开始帧”项用于设置时间初始帧的值。

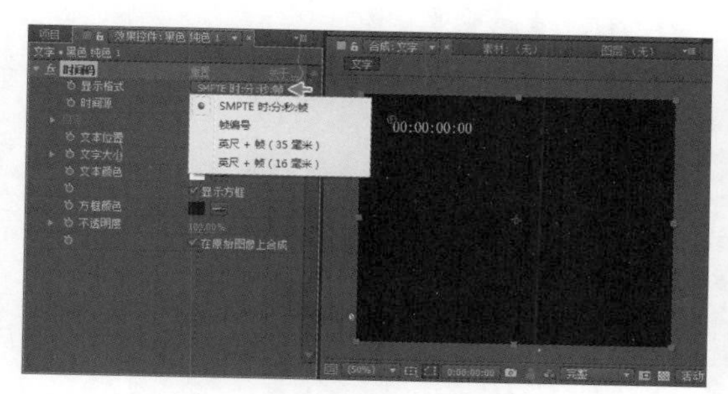

图7-63 显示格式

03 在“效果”面板中设置文字大小值为90，如图7-64所示。

图7-64 文字大小设置

04 在“效果”面板中设置文字位置的X轴值为130、Y轴值为240，使时间码在“合成”窗口居中显示，如图7-65所示。

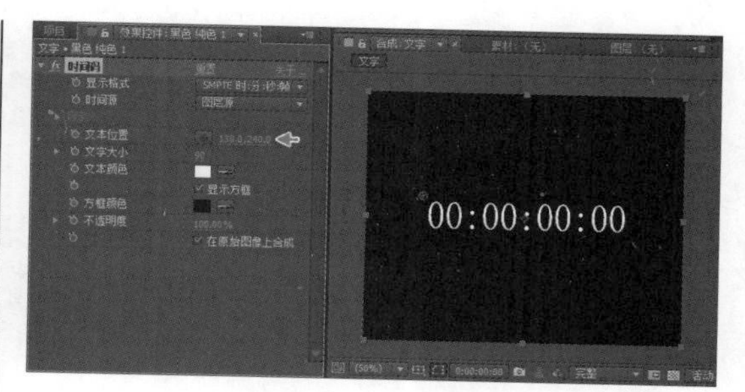

图7-65 文本位置设置

05 在“预览”面板中单击▶播放/暂停按钮，然后在“合成”窗口中观察时间码文字的动画效果，如图7-66所示。

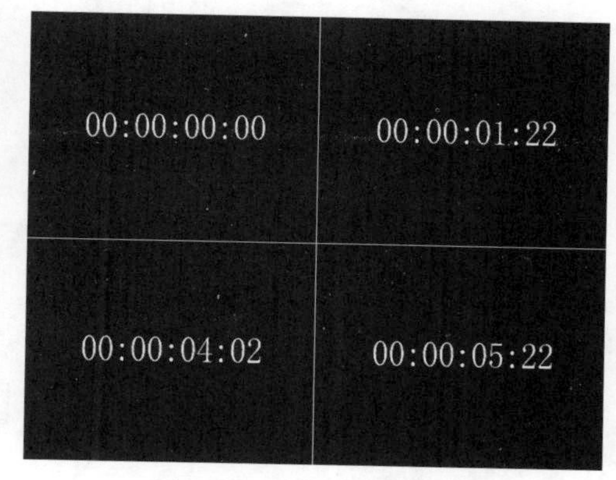

图7-66 时间码文字效果

7.6 实例——散化文字

素材文件	配套光盘→范例文件→Chapter7	难易程度	★★☆☆☆
重要程度	★★★★☆	实例重点	掌握Form（粒子）与Shine（体积光）的特效文字设置

在制作“散化文字”实例时，主要运用Form（粒子）特效设置网状立方体的类型作为影片背景，然后对文字添加Shine（体积光）特效，完成扫光散射化的效果，如图7-67所示。

“散化文字”实例的制作流程主要分为3部分，包括①文字基础设置；②制作背景特效；③最终效果设置，如图7-68所示。

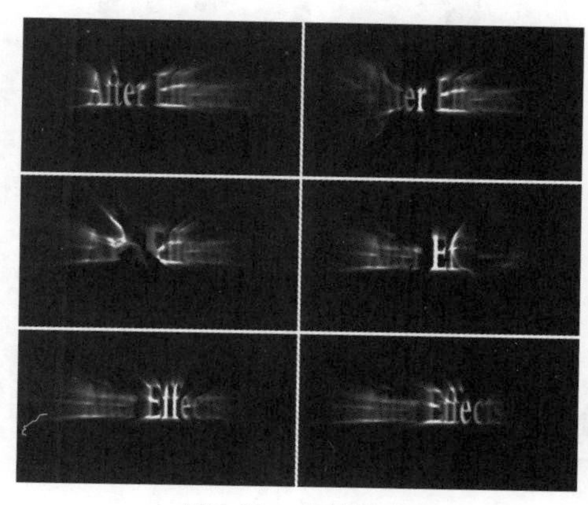
图7-67 实例效果

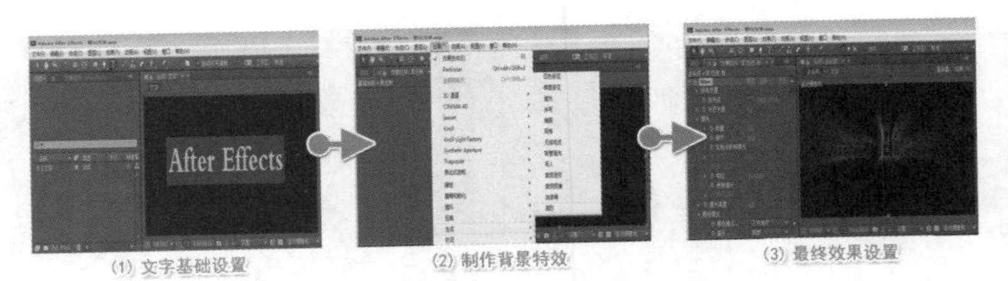

图7-68　制作流程

7.6.1　文字基础设置

01 双击桌面上的After Effects CC快捷图标启动软件，然后在菜单中选择【合成】→【新建合成】命令项，如图7-69所示。

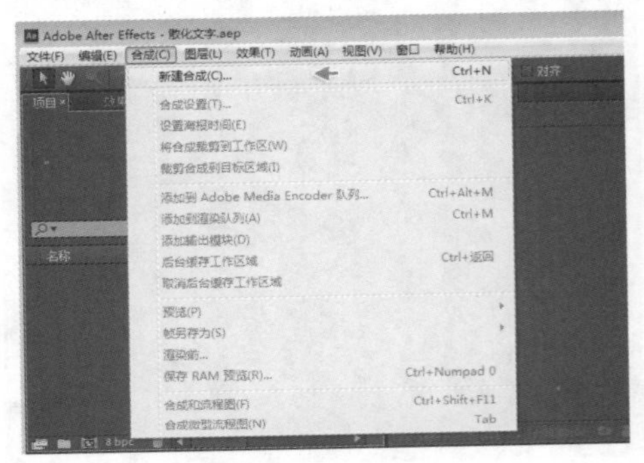

图7-69　新建合成

02 在弹出的“合成设置”对话框中设置合成名称为“文字”、预设为“HDV/HDTV 720 25”小高清类型、帧速率为25帧/秒、持续时间为4秒、背景颜色为黑色，如图7-70所示。

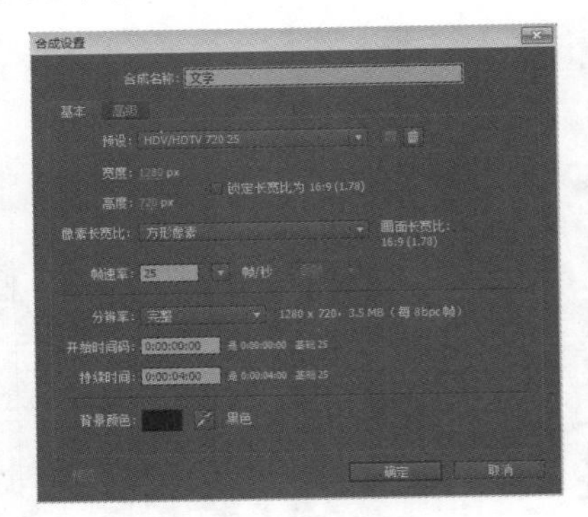

图7-70　合成设置

03 在工具栏中选择T文本工具，然后在“合成”窗口居中输入文字“After Effects”，保持文字在选择状态，在“字符”面板中设置字体为“方正小标宋简体”、尺寸值为129，完成影片文字的基础设置，如图7-71所示。

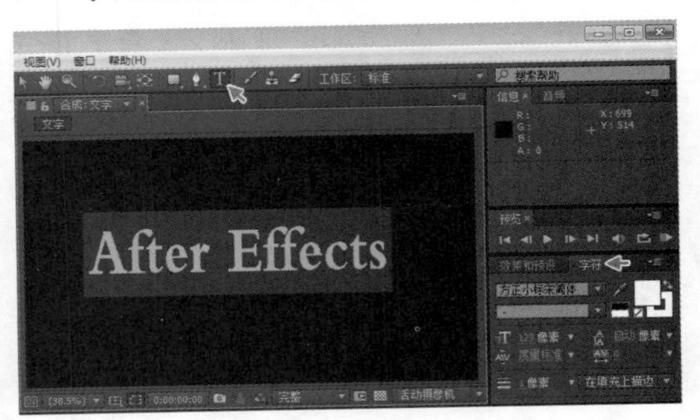

图7-71　输入文字

专家课堂

“字符”面板主要对文本的字体进行设置，其中包括字体类型、字号大小、字符间距或文本颜色等操作。如果After Effects CC默认的软件界面无此面板，可在“窗口”面板中自行开启。

7.6.2　制作背景特效

01 在菜单中选择【合成】→【新建合成】命令项，建立新的合成文件，在弹出的“合成设置”对话框中设置合成名称为“基础合成”、预设为“HDV/HDTV 720 25”小高清类型、帧速率为25帧/秒、持续时间为4秒、背景颜色为黑色，如图7-72所示。

02 在菜单中选择【图层】→【新建】→【纯色】命令项，新建纯色图层，在弹出的“纯色设置”对话框中设置名称为

“黑色板”，大小为1280×720像素、颜色为黑色，如图7-73所示。

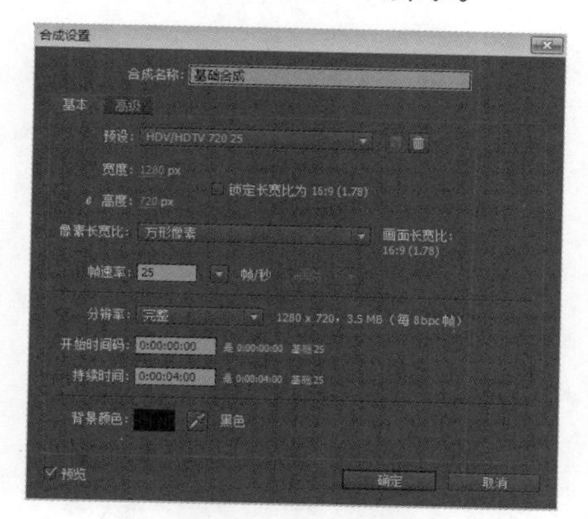

图7-72 合成设置

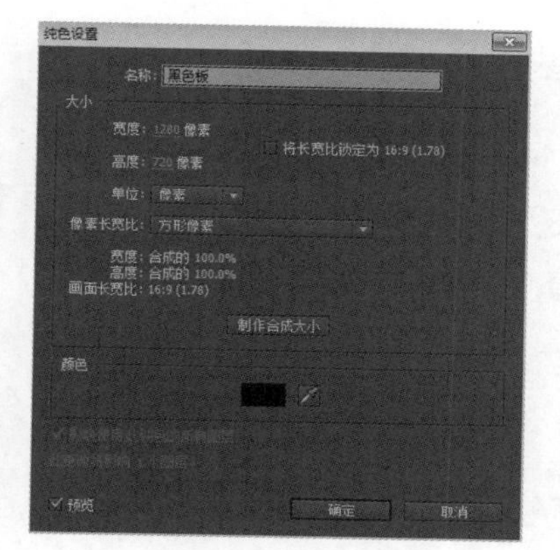

图7-73 纯色设置

03 在“时间线”面板中选择“黑色板”层，然后在菜单中选择【效果】→【生成】→【圆形】命令项，准备为纯色层添加圆形效果，如图7-74所示。

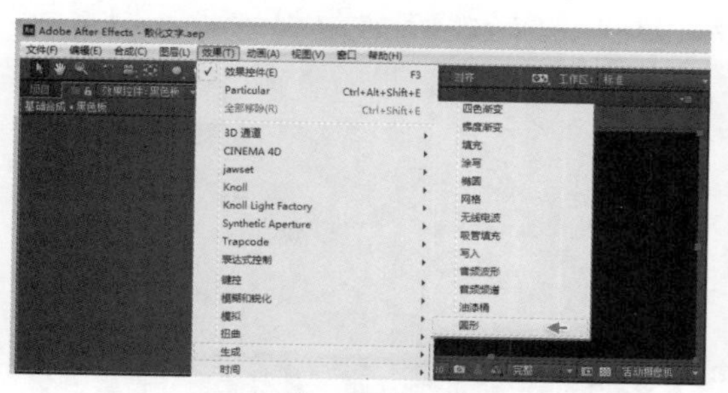

图7-74 添加圆形效果

专家课堂

“圆形”滤镜特效可以在图像中创建一个圆形或环形的图案。

04 在“效果”面板中设置“圆形”效果滤镜的中心值为X轴－100、Y轴－50及半径值为170，再设置羽化外侧边缘值为50，在黑色纯色层中便会出现圆形效果，如图7-75所示。

图7-75 圆形效果设置

05 在“时间线”面板中展开“黑色板”层的“圆形”项，然后开启中心项前的码表图标按钮，将时间滑块拖拽至影片的起始位置，设置起始中心值为X轴－100、Y轴－50；再将时间滑块拖拽至影片第1秒位置，设置中心值为X轴270、Y轴310；继续将时间滑块拖拽至影片第2秒位置，设置中心值为X轴900、Y轴300；最后将时间滑块拖拽至影片第3秒位置，设置结束中心值为X轴1200、Y轴－70，使圆形产生位移动画，完成背景效果的设置，如图7-76所示。

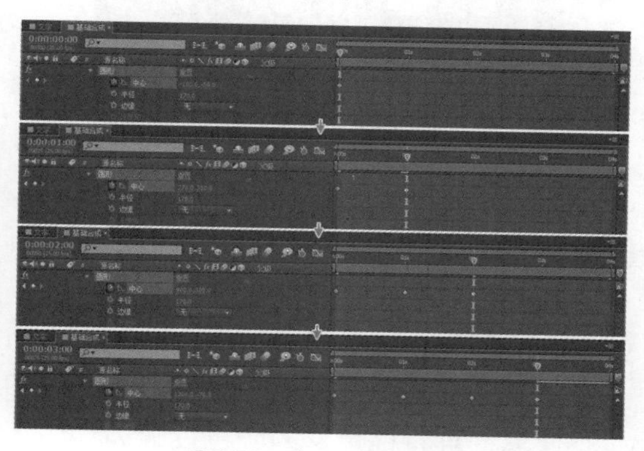

图7-76 中心动画设置

06 在“预览”面板中单击播放/暂停按钮，然后在“合成”窗口中观察圆形位置的动画效果，如图7-77所示。

图7-77　预览动画

7.6.3　最终效果设置

01 在菜单中选择【合成】→【新建合成】命令项，建立新的合成文件，在弹出的“合成设置”对话框中设置合成名称为“主合成”、预设为“HDV/HDTV 720 25”小高清类型、帧速率为25帧/秒、持续时间为4秒、背景颜色为黑色，准备制作散化文字的最终合成，如图7-78所示。

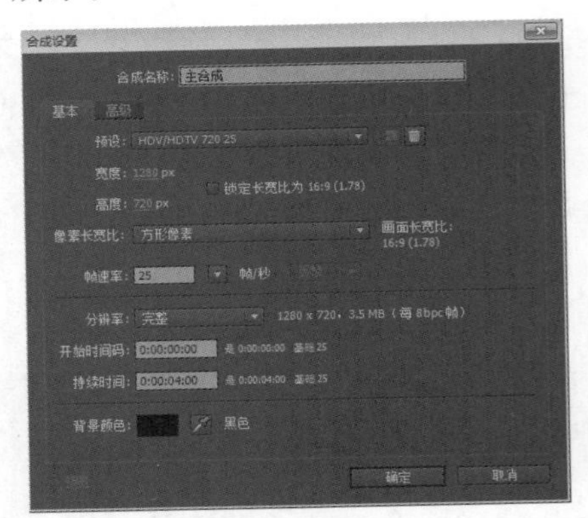

图7-78　合成设置

02 在菜单中选择【图层】→【新建】→【纯色】命令项，新建纯色图层，在弹出的“纯色设置”对话框中设置名称为“深色红色纯色1”，大小为1280×720像素，再将纯色层的颜色设置为“深红色”，如图7-79所示。

03 在“时间线”面板中选择“深色红色纯色1”层，并在工具栏中选择椭圆遮罩工具按钮，然后在“合成”窗口中绘制椭圆形选区，只在画面中间部分产生背景颜色，如图7-80所示。

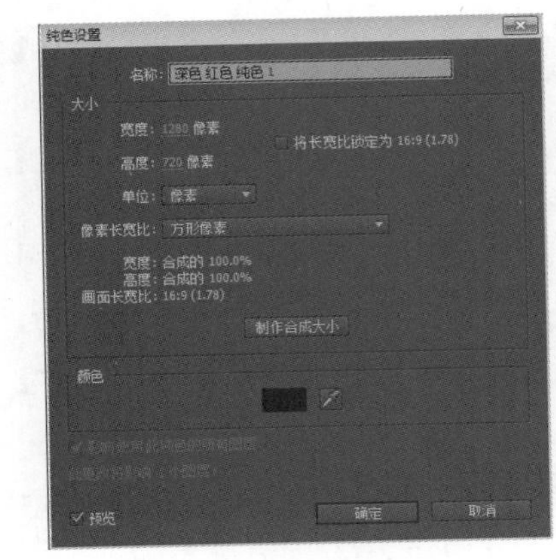

图7-79　纯色设置

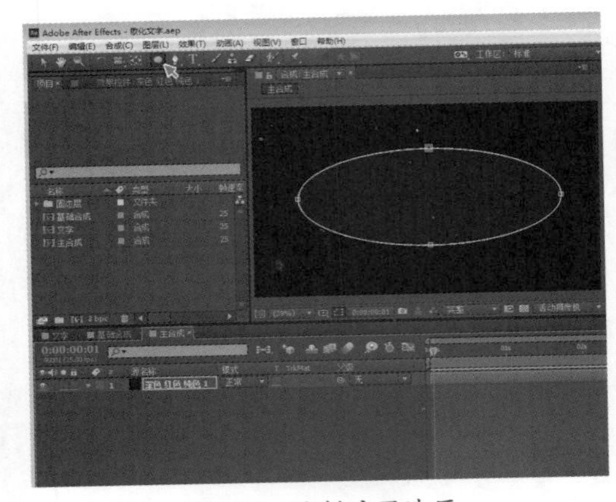

图7-80　绘制遮罩选区

04 在“时间线”面板中选择“深色红色纯色1”层并展开“蒙版1”项，先开启“反转”项目，再设置蒙版羽化值为600、蒙版扩展值为50，使遮罩边缘产生柔和过渡，如图7-81所示。

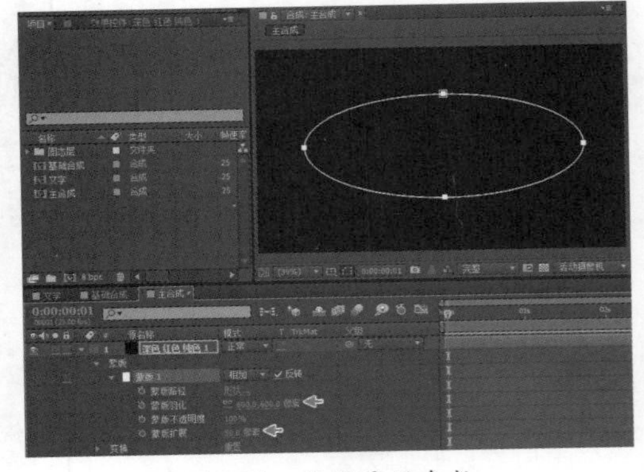

图7-81　设置遮罩参数

专家课堂

“反转”项目可以显示绘制蒙版以外的区域。

05 在菜单中选择【图层】→【新建】→【纯色】命令项，新建纯色图层，在弹出的“纯色设置”对话框中设置名称为“深红色板”、大小为1280×720像素，再将纯色层的颜色设置为“红色”，如图7-82所示。

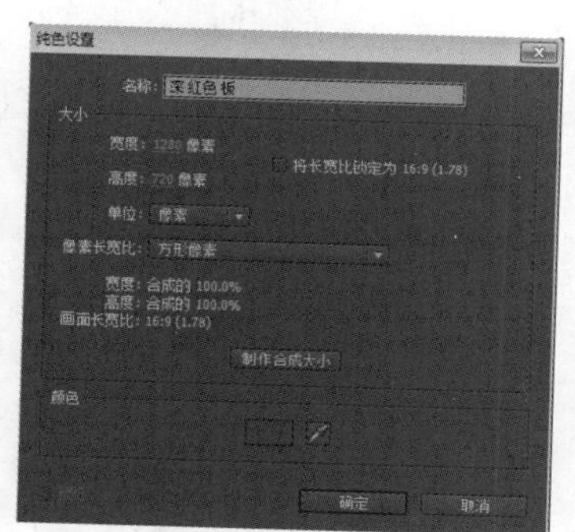

图7-82 纯色设置

06 在菜单中选择【图层】→【新建】→【摄像机】命令项，新建摄像机层，制作摄像机运动的动画效果，如图7-83所示。

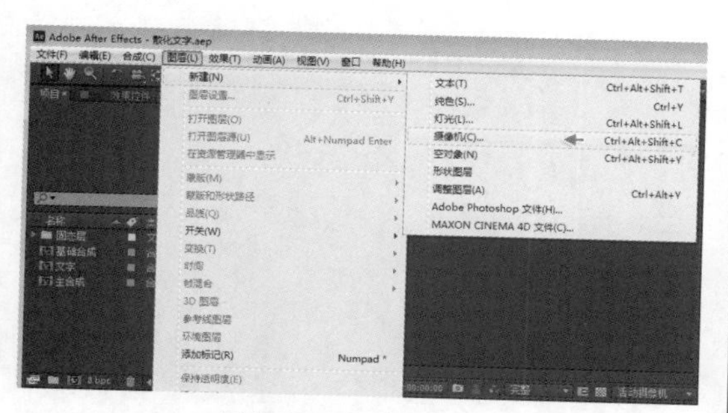

图7-83 新建摄像机

07 在弹出的“摄像机设置”对话框中设置预设为“35毫米”类型，使用默认系统名字再单击“确定”按钮，如图7-84所示。

08 在“合成”窗口中可以观察到新建立的“摄像机”效果，准备为影片制作散化文字效果，如图7-85所示。

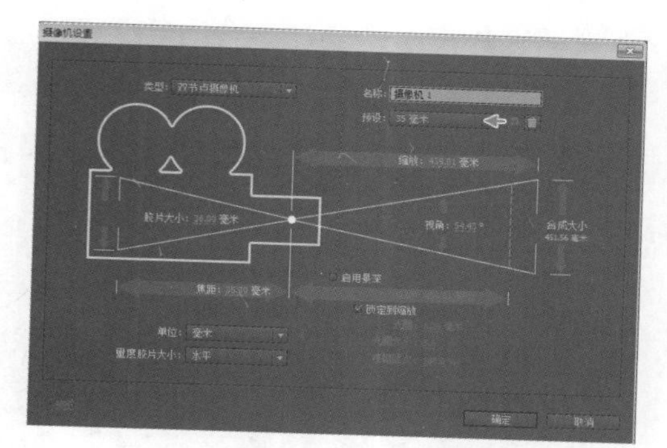

图7-84 摄像机设置

图7-85 摄像机默认效果

09 在“项目”面板中选择“基础合成”和“文字”合成文件并拖拽至“时间线”面板的顶层位置，作为合成影片的主体素材，完成影片添加合成的基本操作，如图7-86所示。

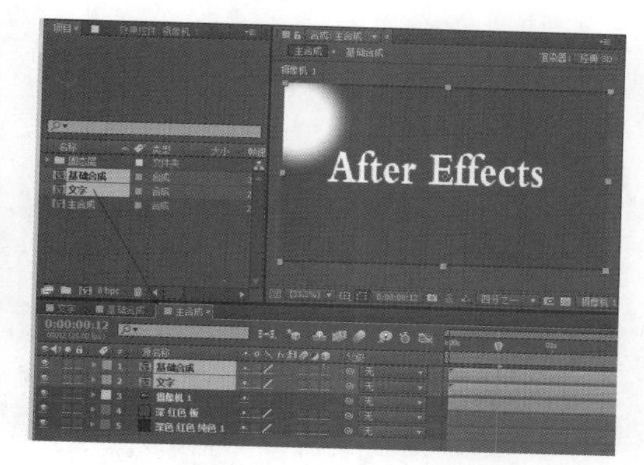

图7-86 添加合成文件

10 在“预览”面板中单击▶播放/暂停按钮，然后在“合成”窗口中观察圆形位置的动画效果，如图7-87所示。

11 在“时间线”面板中选择“基础合成”和“文字”合成层，然后关闭显示开关按钮，在“合成”窗口中不予显示，如图7-88所示。

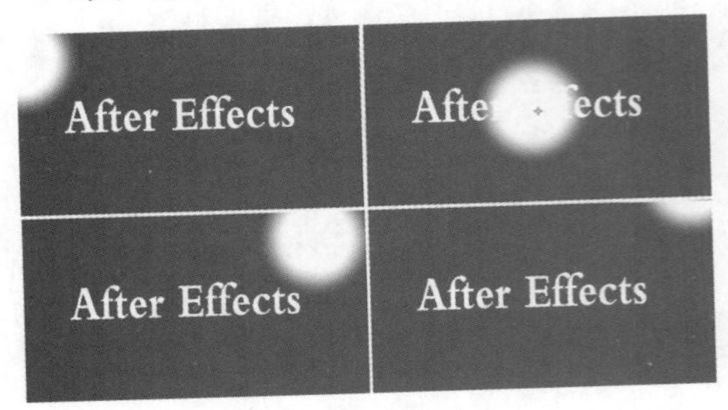

图7-87　预览效果

图7-88　显示设置

⑫ 在“时间线”面板中选择“深红色板”层，然后在菜单中选择【效果】→【Trapcode】→【Form（粒子）】命令项，准备为图层添加散化效果，如图7-89所示。

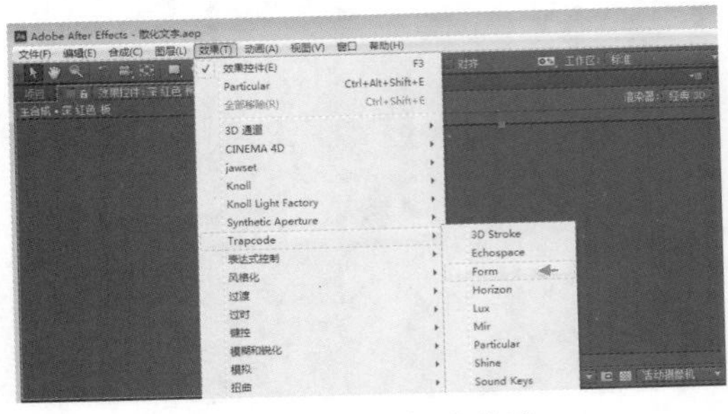

图7-89　添加粒子效果

⑬ 在“效果”面板中展开“粒子”效果滤镜的“形态基础”项，先设置形态基础为“网状立方体”类型，再设置大小及粒子参数，在“合成”窗口中就会显示散化效果，如图7-90所示。

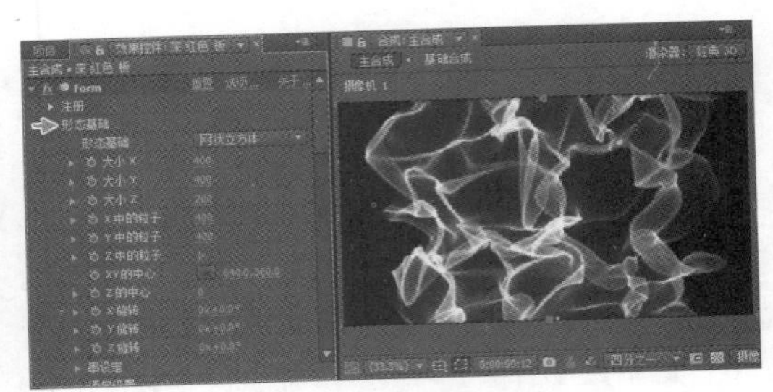

图7-90　粒子效果设置

⑭ 在“效果”面板中展开“粒子”效果滤镜的“层映射”项，先设置“颜色和Alpha”卷展栏中的图层为“文字”层，功能为“A到A”方式，再设置“分形强度”卷展栏中的图层为“基础合成”层、映射到为“XY”方式，在“合成”窗口中观察散化效果，如图7-91所示。

图7-91　Form效果设置

⑮ 在“时间线”面板中选择“深红色板”层，然后在菜单中选择【效果】→【Trapcode】→【Shine（体积光）】命令项，准备为图层添加光线效果，如图7-92所示。

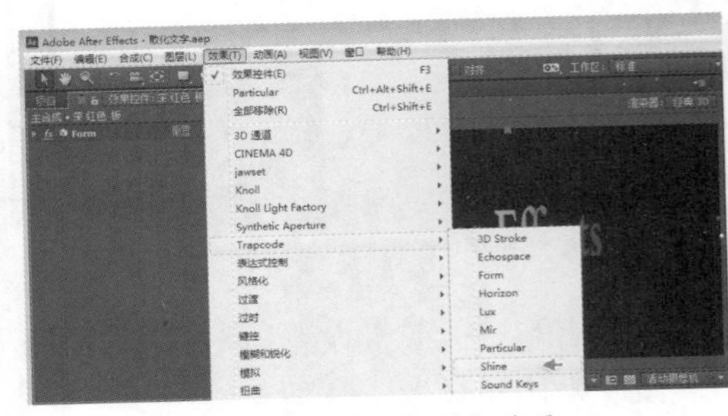

图7-92　添加体积光效果

⑯ 在“效果”面板中设置“体积光”效果滤镜的光芒长度值为2、数量值为100，再设置提升亮度值为5，在“合成”窗口中观察文字光线效果，如图7-93所示。

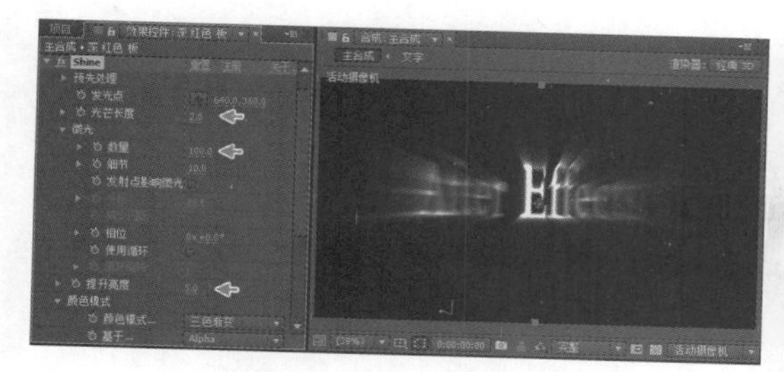
图7-93 Shine效果设置

⑰ 在“时间线”面板中展开“深红色板”层的“Shine”特效项，然后开启发光点项前的码表图标按钮，将时间滑块拖拽至影片的起始位置，设置起始帧发光点值为X轴470、Y轴360，再将时间滑块拖拽至影片第3秒24帧位置，设置结束帧发光点值为X轴770、Y轴360，使光线中心产生位移动画，如图7-94所示。

⑱ 在“预览”面板中单击播放/暂停按钮，然后在“合成”窗口中观察散化文字的动画最终效果，如图7-95所示。

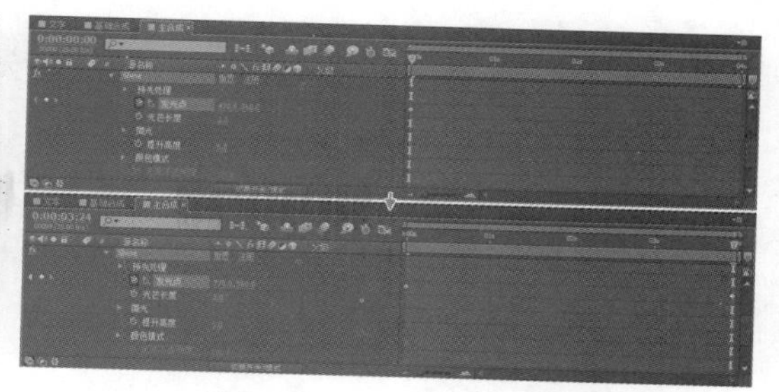
图7-94 发光点动画设置

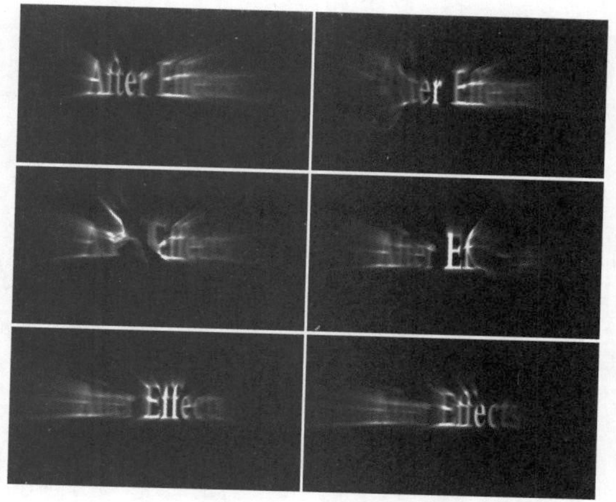
图7-95 最终效果

7.7 实例——星光文字

素材文件	配套光盘→范例文件→Chapter7	难易程度	★★☆☆☆
重要程度	★★★★☆	实例重点	通过对“灯光工厂”特效的设置显示文字内容

在制作“星光文字”实例时，先将文本工具建立的文字进行缩放、模糊、透明动画设置，然后通过遮罩与叠加控制背影显示，最后通过灯光工厂特效完成光斑划过的动画，如图7-96所示。

“星光文字”实例的制作流程主要分为3部分，包括①字幕背景设置；②添加蒙版特效；③添加灯光设置，如图7-97所示。

图7-96 实例效果

图7-97 制作流程

7.7.1 字幕背景设置

01 双击桌面上的After Effects CC快捷图标启动软件，然后在菜单中选择【合成】→【新建合成】命令项，建立新的合成文件，如图7-98所示。

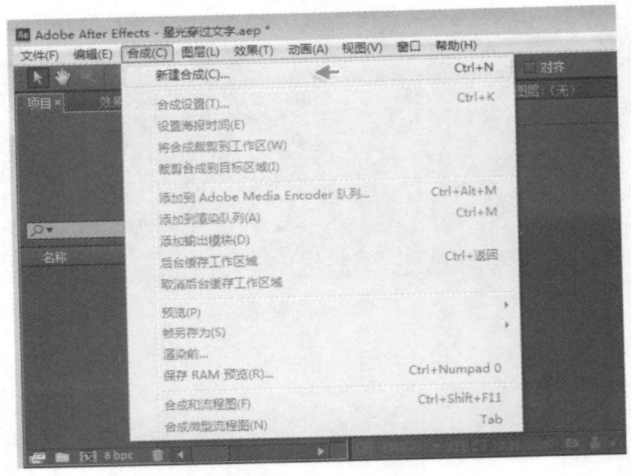

图7-98 新建合成

02 在弹出的“合成设置”对话框中设置合成名称为“文字”、预设为“HDV/HDTV 720 25”小高清类型、帧速率为25帧/秒、持续时间为5秒、背景颜色为黑色，如图7-99所示。

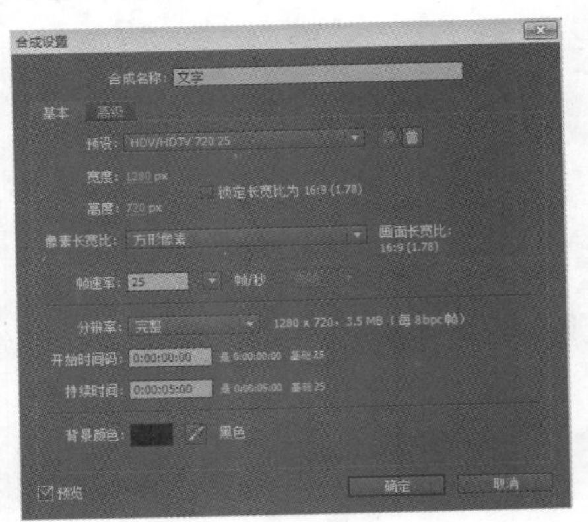

图7-99 合成设置

03 在工具栏中选择T文本工具，然后在“合成”窗口居中输入文字“After Effects”，保持文字在选择状态，然后在“字符”面板中设置参数，如图7-100所示。

图7-100 输入文字

04 在“时间线”面板中选择“文字”层，然后在菜单中选择【效果】→【生成】→【梯度渐变】命令项，准备为文字添加渐变效果，如图7-101所示。

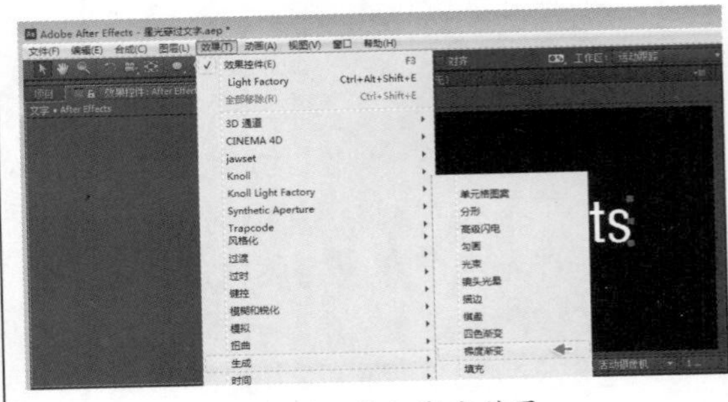

图7-101 添加渐变效果

05 在“效果”面板中设置“梯度渐变”效果滤镜的起始颜色为红色，再设置结束颜色为桔黄色，在“合成”窗口中观察文字由上至下的渐变效果，完成字幕效果设置，如图7-102所示。

图7-102　渐变效果设置

06 在“时间线”面板中选择“文字”层，然后在菜单中选择【效果】→【透视】→【斜面Alpha】命令项，准备为文字添加厚度增加立体效果，如图7-103所示。

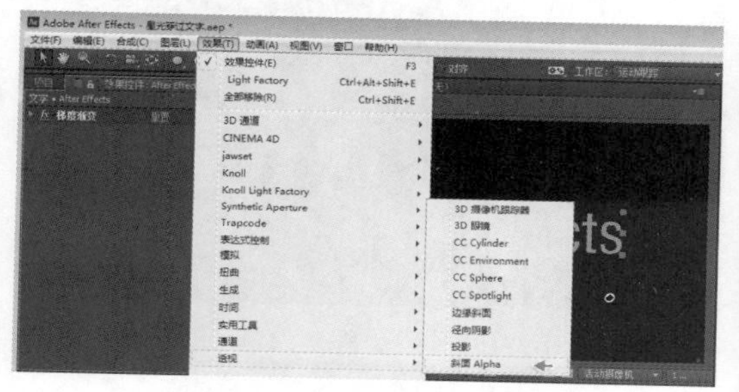

图7-103　添加斜面Alpha效果

专家课堂

在“斜面Alpha”滤镜特效控制面板中，可以通过设置边缘厚度、光源角度、光源颜色以及光照强度等，调整Alpha通道的立体边界效果。

07 在“效果”面板中设置“斜面Alpha”效果滤镜的灯光角度值为5、灯光强度值为1，在“合成”窗口中观察文字的厚度效果，如图7-104所示。

专家课堂

“边缘厚度”可以控制图像边缘倒角的厚度，“灯光角度”可以控制光照效果的方向，“灯光颜色”可以模拟灯光的颜色，“灯光强度”可以控制灯光照射的强度。

图7-104　斜面Alpha效果设置

08 在“时间线”面板的“文本”轨道层单击▶动画三角按钮，在弹出的浮动菜单中选择“缩放”项，准备为文字制作缩放动画，如图7-105所示。

图7-105　添加动画

09 在“时间线”面板中为“动画制作工具1”轨道层添加“不透明度”项，准备为文字制作透明显示动画，如图7-106所示。

图7-106　添加不透明度

10 在“时间线”面板中为“动画制作工具1”轨道层添加“模糊”项，使文字在动画显示时产生由模糊至清晰的效果，如图7-107所示。

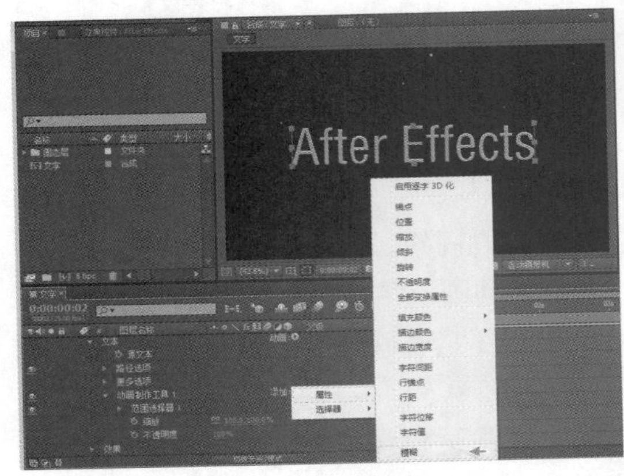

图7-107　添加模糊

11 在“时间线”面板中展开“动画制作工具1”卷展栏，然后开启缩放、不透明度、模糊项前的码表图标按钮，将时间滑块拖拽至影片第11帧位置，设置起始缩放值为500、不透明度值为0、模糊值为1500；再将时间滑块拖拽至影片第4秒24帧位置，设置结束缩放值为100、不透明度值为100、模糊值为0，如图7-108所示。

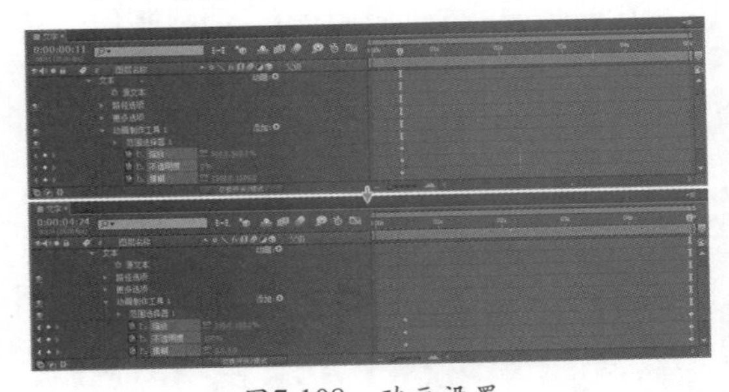

图7-108　动画设置

12 在“时间线”面板中展开“动画制作工具1”卷展栏的“范围选择器1”项，然后开启偏移项前的码表图标按钮，将时间滑块拖拽至影片第11帧位置，设置偏移值为－50，再将时间滑块拖拽至影片4秒24帧位置，设置偏移值为100，使文字动画更加流畅，如图7-109所示。

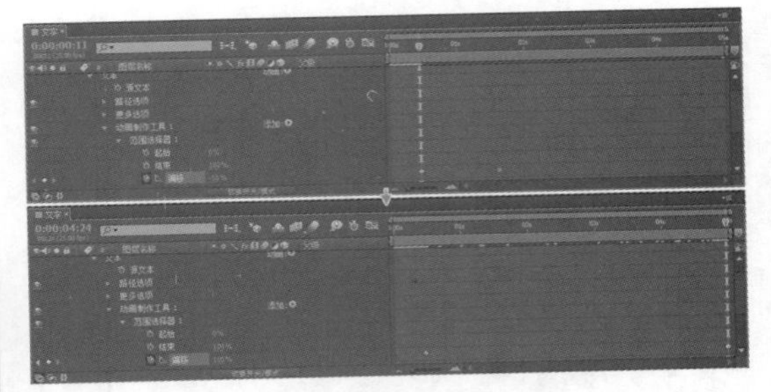

图7-109　偏移动画设置

13 在“预览”面板中单击播放/暂停按钮，然后在“合成”窗口中观察文字的动画效果，如图7-110所示。

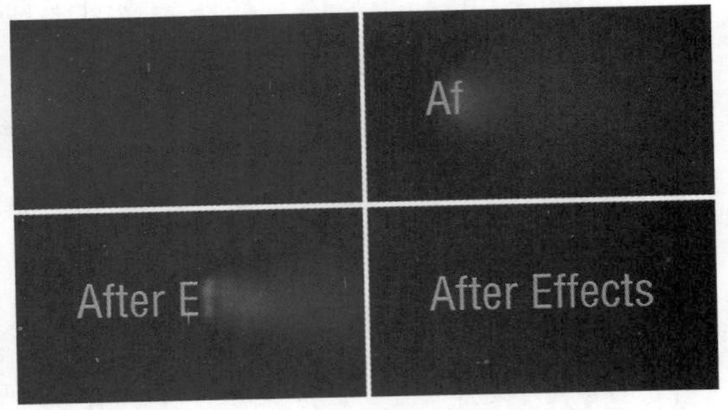

图7-110　预览效果

7.7.2　添加蒙版特效

01 在菜单中选择【合成】→【新建合成】命令项，建立新的合成文件，在弹出的“合成设置”对话框中设置合成名称为“背景”、预设为“HDV/HDTV 720 25”小高清类型、帧速率为25帧/秒、持续时间为5秒、背景颜色为黑色，如图7-111所示。

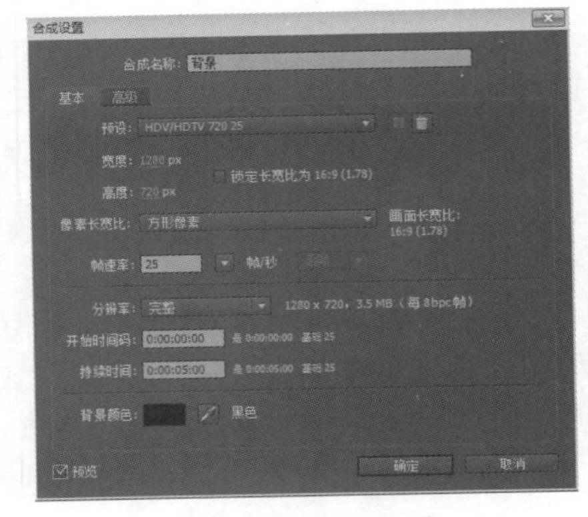

图7-111　合成设置

02 在菜单中选择【图层】→【新建】→【纯色】命令项，新建纯色图层，在弹出的“纯色设置”对话框中设置名称为“黑色板”、大小为1280×720像素、颜色为黑色，准备为影片制作背景效果，如图7-112所示。

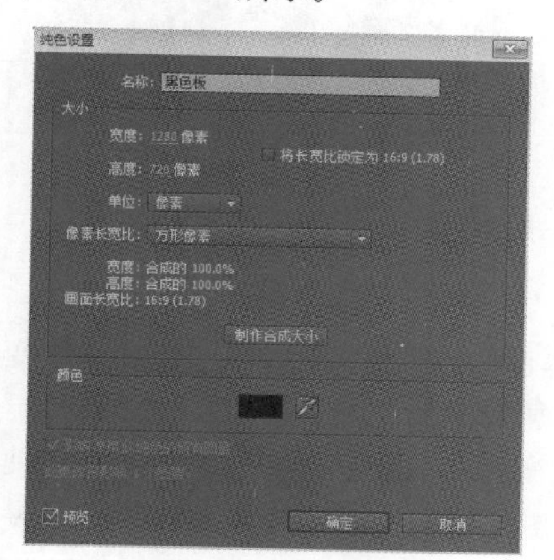

图7-112 纯色设置

03 在菜单中选择【图层】→【新建】→【纯色】命令项，新建纯色图层，在弹出的“纯色设置”对话框中设置名称为“灰蓝板”、大小为1280×720像素、再将纯色层的颜色设置为“灰蓝色”，准备为影片制作背景效果，如图7-113所示。

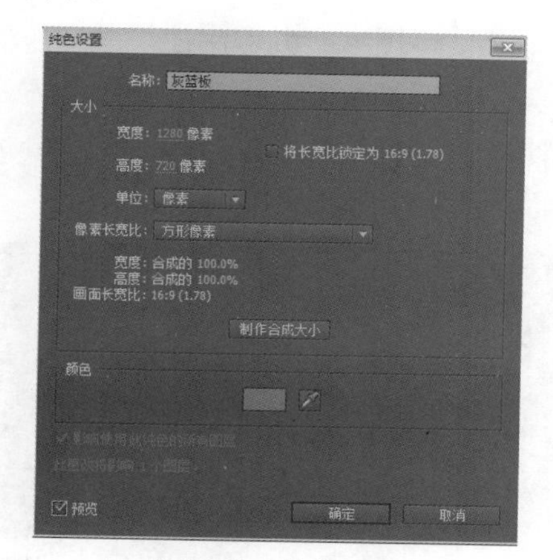

图7-113 纯色设置

04 在“时间线”面板中选择“灰蓝板”层，在工具栏中选择椭圆遮罩工具按钮，然后在“合成”窗口中绘制选区，将蒙版羽化值设置为500，使遮罩边缘产生柔和过渡，只在画面右侧部分产生颜色，如图7-114所示。

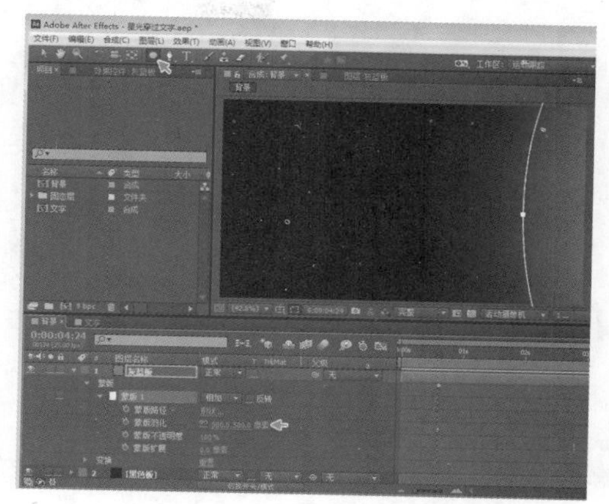

图7-114 绘制遮罩选区

05 在菜单中选择【图层】→【新建】→【纯色】命令项，新建纯色图层，在弹出的“纯色设置”对话框中设置名称为“灰黄板”、大小为1280×720像素，再将纯色层的颜色设置为“草绿色”，准备为影片制作背景效果，如图7-115所示。

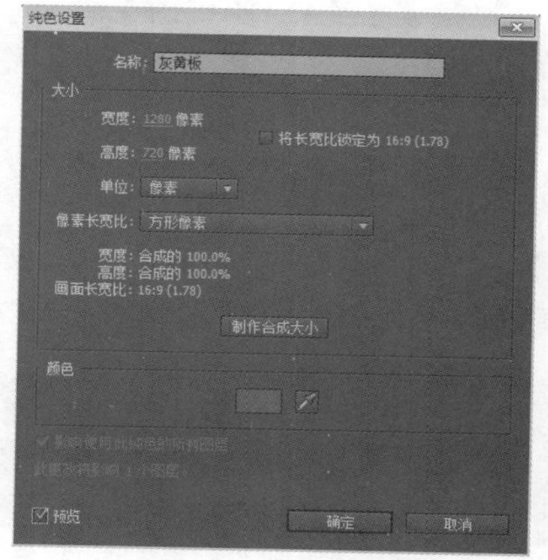

图7-115 纯色设置

06 在“时间线”面板中选择“灰黄板”层，并在工具栏中选择椭圆遮罩工具按钮，然后在“合成”窗口中绘制选区，将蒙版羽化值设置为600，使遮罩边缘产生柔和过渡，只在画面左侧部分产生颜色，如图7-116所示。

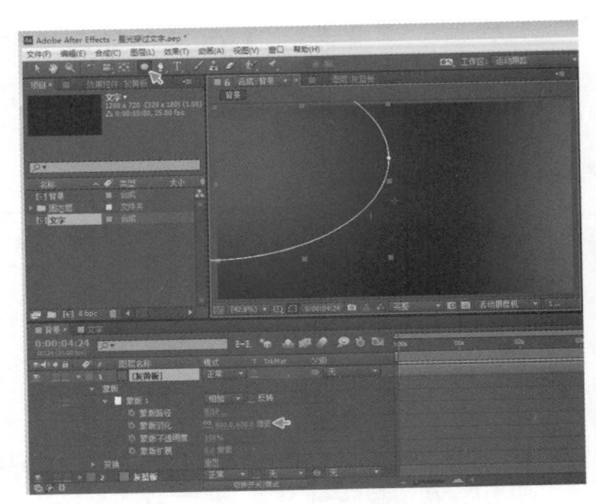
图7-116　绘制遮罩选区

07 在“项目”面板中选择“文字”合成文件并拖拽至“时间线”面板放至顶层，作为合成影片的文字素材，如图7-117所示。

图7-117　添加合成

08 在“预览”面板中单击▶播放/暂停按钮，然后在“合成”窗口中观察文字动画效果，如图7-118所示。

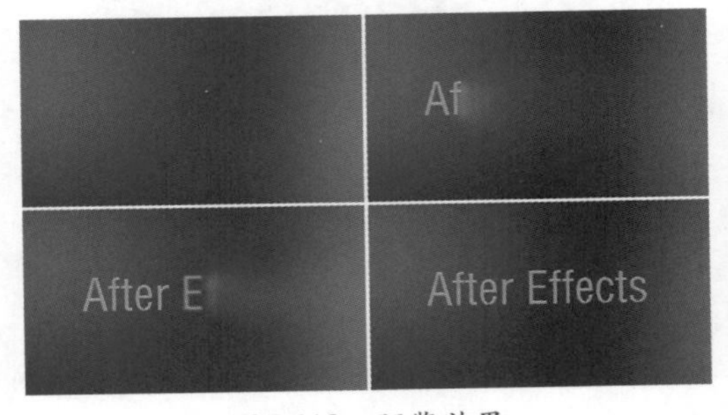

图7-118　预览效果

09 在菜单中选择【图层】→【新建】→【纯色】命令项，新建纯色图层，在弹出的“纯色设置”对话框中设置名称为“亮度变化”、大小为1280×720像素、颜色为黑色，如图7-119所示。

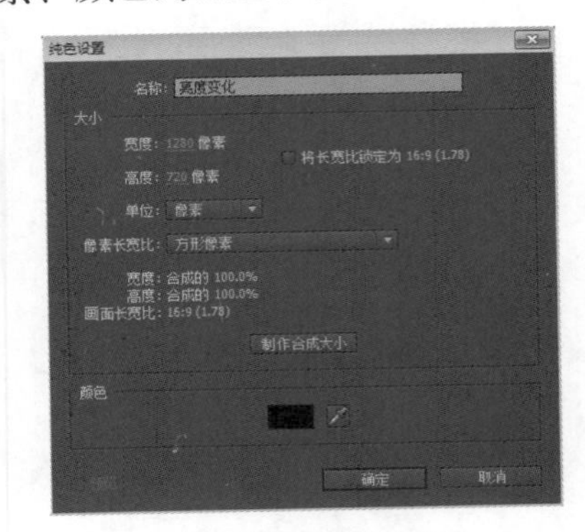
图7-119　纯色设置

10 在“时间线”面板中选择“亮度变化”层，然后配合键盘“T”键展开不透明度项并设置不透明度值为30，使纯色背景层降低不透明度，如图7-120所示。

图7-120　透明设置

11 在“时间线”面板中选择“亮度变化”层，并设置图层模式为“相加”方式，使遮罩和背景融合在一起，提高合成画面的亮度，如图7-121所示。

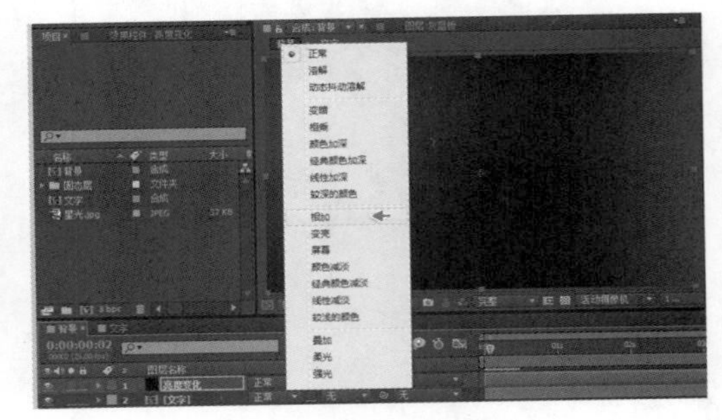
图7-121　层叠加设置

12 在“时间线”面板中选择“亮度变化”层，并在工具栏中选择■矩形遮罩工具按钮，然后在“合成”窗口中绘制选区，如图7-122所示。

图7-122 绘制遮罩选区

13 在“时间线”面板中展开“亮度变化”层的“蒙版1”卷展栏，然后开启蒙版路径项前的码表图标按钮，将时间滑块拖拽至影片起始位置，再设置蒙版路径形状，使遮罩偏移至画面的左侧，如图7-123所示。

图7-123 路径起始帧设置

14 在“时间线”面板中将时间滑块拖拽至影片第4秒24帧位置，再设置蒙版路径，使遮罩移动到画面右侧位置，如图7-124所示。

15 在“时间线”面板中选择“亮度变化”层，然后在菜单中选择【效果】→【杂色和颗粒】→【分形杂色】命令项，准备为遮罩添加杂色效果，如图7-125所示。

图7-124 路径结束帧设置

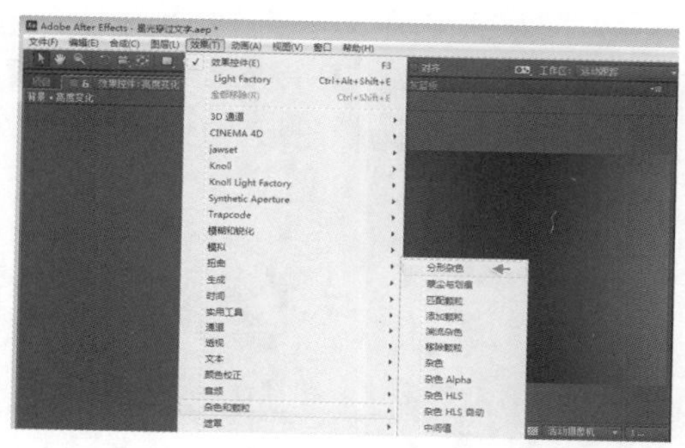

图7-125 添加分形杂色效果

16 在“效果”面板中设置“分形杂色”效果滤镜的各项参数，在“合成”窗口中观察遮罩的杂色效果，完成影片遮罩杂色的合成操作，如图7-126所示。

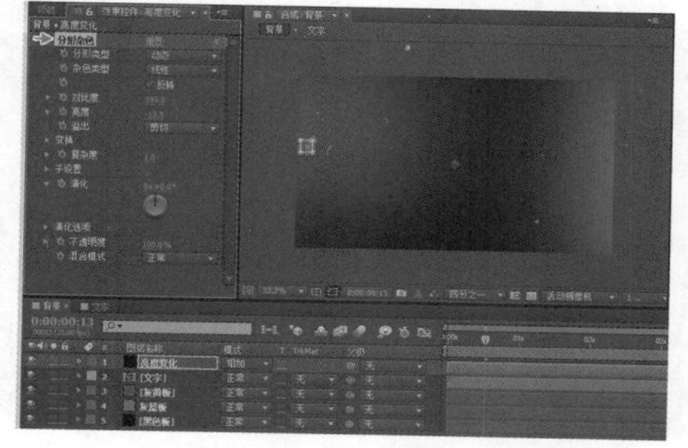

图7-126 分形杂色效果设置

17 在“效果”面板中展开“分形杂色”效果滤镜的“变换”卷展栏，先将统一缩放项关闭，再设置缩放宽度值为10、缩放高度值为2000、子影响值为0、子缩放值为10，在“合成”窗口中观察遮罩效果，如图7-127所示。

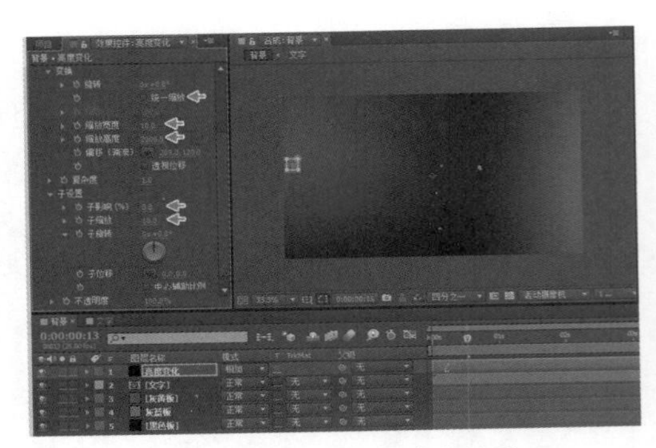
图7-127　分形杂色效果设置

18 在“时间线”面板中选择“亮度变化”层，然后在菜单中选择【效果】→【Trapcode】→【Starglow（星光）】命令项，准备为粒子层添加星光效果，如图7-128所示。

图7-128　添加星光效果

专家课堂

“星光”是一个能在After Effects CC中快速制作星光闪耀效果的滤镜，它能在影像中高亮度的部分加上星形的闪耀效果，可以个别指定八个闪耀方向的颜色和长度，每个方向都能被单独地赋予颜色贴图和调整强度。

19 在“效果”面板中设置“星光”效果滤镜的预置为“白色星形”类型、光线长度值为15、提升亮度值为330、混合模式为“添加”方式，在“合成”窗口中观察遮罩的星光效果，如图7-129所示。

20 在“预览”面板中单击▶播放/暂停按钮，然后在“合成”窗口中观察星光穿过文字的动画效果，完成添加蒙版效果设置，如图7-130所示。

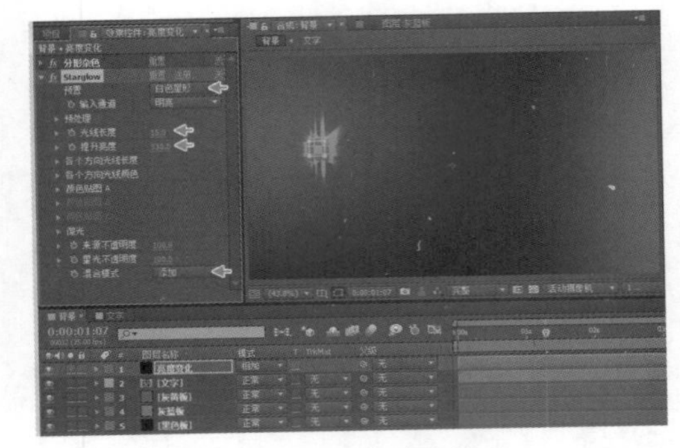
图7-129　星光效果设置

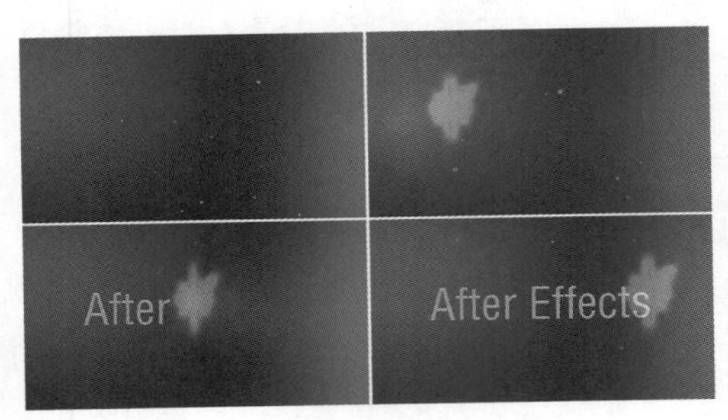

图7-130　预览效果

7.7.3　添加灯光设置

01 在菜单中选择【图层】→【新建】→【纯色】命令项，新建纯色图层，在弹出的“纯色设置”对话框中设置名称为“黑色板”、大小为1280×720像素、颜色为黑色，准备为影片添加光斑效果，如图7-131所示。

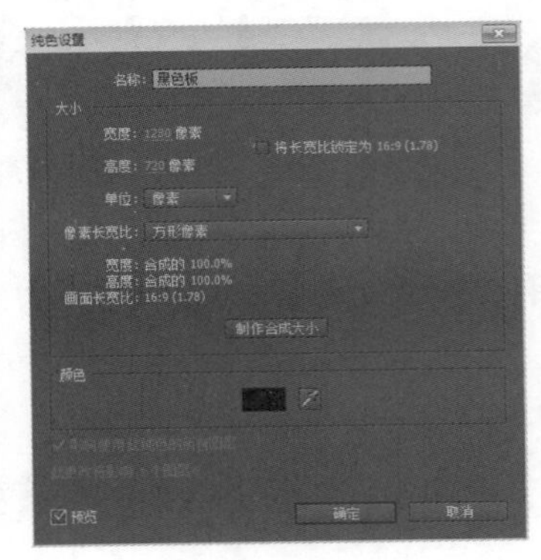

图7-131　纯色设置

02 在“时间线”面板中选择“黑色板”层，并设置图层模式为“相加”方式，使光斑和影片融合在一起，如图7-132所示。

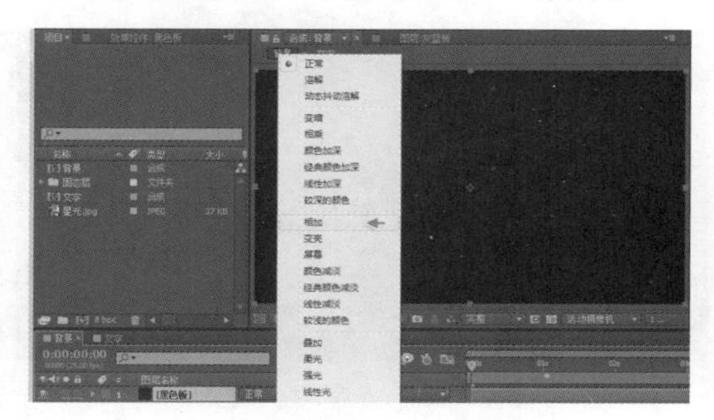

图7-132 设置层叠加模式

03 在“时间线”面板中选择“黑色板”层，然后在菜单中选择【效果】→【Knoll Light Factory】→【Light Factory（灯光工厂）】命令项，准备为黑色板层添加光斑效果，如图7-133所示。

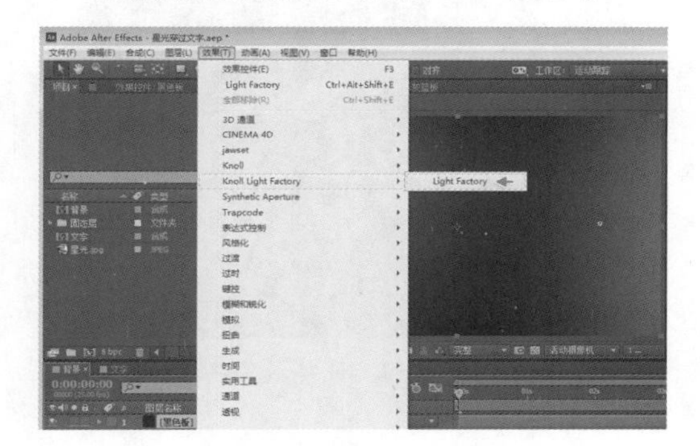

图7-133 添加光斑效果

04 添加Light Factory（灯光工厂）效果滤镜后，“黑色板”层中已经默认显示出光斑的效果，然后在“效果”面板中单击“选项”按钮，将会弹出光斑效果预设，如图7-134所示。

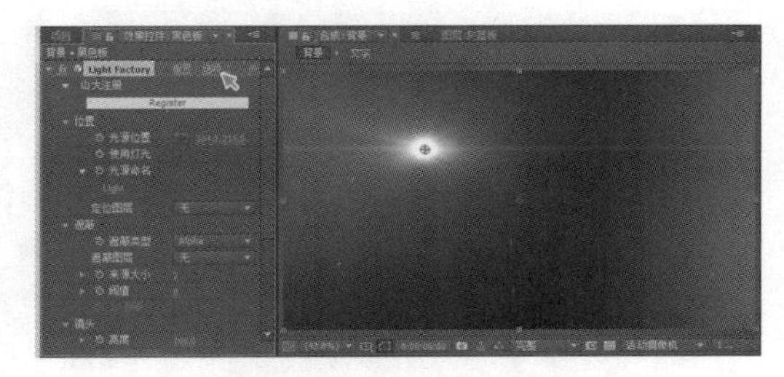

图7-134 默认光斑效果

05 在弹出的Knoll Light Factory Lens Designer（光斑效果预设）对话框中提供了多种样式，然后开启左侧的选项并选择Cinematic Flares 13（13号电影光斑）卷展栏中的“EH4”光斑样式，如图7-135所示。

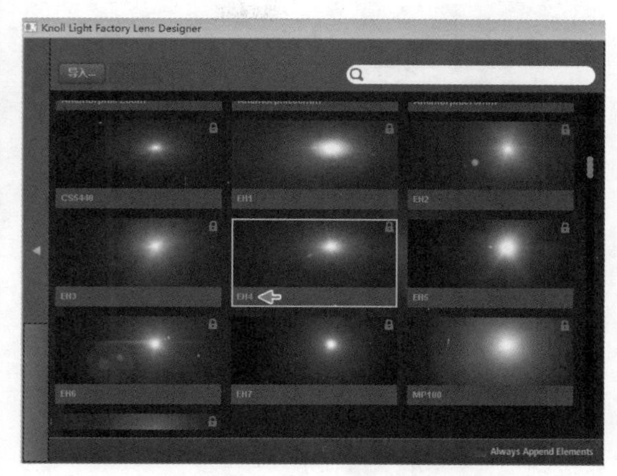

图7-135 选择光斑

06 在“时间线”面板中选择“黑色板”层并展开灯光工厂特效的“位置”项，然后开启光源位置项前的码表图标按钮，将时间滑块拖拽至影片起始位置，设置起始帧光源位置值为X轴－200、Y轴300，再将时间滑块拖拽至影片第4秒24帧位置，设置结束帧光源位置值为X轴1100、Y轴300，使光斑产生位置移动动画，如图7-136所示。

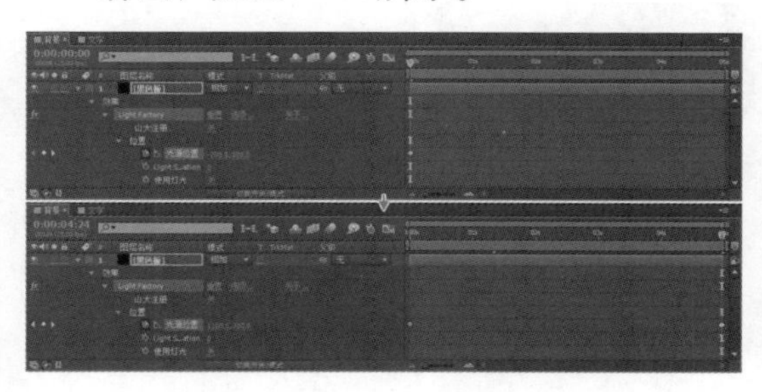

图7-136 位置动画设置

07 在“时间线”面板中展开灯光工厂特效的镜头项，然后开启亮度项前的码表图标按钮，将时间滑块拖拽至影片起始位置，设置起始帧亮度值为50；再将时间滑块拖拽至影片第1秒位置，设置亮度值为120；继续将时间滑块拖拽至影片第4秒位置，设置亮度值为120；最后将时间滑块拖拽至影片第4秒24帧位置，设置结束帧亮度值为100，使光斑产生亮度变化动画，如图7-137所示。

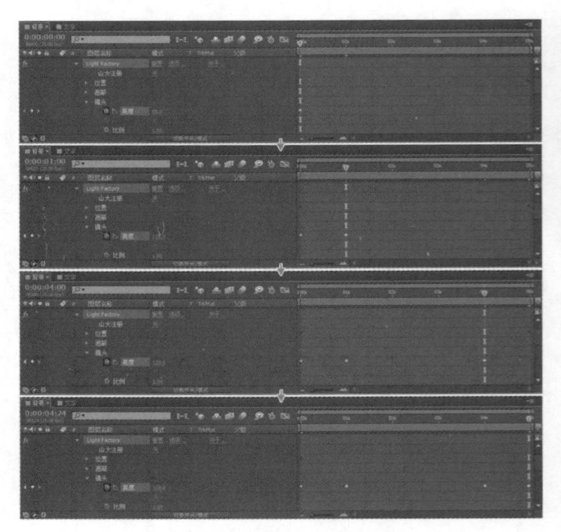

图7-137 亮度动画设置

08 在“时间线”面板中展开灯光工厂特效的镜头项，然后开启角度项前的码表图标按钮，将时间滑块拖拽至影片起始位置，设置起始帧角度值为0，再将时间滑块拖拽至影片第4秒24帧位置，设置结束帧角度值为150，使光斑产生角度移动动画，如图7-138所示。

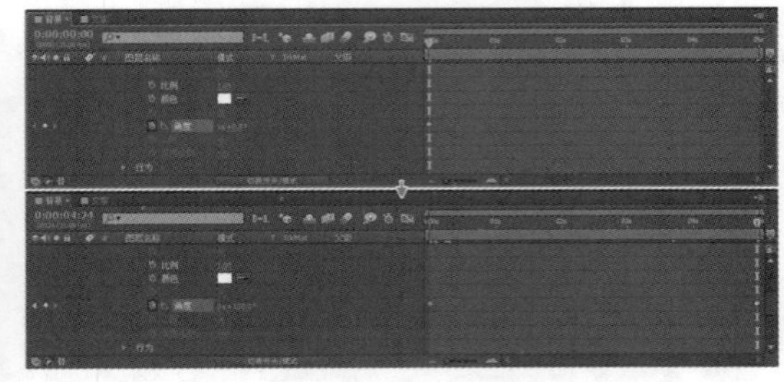

图7-138 角度动画设置

09 在“预览”面板中单击播放/暂停按钮，然后在“合成”窗口中观察星光穿过文字的动画效果，如图7-139所示。

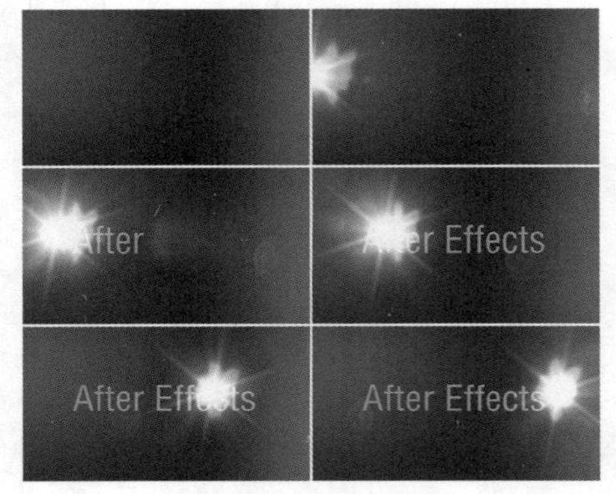

图7-139 最终效果

7.8 实例——光斑文字

素材文件	配套光盘→范例文件→Chapter7	难易程度	★★☆☆☆
重要程度	★★☆☆☆	实例重点	了解After Effects CC文字动画的设置

在制作“光斑文字”实例时，先将文本工具建立的文字进行缩放、透明、模糊的动画设置，然后通过灯光工厂特效丰富炫目效果，使光斑效果衬托文字，从而丰富影片合成的效果，如图7-140所示。

“光斑文字”实例的制作流程主要分为3部分，包括①影片基础合成；②文字动画设置；③添加光斑特效，如图7-141所示。

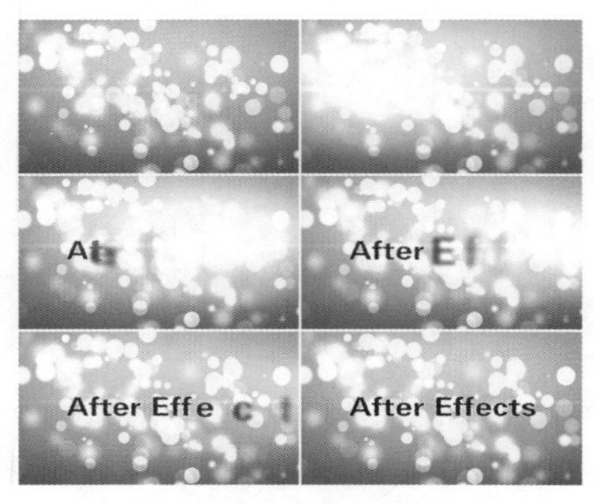

图7-140 实例效果

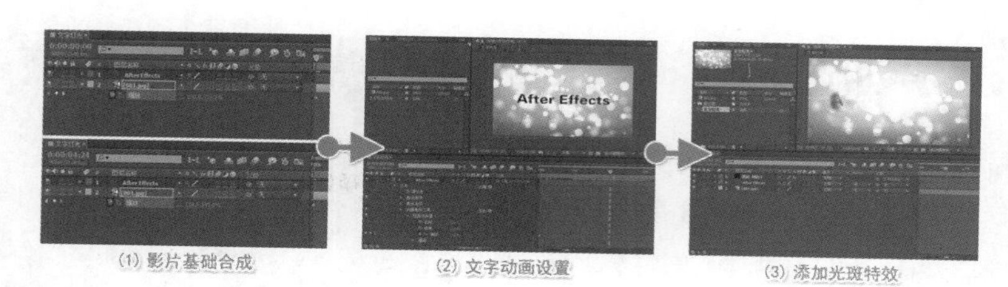

图7-141 制作流程

7.8.1 影片基础合成

01 双击桌面上的After Effects CC快捷图标启动软件，然后在菜单中选择【合成】→【新建合成】命令项，如图7-142所示。

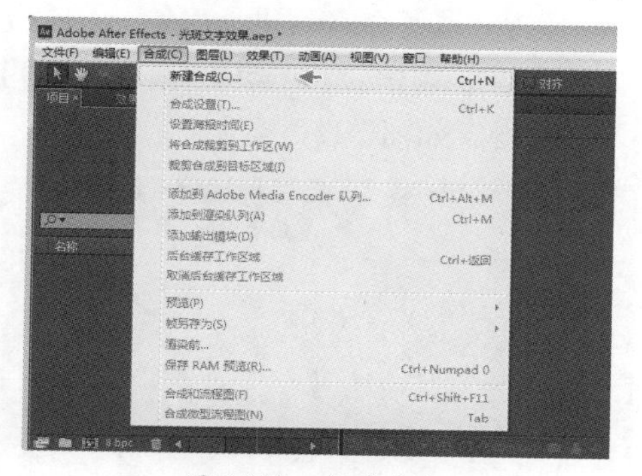

图7-142 新建合成

02 在弹出的“合成设置”对话框中设置合成名称为“文字灯光”、预设为HDV/HDTV 720 25小高清类型、帧速率为25帧/秒、持续时间为5秒、背景颜色为黑色，如图7-143所示。

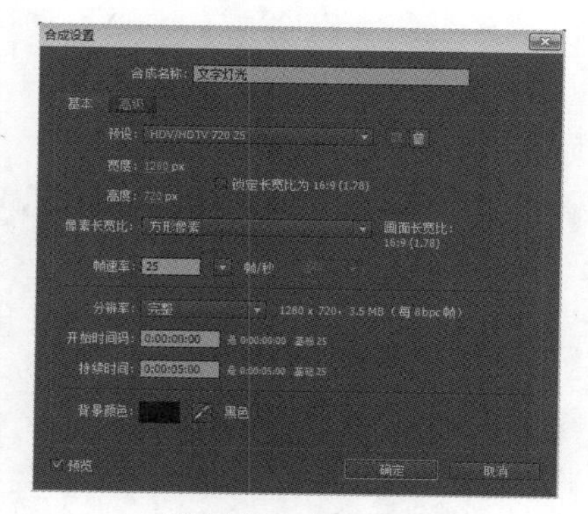

图7-143 合成设置

03 在工具栏中选择T文本工具，然后在“合成”窗口居中输入文字“After Effects”，如图7-144所示。

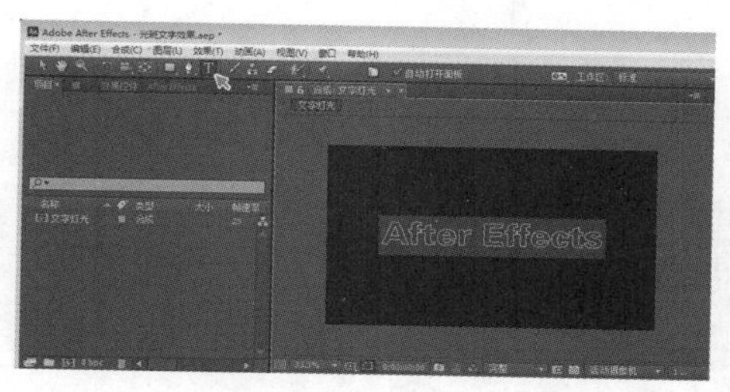

图7-144 输入文字

04 保持输入的“After Effects”文字在选择状态，然后在“字符”面板中设置字体为“方正大黑简体”、尺寸值为128像素、垂直缩放值为96、水平缩放值为114，如图7-145所示。

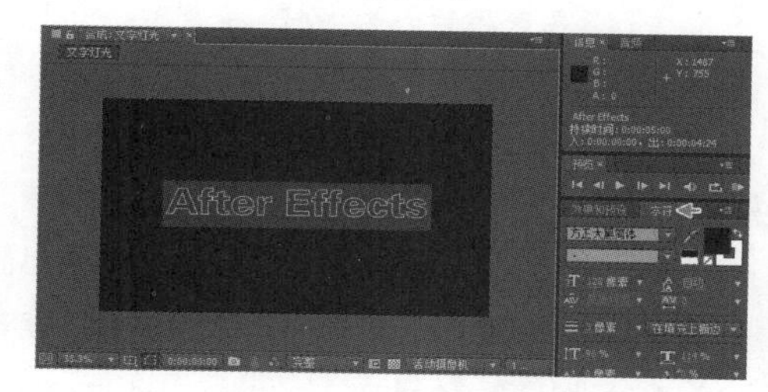

图7-145 字符设置

05 在“项目”面板中空白位置双击鼠标“左”键，选择本书配套光盘中的“001”图像素材，然后将此素材拖拽至“时间线”面板，放置在最底层的位置，作为合成影片的背景素材，完成影片基础素材的合成操作，如图7-146所示。

图7-146 添加素材

7.8.2 文字动画设置

01 在“时间线”面板中选择“001”图像素材层，然后按“S”快捷键展开缩放选项并开启码表图标按钮，在影片第0秒位置设置起始帧缩放值X轴130、Y轴135，在影片第4秒24帧位置设置结束帧缩放值X轴138、Y轴145，使背景产生放大动画，如图7-147所示。

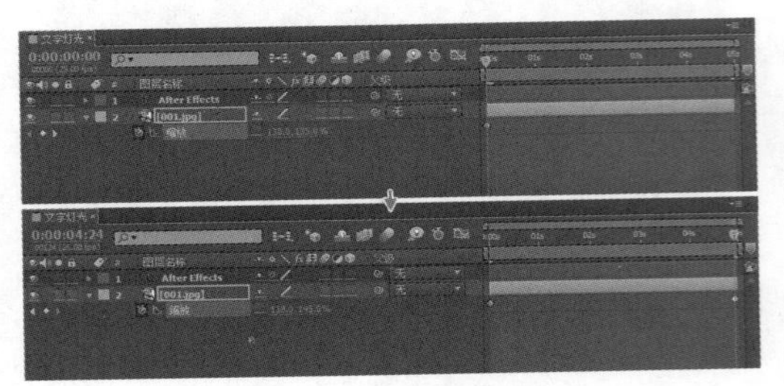

图7-147 缩放动画设置

专家课堂

对背景素材进行缩放动画设置，可以避免合成的影片效果单调。

02 在“时间线”面板中选择文字层并展开设置，然后单击动画三角按钮，在弹出的浮动菜单中选择“缩放”项目，准备为文字制作缩放动画，如图7-148所示。

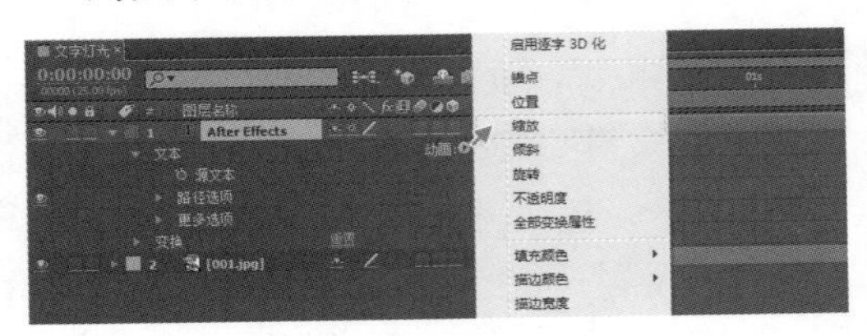

图7-148 添加动画

03 添加“缩放”项目后，展开“动画制作工具1”项目并设置缩放值为600，如图7-149所示。

专家课堂

“动画”项目中的设置可以丰富动画效果，其中包含了变换、颜色和字符等属性，效果非常丰富。

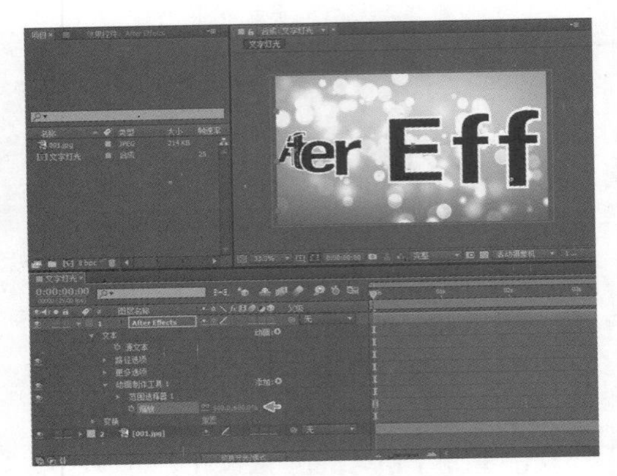

图7-149 缩放设置

04 在“时间线”面板中为“动画制作工具1”轨道层添加不透明度项目，再设置不透明度的值为0，使文字产生透明显示动画，如图7-150所示。

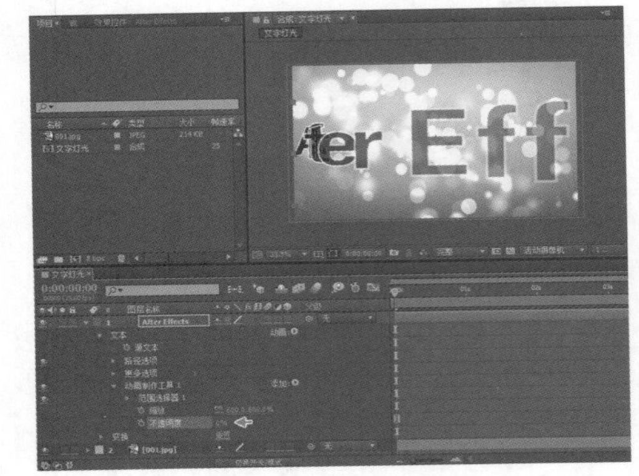

图7-150 透明设置

05 在“时间线”面板中为“动画制作工具1”轨道层添加模糊项目，再设置模糊的值为256，使文字在动画显示时产生由模糊至清晰的效果，如图7-151所示。

图7-151 模糊设置

06 在“时间线”面板中展开“动画制作工具1”项的“范围选择器1”层，然后开启偏移项目的码表图标按钮，再设置第0秒的偏移值为－100，使文字偏移至画面的左侧，如图7-152所示。

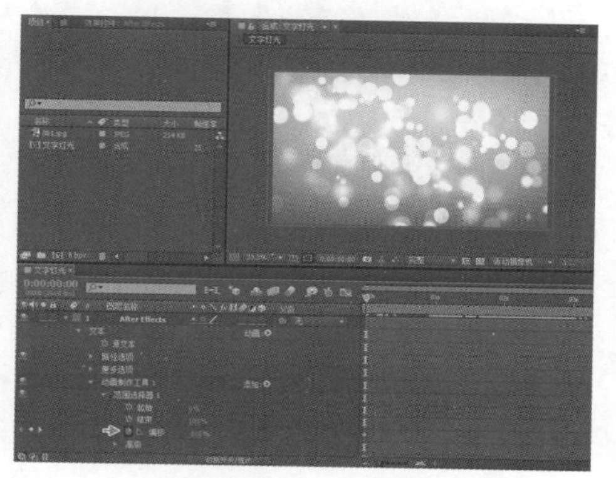

图7-152 偏移起始帧设置

07 在“时间线”面板中将“时间滑块”拖拽至第2秒位置，再设置偏移值为100，使文字回到画面中心的位置，如图7-153所示。

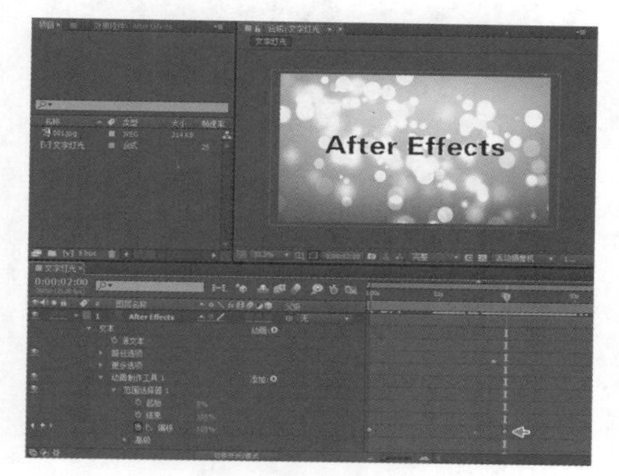

图7-153 偏移结束帧设置

08 使用键盘数字输入区域的“0”键预览合成动画，效果如图7-154所示。

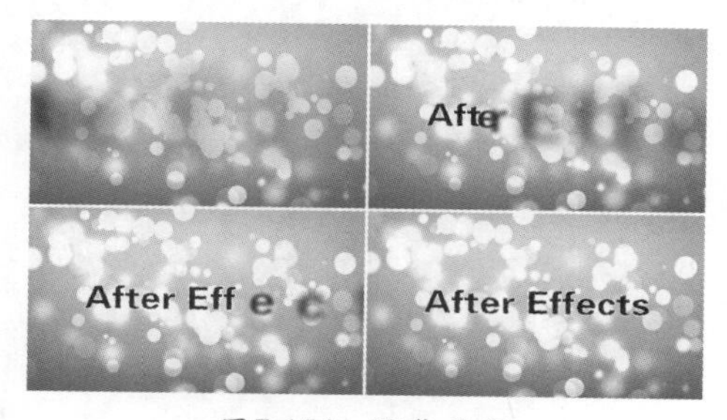

图7-154 预览效果

7.8.3 添加光斑特效

01 在菜单中选择【图层】→【新建】→【纯色】命令项，准备为影片添加光斑效果，如图7-155所示。

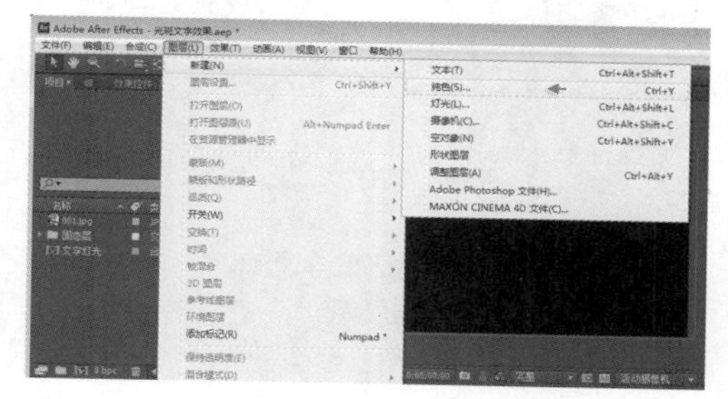

图7-155 新建纯色层

02 在弹出的“纯色设置”对话框中设置大小为1280×720像素，再将纯色层的颜色设置为“黑色”，系统将自动显示名称为“黑色 纯色”，如图7-156所示。

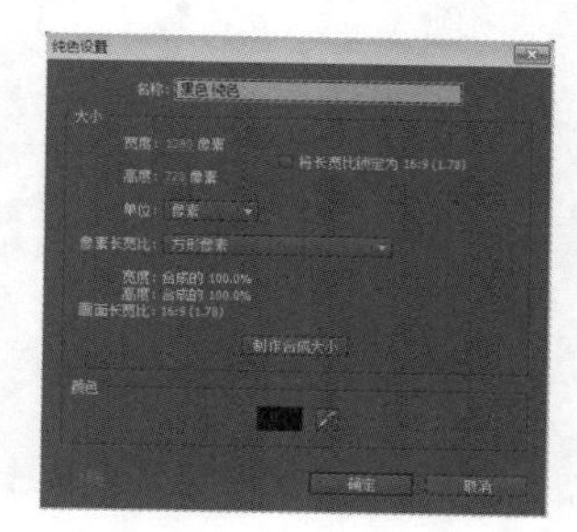

图7-156 纯色设置

03 新建纯色层后系统将此层自动添加至“时间线”面板，然后在父级区域中单击拖拽按钮，将“黑色 纯色”层链接至“001”背景层，如图7-157所示。

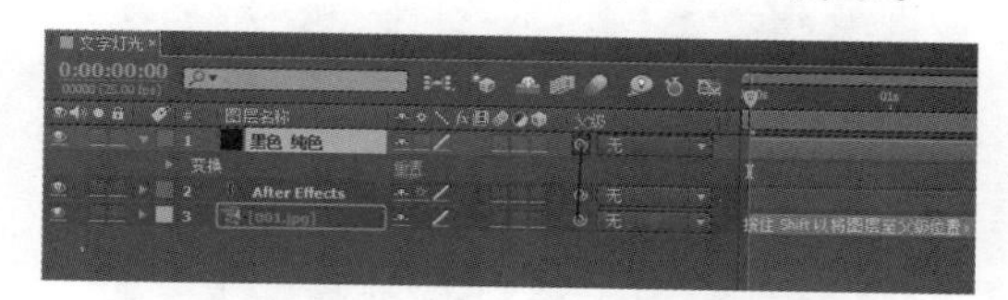

图7-157 链接设置

04 在“时间线”面板中选择“黑色纯色”层，然后在菜单中选择【效果】→【Knoll Light Factory】→【Light Factory（灯光工厂）】命令项，准备为纯色层添加光斑效果，如图7-158所示。

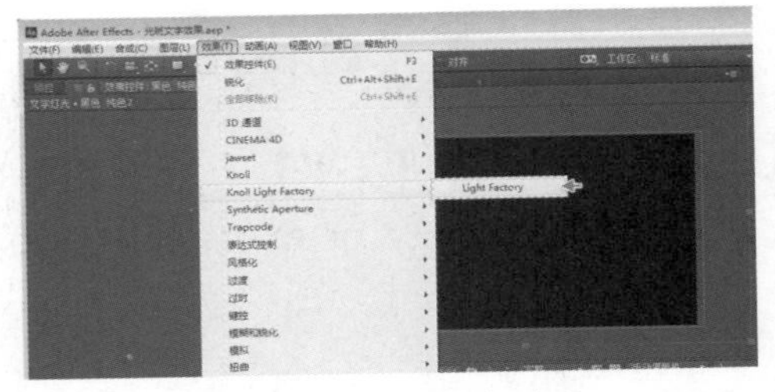

图7-158　添加光斑效果

专家课堂

“灯光工厂”滤镜特效可以模拟各种不同类型的光源效果，增加滤镜特效后会自动分析图像中的明暗关系并定位光源点，用于制作发光效果。

05 添加Light Factory（灯光工厂）效果滤镜后，黑色纯色层中已经默认显示出光斑的效果，如图7-159所示。

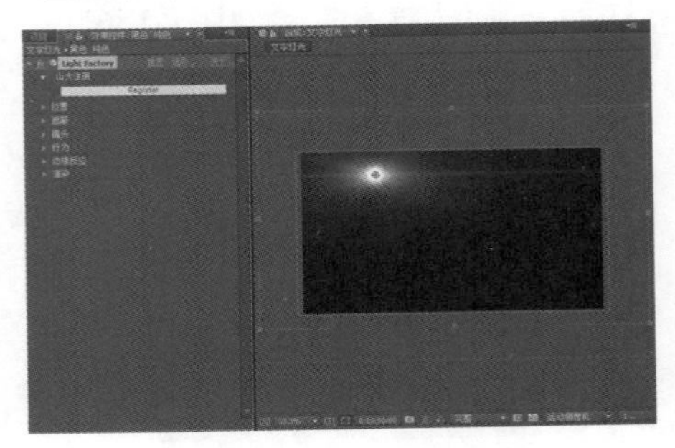

图7-159　默认光斑效果

06 在“效果”面板中设置“灯光工厂”的镜头亮度值为138，再设置角度值为11×+4.0，黑色纯色层中就会出现炫目的光斑效果，如图7-160所示。

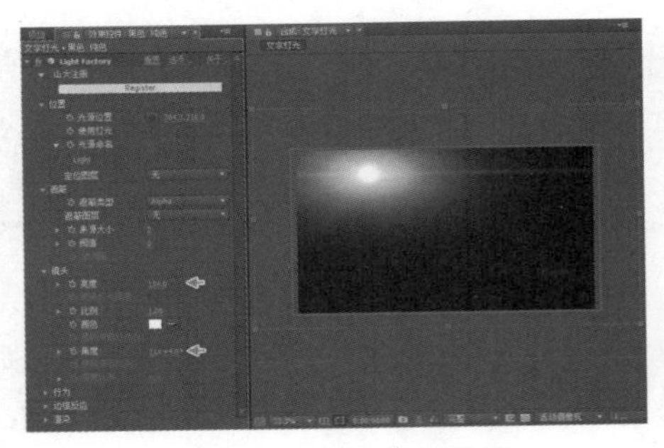

图7-160　光斑效果设置

07 在“时间线”面板中将时间滑块拖拽至影片的起始位置，再单击光源位置项前的码表图标按钮添加起始关键帧，设置光源位置值X轴为－240、Y轴为240，在“合成”窗口中便可以观察到光源的位置变换，如图7-161所示。

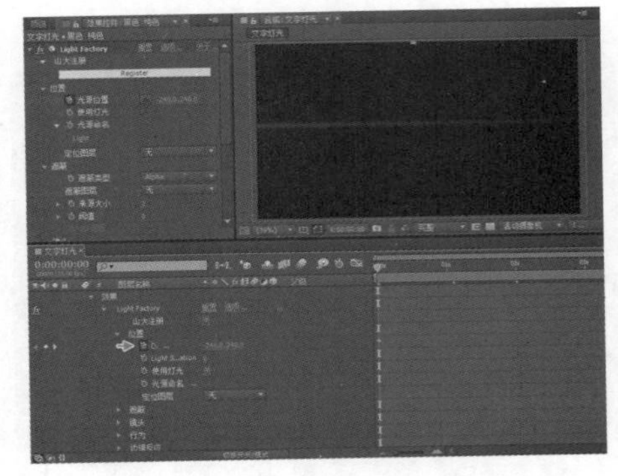

图7-161　光源位置起始帧设置

08 在“时间线”面板中将时间滑块拖拽至第2秒位置，再设置光源位置值X轴为1500、Y轴为240，在“合成”窗口中可以看到光斑的位置移动至画面右侧，如图7-162所示。

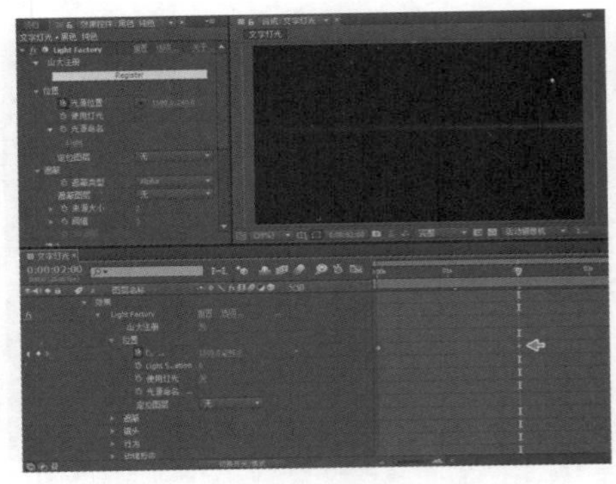

图7-162　光源位置结束帧设置

09 在“预览”面板中单击播放/暂停按钮，然后在“合成”窗口中观察光斑的位置动画效果，如图7-163所示。

图7-163　光斑位置动画效果

❿ 在“时间线”面板中将“时间滑块”拖拽至影片的第1秒2帧位置，在“合成”窗口中便可以观察到光斑的发光效果，如图7-164所示。

图7-164 光斑发光效果

⓫ 在“时间线”面板中选择“黑色纯色”层，在模式中设置“相加”的层叠加模式，使光斑和影片融合在一起，如图7-165所示。

专家课堂

“相加”模式可以将当前层影片的颜色相加到下层影片上，得到更为明亮的颜色，混合色为纯黑或纯白时不发生变化，适合制作强烈的光效。

图7-165 设置层叠加模式

⓬ 在“预览”面板中单击▶播放/暂停按钮，然后在“合成”窗口中观察光斑文字的动画最终效果，如图7-166所示。

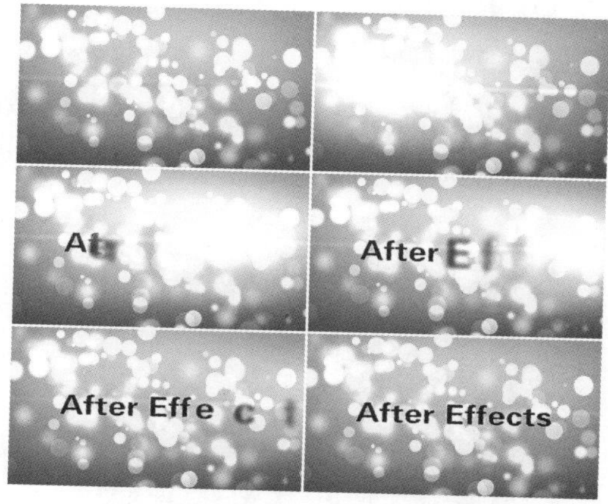

图7-166 最终效果

7.9 实例——炫粉扫光字

素材文件	配套光盘→范例文件→Chapter7	难易程度	★★★☆☆
重要程度	★★★★☆	实例重点	掌握粒子特效的动画设置与实际应用

在制作“炫粉扫光字”实例时，先使用CC Particle World（粒子世界）特效设置粒子发射的背景效果，然后通过镜头光晕特效丰富炫目效果，从而丰富影片合成的效果，如图7-167所示。

“炫粉扫光字”实例的制作流程主要分为3部分，包括①制作文字；②添加粒子；③添加灯光，如图7-168所示。

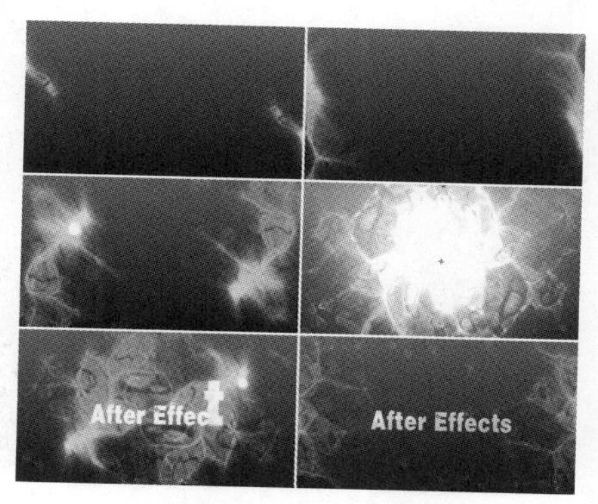

图7-167 实例效果

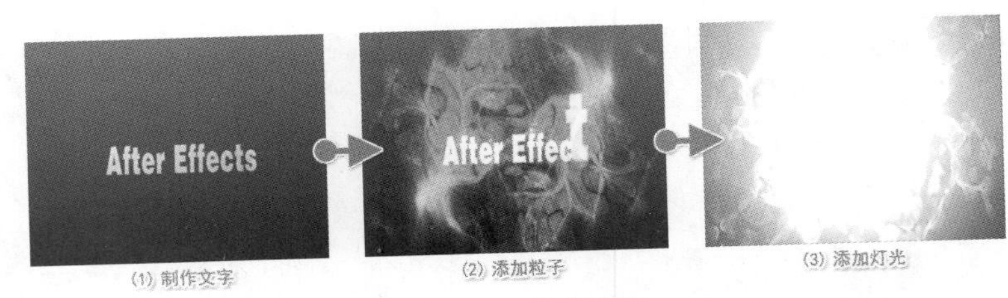

图7-168　制作流程

7.9.1　制作文字

01 双击桌面上的After Effects CC快捷图标启动软件，然后在菜单中选择【合成】→【新建合成】命令项，并在弹出的“合成设置”对话框中设置合成名称为“粒子”、预设为“自定义”方式、宽度值为1280、高度值为720、帧速率为25帧/秒、持续时间为5秒、背景颜色为黑色，如图7-169所示。

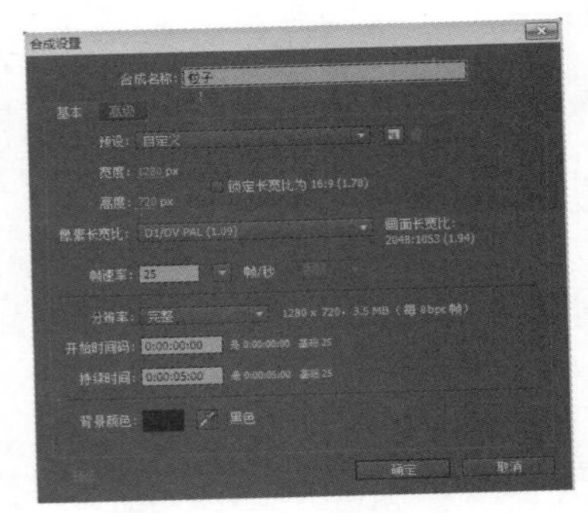

图7-169　合成设置

02 按“Ctrl+Y”键新建纯色层，在弹出的“纯色设置”对话框中设置名称为“背景”、大小为1280×720像素、颜色设置为黑色，如图7-170所示。

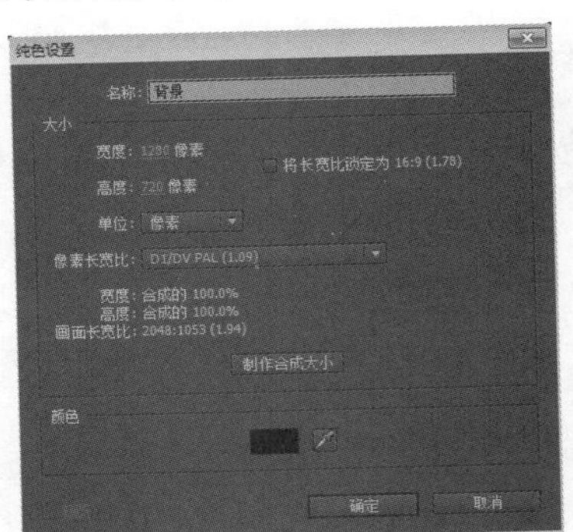

图7-170　纯色设置

03 在“时间线”面板中选择“背景”层，然后在菜单中选择【效果】→【生成】→【梯度渐变】命令项，准备为背景层添加渐变效果，如图7-171所示。

图7-171　添加梯度渐变

04 在“效果”面板中设置“梯度渐变”的起始颜色为品红、结束颜色为黑色，再设置渐变起点的值为X轴640、Y轴0，渐变终点的值为X轴640、Y轴720，背景层已显示由品红向黑色渐变的垂直过渡效果，如图7-172所示。

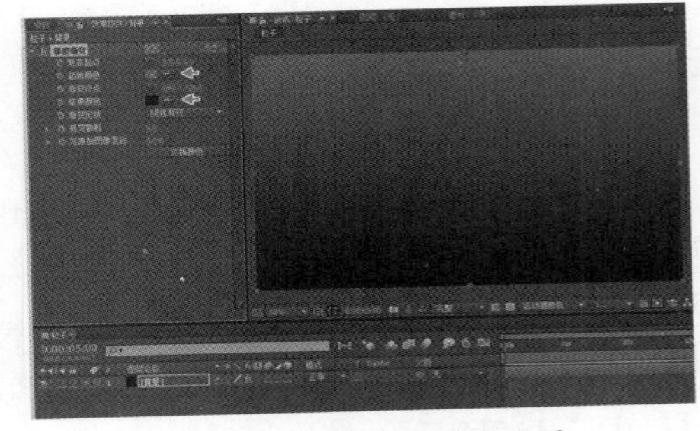

图7-172　梯度渐变效果设置

05 在工具栏中选择T文本工具，然后在“合成”窗口居中输入文字“After Effects”，保持输入文字在选择状态并在“字符”面板中设置字体为“方正超粗黑简体”、尺寸值为53、垂直缩放值为231、水平缩放值为181，如图7-173所示。

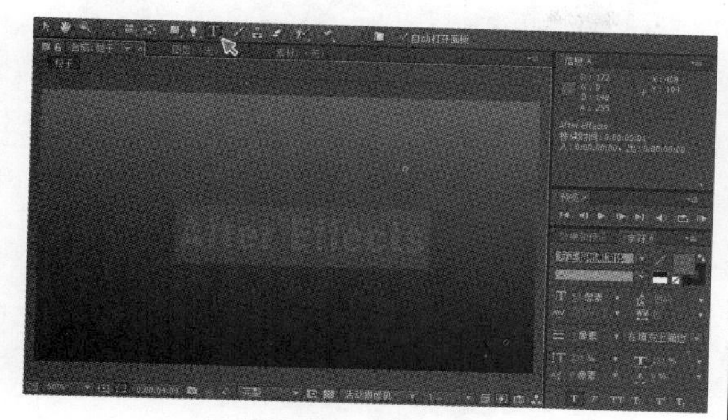

图7-173　字符设置

06 在“时间线”面板中选择文字层并展开设置，然后单击动画三角按钮，在弹出的浮动菜单中选择缩放项目，准备为文字制作缩放动画，如图7-174所示。

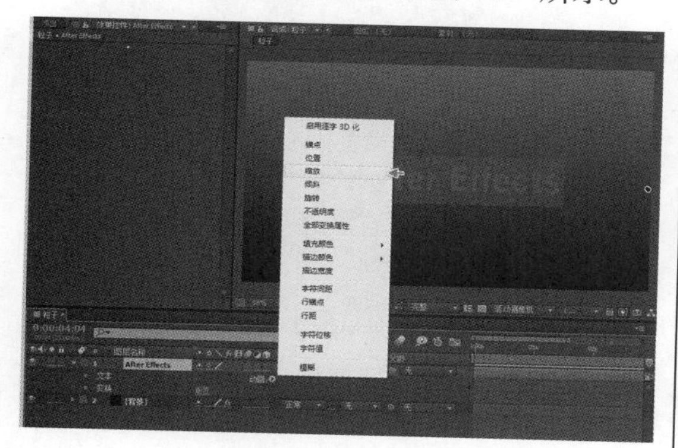

图7-174　添加缩放

07 添加缩放项目后，在“动画制作工具1”卷展栏中设置缩放值为600，如图7-175所示。

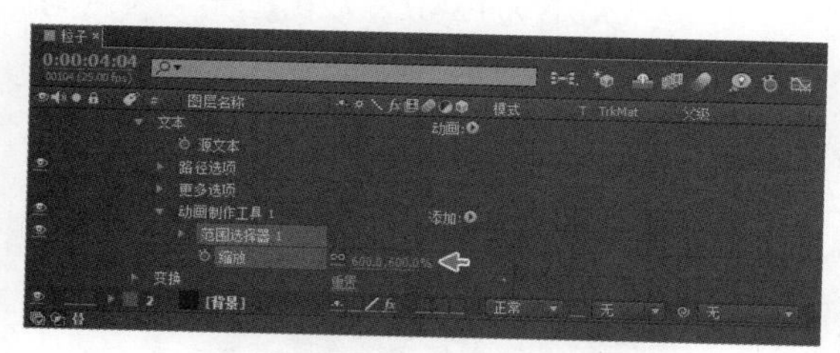

图7-175　缩放设置

08 在“时间线”面板的“动画制作工具1”轨道层添加不透明度项目并设置不透明度值为100，如图7-176所示。

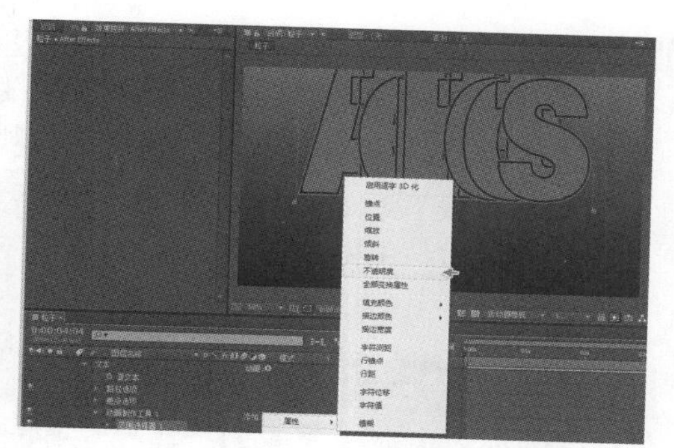

图7-176　添加不透明度

09 在“时间线”面板中展开“动画制作工具1”卷展栏的“范围选择器1”项，并将时间滑块拖拽至第2秒20帧处设置起始值为0，然后开启起始项的码表图标按钮，再设置影片第3秒15帧位置的起始值为100，使文字产生由左至右的缩放动画，如图7-177所示。

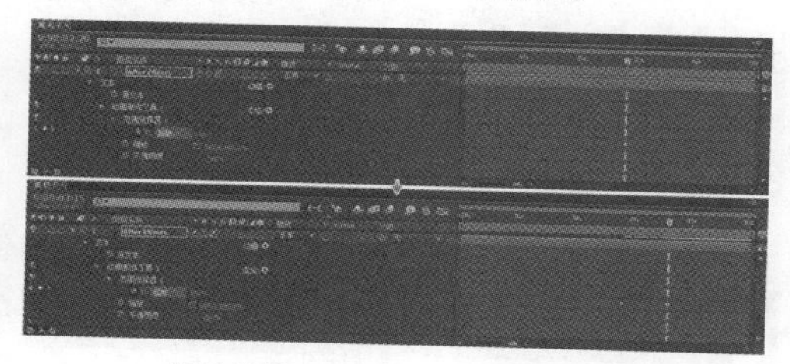

图7-177　设置起始值关键帧

10 使用键盘数字输入区域的“0”键预览合成动画，效果如图7-178所示。

图7-178　预览效果

专家课堂

After Effects CC的预览快捷键为“0”键，是小键盘的“0”键；如果计算机的配置不高，可以按键盘的“Shift+0”键隔帧预览；如果直接按键盘“空格”键播放也是预览，但是不能预览声音效果。

⑪ 在“时间线”面板中选择“After Effects CC”层，然后按“T”键展开不透明度项并开启码表图标按钮，在影片第2秒20帧位置设置起始帧值为0，在影片第3秒设置结束帧不透明度值为100，完成不透明度的过渡效果，如图7-179所示。

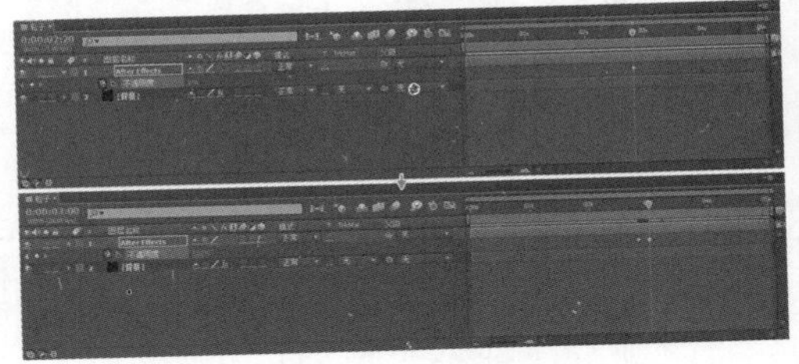

图7-179　设置透明度动画

⑫ 使用键盘数字输入区域的“0”键预览合成动画，效果如图7-180所示。

图7-180　预览效果

⑬ 在“时间线”面板中选择“After Effects”文字层，然后在菜单中选择【效果】→【生成】→【四色渐变】命令项，准备为文字层添加渐变效果，如图7-181所示。

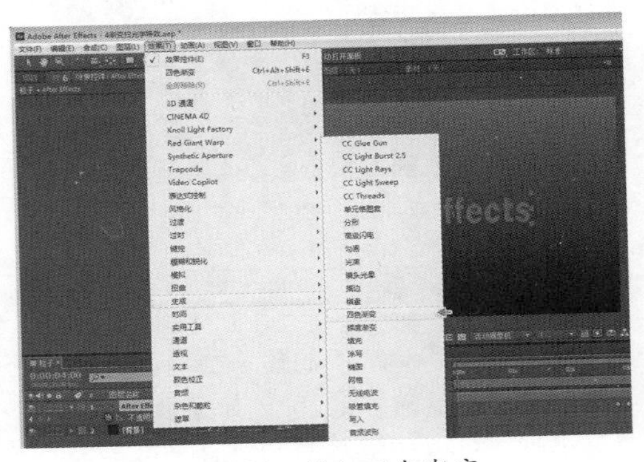

图7-181　添加四色渐变

⑭ 在“效果”面板中设置“四色渐变”的颜色依次为黄色、绿色、粉色和蓝色，如图7-182所示。

图7-182　四色渐变设置

⑮ 在“时间线”面板中设置“After Effects”文字层的模式为“相加”方式，使其与渐变背景产生亮度的提升，如图7-183所示。

图7-183　层模式设置

7.9.2　添加粒子

01 按“Ctrl+Y”键新建纯色层，在弹出的“纯色设置”对话框中设置名称为“粒子”、大小为1280×720像素、颜色为黑色，如图7-184所示。

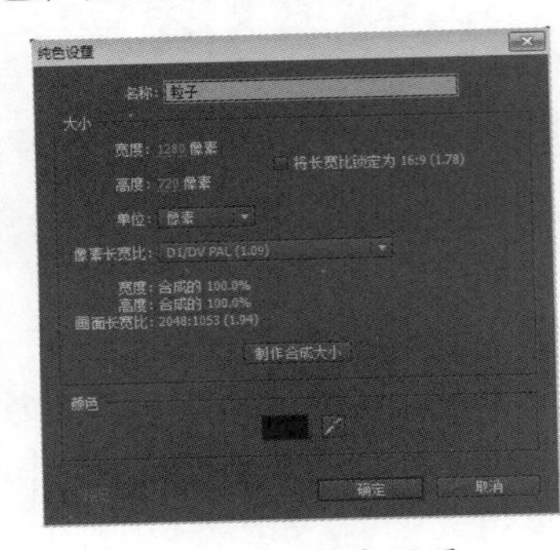

图7-184　纯色设置

02 在"时间线"面板中选择"粒子"纯色层，然后在菜单中选择【效果】→【模拟】→【CC Particle World（粒子世界）】命令项，准备为合成影片添加粒子效果，如图7-185所示。

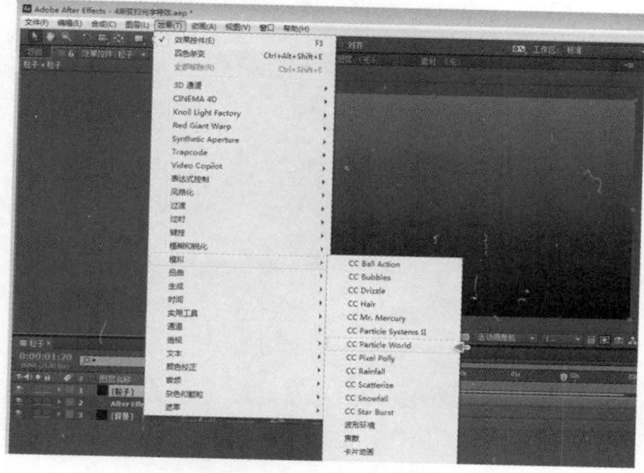

图7-185 添加粒子世界特效

03 在"效果"面板中设置特效的Position X（X轴位置）值为－0.5、Position Y（Y轴位置）值为－0.15，然后设置Animation（动画）的类型为Fractal Omni（全部分形）方式，再设置Velocity（速度）的值为1.5、Extra Angle（额外角度）值为12，此时"合成"窗口中的粒子动画将会呈现出由上至下的扩散效果，如图7-186所示。

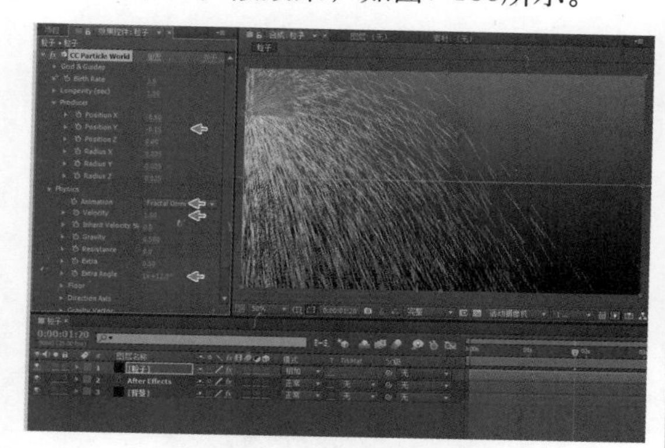

图7-186 粒子世界设置

04 在"效果"面板中设置特效的Particle Type（粒子类型）类型为Bubble（泡沫）方式、Birth Size（出生大小）值为0.8、Death Size（死亡大小）值为0.5、Max Opacity（最大透明度）值为80，"合成"窗口中的粒子形态已变为飘散的泡沫效果，如图7-187所示。

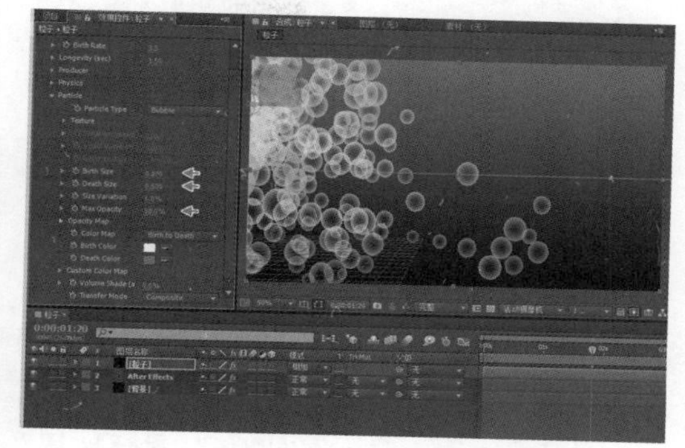

图7-187 粒子世界设置

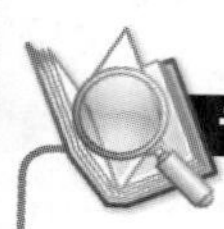

专家课堂

Particle Type（粒子类型）项目中提供了多种粒子样式，可以根据所需进行选择。

05 在"时间线"面板中选择"粒子"层，然后在菜单中选择【效果】→【模糊和锐化】→【CC Vector Blur（矢量模糊）】命令项，准备为粒子层添加模糊效果，如图7-188所示。

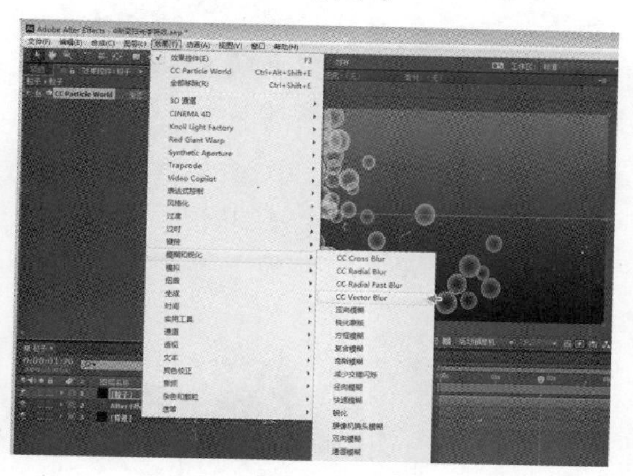

图7-188 添加矢量模糊效果

06 在"效果"面板中设置特效的Amount（数量）值为300、Ridge Smoothness（平滑）值为3、Map Softness（贴图柔和）值为80，此时"合成"窗口中的粒子由泡沫状态变为模糊的状态，如图7-189所示。

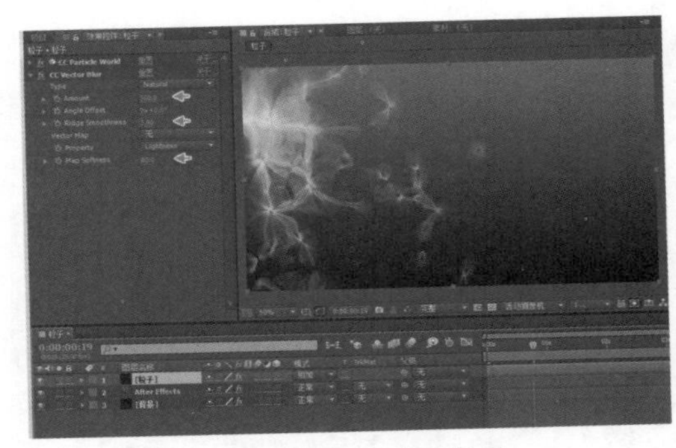

图7-189 模糊效果设置

07 在“时间线”面板中将时间滑块拖拽至影片的第1秒5帧位置，单击Position X（X轴位置）项前的码表图标按钮添加起始关键帧，并设置Position X（X轴位置）值为－0.5，再将时间滑块拖拽至影片的第4秒6帧位置并设置Position X（X轴位置）值为0.6，在“合成”窗口中便可以观察到粒子的位置变换，如图7-190所示。

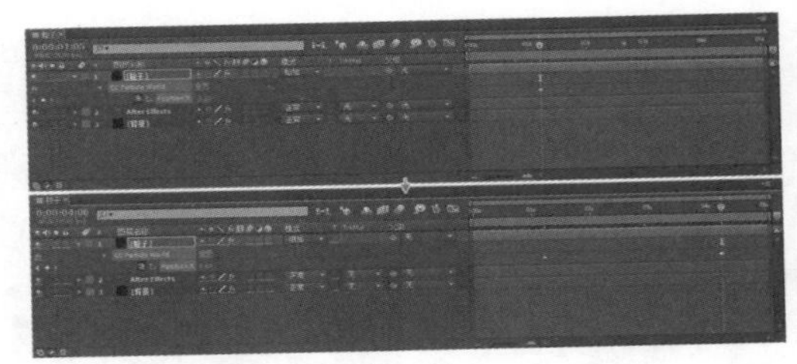

图7-190 Position X动画设置

08 在“时间线”面板中选择“粒子”层，然后在菜单中选择【编辑】→【重复】命令项，准备复制粒子层，如图7-191所示。

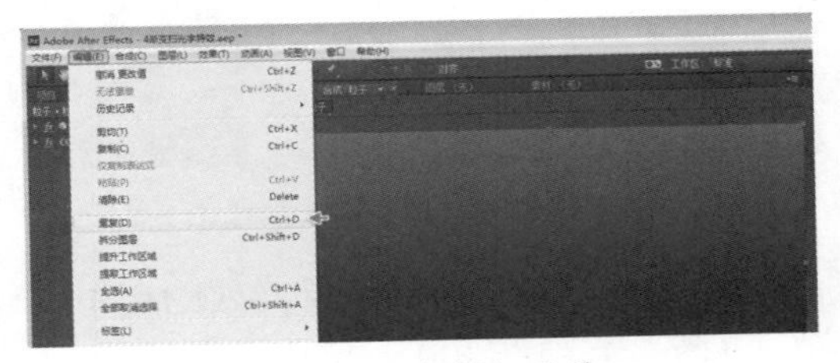

图7-191 复制粒子层

专家课堂

“重复”操作的快捷键为“Ctrl+D”。

09 在复制出的“粒子”层上单击鼠标“右”键重命名为“粒子（复制）”以便进行编辑，在“时间线”面板中选择“粒子（复制）”层，然后按“S”键展开缩放项并设置缩放值为－100，使“粒子（复制）”层产生镜像效果，如图7-192所示。

图7-192 缩放设置

10 使用键盘数字输入区域的“0”键预览合成动画，效果如图7-193所示。

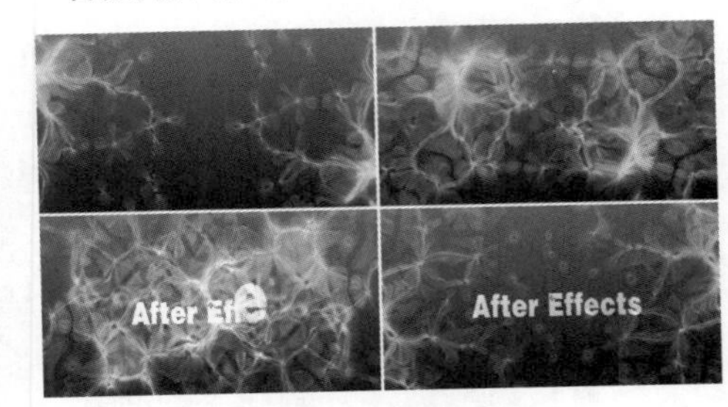

图7-193 预览效果

7.9.3 添加灯光

01 按“Ctrl+Y”键新建纯色层，在弹出的“纯色设置”对话框中设置名称为“灯光”、大小为1280×720像素、颜色设置为黑色，如图7-194所示。

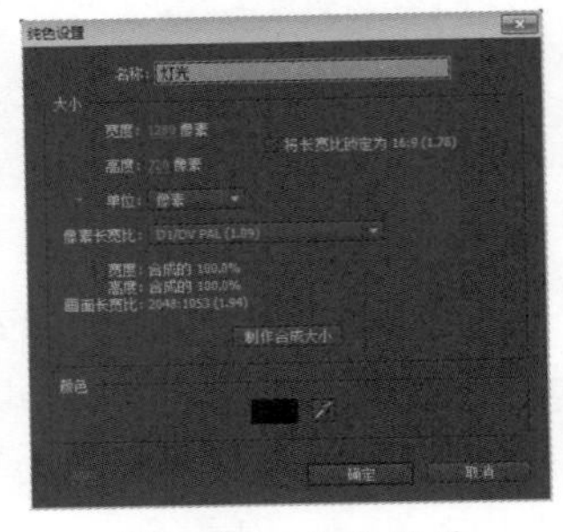

图7-194 纯色设置

02 在“时间线”面板中选择“灯光”层，然后在菜单中选择【效果】→【生成】→【镜头光晕】命令项，准备为纯色层添加镜头光晕的装饰效果，如图7-195所示。

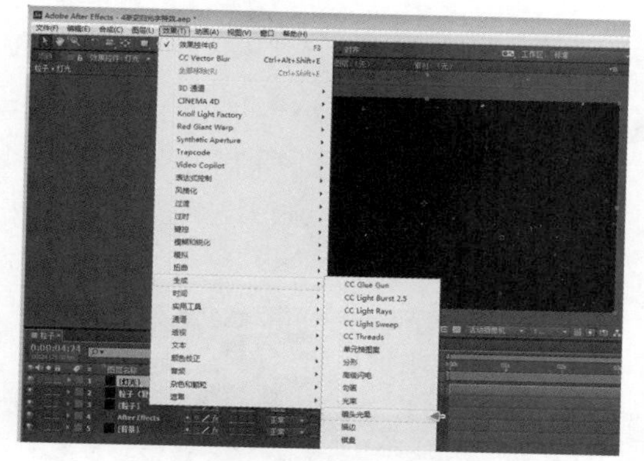

图7-195 添加镜头光晕效果

03 在添加“镜头光晕”效果后，观察“合成”窗口的默认效果，如图7-196所示。

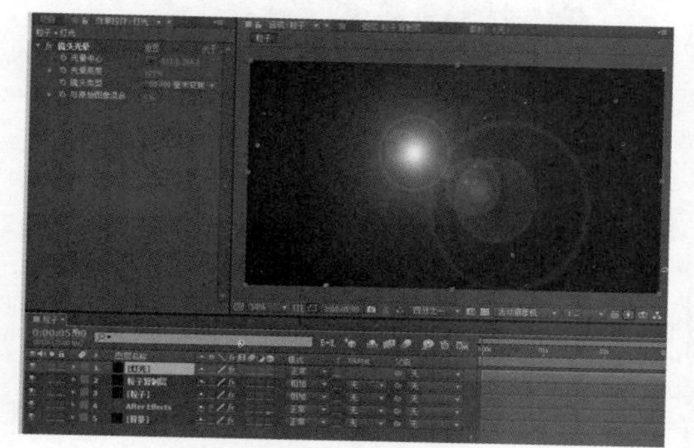

图7-196 默认光晕效果

04 在“时间线”面板中设置“灯光”层的模式为“相加”方式，如图7-197所示。

图7-197 层模式设置

05 在“时间线”面板中将时间滑块拖拽至影片的第1秒13帧位置，在“效果”面板中单击光晕亮度项前的码表图标按钮，添加起始关键帧并设置光晕亮度值为0；然后将时间滑块拖拽至影片的第1秒18帧位置，设置光晕亮度值为20；再将时间滑块拖拽至影片的第2秒13帧位置，设置光晕亮度值为50；继续将时间滑块拖拽至影片的第2秒18帧位置，设置光晕亮度值为200；最后将时间滑块拖拽至影片的第3秒位置，设置光晕亮度值为30，制作光晕亮度动画效果，如图7-198所示。

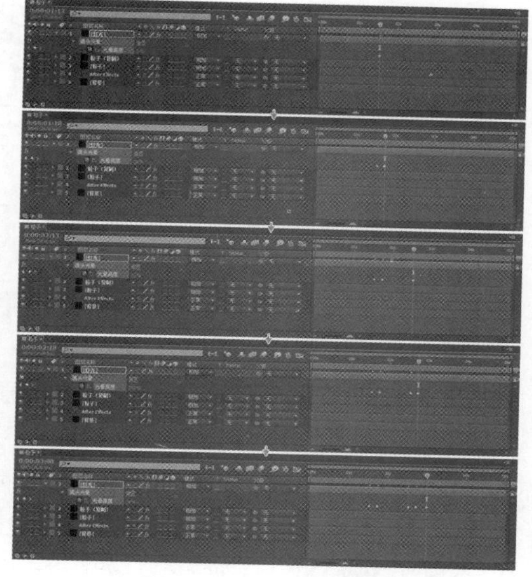

图7-198 光晕亮度设置

06 使用键盘数字输入区域的“0”键预览合成动画，效果如图7-199所示。

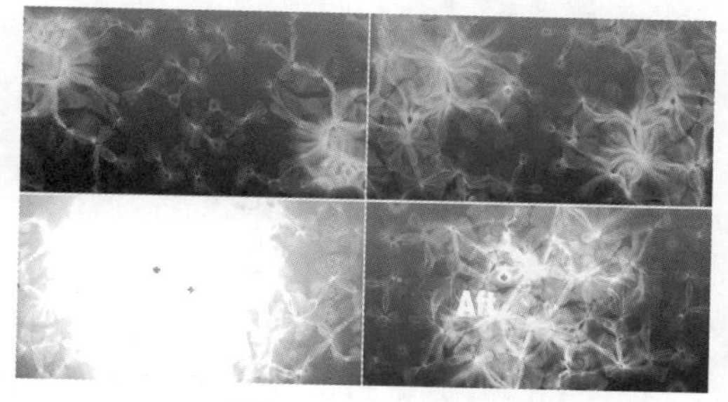

图7-199 预览效果

07 在“时间线”面板中将时间滑块拖拽至

影片的第1秒18帧位置，再单击光晕中心项前的码表图标按钮添加起始关键帧，并设置光晕中心值为X轴130、Y轴250，在“合成”窗口中可以观察到镜头光晕的位置变化，如图7-200所示。

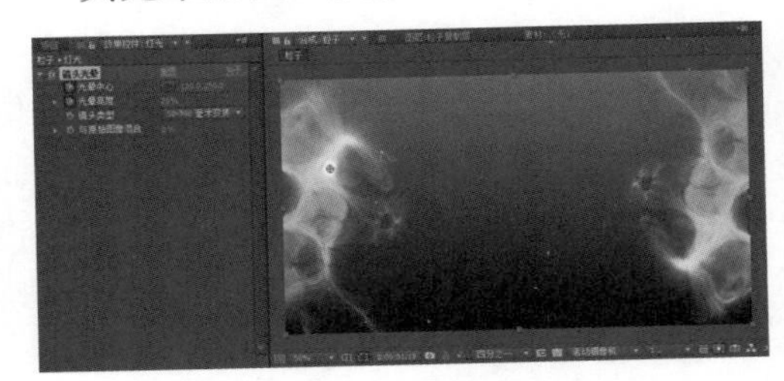

图7-200　光晕中心设置

08 在“时间线”面板中将时间滑块拖拽至影片的第2秒13帧位置，并设置光晕中心值为X轴530、Y轴250，在“合成”窗口中便可以观察到镜头光晕的位置与亮度变换，如图7-201所示。

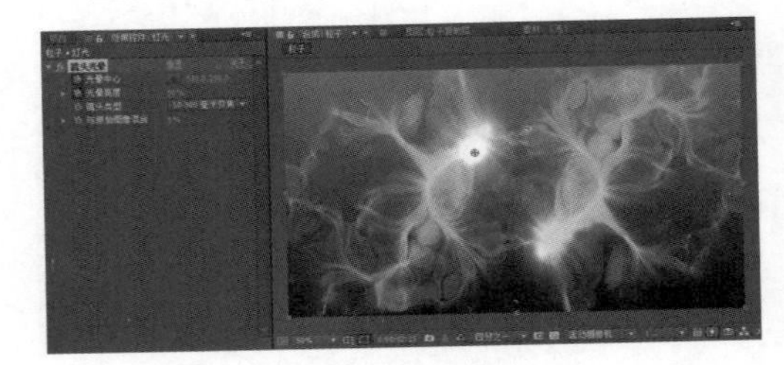

图7-201　光晕中心设置

09 在“时间线”面板中将时间滑块拖拽至影片的第3秒位置，并设置光晕中心值为X轴780、Y轴250，如图7-202所示。

图7-202　光晕中心设置

10 在“时间线”面板中将时间滑块拖拽至影片的第4秒3帧位置，并设置光晕中心值为X轴1320、Y轴210，如图7-203所示。

图7-203　光晕中心设置

11 在“时间线”面板中选择“灯光”层已设置光晕中心的所有关键帧，再按“F9”键使关键帧转换为“缓动”方式，如图7-204所示。

图7-204　转换光晕中心关键帧

专家课堂

“缓动”关键帧即为缓入缓出的关键帧类型，能够使动画运动变得平滑，快捷键为“F9”键。

12 使用键盘数字输入区域的“0”键预览最终合成动画，效果如图7-205所示。

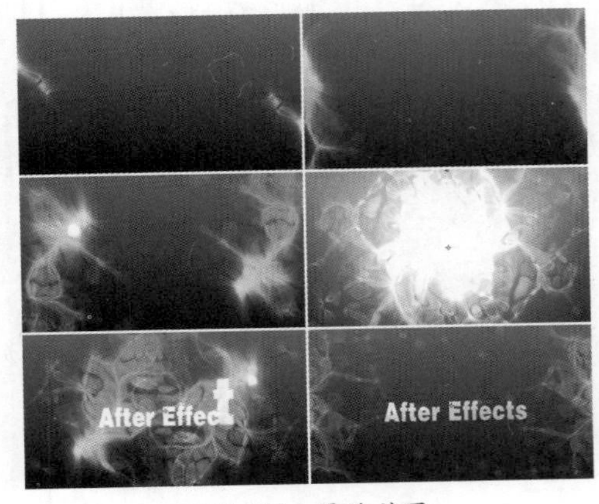

图7-205　最终效果

7.10 实例——金属立体字

素材文件	配套光盘→范例文件→Chapter7	难易程度	★★☆☆☆
重要程度	★★★★★	实例重点	通过对轨道遮罩类型的设置模拟金属效果

在制作“金属立体字”实例时，先将文字与图像素材通过遮罩控制显示，然后通过发光、快速模糊来丰富效果，完成的金属效果在影片合成时非常实用，如图7-206所示。

“金属立体字”实例的制作流程主要分为3部分，包括①制作文字；②添加背景；③添加特效，如图7-207所示。

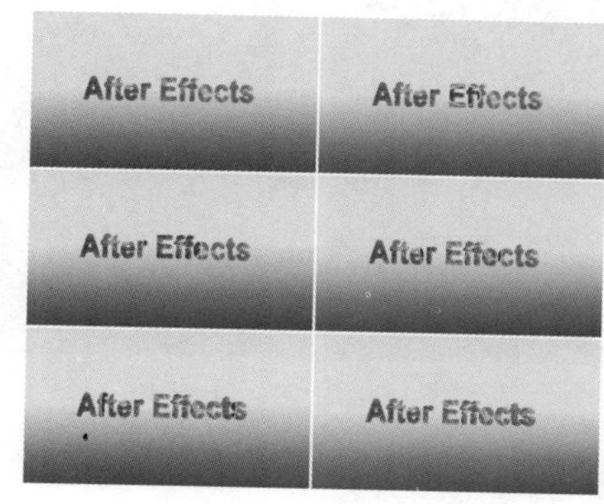

图7-206 实例效果

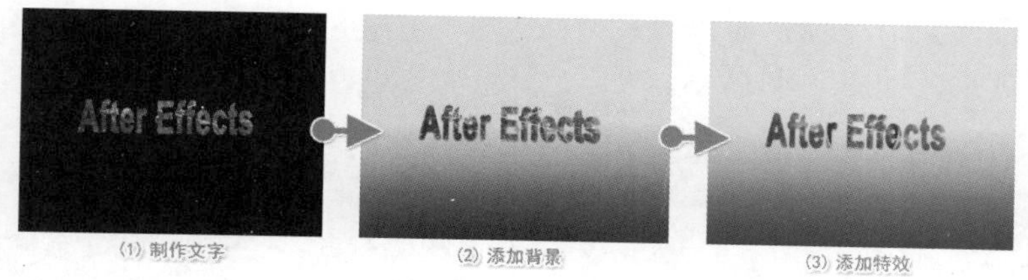

图7-207 制作流程

7.10.1 制作文字

01 双击桌面上的After Effects CC快捷图标启动软件，按“Ctrl+N”键新建合成，在弹出的“合成设置”对话框中设置合成名称为“文字”、预设为“自定义”方式、宽度值为1280、高度值为720、帧速率值为25、持续时间为5秒、背景颜色为黑色，如图7-208所示。

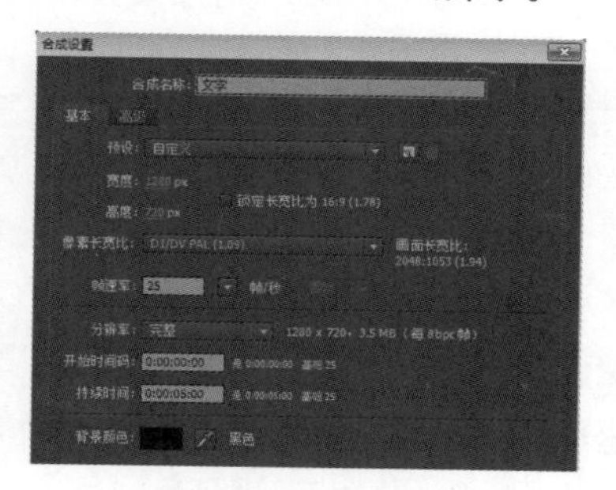

图7-208 合成设置

02 在工具栏中选择T文本工具，然后在“合成”窗口居中输入文字“After Effects”，保持输入状态并在“字符”面板中设置字体系列为“Arial”、设置字体样式为“Bold”、尺寸值为135、垂直缩放值为227、水平缩放值为181，如图7-209所示。

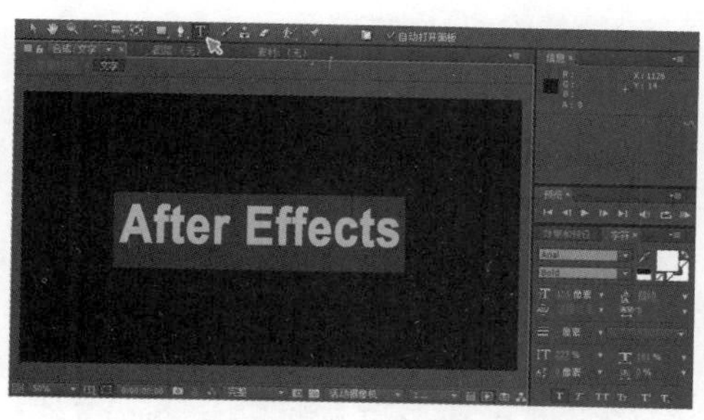

图7-209 字符设置

03 在“项目”面板中的空白位置双击鼠标“左”键，选择本书配套光盘中的“金属”图像素材进行导入，然后将此素材拖拽至“时间线”面板中，放置在最底层的位置，作为合成影片的蒙版素材，如图7-210所示。

图7-210　添加素材

04 在“时间线”面板中选择“金属”层，然后在菜单中选择【效果】→【颜色校正】→【曲线】命令项，准备为素材层添加曲线效果，如图7-211所示。

图7-211　添加曲线特效

05 在“效果”面板中设置“曲线”的RGB通道，调整画面整体对比度效果，如图7-212所示。

图7-212　曲线特效设置

06 在“时间线”面板中设置“金属”层的“轨道遮罩”类型为“Alpha遮罩”方式，如图7-213所示。

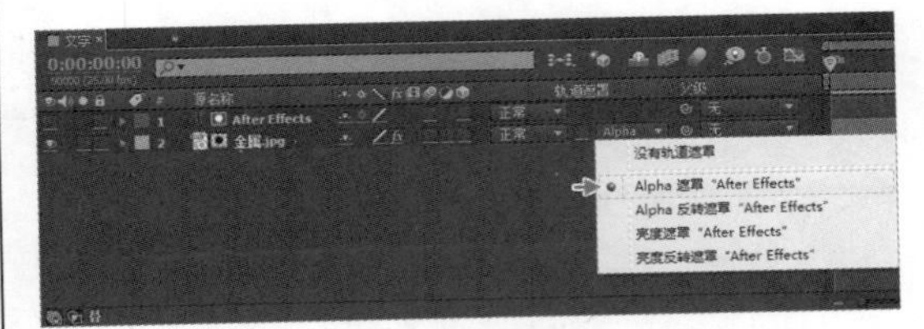

图7-213　轨道遮罩类型设置

专家课堂

“Alpha遮罩”可以把顶层图像的通道信息作为当前图层的蒙版。

07 设置“金属”层的“轨道遮罩”类型后，可以观察到“合成”窗口的“After Effects”文字已被金属层的图案填充，如图7-214所示。

图7-214　Alpha遮罩效果

专家课堂

当前“轨道遮罩”的设置会得到“布尔运算”的效果。

08 按“Ctrl+N”键新建合成，在弹出的“合成设置”对话框中设置合成名称为“扩散特效”、预设为“自定义”方式、宽度值为1280、高度值为720、帧速率值为25、持续时间为5秒、背景颜色为黑色，如图7-215所示。

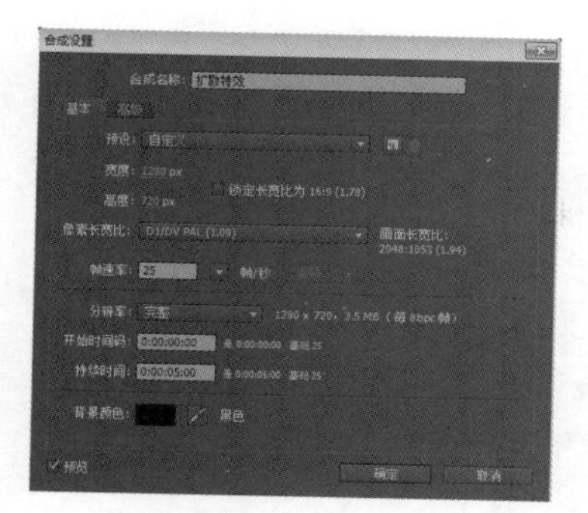
图7-215 合成设置

7.10.2 添加背景

01 按“Ctrl+Y”键新建纯色层，在弹出的“纯色设置”对话框中设置合成名称为“背景”、大小为1280×720、颜色为黑色，如图7-216所示。

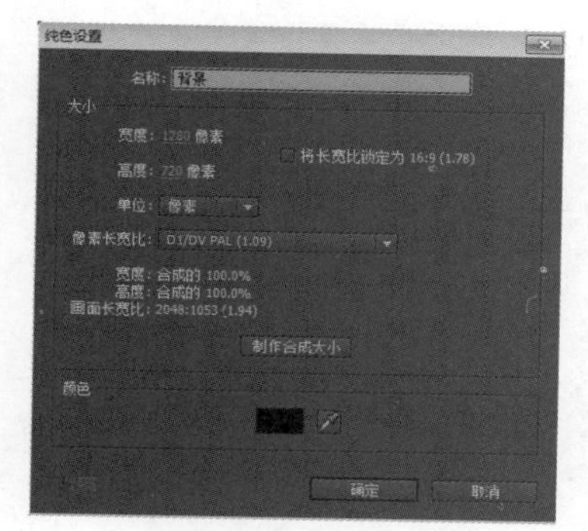
图7-216 纯色设置

02 在“时间线”面板中选择“背景”层，然后在菜单中选择【效果】→【生成】→【梯度渐变】命令项，准备为纯色层添加渐变效果，如图7-217所示。

图7-217 添加渐变效果

03 在“效果”面板中设置“梯度渐变”的起始颜色为浅灰色、结束颜色为深灰色，再设置渐变起点的值为X轴640、Y轴360，渐变终点的值为X轴640、Y轴720，背景层已显示由浅灰至深灰渐变的过渡效果，如图7-218所示。

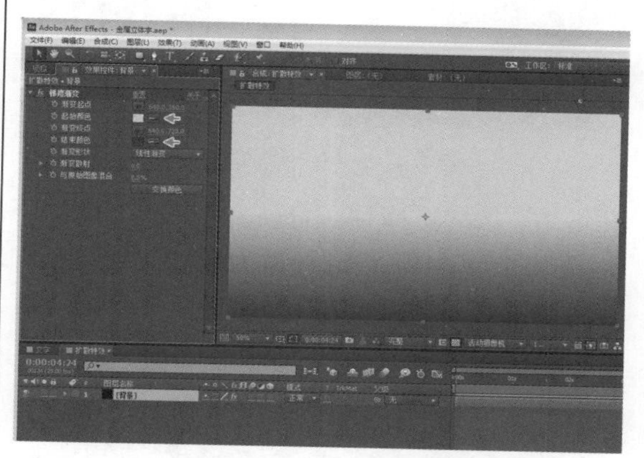
图7-218 渐变效果设置

04 在“项目”面板中使用鼠标“左”键将“文字”合成文件拖拽到“扩散特效”的“时间线”面板中，并将其放置于最顶层，如图7-219所示。

图7-219 添加合成文件

7.10.3 添加特效

01 在“时间线”面板中选择“文字”合成层，然后在菜单中选择【效果】→【风格化】→【发光】命令项，准备为文字层添加发光效果，如图7-220所示。

图7-220 添加发光效果

02 在“效果”面板中设置“发光”的发光基于类型为“Alpha通道”方式、发光阈值为5、发光半径值为1，如图7-221所示。

图7-221 发光效果设置

03 在“时间线”面板中选择“文字”层，然后在菜单中选择【编辑】→【重复】命令项，复制文字层，如图7-222所示。

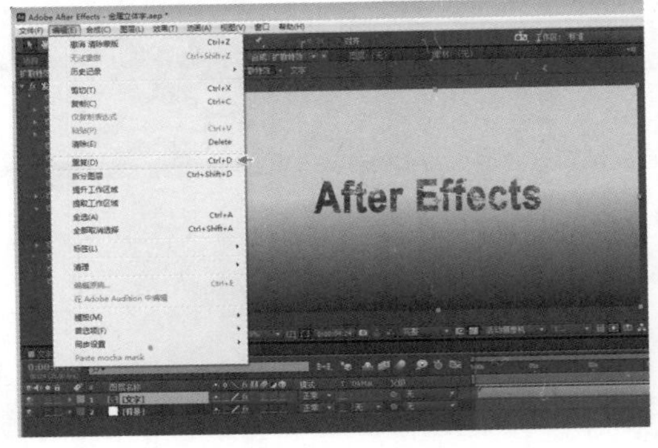

图7-222 复制图层

04 在“时间线”面板中选择被复制的“文字”层并单击鼠标“右”键将其重命名为“模糊”，然后选择“模糊”层并在菜单中选择【效果】→【模糊和锐化】→【快速模糊】命令项，准备为文字层添加模糊效果，如图7-223所示。

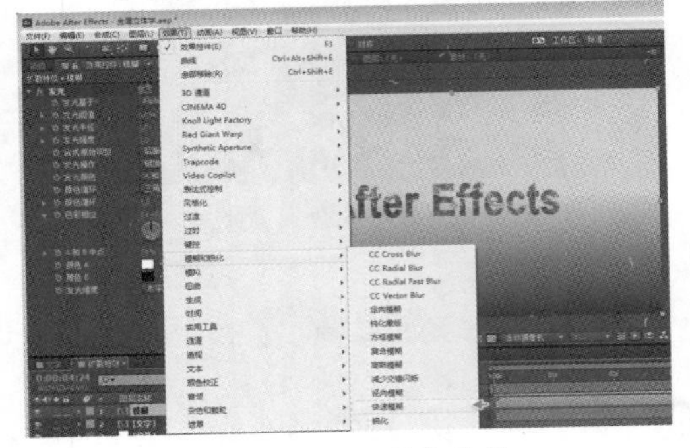
图7-223 添加模糊效果

05 在“效果”面板中设置“快速模糊”的模糊度值为7，使文字产生模糊效果，如图7-224所示。

图7-224 模糊效果设置

06 在“时间线”面板中选择“模糊”层，然后在菜单中选择【效果】→【颜色校正】→【曲线】命令项，为模糊层添加曲线效果，如图7-225所示。

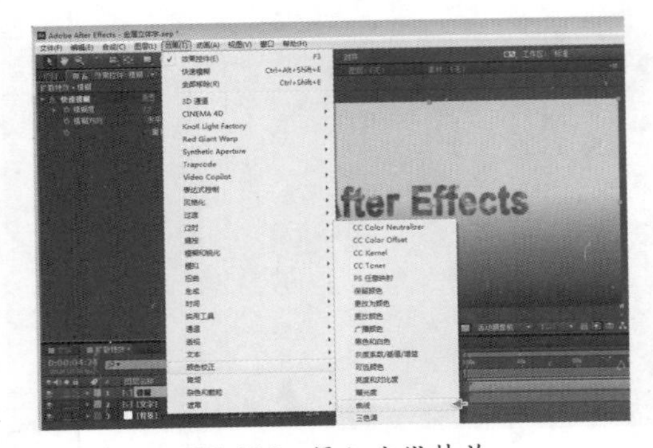
图7-225 添加曲线特效

07 在“效果”面板中设置“曲线”的Alpha通道，调整对比度的显示效果，如图7-226所示。

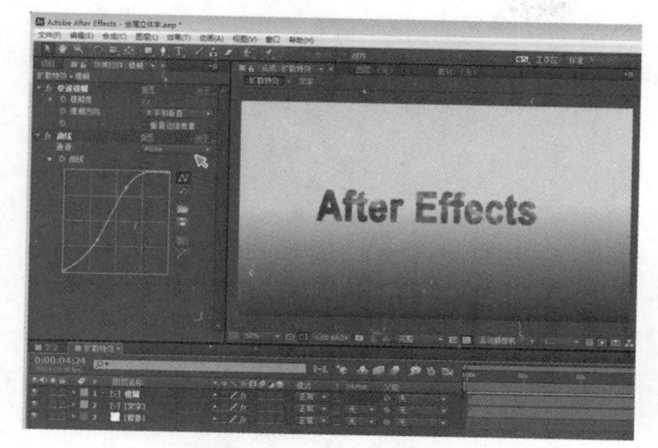

图7-226 曲线特效设置

08 在“时间线”面板中使用鼠标“左”键将“文字”层拖拽至最顶部，如图7-227所示。

图7-227 拖拽图层

09 在“时间线”面板中单击“文字”层，然后在工具栏中选择椭圆工具，并在“合成”窗口中绘制“椭圆”形蒙版遮罩，如图7-228所示。

图7-228 添加蒙版

10 在“时间线”面板中展开“蒙版1”的卷展栏并将时间滑块拖拽至影片的起始位置，然后单击蒙版扩展项前的码表图标，添加起始关键帧并设置蒙版扩展值为－80，再将时间滑块拖拽至影片的第4秒24帧位置，设置蒙版扩展值为365，如图7-229所示。

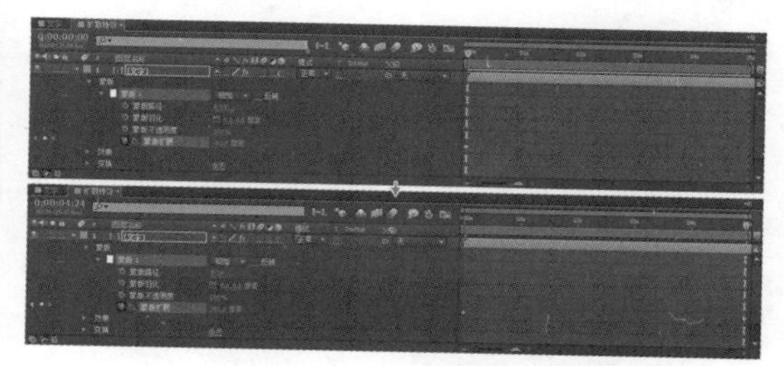

图7-229 蒙版扩展动画设置

11 使用键盘数字输入区域的“0”键预览合成动画，效果如图7-230所示。

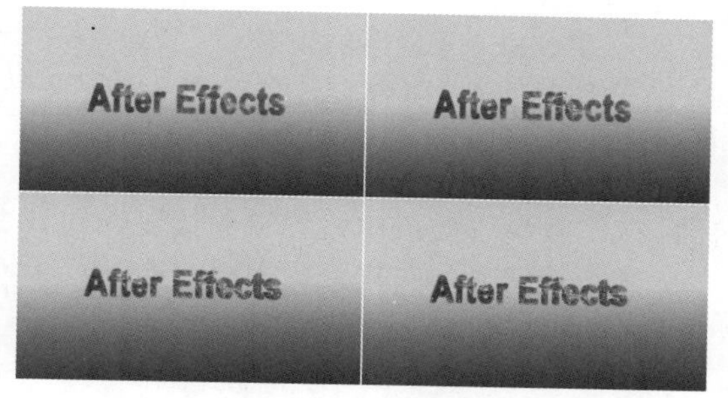

图7-230 预览效果

12 预览合成动画后发现画面对比度不够强烈，所以在菜单中选择【图层】→【新建】→【调整图层】命令项，新建调整图层，如图7-231所示。

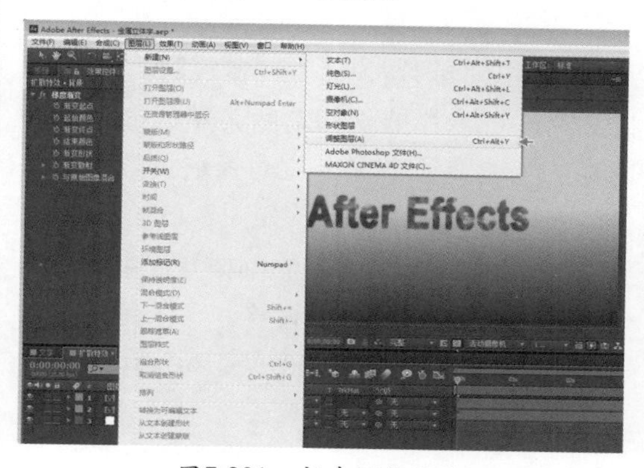

图7-231 新建调整图层

⑬ 在“时间线”面板中选择“调整图层1”层，然后在菜单中选择【效果】→【颜色校正】→【曲线】命令项，为纯色层添加曲线效果，如图7-232所示。

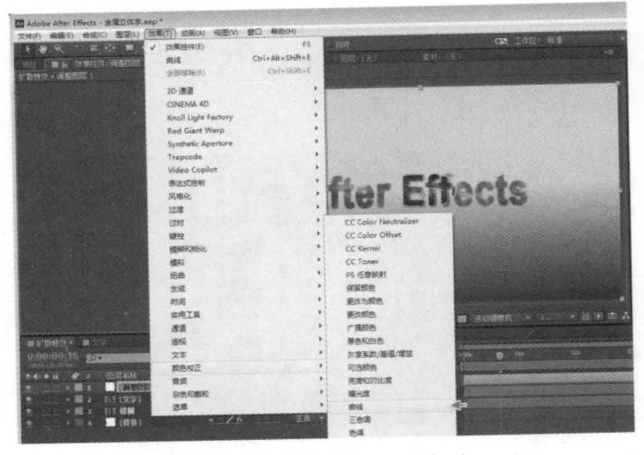

图7-232 添加曲线特效

专家课堂

在模拟金属质感的效果时，重点在于提升颜色反差，通过对比度或锐化会更加简便。

⑭ 在“效果”面板中设置“曲线”的RGB通道，调整画面整体对比度，如图7-233所示。

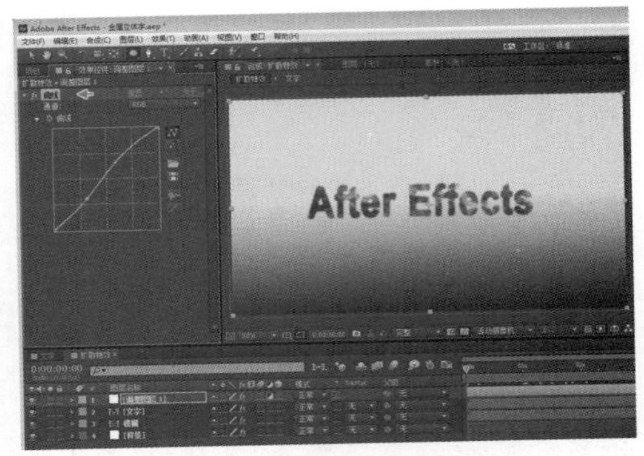

图7-233 曲线特效设置

⑮ 使用键盘数字输入区域的“0”键预览最终合成动画，效果如图7-234所示。

图7-234 最终效果

7.11 实例——卡片擦除字

素材文件	配套光盘→范例文件→Chapter7	难易程度	★★★☆☆
重要程度	★★★☆☆	实例重点	通过对“卡片擦除”进行设置完成动画设置

在制作“卡片擦除字”实例时，先设置将文本进行卡片擦除的动画，然后通过对背景效果滤镜设置丰富卡片动画炫目效果，使多层卡片效果衬托文字，如图7-235所示。

“卡片擦除字”实例的制作流程主要分为3部分，包括①字幕动画设置；②卡片特效动画；③文字卡片特效，如图7-236所示。

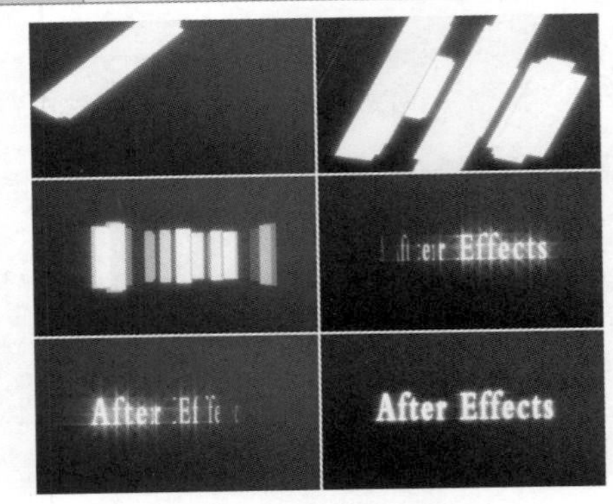

图7-235 实例效果

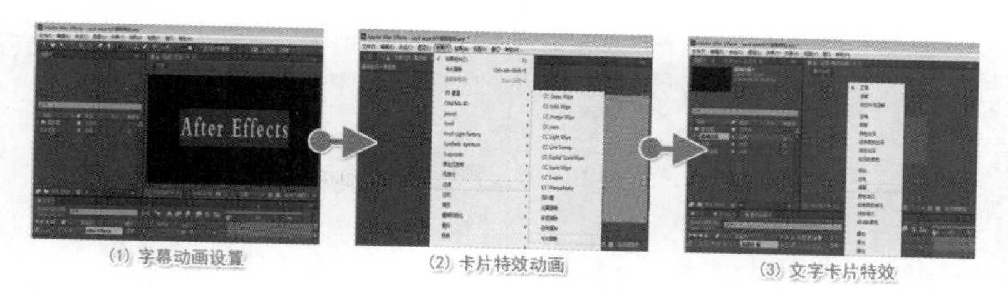

图7-236 制作流程

7.11.1 字幕动画设置

01 双击桌面上的After Effects CC快捷图标启动软件，然后在菜单中选择【合成】→【新建合成】命令项，建立新的合成文件，如图7-237所示。

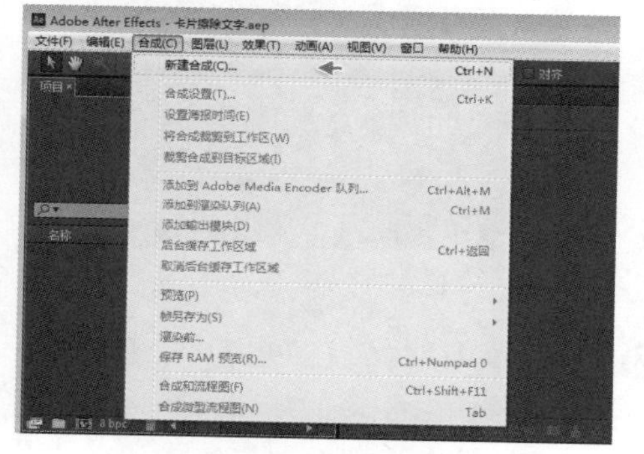

图7-237 新建合成

02 在弹出的“合成设置”对话框中设置合成名称为“文字”、预设为“HDV/HDTV 720 25”小高清类型、帧速率为25帧/秒、持续时间为6秒、背景颜色为黑色，如图7-238所示。

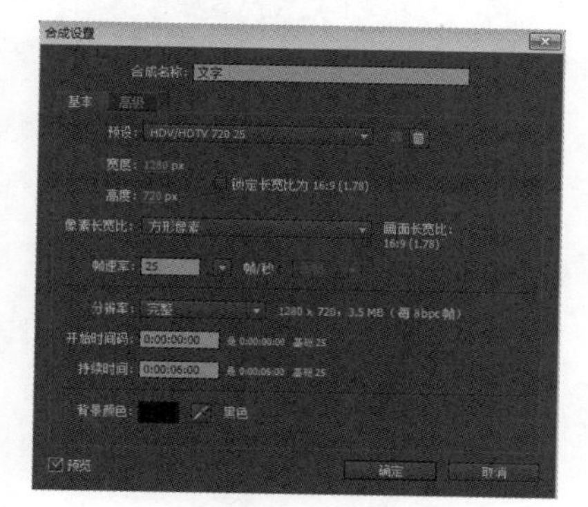

图7-238 合成设置

03 在工具栏中选择T文本工具，然后在“合成”窗口居中输入文字“After Effects”，保持文字在选择状态，在“字符”面板中设置字体样式，如图7-239所示。

图7-239 输入文字

04 在“时间线”面板中选择文字层，然后在菜单中选择【效果】→【过渡】→【卡片擦除】命令项，准备为文字添加卡片效果，如图7-240所示。

图7-240 添加卡片擦除

专家课堂

“卡片擦除”滤镜特效可以产生类似卡片效果的图像翻转切换。

05 在“效果”面板中设置“卡片擦除”效果滤镜的过渡完成值为0、行数值为1、列数值为30，再设置翻转轴为“Y”轴，准备制作文字卡片擦除效果动画，如图7-241所示。

图7-241　卡片擦除设置

专家课堂

“行数”可以设置产生卡片的图形的横向排列数，“列数”可以设置产生卡片的图形的竖向排列数。

06 在“时间线”面板中选择文字层并展开“卡片擦除”特效项，将时间滑块拖拽至影片的起始位置，再单击过渡完成项前的码表图标，设置起始帧过渡完成值为0，继续将时间滑块拖拽至影片第3秒位置，设置结束帧过渡完成值为90，使文字在画面中产生卡片擦除效果，如图7-242所示。

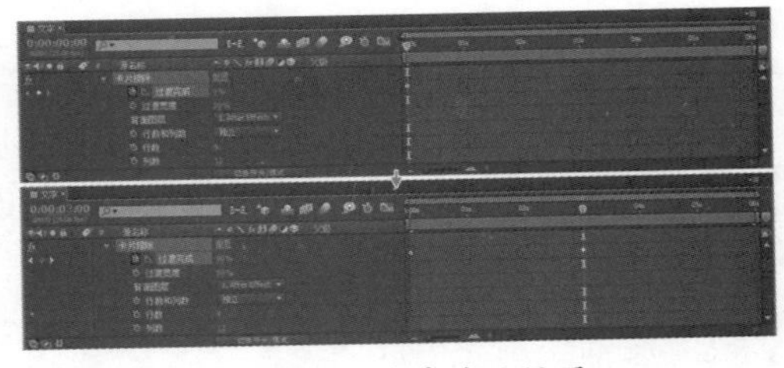
图7-242　过渡动画设置

07 在“预览”面板中单击播放/暂停按钮，然后在“合成”窗口中观察卡片文字的动画效果，如图7-243所示。

图7-243　预览效果

7.11.2　卡片特效动画

01 在菜单中选择【合成】→【新建合成】命令项，建立新的合成文件，在弹出的“合成设置”对话框中设置合成名称为“基础合成”、预设为“HDV/HDTV 720 25”小高清类型、帧速率为25帧/秒、持续时间为6秒、背景颜色为黑色，如图7-244所示。

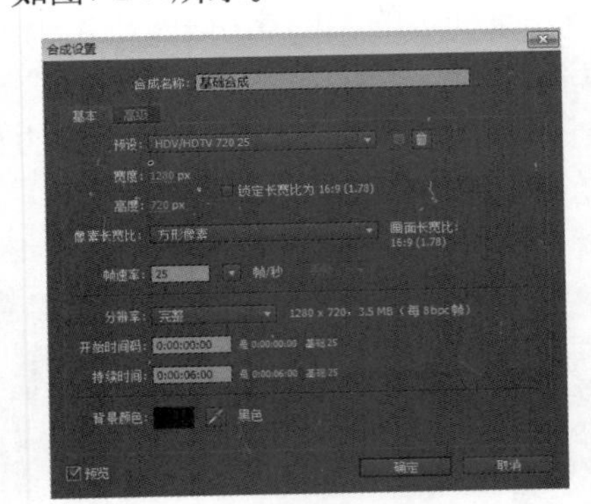
图7-244　合成设置

02 在菜单中选择【图层】→【新建】→【纯色】命令项，新建纯色图层，在弹出的“纯色设置”对话框中设置名称为“黄色板”，大小为1280×720像素，再将纯色层的颜色设置为“土黄色”，如图7-245所示。

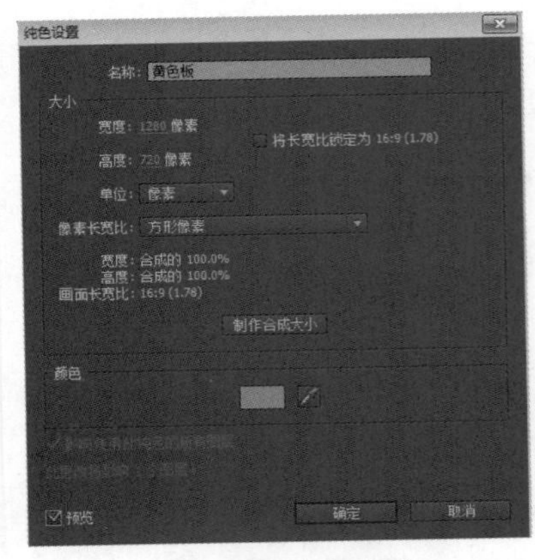
图7-245　纯色设置

03 在“时间线”面板中选择“黄色板”层，然后在菜单中选择【效果】→【过渡】→【卡片擦除】命令项，准备为黄色板层制作卡片效果，如图7-246所示。

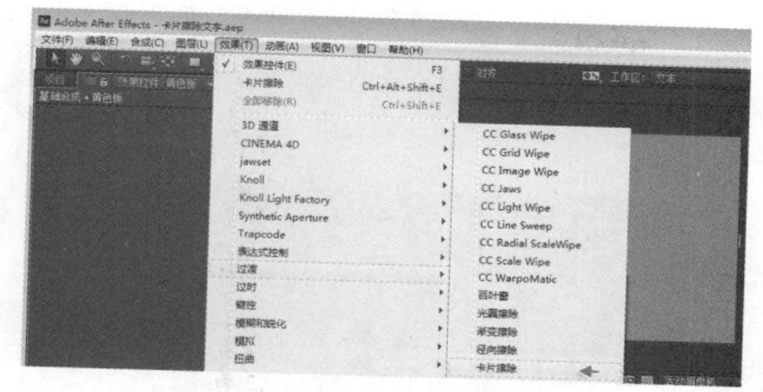

图7-246 添加卡片擦除效果

04 在“效果”面板中设置“卡片擦除”效果滤镜的过渡完成值为0、行数值为1、列数值为10、随机植入值为21，再设置翻转轴为“Y”轴，准备制作黄色板卡片擦除效果动画，如图7-247所示。

图7-247 卡片擦除效果设置

05 在“时间线”面板中选择“黄色板”层，然后按“T”键展开不透明度项并开启码表图标按钮，将时间滑块拖拽至影片第3秒位置，设置起始帧不透明度值为100，再将时间滑块拖拽至影片第4秒位置，设置结束帧不透明度值为0，使黄色背景层产生透明动画效果，如图7-248所示。

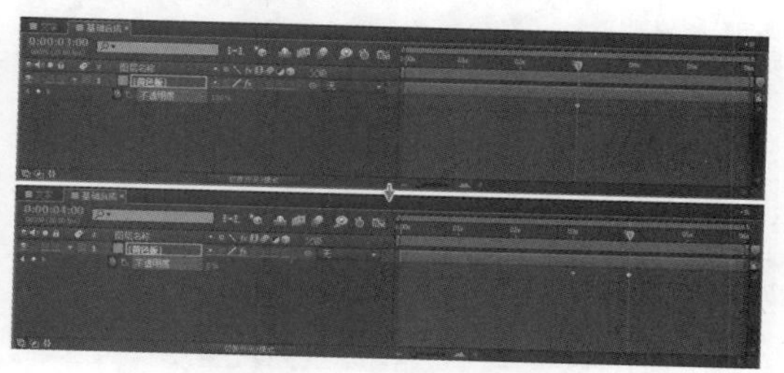

图7-248 透明动画设置

06 在“时间线”面板中选择“黄色板”层并展开“卡片擦除”特效项，将时间滑块拖拽至影片第2秒位置，再单击过渡完成项前的码表图标，设置起始过渡完成值为0，继续将时间滑块拖拽至影片第3秒位置，设置结束过渡完成值为100，使黄色背景层产生过渡动画效果，如图7-249所示。

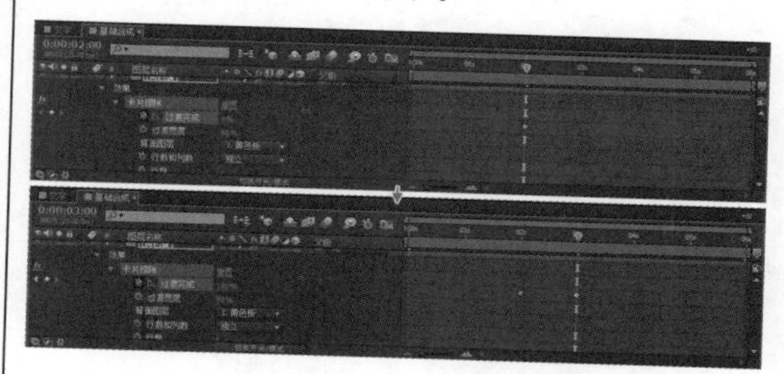

图7-249 过渡动画设置

07 在“时间线”面板中单击过渡宽度项前的码表图标，然后将时间滑块拖拽至影片第2秒位置，设置起始过渡宽度值为50；再将时间滑块拖拽至影片第4秒位置，设置结束过渡宽度值为100，使黄色背景层产生宽度动画效果，如图7-250所示。

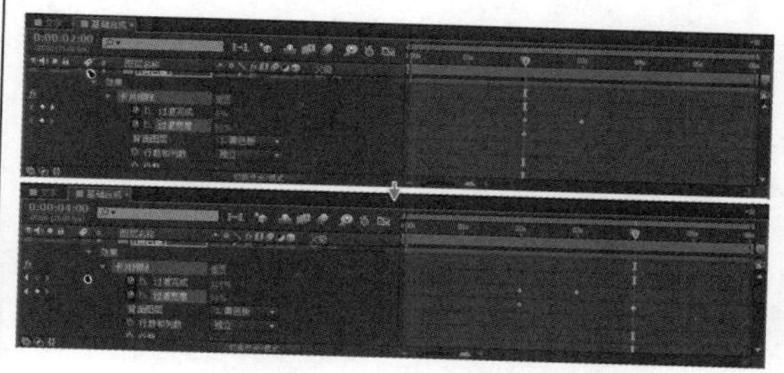

图7-250 过渡动画设置

08 在“时间线”面板中展开摄像机位置项，然后开启Y轴旋转项和Z轴旋转项前的码表图标，将时间滑块拖拽至影片起始位置，设置起始帧Y轴旋转值为－30、Z轴旋转值为－60，再将时间滑块拖拽至影片第3秒位置，设置结束帧Y轴旋转值为0、Z轴旋转值为0，使黄色背景层产生旋转动画效果，如图7-251所示。

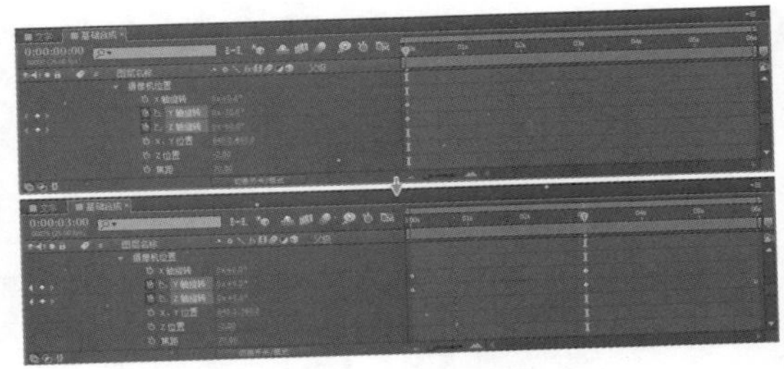
图7-251　旋转动画设置

09 在“时间线”面板中开启“Z位置”项前的码表图标，然后将时间滑块拖拽至影片起始位置，设置起始帧Z轴位置值为－2；再将时间滑块拖拽至影片第3秒22帧位置，设置结束帧Z轴位置值为7.89，使黄色背景层产生位置动画效果，如图7-252所示。

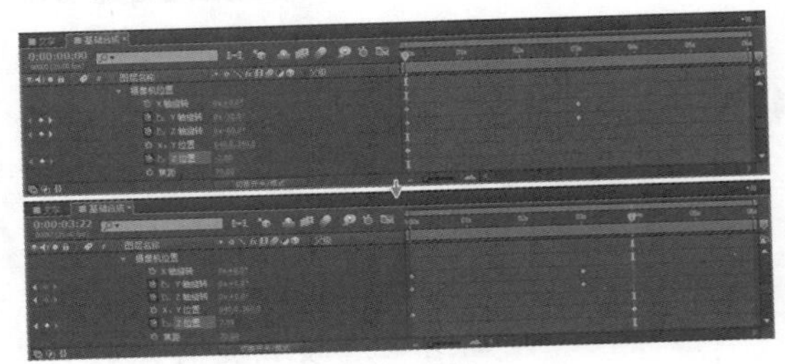
图7-252　位置动画设置

10 在“时间线”面板中展开位置抖动项，然后开启“X抖动量”项前的码表图标，将时间滑块拖拽至影片起始位置，设置起始帧X轴抖动量值为52，再将时间滑块拖拽至影片第3秒位置，设置结束帧X轴抖动量值为0，使黄色背景层产生X轴抖动动画效果，如图7-253所示。

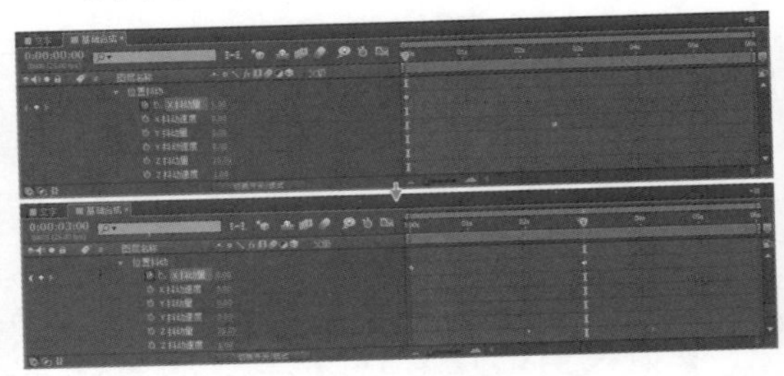
图7-253　抖动动画设置

11 在“时间线”面板中单击Z抖动项前的码表图标，将时间滑块拖拽至影片起始位置，设置起始帧Z轴抖动量值为25，再将时间滑块拖拽至影片第4秒位置，设置结束帧Z轴抖动量值为6.25，使黄色背景层产生Z轴抖动动画效果，如图7-254所示。

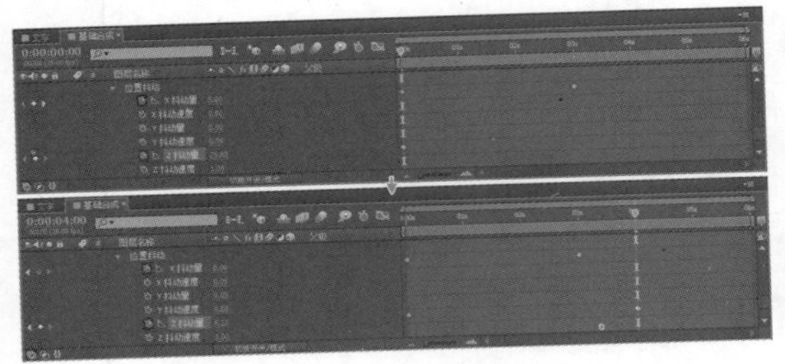
图7-254　抖动动画设置

12 在“时间线”面板中展开“旋转抖动”项，然后开启Y轴旋转抖动量项前的码表图标，将时间滑块拖拽至影片起始位置，设置起始帧Y轴旋转抖动量值为360；再将时间滑块拖拽至影片第3秒位置，设置结束帧Y轴旋转抖动量值为270，使黄色背景层产生旋转抖动动画效果，如图7-255所示。

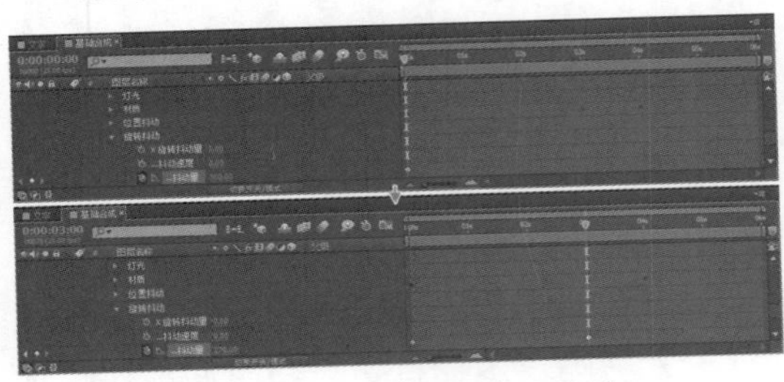
图7-255　旋转抖动动画设置

13 在“预览”面板中单击播放/暂停按钮，然后在“合成”窗口中观察黄色背景层动画效果，如图7-256所示。

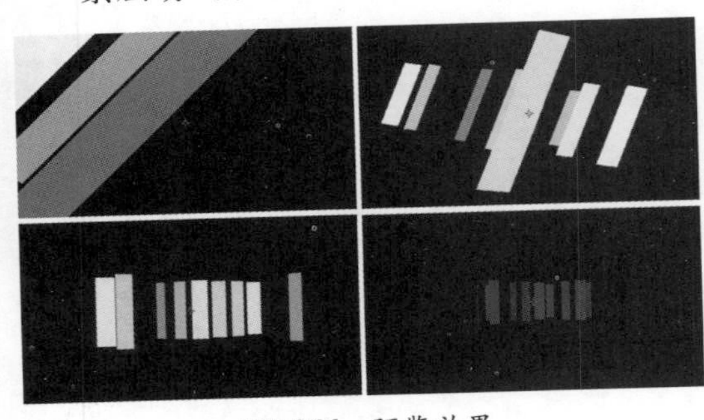
图7-256　预览效果

14 在菜单中选择【图层】→【新建】→【纯色】命令项，新建纯色图层，在弹出的"纯色设置"对话框中设置名称为"绿色板"、大小为1280×720、再将纯色层的颜色设置为"绿色"，如图7-257所示。

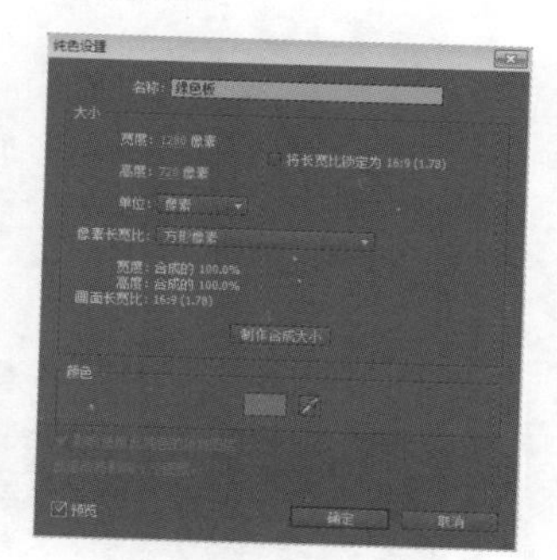

图7-257 纯色设置

15 在"时间线"面板中选择"黄色板"层，然后在"效果"面板中选择"卡片擦除"效果滤镜，按"Ctrl+C"键进行复制，为绿色板层添加卡片擦除效果，如图7-258所示。

图7-258 复制设置

16 在"时间线"面板中选择"绿色板"层，然后按"Ctrl+V"键进行粘贴，为绿色板层添加卡片擦除效果，如图7-259所示。

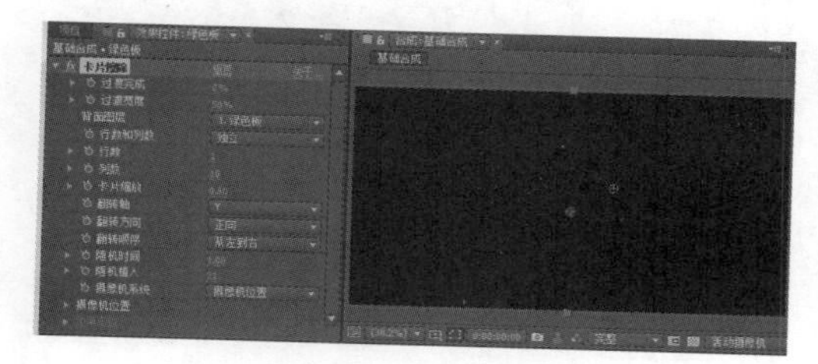

图7-259 粘贴设置

17 在"时间线"面板中选中"绿色板"层，然后按"U"键展开所有动画设置项目，再调整不同时间各项目的值，目的是打乱黄色板背景层出现的顺序，如图7-260所示。

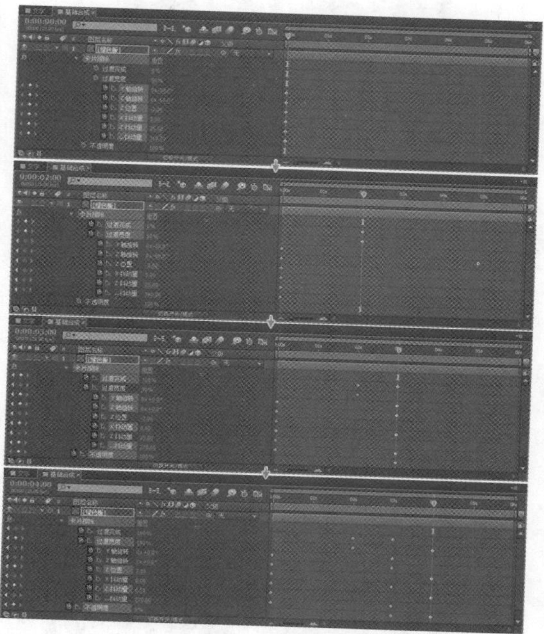

图7-260 调整动画帧

18 在"预览"面板中单击▶播放/暂停按钮，然后在"合成"窗口中观察绿色板层动画效果，如图7-261所示。

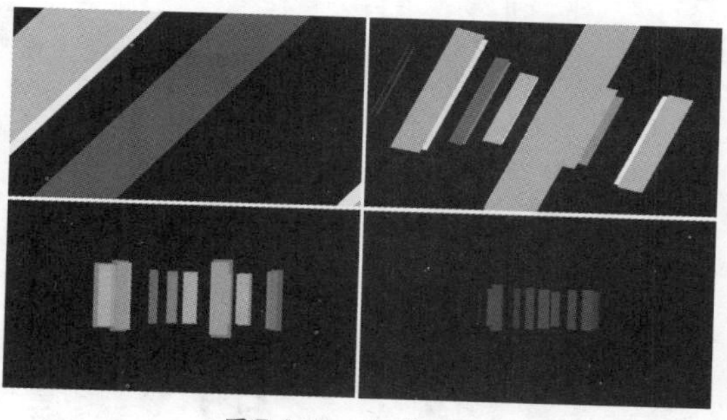

图7-261 预览效果

19 在菜单中选择【图层】→【新建】→【纯色】命令项，新建纯色图层，在弹出的"纯色设置"对话框中设置名称为"红色板"、大小为1280×720，再将纯色层的颜色设置为"红色"，如图7-262所示。

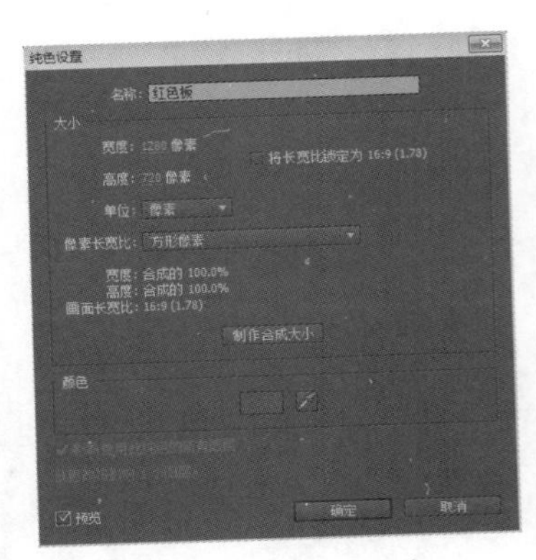

图7-262 纯色设置

20 在“时间线”面板中选择“黄色板”层，然后在“效果”面板中选择“卡片擦除”效果滤镜，按“Ctrl+C”键进行复制，为红色板层添加卡片擦除效果，如图7-263所示。

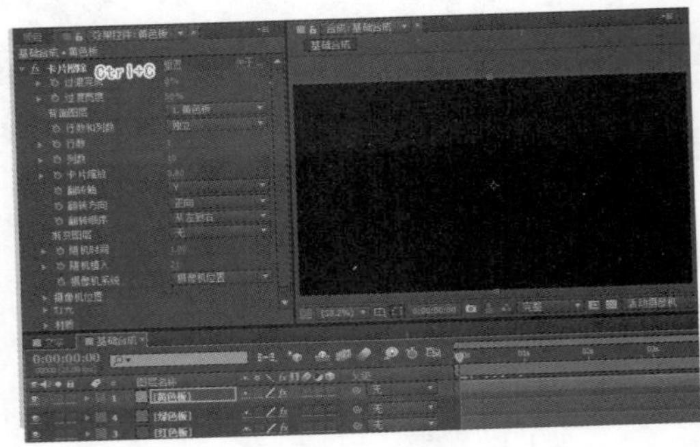

图7-263 复制设置

21 在“时间线”面板中选择“红色板”层，然后按“Ctrl+V”键进行粘贴，为红色板层添加卡片擦除效果，如图7-264所示。

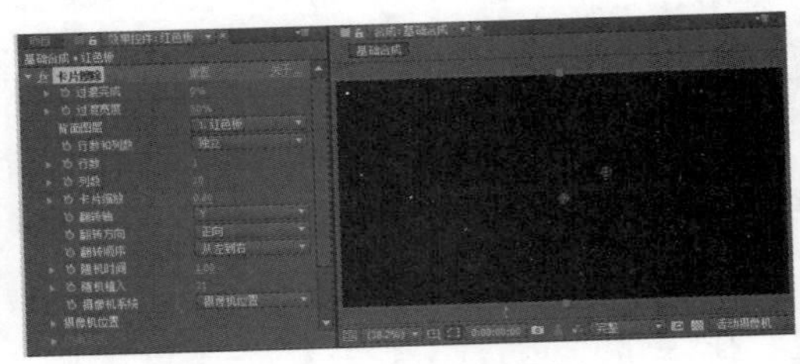

图7-264 粘贴设置

22 在“时间线”面板中选中“红色板”层，然后按“U”键展开所有动画设置项目，再调整不同时间各项目的值，目的是打乱背景层出现的顺序，渲染需要的效果，如图7-265所示。

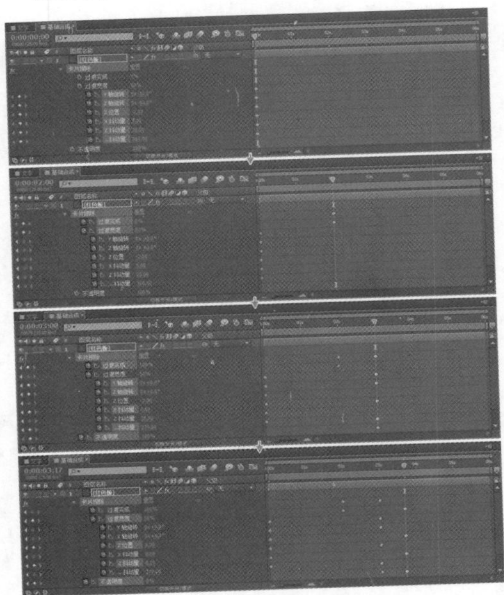

图7-265 调整动画帧

23 在“预览”面板中单击▶播放/暂停按钮，然后在“合成”窗口中观察背景层动画效果，如图7-266所示。

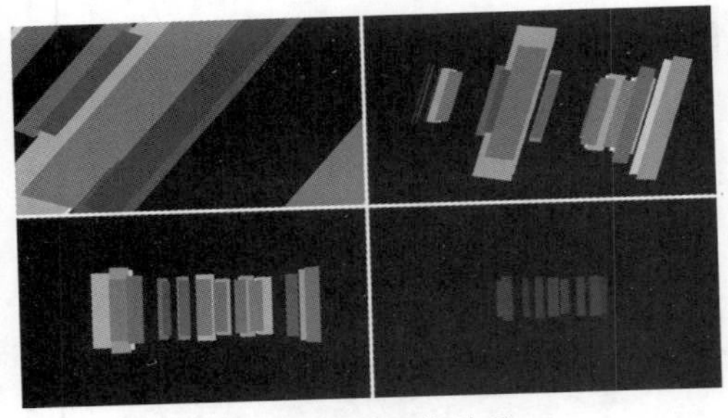

图7-266 预览效果

24 在“时间线”面板中选中“黄色板”背景层，然后按“Ctrl+D”键复制图层，准备调整图层顺序，如图7-267所示。

图7-267 复制图层

25 在“时间线”面板中选择“黄色板”背景层并拖拽层至顶端，然后单击鼠标“右”键重命名为“黄色板2”，再次调节效果滤镜的动画，如图7-268所示。

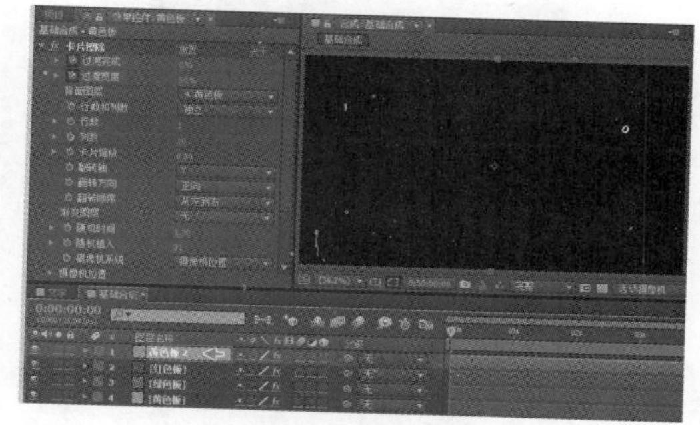

图7-268 重命名设置

26 在“时间线”面板中选择“黄色板2”层，然后按“U”键展开所有动画设置项目，再调整不同时间各项目的值，使动画的效果更加丰富，如图7-269所示。

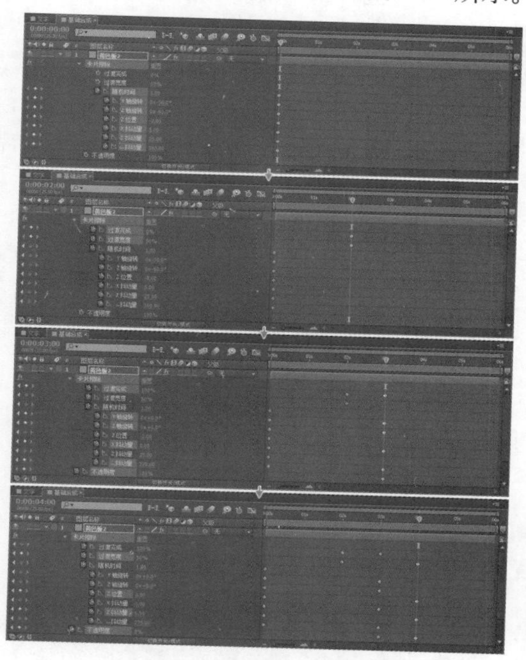

图7-269 调整动画帧

27 在“预览”面板中单击播放/暂停按钮，然后在“合成”窗口中观察背景层动画效果，如图7-270所示。

28 在“项目”面板中选择“文字”合成文件并拖拽至“时间线”面板放至顶层，作为合成影片的文字素材，如图7-271所示。

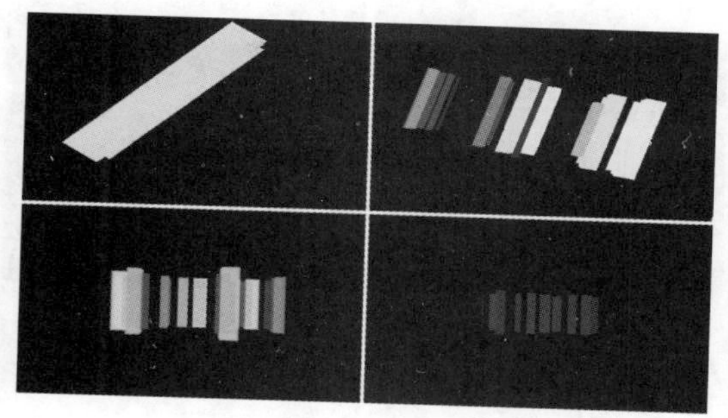

图7-270 预览效果

图7-271 添加合成

29 在“时间线”面板展开“文字”合成层的“变换”项，然后开启缩放项和不透明度项前的码表图标，将时间滑块拖拽至影片第3秒位置，设置起始缩放值为0、不透明度值为0，再将时间滑块拖拽至影片第4秒位置，设置结束缩放值为100、不透明度值为100，使文字产生放大透明动画效果，如图7-272所示。

图7-272 动画设置

30 在“预览”面板中单击播放/暂停按钮，然后在“合成”窗口中观察文字和背景动画效果，如图7-273所示。

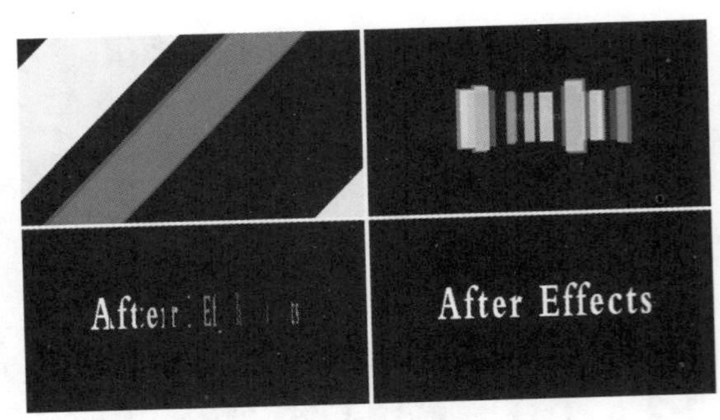

图7-273 预览效果

7.11.3 文字卡片特效

01 在菜单中选择【合成】→【新建合成】命令项，建立新的合成文件，在弹出的“合成设置”对话框中设置合成名称为“最终合成”、预设为“HDV/HDTV 720 25”小高清类型、帧速率为25帧/秒、持续时间为6秒、背景颜色为黑色，如图7-274所示。

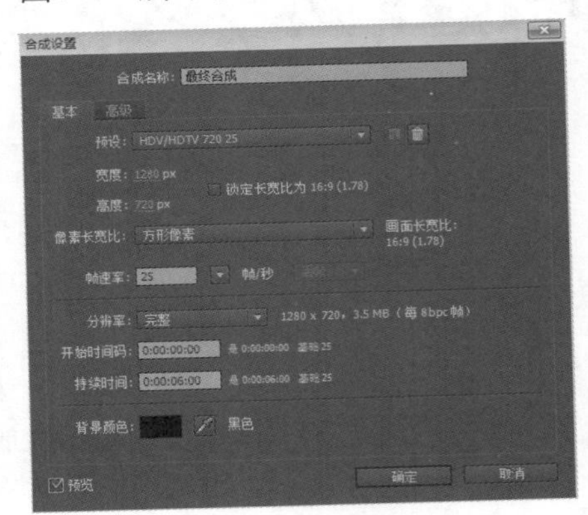

图7-274 合成设置

02 在菜单中选择【图层】→【新建】→【纯色】命令项，新建纯色图层，在弹出的“纯色设置”对话框中设置名称为“品蓝色板”、大小为1280×720，再将纯色层的颜色设置为“品蓝色”，如图7-275所示。

03 在“时间线”面板中选择“品蓝色板”层，设置图层模式为“屏幕”方式，使图层与背景融合在一起，如图7-276所示。

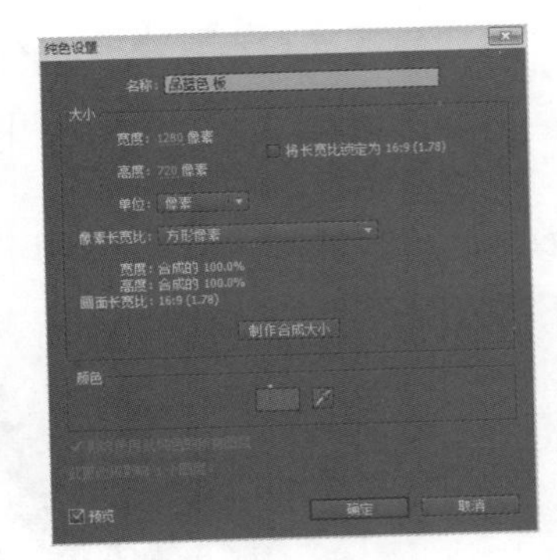

图7-275 纯色设置

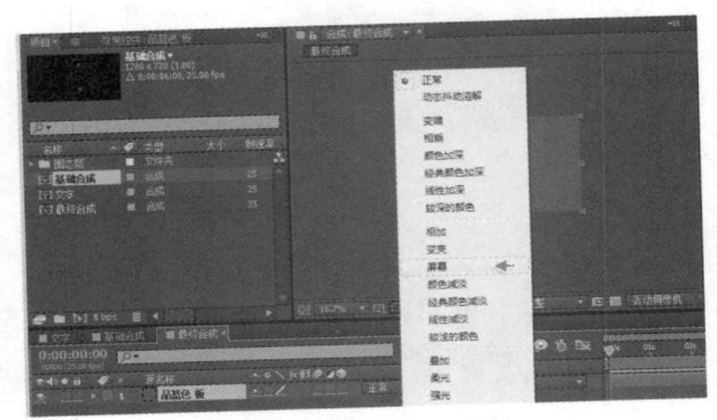
图7-276 层叠加设置

“屏幕”模式是将当前层影片与下层影片的互补颜色相乘，得到较为明亮的颜色。

04 在“时间线”面板中选择“品蓝色板”层，在工具栏中选择钢笔工具按钮，然后在“合成”窗口中绘制选区，再将蒙版羽化值设置为800，使遮罩边缘产生柔和过渡，只在画面右上部分产生背景颜色，如图7-277所示。

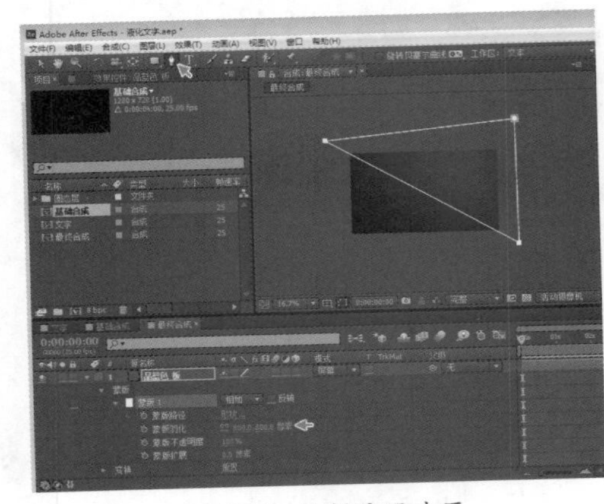
图7-277 绘制遮罩选区

05 在“项目”面板中选择“基础合成”文件并拖拽至“时间线”面板放至顶层，作为合成影片的主体素材，如图7-278所示。

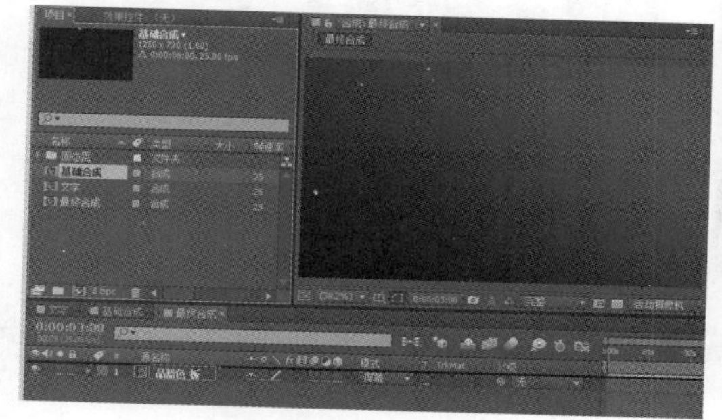

图7-278 添加合成

06 在“时间线”面板中选择“基础合成”层，设置图层模式为“屏幕”方式，使合成层和背景融合在一起并增加画面亮度，如图7-279所示。

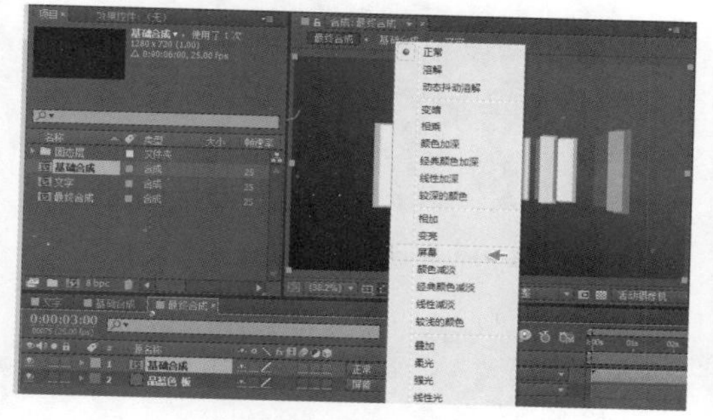

图7-279 层叠加设置

07 在“时间线”面板中选择“基础合成”层，然后在菜单中选择【效果】→【风格化】→【发光】命令项，为基础合成添加发光效果，如图7-280所示。

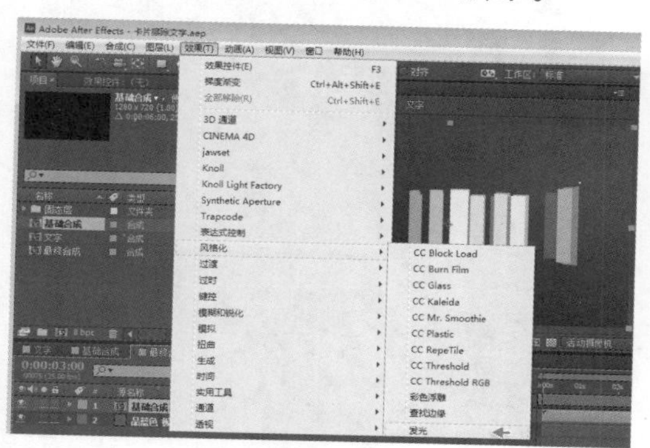

图7-280 添加发光效果

08 添加“发光”效果滤镜后，在“合成”窗口中便会预览到默认的发光效果，如图7-281所示。

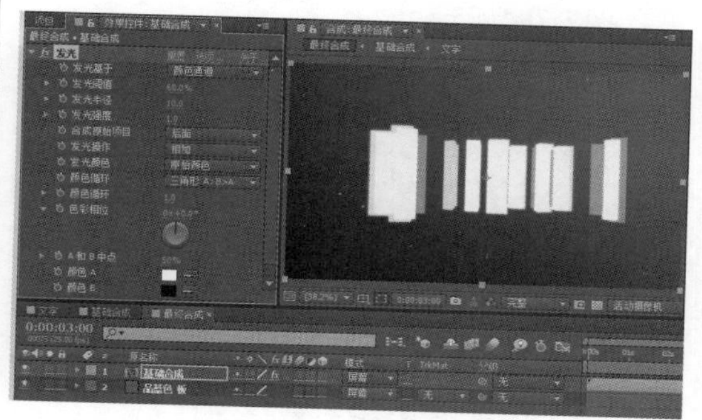

图7-281 发光效果设置

09 在“时间线”面板中选择“基础合成”层，然后在菜单中选择【效果】→【Trapcode】→【Starglow（星光）】命令项，准备为影片添加星光效果，如图7-282所示。

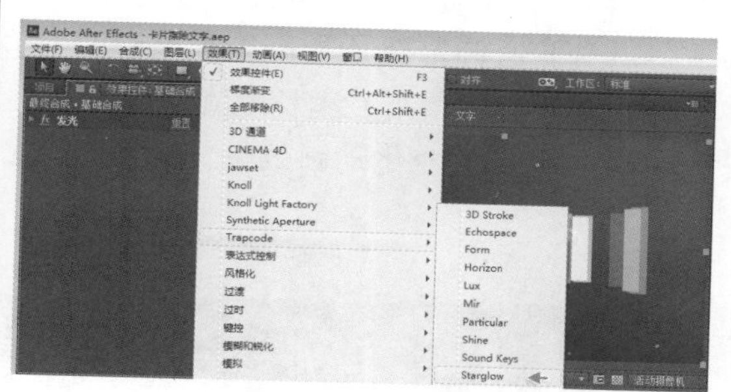

图7-282 添加星光效果

10 在“效果”面板中设置“星光”效果滤镜的“各个方向光线长度”项中的参数，在“合成”窗口中预览文字的光线效果，如图7-283所示。

图7-283 星光效果设置

11 在“效果”面板中设置“星光”效果滤

镜的各个方向光线颜色全部为“颜色贴图A”类型，再设置颜色贴图A的预设为“单一颜色”类型、颜色为白色，如图7-284所示。

图7-284　星光颜色设置

⑫ 在“时间线”面板中展开“基础合成”层的“星光”效果滤镜，然后开启光线长度项前的码表图标，将时间滑块拖拽至影片第3秒位置，设置起始光线长度值为20；再将时间滑块拖拽至影片第4秒15帧位置，设置光线长度值为50；继续将时间滑块拖拽至影片第5秒24帧位置，设置结束光线长度值为10，使光线产生长短变化动画效果，如图7-285所示。

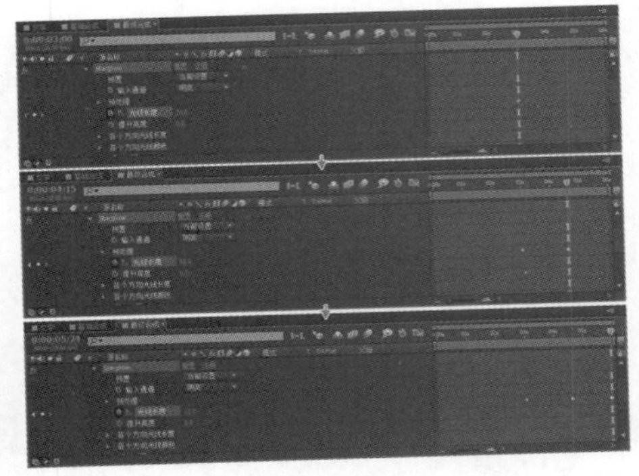

图7-285　动画帧设置

⑬ 在“预览”面板中单击播放/暂停按钮，然后在“合成”窗口中观察卡片擦除文字的动画效果，如图7-286所示。

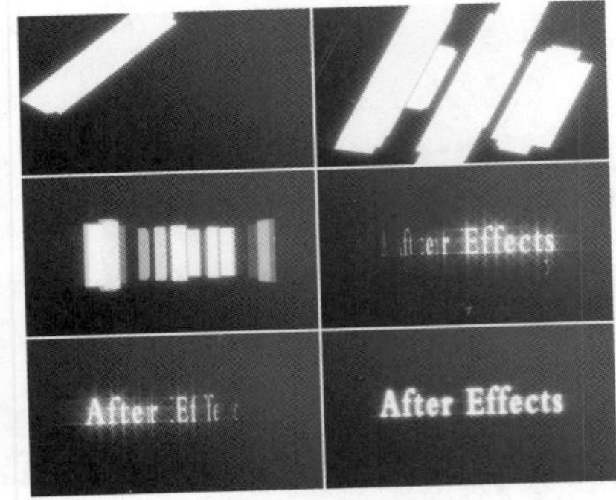

图7-286　最终效果

7.12 实例——粒子光晕字

素材文件	配套光盘→范例文件→Chapter7	难易程度	★★★★☆
重要程度	★★★☆☆	实例重点	粒子与镜头光晕的组合设置

在制作“粒子光晕字”实例时，先设置粒子特效中的扰乱场以及粒子形态，再通过叠加产生炫目的粒子特效，然后通过灯光工厂的父级链接使粒子产生方向动画，完成最终粒子与光晕的文字效果，如图7-287所示。

“粒子光晕字”实例的制作流程主要分为3部分，包括①制作粒子；②丰富画面；③添加背景及文字，如图7-288所示。

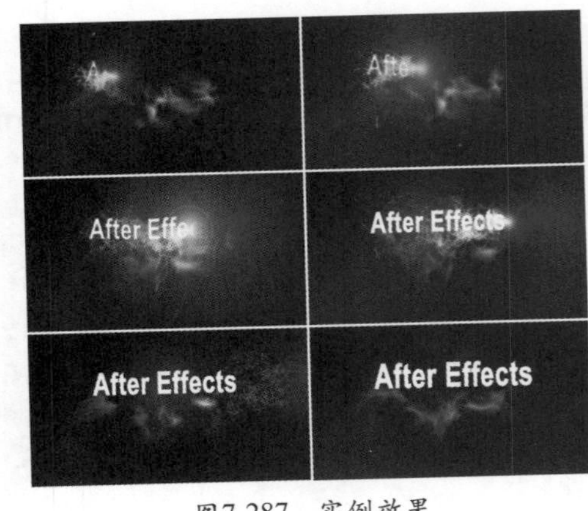

图7-287　实例效果

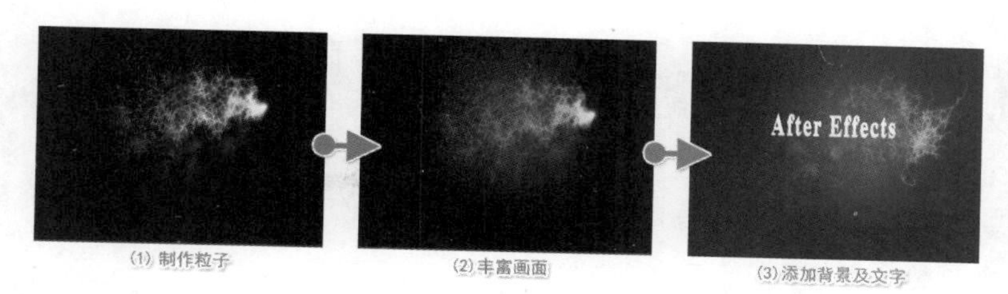

图7-288　制作流程

7.12.1　制作粒子

01 双击桌面上的After Effects CC快捷图标启动软件，然后在菜单中选择【合成】→【新建合成】命令项，如图7-289所示。

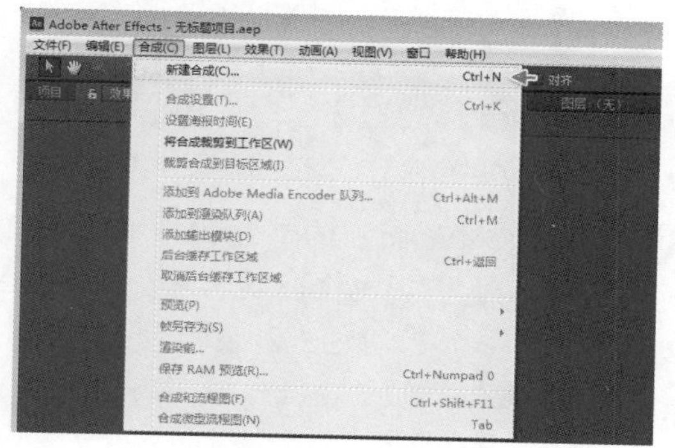

图7-289　新建合成

02 在弹出的“合成设置”对话框中设置合成名称为“粒子光晕合成”、预设为“自定义”方式、宽度值为1280、高度值为720、帧速率为25帧/秒、持续时间为5秒、背景颜色为黑色，如图7-290所示。

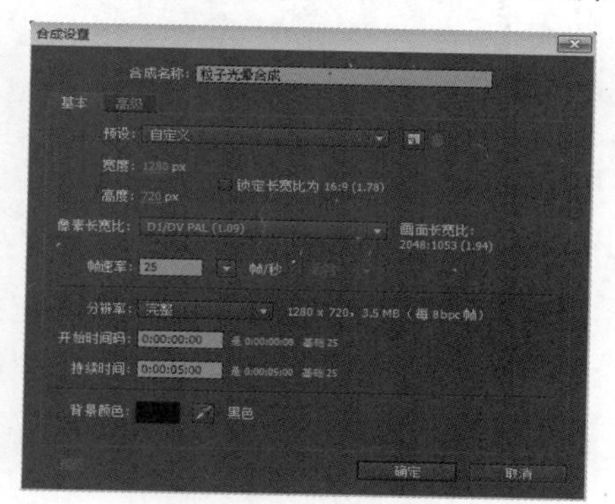

图7-290　合成设置

03 按“Ctrl+Y”键新建纯色层，在弹出的“纯色设置”对话框中设置名称为“粒子发射层”、大小为1280×720像素、背景颜色为黑色，如图7-291所示。

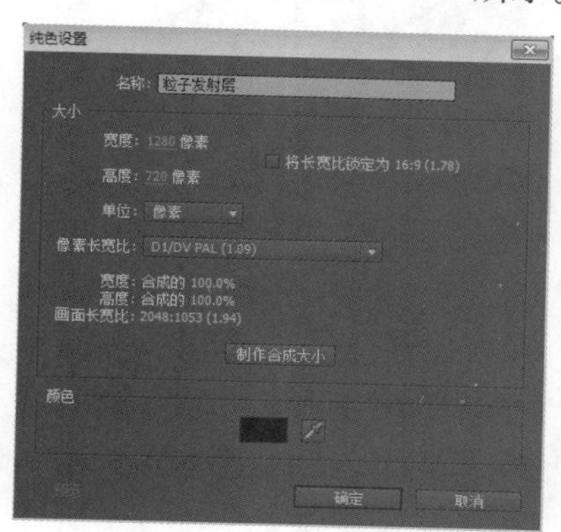

图7-291　纯色设置

04 在“时间线”面板中选择“粒子发射层”，然后在菜单中选择【效果】→【Trapcode】→【Particular（粒子）】命令项，为背景层添加粒子效果，如图7-292所示。

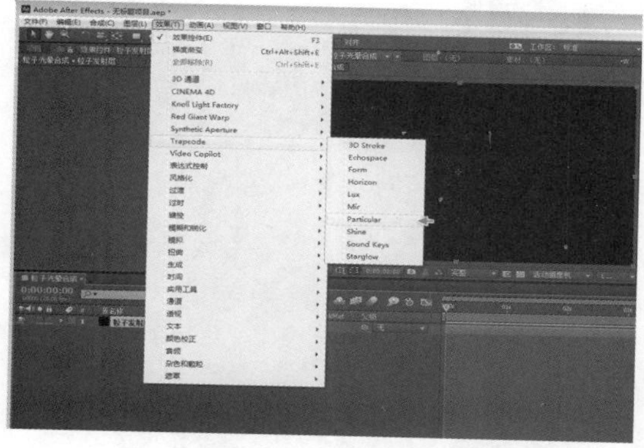

图7-292　添加粒子特效

专家课堂

Particular（粒子）滤镜特效是单独的粒子系统，可以通过不同参数的调整使粒子系统呈现出各种超现实效果，并模拟出光效、火和烟雾等效果。

05 按“Ctrl+Y”键新建纯色层，在弹出的“纯色设置”对话框中设置名称为“光晕层”、大小为1280×720像素、背景颜色为黑色，如图7-293所示。

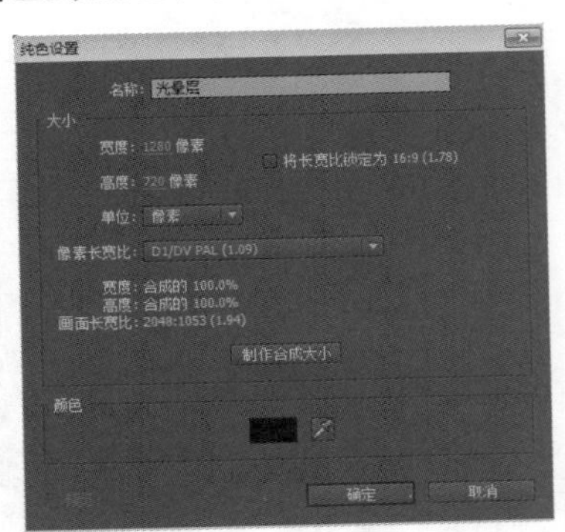

图7-293 纯色设置

06 在“时间线”面板中选择“光晕层”，然后在菜单中选择【效果】→【生成】→【镜头光晕】命令项，为光晕层添加光晕装饰效果，如图7-294所示。

图7-294 添加光晕特效

07 在“合成”窗口观察默认的光晕效果，此时的光晕效果色调为红色调，如图7-295所示。

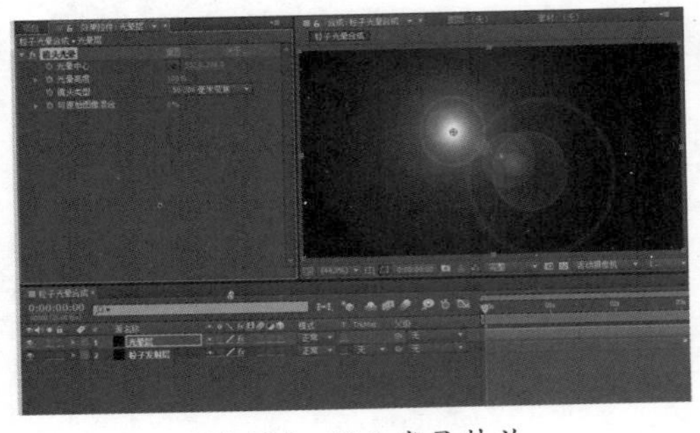

图7-295 默认光晕特效

08 在“时间线”面板中选择“光晕层”，然后在菜单中选择【效果】→【颜色校正】→【色相/饱和度】命令项，调节光晕层的颜色，如图7-296所示。

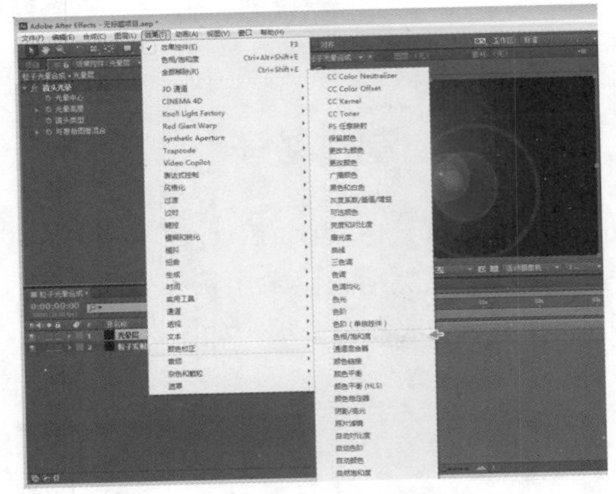

图7-296 添加色相/饱和度特效

09 在“效果”面板的“色相/饱和度”特效中勾选“彩色化”项，再设置着色色相值为200、着色饱和度值为45，此时镜头光晕的颜色由红色调变为蓝色调，如图7-297所示。

图7-297 色相/饱和度设置

10 在“时间线”面板中将时间滑块拖拽至影片的起始位置，然后单击光晕中心项前的码表图标添加起始关键帧，并设置光晕中心值为X轴240、Y轴260，再将时间滑块拖拽至影片的第1秒15帧位置，设置光晕中心值为X轴1000、Y轴260，完成光晕的位置变化设置，如图7-298所示。

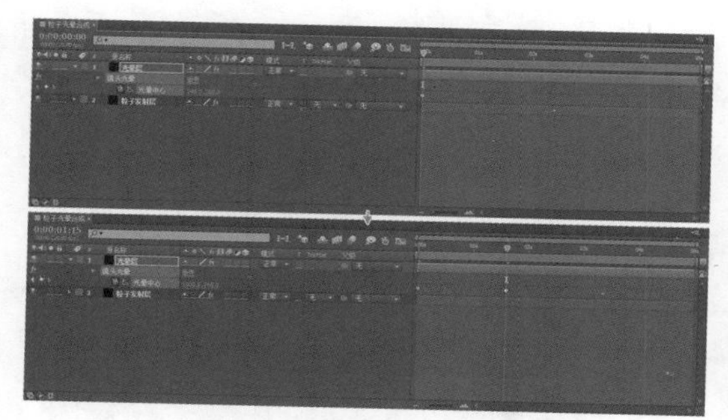

图7-298　光晕中心动画

⑪ 使用键盘数字输入区域的“0”键预览合成动画，效果如图7-299所示。

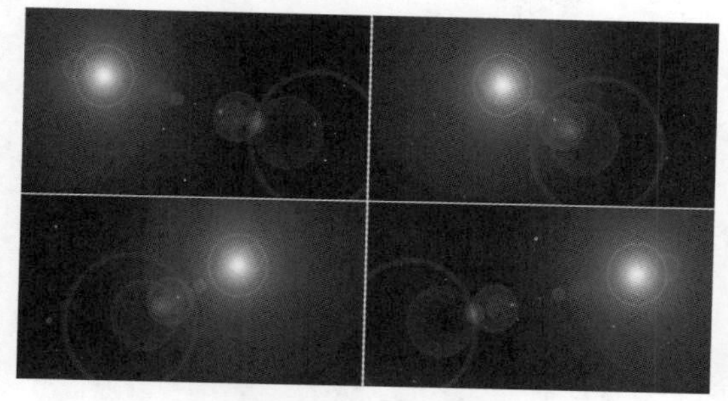

图7-299　预览效果

⑫ 在“时间线”面板中将时间滑块拖拽至影片的起始位置，然后单击光晕亮度项前的码表图标添加起始关键帧，并设置光晕亮度值为0；再将时间滑块拖拽至影片的第1秒5帧位置，设置光晕亮度值为120；最后将时间滑块拖拽至影片的第1秒15帧位置，设置光晕亮度值为0，记录光晕的闪现效果，如图7-300所示。

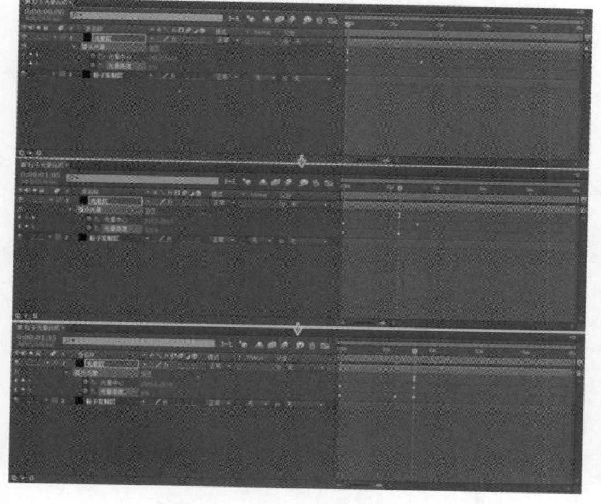

图7-300　光晕亮度动画

⑬ 使用键盘数字输入区域的“0”键预览合成动画，效果如图7-301所示。

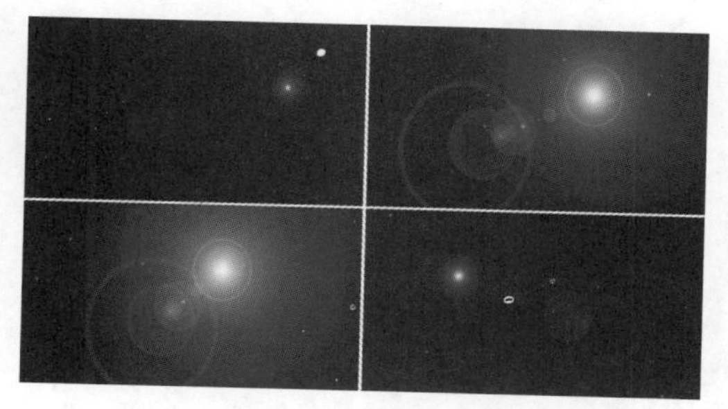

图7-301　预览效果

⑭ 在“时间线”面板中设置“光晕层”的层模式为“屏幕”方式，将光晕以外的黑色区域过滤掉，如图7-302所示。

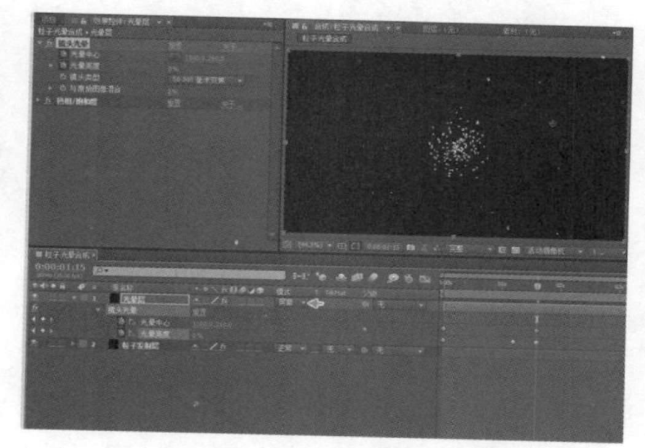

图7-302　层模式设置

⑮ 在“时间线”面板中单击“粒子发射层”，然后在“效果”面板中展开粒子特效的“发射器”卷展栏，再按住“Alt”键单击位置XY项前的码表图标按钮，在“时间线”面板中输入“effect("Particular")(5)”表达式，如图7-303所示。

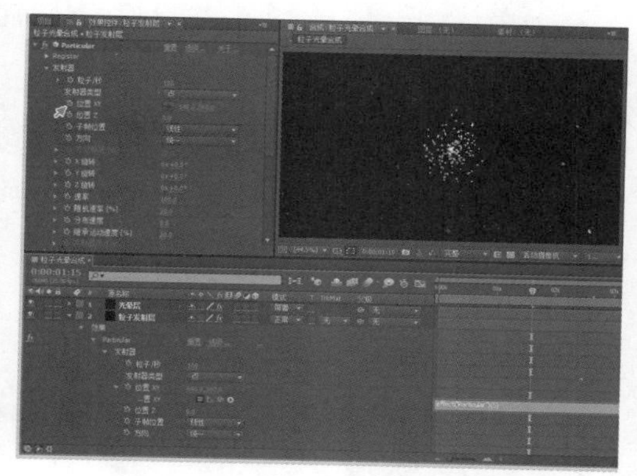

图7-303　准备添加父级链接

16 在“时间线”面板单击选择“粒子发射层”中位置XY项的◎父级按钮，再将其父级链接至“光晕层”的“光晕中心”项上，使粒子跟随光晕运动，如图7-304所示。

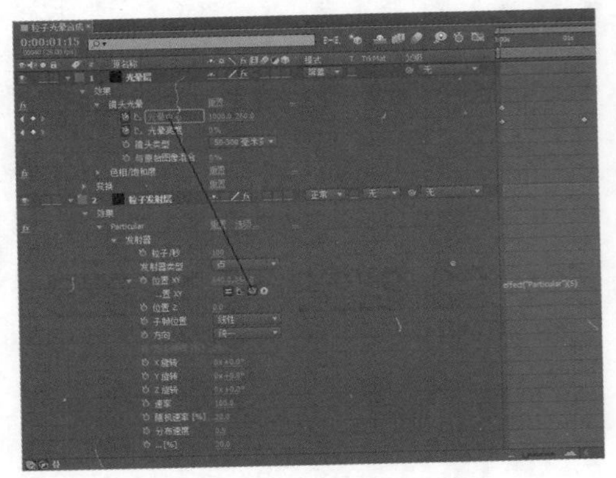

图7-304 创建父级链接

17 使用键盘数字输入区域的“0”键预览合成动画，观察“合成”窗口中添加父子链接后，粒子的行进方向会跟随光晕中心运动效果，如图7-305所示。

图7-305 预览效果

18 在“时间线”面板中选择“粒子发射层”，切换至“效果”面板并设置发射器的粒子/秒值为500，粒子的数量将明显增加，如图7-306所示。

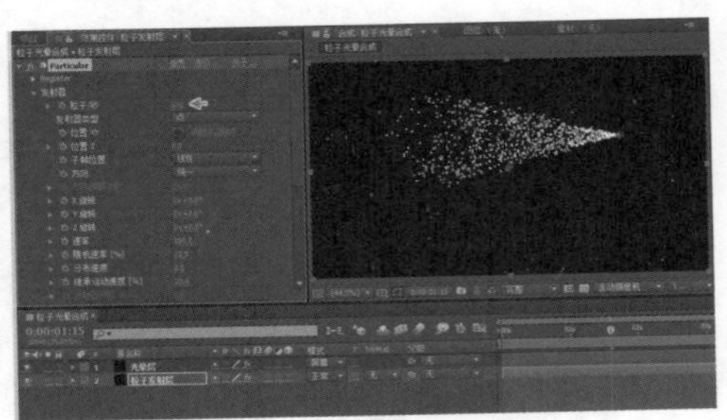

图7-306 粒子数量设置

19 在“时间线”面板中选择“粒子发射层”，切换至“效果”面板并设置粒子的大小值为4，如图7-307所示。

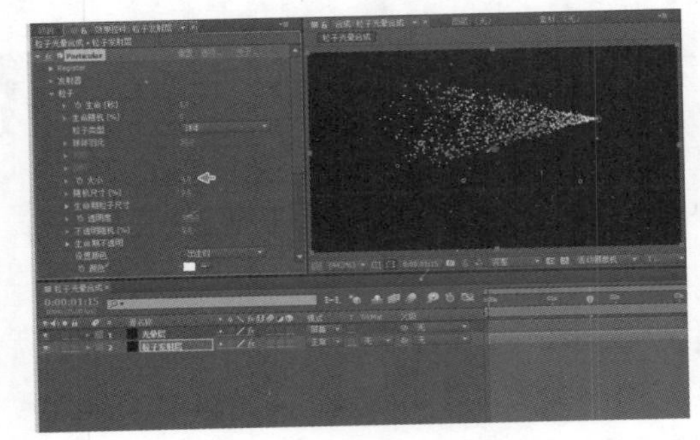

图7-307 粒子大小设置

20 在“效果”面板展开“生命期粒子尺寸”项的卷展栏，然后选择粒子预设的第二项直线过渡内容，如图7-308所示。

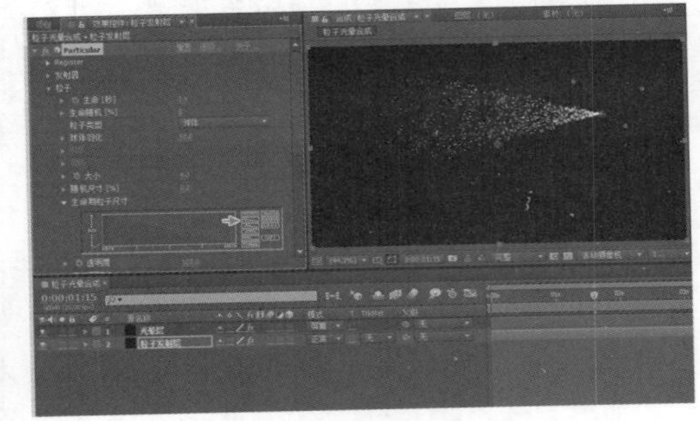

图7-308 生命期粒子尺寸设置

21 在“效果”面板中设置粒子颜色为蓝色，“合成”窗口中的粒子将产生颜色变化，如图7-309所示。

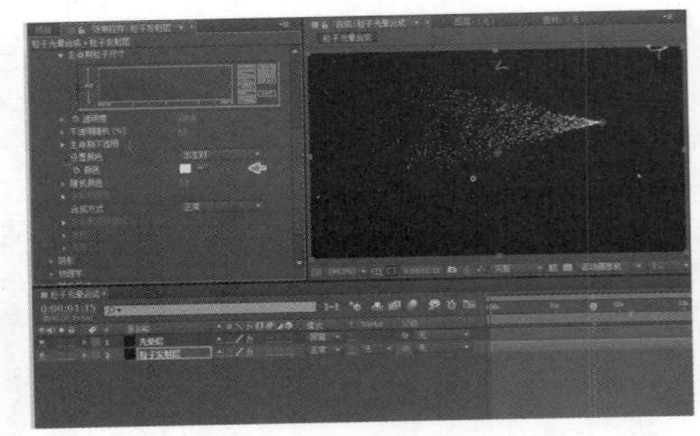

图7-309 粒子颜色设置

22 在“效果”面板展开“生命期不透明”项的卷展栏，然后选择粒子预设的第二项直线过渡内容，如图7-310所示。

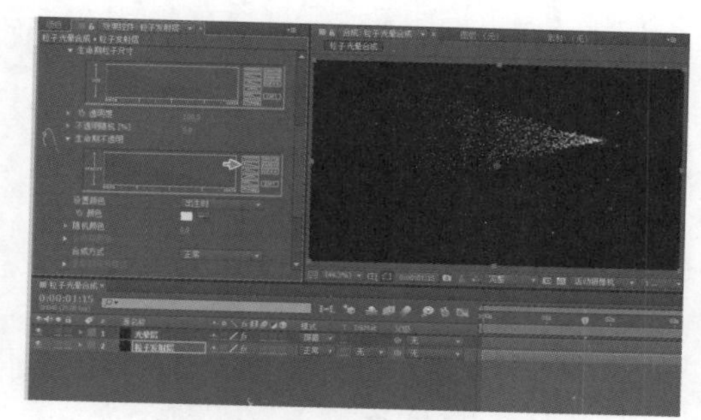

图7-310 生命期不透明设置

23 在“效果”面板展开“物理学”项的卷展栏，然后设置“扰乱场”中的影响位置值为400，使粒子的运动呈现随机飘荡效果，如图7-311所示。

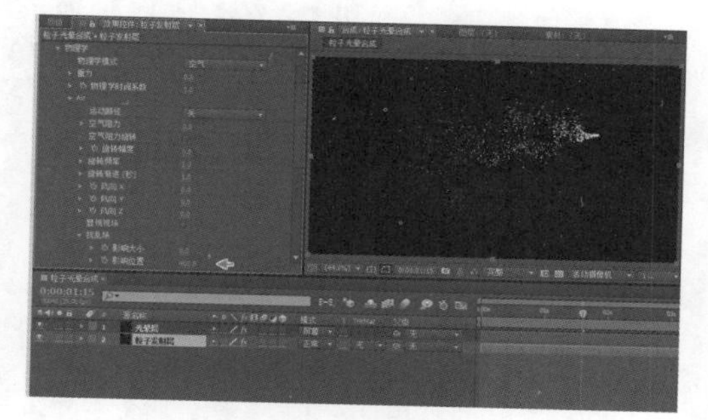

图7-311 扰乱场设置

24 在“效果”面板中展开“渲染”卷展栏，然后设置运动模糊为“开”类型，粒子在运动时将产生模糊效果，如图7-312所示。

图7-312 运动模糊设置

专家课堂

由于粒子的数目过多，在开启运动模糊项目后，会直接影响到计算机的运算速度。

25 在“时间线”面板中选择“粒子发射层”，然后在菜单中选择【效果】→【风格化】→【发光】命令项，为粒子层添加发光效果，如图7-313所示。

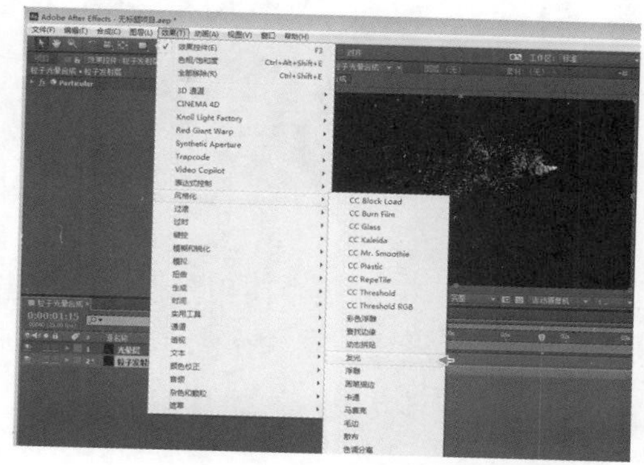

图7-313 添加发光效果

26 在“效果”面板设置发光阈值为45，使粒子的亮度明显增强，如图7-314所示。

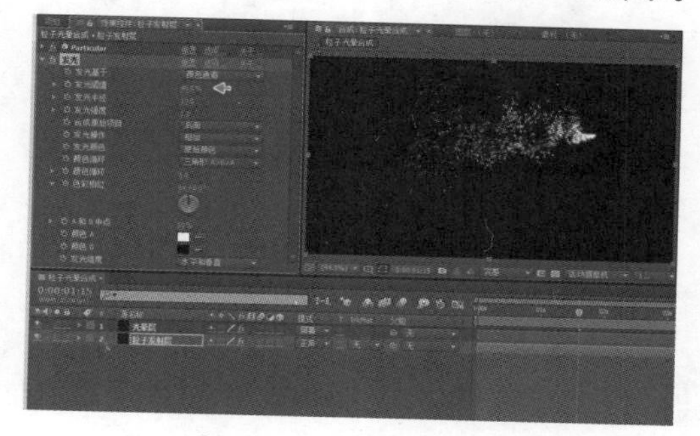

图7-314 发光效果设置

27 使用键盘数字输入区域的“0”键预览合成动画，效果如图7-315所示。

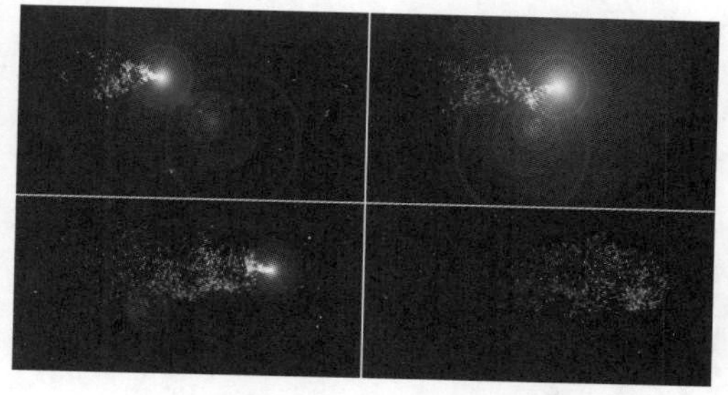

图7-315 预览效果

28 在“时间线”面板中选择“粒子发射层”，然后在菜单中选择【编辑】→【重复】命令项，复制粒子层，如图7-316所示。

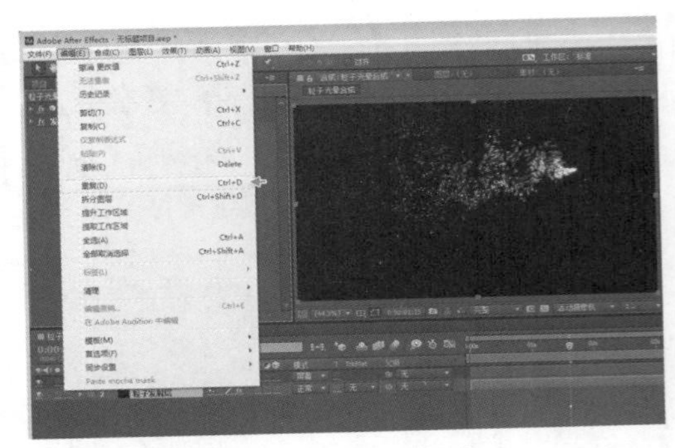
图7-316　复制图层

㉙ 在“时间线”面板中使用鼠标右键单击复制的“粒子发射层”并重命名为“叠加层”，然后在“效果”面板的“发光”特效中设置发光强度值为2，如图7-317所示。

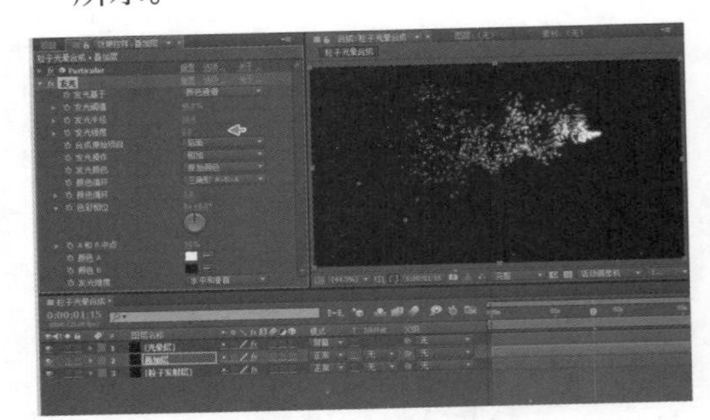
图7-317　发光强度设置

㉚ 在“时间线”面板中将时间滑块拖拽至影片第1秒15帧位置，然后单击发射器的粒子/秒项目前码表图标，添加起始关键帧并设置粒子/秒值为500；将时间滑块拖拽至影片第1秒16帧位置，再设置粒子/秒值为0，如图7-318所示。

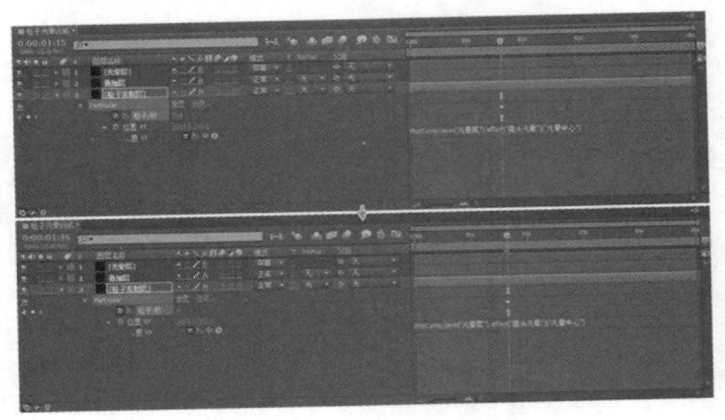
图7-318　粒子/秒动画设置

㉛ 使用键盘数字输入区域的“0”键预览合成动画，此时的粒子动画将呈现由左向右运动的效果，并且粒子最终会飘散消失，效果如图7-319所示。

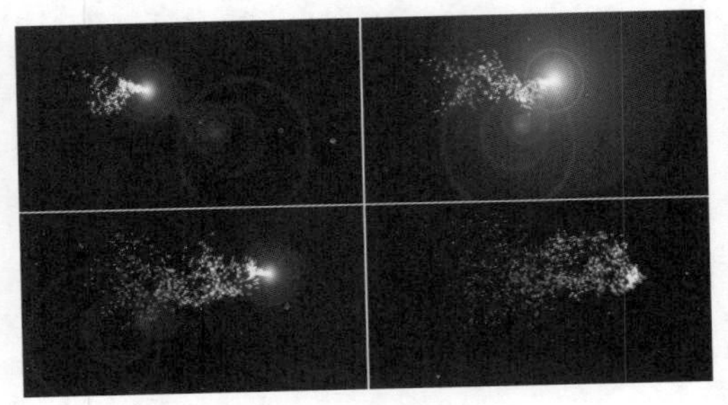
图7-319　预览效果

㉜ 在“时间线”面板中选择“粒子发射层”已设置的粒子/秒关键帧，然后在菜单中选择【编辑】→【复制】命令项，复制粒子/秒的关键帧，如图7-320所示。

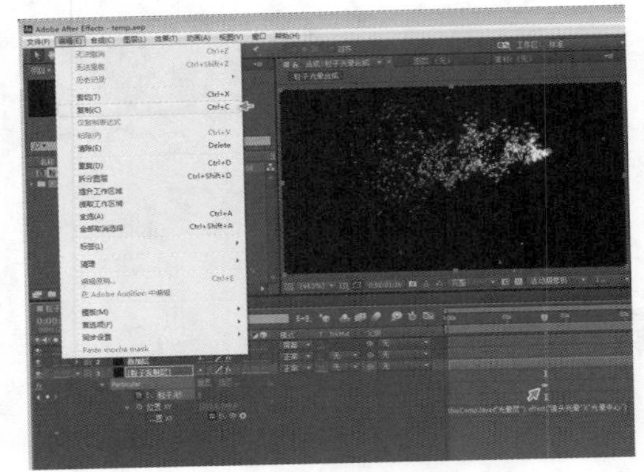
图7-320　复制关键帧

㉝ 在“时间线”面板中选择“叠加层”，然后在菜单中选择【编辑】→【粘贴】命令项，将“粒子发射层”的关键帧复制粘贴给“叠加层”，如图7-321所示。

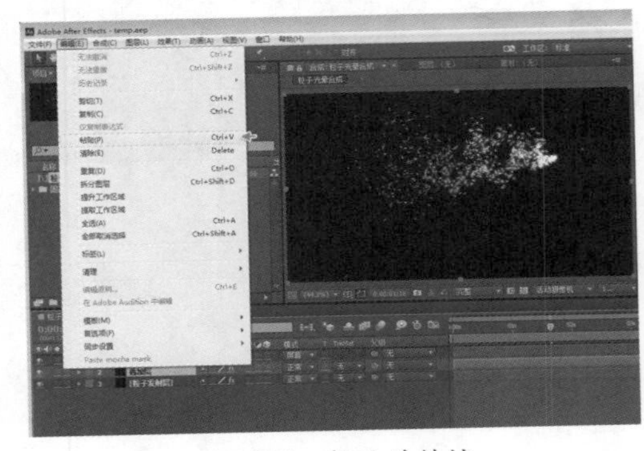
图7-321　粘贴关键帧

34 在"时间线"面板中选择"叠加层"，然后在菜单中选择【编辑】→【重复】命令项，复制"叠加层"，如图7-322所示。

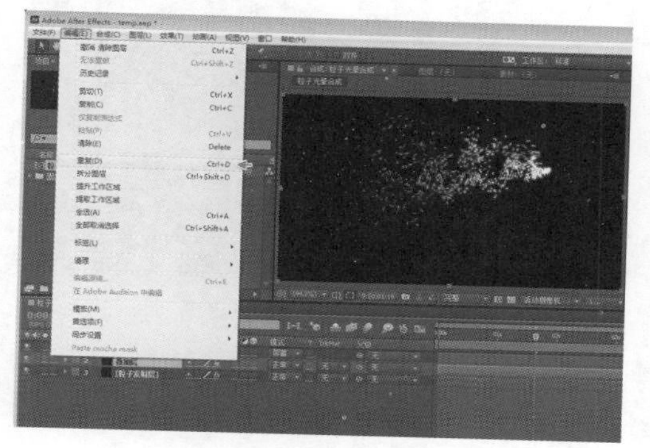

图7-322 复制图层

35 在"时间线"面板中使用鼠标右键单击复制的图层并重命名为"暖色粒子层"，然后在"效果"面板中设置粒子的颜色为橙色，如图7-323所示。

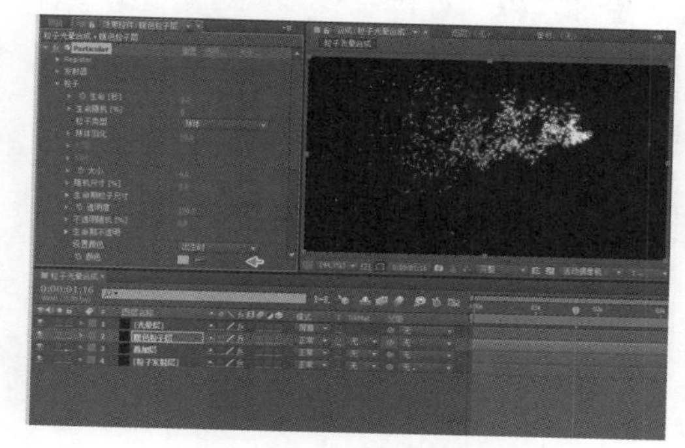

图7-323 粒子颜色设置

36 在"时间线"面板中选择"暖色粒子层"，在"效果"面板中修改发射器的粒子/秒值为600，如图7-324所示。

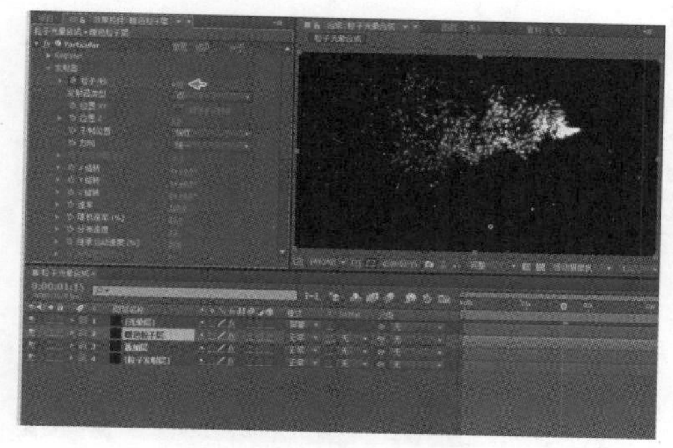

图7-324 粒子/秒设置

37 在"效果"面板中设置发光阈值为70，再设置发光半径值为20，如图7-325所示。

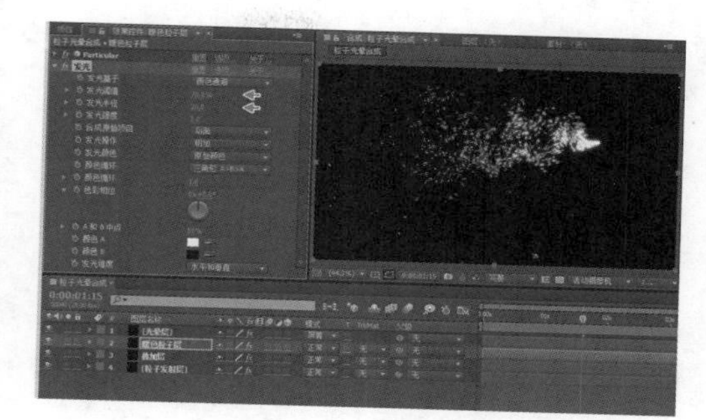

图7-325 发光设置

38 使用键盘数字输入区域的"0"键预览合成动画，粒子动画将呈现出暖色调，使粒子的动态效果更加丰富，效果如图7-326所示。

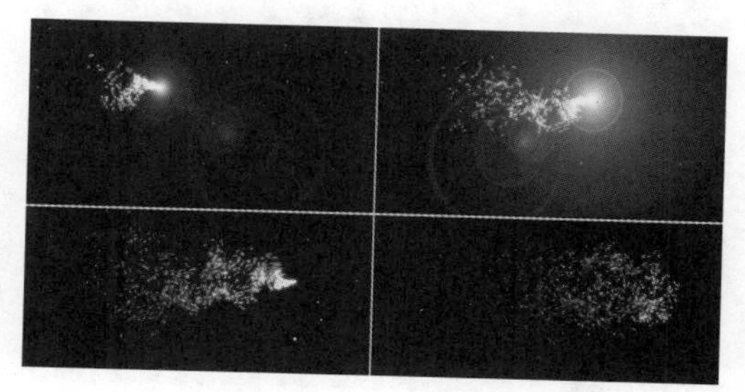

图7-326 预览效果

39 在"时间线"面板中选择"暖色粒子层"，然后在菜单中选择【编辑】→【重复】命令项，复制"暖色粒子层"，如图7-327所示。

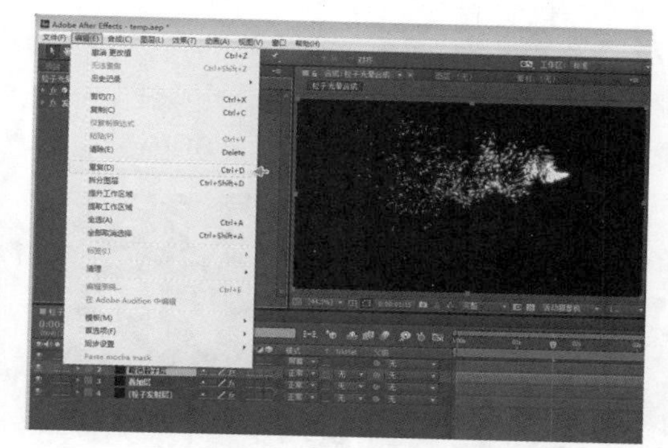

图7-327 复制图层

40 在"时间线"面板中使用鼠标右键单击复制的图层并重命名为"暖色调整

层”，然后切换至“效果”面板并修改发射器的粒子/秒值为800、随机速率值为100、继承运动速度值为36，如图7-328所示。

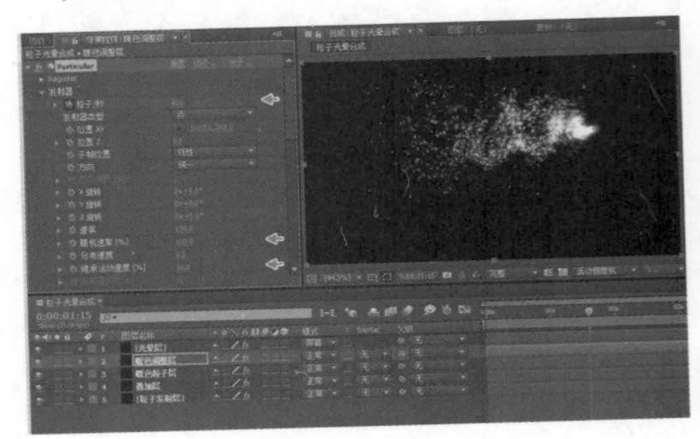

图7-328　粒子设置

41 在“效果”面板中设置粒子的生命值为3.5，如图7-329所示。

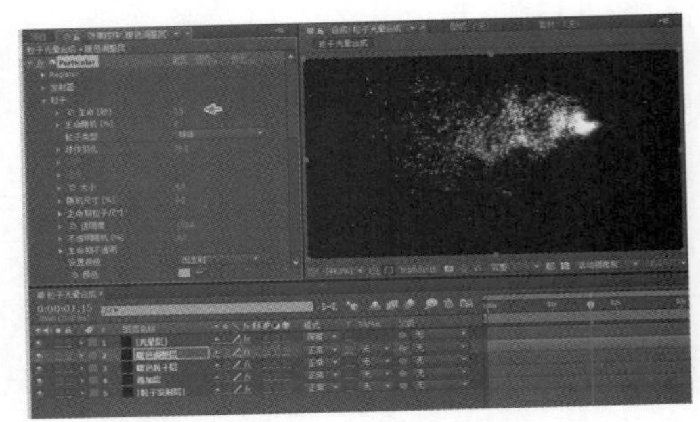

图7-329　粒子生命设置

专家课堂

粒子的“生命”值主要控制在“时间线”面板中的显示时间。

42 在“效果”面板展开“物理学”的卷展栏，然后设置“扰乱场”卷展栏中的影响位置值为250，如图7-330所示。

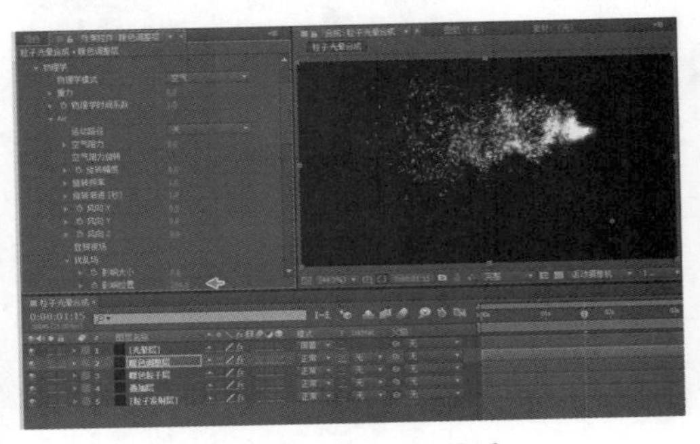

图7-330　扰乱场设置

43 在“效果”面板中设置“发光”特效的发光阈值为50，如图7-331所示。

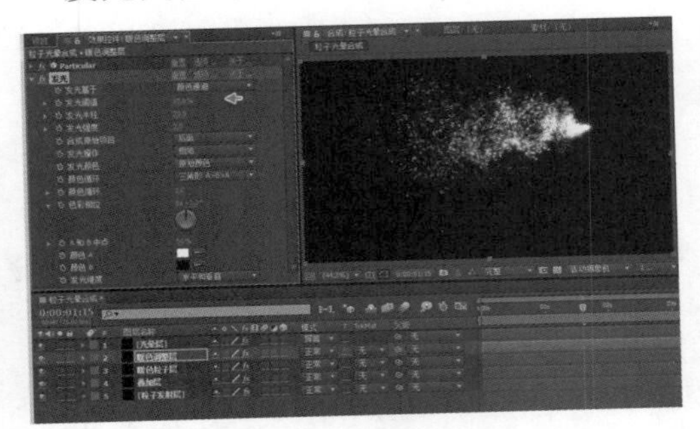

图7-331　发光阈值设置

专家课堂

“发光阈值”就是发光的最大值，控制发光的亮度。

44 使用键盘数字输入区域的“0”键预览合成动画，此时粒子亮度及数量已明显增加，效果如图7-332所示。

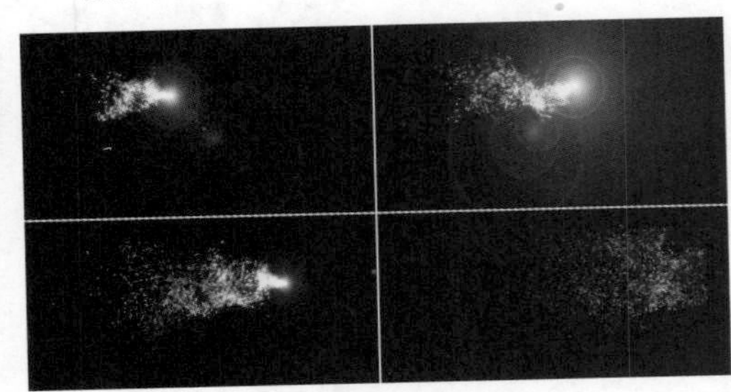

图7-332　预览效果

45 在“时间线”面板中选择“暖色粒子层”，然后在菜单中选择【编辑】→【重复】命令项，复制“暖色粒子层”，如图7-333所示。

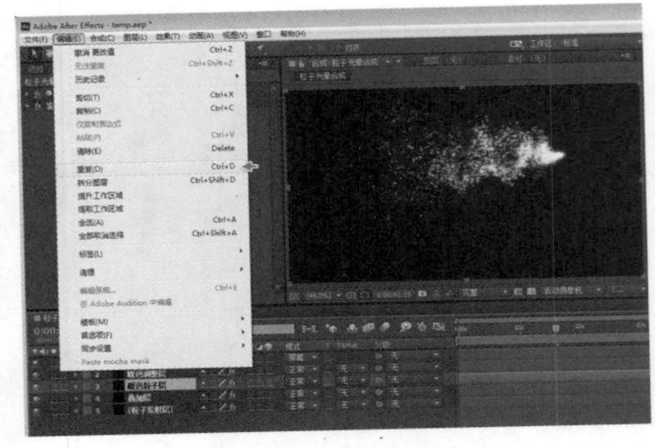

图7-333　复制图层

46 在“时间线”面板中使用鼠标右键单击复制的图层并重命名为“大粒子层”，在“效果”面板中修改发射器的粒子/秒值为200，如图7-334所示。

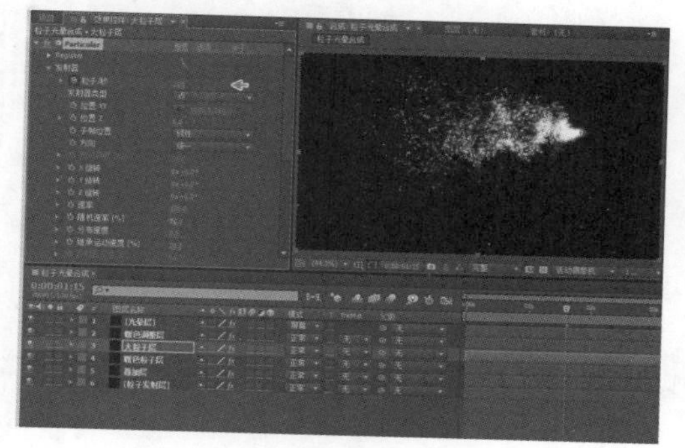

图7-334 粒子设置

47 在“效果”面板中设置生命值为3，再设置粒子的颜色为绿色，使合成画面中具有两种颜色的粒子，如图7-335所示。

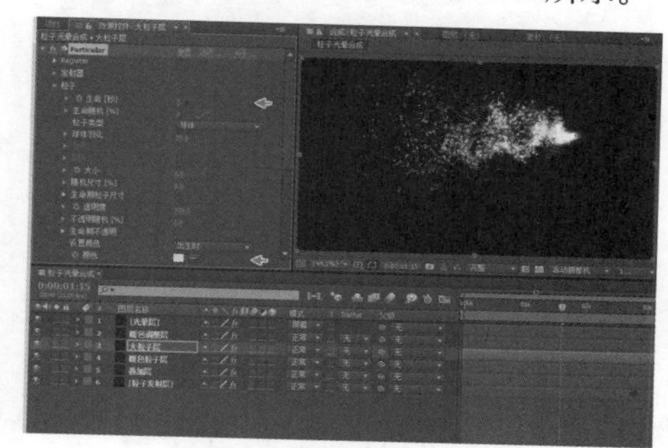

图7-335 粒子颜色设置

48 在“效果”面板展开“物理学”卷展栏，然后设置扰乱场项目中的影响位置值为0，如图7-336所示。

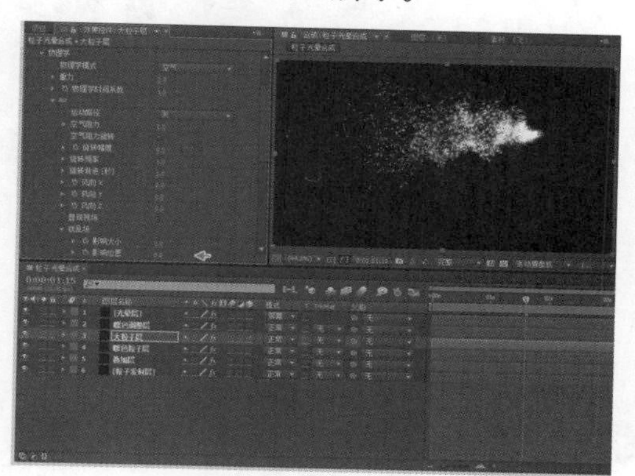

图7-336 扰乱场设置

49 使用键盘数字输入区域的“0”键预览合成动画，效果如图7-337所示。

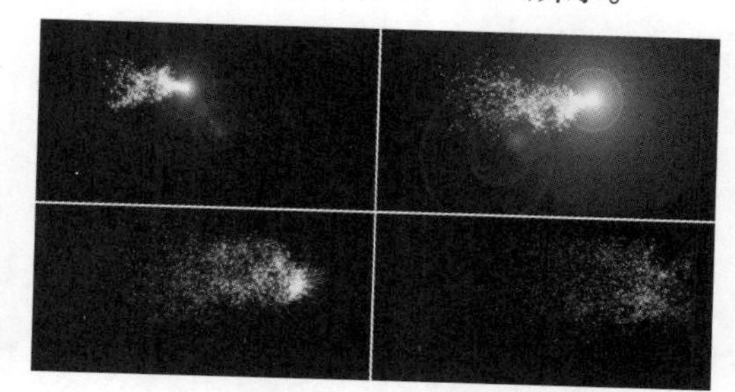

图7-337 预览效果

50 在“时间线”面板中选择“粒子发射层”，然后在菜单中选择【编辑】→【重复】命令项，复制“粒子发射层”，如图7-338所示。

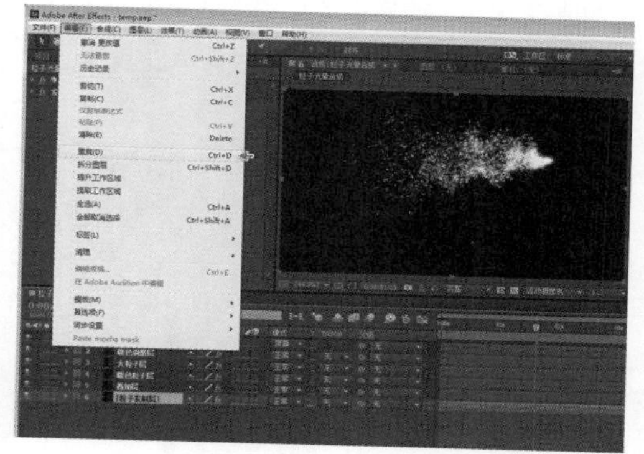

图7-338 复制图层

51 在“时间线”面板中使用鼠标右键单击复制的图层并重命名为“线条粒子层”，然后切换至“效果”面板并修改发射器的粒子/秒值为400、速率值为0、随机速率值为0、继承运动速度值为0，如图7-339所示。

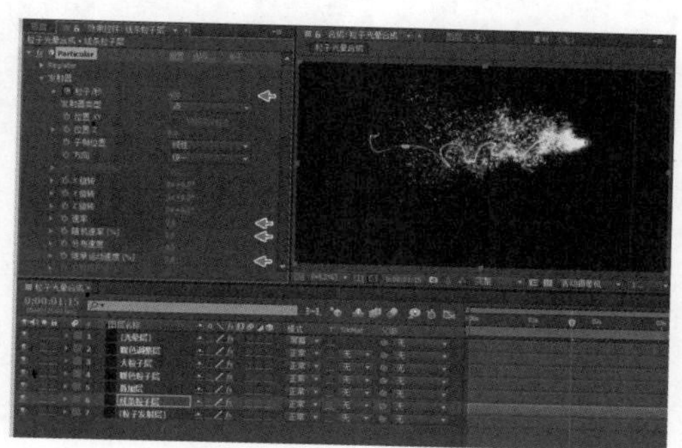

图7-339 粒子设置

52 在“效果”面板中设置粒子的大小值为2，如图7-340所示。

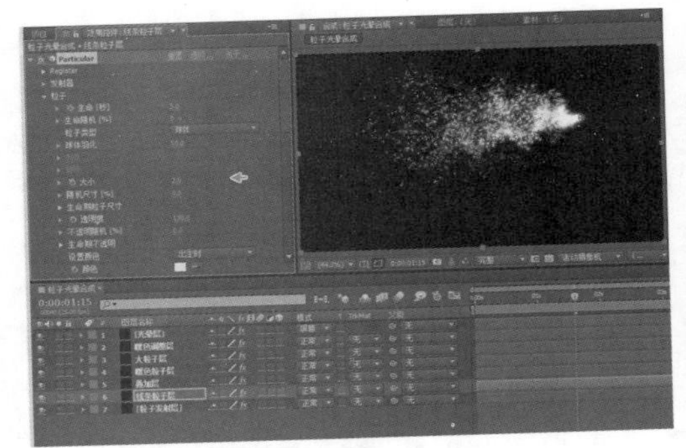

图7-340　粒子大小设置

53 在“效果”面板展开“物理学”卷展栏，然后设置扰乱场项目中的影响位置值为200，如图7-341所示。

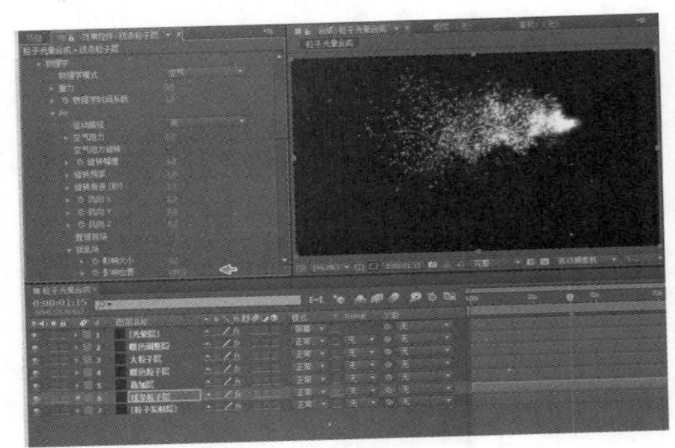

图7-341　扰乱场设置

54 使用键盘数字输入区域的“0”键预览合成动画，此时的粒子颜色与运动效果更丰富，如图7-342所示。

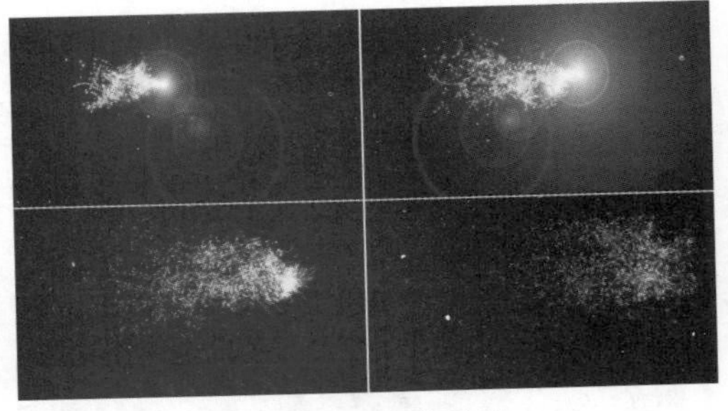

图7-342　预览效果

55 在“时间线”面板中选择“线条粒子层”，然后在菜单中选择【编辑】→【重复】命令项，复制“线条粒子层”，如图7-343所示。

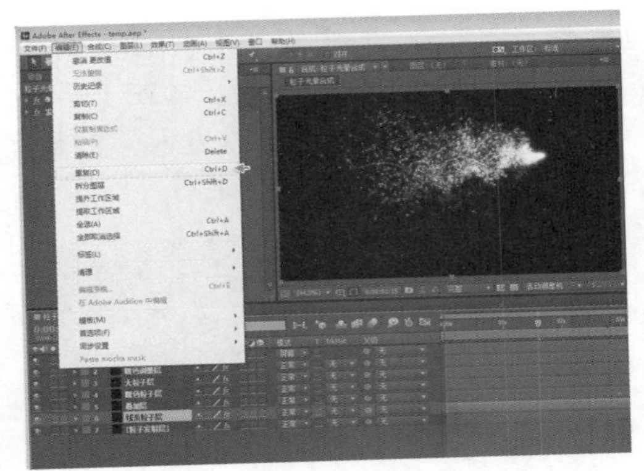

图7-343　复制图层

56 在“时间线”面板中使用鼠标右键单击复制的图层并重命名为“第二条线”，然后切换至“效果”面板并设置粒子的继承运动速度值为40，如图7-344所示。

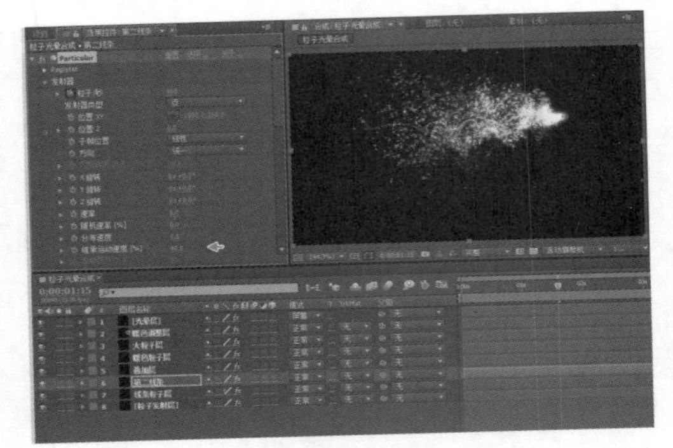

图7-344　粒子速度设置

57 在“效果”面板展开“物理学”卷展栏，然后设置扰乱场项目中的影响位置值为900，如图7-345所示。

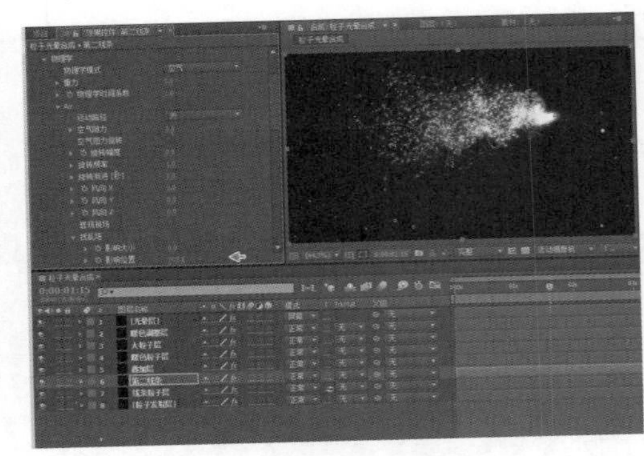

图7-345　扰乱场设置

58 使用键盘数字输入区域的“0”键预览合成动画，可以观察到添加“第二条线”

图层后“合成”窗口中出现了一条随机运动的绿色线条，效果如图7-346所示。

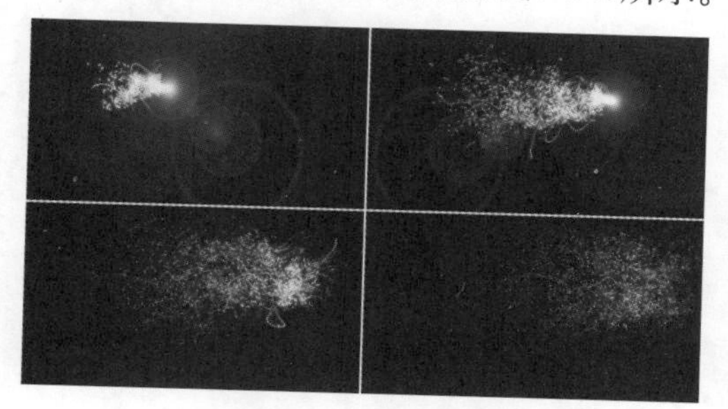

图7-346 预览效果

59 在“时间线”面板中选择“第二条线”图层，然后在菜单中选择【编辑】→【重复】命令项，复制“第二条线”图层，如图7-347所示。

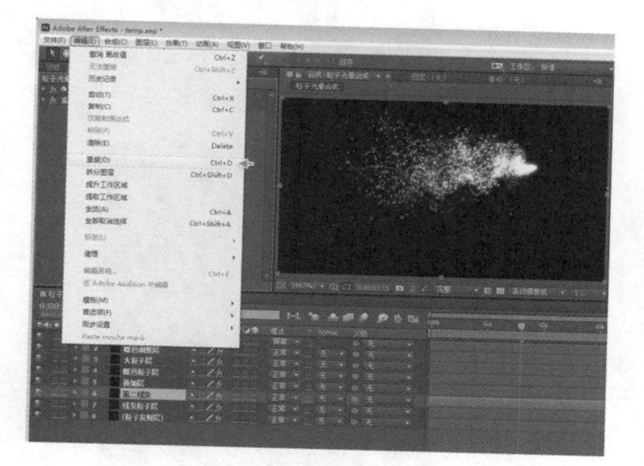

图7-347 复制图层

60 在“时间线”面板中使用鼠标右键单击复制的图层并重命名为“第三条线”，切换至“效果”面板展开“物理学”卷展栏，再设置扰乱场项目中的影响位置值为600，如图7-348所示。

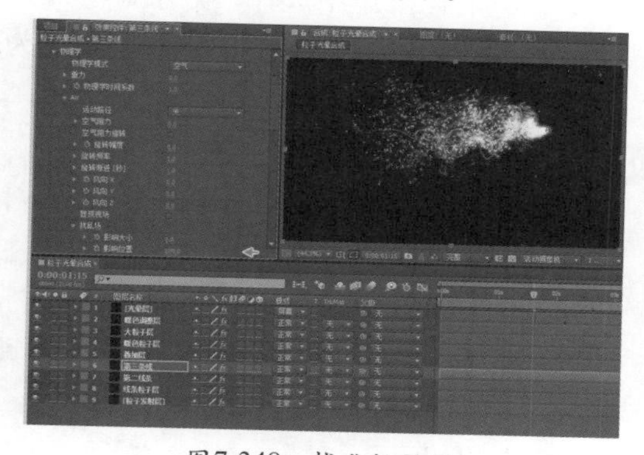

图7-348 扰乱场设置

61 在“效果”面板中设置“发光”特效的发光强度值为2.5，如图7-349所示。

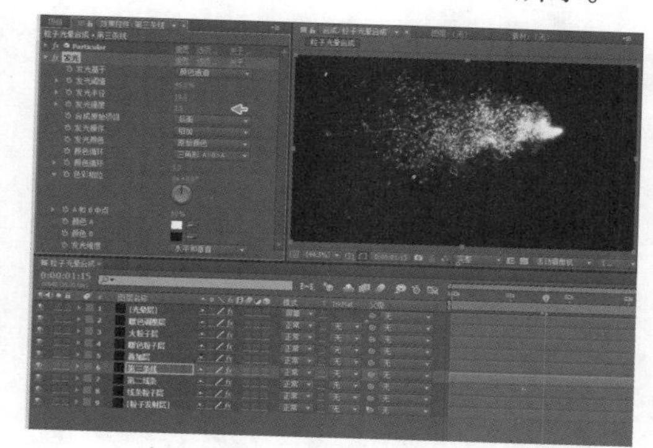

图7-349 发光强度设置

62 使用键盘数字输入区域的“0”键预览合成动画，粒子亮度与粒子数量明显增加，效果如图7-350所示。

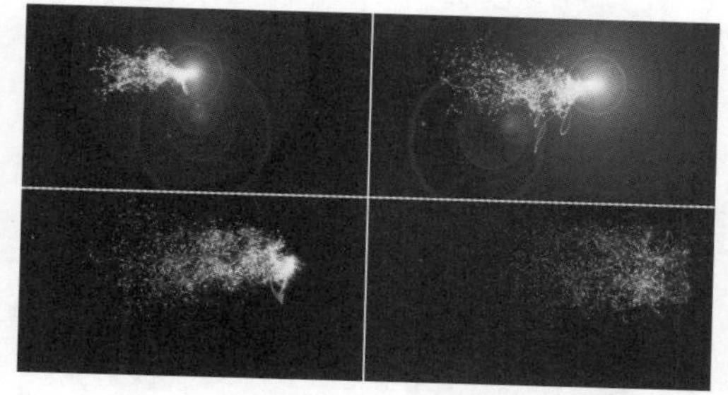

图7-350 预览效果

63 在“时间线”面板中选择“第三条线”图层，然后在菜单中选择【编辑】→【重复】命令项，复制“第三条线”图层，如图7-351所示。

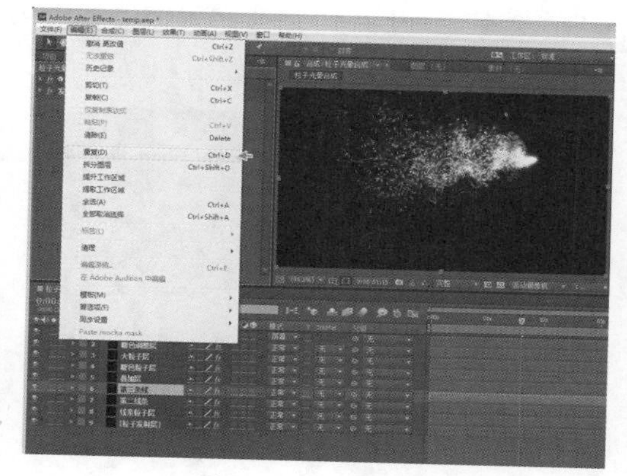

图7-351 复制图层

64 在“时间线”面板中使用鼠标右键单击

复制的图层并重命名为“直线线条”，然后切换至“效果”面板展开“物理学”卷展栏，再设置扰乱场项目中的影响位置值为40，如图7-352所示。

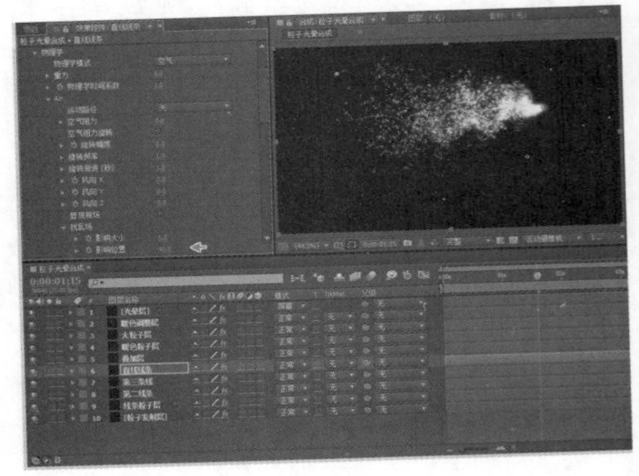
图7-352　扰乱场设置

65 在“效果”面板中设置生命值为2，再设置大小值为1，如图7-353所示。

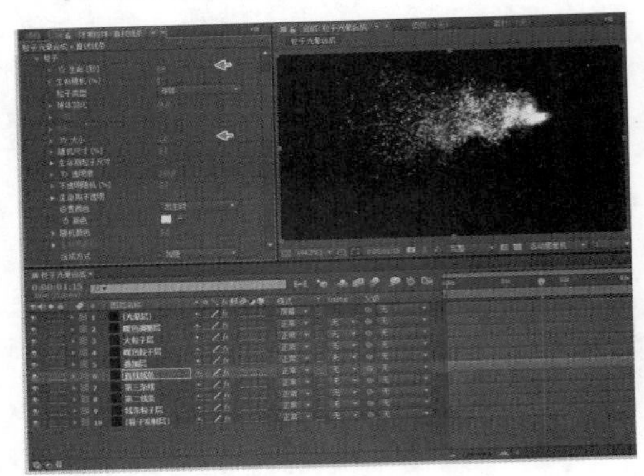
图7-353　粒子生命设置

66 在“效果”面板中修改“发射器”卷展栏的粒子/秒值为200，如图7-354所示。

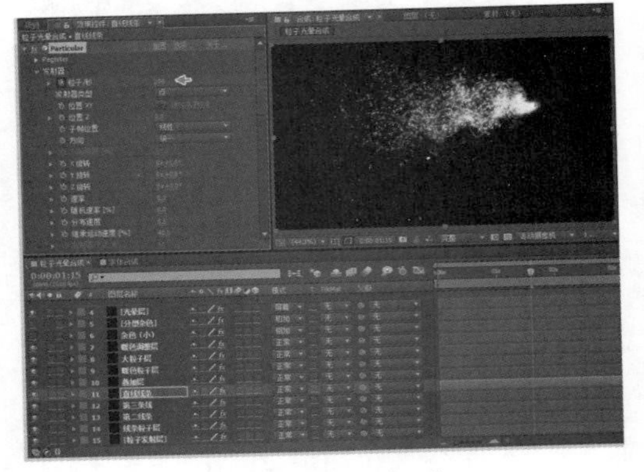
图7-354　粒子设置

67 使用键盘数字输入区域的“0”键预览合成动画，效果如图7-355所示。

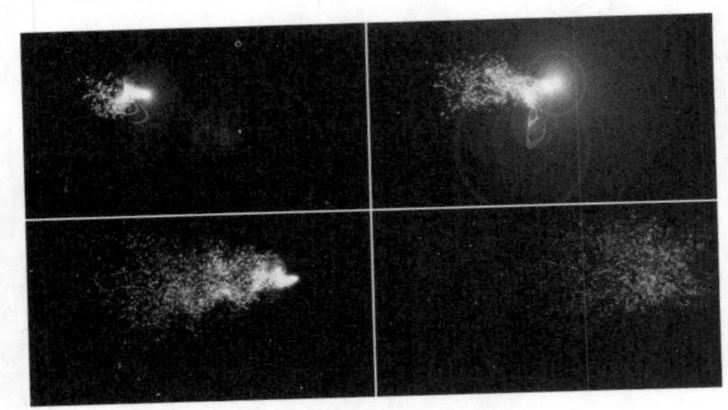
图7-355　预览效果

7.12.2　丰富画面

01 按“Ctrl+Y”键新建纯色层，在弹出的“纯色设置”对话框中设置名称为“分形杂色”、大小为1280×720像素、背景颜色为黑色，如图7-356所示。

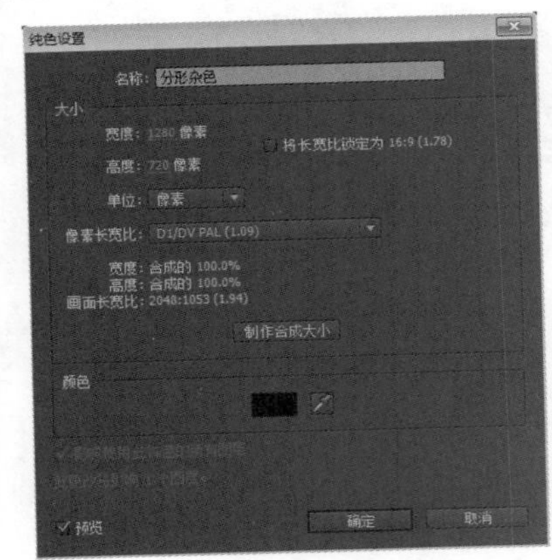

图7-356　纯色设置

02 在“时间线”面板中选择“分形杂色”层，然后在菜单中选择【效果】→【杂色和颗粒】→【分形杂色】命令项，为纯色层添加噪波效果，如图7-357所示。

03 在“时间线”面板中选择“分形杂色”层，然后切换至“效果”面板并设置对比度值为210、亮度值为-50，再按住“Alt”键单击演化项前的码表图标按钮，在“时间线”面板“表达式：演化”轨道输入框中键入“time*100”，如图7-358所示。

图7-357　添加杂色效果

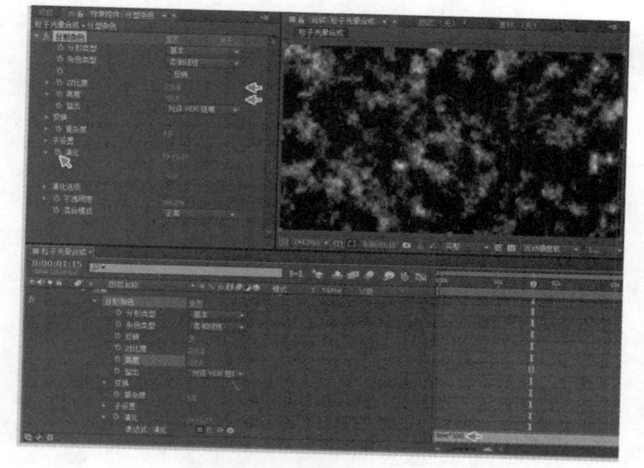

图7-358　输入表达式

04 在“时间线”面板中将时间滑块拖拽至影片的起始位置，然后在“效果”面板中单击偏移（湍流）项前的码表图标，添加起始关键帧并设置偏移（湍流）值为X轴640、Y轴360，再将时间滑块拖拽至影片的第4秒24帧位置，设置偏移（湍流）值为X轴1580、Y轴360，如图7-359所示。

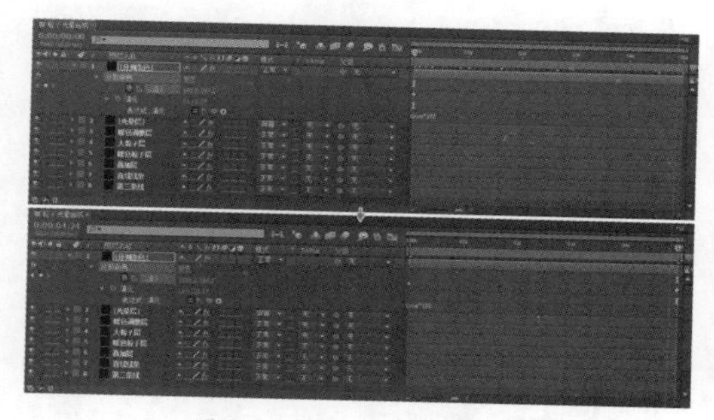

图7-359　偏移动画设置

05 使用键盘数字输入区域的“0”键预览合成动画，效果如图7-360所示。

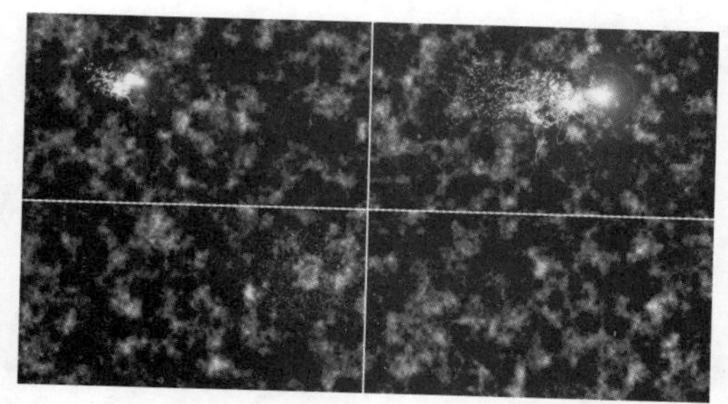

图7-360　预览效果

06 在“时间线”面板中选择“分形杂色”层，然后在工具栏中双击椭圆工具，“合成”窗口中就会出现椭圆形的蒙版，在“时间线”面板中设置蒙版羽化值为110、蒙版扩展值为－250，如图7-361所示。

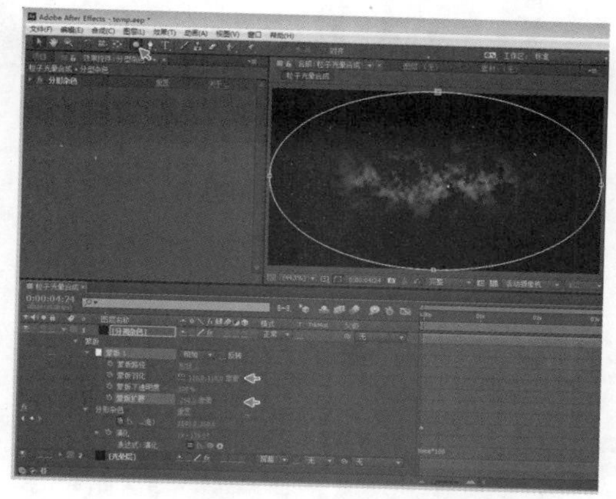

图7-361　添加蒙版

07 在“时间线”面板中将“分形杂色”层拖拽至“光晕层”的下方，再设置“分形杂色”层的模式为“相加”方式，如图7-362所示。

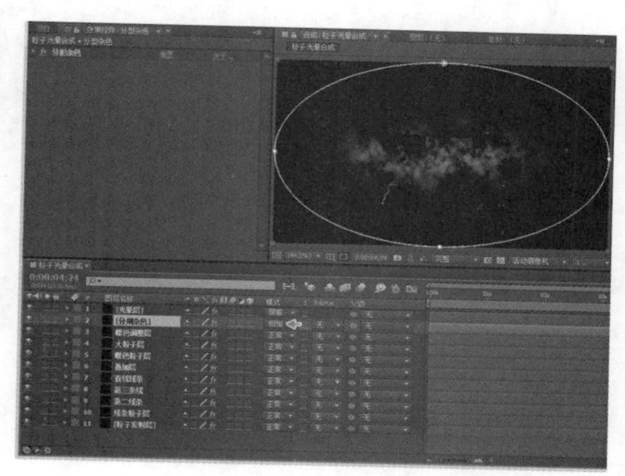

图7-362　层模式设置

08 在“时间线”面板中选择“分形杂色”层，然后在菜单中选择【效果】→【模糊和锐化】→【CC Vector Blur（矢量模糊）】命令项，为杂色层添加模糊效果，如图7-363所示。

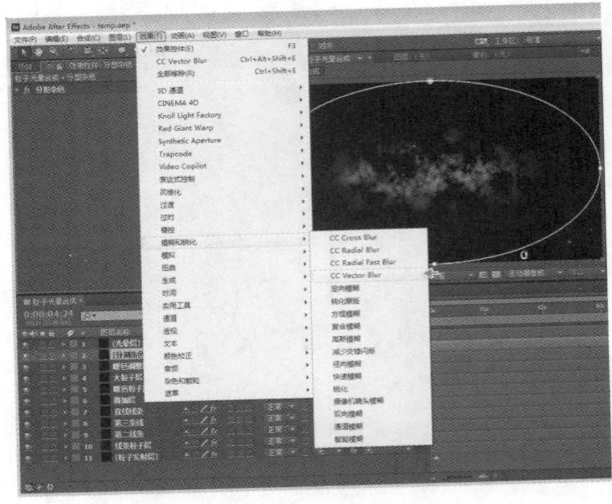

图7-363　添加模糊效果

09 在“效果”面板中设置模糊特效的Type（类型）为Direction Center（中心方向）方式，再设置Amount（数量）值为20，杂色层中出现模糊的效果，如图7-364所示。

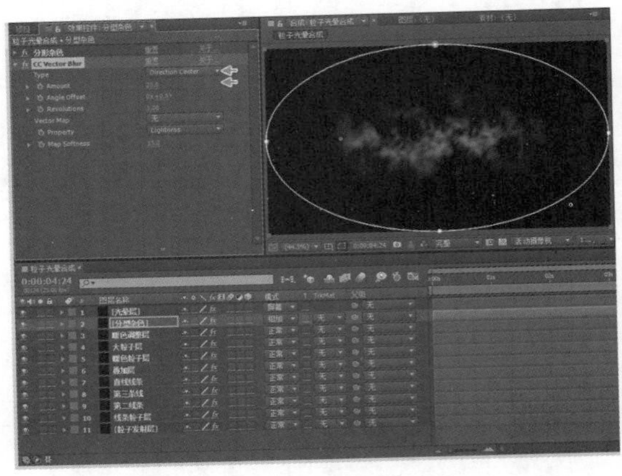

图7-364　模糊效果设置

10 在“时间线”面板中选择“分形杂色”层，然后在菜单中选择【效果】→【模糊和锐化】→【快速模糊】命令项，为杂色层添加模糊效果，如图7-365所示。

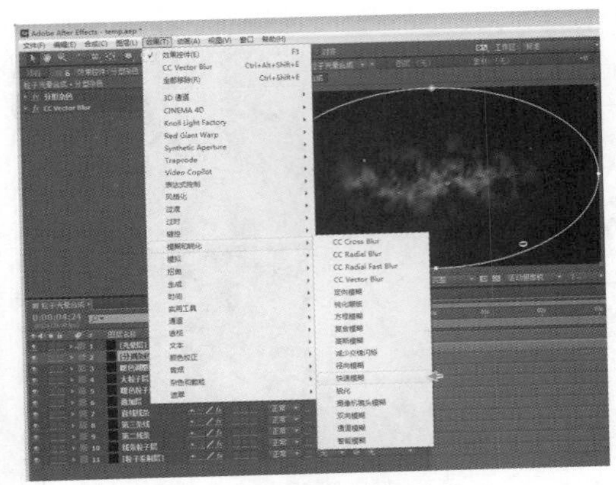

图7-365　添加模糊效果

11 在“效果”面板中设置“快速模糊”的模糊度值为6，使噪波的纹理更加柔和，如图7-366所示。

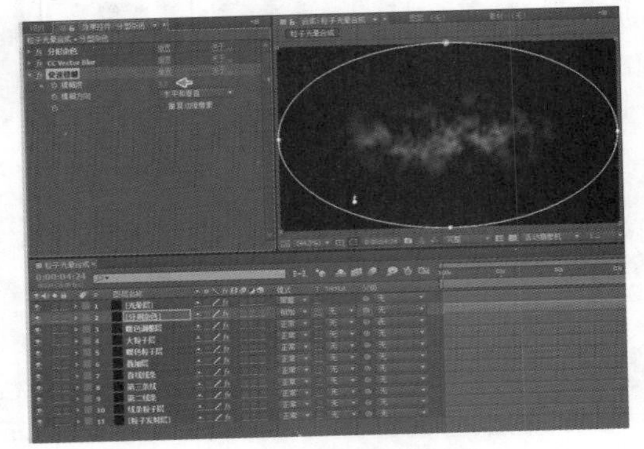

图7-366　模糊效果设置

12 在“时间线”面板中选择“分形杂色”层，然后在菜单中选择【效果】→【扭曲】→【湍流置换】命令项，为杂色层添加湍流置换效果，如图7-367所示。

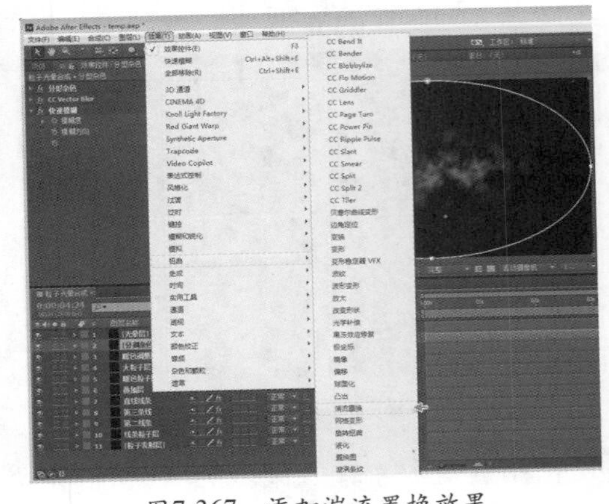

图7-367　添加湍流置换效果

专家课堂

“湍流置换”滤镜特效可以使图像产生各种凸起、旋转等紊乱不安的效果，该特效可以在图像上增加分形噪波，然后扭曲图像。

13 在“效果”面板中设置“湍流置换”的数量值为120，使噪波效果产生扭曲，如图7-368所示。

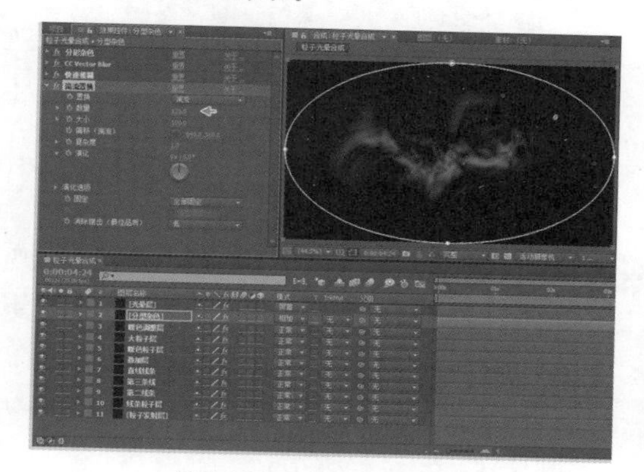

图7-368 湍流置换设置

14 在“时间线”面板中选择“分形杂色”图层，然后在菜单中选择【编辑】→【重复】命令项，复制“分形杂色”图层，如图7-369所示。

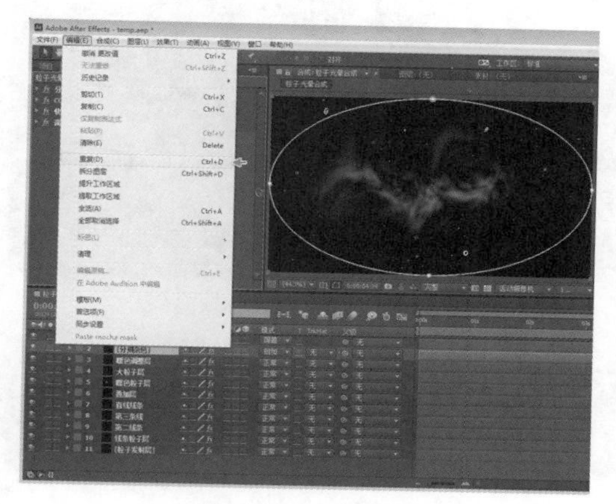

图7-369 复制图层

15 在“时间线”面板中使用鼠标右键单击复制的图层并重命名为“杂色（小）”，然后切换至“效果”面板设置湍流置换的数量值为50，如图7-370所示。

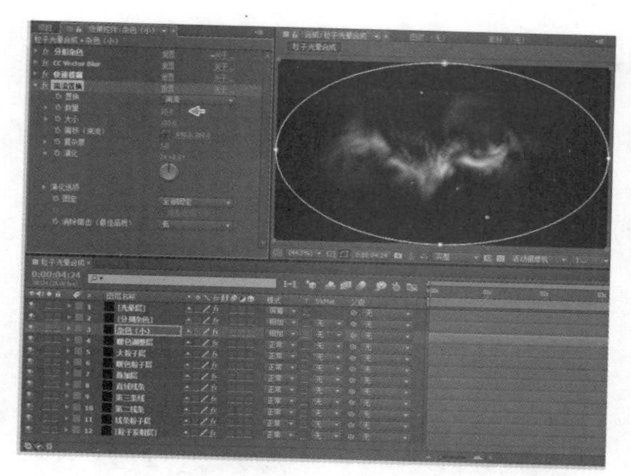

图7-370 湍流置换设置

16 在“时间线”面板中选择“杂色（小）”图层，然后按“T”快捷键展开“不透明度”项并设置不透明度值为25，如图7-371所示。

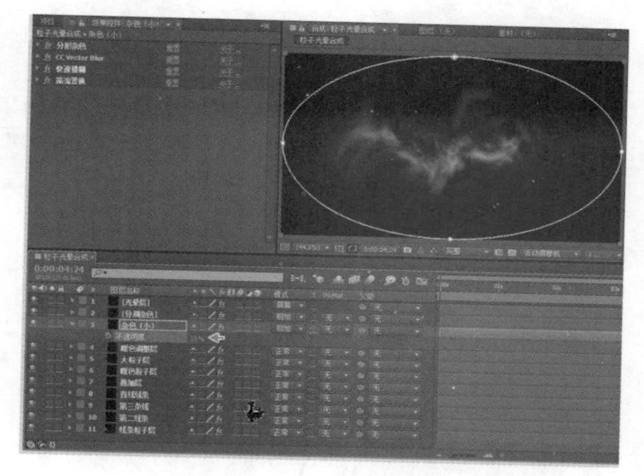

图7-371 不透明度设置

17 在菜单中选择【图层】→【新建】→【调整图层】命令项，新建调整图层，如图7-372所示。

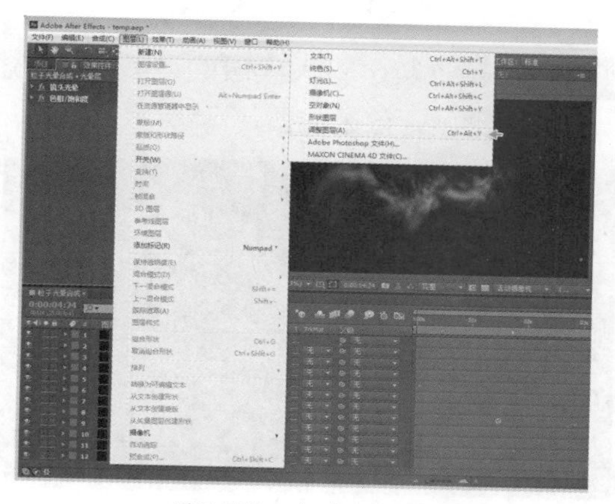

图7-372 新建调整层

18 在“时间线”面板中将新建的调整图层重命名为“模糊调整层”，然后在菜单中选择【效果】→【模糊和锐化】→【CC Vector Blur（矢量模糊）】命令项，为调整层添加模糊效果，如图7-373所示。

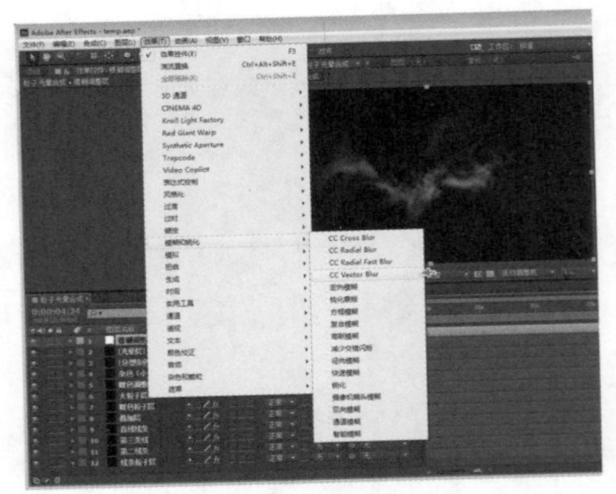

图7-373　添加模糊效果

19 在“效果”面板中设置模糊特效的Amount（数量）值为10，如图7-374所示。

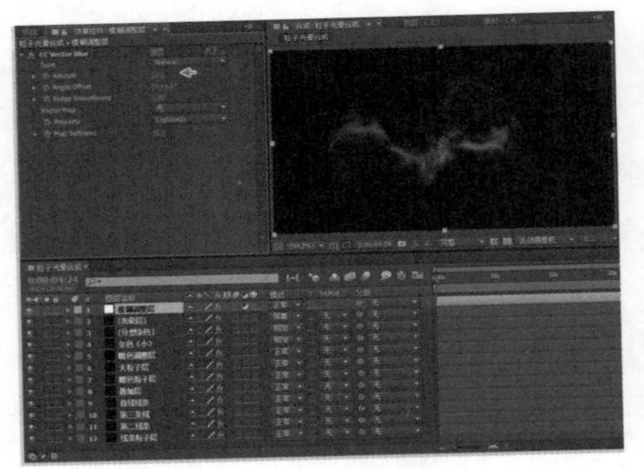

图7-374　模糊效果设置

20 使用键盘数字输入区域的“0”键预览合成动画，效果如图7-375所示。

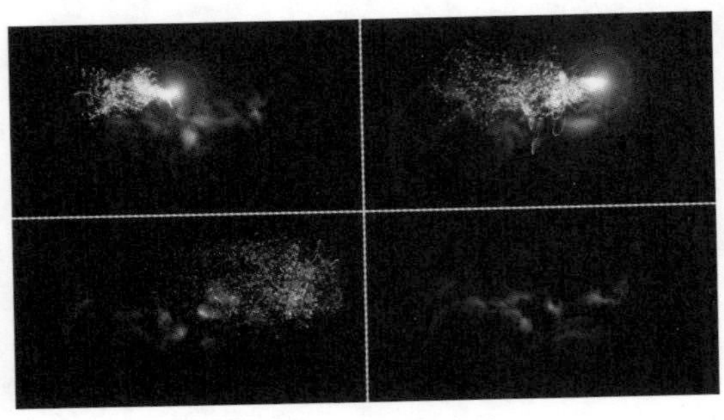

图7-375　预览效果

21 按“Ctrl+Y”键新建纯色层，在弹出的“纯色设置”对话框中设置名称为“蓝色过渡层”、大小为1280×720像素、背景颜色为蓝色，如图7-376所示。

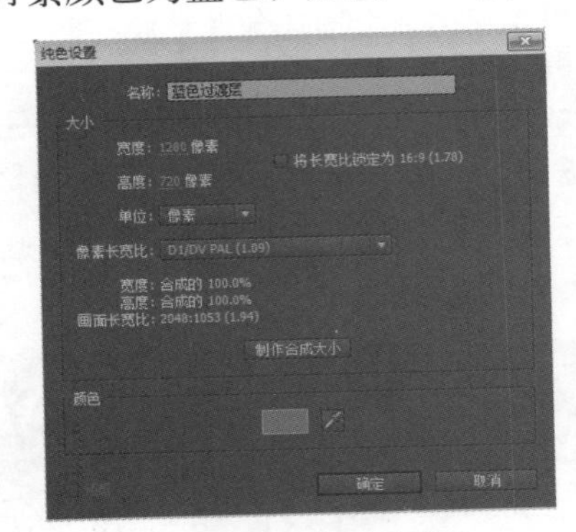

图7-376　合成设置

22 在“时间线”面板中选择“蓝色过渡层”，然后在工具栏中选择椭圆工具在“合成”窗口中绘制圆形蒙版，再在“时间线”面板中设置蒙版羽化值为300，如图7-377所示。

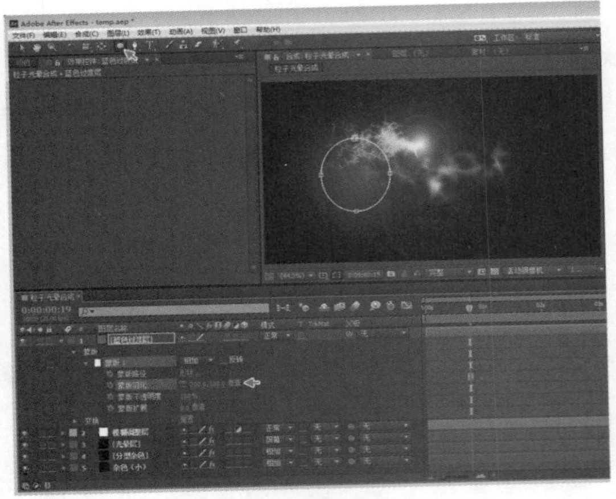

图7-377　添加蒙版

23 按“Ctrl+Y”键新建纯色层，在弹出的“纯色设置”对话框中设置名称为“橙色过渡层”、大小为1280×720像素、背景颜色为橙色，如图7-378所示。

24 在“时间线”面板中选择“橙色过渡层”，然后在工具栏中选择椭圆工具在“合成”窗口中绘制圆形蒙版，再设置“时间线”面板中的蒙版羽化值为

300，如图7-379所示。

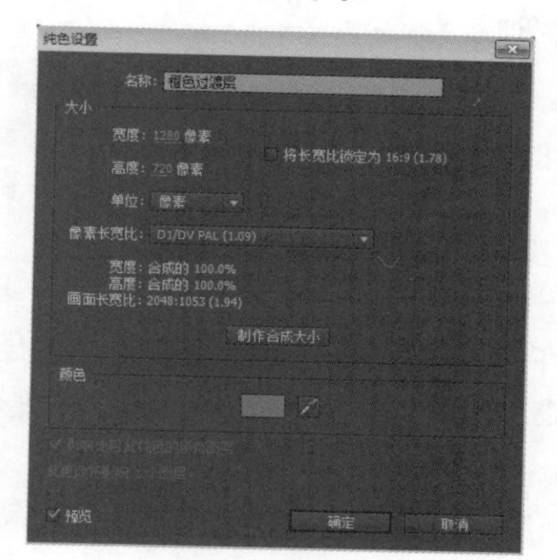

图7-378　合成设置

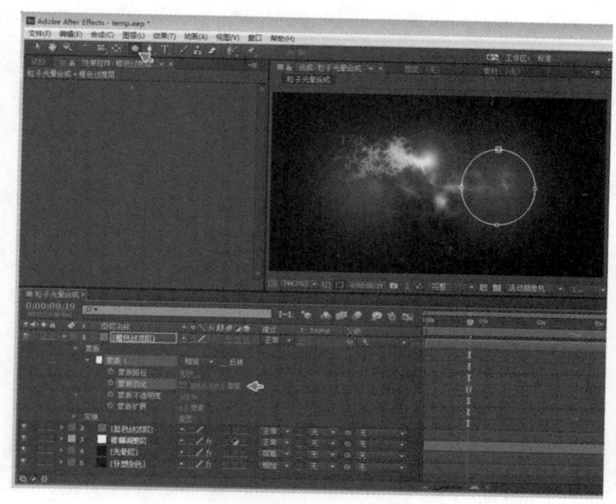

图7-379　添加蒙版

25 在“时间线”面板中选择“橙色过渡层”，按“P”快捷键展开位置项，按住“Shift”键再按“T”键将“不透明度”项同时展开，将时间滑块拖拽至影片第15帧位置，然后单击位置与不透明度前的码表图标，设置起始关键帧并设置位置值为X轴575、Y轴240、不透明度为0；再将时间滑块拖拽至影片第1秒23帧位置，设置位置值为X轴1110、Y轴240、不透明度为80；继续将时间滑块拖拽至影片第3秒5帧位置，单击位置与不透明度前的按钮，在当前时间添加关键帧数值不变；最后将时间滑块拖拽至影片第4秒24帧位置，设置不透明度值为0，如图7-380所示。

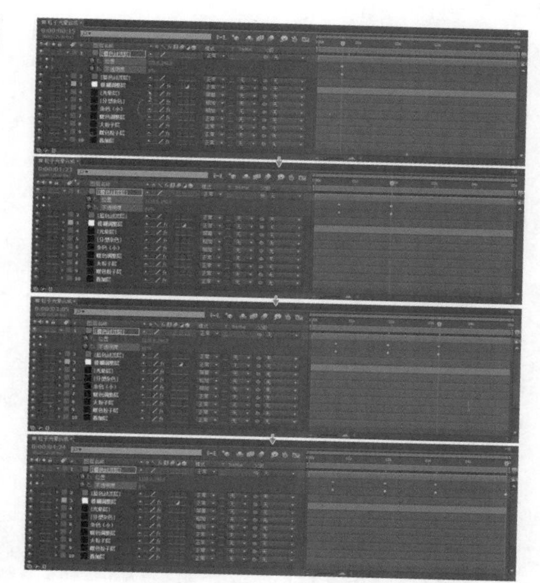

图7-380　动画设置

26 使用键盘数字输入区域的“0”键预览合成动画，效果如图7-381所示。

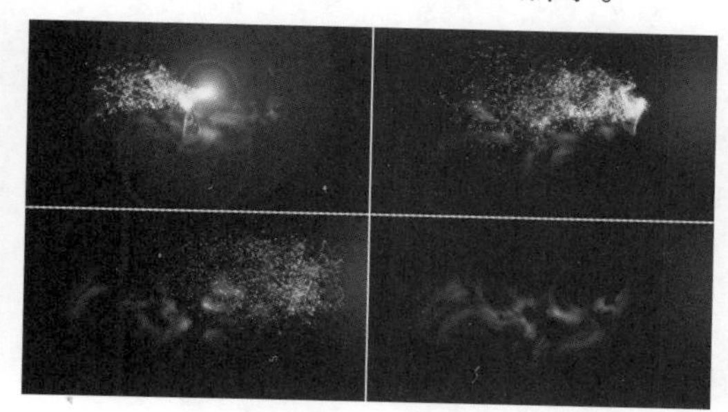

图7-381　预览效果

27 在“时间线”面板中选择“蓝色过渡层”，按“P”快捷键展开位置项，按住“Shift”键再按“T”键将不透明度项同时展开，将时间滑块拖拽至影片起始位置，单击位置与不透明度前的码表图标，设置起始关键帧并设置位置值为X轴545、Y轴260、不透明度为0；再将时间滑块拖拽至影片第15帧位置，设置位置值为X轴740、Y轴260、不透明度为70；继续将时间滑块拖拽至影片第3秒5帧位置，设置位置值为X轴945、Y轴260、不透明度为85；最后将时间滑块拖拽至影片第4秒帧位置，设置不透明度为0，如图7-382所示。

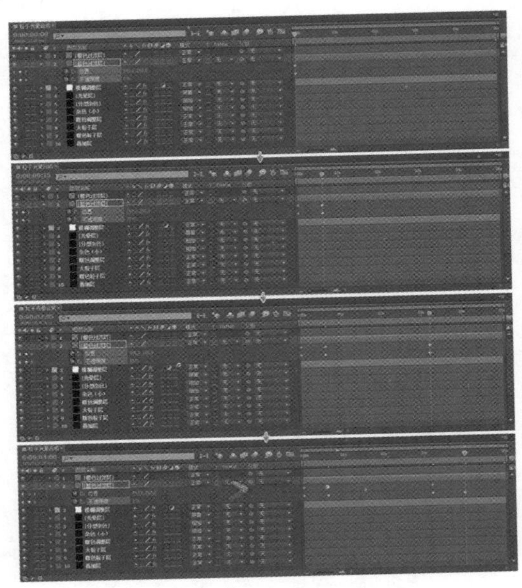

图7-382　动画设置

28 使用键盘数字输入区域的“0”键预览合成动画，效果如图7-383所示。

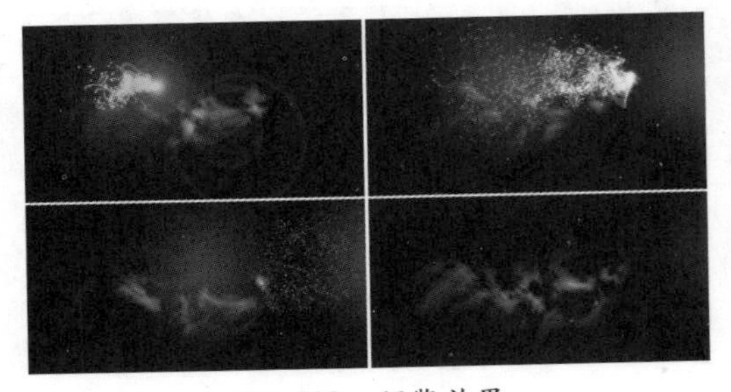

图7-383　预览效果

29 在菜单中选择【合成】→【添加到渲染队列】命令项，准备对动画进行渲染输出操作，如图7-384所示。

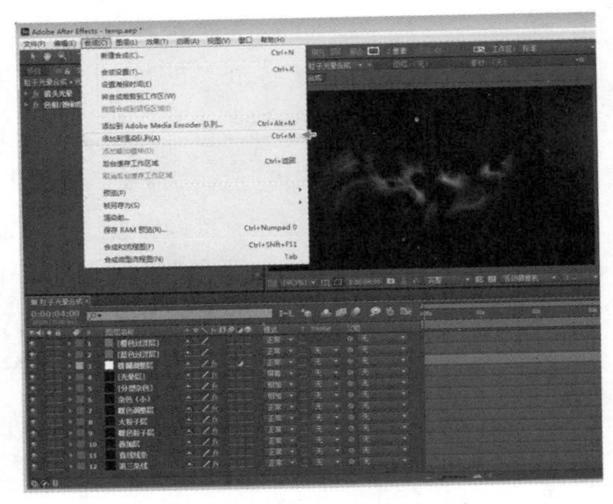

图7-384　添加到渲染队列

专家课堂

因为粒子特效使用繁多，影响到计算机的运算速度，所以预先将合成的背景渲染输出，再对渲染输出的影片继续进行合成操作，从而提高运算的效率。

30 在“渲染队列”面板中单击“输出到”命令按钮，然后在弹出的“将影片输出到”对话框中设置保存路径及文件名“总合成”，再单击“保存”按钮进行操作，如图7-385所示。

图7-385　保存文件

31 在“渲染队列”面板中单击“渲染”命令按钮，制作的动画将被渲染并保存到指定位置，如图7-386所示。

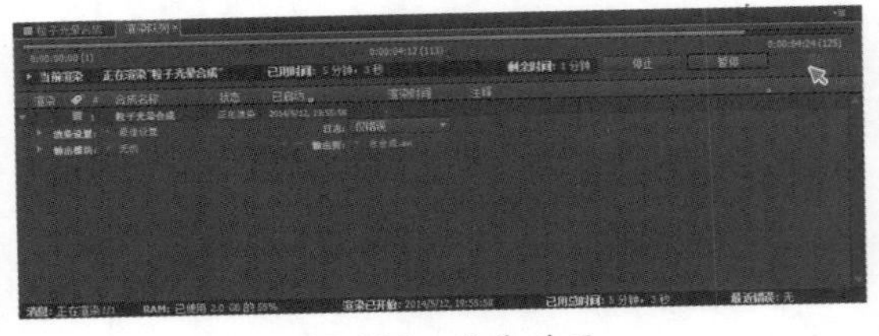

图7-386　渲染动画

7.12.3 添加背景及文字

01 按“Ctrl+N”键新建合成，在弹出的“合成设置”对话框中设置合成名称为“字体合成”、预设为“自定义”方式、宽度值为1280、高度值为720、帧速率为25帧/秒、持续时间为5秒、背景颜色为黑色，如图7-387所示。

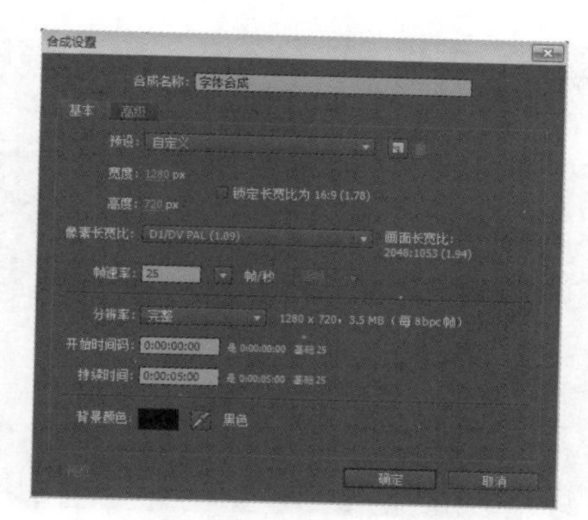

图7-387　合成设置

02 在“项目”面板中双击鼠标“左”键导入渲染完成的“总合成”视频素材，再将其拖拽至“字体合成”的“时间线”面板中，准备继续丰富影片合成效果，如图7-388所示。

图7-388　拖拽素材

03 按“Ctrl+Y”键新建纯色层，在弹出的“纯色设置”对话框中设置名称为“背景”、大小为1280×720像素、颜色为黑色，如图7-389所示。

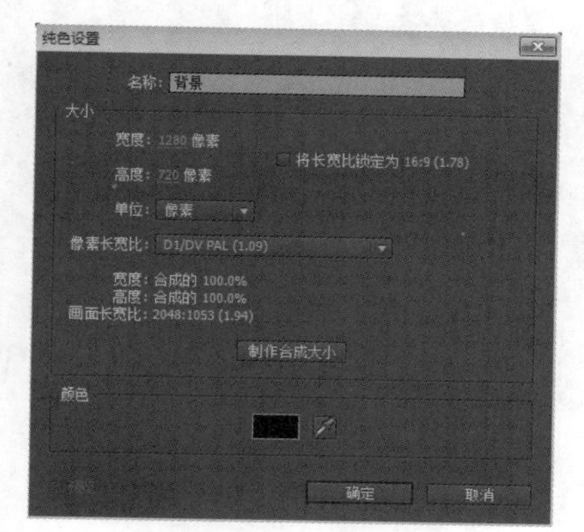

图7-389　纯色设置

04 在“时间线”面板中选择“背景”层，将其拖拽至底部，然后在菜单中选择【效果】→【生成】→【四色渐变】命令项，准备为背景层添加渐变效果，如图7-390所示。

图7-390　选择四色渐变

05 在“效果”面板设置“四色渐变”的颜色依次为黑色、黑色、棕色和蓝色，如图7-391所示。

图7-391　四色渐变设置

专家课堂

在设置渐变颜色时，不要使用过多的颜色进行组合，避免渐变的颜色产生杂乱。

06 在工具栏中选择T文本工具，然后在“合成”窗口居中输入文字“After Effects”，保持输入文字在选择状态，在“字符”面板中设置字体为“Arial”、尺寸值为58、垂直缩放值为227、水平缩放值为181，如图 7-392 所示。

图7-392　字符设置

07 在“时间线”面板中选择“After Effects”文字层，然后在工具栏中选择矩形工具绘制比“After Effects”文字稍大的矩形蒙版，再展开“蒙版1”项设置蒙版羽化值为45，最后在“合成”窗口将蒙版拖拽至字体的左侧位置，使蒙版控制文字不可见，如图7-393所示。

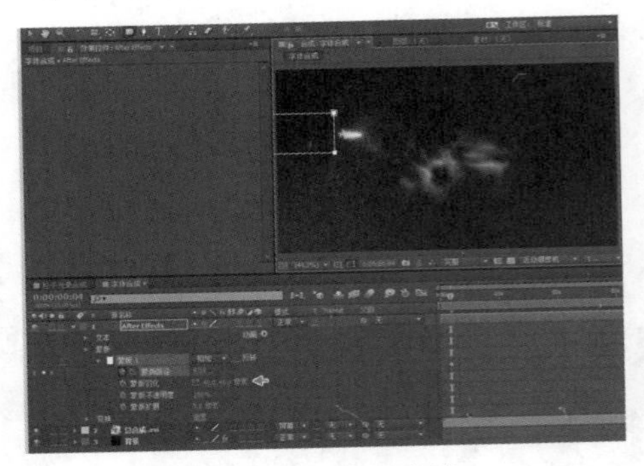
图7-393　添加遮罩

08 在“时间线”面板选择“After Effects”层的矩形蒙版并将时间滑块拖拽至影片第4帧位置，单击“蒙版路径”项前的码表图标，为其添加起始关键帧动画，再将时间滑块拖拽至影片第1秒11帧位置，在“合成”窗口将蒙版拖拽至“After Effects”文字位置，使文字完全显示，如图7-394所示。

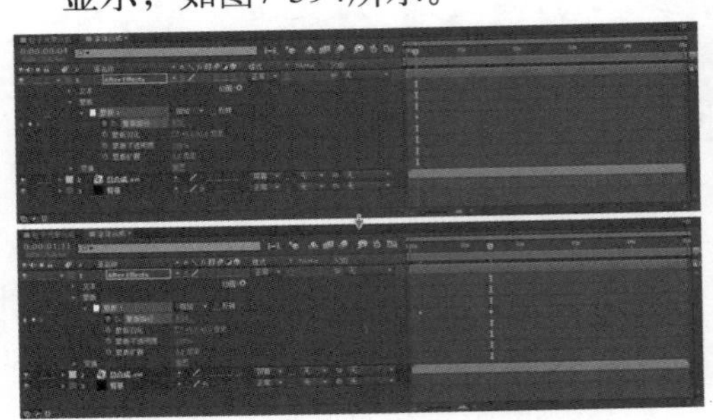
图7-394　蒙版路径动画

09 使用键盘数字输入区域的“0”键预览合成动画，效果如图7-395所示。

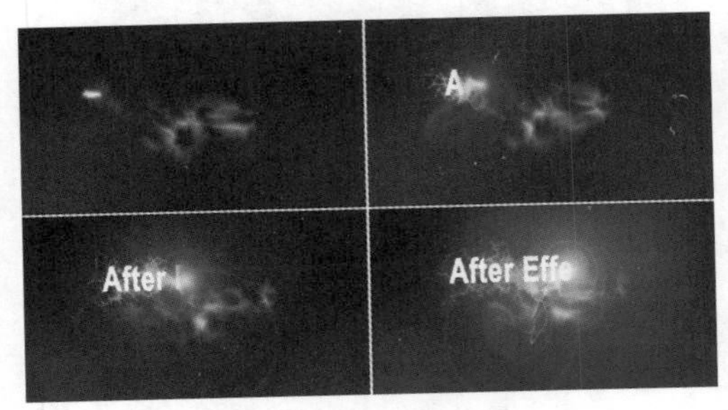
图7-395　预览效果

10 在“时间线”面板中选择“After Effects”文字层，然后在菜单中选择【效果】→【模糊和锐化】→【CC Vector Blur（矢量模糊）】命令项，准备为文字层添加模糊效果，如图7-396所示。

图7-396　添加模糊效果

11 在“效果”面板设置“矢量模糊”特效的Amount（数量）值为20，如图7-397所示。

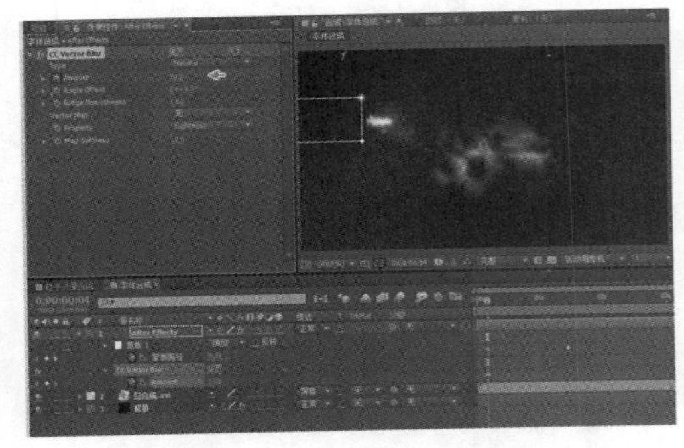
图7-397　Amount值设置

12 在“时间线”面板选择“After Effects”文字层，然后将时间滑块拖拽至影片第4帧位置并单击Amount（数量）项前的码表图标，为其添加起始关键帧动画，再将时间滑块拖拽至影片第1秒11帧位置，设置Amount（数量）值为0，如图7-398所示。

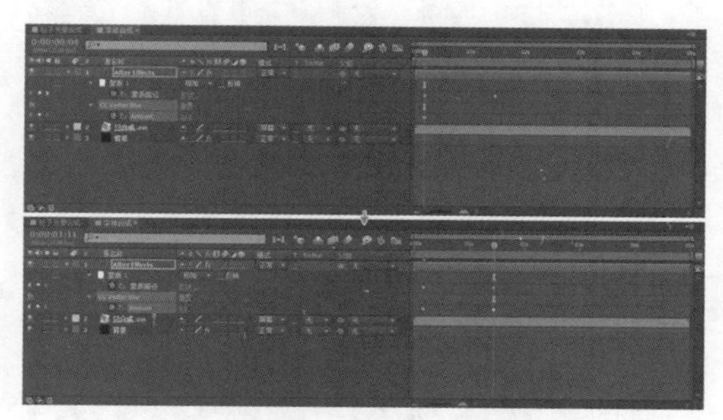

图7-398　模糊动画设置

⑬ 使用键盘数字输入区域的“0”键预览合成动画，文字显示由模糊到清晰的过程，效果如图7-399所示。

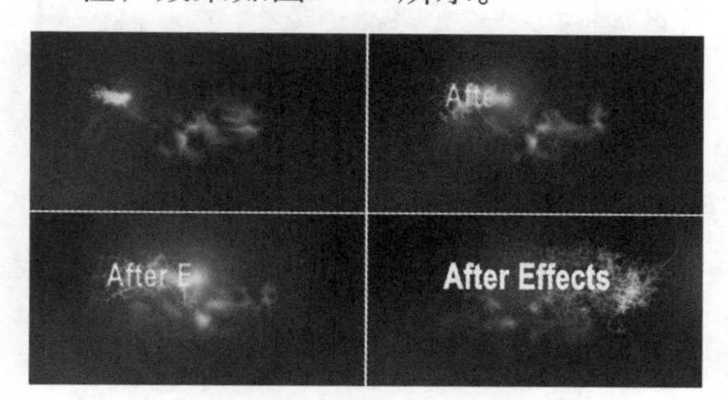

图7-399　预览效果

⑭ 在“时间线”面板中选择“After Effects”文字层，然后在菜单中选择【效果】→【扭曲】→【湍流置换】命令项，准备为文字层添加置换效果，如图7-400所示。

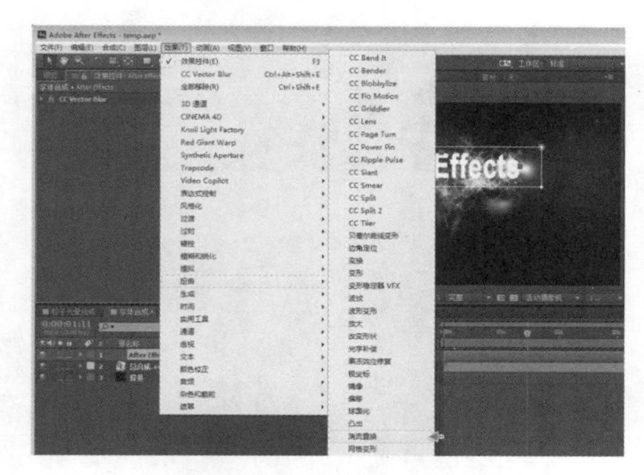

图7-400　添加湍流置换效果

⑮ 在“效果”面板设置“湍流置换”特效的数量值为35、大小值为90，如图7-401所示。

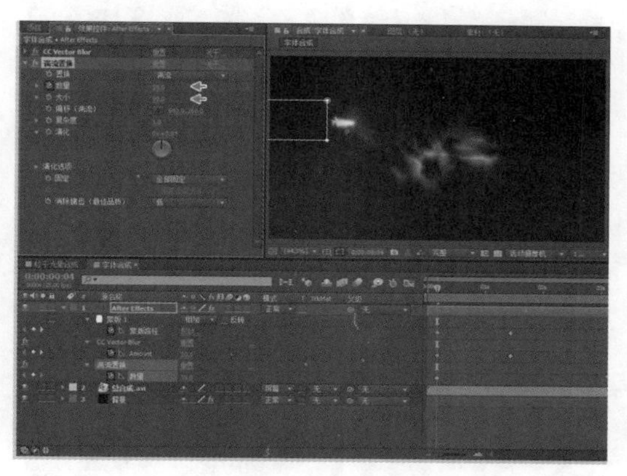

图7-401　设置湍流效果

专家课堂

- 数量：可以控制图像扭曲变形的数量，设置的数值越大，图像产生的变形扭曲越严重。
- 大小：可以控制变形扭曲的幅度。
- 偏移：可以控制图像扭曲变形的偏移量，从而在图像扭曲变形的基础上得到更加复杂的扭曲效果。
- 复杂度：可以控制紊乱的细节程度，调整该参数数值可以控制变形图像的细节精确度。
- 演化：可以控制紊乱效果在时间上的变化，设置角度的变化，使图像产生扭曲变形，通常用来记录图像扭曲的演化过程。

⑯ 在“时间线”面板选择“After Effects”文字层，然后将时间滑块拖拽至影片第4帧位置并单击数量项前的码表图标，为其添加起始关键帧，再将时间滑块拖拽至影片第1秒11帧位置，设置数量值为0，如图7-402所示。

⑰ 使用键盘数字输入区域的“0”键预览合成动画，文字呈现由扭曲变形到正常显示的过程，效果如图7-403所示。

图7-402　设置湍流动画

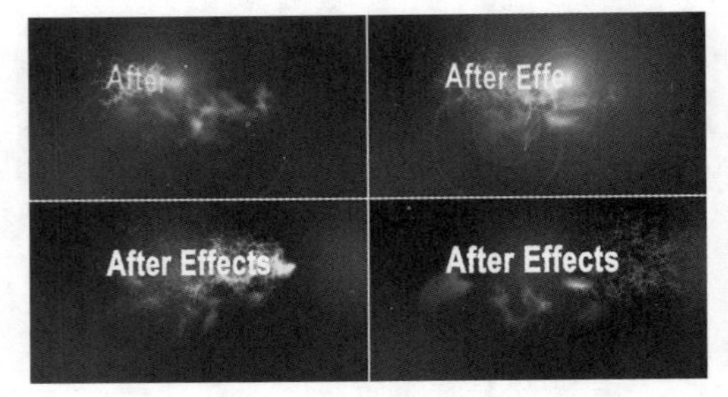

图7-403　预览效果

⑱ 观察到“合成”窗口的文字效果过于平淡，所以再为其添加放大动画。首先将时间滑块拖拽至影片第1秒位置，按“S”键展开缩放项并单击其码表图标，添加起始关键帧，将时间滑块拖拽至影片第4秒24帧位置，再设置缩放值为120，效果如图7-404所示。

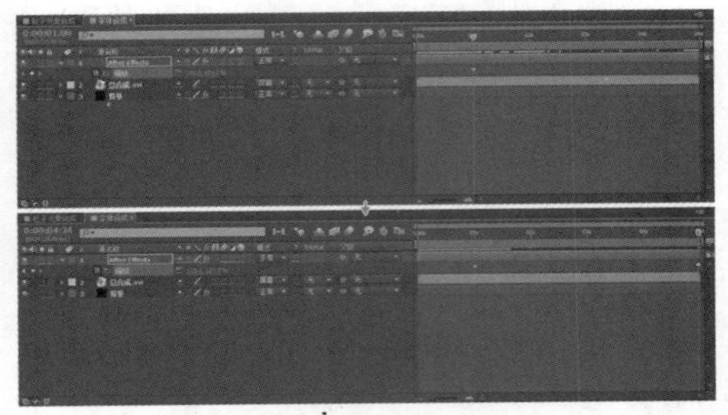

图7-404　缩放动画设置

⑲ 使用键盘数字输入区域的“0”键预览最终合成动画，效果如图7-405所示。

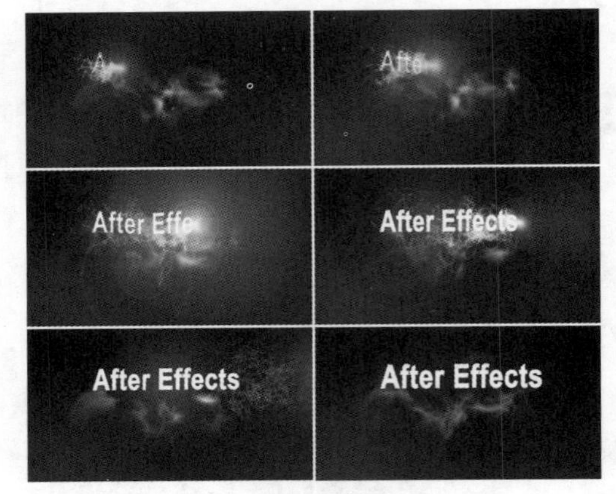

图7-405　最终效果

7.13 实例——飘散动态字

素材文件	配套光盘→范例文件→Chapter7	难易程度	★★★☆☆
重要程度	★★★☆☆	实例重点	掌握粒子特效对液态火光效的设置

在制作“飘散动态字”实例时，先将Particular（粒子）特效进行缩放、位移动画以达到粒子飘散效果，然后通过块溶解特效使字体产生溶解效果，如图7-406所示。

“飘散动态字”实例的制作流程主要分为3部分，包括①制作文字；②添加背景；③添加特效，如图7-407所示。

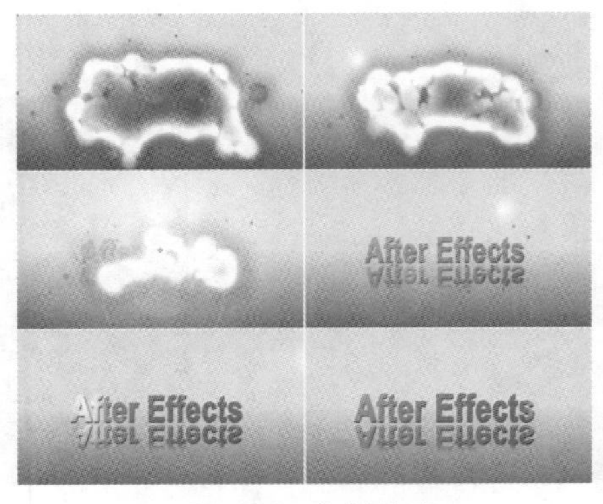

图7-406　实例效果

图7-407　制作流程

7.13.1 制作文字

01 双击桌面上的After Effects CC快捷图标启动软件，然后在菜单中选择【合成】→【新建合成】命令项，如图7-408所示。

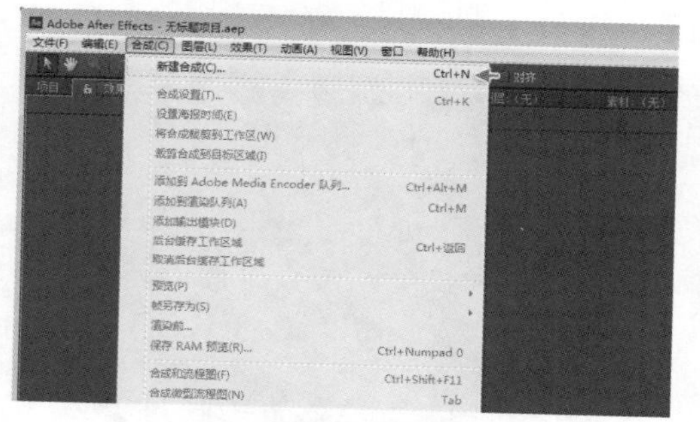

图7-408　新建合成

02 在弹出的"合成设置"对话框中设置合成名称为"倒影文字"、预设为"自定义"方式、宽度值为1280、高度值为720、帧速率为25帧/秒、持续时间为5秒、背景颜色为黑色，如图7-409所示。

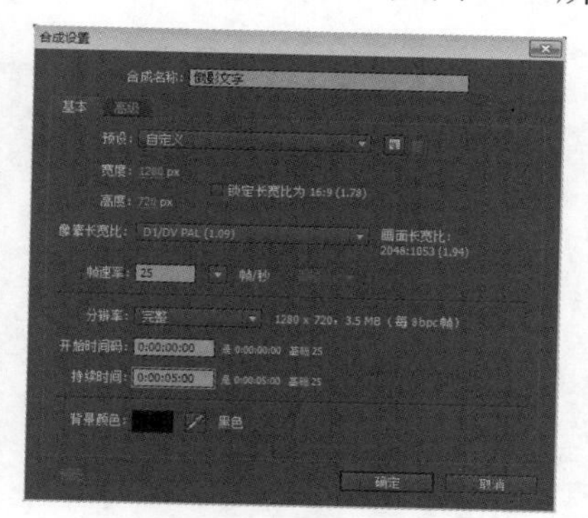

图7-409　合成设置

03 在工具栏中选择T文本工具，然后在"合成"窗口居中输入文字"After Effects"，保持输入的文字在选择状态，在"字符"面板中设置字体为"Arial"、字体样式为"Bold"、尺寸值为135、垂直缩放值为227、水平缩放值为181，如图7-410所示。

图7-410　字符设置

04 在"时间线"面板中选择"After Effects"文字层，然后在菜单中选择【效果】→【生成】→【四色渐变】命令项，准备为字体层添加渐变效果，如图7-411所示。

图7-411　添加四色渐变效果

05 观察"合成"窗口中默认的"四色渐变"效果，文字在添加"四色渐变"效果后由左至右呈现出由"粉红"色向"蓝绿"色渐变过渡的色调，如图7-412所示。

图7-412　默认四色渐变效果

06 在“时间线”面板中选择“After Effects”文字层，然后在菜单中选择【编辑】→【重复】命令项，复制文字层，如图7-413所示。

图7-413　复制图层

07 在“时间线”面板中选择“After Effects 2”文字层，然后用鼠标“左”键将其拖拽至与“After Effects”文字层相反方向为其制作“倒影”，在“时间线”面板中选择“After Effects 2”文字层并单击工具栏中的圆角矩形工具，为“After Effects 2”文字层添加蒙版；在“时间线”面板中展开“蒙版1”项，再设置蒙版羽化值为57、蒙版扩展值为80，如图7-414所示。

08 按“Ctrl+N”键新建合成，在弹出的“合成设置”对话框中设置合成名称为“粒子合成”、预设为“自定义”方式、宽度值为1280、高度值为720、帧速率为25帧/秒、持续时间为5秒、背景颜色为黑色，如图7-415所示。

图7-414　添加蒙版

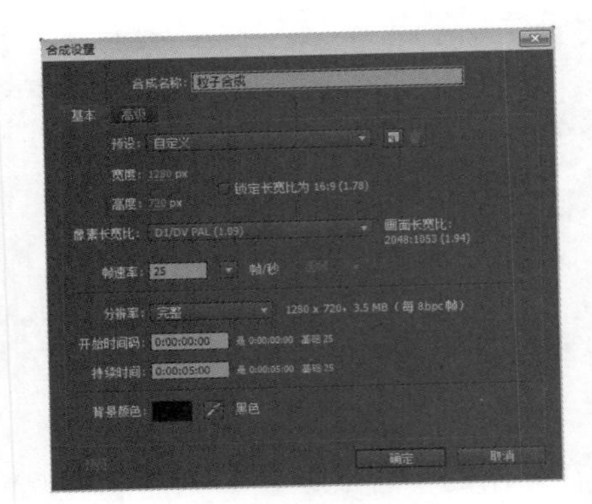

图7-415　合成设置

09 在“项目”面板中将“倒影文字”合成文件拖拽至“粒子合成”的“时间线”面板中，如图7-416所示。

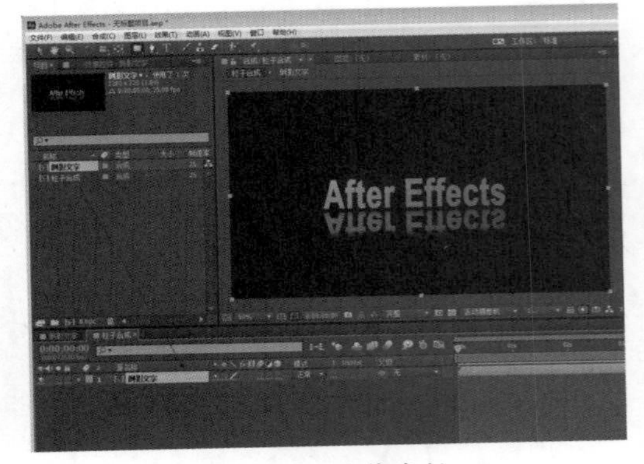

图7-416　拖拽素材

10 在“时间线”面板中选择“倒影文字”层，然后在菜单中选择【图层】→【图层样式】→【斜面和浮雕】命令项，为倒影文字添加斜面和浮雕特效，如图7-417所示。

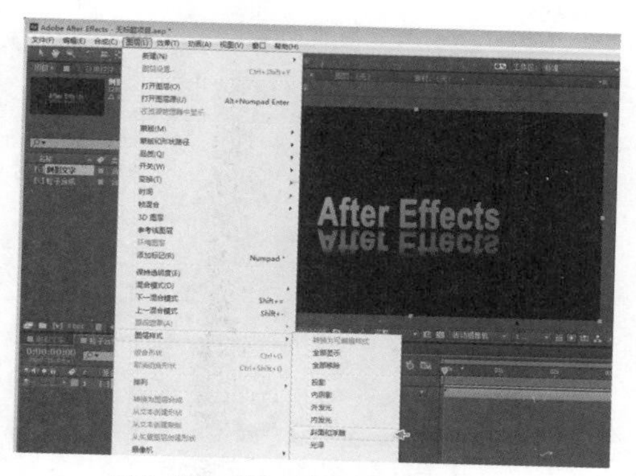

图7-417 添加斜面和浮雕效果

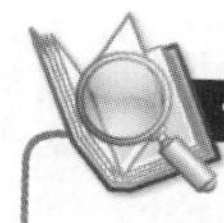

专家课堂

“图层样式”与“效果”滤镜是存在区别的。“图层样式”可以更为直观地控制参数，也有一些“图层样式”使用滤镜或插件也可完成，但需要多个插件配合完成，而图层样式只需要一种。

11 在“时间线”面板中选择“倒影文字”并展开其“斜面和浮雕”卷展栏，然后更改其样式为“外斜面”方式，如图7-418所示。

图7-418 更改样式

7.13.2 添加背景

01 按“Ctrl+Y”键新建纯色层，在弹出的“纯色设置”对话框中设置名称为“背景”、大小为1280×720像素、颜色为黑色，如图7-419所示。

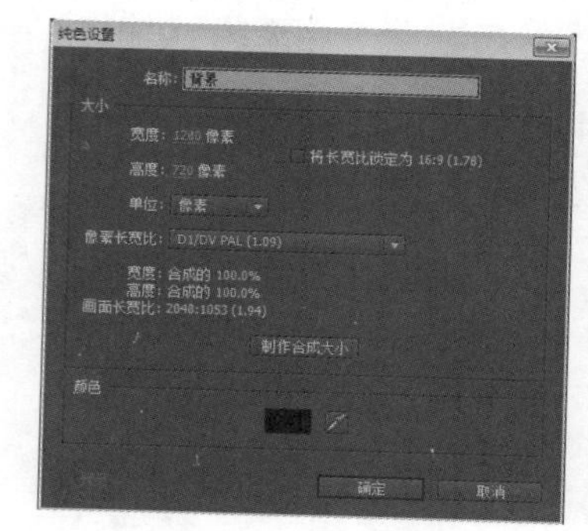

图7-419 纯色设置

02 在“时间线”面板中选择“背景”层，然后在菜单中选择【效果】→【生成】→【梯度渐变】命令项，为背景层添加渐变效果，如图7-420所示。

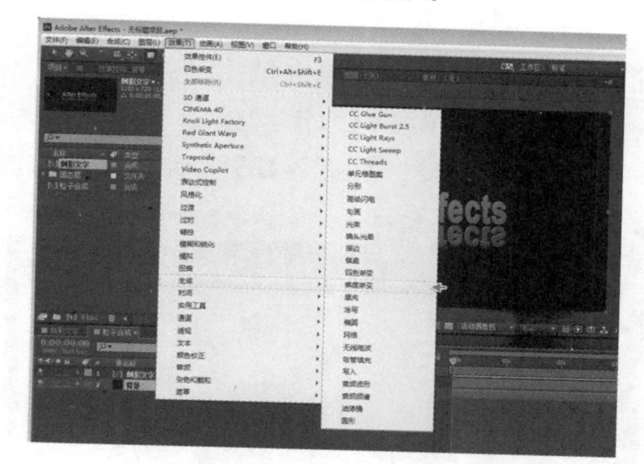

图7-420 添加渐变特效

03 在“效果”面板中设置“梯度渐变”的起始颜色为浅灰色，再设置“结束颜色”为深灰色，此时纯色层中便会呈现由浅灰至深灰的渐变过渡效果，如图7-421所示。

图7-421 渐变特效设置

04 在“时间线”面板中选择“倒影文字”层，然后在菜单中选择【编辑】→【重复】命令项，复制文字层，如图7-422所示。

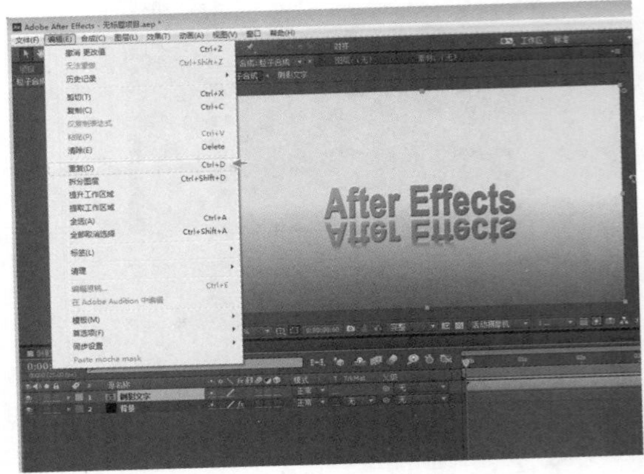

图7-422 复制图层

05 在“时间线”面板中单击“被发射层”前的显示按钮取消层显示，再开启其3D图层项，如图7-423所示。

图7-423 图层设置

7.13.3 添加特效

01 按“Ctrl+Y”键新建纯色层，在弹出的“纯色设置”对话框中设置名称为“粒子发射层”、大小为1280×720像素、颜色为黑色，如图7-424所示。

02 在“时间线”面板中选择“粒子发射层”，然后在菜单中选择【效果】→【Trapcode】→【Particular（粒子）】命令项，准备为发射层添加光粒子效果，如图7-425所示。

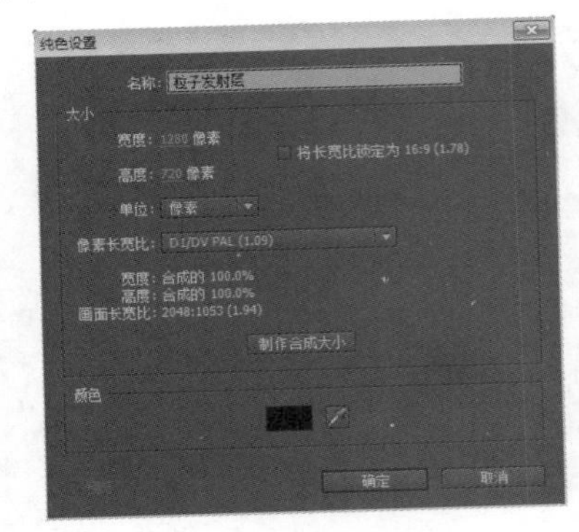

图7-424 纯色设置

图7-425 添加Particular效果

03 在“效果”面板中展开“粒子”的发射器卷展栏，设置发射器类型为“图层”、随机速率值为58、分布速率值为1.5、继承运动速度值为83、发射器尺寸Z值为76、发射图层为“被发射层”，如图7-426所示。

图7-426 粒子效果设置

04 在“时间线”面板中选择“粒子发射层”图层，然后在菜单中选择【效果】→【风格化】→【发光】命令项，准备为粒子发射层添加发光效果，如图7-427所示。

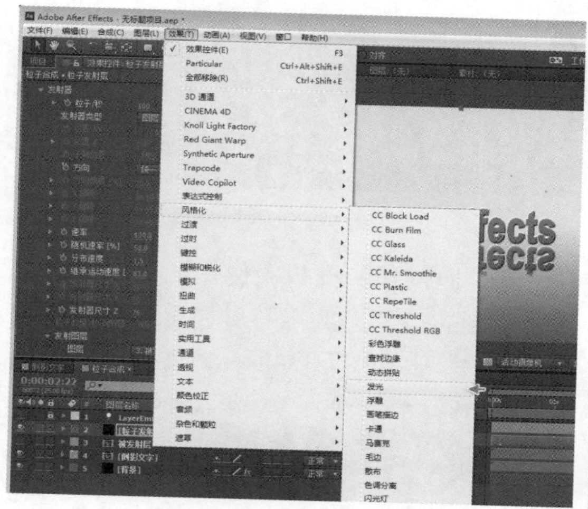

图7-427 添加发光效果

05 在“效果”面板中设置“发光”的发光基于为“Alpha通道”类型，再设置发光半径值为115、发光强度为2、发光颜色为“A和B颜色”方式，如图7-428所示。

图7-428 发光效果设置

06 在“时间线”面板中将时间滑块拖拽至影片的第1秒位置，在“时间线”面板单击“粒子”特效中“粒子/秒”项前的码表图标添加起始关键帧，并设置粒子/秒值为0；将时间滑块拖拽至影片的第4秒24帧位置，再设置粒子/秒值为2060，如图7-429所示。

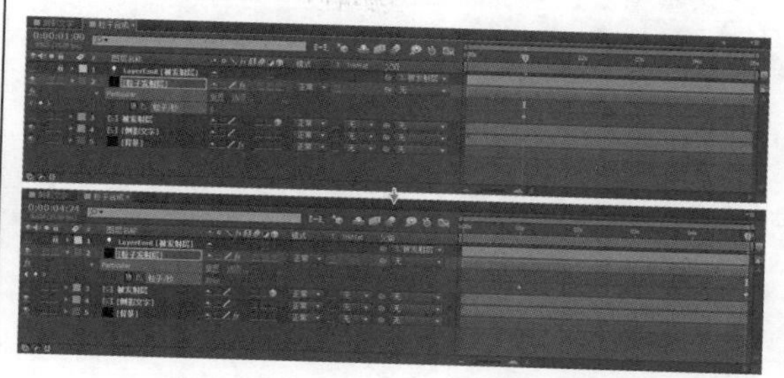

图7-429 粒子/秒动画设置

07 使用键盘数字输入区域的“0”键预览合成动画，效果如图7-430所示。

图7-430 预览效果

08 在“时间线”面板中将时间滑块拖拽至影片的第2秒18帧位置，展开“粒子”卷展栏，单击大小项前的码表图标添加起始关键帧，并设置大小值为8；然后将时间滑块拖拽至影片的第3秒位置，设置大小值为70；再将时间滑块拖拽至影片的第3秒6帧位置，设置大小值为8；将时间滑块拖拽至影片的第3秒16帧位置，设置大小值为70；将时间滑块拖拽至影片的第4秒位置，设置大小值为8；将时间滑块拖拽至影片的第4秒10帧位置，设置大小值为80；将时间滑块拖拽至影片的第4秒17帧位置，设置大小值为8；最后将时间滑块拖拽至影片的第4秒24帧位置，再设置大小值为80，使粒子的大小尺寸产生变化，如图7-431所示。

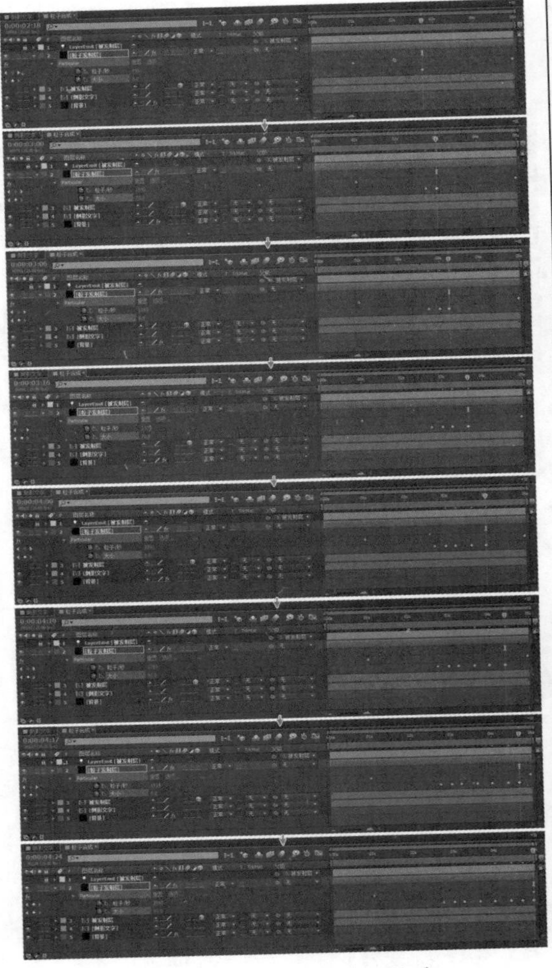

图7-431　粒子大小动画设置

09 使用键盘数字输入区域的“0”键预览合成动画，效果如图7-432所示。

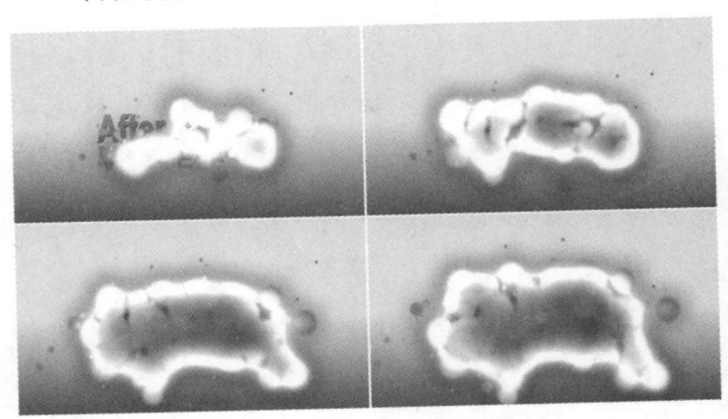

图7-432　预览效果

10 在“时间线”面板中选择“倒影文字”层，然后在菜单中选择【编辑】→【重复】命令项，准备复制倒影文字层，如图7-433所示。

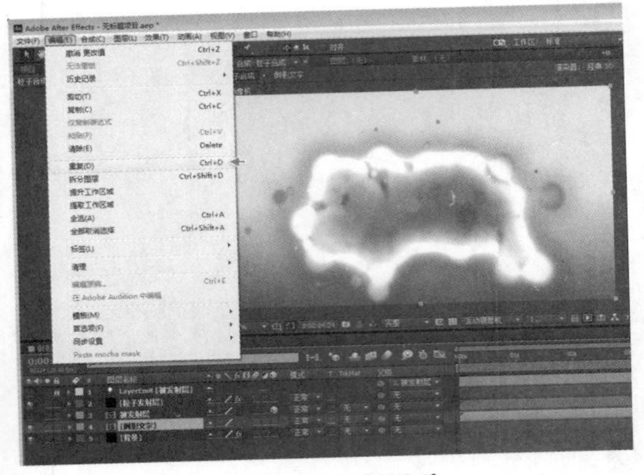

图7-433　复制图层

11 在“时间线”面板中使用鼠标右键单击复制的“倒影文字”层并重命名为“扫光层”，如图7-434所示。

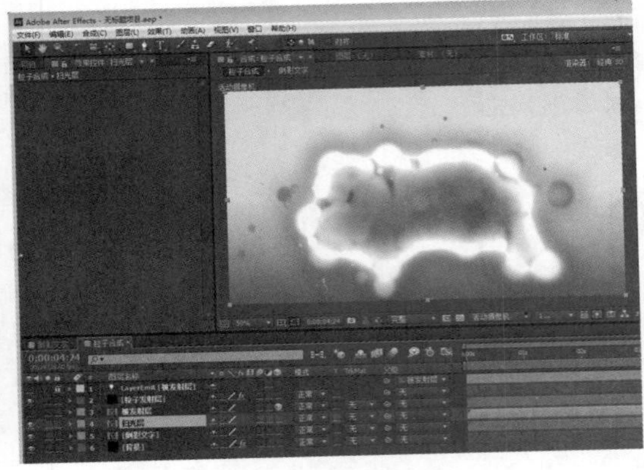

图7-434　重命名图层

12 在“时间线”面板中设置“扫光层”的模式为“相加”方式，从而提升“倒影文字”与“扫光层”的亮度，如图7-435所示。

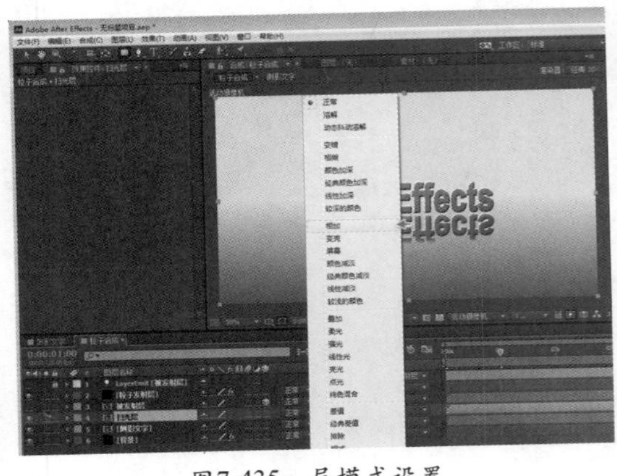

图7-435　层模式设置

⑬ 在“时间线”面板中选择扫光层，然后在工具栏中选择圆角矩形工具并在“合成”窗口中“After Effects”文字内容的右侧绘制圆角矩形蒙版，如图7-436所示。

图7-436 添加蒙版

⑭ 在“时间线”面板中展开“扫光层”的“蒙版1”卷展栏，然后将时间滑块拖拽至影片起始位置，再开启蒙版路径项前的码表图标按钮添加起始关键帧，设置蒙版羽化值为57，如图7-437所示。

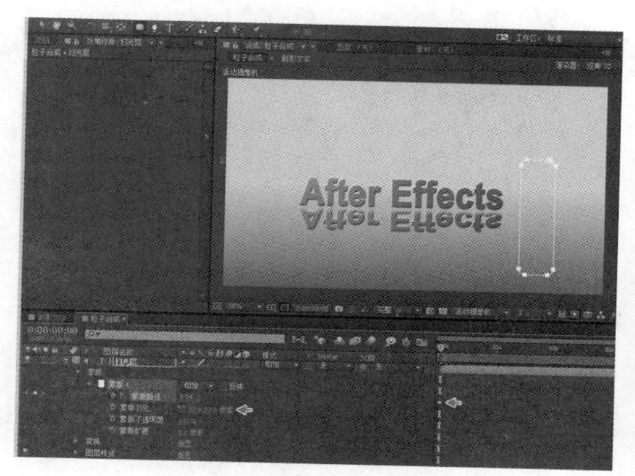

图7-437 蒙版羽化设置

⑮ 将时间滑块拖拽至影片的1秒7帧位置，在“合成”窗口将已添加的圆角矩形蒙版拖拽至“After Effects”文字内容的左侧，如图7-438所示。

⑯ 使用键盘数字输入区域的“0”键预览合成动画，效果如图7-439所示。

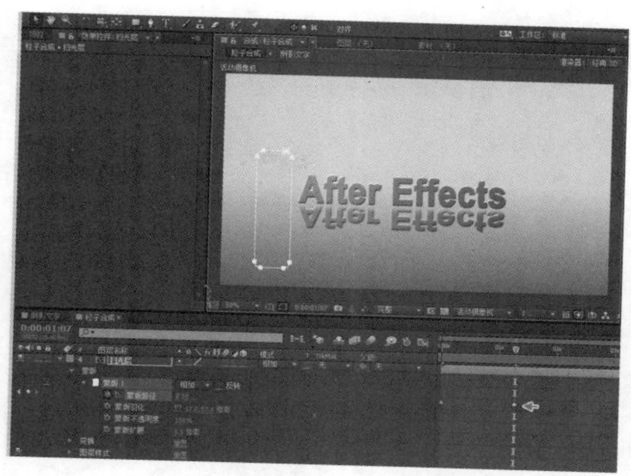

图7-438 蒙版动画设置

图7-439 预览效果

⑰ 在“时间线”面板中选择“扫光层”图层，然后在菜单中选择【效果】→【过渡】→【块溶解】命令项，准备为扫光层添加块溶解效果，如图7-440所示。

图7-440 添加块溶解效果

专家课堂

“块溶解”滤镜特效以随机的方块对两个层的重叠部分进行切换。

18 在“效果”面板中设置“块溶解”的块宽度值为2、块高度值为1，如图7-441所示。

图7-441 块溶解效果设置

19 在“时间线”面板中将时间滑块拖拽至影片的第1秒8帧位置，然后单击过渡完成项前的码表图标添加起始关键帧，并设置过渡完成值为0；将时间滑块拖拽至影片的第4秒24帧位置，再设置过渡完成值为100，记录块溶解的变化过程，如图7-442所示。

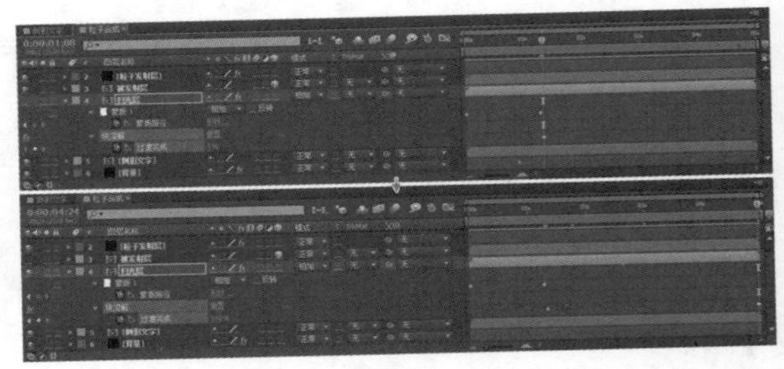

图7-442 块溶解动画设置

20 使用键盘数字输入区域的“0”键预览合成动画，效果如图7-443所示。

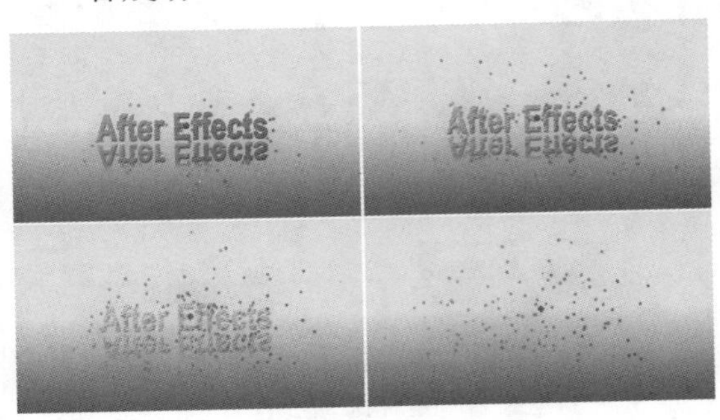

图7-443 预览效果

21 在“时间线”面板中选择“倒影文字”图层，然后在菜单中选择【效果】→【过渡】→【块溶解】命令项，准备为倒影文字层添加块溶解效果，如图7-444所示。

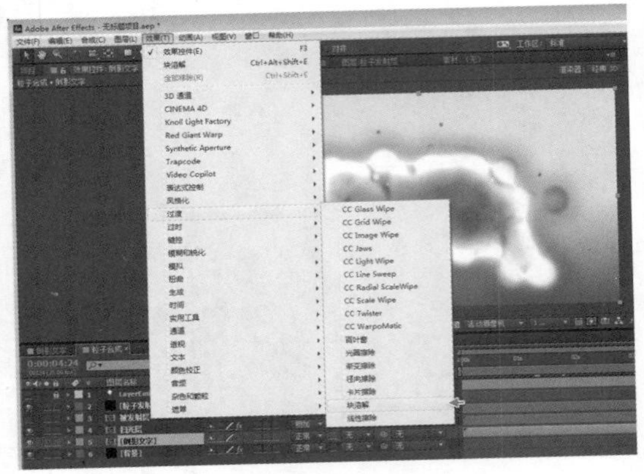

图7-444 添加块溶解效果

22 在“效果”面板中设置“块溶解”的块宽度值为2、块高度值为1，如图7-445所示。

图7-445 块溶解效果设置

23 在“时间线”面板中将时间滑块拖拽至影片的第1秒8帧位置，然后单击过渡完成项前的码表图标添加起始关键帧，并设置过渡完成值为0；将时间滑块拖拽至影片的第4秒24帧位置，再设置过渡完成值为100，记录块溶解的变化过程，如图7-446所示。

24 使用键盘数字输入区域的“0”键预览合成动画，效果如图7-447所示。

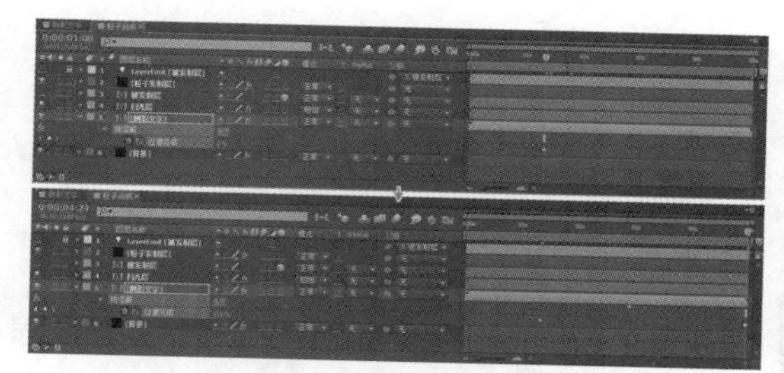

图7-446 块溶解动画设置

图7-447 预览效果

25 按“Ctrl+N”键新建合成，在弹出的“合成设置”对话框中设置合成名称为“反转合成”、预设为“自定义”方式、宽度值为1280、高度值为720、帧速率为25帧/秒、持续时间为5秒、背景颜色为黑色，如图7-448所示。

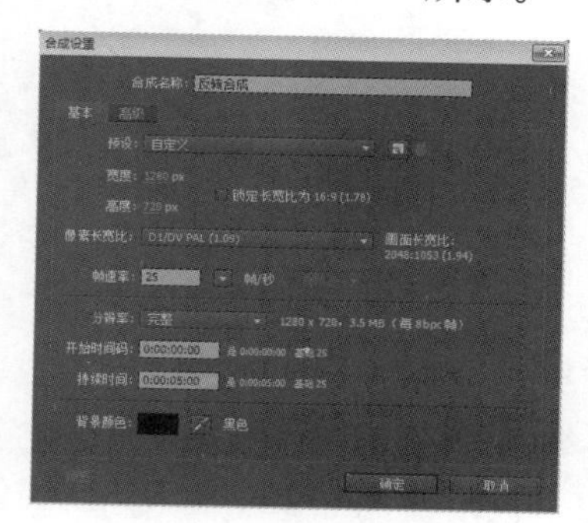

图7-448 合成设置

26 在“项目”面板中将“粒子合成”合成文件拖拽至“反转合成”的“时间线”面板中，如图7-449所示。

27 在“时间线”面板中选择“粒子合成”层，然后在菜单中选择【图层】→【时间】→【时间反向图层】命令项，为粒子合成添加时间反转效果，如图7-450所示。

图7-449 拖拽素材

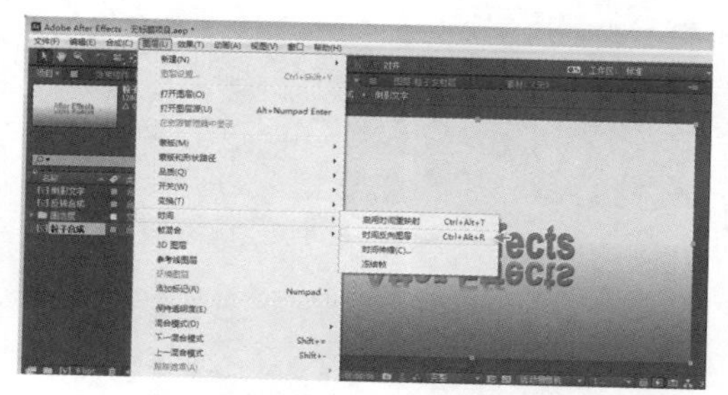

图7-450 添加时间反转效果

28 在“时间线”面板中选择“粒子合成”层，然后在菜单中选择【效果】→【生成】→【镜头光晕】命令项，为粒子合成添加镜头光晕效果，如图7-451所示。

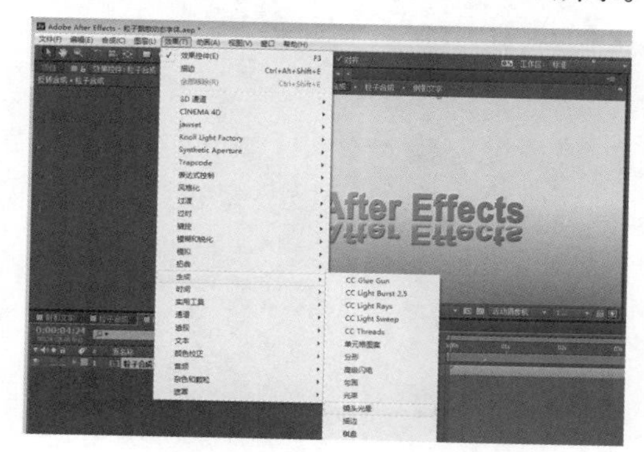

图7-451 添加镜头光晕效果

29 在“时间线”面板中将时间滑块拖拽至影片的起始位置，然后单击光晕中心项前的码表图标添加起始关键帧，设置光晕中心值为X轴－60、Y轴220，在“合成”窗口中便可以观察到光晕的位置变化，如图7-452所示。

30 在“时间线”面板中将时间滑块拖拽至影片的第1秒13帧位置，设置光晕中心值为X轴600、Y轴220；再将时间滑块拖拽至影片的第4秒24帧位置，设置光晕中心值为X轴1425、Y轴170，如图7-453所示。

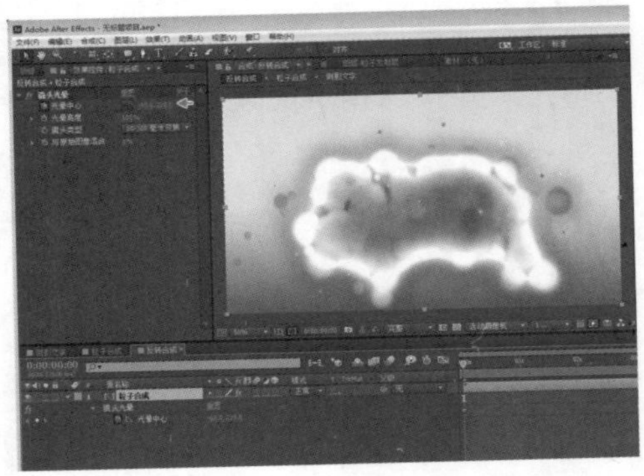

图7-452　添加光晕中心起始动画

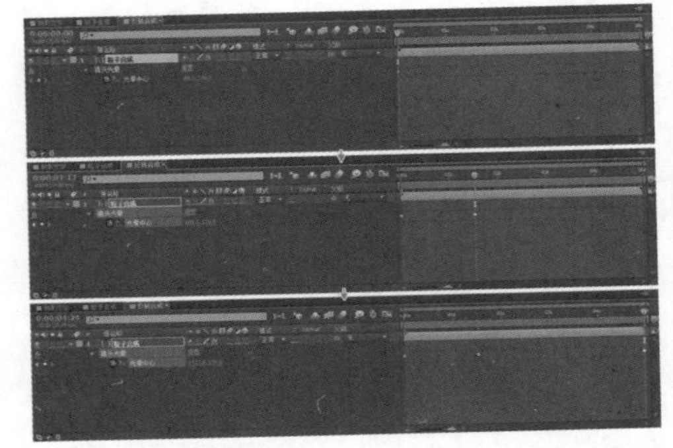

图7-453　添加光晕中心动画

31 使用键盘数字输入区域的“0”键预览合成动画，效果如图7-454所示。

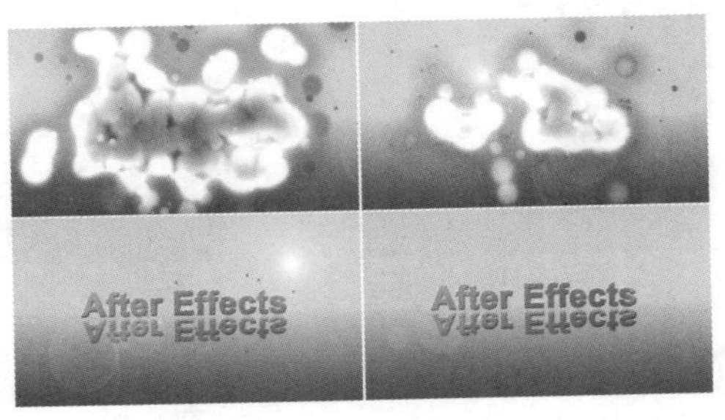

图7-454　预览效果

32 在“时间线”面板中将时间滑块拖拽至影片的起始位置，然后单击光晕亮度项前的码表图标添加起始关键帧，并设置光晕亮度值为70；在“时间线”面板中将时间滑块拖拽至影片第1秒11帧位置，设置光晕亮度为80；再将时间滑块拖拽至影片第1秒14帧位置，设置光晕亮度为300；最后将时间滑块拖拽至影片第1秒17帧位置，设置光晕亮度为70，如图7-455所示。

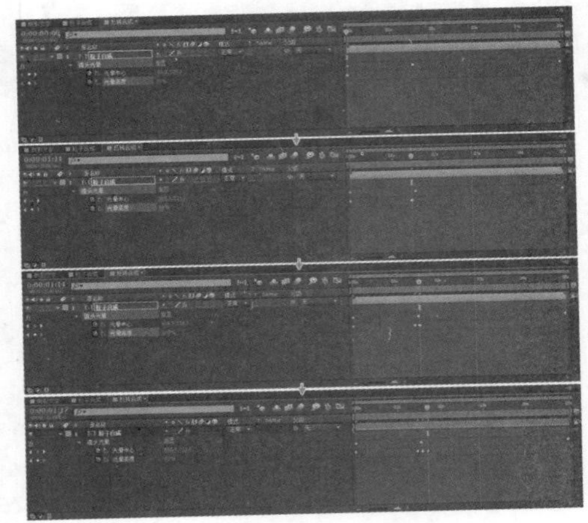

图7-455　添加亮度动画

33 使用键盘数字输入区域的“0”键预览合成动画，效果如图7-456所示。

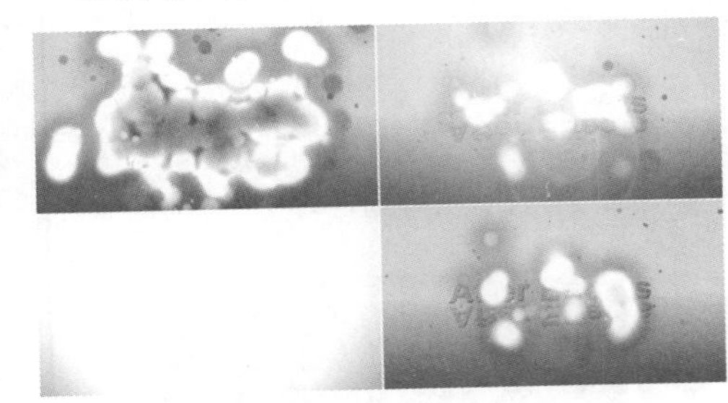

图7-456　预览效果

34 按“Ctrl+N”键新建合成，在弹出的“合成设置”对话框中设置合成名称为“放大合成”、预设为“自定义”方式、宽度值为1280、高度值为720、帧速率为25帧/秒、持续时间为5秒、背景颜色为黑色，如图7-457所示。

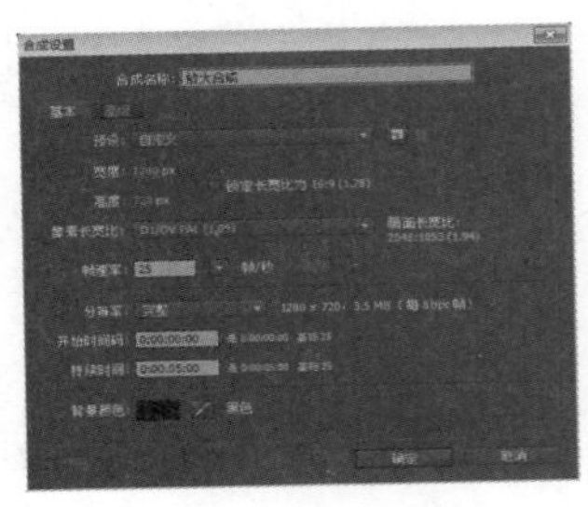

图7-457　合成设置

35 在“项目”面板中将“反转合成”合成文件拖拽至“放大合成”的“时间线”面板中，如图7-458所示。

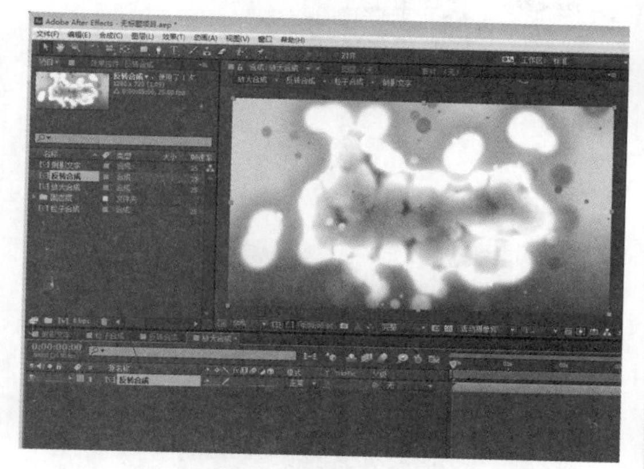

图7-458 拖拽素材

36 在“时间线”面板中选择“反转合成”图层，然后按“S”键展开缩放项并开启码表图标按钮，在影片第0秒位置设置起始帧缩放值为100；再将时间滑块拖拽至影片第4秒24帧位置，设置结束帧缩放值为130，使整体画面产生放大动画效果，如图7-459所示。

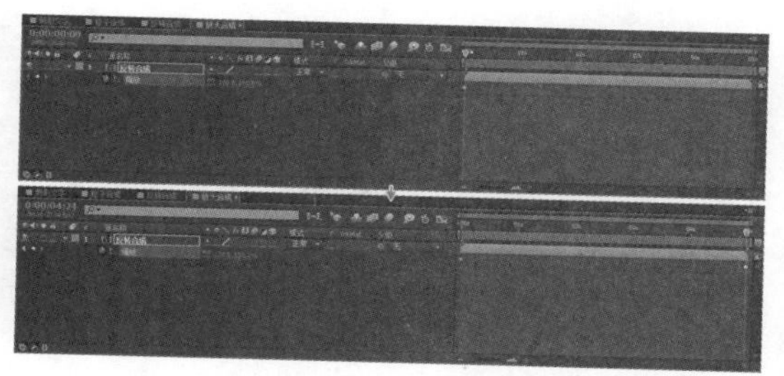

图7-459 缩放动画设置

37 使用键盘数字输入区域的“0”键预览最终合成动画，效果如图7-460所示。

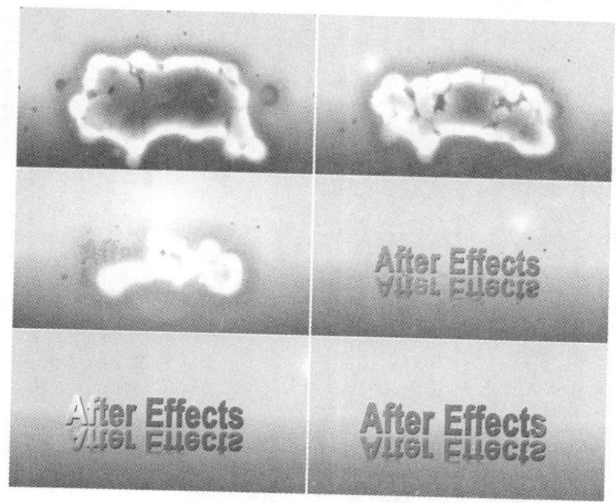

图7-460 最终效果

7.14 实例——眩光破碎字

素材文件	配套光盘→范例文件→Chapter7	难易程度	★★★★☆
重要程度	★★★★★	实例重点	了解破碎特效与遮罩动画的应用

在制作“眩光破碎字”实例时，先将文本工具建立的文字进行贴图、添加CC Piexl Polly特效，使文字产生破碎效果，然后通过设置遮罩动画和添加光效动画，丰富炫目的效果，如图7-461所示。

“眩光破碎字”实例的制作流程主要分为3部分，包括①文字素材合成；②文字破碎设置；③装饰光效调整，如图7-462所示。

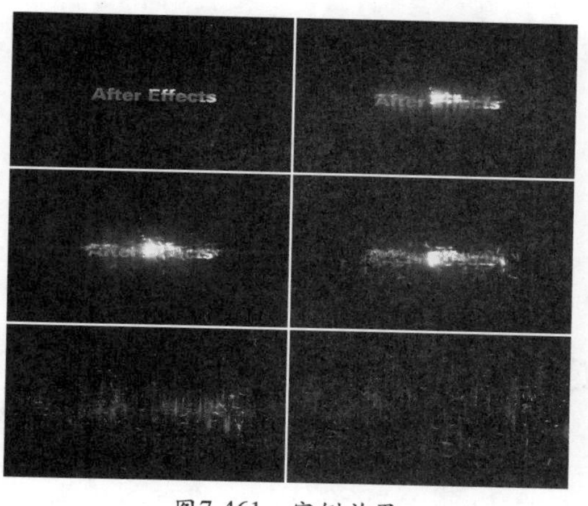

图7-461 实例效果

图7-462 制作流程

7.14.1 文字素材合成

01 双击桌面上的After Effects CC快捷图标启动软件，然后在菜单中选择【合成】→【新建合成】命令项，如图7-463所示。

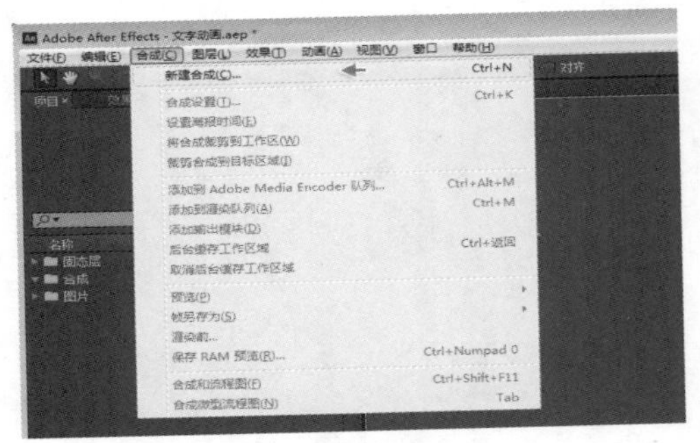

图7-463 新建合成

02 在弹出的“合成设置”对话框中设置合成名称为“文字”、预设为“HDV/HDTV 720 25”小高清类型、帧速率为25帧/秒、持续时间为5秒、背景颜色为黑色，如图7-464所示。

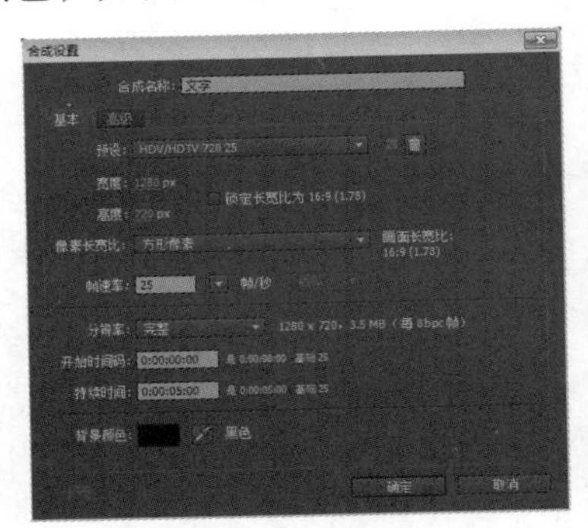

图7-464 合成设置

03 选择工具栏中的T文本工具，在“合成”窗口居中输入文字“After Effects”，然后在“字符”面板中设置字体为“方正大黑简体”，再设置尺寸值为36，如图7-465所示。

图7-465 新建文字

04 在“项目”面板中添加并选择“水晶贴图”图像素材，将素材拖拽至“时间线”面板最底层，然后在“时间线”面板展开“水晶贴图”素材的“变换”选项，设置位置值X轴为600、Y轴为330，再设置缩放值X轴为520、Y轴为−260，使图像素材的颜色区域匹配到文字区域，如图7-466所示。

图7-466 添加图像素材

05 保持“时间线”面板中的“水晶贴图”素材为选择状态，然后在“效果”面板中单击鼠标“右”键，在弹出的浮动菜单中选择【颜色校正】→【曲线】

命令项，调整图像的亮度，如图7-467所示。

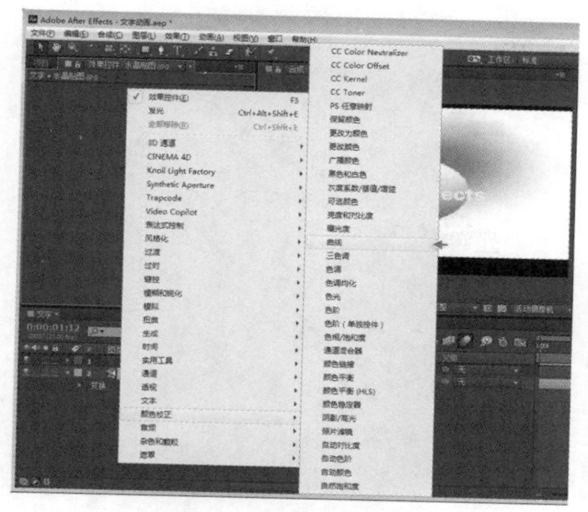

图7-467　添加曲线滤镜

06 添加曲线滤镜效果后，在“效果”面板中调整RGB通道的曲线，使用鼠标“左”键在曲线上单击可以添加控制点，然后调整控制点的位置，控制图像亮部和暗部的亮度，如图7-468所示。

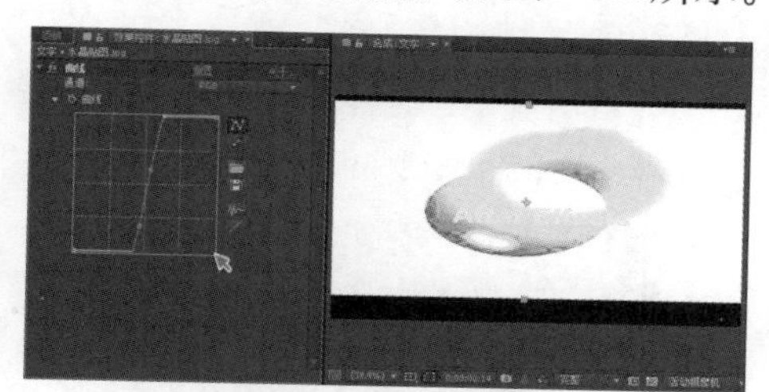

图7-468　调整曲线滤镜效果

07 通过调整图像素材RGB通道的曲线，得到需要的亮度效果，调整曲线前后的图像对比效果，如图7-469所示。

图7-469　亮度效果对比

08 在“时间线”面板中单击“水晶贴图”图像素材层的“轨道遮罩”项，在弹出的浮动菜单中包括各项遮罩方式，准备将文字层设置为图像的轨道遮罩，如图7-470所示。

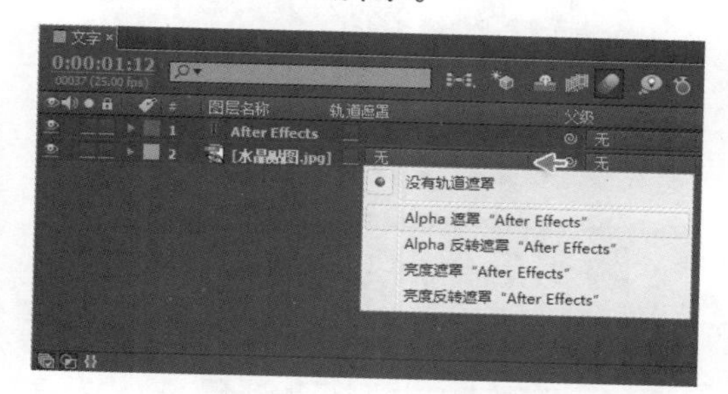

图7-470　设置轨道遮罩

09 在弹出的浮动菜单中选择“Alpha遮罩”方式，效果如图7-471所示。

图7-471　当前状态

专家课堂

如果使文字层作为图像的透明遮罩信息存在，文字层将自动关闭层显示，“合成”窗口中将仅剩文字层区域的颜色信息。

10 选择菜单中的【合成】→【新建合成】命令项，在弹出的“合成设置”对话框中设置合成名称为“文字元素合成”、预设为“HDV/HDTV 720 25”小高清类型、帧速率为25帧/秒、持续时间为5秒、背景颜色为黑色，如图7-472所示。

11 新建合成后，将“项目”面板中的“文字”合成文件拖拽至“文字元素合成”的“时间线”面板中，准备对“文字”

合成层进行编辑，如图7-473所示。

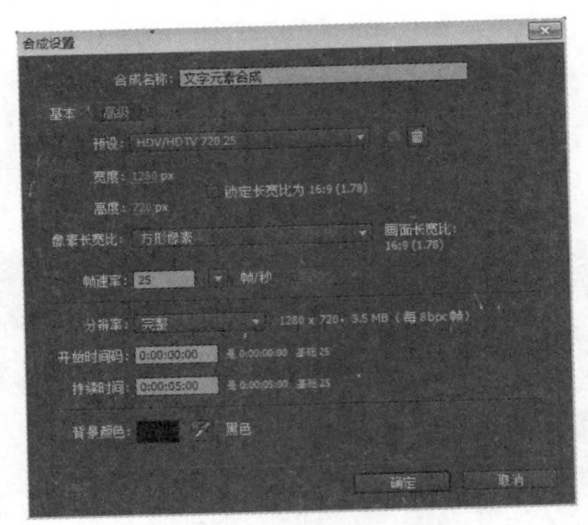

图7-472　新建合成

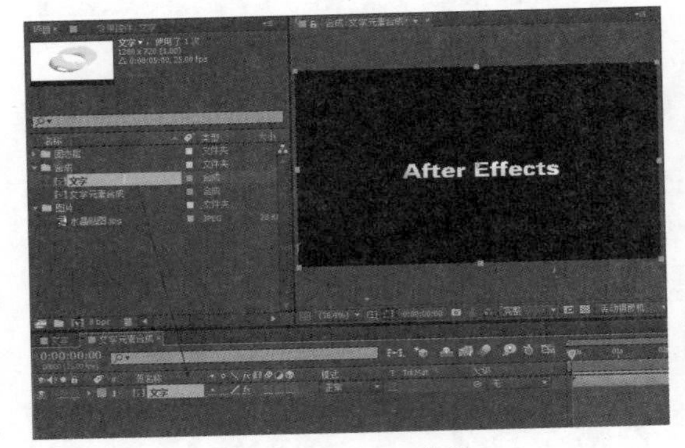

图7-473　添加素材

⑫ 根据需要调整当前的文字颜色，选择“时间线”面板中的“文字”合成层，在“效果”面板中单击鼠标“右”键，然后在弹出的浮动菜单中选择【颜色校正】→【色相/饱和度】命令项，为“文字”合成层添加滤镜效果，以改变素材的色相，如图7-474所示。

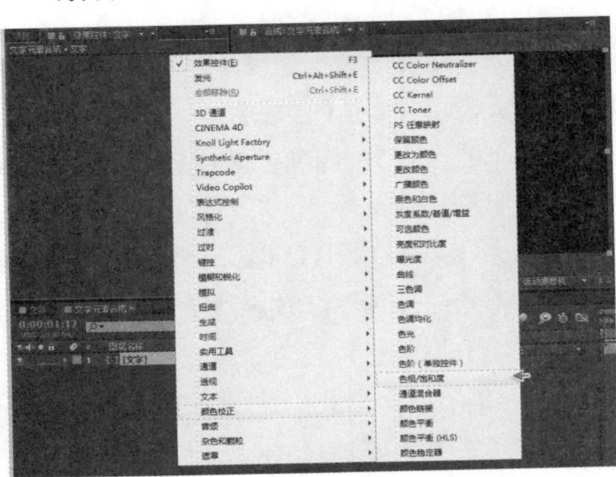

图7-474　添加滤镜效果

⑬ 为“文字”层添加滤镜效果后，在“效果”面板中将“主色相”选项的角度值设置为200，如图7-475所示。

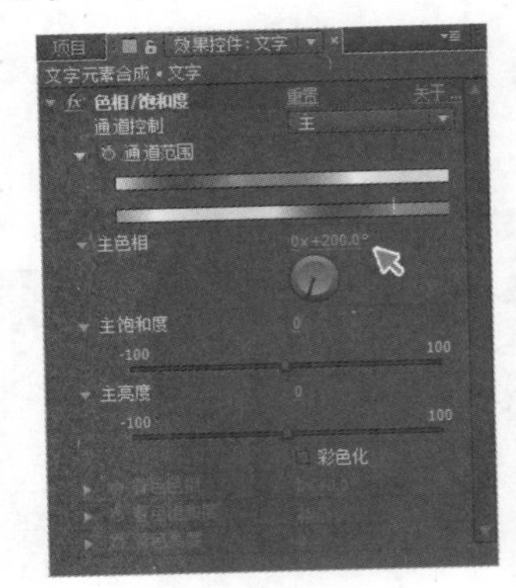

图7-475　调整色相

在“效果”面板中改变“主色相”选项的角度值可以改变图像的色相信息。

⑭ 调整“色相/饱和度”滤镜效果的“主色相”角度值改变图像的颜色，调整前和调整后的合成效果如图7-476所示。

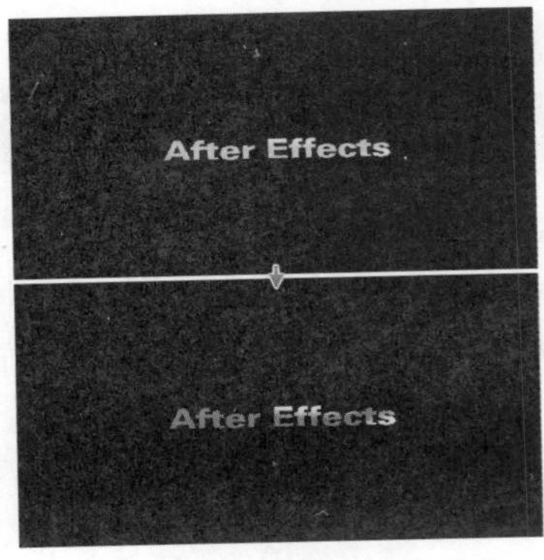

图7-476　调整前后效果对比

⑮ 在“文字元素合成”的“时间线”中选择“文字”合成层，按“Ctrl+D”键将“文字”合成层原地复制一层，然后按“S”键展开其缩放项并设置缩放值为97，根据透视关系，将缩放后的图层“模式”选项设置为“叠加”方式，为文字添加厚度，使其产生立体效果，如图7-477所示。

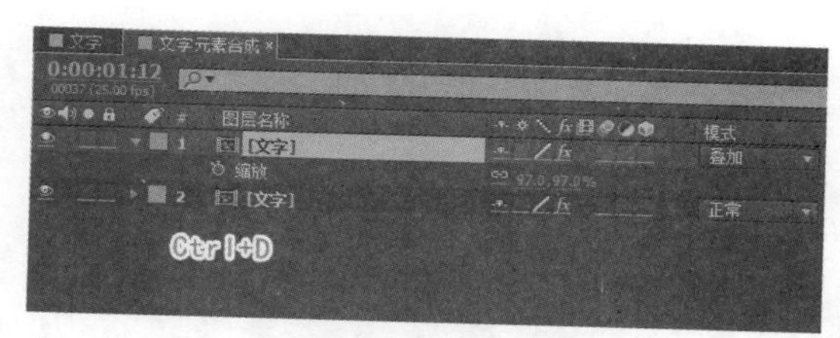

图7-477 制作厚度

16 将缩放的合成层作为“文字”合成层的厚度信息并将其叠加显示后，文字看起来更加具有透视感，制作前后的效果对比如图7-478所示。

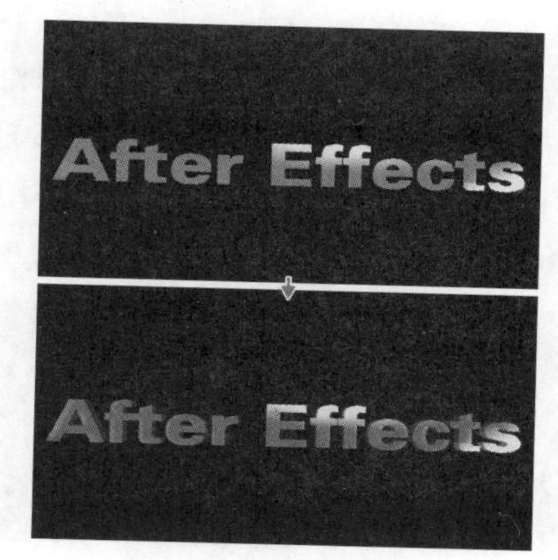

图7-478 对比效果

7.14.2 文字破碎设置

01 在菜单中选择【合成】→【新建合成】命令项，然后在弹出的“合成设置”对话框中设置合成名称为“文字破碎”、预设为“HDV/HDTV 720 25”小高清类型、帧速率为25帧/秒、持续时间为5秒、背景颜色为黑色，如图7-479所示。

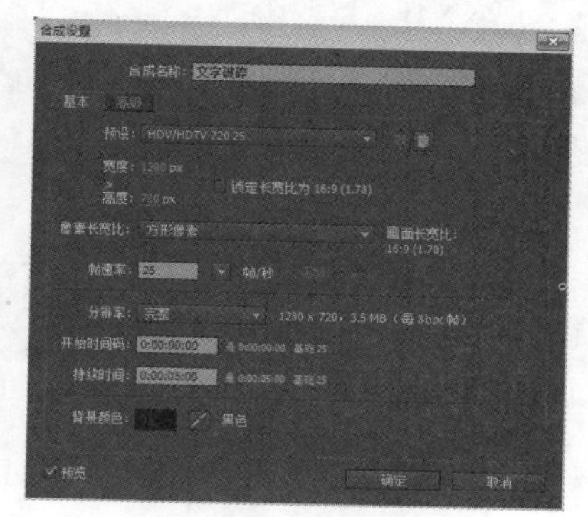
图7-479 新建合成

02 将“项目”面板中的“文字元素合成”文件拖拽至“文字破碎”的“时间线”面板中，准备对其进行编辑，如图7-480所示。

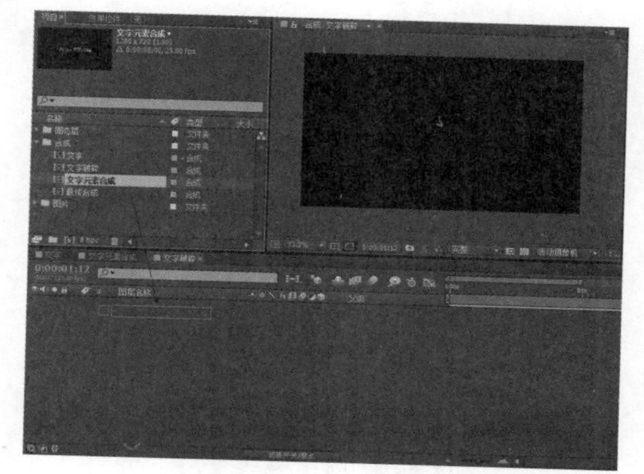
图7-480 添加素材

03 保持“时间线”面板中“文字元素合成”合成素材层为选择状态，然后在“效果”面板中单击鼠标“右”键，在弹出的浮动菜单中选择【模拟】→【CC Pixel Polly（像素破碎）】命令项，为素材模拟破碎效果，如图7-481所示。

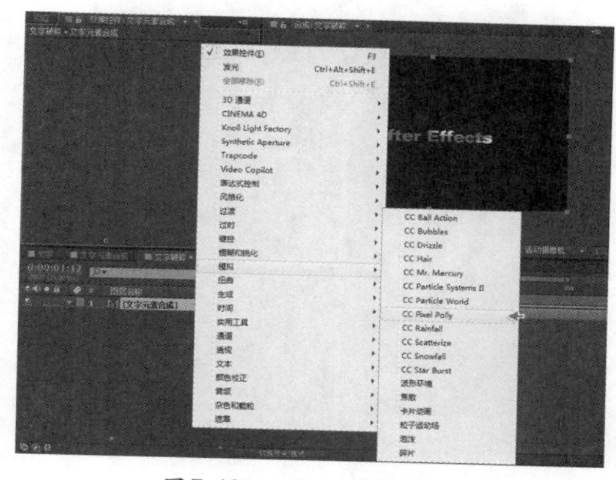
图7-481 添加滤镜效果

04 为素材添加滤镜效果后，在“效果”面板中设置各项属性来控制破碎的效果，其中Force（力学）选项控制破碎的力度，Gravity（重力）选项控制破碎后碎片的重力方向，Spinning（转动）选项控制碎片的旋转程度，Force Center（力学中心）选项控制破碎的中心点的位置，Direction Randomness（方向随机）选项控制破碎效果的随机方向，Grid Spacing（网格间距）选项控制碎片之间的网格间距，如图7-482所示。

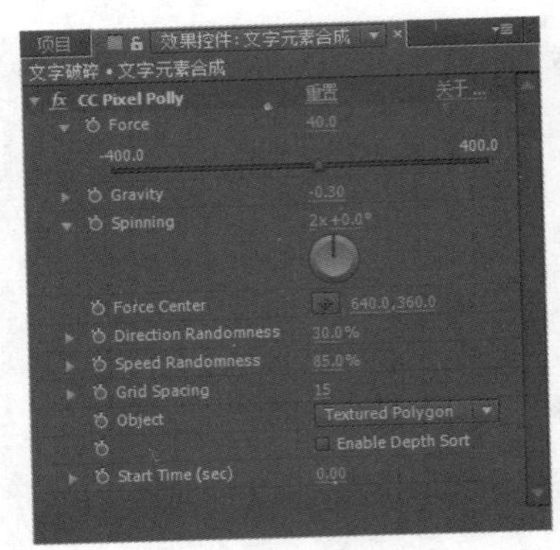

图7-482　设置效果属性

05 调整破碎滤镜的属性，查看“合成”窗口中的破碎效果。由于设置的属性中包含破碎方向、演变等属性，因此滤镜效果是动态的破碎过程，文字破碎前和破碎后的效果对比如图7-483所示。

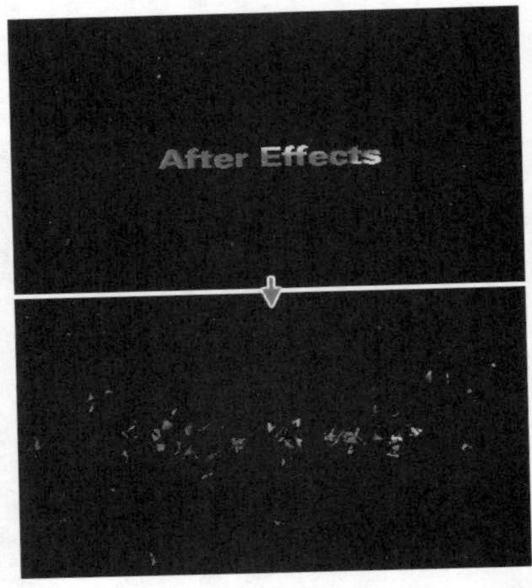

图7-483　文字破碎效果

06 在“时间线”面板中展开“文字元素合成”层的“CC Pixel Polly”滤镜属性，按“Alt”键单击Force（力学）项码表按钮开启属性的控制表达式，然后修改表达式为“wiggle（0，25）”，使文字在破碎过程中破碎的力度随机改变，而最大改变的值为25，表达式设置如图7-484所示。

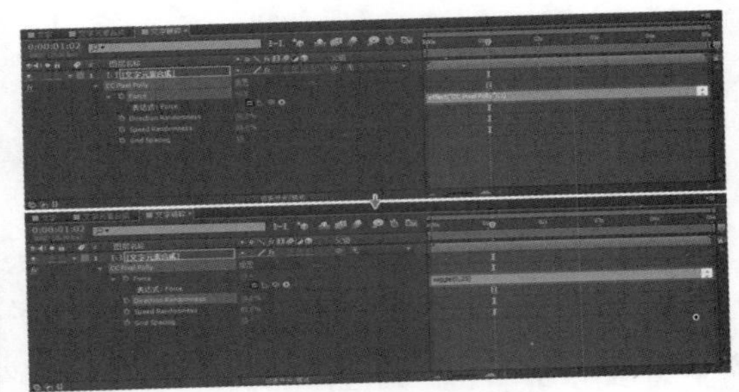

图7-484　设置表达式

07 使用相同的方法继续设置滤镜的其他属性，设置Direction Randomness（方向随机）项表达式为“wiggle（0，15）”，然后设置Speed Randomness（速度随机）项表达式为“wiggle（0，25）”，再设置Grid Spacing（网格间距）项表达式为“wiggle（0，10）”，如图7-485所示。

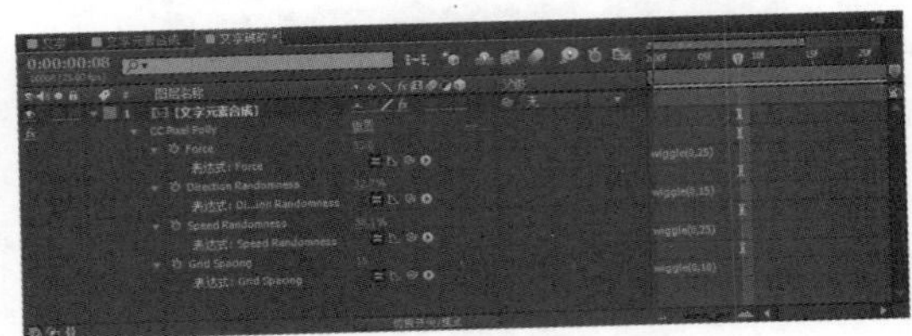

图7-485　添加表达式

08 为“文字元素合成”合成素材层添加破碎与表达式设置后，文字在破碎过程中受表达式影响，出现了更丰富的变化效果，如图7-486所示。

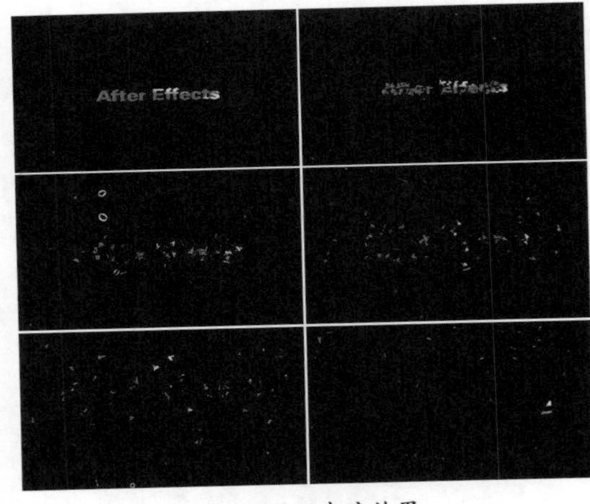

图7-486　破碎效果

09 为了使文字破碎效果变化更丰富，继续为其添加滤镜效果。保持“时间线”

面板中“文字元素合成”合成素材层为选择状态，在菜单中选择【效果】→【模糊和锐化】→【快速模糊】命令项，准备为素材添加竖向模糊的效果，如图7-487所示。

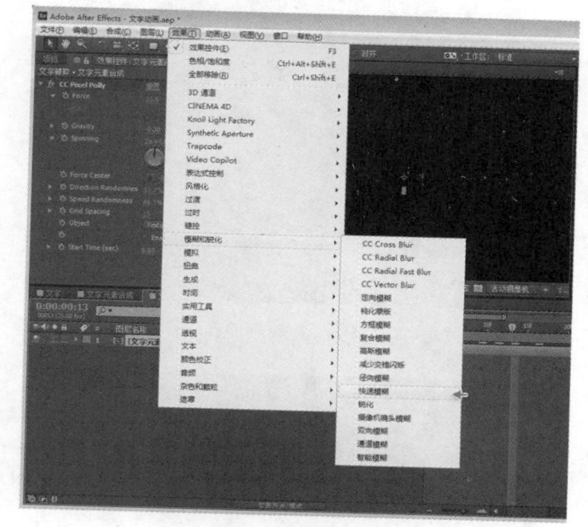

图7-487　添加滤镜命令

⑩ 为素材添加“快速模糊”滤镜效果后，在“效果”面板中设置模糊度的值为70，再设置模糊方向为“垂直”方式，控制素材向垂直方向模糊，如图7-488所示。

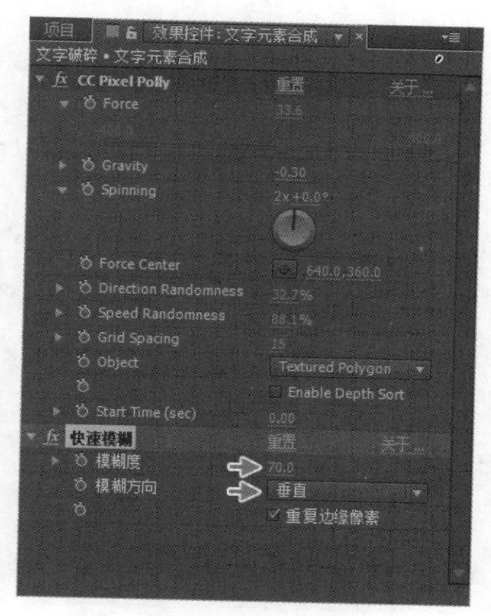

图7-488　设置模糊属性

⑪ 在“合成”窗口中观察模糊效果，模糊后的碎片效果更加柔和，细节更加丰富，如图7-489所示。

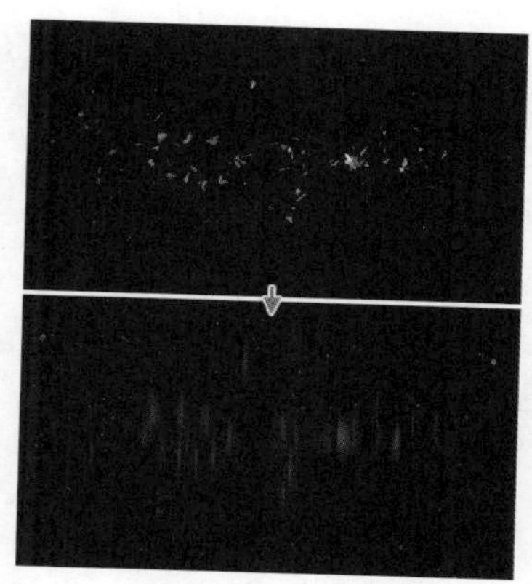

图7-489　效果对比

⑫ 丰富动画的模糊效果，为模糊效果制作从清晰到模糊的动画演示。在“时间线”面板中将时间滑块拖拽至影片第16帧位置，然后展开“快速模糊”滤镜的卷展栏，单击模糊度项前的码表按钮，系统自动记录当前数值为动画效果的关键帧，作为模糊动画的结束帧，如图7-490所示。

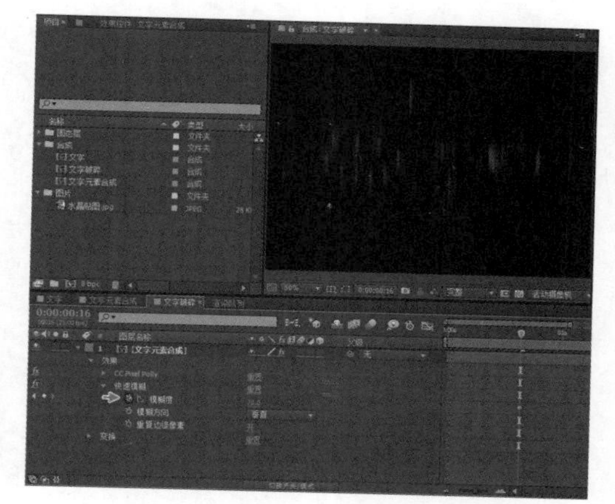

图7-490　设置结束帧

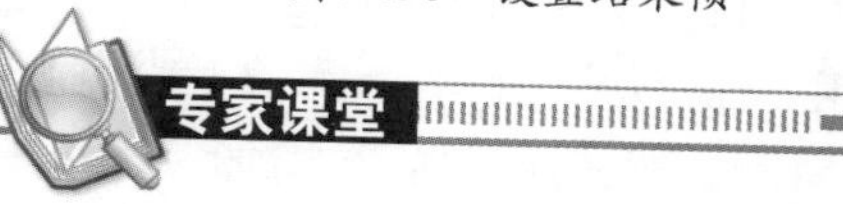

在进行动画记录时，不必按照开始帧与结束帧的顺序设置，可以按需设置。

⑬ 将时间滑块拖拽至影片起始位置，并设置模糊度值为0，作为模糊动画的起始帧，素材将从影片第0帧至第16帧由清晰至模糊产生变化，如图7-491所示。

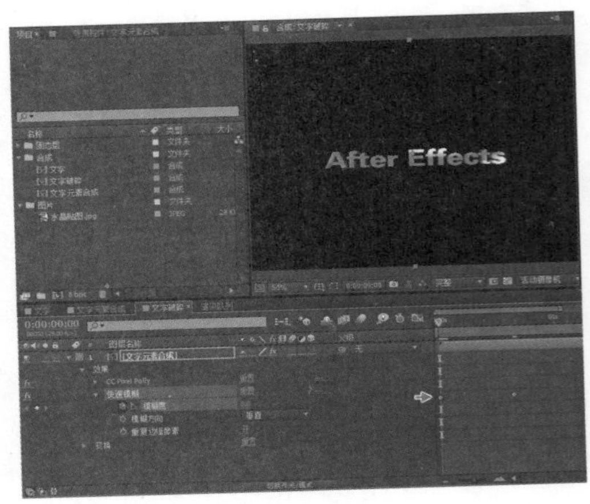

图7-491　设置起始帧

⑭ 选择起始帧并单击鼠标“右”键，在弹出的浮动菜单中选择【关键帧辅助】→【缓动】命令项，素材将由清晰柔和过渡到模糊效果，如图7-492所示。

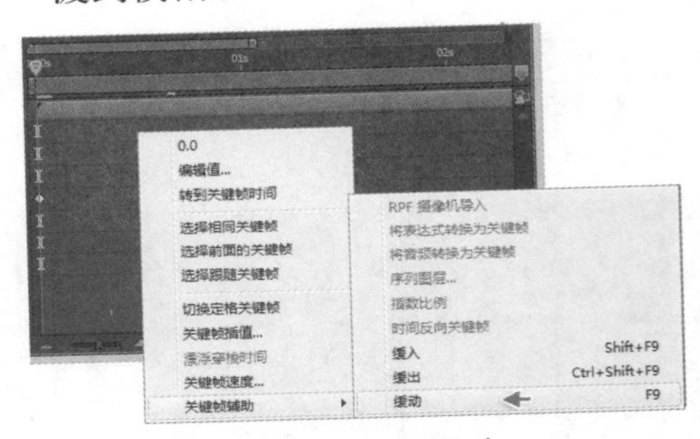

图7-492　设置缓动

专家课堂

“关键帧辅助”项主要控制动画间的过渡样式。

⑮ 在工具栏中选择■矩形工具按钮，然后在“合成”窗口中为文字绘制蒙版，设置图层模式为“相加”方式，如图7-493所示。

⑯ 在“时间线”面板展开“蒙版1”卷展栏，在影片第0帧的位置单击蒙版路径项前的⏱码表按钮，软件自动记录蒙版此时的位置并将其作为动画的起始帧；将时间滑块拖拽至影片第11帧位置，并将蒙版移动至文字的下边缘，记录蒙版此时的位置并将其作为结束帧，文字将由上至下运动显示蒙版的范围，如图7-494所示。

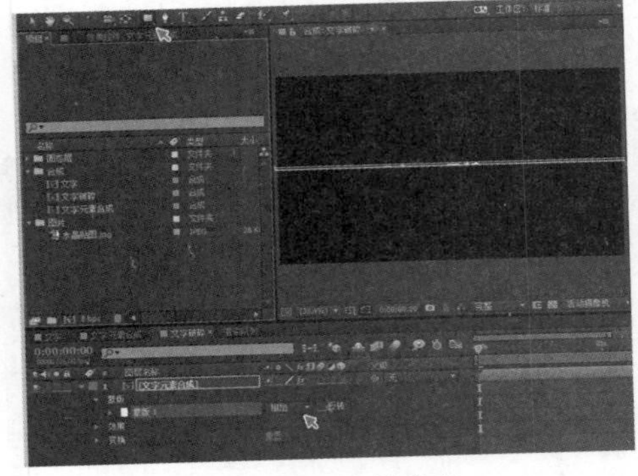

图7-493　绘制蒙版

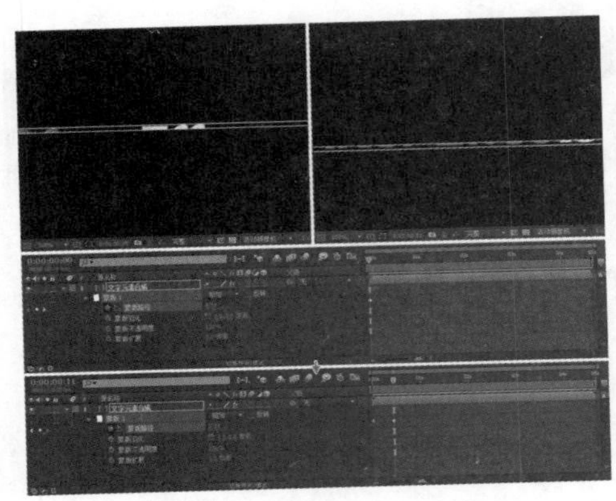

图7-494　蒙版动画设置

⑰ 在“时间线”面板选择“文字元素合成”素材层，再按“Ctrl+D”键将其复制5层，如图7-495所示。

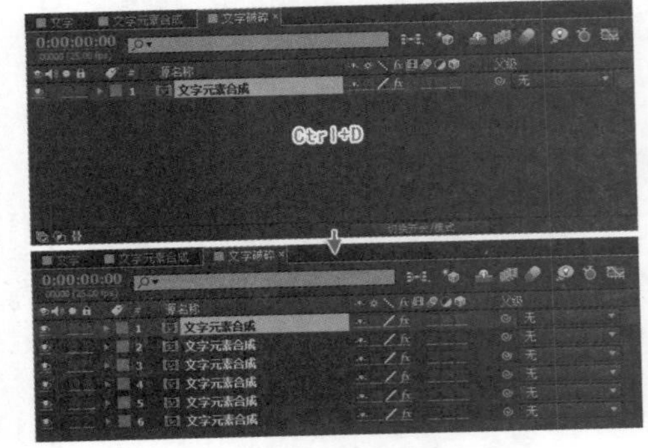

图7-495　复制素材

⑱ 选择“时间线”面板中的6层素材，使用相同的方法将其再次复制，并将复制的6层素材移动至原6层素材的下方，如

图7-496所示。

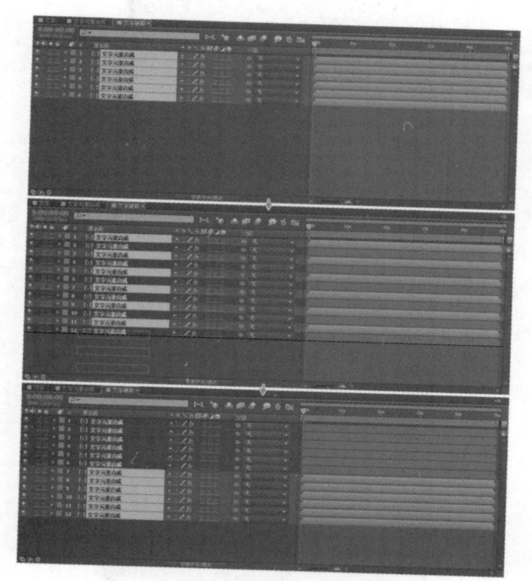

图7-496 再次复制素材

19 将“时间线”面板当前12层素材从上至下逐渐延迟素材起始的显示位置，如图7-497所示。

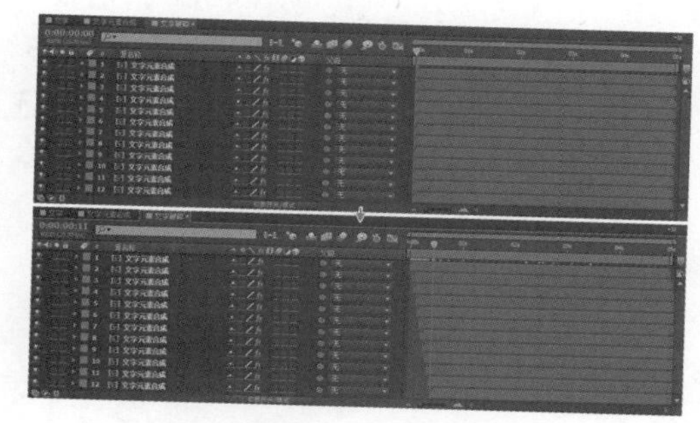

图7-497 排列素材

20 按“Ctrl+D”键，将调整后的素材原地复制一次，如图7-498所示。

图7-498 复制素材

21 将复制的素材拖拽至“时间线”面板最下方，层排列如图7-499所示。

图7-499 素材层排列展示

22 为了方便素材层的区分，选择第13层至第24层素材，并单击图层前方的“颜色块”按钮，在弹出的浮动菜单中选择“黄色”，如图7-500所示。

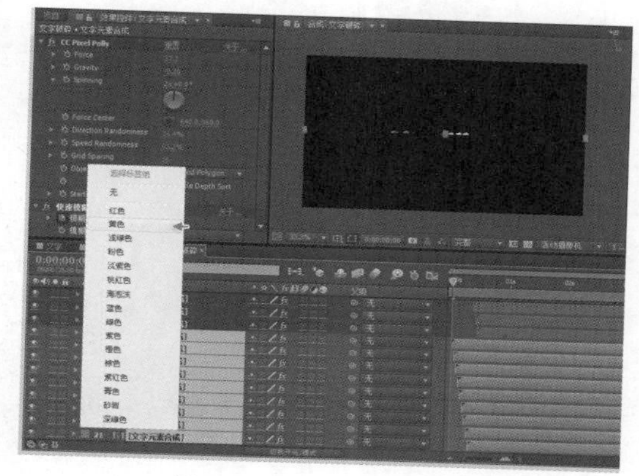

图7-500 设置显示颜色

23 设置图层的显示颜色后，图层显示效果如图7-501所示。

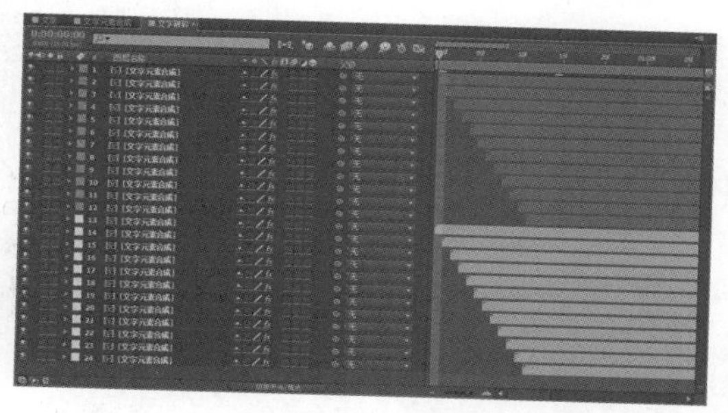

图7-501 图层显示

24 在“项目”面板中选择“文字元素合成”文件并将其拖拽至“时间线”面板最下层，准备为其制作动画，如图7-502所示。

25 选择工具栏中的矩形工具按钮，在“合成”窗口为文字素材绘制蒙版，如图7-503所示。

图7-502 添加素材

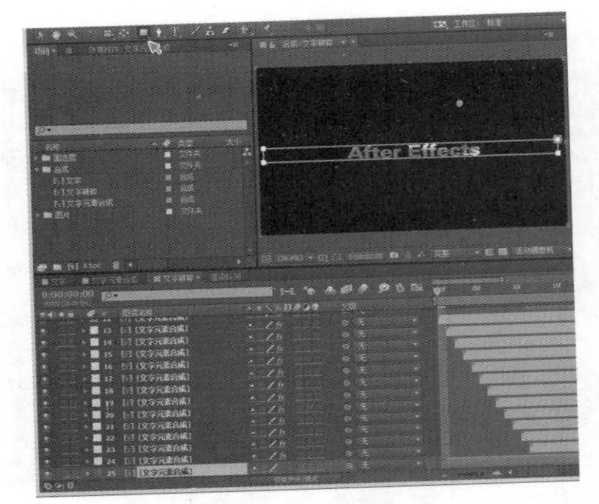
图7-503 绘制蒙版

㉖ 将时间滑块拖拽至影片的起始位置，再单击“蒙版路径”项前的码表按钮记录关键帧，然后将时间滑块拖拽至影片第11帧位置，并移动蒙版至文字下方，记录蒙版此时位置的结束帧动画，如图7-504所示。

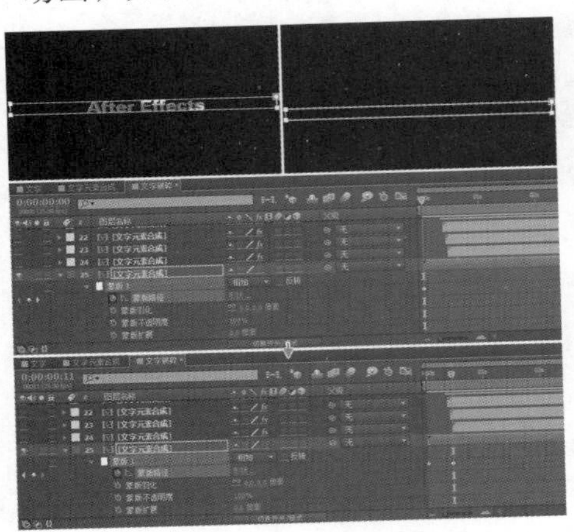
图7-504 设置蒙版动画

7.14.3 装饰光效调整

01 为了使动画效果更加绚丽，继续添加并调整光效。在菜单中选择【图层】→【新建】→【纯色】命令项，在弹出的“纯色设置”对话框中设置名称为“添加光效”，大小为1280×720像素，再将纯色层的颜色设置为白色，如图7-505所示。

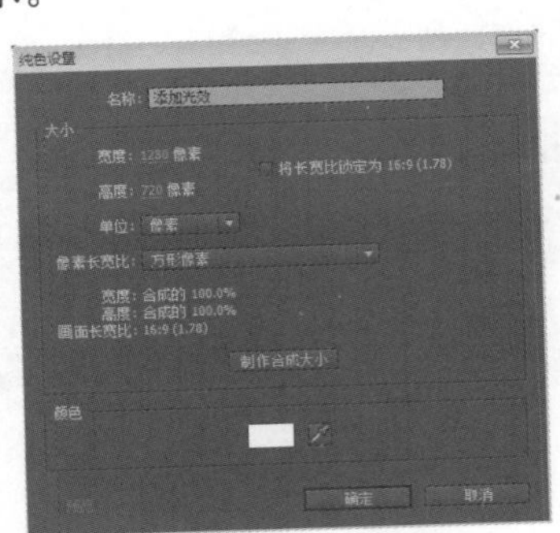
图7-505 新建纯色层

02 在“时间线”面板中选择“添加光效”层，并在“效果”面板中单击鼠标“右”键，然后在弹出的浮动菜单中选择【风格化】→【发光】命令项，准备为素材添加发光效果，如图7-506所示。

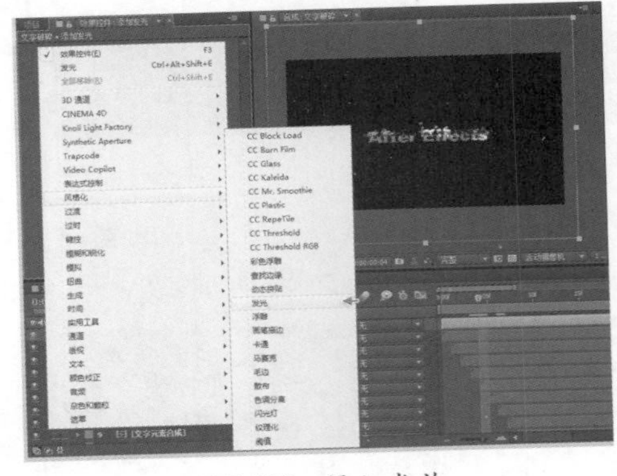
图7-506 添加光效

03 在“效果”面板设置“发光”滤镜效果的各项属性，从而控制发光的半径、强度、颜色以及方向，在“时间线”面板中单击“添加发光”层的调整图层按钮，将效果作用于以下的所有层，如图7-507所示。

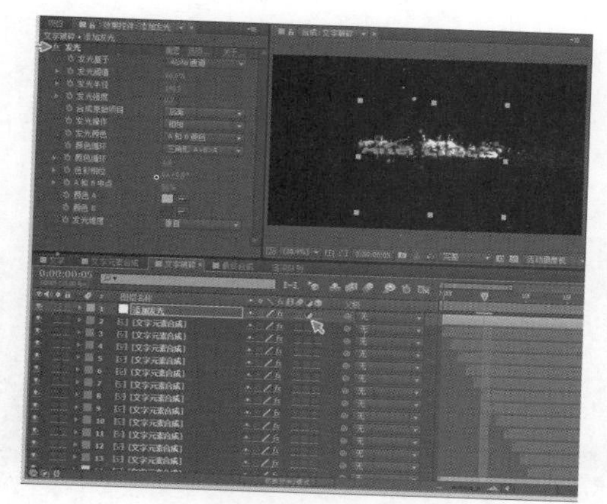

图7-507　设置光效

专家课堂

“调整图层”的主要作用是给调节层以下的图层附加调节层上相同的特效，效果只作用于它以下的图层。除了在“时间线”面板中控制素材的类型，也可以使用“Ctrl+A+lt+Y”键直接建立“调整图层”。

04 设置并调整发光效果，使文字在破碎的过程中向垂直方向发射深暗的蓝光，效果对比如图7-508所示。

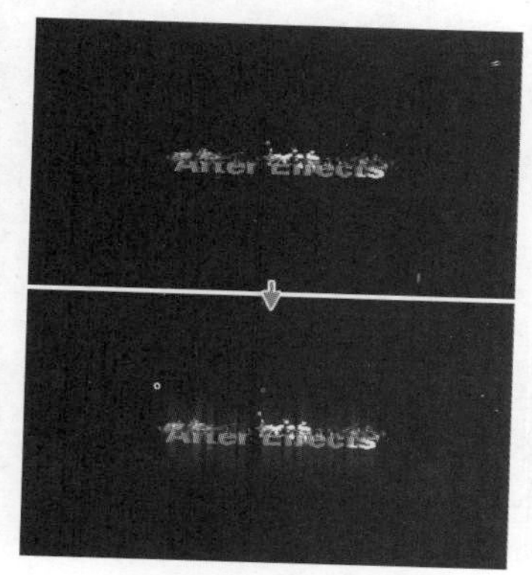

图7-508　发光效果

05 使用工具栏中的钢笔工具在“合成”窗口中为光效绘制蒙版，再调整蒙版的形状，如图7-509所示。

06 展开“时间线”面板“添加发光”层的“蒙版1”选项，设置叠加模式为“相加”方式，然后设置蒙版羽化值为200、蒙版扩展值为15，如图7-510所示。

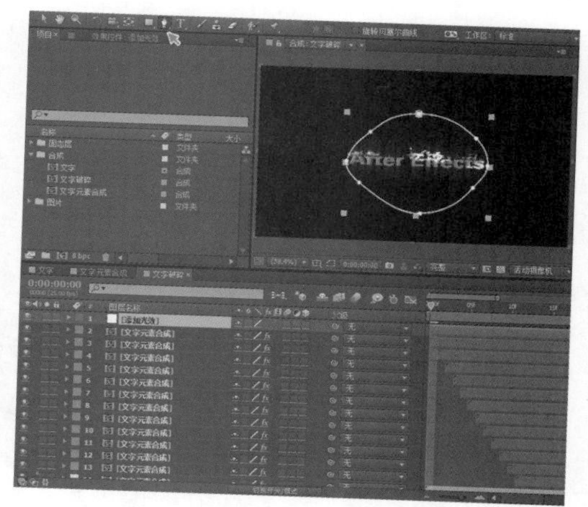

图7-509　绘制蒙版

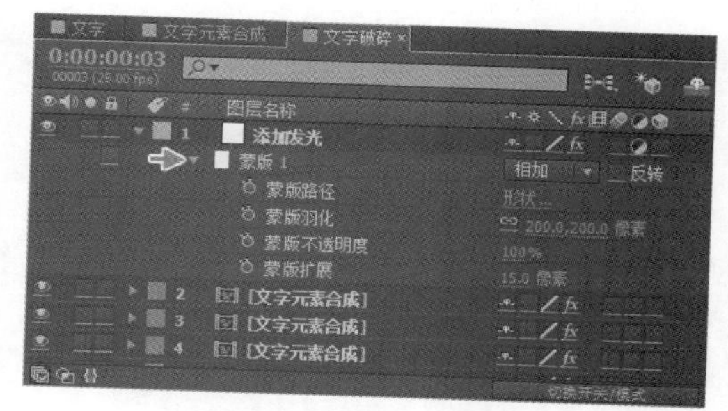

图7-510　设置蒙版属性

07 设置蒙版属性后，调整蒙版的效果如图7-511所示。

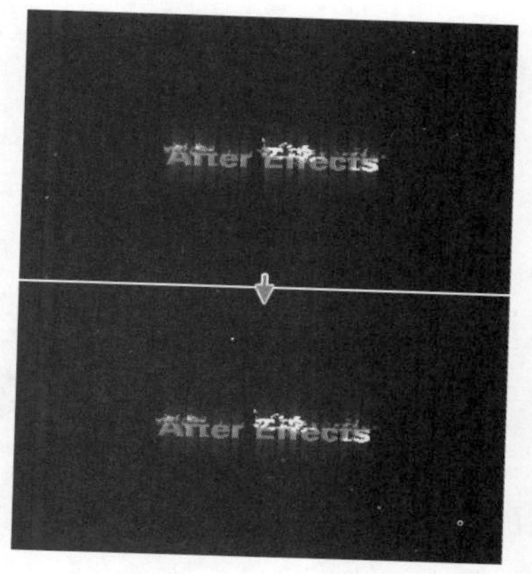

图7-511　蒙版效果

08 展开“时间线”面板中“添加发光”层的“发光”滤镜效果，在影片第0帧位置设置发光半径值为0，然后单击发光半径项前的码表按钮记录光效此时的半径起始帧，准备制作光源放大的动画效果，如图7-512所示。

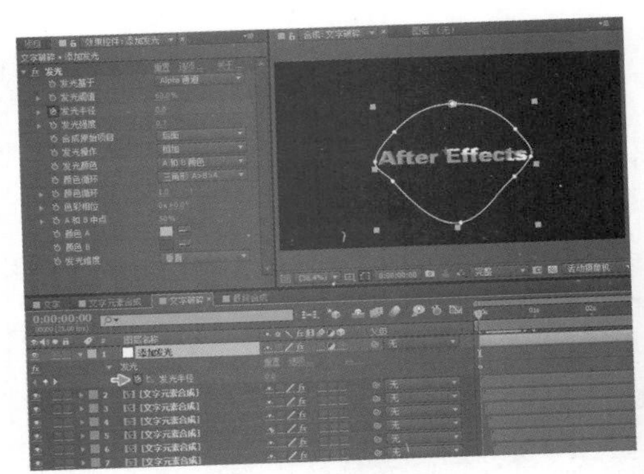

图7-512　记录起始帧动画

09 将时间滑块拖拽至影片第10帧位置，修改发光半径值为350，记录发光范围的第二个关键帧，如图7-513所示。

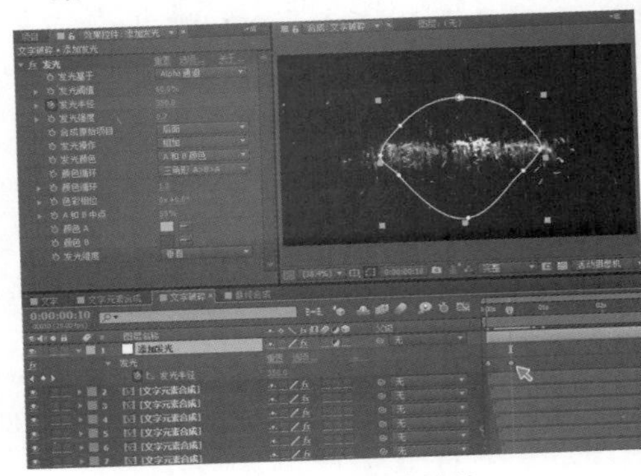

图7-513　设置关键帧

10 将时间滑块拖拽至影片第17帧位置，修改发光半径值为700，记录发光范围的第三个关键帧，使发光范围产生动画效果，如图7-514所示。

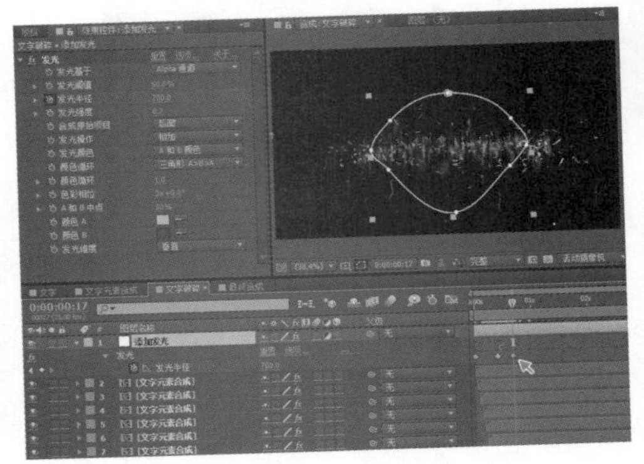

图7-514　设置关键帧

11 制作透明度的动画，按“T”键打开光效层的不透明度项，再将时间滑块拖拽至影片第3帧位置，然后单击不透明度项前的码表按钮，记录光效完全可见的状态，作为动画的结束帧，如图7-515所示。

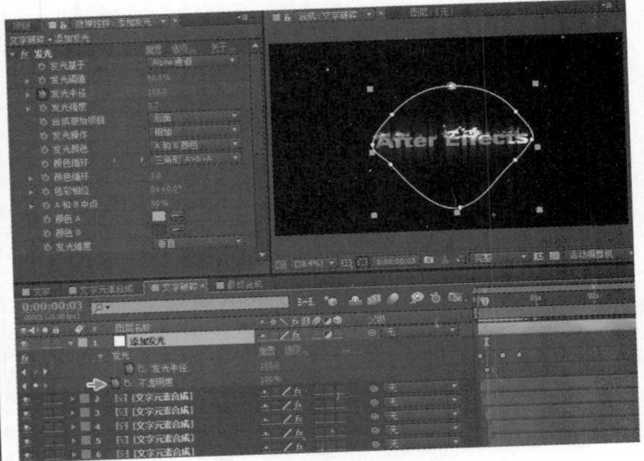

图7-515　设置结束帧

12 将时间滑块拖拽至影片起始位置，然后设置不透明度值为0，记录光效不可见的状态，作为动画的起始帧，可以预览到光效由不可见到完全可见的动画效果，如图7-516所示。

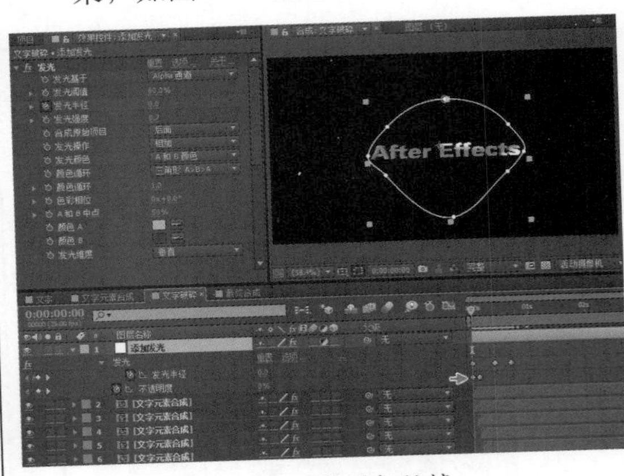

图7-516　设置起始帧

13 在菜单中选择【图层】→【新建】→【纯色】命令项，在弹出的“纯色设置”对话框中设置名称为“添加光效2”，大小为1280×720像素，再将纯色层的颜色设置为白色，如图7-517所示。

14 保持“时间线”面板中的“添加光效2”层为选择状态，并在“效果”面板中单击鼠标“右”键，然后在弹出的浮动菜单中选择【风格化】→【发光】命令项，为素材再次添加发光效果。设置“效果”面板中“发光2”滤镜的发光阈值为30、发光半径值为25、发光强度值为0.8，然后设置合成原始项目为“顶端”类型、发光操作为“变暗”类型，再设置颜色A为棕色、颜色B为乳黄色、发光维度为“水平”类型，从而控制素材横向发射微弱的光效，如图7-518所示。

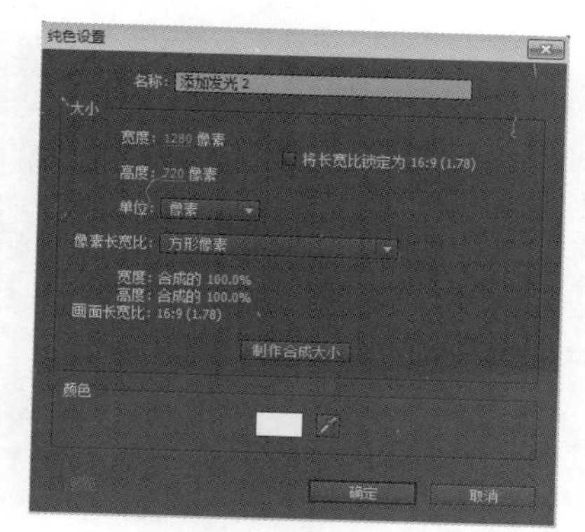

图7-517　新建纯色层

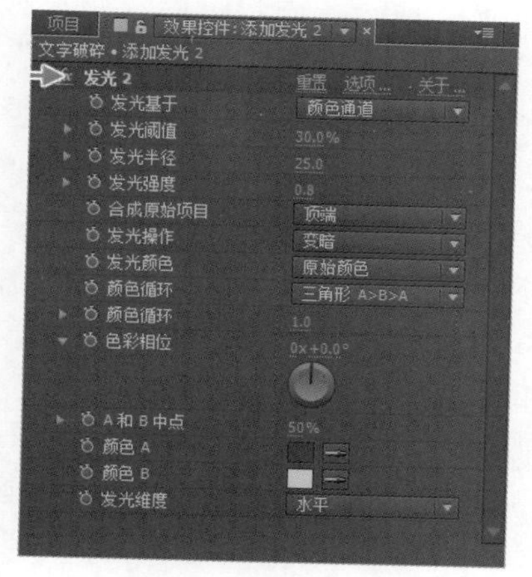

图7-518　设置发光效果

“发光”滤镜特效通过搜索图像中的明亮部分，对其周围像素进行加亮处理，创建一个扩散的光晕效果。

⑮ 调整后的发光效果如图7-519所示。

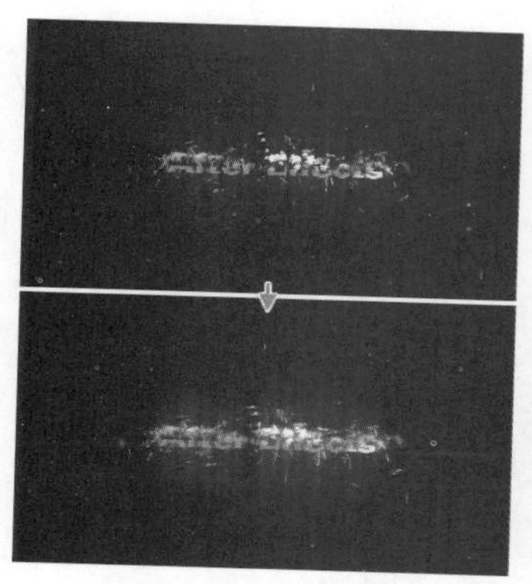

图7-519　效果对比

⑯ 在菜单中选择【合成】→【新建合成】命令项，然后在弹出的“合成设置”对话框中设置合成名称为“最终合成”、预设为“HDV/HDTV 720 25”小高清类型、帧速率为25帧/秒、持续时间为2秒、背景颜色为黑色，准备从整体动画节奏和色调上继续调整装饰光效，如图7-520所示。

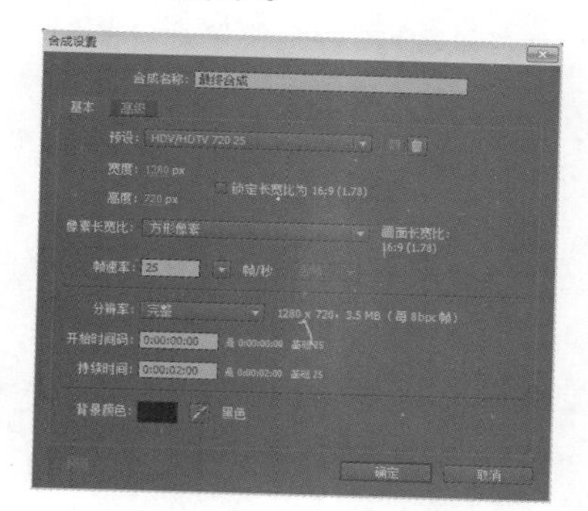

图7-520　新建最终合成

⑰ 在“项目”面板中将“文字破碎”合成文件拖拽至“最终合成”时间线中，准备编辑文字破碎效果，如图7-521所示。

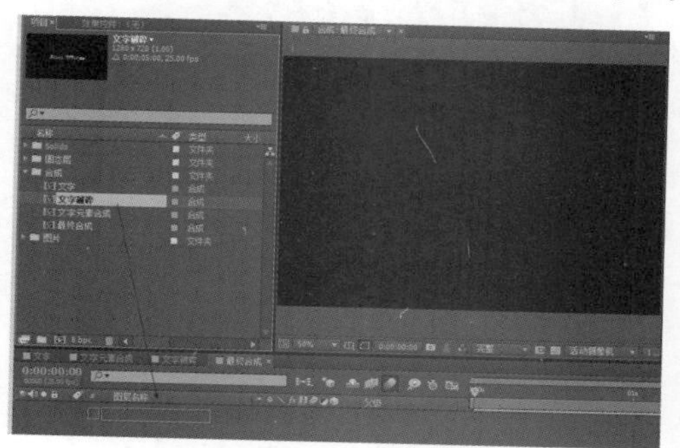

图7-521　添加素材

⑱ 在“时间线”面板中的空白位置单击鼠标“右”键，然后在弹出的浮动菜单选择【新建】→【纯色】命令项，创建纯色层准备添加光效，如图7-522所示。

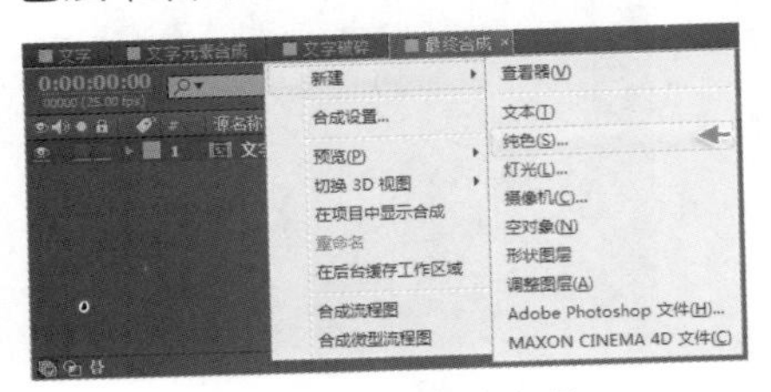

图7-522　新建纯色层

⑲ 在弹出的“纯色设置”对话框中设置名称为“光斑”，大小为1280×720像素，再将纯色层的颜色设置为黑色，如图7-523所示。

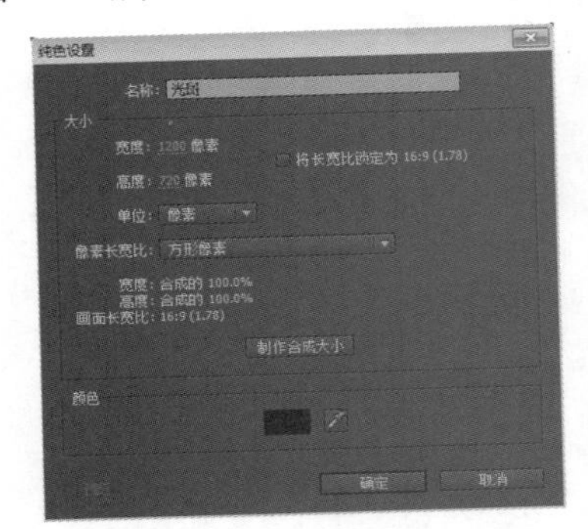

图7-523　纯色设置

⑳ 保持“光斑”纯色层为选择状态，在“效果”面板中单击鼠标“右”键，然后在弹出的浮动菜单中选择【Knoll Light Factory】→【Light Factory（灯光工厂）】命令项，准备为纯色层添加光斑效果，如图7-524所示。

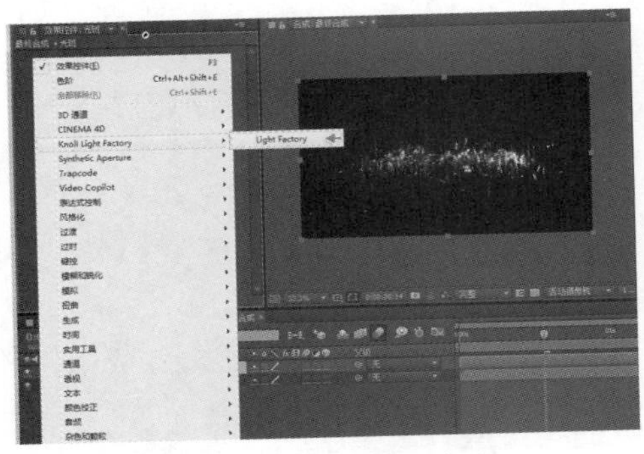

图7-524　添加光斑效果

专家课堂

Light Factory（灯光工厂）滤镜特效可以模拟各种不同类型的光源效果，增加滤镜特效后会自动分析图像中的明暗关系并定位光源点，用于制作发光效果。

㉑ 添加Light Factory（灯光工厂）效果滤镜后设置本层为“屏幕”叠加方式，“光斑”层中已经默认显示出光斑的效果，如图7-525所示。

图7-525　默认光斑效果

㉒ 在“时间线”面板中展开滤镜的“光源位置”项，首先将时间滑块拖拽至影片起始位置，单击“光源位置”项前的码表按钮，并设置光源位置X轴值为650、Y轴值为345；然后将时间滑块拖拽至影片第6帧位置，设置光源位置X轴值为650、Y轴值为385；再将时间滑块拖拽至影片第14帧位置，设置光源位置X轴值为650、Y轴值为440，使光源由上至下产生运动，在第0帧至第6帧之间运动速度快而富有力量感，又在第6帧至第14帧运动舒缓，从而模拟文字破碎是由光源冲击产生的破碎效果，如图7-526所示。

专家课堂

在灯光工厂的效果中可以设置光源的位置，通过码表按钮还可以进行动画设置，使光斑产生滑动的效果，会使合成的影像更具运动感。

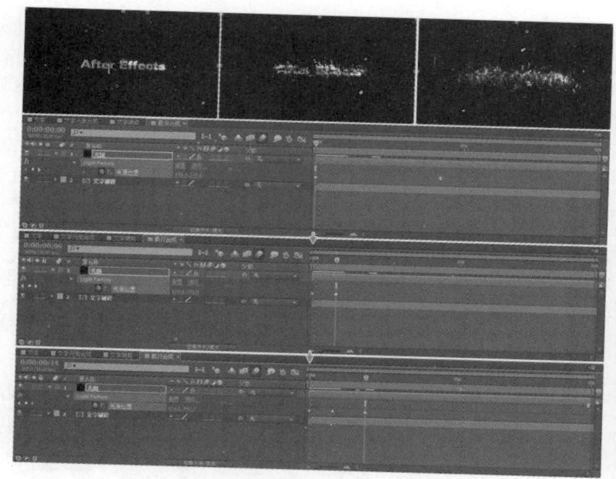

图7-526 设置光源动画

23 制作亮度动画效果，增强光源冲击文字产生的破碎效果。开启“亮度”项前的码表按钮，分别在影片第0帧、第2帧、第4帧、第7帧、第9帧和第14帧调整效果滤镜的“亮度”属性值，使光源从第0帧至第2帧变亮，并到第4帧时达到最亮，然后再开始衰减的变化效果，如图7-527所示。

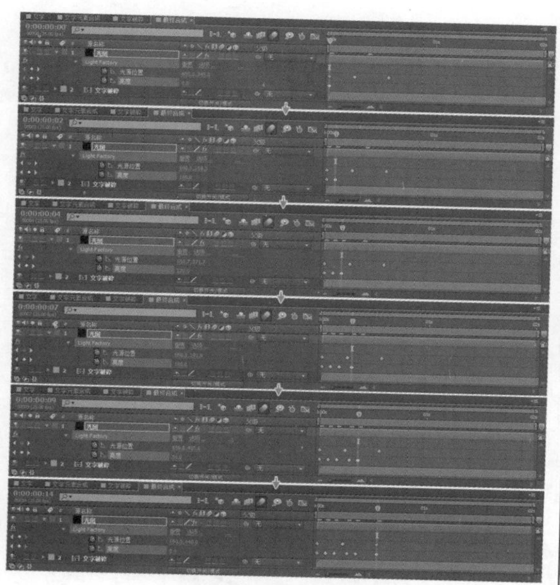

图7-527 设置亮度动画

24 在“合成”窗口预览动画效果，很好地模拟了光源向下运动并冲击文字使其破碎的动画效果，亮度动画增强了光源的冲击力量，整体效果如图7-528所示。

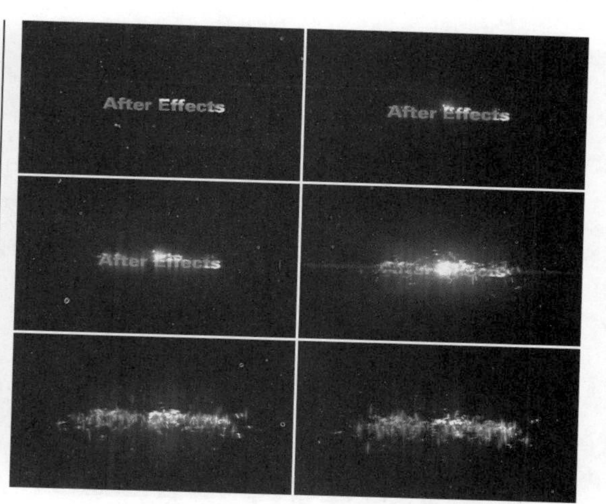

图7-528 预览合成效果

25 丰富合成效果，保持“时间线”面板中“光斑”纯色层为选择状态并在“效果”面板中单击鼠标“右”键，然后在弹出的浮动菜单中选择【颜色校正】→【曲线】命令项，准备调整光斑的亮度曲线，如图7-529所示。

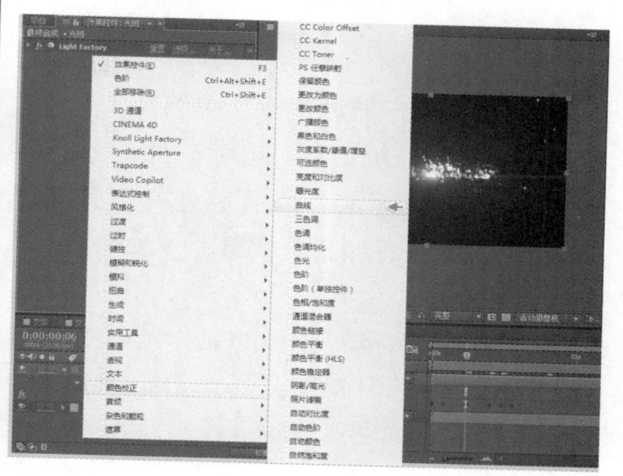

图7-529 添加曲线效果

26 在影片第0帧位置开启“曲线”项前的码表按钮，将软件默认曲线记录为曲线动画的起始帧，然后分别在影片第6帧和第20帧位置调整“效果”面板中的曲线图，完成先变亮后衰减的动画设置，如图7-530所示。

27 预览最终的合成效果，文字被光源冲击后爆炸成碎片，在破碎的过程中碎片向水平和垂直方向发光，如图7-531所示。

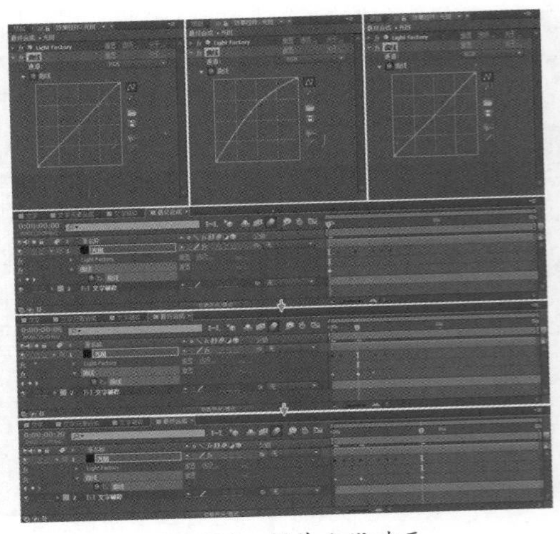

图7-530　制作曲线动画

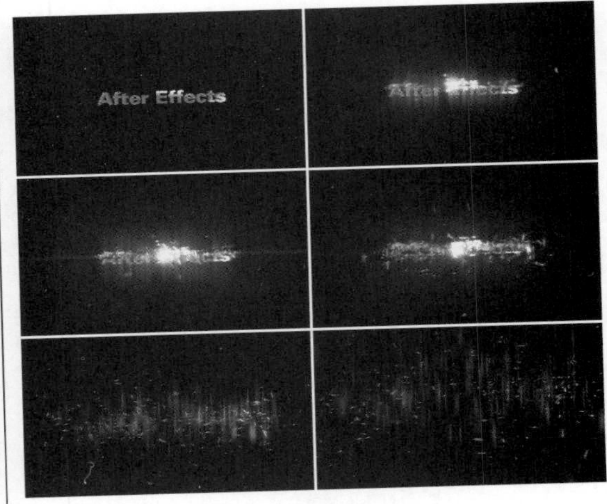

图7-531　最终效果

7.15 实例——手写粉笔字

素材文件	配套光盘→范例文件→Chapter7	难易程度	★★★☆☆
重要程度	★★★★★	实例重点	通过“自动追踪”生成轮廓与描边设置

在制作“手写粉笔字”实例时，先将建立的文字“自动追踪”轮廓，然后进行描边与涂写动画设置，最后通过亮度反转遮罩与图片结合增加其真实效果，如图7-532所示。

“手写粉笔字”实例的制作流程主要分为3部分，包括①制作背景；②添加文字；③添加特效，如图7-533所示。

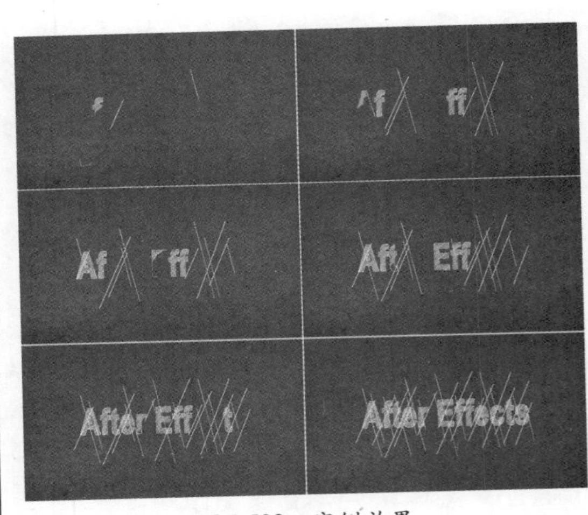

图7-532　实例效果

图7-533　制作流程

7.15.1 制作背景

01 双击桌面上的After Effects CC快捷图标启动软件，然后在菜单中选择【合成】→【新建合成】命令项，如图7-534所示。

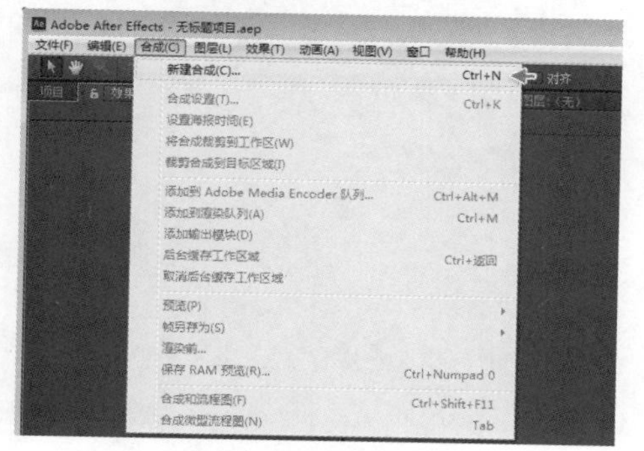

图7-534 新建合成

02 在弹出的“合成设置”对话框中设置合成名称为“蓝色背景”、大小为1280×720像素、帧速率为25帧/秒、持续时间为5秒、背景颜色为黑色，如图7-535所示。

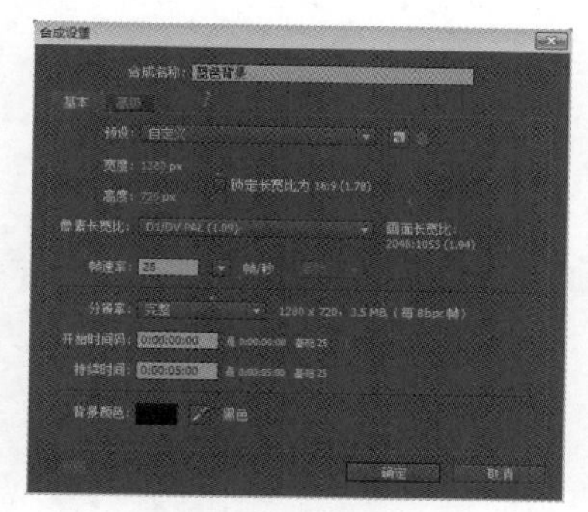

图7-535 合成设置

03 在“项目”面板中双击鼠标“左”键，将配套光盘中的“底纹.jpg”图像素材导入，再将“底纹.jpg”图像素材拖拽至“蓝色背景”时间线中，如图7-536所示。

04 在“时间线”面板中选择“底纹.jpg”素材层，然后在菜单中选择【图层】→【预合成】命令项，准备将“底纹.jpg”图像素材进行预合成操作，如图7-537所示。

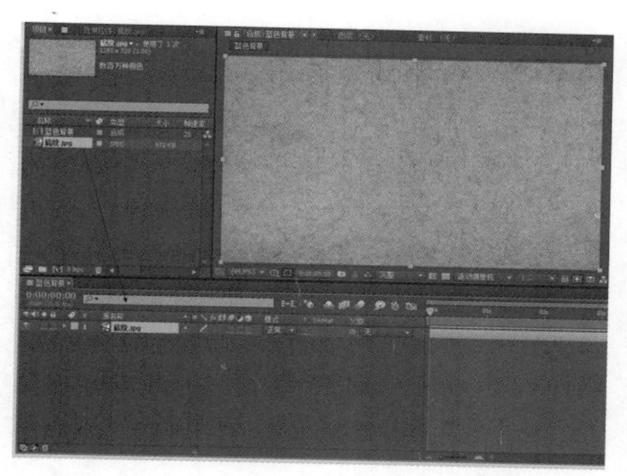

图7-536 导入素材

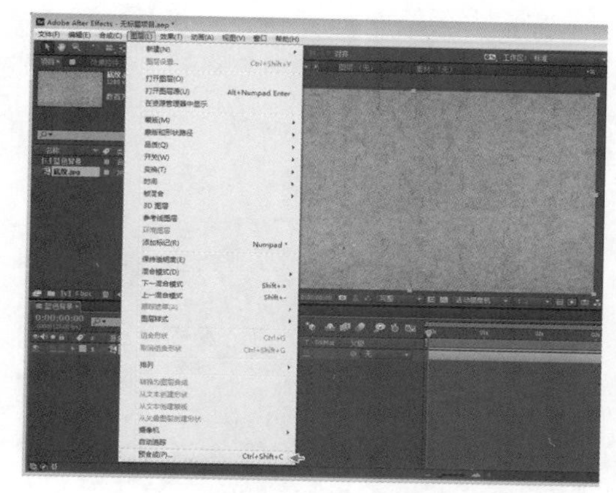

图7-537 预合成项

专家课堂

简单地说，“预合成”是将选择的图层转换为独立的合成项目，更加便于合成项目的管理。

05 在弹出的“预合成”对话框中设置新合成名称为“底纹”，如图7-538所示。

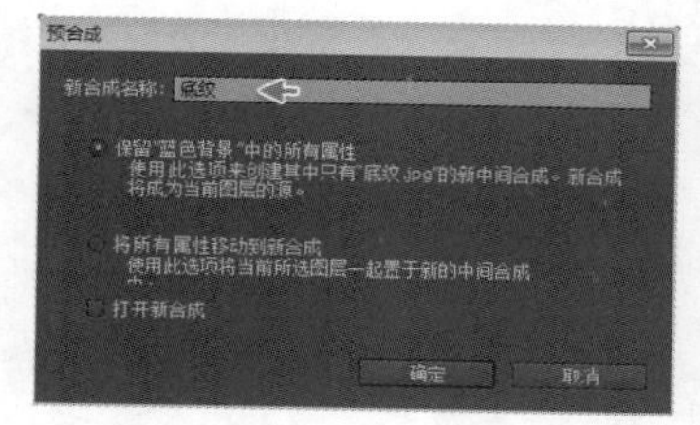

图7-538 预合成设置

06 在“时间线”面板中选择“底纹”层，然后在菜单中选择【效果】→【颜色校正】→【曲线】命令项，准备为“底纹”添加曲线特效，如图7-539所示。

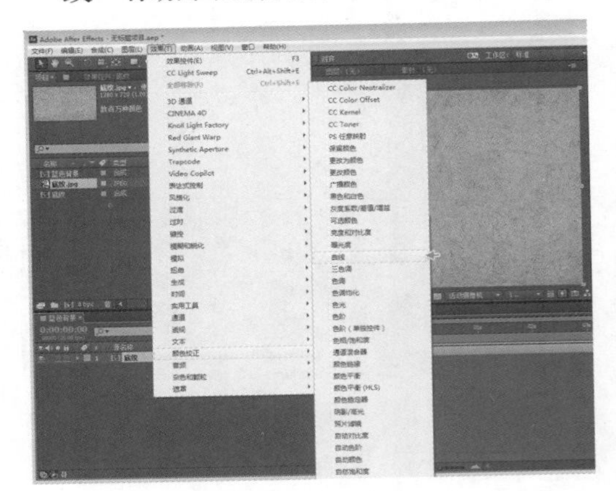

图7-539 曲线命令项

07 在“效果”面板中设置“曲线”特效的“RGB”通道曲线，如图7-540所示。

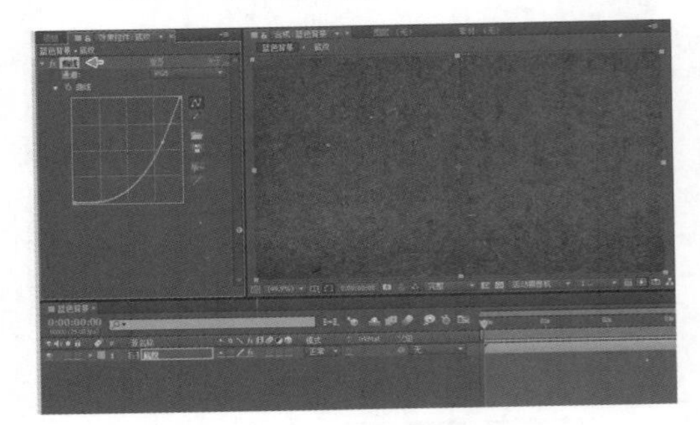

图7-540 设置RGB曲线

08 在“时间线”面板中选择“底纹”层，然后在菜单中选择【效果】→【颜色校正】→【色相/饱和度】命令项，准备为“底纹”添加色相/饱和度特效，如图7-541所示。

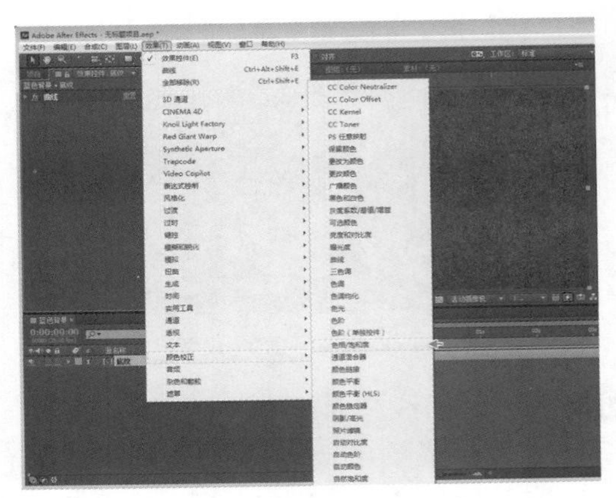

图7-541 选择色相/饱和度

09 在“效果”面板中勾选“色相/饱和度”特效的“彩色化”选项，然后设置着色色相值为190、着色饱和度值为50，如图7-452所示。

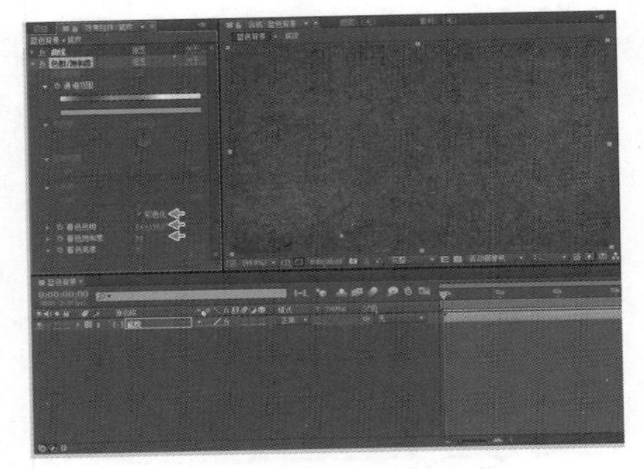

图7-542 设置色相/饱和度

7.15.2 添加文字

01 在工具栏中选择T文本工具，然后在“合成”窗口居中输入文字“After Effects”，保持输入文字的选择状态，在“字符”面板中设置字体为“Arial”、尺寸值为73 像素、垂直缩放值为 227、水平缩放值为 181，如图 7-543 所示。

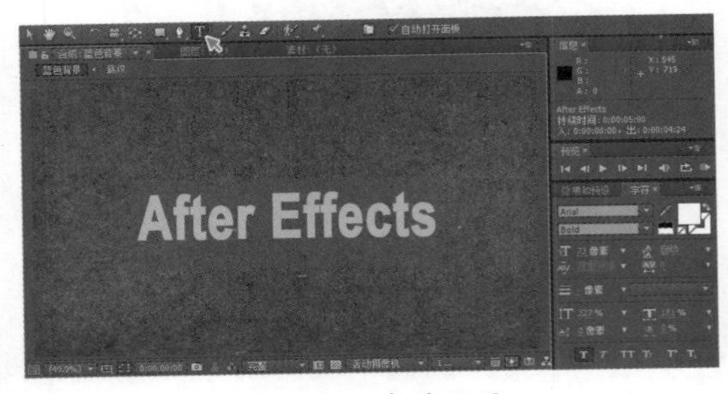

图7-543 字符设置

02 在“时间线”面板中选择“After Effects”文字层，然后在菜单中选择【图层】→【预合成】命令项，准备将“After Effects”图层进行预合成操作，如图7-544所示。

03 在弹出的“预合成”对话框中设置新合成名称为“粉笔手写字”，再单击“确定”按钮完成设置，如图7-545所示。

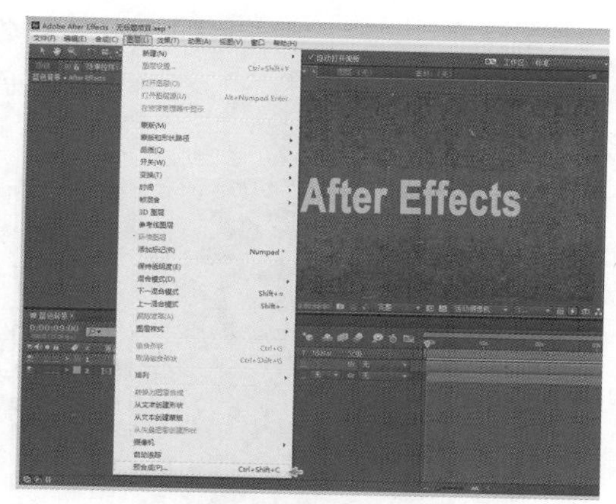
图7-544 预合成项

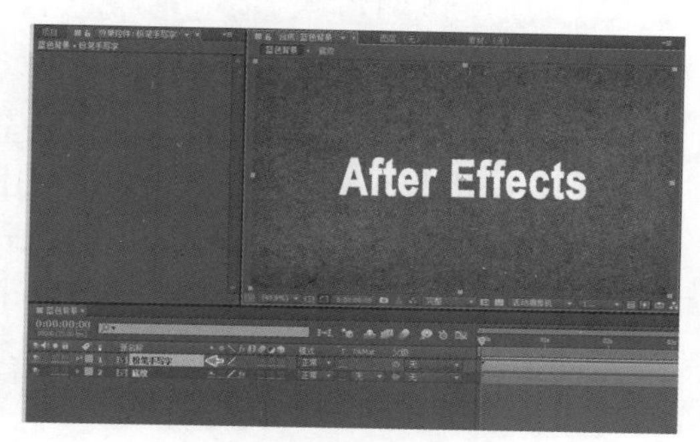

图7-545 预合成效果

04 在“时间线”面板中选择“粉笔手写字”图层，然后在菜单中选择【图层】→【自动追踪】命令项，如图7-546所示。

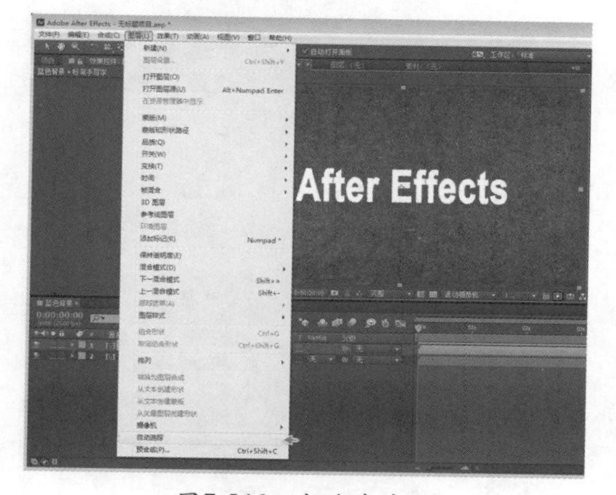

图7-546 自动追踪项

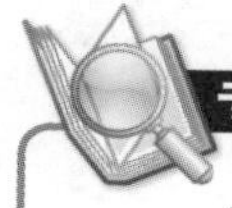
专家课堂

After Effects CC的“自动追踪”功能可以将选择的图层转换为钢笔遮罩，从而简化了绘制图形的操作。

05 在弹出的“自动追踪”对话框中勾选“应用到新图层”项，单击“确定”按钮，如图7-547所示。

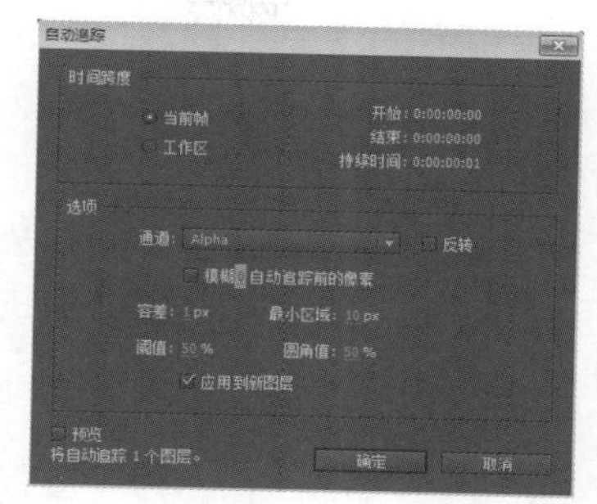

图7-547 设置自动追踪

06 添加“自动追踪”操作后，在“时间线”面板中将出现“自动追踪的 粉笔手写字”图层，如图7-548所示。

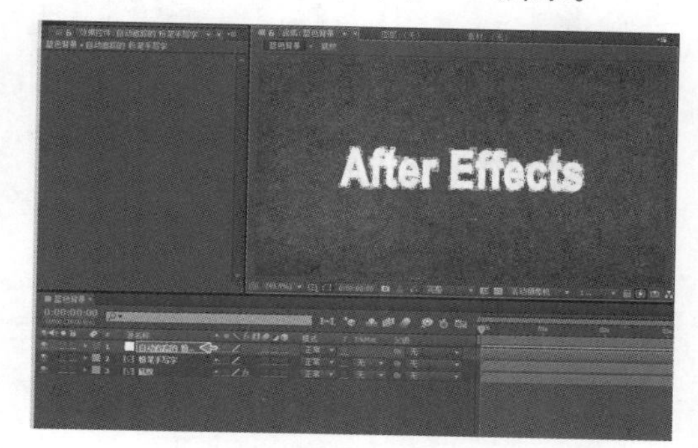

图7-548 自动追踪效果

07 在“时间线”面板中选择“自动追踪的粉笔手写字”图层并单击鼠标“右”键，然后在弹出的菜单中选择“重命名”项，将其重命名为“描边字”层，如图7-549所示。

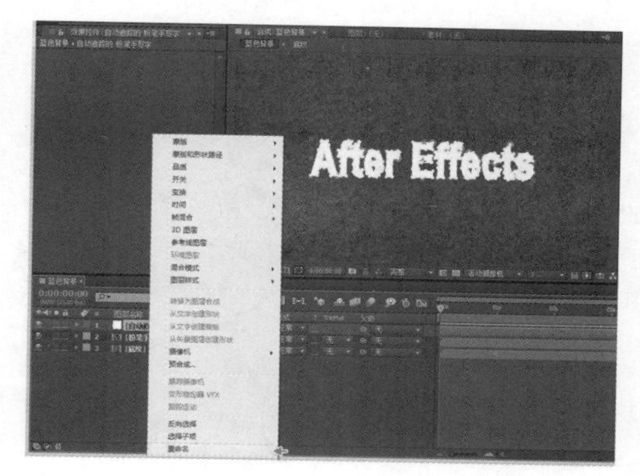

图7-549 重命名

7.15.3 添加特效

01 在“时间线”面板中单击“粉笔手写字”项前方的图层显示按钮，将本层取消显示，在“时间线”面板中选择“描边字”图层，然后在菜单中选择【效果】→【生成】→【描边】命令项，准备为“描边字”添加描边特效，如图7-550所示。

图7-550 描边命令项

“描边”滤镜特效可以沿指定的路径产生描边效果。通过记录关键帧动画，可以模拟书写或绘画等过程性的动画。

02 在“效果”面板中勾选“描边”特效的“所有蒙版”选项，更改绘画样式为“在透明背景上”，然后单击“合成”窗口下方的切换蒙版和形状路径可见性按钮，如图7-551所示。

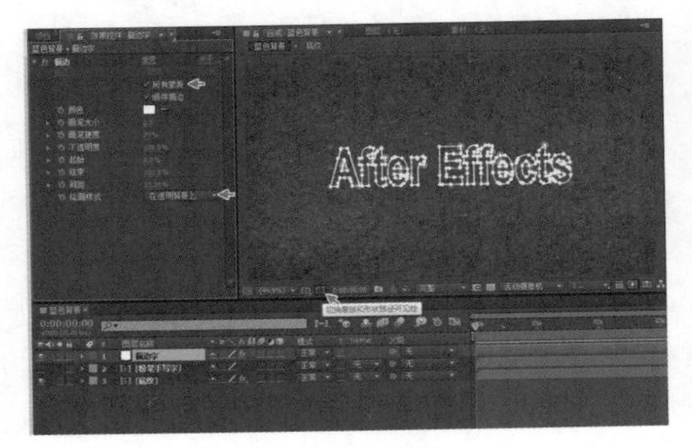

图7-551 设置描边

03 在“时间线”面板中设置“描边”特效的结束值为100，使文字轮廓产生白色线条，如图7-552所示。

图7-552 设置描边

04 在“时间线”面板中将时间滑块拖拽至影片起始位置，然后在“效果”面板中设置结束值为0，单击结束项前的码表图标为其添加起始关键帧；将时间滑块拖拽至影片第2秒位置，再设置结束值为100，如图7-553所示。

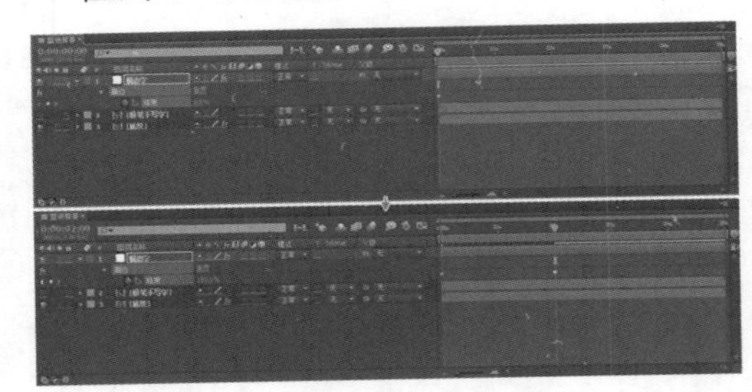

图7-553 设置描边动画

05 使用键盘数字输入区域的“0”键预览合成动画，效果如图7-554所示。

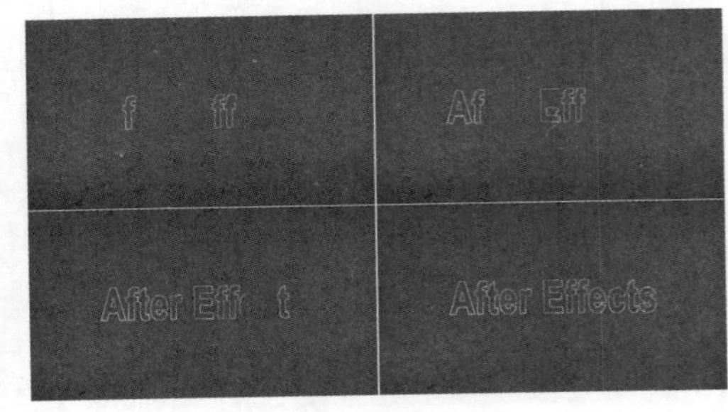

图7-554 预览效果

06 在“时间线”面板中选择“描边字”层，然后在菜单中选择【编辑】→【重复】命令项，准备复制描边字图层，如图7-555所示。

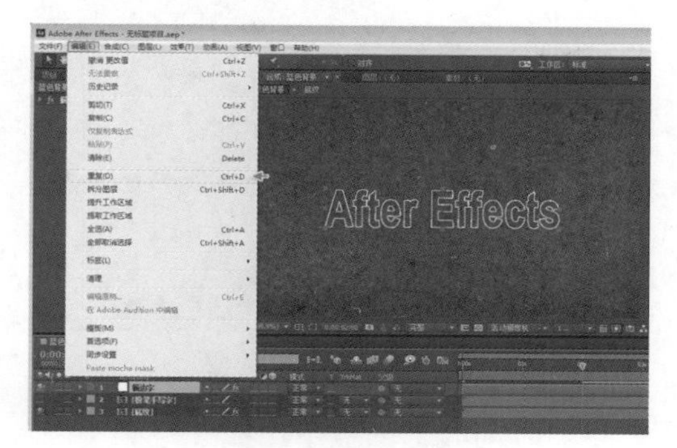

图7-555 复制图层

07 在“时间线”面板中将复制的“描边字2”层重命名为“粉笔字”，然后在“效果”面板中将“描边”特效删除并单击“描边字”图层前的图层显示按钮，取消本层的可见性，如图7-556所示。

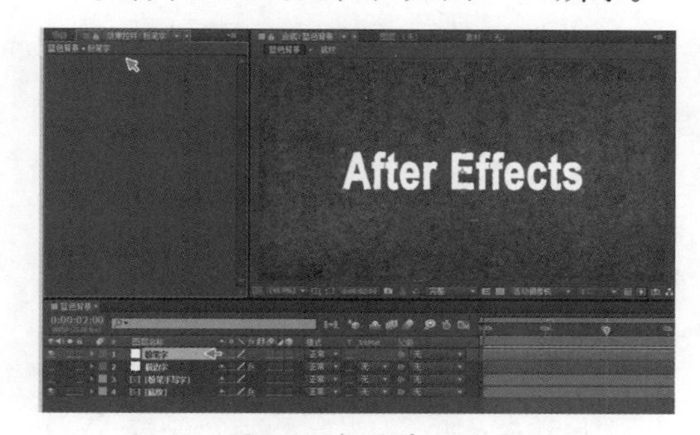

图7-556 图层设置

08 在“时间线”面板中选择“粉笔字”层，然后在菜单中选择【效果】→【生成】→【涂写】命令项，准备为“粉笔字”添加涂写特效，如图7-557所示。

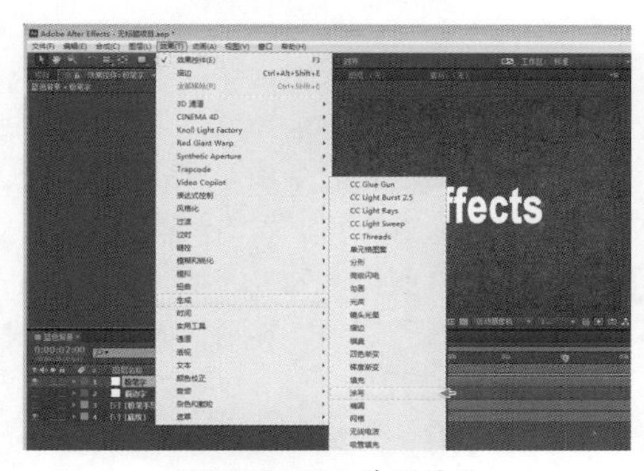

图7-557 添加涂写效果

专家课堂

“涂写”滤镜特效根据层上的遮罩来填充或描边，可以创建类似于手工涂绘的效果。

09 在“效果”面板中设置“涂写”特效的涂写类型为“所有蒙版”、填充类型为“在边缘内”方式、摆动类型为“静态”、合成类型为“在透明背景上”，然后在“时间线”面板中设置层不透明度值为60，模拟出粉笔绘制的效果，如图7-558所示。

图7-558 设置涂写

10 在“时间线”面板中选择“粉笔字”层并将时间滑块拖拽至影片起始位置，然后在“时间线”面板中设置“涂写”特效的结束值为0，单击结束项前的码表图标为其添加起始关键帧；将时间滑块拖拽至影片第2秒位置，再设置结束值为100，产生涂写过程的动画，如图7-559所示。

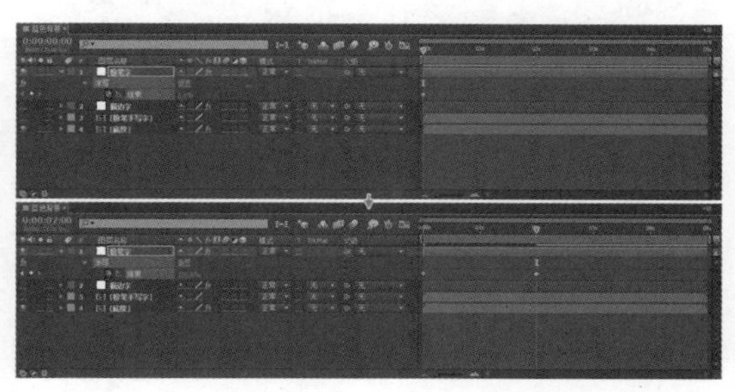

图7-559 设置涂写动画

11 使用键盘数字输入区域的“0”键预览合成动画，效果如图7-560所示。

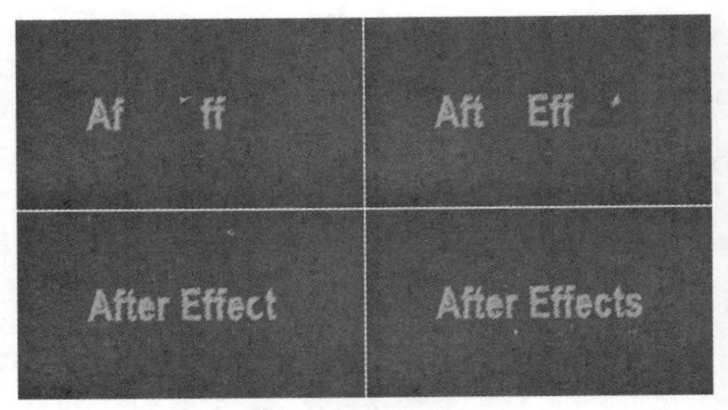

图7-560 预览效果

⑫ 按“Ctrl+Y”键新建纯色层，然后在弹出的“纯色设置”对话框中设置名称为“左侧痕迹”、大小为1280×720像素、颜色为黑色，如图7-561所示。

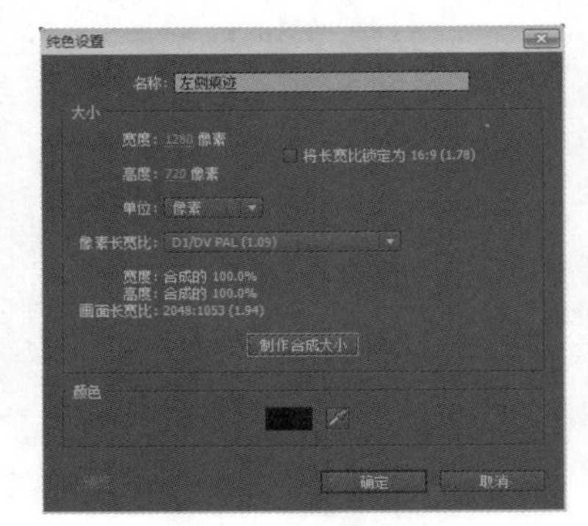

图7-561 纯色设置

⑬ 在“时间线”面板中选择“左侧痕迹”层，然后按“T”键展开不透明度项，再设置不透明度值为0，如图7-562所示。

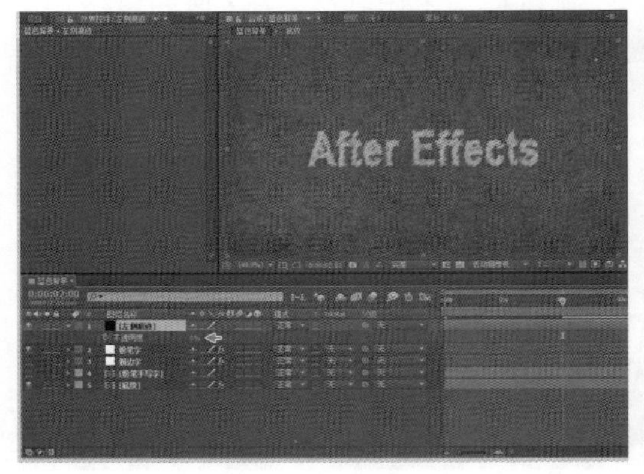

图7-562 不透明度设置

⑭ 单击“合成”窗口下方的切换蒙版和形状路径可见性按钮，如图7-563所示。

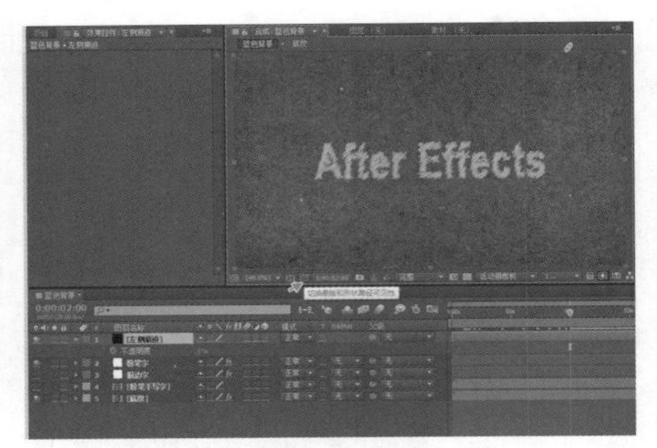

图7-563 开启可见性

⑮ 在“时间线”面板中选择“左侧痕迹”层，然后单击工具栏中的钢笔工具图标，在“合成”窗口中沿文字的走势绘制直线，从而模拟粉笔的痕迹。绘制第一道痕迹后，按“V”键切换至选择工具再调整直线位置，按“Shift”键选择直线的两端并按“Ctrl+D”键复制直线，再按“V”键切换至选择工具并调整直线位置及长度，依次完成左侧倾斜的笔画效果，如图7-564所示。

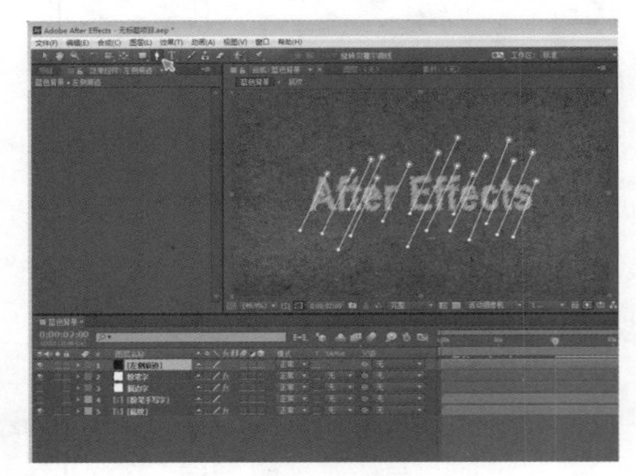

图7-564 绘制直线

⑯ 在“时间线”面板中选择“左侧痕迹”层，然后在菜单中选择【效果】→【生成】→【描边】命令项，准备为左侧痕迹层添加描边特效，如图7-565所示。

⑰ 在“效果”面板中勾选“描边”特效的“所有蒙版”选项，然后设置绘画样式为“在透明背景上”，再按“T”键展开“左侧痕迹”层的不透明度项并设置值为100，如图7-566所示。

图7-565　描边项

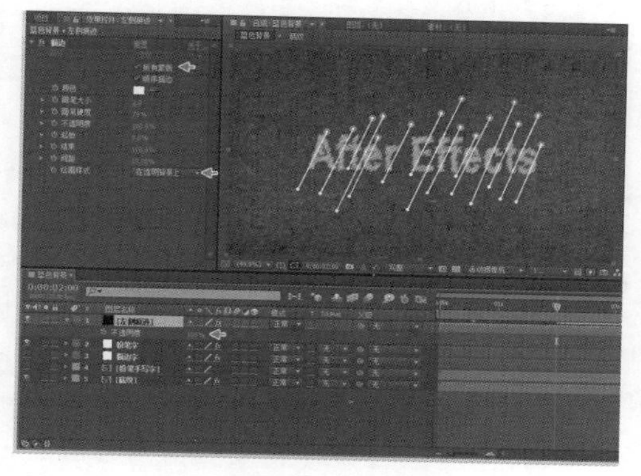

图7-566　设置描边

18 单击“合成”窗口下方的切换蒙版和形状路径可见性按钮，如图7-567所示。

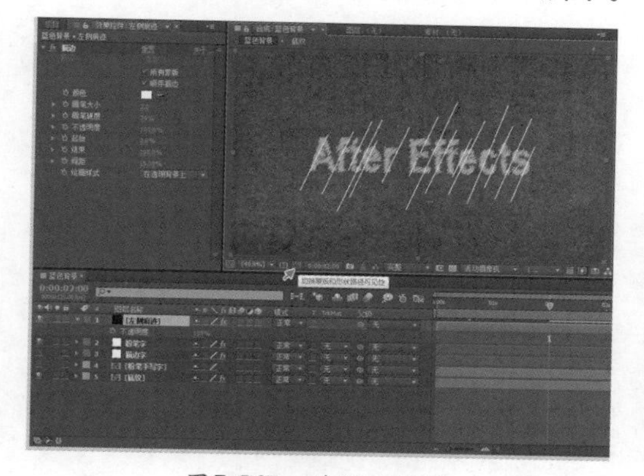

图7-567　关闭可见性

19 在“时间线”面板中选择“左侧痕迹”层并将时间滑块拖拽至影片起始位置，然后在“时间线”面板中设置“描边”特效的结束值为0，并单击结束项前的码表图标为其添加起始关键帧；将时间滑块拖拽至影片第2秒位置，再设置结束值为100，如图7-568所示。

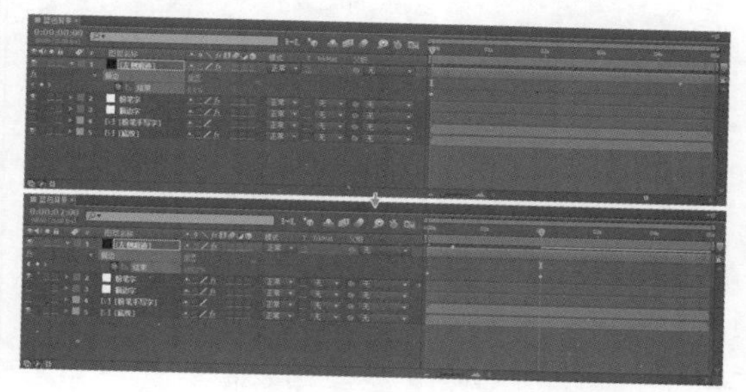

图7-568　设置描边动画

20 使用键盘数字输入区域的“0”键预览合成动画，效果如图7-569所示。

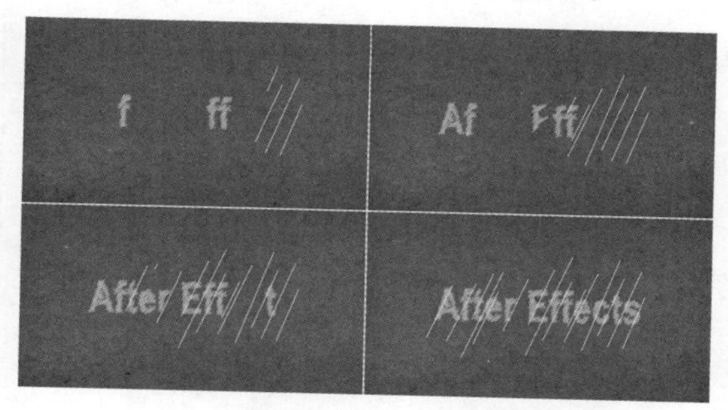

图7-569　预览效果

21 观察动画发现，线条的开始与结束动画过于同步，在“时间线”面板中选择“左侧痕迹”层并按“U”键展开“蒙版”项，以鼠标“左”键拖拽来将其顺序打乱，得到随机涂写的效果，如图7-570所示。

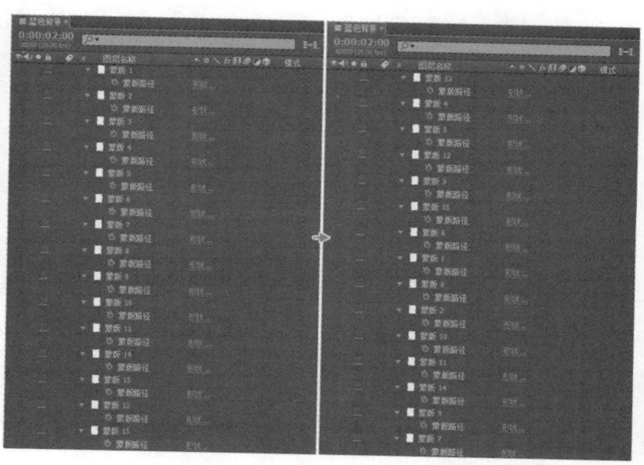

图7-570　打乱蒙版顺序

22 使用键盘数字输入区域的“0”键预览合成动画，效果如图7-571所示。

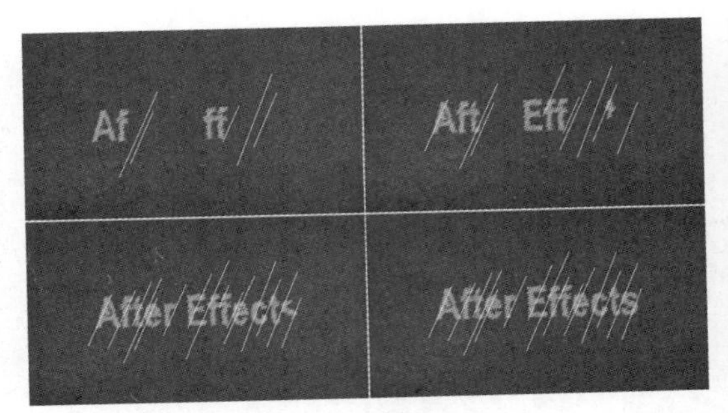

图7-571 预览效果

23 按“Ctrl+Y”键新建纯色层，然后在弹出的“纯色设置”对话框中设置名称为“右侧痕迹”、大小为1280×720像素、颜色为黑色，如图7-572所示。

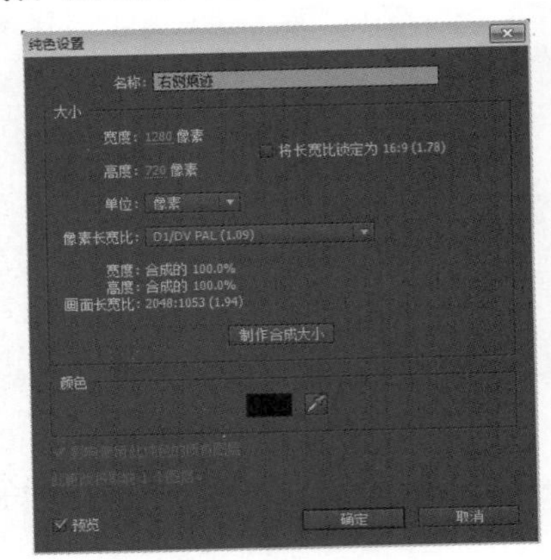

图7-572 纯色设置

24 在“时间线”面板中选择“右侧痕迹”层，按“T”键展开不透明度项并设置不透明度值为0，然后单击工具栏中的钢笔工具图标，在“合成”窗口中沿字体的走势绘制直线模拟粉笔的痕迹。绘制第一道痕迹后按“V”键切换至选择工具调整线条位置，按“Shift”键选择线条的两端并按“Ctrl+D”键复制线条，再按“V”键切换至选择工具调整位置及长度，依次完成右侧倾斜的笔画效果，如图7-573所示。

25 在“时间线”面板中选择“右侧痕迹”层，然后在菜单中选择【效果】→【生成】→【描边】命令项，准备为右侧痕迹层添加描边特效，如图7-574所示。

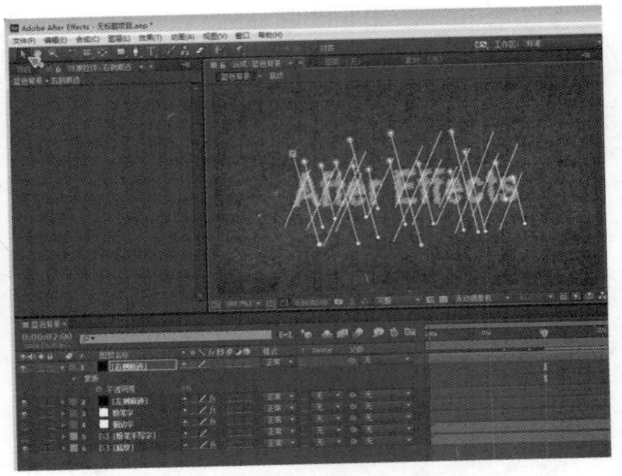

图7-573 添加蒙版

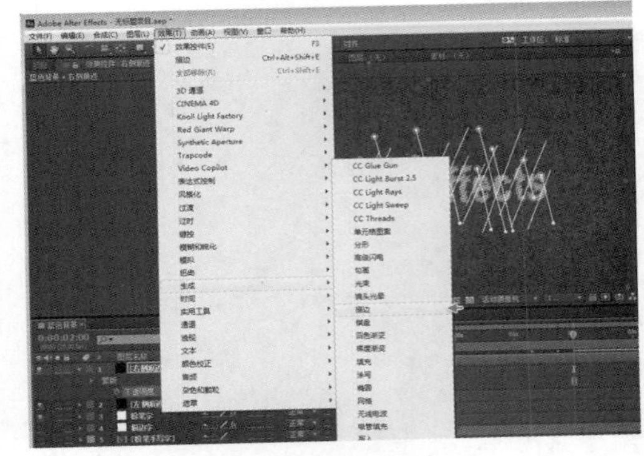

图7-574 选择描边

26 在“效果”面板中勾选“描边”特效的“所有蒙版”项，然后设置绘画样式为“在透明背景上”，再按“T”键展开不透明度项并设置值为100，如图7-575所示。

图7-575 设置描边

27 在“时间线”面板中选择“右侧痕迹”图层，将时间滑块拖拽至影片起始位置，然后在“时间线”面板中设置“描

边”特效的结束值为0，单击结束项前的码表图标为其添加起始关键帧；将时间滑块拖拽至影片第2秒位置，再设置结束值为100，如图7-576所示。

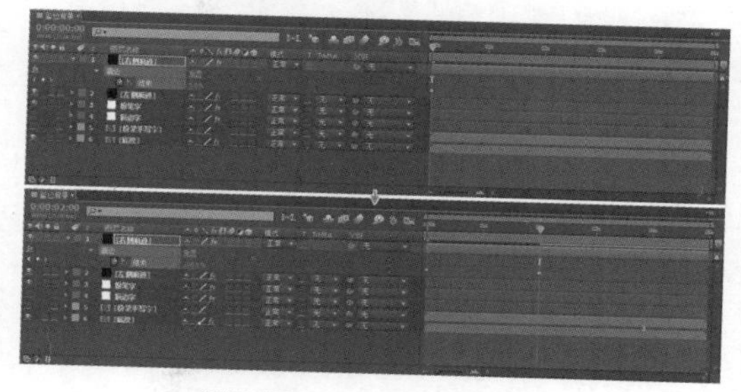

图7-576 设置描边动画

28 使用键盘数字输入区域的“0”键预览合成动画，效果如图7-577所示。

图7-577 预览效果

29 观察动画发现，线条的开始与结束动画过于同步，在“时间线”面板中选择“右侧痕迹”层并按“U”键展开“蒙版”项，以鼠标“左”键拖拽来将其顺序打乱，使往右侧倾斜的笔画效果更加自然，如图7-578所示。

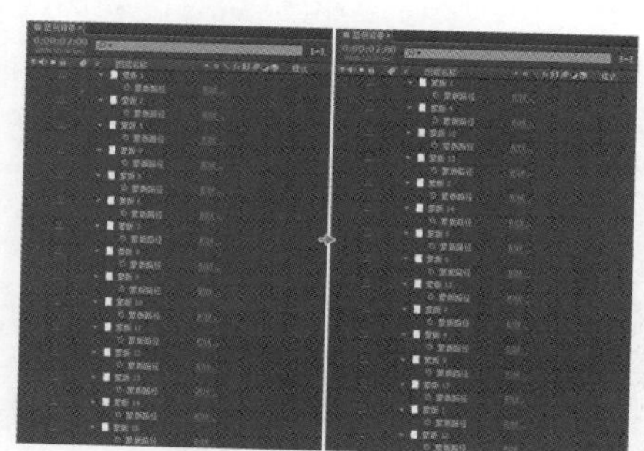

图7-578 打乱蒙版顺序

30 使用键盘数字输入区域的“0”键预览合成动画，效果如图7-579所示。

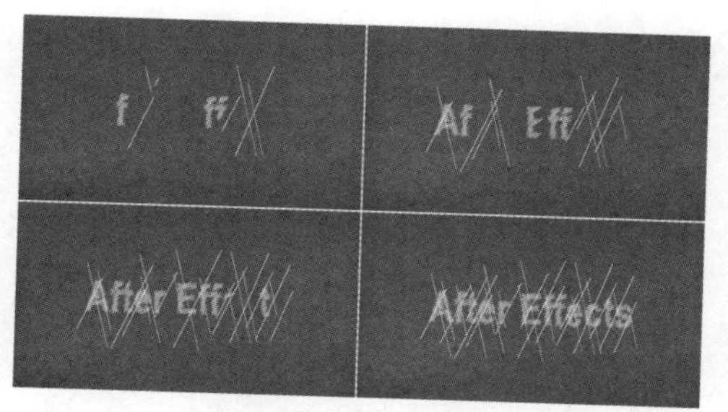

图7-579 预览效果

31 在“项目”面板中双击鼠标“左”键，将配套光盘中的“蒙版底纹.jpg”图像素材导入，再将“蒙版底纹.jpg”图像素材拖拽至“蓝色背景”合成项目的“时间线”面板中，放置在“粉笔字”图层的底部，丰富涂写的效果，如图7-580所示。

图7-580 导入素材

32 在“时间线”面板中开启“蒙版底纹.jpg”与“描边字”图层前的独奏按钮，以方便编辑，然后设置“描边字”的轨道遮罩类型为“亮度反转遮罩”方式，如图7-581所示。

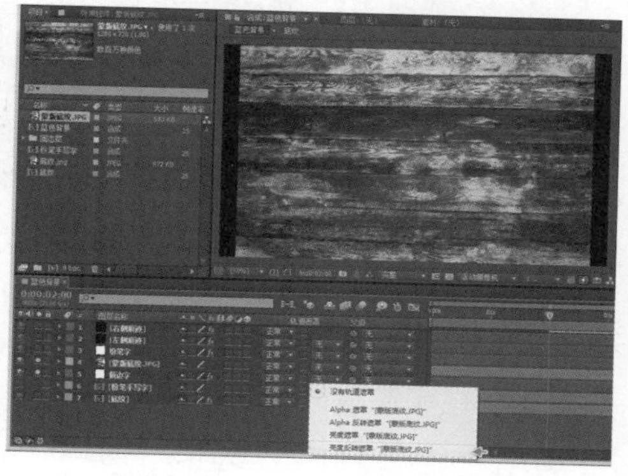

图7-581 轨道遮罩设置

33 设置轨道遮罩后观察“合成”窗口，“After Effects”文字具有了纹理的遮罩效果，如图7-582所示。

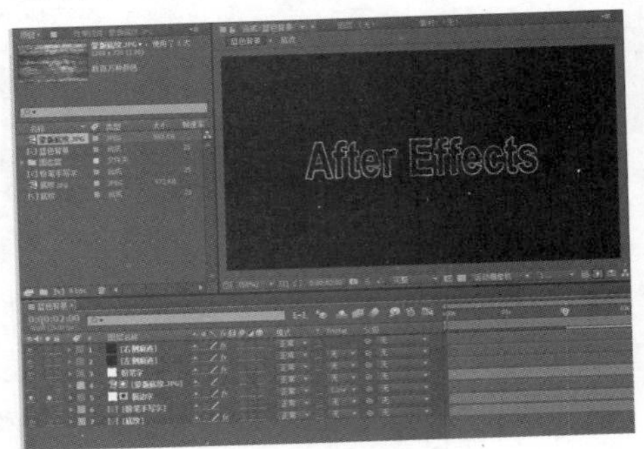

图7-582 合成效果

34 在“时间线”面板中选择“蒙版底纹”层，然后在菜单中选择【效果】→【颜色校正】→【曲线】命令项，准备为图像素材添加曲线特效，如图7-583所示。

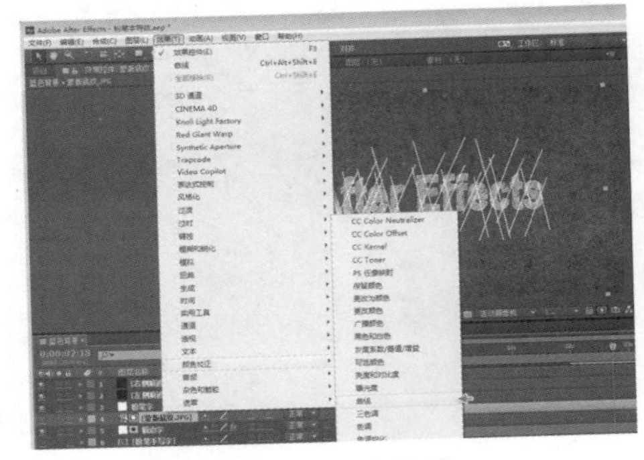

图7-583 曲线项

35 在“效果”面板中设置“曲线”特效的“RGB”通道曲线，如图7-584所示。

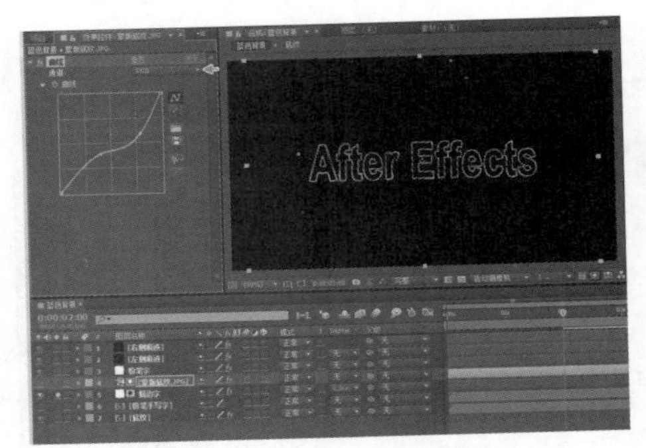

图7-584 设置RGB曲线

36 在“时间线”面板中选择“蒙版底纹”层，然后在菜单中选择【编辑】→【重复】命令项，准备复制图像素材层，如图7-585所示。

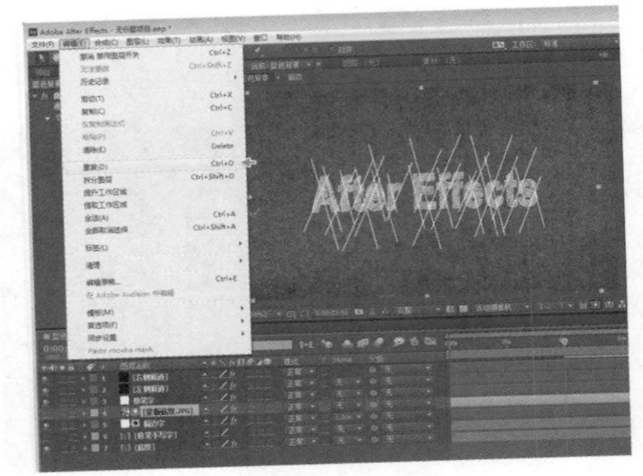

图7-585 重复项

37 将“蒙版底纹”图像素材复制三次，并将素材分别拖拽至“右侧痕迹”、“左侧痕迹”、“粉笔字”图层的上方，效果如图 7-586 所示。

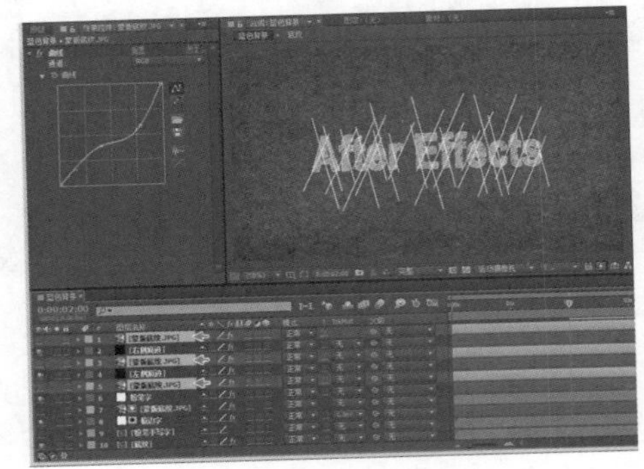

图7-586 复制拖拽图层

38 在“右侧痕迹”、“左侧痕迹”、“粉笔字”层处于被选择状态下更改轨道遮罩类型为“亮度反转遮罩”方式，如图 7-587 所示。

图7-587 轨道遮罩设置

39 设置轨道遮罩后，观察“合成”窗口的效果，整体合成的纹理遮罩效果更加明显，如图7-588所示。

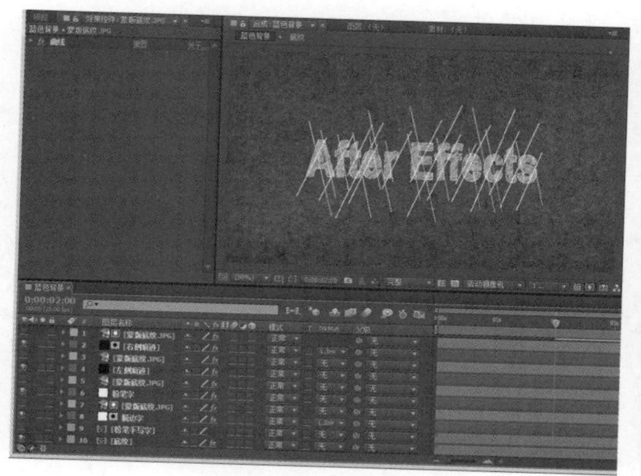

图7-588 观察合成

40 按数字输入区域的“0”键预览合成的最终效果，如图7-589所示。

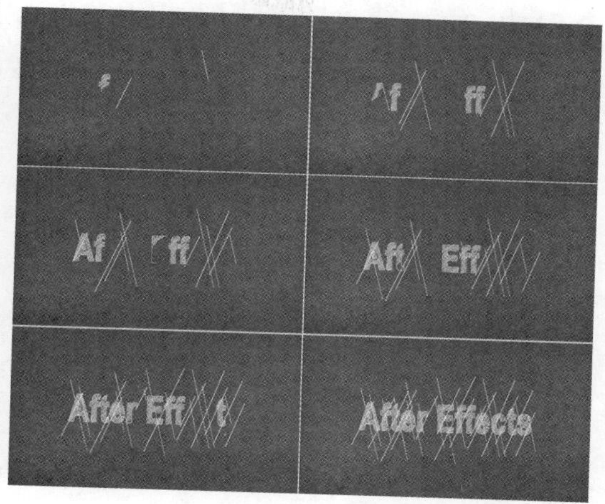

图7-589 最终效果

7.16 实例——粒子发射字

素材文件	配套光盘→范例文件→Chapter7	难易程度	★★★★☆
重要程度	★★★★★	实例重点	掌握粒子替换喷射物体的设置

在制作“粒子发射字”实例时，先将建立的文字进行缩放、透明、模糊动画设置，然后通过添加粒子效果滤镜完成文字的发射处理，最后对灯光设置特效与表达式，丰富炫目效果，使飞舞文字、光斑效果衬托文字，如图7-590所示。

“粒子发射字”实例的制作流程主要分为3部分，包括①背景特效设置；②文字动画设置；③飞舞特效设置，如图7-591所示。

图7-590 实例效果

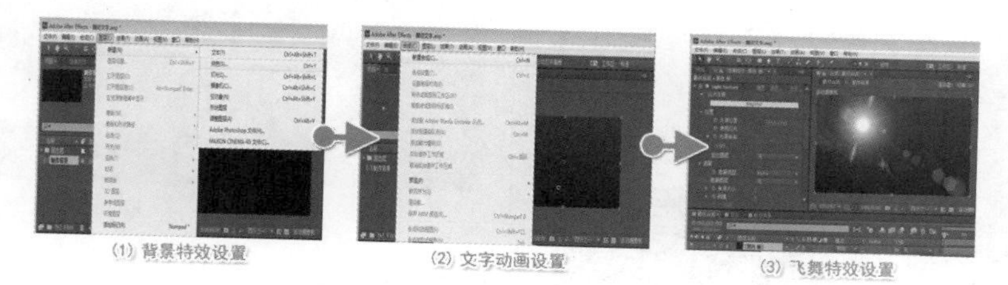

图7-591 制作流程

7.16.1 背景特效设置

01 双击桌面上的After Effects CC快捷图标启动软件，然后在菜单中选择【合成】→【新建合成】命令项，如图7-592所示。

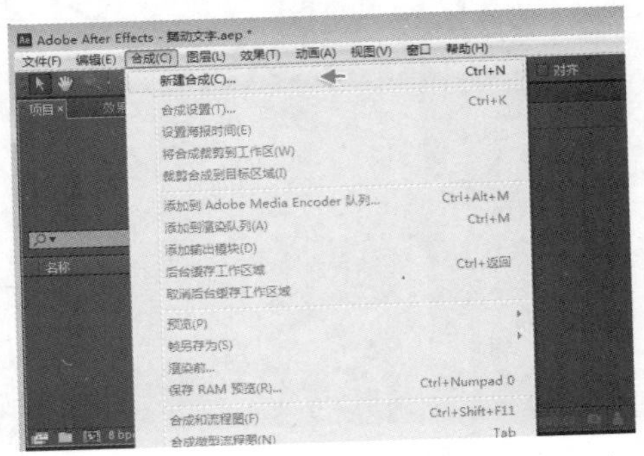

图7-592 新建合成

02 在弹出的“合成设置”对话框中设置合成名称为“制作背景”、预设为“HDV/HDTV 720 25”小高清类型、帧速率为25帧/秒、持续时间为6秒、背景颜色为黑色，如图7-593所示。

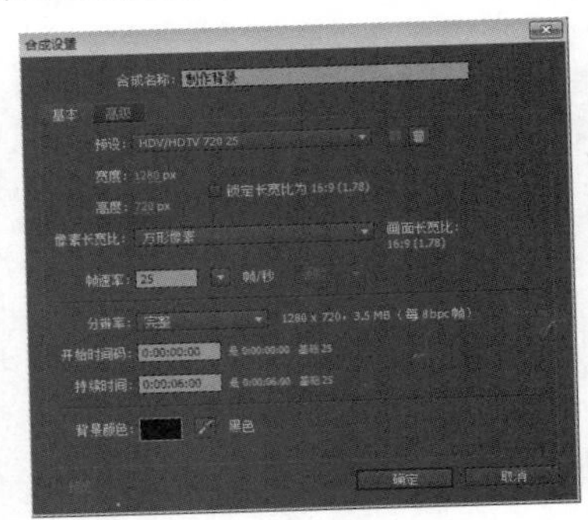

图7-593 合成设置

03 在菜单中选择【图层】→【新建】→【纯色】命令项，准备为影片背景添加渐变效果，如图7-594所示。

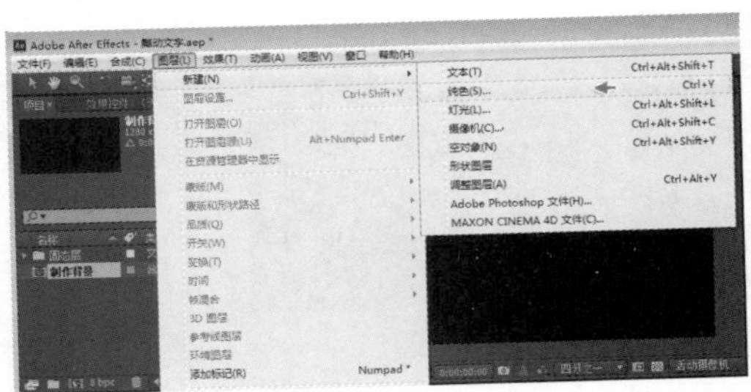

图7-594 新建纯色层

04 在弹出的“纯色设置”对话框中设置名称为“黑板”、大小为1280×720像素、颜色为黑色，如图7-595所示。

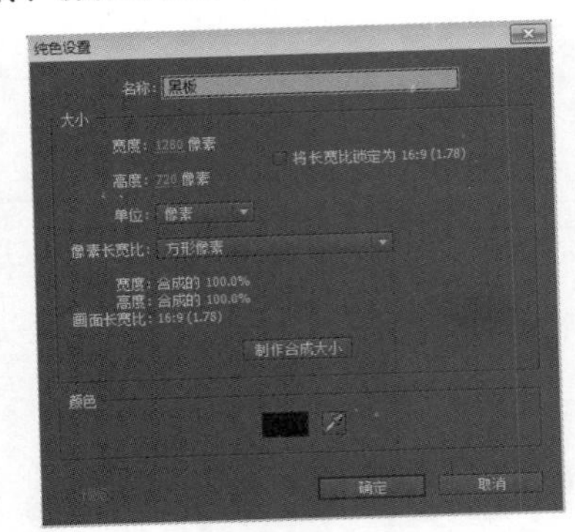

图7-595 纯色设置

05 在“时间线”面板中选择“黑板”层，然后在菜单中选择【效果】→【生成】→【梯度渐变】命令项，准备为背景添加渐变效果，如图7-596所示。

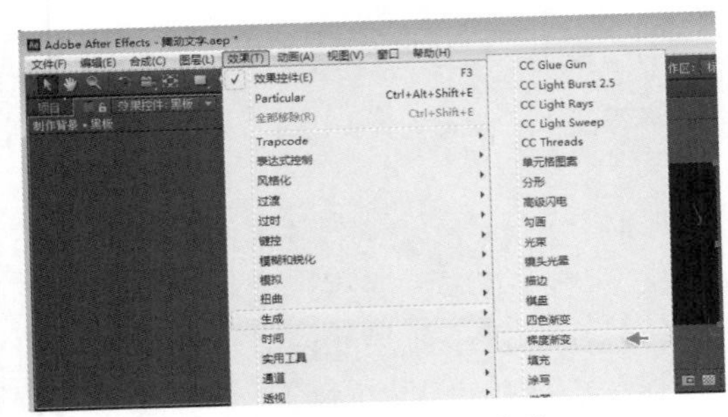

图7-596 添加渐变效果

06 添加“梯度渐变”效果后，在“效果”面板中出现“梯度渐变”效果滤镜的各项默认设置，可以根据需求设置不同渐变效果，在“合成”窗口中观察默认背景由上至下的渐变效果，如图7-597所示。

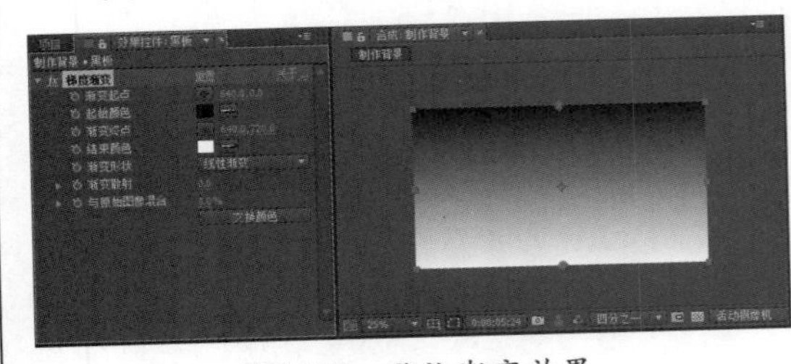

图7-597 默认渐变效果

07 在“效果”面板中设置“梯度渐变”效果滤镜的起始颜色为深紫色，再设置结束颜色为黑色，在“合成”窗口中观察背景的渐变效果，如图7-598所示。

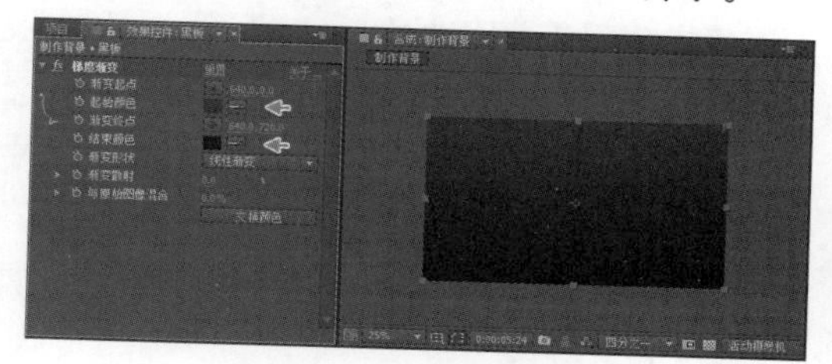

图7-598 渐变效果设置

08 在菜单中选择【图层】→【新建】→【纯色】命令项，新建纯色图层，在弹出的“纯色设置”对话框中设置名称为“红色板”，大小为1280×720像素，再将纯色层的颜色设置为红色，如图7-599所示。

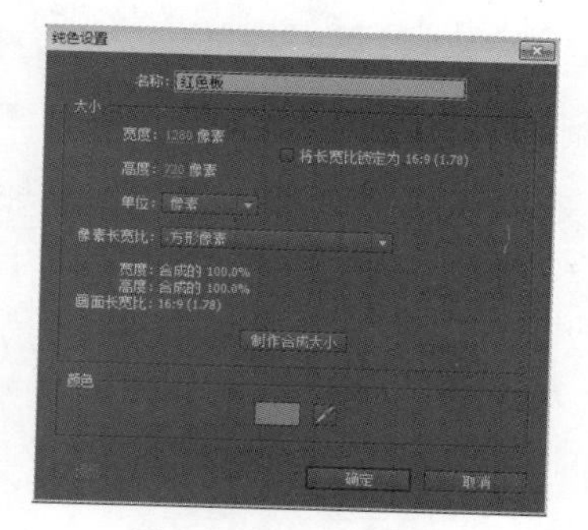

图7-599 合成设置

09 在“时间线”面板中选择“红色板”层，在工具栏中选择椭圆遮罩工具按钮，然后在“合成”窗口中绘制选区，只在画面右上角部分产生背景颜色，如图7-600所示。

图7-600 绘制遮罩选区

10 在“时间线”面板中展开“红色板”层的“蒙版1”卷展栏，然后设置蒙版羽化值为400，使遮罩边缘产生柔和过渡，如图7-601所示。

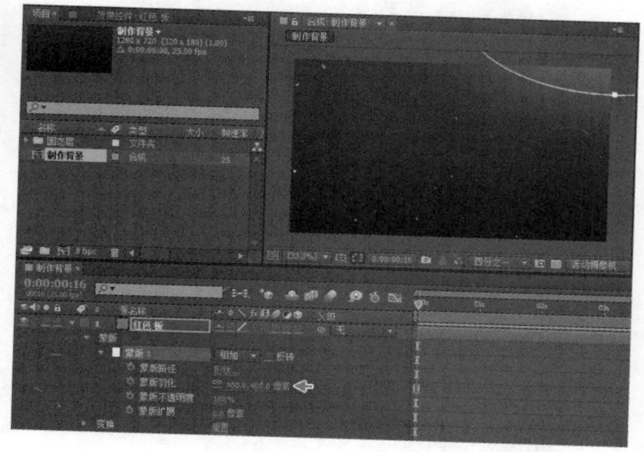

图7-601 羽化设置

11 在“时间线”面板中选择“红色板”层，然后按“T”键展开不透明度项并开启码表图标按钮，将时间滑块拖拽至影片第16帧位置，设置起始不透明度值为0；再将时间滑块拖拽至影片第1秒20帧位置，设置结束不透明度值为100，使红色板层产生透明动画，如图7-602所示。

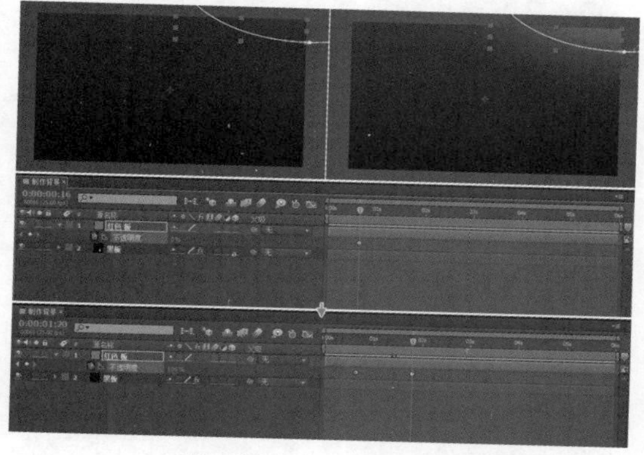

图7-602 透明动画设置

12 在菜单中选择【图层】→【新建】→【纯色】命令项，在弹出的“纯色设置”对话框中设置名称为“蓝色板”，大小为1280×720像素，再将纯色层的颜色设置为蓝色，继续丰富影片背景颜色，如图7-603所示。

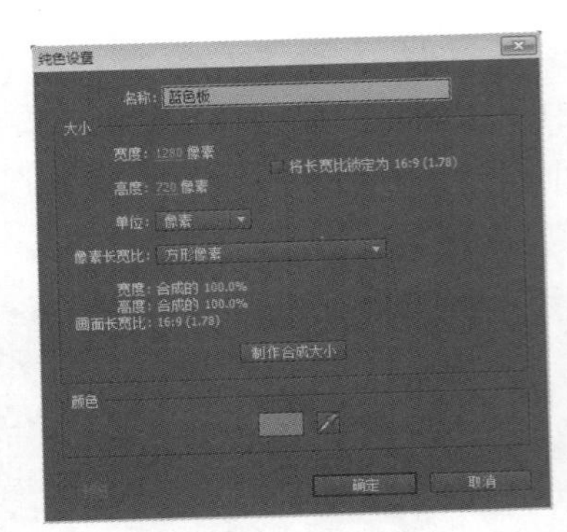

图7-603 纯色设置

⑬ 在“时间线”面板中选择“蓝色板”，在工具栏中选择椭圆遮罩工具按钮，然后在“合成”窗口中绘制选区，只在画面下方部分产生背景颜色，如图7-604所示。

图7-604 绘制遮罩选区

⑭ 在“时间线”面板中展开“蓝色板”层的“蒙版1”卷展栏，然后设置蒙版羽化值为400，使遮罩边缘产生柔和过渡，与背景融合在一起，如图7-605所示。

图7-605 羽化设置

⑮ 在“时间线”面板中选择“蓝色板”层，然后按“T”键展开不透明度项并开启码表图标按钮，将时间滑块拖拽至影片第1秒5帧位置，设置起始不透明度值为0；再将时间滑块拖拽至影片第2秒15帧位置，设置结束不透明度值为100，使蓝色板层产生透明动画，如图7-606所示。

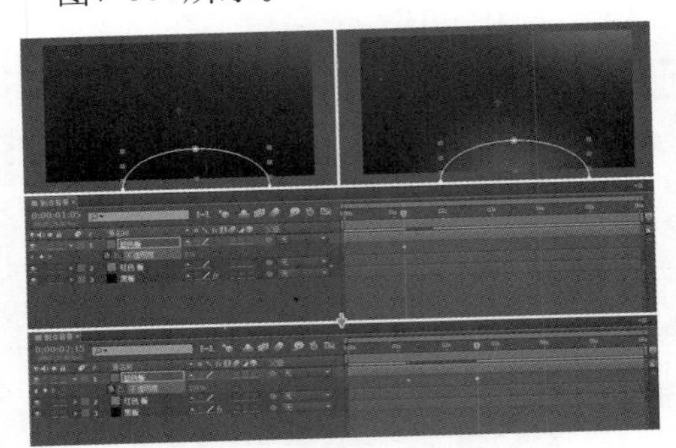

图7-606 透明动画设置

⑯ 在菜单中选择【图层】→【新建】→【纯色】命令项，新建纯色图层，在弹出的“纯色设置”对话框中设置名称为“黄色板”，大小为1280×720像素，再将纯色层的颜色设置为黄色，如图7-607所示。

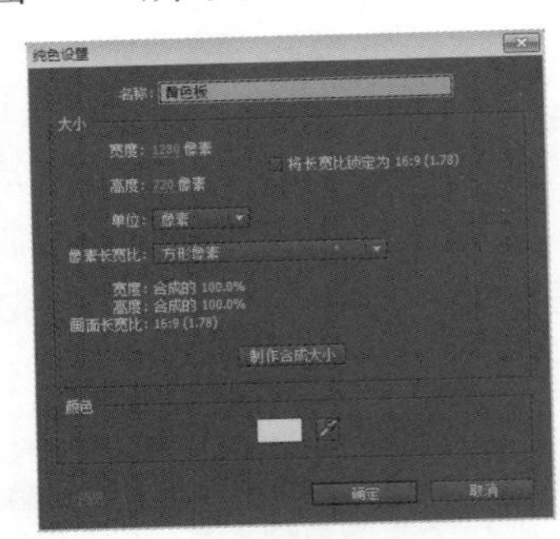

图7-607 纯色设置

⑰ 在“时间线”面板中选择“黄色板”，在工具栏中选择椭圆遮罩工具按钮，然后在“合成”窗口中绘制选区，只在画面左上角部分产生背景颜色，如图7-608所示。

⑱ 在“时间线”面板中展开“黄色板”层的“蒙版1”卷展栏，然后设置蒙版羽化

值为400，使遮罩边缘产生柔和过渡，与背景融合在一起，如图7-609所示。

图7-608　绘制遮罩选区

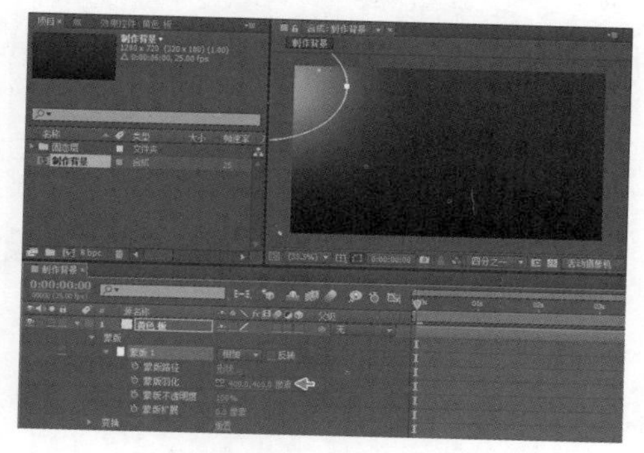

图7-609　羽化设置

19 在“时间线”面板中选择“黄色板”层，然后按“T”键展开不透明度项并开启码表图标按钮，将时间滑块拖拽至影片第1秒5帧位置，设置起始不透明度值为0；再将时间滑块拖拽至影片第3秒15帧位置，设置结束不透明度值为100，使画面产生透明动画效果，如图7-610所示。

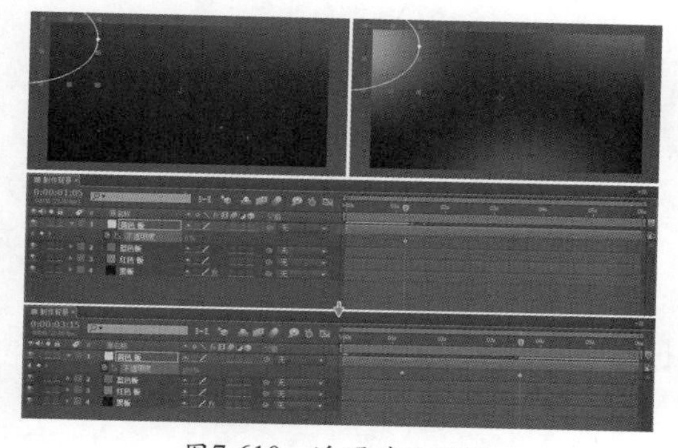

图7-610　透明动画设置

20 在“预览”面板中单击播放/暂停按钮，然后在“合成”窗口中观察背景的动画效果，如图7-611所示。

图7-611　预览效果

专家课堂

当不同的色彩搭配在一起时，色相彩度明度作用会使色彩的效果产生变化。两种或者多种浅颜色配在一起不会产生对比效果，同样，多种深颜色合在一起效果也不吸引人。但当一种浅颜色与一种深颜色混合在一起时，就会使浅色显得更浅，深色显得更深，而明度关系也同样如此。

7.16.2 文字动画设置

01 在菜单中选择【合成】→【新建合成】命令项，建立新的合成文件，如图7-612所示。

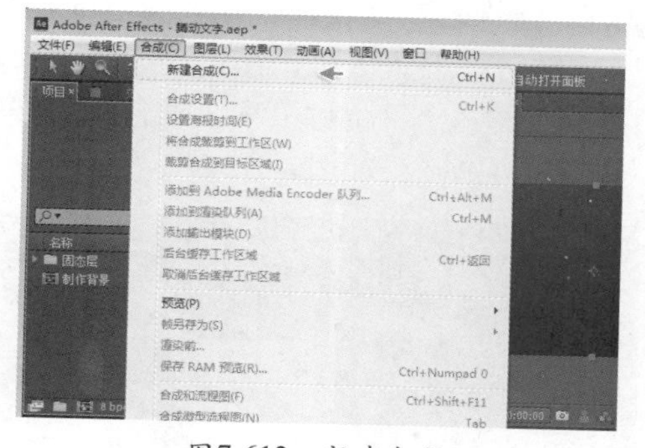

图7-612　新建合成

02 在弹出的“合成设置”对话框中设置合成名称为“文字”、预设为“自定义”类型、宽度值为1000、高度值为1000、帧速率为25帧/秒、持续时间为6秒、背景颜色为黑色，如图7-613所示。

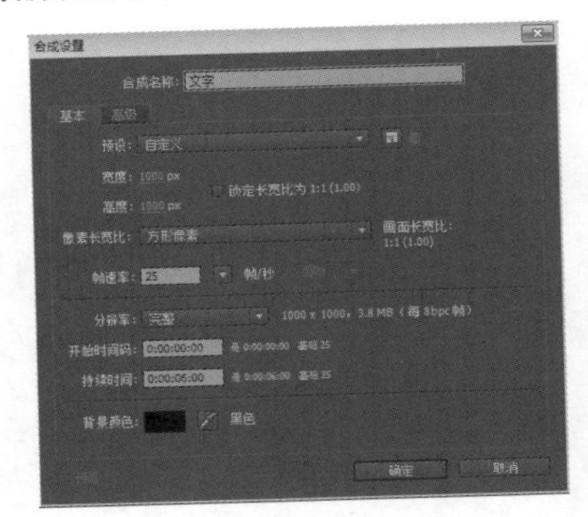

图7-613 合成设置

03 在工具栏中选择T文本工具，然后在“合成”窗口居中输入文字“A”并保持文字的选择状态，再设置“字符”面板中的字体为“方正黑体简体”、尺寸值为120、垂直缩放值为133、水平缩放值为124，如图7-614所示。

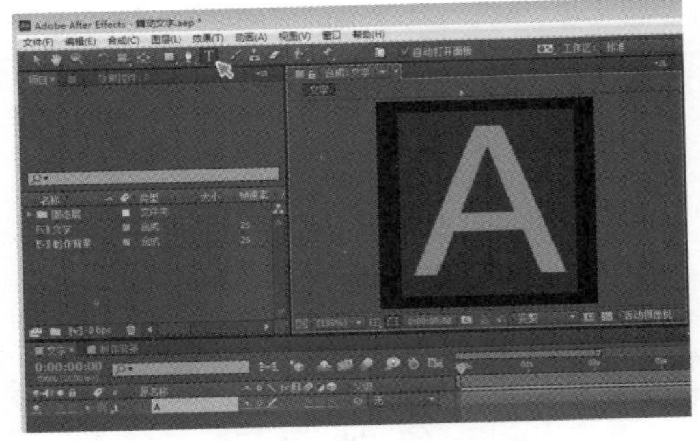

图7-614 文字字符设置

04 在“时间线”面板的“文本”轨道层单击▶动画三角按钮，在弹出的浮动菜单中选择“字符位移”项，准备为文字制作字符动画，如图7-615所示。

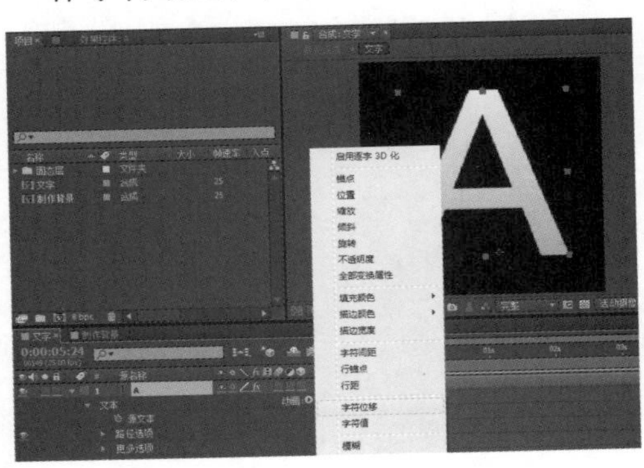

图7-615 添加动画

05 在“时间线”面板中展开“动画制作工具1”卷展栏，然后开启字符位移项前的码表图标按钮，将时间滑块拖拽至影片起始位置，设置起始帧字符位移值为0；再将时间滑块拖拽至影片第5秒24帧位置，设置结束帧字符位移值为25，在画面中字体按字母表顺序由A至Z变化，如图7-616所示。

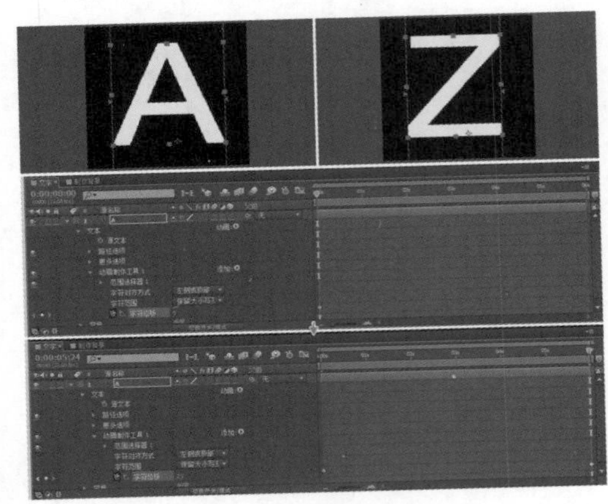

图7-616 字符设置

06 在“时间线”面板中选择文字层，然后在菜单中选择【效果】→【生成】→【梯度渐变】命令项，准备为文字添加渐变效果，如图7-617所示。

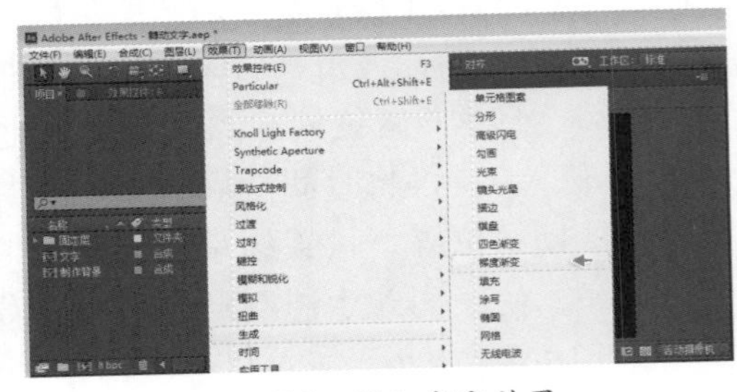

图7-617 添加渐变效果

07 在“效果”面板中设置“梯度渐变”效果滤镜的起始颜色为白色，再设置结束颜色为灰色，在“合成”窗口中观察文字由上至下的渐变效果，如图7-618所示。

08 在“时间线”面板中选择文字层，然后在菜单中选择【效果】→【透视】→【投影】命令项，准备为文字添加投影增加立体效果，如图7-619所示。

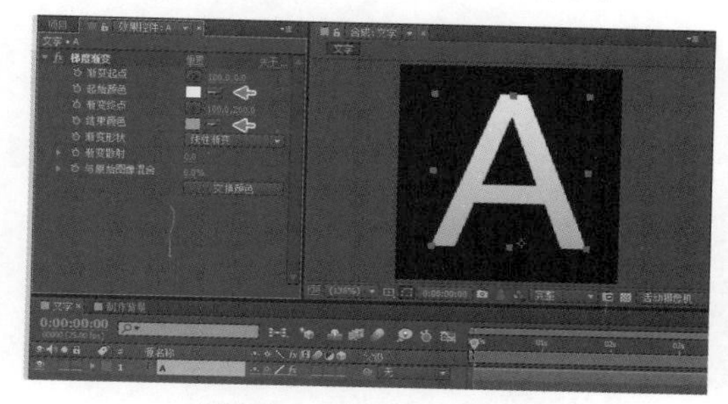

图7-618 渐变效果设置

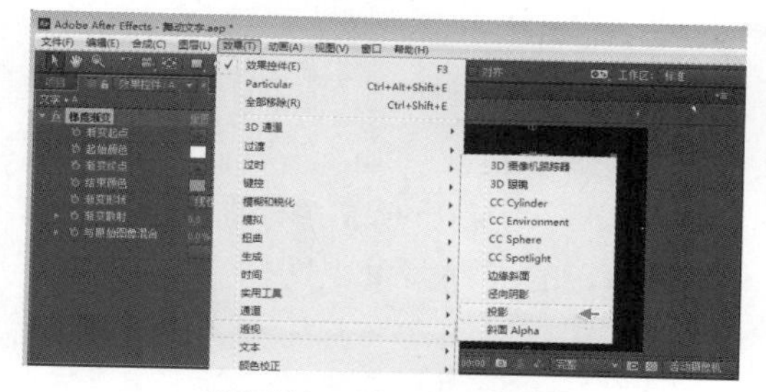

图7-619 添加投影效果

09 在“效果”面板中设置“投影”效果滤镜的不透明度值为100、柔和度值为100，如图7-620所示。

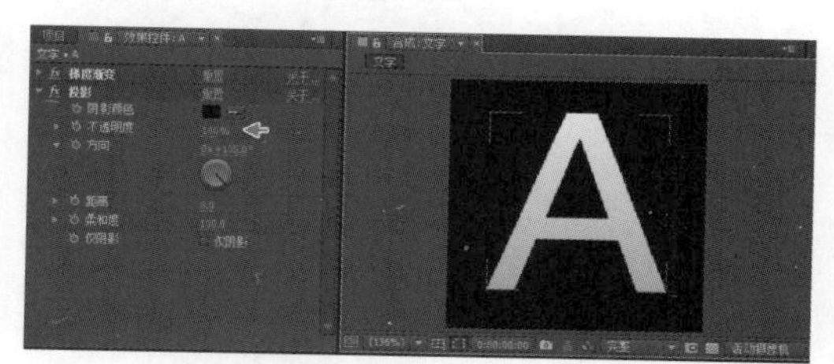

图7-620 投影效果设置

10 在“合成”窗口中点击切换“透明网格”按钮，可隐藏视图黑色底层，可以在“合成”窗口中观察文字淡淡的阴影效果，如图7-621所示。

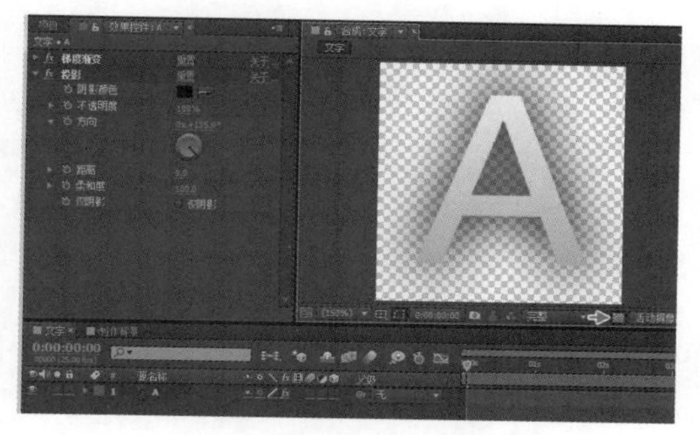

图7-621 设置透明网格

11 在“时间线”面板的“文本”轨道层单击动画三角按钮，在弹出的浮动菜单中选择“启用逐字3D化”项，为文字制作飞舞动画，如图7-622所示。

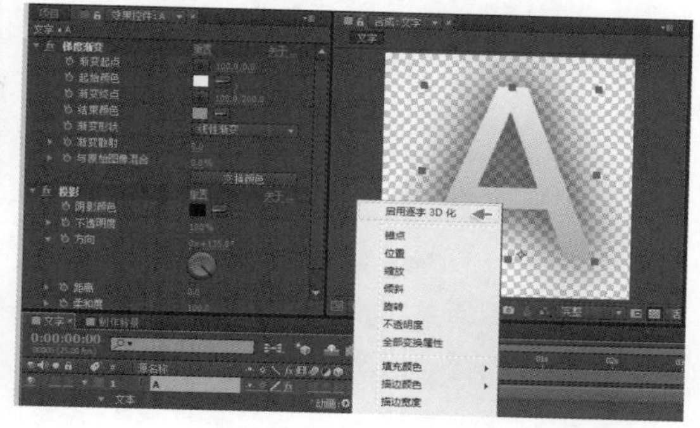

图7-622 添加动画

12 在“预览”面板中单击播放/暂停按钮，然后在“合成”窗口中观察字体按字母表顺序由A至Z变化的动画效果，如图7-623所示。

图7-623 预览效果

7.16.3 飞舞特效设置

01 在菜单中选择【合成】→【新建合成】命令项，建立新的合成文件，在弹出的“合成设置”对话框中设置合成名称为“最终合成”、预设为“HDV/HDTV 720 25”小高清类型、帧速率为25帧/秒、持续时间为6秒、背景颜色为黑色，准备制作文字的所有动画，如图7-624所示。

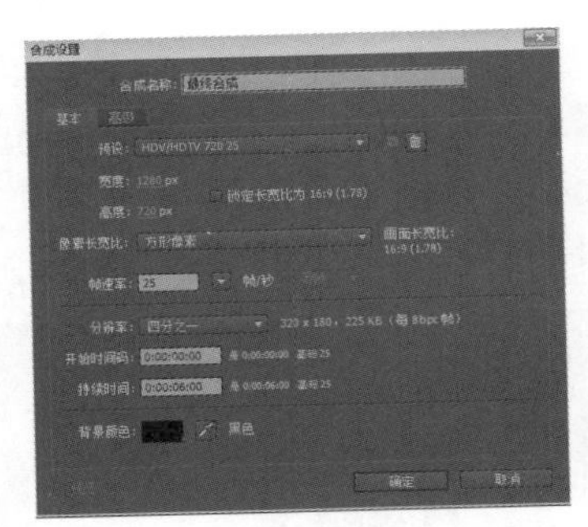

图7-624　合成设置

02 在“项目”面板中选择“制作背景”合成文件并拖拽至“时间线”面板中，作为合成影片的背景素材，如图7-625所示。

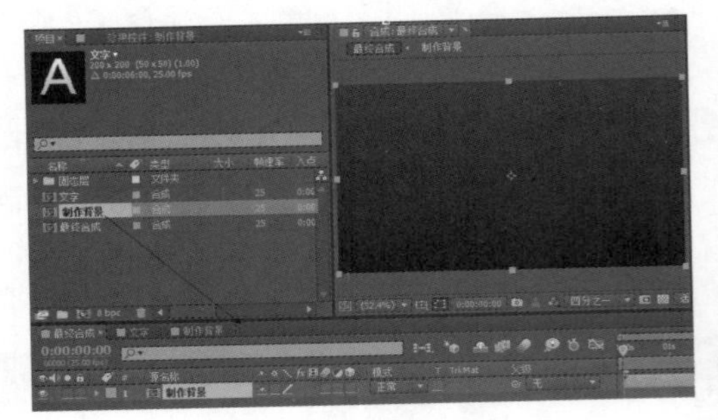

图7-625　添加合成

03 在工具栏中选择T文本工具，然后在“合成”窗口居中输入文字“After Effects”并保持文字在选择状态，设置“字符”面板中的字体为“方正黑体繁体”、尺寸值为120、垂直缩放值为133、水平缩放值为124，再激活描边及设置颜色为白色，如图7-626所示。

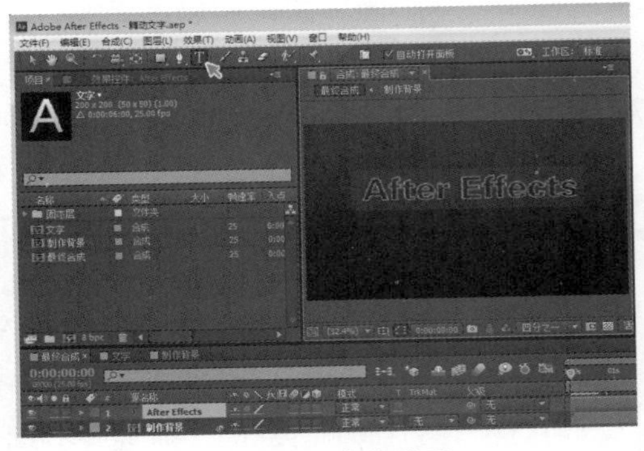

图7-626　字符设置

04 在“时间线”面板中将文字层的起始位置拖拽至影片第4秒位置，使文字层只在第4秒后才显示效果，如图7-627所示。

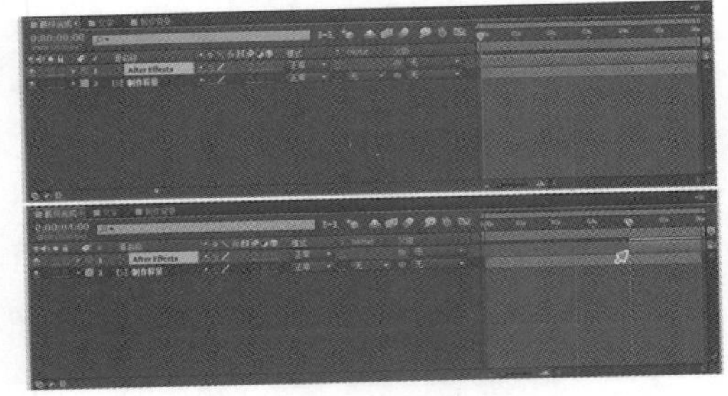

图7-627　调节文字层

05 在“时间线”面板的“文本”轨道层单击动画三角按钮，在弹出的浮动菜单中选择“缩放”项，然后在“动画制作工具1”轨道层单击添加三角按钮，在弹出的浮动菜单中选择“不透明度”及“模糊”项，准备为文字制作缩放动画，如图7-628所示。

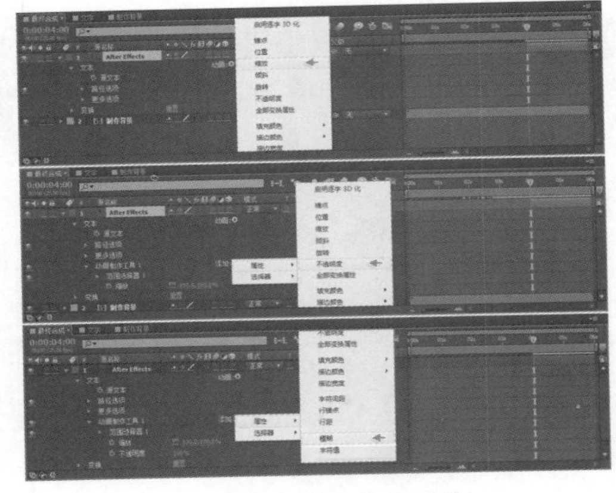

图7-628　添加动画项目

06 在“动画制作工具1”卷展栏中设置缩放值为600、不透明度值为50、模糊值为300，如图7-629所示。

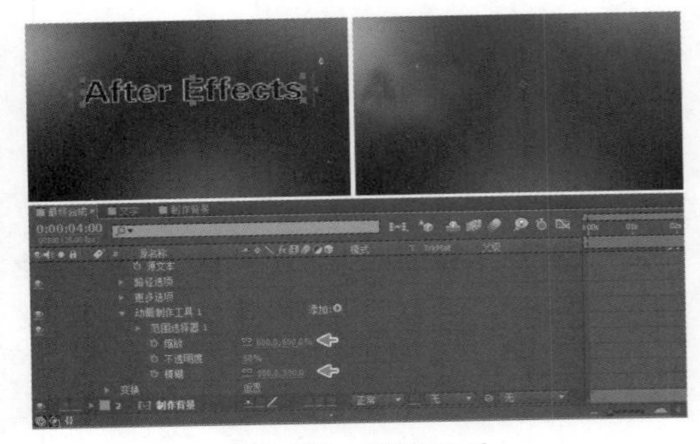

图7-629　项目设置

07 在“时间线”面板中展开“动画制作工具1”卷展栏中的“范围选择器1”项，然后开启偏移项前的码表图标按钮，将时间滑块拖拽至影片第4秒位置，设置偏移值为－100；再将时间滑块拖拽至影片第5秒3帧位置，设置偏移值为100，使文字由画面的左侧位移至画面中心位置，如图7-630所示。

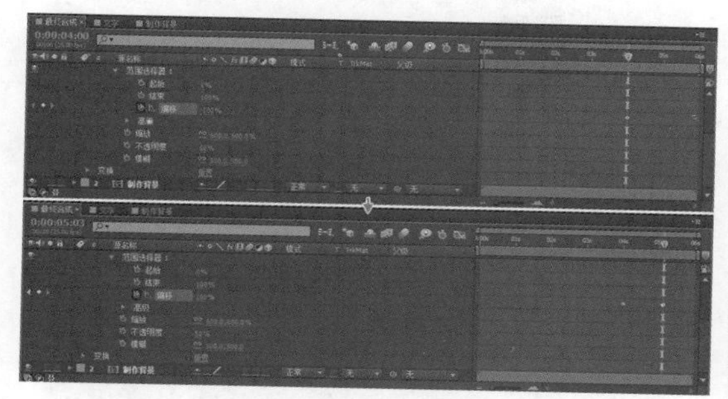

图7-630 偏移动画设置

08 在“预览”面板中单击播放/暂停按钮，然后在“合成”窗口中观察文字的动画效果，如图7-631所示。

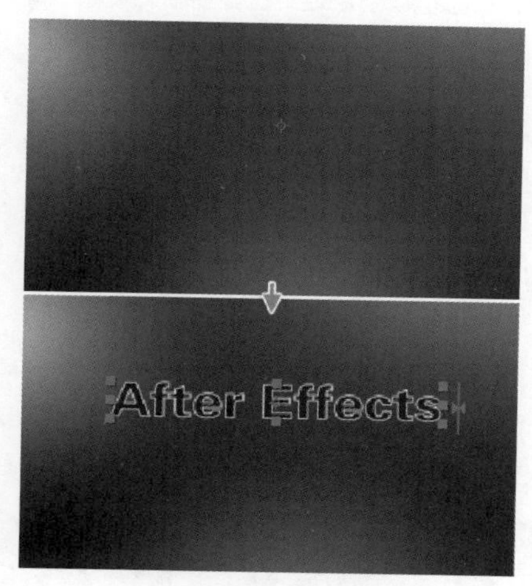

图7-631 预览效果

09 在“项目”面板中选择“文字”合成文件并拖拽至“时间线”面板中，然后隐藏视频合成层，作为合成影片的背景素材，如图7-632所示。

10 在“时间线”面板中选择“文字”层，然后开启变换图标，使文字层在画面中做折叠变换动画效果，如图7-633所示。

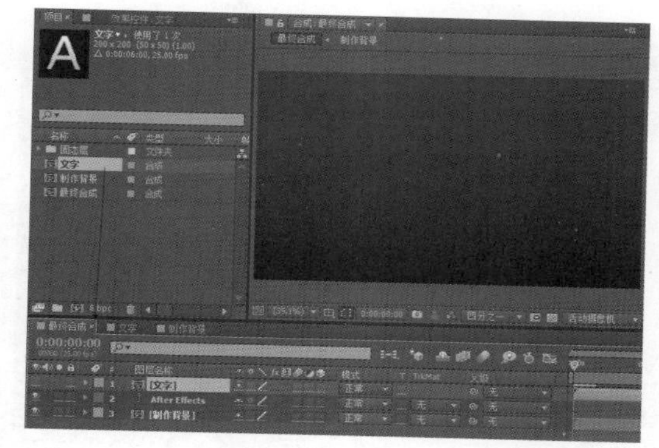

图7-632 添加合成

图7-633 设置变换

11 在菜单中选择【图层】→【新建】→【纯色】命令项，新建纯色图层，在弹出的“纯色设置”对话框中设置名称为“粒子”、大小为1280×720像素、颜色为黑色，如图7-634所示。

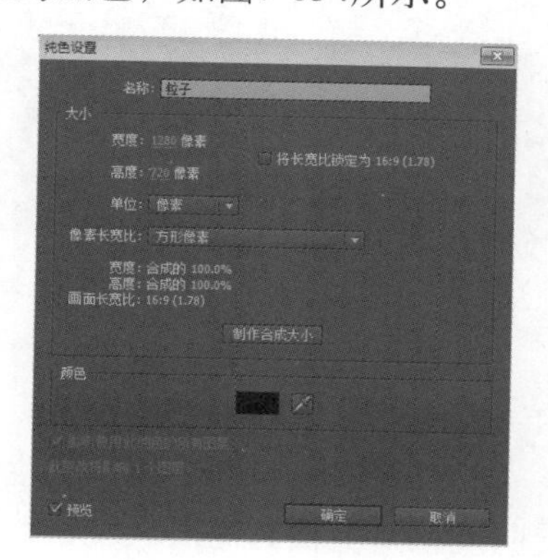

图7-634 纯色层设置

12 在“时间线”面板中选择“粒子”层，然后在菜单中选择【效果】→【Trapcode】→【Particular（粒子）】命令项，准备为影片添加粒子效果，如图7-635所示。

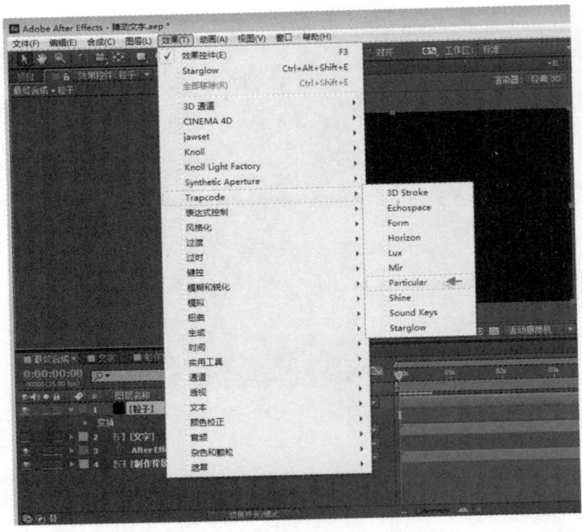

图7-635　添加粒子效果

⑬ 在“效果”面板展开“粒子”效果滤镜的“发射器”卷展栏，然后设置粒子/秒值为800、发射器类型为“灯光”、方向为“方向”、速率值为120、继承运动速值为50，再拖拽时间滑块观察粒子数量变化效果，如图7-636所示。

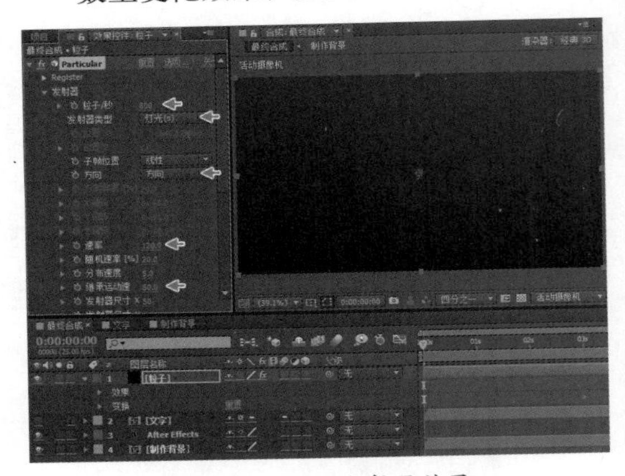

图7-636　设置发射器效果

⑭ 在“效果”面板展开“粒子”效果滤镜的“粒子”卷展栏，然后设置大小值为2、随机尺寸值为100，再调节生命期不透明度项并拖拽时间滑块观察粒子变化效果，如图7-637所示。

⑮ 在“效果”面板设置“粒子”卷展栏中的生命期颜色项，然后拖拽时间滑块观察粒子颜色变化效果，如图7-638所示。

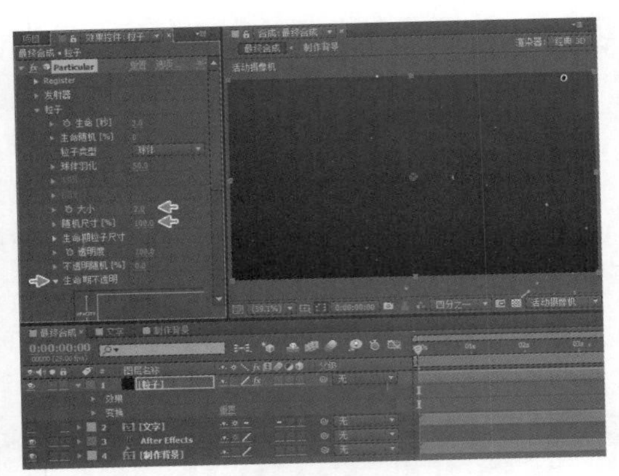

图7-637　设置粒子动画

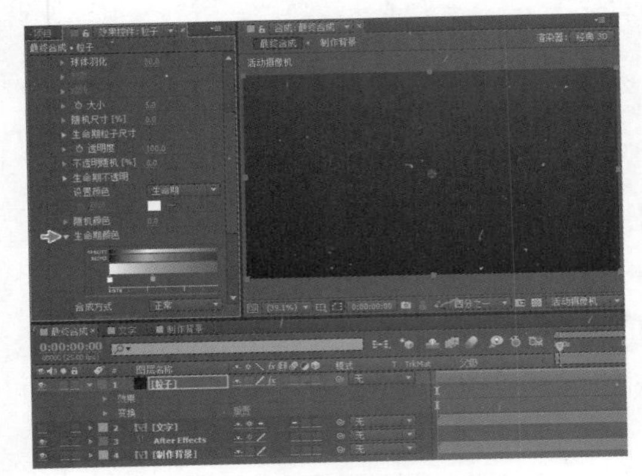

图7-638　设置粒子动画

⑯ 在“时间线”面板中选择“粒子”层并展开“发射器”卷展栏，然后开启粒子/秒项前的码表图标按钮，将时间滑块拖拽至影片第3秒位置，设置起始帧粒子/秒值为800；再将时间滑块拖拽至影片第3秒1帧位置，设置结束帧粒子/秒值为0，使粒子产生数量动画效果，如图7-639所示。

图7-639　动画设置

⑰ 在“时间线”面板中展开“粒子”层的“变换”卷展栏，然后开启不透明度项

前的码表图标按钮，将时间滑块拖拽至影片第3秒位置，设置起始帧不透明度值为100；再将时间滑块拖拽至影片第3秒10帧位置，设置结束帧不透明度值为0，使粒子产生透明动画效果，如图7-640所示。

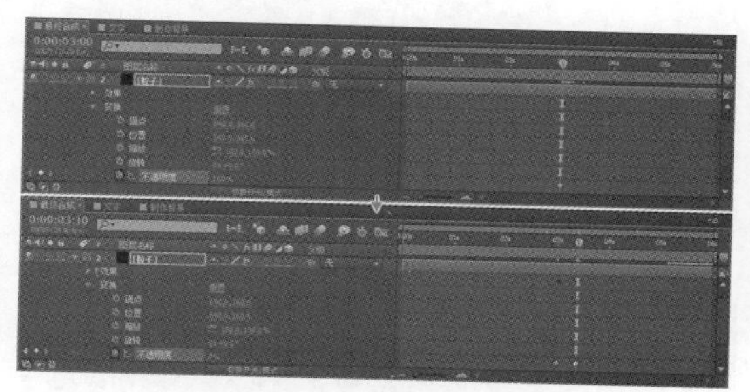

图7-640 透明动画设置

18 在“时间线”面板中选择“粒子”层，然后按“Ctrl+D”键复制两层，使粒子更加丰富画面效果，如图7-641所示。

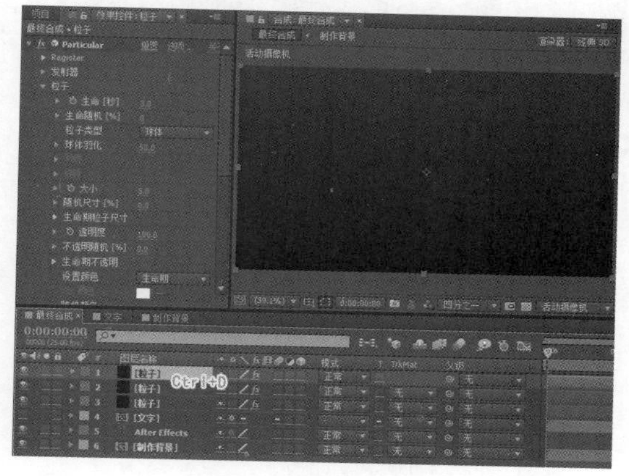

图7-641 复制图层

19 在“时间线”面板中展开顶部“粒子”层的“发射器”卷展栏，然后开启粒子/秒项前的码表图标按钮，将时间滑块拖拽至影片第3秒位置，设置起始帧粒子/秒值为350；再将时间滑块拖拽至影片第3秒1帧位置，设置结束帧粒子/秒值为0，使粒子产生数量动画效果，如图7-642所示。

20 在“时间线”面板中展开中间“粒子”层的“发射器”卷展栏，然后开启粒子/秒项前的码表图标按钮，将时间滑块拖拽至影片第3秒位置，设置起始帧粒子/秒值为30；再将时间滑块拖拽至影片第3秒1帧位置，设置结束帧粒子/秒值为0，使粒子产生数量动画效果，如图7-643所示。

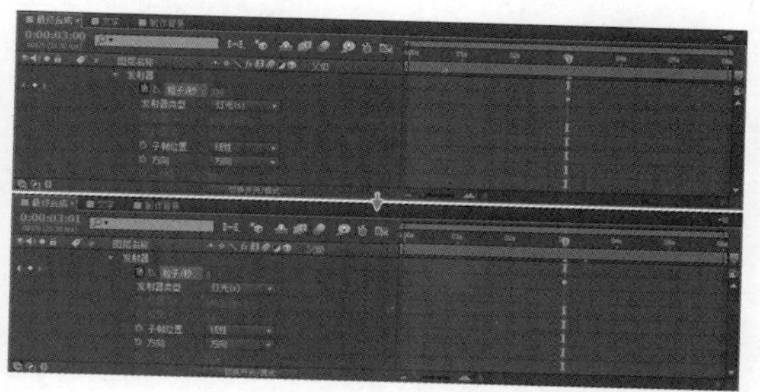

图7-642 设置动画

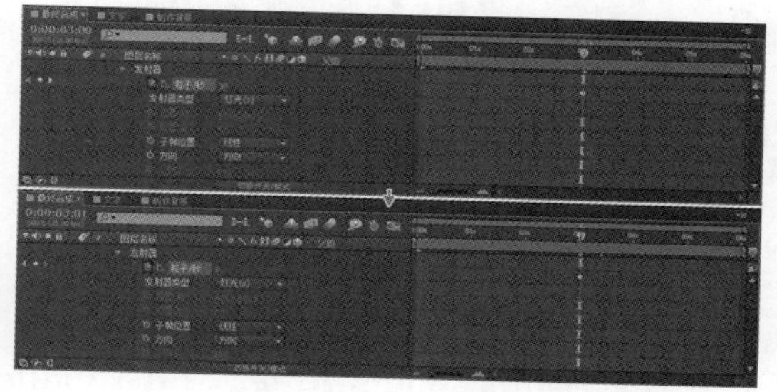

图7-643 设置动画

21 在菜单中选择【图层】→【新建】→【灯光】命令项，新建灯光调整层。在弹出的“灯光设置”对话框中设置名称为“发射器”、灯光类型为“点”、颜色为白色、强度值为100，然后单击“确定”按钮完成新建，如图 7-644 所示。

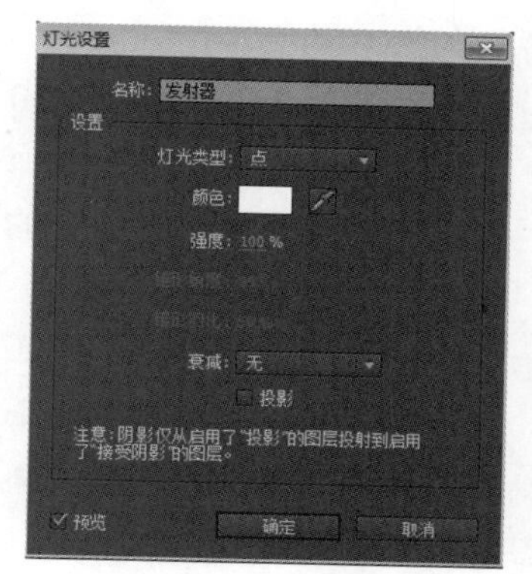

图7-644 灯光设置

22 在“时间线”面板中选择“发射器”灯光层，然后按“Ctrl+D”快捷键复制三层，调整“发射器”层的上下顺序，使发射器更加丰富画面效果，如图7-645所示。

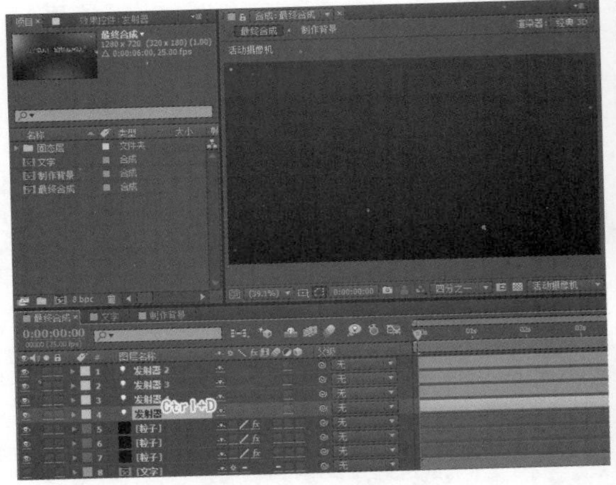

图7-645　复制图层

23 在“时间线”面板中展开“发射器”灯光层的“变换”卷展栏，然后按“Alt”键展开“位置”项的表达式，在“表达式：位置”轨道层中输入表达式“[(thisComp.width/2),(thisComp.height/2)]+[Math.sin(time)*600,-Math.cos(time)*100]+wiggle(1,100)”；再设置“发射器2”灯光层的表达式为“[(thisComp.width/2),(thisComp.height/2)]+[Math.sin(time)*200,-Math.cos(time)*200]+wiggle(1,100) ”；继续设置“发射器3”灯光层的表达式为“[(thisComp.width/2),(thisComp.height/2)]+[Math.sin(time)*100,-Math.cos(time)*700]*-1+wiggle(1,100)”；最后设置“发射器4”灯光层的表达式为“[(thisComp.width/2),(thisComp.height/2)]+[Math.sin(time)*500,-Math.cos(time)*500]*-1+wiggle(1,100)”，得到文字在画面中飞舞的动画效果，如图7-646所示。

24 在“预览”面板中单击▶播放/暂停按钮，然后在“合成”窗口中观察文字的动画效果，如图7-647所示。

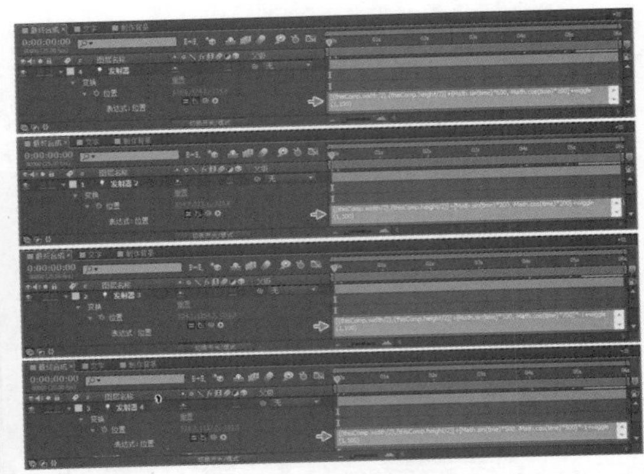

图7-646　表达式设置

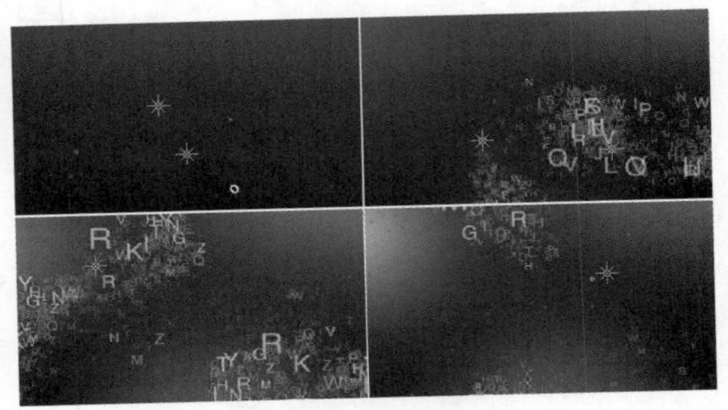

图7-647　预览效果

25 在“时间线”面板中选择“粒子”层，然后按“T”键展开不透明度项并开启码表图标按钮，将时间滑块拖拽至影片第3秒位置，设置起始帧不透明度值为100；再将时间滑块拖拽至影片第3秒10帧位置，设置结束帧不透明度值为0，使文字产生透明动画效果，如图7-648所示。

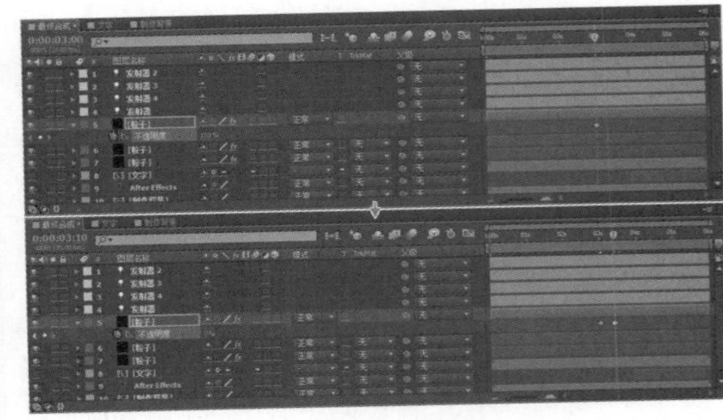

图7-648　透明动画设置

26 在“时间线”面板中拖拽时间滑块，然后在“合成”窗口观察文字在画面中的动画效果，如图7-649所示。

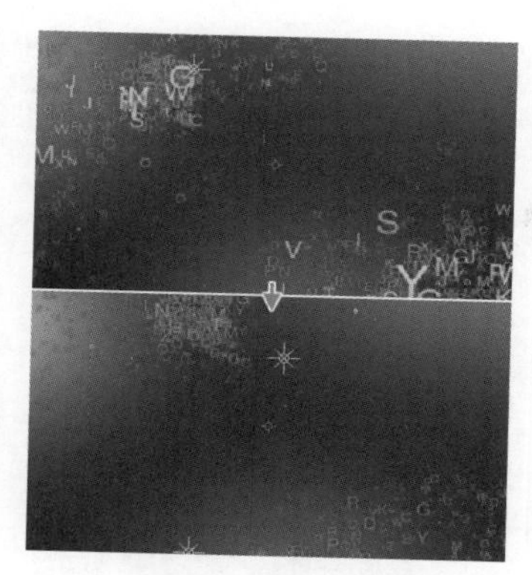

图7-649 预览效果

27 在“时间线”面板中选择中间“粒子”层，然后按“T”键展开不透明度项并开启码表图标按钮，将时间滑块拖拽至影片第3秒位置，设置起始帧不透明度值为100；将时间滑块拖拽至影片第3秒10帧位置，再设置结束帧不透明度值为0，使文字产生透明动画效果，丰富合成画面，如图7-650所示。

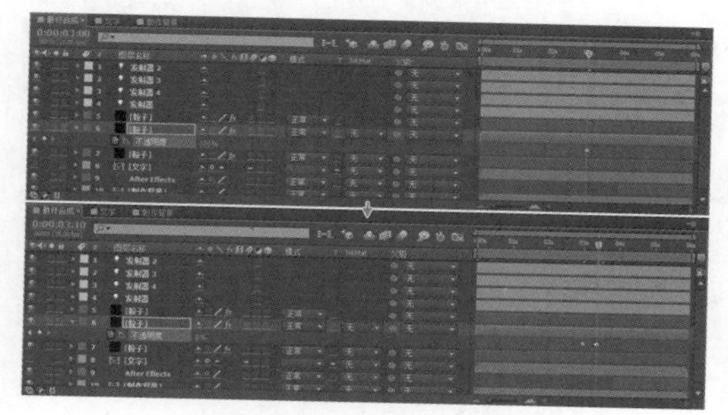

图7-650 透明动画设置

28 在“时间线”面板中拖拽时间滑块，然后在“合成”窗口观察文字在画面中的动画效果，如图7-651所示。

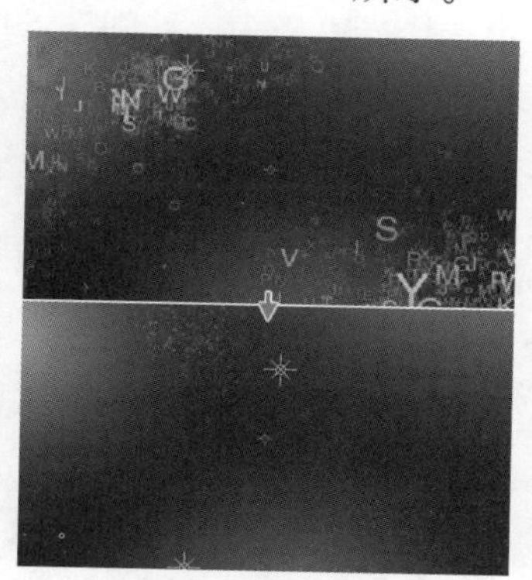

图7-651 预览效果

29 在“时间线”面板中选择底部“粒子”层，然后按“T”键展开不透明度项并开启码表图标按钮，将时间滑块拖拽至影片第3秒位置，设置起始帧不透明度值为100；将时间滑块拖拽至影片第3秒10帧位置，再设置结束帧不透明度值为0，使文字产生透明动画效果，如图7-652所示。

图7-652 透明动画设置

30 在“时间线”面板中拖拽时间滑块，然后在“合成”窗口观察文字在画面中的动画效果，如图7-653所示。

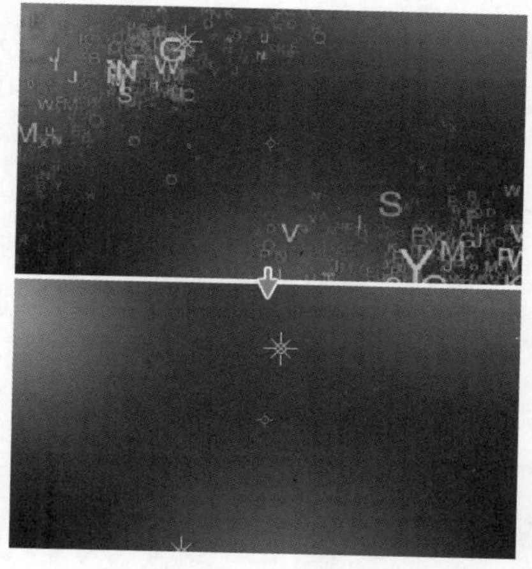

图7-653 预览效果

31 在菜单中选择【图层】→【新建】→【摄像机】命令项，新建摄像机图层，准备为影片制作运动效果，如图7-654所示。

32 在弹出的“摄像机设置”对话框中默认名称为“摄像机1”，将预设切换为“24毫米”类型，如图7-655所示。

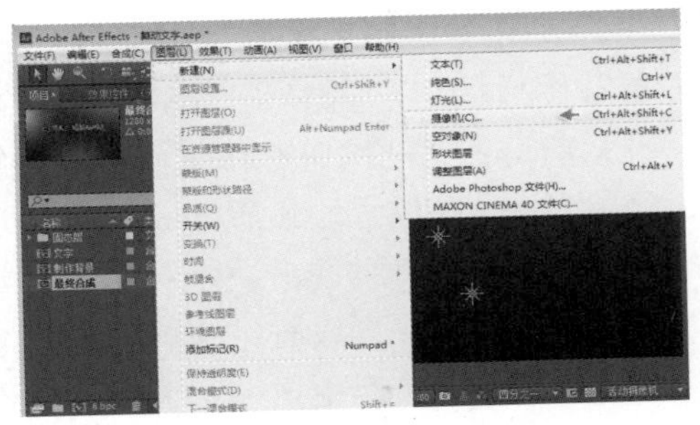

图7-654　新建摄像机

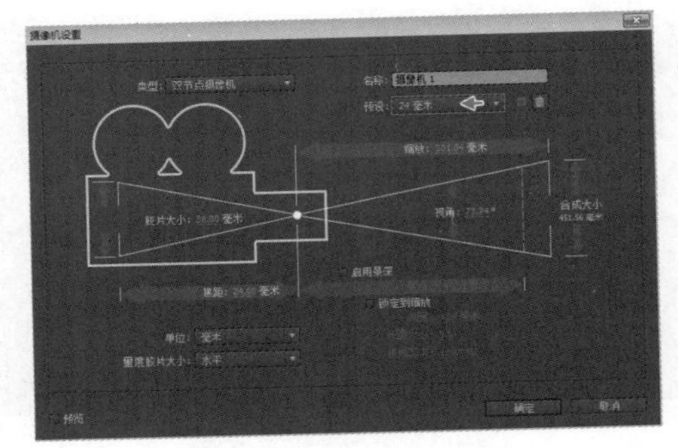

图7-655　摄像机设置

33 在“时间线”面板中展开“摄像机”层的“变换”卷展栏，然后开启“目标点”和“位置”项前的码表图标按钮，将时间滑块拖拽至影片的起始位置，设置起始帧目标点值为X轴640、Y轴360，位置值为X轴640、Y轴360、Z轴－853.3；将时间滑块拖拽至影片第5秒24帧位置，设置结束帧目标点值为X轴700、Y轴630，再设置位置值为X轴1230、Y轴1200、Z轴－853.3，使画面跟随摄像机运动，如图7-656所示。

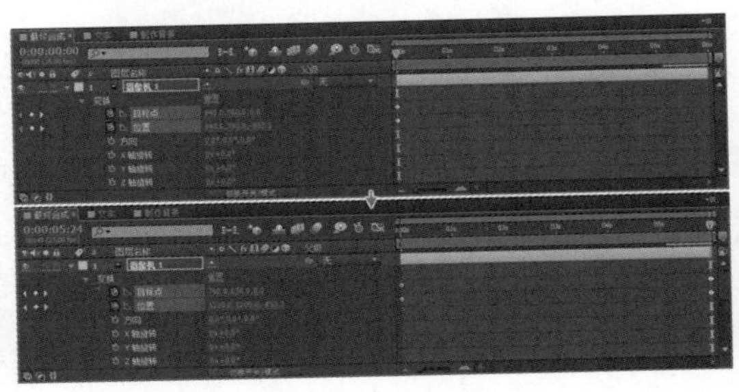

图7-656　动画设置

34 在菜单中选择【图层】→【新建】→【纯色】命令项，新建纯色图层，在弹出的“纯色设置”对话框中设置名称为“黑色板”、大小为1280×720像素、颜色为黑色，准备为影片添加光斑效果，如图7-657所示。

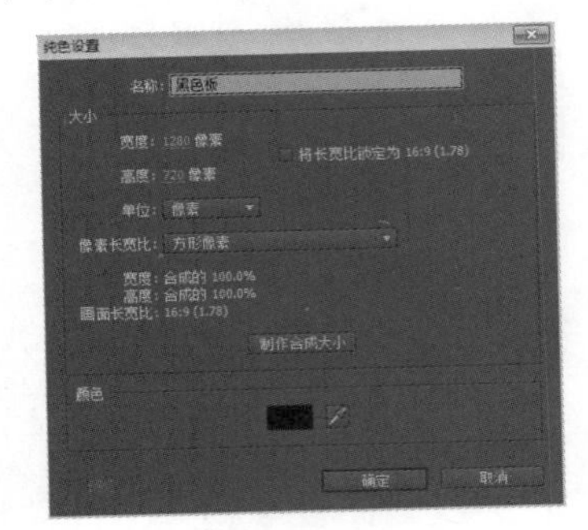

图7-657　纯色设置

35 在“时间线”面板中选择“黑色板”层，然后在菜单中选择【效果】→【Knoll Light Factory】→【Light Factory（灯光工厂）】命令项，准备为黑色板层添加光斑装饰效果，如图7-658所示。

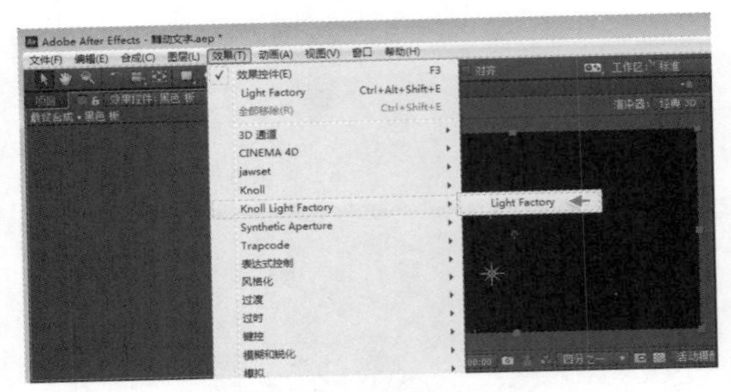

图7-658　添加光斑效果

36 在“效果”面板中单击“选项”按钮，在弹出的“Knoll Light Factory Lens Designer（光斑效果预设）”对话框中提供了多种样式，开启左侧的选项并在卷展栏中选择光斑样式，如图7-659所示。

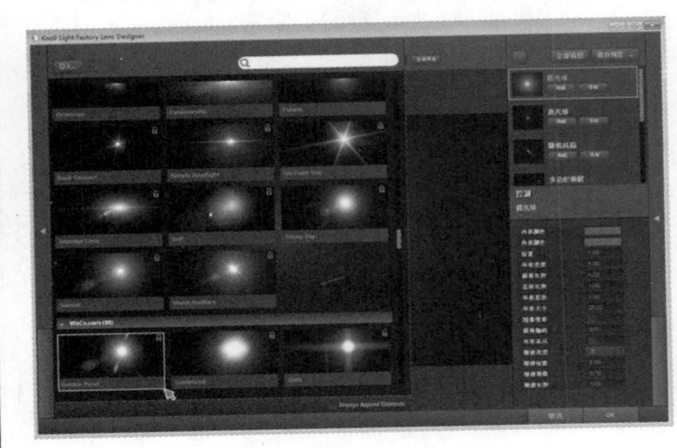

图7-659　选择光斑

37 在“时间线”面板中选择“黑色板”层，并设置图层模式为“相加”方式，使光斑和影片融合在一起，如图7-660所示。

图7-660 设置层叠加模式

38 在“时间线”面板中将“黑色板”层的起始位置移动至影片的第3秒位置，使光斑在影片第3秒位置出现在画面中，如图7-661所示。

图7-661 调节图层

39 在“时间线”面板中展开“黑色板”层，然后开启“光源位置”和“不透明度”项前的码表图标按钮，将时间滑块拖拽至影片第3秒位置，设置起始帧光源位置值为X轴230、Y轴255，不透明度值为0；将时间滑块拖拽至影片第4秒位置，设置不透明度值为100；继续将时间滑块拖拽至影片第5秒位置，设置光源结束帧位置值为X轴1120、Y轴220，不透明度值为100；最后将时间滑块拖拽至影片第5秒24帧位置，设置结束帧不透明度值为0，使光斑在画面中产生位置及透明动画效果，如图7-662所示。

图7-662 动画设置

40 在“时间线”面板中拖拽时间滑块，然后在“合成”窗口观察飞舞文字和光斑动画效果，如图7-663所示。

图7-663 预览效果

41 在“预览”面板中单击播放/暂停按钮，在“合成”窗口中观察舞动文字的动画最终效果，如图7-664所示。

图7-664 最终效果

7.17 实例——空间闪电字

素材文件	配套光盘→范例文件→Chapter7	难易程度	★★★★☆
重要程度	★★★★☆	实例重点	掌握炫彩文字影视效果动画制作设置

在制作“空间闪电字”实例时，先对图片素材进行设置，然后通过添加效果滤镜、文字素材，设置遮罩、叠加等项目，使文字动画配合空间闪电效果，从而丰富影片合成的效果，如图7-665所示。

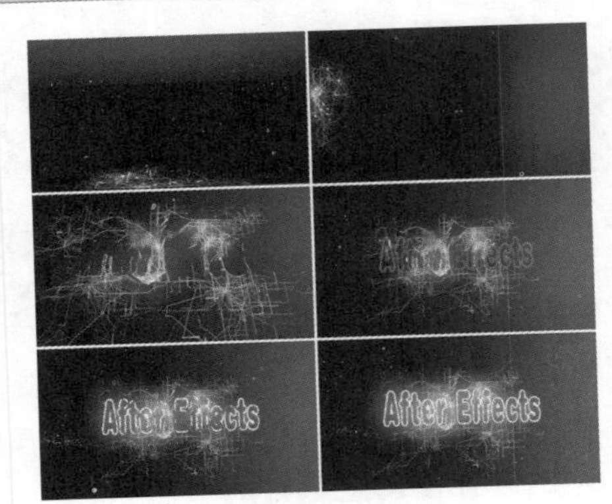

图7-665 实例效果

“空间闪电字”实例的制作流程主要分为3部分，包括①添加字幕素材；②添加闪电特效；③闪电动画设置，如图7-666所示。

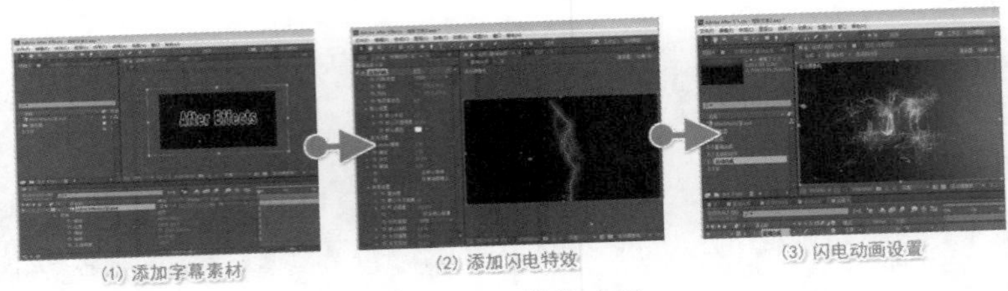

图7-666 制作流程

7.17.1 添加字幕素材

01 双击桌面上的After Effects CC快捷图标启动软件，在“项目”面板中的空白位置双击鼠标“左”键，选择本书配套光盘中的“After Effects/字”素材进行导入，作为影片合成的素材，如图7-667所示。

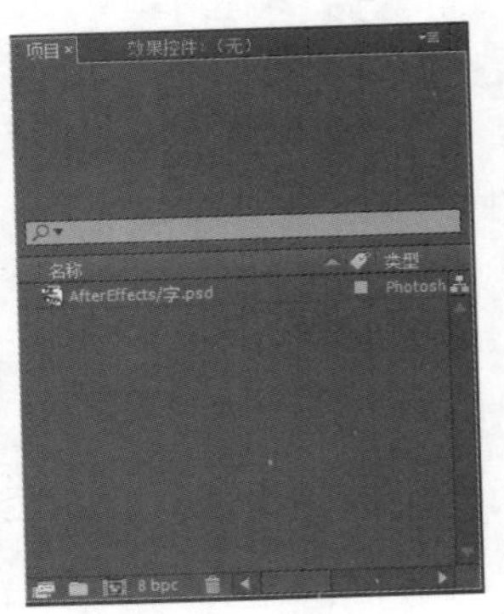

图7-667 添加素材

02 在菜单中选择【合成】→【新建合成】命令项，新建合成文件，如图7-668所示。

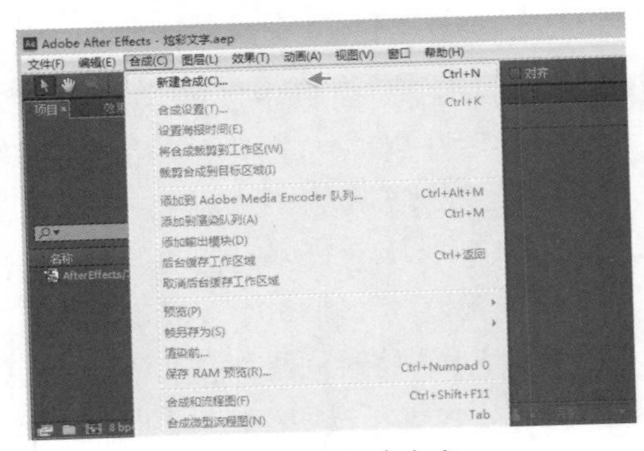

图7-668 新建合成

03 在弹出的“合成设置”对话框中设置合成名称为“字”、预设为“HDV/HDTV 720 25”小高清类型、帧速率为25帧/秒、持续时间为10秒、背景颜色为黑色，如图7-669所示。

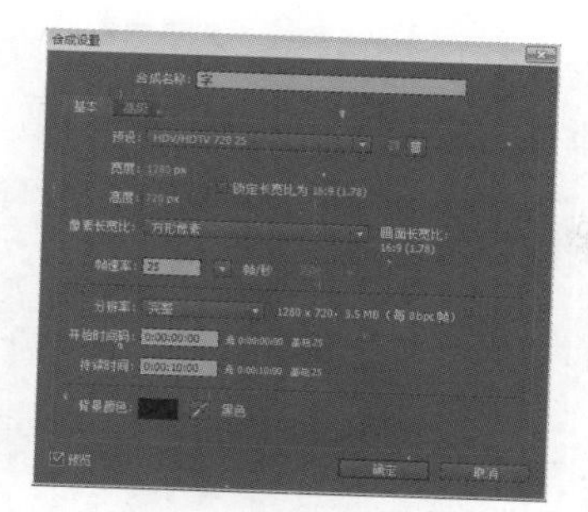
图7-669 合成设置

04 在“项目”面板中选择“After Effects/字”素材并拖拽至“时间线”面板，作为合成影片的文字素材，在“合成”窗口显示素材的默认效果，如图7-670所示。

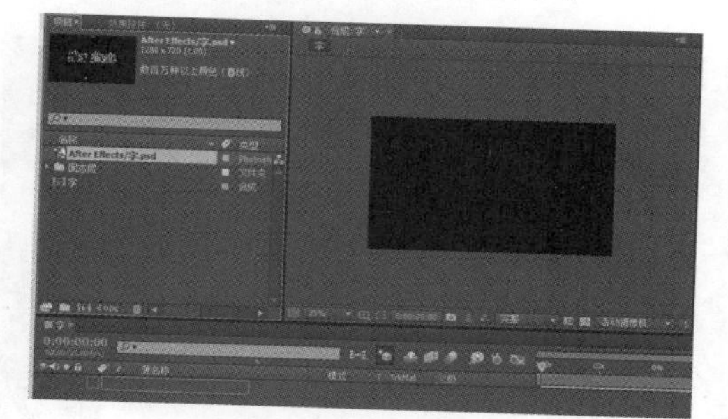
图7-670 添加视频素材

05 在“时间线”面板中选择“After Effects/字”层，然后展开“变换”卷展栏，设置缩放值为120，完成影片添加素材的合成操作，如图7-671所示。

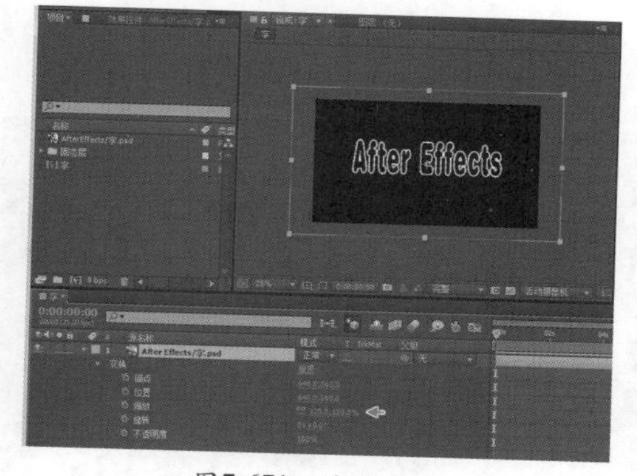

图7-671 缩放设置

7.17.2 添加闪电特效

01 在菜单中选择【合成】→【新建合成】命令项，建立新的合成文件，在弹出的“合成设置”对话框中设置合成名称为“基础合成”、预设为“HDV/HDTV 720 25”类型、帧速率为25帧/秒、持续时间为10秒、背景颜色为黑色，如图7-672所示。

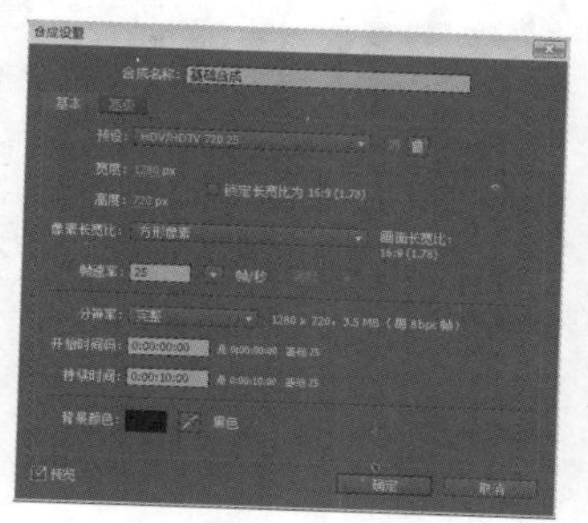
图7-672 合成设置

02 在菜单中选择【图层】→【新建】→【纯色】命令项，新建纯色图层，在弹出的“纯色设置”对话框中设置名称为“黑色板”、大小为1280×720像素、颜色为黑色，如图7-673所示。

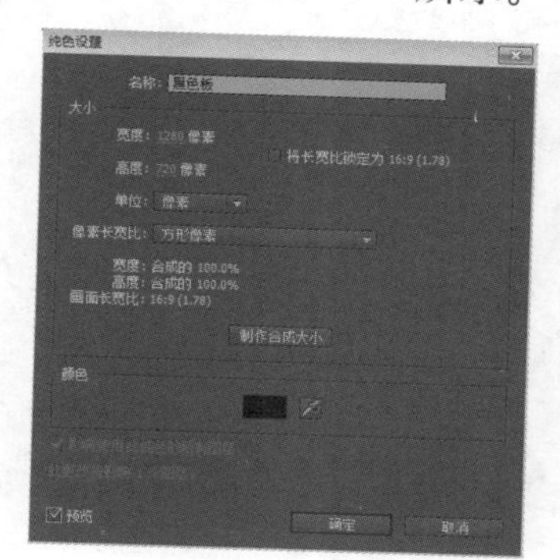
图7-673 纯色设置

03 在“项目”面板中选择“字”合成文件并拖拽至“时间线”面板顶部，作为合成影片的文字素材，如图7-674所示。

图7-674 添加合成设置

04 在“时间线”面板中选择“字”合成层，然后开启3D图层项目按钮并设置图层模式为“屏幕”叠加方式，使文字与影片融为一体，如图7-675所示。

图7-675　设置图层

05 在“时间线”面板中选择“字”合成层，然后在菜单中选择【效果】→【扭曲】→【湍流置换】命令项，准备为影片添加置换效果，如图7-676所示。

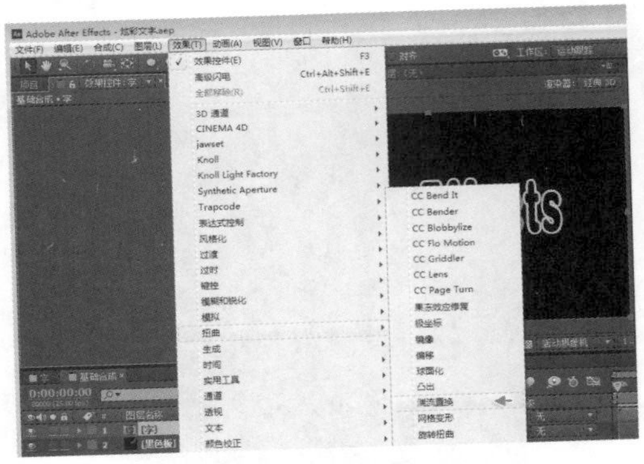

图7-676　添加湍流置换效果

专家课堂

除了使用“湍流置换”将文字进行变形处理外，还可以尝试“扭曲”项目中的其他滤镜效果。

06 在“效果”面板中设置“湍流置换”效果滤镜的数量值为26、大小值为20、演化值为130，在“合成”窗口中显示文字的扭曲效果，如图7-677所示。

07 在“时间线”面板中选择“字”合成层，然后在菜单中选择【效果】→【颜色校正】→【色调】命令项，准备为文字添加色调效果，如图7-678所示。

图7-677　置换效果设置

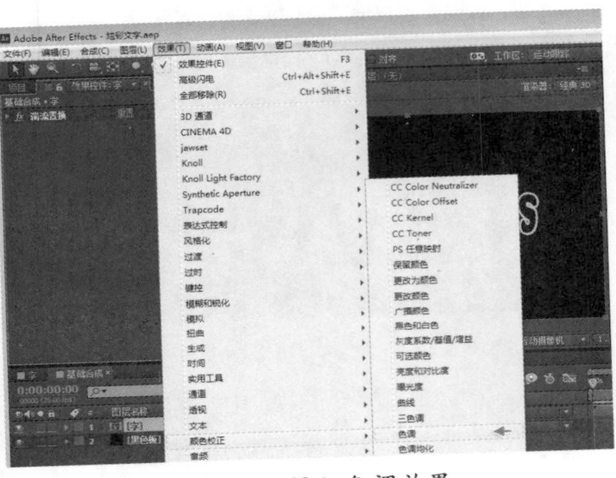

图7-678　添加色调效果

08 在“效果”面板中设置“色调”效果滤镜中的“将白色映射到”为黑色，使影片得到稳重的视觉效果，如图7-679所示。

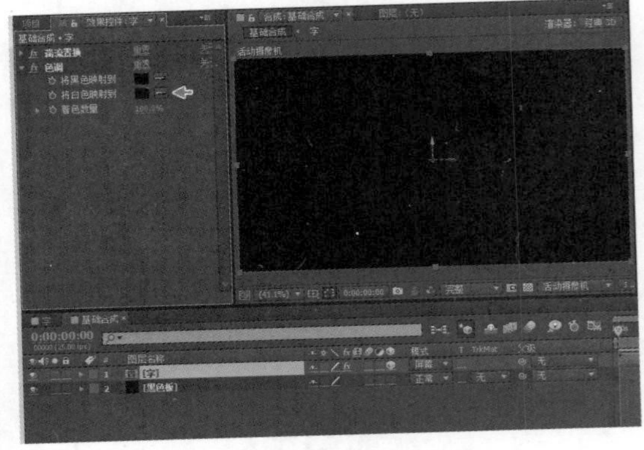

图7-679　色调效果设置

09 在“时间线”面板中选择“字”合成层，然后在菜单中选择【效果】→【生成】→【高级闪电】命令项，准备为影片添加闪电效果，如图7-680所示。

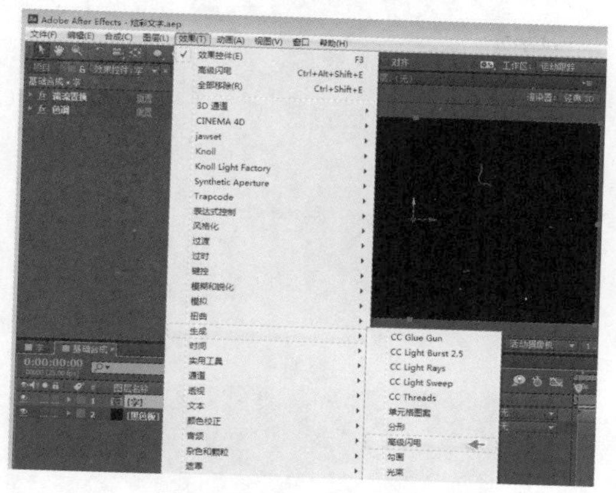

图7-680 添加闪电效果

专家课堂

“高级闪电”滤镜特效可以模拟自然界真实的闪电效果。该特效与“闪电”滤镜特效略有不同，该特效具有更多细节的调节选项，通过适当调整各选项参数可以产生更真实的闪电效果。

⑩ 在“效果”面板中设置“高级闪电”效果滤镜的各项值，所需的效果如图7-681所示。

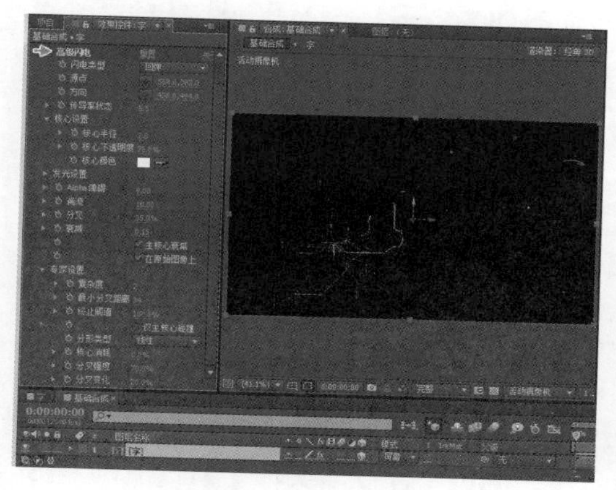

图7-681 闪电效果设置

⑪ 在“效果”面板中选择“高级闪电”效果滤镜，然后按“Ctrl+D”键复制四层，准备调节“高级闪电”效果滤镜，丰富影片的视觉效果，如图7-682所示。

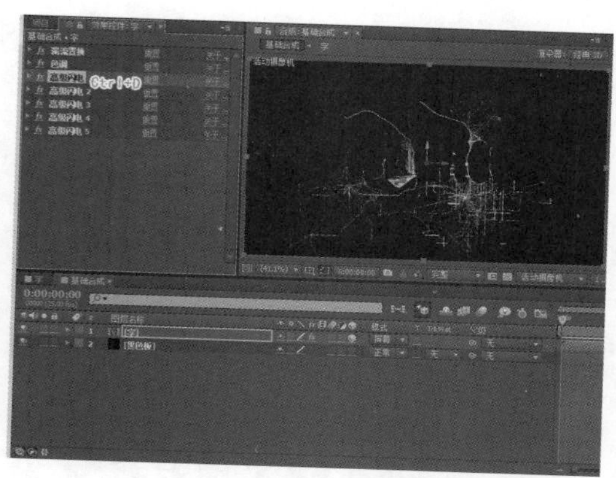

图7-682 复制效果滤镜

⑫ 在“效果”面板中展开并设置“高级闪电2”效果滤镜的各项值，使闪电产生不同的变化效果，如图7-683所示。

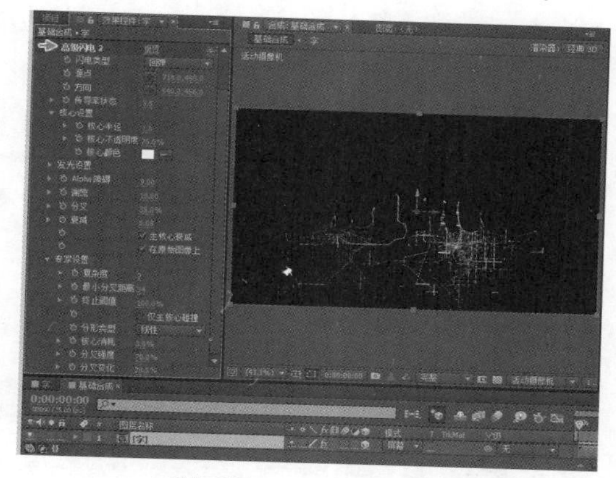

图7-683 闪电效果设置

⑬ 在“效果”面板中展开并设置“高级闪电3”效果滤镜的各项值，使闪电产生不同的变化效果，如图7-684所示。

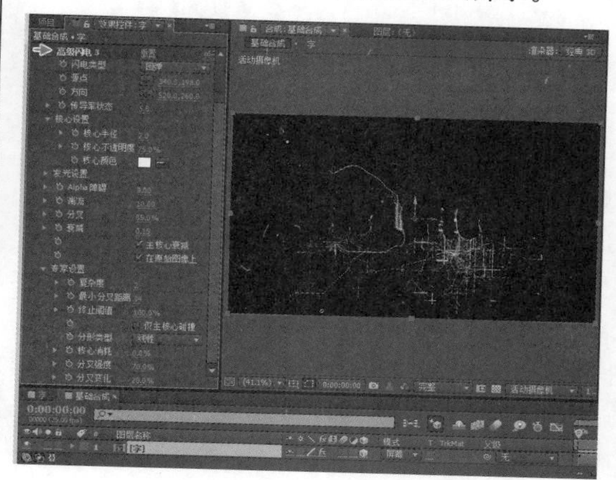

图7-684 闪电效果设置

14 在“效果”面板中展开并设置“高级闪电4”效果滤镜的各项值，使闪电产生不同的变化效果，如图7-685所示。

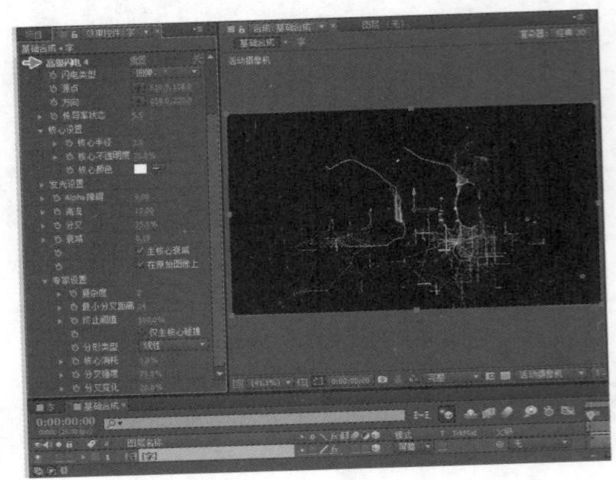

图7-685　闪电效果设置

15 在“效果”面板中展开并设置“高级闪电5”效果滤镜的各项值，更加丰富影片视觉效果，完成影片添加闪电效果的操作，如图7-686所示。

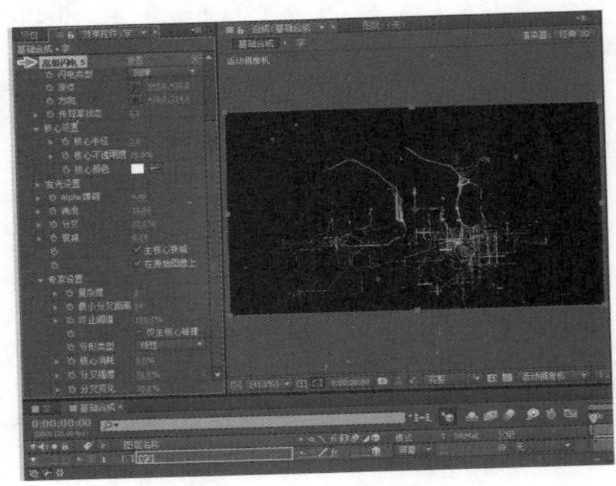

图7-686　闪电效果设置

7.17.3 闪电动画设置

01 在“时间线”面板中选择“字”合成层，然后按“Ctrl+D”键复制三层，增加“闪电”效果的体积感，如图7-687所示。

02 在“项目”面板中选择“字”合成文件并拖拽至“时间线”面板，然后开启3D图层项目开关并设置图层模式为“屏幕”叠加方式，使合成与影片融合在一起，如图7-688所示。

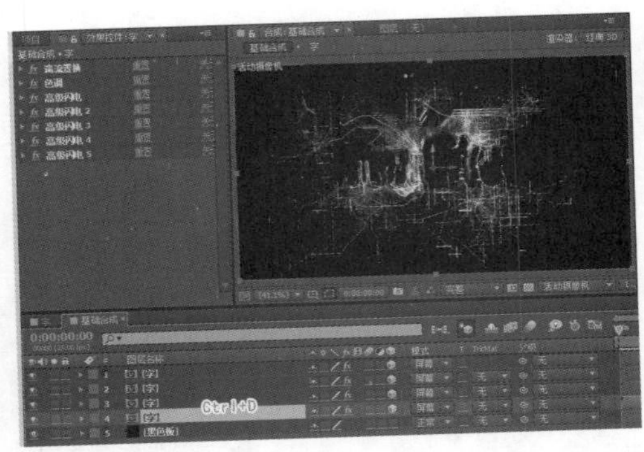

图7-687　复制合成层

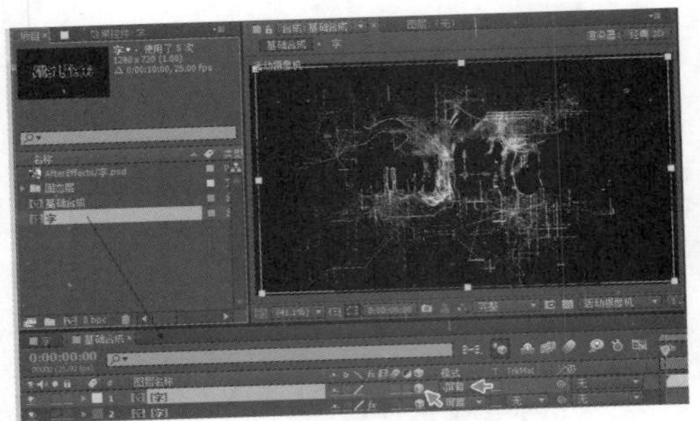

图7-688　添加合成

03 在“时间线”面板中选择“字”合成层，然后在菜单中选择【效果】→【风格化】→【查找边缘】命令项，准备为影片添加查找边缘效果，如图7-689所示。

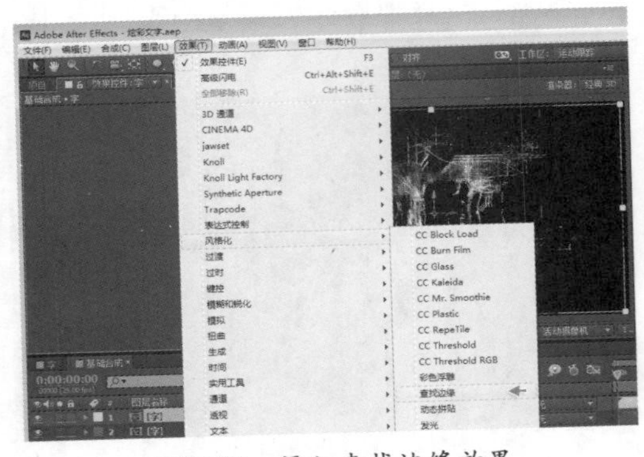

图7-689　添加查找边缘效果

04 在“效果”面板中设置“查找边缘”效果滤镜，开启“反转”项目按钮，使影片边缘产生更加清晰的效果，如图7-690所示。

05 在“时间线”面板中选择“字”合成层，然后按“Ctrl+D”键复制图层，使文字具有立体效果，如图7-691所示。

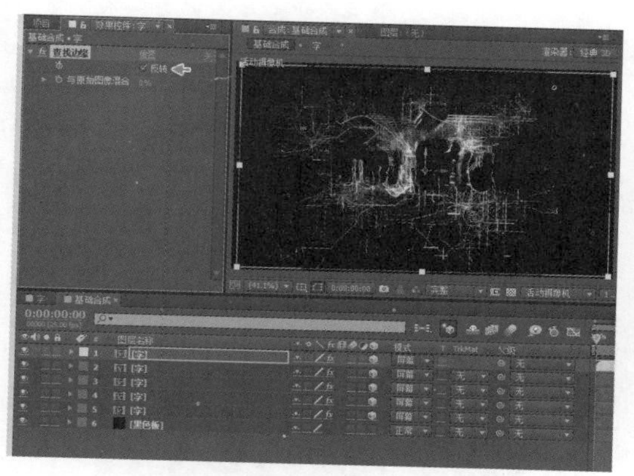

图7-690　查找边缘效果设置

图7-691　复制合成层

06 在“时间线”面板中选择“字”合成层，然后在菜单中选择【效果】→【过渡】→【CC Grid Wipe（网格擦拭）】命令项，准备为字合成层添加转场效果，如图7-692所示。

图7-692　添加网格擦拭效果

07 在“时间线”面板中选择“字”合成层并展开“效果”卷展栏，然后开启Completion（完成）项前的码表图标按钮，在影片起始位置设置Completion（完成）值为76；再将时间滑块拖拽至影片第2秒20帧位置设置Completion（完成）值为0，使文字显示动画效果，如图7-693所示。

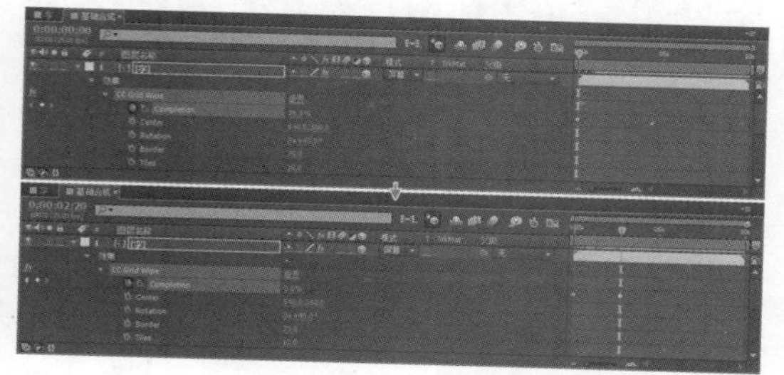

图7-693　动画帧设置

08 在“预览”面板中单击▶播放/暂停按钮，然后在“合成”窗口中观察文字的动画效果，如图7-694所示。

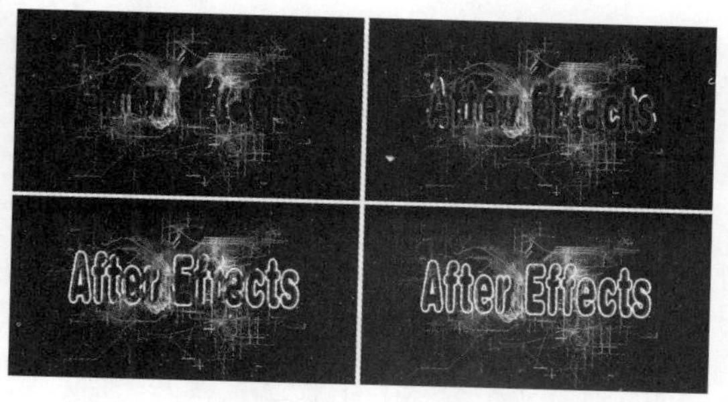

图7-694　预览效果

09 在菜单中选择【图层】→【新建】→【摄像机】命令项，新建摄像机层，在弹出的“摄像机设置”对话框中设置预设为“28毫米”，系统默认名称为“摄像机1”，如图7-695所示。

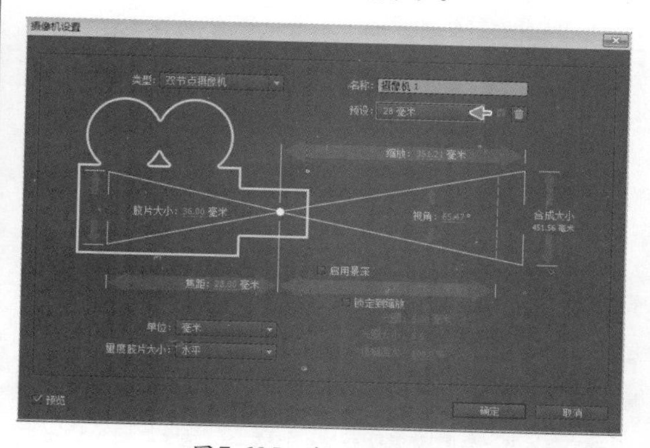

图7-695　摄像机设置

10 添加“摄像机1”后，系统会自动将摄像机匹配，在“合成”窗口中显示摄像机效果，如图7-696所示。

图7-696　摄像机默认效果

⑪ 在“时间线”面板中选择“摄像机1”层并展开“变换”卷展栏，然后设置位置值为X轴560、Y轴400、Z轴－1250，调整摄像机的观察位置，如图7-697所示。

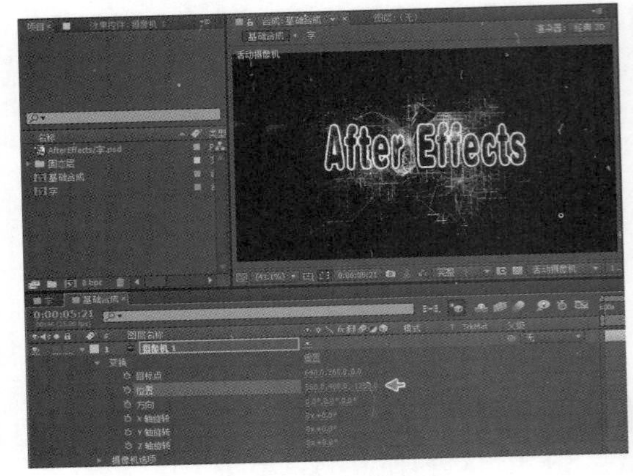

图7-697　位置设置

⑫ 在“时间线”面板中选择“摄像机1”层并展开“摄像机选项”卷展栏，然后设置焦距值为1208.4、光圈值为826，再开启“景深”项目，如图7-698所示。

图7-698　摄像机设置

⑬ 在菜单中选择【图层】→【新建】→【纯色】命令项，新建纯色图层，在弹出的“纯色设置”对话框中设置名称为“蓝色板”、大小为1280×720像素，再将纯色层的颜色设置为浅蓝色，如图7-699所示。

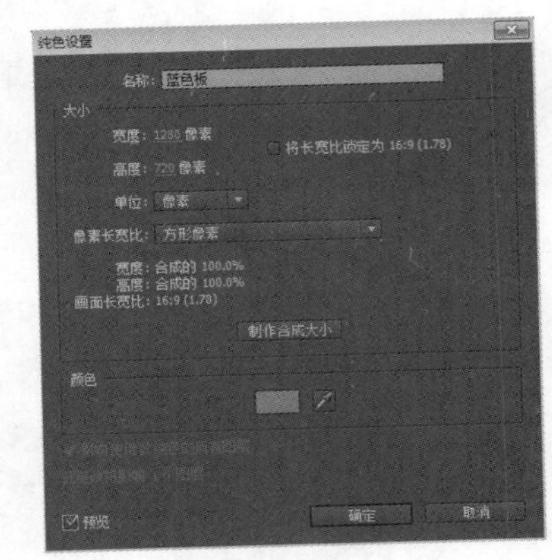

图7-699　纯色设置

⑭ 在“时间线”面板中选择“蓝色板”层，并设置图层模式为“屏幕”叠加方式，使纯色层与背景融合在一起，如图7-700所示。

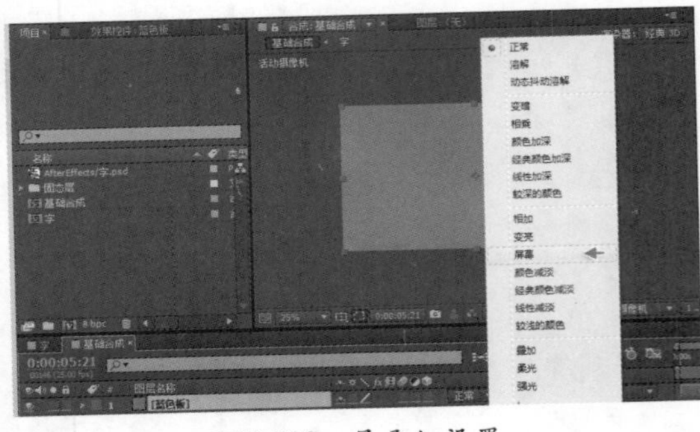

图7-700　层叠加设置

⑮ 在“时间线”面板中选择“蓝色板”层，在工具栏中选择椭圆遮罩工具按钮，然后在“合成”窗口中绘制选区，只在画面右侧部分产生背景颜色，再设置蒙版羽化值为900，使羽化边缘产生柔和过渡，如图7-701所示。

⑯ 在菜单中选择【图层】→【新建】→【调整图层】命令项，准备调节影片的整体颜色，如图7-702所示。

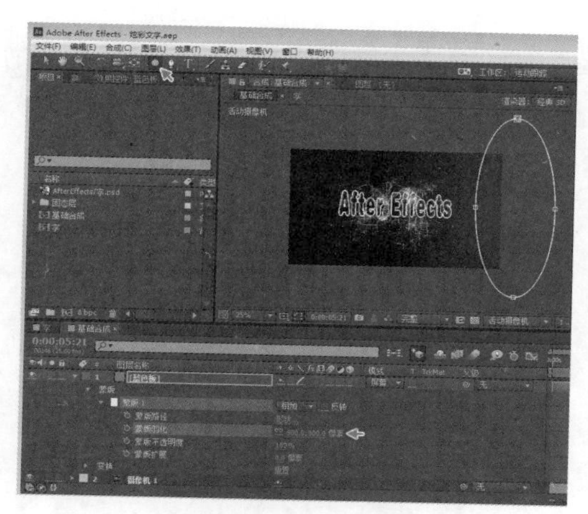

图7-701 绘画遮罩选区

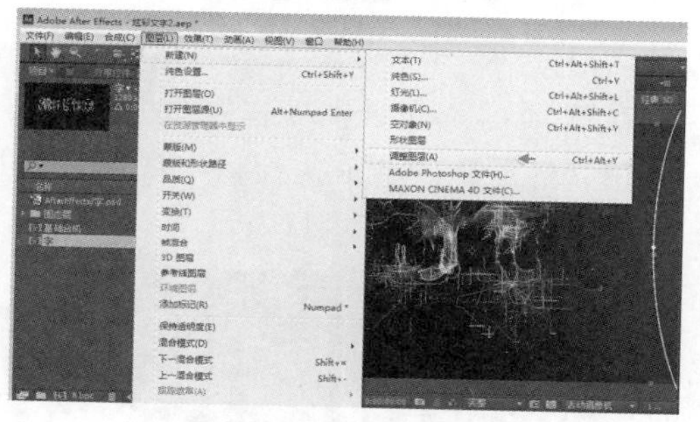

图7-702 新建调节图层

17 在“时间线”面板中选择“调整图层”，然后在菜单中选择【效果】→【颜色校正】→【色调】命令项，准备为调整图层添加色调效果，如图7-703所示。

图7-703 添加色调效果

18 添加“色调”效果滤镜后，在“合成”窗口中显示默认的色调效果，如图7-704所示。

图7-704 默认色调效果

19 在“时间线”面板中选择“调整图层”，然后在菜单中选择【效果】→【风格化】→【发光】命令项，准备为调整图层添加发光效果，如图7-705所示。

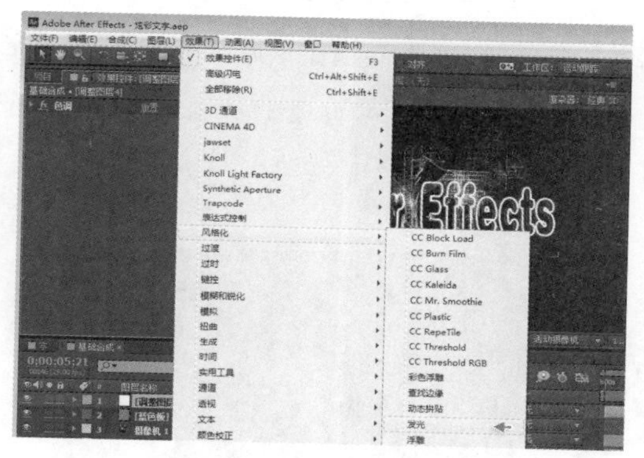

图7-705 添加发光效果

20 在“效果”面板中设置“发光”效果滤镜的发光半径值为118，然后在“合成”窗口中观察影片的发光效果，如图7-706所示。

图7-706 发光效果设置

21 在“时间线”面板中选择“调整图层”，然后在菜单中选择【效果】→【颜色校正】→【曲线】命令项，准备为调整图层调节亮度效果，如图7-707所示。

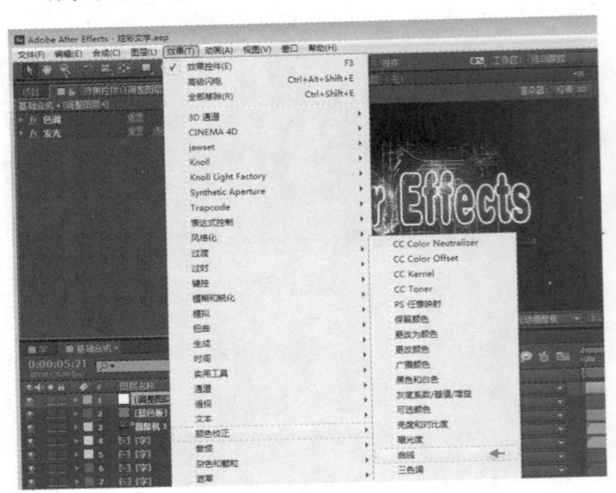

图7-707 添加曲线效果

22 在“效果”面板中设置“曲线”效果滤镜的“RGB”通道曲线形状，然后在“合成”窗口中观察影片亮度的变化，如图7-708所示。

图7-708 曲线效果设置

23 在“效果”面板中设置“曲线”效果滤镜的“绿色”通道曲线形状，为合成的效果进行染色，然后在“合成”窗口中观察影片颜色亮度的变化，如图7-709所示。

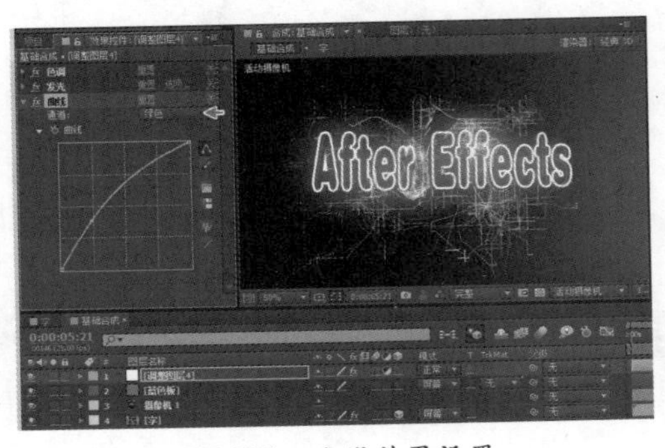

图7-709 曲线效果设置

24 在“效果”面板中设置“曲线”效果滤镜的“蓝色”通道曲线形状，然后在“合成”窗口中观察影片亮度的变化，如图7-710所示。

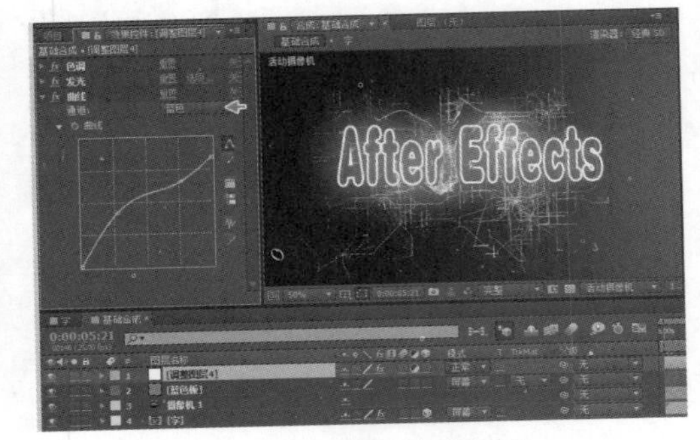

图7-710 曲线效果设置

25 在“预览”面板中单击▶播放/暂停按钮，然后在“合成”窗口中观察文字的动画效果，如图7-711所示。

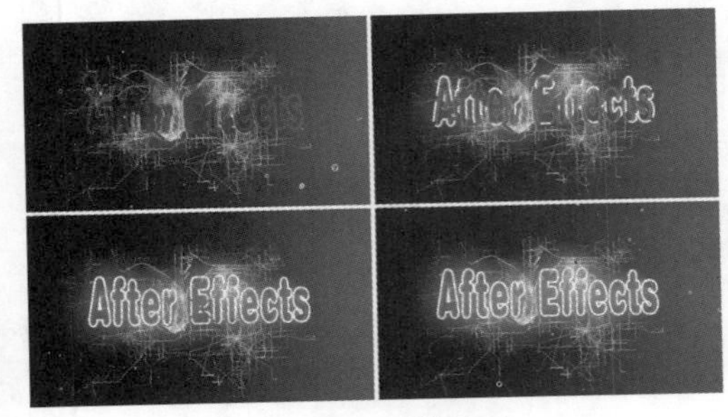

图7-711 预览效果

26 在菜单中选择【合成】→【新建合成】命令项，新建合成文件，在弹出的“合成设置”对话框中设置合成名称为“连续的动作”、预设为“HDV/HDTV 720 25”小高清类型、帧速率为25帧/秒、持续时间为10秒、背景颜色为黑色，如图7-712所示。

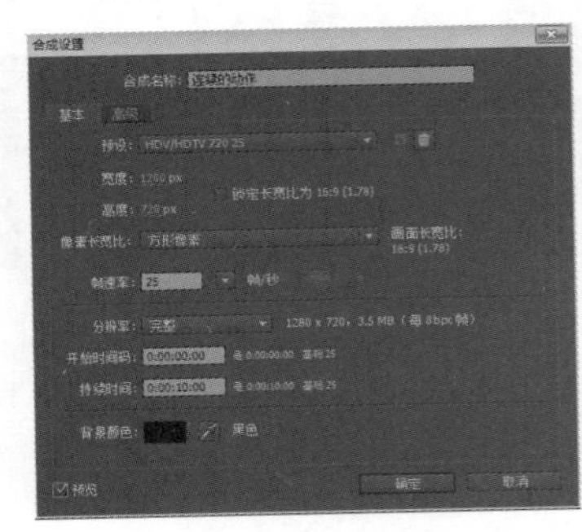

图7-712 新建合成

㉗ 在菜单中选择【图层】→【新建】→【纯色】命令项，新建纯色图层，在弹出的“纯色设置”对话框中设置名称为“黑色板”、大小为1280×720像素、颜色为黑色，如图7-713所示。

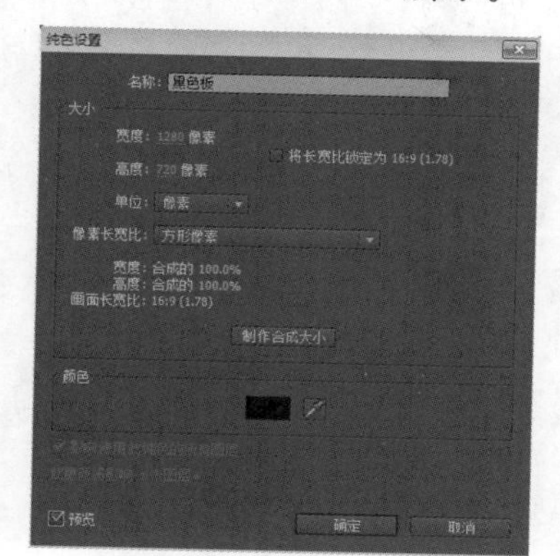

图7-713　纯色设置

㉘ 在菜单中选择【图层】→【新建】→【纯色】命令项，新建纯色图层，在弹出的“纯色设置”对话框中设置名称为“闪电”，大小为1280×720像素，再将纯色层的颜色设置为灰色，如图7-714所示。

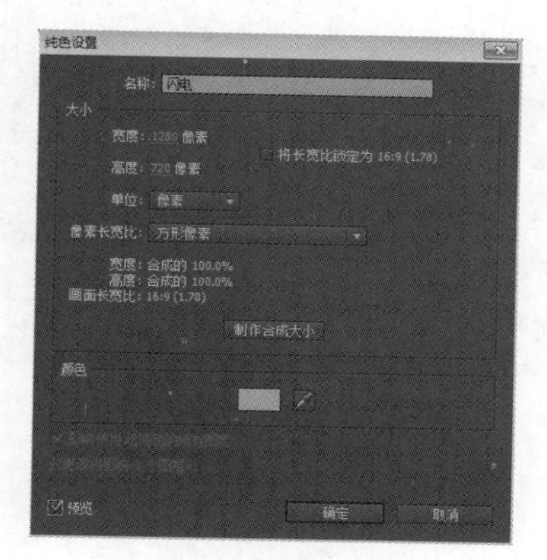

图7-714　纯色设置

㉙ 在“时间线”面板中选择“闪电”层，并设置图层模式为“屏幕”叠加方式，使纯色层与背景融合在一起，如图7-715所示。

㉚ 在“时间线”面板中选择“闪电”层，然后展开“变换”卷展栏，设置位置值为X轴160、Y轴370，缩放值为75，在“合成”窗口中显示闪电层的位置，如图7-716所示。

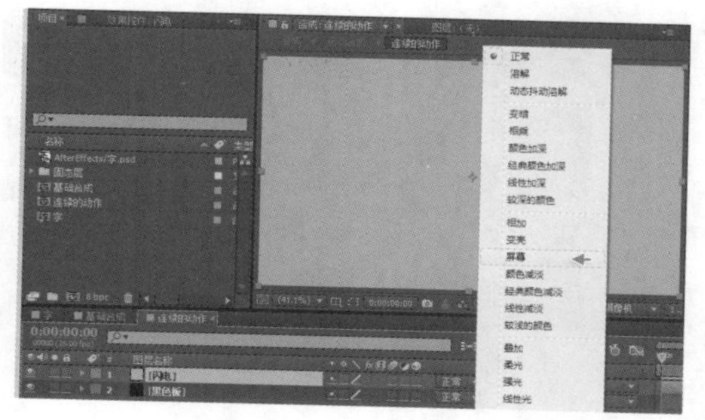

图7-715　层叠加设置

图7-716　项目参数设置

㉛ 在“时间线”面板中选择“闪电”层，然后在菜单中选择【效果】→【生成】→【高级闪电】命令项，准备为闪电层添加闪电效果，如图7-717所示。

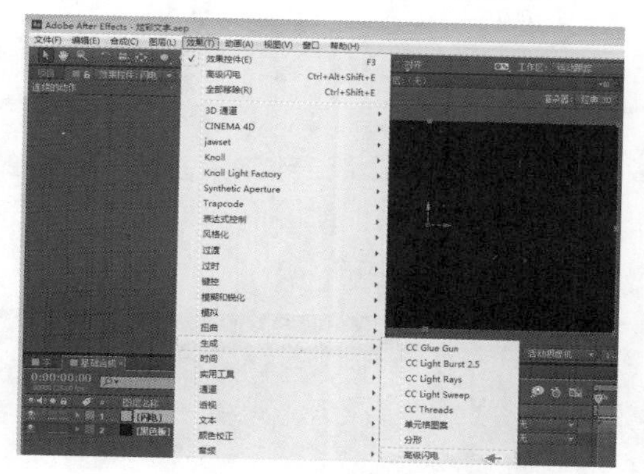

图7-717　添加闪电效果

㉜ 在“效果”面板中设置“高级闪电”效果滤镜的传导率状态值为5.5、湍流值为10、分叉值为35、衰减值为3，

再设置闪电类型为“回弹”方式，如图7-718所示。

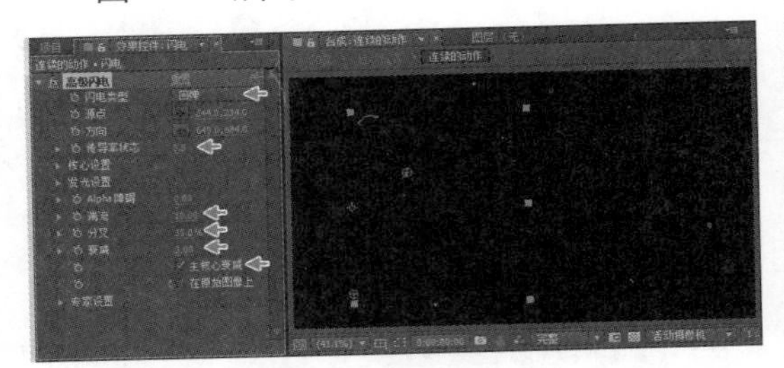

图7-718 闪电效果设置

专家课堂

当闪电类型项设置为“方向”时，闪电带有方向性；当闪电类型项设置为“击打”时，可以模拟闪电击打下来的效果；当闪电类型项设置为“断裂”时，可以模拟闪电分叉的效果；当闪电类型项设置为“回弹”时，可以模拟闪电带有弹性的效果；当闪电类型项设置为“全方位”时，可以记录闪电全方位的闪动效果，模拟闪电躁动的力量感；当闪电类型项设置为“随机”时，可以模拟随机性的闪电效果；当闪电类型项设置为“垂直”时，仅产生垂直方向的闪电效果；当闪电类型项设置为“双向击打”时，产生的闪电由两个方向向中间击打，模拟闪电间相撞的效果。

33 在“时间线”面板中选择“闪电”层并展开“发光设置”卷展栏，然后开启衰减项前的码表图标按钮，在影片起始位置设置衰减值为3；将时间滑块拖拽至影片第2秒5帧位置，再设置衰减值为0.15，使闪电产生衰减动画效果，如图7-719所示。

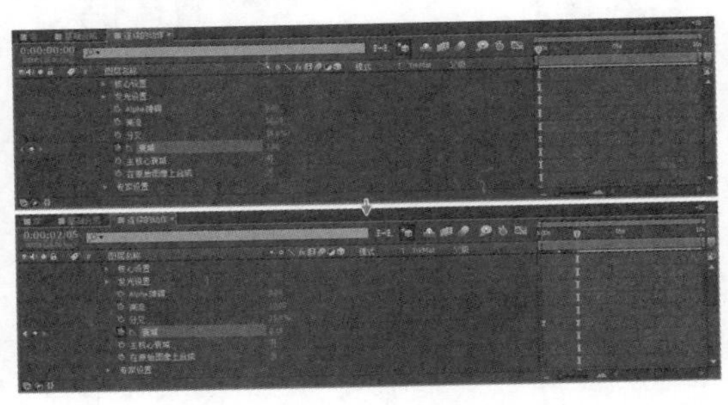

图7-719 衰减动画设置

34 在“时间线”面板中拖动时间滑块，然后在“合成”窗口中观察闪电的衰减动画效果，如图7-720所示。

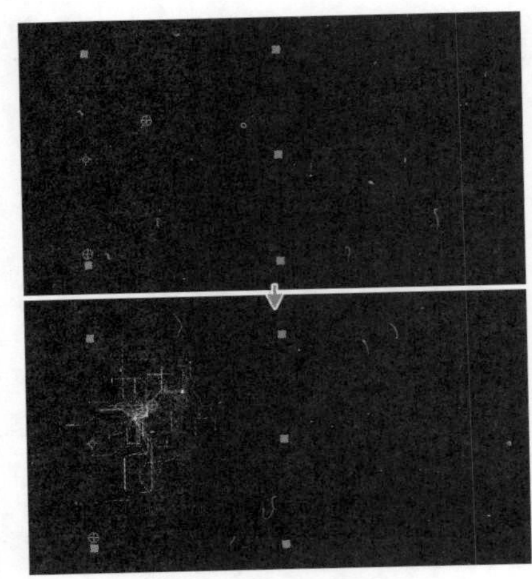

图7-720 预览效果

35 在“时间线”面板中选择“闪电”层，然后按“Ctrl+D”键复制四层，准备制作闪电动画效果，如图7-721所示。

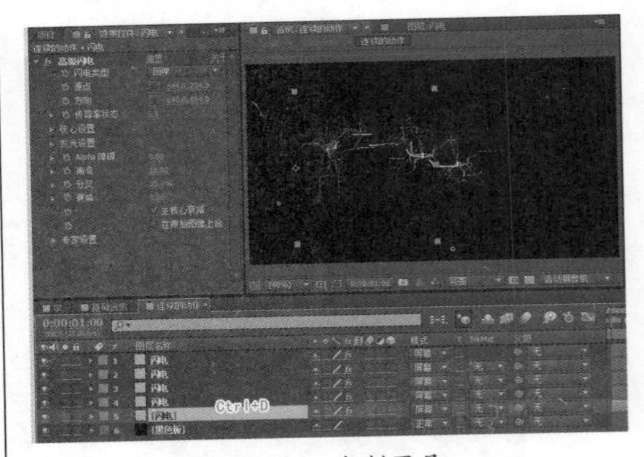

图7-721 复制图层

36 在“时间线”面板中选择“闪电4”层，然后将起始位置拖拽至影片第1秒位置，再选择“闪电3”层，将起始位置拖拽至影片第2秒位置，继续选择“闪电2”层，将起始位置拖拽至影片第3秒位置，最后选择“闪电1”层，将起始位置拖拽至影片第3秒22帧位置，如图7-722所示。

37 在菜单中选择【图层】→【新建】→【调整图层】命令项，准备调节影片的整体颜色，将层重命名为“亮光”层，如图7-723所示。

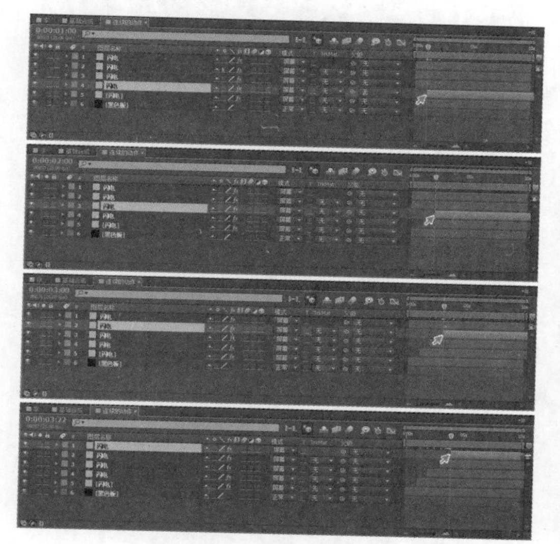

图7-722 起始位置设置

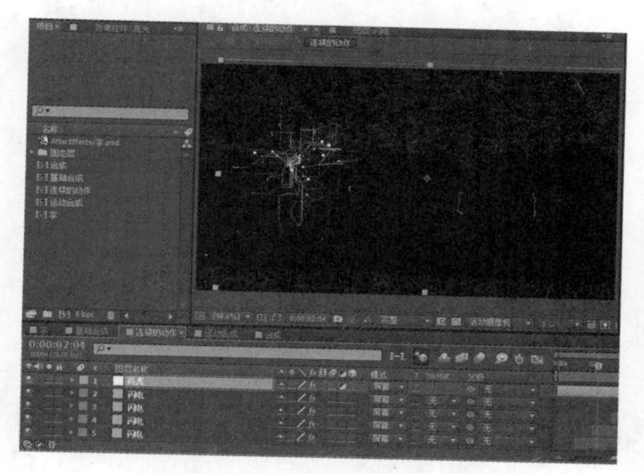

图7-723 新建调整图层

38 在“时间线”面板中选择“亮光”层，然后设置图层模式为“屏幕”叠加方式，使调整图层与影片融合在一起，如图7-724所示。

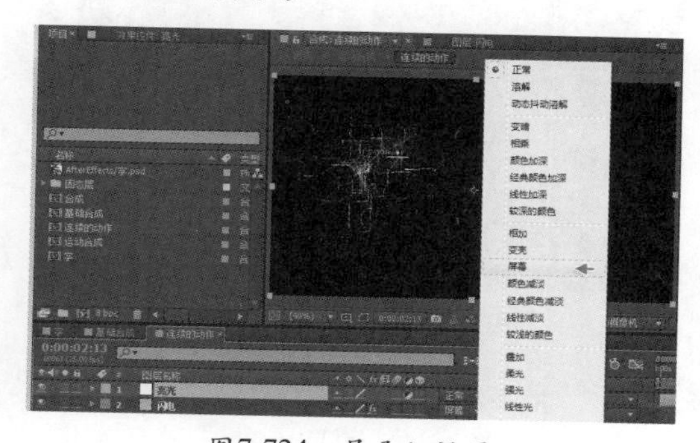

图7-724 层叠加设置

39 在“时间线”面板中选择“亮光”层，然后在菜单中选择【效果】→【模拟】→【CC Star Burst（星光）】命令项，准备为亮度层添加星光效果，如图7-725所示。

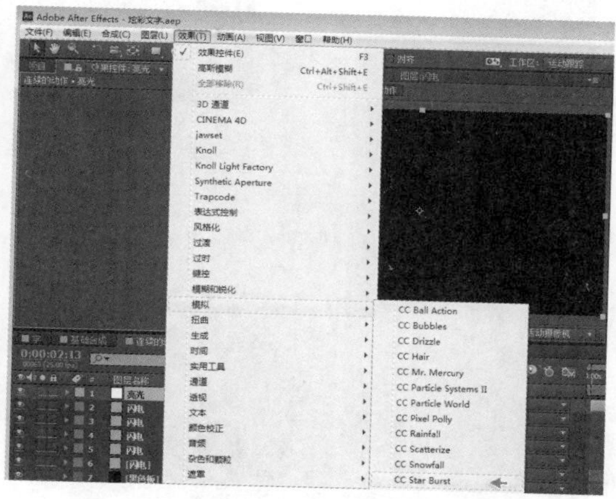

图7-725 添加CC星光效果

40 在“效果”面板中设置“星光”效果滤镜的各项参数值，然后在“合成”窗口中观察星光的效果，如图7-726所示。

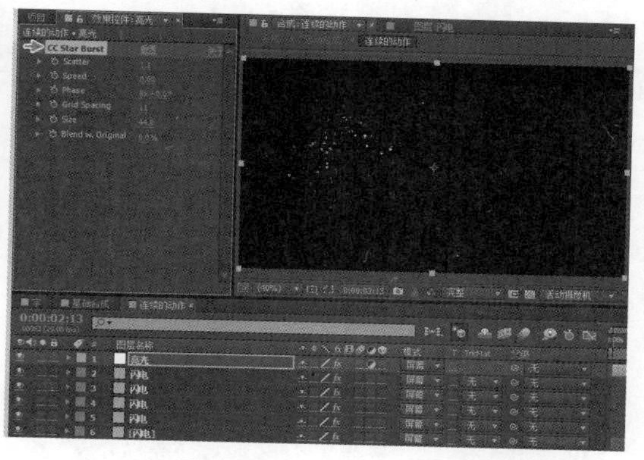

图7-726 CC星光设置

41 在“时间线”面板中选择“亮光”层，然后在菜单中选择【效果】→【通道】→【固态层合成】命令项，准备为亮光层添加固态层合成效果，如图7-727所示。

42 在“效果”面板中设置“固态合成层”效果滤镜的颜色为黑色，然后在“合成”窗口中观察闪电的合成效果，如图7-728所示。

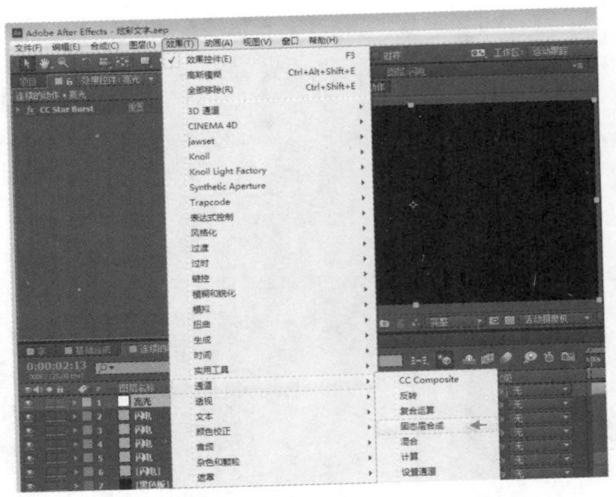
图7-727　添加固态层合成效果

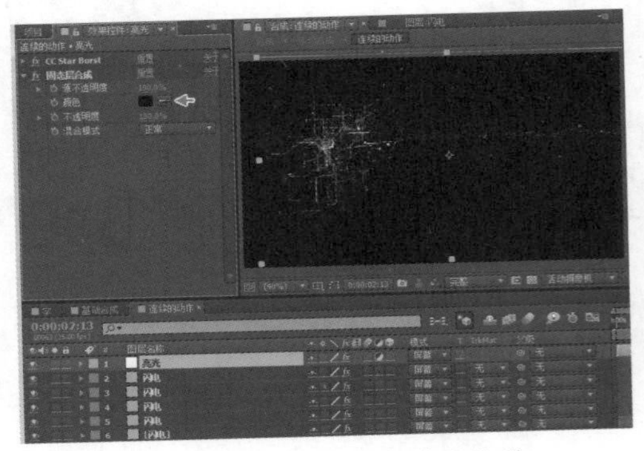
图7-728　固态层合成效果设置

43 在“时间线”面板中选择“亮光”层，然后在菜单中选择【效果】→【颜色校正】→【曲线】命令项，准备为亮光层添加曲线效果，如图7-729所示。

图7-729　添加曲线效果

44 在“效果”面板中设置“曲线”效果滤镜的“RGB”通道曲线，然后在“合成”窗口中观察闪电的亮度对比效果，如图7-730所示。

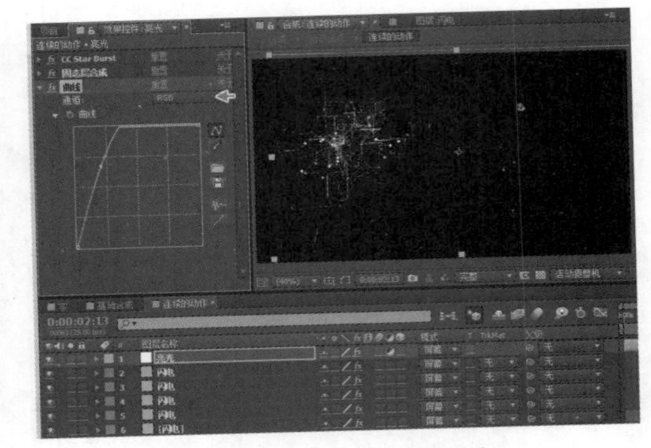
图7-730　曲线效果设置

45 在“效果”面板中选择“曲线”效果滤镜，然后按“Ctrl+D”键复制特效，如图7-731所示。

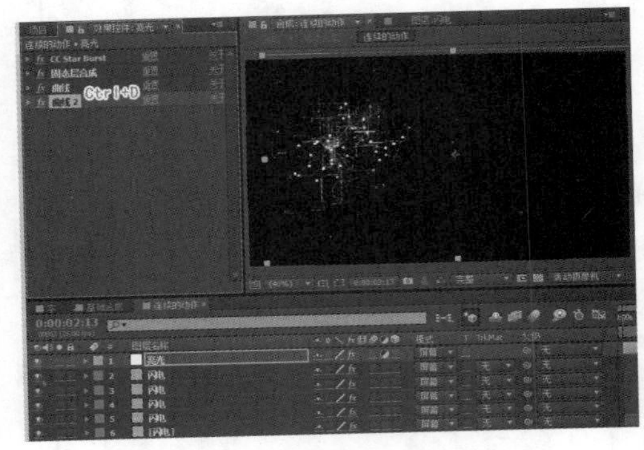
图7-731　复制效果滤镜

46 在“效果”面板中选择“曲线2”效果滤镜，将此效果拖拽至特效顶部，其目的是打破效果渲染顺序，如图7-732所示。

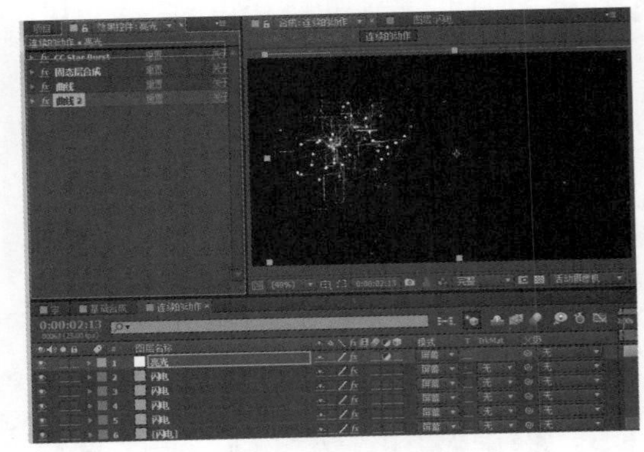
图7-732　调整曲线效果

47 在“效果”面板中设置“曲线2”效果滤镜的“RGB”通道曲线，然后在“合成”窗口中观察影片的亮度对比效果，如图7-733所示。

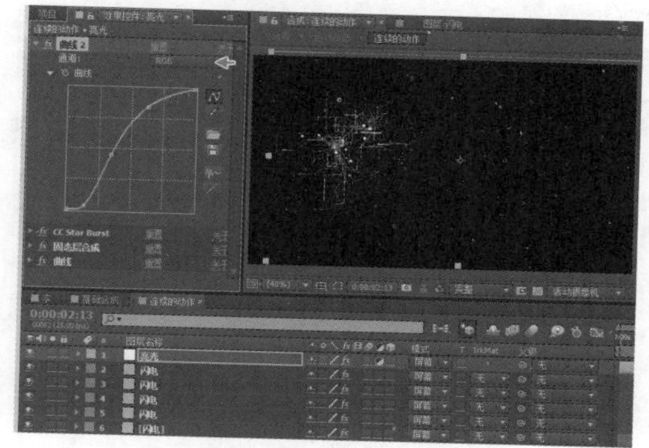

图7-733　曲线效果设置

48 在菜单中选择【图层】→【新建】→【调整图层】命令项，准备调节影片的整体颜色，如图7-734所示。

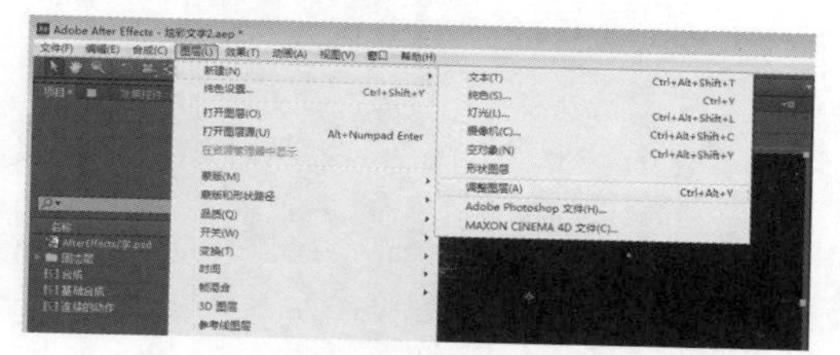

图7-734　新建调整层

49 在“时间线”面板中选择“调整图层2”层，然后设置图层模式为“屏幕”叠加方式，使调整图层与影片融合在一起，如图7-735所示。

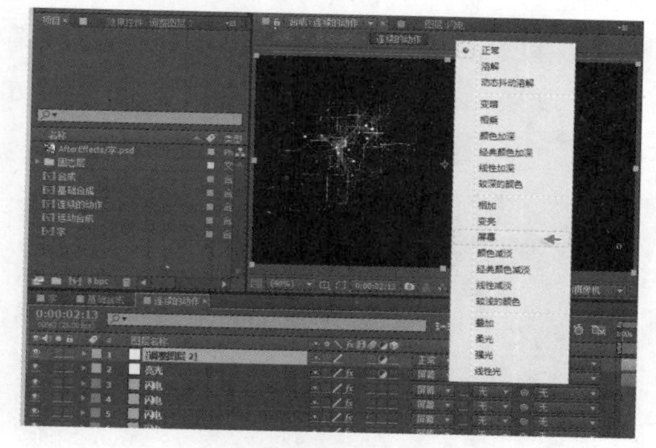

图7-735　层叠加设置

50 在“时间线”面板中选择“调整图层2”层，然后在菜单中选择【效果】→【扭曲】→【变换】命令项，准备为调整层添加变换效果，如图7-736所示。

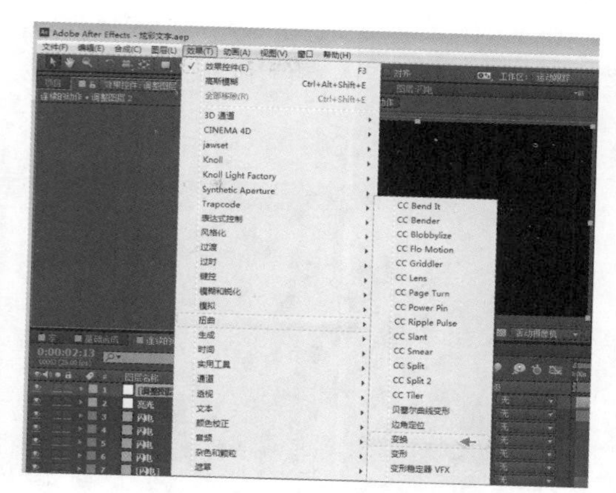

图7-736　添加变换效果

51 在“效果”面板中设置“变换”效果滤镜的旋转值为45，改变影片的旋转效果，如图7-737所示。

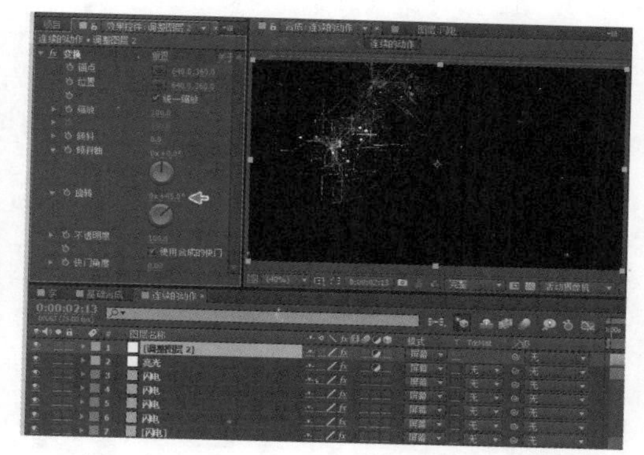

图7-737　变换效果设置

52 在“时间线”面板中选择“调整图层2”层，然后在菜单中选择【效果】→【风格化】→【马赛克】命令项，准备为调整层添加马赛克效果，如图7-738所示。

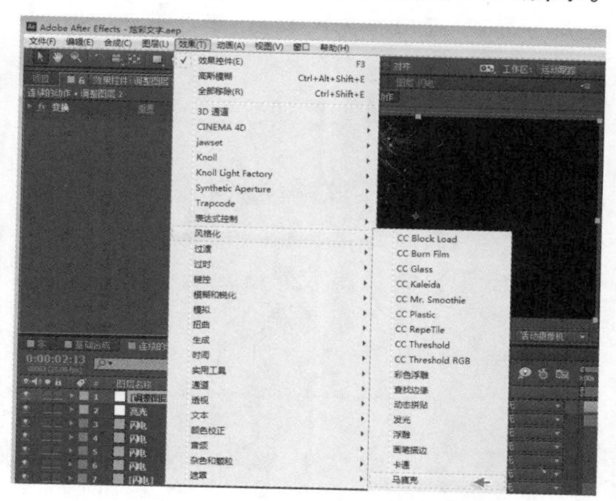

图7-738　添加马赛克效果

53 在“效果”面板中设置“马赛克”效果滤镜的水平块值为95、垂直块值为75，丰富影片的视觉效果，如图7-739所示。

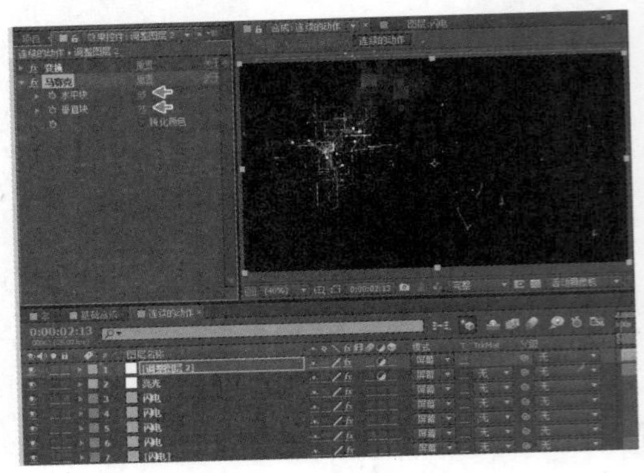

图7-739 马赛克效果设置

54 在“时间线”面板中选择“调整图层2”层，然后在菜单中选择【效果】→【风格化】→【查找边缘】命令项，准备为调整层添加查找边缘效果，如图7-740所示。

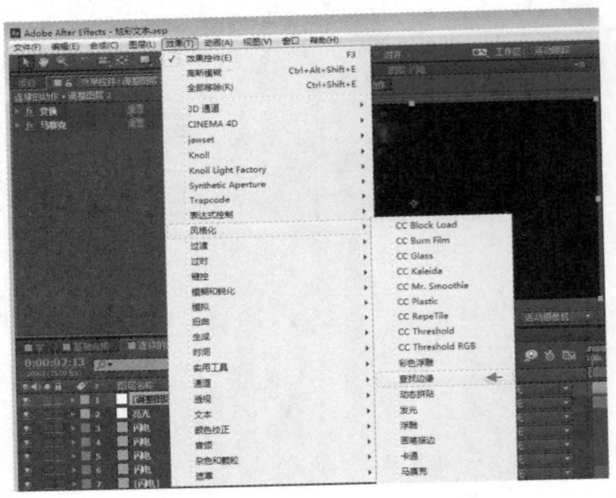

图7-740 添加查找边缘效果

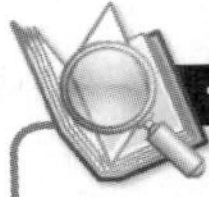

专家课堂

“查找边缘”滤镜特效可以强化颜色变化区域的过渡像素，模仿铅笔勾边的方式创建出线描的艺术效果，还可以设置“反转”和“与原始图像混合”属性来控制边缘效果。

55 在“效果”面板中设置“查找边缘”效果滤镜，然后开启“反转”项目按钮，使影片线条更加清晰，如图7-741所示。

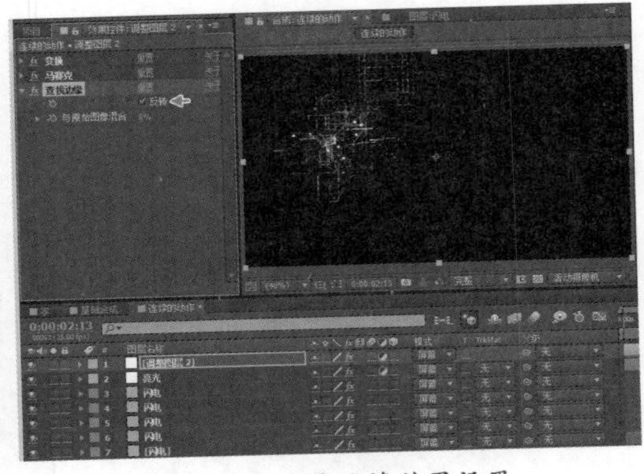

图7-741 查找边缘效果设置

56 在“效果”面板中选择“变换”效果滤镜，然后按“Ctrl+D”键复制特效，使影片效果更加清晰，如图7-742所示。

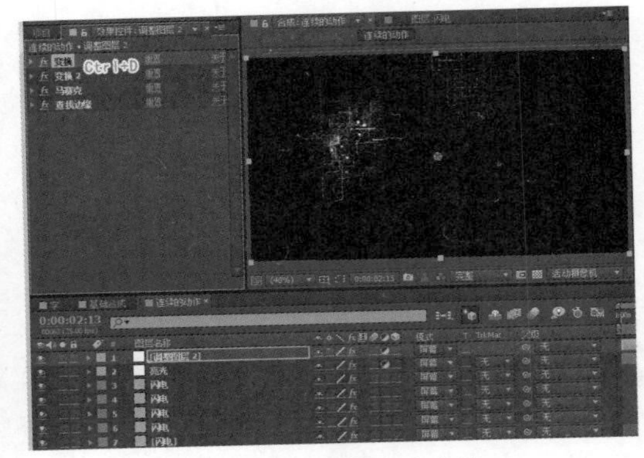

图7-742 复制效果滤镜

57 在“效果”面板中将“变换2”效果滤镜拖拽至特效最底层，其目的是打破渲染效果顺序，使其更加随机并自然，如图7-743所示。

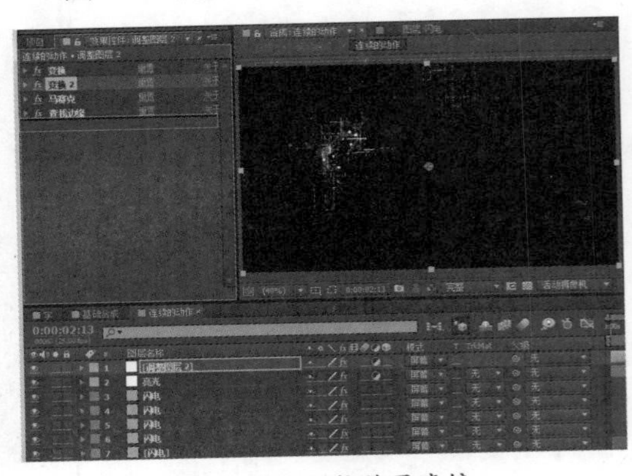

图7-743 调整效果滤镜

58 在“预览”面板中单击▶播放/暂停按钮，然后在“合成”窗口中观察闪电的动画效果，如图7-744所示。

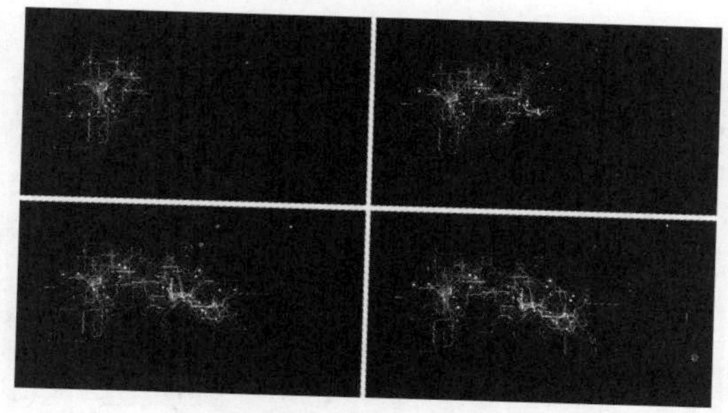

图7-744 预览效果

59 在菜单中选择【图层】→【新建】→【调整图层】命令项，准备调节影片的颜色，如图7-745所示。

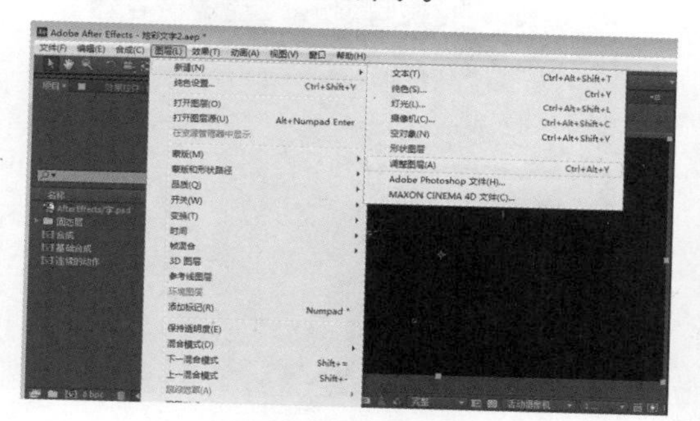

图7-745 新建调整层

60 在“时间线”面板中选择“调整图层3”层，然后在菜单中选择【效果】→【风格化】→【发光】命令项，准备为调整层添加发光效果，如图7-746所示。

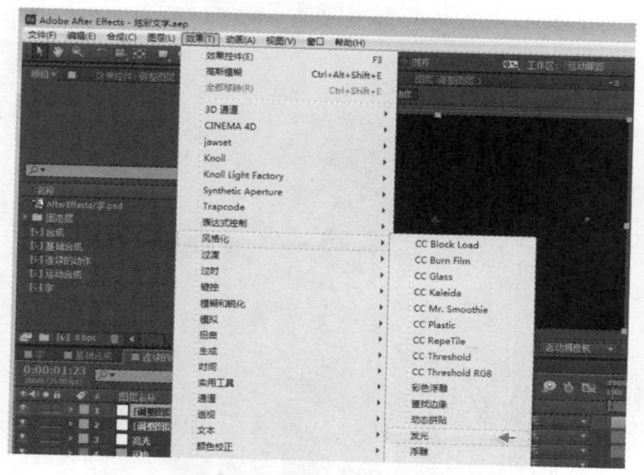

图7-746 添加发光效果

61 在“效果”面板中设置“发光”效果滤镜的发光半径值为66，观察调整图层中显示的亮度效果，如图7-747所示。

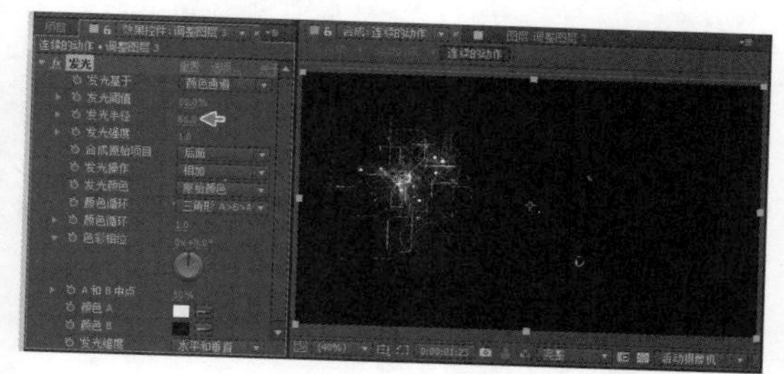

图7-747 发光效果设置

62 在“时间线”面板中选择“调整图层3”层，然后在菜单中选择【效果】→【颜色校正】→【曲线】命令项，准备为调整层调整亮度效果，如图7-748所示。

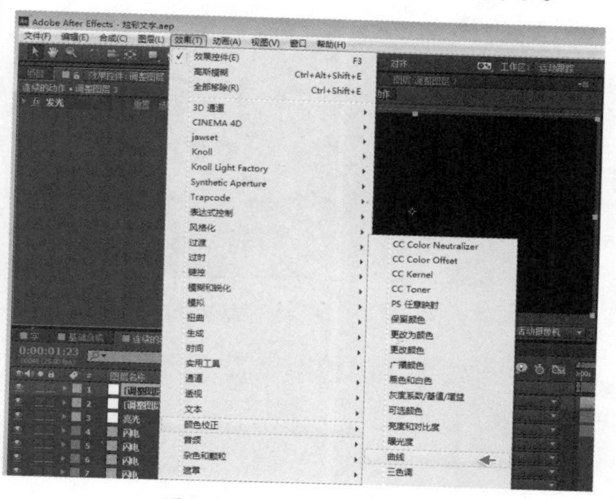

图7-748 添加曲线效果

63 在“效果”面板中设置“曲线”效果滤镜的“RGB”通道曲线，拖动时间滑块，在“合成”窗口中观察闪电的亮度对比效果，如图7-749所示。

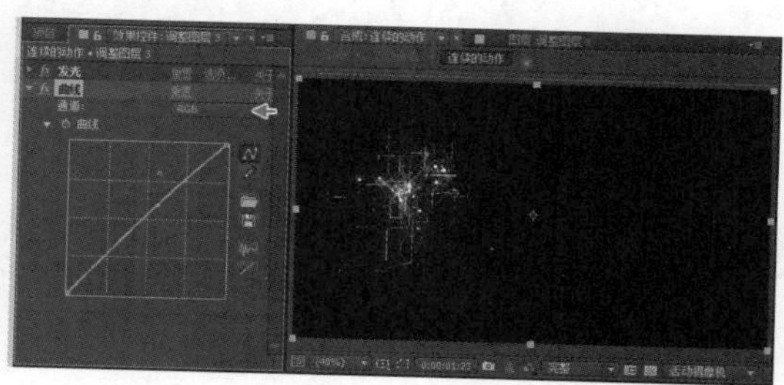

图7-749 曲线效果设置

64 在“效果”面板中设置“曲线”效果滤镜的“红色”通道曲线，拖动时间滑块，在“合成”窗口中观察闪电的颜色，如图7-750所示。

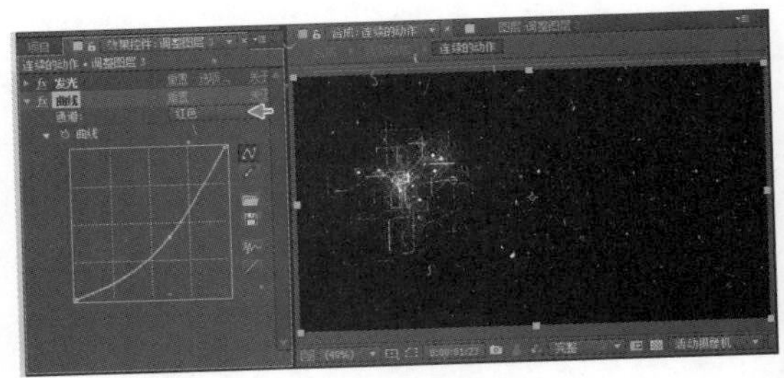

图7-750 曲线效果设置

65 在“效果”面板中设置“曲线”效果滤镜的“绿色”通道曲线，拖动时间滑块，在“合成”窗口中观察闪电的颜色，如图7-751所示。

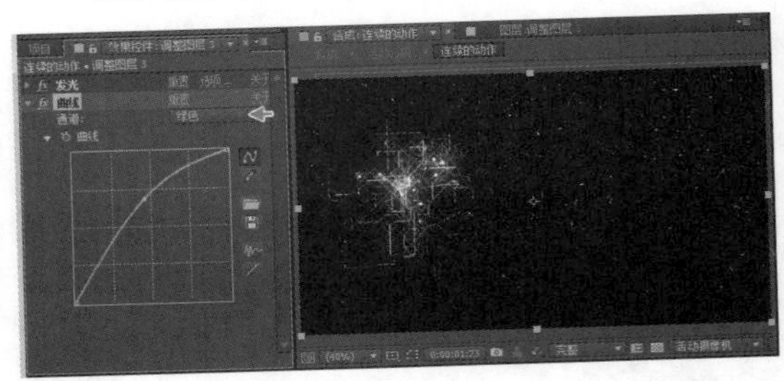

图7-751 曲线效果设置

66 在“效果”面板中设置“曲线”效果滤镜的“蓝色”通道曲线，拖动时间滑块，在“合成”窗口中观察闪电的颜色，如图7-752所示。

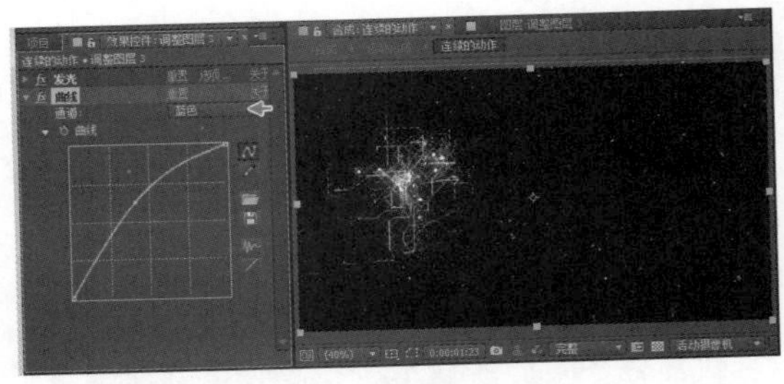

图7-752 曲线效果设置

67 在“预览”面板中单击▶播放/暂停按钮，然后在“合成”窗口中观察闪电的动画效果，如图7-753所示。

68 在菜单中选择【合成】→【新建合成】命令项，新建合成文件，在弹出的“合成设置”对话框中设置合成名称为“运动合成”、预设为“HDV/HDTV 720 25”小高清类型、帧速率为25帧/秒、持续时间为10秒、背景颜色为黑色，如图7-754所示。

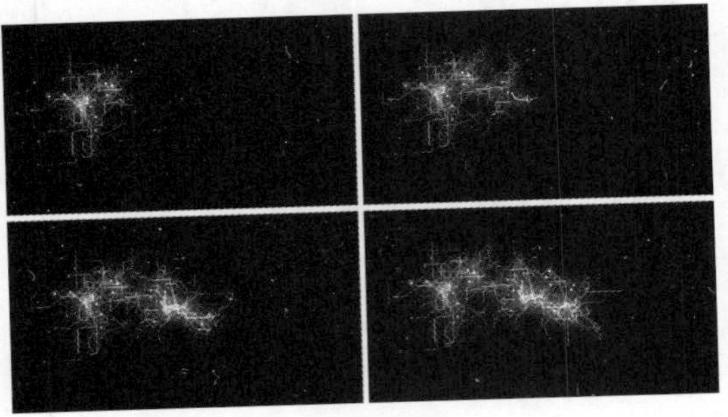

图7-753 预览效果

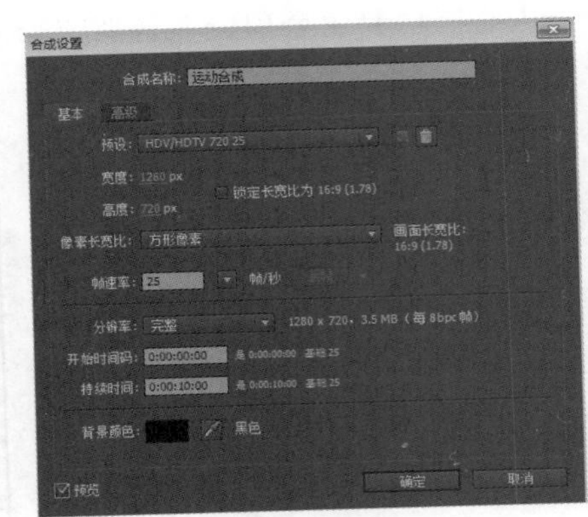

图7-754 合成设置

69 在菜单中选择【图层】→【新建】→【纯色】命令项，新建纯色图层，在弹出的“纯色设置”对话框中设置名称为“黑色板”、大小为1280×720像素、颜色为黑色，如图7-755所示。

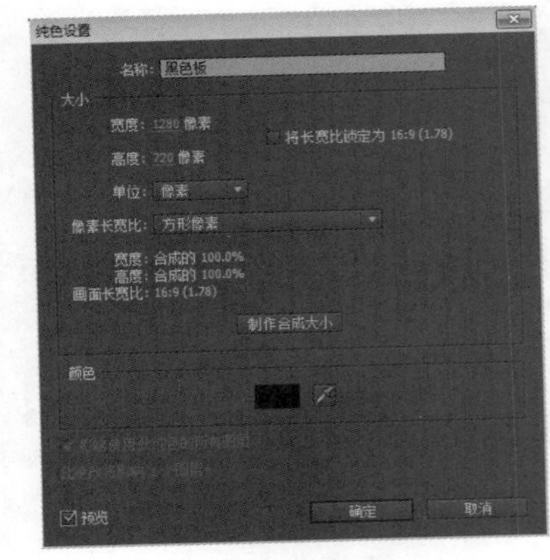

图7-755 纯色设置

70 在“项目”面板中选择“连续的动作”合成文件并拖拽至“时间线”面板顶部，作为合成影片的动画素材，如图7-756所示。

图7-756 添加合成

71 在“时间线”面板中选择“连续的动作”合成层，然后设置图层模式为“屏幕”叠加方式，使合成层与影片融合在一起，如图7-757所示。

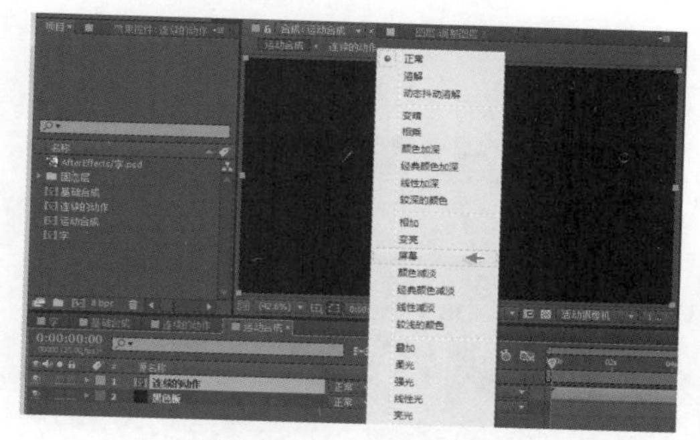

图7-757 层叠加设置

72 在“时间线”面板中选择“连续的动作”合成层并展开“变换”卷展栏，设置缩放值为X轴85、Y轴140，旋转值为-90，如图7-758所示。

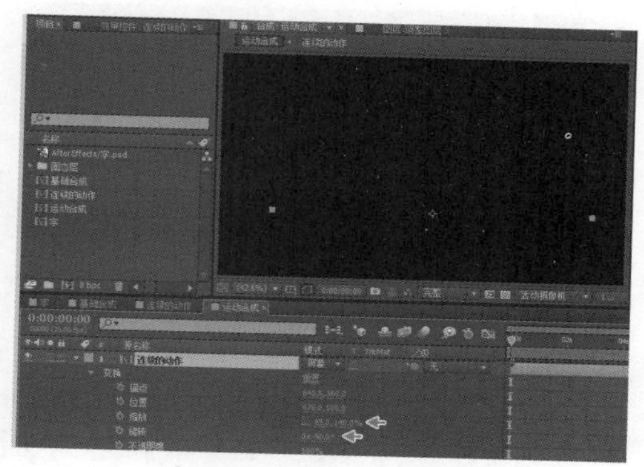

图7-758 缩放设置

73 在菜单中选择【图层】→【新建】→【纯色】命令项，新建纯色图层。在弹出的“纯色设置”对话框中设置名称为“灰色板”，大小为1280×720像素，再将纯色层的颜色设置为灰蓝色，如图7-759所示。

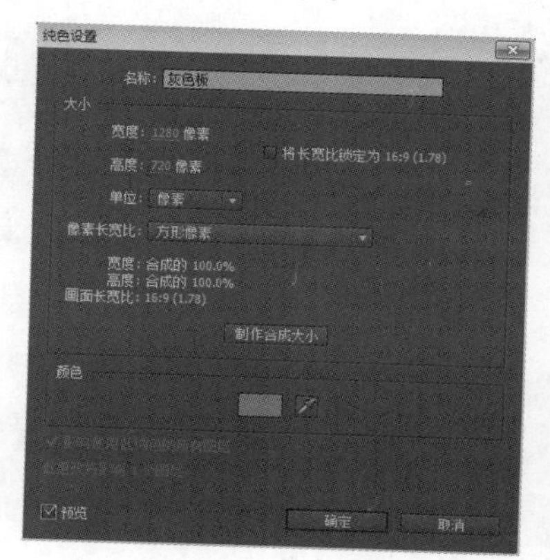

图7-759 纯色设置

74 在“时间线”面板中选择“灰色板”层，然后设置图层模式为“屏幕”叠加方式，使灰色板层与影片融合在一起，如图7-760所示。

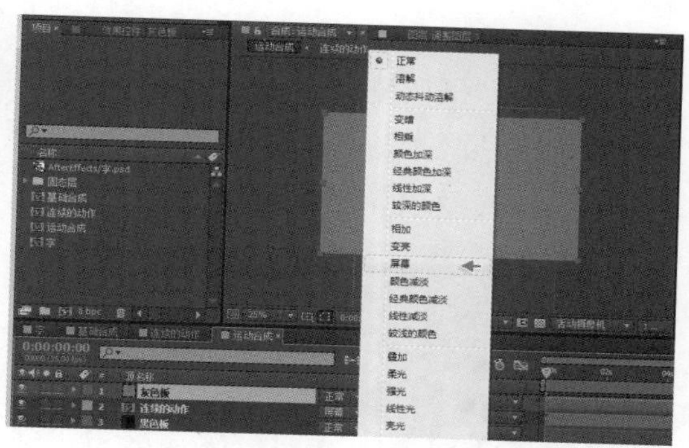

图7-760 层叠加设置

75 在“时间线”面板中选择“灰色板”层，在工具栏中选择椭圆遮罩工具按钮，然后在“合成”窗口绘制选区，只在画面上半部分产生背景颜色，再设置蒙版羽化值为650，使遮罩边缘产生柔和过渡，如图7-761所示。

76 在“预览”面板中单击播放/暂停按钮，然后在“合成”窗口中观察闪电的动画效果，如图7-762所示。

图7-761 绘制遮罩选区

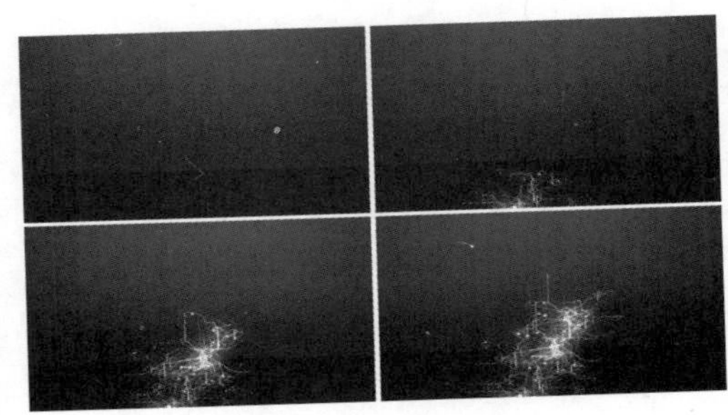
图7-762 预览效果

77 在菜单中选择【图层】→【新建】→【摄像机】命令项，新建摄像机层，在弹出的“摄像机设置”对话框中设置预设为“35毫米”，系统默认名称为“摄像机1”，如图7-763所示。

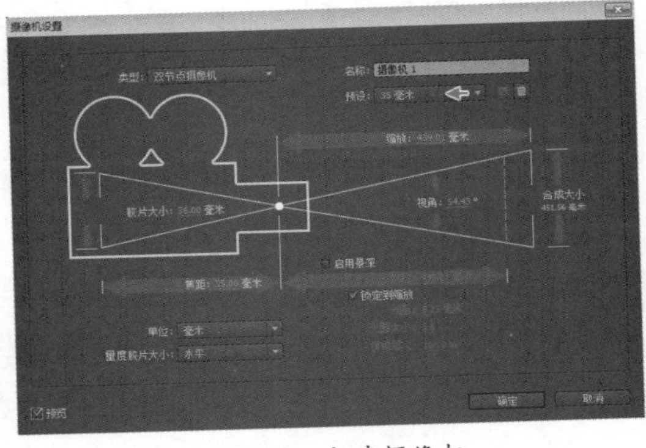
图7-763 新建摄像机

78 在“时间线”面板中选择“摄像机1”层然后展开“变换”卷展栏，设置位置值为X轴640、Y轴360、Z轴－1244.4，调整摄像机的位置，如图7-764所示。

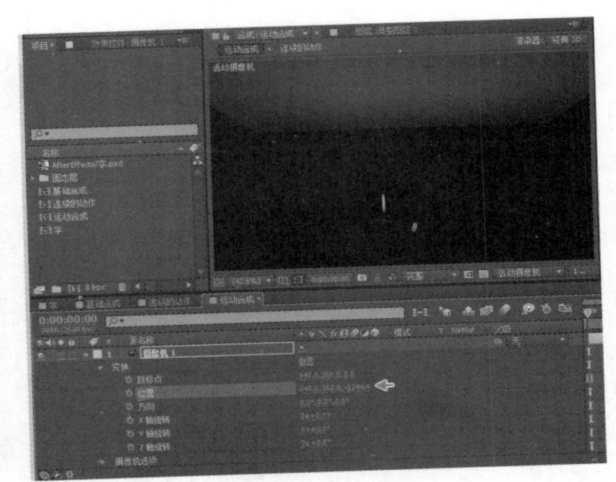
图7-764 位置设置

79 在“时间线”面板中选择“摄像机1”层并展开“变换”卷展栏，然后开启位置项前的码表图标按钮，在影片起始帧设置位置值为X轴660、Y轴340、Z轴－1000；将时间滑块拖拽至影片第5秒1帧，设置位置值为X轴660、Y轴340、Z轴－500，使摄像机产生位移动画效果，如图7-765所示。

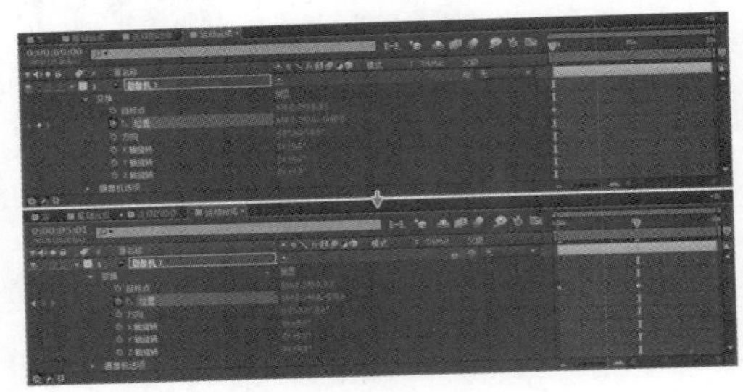
图7-765 位置动画设置

80 在“预览”面板中单击播放/暂停按钮，然后在“合成”窗口中观察动画效果，如图7-766所示。

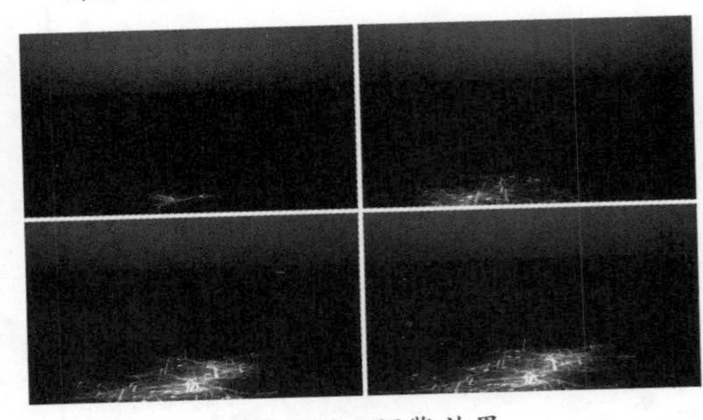
图7-766 预览效果

81 在菜单中选择【合成】→【新建合成】

命令项，新建合成文件，在弹出的“合成设置”对话框中设置合成名称为“合成”、预设为“HDV/HDTV 720 25”小高清类型、帧速率为25帧/秒、持续时间为10秒、背景颜色为黑色，如图7-767所示。

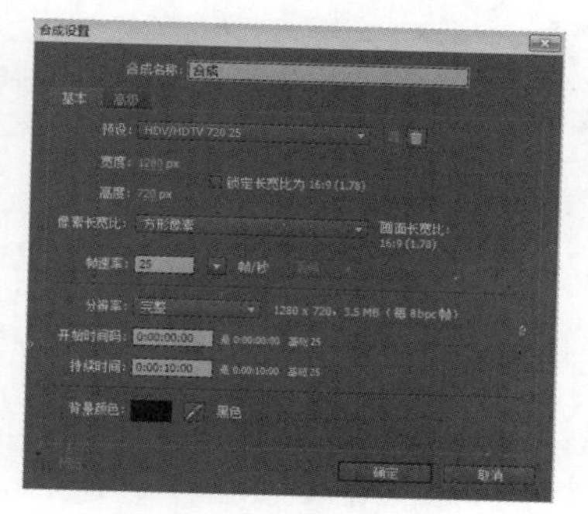

图7-767 合成设置

82 在“项目”面板中选择“运动合成”文件并拖拽至“时间线”面板，作为合成影片的动画素材，如图7-768所示。

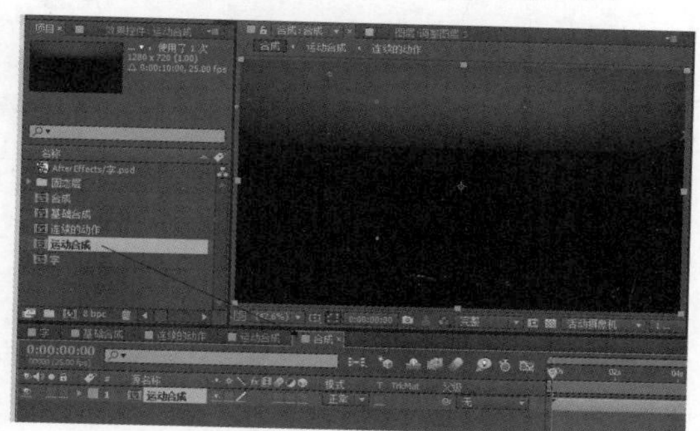

图7-768 添加合成

83 在“时间线”面板中选择“运动合成”层，然后设置图层模式为“屏幕”叠加方式，如图7-769所示。

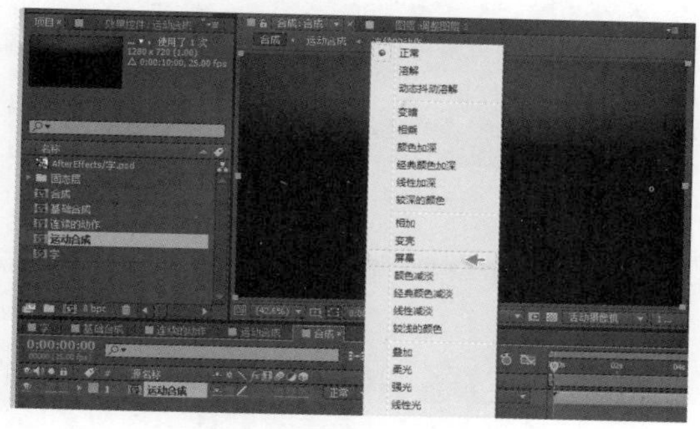

图7-769 层叠加设置

84 在“时间线”面板中选择“运动合成”层，然后按“Ctrl+D”键复制图层，并将合成层起始位置拖拽至影片第3秒15帧位置，使合成层在影片第3秒15帧后显示效果，如图7-770所示。

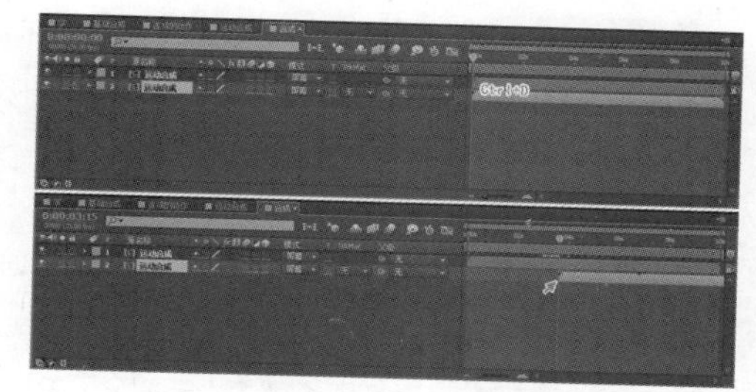

图7-770 调整合成层

85 在“时间线”面板中拖动时间滑块，然后在“合成”窗口中观察闪电的动画效果，如图7-771所示。

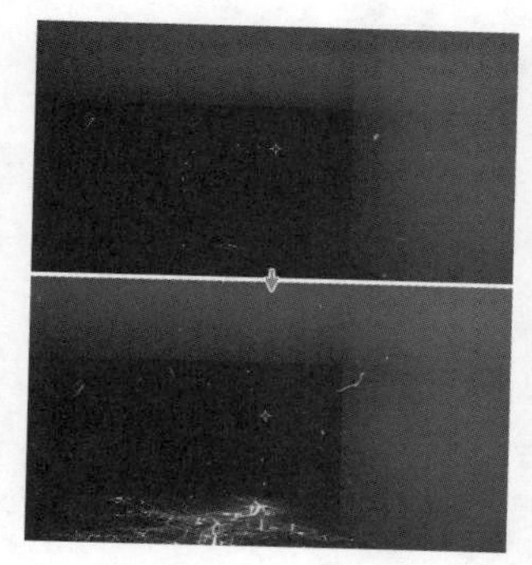

图7-771 预览效果

86 在“时间线”面板中选择“运动合成”层并展开“变换”卷展栏，然后开启不透明度项前的码表图标按钮，在影片第3秒位置设置起始帧不透明度值为100；将时间滑块拖拽至影片第4秒位置，设置结束帧不透明度值为0，使合成层产生透明动画效果，如图7-772所示。

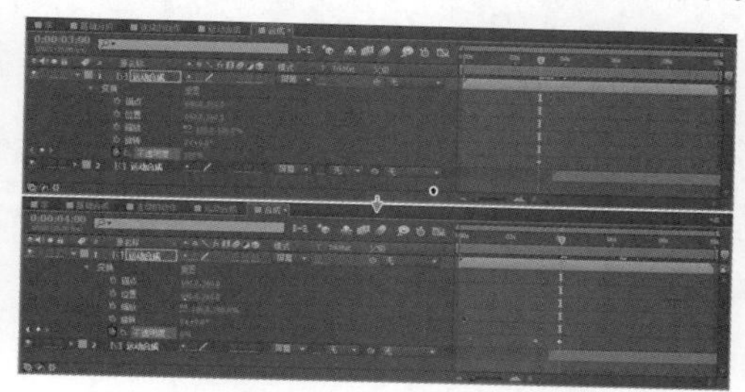

图7-772 透明动画设置

87 在“时间线”面板中选择底层“运动合成”层并展开“变换”卷展栏，然后开启不透明度项前的码表图标按钮，在影片第3秒15帧位置设置起始帧不透明度值为0；将时间滑块拖拽至影片第4秒位置，设置不透明度值为100；再将时间滑块拖拽至影片第6秒10帧位置，设置不透明度值为100；最后将时间滑块拖拽至影片第7秒位置，设置结束帧不透明度值为0，使合成层产生透明动画效果，如图7-773所示。

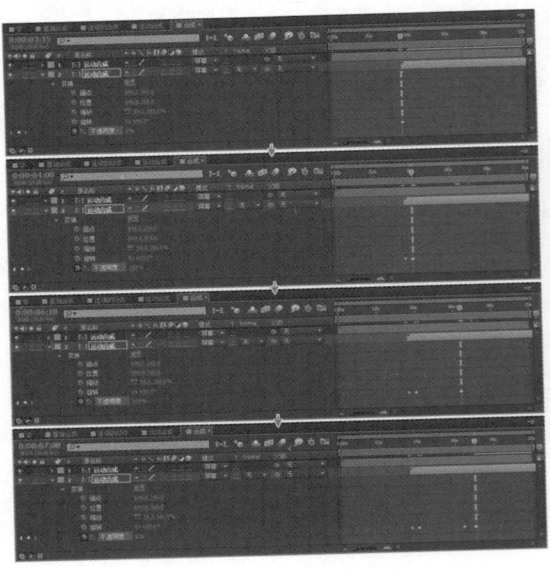

图7-773　透明动画设置

88 在“项目”面板中选择“基础合成”文件并拖拽至“时间线”面板，作为合成影片的动画素材，如图7-774所示。

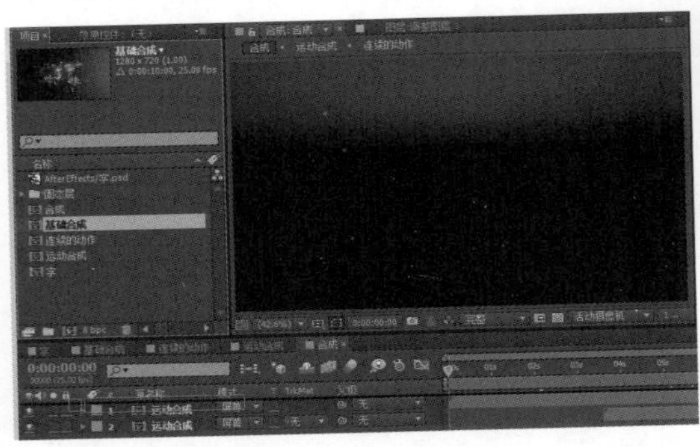

图7-774　添加合成

89 在“时间线”面板中选择“基础合成”层，将合成层起始位置拖拽至影片第7秒位置，使合成层在影片第7秒后显示效果，如图7-775所示。

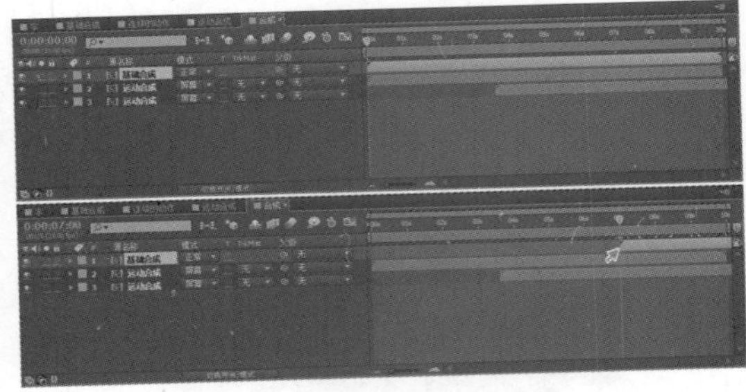

图7-775　调整合成层

90 在“时间线”面板中选择“基础合成”层，然后开启3D图层项目开关，准备调节影片的运动，如图7-776所示。

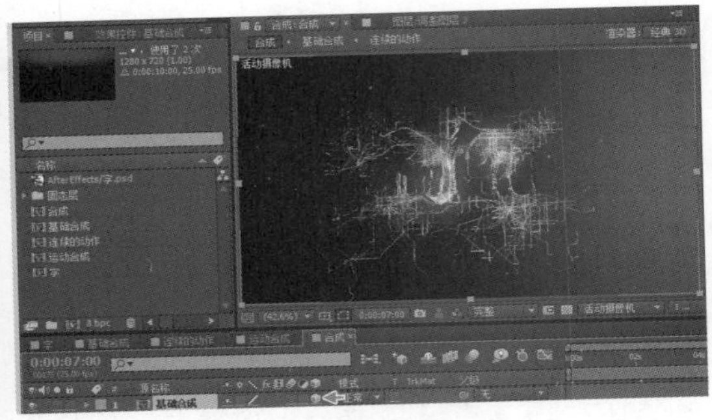

图7-776　3D图层设置

91 在“预览”面板中单击播放/暂停按钮，然后在“合成”窗口中观察影片的动画效果，如图7-777所示。

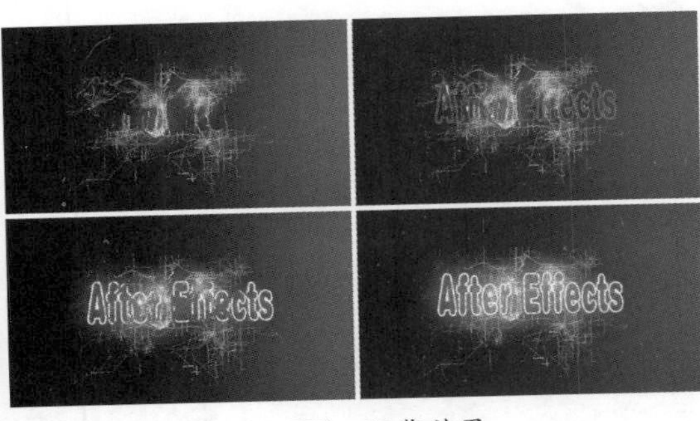

图7-777　预览效果

92 在菜单中选择【图层】→【新建】→【摄像机】命令项，新建摄像机层，在弹出的“摄像机设置”对话框中设置预设为“35毫米”，系统默认名称为“摄像机1”，如图7-778所示。

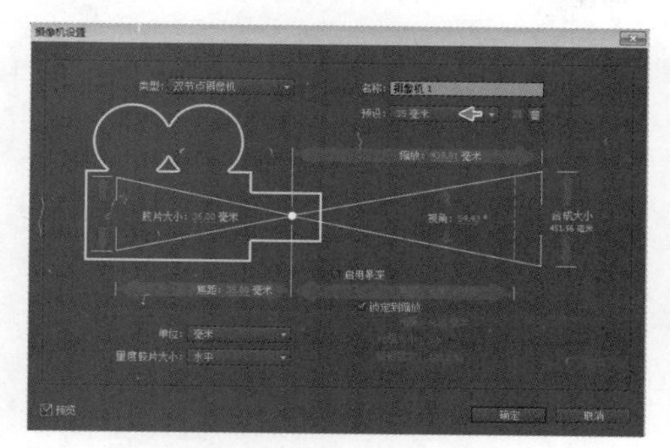

图7-778 新建摄像机

93 在“时间线”面板中选择“摄像机1”层并展开“变换”卷展栏，然后开启位置项前的码表图标按钮，在影片第7秒位置设置起始帧位置值为X轴600、Y轴820、Z轴－500；将时间滑块拖拽至影片第7秒15帧位置，设置结束帧位置值为X轴600、Y轴300、Z轴－1200，使影片产生位置动画效果，如图7-779所示。

94 在“预览”面板中单击播放/暂停按钮，然后在“合成”窗口中观察炫彩文字动画的最终效果，如图7-780所示。

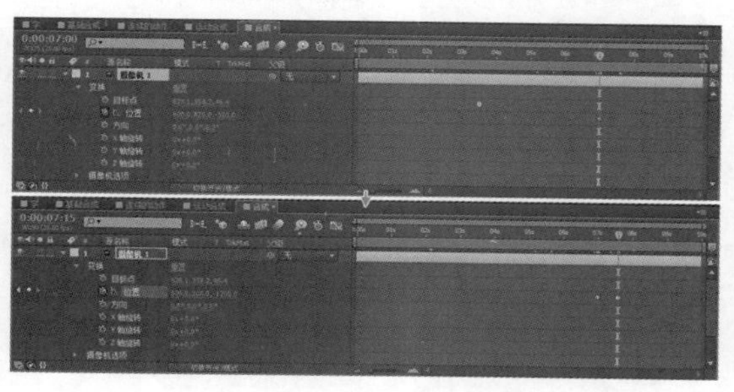

图7-779 位置动画设置

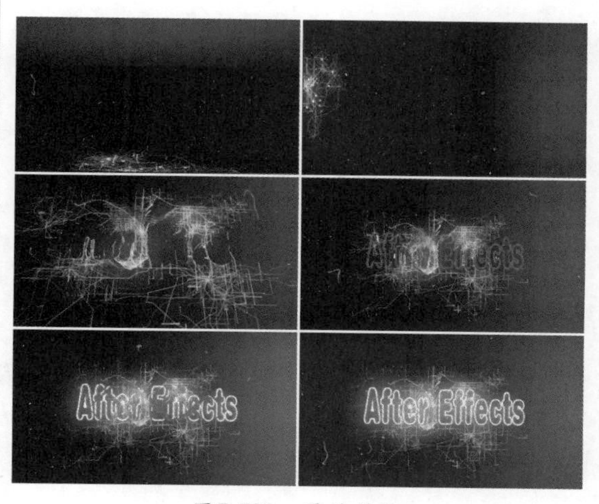

图7-780 最终效果

7.18 本章小结

本章通过大量实例对After Effects CC软件中的文字特效应用进行了细致的讲解，通过实例还可以掌握视频滤镜特效中的颜色、粒子、分形噪波、发光、闪电、涂写等知识。

第8章 视频效果处理

本章主要通过实例添加滤镜应用、视频颜色调整、插件程序安装、奥运五环、波动水流、三维标志、水墨蒙版和夜间驾车，介绍视频效果的处理方法。

8.1 实例——添加滤镜应用

素材文件	配套光盘→范例文件→Chapter8	难易程度	★☆☆☆☆
重要程度	★★★☆☆	实例重点	掌握三种添加效果滤镜的方法

“添加滤镜应用”实例的制作流程主要分为3部分，包括①新建合成设置；②添加合成素材；③添加视频滤镜，如图8-1所示。

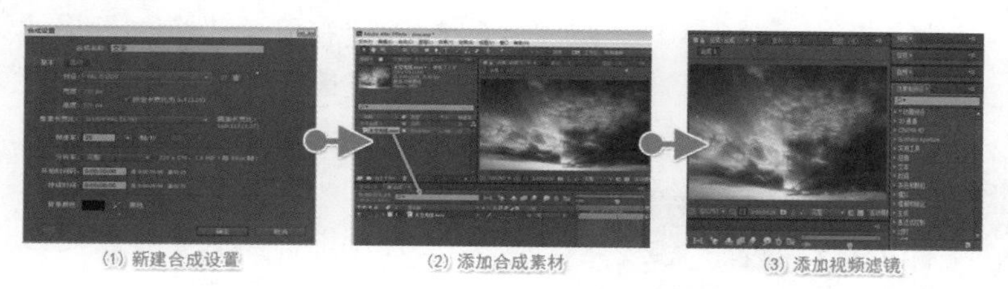

图8-1 制作流程

8.1.1 新建合成设置

01 双击桌面上的After Effects CC快捷图标启动软件，然后在菜单中选择【合成】→【新建合成】命令项，如图8-2所示。

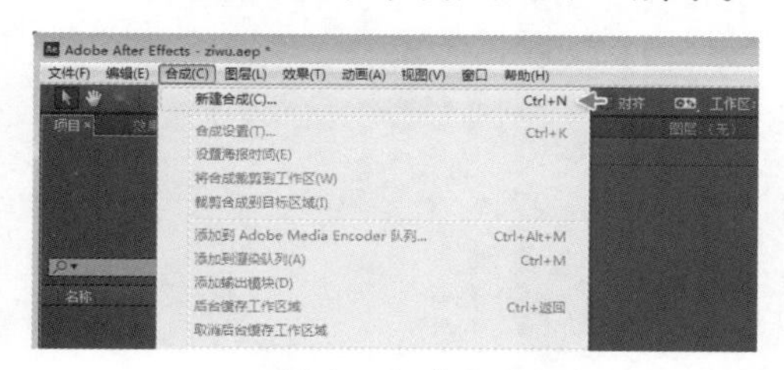

图8-2 新建合成

02 在弹出的“合成设置”对话框中设置合成名称为“合成1”、预设为HDTV 1080 25类型、帧速率为25帧/秒、持续时间为8秒、背景颜色为黑色，如图8-3所示。

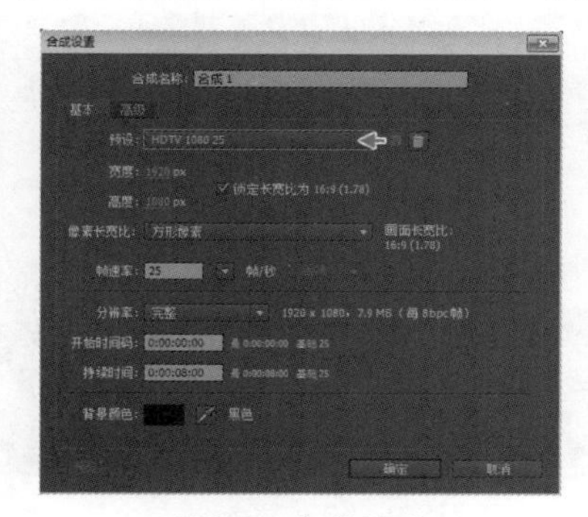

图8-3 合成设置

8.1.2 添加合成素材

01 在“项目”面板的空白位置单击鼠标“右”键，然后在弹出的浮动菜单中选择【导入】→【文件】命令项，如图8-4所示。

图8-4 导入文件

02 在弹出的“导入文件”对话框中选择本书配套光盘中的“天空光线.mov”视频文件，然后再单击“导入”按钮，添加合成素材，如图8-5所示。

03 在“项目”面板中选择“天空光线.mov”视频素材并将其拖拽至“时间线”面板中，如图8-6所示。

图8-5　导入视频文件

图8-6　添加合成素材

8.1.3　添加视频滤镜

01 保持视频素材的选择状态并进入“效果”菜单，在其中可以选择需要添加的效果滤镜，如图8-7所示。

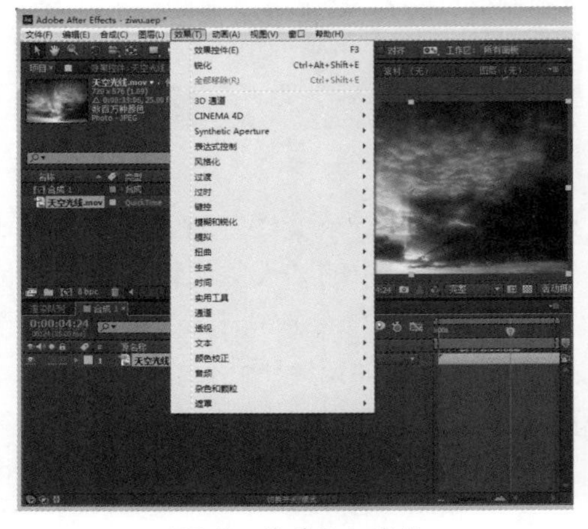

图8-7　菜单添加滤镜

专家课堂

效果滤镜可以为素材添加特殊效果和更加复杂的绚丽变化，并且滤镜特效可以记录动画。滤镜特效不仅能够对影片进行丰富的艺术加工，还可以提高影片的画面质量和效果。

02 除了在菜单栏添加效果滤镜外，还可以通过鼠标“右”键添加效果滤镜。保持视频素材的选择状态，在“时间线”面板的视频素材上单击鼠标“右”键，在弹出的浮动菜单中便可以选择“效果”项下的效果滤镜，如图8-8所示。

图8-8　“右”键添加滤镜

03 保持视频素材的选择状态，在“效果和预设”面板中也可以添加所需效果滤镜，如图8-9所示。

图8-9　面板添加滤镜

8.2 实例——视频颜色调整

素材文件	配套光盘→范例文件→Chapter8	难易程度	★☆☆☆☆
重要程度	★★★☆☆	实例重点	通过本实例了解多个滤镜特效组合控制与视频颜色的调整

“视频颜色调整”实例的制作流程主要分为3部分，包括①新建合成设置；②添加合成素材；③视频滤镜设置，如图8-10所示。

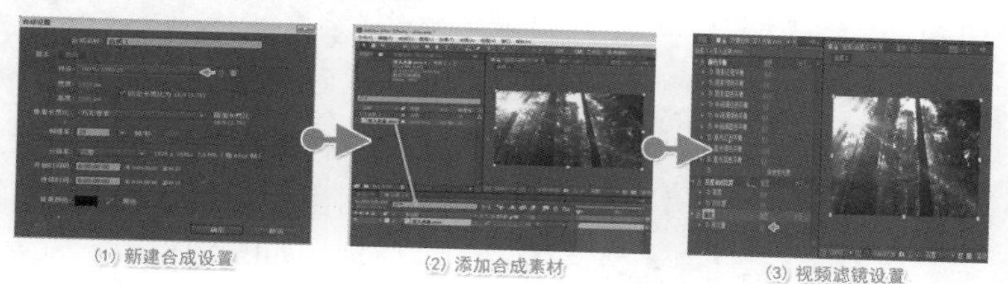

图8-10 制作流程

8.2.1 新建合成设置

01 双击桌面上的After Effects CC快捷图标启动软件，然后在菜单中选择【合成】→【新建合成】命令项，如图8-11所示。

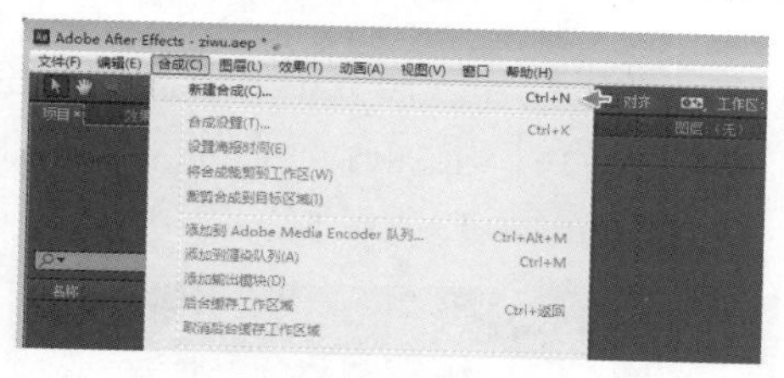

图8-11 新建合成

02 在弹出的“合成设置”对话框中设置合成名称为“合成1”、预设为HDTV 1080 25类型、帧速率为25帧/秒、持续时间为8秒、背景颜色为黑色，如图8-12所示。

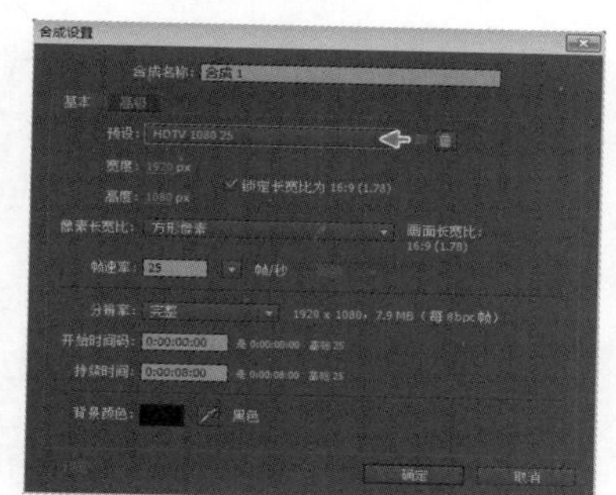

图8-12 合成设置

8.2.2 添加合成素材

01 在“项目”面板的空白位置单击鼠标“右”键，然后在弹出的浮动菜单中选择【导入】→【文件】命令项，如图8-13所示。

图8-13 导入文件

02 在弹出的“导入文件”对话框中选择本书配套光盘中的“深入丛林.mov”视频文件，然后再单击“导入”按钮，如图8-14所示。

03 在“项目”面板中选择“深入丛林.mov”视频素材并将其拖拽至“时间线”面板中，如图8-15所示。

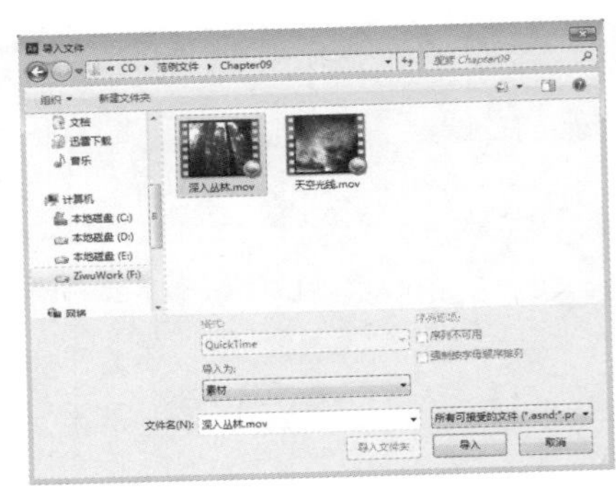
图8-14 导入视频文件

图8-15 设置合成素材

8.2.3 视频滤镜设置

01 保持视频素材的选择状态，然后在菜单中选择【效果】→【颜色校正】→【颜色平衡】命令项，如图8-16所示。

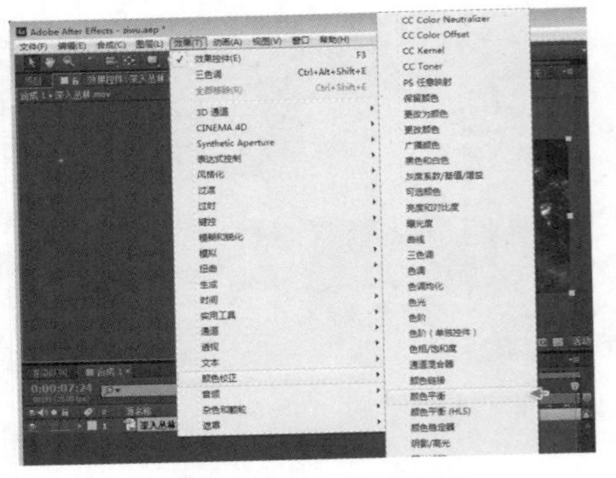
图8-16 添加颜色平衡

专家课堂

“颜色平衡”效果滤镜可以通过图像的“R（红）”、“G（绿）”、“B（蓝）”通道分别调节颜色在高亮、中间色调和暗部的强度，以增加色彩的均衡效果。

02 在“效果控件”面板中设置阴影红色平衡的值为－8，减少画面暗部区域的红色信息，如图8-17所示。

图8-17 阴影红色平衡设置

03 在“效果控件”面板中设置阴影蓝色平衡的值为10，增加画面暗部区域的蓝色信息，如图8-18所示。

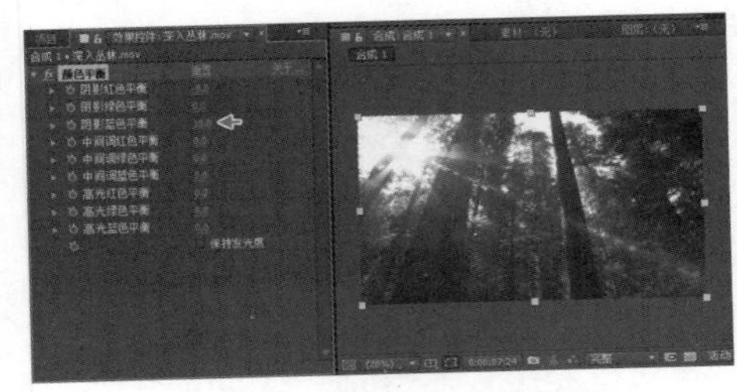
图8-18 阴影蓝色平衡设置

04 在“效果控件”面板中设置高光红色平衡的值为8，增加画面亮部区域的红色信息，如图8-19所示。

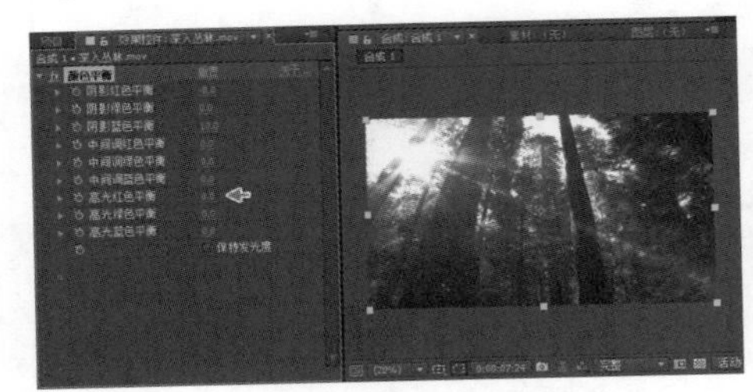
图8-19 高光红色平衡设置

05 在“效果控件”面板中设置高光绿色平衡的值为15，增加画面亮部区域的绿色信息，使树叶的绿色成分更多，如图8-20所示。

专家课堂

“颜色平衡”效果滤镜可以控制画面中颜色的取向，快速调节颜色偏移的设置。

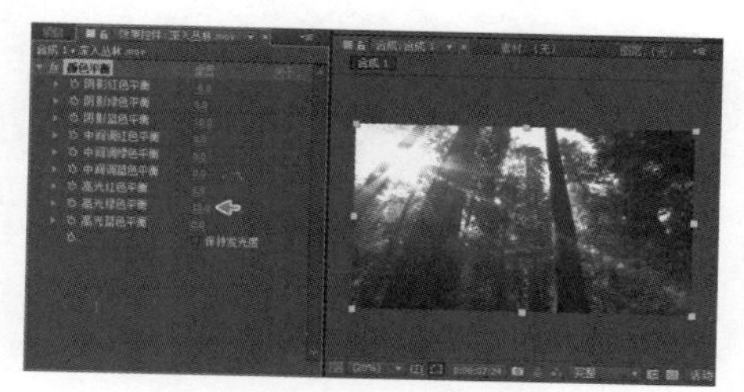

图8-20　高光绿色平衡设置

06 保持视频素材的选择状态，然后在菜单中选择【效果】→【颜色校正】→【亮度和对比度】命令项，如图8-21所示。

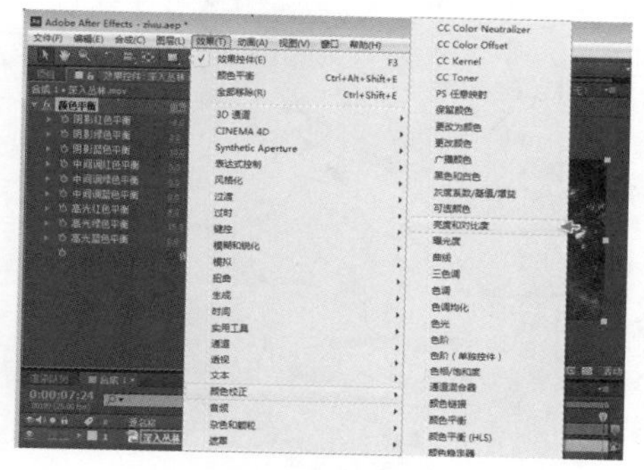

图8-21　设置亮度和对比度

07 在“效果控件”面板中设置对比度的值为7，使画面的颜色反差强烈并增强层次感，如图8-22所示。

图8-22　对比度设置

08 保持视频素材的选择状态，然后在菜单中选择【效果】→【模糊和锐化】→【锐化】命令项，如图8-23所示。

专家课堂

“锐化”效果滤镜通过增加相邻像素点之间的对比度，从而使图像变得更加清晰，特别适合应用在玻璃、金属等反差较大的图像中。

图8-23　添加锐化

09 在“效果控件”面板中设置锐化量的值为10，如图8-24所示。

图8-24　锐化量设置

专家课堂

“锐化数量”项的数值可以控制图像的锐化程度，设置数值越大产生的清晰化效果也就越强，但数值过大画面将产生噪点。

10 观察为视频添加滤镜前后的对比效果，将原始画面灰暗的颜色进行调整，如图8-25所示。

图8-25　效果调整对比

8.3 实例——插件程序安装

素材文件	无	难易程度	★★☆☆☆
重要程度	★★★★☆	实例重点	通过第三方插件程序提升After Effects CC自身功能

“插件程序安装”实例的制作流程主要分为3部分，包括①执行安装程序；②安装路径设置；③插件安装进程，如图8-26所示。

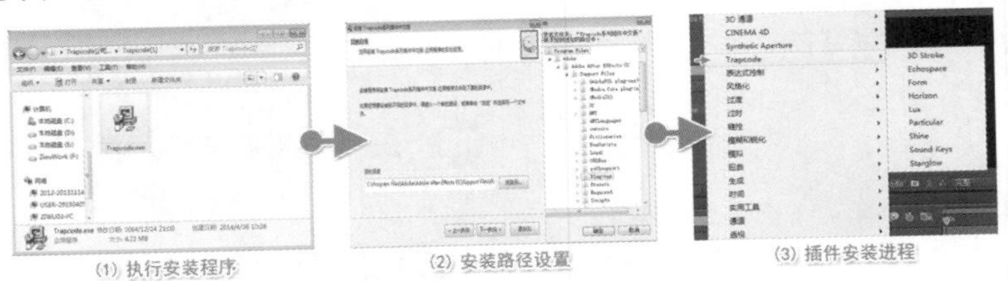

图8-26 制作流程

8.3.1 执行安装程序

01 启动After Effects CC后，默认的“效果”菜单中无任何插件程序，除After Effects CC自带的标准滤镜特效以外，还可以根据需要安装第三方插件来增加特效功能，如图8-27所示。

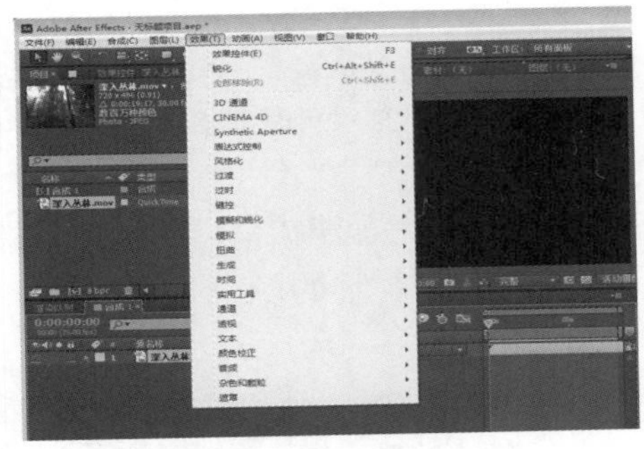

图8-27 默认效果菜单

02 在安装第三方插件时，需要先关闭After Effects CC，以Trapcode Suite插件为例，首先执行程序的安装图标，如图8-28所示。

专家课堂

因第三方插件程序众多，有些插件应用安装图标进行，有些插件程序则直接复制到Plug-ins文件夹即可。

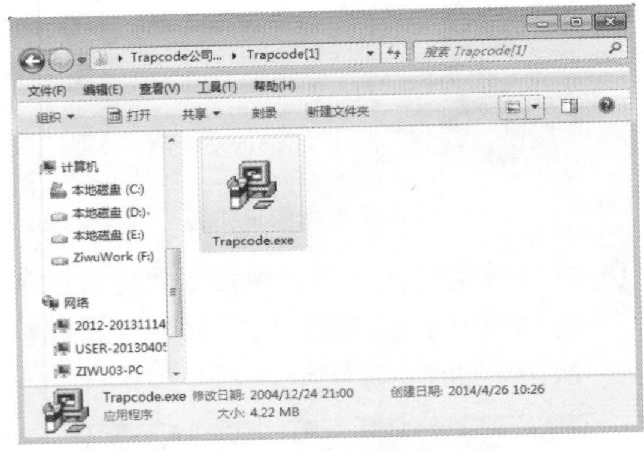

图8-28 执行安装图标

03 执行程序的安装图标后，系统将弹出插件的欢迎界面，然后单击“下一步”按钮继续进行，如图8-29所示。

图8-29 欢迎界面

专家课堂

Trapcode公司开发了许多重量级的后期插件，在许多后期影片和合成软件中会经常使用到，而Trapcode Suite即是将多个插件程序集合在一起安装。

8.3.2 安装路径设置

01 在弹出的“目的目录”对话框中主要设置程序的安装位置，单击“浏览”按钮即可，如图8-30所示。

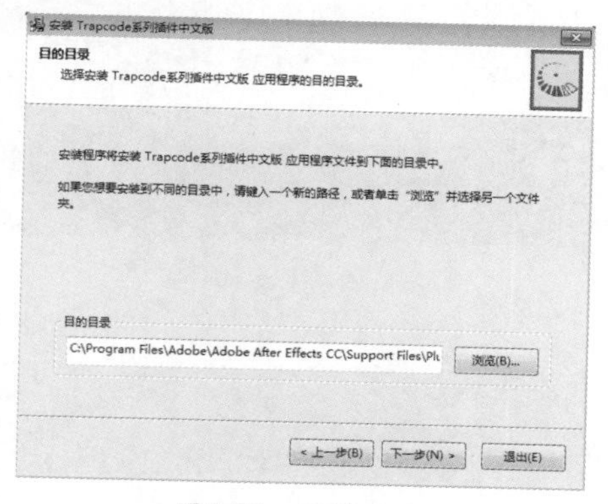

图8-30 目的目录

02 在弹出的“浏览文件夹”对话框中，按After Effects CC程序安装的路径位置进行设置，将插件程序安装在【Program Files】→【Adobe】→【Adobe After Effects CC】→【Support Files】→【Plug-ins】文件夹中，如图8-31所示。

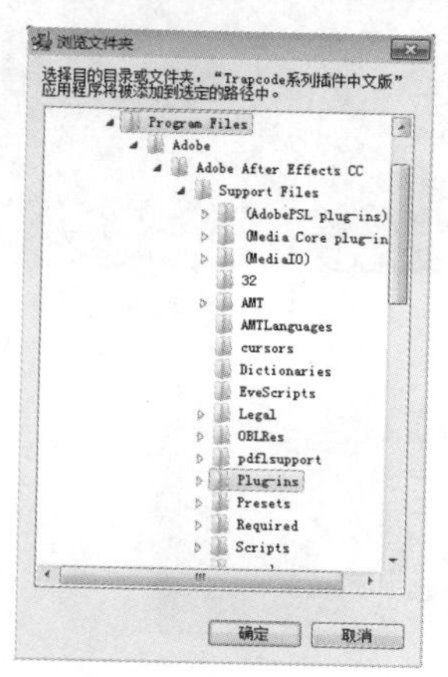

图8-31 浏览文件夹

专家课堂

After Effects CC的所有滤镜特效都存放于Plug-ins目录中，每次启动时系统会自动搜索Plug-ins目录中的滤镜特效，并将搜索到的滤镜特效加入到After Effects CC的“效果”菜单中。

03 设置“浏览文件夹”的路径位置后，单击“确定”按钮将会切换回安装程序，在“目的目录”项目中将显示所设置的安装路径，如图8-32所示。

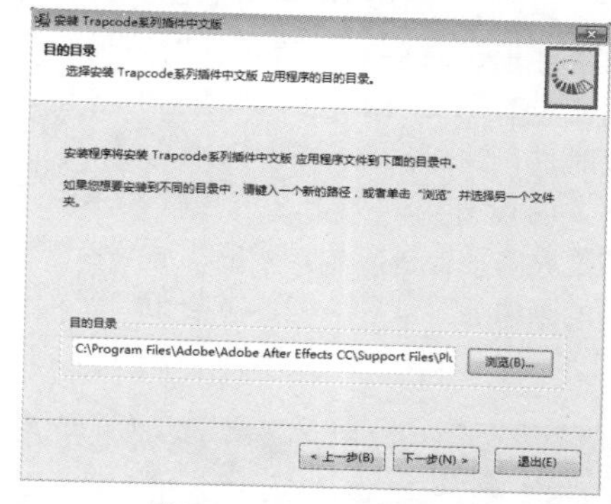

图8-32 显示安装路径

8.3.3 插件安装进程

01 确定安装路径设置无误后单击“下一步”按钮，系统将执行正在安装文件的进度，如图8-33所示。

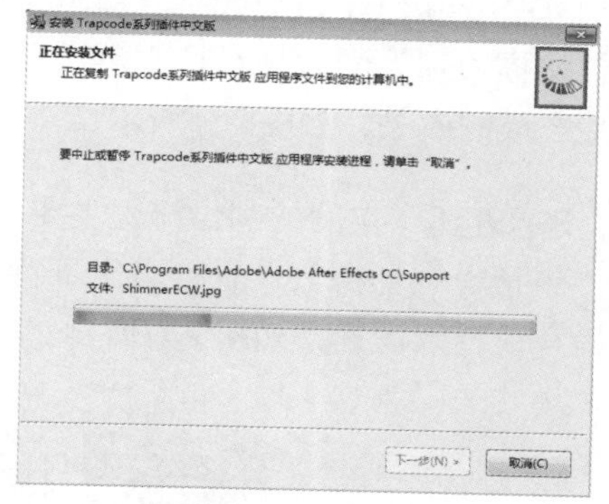

图8-33 安装进度

02 当安装文件的进度完成后，系统将提示应用程序已经成功安装，然后单击“完成”按钮结束安装，如图8-34所示。

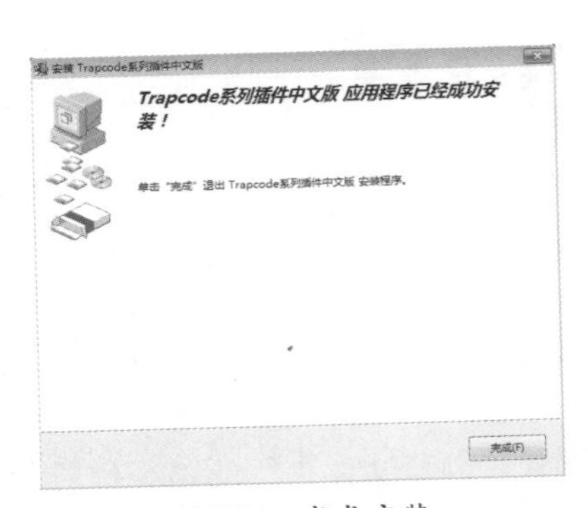

图8-34　完成安装

专家课堂

第三方插件程序一般都需要额外进行信息注册，有些在安装程序时注册，有些则在启动After Effects CC并应用该滤镜特效时进行注册。

若没有正确对第三方插件程序注册，该程序将不会被应用，或应用后"监视器"中的画面显示"DEMO"水印和"红叉"。

03 启动After Effects CC软件并进行影片合成，在"效果"菜单中将显示安装的第三方插件程序，从而可以丰富软件功能，提升制作效果，如图8-35所示。

图8-35　显示插件

8.4 实例——奥运五环

素材文件	配套光盘→范例文件→Chapter8	难易程度	★★★☆☆
重要程度	★★★☆☆	实例重点	掌握描边与扫光特效的应用

在制作"奥运五环"实例时，先将文本工具建立的文字进行发光动画设置，然后通过添加3D Stroke与Shine效果滤镜丰富炫目效果，使描边和发光效果衬托文字，从而丰富影片合成的效果，如图8-36所示。

"奥运五环"实例的制作流程主要分为3部分，包括①圆环特效设置；②字幕特效设置；③合成特效设置，如图8-37所示。

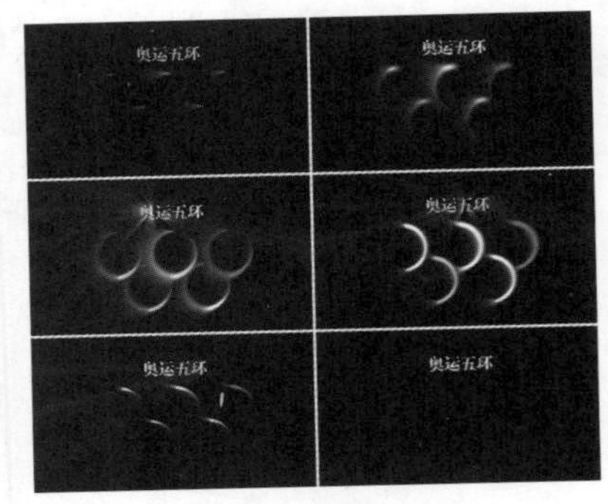
图8-36　实例效果

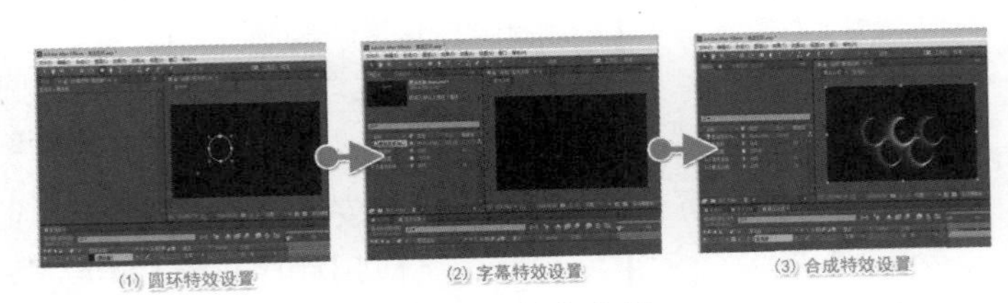

图8-37　制作流程

8.4.1 圆环特效设置

01 启动After Effects CC软件并在“项目”面板的空白位置双击鼠标“左”键，选择本书配套光盘中的“奥运五环”文字素材进行导入，作为影片合成的素材，如图8-38所示。

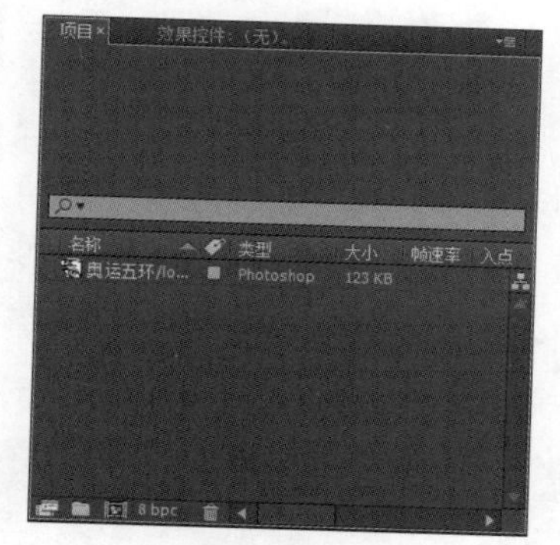

图8-38 添加素材

02 在菜单中选择【合成】→【新建合成】命令项，建立新的合成文件，如图8-39所示。

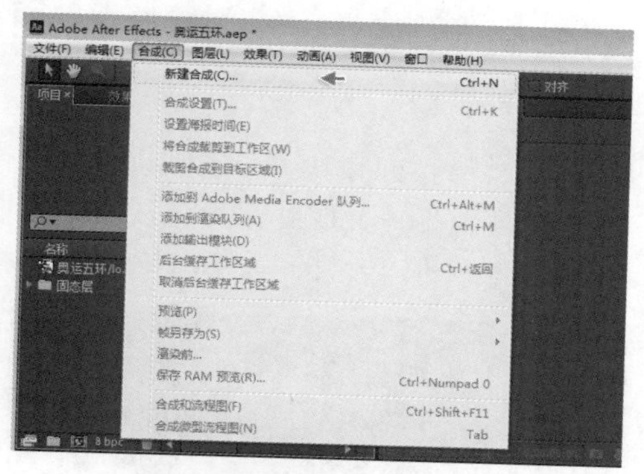

图8-39 新建合成

03 在弹出的“合成设置”对话框中设置合成名称为“发光环”、预设为HDV/HDTV 720 25小高清类型、帧速率为25帧/秒、持续时间为4秒、背景颜色为黑色，如图8-40所示。

04 在菜单中选择【图层】→【新建】→【纯色】命令项，建立纯色的“固态层”素材，准备为影片制作发光五环效果，如图8-41所示。

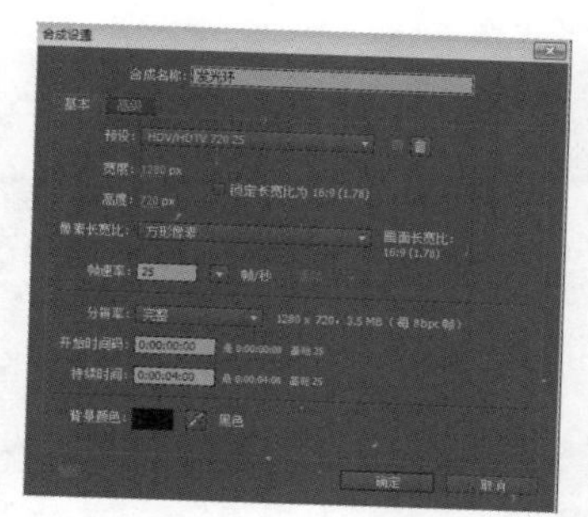

图8-40 合成设置

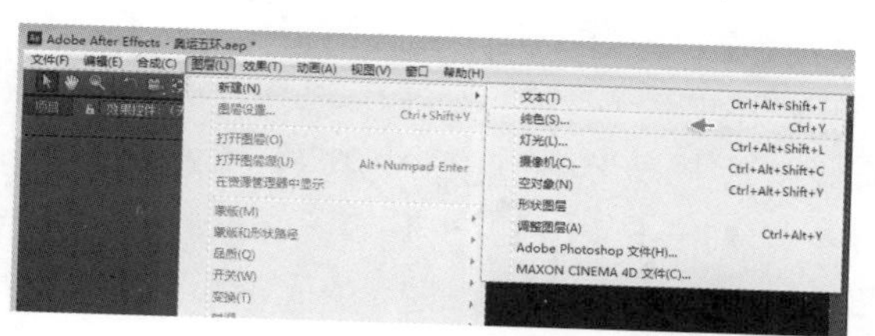

图8-41 新建纯色层

05 在弹出的“纯色设置”对话框中设置名称为“黑色板”，大小为1280×720像素，再将纯色层的颜色设置为黑色，如图8-42所示。

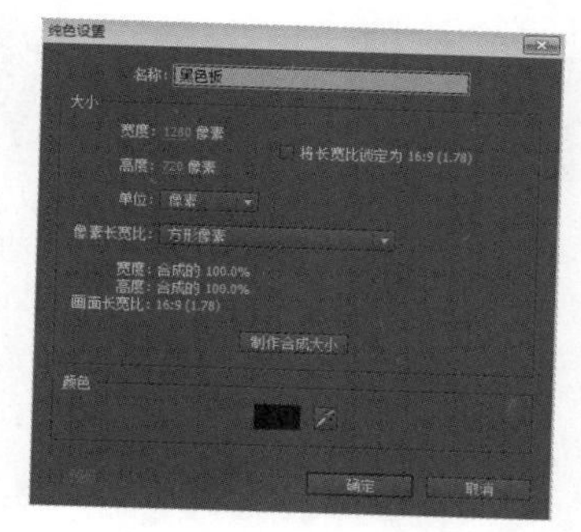

图8-42 纯色设置

06 在“时间线”面板中选择“黑色板”层，并在工具栏中单击椭圆遮罩工具按钮，然后按“Shift+Ctrl”键在“合成”窗口中绘制Mask选区，使遮罩选区成为正圆样式，如图8-43所示。

专家课堂

使用遮罩工具绘制图形时，如直接绘制将会得到“椭圆”或“长方形”的样式，如在绘制时按“Shift+Ctrl”键会得到“正圆”或“正方”图形。

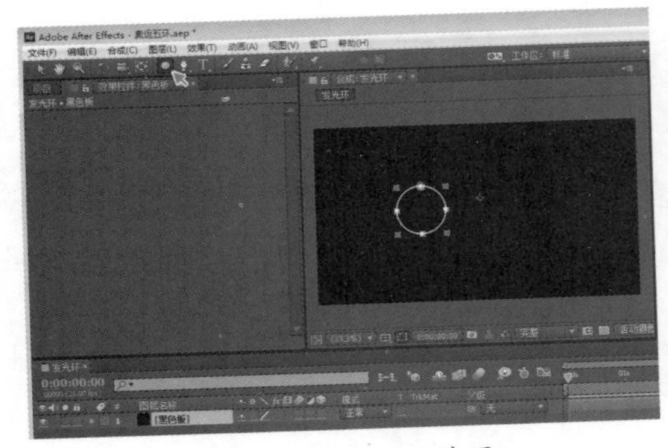

图8-43 绘制遮罩选区

07 在“时间线”面板中选择“黑色板”层，然后在菜单中选择【效果】→【Trapcode】→【3D Stroke（三维描边）】命令项，准备为遮罩添加描边效果，如图8-44所示。

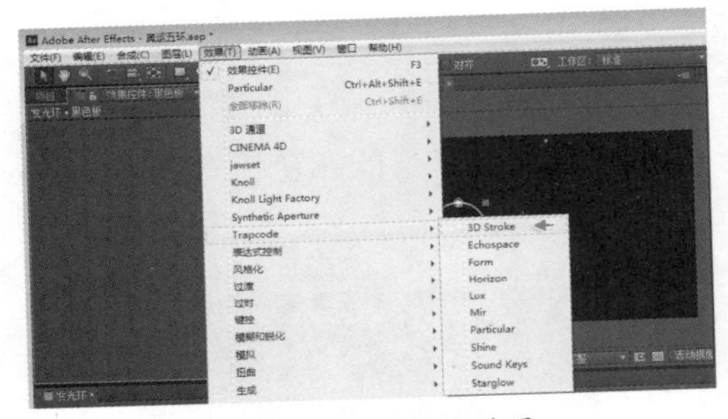

图8-44 添加描边效果

08 在“效果”面板中设置“3D Stroke”效果滤镜的厚度值为25、羽化值为100、内部不透明度值为28，然后再开启“锥度”卷展栏下的“启用”项，在“合成”窗口中就会出现描边效果，如图8-45所示。

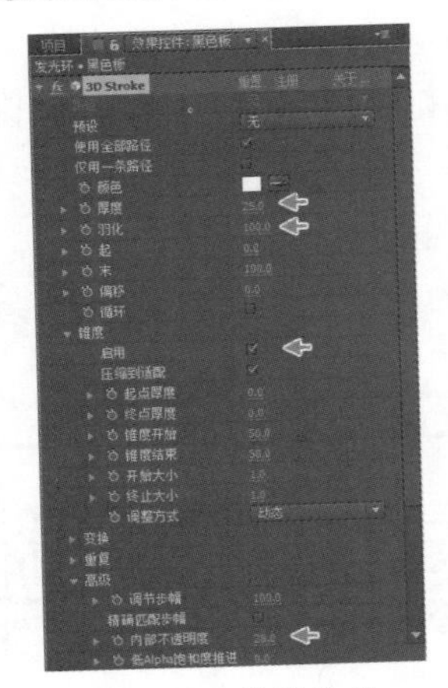

图8-45 效果设置

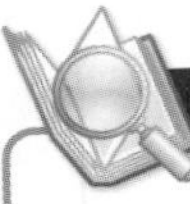

专家课堂

“锥度”设置卷展栏中开启“启用”项目后，三维描边会产生两端尖的效果，在其中还可以通过设置参数来控制描边的外形。

09 在“时间线”面板中选择“黑色板”层并展开描边效果的“偏移”项，再将时间滑块拖拽至影片的起始位置，然后单击“偏移”项前的码表图标，设置起始帧偏移值为－100；继续将时间滑块拖拽至影片第3秒24帧位置，设置结束帧偏移值为100，使描边效果产生圆周围绕的运动，如图8-46所示。

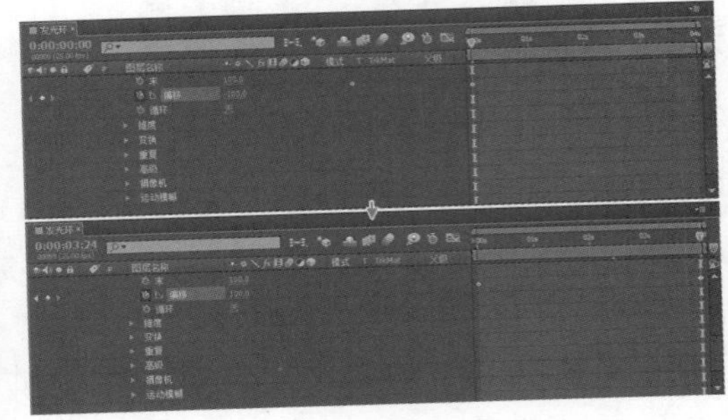

图8-46 偏移动画设置

10 在“预览”面板中单击播放/暂停按钮，然后在“合成”窗口中观察遮罩圆环的偏移动画效果，如图8-47所示。

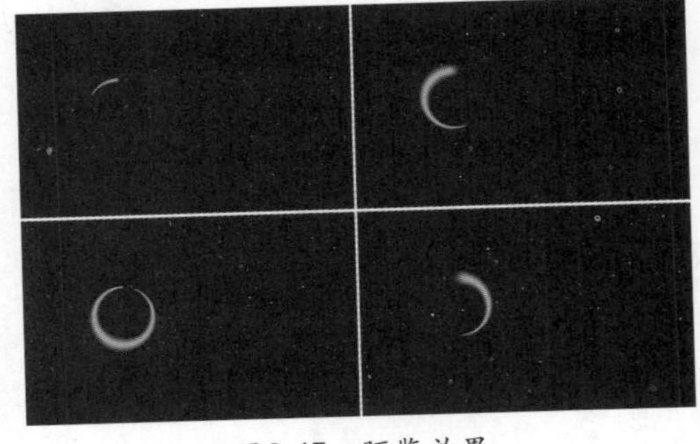

图8-47 预览效果

11 在“时间线”面板中选择“黑色板”层，然后在菜单中选择【效果】→【Trapcode】→【Shine（体积光）】命令项，准备为圆环添加发光效果，丰富影片的炫目效果，如图8-48所示。

图8-48 添加体积光效果

⑫ 在“效果”面板中设置“Shine”效果滤镜的光芒长度值为1、提升亮度值为6，然后再设置颜色模式为“火焰”类型并调整高光色、中间调和阴影色，在“合成”窗口中就会出现圆环的光线效果，完成圆环设置的基本操作，如图8-49所示。

图8-49 效果设置

⑬ 在“预览”面板中单击▶播放/暂停按钮，然后在“合成”窗口中观察发光圆环的动画效果，如图8-50所示。

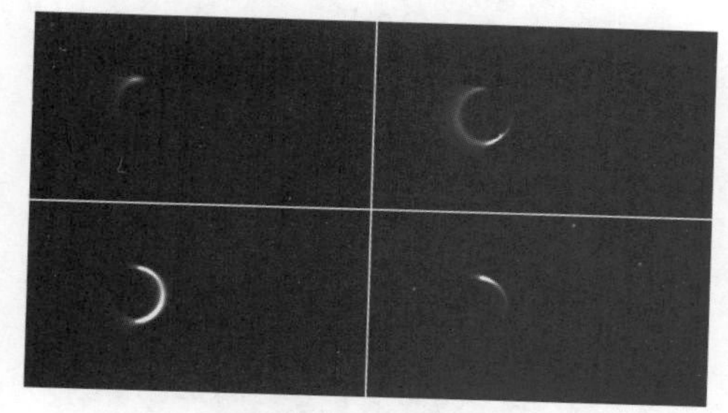
图8-50 预览效果

⑭ 在“时间线”面板中选择“黑色板”层，然后按“Ctrl+D”键复制四层，准备为影片制作五环的炫目效果，如图8-51所示。

⑮ 在“时间线”面板中分别选择“黑色板”层，然后配合鼠标调节每层圆环的位置，使之摆放成为五环图案效果，如图8-52所示。

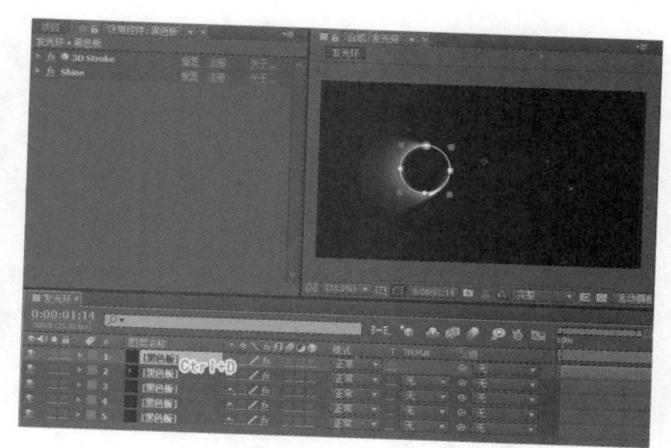

图8-51 复制图层

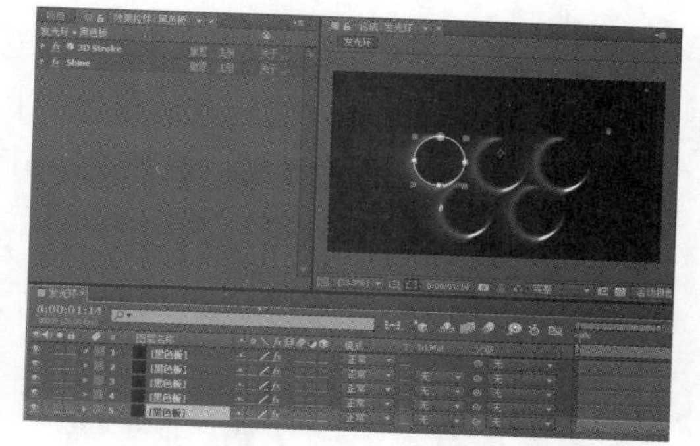
图8-52 图层位置调整

⑯ 在“时间线”面板中选择“黑色板2”层，然后在“效果”面板中设置“Shine”效果滤镜的颜色模式为“三色渐变”类型并调整高光色、中间调和阴影色，在“合成”窗口中就会出现白色圆环的光线效果，如图8-53所示。

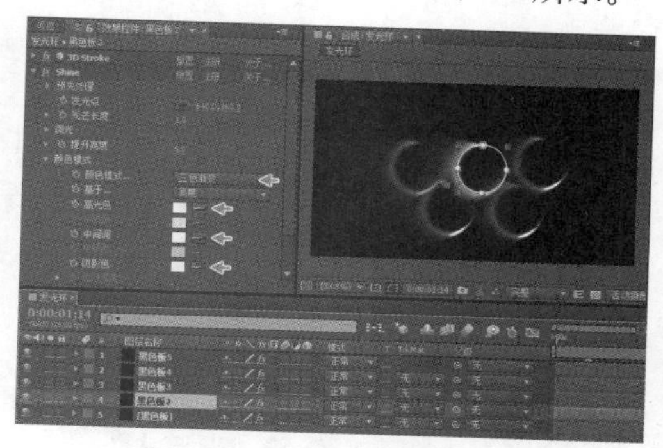
图8-53 白色圆环效果设置

⑰ 在“时间线”面板中选择“黑色板3”层，然后在“效果”面板中设置“Shine”效果滤镜的颜色模式为“单一颜色”类型，再调整颜色为红色，在“合成”窗口中就会出现红色圆环的光线效果，如图8-54所示。

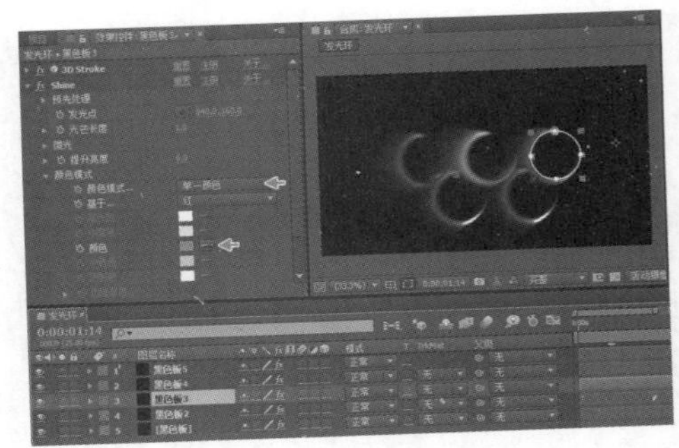
图8-54 红色圆环效果设置

18 在“时间线”面板中选择“黑色板4”层，然后在“效果”面板中设置“Shine”效果滤镜的颜色模式为“三色渐变”类型并调整高光色、中间调和阴影色，在“合成”窗口中就会出现黄色圆环的光线效果，如图8-55所示。

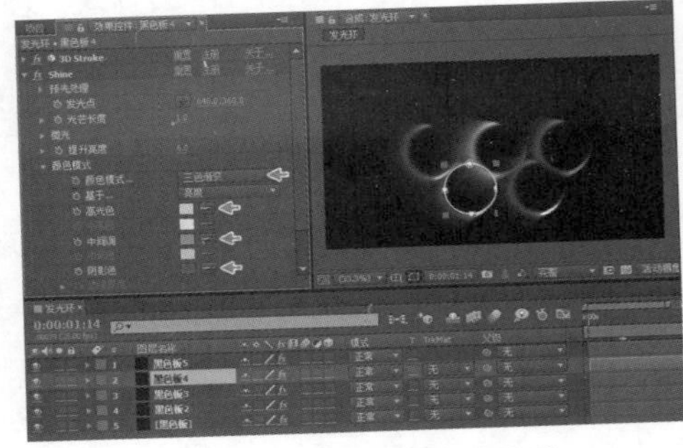
图8-55 黄色圆环效果设置

19 在“时间线”面板中选择“黑色板5”层，然后在“效果”面板中设置“Shine”效果滤镜的颜色模式为“三色渐变”类型并调整高光色、中间调和阴影色，在“合成”窗口中就会出现绿色圆环的光线效果，完成圆环特效合成设置的操作，如图8-56所示。

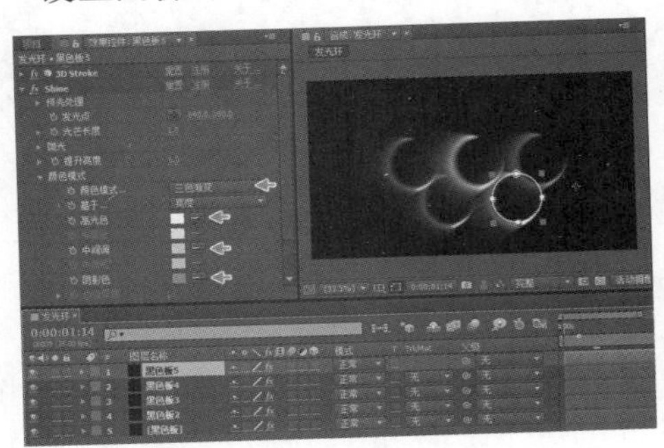
图8-56 绿色圆环效果设置

20 在“预览”面板中单击▶播放/暂停按钮，然后在“合成”窗口中观察发光五环的动画效果，如图8-57所示。

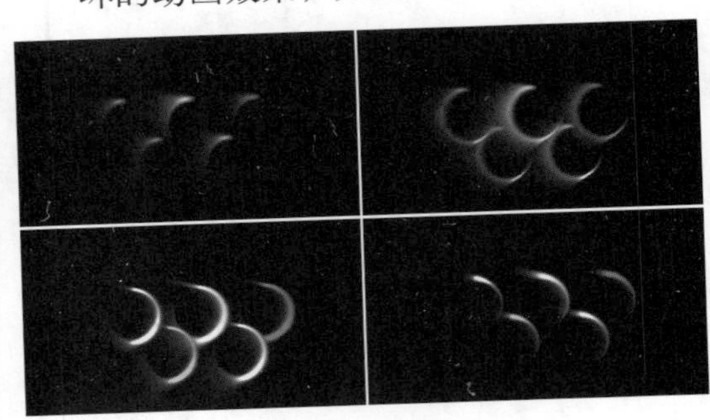
图8-57 预览效果

8.4.2 字幕特效设置

01 在菜单中选择【合成】→【新建合成】命令项，建立新的合成文件，在弹出的“合成设置”对话框中设置合成名称为“流光字体”、预设为HDV/HDTV 720 25小高清类型、帧速率为25帧/秒、持续时间为4秒、背景颜色为黑色，如图8-58所示。

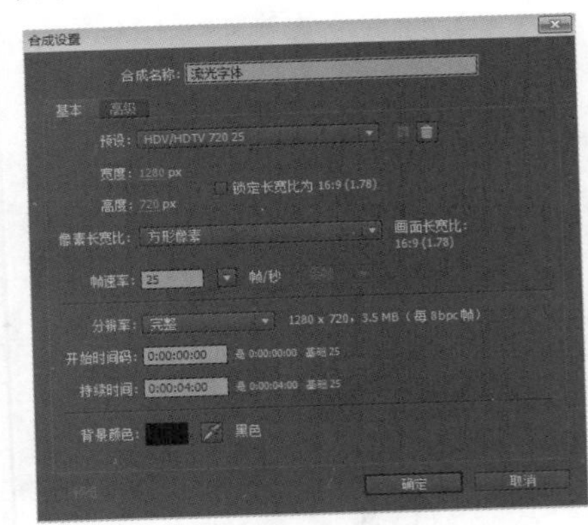

图8-58 合成设置

02 在“项目”面板中选择“奥运五环”文字素材，将此素材拖拽至“时间线”面板，作为合成影片的文字素材，如图8-59所示。

03 在“时间线”面板中选中文字层，然后在菜单中选择【编辑】→【重复】命令项，复制文字素材，如图8-60所示。

图8-59 拖拽素材

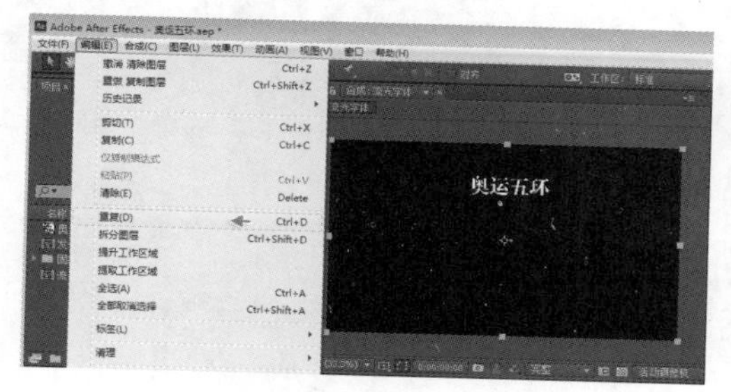
图8-60 复制文字层

04 在“时间线”面板中选中文字层，然后设置图层模式为“相加”方式，使文字和背景融合在一起，如图8-61所示。

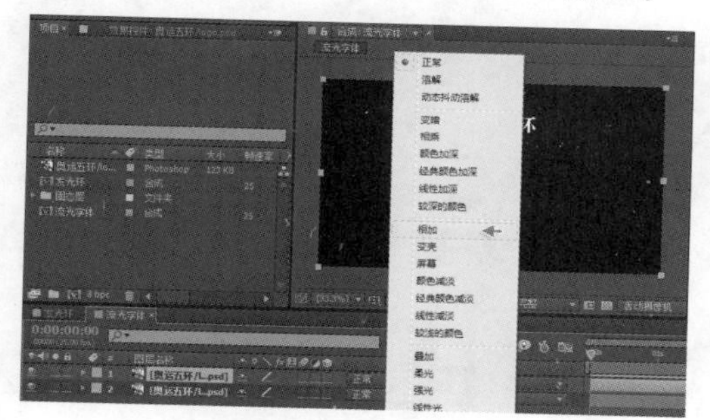
图8-61 层相加设置

05 在“时间线”面板中选择文字层，然后在菜单中选择【效果】→【Trapcode】→【Shine（体积光）】命令项，准备为文字添加光线效果，如图8-62所示。

图8-62 添加体积光效果

06 在“效果”面板中设置“Shine”效果滤镜的光芒长度值为8、数量值为200，然后再开启“使用遮罩”项，在“合成”窗口中就会出现文字的光线效果，如图8-63所示。

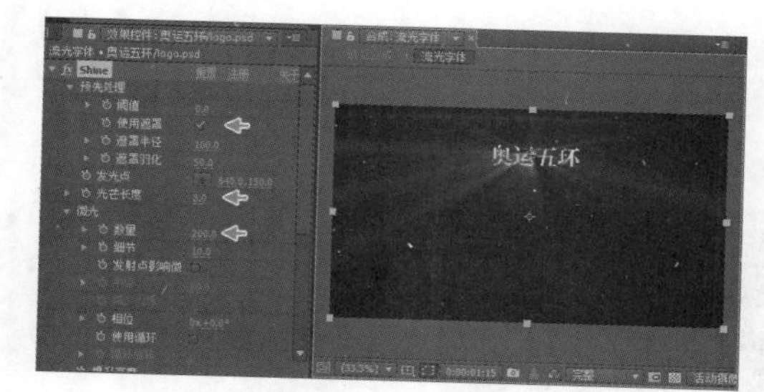
图8-63 效果设置

07 在“效果”面板中设置“Shine”效果滤镜的颜色模式为“三色渐变”类型并调整高光色、中间调和阴影色，使文字效果与影片色调相融合，如图8-64所示。

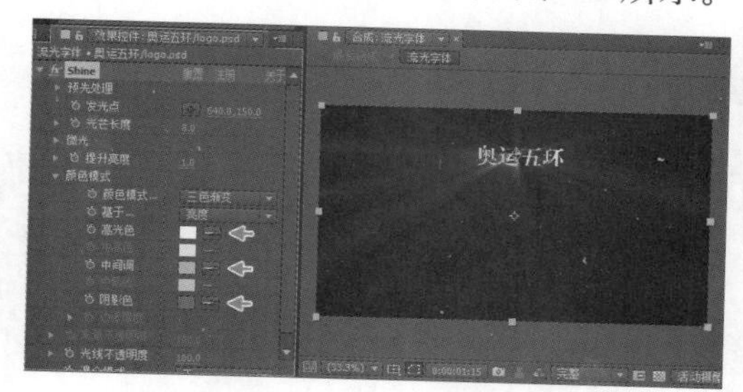
图8-64 颜色模式设置

08 在“时间线”面板中选择文字层并展开“Shine”特效，然后开启“发光点”项前的码表图标，将时间滑块拖拽至影片的起始位置，设置起始帧发光点值为X轴300、Y轴150；再将时间滑块拖拽至影片第3秒24帧位置，设置结束帧发光点值为X轴900、Y轴150，完成光线位移的动画效果，如图8-65所示。

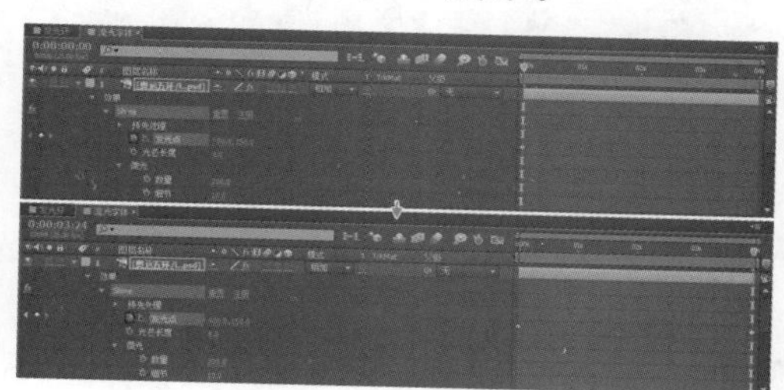
图8-65 发光点设置

专家课堂

"发光点"项目可以改变光线的发射角度，从而产生类似"扫光"的效果。

09 在"预览"面板中单击▶播放/暂停按钮，然后在"合成"窗口中观察文字光线的动画效果，如图8-66所示。

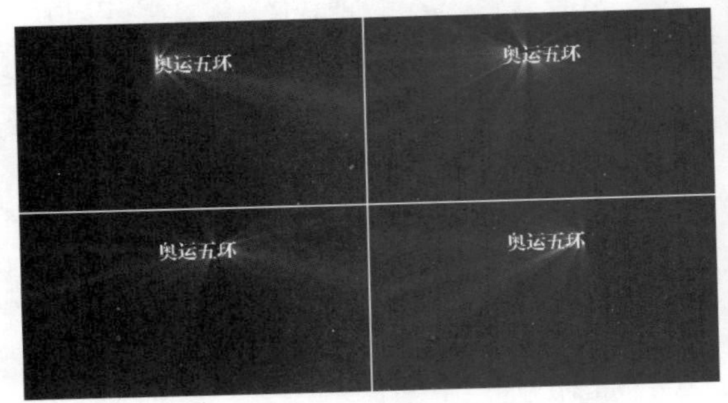

图8-66 预览效果

8.4.3 合成特效设置

01 在菜单中选择【合成】→【新建合成】命令项，建立新的合成文件，在弹出的"合成设置"对话框中设置合成名称为"最后合成"、预设为HDV/HDTV 720 25小高清类型、帧速率为25帧/秒、持续时间为4秒、背景颜色为黑色，如图8-67所示。

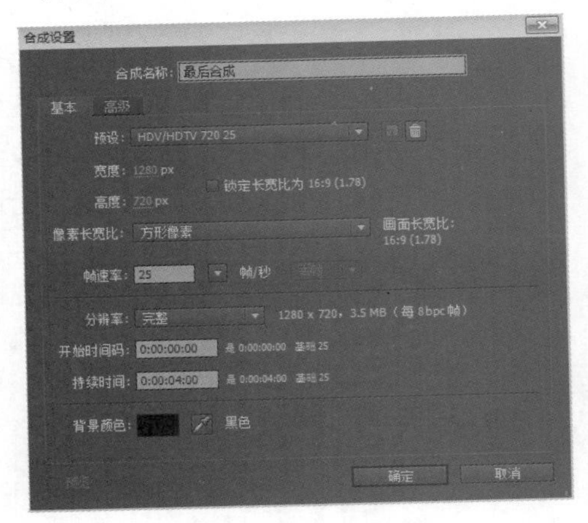

图8-67 合成设置

02 在"项目"面板中选择"发光环"和"流光字体"合成文件并拖拽至"最后合成"的"时间线"面板中，作为影片多合成项目的使用，如图8-68所示。

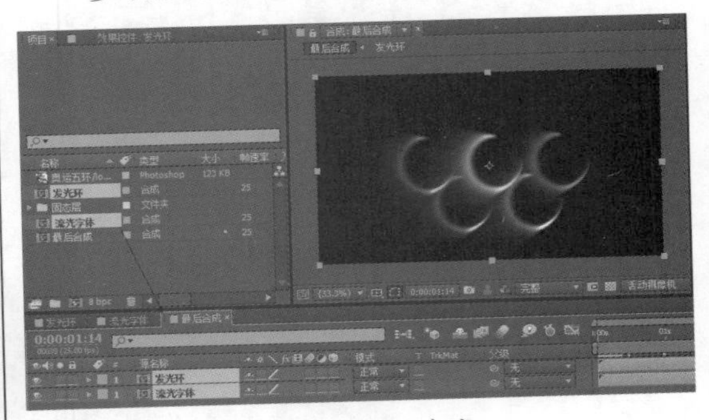

图8-68 添加合成

03 在"时间线"面板中选择"流光字体"合成层并拖动至顶层，设置图层模式为"相加"方式，使合成与背景融合在一起，如图8-69所示。

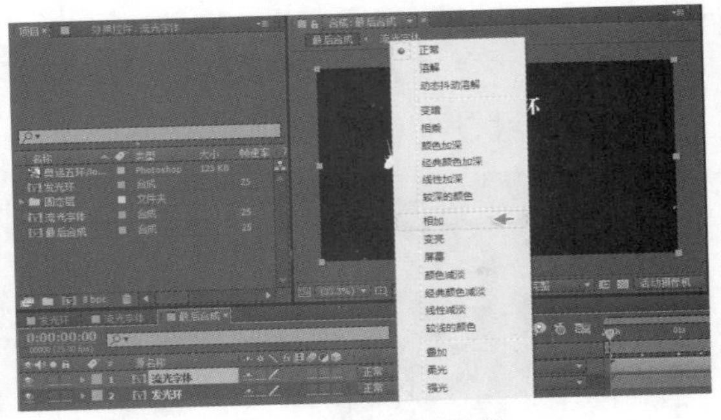

图8-69 层相加设置

专家课堂

"相加"模式可以将当前层影片的颜色相加到下层影片上，得到更为明亮的颜色，混合色为纯黑或纯白时不发生变化，适合制作强烈的光效。

04 在"时间线"面板中选择"流光字体"合成层，然后在影片起始位置按"T"键展开不透明度项并开启码表图标，再将时间滑块拖拽至影片第11帧位置，设置结束帧不透明度值为100，使文字产生由透明至显示的动画，完成影片的最终设置，如图8-70所示。

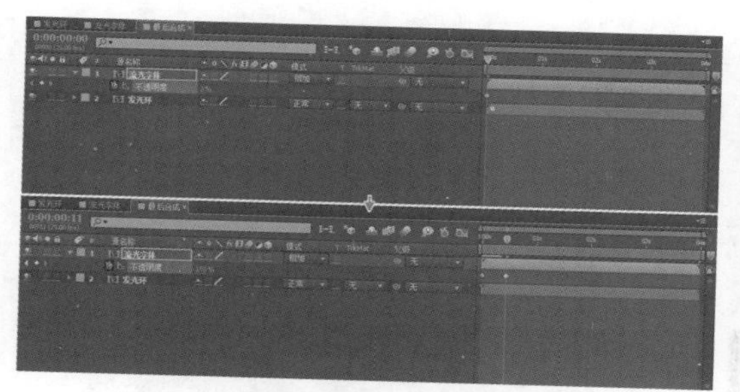
图8-70 透明动画设置

05 在“预览”面板中单击▶播放/暂停按钮，然后在“合成”窗口中观察奥运五环的动画最终效果，如图8-71所示。

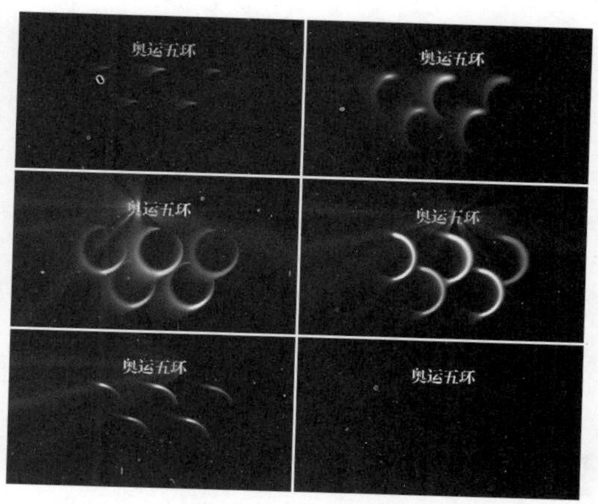

图8-71 最终效果

8.5 实例——波动水流

素材文件	配套光盘→范例文件→Chapter8	难易程度	★★☆☆☆
重要程度	★★☆☆☆	实例重点	掌握滤镜效果与叠加的效果动画设置

在制作“波动水流”实例时，先设置素材缩放动画，然后通过添加效果滤镜，设置遮罩、叠加等项目，使水流效果更加真实，从而丰富影片合成的效果，如图8-72所示。

图8-72 实例效果

“波动水流”实例的制作流程主要分为3部分，包括①水流特效设置；②背景特效合成；③最终效果设置，如图8-73所示。

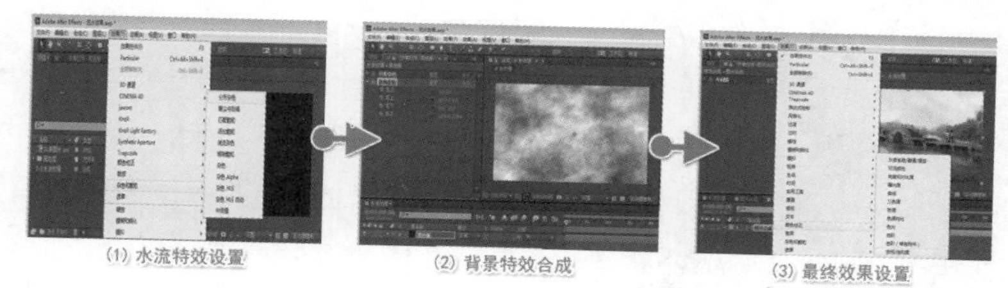

图8-73 制作流程

8.5.1 水流特效设置

01 启动After Effects CC软件并在“项目”面板的空白位置双击鼠标“左”键，然后选择本书配套光盘中的“风景图片”图像素材进行导入，作为影片合成的素材，如图8-74所示。

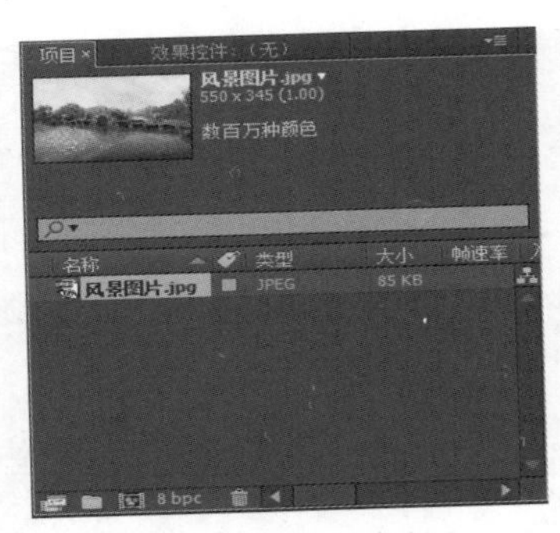
图8-74　添加素材

02 在菜单中选择【合成】→【新建合成】命令项，新建合成所需的文件，如图8-75所示。

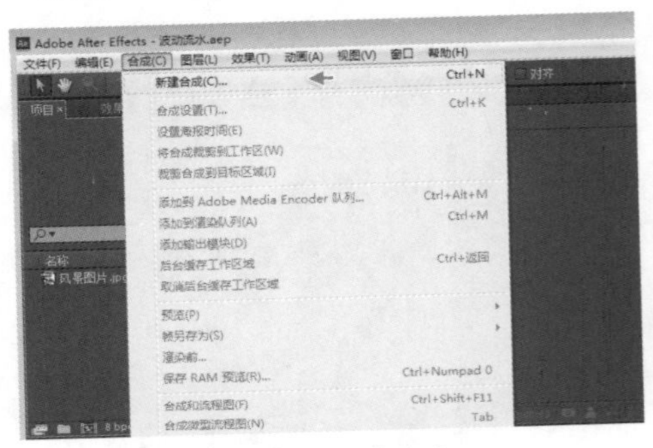
图8-75　新建合成

03 在弹出的“合成设置”对话框中设置合成名称为“水波纹理”、预设为HDV/HDTV 720 25小高清类型、帧速率为25帧/秒、持续时间为6秒、背景颜色为黑色，如图8-76所示。

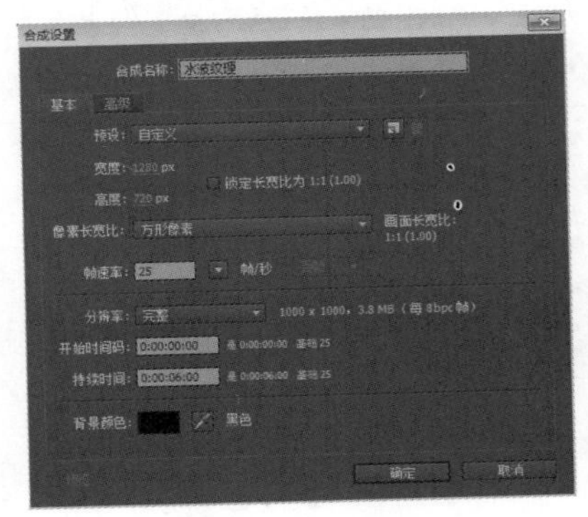
图8-76　合成设置

04 在菜单中选择【图层】→【新建】→【纯色】命令项新建图层，然后在弹出的“纯色设置”对话框中设置名称为“黑色板”，大小为1280×720像素、颜色为黑色，如图8-77所示。

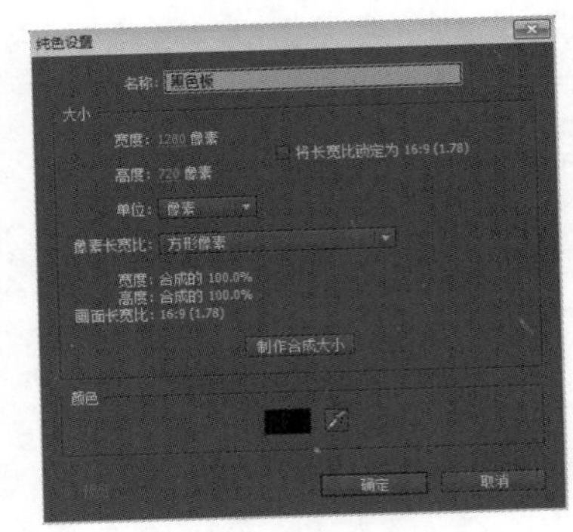
图8-77　纯色设置

05 在“时间线”面板中选择“黑色板”层，然后在菜单中选择【效果】→【杂色和颗粒】→【分形杂色】命令项，准备为黑色板添加杂色效果，如图8-78所示。

图8-78　添加杂色效果

专家课堂

“分形噪波”滤镜特效可以为影片增加分形噪波，用于创建一些复杂的物体及纹理效果。该滤镜可以模拟自然界真实的烟尘、云雾和流水等多种效果。

06 在“效果”面板中设置“分形杂色”效果滤镜的对比度值为120、亮度值为10、复杂度值为7，再设置溢出为“反绕”类型，在“合成”窗口中就会出现黑白噪波效果，如图8-79所示。

07 在“时间线”面板中选择“黑色板”层，然后在菜单中选择【效果】→【扭曲】→【边角定位】命令项，准备选取杂色效果，如图8-80所示。

“边角定位”滤镜特效可以利用图像4个边角坐标位置的变化对图像进行变形处理，主要用于根据需要定位图像。此滤镜特效可以用来位移、伸缩、倾斜和扭曲图形，也可以用来模拟透视效果。

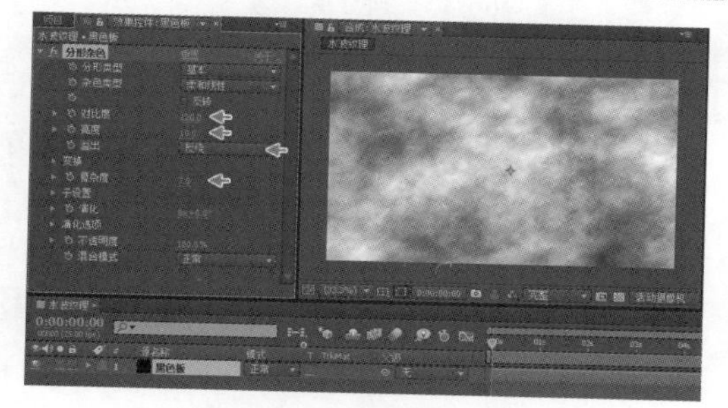

图8-79　分形杂色效果设置

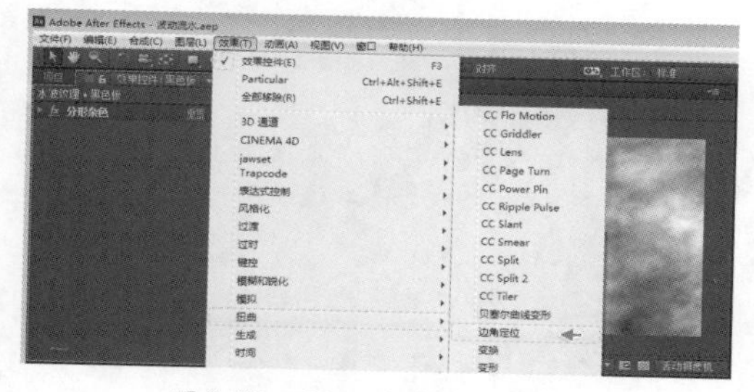

图8-80　添加边角定位效果

08 在“效果”面板中设置“边角定位”效果滤镜的左上值为X轴－260、Y轴－200，右上值为X轴550、Y轴－170，左下值为X轴－1210、Y轴620，右下值为X轴1580、Y轴570，完成影片水流效果的基础设置，如图8-81所示。

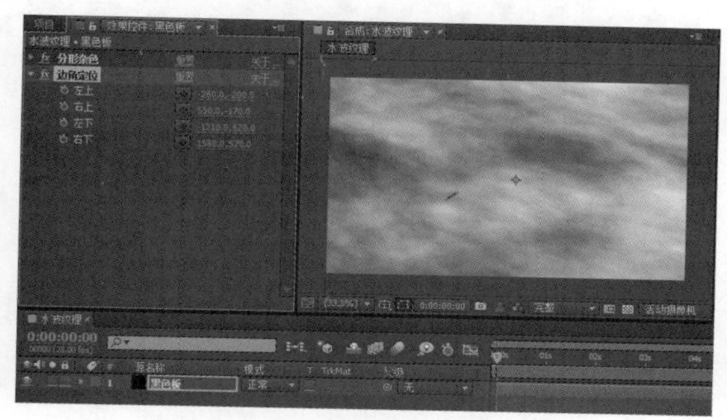

图8-81　边角定位效果设置

09 在“预览”面板中单击▶播放/暂停按钮，然后在“合成”窗口中观察杂色变换的动画效果，如图8-82所示。

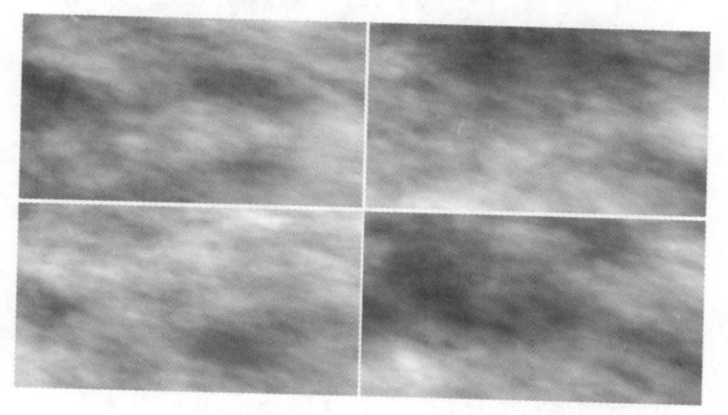

图8-82　预览效果

8.5.2　背景特效合成

01 在菜单中选择【合成】→【新建合成】命令项，然后在弹出的“合成设置”对话框中设置合成名称为“图片合成”、预设为HDV/HDTV 720 25小高清类型、帧速率为25帧/秒、持续时间为6秒、背景颜色为黑色，如图8-83所示。

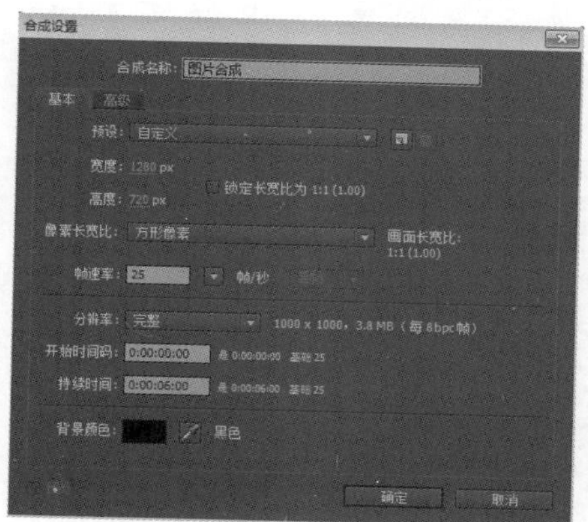

图8-83　合成设置

02 在“项目”面板中选择“风景图片”素材并拖拽至“时间线”面板中，然后按“Ctrl+Alt+F”键，将导入的素材匹配至合成画面的大小，作为合成影片的背景素材，如图8-84所示。

03 在“项目”面板中选择“水波纹理”合成文件并拖拽至“时间线”面板的顶层，作为合成影片的水流素材，如图8-85所示。

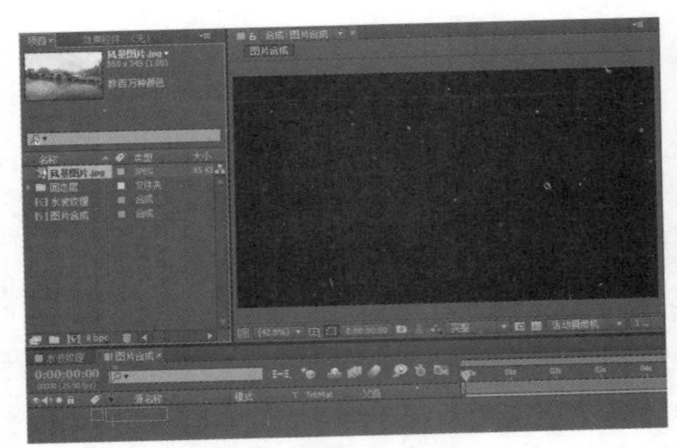
图8-84　添加素材

图8-85　添加合成

04 在“时间线”面板中选择“水波纹理”合成层，设置图层模式为“柔光”方式，使黑白噪波层与素材层融合在一起，如图8-86所示。

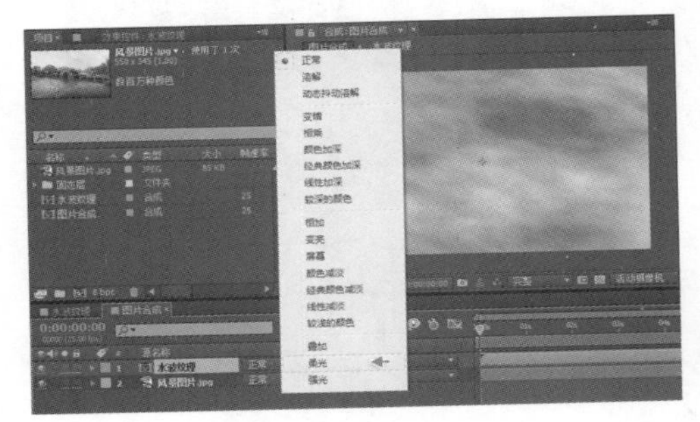
图8-86　柔光设置

05 在“时间线”面板中选择“水波纹理”合成层，然后在菜单中选择【效果】→【模拟】→【焦散】命令项，准备为水波纹理合成添加焦散效果，如图8-87所示。

专家课堂

“焦散”滤镜特效可以模拟真实的反射和折射效果。

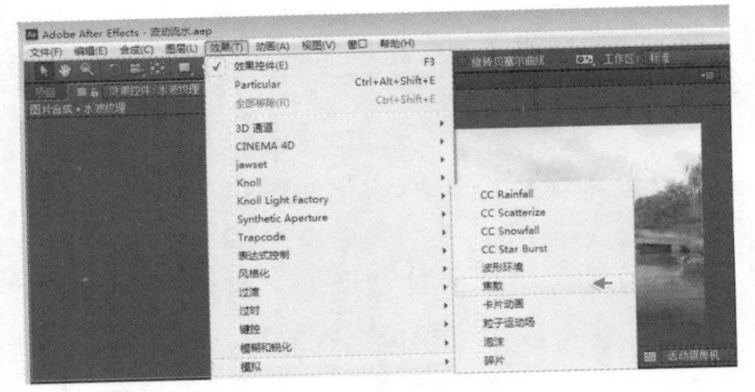
图8-87　添加焦散效果

06 在“效果”面板中设置“焦散”效果滤镜的底部为“风景图片”层、水面为“水波纹理”层、表面颜色为绿色，再设置表面不透明度值为0.24、强度值为0.11，在“合成”窗口中就会出现焦散设置的效果，如图8-88所示。

图8-88　焦散效果设置

07 在“项目”面板中选中“风景图片”素材并拖拽至“时间线”面板顶层，准备为影片制作遮罩效果，如图8-89所示。

图8-89　添加素材

08 在“时间线”面板中选择“风景图片”素材层，然后按“Ctrl+Alt+F”键匹配素材至画面大小，如图8-90所示。

图8-90　匹配设置

09 在"时间线"面板中选择"风景图片"素材层，然后在影片起始位置按"S"键展开"缩放"项并开启码表图标，再将时间滑块拖拽至影片第7秒24帧位置，设置结束帧缩放值为264，使画面产生放大动画效果，如图8-91所示。

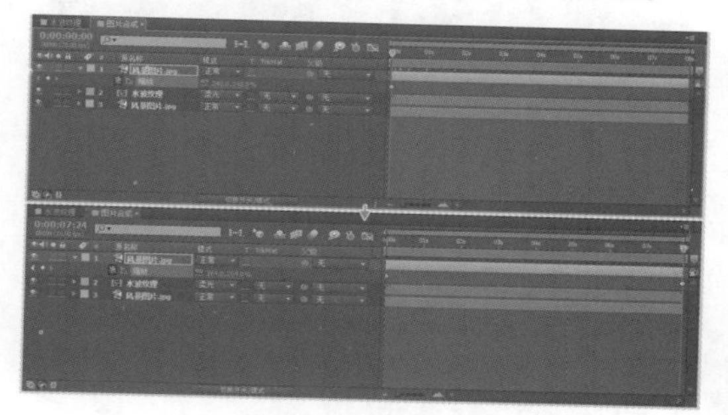
图8-91　缩放动画设置

10 在"时间线"面板中拖动时间滑块，然后在"合成"窗口中就会出现素材放大的动画效果，如图8-92所示。

图8-92　预览效果

11 在"时间线"面板中选择"风景图片"素材层，在工具栏中单击钢笔工具按钮，然后在"合成"窗口中绘制选区，只在画面上半部分产生背景颜色，如图8-93所示。

图8-93　绘制遮罩选区

12 在"时间线"面板中展开"风景图片"层的"蒙版"卷展栏，再设置其中的蒙版羽化值为20，使遮罩边缘产生柔和过渡效果，如图8-94所示。

图8-94　羽化设置

13 在"时间线"面板中单击顶层"风景图片"素材的父级项，然后拖拽链接至底层的"风景图片"素材，使两层素材同时产生放大动画，完成影片的背景特效合成，如图8-95所示。

14 在"预览"面板中单击播放/暂停按钮，然后在"合成"窗口中观察影片动画效果，如图8-96所示。

图8-95　链接设置

图8-96　预览效果

8.5.3 最终效果设置

01 在菜单中选择【合成】→【新建合成】命令项，在弹出的“合成设置”对话框中设置合成名称为“特效合成”、预设自定义类型、宽度值为1280、高度值为720、帧速率为25帧/秒、持续时间为6秒、背景颜色为黑色，如图8-97所示。

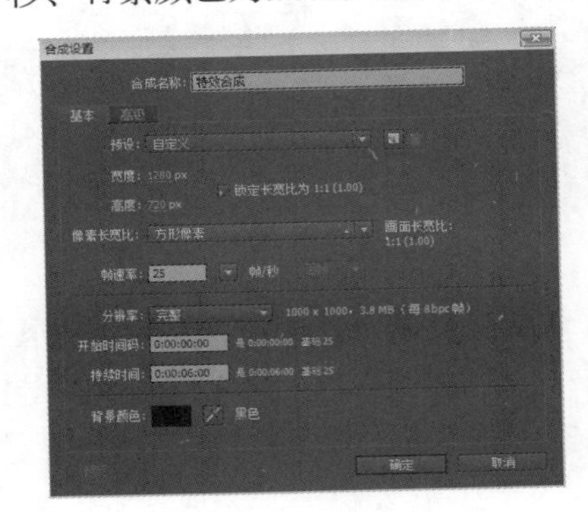
图8-97　合成设置

02 在“项目”面板中选择“图片合成”文件并拖拽至“时间线”面板中，作为合成影片的背景素材，如图8-98所示。

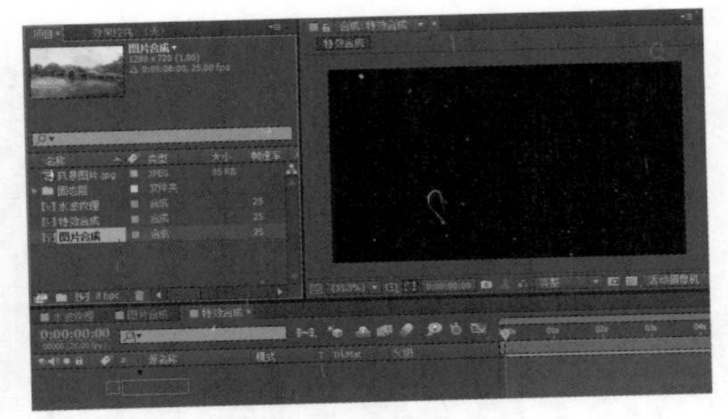
图8-98　添加合成

03 在“时间线”面板中选择“图片合成”层，然后在菜单中选择【效果】→【杂色和颗粒】→【中间值】命令项，将半径范围内的像素值融合在一起，形成新的像素值来代替原始像素，如图8-99所示。

图8-99　添加中间值效果

04 在“效果”面板中设置“中间值”效果滤镜的半径值为3，在“合成”窗口中就会出现画面柔和效果，如图8-100所示。

图8-100　中间值效果设置

05 在“时间线”面板中选择“图片合成”层，然后在菜单中选择【效果】→【颜色校正】→【色相/饱和度】命令项，准备调节影片的颜色效果，如图8-101所示。

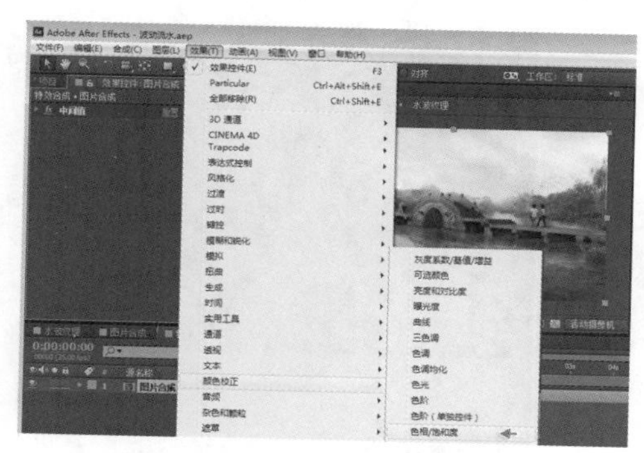
图8-101 添加色相/饱和度效果

06 在“效果”面板中设置“色相/饱和度”效果滤镜的主饱和度值为－20，使合成效果更加贴近国画效果，如图8-102所示。

07 在“预览”面板中单击▶播放/暂停按钮，然后在“合成”窗口中观察波动水流的最终动画效果，如图8-103所示。

图8-102 色相/饱和度效果设置

图8-103 最终效果

8.6 实例——三维标志

素材文件	配套光盘→范例文件→Chapter8	难易程度	★★★★☆
重要程度	★★★★★	实例重点	掌握三维文字与标识的动画设置

在制作“三维标志”实例时，先使用插件制作三维标志，然后通过添加摄影机和光效动画调整影片整体节奏，从而使影片合成的效果更加绚丽，细节更加丰富，如图8-104所示。

“三维标志”实例的制作流程主要分为3部分，包括①三维元素制作；②动画效果设置；③合成效果调整，如图8-105所示。

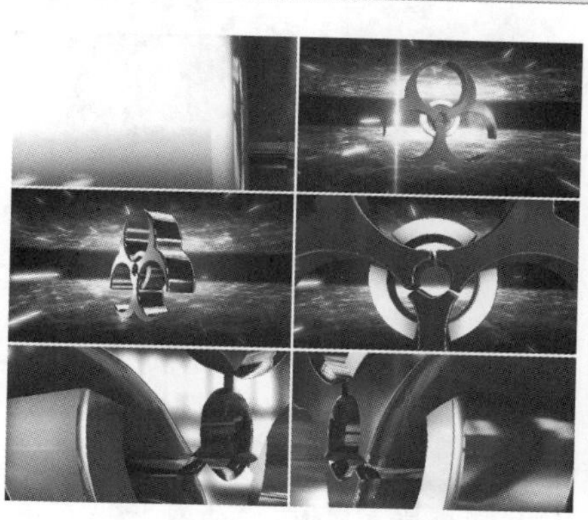
图8-104 案例效果

(1) 三维元素制作

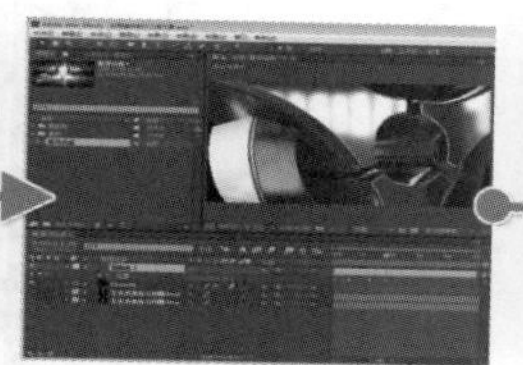
(2) 动画效果设置

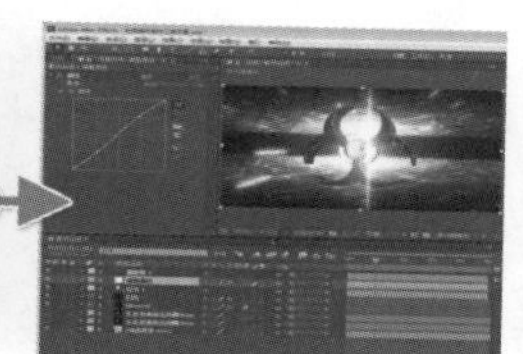
(3) 合成效果调整

图8-105 制作流程

8.6.1　三维元素制作

01 双击桌面上的After Effects CC快捷图标启动软件，然后在菜单中选择【合成】→【新建合成】命令项，如图8-106所示。

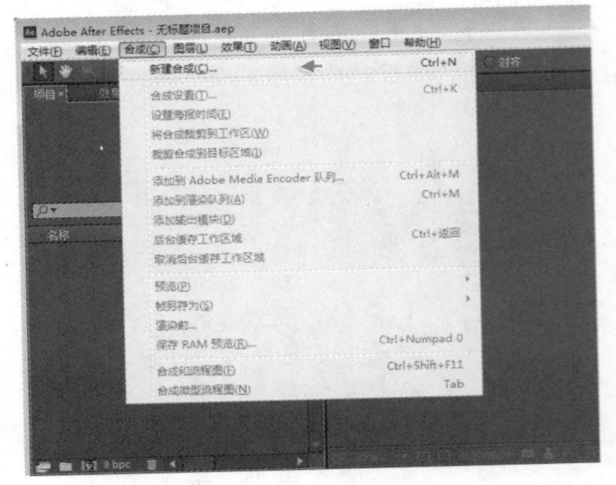

图8-106　新建合成

02 在弹出的“合成设置”对话框中设置合成名称为“最终合成”、预设为HDV/HDTV 720 25小高清类型、帧速率为25帧/秒、持续时间为5秒、背景颜色为黑色，如图8-107所示。

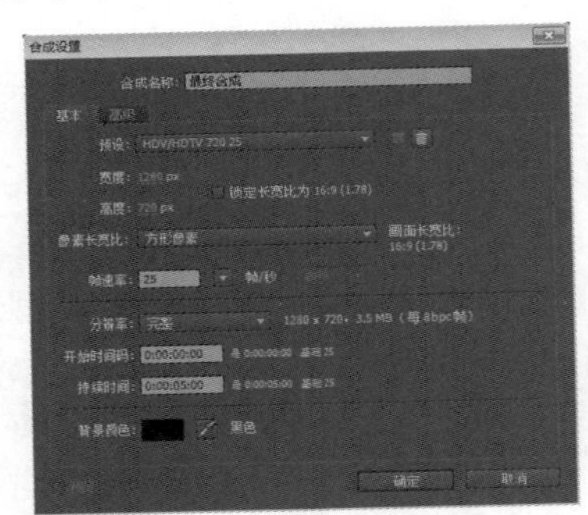

图8-107　合成设置

03 在“项目”面板单击新建文件夹按钮并将其重命名为“素材”，然后导入本书配套光盘中的“动态背景.mov”和“生化危机标志.bmp”素材，如图8-108所示。

专家课堂

新建文件夹操作可以更加便于对合成素材的管理。

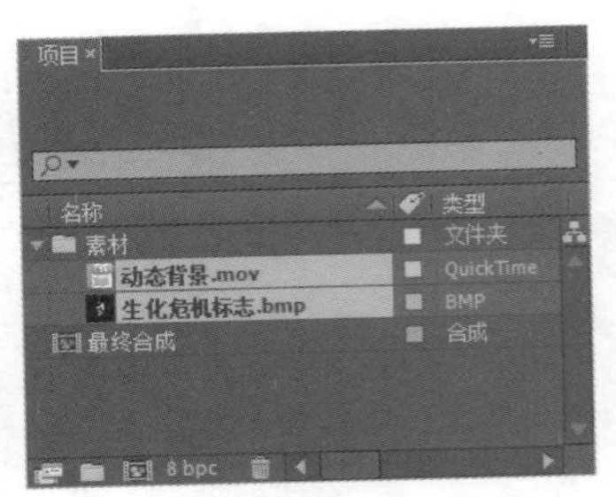

图8-108　导入素材

04 在“项目”面板将“生化危机标志”素材拖拽至“时间线”面板，准备对其进行编辑操作，如图8-109所示。

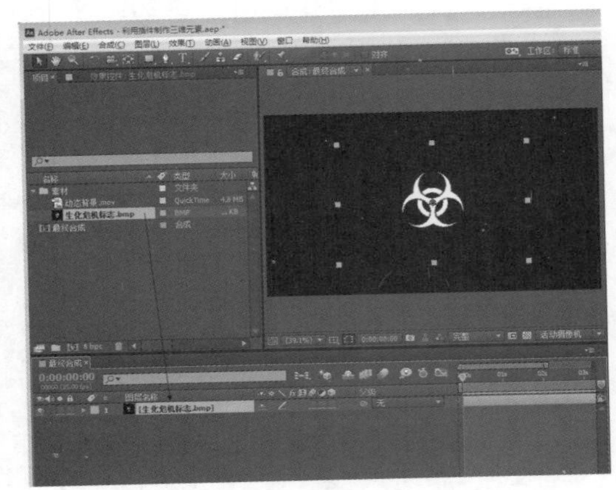

图8-109　添加素材

05 在“时间线”面板选择“生化危机标志”素材层并展开其“变换”卷展栏，然后关闭缩放项的等比链接选项，再设置缩放值为X轴180、Y轴175，如图8-110所示。

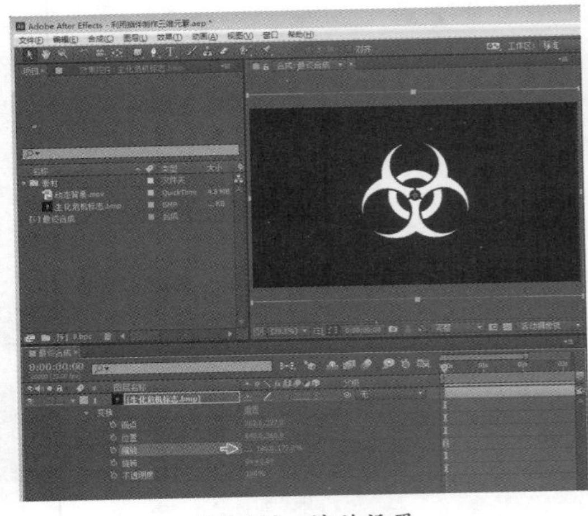

图8-110　缩放设置

06 选择工具栏的钢笔工具，在“合成”窗口沿标志的形状绘制蒙版1，如图8-111所示。

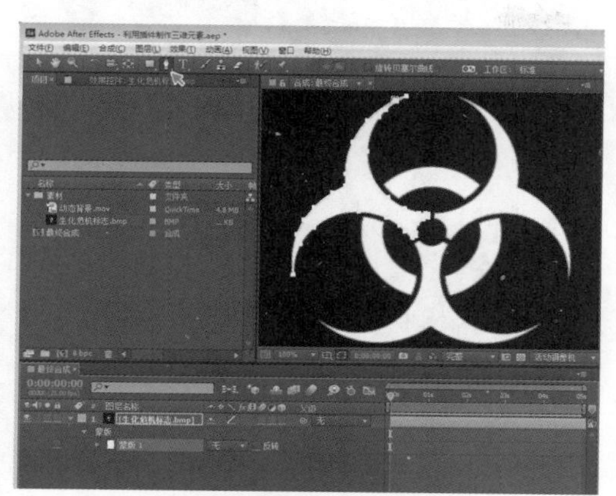

图8-111 绘制蒙版

专家课堂

在After Effects CC中，除了使用钢笔工具绘制蒙版外，还可以直接调取AI格式路径使用。

07 使用钢笔工具绘制标志外圈的形状蒙版，完成蒙版2和蒙版3的绘制，如图8-112所示。

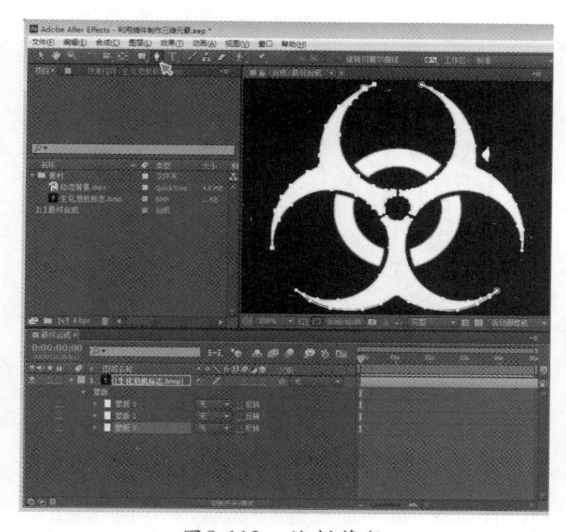

图8-112 绘制蒙版

08 使用钢笔工具在“合成”窗口绘制蒙版4、蒙版5和蒙版6，完成标志内圈的形状蒙版绘制，如图8-113所示。

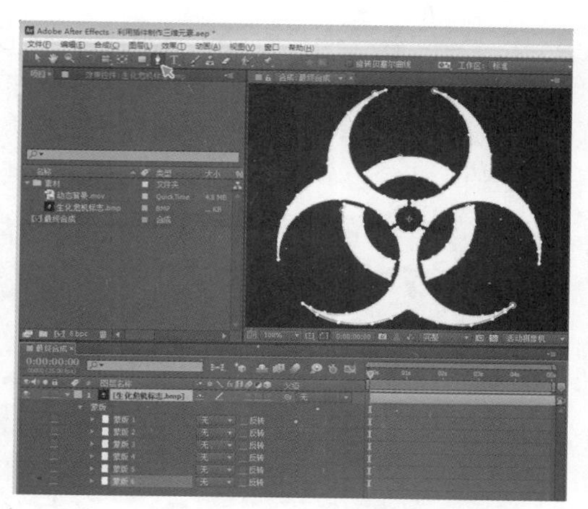

图8-113 绘制内圈形状蒙版

09 在“时间线”面板中选择“生化危机标志”图层，然后按“Ctrl+D”键执行原地复制操作，准备将标志内圈和外圈的形状蒙版区分开，如图8-114所示。

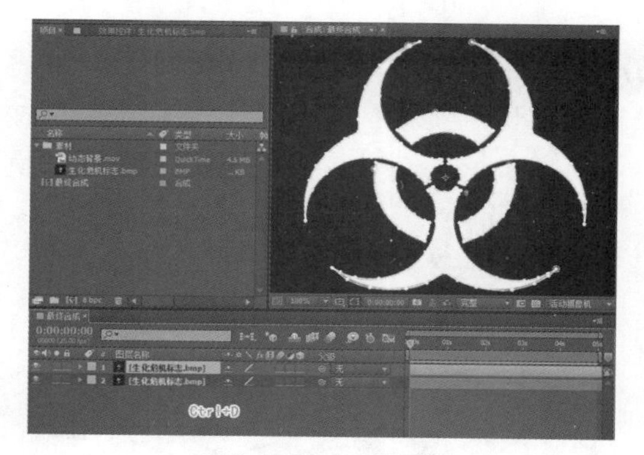

图8-114 复制图层

10 在“时间线”面板将上层标志素材重命名为“生化危机标志外圈”，再将下层标志素材重命名为“生化危机标志内圈”，如图8-115所示。

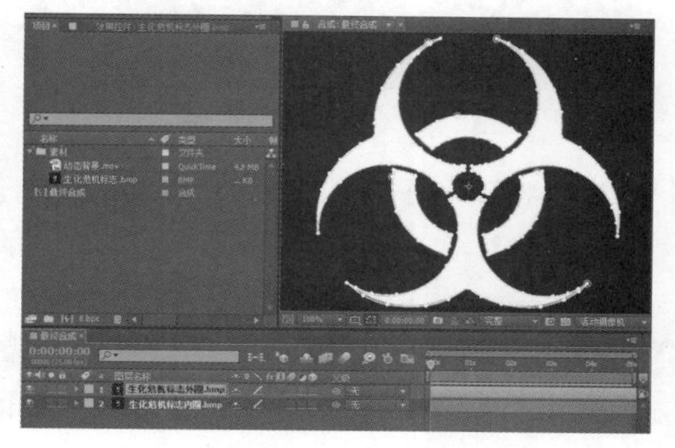

图8-115 重命名素材

⑪ 在“时间线”面板选择“生化危机标志外圈”并展开“蒙版”卷展栏，然后按“Delete”键对蒙版4、蒙版5和蒙版6执行删除操作，使其仅剩下外圈的形状蒙版，如图8-116所示。

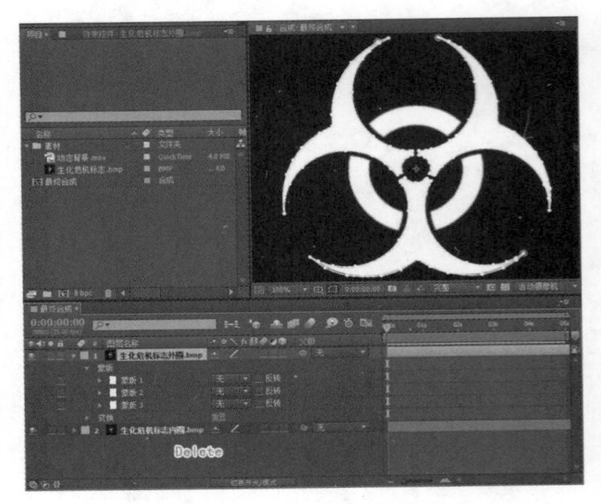

图8-116 删除内圈蒙版

⑫ 在“时间线”面板选择“生化危机标志内圈”并展开“蒙版”卷展栏，然后按“Delete”键对蒙版1、蒙版2和蒙版3执行删除操作，使其仅剩下内圈的形状蒙版，如图8-117所示。

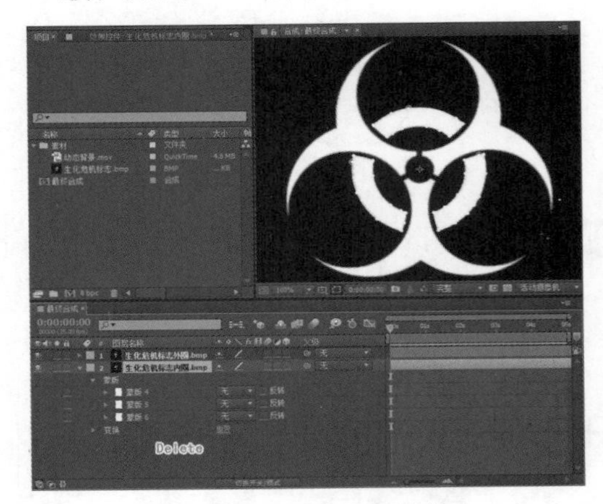

图8-117 删除外圈蒙版

⑬ 执行删除操作后，完成内圈和外圈蒙版的区分操作，在“时间线”面板中显示图层中的蒙版效果，如图8-118所示。

⑭ 在“时间线”面板的空白位置单击鼠标“右”键，然后在弹出的浮动菜单中选择【新建】→【纯色】命令项，如图8-119所示。

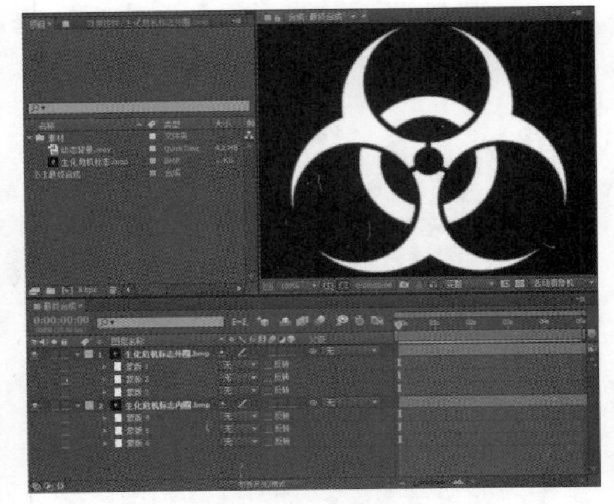

图8-118 蒙版展示

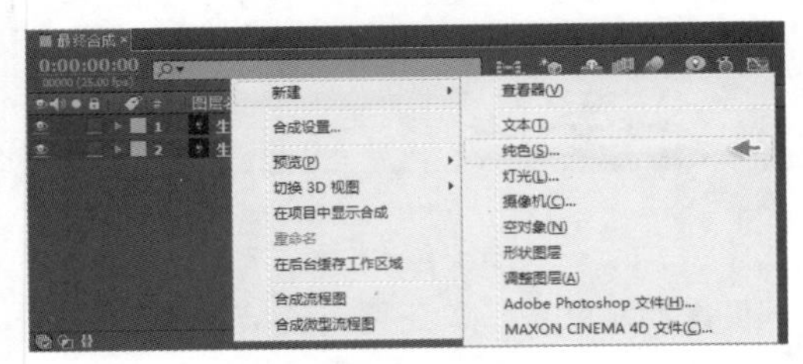

图8-119 新建纯色层

⑮ 执行命令项后，在弹出的“纯色设置”对话框中设置名称为“Element”、大小为1280×720像素、颜色为黑色，如图8-120所示。

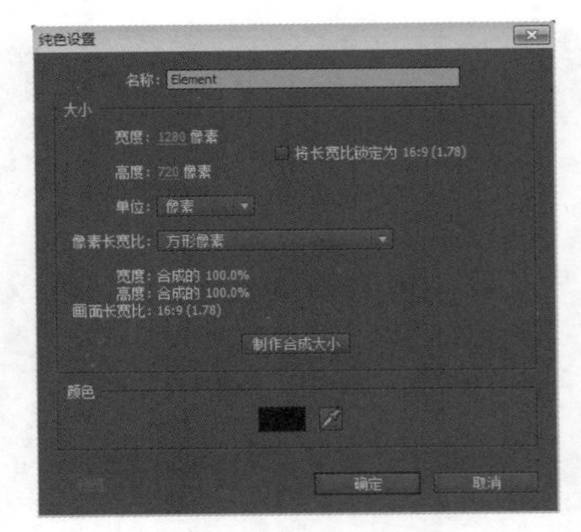

图8-120 纯色设置

⑯ 在“时间线”面板选择“Element”层，然后在菜单栏中选择【效果】→【Video Copilot】→【Element（元素）】命令项，准备使用第三方插件制作三维元素，如图8-121所示。

专家课堂

Element是一款强大的After Effects CC第三方插件，支持3D对象直接渲染的引擎，并支持显卡直接参与OpenGL运算，是After Effects CC中为数不多的支持完全三维渲染特性的插件之一。

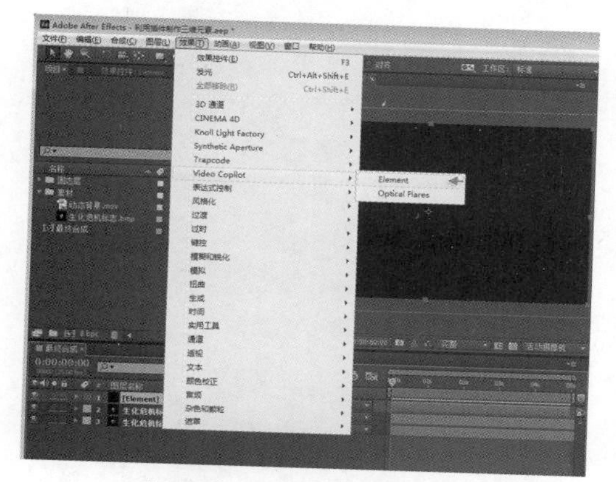

图8-121　添加插件效果滤镜

17 执行插件效果滤镜后，展开“效果”面板的Custom Layers（自定义层）选项，设置Path Layers 1（路径层1）选项为“生化危机标志外圈”，再设置Path Layers 2（路径层2）选项为“生化危机标志内圈”，然后单击Scene Setup（场景设置）命令按钮，准备开启插件效果滤镜的编辑界面，如图8-122所示。

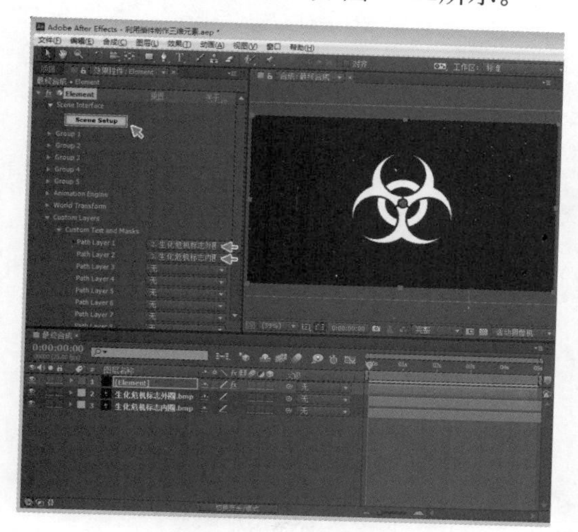

图8-122　设置属性

18 展开“Element”插件效果滤镜对话框，软件默认界面如图8-123所示。

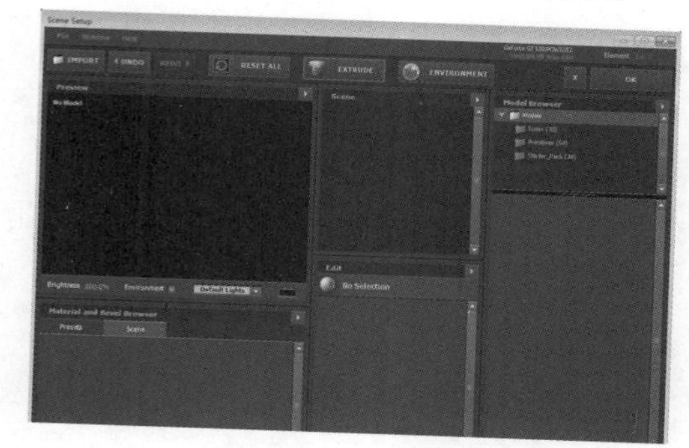

图8-123　界面展示

19 在弹出的软件默认界面中单击EXTRUDE（挤压）命令按钮，软件自动在Preview（预览）窗口中产生三维模型，如图8-124所示。

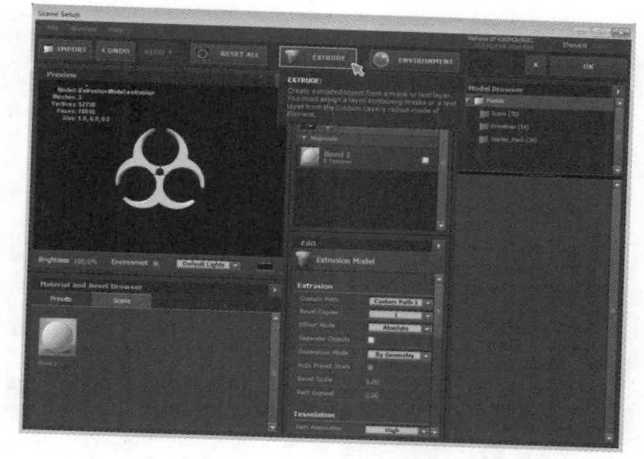

图8-124　执行挤压命令

20 在Preview（预览）窗口中按住鼠标“左”键拖拽标志，可以多角度旋转观察软件根据标志外形挤压出的三维模型，如图8-125所示。

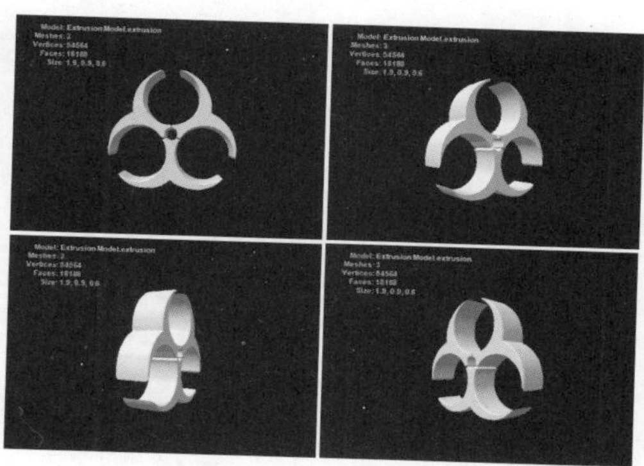

图8-125　预览挤压效果

㉑ 在插件界面中单击EXTRUDE（挤压）命令按钮，软件自动在Preview（预览）窗口中再次产生标志形状的三维模型，如图8-126所示。

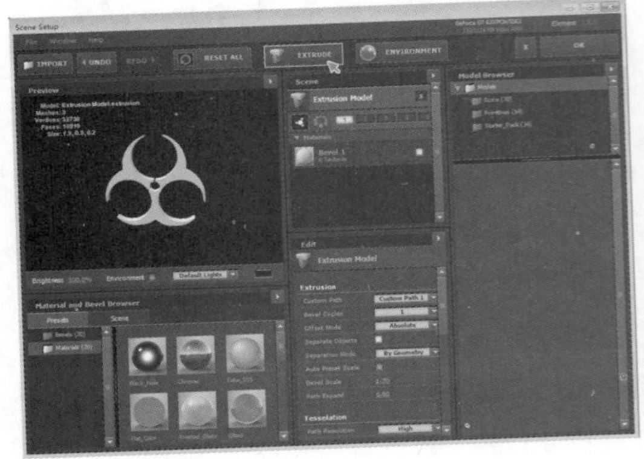

图8-126　再次挤压

㉒ 在插件界面Scene（事件）面板中选择第二个事件中的Bevel 1（倒角1）选项，然后单击鼠标“右”键，在弹出的浮动菜单中选择“Rename（重命名）”命令项，准备修改倒角的名称，如图8-127所示。

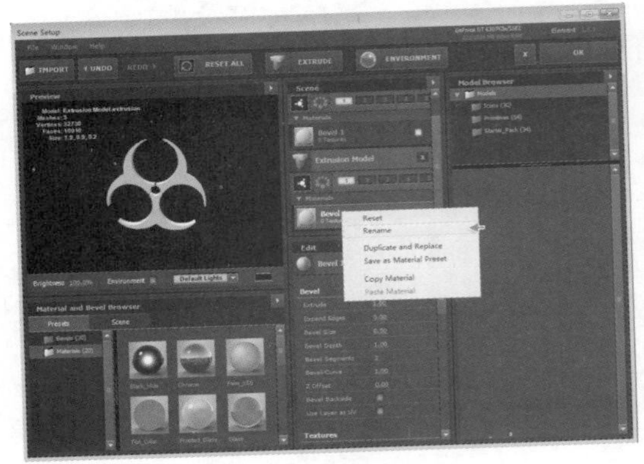

图8-127　执行重命名命令

㉓ 执行重命名操作后，在弹出的Rename Material（重命名材质）对话框中设置名称为“外圈材质”，如图8-128所示。

㉔ 在插件界面Scene（事件）面板选择第一个事件中Extrusion Model（挤压模型）选项并设置GROUP（组）为2，然后在Edit（编辑）面板设置Custom Path（自定义路径）选项为Custom Path 2（自定义路径2），如图8-129所示。

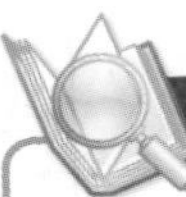

专家课堂

将两个事件区分开，第一个事件设置为路径2和第2组，软件默认第2个事件为路径1和第1组。

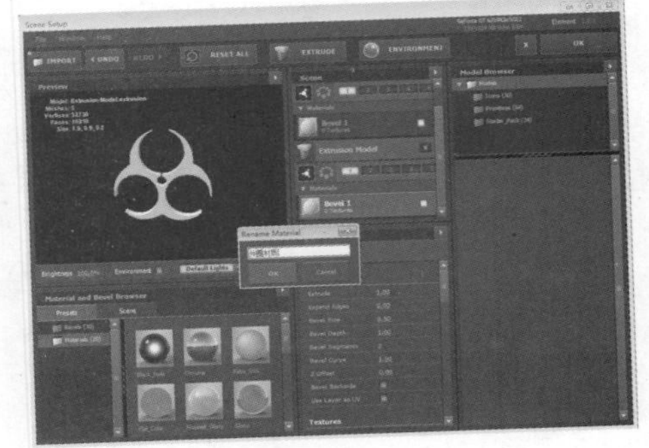

图8-128　设置名称

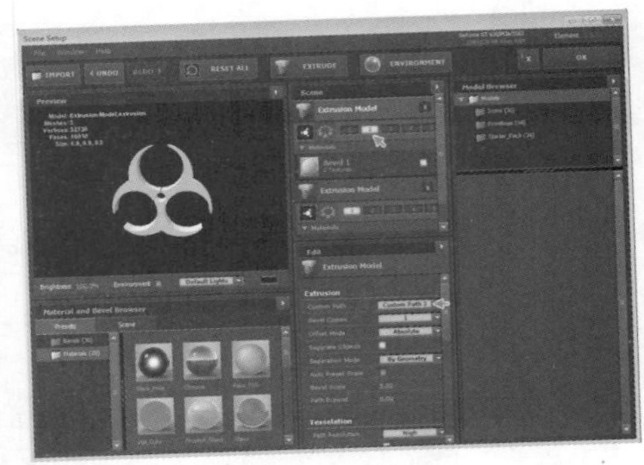

图8-129　区分事件

㉕ 在插件界面Scene（事件）面板选择由上至下第一个事件中的Bevel 1（倒角1）选项，单击鼠标“右”键并在弹出的浮动菜单中选择“Rename（重命名）”命令项，准备修改倒角的名称，如图8-130所示。

图8-130　执行重命名命令

26 在弹出的Rename Material（重命名材质）对话框中设置名称为“内圈材质”，如图8-131所示。

图8-131 设置名称

27 查看第一组事件和第二组事件的模型，模型效果和事件设置如图8-132所示。

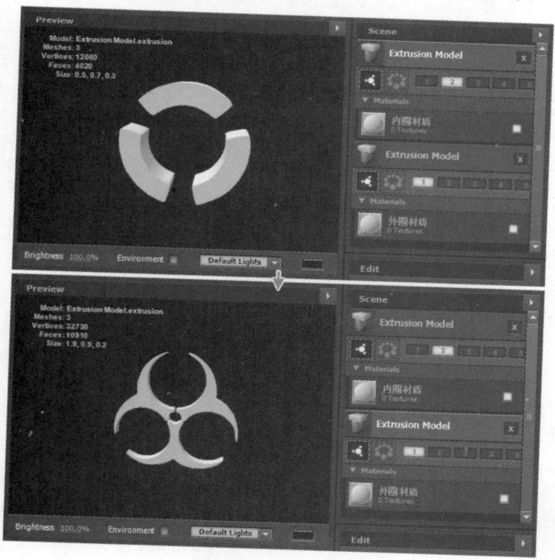

图8-132 界面展示

28 在Scene（事件）面板中选择“内圈材质”Extrusion Model（挤压）选项，然后在Presets（预览）面板的Materials（材质）选项中选择Gold_Basic（基础金）材质，再将其拖拽至Preview（预览）窗口中的内圈模型上，如图8-133所示。

29 添加材质后观察模型效果，添加前和添加后的模型对比效果如图8-134所示。

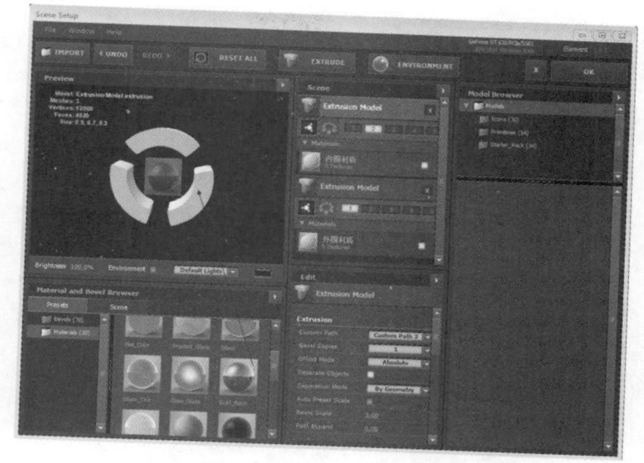

图8-133 添加材质

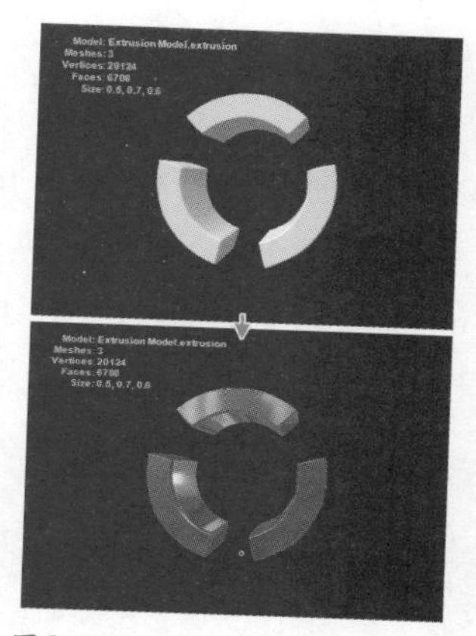

图8-134 内圈材质对比效果

30 在“Scene”（事件）面板中选择“内圈材质”，然后在Presets（预置）面板的Materials（材质）选项中选择Chrome（铬）材质并将其拖拽至预览窗口中的外圈模型上，如图8-135所示。

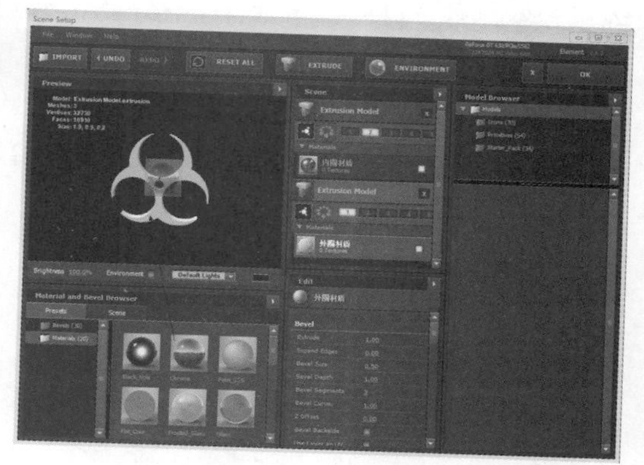

图8-135 添加材质

31 观察“外圈材质”，添加前和添加后的模型对比效果如图8-136所示。

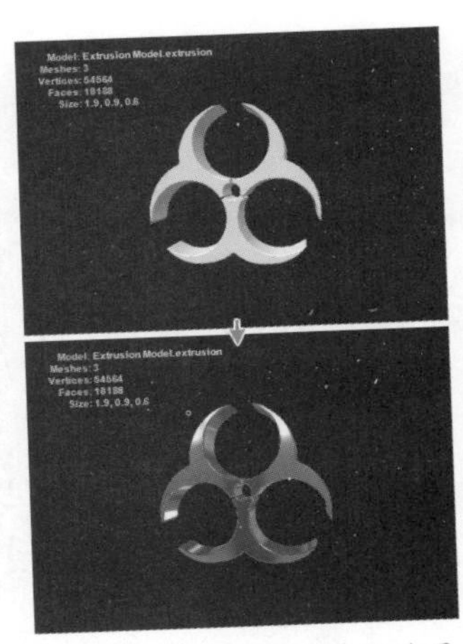

图8-136　外圈材质对比效果

32 在插件界面的Edit（编辑）面板中分别设置Bevel（倒角）、Basic Settings（基础设置）和Reflection（反射）选项的各项属性，完成外圈材质的设置，如图8-137所示。

图8-137　设置属性

33 选择“内圈材质”的Extrusion Model（挤压模型）选项，然后单击ENVIRONMENT（环境）命令按钮，观察内圈材质在环境中的状态，准备编辑内圈材质，如图8-138所示。

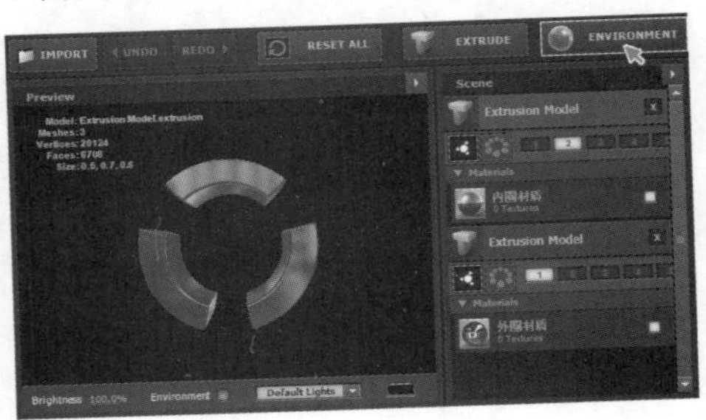

图8-138　查看环境

34 在Scene（事件）面板中保持“内圈材质”为选择状态，然后在插件界面的Edit（编辑）面板分别设置Bevel（倒角）、Basic Settings（基础设置）和Reflection（反射）选项的各项属性，将内圈材质进行细化设置，如图8-139所示。

图8-139　设置属性

35 打开Texture Channel（纹理通道）对话框，设置方式为Studio（工作室）类型，为内圈模型附加纹理通道信息，如图8-140所示。

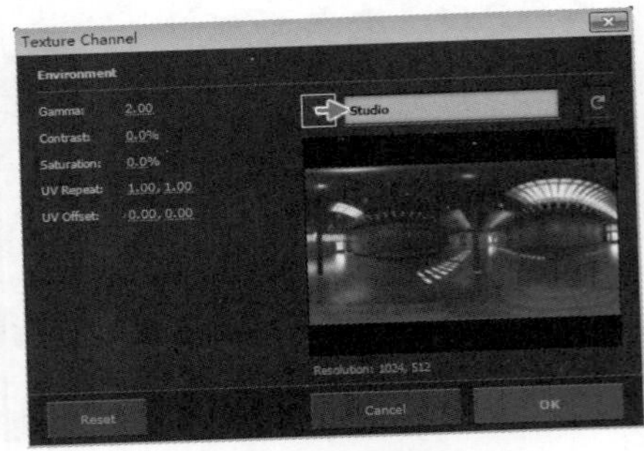

图8-140　设置纹理通道信息

专家课堂

设置Texture Channel（纹理通道）对于金属或玻璃等具有反射属性的材质尤其重要，主要模拟三维物体以外的环境包裹。

36 在预览窗口开启Environment（环境）按钮，查看内圈材质的通道信息，如图8-141所示。

图8-141 开启环境按钮

37 开启Environment（环境）按钮前后的对比效果，如图8-142所示。

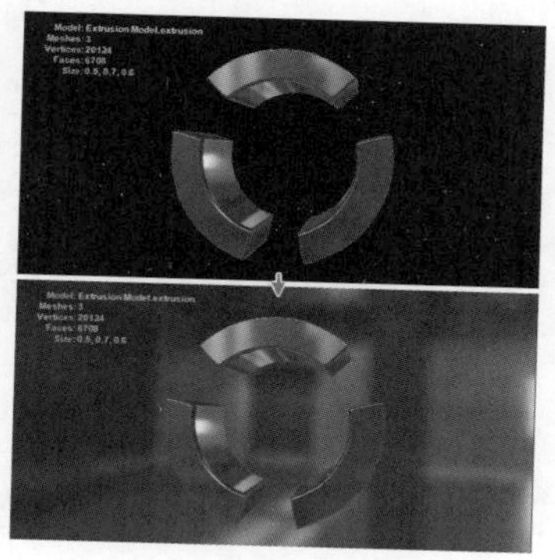

图8-142 纹理通道效果对比

38 关闭Environment（环境）按钮显示，然后按住鼠标“左”键在Preview（预览）窗口旋转内圈模型，并观察内圈材质的效果，如图8-143所示。

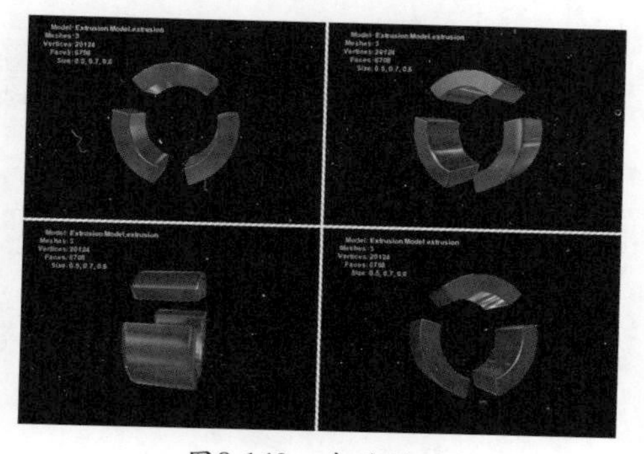

图8-143 查看效果

39 使用相同的方法设置外圈材质，并在Preview（预览）窗口观察效果，如图8-144所示。

40 设置完内圈模型和外圈模型的材质后，然后单击“OK”按钮，完成三维元素的制作，如图8-145所示。

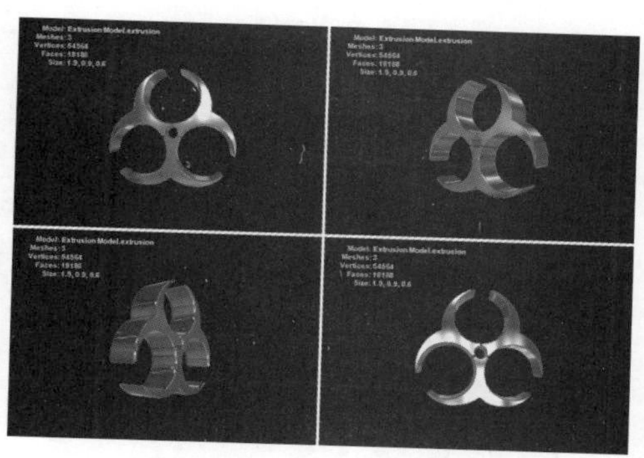

图8-144 外圈材质效果

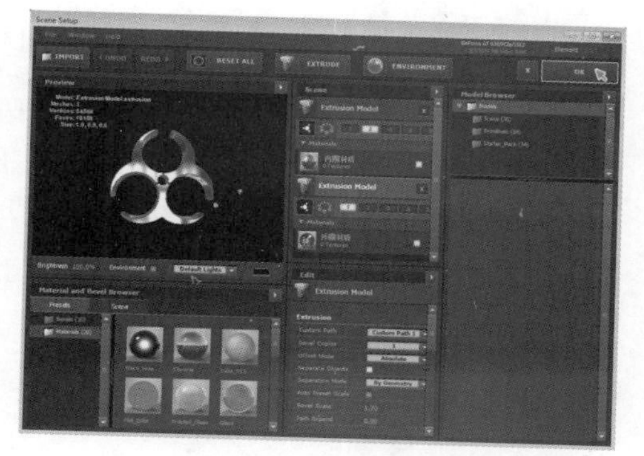

图8-145 完成三维制作

41 在Element层的“效果”面板中设置Particle Size（粒子尺寸）值为7、Particle Size R（粒子尺寸随机）值为12，控制制作完成的三维元素的大小，然后设置World Transform（世界变换）卷展栏中的World Position（世界位移）值为X轴−315、Y轴−200，调整三维元素在“合成”窗口中的位置，如图8-146所示。

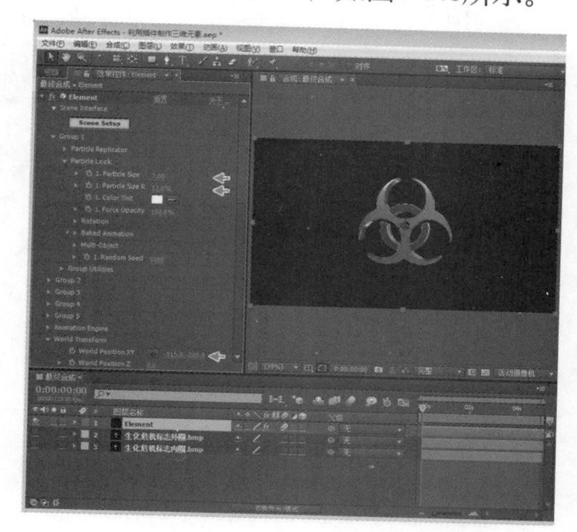

图8-146 调整大小和位置

8.6.2 动画效果设置

01 在“时间线”面板将时间滑块拖拽至影片起始位置，再展开“Element”三维元素层的Y Rotation World（Y轴世界旋转）项并单击码表图标，开启自动记录动画的起始关键帧，然后设置Y轴旋转值为6。拖拽时间滑块分别至影片第16帧、第1秒8帧、第1秒24帧、第3秒和第4秒24帧位置再记录Y Rotation World（Y轴世界旋转）属性的数值，为完成的三维元素设置旋转动画效果，如图8-147所示。

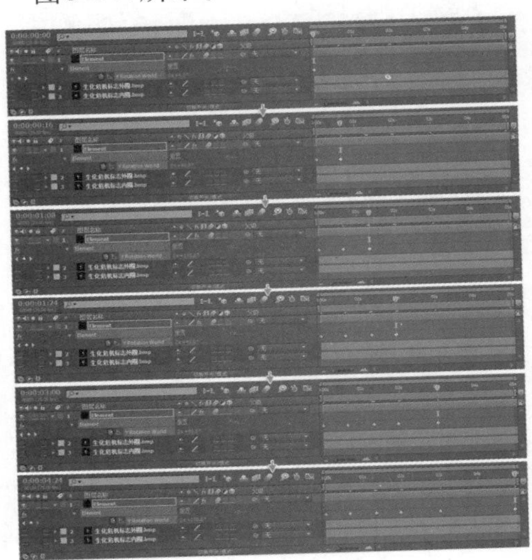

图8-147 设置旋转动画

02 在“预览”面板单击播放/暂停按钮或使用键盘“空格”键，然后在“合成”窗口观察三维元素的旋转效果，如图8-148所示。

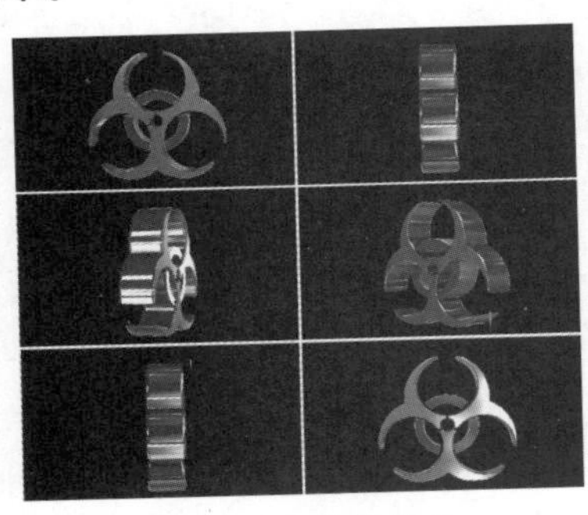

图8-148 旋转效果

03 保持“时间线”面板中的“Element”三维元素层为选择状态，然后在菜单栏选择【效果】→【颜色校正】→【曲线】命令，准备调整三维元素的对比效果，从而增强立体效果，如图8-149所示。

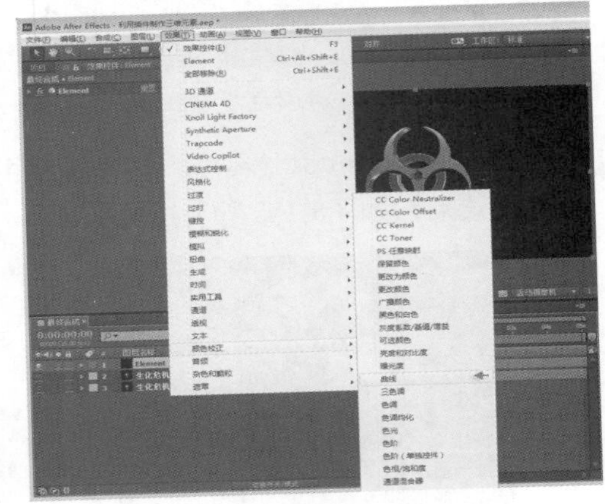

图8-149 执行曲线命令

04 在“效果”面板中设置“曲线”效果滤镜的“RGB”通道曲线形状，使亮部更亮、暗部更暗，以加强对比，如图8-150所示。

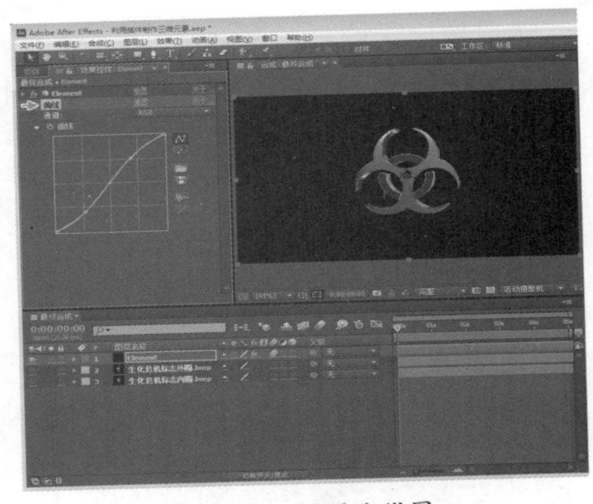

图8-150 设置曲线图

05 使用“空格”键播放素材动画，然后在“合成”窗口观察调整曲线后的三维元素旋转动画效果，如图8-151所示。

06 在“时间线”面板的空白位置单击鼠标“右”键，然后在弹出的浮动菜单中选择【新建】→【摄像机】命令添加摄像机，准备制作空间动画，如图8-152所示。

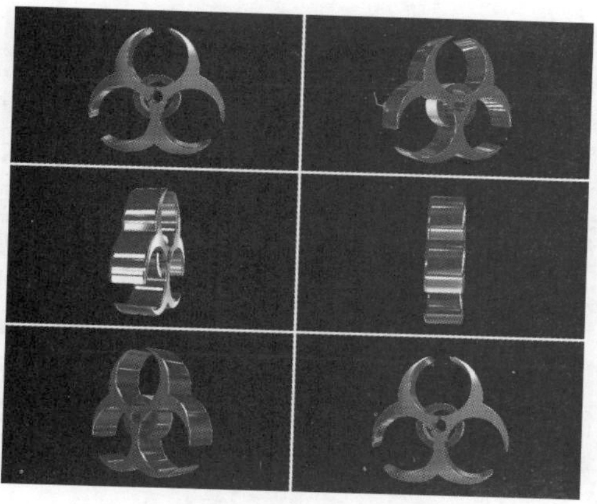

图8-151 预览调整后的效果

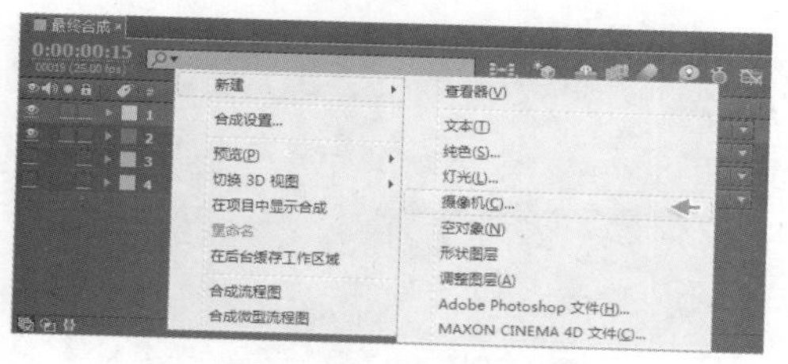

图8-152 添加摄像机

07 执行添加“摄影机”命令后，在弹出的“摄像机设置”对话框中设置名称为“摄像机1”、预设为“50毫米”类型，如图8-153所示。

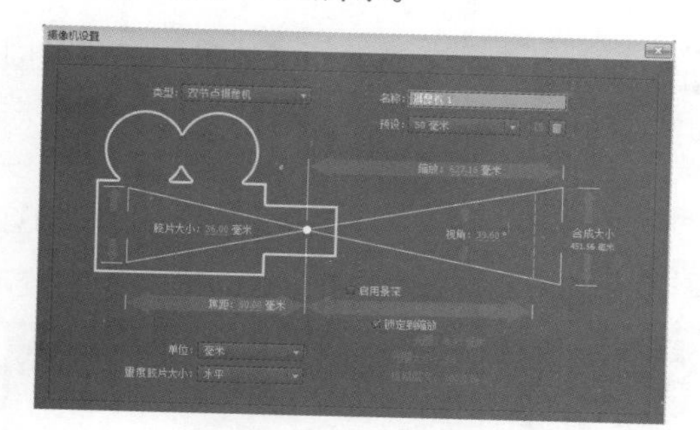

图8-153 设置摄像机

08 在“时间线”面板选择“摄像机”层，按“P”键展开摄像机的位置项，然后在影片起始位置设置位置值为X轴800、Y轴600、Z轴－15，再单击码表图标，软件自动在时间滑块位置添加起始关键帧，准备为摄像机制作位置动画，如图8-154所示。

09 将时间滑块拖拽至影片第13帧位置，调节摄像机的位置值为X轴－1210、Y轴630、Z轴－75，软件自动添加动画关键帧，如图8-155所示。

图8-154 设置起始帧

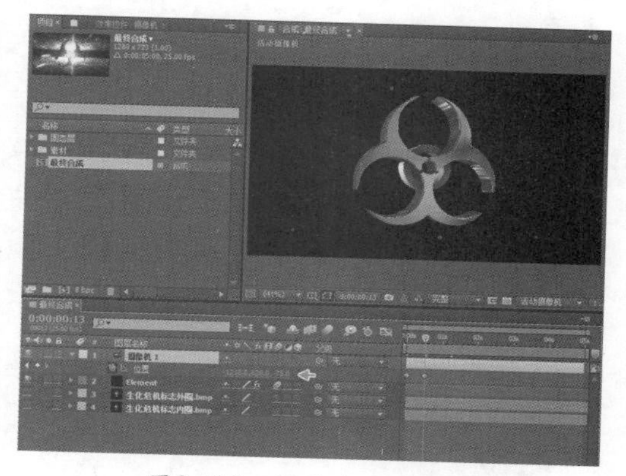

图8-155 设置动画关键帧

10 将时间滑块拖拽至影片第1秒6帧位置，单击位置项前的菱形按钮，软件将创建静止关键帧，使摄像机在第13帧至第1秒6帧保持不变化，在影片第1秒6帧以后开始运动，如图8-156所示。

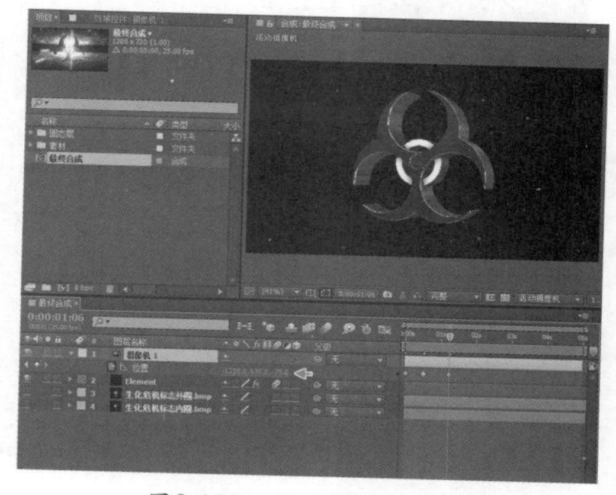

图8-156 设置静止关键帧

⑪ 在第1秒20帧位置调节位置值为X轴632、Y轴580、Z轴45，记录摄像机此时的位置，作为动画的结束帧，如图8-157所示。

图8-157 设置结束帧

⑫ 在“时间线”面板选择摄像机的动画关键帧，然后在关键帧上单击鼠标“右”键，在弹出的浮动菜单中选择【关键帧辅助】→【缓动】命令，使摄像机运动得更流畅，如图8-158所示。

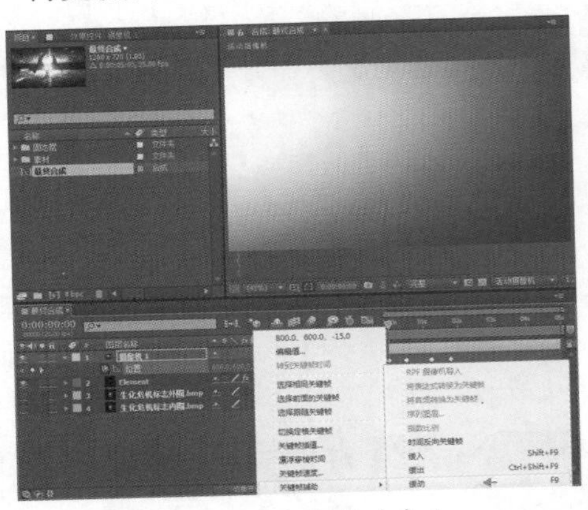

图8-158 执行缓动命令

⑬ 在“预览”面板单击▶播放/暂停按钮，然后在“合成”窗口观察三维元素受摄像机影响后的运动效果，如图8-159所示。

⑭ 在“项目”面板展开“素材”卷展栏，将“动态背景”视频素材拖拽至“时间线”面板的最底层，为三维元素的运动效果添加背景，如图8-160所示。

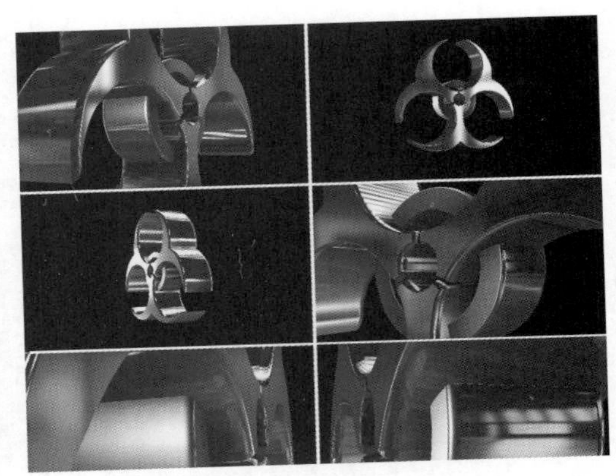

图8-159 预览动画效果

图8-160 添加背景

⑮ 为突出三维元素的动画效果，在“时间线”的空白位置单击鼠标“右”键，然后在弹出的浮动菜单中选择【新建】→【灯光】命令，为三维元素场景添加灯光照明，如图8-161所示。

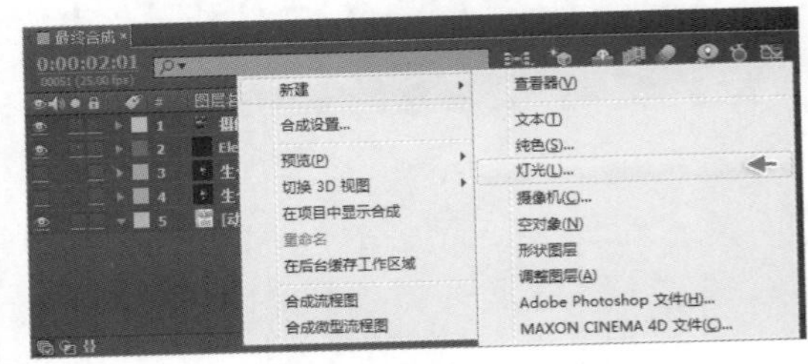

图8-161 添加灯光

⑯ 执行添加灯光命令后，软件自动弹出“灯光设置”对话框，默认灯光的名称为“灯光1”、灯光类型为聚光、颜色为白色、强度值为100、锥形角度值为90、锥形羽化值为50，如图8-162所示。

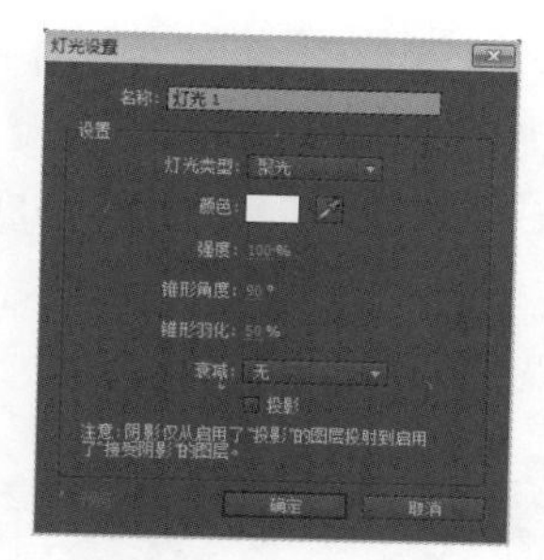

图8-162　默认灯光设置

17 保持“时间线”面板中“灯光1”层为选择状态，然后在“合成”窗口中单击视图布局按钮，并在弹出的菜单中选择“正面”类型，再使用工具栏中的选择工具调整灯光在“合成”窗口的位置，如图8-163所示。

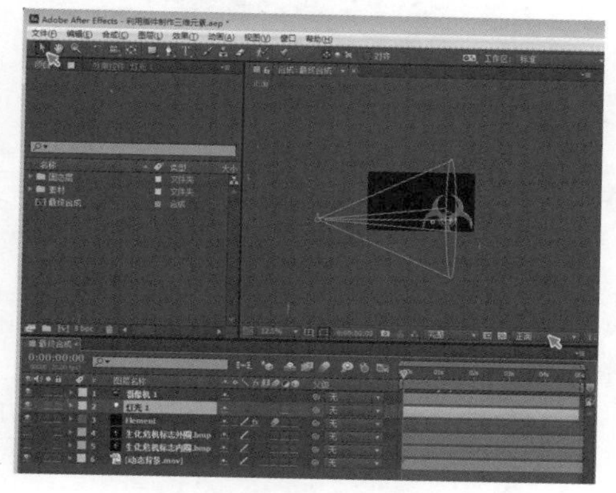

图8-163　视图设置

18 保持“灯光1”层为选择状态，并设置视图布局为“左侧”类型，然后在“合成”窗口中调整灯光的位置，使灯光产生侧向照明，如图8-164所示。

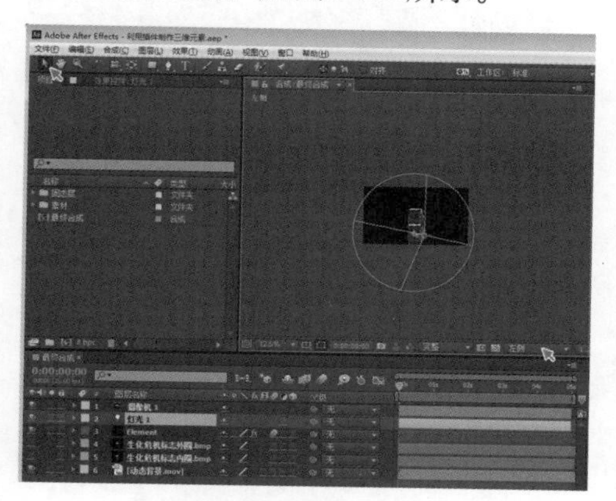

图8-164　视图设置

19 使用相同的方法，设置灯光在“顶部”视图中的位置，如图8-165所示。

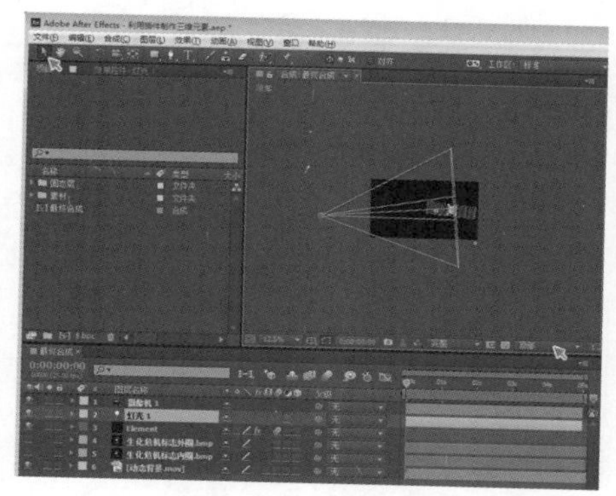

图8-165　视图设置

20 使用相同的方法，继续设置灯光在“背面”视图中的位置，如图8-166所示。

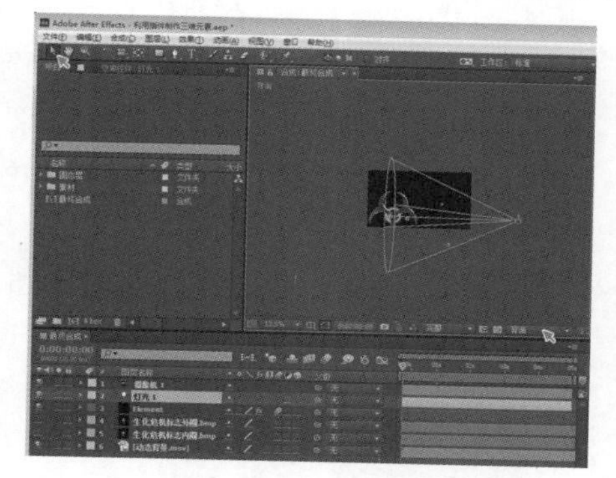

图8-166　视图设置

21 在“时间线”面板中选择“灯光1”层，然后展开“灯光选项”卷展栏，并设置强度值为145，从而提高内圈模型的亮度，如图8-167所示。

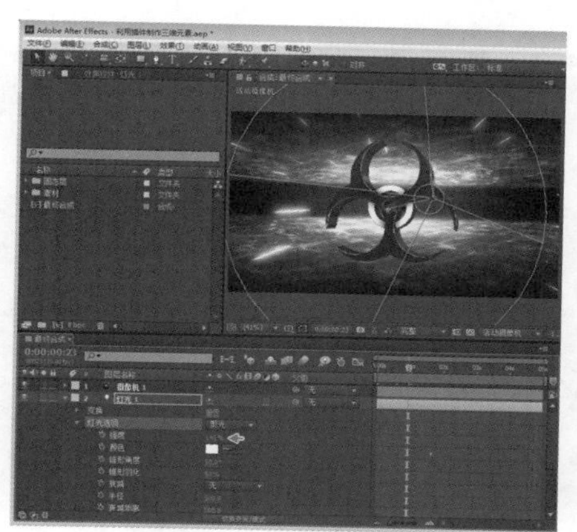

图8-167　设置灯光强度

22 调整灯光强度前和调整后的画面对比效果如图8-168所示。

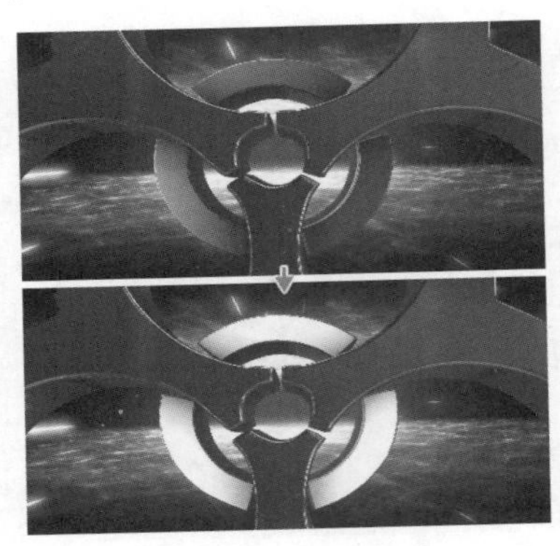

图8-168 对比效果

23 在“时间线”面板的空白位置单击鼠标“右”键，然后在弹出的浮动菜单中选择【新建】→【纯色】命令项，在弹出的“纯色设置”对话框中设置名称为“扫光”，“大小”的宽度为1280像素、高度为720像素，颜色为黑色，如图8-169所示。

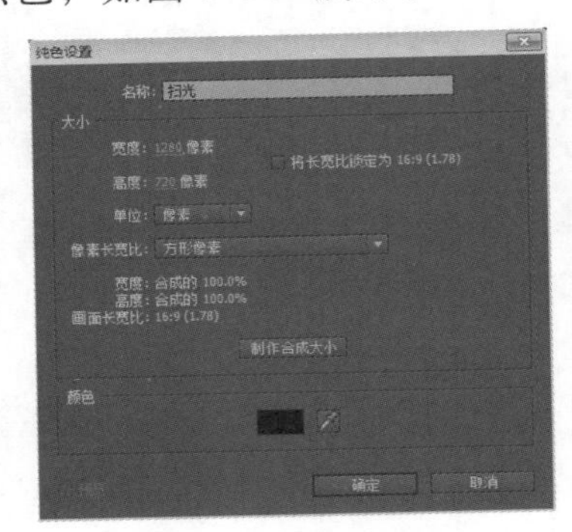

图8-169 纯色设置

24 在“时间线”面板选择“扫光”层，并拖拽至“灯光1”层的底部位置，使其受灯光的影响，如图8-170所示。

图8-170 移动层位置

25 保持“时间线”面板中“扫光”层为选择状态，在菜单中选择【效果】→【Video Copilot】→【Optical Flares（光斑）】命令项，准备为素材添加镜头光晕效果，如图8-171所示。

图8-171 添加光晕效果

专家课堂

Optical Flares是Video Copilot出品的一款光晕插件，类似的光晕插件还有Sapphire蓝宝石插件以及Knoll Light Factory灯光工厂插件，但是相对于这两款插件，Optical Flares在控制性能、界面友好度以及效果等方面都较出彩一些。

26 在“效果”面板中设置Position XY（XY轴位置）值为600和556，调整镜头光晕的位置，如图8-172所示。

图8-172 调整镜头光晕位置

27 在影片第12帧位置单击镜头光晕滤镜效果Position XY（XY轴位置）项前的码表图标，软件自动记录光效此时的位置为扫光动画的起始帧，准备制作光效在画面中从左至右的方向运动，如图8-173所示。

图8-173 扫光动画起始帧

28 将时间滑块拖拽至影片第1秒8帧位置修改Position XY（XY轴位置）值为1268和556，软件自动记录光效此时的位置，作为扫光动画的结束帧，如图8-174所示。

图8-174 扫光动画结束帧

29 按“空格”键播放影片第12帧至第1秒8帧之间的动画，观察光效运动的效果，如图8-175所示。

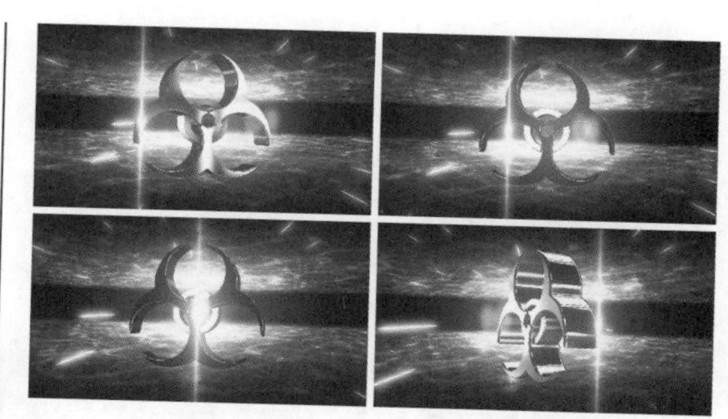
图8-175 预览光效运动效果

30 为丰富光效的变化效果，继续为其添加亮度动画。在“时间线”面板展开“扫光”层的Brightness（亮度）项，将时间滑块拖拽至影片第8帧位置单击Brightness（亮度）项前的码表图标并设置Brightness（亮度）值为0；再将时间滑块拖拽至影片第12帧位置，设置Brightness（亮度）值为100；继续将时间滑块拖拽至影片第1秒2帧位置，单击Brightness（亮度）项前的菱形按钮；最后将时间滑块拖拽至影片第1秒8帧位置，设置Brightness（亮度）值为0，为光效设置变亮至稳定并消失的动画效果，如图8-176所示。

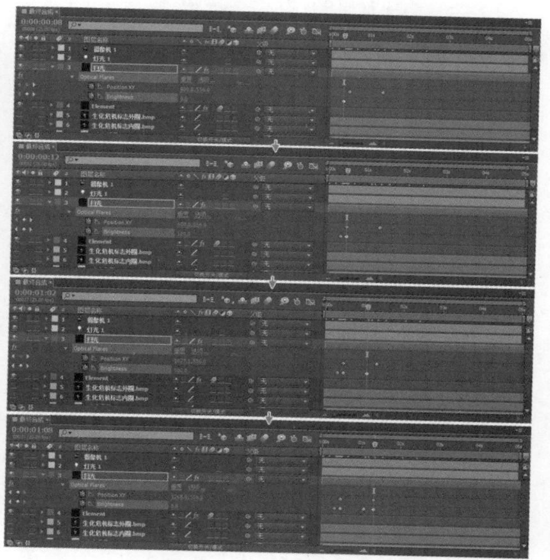
图8-176 亮度动画设置

31 按“空格”键播放影片第8帧至第1秒8帧之间的动画效果，观察光效亮度丰富变化的动画效果，如图8-177所示。

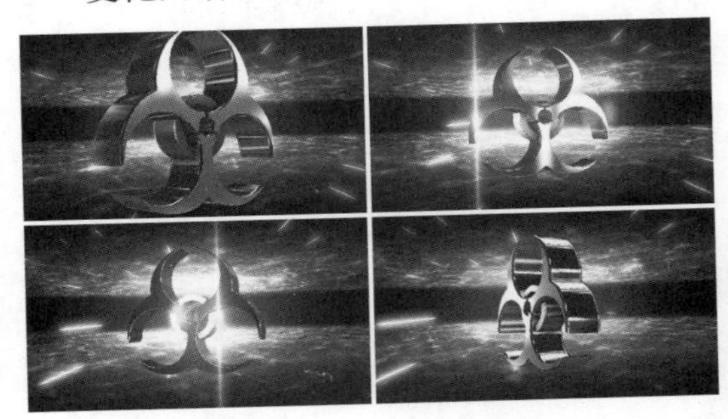

图8-177　光效动画效果

8.6.3　合成效果调整

01 在“时间线”面板的空白位置单击鼠标“右”键，在弹出的浮动菜单中选择【新建】→【调整图层】命令项，准备调整影片的合成效果，如图8-178所示。

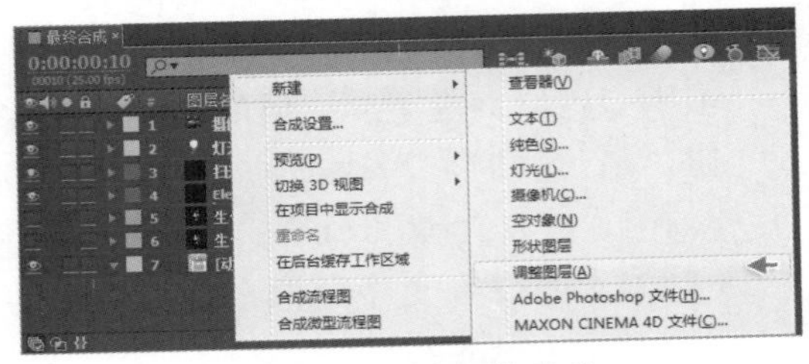

图8-178　新建调整图层

02 在“时间线”面板选择“调整图层1”并拖拽至“摄像机1”层的下层位置，然后将其重命名为“调整颜色”，如图8-179所示。

图8-179　重命名

03 保持“调整颜色”层为选择状态，在菜单中选择【效果】→【颜色校正】→【曲线】命令项，然后在“效果”面板调节“RGB”通道曲线，如图8-180所示。

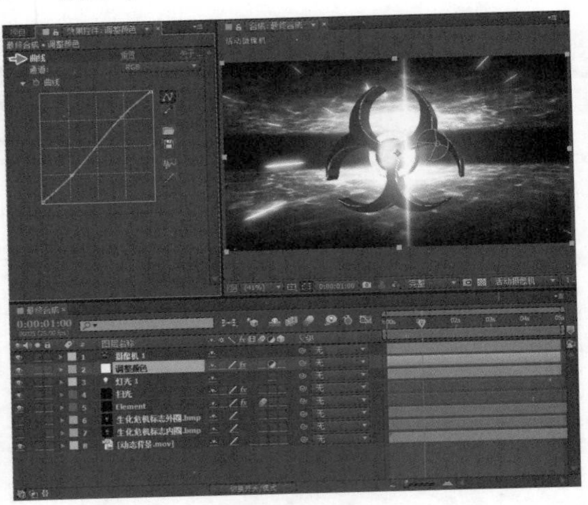

图8-180　调整曲线

04 调整曲线图，使画面对比更强烈，凸显主体三维元素的效果，调整曲线前和调整后的画面对比效果如图8-181所示。

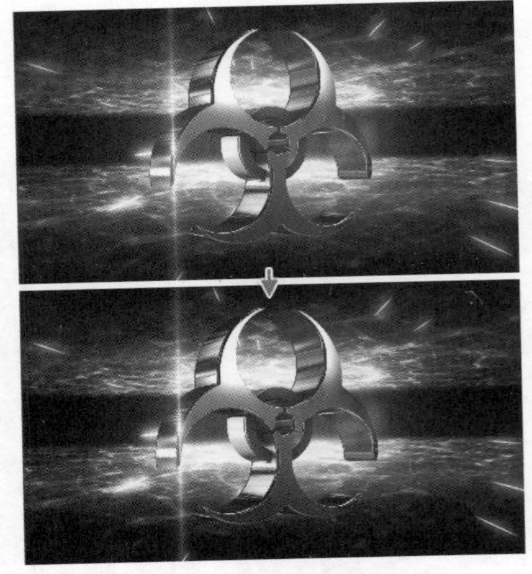

图8-181　对比效果

05 影片合成工作完成后，观察图层排列与合成操作的展示效果，如图8-182所示。

06 在“预览”面板单击▶播放/暂停按钮播放影片，预览“合成”窗口中影片的最终效果，如图8-183所示。

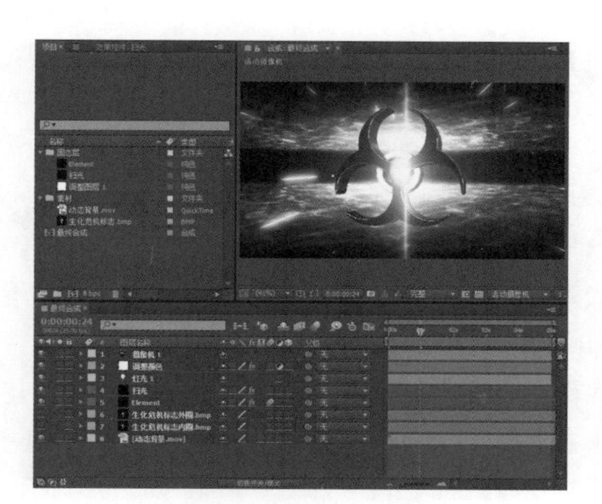
图8-182　界面展示

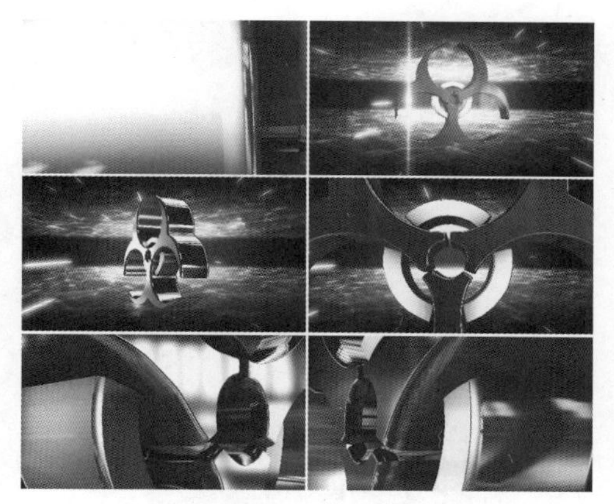
图8-183　影片最终效果

8.7 实例——水墨蒙版

素材文件	配套光盘→范例文件→Chapter8	难易程度	★★☆☆☆
重要程度	★★★★☆	实例重点	了解水墨影视效果及轨道遮罩的动画设置

在制作“水墨蒙版”实例时，先对视频素材进行设置，然后通过添加效果滤镜、文字素材，设置遮罩、叠加等操作，使水墨效果真实化从而丰富影片合成的效果，如图8-184所示。

“水墨蒙版”实例的制作流程主要分为3部分，包括①添加视频素材；②添加特效；③水墨蒙版设置，如图8-185所示。

图8-184　实例效果

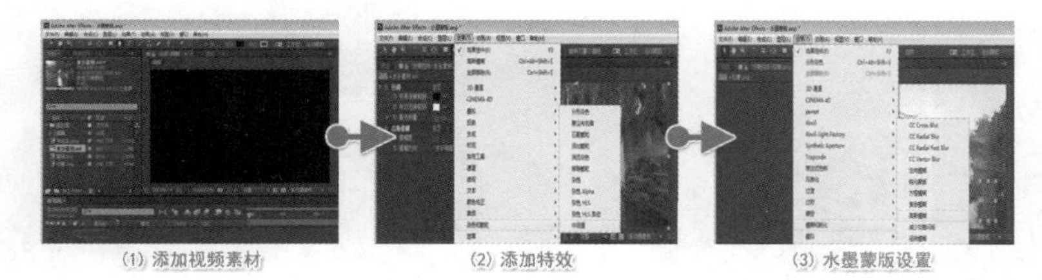

图8-185　制作流程

8.7.1 添加视频素材

01 双击桌面上的After Effects CC快捷图标启动软件，然后在“项目”面板的空白位置双击鼠标“左”键，选择本书配套光盘中的“水乡素材”、“书法字”、“宣纸”、“印章”

素材进行导入，作为影片合成的素材，如图 8-186 所示。

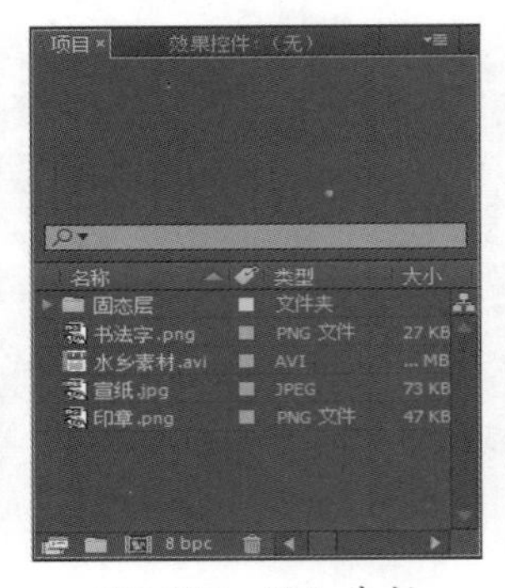

图8-186 添加素材

02 在菜单中选择【合成】→【新建合成】命令项，新建合成所需的文件，如图8-187所示。

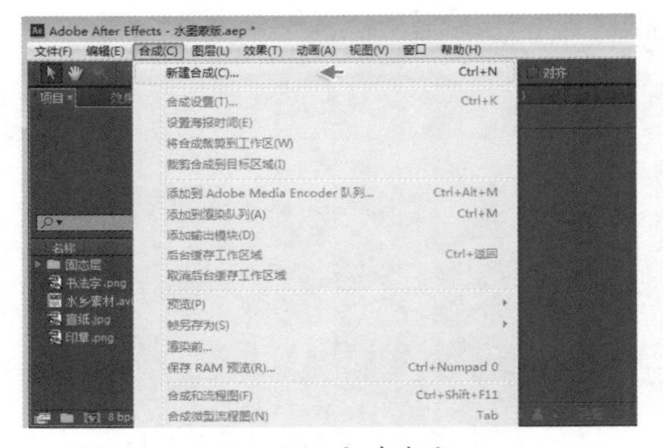

图8-187 新建合成

03 在弹出的“合成设置”对话框中设置合成名称为“国画”、预设为HDV/HDTV 720 25小高清类型、帧速率为25帧/秒、持续时间为5秒、背景颜色为黑色，如图8-188所示。

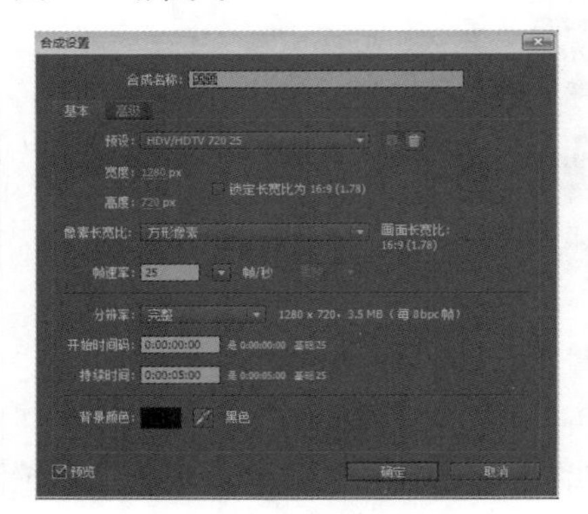

图8-188 合成设置

04 在“项目”面板中选择“水乡素材”视频素材并拖拽至“时间线”面板中，作为合成影片的背景素材，如图8-189所示。

图8-189 添加视频素材

05 在“时间线”面板中选择“水乡素材”层，然后按“Ctrl+Alt+F”键匹配素材尺寸至画面大小，完成为影片添加视频的合成操作，如图8-190所示。

图8-190 匹配素材尺寸

06 在“预览”面板中单击▶播放/暂停按钮，然后在“合成”窗口中观察水乡素材的动画效果，如图8-191所示。

图8-191 预览效果

8.7.2 添加特效

01 在“时间线”面板中选择“水乡素材”层，然后在菜单中选择【效果】→【颜色校正】→【色调】命令项，如图8-192所示。

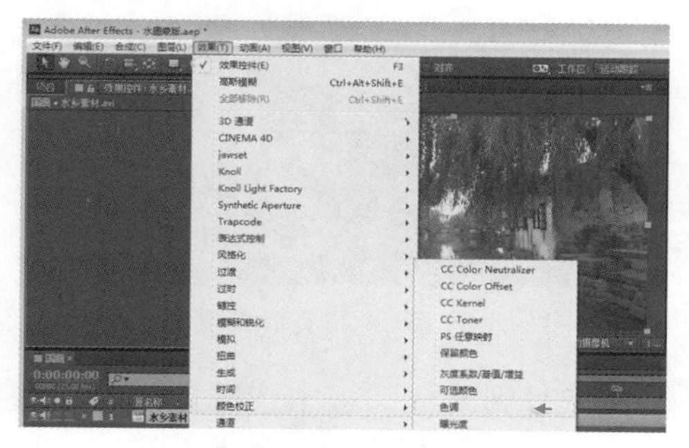

图8-192 添加色调

专家课堂

“色调”效果即为“着色”滤镜特效，可以修改图像的颜色信息，亮度值在两种颜色间对每一个像素进行混合处理。

02 添加“色调”效果滤镜后，“水乡素材”层中已经默认显示为黑白色调效果，如图8-193所示。

图8-193 黑白色调效果

03 在“时间线”面板中选择“水乡素材”层，然后在菜单中选择【效果】→【模糊和锐化】→【高斯模糊】命令项，准备控制素材的模糊效果，如图8-194所示。

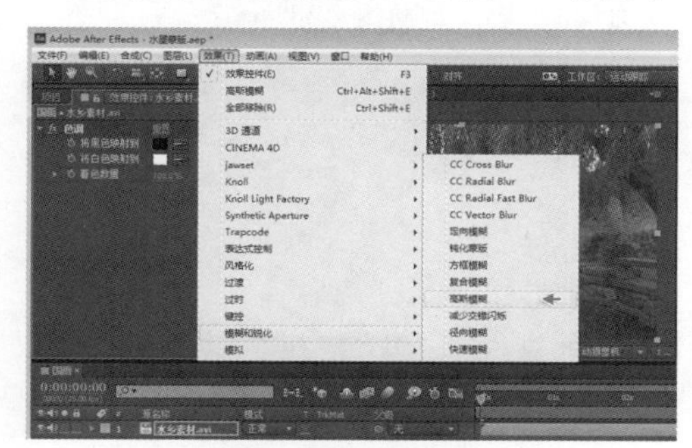

图8-194 添加模糊效果

04 添加“高斯模糊”效果滤镜后，设置模糊度值为5，“水乡素材”层中已经默认显示出模糊的效果，如图8-195所示。

图8-195 默然模糊效果

05 在“时间线”面板中选择“水乡素材”层，然后在菜单中选择【效果】→【杂色和颗粒】→【中间值】命令项，如图8-196所示。

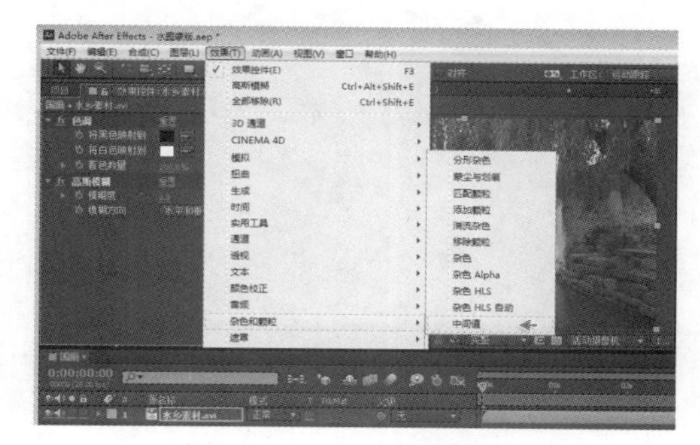

图8-196 添加中间值效果

06 添加“中间值”效果滤镜后设置半径值为8，“水乡素材”层中已经默认显示出中间值的效果，完成影片添加特效的合成操作，如图8-197所示。

图8-197 默认中间值效果

07 在“预览”面板中单击▶播放/暂停按钮，然后在“合成”窗口中观察水墨视频的动画效果，如图8-198所示。

图8-198 预览效果

8.7.3 水墨蒙版设置

01 在“项目”面板中选择“水乡素材”视频素材并拖拽至“时间线”面板的顶层，准备为影片制作蒙版效果，如图8-199所示。

图8-199 添加视频素材

02 在“时间线”面板中选择顶部的“水乡素材”层，然后按“Ctrl+Alt+F”键匹配素材尺寸至画面大小，如图8-200所示。

图8-200 匹配素材尺寸

03 在“时间线”面板中选择顶部的“水乡素材”层，并设置图层模式为“叠加”方式，使两层素材融合在一起，如图8-201所示。

图8-201 层叠加设置

04 在“时间线”面板中选择顶部的“水乡素材”层，然后在菜单中选择【效果】→【风格化】→【查找边缘】命令项，如图8-202所示。

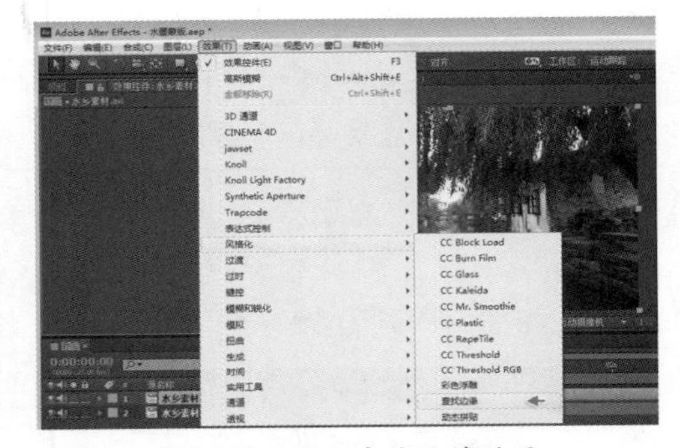

图8-202 添加查找边缘效果

专家课堂

“查找边缘”滤镜特效可以强化颜色变化区域的过渡像素，模仿铅笔勾边的方式创建出线描的艺术效果。通过使用该滤镜特效并结合After Effects CC提供的校色功能，可以制作出完美的水墨画效果。

05 添加“查找边缘”效果滤镜后，“水乡素材”层中已经默认显示出查找图像的边缘效果，如图8-203所示。

图8-203 默认查找边缘效果

06 在“时间线”面板中选择顶部的“水乡素材”层，然后在菜单中选择【效果】→【颜色校正】→【色调】命令项，如图8-204所示。

图8-204 添加色调效果

07 添加“色调”效果滤镜后，“水乡素材”层中已经默认显示出色调的效果，准备为影片绘制遮罩，如图8-205所示。

图8-205 默认色调效果

08 在“时间线”面板中选择顶部的“水乡素材”层，并在工具栏中选择钢笔工具按钮，然后在“合成”窗口中绘制选区，只在画面中间部分产生背景颜色，再设置蒙版羽化值为160，使遮罩边缘产生柔和过渡效果，如图8-206所示。

图8-206 绘制遮罩选区

09 在“项目”面板中选择“宣纸”图片素材并拖拽至“时间线”面板放至顶层位置，准备设置层叠加方式，如图8-207所示。

图8-207 添加图片素材

10 在“时间线”面板中选择“宣纸”素材层，设置图层模式为“叠加”方式，使“宣纸”素材与影片融合在一起，如图8-208所示。

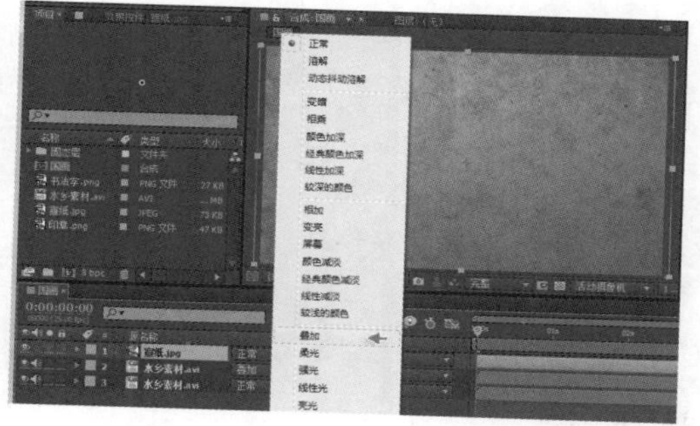

图8-208 层叠加设置

11 在“项目”面板中选择“书法字”图片素材，拖拽至“时间线”面板并放至顶层，作为合成影片的文字效果，如图8-209所示。

图8-209 添加文字素材

12 在“时间线”面板中选择“书法字”层，然后按“Ctrl+D”键复制图层，增加字体的立体感和明亮度，如图8-210所示。

图8-210 复制图层

⑬ 在“时间线”面板中选择“书法字”层，然后在菜单中选择【效果】→【模糊和锐化】→【高斯模糊】命令项，准备为“书法字”层添加模糊效果，从而更容易模拟国画的效果，如图8-211所示。

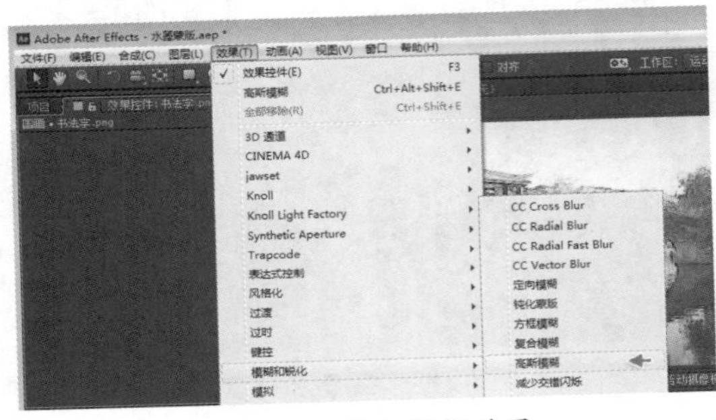

图8-211 添加模糊效果

⑭ 在“效果”面板中设置“高斯模糊”效果滤镜的模糊度值为5，在“合成”窗口中观察文字的模糊效果，如图8-212所示。

图8-212 模糊效果设置

专家课堂

由于模拟的效果为水墨风格，所以对素材的模糊处理尤其重要。

⑮ 在“项目”面板中选择“印章”图片素材，拖拽至“时间线”面板并放至顶层，作为合成影片的印章效果，如图8-213所示。

图8-213 添加素材

⑯ 在“时间线”面板中选择“印章”层，然后按“Ctrl+D”键复制图层，增加印章的立体感和明亮度，如图8-214所示。

图8-214 复制图层

⑰ 在“时间线”面板中选择“印章”层，然后在菜单中选择【效果】→【模糊和锐化】→【高斯模糊】命令项，准备为“印章”层添加模糊效果，使影片效果更加丰富，如图8-215所示。

⑱ 在“效果”面板中设置“高斯模糊”效果滤镜的模糊度值为5，在“合成”窗口中就会出现印章的模糊效果，如图8-216所示。

图8-215 添加模糊效果

图8-216 模糊效果设置

19 在“预览”面板中单击▶播放/暂停按钮，然后在“合成”窗口中观察影片水墨动画效果，如图8-217所示。

图8-217 预览效果

20 在菜单中选择【合成】→【新建合成】命令项，在弹出的“合成设置”对话框中设置合成名称为“墨转场”、预设为HDV/HDTV 720 25小高清类型、帧速率为25帧/秒、持续时间为5秒、背景颜色为黑色，准备进行画面间的转场设置，如图8-218所示。

21 在菜单中选择【图层】→【新建】→【纯色】命令项新建纯色图层，然后在弹出的“纯色设置”对话框中设置大小为1280×720像素，再将纯色层的颜色设置为白色，系统自动默认名称为“白色纯色1”，如图8-219所示。

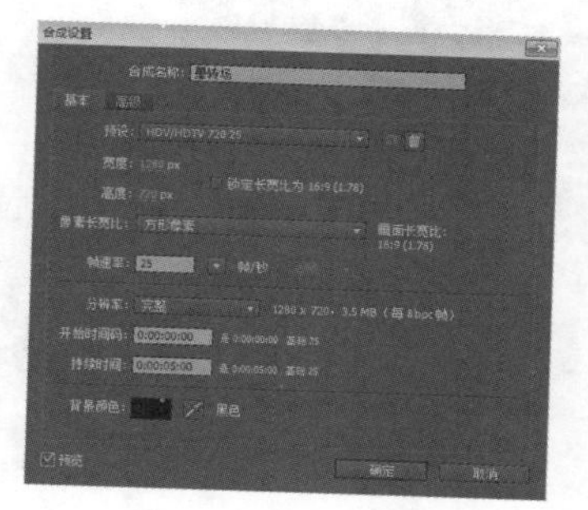
图8-218 合成设置

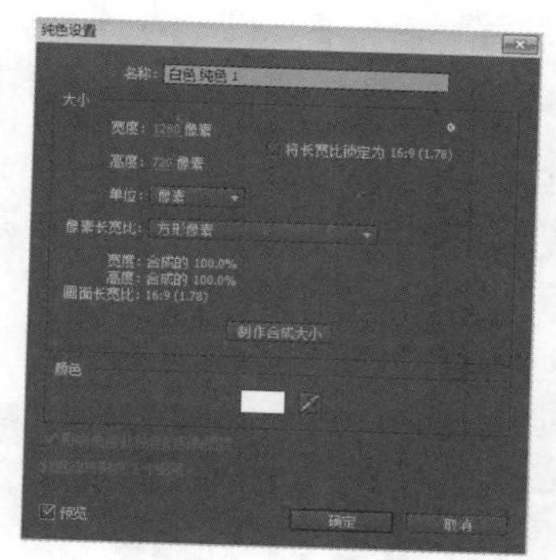
图8-219 纯色设置

22 在“时间线”面板中选择“白色纯色1”层并在工具栏中单击矩形遮罩工具按钮，然后在“合成”窗口中绘制选区，使遮罩大于合成画面，如图8-220所示。

图8-220 绘制遮罩选区

23 在“时间线”面板中选择“白色纯色1”层，在工具栏中单击添加顶点工具按钮，然后在“合成”窗口中为遮罩选区添加顶点，再设置蒙版羽化值为50，使遮罩边缘产生柔和过渡效果，如图8-221所示。

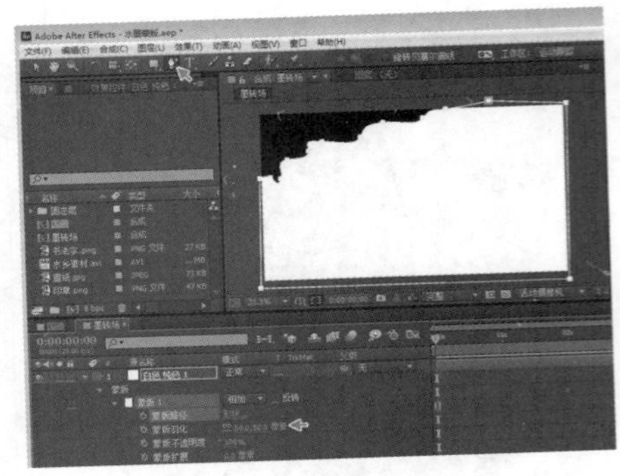

图8-221　添加顶点设置

24 在"时间线"面板中选择"白色纯色1"层并展开"蒙版1"卷展栏，然后开启"蒙版路径"项前的码表图标，分别在影片的第0帧、第1秒13帧、第3秒12帧及第4秒24帧位置设置遮罩顶点的位置，使遮罩产生由左上角至右下角的动画效果，如图8-222所示。

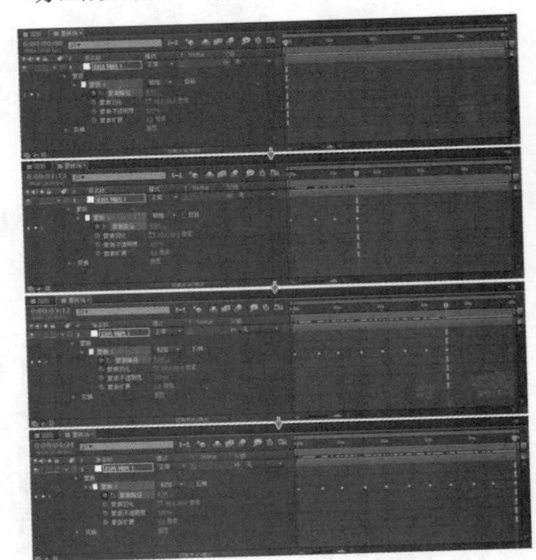

图8-222　动画帧设置

25 在"预览"面板中单击▶播放/暂停按钮，然后在"合成"窗口中观察纯色背景层的动画效果，如图8-223所示。

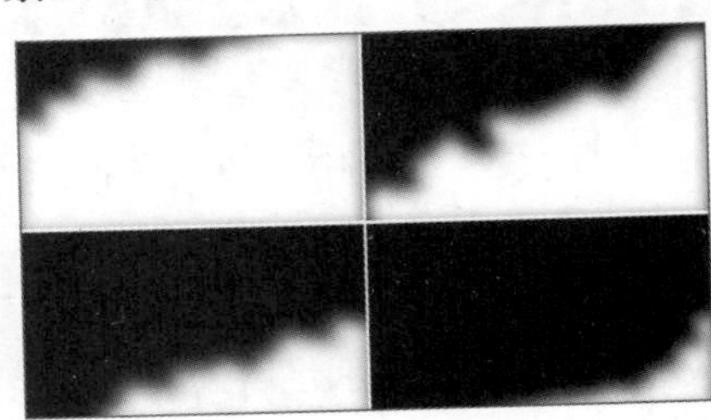

图8-223　预览效果

26 在菜单中选择【合成】→【新建合成】命令项，然后在弹出的"合成设置"对话框中设置合成名称为"水墨蒙版"、预设为HDV/HDTV 720 25小高清类型、帧速率为25帧/秒、持续时间为5秒、背景颜色为黑色，准备为影片设置素材间的蒙版合成，如图8-224所示。

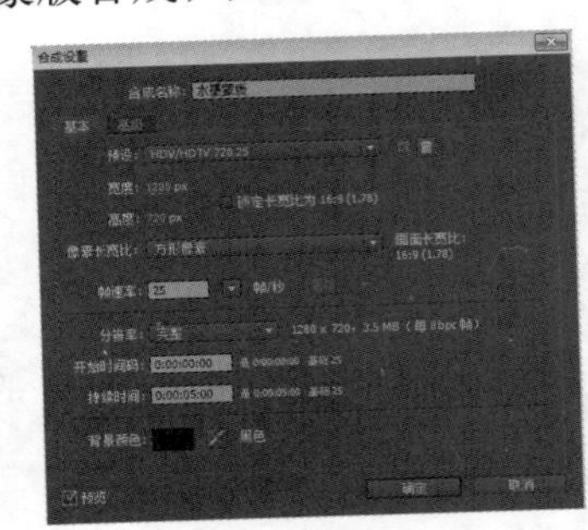

图8-224　合成设置

27 在"项目"面板中选择"国画"合成文件并拖拽至"时间线"面板中，作为合成影片的主体素材，如图8-225所示。

图8-225　添加合成层

28 在"项目"面板中选择"宣纸"素材层，拖拽至"时间线"面板并放至最底层，作为合成影片的背景素材，如图8-226所示。

图8-226　添加图片素材

㉙ 在“项目”面板中选择“墨转场”合成文件，拖拽至“时间线”面板并放至最顶层，准备为影片制作遮罩，如图8-227所示。

图8-227 添加合成文件

㉚ 添加“墨转场”合成文件后，在“合成”窗口中可以移动时间滑块观察默认的效果，如图8-228所示。

图8-228 观察效果

㉛ 在“时间线”面板中选择“国画”合成层，然后展开“轨道遮罩”项并切换为“亮度反转遮罩”类型，如图8-229所示。

图8-229 轨道遮罩设置

专家课堂

如果希望一个图层透过另一个图层定义的开口显现出来，则可设置轨道遮罩。

例如，可以使用文本图层作为视频图层的轨道遮罩，以允许视频仅透过文本字符定义的形状显现出来。底层图层（填充图层）从轨道遮罩图层的特定通道值中获取其透明度值，其Alpha通道或其像素明亮度。

㉜ 设置“遮罩轨道”后，在“合成”窗口中观察遮罩效果，完成影片的最终转场特效设置，如图8-230所示。

图8-230 遮罩效果

㉝ 在“预览”面板中单击▶播放/暂停按钮，然后在“合成”窗口中观察水墨蒙版动画的最终效果，如图8-231所示。

图8-231 最终效果

8.8 实例——夜间驾车

素材文件	配套光盘→范例文件→Chapter8	难易程度	★★★★☆
重要程度	★★★★☆	实例重点	掌握电影抠像的流程与实际操作

在制作“夜间驾车”实例时，首先将主要视频素材进行键控去色并添加动态背景，然后通过添加光效的设置和色调特效调整视频的颜色效果，模拟出夜间驾车的真实状态，如图8-232所示。

“夜间驾车”实例的制作流程主要分为3部分，包括①键控去色设置；②光效运动设置；③色调效果调整，如图8-233所示。

图8-232 案例效果

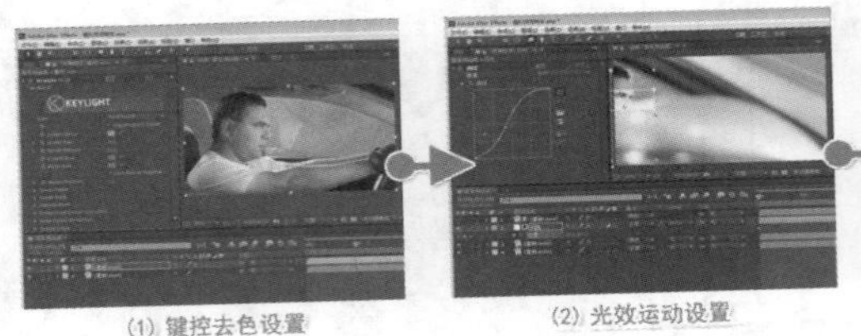

图8-233 制作流程

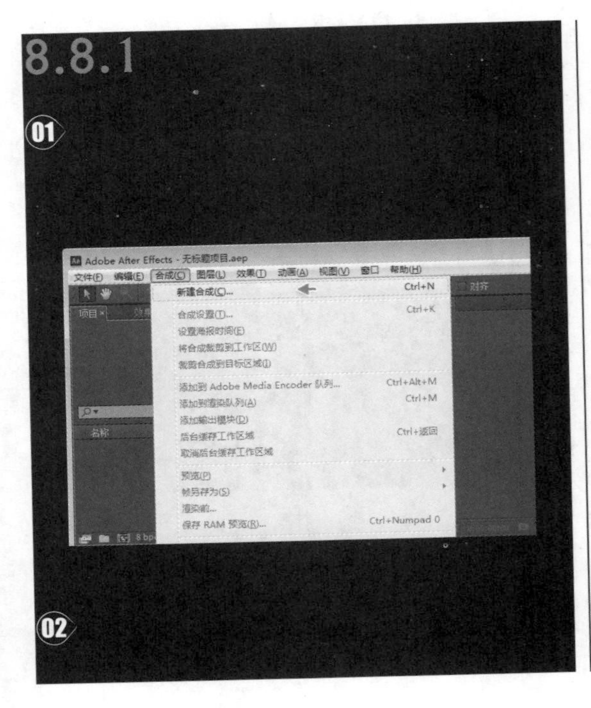

HDTV 1080 25小高清类型、帧速率为25帧/秒、持续时间为3秒12帧、背景颜色为黑色，如图8-235所示。

图8-235 合成设置

03 为了方便整理素材，在“项目”面板中单击新建文件夹按钮并命名为“素材”文件夹，准备将导入的素材整理到此文件夹中，如图8-236所示。

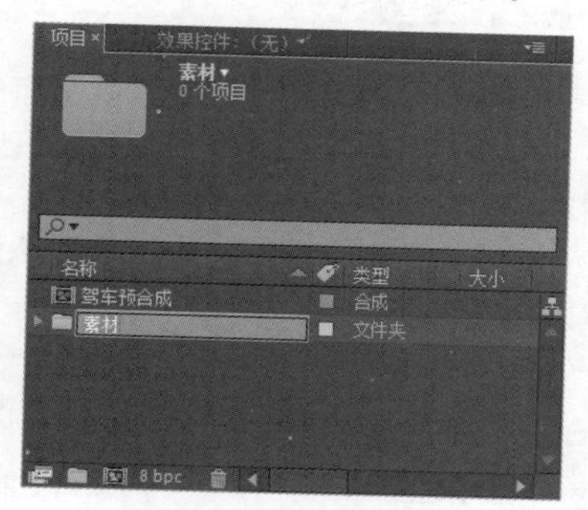

图8-236　新建文件夹

04 在“项目”面板“素材”文件夹的空白位置单击鼠标“右”键，在弹出的菜单中选择【导入】→【文件】命令，将所需要的素材文件导入到“项目”面板中，如图8-237所示。

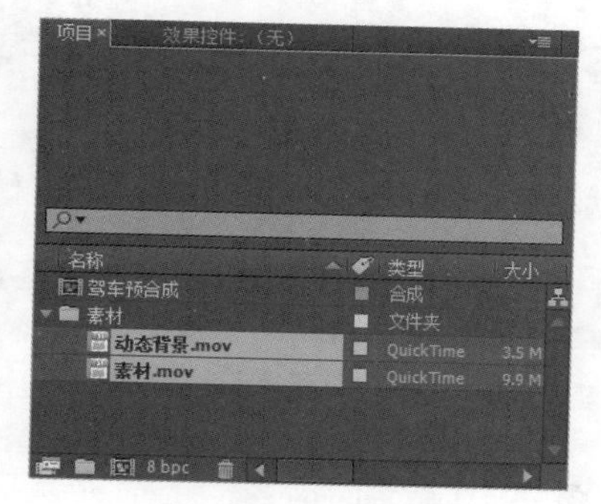

图8-237　导入素材

05 将“项目”面板“素材”文件夹中的“素材.mov”视频素材拖拽至“时间线”面板，准备对其进行“抠像”编辑操作，如图8-238所示。

图8-238　添加素材

专家课堂

“抠像”一词英文称作“Key”，也被称为“键控”，意思是吸取画面中的某一种颜色作为透明色，将它从画面中去除，从而使背景透出来，形成两层画面的叠加合成。

“抠像”操作一般都用蓝色或绿色为背景在摄影棚进行拍摄，背景与演员的服装、皮肤的颜色反差越大越好，这样“抠像”比较容易实现。

06 在“时间线”面板中选择“素材”层，按“Ctrl+D”键执行原地复制操作，准备为素材添加“抠像”滤镜效果，如图8-239所示。

图8-239　复制素材

07 在“时间线”面板中选择顶部的“素材”层，然后在菜单中选择【效果】→【键控】→【Keylight（1.2）】命令项，准备去掉素材中的绿色背景，如图8-240所示。

专家课堂

“Keylight”程序在发布时曾获得了奥斯卡大奖，它可以精确地控制残留在前景对象上的蓝幕或绿幕反光，并将它们替换成新合成背景的环境光。

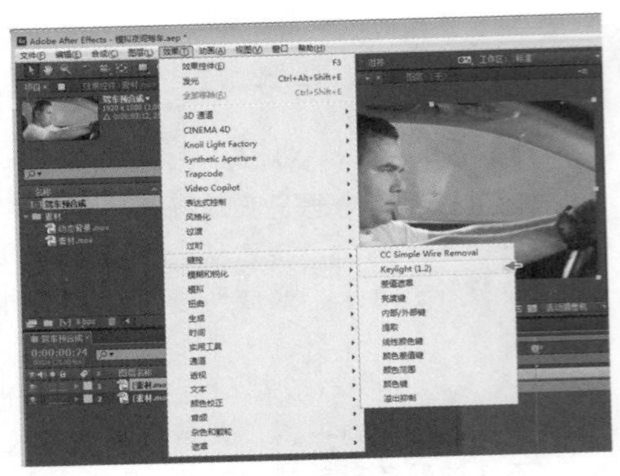

图8-240　添加键控效果

08 为素材添加键控滤镜效果后，在“效果”面板中使用Screen Colour（屏幕颜色）项的吸管工具选取“合成”窗口中的绿色，由于底层视频的显示所以效果并不明显，再设置Screen Gain（屏幕增益）项值为90，如图8-241所示。

图8-241　设置键控

09 为素材添加滤镜特效，在菜单中选择【效果】→【通道】→【通道合成器】命令项，控制图层通道的合成效果，如图8-242所示。

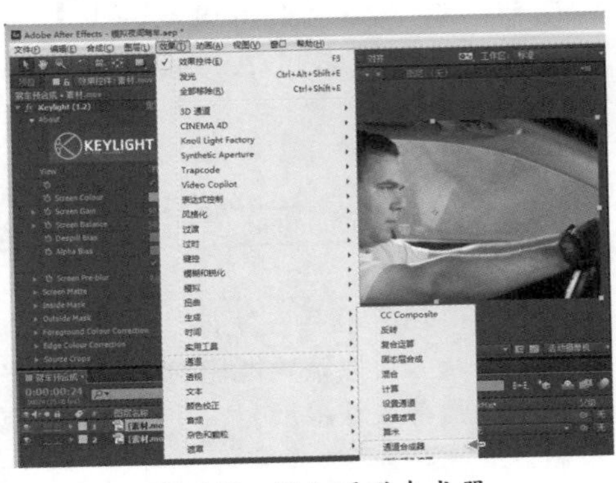

图8-242　添加通道合成器

专家课堂

“通道合成器”能很好地控制画面的灰度，通过对它的调整就能使画面的黑色部分补充进来，使画面该深的地方“压”下去，该亮的地方“提”起来，这样调色画面就显得均衡并生动了许多。

10 在“效果”面板中设置“通道合成器”滤镜效果的“自”选项为“直接到预乘”类型，再勾选“纯色Alpha”项，使用素材的通道信息来控制合成效果，如图8-243所示。

图8-243　设置通道合成器

专家课堂

“自”项目中提供了不同的颜色交替选择，例如HLS to RGB（色相、亮度、饱和度到红绿蓝）是由R（红）、G（绿）、B（蓝）到色彩模式Hue（色相）、Lightness（亮度）、Saturation（饱和度）之间的颜色类型交替选择。

11 在“时间线”面板中设置顶部“素材”层的模式为“颜色”叠加方式，使用顶层素材调整通道之后的颜色信息，合成效果以及叠加模式设置如图8-244所示。

12 在“时间线”面板的空白位置单击鼠标“右”键，然后在弹出的浮动菜单选择【新建】→【调整图层】命令项，创建调整效果的图层，如图8-245所示。

图8-244 叠加设置

图8-245 新建调整图层

专家课堂

“调整图层”与“空白对象”有相似之处，那就是“调整图层”在一般情况下都是不可见的，主要作用是给调节层以下的图层附加“调整图层”上相同的特效（只作用于它以下的图层），也有特殊的用途。

13 新建操作后，软件自动在“时间线”面板最顶层创建“调整图层”，再将其层进行“右”键重命名操作并设置名称为“闪光”，准备为素材添加光效滤镜，如图8-246所示。

图8-246 重命名

14 选择添加滤镜效果的“素材”层，按“Ctrl+D”键执行原地复制操作，并将复制出的素材层移动至“时间线”的最顶层，准备使用其透明信息，如图8-247所示。

图8-247 复制素材

15 在“时间线”面板选择顶部的“素材”层，再切换至“效果”面板将“通道合成器”滤镜效果删除，仅保留键控去色滤镜效果，然后设置“闪光”调整图层的轨道遮罩信息为“Alpha遮罩”方式，被使用透明信息的层自动关闭图层显示，如图8-248所示。

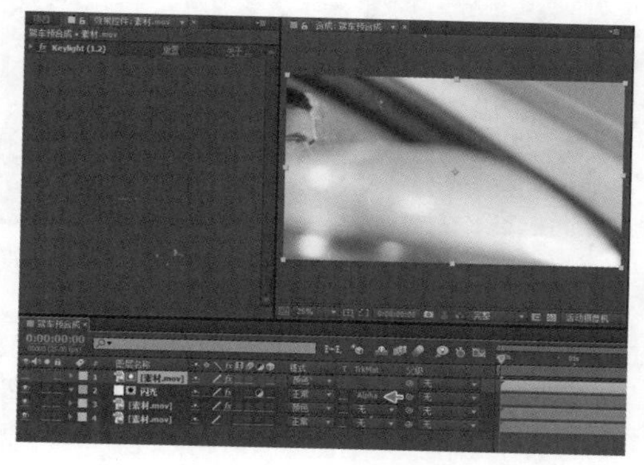

图8-248 设置轨道遮罩

8.8.2 光效运动设置

01 保持“时间线”面板中“闪光”调整图层为选择状态，再选择菜单栏中的【效果】→【颜色校正】→【曲线】命令项，准备调整画面的亮度信息，如图8-249所示。

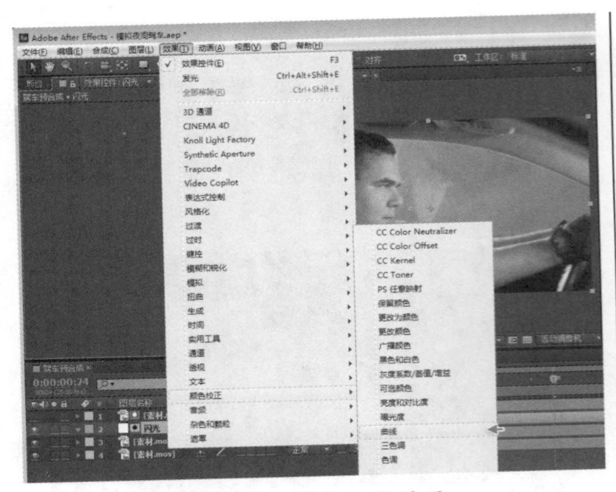

图8-249　添加曲线效果

02 在“效果”面板调整“RGB”通道的曲线，控制图像的亮度与对比程度，模拟驾车时灯光从前方晃过的亮度状态变化，如图8-250所示。

图8-250　调整曲线

03 使用工具栏中的矩形工具在“合成”窗口绘制蒙版，在“时间线”面板中展开设置蒙版羽化值为25、蒙版扩展值为25，然后设置蒙版叠加方式为“相加”类型，使模拟的灯光效果仅保留眼部区域，如图8-251所示。

04 为“调整图层”绘制蒙版，将蒙版羽化值设置为110，使蒙版的边缘产生柔和过渡效果，然后设置蒙版叠加方式为“相减”类型，限制脸部的蒙版范围，如图8-252所示。

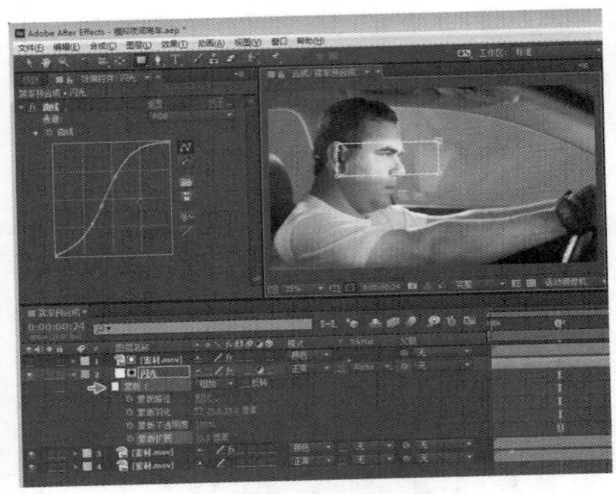

图8-251　绘制遮罩

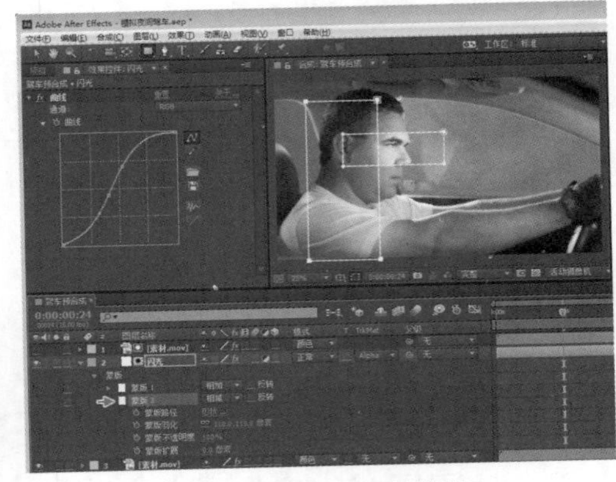

图8-252　继续绘制蒙版

05 按“P”键展开“调整图层”的“位置”属性，在“时间线”面板中将时间滑块拖拽至影片起始位置并单击“位置”项目前部的码表图标，再设置位置值为X轴88、Y轴490，软件将自动记录此时光效的位置作为起始帧，如图8-253所示。

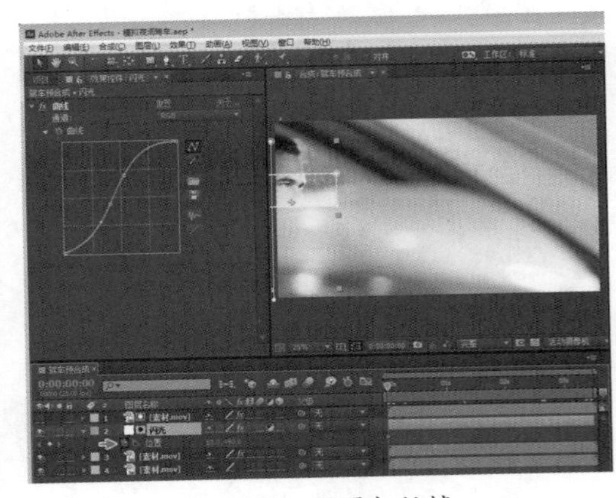

图8-253　设置起始帧

06 在“时间线”面板中将时间滑块拖拽至影片第7帧位置，再设置位置值X轴为300、Y轴为480，系统将自动记录位置的第二个关键帧，如图8-254所示。

图8-254 设置关键帧

07 在“时间线”面板中将时间滑块拖拽至影片第18帧位置，再设置位置值X轴为565、Y轴为485，记录位置的第三个关键帧，如图8-255所示。

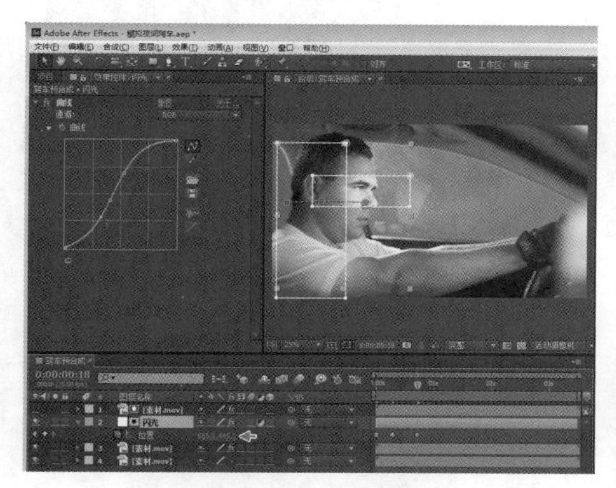

图8-255 设置关键帧

08 在“时间线”面板中将时间滑块拖拽至影片第1秒3帧位置，设置位置值X轴为825、Y轴为500，记录位置的第四个关键帧，如图8-256所示。

09 在“时间线”面板中将时间滑块拖拽至影片第1秒15帧位置，设置位置值X轴为960、Y轴为540，记录位置的第五个关键帧，如图8-257所示。

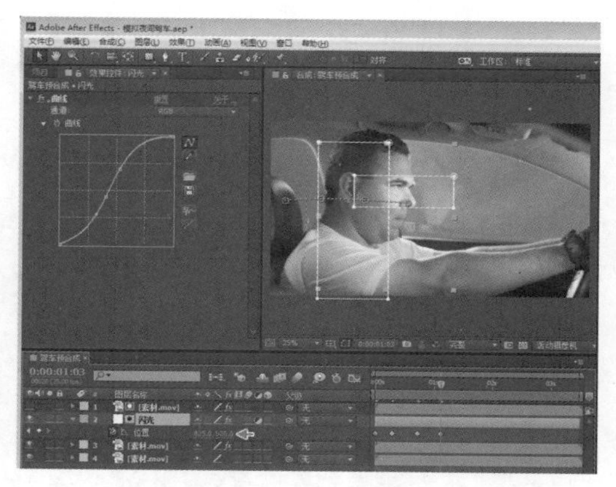

图8-256 设置关键帧

图8-257 设置关键帧

10 在“时间线”面板中将时间滑块拖拽至影片第2秒16帧位置，设置位置值X轴为775、Y轴为520，记录位置的第六个关键帧，如图8-258所示。

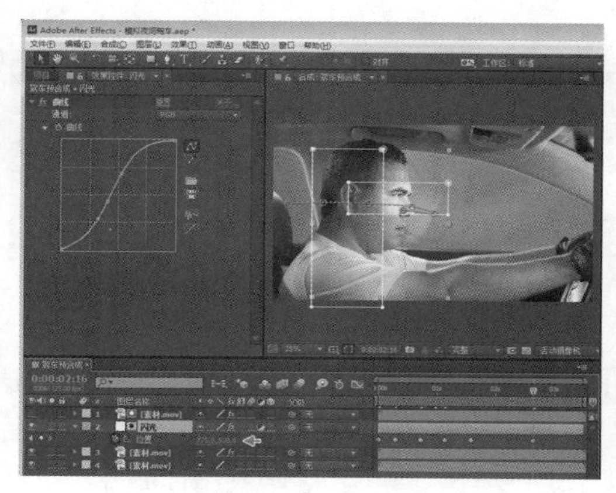

图8-258 设置关键帧

11 在“时间线”面板中将时间滑块拖拽至影片第3秒11帧位置，设置位置值X轴为

855、Y轴为520，记录位置的结束帧，如图8-259所示。

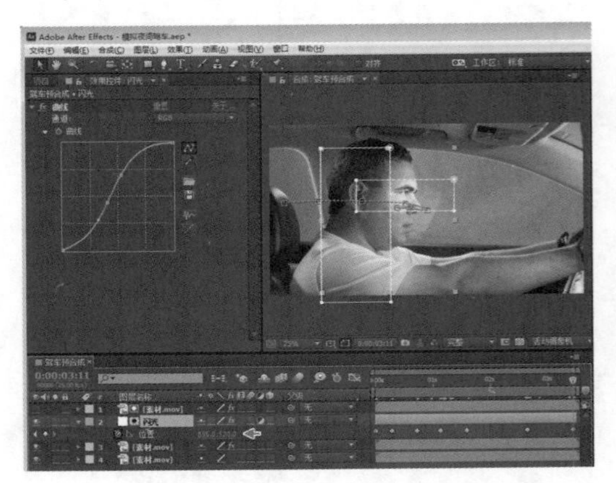

图8-259　设置结束帧

专家课堂

记录“位置”关键帧动画的目的为跟随人物面部产生光照效果。

⑫ 在“预览”面板单击▶播放/暂停按钮观察合成效果，光效跟随人物面部产生了运动，如图8-260所示。

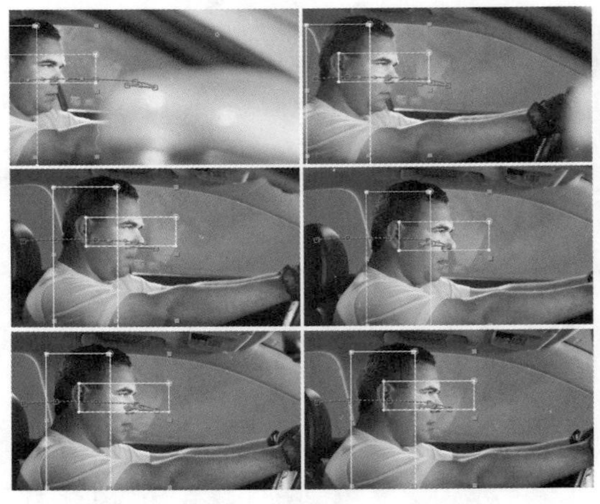

图8-260　预览合成效果

⑬ 保持“闪光”层的选择，使用“T”键展开本调整图层的“不透明度”项，然后按“Alt”键单击码表图标展开不透明度属性的表达式，再设置表达式内容为“Wiggle（2,200）”，模拟光效每隔200帧随机偏移2个像素，如图8-261所示。

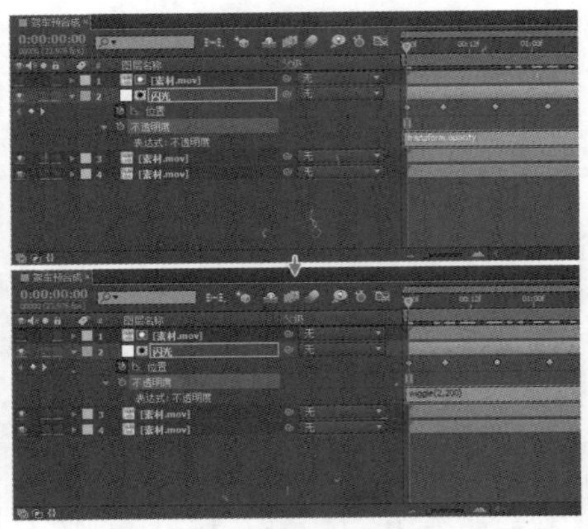

图8-261　设置表达式

专家课堂

在After Effects CC中制作特效时，运用好表达式能够获得更加理想的效果，而Wiggle表达式的使用率超高！

以函数Wiggle(freq，amp，octaves=1，amp_mult=0.5，t=time) 为例，参数fre为频率、amp为振幅、octaves为振幅幅度、amp_mult 为频率倍频、t为持续时间。

在表达式输入中，频率和振幅是必须具备的参数，例如Wiggle(50,100)。

⑭ 在“预览”面板单击▶播放/暂停按钮观察合成效果，光效受表达式的影响模拟夜间驾车时，车外灯光随机晃过脸部时的状态，如图8-262所示。

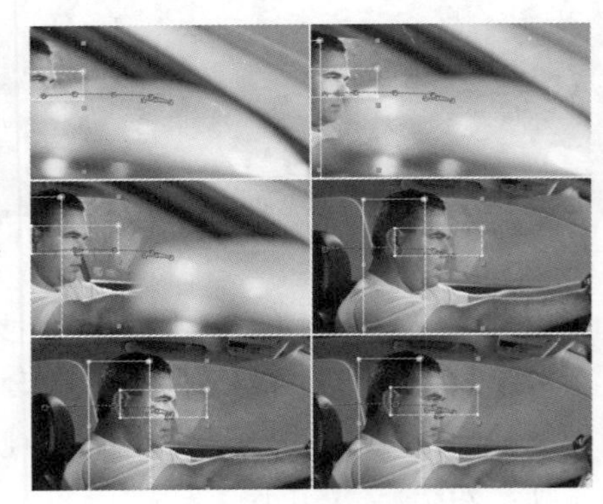

图8-262　随机偏移效果

⑮ 由于光效不是很明显，所有复制光效以增强光效的亮度。在“时间线”面板选择“素材.mov”和“闪光”两层，再按

"Ctrl+D"键执行原地复制操作，执行增强光效亮度的操作，如图8-263所示。

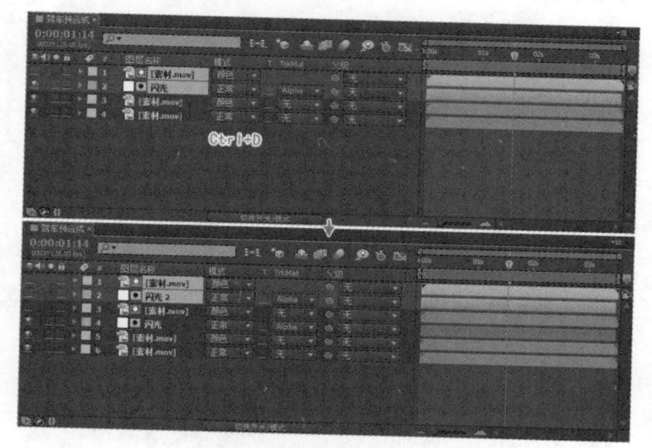

图8-263 复制光效

16 复制光效前后的亮度对比效果如图8-264所示。

图8-264 效果对比

17 在"预览"面板单击▶播放/暂停按钮播放并观察合成效果，显现光效随机偏移的效果如图8-265所示。

图8-265 预览光效偏移效果

18 在菜单中选择【合成】→【新建合成】命令项，然后在弹出的"合成设置"对话框中设置合成名称为"汽车特技"、预设为HDV/HDTV 1080 25小高清类型、帧速率为25帧/秒、持续时间为3秒12帧、背景颜色为黑色，如图8-266所示。

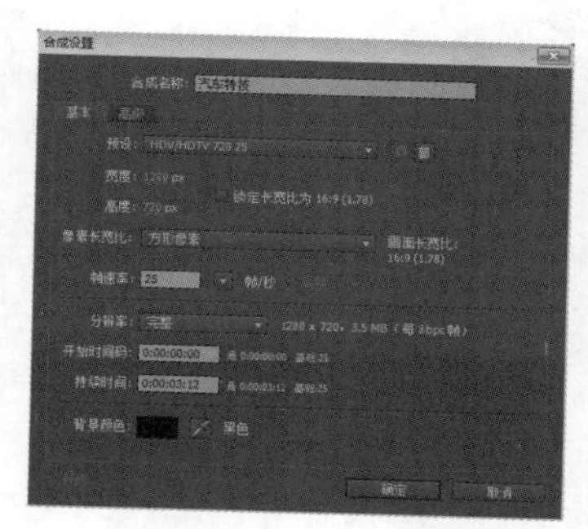

图8-266 新建合成设置

19 选择"项目"面板中的"驾车预合成"文件和"动态背景"素材，并将其拖拽至"汽车特技"的"时间线"面板中，如图8-267所示。

图8-267 添加素材

20 选择"项目"面板中的"素材.mov"视频素材并将其拖拽至"时间线"面板最上层位置，准备对其进行编辑操作，如图8-268所示。

21 保持"时间线"面板中"素材.mov"视频素材为选择状态，然后在菜单中选择【效果】→【键控】→【Keylight（1.2）】命令项，为素材添加键控滤镜效果，再使用Screen Colour（屏幕颜色）项的吸管工具选取"合成"窗口中的绿色，设置Screen Gain（屏幕增益）项值为70、Screen Balance（屏幕平衡）项值为60，去掉画面中的绿色，准备进行移除画面颗粒的操作，如图8-269所示。

图8-268　继续添加素材

图8-269　添加键控滤镜

22 保持“素材.mov”的选择状态，在菜单中选择【效果】→【杂色和颗粒】→【移除颗粒】命令项，准备移除画面中的颗粒，使画面效果更加细腻，如图8-270所示。

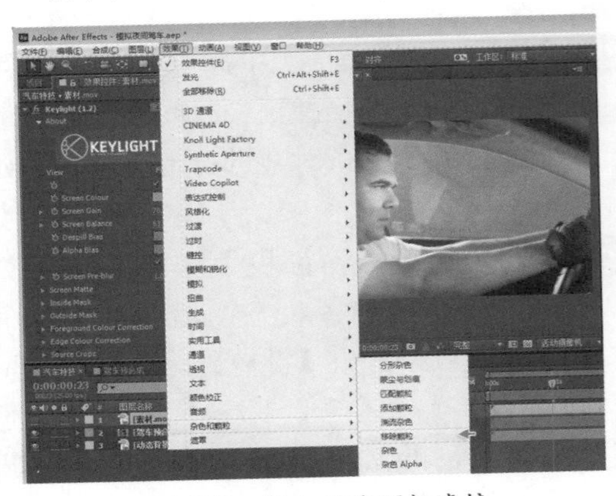

图8-270　添加移除颗粒滤镜

专家课堂

“移除颗粒”滤镜特效可以定义一个区域并去除图像中该区域的斑点，使不清晰的图像变得清晰。

23 在“效果”面板中移动“移除颗粒”效果滤镜至“Keylight（1.2）”效果滤镜的顶部，使“移除颗粒”效果控制抠像滤镜的效果，如图8-271所示。

图8-271　移动效果顺序

24 在“效果”面板展开“移除颗粒”效果的“预览区域”卷展栏，再分别设置宽度和高度选项的数值为800，限制移除颗粒的范围，如图8-272所示。

图8-272　参数设置

25 在“合成”窗口中更改图像的放大率，并查看移除颗粒后的图像细节，如图8-273所示。

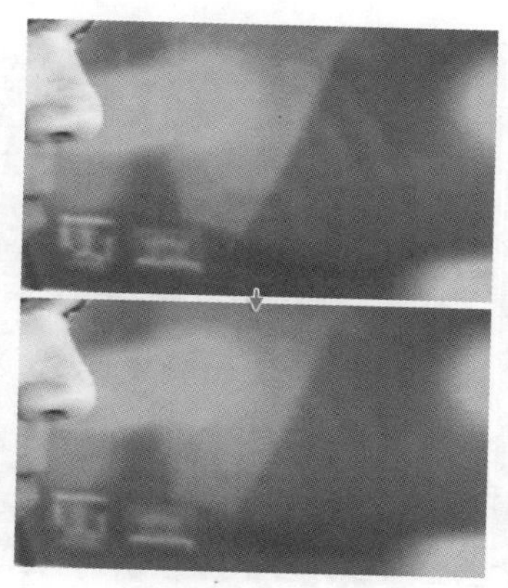
图8-273 合成效果

26 在“效果”面板展开“杂色深度减低设置”卷展栏并设置杂色深度减低项的值为2，然后在“时间线”面板设置“驾车预合成”层的轨道遮罩为“Alpha遮罩”方式，从而使“驾车预合成”层使用其上层素材“素材.mov”的透明信息，如图8-274所示。

图8-274 设置轨道遮罩

专家课堂

After Effects CC“时间线”面板中的TrkMat模块主要控制通过上一次的亮度或者透明通道来影响下一层的透明通道效果。

27 在“时间线”面板中选择“动态背景”素材，然后在菜单中选择【效果】→【颜色校正】→【曝光度】命令项，准备修正图像中光晕的曝光度，如图8-275所示。

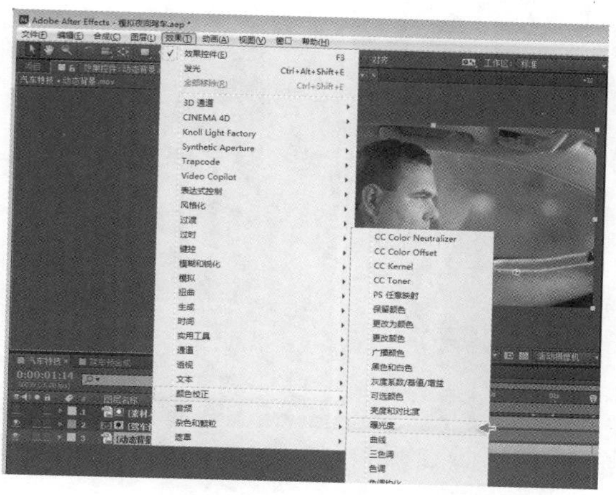
图8-275 添加效果滤镜

专家课堂

“曝光度”滤镜特效以图像的曝光程度调整图像颜色。可以通过设置Channels（通道方式）调整图像的Master（复合通道）或单一的“R（红）”、“G（绿）”、“B（蓝）”通道参数设置。

28 在“效果”面板展开“曝光度”效果滤镜，并设置曝光度值为0.8、偏移值为0，如图8-276所示。

图8-276 设置曝光度

29 为“动态背景”层添加效果滤镜，然后在菜单中选择【效果】→【实用工具】→【HDR高光压缩】命令项，准备压缩背景素材画面中光晕的高光，如图8-277所示。

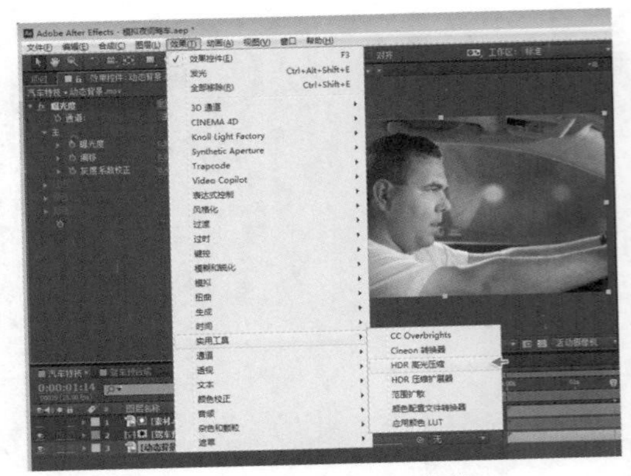

图8-277　添加效果滤镜

专家课堂

“HDR高光压缩”主要在不需要牺牲HDR胶片的高动态范围情况下，能够使用HDR图像有效地被不支持的特效工具修改。HDR特效首先压缩高光部分的数据到8-bpc至6-bpc之间，处理完成后再还原为32-bpc。

30 在“效果”面板选择“HDR高光压缩”并将其移动至“曝光度”效果滤镜的上层，使“高光压缩”限制“曝光度”效果滤镜，如图8-278所示。

图8-278　移动效果滤镜

31 在“效果”面板设置数量值为60，限制高光压缩的强度，如图8-279所示。

32 在“时间线”面板中保持“动态背景”素材为选择状态，在菜单中选择【效果】→【颜色校正】→【色调】命令项，准备修改图像的色调，如图8-280所示。

图8-279　数量设置

图8-280　添加色调效果滤镜

33 在“效果”面板移动“色调”效果滤镜至最上层，如图8-281所示。

图8-281　移动效果顺序

专家课堂

调换添加的效果滤镜顺序，目的是使效果控制更加直观。

34 在“效果”面板修改着色数量值为60，使图像产生着色处理，如图8-282所示。

图8-282 设置着色数量

专家课堂

“着色数量”在应用时是通过颜色窗口选择需要改变的颜色再通过“着色数量”的参数来决定当前素材的着色程度，着色数量的值越小，被改变颜色的饱和度就越低，当着色数量的值达到最大时，原素材的颜色完全被改变。

35 在“预览”面板单击▶播放/暂停按钮播放并观察合成效果，动态背景中的光晕合成效果如图8-283所示。

图8-283 预览合成效果

8.8.3 色调效果调整

01 在“时间线”面板空白位置单击鼠标“右”键，然后在弹出的浮动菜单中选择【新建】→【调整图层】命令项，准备调整合成画面的整体色调效果，如图8-284所示。

图8-284 新建调整图层

02 在“时间线”面板的调整图层上单击鼠标“右”键，然后在弹出的浮动菜单选择“重命名”命令项，并修改其名称为“调整色调”，如图8-285所示。

图8-285 设置名称

03 保持“调整色调”图层为选择状态，在菜单中选择【效果】→【颜色校正】→【曲线】命令项，然后在“效果”面板调整“RGB”通道的曲线图，使整体画面降低亮度并提升对比度，模拟出夜晚的画面效果，如图8-286所示。

04 切换曲线“通道”项为“红色”通道，然后修改红色通道曲线，如图8-287所示。

图8-286 调整曲线

图8-287 设置红色通道曲线

05 在“合成”窗口查看合成效果，图像中的红色通道信息已经产生改变，如图8-288所示。

图8-288 效果对比

06 切换曲线“通道”项为“绿色”通道，然后设置绿色通道曲线，如图8-289所示。

图8-289 设置绿色通道曲线

07 调整图像的通道信息后，查看图像合成效果，如图8-290所示。

图8-290 效果对比

08 为素材添加“曲线”效果滤镜，并切换“通道”项为“绿色”通道，然后调整图像的绿色信息曲线，如图8-291所示。

图8-291 继续调整曲线

09 观察合成效果，调整前后的效果对比如图8-292所示。

图8-292 效果对比

10 经过多次的调整，得到所需的画面效果，然后在“预览”面板单击▶播放/暂停按钮播放并查看最终的合成效果，如图8-293所示。

图8-293 最终效果

8.9 本章小结

本章通过8个案例介绍了视频效果的滤镜应用与效果控制方式，案例中还对After Effects CC软件中特效的组合进行了细致讲解，通过案例可以深入了解视频滤镜特效中的颜色校正、Trapcode、杂色和颗粒、扭曲、模拟、Video Copilot、模糊和锐化、风格化、通道、键控、实用工具等知识。

第9章
渲染输出

本章主要通过实例素材整理、收集文件、多合成渲染、AVI格式输出、TGA格式输出、MOV格式输出、调整大小与裁剪，介绍After Effects CC中的渲染输出知识。

9.1 实例——素材整理

素材文件	无	难易程度	★☆☆☆☆
重要程度	★★★★☆	实例重点	对合成项目未使用的素材进行清理

“素材整理”实例的制作流程主要分为3部分，包括①工程素材整理；②删除未使用素材；③移除素材显示，如图9-1所示。

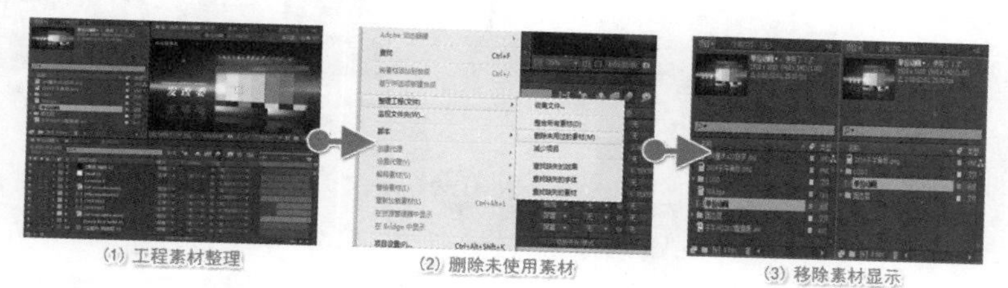

图9-1　制作流程

9.1.1　工程素材整理

01 在工程文件的“项目”面板中将显示出导入的素材，单击选择某个素材后，将会在“项目”面板上方显示出该素材的信息，如图9-2所示。

图9-2　素材文件

02 选择的素材在“项目”面板的信息中会显示出被使用的次数，而未被使用的素材，信息中便无使用次数的显示，如图9-3所示。

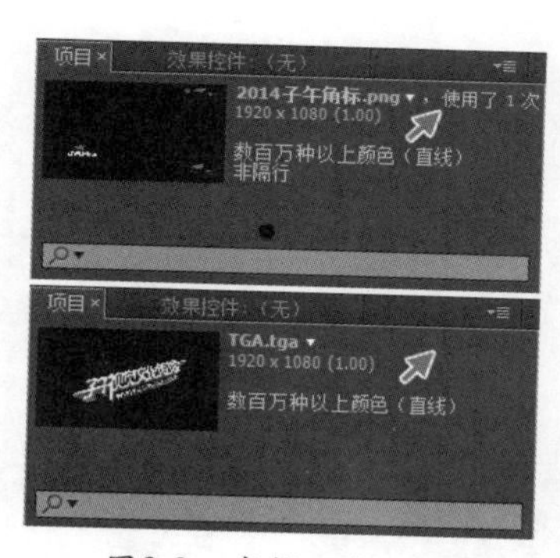

图9-3　素材信息显示

9.1.2　删除未使用素材

01 在菜单中展开【文件】→【整理工程（文件）】命令项，其中提供了对素材的整合、删除、查找缺失等项，如图9-4所示。

专家课堂

“整理工程”操作主要用于整理当前合成所使用的素材。

02 在菜单中选择【文件】→【整理工程（文件）】→【删除未使用的素材】命令项，如图9-5所示。

专家课堂

通过“删除未使用的素材”命令将项目中尚未在合成中使用的素材删除。使用时会统计给出尚未在合成中使用的素材文件或文件夹数目，并提示删除后可以撤消等操作。

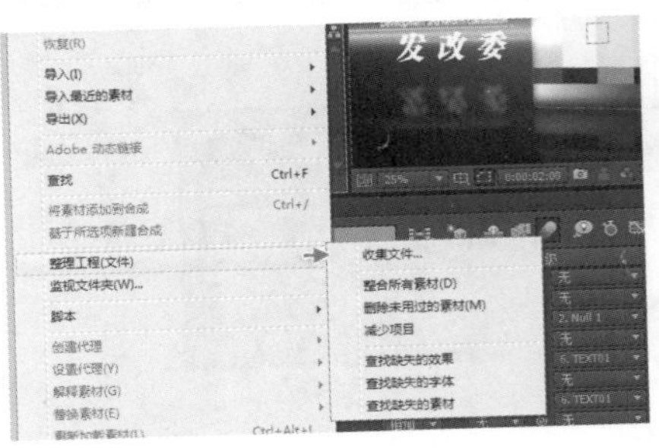

图9-4　整理工程文件项

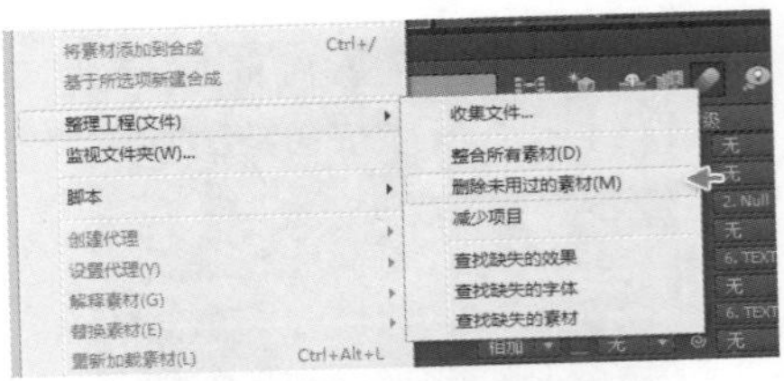

图9-5　删除未使用素材项

9.1.3　移除素材显示

01 执行命令后，在弹出的“After Effects”对话框中将提示已移除的素材数量，如图9-6所示。

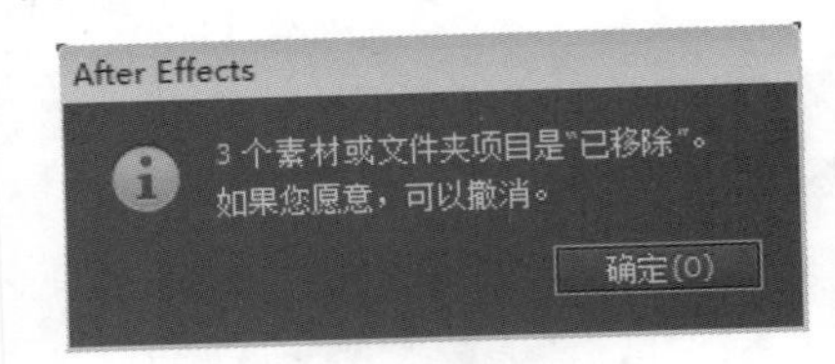

图9-6　软件提示

02 在“项目”面板中观察素材整理素材前后的对比效果，如图9-7所示。

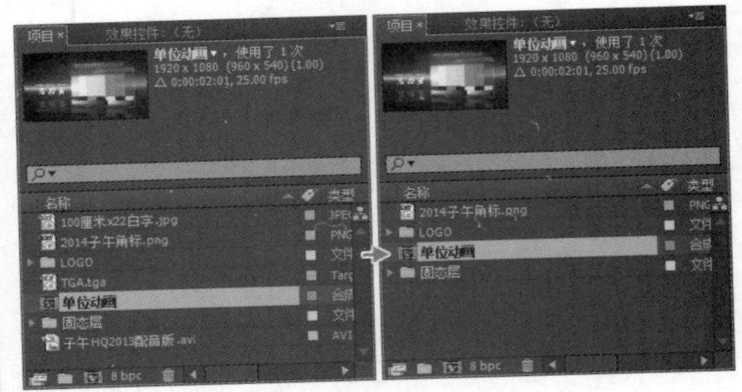

图9-7　素材整理对比

9.2 实例——收集文件

素材文件	无	难易程度	★☆☆☆☆
重要程度	★★★★☆	实例重点	将工程应用的素材文件进行收集与整理

“收集文件”实例的制作流程主要分为3部分，包括①选择文件收集；②文件收集设置；③收集文件夹，如图9-8所示。

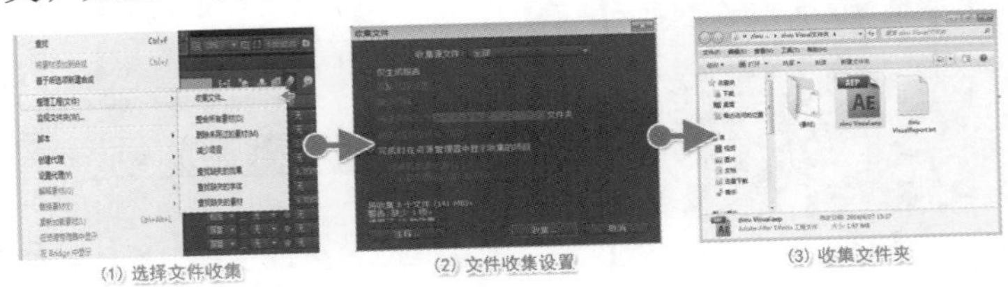

图9-8　制作流程

9.2.1　选择文件收集

01 在“项目”面板中的“单位动画”合成文件为制作文件，而其他的文件全部为合成素材，如图9-9所示。

图9-9　工程文件

02 在菜单中选择【文件】→【整理工程（文件）】→【收集文件】命令项，如图9-10所示。

图9-10　收集文件项

专家课堂

“收集文件”命令将项目或合成中所有文件的副本收集到一个位置。在渲染之前使用此命令，主要用于存档或将项目移至不同的计算机系统或用户账户。

在使用“收集文件”命令时，After Effects CC会创建一个新文件夹，在新文件夹中将保存项目的新副本、素材文件的副本、指定的代理文件、项目报告。

在“收集文件”之后，可以继续更改项目，但请注意，所做的更改会随原始项目而不是随新收集的版本一起存储。

9.2.2　文件收集设置

01 在弹出的“After Effects”对话框中将提示是否保存当前项目，如图9-11所示。

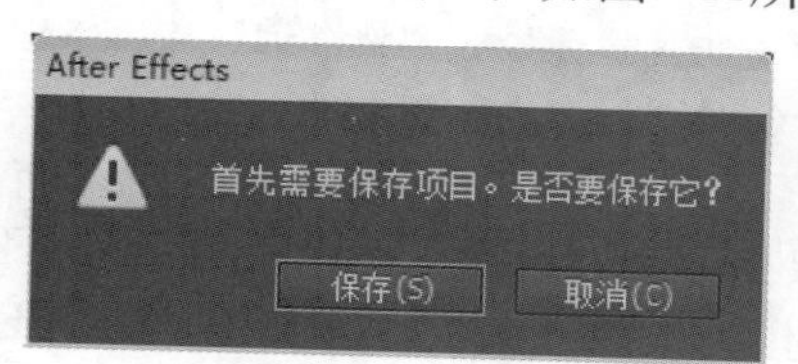

图9-11　软件提示

02 在“收集文件”对话框中设置收集源文件为“全部”方式，然后勾选“完成时在资源管理器中显示收集的项目”，再单击“收集”按钮完成操作，如图9-12所示。

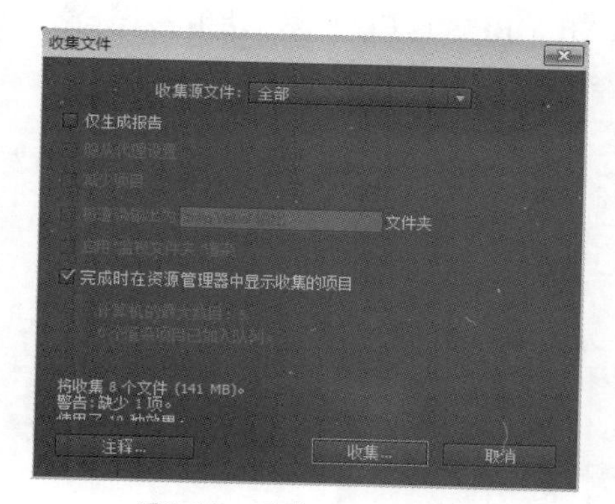

图9-12　收集文件对话框

专家课堂

选择“仅生成报告”选项将不复制文件和代理。

“服从代理设置”对包括代理的合成使用此选项，以指定是否希望复制当前代理设置。如果选择此选项，将仅复制合成中使用的文件。如果不选择此选项，将同时复制代理和源文件，因此稍后可以更改收集的版本中的代理设置。

在“收集源文件”菜单中选择“减少项目”选项时，从收集的文件中移除所有未使用的素材项目和合成：“对于所有合成”、“对于选定合成”和“对于队列合成”。

“将渲染输出为”主要用来重定向输出

模块，以便将文件渲染到收集的文件文件夹中指定的文件夹。此选项可确保在您从其他计算机渲染项目时，能够访问已渲染的文件。渲染状态必须有效（“已加入队列”、“未加入队列”或“将继续”），输出模块才能将文件渲染到此文件夹。

启用“监视文件夹”渲染命令将项目保存到指定的监视文件夹，然后通过网络启动监视文件夹渲染。After Effects CC还包括一个名为“[project name]_RCF.txt”的渲染控制文件，它向监视计算机发出项目可供渲染的信号。然后 After Effects CC和任何已安装的渲染引擎可以跨网络一起渲染项目。

“计算机的最大数目”用来指定想要分配以渲染收集项目的渲染引擎或 After Effects CC许可副本的数目。在此选项下，After Effects CC报告将使用多个计算机渲染项目中的多少项。

03 在弹出的“将文件收集到文件夹中”对话框中设置文件名，再单击“保存”按钮完成收集操作，如图9-13所示。

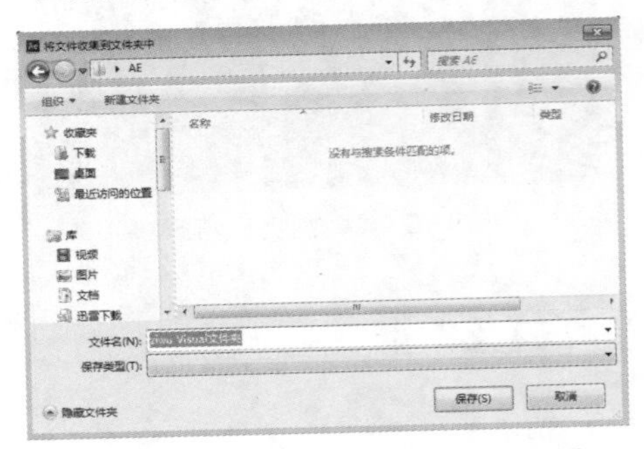

图9-13　将文件收集到文件夹中对话框

04 在“复制文件”对话框中显示正在复制文件的进程，如图9-14所示。

一旦开始文件收集，After Effects CC即会创建文件夹并将指定的文件复制到其中。文件夹层次结构与项目中的文件夹和素材项目的层次结构相同。新文件夹包括一个素材文件夹，并且可能包括一个输出文件夹。

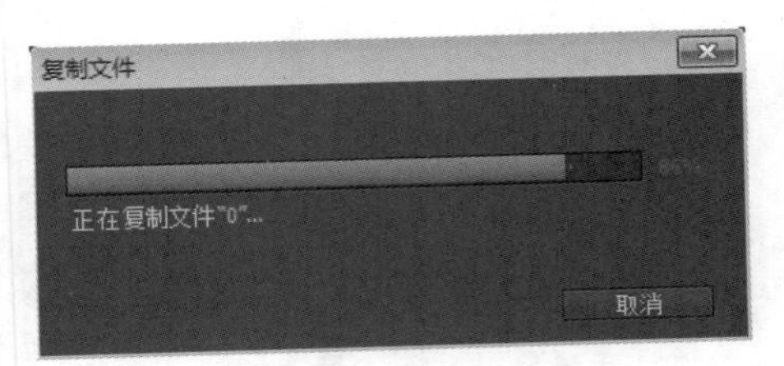

图9-14　复制文件

05 如果存在丢失素材或格式错误，在弹出的“After Effects”对话框中显示错误提示，如图9-15所示。

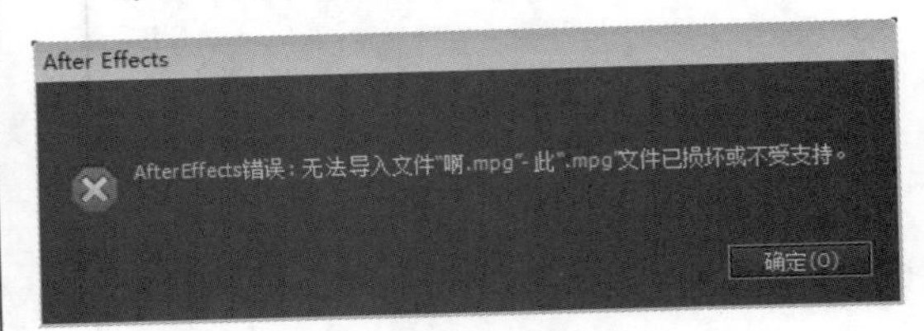

图9-15　软件提示

06 在弹出的“After Effects”对话框中还会提示是否有丢失的字体样式，如图9-16所示。

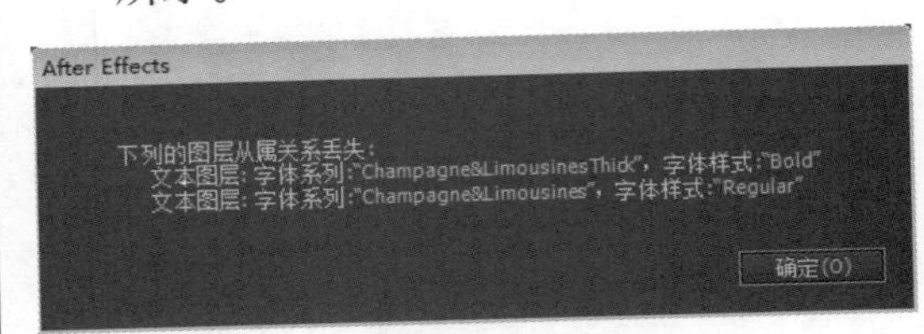

图9-16　文件收集设置

9.2.3　收集文件夹

01 收集操作完成后，在设置的文件夹中将显示收集的素材、工程文件及文本信息，如图9-17所示。

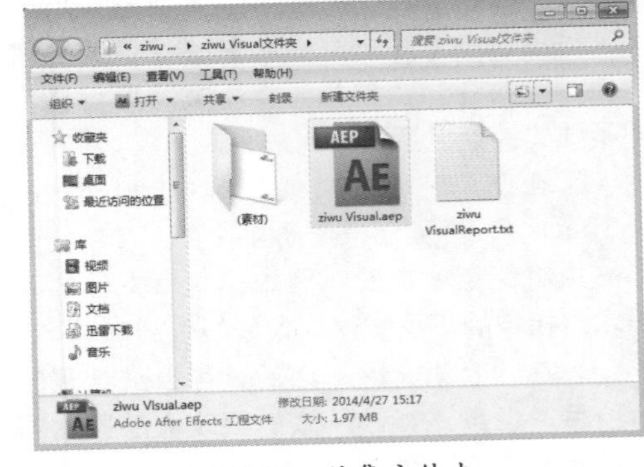

图9-17　收集文件夹

02 在文本报告中会显示收集的信息，信息中提示创建时间、项目名称、收集方式、收集数量、收集大小、使用效果及文本字体等，如图9-18所示。

专家课堂

该报告描述重新创建项目和渲染合成所必需的文件、效果和字体，便于快速掌握合成项目的创作思路与操作应用。

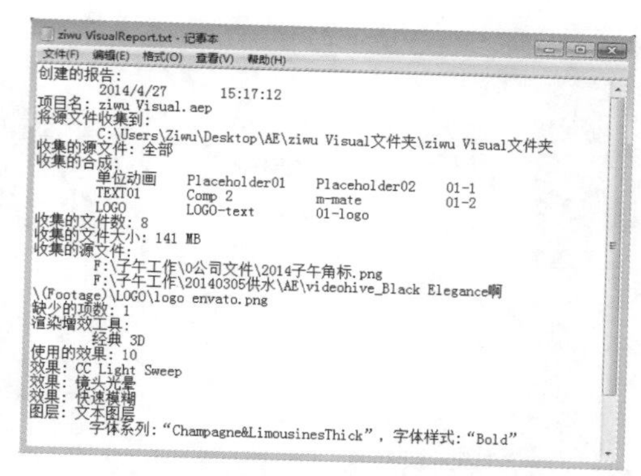

ziwu VisualReport.txt - 记事本
文件(F) 编辑(E) 格式(O) 查看(V) 帮助(H)
创建的报告:
2014/4/27 15:17:12
项目名: ziwu Visual.aep
将源文件收集到:
C:\Users\Ziwu\Desktop\AE\ziwu Visual文件夹\ziwu Visual文件夹
收集的源文件: 全部
收集的合成:
单位动画 Placeholder01 Placeholder02 01-1
TEXT01 Comp 2 m-mate 01-2
LOGO LOGO-text 01-logo
收集的文件数: 8
收集的文件大小: 141 MB
收集的源文件:
F:\子午工作\0公司文件\2014子午角标.png
F:\子午工作\20140305供水\AE\videohive_Black Elegance啊
\(Footage)\LOGO\logo envato.png
缺少的项数: 1
渲染增效工具:
经典 3D
使用的效果: 10
效果: CC Light Sweep
效果: 镜头光晕
效果: 快速模糊
图层: 文本图层
字体系列: “Champagne&LimousinesThick”，字体样式: “Bold”

图9-18 收集文件

9.3 实例——多合成渲染

素材文件	无	难易程度	★★☆☆☆
重要程度	★★★★☆	实例重点	将合成文件添加至渲染队列并选择输出操作

“多合成渲染”实例的制作流程主要分为3部分，包括①影片渲染操作；②多合成渲染；③渲染进程设置，如图9-19所示。

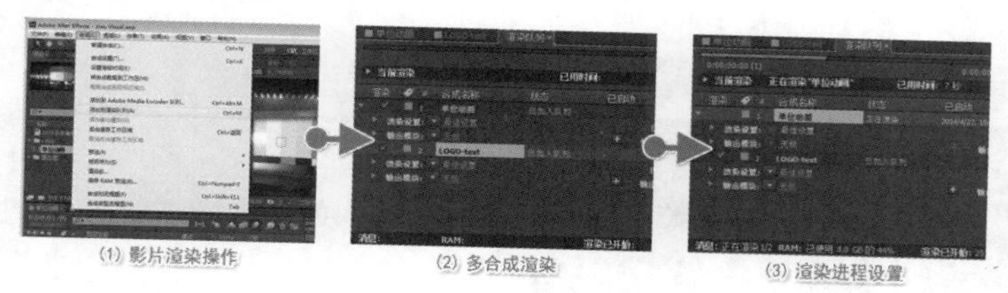

图9-19 制作流程

9.3.1 影片渲染操作

01 当合成工程操作完成后，在“项目”面板中可以选择“单位动画”合成文件项，准备进行影片的选择输出操作，如图9-20所示。

图9-20 工程文件

专家课堂

渲染是从合成创建影片帧的过程。帧的渲染是从构成该图像模型的合成中的所有图层、设置和其他信息，创建合成的二维图像的过程。影片的渲染是构成影片的每个帧的逐帧渲染。

尽管在谈到渲染时通常指最终输出，但创建在“素材”、“图层”和“合成”面板中显示的预览过程也属于渲染。事实上，可以将RAM预览另存为影片，然后将其用作最终输出。

02 在菜单中选择【合成】→【添加到渲染队列】命令项，如图9-21所示。

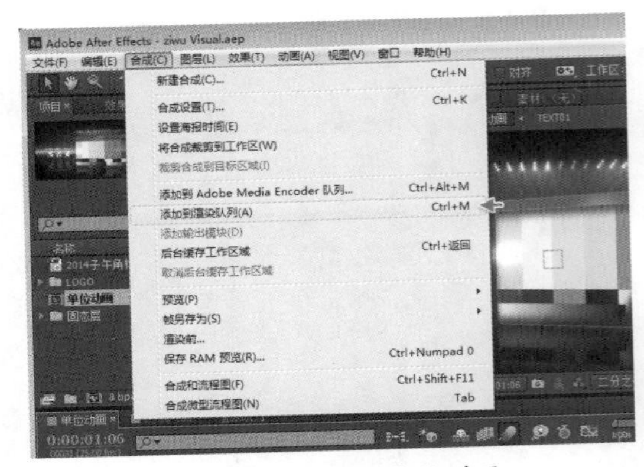

图9-21　添加到渲染队列项

专家课堂

通过“添加到渲染队列”命令可以将After Effects CC当前选择的合成项目添加到渲染队列中，还可以按“Ctrl+M”键进行添加渲染的操作。

03 在“渲染队列”面板中可以观察到添加的“单位动画”项并开启其“渲染”项，如图9-22所示。

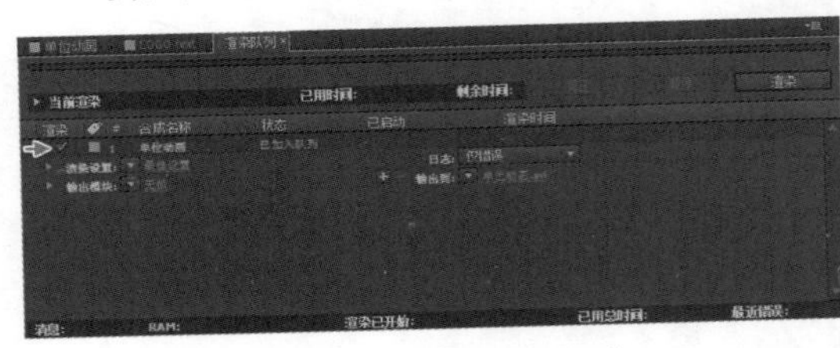

图9-22　添加渲染队列

专家课堂

从After Effects CC渲染和导出影片的主要方式是使用“渲染队列”面板。

在“渲染队列”面板中，可以同时管理多个渲染项，每个渲染项都有自己的渲染设置和输出模块设置。渲染设置确定输出帧速率、持续时间、分辨率和图层品质等特征。

输出模块设置（在渲染设置之后应用）确定输出格式、压缩选项、裁剪以及在输出文件中嵌入项目链接等渲染后特征。可以创建包含常用渲染设置和输出模块设置的模板。

9.3.2　多合成渲染

01 如果After Effects CC拥有多个合成项目，可以切换至其他合成项目的“时间线”面板，同样进行渲染输出操作，如图9-23所示。

图9-23　切换面板

02 在菜单中选择【合成】→【添加到渲染队列】命令项，将新的“时间线”也添加到渲染队列，如图9-24所示。

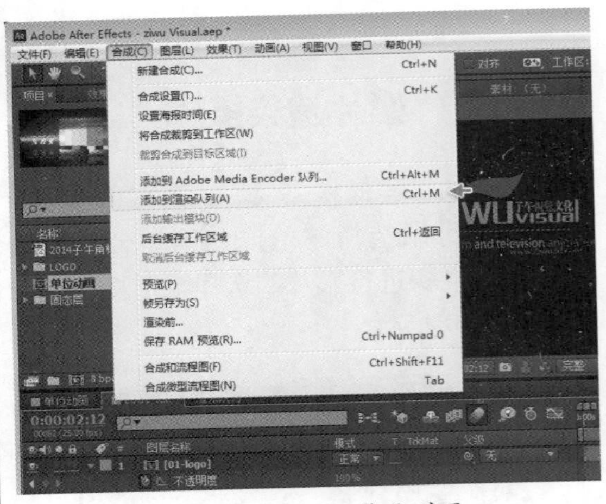

图9-24　添加到渲染队列项

03 在“渲染队列”面板中可以观察到新添加的“LOGO-text”项，可以切换☑开关按钮确认是否应用“渲染”项，如图9-25所示。

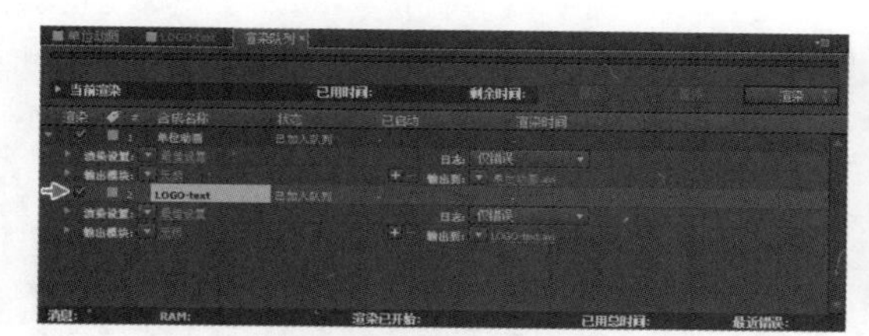
图9-25　多合成渲染

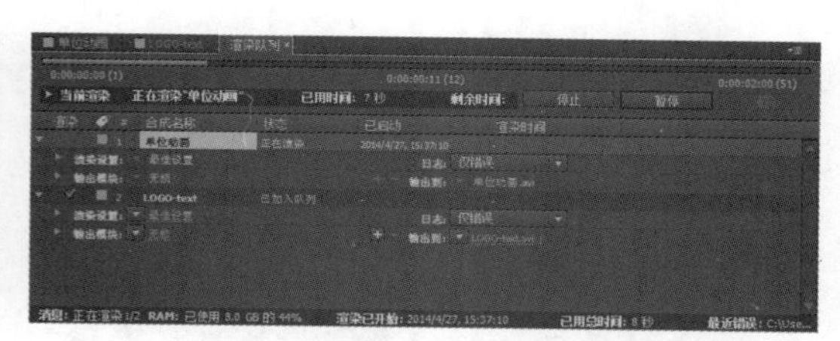
图9-26　执行渲染

专家课堂

在“渲染队列”面板中会按添加渲染的顺序进行排列，也可以应用开关选项设置执行的渲染队列。

9.3.3 渲染进程设置

01 在“渲染队列”面板中单击“渲染”按钮，After Effects CC会按次序对合成文件进行依次渲染，如图9-26所示。

02 在“渲染队列”面板中单击“渲染”按钮后，如再单击“停止”按钮可结束渲染操作，系统会再次自动将未渲染完成的队列进行新建，便于用户再次进行渲染操作，如图9-27所示。

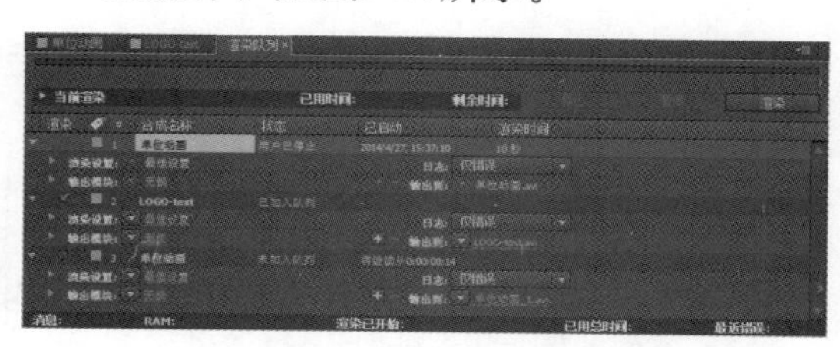
图9-27　渲染进程设置

9.4 实例——AVI格式输出

素材文件	无	难易程度	★★☆☆☆
重要程度	★★★☆☆	实例重点	AVI格式的视频与音频设置输出

“AVI格式输出”实例的制作流程主要分为3部分，包括①添加渲染队列；②输出路径设置；③视频格式设置，如图9-28所示。

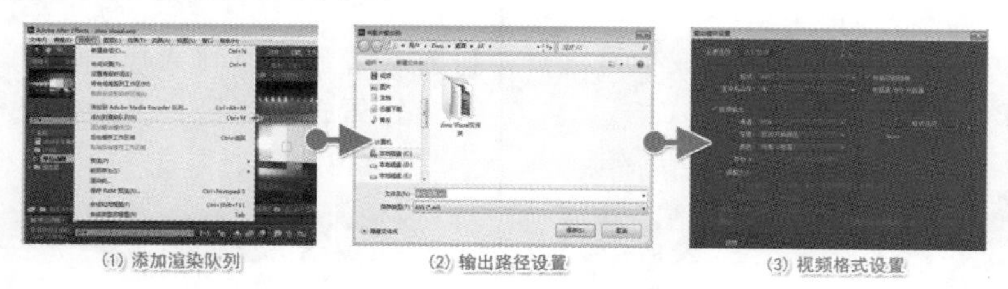

图9-28　制作流程

9.4.1 添加渲染队列

01 当合成工程操作完成后，在“项目”面板中可以选择“单位动画”合成文件项，准备进行影片的选择输出操作，如图9-29所示。

图9-29 工程文件

专家课堂

渲染输出时，如果场景中都是二维图层合成时，After Effects CC将根据图层在"时间线"窗口中排列的顺序进行处理，从最下面的图层开始向上进行渲染。

在对各个图层进行渲染时，首先After Effects CC会先渲染蒙版，再渲染滤镜特效，然后渲染变换属性，最后才运算图层叠加模式及轨道遮罩。

二维图层和三维图层混合渲染时，从最下层开始，依次向最上层进行渲染。当遇到三维图层时，After Effects CC会将这些三维图层作为一个独立的组，按照由远及近的渲染顺序进行渲染，处理完这一组三维图层后，再继续向上渲染二维图层。

02 在菜单中选择【合成】→【添加到渲染队列】命令项，将选择的合成项目进行渲染操作，如图9-30所示。

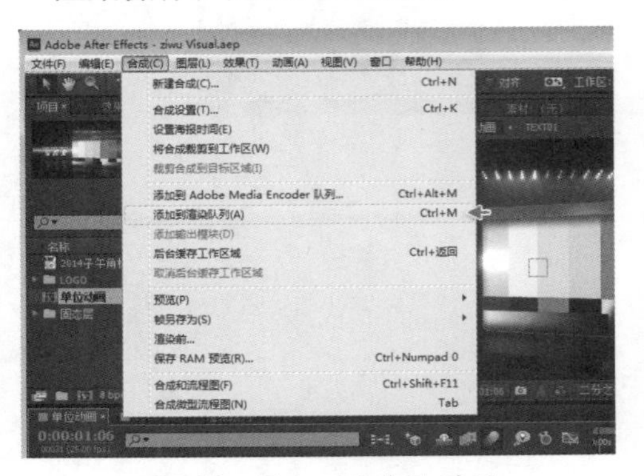
图9-30 添加到渲染队列项

03 在"渲染队列"面板中可以观察到添加的"单位动画"项，并确认开启其"渲染"项，如图9-31所示。

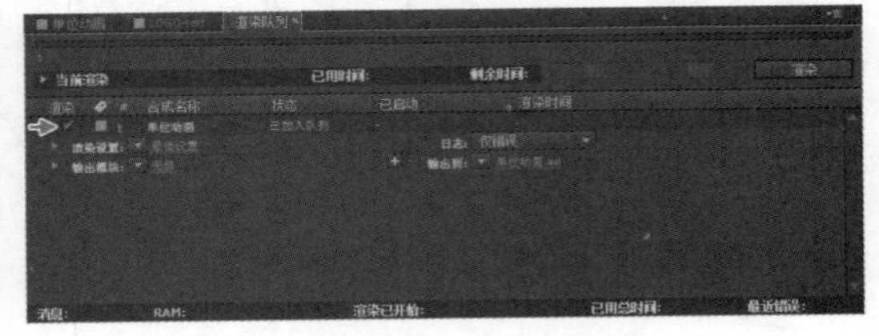
图9-31 添加渲染队列

9.4.2 输出路径设置

01 在"渲染队列"面板中单击"输出到"项文件名的位置，准备进行输出路径的设置，如图9-32所示。

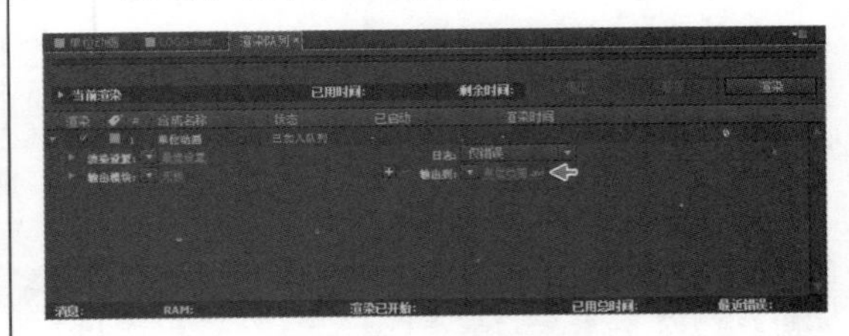
图9-32 输出到项

专家课堂

"输出到"项目主要用于设置输出文件的位置和名称，系统默认的输出名称即合成名称。

02 在弹出的"将影片输出到"对话框中可设置输出路径、文件名及保存类型，如图9-33所示。

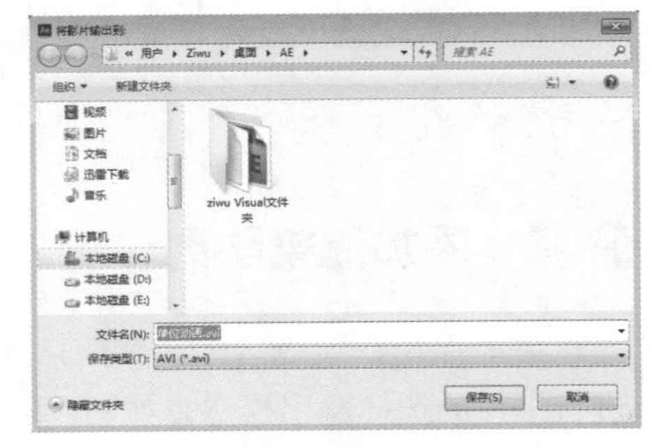
图9-33 输出路径设置

专家课堂

默认状态渲染输出为AVI格式，所以在此对话框中的“保存类型”为AVI格式。如果需要更改输出格式，在“将影片输出到”面板中没有更改输出格式设置，需要在“渲染队列”面板中单击“输出模块”选项设置。

9.4.3 视频格式设置

01 在“渲染队列”面板中单击“输出模块”项的“无损”文字位置，进行视频格式的设置，如图9-34所示。

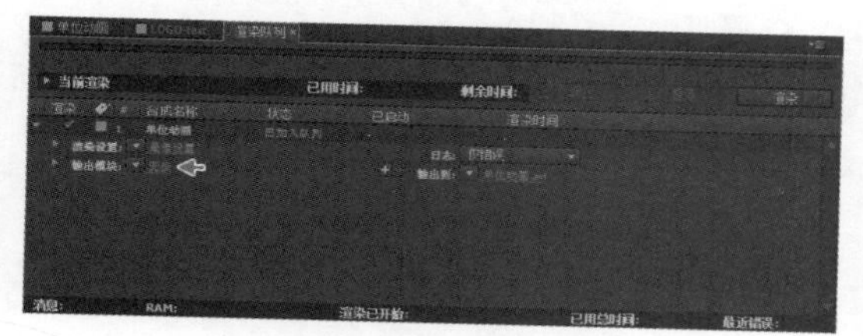

图9-34 输出模块项

02 在弹出的“输出模块设置”对话框中设置格式为“AVI”类型，如图9-35所示。

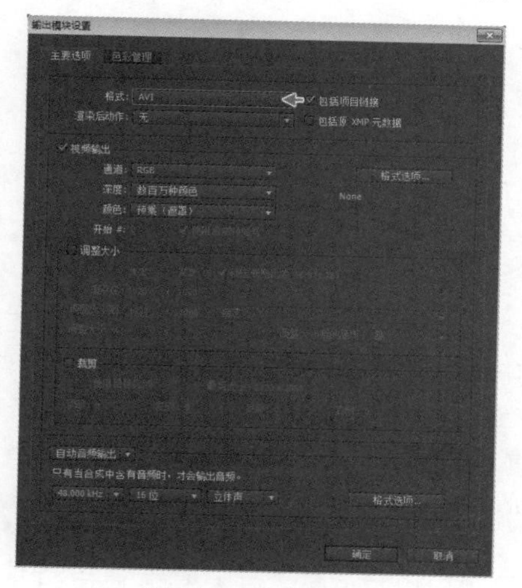

图9-35 格式设置

03 在“输出模块设置”对话框中单击“格式选项”按钮，可以进行视频的压缩解码选择，如图9-36所示。

专家课堂

AVI格式的英文全称为Audio Video Interleaved，即音频视频交错格式，就是可以将视频和音频交织在一起进行同步播放。这种视频格式的优点是图像质量好，可以跨多个平台使用，但是其缺点是体积过于庞大，而且压缩标准不统一，导致播放器高低版本之间可能会出现格式不兼容的情况。

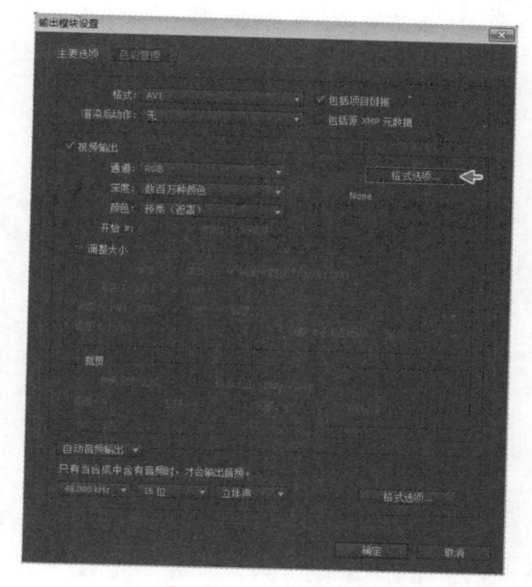

图9-36 格式选项

04 在弹出的“AVI选项”对话框中将展开“视频”选项，而After Effects CC默认视频编解码器设置为“None”方式，如图9-37所示。

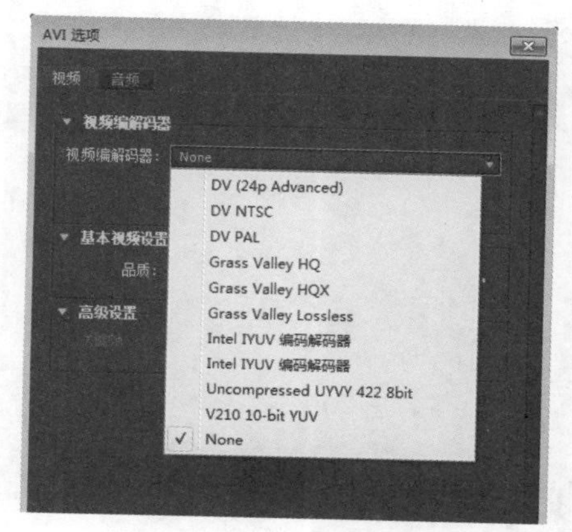

图9-37 视频编解码器设置

专家课堂

AVI只是一个格式容器，里面的视频部分和音频部分可以是多种多样的编码格式，也就是多种组合，而扩展名都是AVI。

无压缩AVI能支持最好的编码去重新组织视频和音频，生成的文件非常大，但清晰度也是最高的，合成与间接软件处理时运算的速度也非常快。

05 在“AVI选项”对话框中切换至“音频”选项，再设置音频隔行为“无”方式，使输出AVI格式的音频同样无压缩，如图9-38所示。

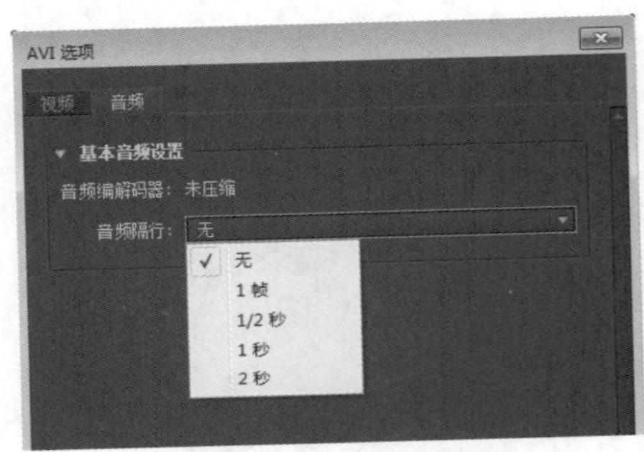

图9-38 音频隔行设置

06 确定输出的设置后，在“输出模块设置”对话框中单击“确定”按钮，如图9-39所示。

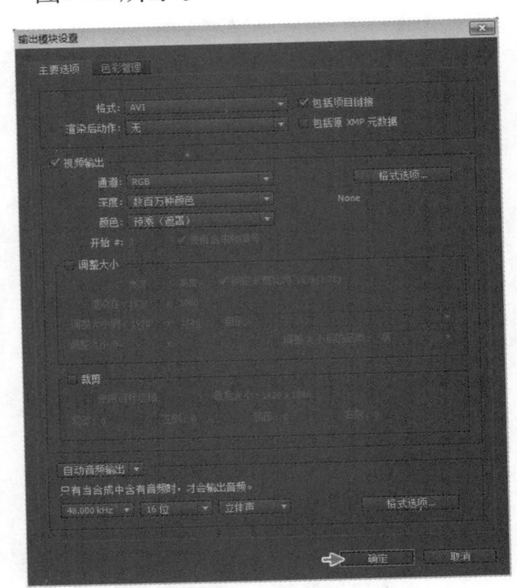

图9-39 单击确定按钮

07 切换回“渲染队列”面板，再单击当前渲染的“渲染”按钮，执行合成项目的输出操作，如图9-40所示。

图9-40 单击渲染按钮

08 渲染完成后，在输出的文件夹中将显示AVI格式的视频文件，如图9-41所示。

图9-41 AVI格式输出

专家课堂

由于AVI文件没有限定压缩的标准，所以不同压缩编码标准生成的AVI文件不具有兼容性，必须使用相应的解压缩算法才能播放，而不同的视频编码不只影响影片质量，还会影响文件的大小容量。

由于AVI文件结构不仅解决了音频和视频的同步问题，而且具有通用和开放的特点，它可以在任何Windows环境下工作，还具有扩展环境的功能，用户可以开发自己的AVI视频文件，在Windows环境下随时调用。

9.5 实例——TGA格式输出

素材文件	无	难易程度	★★☆☆☆
重要程度	★★★★☆	实例重点	具有通道信息的TGA序列格式设置输出

"TGA格式输出"实例的制作流程主要分为3部分，包括①添加渲染队列；②输出路径设置；③序列格式设置，如图9-42所示。

图9-42 制作流程

9.5.1 添加渲染队列

01 当合成工程操作完成后，在"项目"面板中可以选择"单位动画"合成文件项，准备进行影片的选择输出操作，如图9-43所示。

图9-43 工程文件

02 在菜单中选择【合成】→【添加到渲染队列】命令项，将选择的合成项目进行渲染操作，如图9-44所示。

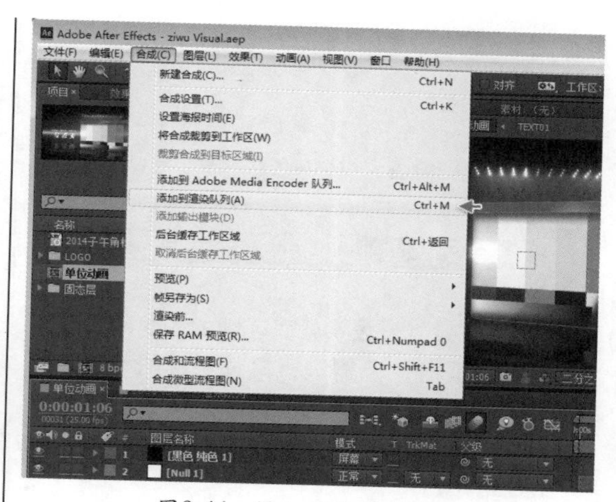

图9-44 添加到渲染队列项

03 在"渲染队列"面板中可以观察到添加的"单位动画"项，并确认开启其"渲染"项，如图9-45所示。

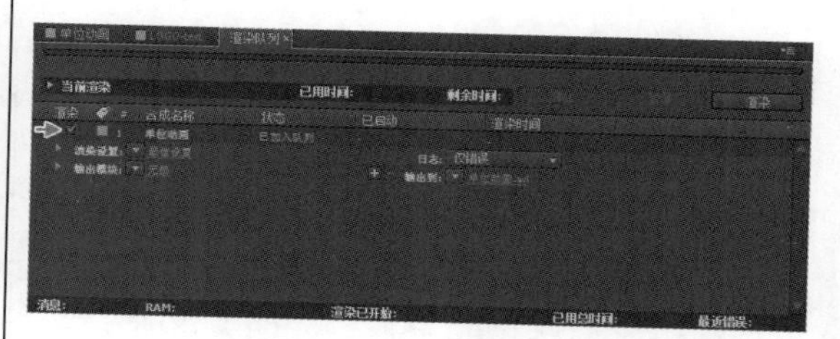

图9-45 添加渲染队列

9.5.2 输出路径设置

01 在"渲染队列"面板中单击"输出到"项文件名的位置，准备设置输出的文件名称，如图9-46所示。

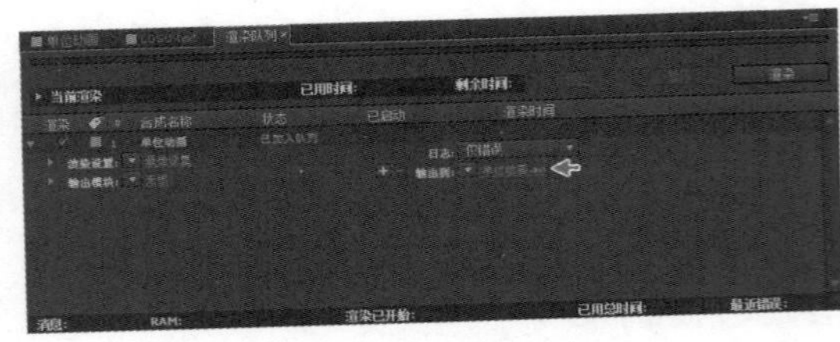
图9-46 输出到项

02 在弹出的“将影片输出到”对话框中可设置输出路径和文件名，如图9-47所示。

图9-47 输出路径设置

专家课堂

“序列”为数字号码连续的图像组，在名称设置时，只需进行文件名称的设置，而序列数字号码系统会自动添加，例如##_001、##_002、##_003等，而TGA则是Targa的缩写。

9.5.3 序列格式设置

01 在“渲染队列”面板中单击“输出模块”项的“无损”文字位置，准备进行输出序列格式的设置，如图9-48所示。

图9-48 输出模块项

02 在弹出的“输出模块设置”对话框中设置格式为“Targa序列”类型，如图9-49所示。

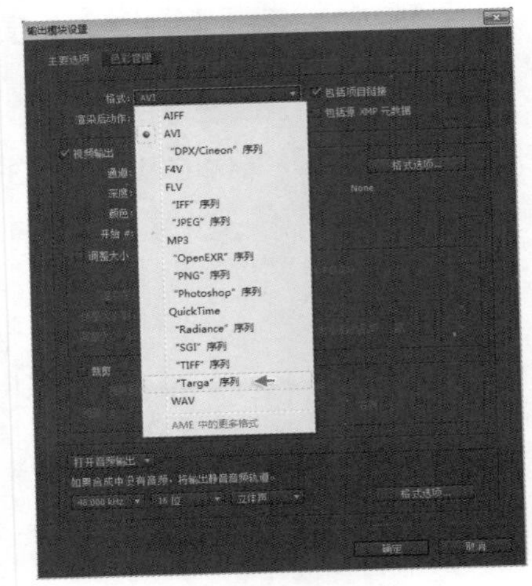
图9-49 格式设置

专家课堂

TGA是由Truevision公司开发用来存储彩色图像的文件格式，主要用于计算机生成的数字图像向电视图像的转换。

03 设置后会弹出的“Targa选项”对话框，在其中可以设置分辨率为“24位/像素”或“32位/像素”方式，然后单击“确定”按钮，如图9-50所示。

专家课堂

TGA文件格式被国际上的图形、图像制作工业广泛接受，成为数字化图像以及光线跟踪和其他应用程序所产生的高质量图像的常用格式。

TGA文件的32位真彩色格式在多媒体领域有着很大的影响，因为32位真彩色拥有通道信息。

Alpha通道是一个8位的灰度通道，该通道用256级灰度来记录图像中的透明度信息，定义透明、不透明和半透明区域，其中黑表示全透明，白表示不透明，灰表示半透明。

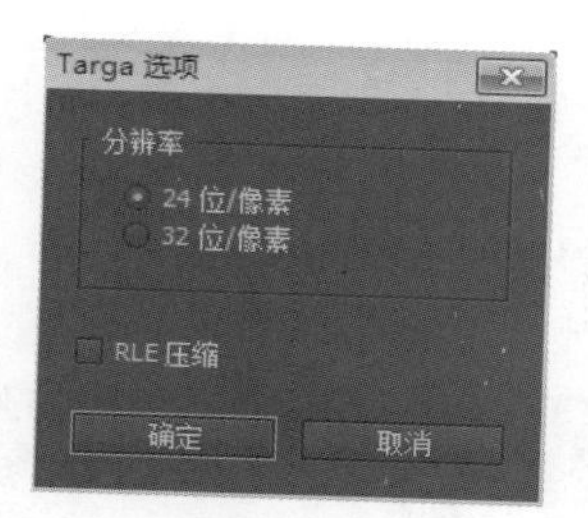

图9-50 分辨率设置

04 如果设置完成后还需进行Alpha通道的设置，可以在“输出模块设置”对话框中单击“格式选项”进行，如图9-51所示。

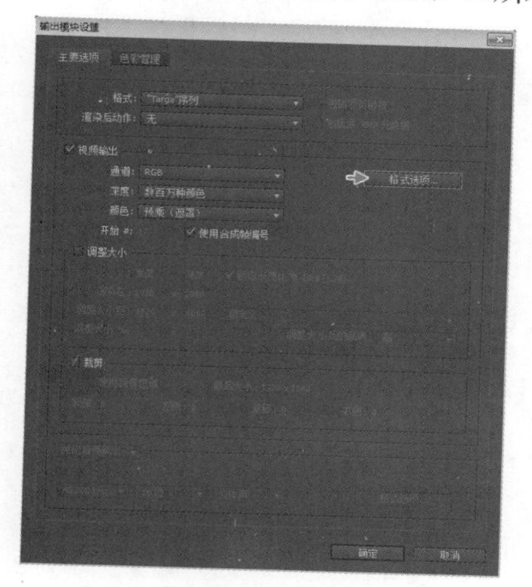
图9-51 格式选项

05 在“渲染队列”面板中单击“渲染”按钮，进行序列格式的输出操作，如图9-52所示。

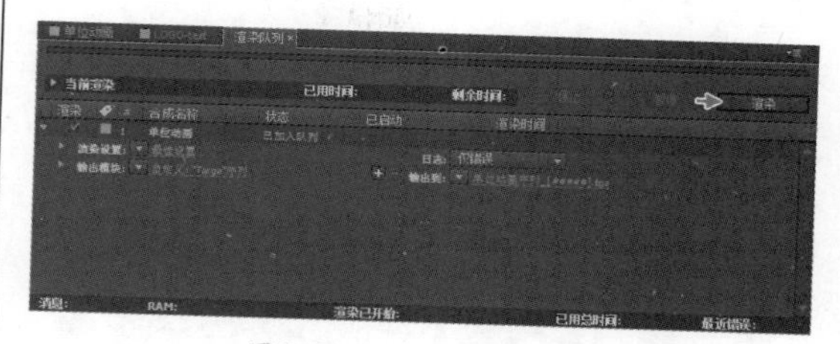
图9-52 单击渲染按钮

06 渲染序列完成后，在输出的文件夹中将显示TGA格式的序列文件，如图9-53所示。

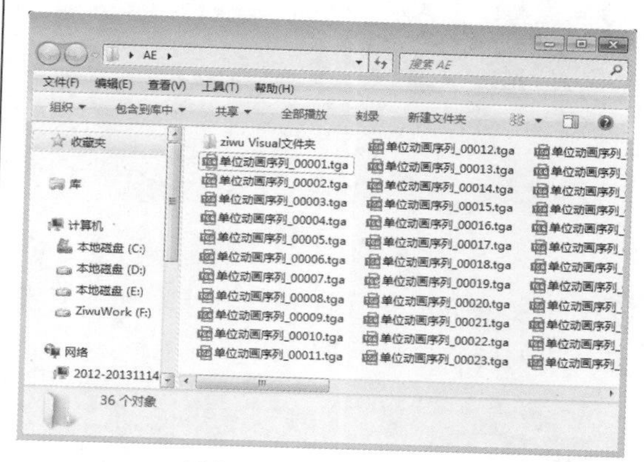
图9-53 TGA格式输出

9.6 实例——MOV格式输出

素材文件	无	难易程度	★★☆☆☆
重要程度	★★★☆☆	实例重点	QuickTime播放器支持的MOV视频格式设置输出

“MOV格式输出”实例的制作流程主要分为3部分，包括①添加渲染队列；②输出路径设置；③MOV格式设置，如图9-54所示。

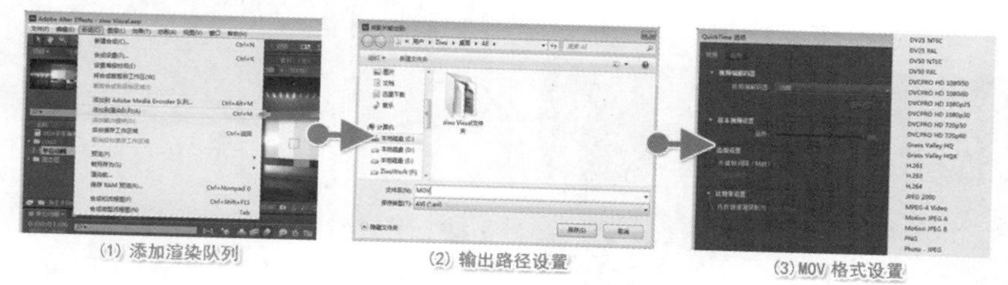

图9-54 制作流程

9.6.1 添加渲染队列

01 当合成工程操作完成后，在“项目”面板中可以选择“单位动画”合成文件项，准备进行影片的选择输出操作，如图9-55所示。

图9-55 工程文件

02 在菜单中选择【合成】→【添加到渲染队列】命令项，如图9-56所示。

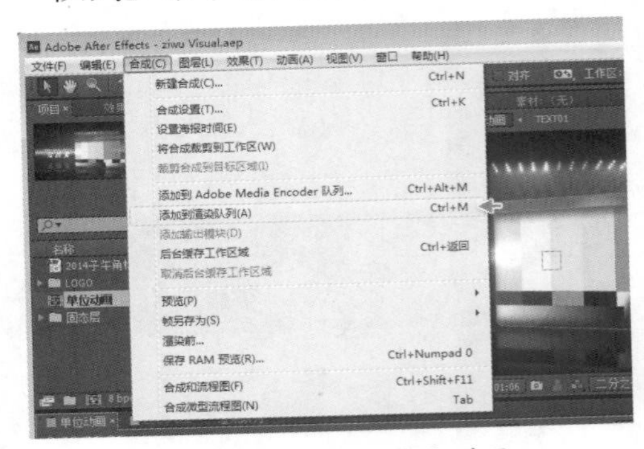

图9-56 添加到渲染队列项

03 在“渲染队列”面板中可以观察到添加的“单位动画”项，并确认开启其“渲染”项，如图9-57所示。

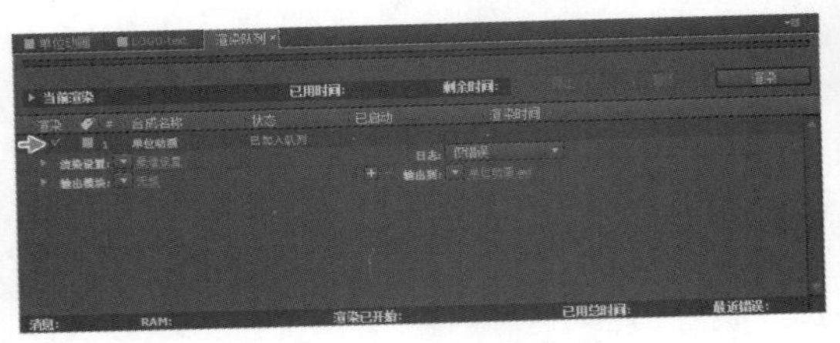

图9-57 添加渲染队列

9.6.2 输出路径设置

01 在“渲染队列”面板中单击“输出到”项文件名的位置，如图9-58所示。

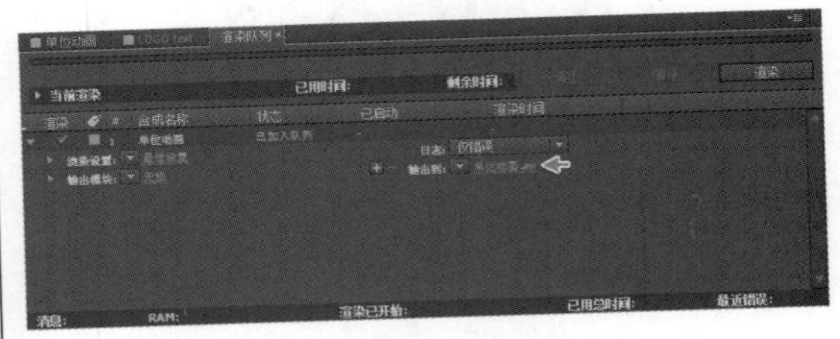

图9-58 输出到项

02 在弹出的“将影片输出到”对话框中可设置输出路径和文件名，如图9-59所示。

图9-59 输出路径设置

9.6.3 MOV格式设置

01 在“渲染队列”面板中单击“输出模块”项的“无损”文字位置，准备进行输出格式的设置，如图9-60所示。

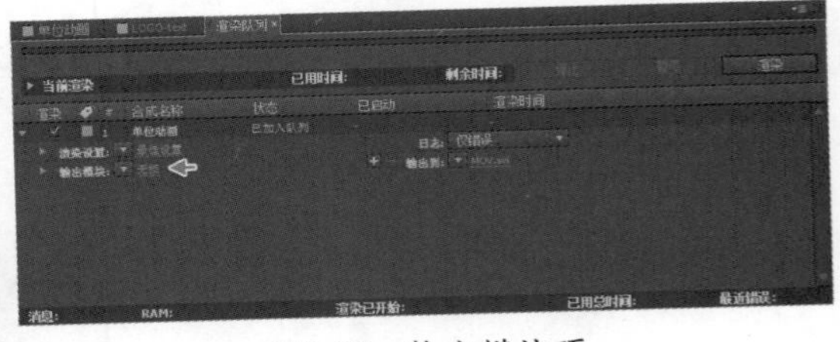

图9-60 输出模块项

02 在弹出的“输出模块设置”对话框中设置格式为“QuickTime”类型，如图9-61所示。

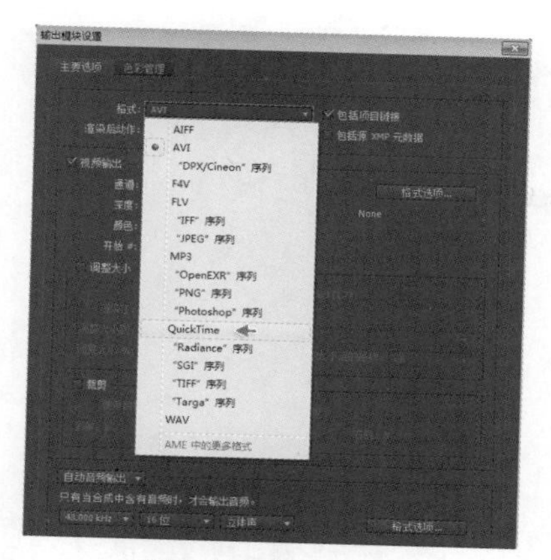

图9-61 格式设置

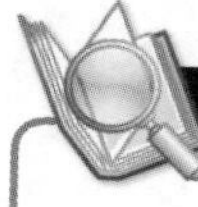

专家课堂

MOV格式是美国Apple公司开发的一种视频格式，默认的播放器是苹果的QuickTime Player。其具有较高的压缩比率和较完美的视频清晰度等特点，但是最大的特点还是跨平台性，即不仅能支持MacOS，同样也能支持Windows系列。

QuickTime是一种跨平台的软件产品，无论是Mac的用户，还是Windows的用户，都可以毫无顾忌地享受QuickTime所能带来的愉悦。利用QuickTime播放器能够很轻松地通过Internet观赏到以较高视频/音频质量传输的电影、电视和实况转播节目，现在QuickTime格式的主要竞争对手是Real Networks公司的RM格式。

03 在“输出模块设置”对话框中单击“格式选项”按钮，可以设置MOV格式的压缩解码，如图9-62所示。

专家课堂

MOV格式的视频文件可以采用不压缩或压缩的方式，其压缩算法包括动画、H264、Cinepak、Intel Indeo Video R3.2和Video编码等，其中H264和动画解码使用较多。

经过几年的发展，现在QuickTime已经在“视频流”技术方面取得了不少的成果，最新发表的QuickTime是第一个基于工业标准RTP和RTSP协议的非专有技术，能在Internet上播放和存储相当清晰的视频/音频流。

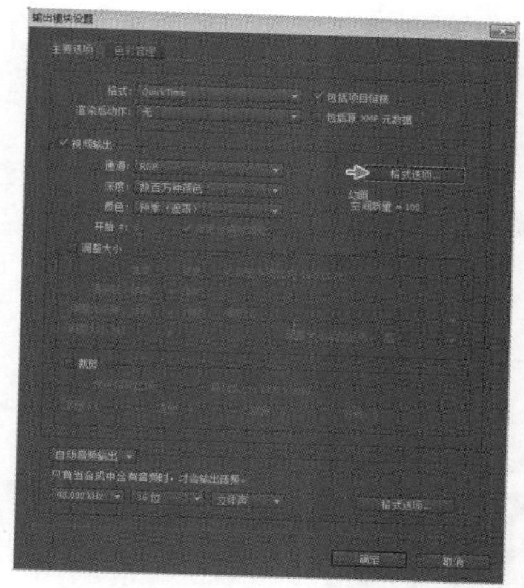

图9-62 格式选项

04 在弹出的“QuickTime选项”对话框中展开“视频”选项，再设置视频编解码器为“动画”方式，如图9-63所示。

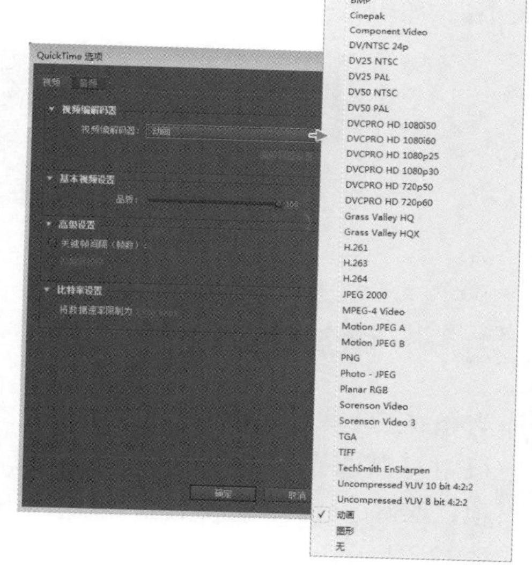

图9-63 视频编解码器设置

05 输出格式的压缩解码设置后，在“渲染队列”面板中单击“渲染”按钮，如图9-64所示。

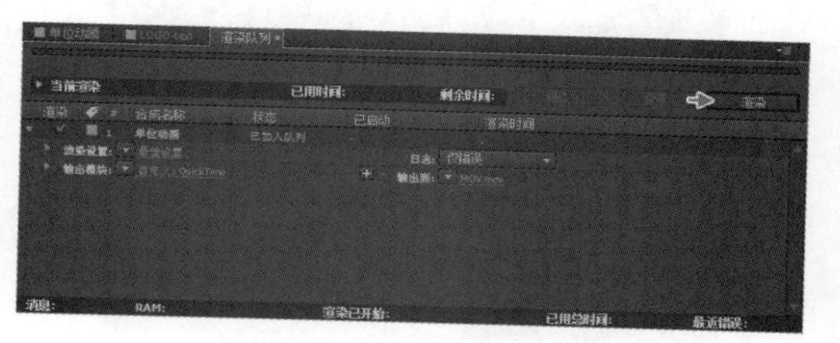

图9-64 单击渲染按钮

06 渲染完成后，在输出的文件夹中将显示MOV格式的视频文件，如图9-65所示。

专家课堂

在输出MOV格式前，确保计算机中已经正确安装QuickTime播放器，方可使用此功能。

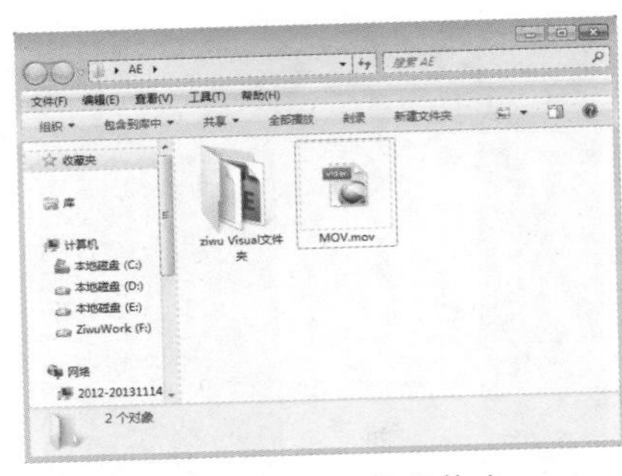

图9-65 MOV格式输出

9.7 实例——调整大小与裁剪

素材文件	无	难易程度	★★★☆☆
重要程度	★★★☆☆	实例重点	调整输出的画面分辨率大小和制定画面裁剪区域

“调整大小与裁剪”实例的制作流程主要分为3部分，包括①添加渲染队列；②调整输出大小；③输出裁剪设置，如图9-66所示。

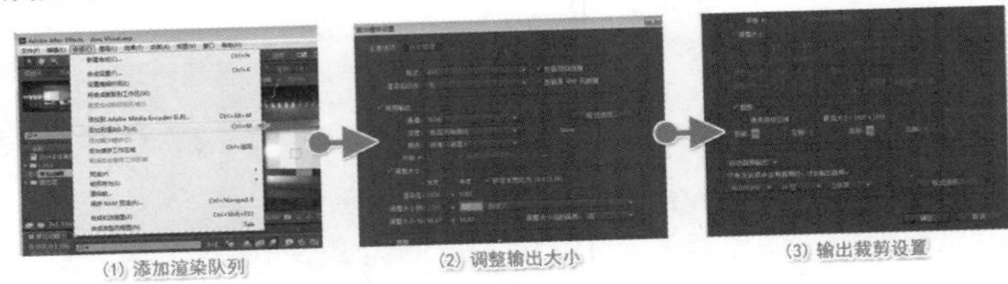

图9-66 制作流程

9.7.1 添加渲染队列

01 当合成工程操作完成后，在“项目”面板中可以选择“单位动画”合成文件项，准备进行影片的选择输出操作，如图9-67所示。

图9-67 工程文件

02 在菜单中选择【合成】→【添加到渲染队列】命令项，如图9-68所示。

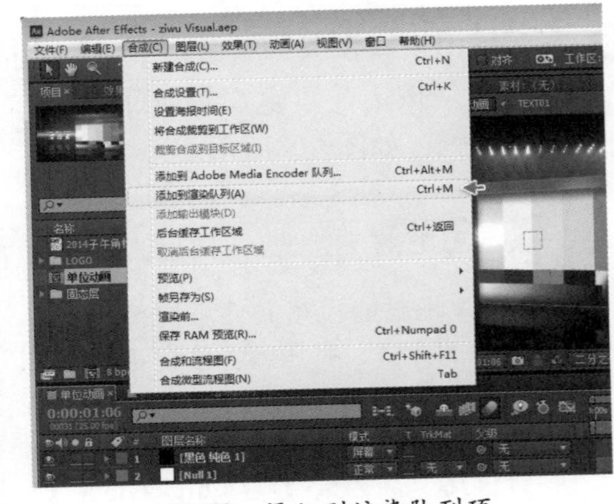

图9-68 添加到渲染队列项

03 在“渲染队列”面板中可以观察到添加的“单位动画”项，确认并开启其“渲染”项，如图9-69所示。

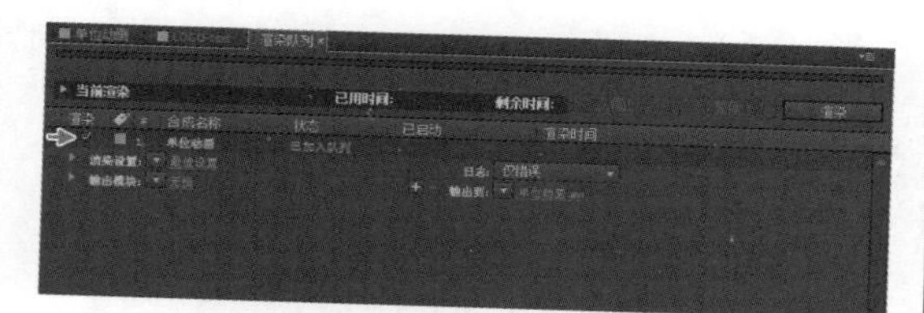

图9-69　添加渲染队列

04 在“渲染队列”面板中单击“输出到”项文件名的位置，如图9-70所示。

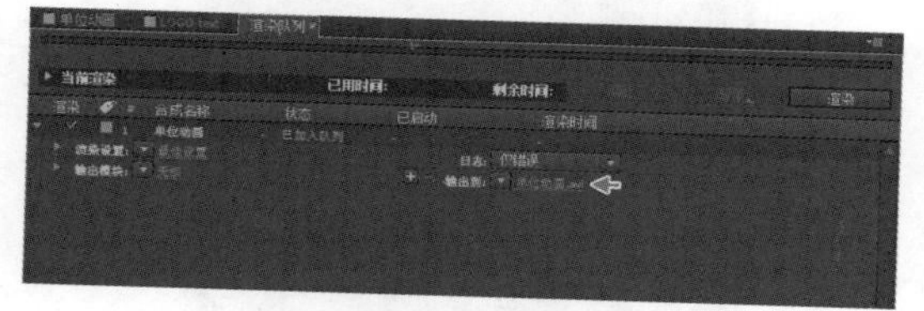

图9-70　输出到项

05 在弹出的“将影片输出到”对话框中可设置输出路径和文件名，如图9-71所示。

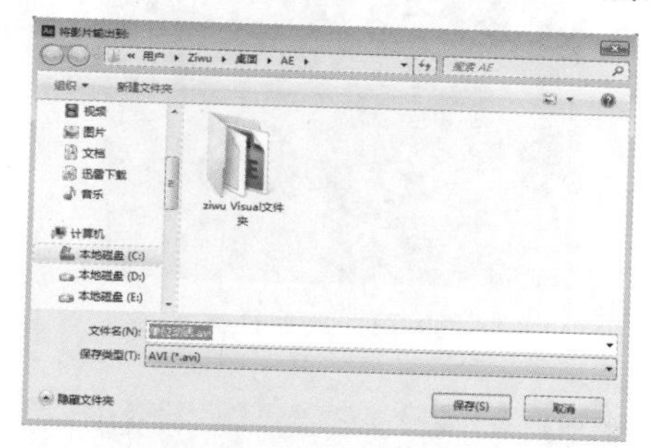

图9-71　输出路径设置

9.7.2　调整输出大小

01 在“渲染队列”面板中单击“输出模块”项的“无损”文字位置，准备进行输出的设置，如图9-72所示。

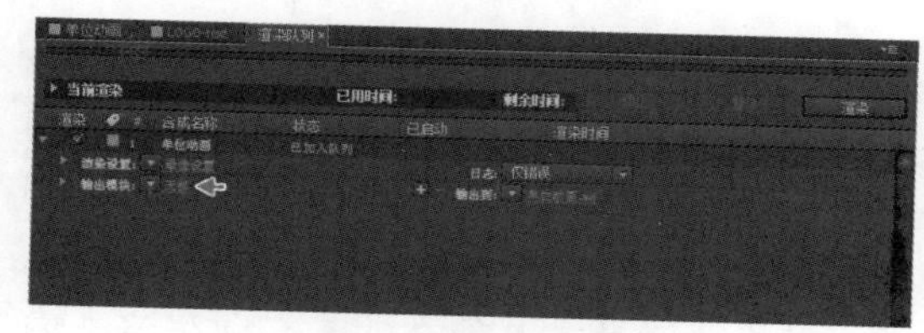

图9-72　输出模块项

02 在弹出的“输出模块设置”对话框中，可以开启“调整大小”选项，进行自定义尺寸的输出，如图9-73所示。

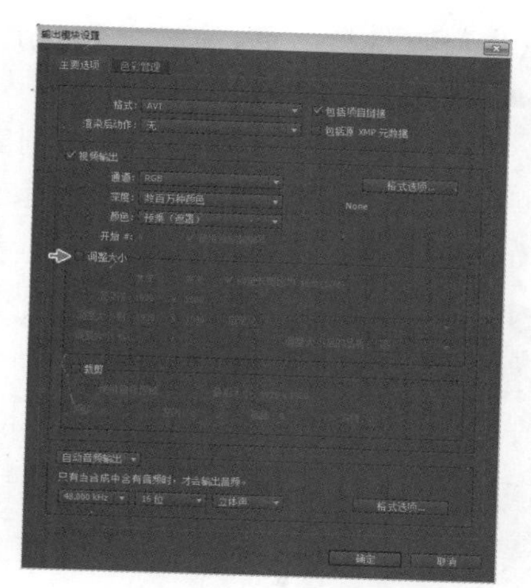

图9-73　调整大小项

专家课堂

After Effects CC在新建合成时为1920×1280像素，那么在输出操作时默认也同样为1920×1280像素，如果需要使输出的分辨率与新建合成分辨率不同，可开启“输出模块设置”对话框中的“调整大小”选项。

03 在“输出模块设置”对话框中，自定义设置“调整大小到”项的值，如图9-74所示。

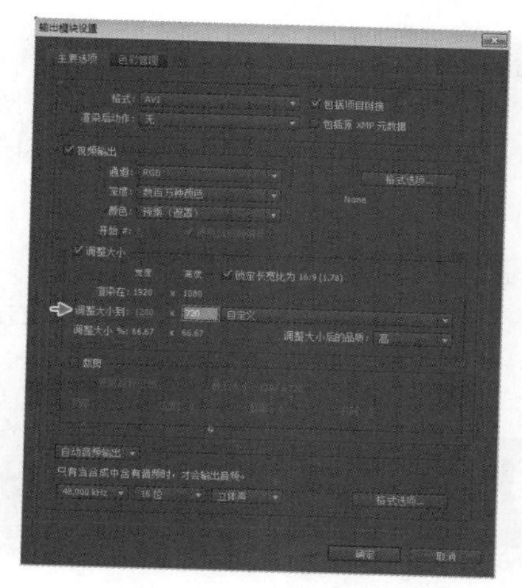

图9-74　自定义设置

专家课堂

如果需要改变输出画面的长宽比，需要关闭“锁定长宽比为16：9”选项。

04 After Effects CC系统中拥有多种预设分辨率类型，在“输出模块设置”对话框中展开“调整大小到”项的列表菜单，在其中可以快速进行预设选择，如图9-75所示。

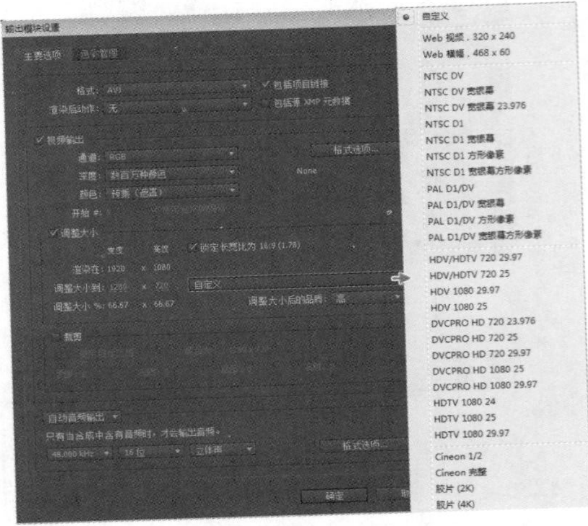
图9-75　调整输出大小

9.7.3 输出裁剪设置

01 在“输出模块设置”对话框中开启“裁剪”项，可以对输出的画面进行裁剪设置，如图9-76所示。

02 在“输出模块设置”对话框中设置“顶部”值为40、“底部”值为40，将裁剪删除画面上下两端的图像，如图9-77所示。

03 设置裁剪后，观察到画面顶部和底部的区域已经被裁剪删除，如图9-78所示。

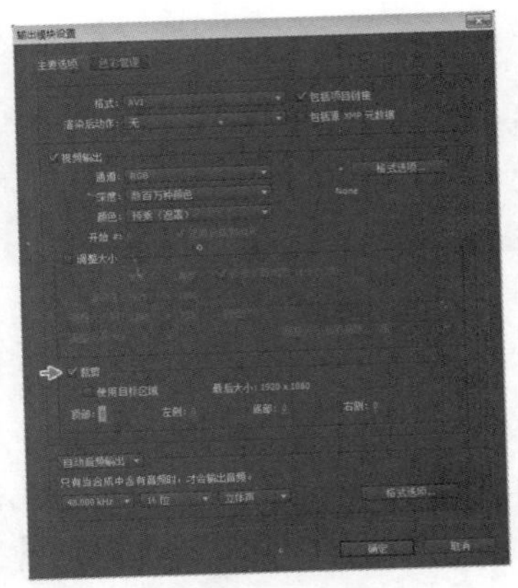
图9-76　开启裁剪项

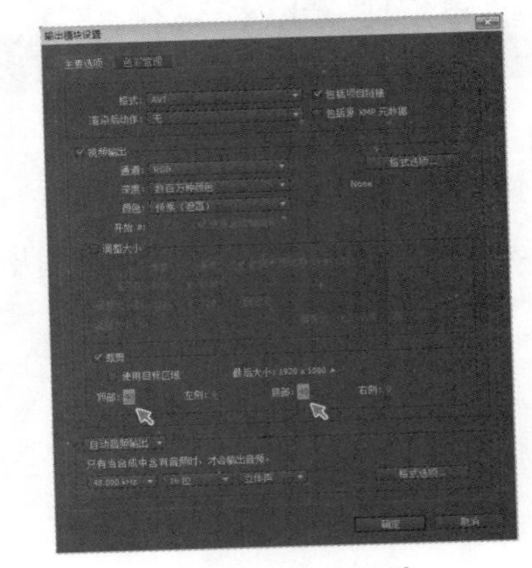
图9-77　裁剪设置

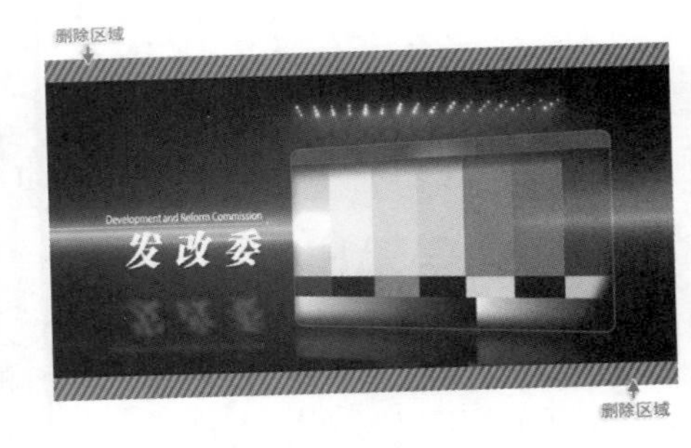

图9-78　输出裁剪效果

9.8 本章小结

在After Effects CC中，如果想把制作完成的动画转换成影片或其他文件，必须在渲染输出合成文件的过程中完成。本章逐一讲解了整理合成项目、添加到渲染队列方式和多种合成的嵌套操作，又对系统支持常用的动画与图像格式进行了展示，最后还介绍了自定义设置输出的分辨率等知识。

附录1 快捷键列表

After Effects的合成操作是一个繁琐的过程，其中涉及到大量的图层、属性、关键帧等操作，快捷键在操作中扮演着重要的角色。熟练使用After Effects软件，大量快捷键的操作是不可避免的。在【帮助】→【快捷键】下可以看到After Effects所设置的快捷键，对于熟练操作After Effects十分必要。

快捷键附注：

1. 以下常见的单词表格中将不再完全注明：

Shortcuts：快捷键

Windows：微软的Windows操作系统

Mac OS：苹果的Mac操作系统

Main Keyboard：主键盘

Numeric Keypad：数字小键盘

Arrow：方向键

2. Mac操作系统快捷键包括F9-F12功能键可能与系统所使用的快捷键有冲突，查看Mac操作系统的帮助说明，重新分配快捷键。

3. 一些快捷键在使用数字小键盘时确认Num Lock键为打开状态。

1. General（常规）

作用	Windows	Mac OS
全部选择	Ctrl+A	Command+A
全部取消选择	F2或Ctrl+Shift+A	F2或Command+Shift+A
重命名选择层	主键盘上的Enter键	Return
打开选择层	数字小键盘上的Enter键	数字小键盘上的Enter键
复制层	Ctrl+C	Command+C
粘贴层	Ctrl+V	Command+V
快速原地复制选择层	Ctrl+D	Command+D

2. Preferences（参数）

作用	Windows	Mac OS
恢复默认参数设置	在启动After Effects时按住Ctrl+ Alt+Shift键不放	在启动After Effects时按住Command+ Option+Shift 键不放

3. Panels、Viewers、Workspaces、Windows（面板、视图、工作区、窗口）

作用	Windows	Mac OS
打开或关闭选择层的特效控制面板	F3或Ctrl+Shift+T	F3或Command+Shift+T
最大化或恢复鼠标指针下的面板	`(同～键)	`(同～键)
调整应用程序窗口或浮动窗口适应屏幕	Ctrl+\(反斜杠)	Command+\(反斜杠)
移动应用程序窗口或浮动窗口到主显示器，调整窗口适应屏幕	Ctrl+Alt+\(反斜杠)	Command+Option+\(反斜杠)

4. Activating tools（激活工具）

作用	Windows	Mac OS
循环显示工具	按住Alt键单击工具面板中的按钮	按住Option键单击工具面板中的按钮
激活选择工具	V	V
激活手掌工具	H	H
临时激活手掌工具	按住空格键或鼠标中键	按住空格键或鼠标中键
激活放大工具	Z	Z
激活缩小工具	当放大工具激活时同时按住Alt键	当放大工具激活时同时按住Option键
激活旋转工具	W	W
激活和循环显示摄像机工具（统一摄像机，轨道摄像机、XY轴轨道摄像机、Z轴轨道摄像机）	C	C
激活轴心点工具	Y	Y
激活和循环显示遮罩与图形工具（矩形、圆角矩开、椭圆形、多边形、星形）	Q	Q
激活和循环显示文字工具（横排和竖排）	Ctrl+T	Command+T
激活和循环显示钢笔工具（钢笔、添加锚点、删除锚点、和转换锚点）	G	G
使用钢笔工具过程临时激活为选择工具	Ctrl	Command
当使用选择工具将鼠标指针指向路径时临时激活为钢笔工具	Ctrl+Alt	Command+Option
激活和循环显示画笔、图章和橡皮擦工具	Ctrl+B	Command+B
激活和循环显示木偶钉工具	Ctrl+P	Command+P
选择形状图层的某形状时临时转换选择工具为图形复制工具	Alt（在形状图层）	Option（在形状图层）

作用	Windows	Mac OS
选择形状图层临时转换选择工具为单选工具，这样可以直接选择形状图层中某个形状	Ctrl（在形状图层）	Command（在形状图层）

5. Compositions and the work area（合成和工作区）

作用	Windows	Mac OS
新建合成	Ctrl+N	Command+N
打开选择合成的合成设置对话框	Ctrl+K	Command+K
设置合成背景颜色	Ctrl+Shift+B	Command+Shift+B
将当前时间设置为工作区的开始或结束	B或N	B或N

6. Time navigation（时间导航）

作用	Windows	Mac OS
定位到精确时间	Alt+Shift+J	Option+Shift+J
定位到工作区的开始或结束点	Shift+Home或Shift+End	Shift+Home或Shift+End
在时间线中定位到前一个或后一个可见项位置	J或K	J或K
定位到合成、层或素材项的开始位置	Home或Ctrl+Alt+Left Arrow	Home或Command+Option+Left Arrow
定位到合成、层或素材项的结束位置	End或Ctrl+Alt+Right Arrow	End或Command+Option+Right Arrow
向前移动1帧	Page Down或Ctrl+Right Arrow	Page Down或Command+Right Arrow
向前移动10帧	Shift+Page Down或Ctrl+Shift+Right Arrow	Shift+Page Down或Command+Shift+Right Arrow
向后移动1帧	Page Up或Ctrl+Left Arrow	Page Up或Command+Left Arrow
向后移动10帧	Shift+Page Up或Ctrl+Shift+Left Arrow	Shift+Page Up或Command+Shift+Left Arrow
定位到选择层的入点位置	I	I
定位到选择层的出点位置	O	O
在时间线面板自动调整滚动条，使当前时间指针以适当位置显示出来	D	D

7. Previews（预览）

作用	Windows	Mac OS
开始或停止标准预览	Spacebar	Spacebar
内存预览	数字小键盘的0键	数字小键盘的0键
使用预先设置的内存预览	Shift+数字小键盘的0键	Shift+数字小键盘的0键
保存内存预览结果为指定文件	按住Ctrl键单击内存预览按钮或按Ctrl+数字小键盘的0键	按住Command键单击内存预览按钮或按Command +数字小键盘的0键
保存预先设置的内存预览结果为指定文件	按住Ctrl+Shift键单击内存预览按钮或按Ctrl+Shift+数字小键盘的0键	按住Command +Shift键单击内存预览按钮或按Command+Shift+数字小键盘的0键
从当前时间只预演音频	数字小键盘的.（小数点）键	数字小键盘的.（小数点）键
在工作区范围只预演音频	Alt+数字小键盘的.（小数点）键	Option+数字小键盘的.（小数点）键
手动粗略预览视频	拖动或按住Alt键拖动当前的时间指针，其中拖动时间指针依赖时间线上部的实时更新按钮的设置情况	拖动或按住Option键拖动当前的时间指针，其中拖动时间指针依赖时间线上部的实时更新按钮的设置情况
手动粗略预演音频	按住Ctrl键拖动当前时间指针	按住Command键拖动当前时间指针
获取快照	Shift+F5、Shift+F6、 Shift+F7或Shift+F8	Shift+F5、Shift+F6、Shift+F7或Shift+F8
在激活视图显示快照	F5、F6、F7或F8	F5、F6、F7或F8
清除快照	Ctrl+Shift+F5、Ctrl+Shift+F6、 Ctrl+Shift+F7或Ctrl+Shift+F8	Command+Shift+F5、Command+Shift+F6、Command+Shift+F7或Command+Shift+F8

8. Views（查看）

作用	Windows	Mac OS
重设合成视图为100%并在面板居中	双击手掌工具	双击手掌工具
在合成、层或素材面板中放大	主键盘上的。(句点)	主键盘上的。(句点)
在合成中、层或素材面板中缩小	，(逗号)	，(逗号)
在合成、层或素材面板中缩放到100%	/(主键盘上)	/(主键盘上)
在合成、层或素材面板中适配缩放	Shift+/(主键盘上)	Shift+/(主键盘上)
放大时间线面板为单帧的单位显示或缩小到显示整个合成持续时间	;(分号)	;(分号)
放大时间显示	=(等于号)主键盘上	=(等于号)主键盘上
缩小时间显示	-(连字号)主键盘上	-(连字号)主键盘上
暂停图像的更新	Caps Lock	Caps Lock

9. Footage（素材）

作用	Windows	Mac OS
一次性导入文件或图像序列	Ctrl+I	Command+I
多次导入文件或图像序列	Ctrl+Alt+I	Command+Option+I
在After Effects的素材面板打开影片	按住Alt键双击	按住Option键双击
添加选择项到最近激活的合成	Ctrl+/(主键盘上)	Command+/(主键盘上)
替换选择层的来源	按住Alt键从项目面板将素材项拖至选择图层上释放	按住Option键从项目面板将素材项拖至选择图层上释放
打开选择素材项的素材解释对话框	Ctrl+Alt+G	Command+Option+G
以关联的应用程序来编辑所选择的素材	Ctrl+E	Command+E
替换选择素材项	Ctrl+H	Command+H

10. Layers（图层）

作用	Windows	Mac OS
新建固态层	Ctrl+Y	Command+Y
使用图层序号的数字选择图层（1-999）	数字小键盘上的0-9	数字小键盘上的0-9
在时间线中选择下一个层	Ctrl+Down Arrow	Command+Down Arrow
在时间线中选择上一个层	Ctrl+Up Arrow	Command+Up Arrow
取消全部层的选择状态	Ctrl+Shift+A	Command+Shift+A
将选择层滑动到时间线面板顶部	X	X
显示或隐藏父级层栏	Shift+F4	Shift+F4
显示或隐藏图层开关和模式栏	F4	F4
关闭其他层独奏开关，仅当前层独奏	按住Alt键单击独奏开关	按住Option键单击独奏开关
以当前时间为入点粘贴层	Ctrl+Alt+V	Command+Option+V
分割选择层	Ctrl+Shift+D	Command+Shift+D
预合成选择的层	Ctrl+Shift+C	Command+Shift+C
打开选择层的特效控置面板	Ctrl+Shift+T	Command+Shift+T
打开层的图层面板显示	双击一个层	双击一个层
打开层的素材面板显示	按住Alt键双击一个层	按住Alt键双击一个层
倒放选择层	Ctrl+Alt+R	Command+Option+R
为选择层启用时间重映像	Ctrl+Alt+T	Command+Option+T
移动选择层的入点或出点到当前时间	[键或]键	[键或]键
剪切选择层的入点或出点到当前时间	Alt+[键或Alt+]键	Option+[键或Option+]键
用时间伸缩的方式设置入点或出点	Ctrl+Shift+，(逗号)或 Ctrl+Alt+，(逗号)	Command+Shift+，(逗号)或 Command+Option+，(逗号)

作用	Windows	Mac OS
移动选择层入点到合成开始	Alt+Home	Option+Home
移动选择层出点到合成结尾	Alt+End	Option+End
锁定选择层	Ctrl+L	Command+L
为全部层解锁	Ctrl+Shift+L	Command+Shift+L

11. Showing properties and groups in the Timeline（在时间线面板中显示属性）

作用	Windows	Mac OS
仅显示轴心点属性	A	A
仅显示音量属性	L	L
仅显示遮罩羽化属性	F	F
仅显示遮罩路径属性	M	M
仅显示遮罩的不透明度属性	TT	TT
仅显示不透明属性	T	T
仅显示位置属性	P	P
仅显示旋转和方向属性	R	R
仅显示比例属性	S	S
仅显示时间映像属性	RR	RR
仅显示缺失的特效	FF	FF
仅显示特效属性组	E	E
仅显示遮罩属性组	MM	MM
仅显示材质选项属性组	AA	AA
仅显示表达式	EE	EE
仅显示修改过的属性	UU	UU
仅显示画笔笔划和木偶钉	PP	PP
仅显示音频波形	LL	LL
仅显示关键帧或表达式属性	U	U
隐藏属性或组	按住Alt+Shift键单击属性或组的名称	按住Option+Shift键单击属性或组的名称

12. Modifying layer properties（修改层属性）

作用	Windows	Mac OS
重设选择层的比例来适应合成画面的宽和高使其满屏显示	Ctrl+Alt+F	Command+Option+F

13. Keyframes（关键帧）

作用	Windows	Mac OS
选择一个属性的全部关键帧	单击属性名称	单击属性名称
将关键帧向后或向前移动1帧	Alt+Right Arrow或Alt+Left Arrow	Option+Right Arrow或Option+Left Arrow
将关键帧向后或向前移动10帧	Alt+Shift+Right Arrow或Alt+Shift+Left Arrow	Option+Shift+Right Arrow或Option+Shift+Left Arrow

14. Masks（遮罩）

作用	Windows	Mac OS
全选遮罩锚点	Alt-click mask	Option-click mask
以自由变换模式中心点进行缩放	Ctrl-drag	Command-drag
在平滑与角点之间固定	Ctrl+Alt-click vertex	Command+Option-click vertex
重绘贝兹曲线手柄	Ctrl+Alt-drag vertex	Command+Option-drag vertex
反转选择的遮罩	Ctrl+Shift+I	Command+Shift+I

15. Paint tools（绘图工具）

作用	Windows	Mac OS
交换画笔背景和前景颜色	X	X
设置画笔前景为黑色背景为白色	D	D
设置前景颜色为当前画笔工具拾取点处的颜色	按住Alt单击	按住Alt单击
为画笔工具设置笔刷尺寸	按住Ctrl键拖动	按住Command键拖动
添加当前画笔的笔划到前一笔划	开始笔划时按住Shift键	开始笔划时按住Shift键
在当前图章工具指向的位置设置图章取样开始点	按住Alt单击	按住Option键单击

16. Shape layers（形状层）

作用	Windows	Mac OS
将选择形状转为群组	Ctrl+G	Command+G
将选择形状取消群组	Ctrl+Shift+G	Command+Shift+G
进入自由变换路径的编辑模式	在时间线面板选择路径属性按Ctrl+T	在时间线面板选择路径属性按Command+T

17. Markers（标记）

作用	Windows	Mac OS
在当前时间设置标记	*(乘号) 数字小键盘上	*(乘号) 数字小键盘上
在当前时间设置标记并打开标记对话框	Alt+*(乘号) 数字小键盘上	Option+*(乘号) 数字小键盘上
在当前时间设置合成的序号标记（0-9）	Shift+0-9主键盘上	Shift+0-9主键盘上
定位到一个合成标记（0-9）	0-9主键盘上	0-9主键盘上
在信息面板中显示图层中两个标记或关键帧的间隔时间	按住Alt键单击标记点或关键帧	按住Option键单击标记点或关键帧
移除标记	按住Ctrl键单击标记	按住Command键单击标记

18. Saving、Exporting、Rendering（保存、输出、渲染）

作用	Windows	Mac OS
保存项目	Ctrl+S	Command+S
增量保存项目文件	Ctrl+Alt+Shift+S	Command+Option+Shift+S
另存为	Ctrl+Shift+S	Command+Shift+S
添加激活的或选择的项到渲染队列	Ctrl+Shift+/(主键盘上)	Command+Shift+/(主键盘上)
添加当前帧到渲染队列	Ctrl+Alt+S	Command+Option+S
复制渲染项，并与原输出名称相同	Ctrl+Shift+D	Command+Shift+D

附录2 CC效果列表

在After Effects的效果滤镜中，拥有很多加了CC文字的特效，说明此效果为内置的插件程序。

CC是Cycore FX公司出品的第三方插件，该插件的前身就是FE：Final Effect。特效，因效果与应用较After Effects自身效果滤镜强大，所有被Adobe收购并内置其中。

CC Ball Action：小球状的粒子动画设置，在Simulation（模拟）菜单中出现。

CC Bender：主要设置层卷曲效果，在Distort（扭曲。菜单中出现。

CC Bend It：设置区域卷曲效果，在Distort（扭曲）菜单中出现。

CC Blobbylize：主要设置融化效果，在Distort（扭曲）菜单中出现。

CC Bubbles：主要模拟气泡效果，在Simulation（模拟）菜单中出现。

CC Burn Film：用于模拟胶片烧灼效果，在Stylize（风格化）菜单中出现。

CC Color Offset：用于RGB色谱调节，在Image Control（颜色校正）菜单中出现。

CC Composite：对自身进行混合模式处理，在Channel（通道）菜单中出现。

CC Cylineder：主要用于创作圆柱体贴图，在Perspective（透视）菜单中出现。

CC Drizzle：用于模拟雨打水面效果，在Simulation（模拟）菜单中出现。

CC Flo Motion：控制两点收缩的变形设置，在Distort（扭曲）菜单中出现。

CC Force Motion Blur：非常强力的运动模糊设置，在Time（时间）菜单中出现。

CC Glass：用于调节玻璃透视效果，在Stylize（风格化）菜单中出现。

CC Glass Wipe：用于模拟融化过渡转场效果，在Transition（过渡）菜单中出现。

CC Glue Gun：用于创作喷胶效果，在Render（生成）菜单中出现。

CC Griddler：用于网格状的变形设置，在Distort（扭曲）菜单中出现。

CC Grid Wipe：用于纺锤形的网格过渡，在Transition（过渡）菜单中出现。

CC Hair：用于控制毛发生成器，在Simulation（模拟）菜单中出现。

CC Image Wipe：用于亮度过渡转场的设置，类似自带的Gradient Wipe，在Transition（过渡）菜单中出现。

CC Jaws：用于锯齿状过渡设置，在Transition（过渡）菜单中出现。

CC Kaleida：用于设置万花筒效果，在Stylize（风格化）菜单中出现。

CC Lens：模拟鱼眼镜头效果，但不如Pan Lens Flare Pro，在Distort（扭曲）菜单。

CC Light Burst 2.5：主要用于设置光线的缩放，在Render（生成）菜单中出现。

CC Light Rays：主要用于设置光芒放射，并且具有有变形效果，在Render（生成）菜单中出现。

CC Light Sweep：主要用于设置扫光效果，在Render（生成）菜单中出现。

CC Light Wipe：用于边缘加光过渡处理，并且带有变形效果，在Transition（过渡）菜单中。

CC Mr Mercury：用于模仿水银流动，在Simulation（模拟）菜单中出现。

CC Mr Smoothie：用于控制像素溶解运动，在Stylize（风格化）菜单中出现。

CC Page Turn：用于设置卷页效果，在Distort（扭曲）菜单中出现。

CC Particle Systems II：用于设置二维粒子运动，在Simulation（模拟）菜单中出现。

CC Particle World：应用于三维粒子运动的，大大优于After Effects自带的Particle Playground，在Simulation（模拟）菜单中出现。

CC Pixel Polly：用于设置画面破碎的效果，好，在Simulation（模拟）菜单中出现。

CC Power Pin：带有透视效果的四角扯动工具，类似自带Corner Pin效果，在Distort（扭曲）菜单中出现。

CC PS Classic：利用通道形成的粒子系统，在Simulation（模拟）菜单中出现。

CC PS LE Classic：局域性的粒子系统应用，在Simulation（模拟）菜单中出现。

CC Radial Blur：用于设置螺旋模糊，在Blur & Sharpen（模糊和锐化）菜单中出现。

CC Radial Fast Blur：快速的放射模糊，在Blur & Sharpen（模糊和锐化）菜单中出现。

CC Radial Scale Wipe：控制带有边缘扭曲的圆孔过渡，在Transition（过渡）菜单中出现。

CC Rain：用于模拟下雨效果，在Simulation（模拟）菜单中出现。

CC Repe Tile：多种方式的叠印效果控制，在Stylize（风格化）菜单中出现。

CC Ripple Pulse：控制扩散波纹变形，必需时设置关键帧才有效果，在Distort（扭曲）菜单中出现。

CC Scale Wipe：控制扯动的变形过渡，在Transition（过渡）菜单中出现。

CC Scatterize：用于设置发散粒子化，类似于自带的Scatter，在Simulation（模拟）菜单中出现。

CC Simple Wire Removal：简单的去除钢丝工具，实际上是一种线状的模糊和替换效果，在Keying（键控）菜单中出现。

CC Slant：用于控制倾斜变形，在Distort（扭曲）菜单中出现。

CC Smear：用于控制涂抹变形，在Distort（扭曲）菜单中出现。

CC Snow：用于模拟飘雪效果，在Simulation（模拟）菜单中出现。

CC Sphere：主要用于模拟球形化的效果，在Perspective（透视）菜单中出现。

CC Split：简单的胀裂效果设置，在Distort（扭曲）菜单中出现。

CC Split 2：不对称的胀裂效果设置，在Distort（扭曲）菜单中出现。

CC Spotlight：用于设置点光源效果，在Perspective（透视）菜单中出现。

CC Star Burst：模拟星团效果，在Simulation（模拟）菜单中出现。

CC Threshold：简单的阈值工具，在Stylize（风格化）菜单中出现。

CC Threshold RGB：RGB分色的阈值工具，Stylize（风格化）菜单中出现。

CC Tiler：简便的电视墙效果，在Distort（扭曲）菜单中出现。

CC Time Blend：带有动态模糊的帧融合，在Time（时间）菜单中出现。

CC Time Blend FX：可自定义的帧融合，在Time（时间）菜单中出现。

CC Toner：分别对阴影、中间色和高光色调进行替换，在Image Control（颜色校正）菜单中出现。

CC Twister：用于扭曲效果的过渡设置，在Transition（过渡）菜单中出现。

CC Vector Blur：矢量区域的模糊设置，在Blur & Sharpen（模糊和锐化）菜单中出现。

CC Wide Time：多重的帧融合效果，在Time（时间）菜单中出现。

读者回函卡

亲爱的读者：

感谢您对海洋智慧IT图书出版工程的支持！为了今后能为您及时提供更实用、更精美、更优秀的计算机图书，请您抽出宝贵时间填写这份读者回函卡，然后剪下并邮寄或传真给我们，届时您将享有以下优惠待遇：

- 成为"读者俱乐部"会员，我们将赠送您会员卡，享有购书优惠折扣。
- 不定期抽取幸运读者参加我社举办的技术座谈研讨会。
- 意见中肯的热心读者能及时收到我社最新的免费图书资讯和赠送的图书。

姓　名：________ 性　别：☐男 ☐女　　年　龄：________

职　业：________ 爱　好：________

联络电话：________ 电子邮件：________

通讯地址：________ 邮编：________

1 您所购买的图书名：________ 购买地点：________

2 您现在对本书所介绍的软件的运用程度是在：☐初学阶段 ☐进阶／专业

3 本书吸引您的地方是：☐封面 ☐内容易读 ☐作者 价格 ☐印刷精美

☐内容实用 ☐配套光盘内容 其他________

4 您从何处得知本书：☐逛书店 ☐宣传海报 ☐网页 ☐朋友介绍

☐出版书目 ☐书市 ☐其他________

5 您经常阅读哪类图书：

☐平面设计 ☐网页设计 ☐工业设计 ☐Flash 动画 ☐3D 动画 ☐视频编辑

☐DIY ☐Linux ☐Office ☐Windows ☐计算机编程 其他________

6 您认为什么样的价位最合适：

7 请推荐一本您最近见过的最好的计算机图书：________

8 书名：________ 出版社：________

9 您对本书的评价：________

____

您还需要哪方面的计算机图书，对所需的图书有哪些要求：

____

社址：北京市海淀区大慧寺路8号　网址：www.wisbook.com　技术支持：www.wisbook.com/bbs

编辑热线：010-62100088　010-62100023　传真：010-62173569

邮局汇款地址：北京市海淀区大慧寺路8号海洋出版社教材出版中心　邮编：100081

海洋出版社